Technische Mechanik 6 - Aeromechanik

Andreas Huber

Technische Mechanik 6 - Aeromechanik

Andreas Huber
Pischelsdorf, Österreich

ISBN 978-3-662-72928-1   ISBN 978-3-662-72929-8 (eBook)
https://doi.org/10.1007/978-3-662-72929-8

Die Deutsche Nationalbibliothek verzeichnet diese Publikation in der Deutschen Nationalbibliografie; detaillierte bibliografische Daten sind im Internet über https://portal.dnb.de abrufbar.

Planung: Luana Lo Piccolo

Springer Vieweg ist ein Imprint der eingetragenen Gesellschaft Springer-Verlag GmbH, DE und ist ein Teil von Springer Nature.
Die Anschrift der Gesellschaft ist: Heidelberger Platz 3, 14197 Berlin, Germany

Wenn Sie dieses Produkt entsorgen, geben Sie das Papier bitte zum Recycling.

Für meine Familie von denen niemand das Buch jemals lesen wird, mich aber trotzdem immer unterstützt hat und im Speziellen sei mein Vater genannt, der es nie mehr lesen können wird, allerdings trotzdem stolz auf mich wäre, so wie er es immer war.

Vorwort

Dieses Buch bildet den sechsten Band der mehrteiligen Reihe zur Technischen Mechanik und stellt zugleich den letzten Teil dieser Buchreihe dar. Während in den vorangegangenen Bänden die grundlegenden Disziplinen – Stereostatik, Elastostatik, Dynamik und Hydromechanik – systematisch entwickelt wurden und zuletzt Thermodynamik sowie Wärmelehre eine vertiefte Betrachtung erfuhren, vereint der vorliegende Band diese Wissensgebiete in einem übergeordneten physikalischen Zusammenhang: der Aeromechanik. Mit der Aeromechanik wurden dann auch alle großen Kapitel der Technischen Mechanik ausführlich abgedeckt und abgehandelt.

Henry Ford formulierte einst ein Zitat: „Wenn alles gegen dich zu laufen scheint, erinnere dich daran, dass ein Flugzeug gegen den Wind abhebt.". Dieses Zitat weist nicht nur auf eine physikalische Tatsache hin, sondern symbolisiert auch die geistige Haltung, die das Studium der Aeromechanik erfordert. Die Aeromechanik stellt eines der herausforderndsten Gebiete der Ingenieurwissenschaften bzw. der Mechanik dar. Wer sich dieser Materie widmet, begegnet komplexen Differentialgleichungen, nichtlinearen Effekten, instationären Strömungsfeldern und Phänomenen wie Stoßwellen, Grenzschichtablösung, Kompressibilitätseffekten oder Wirbelstrukturen.

Die Aeromechanik begegnet einem täglich. Ob im Luft- und Raumfahrtwesen, bei Windenergieanlagen oder der Automobiltechnik: Überall dort, wo Gase strömen, entstehen Kräfte, Energietransporte und Temperaturänderungen, deren Verständnis für die technische Gestaltung unverzichtbar ist. Kein Flugzeug könnte fliegen, kein Raketenantrieb funktionieren, keine Turbine Leistung erzeugen, ohne die Gesetze der Aeromechanik. Wie oft bekommt man die Frage zu hören, oder hat sie sich schon selbst oft gestellt: „Warum fliegt ein Flugzeug?" auf all diese und eng damit verbundene Fragen wird im Laufe des Buches eingegangen um somit neben den mathematischen Grundlagen der Aeromechanik auch ein allgemeines – oft für das tägliche Leben erforderliche – technisches Verständnis für die Lehre der kompressiblen Strömungen zu entwickeln.

In diesem Buch werden die theoretischen Grundlagen durch reale technische Beispiele ergänzt und mithilfe computergestützter Methoden – etwa mittels MATLAB oder Excel – verifiziert und visualisiert.

Am Ende der Buchreihe wird deutlich, dass die Aeromechanik alle in den vorherigen Bänden erworbenen Kompetenzen vereint: Die Statik liefert das Verständnis für Kräfte, die Dynamik beschreibt ihre zeitliche Entwicklung, die Hydromechanik bildet die Grundlage für Strömungen, die Thermodynamik erklärt Energie- und Zustandsänderungen und die Wärmelehre ermöglicht die Beschreibung realer Gasprozesse.

Bei Fragen richten Sie sich an mich unter folgender eMail-Adresse:
andreas.huber@ahmechanik.com

Eine Übersicht über alle Bücher erhalten Sie unter meiner Website:
▶ https://ahm-consulting.at/

Ing. EUR ING Dipl.-Ing. (FH) Dipl.-Wirt.-Ing. (FH) Andreas Huber, CSWE
Dezember 2025

Verwendete Programme

Das gesamte Buch wurde in LATEX verfasst. Das Literaturverezichnis in BibTEX. Diagramme, Abbildungen, einige Tabellen wurden in TikZ, Matlab, GeoGebra, Adobe Illustrator, IPE, PSTricks und dem CAD Programm SolidWorks erstellt. Diese wurden dann durch .pdf Dateien in das Dokument eingebunden.

Danksagung, Autor und Erklärungen

Danksagung Ich möchte mich besonders bei allen Unterstützern und Helfern bedanken. Zum einen jene, welche mir bei Problemen mit LaTeX geholfen haben, ich habe mich nicht vom ersten Moment an in dieses Programm verlieben können, allerdings bin ich mit Word bei solch großen Dokumenten an meine Grenzen gestoßen, aufgrund ich mich mehr oder minder auf LaTeX einlassen musste. Heute kann ich allen Kritikern (so auch ich, damals) sagen: „Es ist das beste Textverarbeitungsprogramm auf dem Markt, für große Dokumente, auch wenn der Anfang nicht einfach fällt. Hier wurden, um das Layout des Buches zu erhalten, ca. 1000 Programmzeilen in die Präambel eingebettet, bevor mit dem Schreiben begonnen wurde". Zum Anderen möchte ich mich für die Hilfe bei fachlichen Problemen bedanken und auch bei der rechtlichen Beratung. (Die angesprochenen Personen werden wissen, wem ich meine). Um eine Strukturierung in das Buch zu bekommen, möchte ich mich bei allen Professoren, die durch ihre Skripten, eine grobe Strukturierung vorgaben, bedanken.

Des Weiteren möchte ich mich bei meinen Professoren aus der HTL-Zeit bedanken, die mir auch immer wieder geholfen haben, Lösungen für Designwünsche in LaTeX umzusetzen, oder mir halfen die optimalen Zeichenprogramme für die Erstellung der Vektorgrafiken zu finden. Auch diese werden wissen, wem ich meine, wenn sie das lesen.

Ganz besonders möchte ich mich bei einem Professor aus meinem Studium bedanken, der mich immer wieder beraten hat beim Vorgang an den Verlag heranzutreten und mich immer durch Zoom-Meetings unterstützt hat, da ihm dieser, doch teilweise langwierige Vorgang, aufgrund eigener Erfahrung bekannt war. Zweitens möchte ich mich noch bedanken, bei der Unterstützung für bei der grundlegenden Herangehensweise zum Veröffentlichen für das Buch, bei der Unterstützung einen Verlag zu finden, danke dafür an den Hochschulverlag der Hochschule Mittweida.

Zu guter Letzt bedanke ich mich besonders beim gesamten Springer Team, ohne die dieses Buch so nicht existieren würde. Ich bin sehr dankbar für die tolle Zusammenarbeit mit meinem Verlags-Team und der Erfahrung die mir dadurch mitgegeben wurde. Danke schön für die Projektleitung dieses Buches seitens des Verlages, Luana Lo Piccolo. Ebenso möchte ich mich herzlich für die Planung und Realisierung des Designs und der gesamten Kapitel bei Noemie Reuland bedanken, die mich dazu immer wieder beraten hatte. Ebenso Bedanke ich mich beim le-tex Team, im speziellen bei Sebastian Tupaika und Lisa Wagner.

Der Autor Andreas Huber beschäftigt sich mit den Themen: Angewandte Mathematik, Maschinenbau, Maschinenelemente, Kolbenmaschinen, Strömungsmaschinen, Getriebetechnik, Thermodynamik, Technische Mechanik, Informatik, Computerunterstützte Programmberechnungen in der Technik, CAD-Programmoptimierungen und Anwendungen, Konstruktionsmethoden und Technische Konstruktionen sowie der Mechatronik, darunter Mikrocontroller und Robotik.

Er hat die Höhere- Technische-Bundes- Lehr und Versuchsanstalt in Salzburg (Abteilung: Maschinenbau, Vertiefung: Anlagentechnik) besucht und anschließend an der University of Applied Science in Mittweida, Ma-

Der Autor: Andreas Huber

schinenbau, mit Vertiefung Mechatronik studiert. Zudem besuchte er immer wieder Fortbildungen im Bereich der CAM- und CAD Technik, und ließ sich anschließend in diesen Bereichen zertifizieren. So sammelte er Zertifizierungen als Expert für Mechanical Design und Simulation, als auch Zertifizierungen für PDM- Systeme, FlowSimulation und API bzw. Makroprogrammierung. Am Ende sammelte er dadurch ca. 50 Zertifizierungen, von denen manche nur die wenigsten schaffen. Zudem wurde er als SolidWorks Champion ausgezeichnet. Zusätzlich absolvierte er eine Wirtschaftsingenieurstudium um bestens auf Wirtschaftliche- und Rechtliche Probleme und Herausforderungen reagieren zu können. Neben seiner Haupttätigkeit und Nebentätigkeit als Autor ist er in der Lehre und als Prüfer tätig.

Neben seines Maschinenbau-Studiums studierte er auch noch Wirtschaftsingenieurwesen und Unternehmensführung mit Vertiefungen im Gesellschaftsrecht, Urheberrecht, Steuerrecht und Wirtschaftsrecht.

Berufserfahrung hat er schon in jungen Jahren, durch diverse Neuentwicklungen sammeln können und später durch Neuerfindungen und Entwicklungen in der Industrie, vorwiegend in den beiden Sparten: Automatisierung und für Maschinen der Automobilindustrie. In der Industrie arbeitet er als Projekt- und Neuentwicklungsleiter für Werkzeugbaumaschinen Spannmittel. Er selbst ist neben der Projektleitung primär mit der FEM-Berechnung diverser Bauteile und Baugruppen beschäftigt sowie der API-Programmierung und der Ideenentwicklung sowie der IT und Datenbankeinstellungen im Unternehmen.

Um viele Beispiele anschaulicher zu gestalten, wurde eine Website zu dieser Buchreihe erstellt, die unter dem unten angeführten Link zu erreichen ist. Dort können diverse Animationen, FEM-Berechnungen, CAD-Dateien eingesehen werden; zudem kann man sich unter dem ersten Link noch ein besseres Bild des Autors machen. Bei Fragen, Anregungen, Wünschen oder Beschwerden, ist ebenfalls noch eine E-Mail-Adresse angefügt.

▶ https://www.linkedin.com/in/andreas-h-5783b912b/
andreas.huber@ahmechanik.com

Interessenkonflikt Der/die Autor*in hat keine relevanten Interessenskonflikte im Zusammenhang mit dieser Publikation.

Inhaltsverzeichnis

I   Grundlagen der Aeromechanik

III   Gasturbinen und Turboverdichter

IV   Windturbinen

V Hyperschallströmungen

VI Flugtechnik

VII Numerische Strömungsmechanik und CFD

Abbildungsverzeichnis

Tabellenverzeichnis

Grundlagen der Aeromechanik

Inhaltsverzeichnis

Mischung idealer Gase

Inhaltsverzeichnis

Sie lernen hier…

- die Gesetze von Dalton kennen.
- den Satz von Avogadro kennen.
- Beschreibung der Mischung von Gasen.

> **Zitat**
>
> Habe ich in einem Jahr mein Alter akzeptiert, es im nächsten Jahr schon seine Gültigkeit verliert.
>
> *Kühn-Görg, Monika*

1.1 Grundlagen

Die Aeromechanik ist ein Teilgebiet der technischen Mechanik und befasst sich mit den Bewegungen und Kräften von Fluiden, insbesondere von Gasen, unter der Einwirkung äußerer und innerer Kräfte. Als interdisziplinäre Wissenschaft verbindet sie die klassische Mechanik mit der Thermodynamik und der Strömungslehre und stellt eine wesentliche Grundlage für zahlreiche ingenieurwissenschaftliche Anwendungen dar, insbesondere in der Luft- und Raumfahrttechnik, der Energietechnik und der Strömungsmaschinentechnik.

Der zentrale Gegenstand der Aeromechanik ist die Bewegung von Gasen unter realistischen physikalischen Bedingungen. Diese Bewegung kann durch die fundamentalen Gleichungen der Strömungsmechanik beschrieben werden, insbesondere durch die Kontinuitätsgleichung, die Impulsgleichung (Euler- oder Navier-Stokes-Gleichungen) sowie die Energiebilanz. Diese Gleichungen sind im Allgemeinen nicht linear und erfordern für ihre Lösung entweder analytische Näherungen oder numerische Verfahren.

In diesem Buch erarbeitet man die Grundlagen der Aeromechanik Stück für Stück, da es sich aber um ein derart komplexes Thema handelt, ist es nicht möglich, die gesamte Aeromechanik anhand dieses Grundlagenbuches abzubilden. Es wird deshalb auf erweiterte und vertiefende Literatur verwiesen. Im Folgenden beginnt man mit der Mischung von idealen Gasen und behandelt zunächst das Gesetz von Dalton.

In einem idealen Gas sind die zwischenmolekularen Wechselwirkungen so gering, dass sie in der thermodynamischen Betrachtung als vernachlässigbar gelten. Dies führt dazu, dass sich die einzelnen Gasteilchen unabhängig voneinander bewegen und keine relevanten Kräfte aufeinander ausüben.

Daraus folgt unmittelbar, dass bei einer Mischung mehrerer idealer Gase keine Wechselwirkungen zwischen den einzelnen Komponenten auftreten. Jedes Gas verhält sich so, als wäre es allein im betrachteten Volumen vorhanden, sodass alle Komponenten der Mischung unabhängig voneinander den allgemeinen Gasgesetzen gehorchen. Diese Eigenschaft idealer Gase ist von fundamentaler Bedeutung für die Thermodynamik von Gasgemischen, da sie eine analytische Beschreibung ermöglicht, die frei von Wechselwirkungs-Termini ist.

Ein wesentliches Merkmal solcher Gemische besteht darin, dass jede einzelne Komponente das gesamte Systemvolumen V einnimmt und dieselbe Temperatur T besitzt. Die spezifischen Volumina v_i der einzelnen Gaskomponenten unterscheiden sich allerdings voneinander, da sie von der individuellen Stoffmenge und der spezifischen Natur des jeweiligen Gases abhängen. Dabei gilt stets, dass das spezifische Volumen des gesamten Gemisches v kleiner ist als die spezifischen Volumina der einzelnen Gase, da die Summe der individuellen Beiträge das Gesamtvolumen ausfüllt.

Das Verhalten solcher idealen Gasgemische wird durch das Gesetz von Dalton beschrieben. Dieses besagt, dass der Gesamtdruck eines Gasgemisches gleich der Summe der Partialdrücke der einzelnen Gaskomponenten ist. Der Partialdruck einer Komponente ist dabei definiert als der Druck, den das jeweilige Gas ausüben würde, wenn es alleine das gesamte Volumen V unter der gegebenen Temperatur T besetzen würde.

1.2 Gesetz von Dalton

Das Gesetz von Dalton ist nach dessen Entdecker John Dalton[1] benannt, vgl. mit ◼ Abb. 1.1.

---

1   Geboren 6. September 1766 in Eaglesfield, Cumberland; gestorben 27. Juli 1844 in Manchester [96].

Abb. 1.1 John Dalton [96]

Tab. 1.1 Inhaltsstoffe von Luft

Gas	Prozentualer Anteil
N_2	78,084000 %
O_2	20,946000 %
Ar	0,934000 %
CO_2	0,040700 %
Ne	0,001818 %
He	0,000524 %
CH_4	0,000018 %
Kr	0,000011 %
Σ	100 %

1.2.1 Definition

In einem Gemisch idealer Gase breitet sich jedes Einzelgas im ganzen Raum gleichmäßig aus und übt einen Druck aus, der so groß ist, als wären die anderen Gase nicht vorhanden. Dies lässt sich mit dem Partialdruck erklären. Als Beispiel: Partialdruck ist jener Druck, der den Beitrag jeder einzelnen Komponente eines Gasgemisches zum Gesamtdruck angibt. Man kann daher folgern: Im Falle idealer Gase entspricht der Partialdruck eines einzelnen Gases, innerhalb eines Gasgemischs, dem Druck, den das einzelne Gas hätte, wenn die anderen Gase entfernt werden würden und das einzelne Gas auf das Volumen der Mischung expandiert wird, gem. [114]. Formal lässt sich dies schreiben, zu

$$p = \sum_{i=1}^{n} p_i. \tag{1.1}$$

1.2.2 Untersuchung anhand des Luftgemisches

Man kann sich dies einfach vorstellen, wenn man die Inhalte vom Luftgemisch genauer untersucht. Luftgemisch ist quasi die „Luft", die der Mensch täglich ein- und ausatmet. Sie besteht aus

Stickstoff (N_2):	78,08 %
Sauerstoff (O_2):	20,95 %
Argon (Ar):	0,93 %
Kohlenstoffdioxid (CO_2):	0,04 %
Edelgase (Ne, He, Kr, Xe):	Spuren
Wasserdampf (H_2O):	variabel (0–4 %)

Im Detail kann man die Aufteilung in **Abb. 1.2** bzw. **Tab. 1.1** sehen.

Es können jetzt die einzelnen Partialdrücke jedes Gases berechnet werden, indem man das Gesetz von Dalton verwendet. Grundlegend gilt nach Dalton, dass die Konzentration in Abhängigkeit des Partialdrucks steht. Man kann daher formulieren:

$$\frac{p_i}{p} = \frac{n_i}{n}; \tag{1.2}$$

wobei p_i der Partialdruck des einzelnen Gases ist, p der Gesamtdruck des Gasgemisches und n_i die Konzentration des Gases sowie n die Konzentration des Gasgemisches. Es ergibt sich dann, durch Einsetzen der Werte für Luft, von der man bei trockener Luft den Gesamtdruck auf Normniveau gem. 1,013 bar kennt, für die Partialdrücke

$$\underline{\underline{p_i}} = \frac{n_i}{\underbrace{n}_{=1}} \cdot p = n_i \cdot p$$

$$= \underline{n_i \cdot 1013,2515 \text{ mbar}}. \tag{1.3}$$

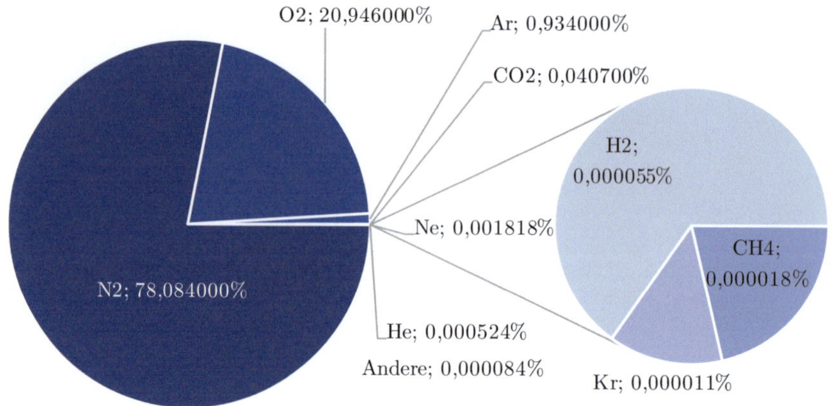

Abb. 1.2 Sauerstoffgemischzusammensetzung [104]

Tab. 1.2 Partialdrücke bei den Inhaltsstoffen von Luft

Gas	Prozentualer Anteil	Partialdruck in mbar
N_2	78,084000 %	791,1873
O_2	20,946000 %	212,2357
Ar	0,934000 %	9,463769
CO_2	0,040700 %	0,412393
Ne	0,001818 %	0,018421
He	0,000524 %	0,005309
CH_4	0,000018 %	0,000182
Kr	0,000011 %	0,000116
$\sum$	100 %	1013,2515 mbar

n_i findet man, für das jeweilige Gas, aus Abb. 1.2. Es ergeben sich dann die Partialdrücke für das Luftgemisch zu den Werten aus Tab. 1.2. Summiert man die Partialdrücke, muss sich gem. Gl. (1.1) der Gesamtdruck des Gasgemisches ergeben.

1.2.3 Fälle des Gesetzes von Dalton

Für die Berechnung der Zustandsgleichung unterscheidet man drei Fälle:

1.2.3.1 Gesetz von Dalton Fall 1

Die Zusammensetzung der Mischung ist in **Massenanteile μ_i** gegeben.

In m kg einer Mischung sind m_1, m_2, …, m_n kg verschiedener Gase enthalten, wenn $\mu_i = m_i/m$ gilt

$$\sum_{i=1}^{n} \mu_i = \sum_{i=1}^{n} \frac{m_i}{m} = 1. \tag{1.4}$$

Da sich die einzelnen Gase im Volumen V gegenseitig nicht beeinflussen, gilt für jede einzelne Komponente die Gasgleichung, zu

$$\begin{aligned}
p_1\,V &= m_1\,R_1\,T \\
p_2\,V &= m_2\,R_2\,T \\
&\;\;\vdots \\
p_n\,V &= m_n\,R_n\,T
\end{aligned} \tag{1.5}$$

Dividieren durch die Gesamtmasse m ergibt

$$\begin{aligned}
p_1\,v &= \mu_1\,R_1\,T \\
p_2\,v &= \mu_2\,R_2\,T \\
&\;\;\vdots \\
p_n\,v &= \mu_n\,R_n\,T.
\end{aligned} \tag{1.6}$$

Addieren der drei Gleichungen lässt

$$\begin{aligned}
p_1\,v + p_2\,v &+ \ldots + p_n\,v \\
&= \mu_1\,R_1\,T + \mu_2\,R_2\,T + \ldots + \mu_n\,R_n\,T
\end{aligned} \tag{1.7}$$

folgen. Herausheben von T und v:

$$(p_1 + p_2 + \ldots + p_n)\, v$$
$$= (\mu_1 R_1 + \mu_2 R_2 + \ldots + \mu_n R_n)\, T \tag{1.8}$$

Mit $p_1 + p_2 + \ldots + p_n = p$; und $\mu_1 R_1 + \mu_2 R_2 + \ldots + \mu_n R_n = \sum_{i=1}^{n} \mu_i R_i$ folgt

$$p\, v = (\mu_1 R_1 + \mu_2 R_2 + \ldots + \mu_n R_n)\, T$$

$$p\, v = \sum_{i=1}^{n} \mu_i R_i\, T, \tag{1.9}$$

bzw. mit

$$R = \sum_{i=1}^{n} \mu_i R_i \tag{1.10}$$

folgt

$$p\, v = \mu R T. \tag{1.11}$$

Corollary 1.1

Für ein Gemisch idealer Gase gilt die Gasgleichung.

1.2.3.2 Gesetz von Dalton Fall 2

Die Zusammensetzung der Mischung ist in **Molanteilen** v_i gegeben.

In n kmol einer Mischung sind v_1, v_2, …, v_n kmol verschiedener Gase enthalten:

$$v_i = \frac{n_i}{n} \qquad \sum_{i=1}^{n} v_i = \sum_{i=1}^{n} \frac{n_i}{n} = 1 \tag{1.12}$$

Auch hier kann man wieder die Gasgleichung jedes einzelnen Gases verwenden. Es ergibt sich

$$p_1 V = n_1 R_m T$$
$$p_2 V = n_2 R_m T$$
$$\vdots$$
$$\underline{p_n V = n_n R_m T.} \tag{1.13}$$

Dividieren durch n ergibt

$$p_1 V_m = v_1 R_m T$$
$$p_2 V_m = v_2 R_m T$$
$$\vdots$$
$$\underline{p_n V = v_n R_m T.} \tag{1.14}$$

Addieren der drei Gleichungen lässt auf

$$p_1 V_m + p_2 V_m + \ldots + p_n V_m$$
$$= v_1 R_m T + v_2 R_m T + \ldots + v_n R_m T \tag{1.15}$$

schließen. Herausheben von V_m und $R_m T$ ergibt

$$(p_1 + p_2 + \ldots + p_n)\, V_m$$
$$= (v_1 + v_2 + \ldots + v_n)\, R_m T. \tag{1.16}$$

Mit

$$p_1 + p_2 + \ldots + p_n = p \tag{1.17}$$

und

$$v_1 + v_2 + \ldots + v_n = v = 1 \tag{1.18}$$

ergibt sich

$$p\, V_m = R_m T \tag{1.19}$$

Corollary 1.2

Für ein Gemisch idealer Gase gilt die allgemeine Gasgleichung.

Für das **Molvolumen des Gemisches** gilt

$$p\, V_m = R_m T. \tag{1.20}$$

Für die **Molare Masse des Gemisches** gilt:

$$M = \sum_{i=1}^{n} v_i M_i \tag{1.21}$$

1.2.3.3 Gesetz von Dalton Fall 3

Die Zusammensetzung der Mischung ist Volumenteilen φ_i gegeben. In V m^3 einer Mischung sind $V_1\, V_2 \ldots V_n$ m^3 verschiedener Gase enthalten:

$$\varphi_i = \frac{V_i}{V} \qquad \sum_{i=1}^{n} \varphi_i = \sum_{i=1}^{n} \frac{V_i}{V} = 1 \qquad (1.22)$$

1.2.4 Satz von Avogadro

Nach dem Satz von Avogadro[2] gilt:

> **Theorem 1.1**
>
> Das Volumen V_i jeder Komponente ist der Stoffmenge n_i proportional.
>
> $$\frac{V_i}{n_i} = \frac{V}{n} \qquad (1.23)$$
>
> $$\frac{V_i}{V} = \frac{n_i}{n} \qquad \varphi_i = \nu_i \qquad (1.24)$$

Beweis Die Gültigkeit des Satzes von Avogadro wurde experimentell durch verschiedene Methoden überprüft, darunter die Bestimmung der Gasdichte, die Messung der Diffusionseigenschaften sowie spektroskopische Verfahren zur direkten Molekülzählung. $\square$

Der Satz von Avogadro besagt also, dass gleiche Volumina idealer Gase bei gleicher Temperatur und gleichem Druck die gleiche Anzahl an Molekülen enthalten. Mathematisch ausgedrückt folgt

$$\frac{V}{n} = \text{const.} \qquad (1.25)$$

◘ Abb. 1.3 Amedeo Avogadro [60]

Dies führt direkt zur Definition der Avogadro-Konstante[3] $N_A = n_A$, die die Anzahl der Moleküle in einem Mol eines Stoffes beschreibt:

$$N_A = 6{,}022 \cdot 10^{23}\ \text{mol}^{-1}. \qquad (1.26)$$

Der ideale Gaszustand wird durch die Zustandsgleichung beschrieben

$$pv = nRT. \qquad (1.27)$$

Setzt man $n = \frac{N}{N_A}$ ein, folgt

$$pv = \frac{N}{N_A} RT. \qquad (1.28)$$

Daraus ergibt sich für ein einzelnes Molekül

$$pv = N k_B T, \qquad (1.29)$$

wobei $k_B = \frac{R}{N_A}$ die Boltzmann-Konstante ist.

In der Aeromechanik spielt der Satz von Avogadro eine Schlüsselrolle bei der Modellierung von Gasströmungen, insbesondere in der Höhenphysik und der Simulation von Verdünnungseffekten in der Atmosphäre.

---

2 Lorenzo Romano Amedeo Carlo Avogadro, Conte di Quaregna e Cerreto (vgl. mit ◘ Abb. 1.3) (9. August 1776 in Turin; gestorben 9. Juli 1856 ebenda) war ein italienischer Physiker und Chemiker [59].

3 Diese wurde auch bereits in Band 5 dieser Buchreihe (vgl. mit [16]) genauer behandelt.

1.2.5 Ergänzungen aus der Thermodynamik

Ferner gelten für ein Gemisch die Zusammenhänge

$$\mu_i = \frac{M_i}{M}\, v_i = \frac{M_i}{M}\, \varphi_i$$

$$\frac{p_i}{p} = \frac{n_i}{n} = \frac{V_i}{V} = \varphi_i = v_i$$

$$R = \frac{R_m}{M}$$

$$c_p = \sum \mu_i\, c_{pi} \qquad c_v = \sum \mu_i\, c_{vi}$$

$$c_{mp} = \sum v_i\, c_{mpi} \qquad c_{mp} = \sum v_i\, c_{mvi}$$

$$(1.30)$$

1.2.6 Stoffwerttabelle

Oftmals benötigt man eine Stoffwerttabelle, für das Lösen von Beispielen. Diese ist in ◘ Tab. 1.3 dargestellt.

1.3 Gasmischungsuntersuchung mittels CFD

Oftmals ist es in der industriellen Untersuchung von Bedeutung, die genauen Mischverhältnisse von mehreren Gasen zu kennen. Beispielsweise bei der Untersuchung von Verbrennungsanlagen, die aus unterschiedlichen Gasen das Gasgemisch erzeugen. Ein weiteres Beispiel stellt ein Verbrennungsmotor dar, der das Treibstoffgemisch in den Motorraum einspritzt und dann das Gemisch zündet. Es ist dabei oft die exakte Position des Gemisches von Bedeutung. In der

◘ **Tab. 1.3** Stoffwerttabelle

Gas	Chem. Zeichen	Atomzahl	Molare Masse M kg/kmol	Gaskonstante R J/kg K	Normdichte kg/m³	Isentropenexponent κ
Helium	He	1	4,033	2077,1	0,1768	1,66
Argon	Ar	1	39,948	208,2	1,7821	1,66
Wasserstoff	H_2	2	2,016	4124,4	0,0899	1,409
Stickstoff	N_2	2	28,013	296,8	1,2499	1,4
Sauerstoff	O_2	2	31,999	259,8	1,4276	1,399
Luft	–	–	28,964	287	1,2922	1,402
Kohlenmonoxyd	CO	2	28,011	296,8	1,2495	1,4
Stickoxyd	NO	2	30,006	277,1	1,3388	1,385
Chlorwasserstoff	HCl	2	36,465	228	1,6265	1,4
Kohlendioxyd	CO_2	3	44,01	188,9	1,9634	1,301
Stickoxydul	N_2O	3	44,013	188,9	1,9637	1,27
Schwefeldioxyd	SO_2	3	64,06	129,8	2,8581	1,272
Wasserdampf	H_2O	3	18,015	461,5	0,8037	1,332
Amoniak	NH_3	4	17,031	488,2	0,7598	1,313
Azetylen	C_2H_2	4	26,038	319,4	1,1807	1,255
Methan	CH_4	5	16,042	518,8	0,7152	1,319
Ethylen	C_2H_4	6	28,052	296,6	1,2506	1,249
Ethan	C_2H_6	8	30,068	276,7	1,3406	1,2

heutigen Zeit passieren solche Untersuchungen vor allem auf Basis der CFD, wie auch in diesem Abschnitt behandelt wird.

1.3.1 Einführungsbeispiel

Vgl. mit ▶ Lösung durch SolidWorks CFD 1.1.

1.3.2 Untersuchung eines Gasverteilers

Vgl. mit ▶ Lösung durch SolidWorks CFD 1.2

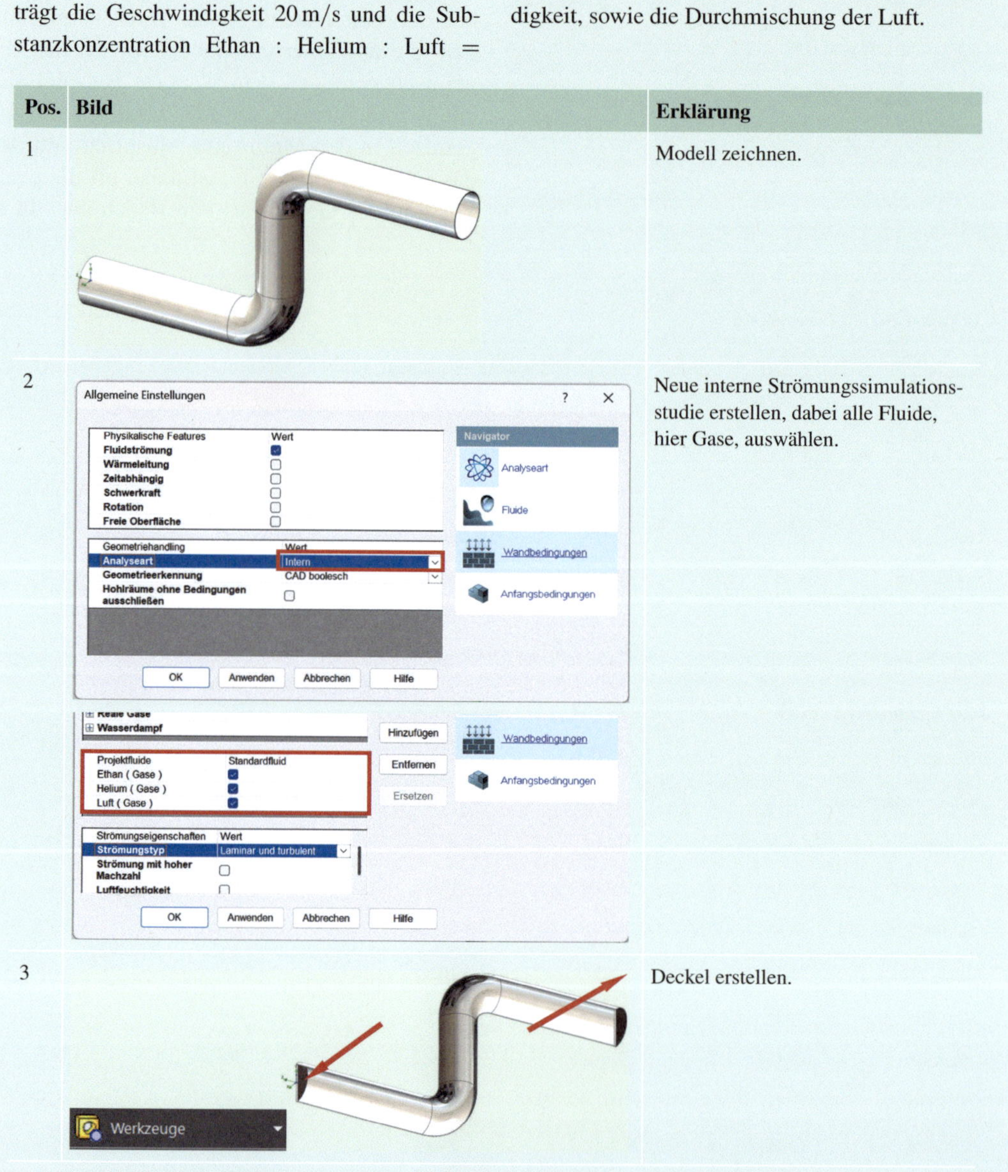

Methode: Lösung durch SolidWorks – CFD 1.1

Eine Gasleitung wird mit den Gasen: Ethan, Helium und Luft durchströmt. Am Eingang beträgt die Geschwindigkeit 20 m/s und die Substanzkonzentration Ethan : Helium : Luft = 20 % : 50 % : 30 %. Zu untersuchen sind die Volumenanteile an der Austrittsstelle, die Geschwindigkeit, sowie die Durchmischung der Luft.

Pos.	Bild	Erklärung
1		Modell zeichnen.
2		Neue interne Strömungssimulationsstudie erstellen, dabei alle Fluide, hier Gase, auswählen.
3		Deckel erstellen.

4 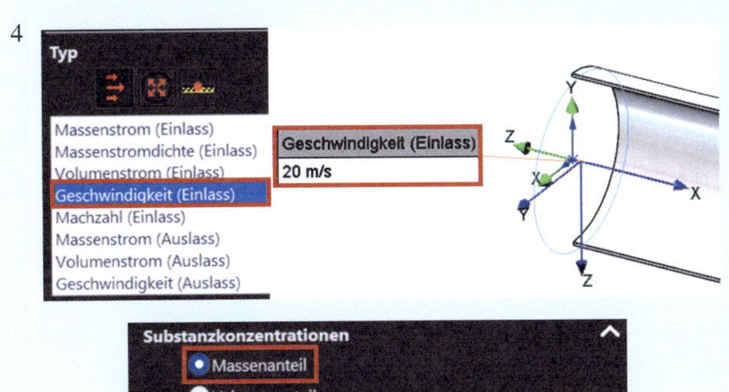

Randbedingung 1 festlegen, Geschwindigkeit iHv. 20 m/s. Substanzkonzentration festlegen, wie nebenstehend gezeigt.

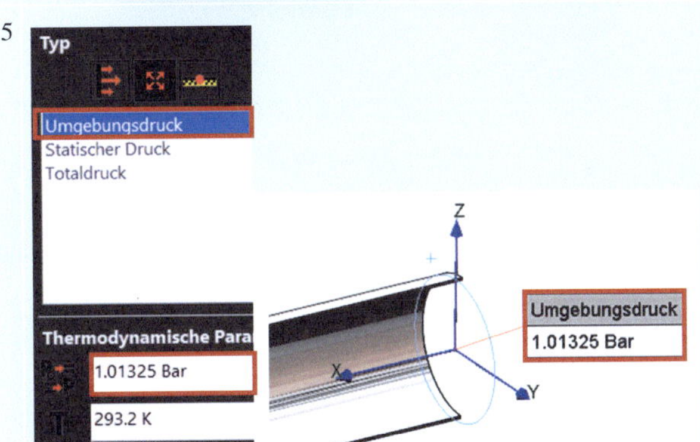

5 Randbedingung 2 festlegen, Umgebungsdruck iHv. 1,01325 bar.

6 

Globale Ziele definieren.

7 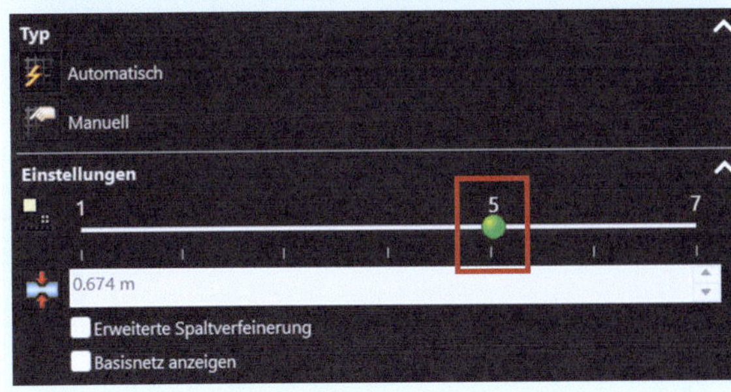

Netzeinstellungen, gem. nebenstehend, ändern.

1

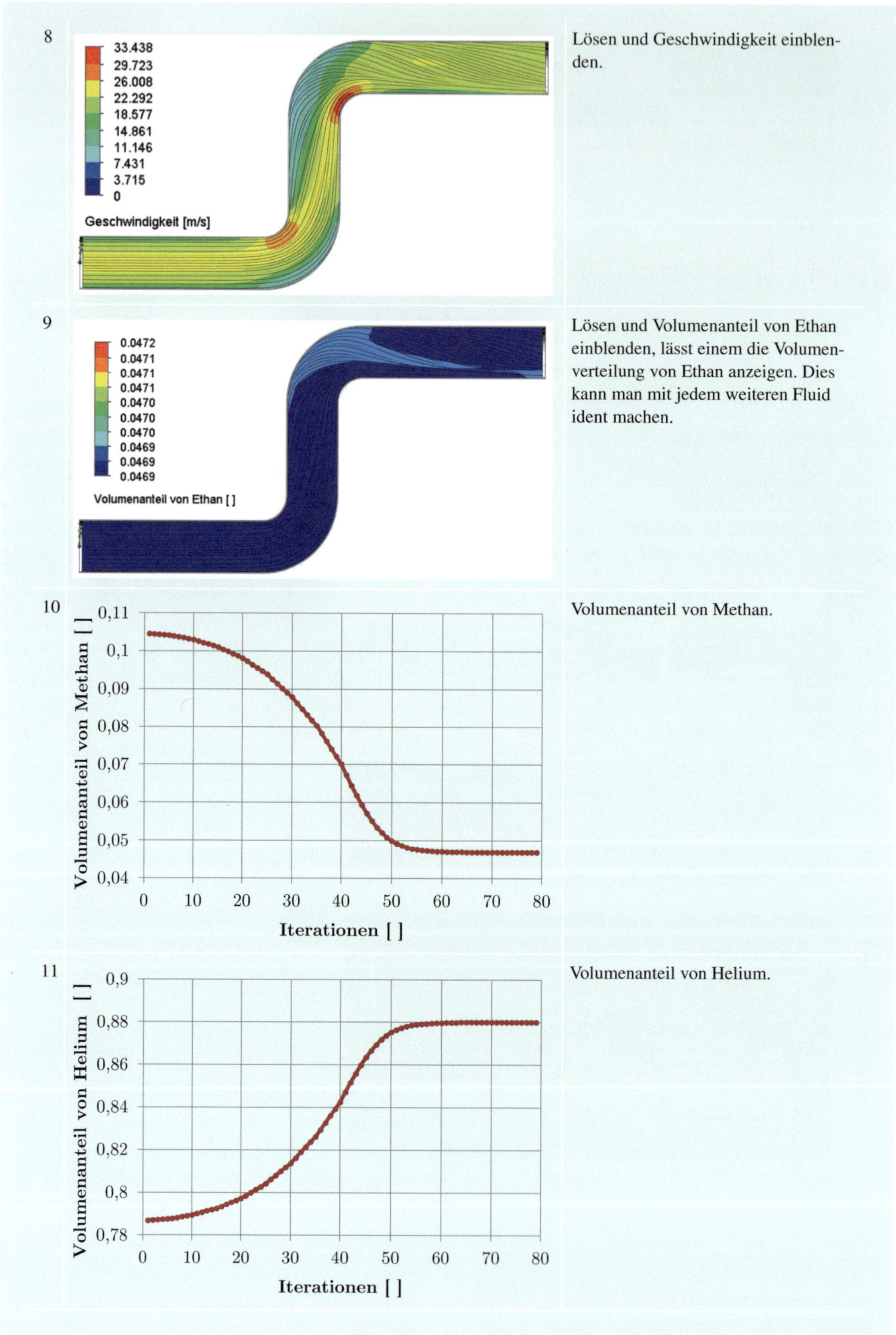

8   Lösen und Geschwindigkeit einblenden.

9   Lösen und Volumenanteil von Ethan einblenden, lässt einem die Volumenverteilung von Ethan anzeigen. Dies kann man mit jedem weiteren Fluid ident machen.

10   Volumenanteil von Methan.

11   Volumenanteil von Helium.

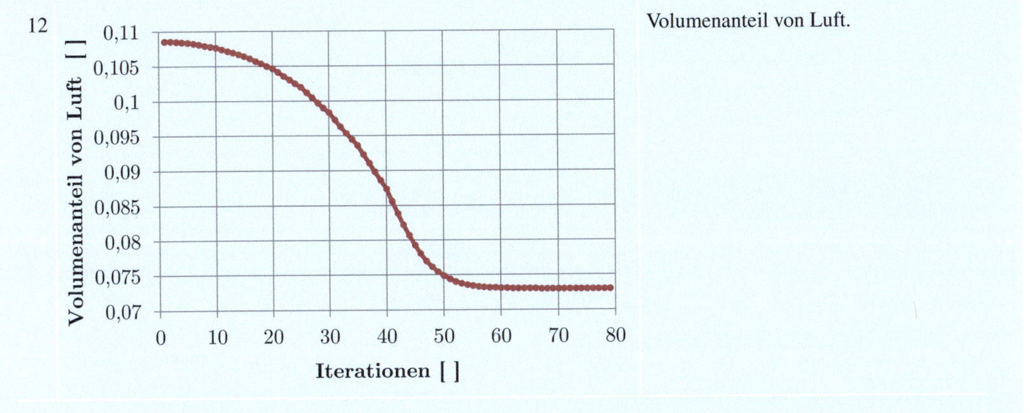

Volumenanteil von Luft.

Methode: Lösung durch SolidWorks – CFD 1.2

Ein Gasverteiler wird mit Luft, bei einer Geschwindigkeit iHv. 15 m/s, an der Eintrittsstelle, durchströmt. Im Anschluss wird bei jeder Zweigstelle Gas beigemengt, jedes Gas mit einer Geschwindigkeit von 10 m/s. Es wird der Reihe nach Helium, Stickstoff, Argon und Butan beigemengt.

Wie durchmischen sich die Gase am Ende des Verteilers? Es ist dazu eine Schnittdarstellung des Verteilerquerschnittes vom Massenanteil Luft darzustellen. Stellen Sie den Massenanteil von Helium, Luft, Argon, Butan und Methan in einem Zieldarstellungsdiagramm dar.

Pos.	Bild	Erklärung
1	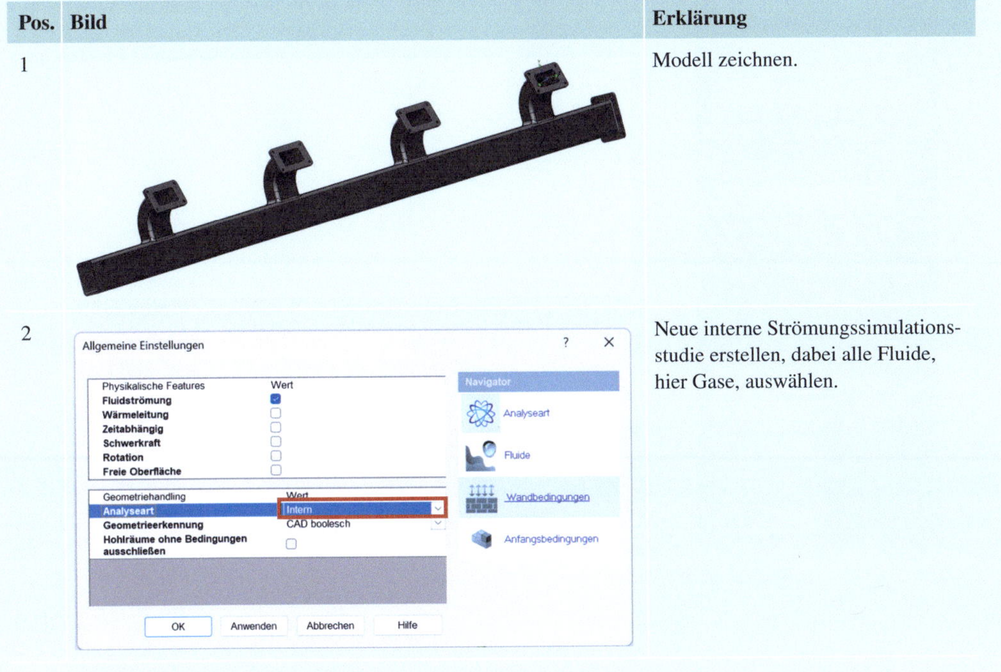	Modell zeichnen.
2		Neue interne Strömungssimulationsstudie erstellen, dabei alle Fluide, hier Gase, auswählen.

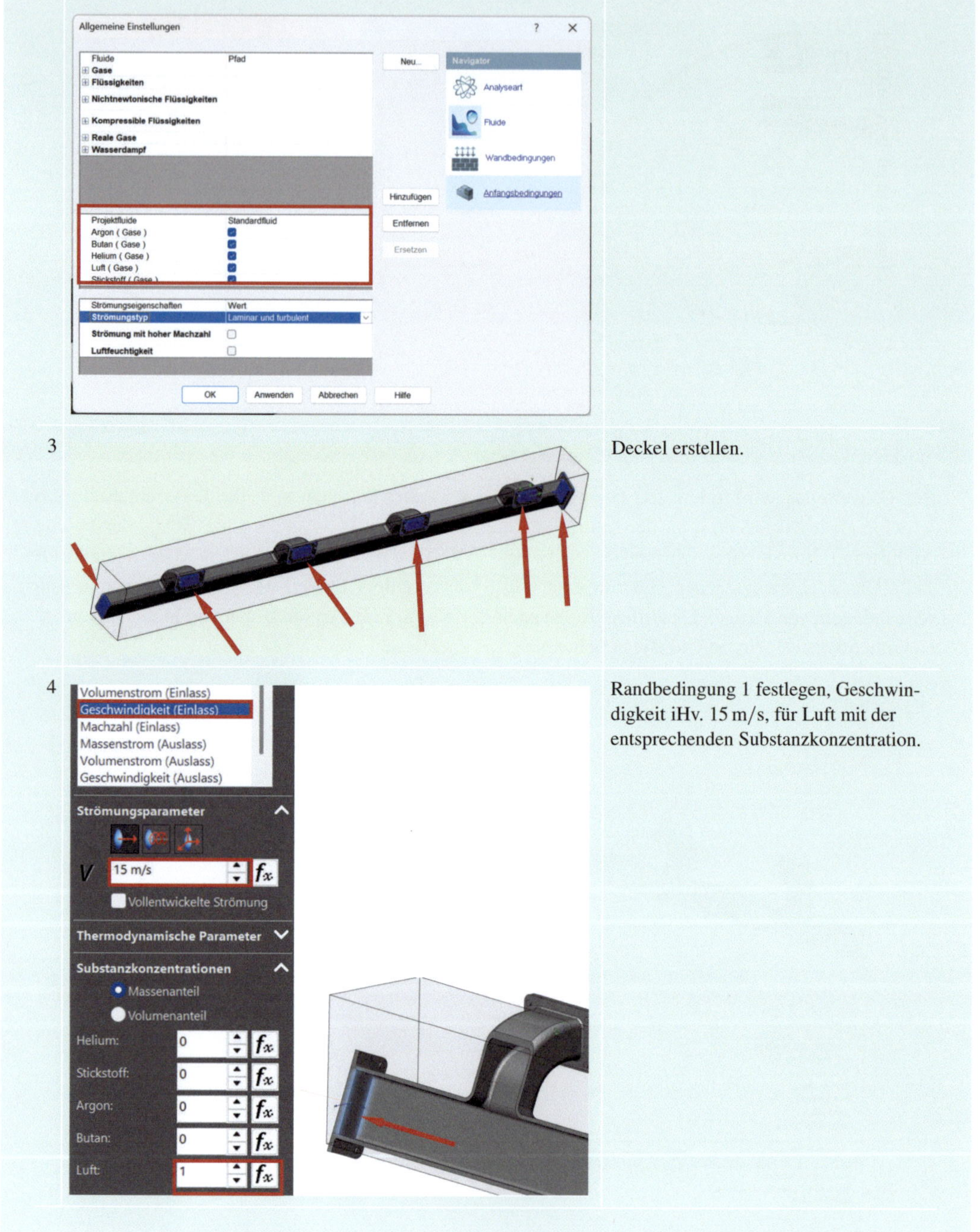

3 Deckel erstellen.

4 Randbedingung 1 festlegen, Geschwindigkeit iHv. 15 m/s, für Luft mit der entsprechenden Substanzkonzentration.

5

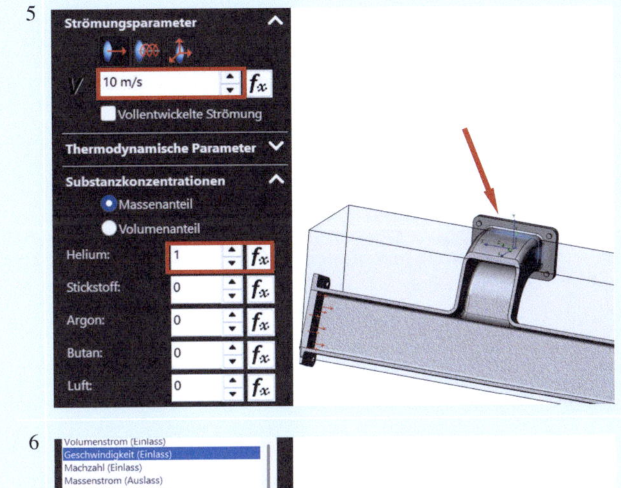

Randbedingung 2 festlegen, Geschwindigkeit iHv. 10 m/s, für Helium mit der entsprechenden Substanzkonzentration.

6

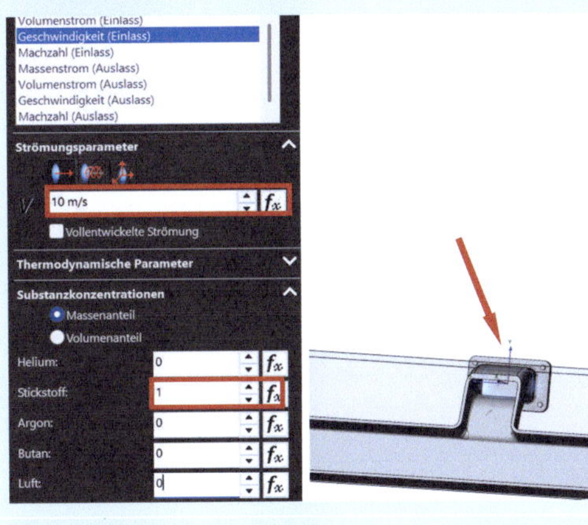

Randbedingung 3 festlegen, Geschwindigkeit iHv. 10 m/s, für Stickstoff mit der entsprechenden Substanzkonzentration.

7

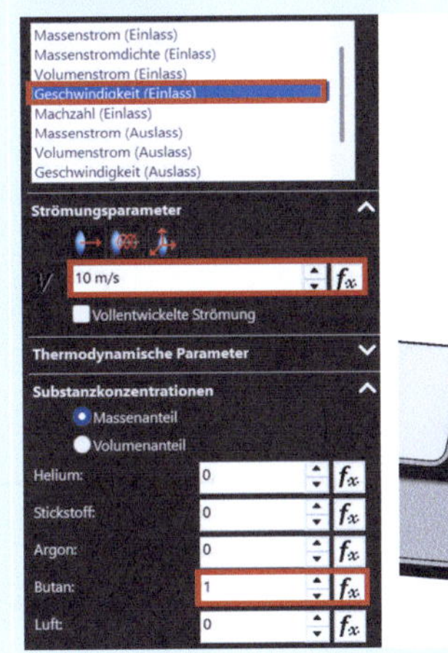

Randbedingung 4 festlegen, Geschwindigkeit iHv. 10 m/s, für Butan mit der entsprechenden Substanzkonzentration.

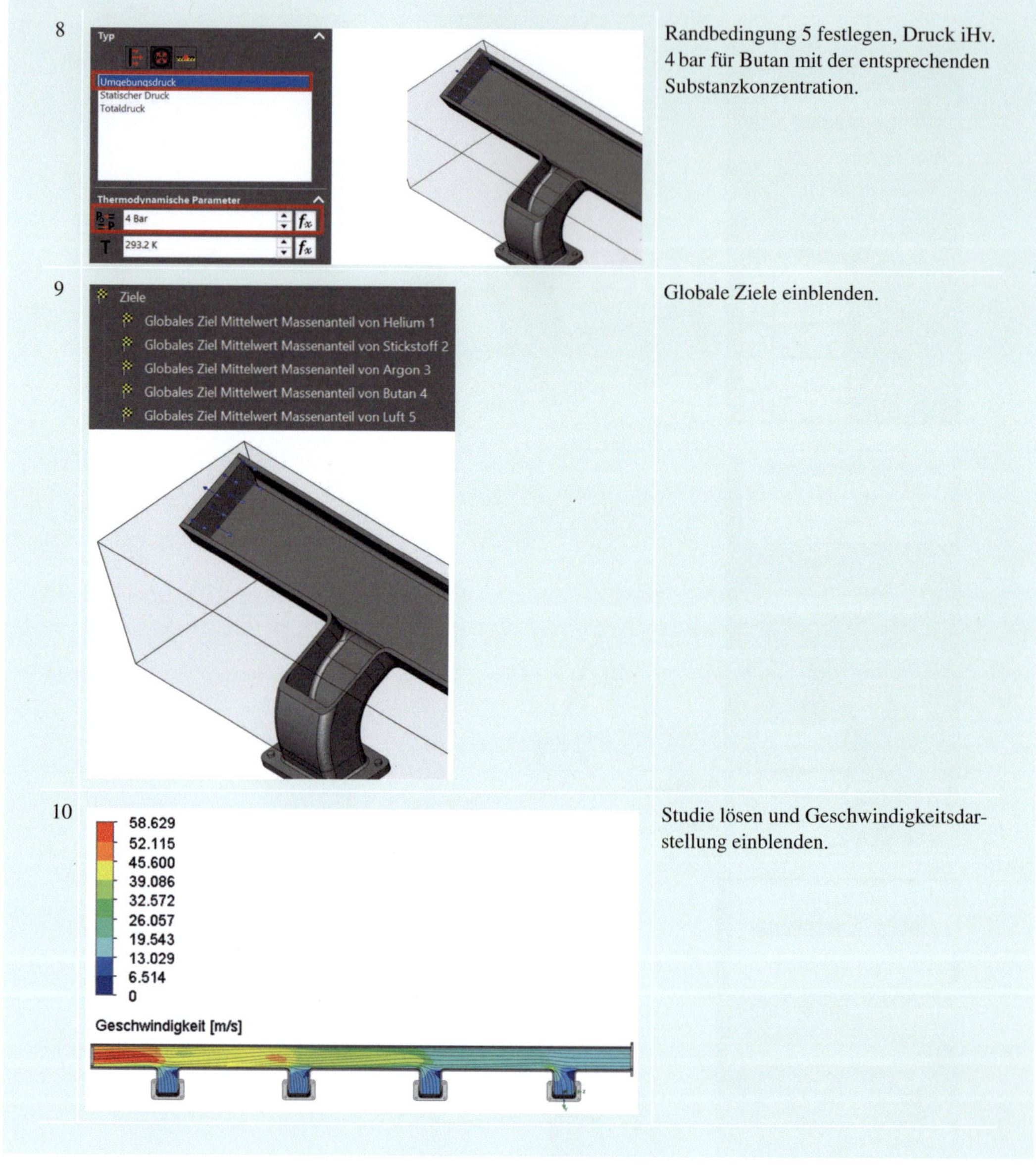

8   Randbedingung 5 festlegen, Druck iHv. 4 bar für Butan mit der entsprechenden Substanzkonzentration.

9   Globale Ziele einblenden.

10   Studie lösen und Geschwindigkeitsdarstellung einblenden.

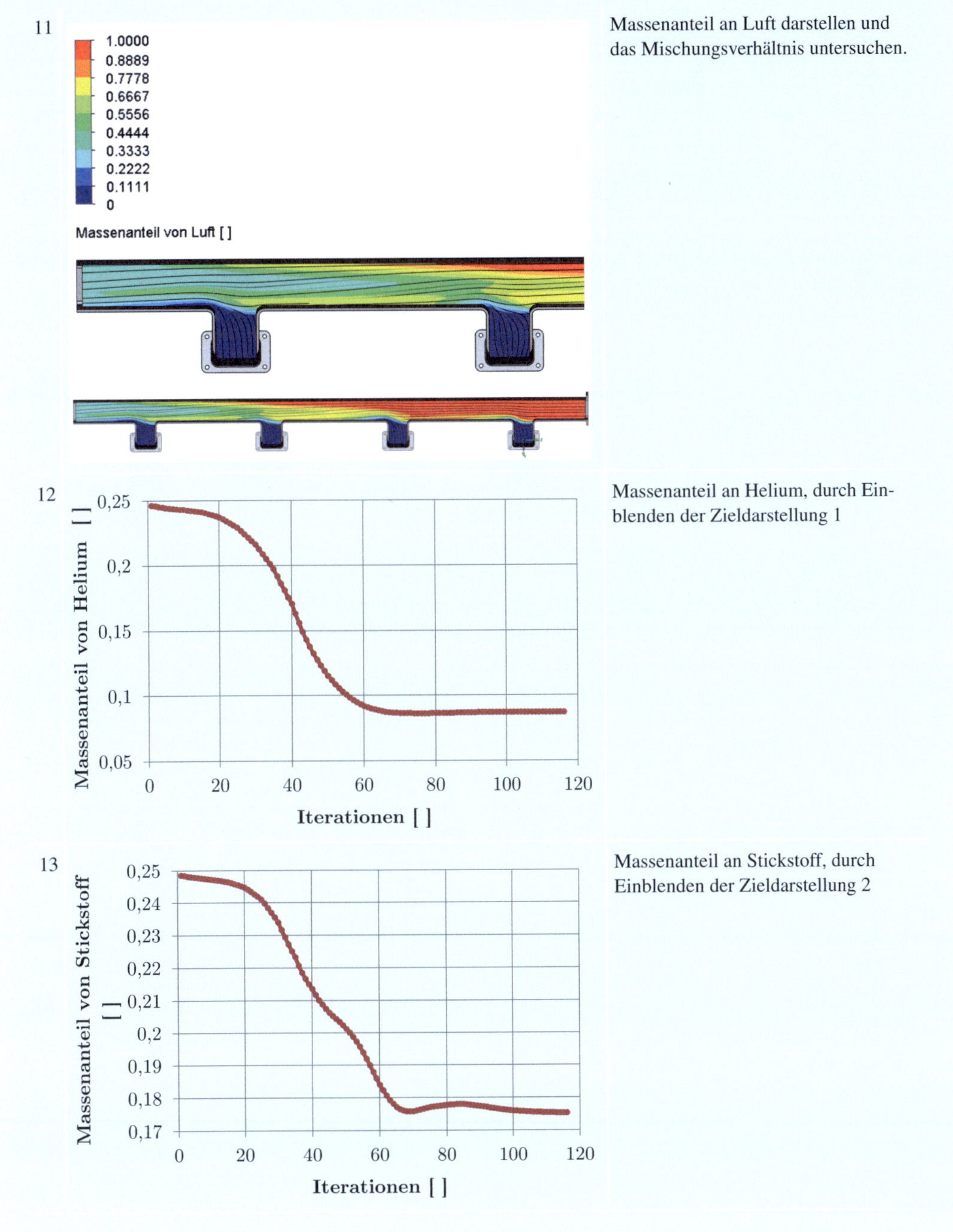

11 Massenanteil an Luft darstellen und das Mischungsverhältnis untersuchen.

12 Massenanteil an Helium, durch Einblenden der Zieldarstellung 1

13 Massenanteil an Stickstoff, durch Einblenden der Zieldarstellung 2

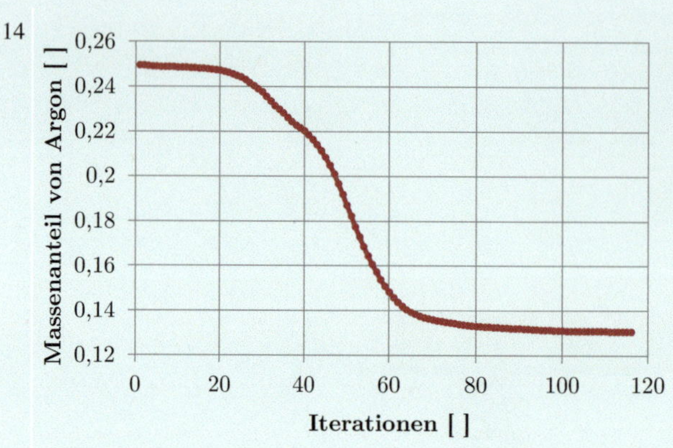

Massenanteil an Argon, durch Einblenden der Zieldarstellung 3

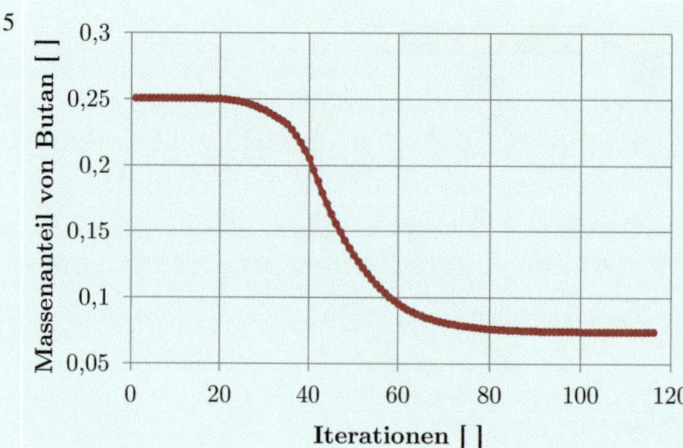

Massenanteil an Butan, durch Einblenden der Zieldarstellung 4

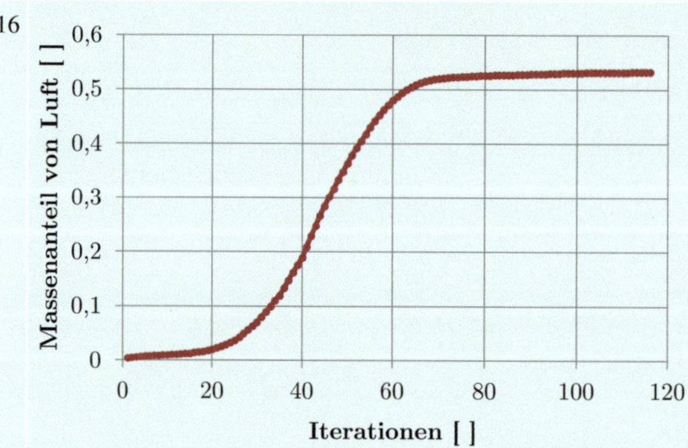

Massenanteil an Butan, durch Einblenden der Zieldarstellung 5

1.4 Übungen

Übungsbeispiel 1.1

Ein Gasgemisch besteht aus 60 Vol% Stickstoff (1) und aus 40 Vol% Helium (2) bei 1 bar und 30°C.

Bestimmen Sie die Molanteile, die Masseanteile, die Gaskonstante und das spezifische Volumen.

Lösung

Aus ▪ Tab. 1.3 folgen die Stoffwerte, zu
- N$_2$: $M_1 = 28\,\text{kg/kmol}$ $R_1 = 296{,}8\,\text{J/kg K}$
- He: $M_2 = 4\,\text{kg/kmol}$ $R_2 = 2078\,\text{J/kg K}$

Jetzt kann man die Aufgaben berechnen, zu

$$\underline{\underline{\varphi_1}} = \frac{60}{100} = \underline{\underline{0{,}6}} = \underline{\underline{v_1}} \tag{1.31}$$

$$\underline{\underline{v_2}} = 1 - v_1 = 1 - 0{,}6 = \underline{\underline{0{,}4}} \tag{1.32}$$

Für $\mu_i = \frac{M_i}{M} \cdot \varphi_i$

$$\underline{\underline{M}} = \sum_{i=1}^{n} v_i \cdot M_i = 0{,}6 \cdot 0{,}28 + 0{,}4 \cdot 4$$

$$= \underline{\underline{18{,}4\,\text{kg/kmol}}}. \tag{1.33}$$

Jetzt kann man μ_i berechnen, zu

$$\underline{\underline{\mu_1}} = \frac{M_1}{M} \cdot \varphi_1 = \frac{28}{18{,}4} \cdot 0{,}6 = \underline{\underline{0{,}913}} \tag{1.34}$$

$$\underline{\underline{\mu_2}} = \frac{M_2}{M} \cdot \varphi_1 = \frac{4}{18{,}4} \cdot 0{,}4 = \underline{\underline{0{,}087}} \tag{1.35}$$

Für

$$\underline{\underline{R}} = \frac{R_m}{M} = \frac{8314}{18{,}4} = \underline{\underline{451{,}8\,\text{J/kg K}}}. \tag{1.36}$$

oder

$$\underline{\underline{R}} = \sum_{i=1}^{n} 0{,}913 + 296{,}8 + 0{,}087 \cdot 2078$$

$$= \underline{\underline{451{,}8\,\text{J/kg K}}}. \tag{1.37}$$

$p \cdot v = R \cdot T$ ergibt

$$\underline{\underline{v}} = \frac{R \cdot RT}{p} = \frac{451{,}8 \cdot 303}{1 \cdot 10^5} = \underline{\underline{1{,}37\,\text{m}^3/\text{kg}}}. \tag{1.38}$$

Übungsbeispiel 1.2

Ein Gasgemisch besteht aus 60 Vol% Stickstoff (1) und aus 40 Vol% Helium (2) bei 1 bar und 30°C.

Bestimmen Sie die Molanteile, die Masseanteile, die Gaskonstante und das spezifische Volumen. Lösen Sie dieses Beispiel mit Matlab!

Lösung

```matlab
% Gegebene Werte
phi1 = 0.6; % Volumenanteil von N2
phi2 = 1 - phi1; % Volumenanteil von He
M1 = 28; % Molmasse von N2 [kg/kmol]
M2 = 4; % Molmasse von He [kg/kmol]
R1 = 296.8; % spezifische Gaskonstante von N2 [J/kgK]
R2 = 2078; % spezifische Gaskonstante von He [J/kgK]
Rm = 8314; % universelle Gaskonstante [J/kmolK]
T = 30 + 273; % Temperatur in Kelvin
p = 1e5; % Druck in Pascal
```

```matlab
% Berechnung der Molanteile (da ideales Gas: Molanteil = Volumenanteil)
nu1 = phi1;
nu2 = phi2;

% Berechnung der mittleren Molmasse des Gasgemischs
M = nu1 * M1 + nu2 * M2;

% Berechnung der Massenanteile
mu1 = (M1 / M) * phi1;
mu2 = (M2 / M) * phi2;

% Berechnung der spezifischen Gaskonstante des Gasgemischs
R_mix_1 = Rm / M;
R_mix_2 = mu1 * R1 + mu2 * R2;

% Berechnung des spezifischen Volumens
v = (R_mix_1 * T) / p;

% Ergebnisse ausgeben
fprintf('Molanteile: \n');
fprintf('  ν1 (N2) = %.3f\n', nu1);
fprintf('  ν2 (He) = %.3f\n\n', nu2);

fprintf('Massenanteile: \n');
fprintf('  µ1 (N2) = %.3f\n', mu1);
fprintf('  µ2 (He) = %.3f\n\n', mu2);

fprintf('Mittlere Molmasse: M = %.1f kg/kmol\n\n', M);

fprintf('Spezifische Gaskonstante: \n');
fprintf('  Methode 1 (Rm / M) = %.1f J/kgK\n', R_mix_1);
fprintf('  Methode 2 (Summenformel) = %.1f J/kgK\n\n', R_mix_2);

fprintf('Spezifisches Volumen: v = %.2f m^3/kg\n', v);
```

```
>> Aeromechanik_Dalton_1
Molanteile:
  ν1 (N2) = 0.600
  ν2 (He) = 0.400

Massenanteile:
  µ1 (N2) = 0.913
  µ2 (He) = 0.087

Mittlere Molmasse: M = 18.4 kg/kmol

Spezifische Gaskonstante:
  Methode 1 (Rm / M) = 451.8 J/kgK
  Methode 2 (Summenformel) = 451.7 J/kgK

Spezifisches Volumen: v = 1.37 m^3/kg
```

> **Übungsbeispiel 1.3**
>
> Modifizieren Sie den Code aus ▶ Übungsbeispiel 1.2 dahingehend, dass die ▢ Tab. 1.3 als Code eingearbeitet wird. Es soll dadurch möglich sein, dass wenn man das Gas bekannt gibt, Matlab die zugehörigen Bedingungen automatisch aus der Tabelle auslest und das Beispiel erneut berechnet. Kontrollieren Sie die Ergebnisse aus dem ▶ Übungsbeispiel 1.2. Führen Sie zusätzlich folgende Berechnung durch, wenn die Werte: Gasgemisch aus Argon (30 %), Methan (35 %) und Ethan gegeben ist.

Lösung

```matlab
%clc; clear; close all;

% Stoffwerttabelle als Struktur definieren
Gase = struct(...
    'Helium', struct('M', 4.033, 'R', 2077.1), ...
    'Argon', struct('M', 39.948, 'R', 208.2), ...
    'Wasserstoff', struct('M', 2.016, 'R', 4124.4), ...
    'Stickstoff', struct('M', 28.013, 'R', 296.8), ...
    'Sauerstoff', struct('M', 31.999, 'R', 259.8), ...
    'Luft', struct('M', 28.964, 'R', 287), ...
    'Kohlenmonoxid', struct('M', 28.011, 'R', 296.8), ...
    'Stickoxid', struct('M', 30.006, 'R', 277.1), ...
    'Chlorwasserstoff', struct('M', 36.465, 'R', 228), ...
    'Kohlendioxid', struct('M', 44.01, 'R', 188.9), ...
    'Stickoxydul', struct('M', 44.013, 'R', 188.9), ...
    'Schwefeldioxid', struct('M', 64.06, 'R', 129.8), ...
    'Wasserdampf', struct('M', 18.015, 'R', 461.5), ...
    'Ammoniak', struct('M', 17.031, 'R', 488.2), ...
    'Azetylen', struct('M', 26.038, 'R', 319.4), ...
    'Methan', struct('M', 16.042, 'R', 518.8), ...
    'Ethylen', struct('M', 28.052, 'R', 296.6), ...
    'Ethan', struct('M', 30.068, 'R', 276.7) ...
);

% Liste der verfügbaren Gase
GasNamen = fieldnames(Gase);

% Anzahl der Gase im Gemisch abfragen
n = input('Wie viele Gase sind im Gemisch? ');

% Initialisierung von Variablen
phi = zeros(1, n);
M_i = zeros(1, n);
R_i = zeros(1, n);
```

```matlab
% Gase interaktiv auswählen
fprintf('Verfügbare Gase:\n');
for i = 1:length(GasNamen)
    fprintf('%d: %s\n', i, GasNamen{i});
end

for i = 1:n
    idx = input(sprintf('Wähle Gas %d (Nummer eingeben): ', i));
    phi(i) = input(sprintf('Gib den Volumenanteil von %s ein (Dezimalwert,
z. B. 0.3): ', GasNamen{idx}));
    M_i(i) = Gase.(GasNamen{idx}).M;
    R_i(i) = Gase.(GasNamen{idx}).R;
end

% Prüfen, ob die Summe der Volumenanteile 1 ist (mit Toleranz)
if abs(sum(phi) - 1) > 1e-6
    error('Die Summe der Volumenanteile muss 1 ergeben!');
end

% Gegebene Werte
T = 30 + 273; % Temperatur in Kelvin
p = 1e5; % Druck in Pascal
Rm = 8314; % Universelle Gaskonstante [J/kmolK]

% Berechnung der mittleren Molmasse
M_mix = sum(phi .* M_i);

% Berechnung der Massenanteile
mu = (M_i ./ M_mix) .* phi;

% Berechnung der spezifischen Gaskonstante des Gasgemischs
R_mix_1 = Rm / M_mix;
R_mix_2 = sum(mu .* R_i);

% Berechnung des spezifischen Volumens
v = (R_mix_1 * T) / p;

% Ergebnisse ausgeben
fprintf('\nErgebnisse:\n');
fprintf('Mittlere Molmasse: M = %.2f kg/kmol\n', M_mix);

fprintf('Massenanteile:\n');
for i = 1:n
    fprintf('  µ (%s) = %.3f\n', GasNamen{i}, mu(i));
end

fprintf('\nSpezifische Gaskonstante:\n');
fprintf('  Methode 1 (Rm / M) = %.1f J/kgK\n', R_mix_1);
fprintf('  Methode 2 (Summenformel) = %.1f J/kgK\n', R_mix_2);

fprintf('\nSpezifisches Volumen: v = %.2f m^3/kg\n', v);
```

```
16: Methan
17: Ethylen
18: Ethan
Wähle Gas 1 (Nummer eingeben): 1
Gib den Volumenanteil von Helium ein (Dezimalwert, z. B. 0.3): 0.4
Wähle Gas 2 (Nummer eingeben): 4
Gib den Volumenanteil von Stickstoff ein (Dezimalwert, z. B. 0.3): 0.6

Ergebnisse:
Mittlere Molmasse: M = 18.42 kg/kmol
Massenanteile:
  μ (Helium) = 0.088
  μ (Argon) = 0.912

Spezifische Gaskonstante:
  Methode 1 (Rm / M) = 451.3 J/kgK
  Methode 2 (Summenformel) = 452.7 J/kgK

Spezifisches Volumen: v = 1.37 m^3/kg
```

```
3: Wasserstoff
4: Stickstoff
5: Sauerstoff
6: Luft
7: Kohlenmonoxid
8: Stickoxid
9: Chlorwasserstoff
10: Kohlendioxid
11: Stickoxydul
12: Schwefeldioxid
13: Wasserdampf
14: Ammoniak
15: Azetylen
16: Methan
17: Ethylen
18: Ethan
Wähle Gas 1 (Nummer eingeben): 2
Gib den Volumenanteil von Argon ein (Dezimalwert, z. B. 0.3): 0.3
Wähle Gas 2 (Nummer eingeben): 16
Gib den Volumenanteil von Methan ein (Dezimalwert, z. B. 0.3): 0.35
Wähle Gas 3 (Nummer eingeben): 18
Gib den Volumenanteil von Ethan ein (Dezimalwert, z. B. 0.3): 0.35

Ergebnisse:
Mittlere Molmasse: M = 28.12 kg/kmol
Massenanteile:
  μ (Helium) = 0.426
  μ (Argon) = 0.200
  μ (Wasserstoff) = 0.374

Spezifische Gaskonstante:
  Methode 1 (Rm / M) = 295.6 J/kgK
  Methode 2 (Summenformel) = 295.8 J/kgK

Spezifisches Volumen: v = 0.90 m^3/kg
```

Übungsbeispiel 1.4

$4,75\,\mathrm{m}^3$ eines Gemisches enthalten $3\,\mathrm{kg}\ N_2$ (1) und $2\,\mathrm{kg}\ O_2$ (2) bei $2\,\mathrm{bar}$. Bestimme $\mu,\ \nu,\ \varphi,\ M,\ R,\ T$.

Lösung

Aus ◘ Tab. 1.3 folgen die Stoffwerte, zu

- N_2: $M_1 = 28\,\mathrm{kg/kmol}$ $R_1 = 296,8\,\mathrm{J/kg\,K}$
- O_2: $M_2 = 32\,\mathrm{kg/kmol}$ $R_2 = 259,8\,\mathrm{J/kg\,K}$

Jetzt kann man die Aufgaben berechnen, zu

$$\underline{\underline{\mu_1}} = \frac{m_1}{m} = \frac{3}{2+3} = \underline{\underline{0,6}} \tag{1.39}$$

$$\underline{\underline{\mu_2}} = 1 - \mu_1 = 1 - 0,6 = \underline{\underline{0,4}}. \tag{1.40}$$

Damit kann die Gaskonstante berechnet werden, zu

$$\underline{\underline{R}} = \sum_{i=1}^{n} \mu_i \cdot R_i = 0,6 \cdot 296,8 + 0,4 \cdot 259,8$$

$$= \underline{\underline{282\,\mathrm{J/kg\,K}}}. \tag{1.41}$$

$$\underline{\underline{M}} = \frac{R_m}{R} = \frac{8314}{281} = \underline{\underline{29,48\,\mathrm{kg/kmol}}}. \tag{1.42}$$

$$M = \sum_{i=1}^{n} \nu_i \cdot M_i = \nu_1 \cdot M_1 + \nu_2 \cdot M_2$$

$$= \nu_1 \cdot M_1 - (1 - \nu_1) \cdot M_2$$

$$= \nu_1 \cdot (M_1 - M_2) + M_2$$

$$\Longrightarrow \quad \underline{\underline{\nu_1}} = \frac{M - M_2}{M_1 - M_2} = \frac{29,48 - 32}{28 - 32}$$

$$= \underline{\underline{0,63}} = \underline{\underline{\varphi_1}}. \tag{1.43}$$

$$\underline{\underline{\nu_2}} = 1 - \nu_1 = 1 - 0,63 = \underline{\underline{0,37}} = \underline{\underline{\varphi_2}} \tag{1.44}$$

$$p \cdot V = m \cdot R \cdot T$$

$$\Longrightarrow \quad T = \frac{p \cdot V}{m \cdot R} = \frac{2 \cdot 10^5 \cdot 4,75}{5 \cdot 282}$$

$$= \underline{\underline{674\,\mathrm{K}}} = \underline{\underline{401\,^\circ\mathrm{C}}}. \tag{1.45}$$

Übungsbeispiel 1.5

$4,75\,\mathrm{m}^3$ eines Gemisches enthalten $3\,\mathrm{kg}\ N_2$ (1) und $2\,\mathrm{kg}\ O_2$ (2) bei $2\,\mathrm{bar}$. Bestimme $\mu,\ \nu,\ \varphi,\ M,\ R,\ T$. Lösen Sie dieses Beispiel mittels Matlab.

Lösung

```
clc; clear; close all;

% Gegebene Werte
m_N2 = 3; % Masse von Stickstoff in kg
m_O2 = 2; % Masse von Sauerstoff in kg
V = 4.75; % Volumen in m^3
p = 2e5; % Druck in Pascal
```

```matlab
% Stoffwerte aus der Tabelle
M_N2 = 28; % Molmasse von Stickstoff in kg/kmol
M_O2 = 32; % Molmasse von Sauerstoff in kg/kmol
R_N2 = 296.8; % Gaskonstante für Stickstoff in J/kgK
R_O2 = 259.8; % Gaskonstante für Sauerstoff in J/kgK
Rm = 8314; % Universelle Gaskonstante in J/kmolK

% Gesamtmasse des Gasgemischs
m = m_N2 + m_O2;

% Massenanteile berechnen
mu_N2 = m_N2 / m;
mu_O2 = 1 - mu_N2;

% Spezifische Gaskonstante berechnen
R_mix = mu_N2 * R_N2 + mu_O2 * R_O2;

% Mittlere Molmasse berechnen
M_mix = Rm / R_mix;

% Volumenanteile berechnen
nu_N2 = (M_mix - M_O2) / (M_N2 - M_O2);
nu_O2 = 1 - nu_N2;

% Temperatur berechnen (p * V = m * R * T -> T = (p * V) / (m * R))
T = (p * V) / (m * R_mix);
T_Celsius = T - 273.15; % Temperatur in Grad Celsius

% Ergebnisse ausgeben
fprintf('\nErgebnisse:\n');
fprintf('Massenanteile:\n');
fprintf('  µ_N2 = %.2f\n', mu_N2);
fprintf('  µ_O2 = %.2f\n', mu_O2);
fprintf('\nSpezifische Gaskonstante:\n');
fprintf('  R_mix = %.1f J/kgK\n', R_mix);
fprintf('\nMittlere Molmasse:\n');
fprintf('  M_mix = %.2f kg/kmol\n', M_mix);
fprintf('\nVolumenanteile:\n');
fprintf('  v_N2 = %.2f\n', nu_N2);
fprintf('  v_O2 = %.2f\n', nu_O2);
fprintf('\nTemperatur:\n');
fprintf('  T = %.0f K = %.0f °C\n', T, T_Celsius);
```

```
Ergebnisse:
Massenanteile:
  µ_N2 = 0.60
  µ_O2 = 0.40

Spezifische Gaskonstante:
  R_mix = 282.0 J/kgK

Mittlere Molmasse:
  M_mix = 29.48 kg/kmol

Volumenanteile:
  v_N2 = 0.63
  v_O2 = 0.37

Temperatur:
  T = 674 K = 401 °C
```

1

Übungsbeispiel 1.6

$3\,m^3$ Abgas eines Verbrennungsmotors mit 2 bar und 300 °C mit folgender Zusammensetzung in Vol %:

(1) N_2 82,75 $M_1 = 28\,kg/kmol$
(2) CO_2 9,75 $M_2 = 44\,kg/kmol$
(3) O_2 7,1 $M_3 = 32\,kg/kmol$
(4) NO 0,22 $M_4 = 30\,kg/kmol$
(5) CO 0,18 $M_5 = 28\,kg/kmol$

Bestimmen Sie: Bestimme: $M, R, \mu_i\ \varrho$.

Lösung

Die mittlere Molmasse berechnet sich zu:

$$\underline{\underline{M}} = \sum_{i=1}^{n} \nu_i M_i$$

$$= 0{,}8275 \cdot 28 + 0{,}0975 \cdot 44 + 0{,}071 \cdot 32$$
$$+ 0{,}0022 \cdot 30 + 0{,}0018 \cdot 28$$
$$= \underline{\underline{29{,}85\,kg/kmol}} \qquad (1.46)$$

Die spezifische Gaskonstante ergibt sich zu:

$$\underline{\underline{R}} = \frac{R_m}{M} = \frac{8314}{29{,}85} = \underline{\underline{278{,}53\,J/kg\,K}} \qquad (1.47)$$

Die Massenanteile μ_i berechnen sich wie folgt:

$$\underline{\underline{\mu_1}} = \frac{28}{29{,}85} \cdot 0{,}8275 = \underline{\underline{0{,}776}} \qquad (1.48)$$

$$\underline{\underline{\mu_2}} = \frac{44}{29{,}85} \cdot 0{,}0975 = \underline{\underline{0{,}144}} \qquad (1.49)$$

$$\underline{\underline{\mu_3}} = \frac{32}{29{,}85} \cdot 0{,}0710 = \underline{\underline{0{,}076}} \qquad (1.50)$$

$$\underline{\underline{\mu_4}} = \frac{30}{29{,}85} \cdot 0{,}0022 = \underline{\underline{0{,}0022}} \qquad (1.51)$$

$$\underline{\underline{\mu_5}} = \frac{28}{29{,}85} \cdot 0{,}0018 = \underline{\underline{0{,}0017}} \qquad (1.52)$$

Die Dichte berechnet sich aus der Zustandsgleichung:

$$p \cdot v = R \cdot T \quad \text{mit} \quad v = \frac{1}{\varrho} \qquad (1.53)$$

$$\underline{\underline{\varrho}} = \frac{p}{R \cdot T} = \frac{2 \cdot 10^5}{278{,}53 \cdot 573} = \underline{\underline{1{,}2532\,kg/m^3}}$$
$$\qquad (1.54)$$

Übungsbeispiel 1.7

$3\,m^3$ Abgas eines Verbrennungsmotors mit 2 bar und 300 °C mit folgender Zusammensetzung in Vol %:

(1) N_2 82,75 $M_1 = 28\,kg/kmol$
(2) CO_2 9,75 $M_2 = 44\,kg/kmol$
(3) O_2 7,1 $M_3 = 32\,kg/kmol$
(4) NO 0,22 $M_4 = 30\,kg/kmol$
(5) CO 0,18 $M_5 = 28\,kg/kmol$

Bestimmen Sie: Bestimme: $M, R, \mu_i\ \varrho$. Lösen Sie dieses Beispiel mittels Matlab.

Lösung

```matlab
% Gegebene Werte
p = 2e5; % Druck in Pa
V = 3; % Volumen in m^3
T = 300 + 273; % Temperatur in Kelvin
Rm = 8314; % Universelle Gaskonstante in J/kmol*K

% Molmassen der Gaskomponenten (in kg/kmol)
M_i = [28, 44, 32, 30, 28];

% Volumenanteile in Prozent (umgerechnet in Dezimalwerte)
nu_i = [0.8275, 0.0975, 0.071, 0.0022, 0.0018];

% Berechnung der mittleren Molmasse M
M_mittel = sum(nu_i .* M_i);

% Berechnung der spezifischen Gaskonstante R
R = Rm / M_mittel;

% Berechnung der Massenanteile mu_i
mu_i = (M_i ./ M_mittel) .* nu_i;

% Berechnung der Dichte rho
rho = p / (R * T);

% Ergebnisse ausgeben
fprintf('Mittlere Molmasse M: %.2f kg/kmol\n', M_mittel);
fprintf('Spezifische Gaskonstante R: %.2f J/kgK\n', R);
fprintf('Massenanteile µ_i:\n');
for i = 1:length(mu_i)
    fprintf('  µ_%d = %.4f\n', i, mu_i(i));
end
fprintf('Dichte ρ: %.4f kg/m^3\n', rho);
```

```
>> Aeromechanik_Dalton_4
Mittlere Molmasse M: 29.85 kg/kmol
Spezifische Gaskonstante R: 278.54 J/kgK
Massenanteile µ_i:
   µ_1 = 0.7763
   µ_2 = 0.1437
   µ_3 = 0.0761
   µ_4 = 0.0022
   µ_5 = 0.0017
Dichte ρ: 1.2531 kg/m^3
```

Übungsbeispiel 1.8

Ein ideales Gasgemisch besteht aus gleichen Molanteilen N_2 und He bei 1 bar und 30°C. Bestimmen Sie M, μ_i, R und v.

Lösung

Aus ◻ Tab. 1.3 folgen die Stoffwerte, zu

- N_2: $M_1 = 28\,\text{kg/kmol}$ $R_1 = 296{,}8\,\text{J/kg K}$
- He: $M_2 = 4\,\text{kg/kmol}$ $R_2 = 2078\,\text{J/kg K}$

Es gilt

$$\underline{\underline{v_1 = v_2 = 0{,}5.}} \tag{1.55}$$

Daraus folgt

$$\underline{\underline{M}} = \sum_{i=1}^{n} v_i \cdot M_i = 0{,}5 \cdot 4 + 0{,}5 \cdot 28$$

$$= \underline{\underline{16\,\text{kg/kmol.}}} \tag{1.56}$$

Mit $\mu_i = \frac{M_i}{M}$ ergibt sich

$$\underline{\underline{\mu_1}} = \frac{M_1}{M} = \frac{28 \cdot 0{,}5}{16} = \underline{\underline{0{,}875}} \qquad (1.57)$$

$$\underline{\underline{\mu_2}} = \frac{M_2}{M} = \frac{4 \cdot 0{,}5}{16} = \underline{\underline{0{,}125}}. \qquad (1.58)$$

$$\underline{\underline{R}} = \frac{R_m}{M} = \frac{8314}{16} = \underline{\underline{519{,}6 \, \text{J/kg K}}}. \qquad (1.59)$$

Mit der speziellen Gasgleichung folgt damit das spezifische Volumen

$$p \cdot v = R \cdot T$$

$$\Longrightarrow \quad \underline{\underline{v}} = \frac{R \cdot T}{p} = \frac{519{,}6 \cdot 303}{1 \cdot 10^5}$$

$$= \underline{\underline{1{,}5744 \, \text{m}^3/\text{kg}}}. \qquad (1.60)$$

---

5 kg eines idealen Gasgemisches bei 3 bar und 227 °C mit $M = 10 \, \text{kg/kmol}$ bestehen aus CO (1), H_2 (2) und CH_4 (3) mit dem Massenverhältnis von CO zu $H_2 = 5$. $(m_1 = 5m_2)$

Bestimmen Sie: R, v_i, μ_i, m_i, n, N, V.

Lösung

Aus ◻ Tab. 1.3 folgen die Stoffwerte, zu

- $M_1 = 28 \, \text{kg/kmol}$, $R_1 = 296{,}8 \, \text{J/kg K}$
- $M_2 = 2 \, \text{kg/kmol}$, $R_2 = 4124{,}4 \, \text{J/kg K}$
- $M_3 = 16 \, \text{kg/kmol}$, $R_3 = 518{,}8 \, \text{J/kg K}$

Die spezifische Gaskonstante ergibt sich aus:

$$\underline{\underline{R}} = \frac{R_m}{M} = \frac{8314}{10} = \underline{\underline{831{,}4 \, \text{J/kg K}}}. \qquad (1.61)$$

$$M = v_1 M_1 + v_2 M_2 + v_3 M_3 \qquad (1.62)$$

$$v_1 + v_2 + v_3 = 1 \qquad (1.63)$$

Beziehung der Stoffmengenanteile:

$$v_i = \frac{n_i}{n} \qquad n_i = \frac{m_i}{M_i}$$

$$v_1 = \frac{n_1}{n} = \frac{\frac{m_1}{M_1}}{\frac{m}{M}} = \frac{M \cdot m_1}{M_1 \cdot m}$$

$$v_2 = \frac{M \cdot m_2}{M_2 \cdot m} \qquad (1.64)$$

Dadurch kann man das Verhältnis

$$\frac{v_1}{v_2} = \frac{M_2 \cdot m_1}{M_1 \cdot m_2} \qquad (1.65)$$

formulieren, bzw. mit $m_1 = 5m_2$ folgt

$$v_1 = v_2 \cdot \frac{5 \cdot M_2}{M_1}. \qquad (1.66)$$

Einsetzen von (1.66) in (1.63) ergibt

$$\frac{5 M_2}{M_1} + v_2 + v_3 = 1$$

$$\Rightarrow \quad v_3 = 1 - v_2 - \frac{5 M_2}{M_1}. \qquad (1.67)$$

Durch Einsetzen in (1.62) folgt:

$$M = 6 v_2 M_2 + M_3 - v_2 \left(v_2 \frac{5 M_2}{M_1} - v_2 \right)$$

$$M - M_3 = v_2 \left(6 M_2 - M_3 - \frac{5 M_2 M_3}{M_1} \right)$$

$$\underline{\underline{v_2}} = \frac{M - M_3}{6 M_2 - M_3 - \dfrac{5 M_2 M_3}{M_1}}$$

$$= \frac{10 - 16}{6 \cdot 2 - 16 - \frac{5 \cdot 2 \cdot 16}{28}} = \underline{\underline{0{,}618}} \qquad (1.68)$$

$$v_1 = 0{,}618 \cdot \frac{5 \cdot 2}{28} = 0{,}22 \qquad (1.69)$$

$$v_3 = 1 - 0{,}618 - 0{,}22 = \underline{\underline{0{,}162}} \qquad (1.70)$$

Daraus folgt v_1 zu

$$\underline{\underline{v_1}} = 0{,}618 \cdot \frac{5 \cdot 2}{28} = \underline{\underline{0{,}22}}; \qquad (1.71)$$

bzw. v_3

$$\underline{\underline{v_3}} = 1 - 0{,}618 - 0{,}22 = \underline{\underline{0{,}162}}; \qquad (1.72)$$

$$\mu_i = \frac{M_i}{M} v_i \qquad (1.73)$$

$$\underline{\underline{\mu_1}} = \frac{28}{10} \cdot 0{,}22 = \underline{\underline{0{,}616}}$$

$$\underline{\underline{\mu_2}} = \frac{2}{10} \cdot 0{,}618 = \underline{\underline{0{,}124}}$$

$$\underline{\underline{\mu_3}} = \frac{16}{10} \cdot 0{,}162 = \underline{\underline{0{,}26}}$$

Berechnung der Massen:

$$m_i = \mu_i \cdot m \qquad (1.74)$$

$$\underline{\underline{m_1}} = 0{,}616 \cdot 5 = \underline{\underline{3{,}08 \text{ kg}}}$$

$$\underline{\underline{m_2}} = 0{,}124 \cdot 5 = \underline{\underline{0{,}62 \text{ kg}}}$$

$$\underline{\underline{m_3}} = 0{,}26 \cdot 5 = \underline{\underline{1{,}3 \text{ kg}}}$$

Berechnung der Stoffmenge:

$$\underline{\underline{n}} = \frac{m}{M} = \frac{5}{10} = \underline{\underline{0{,}5 \text{ kmol.}}} \qquad (1.75)$$

Anzahl der Moleküle:

$$\underline{\underline{N}} = n \cdot N_L = 0{,}5 \cdot 6{,}022 \cdot 10^{26}$$

$$= \underline{\underline{3{,}011 \cdot 10^{26} \text{ Moleküle}}} \qquad (1.76)$$

Volumenberechnung über die allgemeine Gasgleichung

$$pV = mRT \qquad (1.77)$$

ergibt

$$\underline{\underline{V}} = \frac{mRT}{p} = \frac{5 \cdot 813{,}4 \cdot 500}{3 \cdot 10^5} = \underline{\underline{6{,}93 \text{ m}^3}}.$$

$$(1.78)$$

Übungsbeispiel 1.10

$5\,\text{kg}$ eines idealen Gasgemisches bei $3\,\text{bar}$ und $227\,°\text{C}$ mit $M = 10\,\text{kg/kmol}$ bestehen aus CO (1), H_2 (2) und CH_4 (3) mit dem Massenverhältnis von CO zu $H_2 = 5$. ($m_1 = 5m_2$)

Bestimmen Sie: R, v_i, μ_i, m_i, n, N, V. Lösen Sie das Beispiel mittels Matlab!

Lösung

```
clc; clear; close all;

% Gegebene Werte
m_N2 = 3; % Masse von Stickstoff in kg
m_O2 = 2; % Masse von Sauerstoff in kg
V = 4.75; % Volumen in m^3
p = 2e5; % Druck in Pascal
```

```matlab
% Stoffwerte aus der Tabelle
M_N2 = 28; % Molmasse von Stickstoff in kg/kmol
M_O2 = 32; % Molmasse von Sauerstoff in kg/kmol
R_N2 = 296.8; % Gaskonstante für Stickstoff in J/kgK
R_O2 = 259.8; % Gaskonstante für Sauerstoff in J/kgK
Rm = 8314; % Universelle Gaskonstante in J/kmolK

% Gesamtmasse des Gasgemischs
m = m_N2 + m_O2;

% Massenanteile berechnen
mu_N2 = m_N2 / m;
mu_O2 = 1 - mu_N2;

% Spezifische Gaskonstante berechnen
R_mix = mu_N2 * R_N2 + mu_O2 * R_O2;

% Mittlere Molmasse berechnen
M_mix = Rm / R_mix;

% Volumenanteile berechnen
nu_N2 = (M_mix - M_O2) / (M_N2 - M_O2);
nu_O2 = 1 - nu_N2;

% Temperatur berechnen (p * V = m * R * T -> T = (p * V) / (m * R))
T = (p * V) / (m * R_mix);
T_Celsius = T - 273.15; % Temperatur in Grad Celsius

% Ergebnisse ausgeben
fprintf('\nErgebnisse:\n');
fprintf('Massenanteile:\n');
fprintf('   µ_N2 = %.2f\n', mu_N2);
fprintf('   µ_O2 = %.2f\n', mu_O2);
fprintf('\nSpezifische Gaskonstante:\n');
fprintf('   R_mix = %.1f J/kgK\n', R_mix);
fprintf('\nMittlere Molmasse:\n');
fprintf('   M_mix = %.2f kg/kmol\n', M_mix);
fprintf('\nVolumenanteile:\n');
fprintf('   ν_N2 = %.2f\n', nu_N2);
fprintf('   ν_O2 = %.2f\n', nu_O2);
fprintf('\nTemperatur:\n');
fprintf('   T = %.0f K = %.0f °C\n', T, T_Celsius);
```

```
Ergebnisse:
Massenanteile:
  µ_N2 = 0.60
  µ_O2 = 0.40

Spezifische Gaskonstante:
  R_mix = 282.0 J/kgK

Mittlere Molmasse:
  M_mix = 29.48 kg/kmol

Volumenanteile:
  ν_N2 = 0.63
  ν_O2 = 0.37

Temperatur:
  T = 674 K = 401 °C
```

Strömung von Gasen

Inhaltsverzeichnis

© Der/die Autor(en), exklusiv lizenziert an Springer-Verlag GmbH, DE, ein Teil von Springer Nature 2026

A. Huber, *Technische Mechanik 6 - Aeromechanik*, https://doi.org/10.1007/978-3-662-72929-8_2

Sie lernen hier…

- Formulierung der Bernoulli-Gleichung für Gase.
- Strömungen von Gasen.
- Ausströmung aus Mündungen berechnen.
- Lavaldüse im Detail kennen.

Zitat

Die Gefahr, dass der Computer so wird wie der Mensch, ist nicht so groß wie die Gefahr, dass der Mensch so wird wie der Computer.
Konrad Zuse

Beobachtung 2.1

Während bei den Flüssigkeiten – selbst unter hohen Drücken – die Volumenänderung unwesentlich ist, kann man bei Gasen die Änderung von Volumen und Dichte mit Druck und Temperatur nicht mehr vernachlässigen.

Neben den Hauptsätzen der Thermodynamik hat also auch die Gasgleichung bei strömenden Gasen Bedeutung.

2.1 Energiegleichung

2.1.1 Bernoulli-Gleichung

Bemerkung 2.1

Die Energiegleichung der strömenden Flüssigkeiten (Bernoulli-Gleichung) gilt ganz allgemein für strömende Medien, also auch für Gase:

$$\frac{p_1}{\varrho} + g \cdot z_1 + \frac{w_1^2}{2} + u_1$$

$$= \frac{p_2}{\varrho} + g \cdot z_2 + \frac{w_2^2}{2} + u_2. + \qquad (2.1)$$

In der Hydromechanik konnte man die Energiegleichung vereinfachen. Da bei Flüssigkeiten der Wärmeaustausch mit der Umgebung vernachlässigt werden kann, gilt $dq = 0$ und auch keine Volumenänderung erfolgt ($dv = 0$), folgt aus dem 1. Hauptsatz: $dq = du + p \cdot dv$ auch $du = 0$. Diesen Grundsatz kann man bei der Aeromechanik so nicht anwenden.

2.1.2 Folgerung und Resultat

Für die technische Anwendung ist es vorteilhaft, diese Energiegleichung für das strömende Gas umzustellen.

1. Die Änderung der Lageenergie ist im Verhältnis zur Änderung der anderen Energieformen unbedeutend, da gilt

$$g \cdot z_1 \approx g \cdot z_2. \qquad (2.2)$$

2. Berücksichtigung der Gasgleichung liefert

$$\frac{p}{\varrho} = p \cdot v = R \cdot T = (c_p - c_v) \cdot T. \qquad (2.3)$$

3. Berücksichtigung der inneren Energie für Gase liefert

$$u = c_v \cdot T. \qquad (2.4)$$

Es ergibt sich damit die Energiegleichung zu

$$(c_p - c_v) \cdot T_1 + \frac{w_1^2}{2} + c_v \cdot T_1$$

$$= (c_p - c_v) \cdot T_2 + \frac{w_2^2}{2} + c_v \cdot T_2$$

$$c_p \cdot T + \frac{w_1^2}{2} = c_p \cdot T_2 + \frac{w_2^2}{2} \qquad (2.5)$$

und mit $c_p \cdot T = h$ folgt

$$h_1 + \frac{w_1^2}{2} = h_2 + \frac{w_2^2}{2}. \qquad (2.6)$$

Corollary 2.1

Die Enthalpiedifferenz Δh wird bei Strömung von Gasen in kinetische Energie umgewandelt. Es gilt, wie bereits aus der Thermodynamik bekannt

$$\Delta h = h_1 - h_2 = \frac{w_2^2 - w_1^2}{2}. \qquad (2.7)$$

Bei Flüssigkeiten wird das zur Verfügung stehende Gefälle (Höhengefälle) in kinetische Energie umgewandelt. Man bezeichnet in Analogie dazu bei der Gasströmung die Enthalpiedifferenz als Wärmegefälle.

2.1.3 Zustandsart

2.1.3.1 Strömung von idealen Gasen

Die **Strömung von idealen Gasen** verläuft isentrop (bzw. adiabat), also reibungsfrei und ohne Wärmeaustausch mit der Umgebung ($dq = 0$, mit $dq = T \cdot ds \Longrightarrow ds = 0$). Es ist vorteilhaft, dies in der Energiegleichung durch den Index s zu kennzeichnen:

$$h_1 - h_{2s} = \frac{w_{2s}^2 - w_1^2}{2}. \qquad (2.8)$$

2.1.3.2 Strömung von realen Gasen

Bei der Strömung von realen Gasen wird jedoch ein Teil der Strömungsenergie zur Überwindung der inneren und äußeren Reibung (Reibungsarbeit w_R) verbraucht und in Wärme umgewandelt.

Weil der Wärmeaustausch mit der Umgebung wegen der Schnelligkeit der Strömung meist vernachlässigt werden kann, ist der dadurch für die Strömung verloren gegangene Anteil der kinetischen Energie als Wärmezuwachs (q_R) gegenüber der isentropen Zustandsänderung wiederzufinden ($w_R = q_R$).

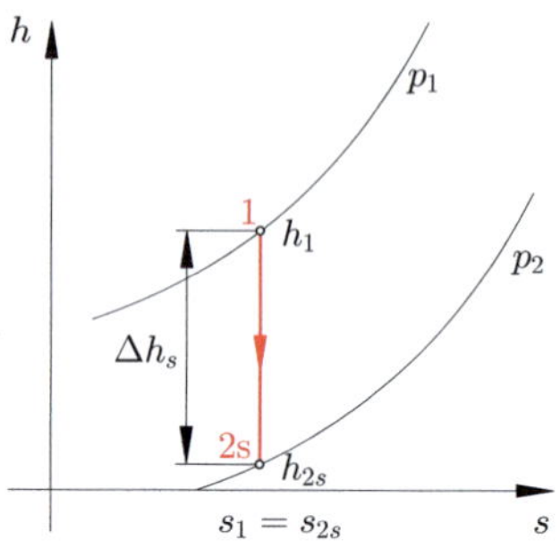

a) isentrope Strömung

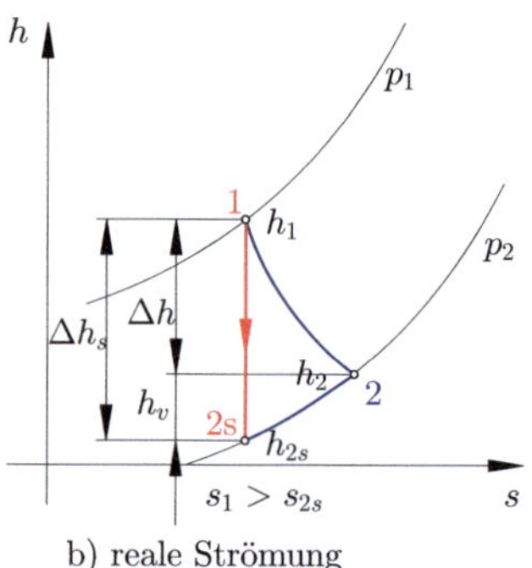

b) reale Strömung

■ **Abb. 2.1**   Isentrope und reale Strömung von Gasen

2.1.4 Rückwandlung und Energieentwertung

Es findet also eine unvermeidbare Energierückwandlung der aus dem Wärmegefälle entstanden kinetischen Energie in die Ausgangsenergieform statt.

Somit liegt kein Energieverlust vor, sehr wohl aber eine Energieentwertung, weil Reibungsvorgänge nicht umkehrbar und deshalb mit einem Entropiezuwachs verbunden sind. (vgl. mit ■ Abb. 2.1).

2.1.5 Energiegleichung für reale Gase

Die Energiegleichung für die Strömung realer Gase lautet somit:

$$h_1 + \frac{w_1^2}{2} = h_{2s} + \frac{w_{2s}^2}{2} - w_R \qquad (2.9)$$

aber auch

$$h_{2s} + \frac{w_{2s}^2}{2} = h_2 + \frac{w_2^2}{2} + q_R \qquad (2.10)$$

und mit $q_R = w_R$ folgt:

$$h_1 + \frac{w_1^2}{2} = h_2 + \frac{w_2^2}{2} \qquad (2.11)$$

In der technischen Anwendung ist meist die Strömungsgeschwindigkeit im Zustandspunkt 2 von Interesse. Diese kann wie folgt berechnet werden.

Corollary 2.2

Reibungsfrei gilt, wenn man eine Isentrope Zustandsänderung unterstellt,

$$w_{2s} = \sqrt{w_1^2 + 2 \cdot \Delta h_S}. \qquad (2.12)$$

Corollary 2.3

Für wirkliche Strömung gilt, wenn eine polytrope Zustandsänderung vorhanden ist,

$$w_2 = \sqrt{w_1^2 + 2 \cdot \Delta h}. \qquad (2.13)$$

Proposition 2.1

w_2 ist immer kleiner als w_{2s}.

Beweis Weil $\Delta h < \Delta h_S$ ist, muss auch $w_2 < w_{2s}$ sein, was sich auch dadurch erklären lässt, dass durch die Reibarbeit Energie verloren geht und daher die wirkliche Geschwindigkeit geringer als die Ideale sein muss. $\qquad \square$

Es gilt

$$w_2 = \varphi \cdot w_{2s}, \qquad (2.14)$$

wobei φ die Geschwindigkeitszahl ist, welche kleiner 1 ist. Es gilt also $\varphi < 1$. Die Geschwindigkeitszahl wurde bereist in Band 5 [16], bei den Dampfturbinen, genauer erklärt.

2.1.6 Geschwindigkeitsbeiwert oder Düsenbeiwert

Definition 2.1

Die Geschwindigkeitszahl oder der **Düsenbeiwert** ist ein aus Versuchen ermittelter Erfahrungswert und u. a. abhängig vom Querschnittsverlauf des Strömungsweges ($\varphi \approx 0{,}95 \ldots 0{,}98$).

2.1.7 Gefälleverlust h_v

Der Gefälleverlust h_v errechnet sich dann aus

$$h_v = \frac{w_{2s}^2 - w_2^2}{2} = \frac{2_{2s}^2 - \varphi^{.2} \cdot w_{2s}^2}{2} \qquad (2.15)$$

zu

$$h_v = \frac{w_{2s}^2}{2} \cdot (1 - \varphi^2). \qquad (2.16)$$

2.1.8 Widerstands- oder Verlustzahl ζ

Es gilt für die Widerstands- oder Verlustzahl ζ, bei wirklicher Strömung realer Gase

$$\zeta = 1 - \varphi^2.$$

2.1.9 Geschwindigkeitszahl

$$\varphi = \sqrt{2 - \zeta}. \qquad (2.17)$$

2.1.10 Wirkungsgrad η

Der Wirkungsgrad einer realen Gasströmung berechnet sich gem.

$$\eta = \frac{\Delta h}{\Delta h_S} = \frac{\Delta h_S - h_v}{\Delta h_S} = 1 - \frac{h_v}{\Delta h_S} \quad (2.18)$$

$$\eta = 1 - \frac{w_{2s}^2}{2 \cdot \Delta h_S} \cdot (1 - \varphi^2). \quad (2.19)$$

2.2 Ausströmen aus Mündungen

Die Umwandlung eines vorhandenen Wärmegefälles in kinetische Energie erfolgt in der technischen Anwendung vorwiegend in den Leiteinrichtungen von Dampf- und Gasturbinen sowie in den Düsen von Strahltriebwerken. Strömungstechnisch handelt es sich dabei um Ausfluss von Gasen aus Mündungen oder Düsen.

2.2.1 Mündungen

> **Definition 2.2**
>
> Eine Mündung ist eine Öffnung, die das Gas von einem Raum (p_1, T_1, h_1) in einen anderen ($p_2 < p_1$) strömen lässt.

Corollary 2.4
Um die Verluste gering zu halten, verwendet man für das Ausströmen aus Behältern Düsen.

2.2.2 Düsenströmung

Der engste Querschnitt ist gleich dem Ausströmquerschnitt, dort liegt die Ausströmgeschwindigkeit w_2 vor, vgl. mit ◻ Abb. 2.2.

$$\begin{aligned}
w_2 &= \varphi_M \cdot w_{2s} \\
&= \varphi_M \cdot \sqrt{w_1^2 + 2 \cdot \Delta h_S} \\
&= \sqrt{w_1^2 + 2 \cdot \Delta h} \quad (2.20)
\end{aligned}$$

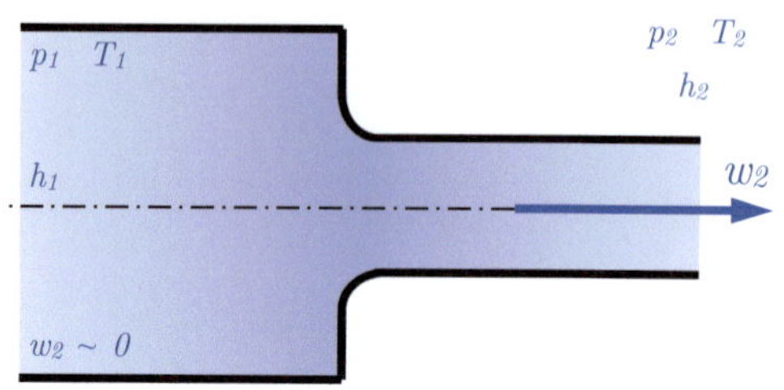

◻ **Abb. 2.2** Düsenströmung

Die Fluidgeschwindigkeit vor der Mündung (w_1) kann, weil sie im Vergleich zur Ausströmgeschwindigkeit meist sehr klein ist, vernachlässigt werden. Damit wird

$$w_2 = \varphi_M \cdot \sqrt{2 \cdot \Delta h_S} = \sqrt{2 \cdot \Delta h} \quad (2.21)$$

$$h_v = \Delta h_S \cdot (1 - \varphi) \quad (2.22)$$

$$\eta = \varphi^2. \quad (2.23)$$

Für die Ausströmgeschwindigkeit des Wasserdampfes kann man aus dem h-s-Diagramm die Enthalpiedifferenz in kJ/kg ablesen, d. h. der Ausdruck unter der Wurzel ist mit 1000 zu multiplizieren. Im Mollierdiagramm ist dies im Faktor 44,72 berücksichtigt.

Bemerkung 2.2
Für die **Ausströmgeschwindigkeit von Gasen** ist die Enthalpiedifferenz oft schwer feststellbar (z. B. kein h-s-Diagramm vorhanden). Man geht dabei den Umweg über die technische Arbeit der isentropen Zustandsänderung $w_{t,s} = \Delta h_S$.

$$w_{t,s} = \Delta h_S$$

$$w_2 = \varphi_M \cdot \sqrt{2 \cdot \Delta h_S} = \varphi_M \cdot \sqrt{2 \cdot w_{t,s}} \quad (2.24)$$

$$w_2 = \varphi_M \cdot \sqrt{2 \cdot \frac{\kappa \cdot p_1 \cdot v_1}{\kappa - 1} \cdot \left[1 - \left(\frac{p_2}{p_1} \right)^{\frac{\kappa - 1}{\kappa}} \right]}. \quad (2.25)$$

Mit der **Kontinuitätsgleichung** kann der theoretische Massenstrom (die theoretische Durchflussmenge im Ausströmquerschnitt A_2) berechnet werden:

$$\dot{V} = A_2 \cdot w_2$$
$$\dot{m}_{th} \cdot v_{2s} = A_2 \cdot w_{2s} \qquad (2.26)$$

$$\dot{m}_{th} = \frac{A_2 \cdot w_{2s}}{v_{2s}} \cdot \sqrt{2 \cdot w_{t,s}}. \qquad (2.27)$$

Bemerkung 2.3

Da die technische Arbeit in diesem Fall eine Expansionsarbeit ist und nach der Vorzeichenvereinbarung negativ wäre, hier aber nur ihr Betrag von Interesse ist, werden die beiden Summanden in der eckigen Klammer vertauscht!

Mit der Isentropengleichung $p \cdot v_1^\kappa = \text{const.}$ erhält man:

$$p_1 \cdot v_1^\kappa = p_2 \cdot v_{2s}^\kappa$$
$$v_{2s} = v_1 \cdot \left(\frac{p_1}{p_2}\right)^{\frac{1}{\kappa}}, \qquad (2.28)$$

wodurch durch Einsetzen

$$\dot{m}_{th} = \frac{A_2}{v_1 \cdot \left(\frac{p_1}{p_2}\right)^{\frac{1}{\kappa}}} \cdot w_{2s}$$

$$= \frac{A_2}{v_1} \cdot \left(\frac{p_2}{p_1}\right)^{\frac{1}{\kappa}}$$

$$\cdot \sqrt{2 \cdot \frac{\kappa \cdot p_1 \cdot v_1}{\kappa - 1} \cdot \left[1 - \left(\frac{p_2}{p_1}\right)^{\frac{\kappa - 1}{\kappa}}\right]}$$

$$= A_2 \cdot \sqrt{2 \cdot \frac{\kappa \cdot p_1 \cdot v_1}{\kappa - 1} \cdot \frac{1}{v_1^2} \cdot \left(\frac{p_2}{p_1}\right)^{\frac{1}{\kappa}} \cdot \left[1 - \left(\frac{p_2}{p_1}\right)^{\frac{\kappa - 1}{\kappa}}\right]}$$
$$(2.29)$$

$$\dot{m}_{th} = A_2 \cdot \sqrt{2 \cdot \frac{\kappa}{\kappa - 1} \cdot \frac{p_1}{v_1} \cdot \left[\left(\frac{p_1}{p_2}\right)^{\frac{2}{\kappa}} - \left(\frac{p_2}{p_1}\right)^{\frac{\kappa + 1}{\kappa}}\right]}$$
$$(2.30)$$

folgt. Der theoretische Massenstrom ist also abhängig vom Ausströmquerschnitt A_2, vom strömenden Gas, vom Anfangszustand p_1, v_1 und vom Druckverhältnis p_2/p_1.

Die Ausströmgeschwindigkeit und damit der Massenstrom nehmen mit steigendem Vordruck (p_1) zu.

Die Diskussion der Gleichung für den Massenstrom als Funktion des Druckverhältnisses zeigt eine Parabel mit dem Verlauf aus ◘ Abb. 2.3, für $\frac{p_2}{p_1} = 0 \Rightarrow \dot{m}_{th} = 0$ und für $\frac{p_2}{p_1} = 1 \Rightarrow \dot{m}_{th} = 0$. Die 1. Ableitung der Funktion nach dem Druckverhältnis p_2/p_1 Null gesetzt, ergibt das „kritische Druckverhältnis".

Die praktische Überlegung sagt, dass der tatsächliche Massenstrom niemals dem Kurvenstück zwischen dem Nullpunkt und dem Maximum entsprechen kann, denn für $p_2/p_1 = 0$, d. h. $p_2 = 0$ (Ausströmen) in ein Vakuum, kann der theoretische Massenstrom niemals Null werden.

Experimentell lässt sich auch feststellen, dass der Massenstrom nur dem Kurvenstück $p_2/p_1 = 1$ und dem Maximum der theoretischen Kurve folgt. Ist aber das Maximum erreicht, so ändert sich auch bei weiterer Verkleinerung des Druckverhältnisses der Massenstrom nicht mehr.

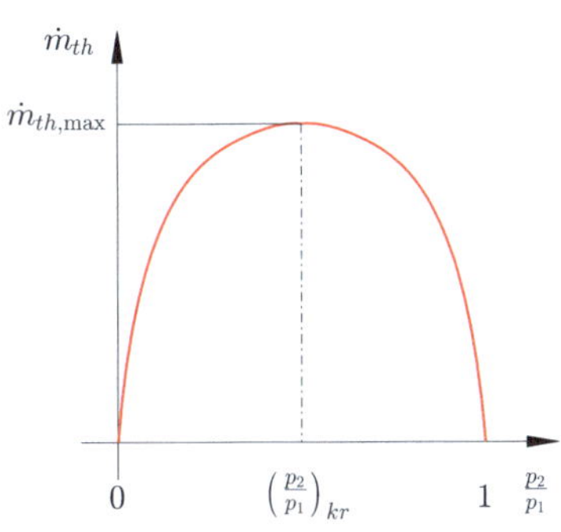

◘ **Abb. 2.3** Kritisches Druckverhältnis

2

Corollary 2.5

Ändert sich beim Ausströmen eines Gases aus einer Mündung der Massenstrom nicht mehr, dann muss auch das Druckverhältnis konstant bleiben. Es ist also nicht möglich, Gase (oder Dämpfe) in einem Mündungsquerschnitt auf ein kleineres als dem Kurvenmaximum entsprechendes Druckverhältnis zu entspannen, unabhängig davon, wie weit der Druck hinter der Mündung abgesenkt wird. Im **Austrittsquerschnitt** herrscht also **im Extremfall** nur Druck, der dem „kritischen Druckverhältnis „entspricht, der **Lavaldruck** p_L

$$\left(\frac{p_2}{p_1}\right)_{kr} = \frac{p_{kr}}{p_1} = \frac{p_L}{p_1} \tag{2.31}$$

Die 1. Ableitung des Massenstromes nach dem Druckverhältnis Null gesetzt hat mit $p_2 = p_{\mathrm{krit}} = p_L$ ergeben:

$$\frac{p_L}{p_1} = \left(\frac{2}{\kappa + 1}\right)^{\frac{\kappa}{\kappa - 1}} \tag{2.32}$$

$$p_L = p_1 \cdot \left(\frac{2}{\kappa + 1}\right)^{\frac{\kappa}{\kappa - 1}} \tag{2.33}$$

◻ Tab. 2.1 Kritisches Druckverhältnis als Konstante von Gasen, Auswahl

Gas	κ	$\frac{p_L}{p_1}$
Zweiatomig (Luft)	1,4	0,528
Dreiatomig	1,3	0,546
Sattdampf	1,135	0,577

Das „kritische Druckverhältnis" ist dem nach eine Funktion des Gases, nur vom Isentropenexponenten κ abhängig, also eine Konstante für ein Gas. Eine Auswahl zeigt ◻ Tab. 2.1.

Vgl. mit ◻ Abb. 2.4. Eine allmähliche, völlige Entspannung erfolgt im Mündungsquerschnitt, wenn $p_2 \geq p_L$ ist. Der austretende Strahl ist dann eindeutig gerichtet, die kinetische Energie ist technisch verwertbar.

Ist hingegen $p_2 < p_L$, dann kann im Mündungsquerschnitt nur auf p_L entspannt werden, die weitere Entspannung auf p_2 erfolgt direkt hinter der Mündung explosionsartig, die kinetische Energie wird zur Wirbelbildung benötigt, sie ist technisch nicht verwertbar.

Die Ausströmgeschwindigkeit einer Mündung bei kritischem Druckverhältnis heißt kritische Geschwindigkeit oder **Laval-Geschwindigkeit** w_L

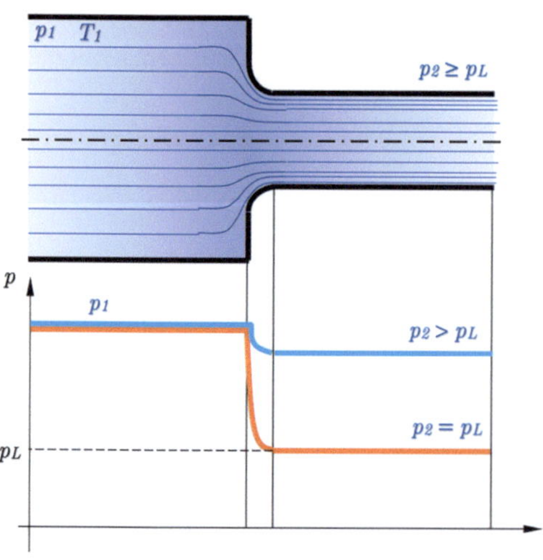

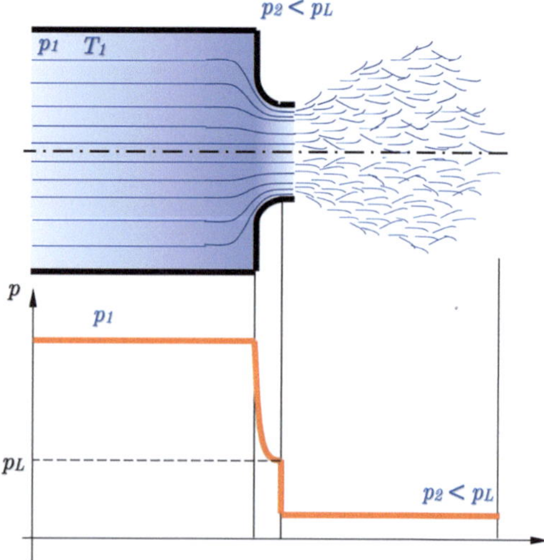

◻ Abb. 2.4 Strahlformen, abhängig vom Druck am Mündungsquerschnitt

Die Laval-Geschwindigkeit errechnet sich mit dem kritischen Druckverhältnis aus:

$$w_2 = \varphi_M \cdot \sqrt{2 \cdot \frac{\kappa \cdot p_1 \cdot v_1}{\kappa - 1} \cdot \left[1 - \left(\frac{p_2}{p_1}\right)^{\frac{\kappa - 1}{\kappa}}\right]}$$

$$(2.34)$$

mit $\frac{p_2}{p_1} = \frac{p_L}{p_1} = \left(\frac{2}{\kappa+1}\right)^{\frac{\kappa}{\kappa-1}}$ folgt:

$$w_L = \varphi_M \cdot \sqrt{2 \cdot \frac{\kappa \cdot p_1 \cdot v_1}{\kappa - 1}\left(1 - \frac{2}{\kappa + 1}\right)}$$

$$(2.35)$$

Fasst man in diesem Ausdruck die konstanten Größen zu einem Faktor K zusammen, so vereinfacht sich die Gleichung mit

$$K = \sqrt{2 \cdot \frac{\kappa}{\kappa - 1}\left(1 - \frac{2}{\kappa + 1}\right)} = \sqrt{2 \cdot \frac{\kappa}{\kappa + 1}}$$

$$(2.36)$$

zu

$$w_L = \varphi_M \cdot K \cdot \sqrt{p_1 \cdot v_1} \qquad (2.37)$$

Zahlenwerte für K sind in 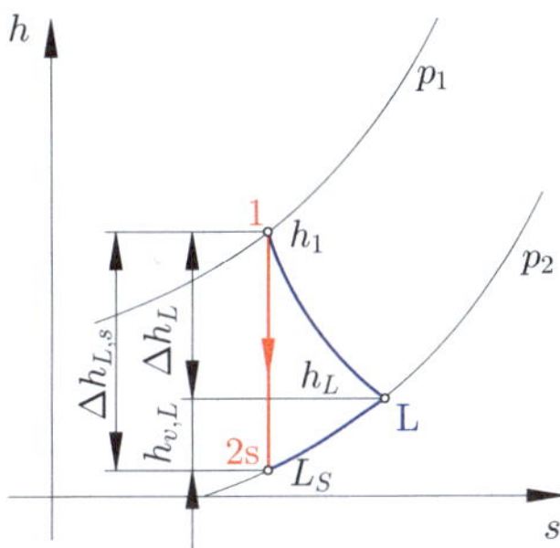 Tab. 2.2 gegeben.

Natürlich kann auch zur Berechnung der Laval-Geschwindigkeit die Energiegleichung verwendet werden:

$$w_L = \sqrt{2 \cdot (h_1 - h_L)} = \varphi_M \cdot \sqrt{2 \cdot (h_1 - h_{L,S})}.$$

$$(2.38)$$

Für die Berechnung der Zustandsgrößen v_{kr} und T_{kr} erhält man aus den Isentropengleichungen (ohne Herleitung-vgl. mit Band 5 [16])

$$\frac{T_{kr}}{T_1} = \frac{2}{\kappa + 1} \qquad (2.39)$$

$$\frac{v_{kr}}{v_1} = \left(\frac{\kappa + 1}{2}\right)^{\frac{1}{\kappa - 1}}. \qquad (2.40)$$

Tab. 2.2 Anhaltswerte für K von Gasen, Auswahl

Gas	K
Zweiatomig (Luft)	1,08
Dreiatomig (Heißdampf)	1,063
Sattdampf	1,031

Abb. 2.5 Lavalströmung im h-s-Diagramm

folgt damit für die kritische Geschwindigkeit, in Verbindung mit Abb. 2.5

$$w_{kr} = w_L = \sqrt{\kappa \cdot p_{kr} \cdot v_{kr}} = \sqrt{\kappa \cdot R \cdot T_{kr}}.$$

$$(2.41)$$

Den **kritischen (größten) Volumenstrom** erhält man wiederum aus der

Kontinuitätsgleichung:

$$\dot{V}_{kr} = A_2 \cdot w_L. \qquad (2.42)$$

Den **tatsächlichen Massenstrom** erhält man mit der Geschwindigkeitszahl

$$\dot{m} = \varphi \cdot \dot{m}_{th}. \qquad (2.43)$$

2.2.2.1 Kontraktionszahl

Strömt das Gas durch eine **kleine scharfkantige Öffnung**, also nicht durch eine Düse, wie in Abb. 2.4 dargestellt, so ist außerdem noch eine **Kontraktion des Strahles** zu beobachten. Der Querschnitt des Strahles ist kleiner als der Querschnitt der Öffnung. In der Kontinuitätsgleichung wird diese Erscheinung durch die vom Fluid abhängige und als Erfahrungswert festgehaltene **Kontraktionszahl** α berücksichtigt.

2.2.2.2 Schallgeschwindigkeit a

Beobachtung 2.2
Der Schall breitet sich in Form von Längswellen in elastischen Körpern aus.

Seine Ausbreitungsgeschwindigkeit ist dabei unabhängig vom Aggregatzustand des Körpers.

Bei Gasen ist die Schallgeschwindigkeit eine Funktion des Gaszustandes

$$a = \sqrt{\kappa \cdot p \cdot v} = \sqrt{\kappa \cdot R \cdot T}. \qquad (2.44)$$

2.2.2.3 Machzahl

Bezieht man die vorhandene Bewegungsgeschwindigkeit auf die Schallgeschwindigkeit, erhält man die **Machzahl** Ma

$$Ma = \frac{w}{a}. \qquad (2.45)$$

Ohne Herleitung sei hier noch erwähnt, dass die Ausströmgeschwindigkeit eines Gases aus einer Mündung höchstens den Wert der Schallgeschwindigkeit bei Mündungszustand annehmen kann.

2.2.2.4 Grenzgeschwindigkeit

Bei jedem Gas ist die Energiespeicherfähigkeit begrenzt und abhängig von der Temperatur (siehe auch „spezifische Wärme"). Demnach kann ein strömendes Gas auch nur in Grenzen Energie freisetzen. Den Grenzwert der freigesetzten Energie erreicht man theoretisch nur bei isentroper Entspannung in vollständigem Vakuum ($p_2 = 0$).

Aus Gl. (2.34) folgt

$$w_{2s} = \sqrt{2 \cdot \frac{\kappa \cdot p_1 \cdot v_1}{\kappa - 1} \cdot \left[1 - \left(\frac{p_2}{p_1} \right)^{\frac{\kappa - 1}{\kappa}} \right]}. $$
$$(2.46)$$

Daraus erhält man mit $p_2 = 0$

$$w_{2s,\max} = \sqrt{2 \cdot \frac{\kappa \cdot p_1 \cdot v_1}{\kappa - 1}} = \sqrt{2 \cdot \frac{\kappa \cdot R \cdot T_1}{\kappa - 1}}$$
$$= \sqrt{2 \cdot c_P \cdot T_1}. \qquad (2.47)$$

Die maximal mögliche Grenzgeschwindigkeit ist also nur eine Funktion des strömenden Gases (κ, c_p, R) und der Temperatur.

Vergleicht man die Grenzgeschwindigkeit mit der Schallgeschwindigkeit bei gleicher Temperatur, ergibt sich

$$w_{s,\max} = \sqrt{2 \cdot \frac{\kappa \cdot R \cdot T}{\kappa - 1}}$$
$$a = \sqrt{\kappa \cdot R \cdot T}. \qquad (2.48)$$

Daraus folgt

$$w_{s,\max} = a \cdot \sqrt{\frac{2}{\kappa - 1}}. \qquad (2.49)$$

In Mündungen kann aber die Grenzgeschwindigkeit nicht erreicht werden.

2.3 Ausströmen aus erweiterten (divergenten) Düsen

In einfachen Öffnungen und Mündungen gibt es kein Entspannen unter dem kritischen- oder Laval-Druck. Soll jedoch bei beliebigem Vordruck p_1 das vorhandene Druckgefälle energiemäßig voll ausgenutzt werden, also die Verwirbelung und die damit verbunden Energieentwertung (wenn $p_2 < p_1$) vermieden werden, muss (bei überkritischem Druckverhältnis) am

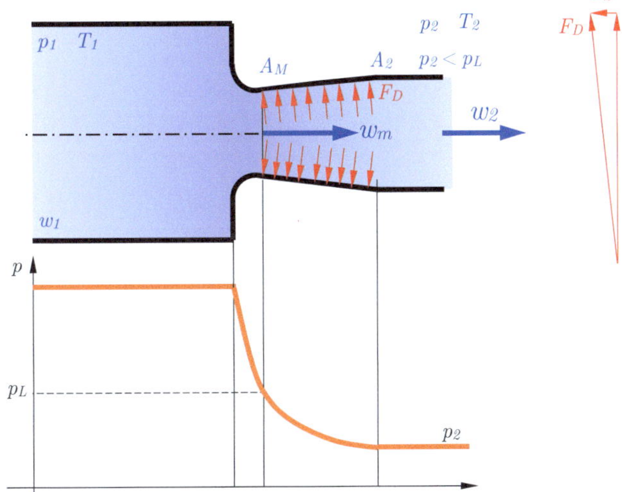

Abb. 2.6 Lavaldüse, überkritisches Druckverhältnis

engsten Querschnitt der Mündung eine Erweiterung angeschlossen werden. Der Strömungsquerschnitt nimmt also zuerst wie bei einer Mündung ab, erreicht beim kritischen Druckverhältnis seinen kleinsten Wert A_M und nimmt dann wieder zu. Eine so konstruierte Stromröhre heißt erweiterte Düse oder Lavaldüse (vgl. mit Abb. 2.6).

2.3.1 Beschleunigung der Masseteilchen

Die Strömungsgeschwindigkeit erhöht sich von der Lavalgeschwindigkeit im engsten Querschnitt auf die Austrittsgeschwindigkeit w_2, die demnach größer als die Schallgeschwindigkeit sein muss.

2.3.2 Geschwindigkeit

Man erkennt, dass sich eine Strömung mit Überschallgeschwindigkeit genau gegengleich zu einer Strömung mit Unterschallgeschwindigkeit verhält. Eine **Querschnittserweiterung bringt im Überschallbereich eine Erhöhung der Geschwindigkeit**, eine Querschnittsverengung eine Verringerung.

Die Ausströmgeschwindigkeit aus Laval-Düsen errechnet sich in Analogie zur Mündungsströmung aus dem Energiesatz:

$$w_2 = \varphi_D \cdot \sqrt{w_1^2 + 2 \cdot \Delta h_S}. \tag{2.50}$$

w_1 ist dabei die Geschwindigkeit vor der Laval-Düse, welche oft $w_1 \approx 0$ ist und φ_D ist die Geschwindigkeitszahl für Laval-Düsen.

Für Gase gilt

$$w_2 = \sqrt{\frac{2 \cdot \kappa \cdot p_1 \cdot v_1}{\kappa - 1} \cdot \left[1 - \left(\frac{p_2}{p_1} \right)^{\frac{\kappa - 1}{\kappa}} \right]}. \tag{2.51}$$

Die durch die Laval-Düse strömende Gasmasse entspricht dem Massenstrom aus einer Mündung mit gleichem Querschnitt A_M, wie der engste Querschnitt der Laval-Düse. Daraus lässt sich die Laval-Düse dimensionieren.

Für den engsten Querschnitt A_M und für den Ausströmquerschnitt A_2 (Kontinuität) gelten die Beziehungen:

$$A_M = \frac{\dot{m}}{\varphi_M \cdot \sqrt{2 \cdot \dfrac{\kappa}{\kappa-1} \cdot \dfrac{p_1}{v_1} \cdot \left[\left(\dfrac{p_L}{p_1}\right)^{\frac{2}{\kappa}} - \left(\dfrac{p_L}{p_1}\right)^{\frac{\kappa+1}{\kappa}} \right]}} \tag{2.52}$$

$$A_2 = \frac{\dot{m}}{\varphi_D \cdot \sqrt{2 \cdot \dfrac{\kappa}{\kappa-1} \cdot \dfrac{p_1}{v_1} \cdot \left[\left(\dfrac{p_2}{p_1}\right)^{\frac{2}{\kappa}} - \left(\dfrac{p_2}{p_1}\right)^{\frac{\kappa+1}{\kappa}} \right]}} \tag{2.53}$$

Der Kegelwinkel des Erweiterungsteiles soll 10° nicht überschreiten, um Strahlablösungen am Ende der Divergenz zu vermeiden. Daraus ergibt sich die erforderliche Länge der Erweiterung.

◻ Abb. 2.7   Laval [107]

2.4 Lavaldüse im Detail

2.4.1 Aufbau der Lavaldüse

Benannt nach: Carl Gustaf Patrik de Laval.[1] Gemäß der Gleichungen aus der Thermodynamik wurden bereits folgende Gleichungen gefunden.

Vgl. mit [46]. Es wird die maximale Austrittsgeschwindigkeit einer Lavaldüse untersucht. Dabei liegt der Druck p_1 vor. Es strömt das Gas aus einem Kessel aus, und wird durch die Düse geleitet. Die Ausströmung passiert dabei adiabat und isentrop – also reibungsfrei und ohne Wärmeaustausch.

Es ist möglich dies mithilfe der Isentropengleichung zu lösen (vgl. mit Technische Mechanik 5 [16]):

$$\frac{T}{T_1} = \left(\frac{p}{p_1}\right)^{\frac{\kappa-1}{\kappa}}. \tag{2.54}$$

Daraus ergibt sich die Ausstrahlgeschwindigkeit nach St. Venant-Wantzel für kompressible Strömung (bzw. mit den zuvor hergeleiteten Gleichungen)

$$w_2 = \sqrt{2\frac{\kappa}{\kappa-1}\frac{p_1}{\varrho_1}\left[1 - \left(\frac{p}{p_1}\right)^{\frac{\kappa-1}{\kappa}}\right]}. \tag{2.55}$$

Die maximal mögliche Geschwindigkeit erhält man, wenn der Austrittsdruck minimal wird, d. h. wenn ins Vakuum expandiert wird $p \to 0$

$$\underline{\underline{w_{2,\max}}} = \sqrt{2\frac{\kappa}{\kappa-1}\frac{p_1}{\varrho_1}} = \sqrt{2\frac{\kappa R T_1}{\kappa-1}}$$
$$= a_1 \sqrt{\frac{2}{\kappa-1}} = \underline{\underline{\sqrt{2h_1}}}. \tag{2.56}$$

In der theoretischen Betrachtung eines idealen Expansionsprozesses könnte die gesamte Enthalpie eines Gases in kinetische Energie umgewandelt werden, wenn das Gas bis auf einen Druck von $p = 0\,\text{Pa}$ und eine Temperatur von $T = 0\,\text{K}$ expandieren würde. Dies würde eine maximale Austrittsgeschwindigkeit ermöglichen. In der Praxis ist eine derart vollständige Expansion jedoch selbst unter extremen Bedingungen, beispielsweise im Vakuum des Weltraums, nicht erreichbar. Stattdessen verbleiben beim Austritt aus einer Schubdüse stets endliche Werte für Druck und Temperatur, die durch die thermodynamischen und fluidmechanischen Randbedingungen bestimmt werden.

---

1 Carl Gustaf Patrik de Laval (vgl. mit ◻ Abb. 2.7) (geboren 9. Mai 1845 in Orsa, Schweden; gestorben 2. Februar 1913 in Stockholm) war ein Ingenieur und Erfinder [107].

Ein anschauliches Beispiel für diesen Effekt ist die Expansion von Gasen in der Schubdüse eines Raketentriebwerkes. Während eines Raketenstarts kann beobachtet werden, dass sich der Strahl mit zunehmender Flughöhe und abnehmendem Umgebungsdruck kontinuierlich weiter zur Seite hin ausdehnt. Dieses Phänomen kann anhand zahlreicher Videoaufnahmen von Raketenstarts namhafter Raumfahrtorganisationen wie der NASA oder ESA nachvollzogen werden (Suchbegriff: „launch"). Die Ursache dieser Strahlausbreitung liegt in der Druckdifferenz zwischen dem Gas innerhalb des Strahls und der umgebenden Atmosphäre.

Wird der Strahl mit einem höheren Druck als der Umgebungsdruck ausgestoßen, so expandiert er nach dem Verlassen der Schubdüse weiter, um sich dem äußeren Druckniveau anzupassen. Dieser Zustand wird als unterexpandiert bezeichnet. Dabei wird nicht die gesamte Enthalpie des Gases in axiale kinetische Energie umgewandelt, sondern ein Teil der Restenthalpie führt zur Ausbildung von Querströmungen, wodurch der Strahl eine laterale Expansion erfährt. Der Strahl erhält folglich einen zusätzlichen Querimpuls, der sich in einer divergierenden Strahlform manifestiert.

2.4.2 Berechnungsgrundlagen

Im Folgenden werden wichtige Gleichungen und Beziehungen in Bezug auf die Lavaldüse hergeleitet. Dieses Kapitel basiert auf [38].

2.4.2.1 Energieerhaltung

Es gilt in der Düse die Energieerhaltung, aufgrund man zunächst die Kontinuitätsgleichung (vgl. mit Band 4, dieser Buchreihe [15], Abschnitt „reale Hydrodynamik)

$$\frac{d\varrho}{\varrho} + \frac{dw}{w} + \frac{dA}{A} = 0 \qquad (2.57)$$

schreiben kann. Diese Gleichung kann man einfach beweisen, indem man die Terme auflöst und

auf gleichem Nenner bringt. Es folgt dann

$$\frac{d\varrho \cdot w \cdot A}{A \cdot \varrho \cdot w} + \frac{dw \cdot \varrho \cdot A}{A \cdot \varrho \cdot w} + \frac{dA \cdot w \cdot \varrho}{A \cdot \varrho \cdot w} = 0$$

$$d\varrho \cdot w \cdot A + dw \cdot \varrho \cdot A + dA \cdot w \cdot \varrho = 0. \qquad (2.58)$$

Es ist also die Summe aller Ableitungen nach jeder Variable. Jede einzelne zeigt die Kontinuität, denn es gilt: $\dot{m} = \dot{V} \cdot \varrho = A \cdot w \cdot \varrho = \text{const}$.

Zusätzlich gilt für den Impuls (Gl. wurde in Band 4, [15], Kapitel „Impulssatz stationär " hergeleitet)

$$-F = -\frac{dI}{dt} = \frac{d}{dt} \oint w \cdot dm. \qquad (2.59)$$

Hierin kann man die infinitesimal kleine Masse ersetzen, durch $dm = \varrho \cdot dV = \varrho \cdot dA \cdot ds$. Dies kann man in Gl. (2.59) einsetzen und umformen. Es folgt

$$-F = -\frac{dI}{dt} = \frac{d}{dt} \oint w \cdot \varrho \cdot dA \cdot ds$$

$$= \varrho \cdot \underbrace{\frac{ds}{dt}}_{=dw} \oint w \cdot dA$$

$$= \varrho \cdot \oint w \cdot dw \cdot dA$$

$$-p \cdot A = \varrho \cdot \oint w \cdot dw \cdot dA$$

$$-dp \cdot dA = \varrho \cdot w \cdot dw \cdot dA \qquad (2.60)$$

$$-dp = \varrho \cdot w \cdot dw. \qquad (2.61)$$

Gl. (2.61) kann man noch umschreiben, indem man die Gleichung durch w dividiert, es ergibt sich

$$\frac{dw}{w} = -\frac{dp}{\varrho \cdot w^2}. \qquad (2.62)$$

Verknüpft man die Impulsgleichung und die Kontinuitätsgleichung (in dem man Gl. (2.62) in

Gl. (2.62) einsetzt) folgt

$$0 = \frac{d\varrho}{\varrho} - \frac{dp}{\varrho \cdot w^2} + \frac{dA}{A}$$

$$= -\frac{d\varrho}{\varrho} + \frac{dp}{\varrho \cdot w^2} - \frac{dA}{A}$$

$$\frac{dA}{A} = \frac{dp}{\varrho \cdot w^2} - \frac{d\varrho}{\varrho}$$

$$= \frac{dp}{\varrho \cdot w^2}\left(1 - \frac{d\varrho \cdot w^2}{dp}\right)$$

$$= \frac{dp}{\varrho \cdot w^2}\left(1 - \frac{w^2}{\frac{dp}{d\varrho}}\right). \tag{2.63}$$

Hier kann man den Term $\frac{dp}{\varrho \cdot w^2}$ durch Gl. (2.62) ersetzen, es folgt

$$\frac{dA}{A} = -\frac{dw}{w}\left(1 - \frac{w^2}{\frac{dp}{d\varrho}}\right). \tag{2.64}$$

Bei dieser Gleichung wird, wie eingangs unterstellt, Reibungsfreiheit angenommen. Zusätzlich kann aber auch eine adiabate Zustandsänderung angenommen werden, da keine Wärme zu- oder abgeführt wird, bzw. genauer, da sich die Entropie nicht ändert, liegt sogar eine isentrope Zustandsänderung vor. Es gilt

$$\left(\frac{dp}{d\varrho}\right) \equiv \left(\frac{\partial p}{\partial \varrho}\right)_s = a^2. \tag{2.65}$$

Man kann deshalb aus Gl. (2.64), durch Einsetzen von Gl. (2.65), schreiben

$$\frac{dA}{A} = -\frac{dw}{w}\left(1 - \frac{w^2}{a^2}\right). \tag{2.66}$$

Es handelt sich hierbei um die Gleichung für **isentrope Düsenströmung**.

2.4.2.2 Charakterisierung der Strömung

Mit der Machzahl kann man die Strömung charakterisieren. Es gilt:

> **Bemerkung 2.4 (Charakterisierung der Strömung)**
> - **Unterschall**: $Ma < 1$
> - **Überschall**: $Ma > 1$
> - **Schallnahe Strömung**: $Ma \approx 1$
> - **Kritischer Zustand**: $Ma = 1$

2.4.2.3 Gleichungen der isentropen Düsenströmung

Mittels Gl. (2.66) folgt durch Einsetzen der Definition für die Machzahl (aus Gl. (2.45))

$$\frac{dA}{A} = -\frac{dw}{w}\left(1 - Ma^2\right). \tag{2.67}$$

Diese Gleichung kann man umformen, um den Zusammenhang zwischen den Geschwindigkeiten herzustellen.

$$\frac{w}{dw} = -\frac{A}{dA}\left(1 - Ma^2\right) \tag{2.68}$$

$$\frac{dw}{w} = -\frac{dA}{A}\frac{1}{1 - Ma^2}. \tag{2.69}$$

Setzt man hier Gl. (2.62) ein, folgt zusätzlich der Zusammenhang

$$\frac{dp}{\varrho \cdot w^2} = \frac{dA}{A}\frac{1}{1 - Ma^2}. \tag{2.70}$$

Plotet man die beiden Funktionen aus Gl. (2.69) und Gl. (2.70) macht man die Erkenntnis, dass sich die Düsenwirkung anders als bei der Hydromechanik kennengelernt verhält. Dort kann man mit der Kontinuitätsgleichung $A_1 \cdot v_1 = A_2 \cdot v_2$,

Methode: Lösung durch Matlab 2.1

Die beiden Funktionen aus Gl. (2.69) und Gl. (2.70) sind so in Matlab darzustellen, dass sich ein Zusammenhang zwischen der Fläche und der Machzahl ergibt.

```matlab
clc; clear; close all;

% Isentropenexponent für Luft
kappa = 1.4;

% Bereich für normierte Fläche A/A*
A_Astern = linspace(0.5, 3, 100); % Wertebereich für A/A*

% Leere Arrays für Mach-Zahlen
Ma_unter = zeros(size(A_Astern));
Ma_ueber = zeros(size(A_Astern));

% Wertebereich für Mach-Zahl zur numerischen Suche
Ma_values = linspace(0.01, 5, 5000); % Feine Auflösung

% Berechnung der Mach-Zahl für jeden A/A*
for i = 1:length(A_Astern)
    A_ratio = A_Astern(i);

    % Berechne linke und rechte Seite der Flächenformel
    left_side = A_ratio^2 .* Ma_values.^2;
    right_side = ((2/(kappa+1)) * (1 + (kappa-1)/2 * Ma_values.^2)
).^((kappa+1)/(kappa-1));

    % Finde Unterschalllösung (Ma < 1)
    diff = abs(left_side - right_side);
    idx_unter = find(Ma_values < 1 & diff == min(diff(Ma_values < 1)), 1);
    if ~isempty(idx_unter)
        Ma_unter(i) = Ma_values(idx_unter);
    else
        Ma_unter(i) = NaN; % Falls keine Lösung gefunden wird
    end

    % Finde Überschalllösung (Ma > 1)
    idx_ueber = find(Ma_values > 1 & diff == min(diff(Ma_values > 1)), 1);
    if ~isempty(idx_ueber)
        Ma_ueber(i) = Ma_values(idx_ueber);
    else
        Ma_ueber(i) = NaN; % Falls keine Lösung gefunden wird
    end
end

% Plot
figure;
plot(A_Astern, Ma_unter, 'b-', 'LineWidth', 2); hold on;
plot(A_Astern, Ma_ueber, 'r-', 'LineWidth', 2);
xlabel('Normierte Fläche A / A^*');
ylabel('Mach-Zahl M');
title('Mach-Zahl in Abhängigkeit der normierten Fläche');
legend('Unterschall', 'Überschall', 'Location', 'best');
grid on;
xlim([0.5 3]);
ylim([0 3]);
```

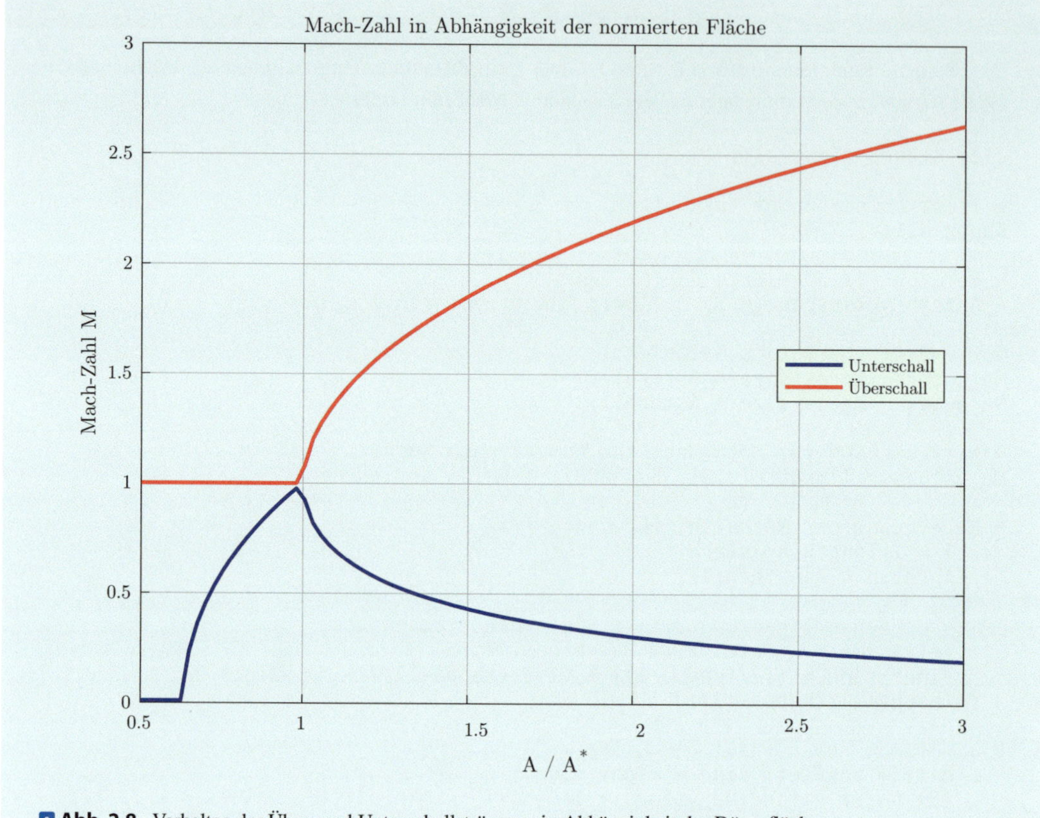

Abb. 2.8 Verhalten der Über- und Unterschallströmung in Abhängigkeit der Düsenfläche

wobei $A_2 < A_1$ gilt,

$$\underbrace{A_1}_{\text{größer}} \cdot \underbrace{v_1}_{\text{gegeben}} = \underbrace{A_2}_{\text{kleiner}} \cdot \underbrace{v_2}_{\textbf{muss größer werden}} \tag{2.71}$$

folgern, also bei Verkleinerung der Fläche muss die Geschwindigkeit größer werden. Vergleicht man dies aber mit dem Diagramm aus ▪ Abb. 2.8, so gibt es einen Unterschied bei der Strömungsgeschwindigkeit. Für eine Unterschallströmung gilt die bereits bekannte Bedingung aus der Hydromechanik, nicht aber im Überschallbereich. Die Strömung verhält sich also gegengleich! Für den Überschallbereich wird die Strömung beschleunigt, wenn man die Fläche vergrößert. Dieser Zusammenhang ist in ▪ Abb. 2.9 dargestellt.

Siehe ▶ Lösung durch Matlab 2.1 sowie ▶ Lösung durch SolidWorks – CFD 2.1.

2.4.2.4 Lokale Zustandsänderungen einer isentropen Gasströmung aus dem Ruhezustand

In Anl. an [38]. Es gilt für eine adiabate Zustandsänderung, ohne technische Arbeit

$$h_0 = \text{const.} = h + \frac{1}{2}w^2. \tag{2.72}$$

Jetzt kann man die Beziehung bei einem idealen Gas für dh, vgl. mit Thermodynamik [16] verwenden, gem.

$$dh = c_p \cdot dT$$

$$\implies \int_{h_0}^{h} dh = c_p \cdot \int_{T_0}^{T} dT$$

$$\implies h - h_0 = c_p \cdot (T - T_0)$$

$$\implies h = h_0 + c_p \cdot (T - T_0) \tag{2.73}$$

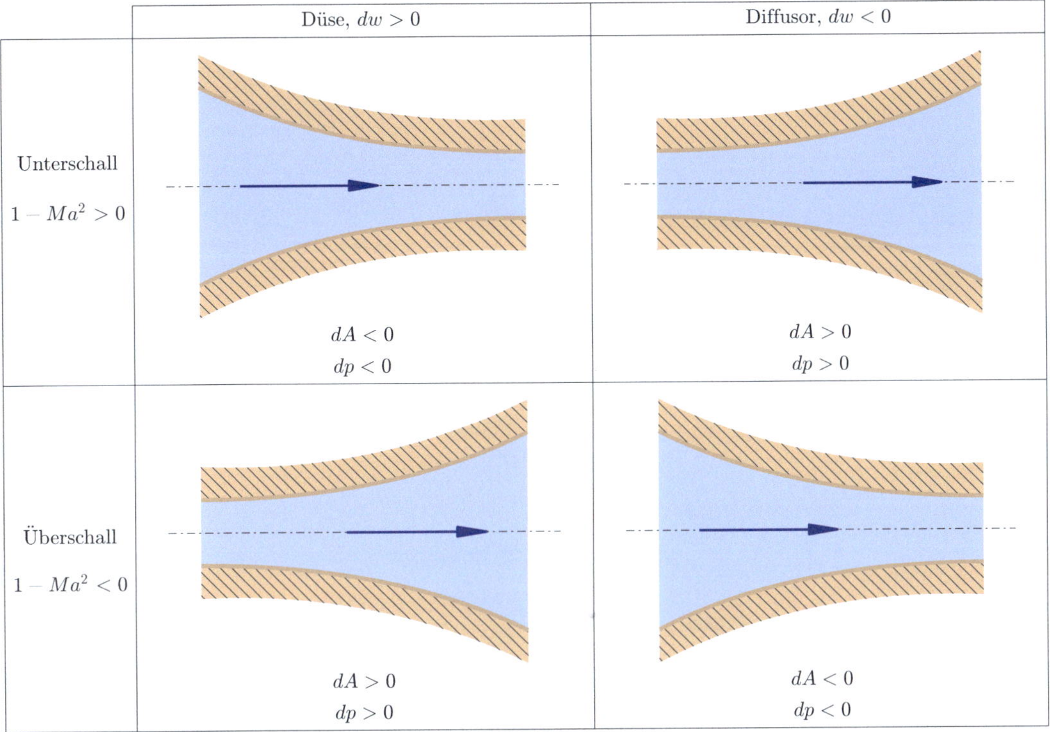

Abb. 2.9 Verhalten der Über- und Unterschallströmung in Abhängigkeit der Düsenfläche, Düsenformen, in Anl. an [38]

Methode: Lösung durch SolidWorks – CFD 2.1

Es ist eine einfache Düse (großer Durchmesser 70 mm und kleiner Durchmesser 40 mm) auf deren Strömung im Unter- als auch im Überschallbereich, mittels SolidWorks CFD zu untersuchen. Dazu wird für den Unterschallbereich eine Geschwindigkeit iHv. 20 m/s (am großen Durchmesser) und für den Überschallbereich eine mit 200 m/s angenommen. Es ist die Entwicklung der Machzahl als auch die Geschwindigkeitsentwicklung entlang der Rotationssache zu untersuchen.

Pos.	Bild	Erklärung
1		Modell zeichnen.

2

2

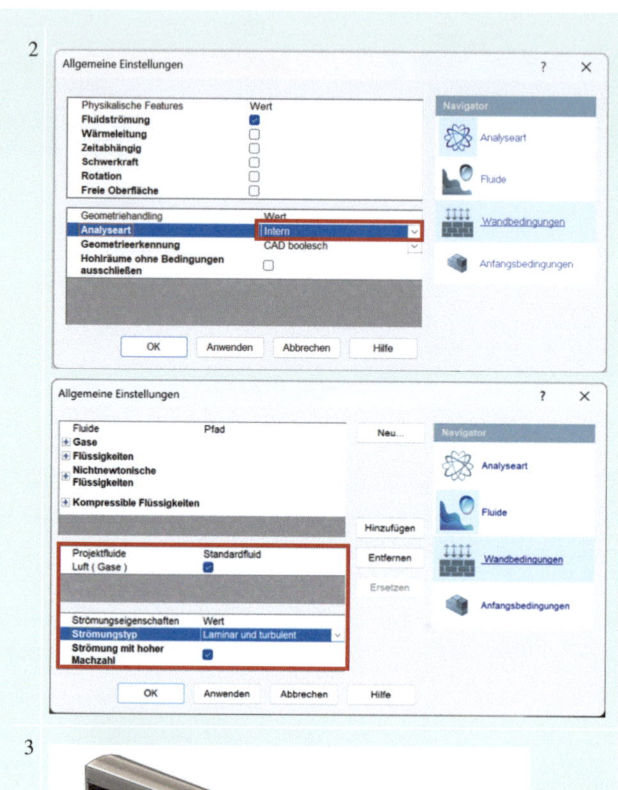

Neue interne Strömungssimulations-studie erstellen, dabei als Fluid Luft verwenden und die Strömung bei großer Machzahl aktivieren.

3

Deckel erstellen.

4

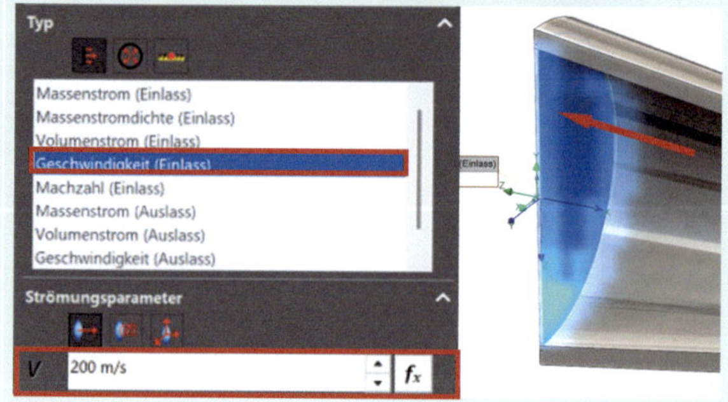

Randbedingung 1 festlegen, Geschwindigkeit iHv. 20 m/s bzw. 200 m/s.

5 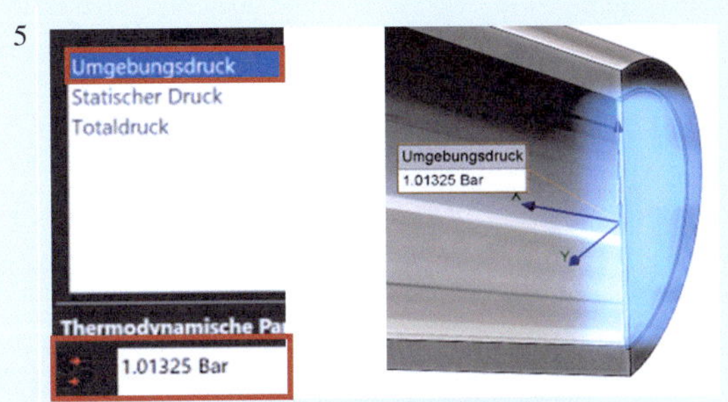

Randbedingung 2 festlegen, Druck iHv. 1,013 bar.

6 

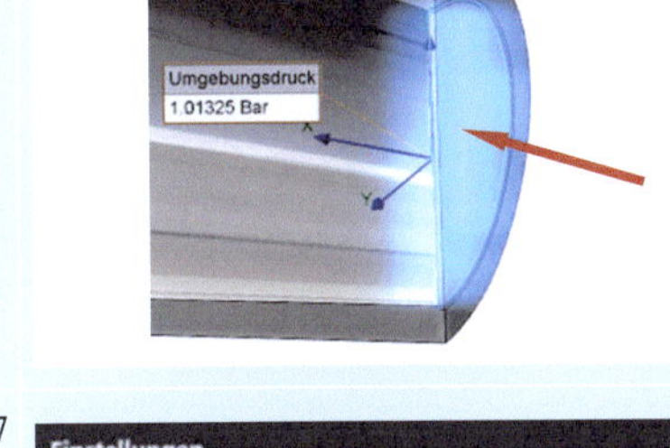

Punktziele für die Geschwindigkeit und die Machzahl am Düsenaustritt festlegen.

7 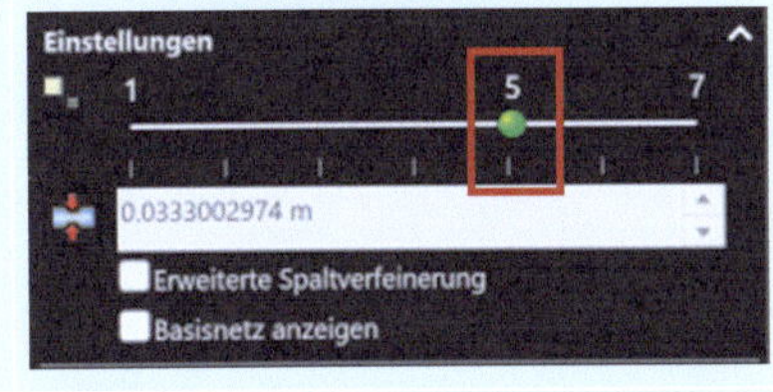

Netzeinstellungen ändern.

8 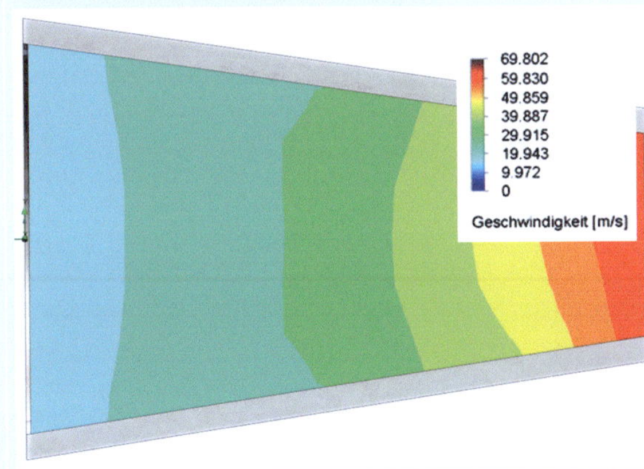

Studie lösen und Geschwindigkeitsdarstellung einblenden. Hier ist die Schnittdarstellung der Geschwindigkeit für die Unterschallströmung dargestellt.

2

9

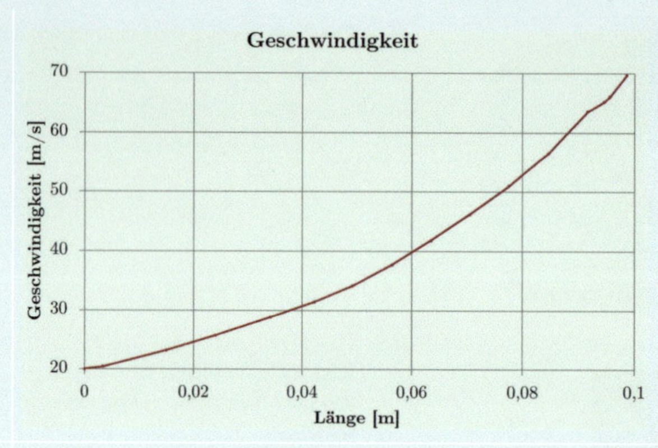

Geschwindigkeitsverlauf bei Unterschallströmung.

10

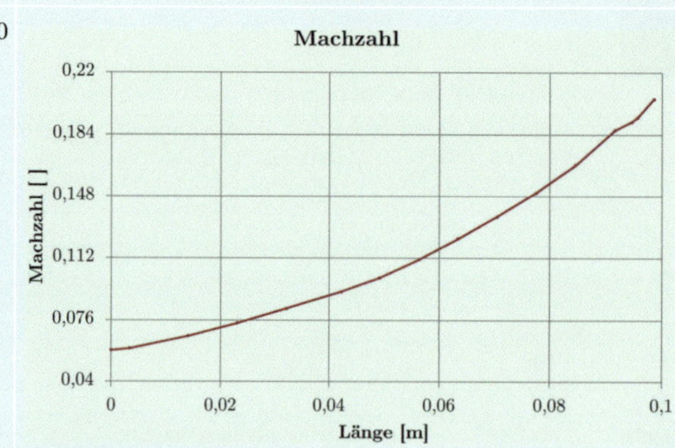

Machzahlverlauf bei Unterschallströmung.

11

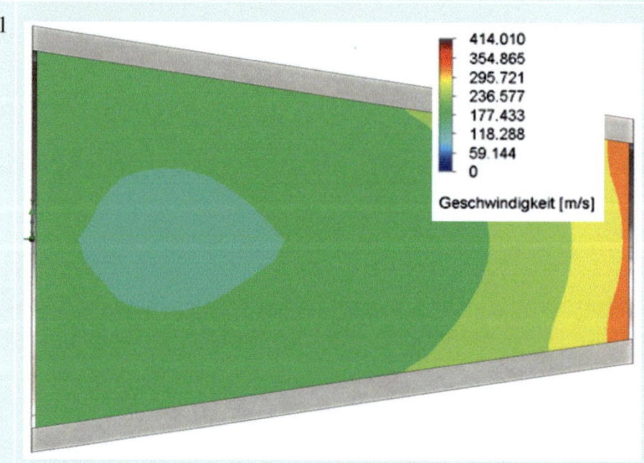

Geschwindigkeitsdarstellung in Schnitt bei Überschallströmung.

12

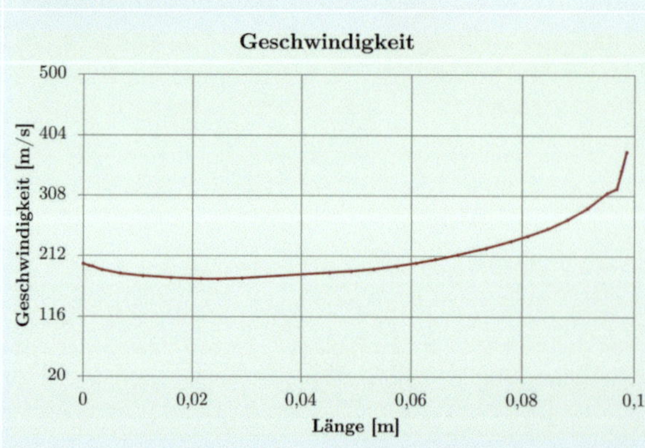

Geschwindigkeitsverlauf bei Überschallströmung.

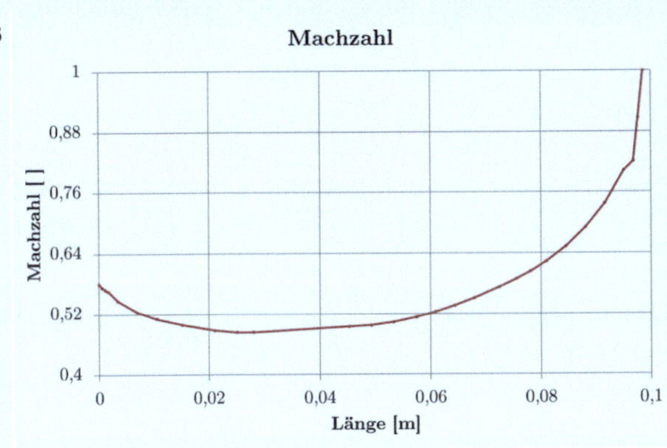

Machzahlverlauf bei Überschallströmung.

Hier wird c_p als konstant angenommen, wenn dem nicht so ist, gelten die Gleichungen aus Band 5 [16]. Es folgt durch Einsetzen von Gl. (2.73) in Gl. (2.72)

$$h_0 = h_0 + c_p \cdot (T - T_0) + \frac{1}{2}w^2$$

$$0 = c_p \cdot (T - T_0) + \frac{1}{2}w^2. \qquad (2.74)$$

Jetzt muss c_p ersetzt werden. Dies kann man auch wieder durch die Gesetze der Thermodynamik machen, indem man die Gleichungen $\kappa = \frac{c_v}{v_p} \Rightarrow c_v = \frac{c_p}{\kappa}$ sowie $R = c_p - c_v \Rightarrow c_p = R + c_v$ verwendet. Man kann die zweite Bedingung in die Erste einsetzen, zu

$$c_v = \frac{R + c_v}{\kappa}$$

$$\implies \quad \kappa \cdot c_v = R + c_v$$

$$\implies \quad c_v(\kappa - 1) = R$$

$$c_v = \frac{R}{\kappa - 1}$$

$$\implies \quad \frac{c_p}{\kappa} = \frac{R}{\kappa - 1}$$

$$\implies \quad c_p = \frac{R \cdot \kappa}{\kappa - 1}. \qquad (2.75)$$

Jetzt kann man Gl. (2.75) in Gl. (2.74) einsetzen, zu

$$0 = \frac{R \cdot \kappa}{\kappa - 1} \cdot (T - T_0) + \frac{1}{2}w^2. \qquad (2.76)$$

Jetzt kann man die Bedingung für die Schallgeschwindigkeit $a = \sqrt{\kappa \cdot R \cdot T} \Rightarrow a^2 = \kappa \cdot R \cdot T$ (Gl. (2.44)) in die Gleichung für die Machzahl

$Ma = \frac{w}{a} \Rightarrow Ma^2 = \frac{w^2}{a^2}$ Gl. (2.45)) einsetzen und umformen, zu

$$Ma^2 = \frac{w^2}{\kappa \cdot R \cdot T}$$

$$\implies \quad Ma^2 \cdot \kappa \cdot R \cdot T = w^2. \qquad (2.77)$$

Gl. (2.77) in Gl. (2.76) einsetzen, ergibt

$$0 = \frac{R \cdot \kappa}{\kappa - 1} \cdot (T - T_0) + \frac{1}{2} \cdot Ma^2 \cdot \kappa \cdot R \cdot T. \qquad (2.78)$$

Jetzt kann Gl. (2.78) durch R und durch κ dividiert werden, zu

$$0 = \frac{1}{\kappa - 1} \cdot (T - T_0) + \frac{1}{2} \cdot Ma^2 \cdot T$$

$$0 = T - T_0 + \frac{\kappa - 1}{2} \cdot Ma^2 \cdot T. \qquad (2.79)$$

Gl. (2.79) durch T dividieren lässt

$$0 = 1 - \frac{T_0}{T} + \frac{\kappa - 1}{2} \cdot Ma^2 \qquad (2.80)$$

$$\frac{T_0}{T} = 1 + \frac{\kappa - 1}{2} \cdot Ma^2. \qquad (2.81)$$

folgen.

Wird Reibungsfreiheit unterstellt, folgt mit der Isentropenbeziehung $\frac{T}{T_0} = \left(\frac{p}{p_0}\right)^{\frac{\kappa}{\kappa-1}}$ (Herleitung siehe Band 5) ergibt sich durch Bilden des Kehrwertes

$$\frac{T_0}{T} = \left(\frac{p_0}{p}\right)^{\frac{\kappa}{\kappa-1}}; \qquad (2.82)$$

bzw. durch Einsetzen von Gl. (2.82) in Gl. (2.81) folgt daraus

$$\frac{p_0}{p} = \left(1 + \frac{\kappa - 1}{2} \cdot Ma^2\right)^{\frac{\kappa}{\kappa - 1}}. \tag{2.83}$$

Ebenfalls aus der Thermodynamik bekannt ist die Gleichung für das spezifische Volumen, bei isentroper Zustandsänderung, zu $\frac{v}{v_0} = \left(\frac{p_0}{p}\right)^{\frac{1}{\kappa}}$, bzw. mit $v = \frac{1}{\varrho}$ folgt

$$\frac{\varrho_0}{\varrho} = \left(\frac{p_0}{p}\right)^{\frac{1}{\kappa}}. \tag{2.84}$$

Setzt man jetzt Gl. (2.83) in Gl. (2.84) ein, ergibt sich

$$\frac{\varrho_0}{\varrho} = \left(\left(1 + \frac{\kappa - 1}{2} \cdot Ma^2\right)^{\frac{\kappa}{\kappa - 1}}\right)^{\frac{1}{\kappa}}$$

$$= \left(1 + \frac{\kappa - 1}{2} \cdot Ma^2\right)^{\frac{\kappa}{\kappa - 1} \cdot \frac{1}{\kappa}} \tag{2.85}$$

und durch Kürzen von κ im Exponenten

$$\frac{\varrho_0}{\varrho} = \left(1 + \frac{\kappa - 1}{2} \cdot Ma^2\right)^{\frac{1}{\kappa - 1}}. \tag{2.86}$$

Aus der Impulsgleichung (speziell hier mit Gl. (2.61)) ergibt sich

$$-dp = \varrho \cdot w \cdot dw$$

$$\implies \quad -\frac{dp}{\varrho} = \underbrace{w \cdot dw}_{\int w\,dw = \frac{w^2}{2}}$$

$$\implies \quad w \cdot dw = d\left(\frac{w^2}{2}\right) = -\frac{dp}{\varrho}. \tag{2.87}$$

Aus der Thermodynamik kennt man die Gleichung

$$\frac{p}{p_0} = \left(\frac{v_0}{v}\right)^{\kappa} = \left(\frac{\frac{1}{\varrho_0}}{\frac{1}{\varrho}}\right)^{\kappa} = \left(\frac{\varrho}{\varrho_0}\right)^{\kappa}$$

$$\implies \quad \frac{p}{\varrho^{\kappa}} = \frac{p_0}{\varrho_0^{\kappa}}$$

$$\implies \quad \varrho = \varrho_0 \cdot \left(\frac{p}{p_0}\right)^{\frac{1}{\kappa}}$$

$$\implies \quad \frac{1}{\varrho} = \frac{1}{\varrho_0} \cdot \left(\frac{p}{p_0}\right)^{-\frac{1}{\kappa}}. \tag{2.88}$$

Durch Integration der Impulsgleichung aus Gl. (2.87) und einsetzen von Gl. (2.88) ergibt sich

$$d\left(\frac{w^2}{2}\right) = -\frac{dp}{\varrho}$$

$$d\left(\frac{w^2}{2}\right) = -\frac{1}{\varrho_0} \cdot \left(\frac{p}{p_0}\right)^{-\frac{1}{\kappa}} \cdot dp$$

$$\int_0^w d\left(\frac{w^2}{2}\right) = -\frac{1}{\varrho_0} \cdot \int_{p_0}^p \left(\frac{p}{p_0}\right)^{-\frac{1}{\kappa}} \cdot dp$$

$$\frac{w^2}{2} = -\frac{1}{p_0^{-\frac{1}{\kappa}}} \frac{1}{\varrho_0} \cdot \int_{p_0}^p p^{-\frac{1}{\kappa}} \cdot dp$$

$$\frac{w^2}{2} = -\frac{p_0^{\frac{1}{\kappa}}}{\varrho_0} \cdot \frac{1}{1 - \frac{1}{\kappa}} \cdot \left[p^{1 - \frac{1}{\kappa}}\right]_{p_0}^p. \tag{2.89}$$

Diese Gleichung kann man weiter vereinfachen, zu

$$\frac{w^2}{2} = -\frac{p_0^{\frac{1}{\kappa}}}{\varrho_0} \cdot \frac{1}{1 - \frac{1}{\kappa}} \cdot \left[p^{1 - \frac{1}{\kappa}}\right]_{p_0}^p$$

$$= -\frac{p_0^{\frac{1}{\kappa}}}{\varrho_0} \cdot \frac{1}{1 - \frac{1}{\kappa}} \cdot \left[p^{1 - \frac{1}{\kappa}} - p_0^{1 - \frac{1}{\kappa}}\right] \tag{2.90}$$

Der Term $1 - \frac{1}{\kappa}$ kann vereinfacht werden, zu

$$1 - \frac{1}{\kappa} = \frac{\kappa}{\kappa} - \frac{1}{\kappa} = \frac{\kappa - 1}{\kappa} \tag{2.91}$$

$$\frac{1}{1 - \frac{1}{\kappa}} = \frac{1}{\frac{\kappa - 1}{\kappa}} = \frac{\kappa}{\kappa - 1}. \tag{2.92}$$

Einsetzen von Gl. (2.91) und (2.92) in Gl. (2.90)

$$\frac{w^2}{2} = -\frac{p_0^{\frac{1}{\kappa}}}{\varrho_0} \cdot \frac{\kappa}{\kappa - 1} \cdot \left[p^{\frac{\kappa - 1}{\kappa}} - p_0^{\frac{\kappa - 1}{\kappa}}\right]$$

$$= -\frac{1}{\varrho_0} \cdot \frac{\kappa}{\kappa - 1} \cdot \left[p_0^{\frac{1}{\kappa}} \cdot p^{\frac{\kappa - 1}{\kappa}} - p_0^{\frac{1}{\kappa}} \cdot p_0^{\frac{\kappa - 1}{\kappa}}\right]$$

$$= -\frac{1}{\varrho_0} \cdot \frac{\kappa}{\kappa - 1} \cdot \left[p_0^{\frac{1}{\kappa}} \cdot p^{\frac{\kappa - 1}{\kappa}} - p_0^{\frac{\kappa - 1}{\kappa} + \frac{1}{\kappa}}\right]$$

$$= -\frac{1}{\varrho_0} \cdot \frac{\kappa}{\kappa - 1} \cdot \left[p_0^{\frac{1}{\kappa}} \cdot p^{\frac{\kappa - 1}{\kappa}} - p_0\right] \tag{2.93}$$

In dieser Gleichung kann man p_0 herausheben, dann muss man aber beim Term $p_0^{\frac{1}{\kappa}} \cdot p^{\frac{\kappa - 1}{\kappa}}$ entsprechend erweitern. Dies kann man mit $p_0^{-\frac{\kappa-1}{\kappa}}$ tun, denn es gilt

$$p_0 \cdot p_0^{-\frac{\kappa-1}{\kappa}} = p_0^{\frac{\kappa}{\kappa}-\frac{\kappa-1}{\kappa}} = p_0^{\frac{\kappa}{\kappa}-\frac{\kappa}{\kappa}+\frac{1}{\kappa}} = p_0^{\frac{1}{\kappa}}. \tag{2.94}$$

Es ergibt sich demnach für Gl. (2.93)

$$\begin{aligned}
\frac{w^2}{2} &= -\frac{1}{\varrho_0} \cdot \frac{\kappa}{\kappa-1} \cdot p_0 \cdot \left[p_0^{-\frac{\kappa-1}{\kappa}} \cdot p^{\frac{\kappa-1}{\kappa}} - 1 \right] \\
&= -\frac{1}{\varrho_0} \cdot \frac{\kappa}{\kappa-1} \cdot p_0 \cdot \left[\frac{p^{\frac{\kappa-1}{\kappa}}}{p_0^{\frac{\kappa-1}{\kappa}}} - 1 \right] \\
&= -\frac{1}{\varrho_0} \cdot \frac{\kappa}{\kappa-1} \cdot p_0 \cdot \left[\left(\frac{p}{p_0}\right)^{\frac{\kappa-1}{\kappa}} - 1 \right] \\
&= \frac{\kappa}{\kappa-1} \cdot \frac{p_0}{\varrho_0} \cdot \left[1 - \left(\frac{p}{p_0}\right)^{\frac{\kappa-1}{\kappa}} \right].
\end{aligned} \tag{2.95}$$

Gem. der Thermodynamik kann man den Term $\left(\frac{p}{p_0}\right)^{\frac{\kappa-1}{\kappa}}$ durch das Temperaturverhältnis $\frac{T}{T_0}$ ersetzen. Es gilt also zusammengefasst

$$\frac{w^2}{2} = \frac{\kappa}{\kappa-1} \cdot \frac{p_0}{\varrho_0} \cdot \left[1 - \left(\frac{p}{p_0}\right)^{\frac{\kappa-1}{\kappa}} \right] \tag{2.96}$$

$$\frac{w^2}{2} = \frac{\kappa}{\kappa-1} \cdot \frac{p_0}{\varrho_0} \cdot \left[1 - \frac{T}{T_0} \right]. \tag{2.97}$$

Damit kann man die **maximale Austrittsgeschwindigkeit** berechnen, da die im Ruhezustand gespeicherte Energie rechnerisch vollständig in kinetische Energie umgesetzt werden kann, wenn Druck und Temperatur auf den Wert Null abgesenkt werden. Es gilt damit mit Gl. (2.96) bzw. (2.97)

$$\begin{aligned}
\lim_{p,T \to 0} \left(\frac{w^2}{2} \right) &= \frac{w_{\max}^2}{2} \\
&= \frac{\kappa}{\kappa-1} \cdot \frac{p_0}{\varrho_0} \cdot \left[1 - \left(\frac{0}{p_0}\right)^{\frac{\kappa-1}{\kappa}} \right] \\
&= \frac{\kappa}{\kappa-1} \cdot \frac{p_0}{\varrho_0} \cdot [1-0] \\
&= \frac{\kappa}{\kappa-1} \cdot \frac{p_0}{\varrho_0}.
\end{aligned} \tag{2.98}$$

Diese Gleichung kann man umformen. Zusätzlich kann man die spezielle Gasgleichung verwenden, um einen Zusammenhang zur Temperatur herzustellen, denn es gilt

$$p \cdot v = R \cdot T = p \cdot \frac{1}{\varrho} = \frac{p}{\varrho}. \tag{2.99}$$

Es folgt damit für die maximale Austrittsgeschwindigkeit

$$w_{\max} = \sqrt{2 \cdot \frac{\kappa}{\kappa-1} \cdot \frac{p_0}{\varrho_0}} = \sqrt{2 \cdot \frac{\kappa}{\kappa-1} \cdot R \cdot T_0}. \tag{2.100}$$

Corollary 2.6

Im Austritt einer Düse herrscht in jedem Fall Überschall, wenn $w_{\max}$ erreicht wird [38].

Da die Temperatur bei Erreichen dieser Geschwindigkeit auf den Wert Null absinkt, wird notwendigerweise auch die Schallgeschwindigkeit Null. Damit muss aber die Machzahl unendlich groß werden, da gem. Gl. (2.45)

$$\underline{\underline{Ma(w_{\max})}} = \lim_{a \to 0} \left(\frac{w}{a} \right) = \underline{\underline{\infty}}. \tag{2.101}$$

gilt. Es folgt also $Ma \to \infty$.

2.4.2.5 Erreichen der lokalen Schallgeschwindigkeit in einer Düse

Die kritischen Größen werden im Folgenden mit dem Index „M" gekennzeichnet, die Werte an der Austrittsstelle der Düse mit 2. Die kritischen Werte sind an der engsten Stelle der Düse festzustellen.

Man kann dann folgende Verhältniszahlen formulieren. An der kritischen Stelle gilt $Ma = 1$.

Für die Temperatur gilt mithilfe von Gl. (2.81)

$$\frac{T_0}{T_M} = 1 + \frac{\kappa-1}{2} = \frac{\kappa+1}{2}. \tag{2.102}$$

2

> **Beispiel 2.1 (Kritische Verhältniszahlen bei Luft)**
>
> Setzt man $\kappa = 1{,}4$ in die Gleichungen (2.102), (2.104) und (2.105) ein, ergibt sich
>
> $$\frac{p_0}{p_M} = 1{,}89 \qquad \frac{T_0}{T_M} = 1{,}2 \qquad \frac{\varrho_0}{\varrho_M} = 1{,}58. \tag{2.103}$$

bzw. für den Druck mithilfe von Gl. (2.83)

$$\frac{p_0}{p_M} = \left(\frac{\kappa + 1}{2}\right)^{\frac{\kappa}{\kappa-1}}; \tag{2.104}$$

und für die Dichte gem. Gl. (2.86)

$$\frac{\varrho_0}{\varrho_M} = \left(\frac{\kappa + 1}{2}\right)^{\frac{1}{\kappa-1}}. \tag{2.105}$$

Siehe ▶ Beispiel 2.1.

Jetzt kann man den **kritischen Querschnitt** A_M berechnen. Setzt man die beiden Gleichungen (2.52) und (2.53) ins Verhältnis, ergibt sich

$$\frac{A_2}{A_M} = \frac{\varphi_D \cdot \sqrt{2 \cdot \dfrac{\kappa}{\kappa-1} \cdot \dfrac{p_1}{v_1} \cdot \left[\left(\dfrac{p_2}{p_1}\right)^{\frac{2}{\kappa}} - \left(\dfrac{p_2}{p_1}\right)^{\frac{\kappa+1}{\kappa}}\right]}}{\varphi_M \cdot \sqrt{2 \cdot \dfrac{\kappa}{\kappa-1} \cdot \dfrac{p_1}{v_1} \cdot \left[\left(\dfrac{p_L}{p_1}\right)^{\frac{2}{\kappa}} - \left(\dfrac{p_L}{p_1}\right)^{\frac{\kappa+1}{\kappa}}\right]}}$$

Für den kritischen Querschnitt A_M kann man die Kontinuitätsgleichung und auch für den Querschnitt A_2 aufstellen. Diese beiden Gleichungen kann man Gleichsetzen, es folgt

$$\varrho \cdot c \cdot A_2 = \varrho_M \cdot a \cdot A_M$$

$$\implies \frac{A_2}{A_M} = \frac{\varrho_M \cdot a}{\varrho_2 \cdot w}. \tag{2.106}$$

Einsetzen für $w = Ma \cdot a$ ergibt mit Gl. (2.45)

$$\frac{A_2}{A_M} = \frac{\varrho_M \cdot a_M}{\varrho_2 \cdot Ma \cdot a} = \frac{1}{Ma} \cdot \frac{\varrho_M}{\varrho_2} \cdot \frac{a_M}{a_2}. \tag{2.107}$$

Für die Schallgeschwindigkeit a gilt gem. Gl. (2.44) $\sqrt{\kappa \cdot R \cdot T}$, bzw. für das Schallgeschwindigkeitsverhältnis

$$\frac{a_M}{a} = \frac{\sqrt{\kappa \cdot R \cdot T_M}}{\sqrt{\kappa \cdot R \cdot T_2}} = \sqrt{\frac{\kappa \cdot R \cdot T_M}{\kappa \cdot R \cdot T_2}}$$

$$= \sqrt{\frac{T_M}{T_2}}. \tag{2.108}$$

Dies eingesetzt in Gl. (2.107) ergibt

$$\frac{A_2}{A_M} = \frac{1}{Ma} \cdot \frac{\varrho_M}{\varrho_2} \cdot \sqrt{\frac{T_M}{T_2}}. \tag{2.109}$$

Daraus folgt

$$\frac{A_2}{A_M} = \frac{1}{Ma} \cdot \frac{\varrho_M}{\varrho_0} \cdot \frac{\varrho_0}{\varrho_2} \cdot \sqrt{\frac{\dfrac{T_M}{T_0}}{\dfrac{T_2}{T_0}}}. \tag{2.110}$$

Für den Term $\frac{\varrho_M}{\varrho_0}$ ergibt sich durch Bilden des Kehrwertes von Gl. (2.104)

$$\frac{\varrho_M}{\varrho_0} = \left(\frac{\kappa + 1}{2}\right)^{-\frac{\kappa}{\kappa-1}}. \tag{2.111}$$

Mit Gl. (2.86) folgt für das Verhältnis

$$\frac{\varrho_0}{\varrho_2} = \left(1 + \frac{\kappa - 1}{2} \cdot Ma^2\right)^{\frac{1}{\kappa-1}}. \tag{2.112}$$

Für das Temperaturverhältnis im kritischen Punkt findet man gem. Gl. (2.102)

$$\frac{T_M}{T_0} = \frac{1}{\dfrac{\kappa + 1}{2}}. \tag{2.113}$$

Für das Verhältnis $\frac{T_M}{T_0}$ ergibt sich mit Gl. (2.81)

$$\frac{T_2}{T_0} = \frac{1}{1 + \dfrac{\kappa - 1}{2} \cdot Ma^2}. \tag{2.114}$$

Jetzt kann man die Gleichungen (2.114); (2.113); (2.112) und (2.111) in Gl. (2.110) einsetzen. Es ergibt sich

$$\frac{A_2}{A_M} = \frac{1}{Ma} \cdot \frac{\left[1 + \dfrac{\kappa - 1}{2} \cdot Ma^2 \right]^{\frac{1}{\kappa - 1}}}{\left[\dfrac{\kappa + 1}{2} \right]^{\frac{1}{\kappa - 1}}}$$

$$\cdot \left[\frac{1 + \dfrac{\kappa - 1}{2} \cdot Ma^2}{\dfrac{\kappa + 1}{2}} \right]^{\frac{1}{2}}.$$

$$(2.115)$$

Es ergibt sich daraus die Gleichung

$$\frac{A_2}{A_M} = \frac{1}{Ma} \cdot \left[\frac{1 + \dfrac{\kappa - 1}{2} \cdot Ma^2}{\dfrac{\kappa + 1}{2}} \right]^{\frac{\kappa + 1}{2(\kappa - 1)}}.$$

$$(2.116)$$

Hier kann man den Bruch noch auflösen, wodurch man folgende Gleichung findet, wie sie auch in der Literatur, beispielsweise in [46] zu finden ist.

$$\frac{A_2}{A_M} = \frac{1}{Ma} \cdot \sqrt{\left[\frac{1 + \dfrac{\kappa - 1}{2} \cdot Ma^2}{\dfrac{\kappa + 1}{2}} \right]^{\frac{\kappa + 1}{\kappa - 1}}}$$

$$\left(\frac{A_2}{A_M} \right)^2 = \frac{1}{Ma^2} \cdot \left[\frac{1 + \dfrac{\kappa - 1}{2} \cdot Ma^2}{\dfrac{\kappa + 1}{2}} \right]^{\frac{\kappa + 1}{\kappa - 1}}$$

$$= \frac{1}{Ma^2} \cdot \left[\frac{\dfrac{2 + (\kappa - 1) \cdot Ma^2}{2}}{\dfrac{\kappa + 1}{2}} \right]^{\frac{\kappa + 1}{\kappa - 1}}$$

$$= \frac{1}{Ma^2} \cdot \left[\frac{2 + (\kappa - 1) \cdot Ma^2}{\kappa + 1} \right]^{\frac{\kappa + 1}{\kappa - 1}}$$

$$(2.117)$$

$$\left(\frac{A_2}{A_M} \right)^2 = \frac{1}{Ma^2} \cdot \left[\frac{2 + (\kappa - 1)}{\kappa + 1} \cdot Ma^2 \right]^{\frac{\kappa + 1}{\kappa - 1}}.$$

$$(2.118)$$

2.4.3 Untersuchung der Gestaltung einer Lavaldüse

2.4.3.1 Untersuchung des Überschall- und Unterschallbereichs

Wie jetzt ausführlich hergeleitet wurde, herrscht bei einer Lavaldüsenströmung ab einem kritischen Punkt Überschallströmung, davor Unterschallströmung. Das bekannte Verhalten aus der Hydromechanik, dass eine Strömung schneller wird, wenn man den Querschnitt verringert, gem. der Kontinuitätsgleichung, gilt bei Überschallströmung nicht mehr. Dies ist auch der Grund, warum eine Lavaldüse zunächst eine bekannte Düsenform besitzt und in Anschluss scheinbar zu einem Diffusor wird. Es ist deshalb von Entscheidung, dass man die Verläufe von wichtigen Strömungsgrößen, wie: Temperatur, Geschwindigkeit oder Druck in Abhängigkeit der Machzahl kennt. Im Folgenden werden diese Verläufe ermittelt und in Diagrammen dargestellt.

Plottet man Gl. (2.118), so folgt ◻ Abb. 2.10. Dort ist eindeutig erkennbar, wo Unterschall- und Überschallströmung auftritt.

Siehe ▶ Lösungen durch Matlab 2.2 und 2.3.

2.4.3.2 Darstellen der Strömungsparameter in Abhängigkeit der Machzahl

Im Folgenden werden die bisher hergeleiteten Gleichungen verwendet, um die Normierung auf den engsten Querschnitt, in Abhängigkeit der Machzahl darzustellen.

Das Flächenverhältnis folgt mit Gl. (2.118).

$$\left(\frac{A_2}{A_M} \right)^2 = \frac{1}{Ma^2} \cdot \left[\frac{2 + (\kappa - 1)}{\kappa + 1} \cdot Ma^2 \right]^{\frac{\kappa + 1}{\kappa - 1}}.$$

$$(2.119)$$

Für das Temperatur- und Enthalpieverhältnis ergibt sich durch Gl. (2.81), durch Umstellen

$$\frac{T_2}{T_0} = 1 + \frac{\kappa - 1}{2} \cdot Ma^2. \qquad (2.120)$$

$$\frac{T_M}{T_0} = 1 + \frac{\kappa - 1}{2}. \qquad (2.121)$$

> **Methode: Lösung durch Matlab 2.2**
>
> Es ist das Querschnittverhältnis mithilfe von Gl. (2.118) in einem Matlab Diagramm, für Luft, darzustellen. Dabei ist auf der Abszisse die Machzahl aufzutragen und auf der Ordinate das Flächenverhältnis A_2/A_M.
>
> ```matlab
> % Parameter für Luft
> kappa = 1.4;  % Adiabatenexponent für Luft
>
> % Machzahl-Bereich definieren
> Ma = linspace(0.1, 5, 1000);  % Werte von Ma zwischen 0.1 und 5
>
> % Berechnung des Flächenverhältnisses
> A_ratio_squared = (1 ./ Ma.^2) .* ((2 + (kappa - 1) .* Ma.^2) ./ (kappa + 1)) .^
> ((kappa + 1) / (kappa - 1));
> A_ratio = sqrt(A_ratio_squared);  % Quadratwurzel ziehen, um A_2/A_M zu erhalten
>
> % Plot erstellen
> figure;
> plot(Ma, A_ratio, 'b', 'LineWidth', 2);
> xlabel('Mach-Zahl Ma');
> ylabel('Flächenverhältnis A_2 / A_M');
> title('Flächenverhältnis in Abhängigkeit von der Mach-Zahl');
> grid on;
> axis([0 5 0 3]); % Achsenbegrenzungen setzen
> ```

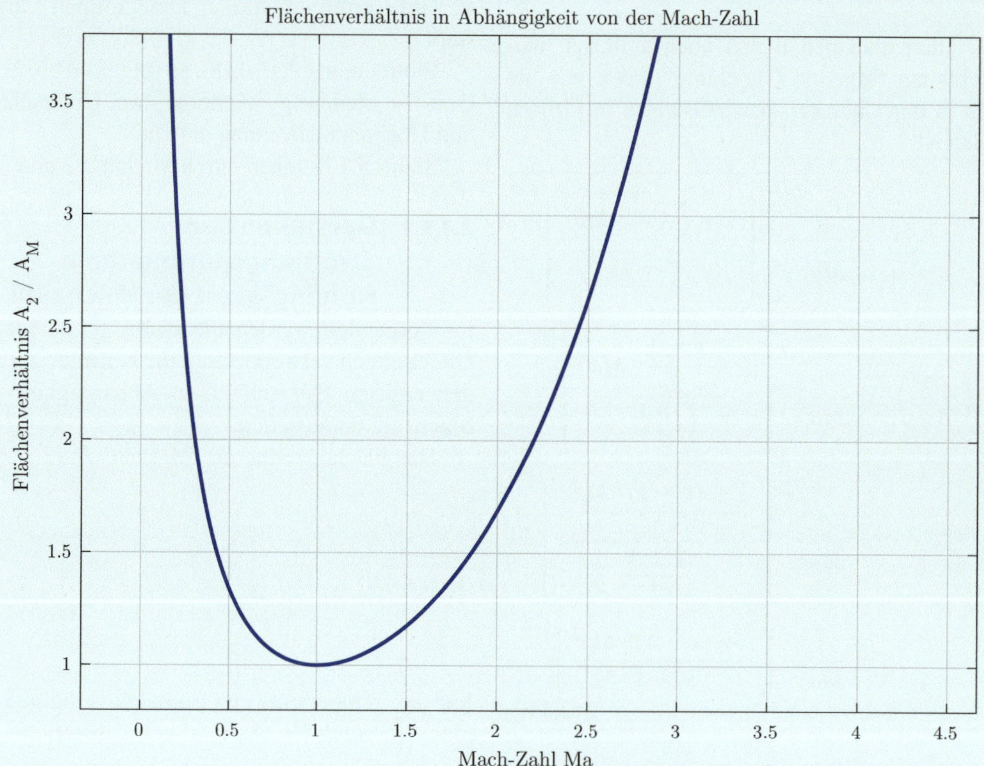

◼ Abb. 2.10 Plot des Düsenquerschnitts in Abhängigkeit der Machzahl, bei Luft

Methode: Lösung durch Matlab 2.3

Es ist das Querschnittverhältnis mithilfe von Gl. (2.118) in einem Matlab Diagramm darzustellen. Dabei ist auf der Abszisse die Machzahl aufzutragen und auf der Ordinate das Flächenverhältnis A_2/A_M. Es sind die Kurven für Luft; Stickstoff, Methan, Ethan und CO2 zu vergleichen. Was fällt auf?

Lösung

Es ist in ◼ Abb. 2.11 zu erkennen, dass sich die einzelnen Gase im Unterschallbereich kaum unterscheiden, hingegen es im Überschallbereich doch Unterschiede gibt, als Beispiel zwischen Ethan und Stickstoff.

```matlab
% Adiabatenexponenten für verschiedene Gase
gases = {'Luft', 'Stickstoff', 'CO2', 'Methan', 'Ethan'};
kappas = [1.4, 1.4, 1.3, 1.31, 1.19];  % Entsprechende kappa-Werte

% Machzahl-Bereich definieren
Ma = linspace(0.1, 5, 1000);  % Werte von Ma zwischen 0.1 und 5

% Farben für die Kurven definieren
colors = ['b', 'r', 'g', 'm', 'c'];

% Neue Figur erstellen
figure;
hold on;  % Mehrere Kurven im gleichen Diagramm zeichnen

% Schleife über alle Gase

for i = 1:length(gases)
    kappa = kappas(i);

    % Berechnung des Flächenverhältnisses
    A_ratio_squared = (1 ./ Ma.^2) .* ((2 + (kappa - 1) .* Ma.^2) ./ (kappa + 1)) .^
((kappa + 1) / (kappa - 1));
    A_ratio = sqrt(A_ratio_squared);  % Quadratwurzel ziehen, um A_2/A_M zu erhalten

    % Plot der aktuellen Kurve
    plot(Ma, A_ratio, colors(i), 'LineWidth', 2, 'DisplayName', gases{i});
end

% Achsenbeschriftungen und Titel
xlabel('Mach-Zahl Ma');
ylabel('Flächenverhältnis A_2 / A_M');
title('Flächenverhältnis in Abhängigkeit von der Mach-Zahl für verschiedene Gase');
grid on;
axis([0 5 0 3]);  % Achsenbegrenzungen setzen

% Legende hinzufügen
legend('show', 'Location', 'northwest');

hold off;  % Haltefunktion beenden
```

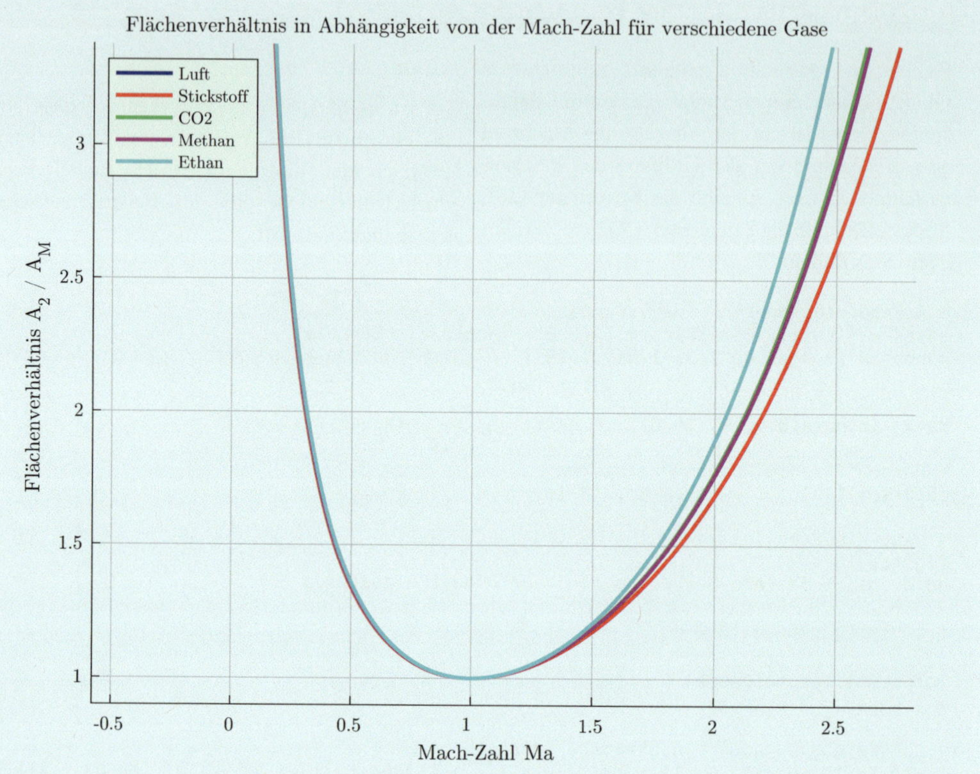

Abb. 2.11 Plot des Düsenquerschnitts in Abhängigkeit der Machzahl, bei Luft, Stickstoff, CO2, Methan und Ethan

Daraus kann man das Verhältnis bilden, zu

$$\frac{\dfrac{T_2}{T_0}}{\dfrac{T_M}{T_0}} = \frac{T_2}{T_M} = \frac{1 + \dfrac{\kappa - 1}{2} \cdot Ma^2}{1 + \dfrac{\kappa - 1}{2}}; \quad (2.122)$$

woraus sich

$$\frac{T_2}{T_0} = 1 - \frac{\kappa - 1}{2} \cdot \left[\left(\frac{a_2}{a_M} \right)^2 - 1 \right]. \quad (2.123)$$

ergibt. Das Schallgeschwindigkeitsverhältnis ergibt sich durch Gl. (2.44), zu

$$\frac{a_2}{a_M} = \frac{\sqrt{\kappa \cdot R \cdot T_2}}{\sqrt{\kappa \cdot R \cdot T_M}} = \sqrt{\frac{\kappa \cdot R \cdot T_2}{\kappa \cdot R \cdot T_M}}; \quad (2.124)$$

bzw.

$$\frac{a_2}{a_M} = \sqrt{\frac{T_2}{T_M}}. \quad (2.125)$$

Gem. Gesetzen der Thermodynamik ergibt sich das Druckverhältnis zu

$$\frac{p_2}{p_M} = \left(\frac{T_2}{T_M} \right)^{\frac{\kappa}{\kappa - 1}}. \quad (2.126)$$

Im letzten Schritt kann man noch das Strömungsgeschwindigkeitsverhältnis ermitteln, zu

$$\left(\frac{u_2}{u_M} \right)^2 = \frac{1 + \dfrac{2}{\kappa - 1}}{1 + \dfrac{2}{\kappa - 1} \cdot \dfrac{1}{Ma^2}} = \left(\frac{w_2}{w_M} \right)^2. \quad (2.127)$$

Unter Beachtung, dass eine rotationssymmetrische Düse vorliegt, kann man in Gl. (2.118) in die Fläche die jeweiligen Durchmesser einsetzen.

$$\left(\frac{A_2}{A_M}\right)^2 = \frac{1}{Ma^2} \cdot \left[\frac{2 + (\kappa - 1)}{\kappa + 1} \cdot Ma^2\right]^{\frac{\kappa+1}{\kappa-1}}$$

$$\frac{A_2}{A_M} = \frac{1}{Ma} \cdot \sqrt{\left[\frac{2 + (\kappa - 1)}{\kappa + 1} \cdot Ma^2\right]^{\frac{\kappa+1}{\kappa-1}}}$$

$$\frac{\frac{d_2^2 \cdot \pi}{4}}{\frac{d_M^2 \cdot \pi}{4}} = \frac{1}{Ma} \cdot \sqrt{\left[\frac{2 + (\kappa - 1)}{\kappa + 1} \cdot Ma^2\right]^{\frac{\kappa+1}{\kappa-1}}}$$

$$\frac{d_2^2}{d_M^2} = \frac{1}{Ma} \cdot \sqrt{\left[\frac{2 + (\kappa - 1)}{\kappa + 1} \cdot Ma^2\right]^{\frac{\kappa+1}{\kappa-1}}}$$

$$\frac{d_2}{d_M} = \frac{1}{\sqrt{Ma}} \cdot \sqrt[4]{\left[\frac{2 + (\kappa - 1)}{\kappa + 1} \cdot Ma^2\right]^{\frac{\kappa+1}{\kappa-1}}}.$$

$$(2.128)$$

Es folgt also

$$\frac{d_2}{d_M} = \frac{1}{\sqrt{Ma}} \cdot \left[\frac{2 + (\kappa - 1)}{\kappa + 1} \cdot Ma^2\right]^{\frac{\kappa+1}{4(\kappa-1)}}.$$

$$(2.129)$$

Plotet man diese Funktion in einem Matlab-Diagramm, so folgt ◘ Abb. 2.13. Man kann dabei bereits deutlich eine Laval-Düsen-Form erkennen. Diese Funktion kann man auch verwenden, um die Düsenform in ein CAD-Programm einzubinden und im Anschluss eine CFD-Analyse durchzuführen. Dies wird im Folgenden noch ausführlicher behandelt.

Siehe ▶ Lösung durch Matlab 2.4.

2.4.3.3 Dimensionierung einer Lavaldüse

Vgl. mit der folgenden ▶ Lösung mit Matlab 2.5 und 2.6 und mit der ▶ CFD-Simulation 2.2.

Methode: Lösung durch Matlab 2.4

Es ist ein Normierungsplot zu erstellen, indem man die Gleichungen (2.119), (2.123), (2.125), (2.126) und (2.127) in einem Matlab Diagramm, für das Fluid Luft, plottet. Dabei ist auf der Abszisse die Machzahl aufzutragen und auf der Ordinate das jeweilige Verhältnis. Die Lösung findet sich unter ◘ Abb. 2.12.

```
% Parameter für Luft
kappa = 1.4;  % Adiabatenexponent für Luft

% Machzahl-Bereich definieren
Ma = linspace(0.1, 5, 1000);  % Werte von Ma zwischen 0.1 und 5

% 1. Flächenverhältnis A_2/A_M
A_ratio_squared = (1 ./ Ma.^2) .* ((2 / (kappa + 1)) .* (1 + (kappa - 1)/2 .* Ma.^2))
.^ ((kappa + 1) / (kappa - 1));
A_ratio = sqrt(A_ratio_squared);

% 2. Geschwindigkeit u_2/u_M
u_ratio_squared = (1 + (2 / (kappa - 1))) ./ (1 + (2 / (kappa - 1)) ./ Ma.^2);
u_ratio = sqrt(u_ratio_squared);

% 3. Temperaturverhältnis T_2/T_M
T_ratio = 1 - (kappa - 1)/2 .* (u_ratio.^2 - 1);
```

```matlab
% 4. Schallgeschwindigkeit a_2/a_M
a_ratio = sqrt(T_ratio);

% 5. Druckverhältnis p_2/p_M
p_ratio = T_ratio .^ (kappa / (kappa - 1));

% Plot erstellen
figure;
hold on;
plot(Ma, A_ratio, 'Color', [0.9290, 0.6940, 0.1250], 'LineWidth', 2); % Orange
plot(Ma, u_ratio, 'k', 'LineWidth', 2); % Schwarz
plot(Ma, T_ratio, 'g', 'LineWidth', 2); % Grün
plot(Ma, a_ratio, 'r', 'LineWidth', 2); % Rot
plot(Ma, p_ratio, 'b', 'LineWidth', 2); % Blau

% Achsenbeschriftung und Titel
xlabel('Machzahl');
ylabel('Normierte Größen');
title('Normierung auf engsten Querschnitt');

% Legende
legend('A_M/A_2', 'u_2/u_M', 'T_2/T_M und h_2/h_M', 'a_2/a_M', 'p_2/p_M', 'Location', ...
'Northeast');

% Gitter hinzufügen
grid on;

% Achsenbegrenzungen
axis([0 5 0 2.5]);

hold off;
```

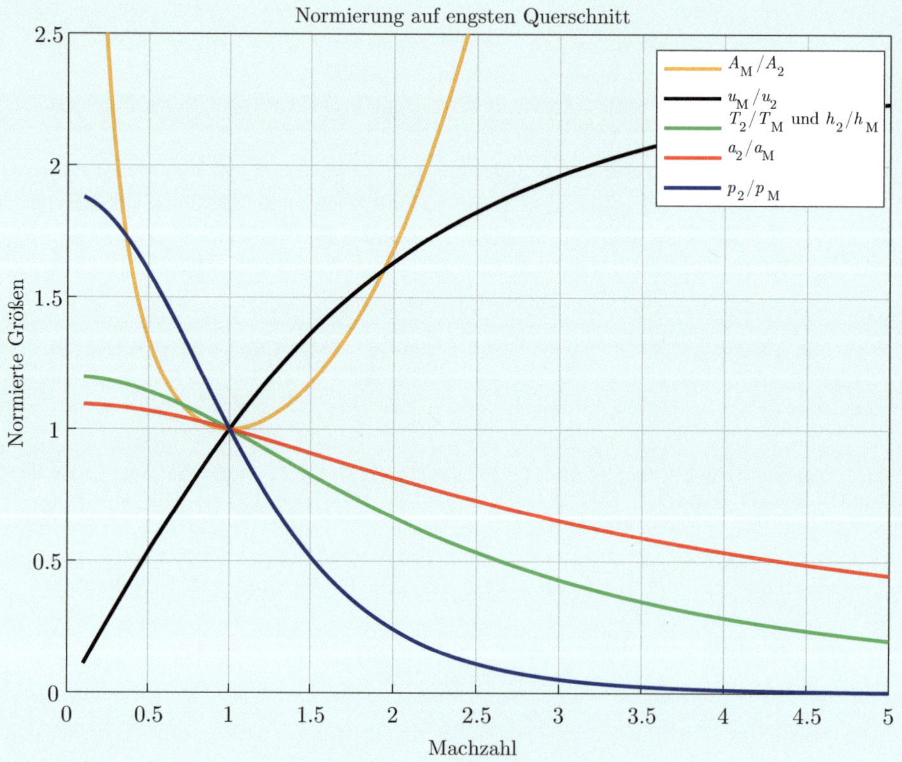

Abb. 2.12 Plot der Verhältniszahlen, für Luft, in Anl. an [46]

Methode: Lösung durch Matlab 2.5

Es ist ein Normierungsplot zu erstellen, indem man die Gleichung für das Durchmesserverhältnis (2.129) in einem Matlab Diagramm, für das Fluid Luft, plottet.

```matlab
clc; clear; close all;

% Parameter
kappa = 1.4;  % Adiabatenexponent für Luft
Ma = linspace(0.01, 5, 500);  % Machzahlbereich (kleiner Wert für Vermeidung von
Division durch 0)

% Berechnung des Durchmesserverhältnisses D/D*
D_ratio = sqrt((1 ./ Ma.^2)) .* ((2 + (kappa - 1) .* Ma.^2) ./ (kappa + 1)).^((kappa +
1) ./ (4.*(kappa - 1))));

% Plotten der Düsenkontur
figure;
plot(Ma, D_ratio, 'b', 'LineWidth', 2);
hold on;
plot(Ma, -D_ratio, 'b', 'LineWidth', 2);  % Spiegelung für rotationssymmetrische Düse
hold off;

% Achsenbeschriftung
xlabel('Machzahl', 'Interpreter', 'latex', 'FontSize', 14);
ylabel('$D/D^*$', 'Interpreter', 'latex', 'FontSize', 14);
title('Kontur der rotationssymmetrischen Düse', 'Interpreter', 'latex', 'FontSize',
14);

% Achsenbegrenzungen
xlim([0 5]);
ylim([-3 3]);

% Gitter aktivieren
grid on;
```

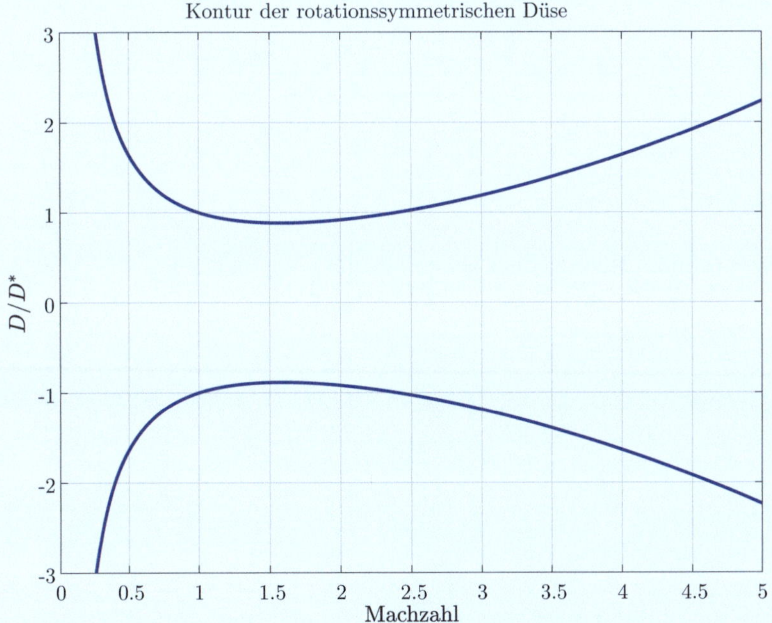

Abb. 2.13 Plot des Durchmesserverhältnisses, für Luft, in Anl. an [46]

Methode: Lösung durch Matlab 2.6

Es ist eine Lavaldüse zu dimensionieren. Es sind folgende Daten bekannt: Austrittsdurchmesser: 760 mm; max. Machzahl am Austritt: 4,5. Am Austritt liegt der Atmosphärendruck vor. Am Eingang hat das Fluid eine Temperatur iHv. 300 K. Als Fluid liegt Luft vor. Bestimmen Sie die Düsenform mittels Matlab, stellen Sie diese in einem Diagramm dar und zusätzlich auch die Strömungsgeschwindigkeit in Abhängigkeit der Machzahl. Da im Anschluss eine CFD Simulation der Düse in SolidWorks durchgeführt werden soll, ist es notwendig, die Wertetabelle der Funktion der Düsenform in eine csv-Datei zu schreiben, sodass im Anschluss diese Daten in SolidWorks eingelesen werden können. Die beiden Diagramme sind in ◙ Abb. 2.14 dargestellt.

```matlab
clc; clear; close all;

%% Gegebene Werte
kappa = 1.4;              % Adiabatenexponent für Luft
R = 287;                 % Gaskonstante für Luft [J/(kg*K)]
T0 = 300;                % Totaltemperatur in K
p0 = 101325;             % Totaldruck in Pa
Ma_Aus = 4.5;            % Austrittsmachzahl
D_Aus = 760e-3;          % Austrittsdurchmesser in m
Ma = linspace(0.1, 5, 500);  % Machzahlenbereich für Diagramm

%% 1. Berechnung des engsten Durchmessers D*
A_Aus_Astern = (1 / Ma_Aus^2) * ((2 + (kappa - 1) * Ma_Aus^2) / (kappa + 1))^((kappa + 1) / (kappa - 1));
D_Astern = D_Aus / sqrt(A_Aus_Astern);


%% 2. Berechnung des Durchmesserverlaufs
D_ratio = sqrt((1 ./ Ma.^2) .* ((2 + (kappa - 1) .* Ma.^2) ./ (kappa + 1)).^((kappa + 1) ./ (kappa - 1)));
D = D_Astern * D_ratio; % Absoluter Durchmesserverlauf

%% 3. Berechnung der Geschwindigkeit u/u*
u_ratio_squared = (1 + (2 / (kappa - 1))) ./ (1 + (2 / (kappa - 1)) ./ Ma.^2);
u_ratio = sqrt(u_ratio_squared);

%% 4. Berechnung der Temperaturen T/T*
T_ratio = 1 - ((kappa - 1) / 2) .* (u_ratio.^2 - 1);
T = T_ratio * T0; % Absolute Temperaturen

%% 5. Berechnung der Drücke p/p*
p_ratio = (T_ratio).^(kappa / (kappa - 1));
p = p_ratio * p0; % Absolute Drücke

%% 6. Maximale Geschwindigkeit (Austrittsgeschwindigkeit)
idx_Ma_Aus = find(abs(Ma - Ma_Aus) == min(abs(Ma - Ma_Aus)), 1);
idx_Ma_1 = find(abs(Ma - 1) == min(abs(Ma - 1)), 1);

T_Aus = T_ratio(idx_Ma_Aus) * T0;
u_max = Ma_Aus * sqrt(kappa * R * T_Aus); % u = Ma * a

%% 7. Ergebnisse für spezifische Punkte
T_Ein = T0;            % Eintrittstemperatur (Totaltemperatur)
T_Stern = T_ratio(idx_Ma_1) * T0;  % Engster Querschnitt
T_Aus = T_ratio(idx_Ma_Aus) * T0; % Austrittstemperatur

p_Ein = p0;            % Eintrittsdruck (Totaldruck)
p_Stern = p_ratio(idx_Ma_1) * p0; % Engster Querschnitt
p_Aus = p_ratio(idx_Ma_Aus) * p0; % Austrittsdruck

%% 8. Speicherung der Düsenkontur in eine CSV-Datei
L = linspace(0, 1, length(D)); % Normierte Düsenlänge
Z = zeros(size(D)); % Z-Werte (immer Null)
data = [L' D' Z'];
```

```matlab
% CSV speichern
csv_filename = 'duesenkontur.csv';
writematrix(data, csv_filename);
fprintf('Düsenkontur in "%s" gespeichert.\n', csv_filename);

%% 9. Plots der Düsenkontur und Geschwindigkeit
figure;
subplot(2,1,1);
plot(Ma, D, 'b', 'LineWidth', 2);
hold on;
plot(Ma, -D, 'b', 'LineWidth', 2); % Spiegelung für rotationssymmetrische Düse
hold off;
xlabel('Machzahl', 'Interpreter', 'latex', 'FontSize', 14);
ylabel('$D$ [m]', 'Interpreter', 'latex', 'FontSize', 14);
title('Düsenkontur einer Lavaldüse', 'Interpreter', 'latex', 'FontSize', 14);
grid on;
xlim([0 5]);
ylim([-1 1] * max(D));

subplot(2,1,2);
plot(Ma, u_ratio, 'r', 'LineWidth', 2);
xlabel('Machzahl', 'Interpreter', 'latex', 'FontSize', 14);
ylabel('$a/a_M$', 'Interpreter', 'latex', 'FontSize', 14);
title('Normierte Geschwindigkeit über Machzahl', 'Interpreter', 'latex', 'FontSize',
14);
grid on;
xlim([0 5]);
ylim([0 2]);
```

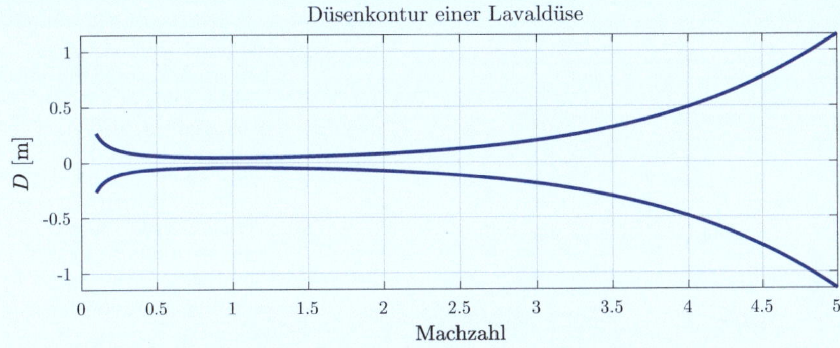

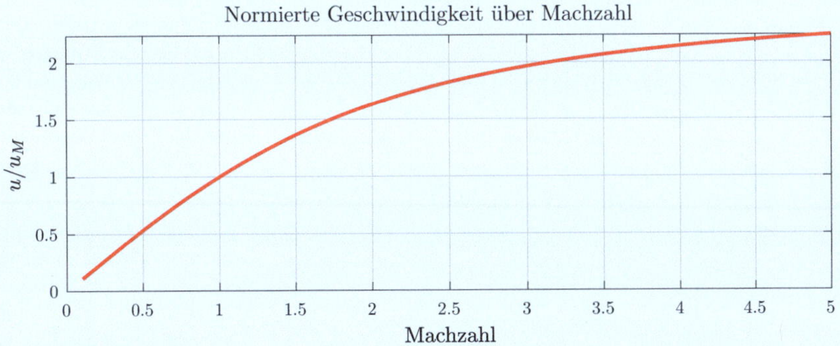

▣ Abb. 2.14 Form der Lavaldüse und Verlauf der Strömungsgeschwindigkeit in Abhängigkeit der Machzahl

Methode: Lösung durch SolidWorks – CFD 2.2

Es ist die berechnete Kontur aus der Lösung mit Matlab aus 2.6 in SolidWorks als Kurve einzubinden und im Anschluss eine CFD-Analyse durchzuführen.

Pos.	Bild	Erklärung
1	<table><tr><td>X</td><td>Y</td></tr><tr><td>0</td><td>0,26714997</td></tr><tr><td>0,00200400</td><td>0,24356272</td></tr><tr><td>0,00400801</td><td>0,22387347</td></tr><tr><td>0,00601202</td><td>0,20719528</td></tr><tr><td>0,00801603</td><td>0,19289134</td></tr><tr><td>0,01002004</td><td>0,18049261</td></tr><tr><td>0,01202404</td><td>0,16964599</td></tr><tr><td>0,01402805</td><td>0,16008056</td></tr><tr><td>0,01603206</td><td>0,15158502</td></tr><tr><td>0,01803607</td><td>0,14399213</td></tr><tr><td>…</td><td>…</td></tr></table>	Ausgegebene csv-Datei verwenden und aufbereiten, sodass die Kurve in SolidWorks importiert werden kann. Dazu müssen die folgenden Schritte vorgenommen werden. Es liegt zunächst nebenstehende csv-Datei, durch Ausgabe der Berechnung aus Matlab vor. Um die Kurve in SolidWorks importieren zu können, muss diese Tabelle aber die Gestalt, gem. Schritt 2 aufweisen.
2	<table><tr><td>x</td><td>y</td><td>z</td></tr><tr><td>x_1 [mm]</td><td>y_1 [mm]</td><td>z_1 [mm]</td></tr><tr><td>x_2 [mm]</td><td>y_2 [mm]</td><td>z_2 [mm]</td></tr><tr><td>x_3 [mm]</td><td>y_3 [mm]</td><td>z_3 [mm]</td></tr><tr><td>…</td><td>…</td><td>…</td></tr></table>	Es muss also neben der x- und y-Koordinatenrichtung auch noch eine z-Richtung vorhanden sein. Diese ist im vorliegenden Fall aber Null. Die restlichen Werte aus Schritt 1 müssen um die Einheit [mm] erweitert werden. Dazu wird Excel verwendet, gem. Schritt 3.
3	<table><tr><td></td><td>A</td><td>B</td></tr><tr><td>1</td><td>X</td><td>Y</td></tr><tr><td>2</td><td>0</td><td>0,26714997</td></tr><tr><td>3</td><td>0,00200400</td><td>0,24356272</td></tr><tr><td>4</td><td>0,00400801</td><td>0,22387347</td></tr></table>	Die csv-Datei aus Matlab schreibt die Werte in die Spalten A und B der Excel Datei. Die Werte besitzen die Einheit Meter. Um Millimeter zu erhalten, müssen diese Werte mit dem Multiplikator 1000 versehen werden. Es folgen die Werte aus Schritt 4.
4	<table><tr><td></td><td>A</td><td>B</td><td>C</td><td>D</td></tr><tr><td>1</td><td>X</td><td>Y</td><td>X</td><td>Y</td></tr><tr><td>2</td><td>0</td><td>0,26714997</td><td>0</td><td>267,14997</td></tr><tr><td>3</td><td>0,00200400</td><td>0,24356272</td><td>2,004</td><td>243,56272</td></tr><tr><td>4</td><td>0,00400801</td><td>0,22387347</td><td>4,00801</td><td>223,87347</td></tr></table>	Um die Werte in Millimeter zu erhalten, müssen die Werte aus Spalte A und B, in den Spalten C und D mit folgender Formel versehen werden: $C = A \cdot 100$ und $D = B \cdot 1000$.
5	<table><tr><td></td><td>A</td><td>I</td><td>J</td><td>K</td></tr><tr><td>1</td><td>…</td><td>X</td><td>Y</td><td>Z</td></tr><tr><td>2</td><td>…</td><td>0 mm</td><td>267,14997 mm</td><td>0 mm</td></tr><tr><td>3</td><td>…</td><td>2,004 mm</td><td>243,56272 mm</td><td>0 mm</td></tr><tr><td>4</td><td>…</td><td>4,00801 mm</td><td>223,87347 mm</td><td>0 mm</td></tr></table>	Jetzt muss Spalte C und D noch mit der Einheit mm versehen werden. Dazu wird die Funktion Verketten verwendet. Die Werte für x befinden sich in Spalte I, die Werte für y in J und die Werte für z in Spalte K. (Hinweis: in Spalte F stehen nur Nullen, um die z-Koordinate zu verdeutlichen. Es werden dann die Werte aus I durch folgende Gleichung ermittelt: `=VERKETTEN(C; "mm")`.

6

	A	I	J
1	X	Y	Z
2	0 mm	267,14997 mm	0 mm
3	2,004 mm	243,56272 mm	0 mm
4	4,00801 mm	223,87347 mm	0 mm

Diese Werte müssen in einer eigenen Excel-Datei gespeichert werden, dabei werden die Werte kopiert und in eine neue Excel-Datei in den Spalten A, B und C eingefügt. Dabei muss Acht gegeben werden, dass man beim Einfügen des Modus Werte wählt, ansonsten erhält man einen Fehler!

7

Lavalduesenkontur_1_1_korr.xlsx

Excel-Arbeitsmappe (*.xlsx)

Excel-Arbeitsmappe (*.xlsx)
Excel-Arbeitsmappe mit Makros (*.xlsm)
Excel-Binärarbeitsmappe (*.xlsb)
Excel 97-2003-Arbeitsmappe (*.xls)
CSV UTF-8 (durch Trennzeichen getrennt) (*.csv)

Text (Tabstopp-getrennt) (*.txt)
Unicode-Text (*.txt)
XML-Kalkulationstabelle 2003 (*.xml)
Microsoft Excel 5.0/95-Arbeitsmappe (*.xls)
CSV (Trennzeichen-getrennt) (*.csv)

Um die Datei in SolidWorks importieren zu können, muss die Datei in einem .txt Format vorliegen. Dazu unter „Datei speichern unter" das entsprechende Format wählen.

8

```
0mm               267.14997mm      0mm
2.004mm           243.56272mm      0mm
4.00801mm         223.87347mm      0mm
6.01202mm         207.19528mm      0mm
8.01603mm         192.89134mm      0mm
10.02004mm        180.49261mm      0mm
```

Es liegt die Datei wie nebenstehend vor. Eventuell müssen alle Komma durch einen Punkt ersetzt werden, dies kann man einfach durch Suchen und Ersetzen in jedem Editor machen.

9

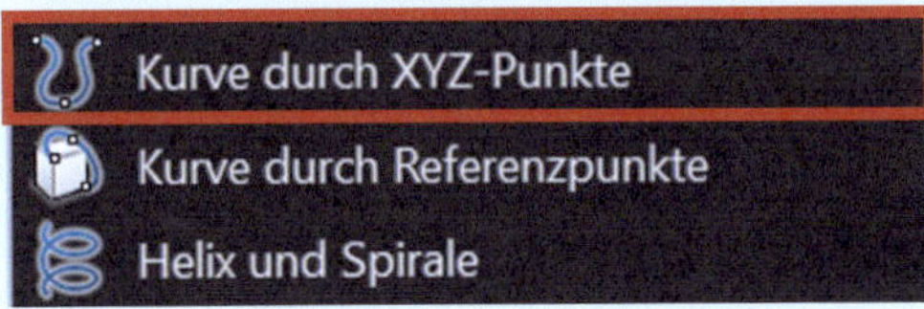

In SolidWorks ein neues Teil erstellen. Dort unter Features eine Kurve durch XYZ-Punkte auswählen.

10

Punkt	X	Y		
1	0mm	267.15mm	0mr	Speichern
2	2mm	243.56mm	0mr	
3	4.01mm	223.87mm	0mr	Speichern unter
4	6.01mm	207.2mm	0mr	
5	8.02mm	192.89mm	0mr	Einfügen
6	10.02mm	180.49mm	0mr	

Dort unter „Durchsuchen" die .txt Datei auswählen. Es erscheinen nebenstehende Werte. Durch Bestätigen folgt die Kurve der Lavaldüse.

2

11

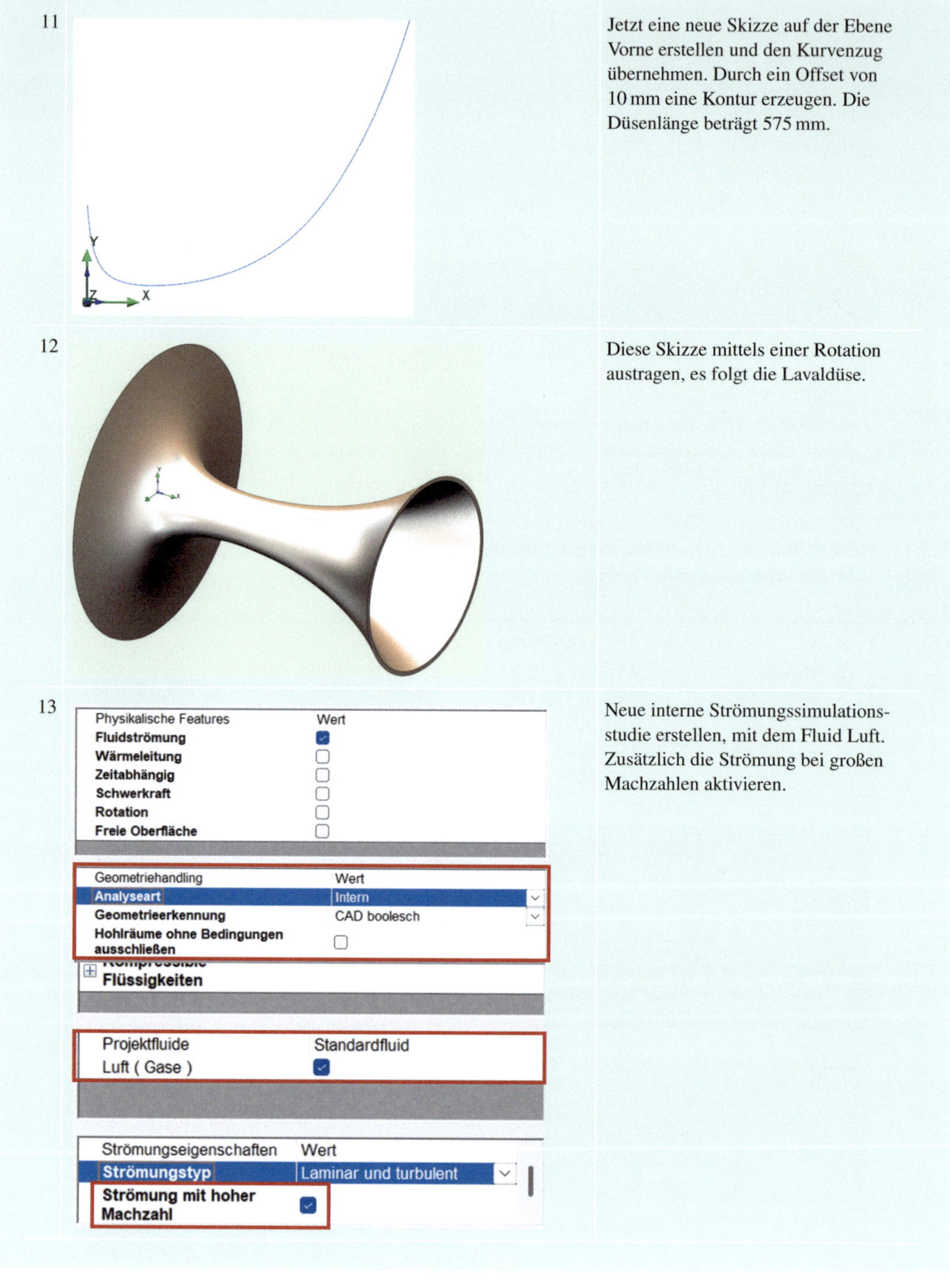

Jetzt eine neue Skizze auf der Ebene Vorne erstellen und den Kurvenzug übernehmen. Durch ein Offset von 10 mm eine Kontur erzeugen. Die Düsenlänge beträgt 575 mm.

12

Diese Skizze mittels einer Rotation austragen, es folgt die Lavaldüse.

13

Neue interne Strömungssimulationsstudie erstellen, mit dem Fluid Luft. Zusätzlich die Strömung bei großen Machzahlen aktivieren.

14

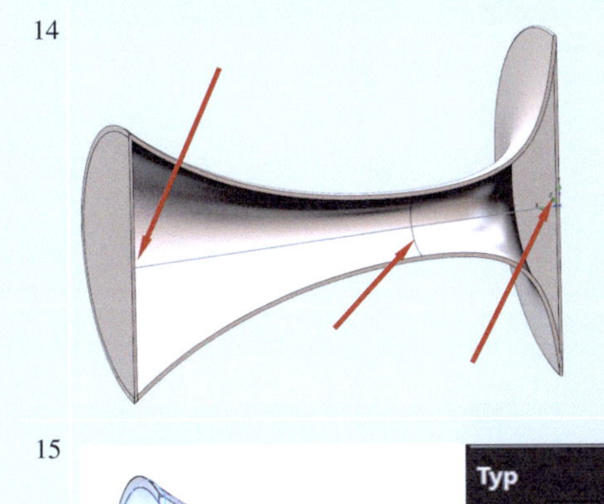

Deckel erstellen. Zusätzlich muss im engsten Querschnitt eine Trennlinie erstellt werden und darauf ein Punkt im Zentrum, damit man dort die Ziele (kritische Stelle) abfragen kann.

15

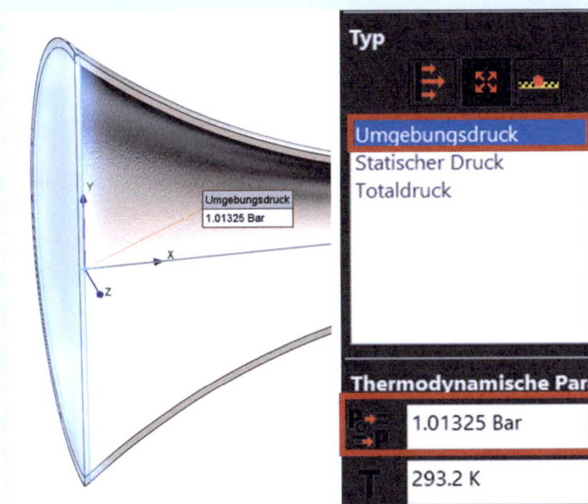

Randbedingung 1 festlegen, den Umgebungsdruck bei der Austrittsstelle, iHv. 1,01325 bar.

16

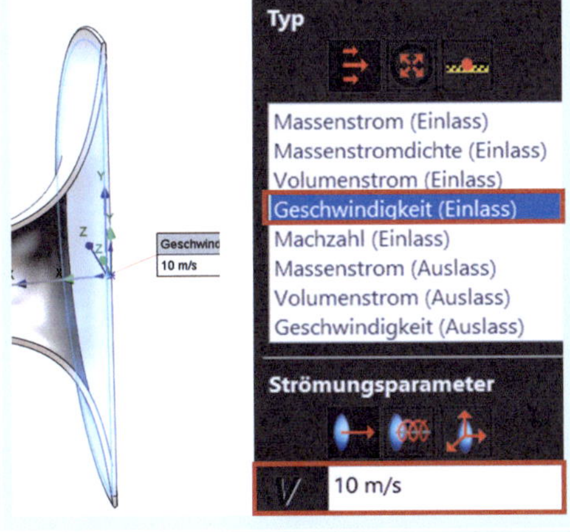

Randbedingung 2 festlegen, die Einlassgeschwindigkeit iHv. 10 m/s.

2

17

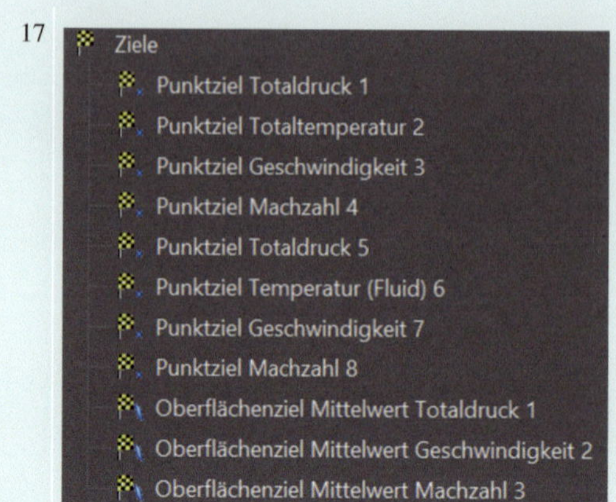

Ziele (wie nebenstehend gezeigt) festlegen.

18

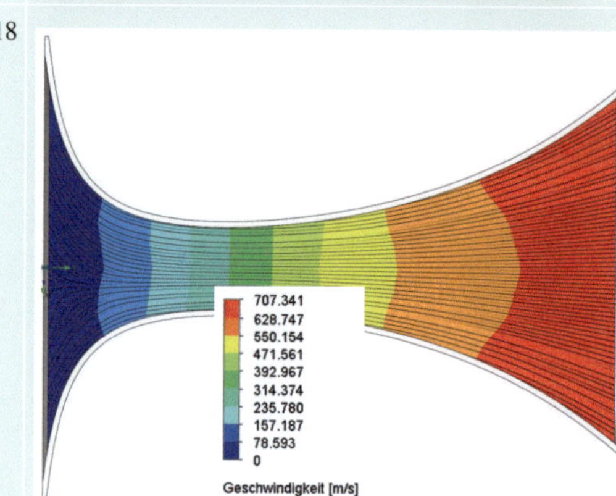

Studie lösen und Schnittdarstellung der Düse einblenden. Diese Lösung kann einiges an Zeit in Anspruch nehmen. Nebenstehend ist die Schnittdarstellung der Geschwindigkeit dargestellt.

19

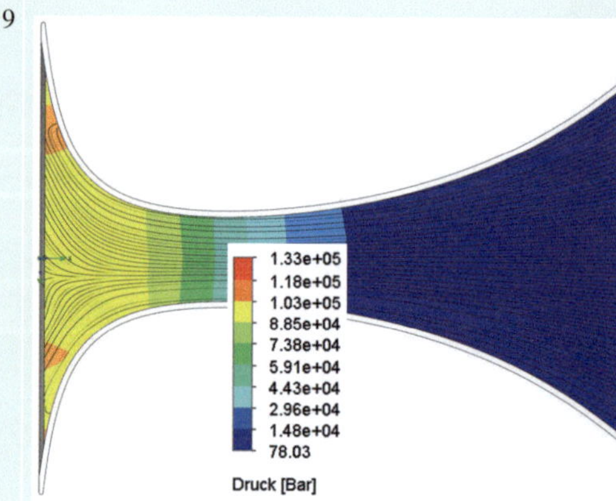

Nebenstehend ist die Schnittdarstellung des Drucks dargestellt. Hier fällt auf, wie hoch die Drücke in der vorliegenden Düse sind! So wird das technisch nicht umgesetzt werden können. Die Düsendurchmesser gleichen aber ähnlich jener einer Rakete. Man muss daher die Randbedingungen entsprechend anpassen.

20

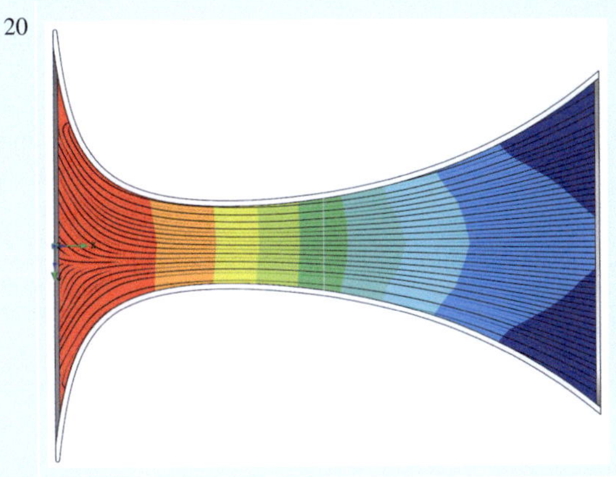

Nebenstehend ist die Schnittdarstellung der Temperatur des Fluids dargestellt.

21

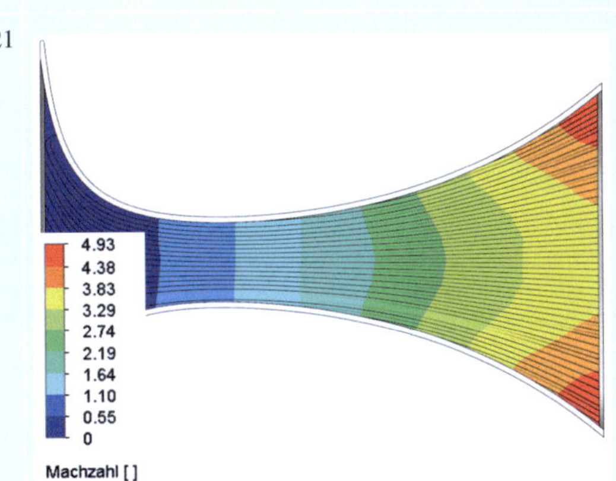

Nebenstehend findet man die Machzahl-Verteilungen im Düsenquerschnitt.

22

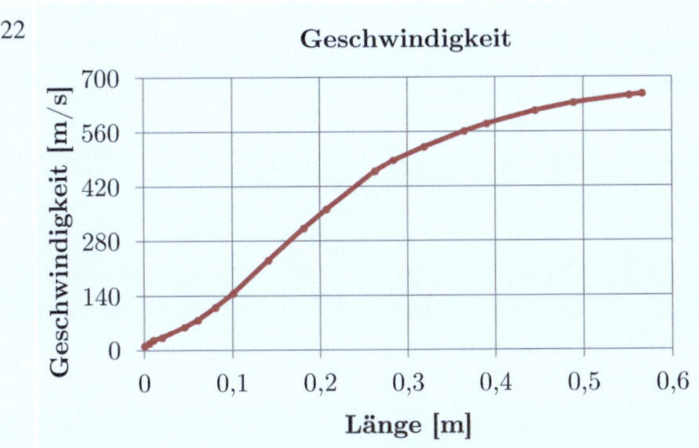

Jetzt kann man die Verläufe entlang der Rotationsachse einblenden lassen. Nebenstehend ist der Verlauf der Geschwindigkeit dargestellt. Dabei kann man klar die Ähnlichkeit zu ▫ Abb. 2.12 erkennen.

23

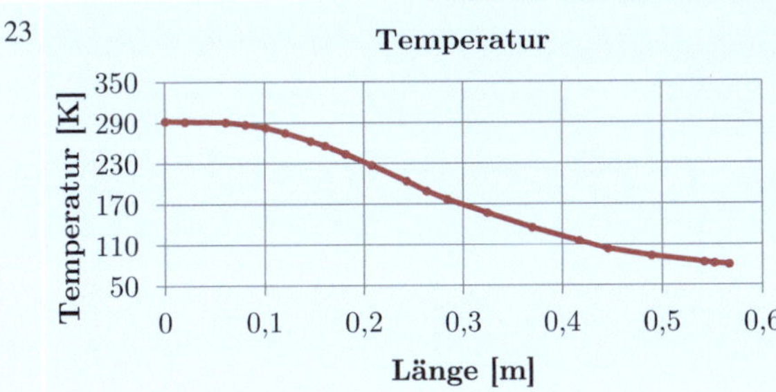

Nebenstehend ist der Verlauf der Temperatur dargestellt. Dabei kann man klar die Ähnlichkeit zu ▫ Abb. 2.12 erkennen.

2

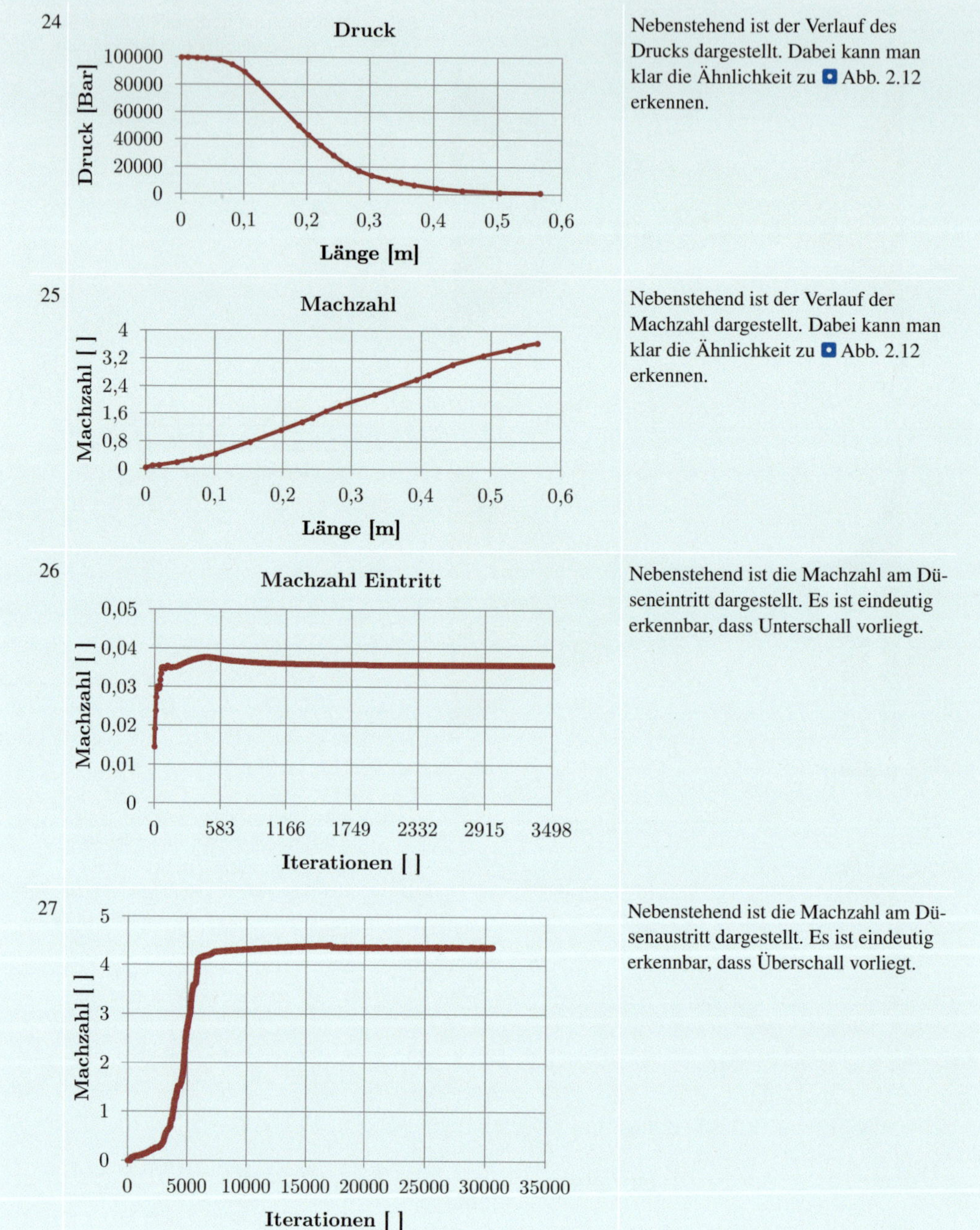

Nebenstehend ist der Verlauf des Drucks dargestellt. Dabei kann man klar die Ähnlichkeit zu ■ Abb. 2.12 erkennen.

Nebenstehend ist der Verlauf der Machzahl dargestellt. Dabei kann man klar die Ähnlichkeit zu ■ Abb. 2.12 erkennen.

Nebenstehend ist die Machzahl am Düseneintritt dargestellt. Es ist eindeutig erkennbar, dass Unterschall vorliegt.

Nebenstehend ist die Machzahl am Düsenaustritt dargestellt. Es ist eindeutig erkennbar, dass Überschall vorliegt.

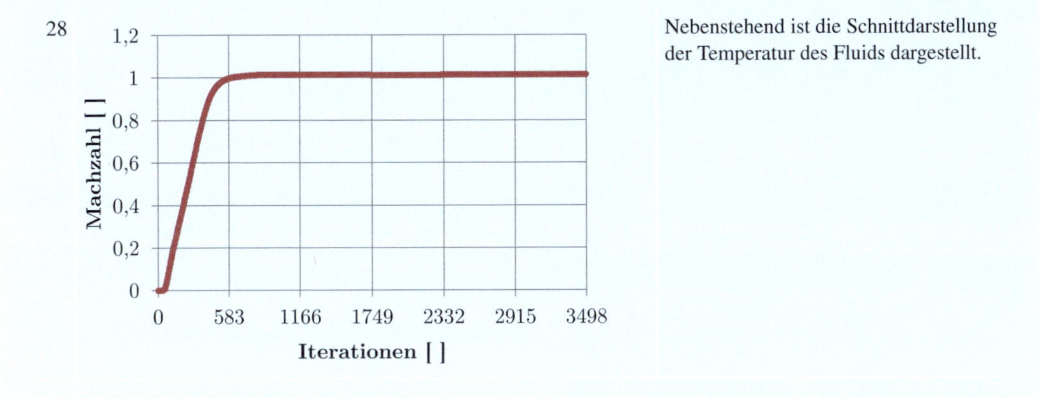

Nebenstehend ist die Schnittdarstellung der Temperatur des Fluids dargestellt.

2.4.4 Reale Gestaltung der Lavaldüse

Die Düsenform aus ◻ Abb. 2.12, als auch in der CFD-Simulation stellt ein wesentliches Problem dar. Eine wesentliche Anwendung einer Laval-düse wird in Raketenantrieben verwendet. Dabei hat diese Form aber den Nachteil, dass das Hauptgewicht im Bereich des Austritts vorliegt, dieser Teil würde aber nur noch gering zum Impuls beitragen, gem. [46]. Der Impuls ist für den Raketenschub verantwortlich. Man führt daher die Lavaldüse so aus, dass man nach dem engsten Querschnitt schneller vergrößert, denn hier ist die Strömung gut geführt. Es entsteht dann eine typische Glockenform, was das Triebwerk kürzer und leichter macht.

2.4.5 Strömungsvorgänge mit der Entropieproduktion

Dieser Abschnitt ist so auch in [38] zu finden.

Liegt der Umgebungsdruck zwischen den Grenzkurven 1 und 2, vgl. mit ◻ Abb. 2.15, so ist es nicht möglich, dass sich das Fluid durch isentrope Zustandsänderungen dem Druck am Düsenaustritt anpasst. Wie bereits des Öfteren gezeigt wurde, expandiert das Gas hinter dem engsten Querschnitt auf Überschall, was eine fast sprunghafte Änderung des Druckes, Dichte und Temperatur in einen Unterschallzustand bedeutet. Es wird bei diesem sprunghaften Über-

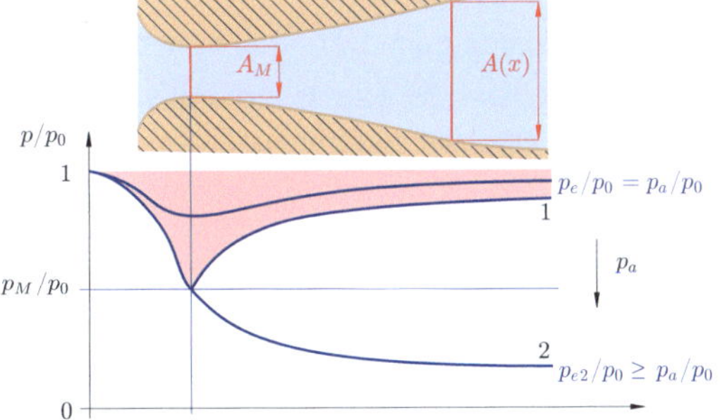

◻ **Abb. 2.15** Strömungsvorgänge mit der Entropieproduktion

gang Entropie produziert, durch Reibung und Wärmeleitung. Es entsteht ein **Verdichtungs-stoß**. Anwendung findet dies bei einem Überschallkanal.

2.4.5.1 Überschallwindkanal

Ein Überschallwindkanal fördert Luft mit einem Druckkessel durch eine Lavaldüse an die Umgebung. Dabei ist das Verhältnis A_{Mess}/A_M für die Machzahl ausschlaggebend. Der Druck hat keinen direkten Einfluss, vorausgesetzt, dieser ist ausreichend, dass an der kritischen Stelle der kritische Zustand mit $Ma = 1$ erreicht wird. Der Kesseldruck darf auch während der Messung nicht zu weit absinken. Vgl. mit ◻ Abb. 2.16.

Der Massenstrom wird durch den engsten Querschnitt definiert. Ändert sich der Ruhedruck

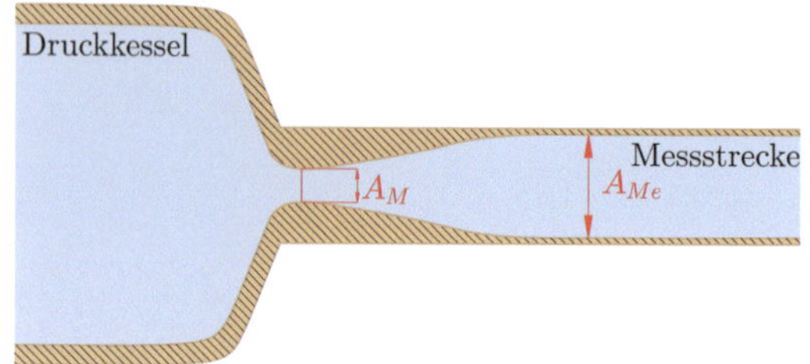

◻ **Abb. 2.16** Beispielhafter Aufbau eines Überschallwindkanals

nur langsam, liegt ein quasistationäres Verhältnis vor. Es gilt

$$\dot{m}(t) = \varrho_M \cdot A_M \cdot a_M. \tag{2.130}$$

Diese Gleichung kann mit $\frac{\varrho_0}{\varrho_0}$ erweitert werden, um im Anschluss das Dichteverhältnis $\frac{\varrho_M}{\varrho_0}$ durch Gl. (2.105) ersetzen zu können. Es folgt dann

$$\dot{m}(t) = \frac{\varrho_M}{\varrho_0} \cdot \varrho_0 \cdot A_M \cdot a_M. \tag{2.131}$$

Ebenso kann man für die Schallgeschwindigkeit Gl. (2.44) einsetzen. Es gilt, durch Erweitern mit $\frac{T_0}{T_0}$, um wieder ein Temperaturverhältnis zu erhalten, das dann durch Gl. (2.102) ersetzt werden kann

$$a_M = \sqrt{\kappa \cdot R \cdot T_M} = \sqrt{\kappa \cdot R \cdot \frac{T_M}{T_0} \cdot T_0}$$

$$= \sqrt{\frac{\kappa \cdot R \cdot T_M}{T_0}} \cdot \sqrt{T_0}. \tag{2.132}$$

Setzt man jetzt Gl. (2.132) in Gl. (2.131) ein, folgt

$$\dot{m}(t) = \frac{\varrho_M}{\varrho_0} \cdot \varrho_0 \cdot A_M \cdot \sqrt{\frac{\kappa \cdot R \cdot T_M}{T_0}} \cdot \sqrt{T_0}. \tag{2.133}$$

Mit Gl. (2.102) ergibt sich

$$\frac{T_M}{T_0} = \frac{2}{\kappa + 1}, \tag{2.134}$$

bzw. durch Einsetzen von Gl. (2.134) in Gl. (2.133)

$$\dot{m}(t) = \frac{\varrho_M}{\varrho_0} \cdot \varrho_0 \cdot A_M \cdot \sqrt{\kappa \cdot R \cdot \frac{2}{\kappa + 1}} \cdot \sqrt{T_0}. \tag{2.135}$$

Aus Gl. (2.105) kann man

$$\frac{\varrho_M}{\varrho_0} = \left(\frac{2}{\kappa + 1} \right)^{\frac{1}{\kappa - 1}} \tag{2.136}$$

finden, bzw. durch Einsetzen in Gl. (2.135)

$$\dot{m}(t) = \left(\frac{2}{\kappa + 1} \right)^{\frac{1}{\kappa - 1}} \cdot A_M \cdot \sqrt{\frac{2}{\kappa + 1}}$$
$$\cdot \sqrt{\kappa \cdot R} \cdot \varrho_0 \cdot \sqrt{T_0}. \tag{2.137}$$

Mit der speziellen Gasgleichung ergibt sich

$$p_0 \cdot v = R \cdot T_0 = p_0 \cdot \frac{1}{\varrho_0}$$

$$\implies \quad \frac{p_0}{R \cdot T_0} = \varrho_0. \tag{2.138}$$

Einsetzen in Gl. (2.137)

$$\dot{m}(t) = \left(\frac{2}{\kappa + 1} \right)^{\frac{1}{\kappa - 1}} \cdot A_M \cdot \sqrt{\frac{2}{\kappa + 1}}$$
$$\cdot \sqrt{\kappa \cdot R} \cdot \frac{p_0}{R T_0} \cdot \sqrt{T_0}$$

$$= \left(\frac{2}{\kappa + 1} \right)^{\frac{1}{\kappa - 1}} \cdot A_M \cdot \sqrt{\frac{2}{\kappa + 1}}$$
$$\cdot \frac{p_0}{T_0 \cdot R} \cdot \sqrt{\kappa \cdot R \cdot T_0}$$

$$= \left(\frac{2}{\kappa + 1} \right)^{\frac{1}{\kappa - 1}} \cdot A_M \cdot \sqrt{\frac{2}{\kappa + 1}}$$
$$\cdot p_0 \cdot \sqrt{\frac{\kappa \cdot R \cdot T_0}{R^2 \cdot T_0^2}}$$

$$= \left(\frac{2}{\kappa + 1} \right)^{\frac{1}{\kappa - 1}} \cdot A_M \cdot \sqrt{\frac{2}{\kappa + 1}}$$
$$\cdot p_0 \cdot \sqrt{\frac{\kappa}{R \cdot T_0}} \tag{2.139}$$

Es folgt also für den Massenstrom

$$\dot{m}(t) = \left(\frac{2}{\kappa + 1} \right)^{\frac{1}{\kappa - 1}} \cdot A_M \cdot \sqrt{\frac{2}{\kappa + 1}}$$
$$\cdot p_0(t) \cdot \sqrt{\frac{\kappa}{R \cdot T_0}}. \tag{2.140}$$

Durch das Kesselvolumen ist eine Berechnung der Laufzeit des Windkanals möglich, bis aus der Überschall- eine Unterschallströmung entsteht.

Aufgrund der Mehrdimensionalität der Strömung bildet sich vor einem Hindernis eine **gekrümmte Stoßfront** aus.

2.4.5.2 Gekrümmte Stoßfront

Es gibt zahlreiche Beispiele für eine gekrümmte Stoßwelle. Als Beispiel bei einem Flugzeug wird diese durch die kegelige Stoßwelle (Mach'scher Kegel) als Überschallknall wahrgenommen. Darauf wird später noch im Detail eingegangen. Aber auch im Weltall bilden sich derartige Stoßwellen aus, oder beispielsweise bei einem Donner.

Donner wird durch eine Stoßwelle aufgrund des stark aufgeladenen Luftplasma, durch den vorgehenden Blitzkanal verursacht.

Im **interstellaren Medium** können Stoßwellen (vgl. mit  Abb. 2.17) durch astrophysikalische Ereignisse wie Supernovae oder das Eindringen von Gas- und Staubwolken in eine gasreiche Galaxie, beispielsweise die Milchstraße, entstehen. Ein solcher Prozess kann etwa beim Wechselwirken einer Zwerggalaxie mit der galaktischen Umgebung auftreten. Die durch die Stoßwelle hervorgerufene Verdichtung von Gas- und Staubwolken kann unter bestimmten Bedingungen zur Initiierung von Sternentstehungsprozessen führen. Die Präsenz solcher Stoßwellen lässt sich unter anderem durch die charakteristische Röntgenstrahlung des durch die Schockkompression erhitzten Mediums nachweisen [128].

Bei den eben beschrieben Beispielen handelt es sich um eine **Fortschreitende Wellenfront**. Neben einer fortschreitenden Wellenfront gibt es aber auch noch eine stehende Stoßwelle. Die äußere Grenze der Magnetosphäre der Erde wird durch eine Stoßwelle definiert, an deren Front die Teilchen des Sonnenwinds (vgl. mit  Abb. 2.18) abrupt abgebremst werden. Diese sogenannte Bugstoßwelle entsteht,

◘ Abb. 2.17 Molekülwolke aus interstellarem Gas und Staub [93]

◘ Abb. 2.18 Die Magnetosphäre schirmt die Erdoberfläche gegen die geladenen Partikel des Sonnenwindes ab [106, 141]

2

da die mittlere Geschwindigkeit der Teilchen im ungestörten Sonnenwind relativ zur Erde die Schallgeschwindigkeit innerhalb des Mediums überschreitet, was zur Bildung einer Stoßwelle führt. Ein analoger Mechanismus ist auch bei der Magnetosphäre des Jupiters zu beobachten [128].

2.5 Gestaltung eines Raketenantriebs

Da eine der wichtigsten Anwendungen der Lavaldüse der Einsatz in einem Raketenantrieb ist, wird im Folgenden vertiefend auf diese Antriebe eingegangen. Es handelt sich dabei um einen ersten, groben Einblick, keinesfalls ist diese Thematik vollständig abgehandelt. Es wird auf weiterführende und vertiefende Literatur verwiesen.

2.5.1 Rückstoßantrieb

2.5.1.1 Impulsansatz

Raketen besitzen einen sogenannten Rückstoßantrieb. Dieser basiert auf dem 3. Newton'schen Axiom, vgl. mit Technische Mechanik Band 1 [13]. Es wird eine Schubkraft durch die Verbrennung von Treibstoff erzeugt, die wiederum aufgrund des 3. Newton'schen Axioms eine Rückstoßkraft, die gleich groß der Schubkraft sein muss, hervorruft. Dieser Schub setzt die Rakete, gemäß dem Impulssatz in Bewegung, vgl. mit [15] und Abb. 2.19.

Abb. 2.19 Rakete

Mit der Impulsgleichung, in Anl. an [16], folgt

$$\vec{p} = m \cdot \vec{v} \tag{2.141}$$

bzw. mit den Relationen der Impulse (Wechselwirkung) $\vec{p}_1 = -\vec{p}_2$ folgt durch Einsetzen

$$\vec{p}_1 = -\vec{p}_2 = m_1 \cdot \vec{v_1} = -m_2 \cdot \vec{v_2}. \tag{2.142}$$

Es muss damit eine entsprechende Beschleunigungsarbeit vorliegen, um den Schub zu erzeugen. Gem. Band 3 [14] gilt für die Beschleunigungsarbeit, die hier in Form von kinetischer Energie vorliegt gem. der Energieerhaltung

$$E_{m1} \cdot (m_1 + m_2) = m_2 \cdot E_{\text{ges}} \quad \Longrightarrow \quad E_{m1} = \frac{m_2 \cdot E_{\text{ges}}}{m_2 + m_1} \tag{2.143}$$

$$E_{m2} \cdot (m_1 + m_2) = m_1 \cdot E_{\text{ges}} \quad \Longrightarrow \quad E_{m2} = \frac{m_1 \cdot E_{\text{ges}}}{m_2 + m_1}. \tag{2.144}$$

Es ergibt sich daraus die Raketengrundgleichung (vgl. mit [120]).

2.5.1.2 Einstufige Raketengrundgleichung

Die **Raketengrundgleichung** ergibt sich durch die infinitesimal kleine Untersuchung des Impulses an einem Massenteilchen.

$$v_g \cdot dm = -m \cdot dv. \tag{2.145}$$

Darin beschreibt v_g die Austrittsgeschwindigkeit. Aus Gl. (2.145) ergibt sich die DGL

$$dv = -v_g \cdot \frac{dm}{m}. \tag{2.146}$$

Lösen der DGL durch Integrieren ergibt

$$\int dv = -v_g \cdot \int \frac{dm}{m} \quad \Longrightarrow \quad v = -v_g \cdot \ln(m) + C. \tag{2.147}$$

Jetzt muss die Integrationskonstante C berechnet werden. Mit der Anfangsbedingung findet man für $v = 0 \Longrightarrow m = m_0$ und damit durch Einsetzen in Gl. (2.147) die Integrationskonstante C zu

$$C = v_g \cdot \ln(m_0). \tag{2.148}$$

Gl. (2.148) in Gl. (2.147) ergibt

$$v = -v_g \cdot \ln(m) + v_g \cdot \ln(m_0)$$
$$= v_g \cdot [\ln(m_0) - \ln(m)] \qquad (2.149)$$

$$v = v_g \cdot \ln\left(\frac{m_0}{m}\right). \qquad (2.150)$$

Diese Gleichung gilt an jeder Stelle des Fluges.

Dabei handelte sich bei der Masse m_0 um die Summe der leeren Rakete m_L und der des Treibstoffes m_T. Es gilt also

$$m_0 = m_L + m_T. \qquad (2.151)$$

Gl. (2.151) in Gl. (2.150) ergibt mit $m = m_L$

$$v = v_g \cdot \ln\left(\frac{m_L + m_T}{m_L}\right) \qquad (2.152)$$

$$v_{\text{End}} = v_g \cdot \ln\left(1 + \frac{m_T}{m_L}\right). \qquad (2.153)$$

Corollary 2.7

Die theoretische Endgeschwindigkeit der Rakete v_{End} ist damit von folgenden Faktoren abhängig:

- dem Massenverhältnis m_0/m_L
- In einem Schwerefeld, auf der Erde also g, ist die vertikale Endgeschwindigkeit nach einer Zeit t um den Betrag $g \cdot t$ geringer, vgl. mit Dynamik [14].
- Bei sehr großen Masseverhältnissen kann es sich lohnen, einen Mehrstufenantrieb einzusetzen, da sonst der gesamte Treibstofftank zulasten der Nutzlast auf die Endgeschwindigkeit beschleunigt werden müsste.

2.5.1.3 Mehrstufige Raketengrundgleichung

Bei einem **mehrstufigen Raketenantrieb** berechnet sich die Endgeschwindigkeit gem. folgenden Beziehungen. Es seien n_{St} Stufen vorhanden. Es liegen die beiden Massen je Stufe iHv. $m_{St,1}$; $m_{St,2}$; $m_{St,3}$ ... vor. Die Massen bestehen aus $p\%$ Treibstoff. Es liegen damit sogenannte Strukturmassen iHv. $m_{\text{Str},1} = p \cdot m_{St,1}$; $m_{\text{Str},2} = p \cdot m_{St,2}$; $m_{\text{Str},3} = p \cdot m_{St,3}$ ... vor. Die Nutzlast ist m_{Nutz}. Bei n_{St} wird die Raketengleichung n_{St}-mal angewendet. Es werden die Beträge der Stufen addiert. Es gilt demnach gem. Gl. (2.153)

$$v_{\text{End},n_{St}} = v_g \cdot \sum_{i=1}^{n_{St}}\left[\ln\left(1 + \frac{m_T}{m_L}\right)\right]_i. \qquad (2.154)$$

Hier kann man jetzt für m_T und m_L einsetzen. Es ergibt sich als Beispiel bei $n_{St} = 2$ folgende Gleichung:

$$v_{\text{End},2} = v_g \cdot \left[\ln\left(\frac{m_{St,1} + m_{St,2} + m_{\text{Nutz}}}{m_{\text{Str},1} + m_{St,2} + m_{\text{Nutz}}}\right)\right.$$
$$\left. + \ln\left(\frac{m_{St,2} + m_{\text{Nutz}}}{m_{\text{Str},2} + m_{\text{Nutz}}}\right)\right]$$
$$= v_g \cdot \left[\ln\left(\frac{m_{St,1} + m_{St,2} + m_{\text{Nutz}}}{p \cdot m_{St,1} + m_{St,2} + m_{\text{Nutz}}}\right)\right.$$
$$\left. + \ln\left(\frac{m_{St,2} + m_{\text{Nutz}}}{p \cdot m_{St,2} + m_{\text{Nutz}}}\right)\right]. \qquad (2.155)$$

Siehe ▶ Lösung durch Matlab 2.7.

2.5.1.4 Berechnungsgrundlagen eines Rückstoßantriebs

Beachtlich ist auch noch, wenn Gl. (2.150) zu 1 wird, also

$$1 = \ln\left(\frac{m_0}{m}\right). \qquad (2.156)$$

Hier liegt der Sonderfall vor, dass sich eine Rakete vom Beobachter genau in die gleiche Richtung entfernt, als die Rakete von der ausgeworfenen Stützmasse.

2

Methode: Lösung durch Matlab 2.7

Es ist ein Matlab Programm zu erstellen, dass Gl. (2.155) für beliebig viele Stufen löst. Folgende Daten sind gegeben: $n_{St} = 2$ Stufen vorhanden. Es liegen die beiden Massen je Stufe iHv. $m_{St,1} = 300$; $m_{St,2} = 100$ bei $p = 85\,\%$ und einer Nutzlast iHv. $12\,\text{kg}$.

Lösung

Es ergibt sich mit Gl. (2.155) als Lösung für die Endgeschwindigkeit $v_{End} = 2{,}73 \cdot v_g$. Würde man hier hingegen die Rakete als einstufigen Antrieb ausführen, würden sich folgende Werte ergeben: $1{,}74 \cdot v_g$.

```matlab
clc; clear; close all;

% === Eingabeparameter ===
m_stufen = [300, 100];   % Massen der Stufen (kg)
p = 0.85;                % Treibstoffanteil pro Stufe (90%)
m_nutz = 12;             % Masse der Nutzlast (kg)
v_g = 1;                 % Ausströmgeschwindigkeit (beliebige Einheit)

% === Mehrstufige Rakete ===
n_stufen = length(m_stufen);   % Anzahl der Stufen
v_end_multi = 0;   % Endgeschwindigkeit der mehrstufigen Rakete
m_gesamt = sum(m_stufen) + m_nutz;   % Gesamtstartmasse inklusive Nutzlast


for i = 1:n_stufen
    m_start = m_gesamt;   % Startmasse der aktuellen Stufe
    m_struktur = (1 - p) * m_stufen(i);   % Strukturmasse der aktuellen Stufe
    m_leer = m_struktur + m_nutz;   % Endmasse nach Abwurf des verbrannten Treibstoffs

    % Raketengrundgleichung für diese Stufe
    delta_v = v_g * log(m_start / m_leer);
    v_end_multi = v_end_multi + delta_v;   % Aufsummieren der Geschwindigkeit

    % Nach Zündung wird die Stufe abgeworfen, nur die Restmasse bleibt übrig
    m_gesamt = m_leer;
end

% === Einstufige Rakete mit gleicher Gesamtmasse ===
m_single_stage = sum(m_stufen);   % Die gesamte Masse der mehrstufigen Rakete als eine
Stufe
m_struktur_single = (1 - p) * m_single_stage;   % Strukturmasse der einstufigen Rakete
m_leer_single = m_struktur_single + m_nutz;   % Endmasse nach Treibstoffverbrennung

% Raketengrundgleichung für die einstufige Rakete
v_end_single = v_g * log((m_single_stage + m_nutz) / m_leer_single);

% === Ergebnisvergleich ===
fprintf('Endgeschwindigkeit der mehrstufigen Rakete: %.2f v_g\n', v_end_multi / v_g);
fprintf('Endgeschwindigkeit der einstufigen Rakete: %.2f v_g\n', v_end_single / v_g);
fprintf('Die mehrstufige Rakete erreicht eine um %.2f%% höhere Geschwindigkeit!\n',
...
        ((v_end_multi - v_end_single) / v_end_single) * 100);
```

```
Endgeschwindigkeit der mehrstufigen Rakete: 2.73 v_g
Endgeschwindigkeit der einstufigen Rakete: 1.74 v_g
Die mehrstufige Rakete erreicht eine um 56.23% höhere Geschwindigkeit!
```

Ausströmgeschwindigkeit v_s: Mit der Bernoulli-Gleichung findet man die Gleichung für die Ausströmgeschwindigkeit, zu

$$v_s = \sqrt{\frac{2 \cdot (p_i - p_a)}{\varrho}}.$$ (2.157)

Der **Durchsatz** berechnet sich gem. der Gleichungen aus der Hydromechanik zu

$$\dot{m} = A \cdot v_s \cdot \varrho.$$ (2.158)

Die Dichte ergibt sich gem. der speziellen Gasgleichung aus der Thermodynamik, vgl. mit [16], zu

$$\varrho = \frac{m}{V} = \frac{p}{R \cdot T}.$$ (2.159)

Der **Schub** kann direkt aus den Gesetzen der Hydromechanik berechnet werden. Dort hat man die Gleichung

$$F = \dot{m} \cdot v_s$$ (2.160)

hergeleitet. Hier kann man die Gleichung für $\dot{m}$, gem. Gl. (2.156) und Gl. (2.157)einsetzen, zu

$$F = A \cdot \varrho \cdot v_s^2$$ (2.161)

$$F = 2 \cdot \Delta p \cdot A.$$ (2.162)

Die **benötigte Triebwerksleistung $P_{\text{Triebwerk}}$** berechnet sich aus dem Massendurchsatz

$$\dot{m} = \frac{\Delta m}{\Delta t}$$ (2.163)

und der Arbeit

$$W = \frac{\Delta m \cdot v_s^2}{2}$$ (2.164)

zu

$$P_{\text{Triebwerk}} = \frac{W}{\Delta t} = \frac{\Delta m \cdot v_s^2}{2 \cdot \Delta t} = \frac{1}{2} \cdot \dot{m} \cdot v_s^2.$$ (2.165)

Hier kann man Gl. (2.160) einsetzen, es folgt

$$P_{\text{Triebwerk}} = \frac{v_s \cdot F_s}{2}.$$ (2.166)

Die **Nutzleistung P_{Nutz}** kann durch die Arbeit

$$W_{\text{Beschl.}} = m \cdot \frac{v_2^2 - v_1^2}{2}$$ (2.167)

berechnet werden, zu

$$P_{\text{Nutz}} = m \cdot \frac{v_2^2 - v_1^2}{2 \cdot t} = m \cdot a \cdot \frac{v_2 + v_1}{2}$$ (2.168)

$$P_{\text{Nutz}} = F_s \cdot \frac{v_2 + v_1}{2}.$$ (2.169)

Hierin stellt v_1 die Anfangsgeschwindigkeit und v_2 die Endgeschwindigkeit des Beschleunigungsvorgangs dar.

2.5.2 Feststoffantrieb

Bei einem Feststoffantrieb besteht das Raketentriebwerk aus einem Antriebssatz aus festem Material, vgl. mit [77]. Anders als bei den im Anschluss behandelten Flüssigkeitsraketentriebwerken werden bei Feststoffantrieben die reduzierten als auch oxidierten Komponenten als feste Stoffe gebunden und mitgeführt.

Ihr vergleichsweise niedriger Preis macht sie zudem zu einer wirtschaftlichen Lösung für Startunterstützungssysteme von Raketen (*Booster*) und Flugzeugen (*Rocket-Assisted Take-Off, RATO*) sowie für kleine Oberstufenantriebe. Auch Interkontinentalraketen, wie beispielsweise die Trident-Serie, basieren auf Feststoffantrieben. Darüber hinaus werden sie in Rettungssystemen für bemannte Raumfahrzeuge eingesetzt, um diese im Falle eines Versagens der Trägerrakete schnell aus der Gefahrenzone zu bringen. Vgl. mit ◘ Abb. 2.20 und 2.21.

2

◻ Abb. 2.20 Test der Apollo-Rettungsrakete

◻ Abb. 2.21 Start einer Scout-Feststoffrakete

2.5.2.1 Treibstoffzusammensetzung und Verbrennungsreaktionen

Als Oxidator kommt häufig Ammoniumperchlorat (NH_4ClO_4) zum Einsatz, wie beispielsweise in *Ammonium Perchlorate Composite Propellant* (APCP). Die thermische Zersetzung dieses Oxidators erfolgt nach folgender Reaktionsgleichung:

$$2NH_4ClO_4 \rightarrow 4H_2O + N_2 + 2O_2 + Cl_2 \tag{2.170}$$

Dabei entstehen in der Praxis auch geringe Mengen an Chlorwasserstoff (HCl). Der freigesetzte Sauerstoff und das Chlor reagieren mit Aluminium als Brennstoff unter Bildung von Aluminiumoxid (Al_2O_3) und Aluminiumchlorid ($AlCl_3$). Zusätzlich führt die Reaktion mit einem polymeren Bindemittel zur Bildung von H_2O und CO_2, wodurch weitere Energie freigesetzt wird. Der Massenanteil von Aluminium kann dabei bis zu 30 % betragen.

2.5.2.2 Struktur und Werkstoffe

Der einfache strukturelle Aufbau erlaubt es, Feststoffraketen in sehr kompakten Dimensionen zu fertigen. Dies macht sie ideal für Anwendungen in Feuerwerkskörpern, Signalmitteln und speziellen Raketengeschossen für Handwaffen. In diesen Fällen kommen meist einfache Treibstoffmischungen, wie Schwarzpulver, zum Einsatz.

Die Materialwahl für Brennkammern hat sich mit der technologischen Entwicklung gewandelt. Während bei früheren Großtriebwerken vorrangig Stahl verwendet wurde, kommen zunehmend kohlenstofffaserverstärkte Kunststoffe (CFK) zum Einsatz. Beispiele hierfür sind die Zefiro-Feststofftriebwerke der europäischen Vega-Rakete oder die P120-Booster der Ariane 6. Im Gegensatz dazu verwendete die Ariane 5 noch EAP-P238-Booster aus Stahl. Die Reduktion der Strukturmasse durch leichte Werkstoffe könnte künftig die Entwicklung reiner Feststoffraketen ermöglichen, die große Satelliten effizient in erdnahe Umlaufbahnen transportieren.

2.5.2.3 Vorteile

- **Robuste Bauweise**: Feststoffraketen kommen ohne bewegliche Komponenten wie Treibstoffpumpen oder komplexe Leitungen aus. Dies reduziert potenzielle Fehlerquellen und erlaubt eine hohe Betriebssicherheit.
- **Lager- und Transportfähigkeit**: Da der Treibstoff in fester Form vorliegt, sind aufwendige Betankungsanlagen überflüssig. Dies erleichtert die Lagerung und den Transport, insbesondere für militärische Anwendungen.
- **Einfache Handhabung**: Feststofftreibstoff ist einfacher zu lagern und zu transportieren als flüssige oder gasförmige Treibstoffe, die unter Druck stehen oder tiefgekühlt werden müssen.
- **Hohe Schubkraft**: Die Verbrennungscharakteristik kann durch die Formgebung des Treibsatzes gezielt beeinflusst werden, um eine optimale Schubentwicklung über die Brenndauer zu gewährleisten.
- **Hohe Betriebssicherheit**: Während Flüssigtreibstoffraketen unter Treibstoffschwappen oder komplexer Kühlung leiden können, sind Feststoffraketen vergleichsweise resistent gegenüber solchen Instabilitäten.

2.5.2.4 Nachteile

- **Unkontrollierbarkeit nach Zündung**: Einmal gezündet, lässt sich der Brennprozess einer Feststoffrakete nicht mehr stoppen oder regulieren. Dies schränkt die Flexibilität im Vergleich zu Flüssigtreibstoffraketen ein.
- **Geringere Effizienz**: Die Verbrennungsgase von Feststoffraketen werden mit geringerer Geschwindigkeit ausgestoßen als jene von Flüssigtreibstoffraketen, was zu einem vergleichsweise höheren Treibstoffverbrauch führt.
- **Strukturelle Einschränkungen**: Da die gesamte Innenstruktur der Rakete als Brennkammer dient, sind hohe mechanische Belastungen zu erwarten. Mit zunehmender Größe steigen die strukturellen Anforderungen, was die Skalierbarkeit einschränkt.
- **Sicherheitsrisiko**: Da der Treibstoff immer in der Rakete verbleibt, besteht ein permanentes Risiko von unkontrollierter Entzündung oder Explosion, insbesondere in militärischen Anwendungen.
- **Umweltbelastung**: Die Verbrennung kann toxische Nebenprodukte wie Chlor, Chlorwasserstoff oder Schwefelverbindungen freisetzen, was Feststoffraketen umweltschädlicher als vergleichbare Antriebssysteme macht.

2.5.3 Flüssigkeitsraketentriebwerk

Flüssigkeitsraketen [80] unterscheiden sich grundlegend von Feststoffraketen dadurch, dass Brennstoff und Oxidator in separaten Tanks gelagert und erst im Triebwerk miteinander vermischt werden. Dabei wird entweder ein einzelner chemischer Stoff (Monergol) katalytisch zersetzt oder zwei (Diergol) bzw. mehrere (Triergol) Komponenten kontrolliert zur Verbrennung gebracht.

Der entstehende Gasstrom expandiert in einer Düse und erzeugt gemäß dem Rückstoßprinzip den erforderlichen Schub. Da der Oxidator mitgeführt wird, sind Flüssigkeitsraketen unabhängig von atmosphärischem Sauerstoff und können auch in der Hochatmosphäre oder im Weltraum betrieben werden.

Die getrennte Lagerung und Zufuhr von Brennstoff und Oxidator ermöglichen eine präzisere Steuerung des Verbrennungsprozesses und eine gezielte Schubregulierung, wodurch Flüssigkeitsraketen flexibler einsetzbar sind als Feststoffraketen.

2.5.3.1 Bauteile

Brennkammer

Die Brennkammer ist ein metallischer Behälter, in dem Brennstoff und Oxidator vermischt und kontrolliert verbrannt werden, wobei zylindrische Bauformen vorherrschen. Der Einspritzkopf oder die Injektorenplatte sorgt für eine feine Zerstäubung der Treibstoffkomponenten, um eine effiziente Verbrennung zu gewährleisten. Um die enormen Temperaturen und Drücke von bis zu 330 bar zu bewältigen, sind aktive Kühlverfahren wie regenerative oder Verlustkühlung erforderlich. Zusätzliche Schutzmaßnahmen umfassen Film- und Schleierkühlung,

◘ Abb. 2.22 Aufgeschnittene RD-107-Triebwerkseinheit (*Mitte*), oben: zylindrische Brennkammer, unten: konische Düsenglocke [80]

hitzebeständige Beschichtungen oder ablativen Materialeinsatz zur Wärmeableitung. Eine fehlerhafte Gestaltung der Brennkammer oder des Einspritzkopfs kann zu instabilen Verbrennungsprozessen führen, die das gesamte Raumfahrzeug gefährden können.

Die Brennkammer ist bereits ein Teil der Lavaldüse, wie man am zylindrischen Bereich der Düse aus ◘ Abb. 2.22 erkennen kann.

Einspritzkopf

Der Einspritzkopf oder die Injektorplatte gewährleistet die Treibstoffzufuhr und eine gleichmäßige Vermischung der Treibstoffe, um die chemische Energie effizient in Bewegungsenergie umzuwandeln.

- **Dralleinspritzung:** Der Treibstoff wird mit einer koaxialen Anordnung von Oxidator und Treibstoff eingespritzt, wodurch eine Tangentialkomponente entsteht, die eine hohe Treibstoffausbeute ermöglicht.
- **Pralleinspritzung:** Der Treibstoff wird unter einem bestimmten Winkel durch das Gegeneinanderspritzen gemischt, wobei verschiedene Anordnungen möglich sind, je-

doch Verbrennungsinstabilitäten auftreten können.

- **Paralleleinspritzung:** Diese Methode führt zu einer weniger effizienten Treibstoffdurchmischung, da der Treibstoff axial eingespritzt wird und die Vermischung nur durch Brennkammer-Turbulenzen erfolgt, was jedoch den Herstellungsaufwand reduziert.
- **Koaxialeinspritzung:** Bei dieser Technik werden die Treibstoffkomponenten in koaxialer Anordnung eingespritzt, was eine hohe Treibstoffausbeute bei großen Geschwindigkeitsdifferenzen ermöglicht und eine gute Skalierbarkeit bietet, weshalb sie häufig in Triebwerken verwendet wird.

Schubdüse

- An die Brennkammer schließt unmittelbar die Schubdüse in Form einer Lavaldüse an, die aus einem Düsenhals und einem kegelförmigen oder glockenförmigen Teil besteht, in dem durch Expansion der Gase Schub erzeugt wird.
- Aerospike-Triebwerke, die sich in der Entwicklung befinden, sollen ohne eine herkömmliche Schubdüse auskommen.
- Die Düse ist hohen thermischen Belastungen ausgesetzt und benötigt Kühlmaßnahmen, die sowohl aktive als auch passive Kühlverfahren umfassen.
- Beim aktiven Kühlverfahren wird die Treibstoffkomponente in die Doppelwandung der Düsenglocke geführt, während passive Kühlmethoden ähnlich wie bei der Brennkammer ausgeführt werden.
- Eine besondere Kühltechnik ist das Einleiten kühlen Arbeitsgases in die Düsenglocke, wie bei den F-1-Triebwerken der Saturn-5-Rakete.
- In großen Triebwerken werden Brennkammer und Düse oft als eine Einheit gefertigt, wobei Nickelstahl-Röhrchen für die Kühlkanäle verwendet werden.
- Das Entspannungsverhältnis der Düse, das das Verhältnis der Querschnittsflächen von Düsenhals und Mündung darstellt, beeinflusst die Effizienz und ist je nach Einsatzumgebung unterschiedlich.
- Die maximale mögliche zulässige Expansion ist begrenzt, gem. des **Summerfield-Kriterium**.

Das **Summerfield-Kriterium** besagt, dass man um eine Strömung dichtestoßfrei auf Überschallgeschwindigkeit zu bringen, die Lavaldüse expandieren muss, ausgehend vom kleinsten Querschnitt. Ebenso kann man folgern, dass eine Strömungsablösung an einer Düse bei einem Druckverhältnis von

$$\frac{p_e}{p_a} \approx 0{,}25 \text{ bis } 0{,}4 \qquad (2.171)$$

auftritt. Darin ist p_e der Druck am Düsenaustritt und p_a der Atmosphärendruck.

2.5.4 Bauarten und Treibstoffförderung

2.5.4.1 Druckgasförderung

- Die Druckgasförderung ist eine einfache Triebwerksausführung, bei der Treibstoffe durch den Druck eines inertem Gases wie Helium aus den Tanks in die Brennkammern gefördert werden.
- Diese Bauweise ist aufgrund der stabilen, aber schweren Tanks und des begrenzten maximalen Brennkammerdrucks auf kleinere, schubschwächere Anwendungen beschränkt, wie etwa Steuer- und Manövertriebwerke oder Apogäumsmotoren.
- Beispiele für die Druckgasförderung sind die Triebwerke der Apollo-Mondlandefähre und des Apollo-CSM, bei denen einfache, zuverlässige Triebwerke mit wenigen mechanischen Komponenten eingesetzt wurden.

2.5.4.2 Turbopumpe

- Leistungsfähigere Triebwerke verwenden mechanische Pumpen zur aktiven Treibstoffförderung, um Treibstoffe aus Tanks mit geringem Überdruck in die Brennkammer zu befördern.
- Der hohe Leistungsbedarf für diese Pumpen (bis zu 190 Megawatt, wie beim RD-170) erfordert kompakte, gasturbinengetriebene Strömungspumpen, deren Arbeitsgas aus den mitgeführten Treibstoffen erzeugt wird.

- Es haben sich verschiedene Varianten der aktiven Treibstoffförderung entwickelt, die sich nach Heißgaserzeugung und Flussschema unterscheiden und in Untervarianten unterteilt werden können.

2.5.4.3 Nebenstromverfahren

- Beim Nebenstromverfahren wird ein Teil des Treibstoffs und Oxidators in einer separaten Brennkammer verbrannt, um Heißgastemperaturen für die Turbine zu senken (400 bis 833 K).
- Das Heißgas wird nach der Turbine entweder zur Düsenkühlung genutzt oder über ein Auspuffrohr in die Umgebung abgeführt.
- Diese Triebwerksvariante hat mindestens zwei Ströme: den Hauptstrom zur Brennkammer und den Nebenstrom zur Gaserzeuger-Brennkammer, wobei etwa fünf Prozent des Treibstoffs für den Pumpenantrieb verbraucht werden.
- Das Nebenstromverfahren ist die älteste und am weitesten verbreitete Methode und wird in vielen großen Raketentriebwerken, wie dem F-1 der Saturn V, verwendet.
- Eine Untervariante nutzt einen separaten Treibstoff für den Gasgenerator, wie beim Walter-Antrieb der V2 oder dem RD-107 der Sojus-Rakete.

2.5.4.4 Hauptstromverfahren

- Das Hauptstromverfahren variiert das Nebenstromverfahren, indem ein größerer Teil oder der gesamte Treibstoffstrom einen Gaserzeuger (Vorbrenner) durchläuft, wo er mit einem kleinen Anteil der anderen Komponente unstöchiometrisch reagiert.
- Das Heißgas, das nach der Turbinenarbeit immer noch überschüssigen Treibstoff oder Oxidator enthält, wird direkt in die Hauptbrennkammer geleitet, wo es an der regulären Verbrennungsreaktion zur Schuberzeugung teilnimmt.
- Im Gegensatz zum Nebenstromverfahren gehen keine ungenutzten Treibstoffkomponenten verloren, was zu höherem Brennkammerdruck und spezifischem Impuls führt.
- Das Hauptstromverfahren erfordert jedoch hohe Drücke in den Rohrleitungen und stellt hohe Anforderungen an die Entwicklung und Fertigung des Systems.

- Varianten wie oxidator- oder treibstoffreiche Vorverbrennung sowie die Full-flow staged combustion Technik bieten noch höhere Effizienz und Schub, indem beide Komponenten in separate Vorbrennkammern geleitet werden.
- Bekannte Triebwerke, die das Hauptstromverfahren verwenden, sind das SSME, RD-0120 und RD-170, mit einer maximalen Verbrennungstemperatur von bis zu 772 K.

2.5.5 Schubvektorsteuerung [126]

- Schubvektorsteuerung ermöglicht Lenkbewegungen durch gezieltes Richten des Abgasstrahls und wird vor allem bei militärischen Flugzeugen und Raketen eingesetzt, um die Manövrierfähigkeit zu verbessern.
- Die Lenkung kann durch Strahlruder, Ablenkflächen am Düsenaustritt oder Schwenken der gesamten Düse erfolgen.
- Schubvektorsteuerung wird auch bei Senkrechtstartern genutzt, wobei das Flugzeug beim vertikalen Start vom nach unten gerichteten Schub getragen wird und im Horizontalflug die Düsen für den Vortrieb geschwenkt werden.

Eine Schubvektorsteuerung wurde früher oft mit sogenannten **Vernierdüsen** ermöglicht. Diese Düsen sind nach dem Mathematiker Pierre Vernier benannt. Heute werden kaum noch solche Düsen eingesetzt.

2.5.6 Technische Daten des Raketenantriebs RD-107

- Das RD-107 ist ein Flüssigkeitsraketentriebwerk, das von Valentins Petrowitsch Gluschko zwischen 1954 und 1957 entwickelt wurde.
- Es wurde in den R-7-Varianten, wie der Sojus-Rakete, als Antrieb für die erste Stufe mit vier Boostern eingesetzt.
- Ursprünglich sollten die Einkammertriebwerke RD-105 und RD-106 verwendet werden, doch aufgrund von Instabilitäten wurden die Arbeiten daran 1956 eingestellt.

Eine Übersicht über die Technischen Daten einer Rakete des Typs RD-107 ist in ◘ Tab. 2.3 dargestellt.

◘ **Tab. 2.3** Vergleich der Triebwerke RD-107 und RD-108

Kenngröße	RD-107 (8D76)	RD-108 (8D77)
Mischungsverhältnis Sauerstoff/Kerosin	2,47	2,39
Brennkammern/Steuerdüsen	4/2	4/4
Gesamthöhe	3,00 m	
Höhe ohne Steuertriebwerke	2,86 m	
Durchmesser ohne Steuertriebwerke	2,58 m	1,95 m
Trockenmasse	1155 kg	1250 kg
Masse/Schub-Verhältnis	1,2 kg/kN	1,3 kg/kN
Brennkammerdurchmesser	430 mm	
Brennkammervolumen	~70 l	
Brennkammerdruck	5,85 MPa/58,5 bar	5,10 MPa/51,0 bar
Düsenhalsdurchmesser	166 mm	
Düsenmündungsdurchmesser	720 mm	
Düsenmündungsdruck	39 kPa/0,39 bar	34 kPa/0,34 bar
Entspannungsverhältnis	150	
Startschub/Vakuumschub	821/995 kN	745/941 kN
	(790/945 kN in R-7, Sputnik)	
Spezifischer Impuls (Boden/Vakuum)	2520/3080 Ns/kg	2430/3090 Ns/kg
	(2452 Ns/kg in R-7, Sputnik)	
Ausströmgeschwindigkeit	2950 m/s	

2.6 Elemente aus der Strömungslehre und Thermodynamik angewandt in der Gasdynamik

In diesem Abschnitt werden bereits bekannte Gleichungen und Elemente aus der Thermodynamik und Hydromechanik auf die Gasdynamik bzw. Aeromechanik transformiert. Die hier beschriebenen Gleichungen können im Detail in den entsprechenden Bänden nachgelesen werden. Der Aufbau dieses Abschnittes basiert auf [2].

2.6.1 Energieerhaltungssatz für ein materielles Volumen

Die kinetische Energie berechnet sich durch

$$E_{\mathrm{Kin}} = \int \frac{w^2}{2} dm = \int \frac{w^2}{2} \cdot \varrho \cdot dV, \tag{2.172}$$

und die innere Energie

$$E_{\mathrm{innere}} = \int \varrho \cdot u \cdot dV. \tag{2.173}$$

Dabei ist u die spezifische innere Energie als Skalarfeld $u = u(x, y, z)$ im Raum. Damit kann man die Leistung formulieren, zu

$$P = \int \underline{c} \cdot \varrho \cdot \underline{f} \cdot dV + \oint \underline{c} \cdot \sigma \cdot dA. \tag{2.174}$$

Die Wärmezufuhr setzt sich aus einem Anteil $\dot{Q}_V$, der Anteil der Wärmezufuhr, welcher dem Massenelement durch chemische Reaktionen im Inneren oder durch Strahlung hinzugefügt wird und einem Anteil $\dot{Q}_o$, der den Anteil der Wärmezufuhr welcher über die Begrenzung des Volumens fließt.

Es folgt

$$\dot{Q} = \int \varrho \cdot w \cdot dV - \int \underline{q} \cdot d\underline{A}, \tag{2.175}$$

dabei ist w_{quell} die Wärmequelldichte und $\underline{q}$ die Wärmestromdichte.

Theorem 2.1 (Energiesatz für materielles Vol.)

Es gilt

$$\frac{d}{dt} \int_{\tilde{V}} \varrho \cdot \left(\frac{w^2}{2} + u \right) \cdot dV$$

$$= \int \varrho \underline{w} \cdot \underline{f} \cdot dV + \oint \underline{w} \cdot \underline{\sigma} \cdot dA$$

$$+ \int \varrho \cdot w_{\mathrm{quell}} \cdot dV - \int \underline{q} \cdot d\underline{A}. \tag{2.176}$$

Beweis Wird hier nicht geführt. □

Ist die Kraftdichte rotationsfrei und stationär, so gilt mit dem Nabla-Operator $\underline{f} = -\nabla U$. Es kann damit

$$\int \varrho \underline{w} \cdot \underline{f} dV = - \int \varrho \cdot \underline{w} \cdot \nabla U \cdot dV \tag{2.177}$$

geschrieben werden. Es gilt $\frac{DU}{Dt} = \underline{w} \cdot \nabla U$. Es folgt daher

$$\frac{d}{dt} \int_{\tilde{V}} \varrho \cdot \left(U + \frac{w^2}{2} + u \right) \cdot dV$$

$$+ \oint \underline{w} \cdot \underline{\sigma} \cdot dA + \int \varrho \cdot w_{\mathrm{quell}} \cdot dV$$

$$- \int \underline{q} \cdot d\underline{A} = 0. \tag{2.178}$$

2.6.2 Energiesatz für einen Stromfaden

Es kann für einen Stromfaden, gem. Theorem 2.1

$$\frac{d}{dt} \int_{\tilde{V}} \varrho \cdot \left(\frac{w^2}{2} + u \right) \cdot dV \tag{2.179}$$

formuliert werden. Hier kann dV ersetzt werden, durch $dV = A \cdot ds$, zu

$$\frac{d}{dt} \int_{s_1(t)}^{s_2(t)} \varrho \cdot A \cdot \left(\frac{w^2}{2} + u \right) \cdot ds. \tag{2.180}$$

Anwenden der Leibniz-Regel.

Bemerkung 2.5 (Leibnizregel)

Mit der Leibnizregel [102] für Parameterintegrale ist es möglich, ein gegebenes Parameterintegral

$$F(t) = \int\limits_{a(t)}^{b(t)} f(t,x)\mathrm{d}x, \tag{2.181}$$

mit dessen Ableitungen zu formulieren. Es gilt

$$\frac{d}{dt}F(t) = f(t,b(t))b'(t) - f(t,a(t))a'(t)$$

$$+ \int\limits_{a(t)}^{b(t)} \frac{\partial}{\partial t} f(t,x)\mathrm{d}x. \tag{2.182}$$

Es folgt mit Gl. (2.182) für Gl. (2.180)

$$\frac{d}{dt} \int\limits_{s_1(t)}^{s_2(t)} \varrho \cdot A \cdot \left(\frac{w^2}{2} + u\right) \cdot ds$$

$$= \int\limits_{s_1}^{s_2} \frac{d}{dt}\left[\varrho A\left(gz + \frac{w^2}{2} + u\right)\right]ds$$

$$+ \dot{m}_2\left(gz_2 + \frac{w_2^2}{2} + u_2\right)$$

$$- \dot{m}_1\left(gz_1 + \frac{w_1^2}{2} + u_1\right). \tag{2.183}$$

Damit kann man die Bernoulli-Gleichung der Gasdynamik herleiten. Wird dieser Gleichung eine Adiabate als auch eine stationäre Strömung unterstellt, wie Eingangs festgelegt wurde, entfällt folgender Term in Gl. (2.183)

$$\int\limits_{s_1}^{s_2} \frac{d}{dt}\left[\varrho A\left(gz + \frac{w^2}{2} + u\right)\right]ds = 0.$$

$$\tag{2.184}$$

Es vereinfacht sich dadurch Gl. (2.183) zu

$$0 = \dot{m}_2\left(gz_2 + \frac{w_2^2}{2} + u_2\right)$$

$$- \dot{m}_1\left(gz_1 + \frac{w_1^2}{2} + u_1\right). \tag{2.185}$$

Dies umgeformt und kürzen des Massenstroms, da $\dot{m}_1 = \dot{m}_2$ ist, folgt

$$gz_2 + \frac{w_2^2}{2} + u_2 = gz_1 + \frac{w_1^2}{2} + u_1. \tag{2.186}$$

Einführung der spezifischen Enthalpie

$$h := u + p \cdot v = u + \frac{p}{\varrho} \tag{2.187}$$

ergibt

$$h + \frac{w^2}{2} + g \cdot z = \text{const.} \tag{2.188}$$

Darin sind w, h und z Koordinaten, die zusammen eine Funktion F darstellen. Bei einer infinitesimalen Änderung der Koordinatenrichtung ändert sich die Funktion F nicht, da sie ständig konstant ist. Es kann deshalb aus (2.188) auch

$$dF = \frac{\partial F}{\partial h}dh + \frac{\partial F}{\partial w}dw + \frac{\partial F}{\partial z}dz$$

$$= dh + wdw + gdz = 0. \tag{2.189}$$

geschrieben werden. Es handelt sich dabei um eine weitere Formulierung der Bernoulli-Gleichung der Gasdynamik.

2.6.3 Ideale Gasgleichung

◻ Abb. 2.23 ist bereits aus [16] bekannt. Dort ist man genau auf die einzelnen Zustandsgrößen, in Verbindung der Thermodynamik bzw. Gase eingegangen. Man kann dann, für den Zusammenhang die spezielle Gasgleichung verwenden, die lautet

$$p \cdot v = R \cdot T. \tag{2.190}$$

Bei der Anwendung der Gleichung muss man aber in der Gasdynamik Acht geben, diese Gleichung gilt nicht für alle Gase, für eine erste Näherung ist diese aber in den meisten Fällen hinreichend genau.

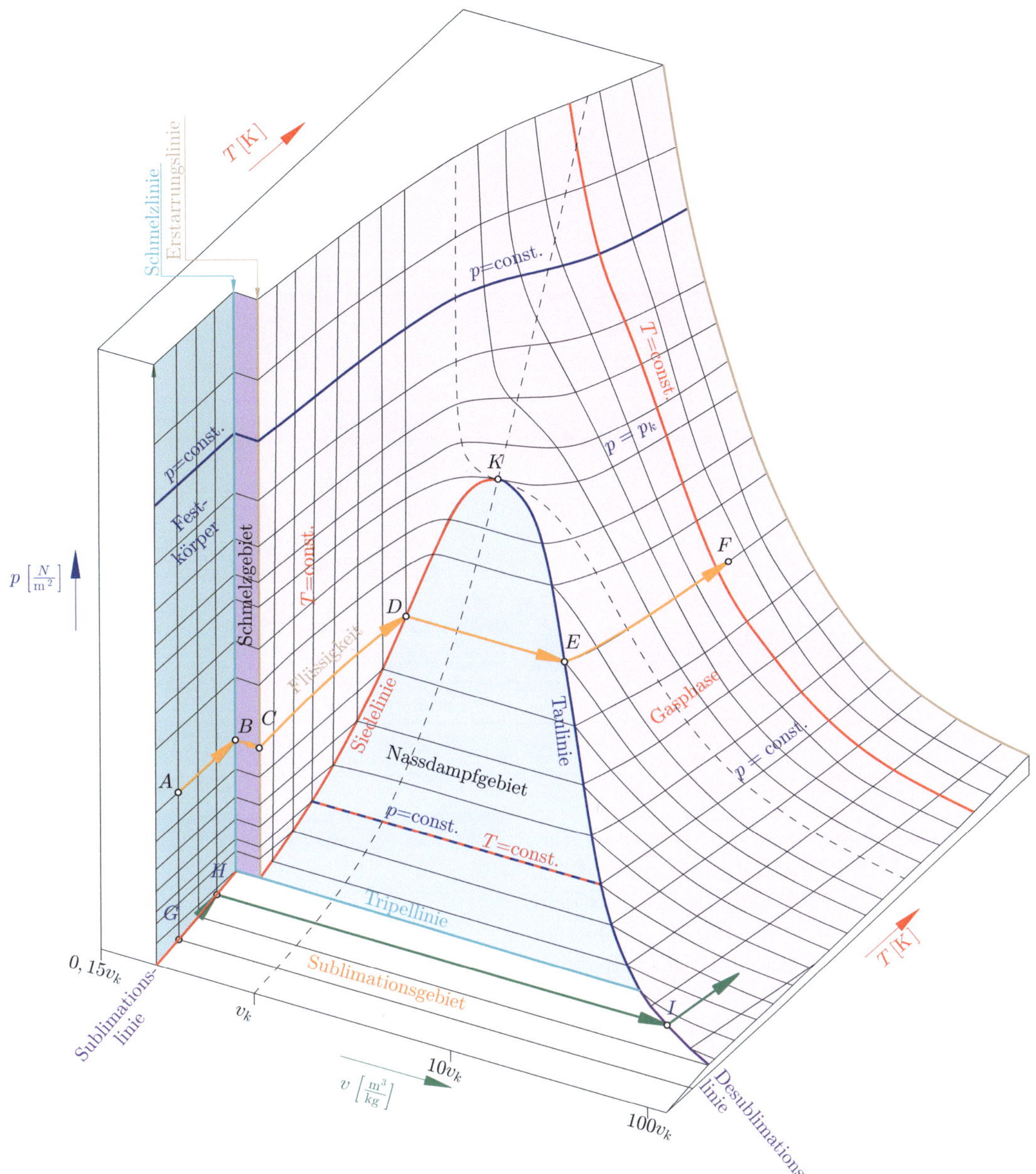

□ **Abb. 2.23** p-v-T-Diagramm

Für die innere Energie kann man die partielle DGL

$$du = \left(\frac{\partial u}{\partial T}\right)_v dT + \left(\frac{\partial u}{\partial v}\right)_T dv \qquad (2.191)$$

finden.

2.6.4 Irreversibilität von thermodynamischen Prozessen

Mit der Entropie lässt sich durch den 2. Hauptsatz der Thermodynamik feststellen, dass thermodynamische Systeme nach aufsteigender Entropie streben und daher irreversibel sind. Es gilt für die Entropie

$$dS := \frac{dQ}{T}.\qquad(2.192)$$

2.6.4.1 2. Hauptsatz der Thermodynamik

Der Deutsche Physiker Rudolf Emanuel Clausius (vgl. mit ◧ Abb. 2.24) formulierte den 2. Hauptsatz, wie folgt

> **Theorem 2.2 (2. Hauptsatz der Thermodyn.)**
>
> Alle natürlichen Prozesse sind irreversibel.

Oder anders formuliert

> **Theorem 2.3 (2. Hauptsatz der Thermodyn.)**
>
> Die Unwandelbarkeit von Energien ist begrenzt.

Beweis Dazu betrachtet man ein System, das Energie abgibt, beispielsweise ein Kraftwerk. Es wird nie möglich sein, mehr Energie aus dem System zu entnehmen, als für die Erzeugung notwendig war, ansonsten würde ein Perpetuum Mobile vorliegen. Man kann Energien nur geschickt ineinander umwandeln. □

Clausius[2] führt 1865 eine neue kalorische Zustandsgröße ein: die Entropie.

2.6.4.2 Entropie S

> **Definition 2.3 (Entropie)**
>
> Als Maß für die Nichtumkehrbarkeit eines natürlichen Prozesses bzw. für die Unordnung eines Systems wird die Entropie verwendet. (In der Natur strebt alles nach einem Zustand größerer Unordnung).

◧ **Abb. 2.24** Clausius [122]

> **Definition 2.4 (Entropie)**
>
> Die Entropie ist ein Maß für die Unordnung.

> **Theorem 2.4**
>
> Die Entropie nimmt, in allen Systemen, immer zu und kann nie abnehmen.

2.6.4.3 Zusammenfassung der wichtigsten Gleichungen aus der Thermodynamik

In ◧ Abb. 2.28 wurden die wichtigsten Informationen des 2. Hauptsatzes der Thermodynamik nochmals in einer Mindmap zusammengefasst.

Eine Übersicht der Gleichungen für die Zustandsänderungen sind in den ◧ Abb. 2.25, 2.26, 2.27, 2.29 und 2.30 zu finden. Diese wurden aus der Thermodynamik entnommen und auch dort alle hergeleitet. Vgl. mit ◧ Abb. 2.31 und ◧ Tab. 2.4.

---

2   Rudolf Julius Emanuel Clausius (geboren 2. Januar 1822 in Köslin; gestorben 24. August 1888 in Bonn) war ein deutscher Physiker [122].

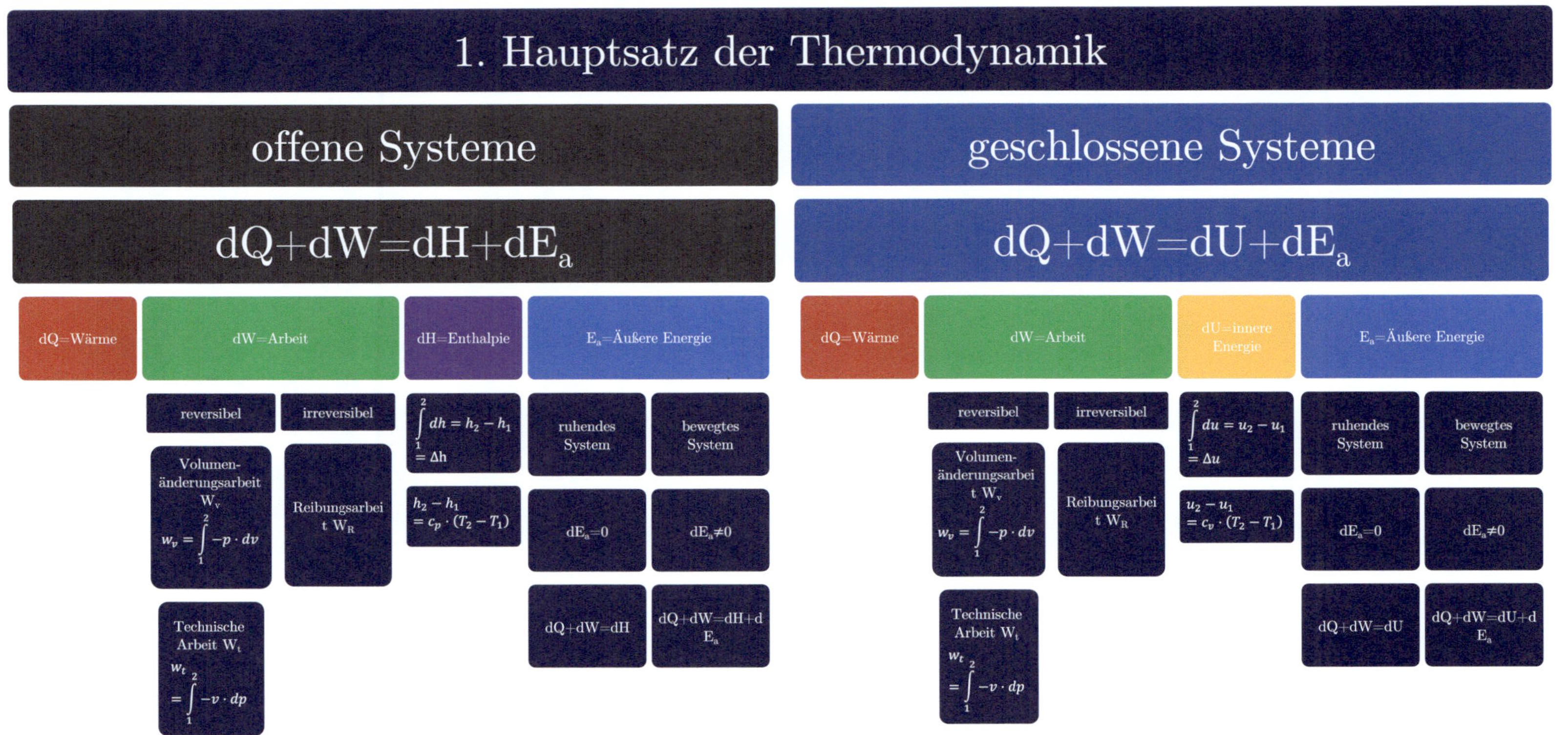

Abb. 2.25 Überblick zum 1. Hauptsatz der Thermodynamik

Abb. 2.26 Überblick
der Arbeitsformen

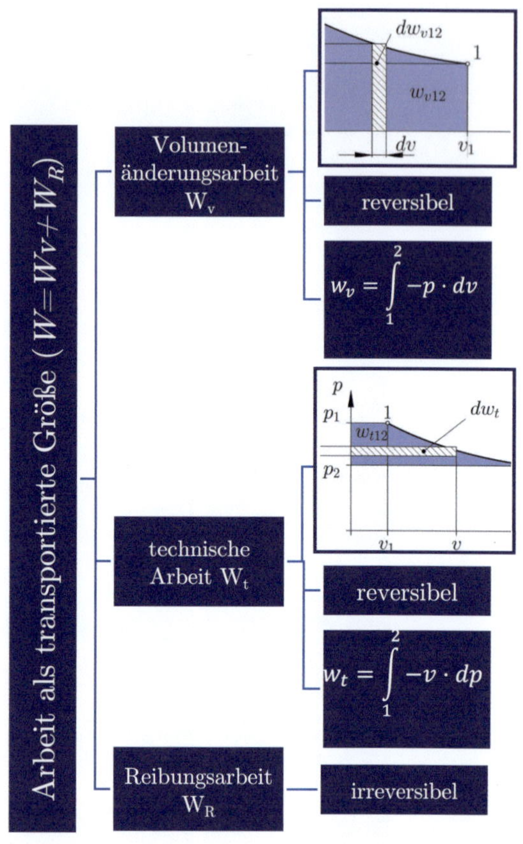

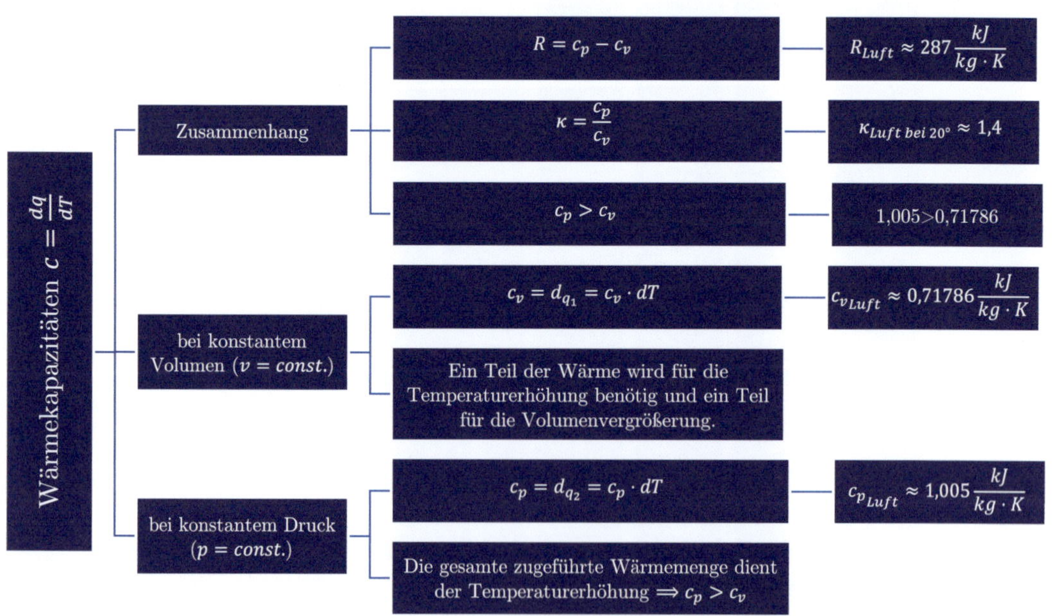

Abb. 2.27 Überblick der Wärmekapazitäten

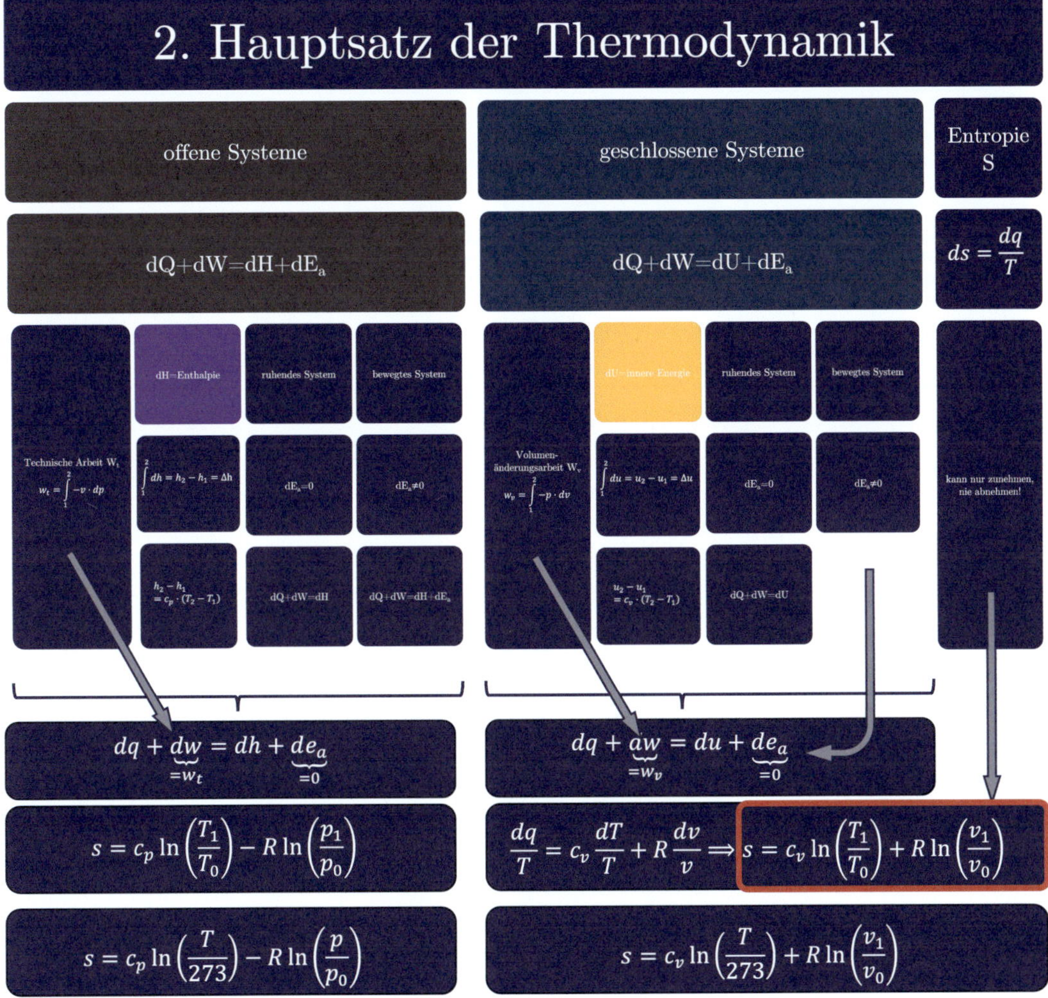

Abb. 2.28 Überblick Gleichungen für den 2. Hauptsatz der Thermodynamik

Reversible Zustandsänderungen idealer Gase von 1 nach 2 für $c_p, c_v, \kappa = const.$

$p \cdot v = R \cdot T \quad c_p = \frac{\kappa}{\kappa-1} \cdot R \quad c_p = \frac{1}{\kappa-1} \cdot R \quad c_p = \kappa \cdot c_v \quad c_p = c_v + R$

	$\frac{v_2}{v_1} =$	$\frac{p_2}{p_1} =$	$\frac{T_2}{T_1} =$	$u_2 - u_1 =$	$h_2 - h_1 =$	$s_2 - s_1 =$
Isochore $v = const.$ $\frac{p}{T} = const.$	$\frac{v_2}{v_1} = 1$	$\frac{p_2}{p_1} = \frac{T_2}{T_1}$	$\frac{T_2}{T_1} = \frac{p_2}{p_1}$	$u_2 - u_1 =$ $c_v(T_2 - T_1)$	$h_2 - h_1 =$ $c_p(T_2 - T_1)$	$s_2 - s_1 =$ $c_v \ln\left(\frac{T_2}{T_1}\right)$
Isobare $p = const.$ $\frac{v}{T} = const.$	$\frac{v_2}{v_1} = \frac{T_2}{T_1}$	$\frac{p_2}{p_1} = 1$	$\frac{T_2}{T_1} = \frac{v_2}{v_1}$	$u_2 - u_1 =$ $c_v(T_2 - T_1)$	$h_2 - h_1 =$ $c_p(T_2 - T_1)$	$s_2 - s_1 =$ $c_p \ln\left(\frac{T_2}{T_1}\right)$
Isotherme $T = const.$ $p \cdot v = const.$	$\frac{v_2}{v_1} = \frac{p_1}{p_2}$	$\frac{p_2}{p_1} = \frac{v_1}{v_2}$	$\frac{T_2}{T_1} = 1$	$u_2 - u_1 = 0$	$h_2 - h_1 = 0$	$s_2 - s_1$ $= R \ln\left(\frac{p_2}{p_1}\right)$ $= R \ln\left(\frac{v_2}{v_1}\right)$
Isentrope $s = const.$ $p \cdot v^\kappa = const.$ $\kappa = const.$	$\frac{v_2}{v_1} = \left(\frac{p_1}{p_2}\right)^{\frac{1}{\kappa}}$ $\frac{v_2}{v_1} = \left(\frac{T_1}{T_2}\right)^{\frac{1}{\kappa-1}}$	$\frac{p_2}{p_1} = \left(\frac{T_2}{T_1}\right)^{\frac{\kappa}{\kappa-1}}$ $\frac{p_2}{p_1} = \left(\frac{v_1}{v_2}\right)^{\frac{1}{\kappa}}$	$\frac{T_2}{T_1} = \left(\frac{p_2}{p_1}\right)^{\frac{\kappa}{\kappa-1}}$ $\frac{T_2}{T_1} = \left(\frac{v_1}{v_2}\right)^{\kappa-1}$	$u_2 - u_1 =$ $c_v(T_2 - T_1)$	$h_2 - h_1 =$ $c_p(T_2 - T_1)$	$s_2 - s_1 = 0$
Polytrope $n = const.$ $p \cdot v^n = const.$	$\frac{v_2}{v_1} = \left(\frac{p_1}{p_2}\right)^{\frac{1}{n}}$ $\frac{v_2}{v_1} = \left(\frac{T_1}{T_2}\right)^{\frac{1}{n-1}}$	$\frac{p_2}{p_1} = \left(\frac{T_2}{T_1}\right)^{\frac{n}{n-1}}$ $\frac{p_2}{p_1} = \left(\frac{v_1}{v_2}\right)^{\frac{1}{n}}$	$\frac{T_2}{T_1} = \left(\frac{p_2}{p_1}\right)^{\frac{n}{n-1}}$ $\frac{T_2}{T_1} = \left(\frac{v_1}{v_2}\right)^{n-1}$	$u_2 - u_1 =$ $c_v(T_2 - T_1)$	$h_2 - h_1 =$ $c_p(T_2 - T_1)$	$s_2 - s_1 =$ $= \frac{n-\kappa}{n-1} c_v \ln\left(\frac{T_2}{T_1}\right)$

■ **Abb. 2.29** Formeln Zustandsänderungen 1

Reversible Zustandsänderungen idealer Gase von 1 nach 2 für $c_p, c_v, \kappa = const.$

$p \cdot v = R \cdot T \quad c_p = \frac{\kappa}{\kappa-1} \cdot R \quad c_p = \frac{1}{\kappa-1} \cdot R \quad c_p = \kappa \cdot c_v \quad c_p = c_v + R$

	$q_{12} =$	$w_{v12} =$ (bei geschl. Systemen)	$w_{t12} =$ (bei stat. offenen Syst.)
Isochore $v = const.$ $\frac{p}{T} = const.$	$q_{12} = c_v(T_2 - T_1)$	$w_{v12} = 0$	$w_{t12} = v(p_2 - p_1) = R(T_2 - T_1)$
Isobare $p = const.$ $\frac{v}{T} = const.$	$q_{12} = c_p(T_2 - T_1)$	$w_{v12} = -p \cdot (v_2 - v_1)$ $w_{v12} = -R \cdot (T_2 - T_1)$	$w_{t12} = 0$
Isotherme $T = const.$ $p \cdot v = const.$	$q_{12} = -w_{v12} = -w_{t12}$	$w_{v12} = w_{t12} = -q_{12} = -R \cdot T \cdot \ln\left(\frac{v_2}{v_1}\right) = R \cdot T \cdot \ln\left(\frac{p_2}{p_1}\right)$ mit: $R \cdot T_1 = p_1 \cdot v_1 = p_2 \cdot v_2$	
Isentrope $s = const.$ $p \cdot v^\kappa = const.$ $\kappa = const.$	$q_{12} = 0$	$w_{v12} = c_v(T_2 - T_1) = \frac{R}{\kappa-1}(T_2 - T_1)$ $w_{v12} = \frac{R \cdot T_1}{\kappa-1}\left[\left(\frac{p_2}{p_1}\right)^{\frac{\kappa-1}{\kappa}} - 1\right]$ $w_{v12} = \frac{R \cdot T_1}{\kappa-1}\left[\left(\frac{v_1}{v_2}\right)^{\kappa-1} - 1\right]$ $w_{v12} = \frac{1}{\kappa}w_{t12}$ mit: $R \cdot T_1 = p_1 \cdot v_1$	$w_{t12} = c_p(T_2 - T_1) = \frac{R \cdot \kappa}{\kappa-1}(T_2 - T_1)$ $w_{t12} = \frac{R \cdot T_1 \cdot \kappa}{\kappa-1}\left[\left(\frac{p_2}{p_1}\right)^{\frac{\kappa-1}{\kappa}} - 1\right]$ $w_{t12} = \frac{R \cdot T_1 \cdot \kappa}{\kappa-1}\left[\left(\frac{v_1}{v_2}\right)^{\kappa-1} - 1\right]$ $w_{t12} = \kappa \cdot w_{v12}$ mit: $R \cdot T_1 = p_1 \cdot v_1$
Polytrope $n = const.$ $p \cdot v^n = const.$	$q_{12} = c_v(T_2 - T_1) - w_{v12}$ $q_{12} = c_p(T_2 - T_1) - w_{t12}$ $q_{12} = \frac{(n-\kappa)}{(n-1)(\kappa-1)}R(T_2 - T_1)$	$w_{v12} = \frac{R \cdot T_1}{n-1}\left[\left(\frac{p_2}{p_1}\right)^{\frac{n-1}{n}} - 1\right]$ $w_{v12} = \frac{R \cdot T_1}{n-1}\left[\left(\frac{v_1}{v_2}\right)^{n-1} - 1\right]$ $w_{v12} = \frac{R}{n-1}(T_2 - T_1)$ $w_{v12} = \frac{1}{n}w_{t12}$ mit: $R \cdot T_1 = p_1 \cdot v_1$	$w_{t12} = \frac{R \cdot T_1 \cdot n}{n-1}\left[\left(\frac{p_2}{p_1}\right)^{\frac{n-1}{n}} - 1\right]$ $w_{t12} = \frac{R \cdot T_1 \cdot n}{n-1}\left[\left(\frac{v_1}{v_2}\right)^{n-1} - 1\right]$ $w_{t12} = n \cdot w_{v12}$ mit: $R \cdot T_1 = p_1 \cdot v_1$ $w_{t12} = \frac{R \cdot n}{n-1}(T_2 - T_1)$

■ **Abb. 2.30** Formeln Zustandsänderungen 2

Zustandsänderungen idealer Gase					
isotherm	isochor	isobar	isenthalp	isentrop	polytrop
T=const. (Temperatur)	v=const. (Volumen)	p=const. (Druck)	h=const. (Enthalpie) T=const. (Temperatur)	s=const. (Entropie)	n=const. (Polytropenexponent)
$p \cdot v = const.$	$\frac{p}{T} = const.$	$\frac{v}{T} = const.$	$dh = c_p \cdot dT = 0; dT = 0$	$p \cdot v^\kappa = const$ $T \cdot v^{\kappa-1} = const.$	$p \cdot v^n = const.$
gleichs. Hyperbel im pv-Diagramm	Vertikale im pv-Diagramm	Horizontale im pv-Diagramm	gleichs. Hyperbel im pv-Diagramm	Exponentialkurve im pv-Diagramm	Exponentialkurve im pv-Diagramm
$w_{t12} = p_1 \cdot v_1 \cdot \ln\left(\frac{p_2}{p_1}\right)$ $w_{t12} = p_1 \cdot v_1 \cdot \ln\left(\frac{v_1}{v_2}\right)$ $w_{t12} = R \cdot T \cdot \ln\left(\frac{p_2}{p_1}\right)$ $w_{t12} = R \cdot T \cdot \ln\left(\frac{v_1}{v_2}\right)$	$w_{t12} = v \cdot (p_2 - p_1)$ $w_{t12} = R \cdot (T_1 - T_2)$	$w_{t12} = 0$	$w_{t12} = 0$	$w_{t12} = h_2 - h_1$ $w_{t12} = c_p \cdot (T_2 - T_1)$ $w_{t12} = \kappa \cdot w_{v12}$	$w_{t12} = h_2 - h_1$ $w_{t12} = c_p \cdot (T_2 - T_1)$ $w_{t12} = n \cdot w_{v12}$
$w_{v12} = p_1 \cdot v_1 \cdot \ln\left(\frac{p_2}{p_1}\right)$ $w_{v12} = p_1 \cdot v_1 \cdot \ln\left(\frac{v_1}{v_2}\right)$ $w_{v12} = R \cdot T \cdot \ln\left(\frac{p_2}{p_1}\right)$ $w_{v12} = R \cdot T \cdot \ln\left(\frac{v_1}{v_2}\right)$	$w_{v12} = 0$	$w_{v12} = p \cdot (v_1 - v_2)$ $w_{v12} = R \cdot (T_1 - T_2)$ $\left\|w_{v12}\right\| = \frac{\kappa - 1}{\kappa} \cdot q_{12}$	$w_{v12} = 0$	$w_{v12} = \frac{1}{\kappa - 1} \cdot (p_2 v_2 - p_1 v_1)$ $w_{v12} = \frac{p_1 v_1}{\kappa - 1}\left(\frac{p_2 \cdot v_2}{p_1 \cdot v_1} - 1\right)$ $w_{v12} = \frac{p_1 v_1}{\kappa - 1}\left[\left(\frac{p_2}{p_1}\right)^{\frac{\kappa-1}{\kappa}} - 1\right]$ $w_{v12} = \frac{p_1 v_1}{\kappa - 1}\left[\left(\frac{v_1}{v_2}\right)^{\kappa-1} - 1\right]$	$w_{v12} = \frac{1}{n - 1} \cdot (p_2 v_2 - p_1 v_1)$ $w_{v12} = \frac{p_1 v_1}{n - 1}\left(\frac{p_2 \cdot v_2}{p_1 \cdot v_1} - 1\right)$ $w_{v12} = \frac{p_1 v_1}{n - 1}\left[\left(\frac{p_2}{p_1}\right)^{\frac{n-1}{n}} - 1\right]$ $w_{v12} = \frac{p_1 v_1}{n - 1}\left[\left(\frac{v_1}{v_2}\right)^{n-1} - 1\right]$
$q_{12} = -w_{t12}$ $q_{12} = -w_{v12}$	$q_{12} = u_2 - u_1$ $q_{12} = c_v \cdot (T_2 - T_1)$	$q_{12} = h_2 - h_1$ $q_{12} = c_p \cdot (T_2 - T_1)$ $q_{12} = u_2 - u_1 - w_{v12}$	$q_{12} = 0$	$q_{12} = 0$	$q_{12} = c_v \cdot (T_2 - T_1)\left(\frac{n - \kappa}{n - 1}\right)$

Abb. 2.31 Übersicht der Gleichungen zur Berechnung der Zustandsänderungen des idealen Gases

◻ Tab. 2.4 Übersicht der Gleichungen für die Zustandsänderungen

Zustandsänderung	Arbeit	Wärme
Isotherme $T = \text{const.}$ $p \cdot v = \text{const.}$	$w_{t12} = p_1 \cdot v_1 \cdot \ln\left(\dfrac{p_2}{p_1}\right) = w_{v12}$ $w_{t12} = p_1 \cdot v_1 \cdot \ln\left(\dfrac{v_1}{v_2}\right) = w_{v12}$ $w_{t12} = R \cdot T \cdot \ln\left(\dfrac{p_2}{p_1}\right) = w_{v12}$ $w_{t12} = R \cdot T \cdot \ln\left(\dfrac{v_1}{v_2}\right) = w_{v12}$	$q_{12} = -w_{t12} = -w_{v12}$
Isochore $v = \text{const.}$ $\dfrac{p}{T} = \text{const.}$	$w_{t12} = v \cdot (p_2 - p_1)$ $w_{t12} = R \cdot (T_2 - T_1)$ $w_{v12} = 0$	$q_{12} = u_2 - u_1$ $q_{12} = c_v \cdot (T_2 - T_1)$
Isobare $p = \text{const.}$ $\dfrac{v}{T} = \text{const.}$	$w_{t12} = 0$ $w_{v12} = p \cdot (v_1 - v_2)$ $w_{v12} = R \cdot (T_1 - T_2)$	$q_{12} = h_2 - h_1$ $q_{12} = c_p \cdot (T_2 - T_1)$ $q_{12} = u_2 - u_1 - w_{v12}$
Isenthalp $h = \text{const.}$ $T = \text{const.}$ $dh = c_p \cdot dT = 0;\, dT = 0$	$w_{t12} = 0$ $w_{v12} = 0$	$q_{12} = 0$
Isentrope $s = \text{const.}$ $p \cdot v^{\kappa} = \text{const.}$ $T \cdot v^{\kappa-1} = \text{const.}$ $\dfrac{T}{p^{\frac{\kappa-1}{\kappa}}} = \text{const.}$	$w_{t12} = h_2 - h_1$ $w_{t12} = c_p \cdot (T_2 - T_1)$ $w_{t12} = \kappa \cdot w_{v12}$ $w_{v12} = \dfrac{1}{\kappa - 1} \cdot (p_2 \cdot v_2 - p_1 \cdot v_1)$ $w_{v12} = \dfrac{p_1 \cdot v_1}{\kappa - 1} \cdot \left[\left(\dfrac{p_2}{p_1}\right)^{\frac{\kappa-1}{\kappa}} - 1\right]$ $w_{v12} = \dfrac{p_1 \cdot v_1}{\kappa - 1} \cdot \left[\left(\dfrac{v_1}{v_2}\right)^{\kappa-1} - 1\right]$	$q_{12} = 0$
Polytrope $n = \text{const.}$	$w_{t12} = h_2 - h_1$ $w_{t12} = c_p \cdot (T_2 - T_1)$ $w_{t12} = n \cdot w_{v12}$ $w_{v12} = \dfrac{1}{n - 1} \cdot (p_2 \cdot v_2 - p_1 \cdot v_1)$ $w_{v12} = \dfrac{p_1 \cdot v_1}{n - 1} \cdot \left[\left(\dfrac{p_2}{p_1}\right)^{\frac{n-1}{n}} - 1\right]$ $w_{v12} = \dfrac{p_1 \cdot v_1}{n - 1} \cdot \left[\left(\dfrac{v_1}{v_2}\right)^{n-1} - 1\right]$	$q_{12} = c_v \cdot (T_2 - T_1) \cdot \dfrac{n - \kappa}{n - 1}$

2.6.5 Entropieungleichung

Gl. (2.190) kann noch verallgemeinert werden, indem man materielles Volumen betrachtet. Es gilt dann, in Verbindung mit Gl. (2.175)

$$\frac{d}{dt} \int\limits_{\dot{V}} \varrho s \, dV \geq \int \frac{\varrho w_{\text{quell}}}{T} \, dV - \oint \frac{1}{T} q \cdot dA.$$

$$(2.193)$$

Wird eine Adiabate unterstellt, ergibt sich, wenn entlang des Stromfadens die Bogenlänge durch l bezeichnet wird,

$$\int\limits_{l_1}^{l_2} \frac{\partial(\varrho s A)}{\partial t} \, dl + \dot{m}_2 s_2 - \dot{m}_1 s_1 \geq 0. \quad (2.194)$$

◘ Abb. 2.32 Josiah Willard Gibbs [98]

Für stationäre Strömungen vereinfacht sich diese Gleichung zu

$$s_2 - s_1 \geq 0. \qquad (2.195)$$

2.6.6 Gibbs'sche Gleichung

Die Energiebilanz eines geschlossenen Systems, an dem Volumenänderungsarbeit verrichtet wird, berechnet sich gem. der Thermodynamik zu

$$dU = dQ - p \, dV. \qquad (2.196)$$

Setzt man hier die Bedingung der Entropie (Gl. (2.192)) ein, ergibt sich

$$du = T \, ds - p \, dv. \qquad (2.197)$$

Gl. (2.197) bezeichnet man also **Gibbs'sche Fundamentalgleichung**. Sie ist nach Josiah Willard Gibbs[3] benannt, vgl. mit ◘ Abb. 2.32. Diese Gleichung gilt nur im thermodynamischen Gleichgewicht, als wenn sich die Zustandsgrößen nicht mit der Zeit oder Ort ändern.

2.6.7 Schall und Schallausbreitung

Schall ist eine sich als mechanische Welle ausbreitende Deformation in einem Medium. In ruhenden Gasen und Flüssigkeiten liegt bei einer Schallwelle immer eine Longitudinalwelle vor. Es kann eine dreidimensionale Wellengleichung für die Welle formuliert werden, die die Schallfelder beschreibt, gem.

$$\Delta p = \frac{1}{w^2} \frac{\partial^2 p}{\partial t^2}. \qquad (2.198)$$

Hierein ist Δ der Laplace-Operator. w ist die für das Medium charakterisierte Schallgeschwindigkeit. Die Schallgeschwindigkeit ist von unterschiedlichen Faktoren abhängig, wie im folgenden Abschnitt erörtert wird. Es gilt

$$\lambda = \frac{c}{f}. \qquad (2.199)$$

2.6.7.1 Herleitung der Schallgeschwindigkeit

Es folgt für den Massenstrom

$$\dot{m} = \varrho \cdot w \cdot A = \text{const.} \qquad (2.200)$$

Bewegt sich ein Beobachter mit Schallgeschwindigkeit, also $-a$, so ruht die Schallwelle. Er sieht hinter der Schallwelle die Geschwindig-

---

3   Josiah Willard Gibbs (1839 bis 1903) [98].

keit $dc - a$. Bei einer reibungsfreien Strömung kann man also die Kontinuitätsgleichung, vgl. mit [32], gem.

$$(\varrho + d\varrho) \cdot (-a + dw) \cdot A = -\varrho \cdot a \cdot A$$

$$(\varrho + d\varrho) \cdot (-a + dw) = -\varrho \cdot a$$

$$-a \cdot (\varrho + d\varrho) + dw \cdot (\varrho + d\varrho) = -\varrho \cdot a$$

$$-a \cdot \varrho - a \cdot d\varrho + dw \cdot \varrho + dw \cdot d\varrho = -\varrho \cdot a$$

$$-\varrho - d\varrho + \frac{dw}{a} \cdot \varrho + \frac{dw}{a} \cdot d\varrho = -\varrho$$

$$1 + \frac{d\varrho}{\varrho} - \frac{dw}{a} - \frac{dw}{a} \cdot \frac{d\varrho}{\varrho} = 1$$

$$\frac{d\varrho}{\varrho} = \frac{dw}{a} + \frac{dw}{a} \cdot \frac{d\varrho}{\varrho}$$

$$\frac{d\varrho}{\varrho} \cdot \frac{\varrho}{d\varrho} = \frac{dw}{a} \cdot \frac{\varrho}{d\varrho} + \frac{dw}{a}$$

$$\frac{a}{dw} = \frac{\varrho}{d\varrho} + 1$$

$$\frac{a}{dw} \equiv \frac{\varrho}{d\varrho} \tag{2.201}$$

schreiben.

Mit der Bernoulli-Gleichung folgt (Herleitung siehe Band 4, [15], Kapitel „Zweidimensionale Potentialströmungen, Bernoulli-Gleichung")

$$\frac{w^2}{2} + \int\limits_0^p \frac{dp}{\varrho} = \text{const.} \tag{2.202}$$

bzw. durch Aufstellen an x und $x + dx$

$$\frac{(-a + dw)^2}{2} + \int\limits_0^{p+dp} \frac{dp}{\varrho} = \frac{(-a)^2}{2} + \int\limits_0^p \frac{dp}{\varrho} \tag{2.203}$$

$$\frac{(-a + dw)^2}{2} + \frac{p + dp}{\varrho} = \frac{(-a)^2}{2} + \frac{p}{\varrho}$$

$$\frac{a^2 - 2 \cdot a \cdot dw + dw^2}{2} + \frac{p + dp}{\varrho} = \frac{a^2}{2} + \frac{p}{\varrho}$$

$$\frac{a^2}{2} - a \cdot dw + \frac{dw^2}{2} + \frac{p}{\varrho} + \frac{dp}{\varrho} = \frac{a^2}{2} + \frac{p}{\varrho}$$

$$-a \cdot dw + \underbrace{\frac{dw^2}{2}}_{\approx 0} + \frac{dp}{\varrho} = 0$$

$$\frac{dp}{\varrho} = a \cdot dw. \tag{2.204}$$

Damit ist die Schallgeschwindigkeit mit der Druck- und Dichteänderung gekoppelt. Kleine Strömungen breiten sich dabei verlustfrei aus, also isentrop. Es kann daher

$$a^2 = \left(\frac{\partial p}{\partial \varrho}\right)_s \tag{2.205}$$

geschrieben werden. Dies entspricht der Isentropengleichung aus der Thermodynamik, gem.

$$\frac{p}{p_1} = \left(\frac{\varrho}{\varrho_1}\right)^\kappa. \tag{2.206}$$

Umformen

$$p = p_1 \cdot \left(\frac{\varrho}{\varrho_1}\right)^\kappa. \tag{2.207}$$

Differenzieren der Gleichung ergibt

$$\frac{\partial p}{\partial \varrho} = \frac{\partial}{\partial \varrho}\left(p_1 \cdot \left(\frac{\varrho}{\varrho_1}\right)^\kappa\right); \tag{2.208}$$

bzw. durch lösen:

$$\frac{\partial p}{\partial \varrho} = p_1 \cdot \left(\frac{\varrho}{\varrho_1}\right)^\kappa \cdot \frac{1}{\varrho_1} \cdot \kappa \cdot \left(\frac{\varrho_1}{\varrho}\right)$$

$$= p_1 \cdot \left(\frac{\varrho}{\varrho_1}\right)^\kappa \cdot \frac{1}{\varrho_1} \cdot \kappa \cdot \left(\frac{\varrho}{\varrho_1}\right)^{-1}$$

$$= p_1 \cdot \left(\frac{\varrho}{\varrho_1}\right)^{\kappa-1} \cdot \frac{1}{\varrho_1} \cdot \kappa. \tag{2.209}$$

Dies kann man umsortieren, zu

$$\frac{\partial p}{\partial \varrho} = \kappa \cdot \frac{p_1}{\varrho_1} \cdot \frac{\left(\frac{\varrho}{\varrho_1}\right)^\kappa}{\left(\frac{\varrho}{\varrho_1}\right)} = \kappa \cdot \frac{p_1}{\varrho} \cdot \frac{p}{p_1}$$

$$= \kappa \cdot \frac{p}{\varrho}. \tag{2.210}$$

Vergleicht man Gl. (2.210) mit (2.205) ergibt sich

$$a^2 = \kappa \cdot \frac{p}{\varrho}. \tag{2.211}$$

Setzt man hier die Gasgleichung

$$p \cdot v = R \cdot T \quad \Longrightarrow \quad p \cdot \frac{1}{\varrho} = R \cdot T$$

$$\Longrightarrow \quad p = R \cdot T \cdot \varrho \tag{2.212}$$

ein, ergibt sich

$$a = \sqrt{\kappa \cdot R \cdot T}. \tag{2.213}$$

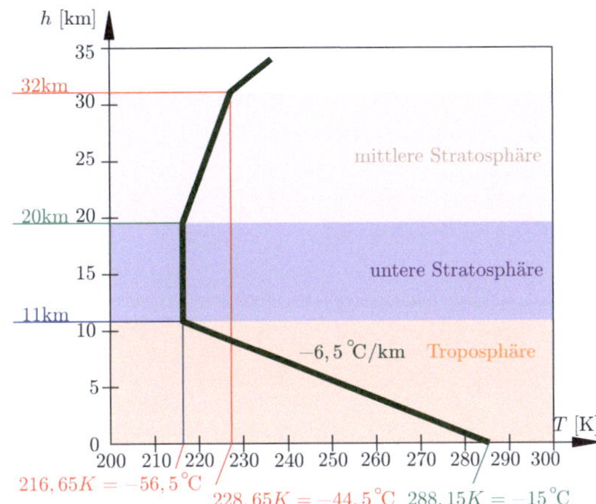

Abb. 2.33 Normalatmosphäre und Zusammenhang zwischen Temperatur und Höhe

2.6.7.2 Abhängigkeit der Schallgeschwindigkeit von der Höhe

Gem. Gl. (2.213) ist die Schallgeschwindigkeit von der Temperatur abhängig, wenn κ und T konstant sind.

Normalatmosphäre (ISA)

ISA bezeichnet die „International Standard Atmosphere". Sie ist durch eine gegebene Temperatur gekennzeichnet, wenn man die Erdbeschleunigung als konstant annimmt. Es kann daher Luft als ideales Gas modelliert werden. Es gilt für das Temperaturprofil, gem. Tab. 2.5, der Graph aus Abb. 2.33.

Mit dem Temperaturprofil ist auch der Druck und die Dichte in Abhängigkeit der Höhe bekannt.

Tab. 2.5 Standardatmosphäre, gem. [112]

Geopot. Höhe h [m]	Geom. Höhe z [m]	Temperatur T [°C]	Luftdruck p [Pa]
0	0	15,0	101.325,0
11.000	11.019	−56,5	22.632,0
20.000	20.063	−56,5	5.474,9
32.000	32.162	−44,5	868,02
47.000	47.350	−2,5	110,91
51.000	51.413	−2,5	66,939
71.000	71.802	−58,5	3,9564
84.852	86.000	−86,2	0,3734

In Band 4 [15] wurde im Kapitel „Vertiefungen der Hydrostatik" die Gleichung

$$\varrho \cdot f_x \cdot f_y \cdot f_z = \frac{\partial p}{\partial x} \cdot \frac{\partial p}{\partial y} \cdot \frac{\partial p}{\partial z} \tag{2.214}$$

hergeleitet. Dies kann man vereinfachen, wenn man nur eine Koordinatenrichtung (x) betrachtet, zu

$$\varrho \cdot f_i = \frac{\partial p}{\partial x_i}. \tag{2.215}$$

Für die z-Komponente findet man $f_i = -g$ und für die Ableitung $\frac{\partial p}{\partial x_i} = \frac{dp}{dz}$. Einsetzen ergibt

$$-\varrho \cdot g = \frac{dp}{dz}. \tag{2.216}$$

Hier kann man die Gasgleichung für ϱ einsetzen, gem.

$$p \cdot \frac{1}{\varrho} = R \cdot T \quad \Longrightarrow \quad \varrho = \frac{p}{R \cdot T}; \tag{2.217}$$

zu

$$-\frac{p}{R \cdot T} \cdot g = \frac{dp}{dz}. \tag{2.218}$$

Für die z-Komponente kann man die Höhe h einsetzen und nach den einzelnen Variablen trennen, zu

$$\frac{dp}{p} = -\frac{g}{R \cdot T} \cdot dh. \tag{2.219}$$

Bei T muss es sich um eine Funktion in Abhängigkeit von h handeln, wie man auch in ◼ Abb. 2.33 beobachten kann. Man kann daher mit der Referenztemperatur T_{Ref} für die lineare Funktion

$$T(h) = k \cdot h + T_{\text{Ref}};\qquad(2.220)$$

wobei k die Steigung oder der Anstieg ist, finden. Setzt man Gl. (2.220) in Gl. (2.219) ein, folgt

$$\frac{dp}{p} = -\frac{g}{R \cdot (k \cdot h + T_{\text{Ref}})} \cdot dh.\qquad(2.221)$$

Lösen der DGL durch Integrieren. Es gilt zunächst

$$\int_{p_{\text{Ref}}}^{p} \frac{dp}{p} = -\frac{g}{R \cdot (k \cdot h + T_{\text{Ref}})} \int_{h_{\text{Ref}}}^{h} \cdot dh.\qquad(2.222)$$

Hier kann man den Term $k \cdot h + T_{\text{Ref}}$ substituieren, zu u, wodurch sich

$$k \cdot h + T_{\text{Ref}} = u \implies \frac{du}{dh} = k$$
$$\implies dh = \frac{du}{k}\qquad(2.223)$$

ergibt. Jetzt kann Gl. (2.223) in Gl. (2.222) eingesetzt werden, zu

$$\int_{p_{\text{Ref}}}^{p} \frac{dp}{p} = -\frac{g}{R \cdot k} \int_{h_{\text{Ref}}}^{h} \frac{du}{u}$$
$$\ln(|\,p\,|)\,\big|_{p_{\text{Ref}}}^{p} = -\frac{g}{R \cdot k} \ln(|\,u\,|)\,\big|_{h_{\text{Ref}}}^{h}.\qquad(2.224)$$

Rücksubstituieren, indem Gl. (2.223) wieder in Gl. (2.224) eingesetzt wird, zu

$$\ln(|\,p\,|)\,\big|_{p_{\text{Ref}}}^{p} = -\frac{g}{R \cdot k} \ln(|\,k \cdot h + T_{\text{Ref}}\,|)\,\big|_{h_{\text{Ref}}}^{h}$$

$$\ln(p) - \ln(p_{\text{Ref}}) = -\frac{g}{R \cdot k}[\ln(k \cdot h + T_{\text{Ref}})$$
$$- \ln(k \cdot h_{\text{Ref}} + T_{\text{Ref}})]$$

$$\ln\left(\frac{p}{p_{\text{Ref}}}\right) = -\frac{g}{R \cdot k} \ln\left(\frac{k \cdot h + T_{\text{Ref}}}{k \cdot h_{\text{Ref}} + T_{\text{Ref}}}\right).\qquad(2.225)$$

Hier kann man die Logarithmusregel $\ln(x) \cdot r = x^r$ anwenden. Es folgt dann

$$\ln\left(\frac{p}{p_{\text{Ref}}}\right) = \ln\left[\left(\frac{k \cdot h + T_{\text{Ref}}}{k \cdot h_{\text{Ref}} + T_{\text{Ref}}}\right)^{-\frac{g}{R \cdot k}}\right]$$

$$\frac{p}{p_{\text{Ref}}} = \left(\frac{k \cdot h + T_{\text{Ref}}}{k \cdot h_{\text{Ref}} + T_{\text{Ref}}}\right)^{-\frac{g}{R \cdot k}}.\qquad(2.226)$$

Daraus ergibt sich die Gleichung

$$p(h) = \left(\frac{T_{\text{Ref}} + k \cdot h}{T_{\text{Ref}} + k \cdot h_{\text{Ref}}}\right)^{-\frac{g}{R \cdot k}} \cdot p_{\text{Ref}}\qquad(2.227)$$

Setzt man Gl. (2.217) in Gl. (2.227) ein, ergibt sich die Funktion in Abhängigkeit der Dichte, zu

$$\varrho(h) \cdot R \cdot T = \left(\frac{T_{\text{Ref}} + k \cdot h}{T_{\text{Ref}} + k \cdot h_{\text{Ref}}}\right)^{-\frac{g}{R \cdot k}}$$
$$\cdot \varrho_{\text{Ref}} \cdot R \cdot T_{\text{Ref}};\qquad(2.228)$$

bzw.

$$\varrho(h) = \left(\frac{T_{\text{Ref}} + k \cdot h}{T_{\text{Ref}} + k \cdot h_{\text{Ref}}}\right)^{-\frac{g}{R \cdot k}} \cdot \varrho_{\text{Ref}} \cdot \frac{T_{\text{Ref}}}{T}.\qquad(2.229)$$

Diese beiden Funktionen kann man in einem Matlab Diagramm darstellen. Es ergibt sich mit dem folgenden Code die Darstellung aus ◼ Abb. 2.34.

Siehe ▶ Lösung durch Matlab 2.8.

> **Methode: Lösung durch Matlab 2.8**
>
> Es sind die beiden Gleichungen (2.227) und (2.229) in Matlab zu plotten. Zum einen ist die Abhängigkeit der Dichte von der Höhe zu zeigen, zum anderen die Abhängigkeit des Drucks von der Höhe.

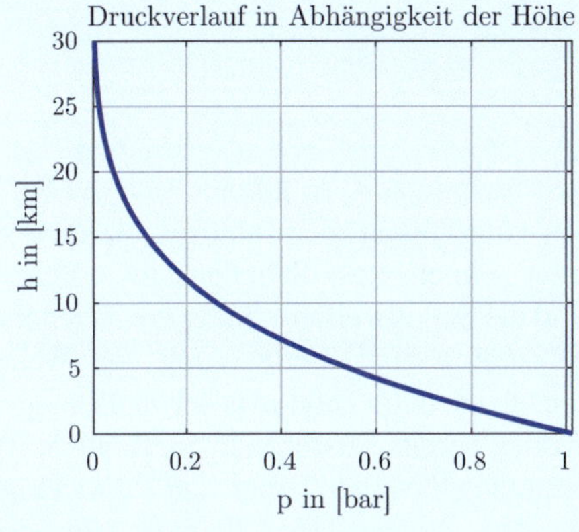

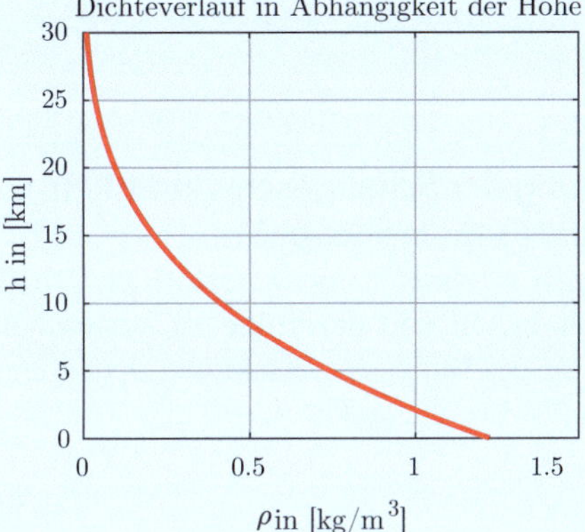

Abb. 2.34 Zusammenhang zwischen Druck, Dichte und Höhe, in der Normalatmosphäre

```matlab
% Konstanten
g = 9.80665;          % Erdbeschleunigung [m/s²]
R = 287.05;           % Spezifische Gaskonstante für trockene Luft [J/(kg*K)]
T_ref = 288.15;       % Referenztemperatur [K] (bei h=0)
p_ref = 101325;       % Referenzdruck [Pa] (bei h=0)
rho_ref = 1.225;      % Referenzdichte [kg/m³] (bei h=0)
h_ref = 0;            % Referenzhöhe [m]
k = -0.0065;          % Temperaturgradient [K/m]

% Höhenbereich
h = linspace(0, 30000, 1000); % von 0 m bis 30 km

% Temperaturverlauf
T = T_ref + k .* h;

% Druckverlauf nach der gegebenen Gleichung
p = ((T ./ T_ref).^(-g./(R*k))) .* p_ref;

% Dichteverlauf nach der gegebenen Gleichung
rho = ((T ./ T_ref).^(-g./(R*k))) .* rho_ref .* (T_ref ./ T);

% Umrechnung in bar
p_bar = p / 1e5; % [bar]

% Erstellen der Diagramme
figure;

% Erstes Diagramm: Druck vs. Höhe
subplot(1,2,1);
plot(p_bar, h/1000, 'b', 'LineWidth', 2); % Druck in bar, Höhe in km
xlabel('p in [bar]');
ylabel('h in [km]');
title('Druckverlauf in Abhängigkeit der Höhe');
grid on;
set(gca, 'YDir', 'normal'); % Standardrichtung beibehalten
```

```
% Zweites Diagramm: Dichte vs. Höhe
subplot(1,2,2);
plot(rho, h/1000, 'r', 'LineWidth', 2); % Dichte in kg/m³, Höhe in km
xlabel('\rho in [kg/m^3]');
ylabel('h in [km]');
title('Dichteverlauf in Abhängigkeit der Höhe');
grid on;
set(gca, 'YDir', 'normal'); % Standardrichtung beibehalten
```

Änderung der Schallgeschwindigkeit von der Normalatmosphäre

Um den Zusammenhang zwischen der Schallgeschwindigkeit und der Höhe zu bestimmen, ist alleinig der Temperturverlauf von Bedeutung. Mit Gl. (2.213), die lautet

$$a = \sqrt{\kappa \cdot R \cdot T} \tag{2.230}$$

folgt nur eine Verschiebung der Funktion aus ◘ Abb. 2.33 um κ bzw. R, da $\kappa = $ const. und $R = $ const. ist. Es ergibt sich der Verlauf aus ◘ Abb. 2.35.

Schallausbreitung und Mach'scher Kegel

Beim Mach'schen Kegel handelt es sich um eine Stoßwelle, die auftritt, wenn ein Objekt das vor sich befindliche Medium (wie beispielsweise Luft) verdichtet und vor sich her schiebt. Es breiten sich dann von dort ausgelöste Schallwellen mit Schallgeschwindigkeit, kugelförmig aus. Bewegt sich ein Objekt selbst jedoch mit Schall-geschwindigkeit, so können sich die Schallwellen vom Objekt nicht ablösen, da dieses ja mit oder schneller als Schallgeschwindigkeit fliegt und die Schallwellen ständig vor sich herschiebt. Es kommt zur Überlagerung von Wellenfronten, gem. dem Huygiens'schen Prinzip (dieses wurde bereits ausführlich in Band 5: Wärmestrahlung behandelt und kann dort eingesehen werden, vgl. mit [16]). Es muss gem. des Huygen'schen Prinzips ein stationärer Kegelmantel entstehen. Der halbe Spitzenwinkel dieses Kegels heißt **Mach'scher Winkel**.

Der Mach'sche Kegel und Mach'sche Winkel ist nach Ernst Mach[4] benannt, vgl. mit ◘ Abb. 2.36.

◘ Abb. 2.37 zeigt eine Darstellung des Machwinkels sowie des Machkegels.

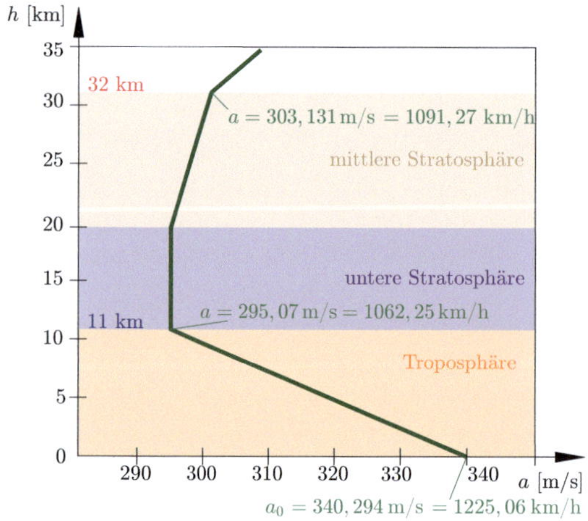

◘ **Abb. 2.36** Ernst Mach (1900), vgl. mit [75]

◘ **Abb. 2.35** Normalatmosphäre und Zusammenhang zwischen der Schallgeschwindigkeit und Höhe

---

4 Geboren 18. Februar 1838 in Österreich; gestorben 19. Februar 1916 im Königreich Bayern, vgl. mit [75].

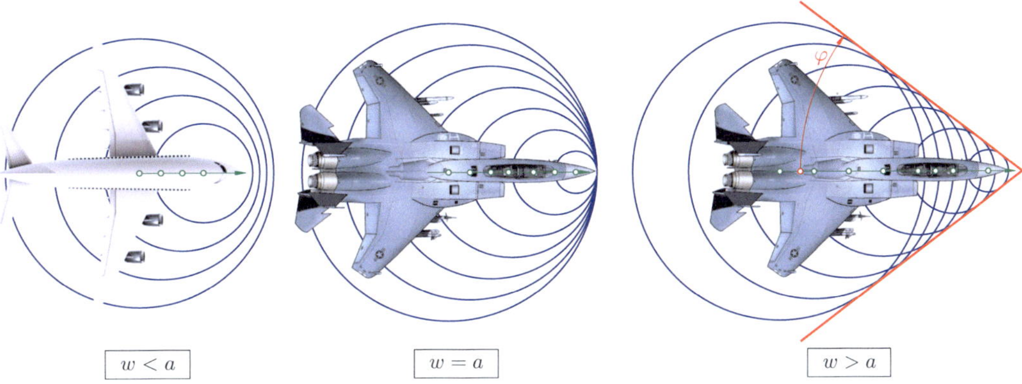

◘ Abb. 2.37 Mach-Winkel und Mach-Kegel

Gem. ◘ Abb. 2.37 kann man für den Machwinkel mit dem Sinus

$$\sin(\varphi) = \frac{s_{\text{Welle}}}{s_{\text{Objekt}}} = \frac{c_s \cdot t}{v \cdot t} = \frac{c_s}{v} = \frac{1}{Ma} \tag{2.231}$$

finden. Darin bedeutet:

$s \dots$ in der Zeit t zurückgelegter Weg

$\varphi \dots$ Mach'scher Winkel

$a \dots$ Schallgeschwindigkeit

$w \dots$ Fluggeschwindigkeit des Objekts

$Ma \dots$ Mach-Zahl

- Bei Schallgeschwindigkeit hat der Kegelöffnungswinkel eine Größe von 180°. Der Kegel hat in diesem Fall die Form einer ebenen Stoßfront angenommen.
- Bei $w > a$ bilden die sich durchdringenden Kugelwellenfronten Kegel mit konstruktiver Interferenz.

Für dynamische Wellenbilder gilt:

$f_s \dots$ Frequenz der Schallquelle

$\omega_s \dots$ Kreisfrequenz der Schallquelle

$\lambda \dots$ Wellenlänge

$w_x, w_y \dots$ Geschwindigkeit des Flugzeugs

$k \dots$ Wellenpropagationskonstante

$\varphi \dots$ Azimutaler Winkel (Polarkoordinaten)

Es gilt für die Wellenlänge

$$\vec{\lambda}(\alpha) = \begin{pmatrix} \lambda_x(\alpha) \\ \lambda_y(\alpha) \end{pmatrix} = \begin{pmatrix} \dfrac{a}{f_s}\cos(\alpha) - \dfrac{w_x}{f_s} \\ \dfrac{a}{f_s}\sin(\alpha) - \dfrac{w_y}{f_s} \end{pmatrix}$$

$\alpha \in [-\pi, \pi].$
$$\tag{2.232}$$

Diese Gleichung kann mithilfe von ◘ Abb. 2.38 hergeleitet werden. Darin gilt für Parametrisierung der Wellenfront (roter Kreis) ausgehend

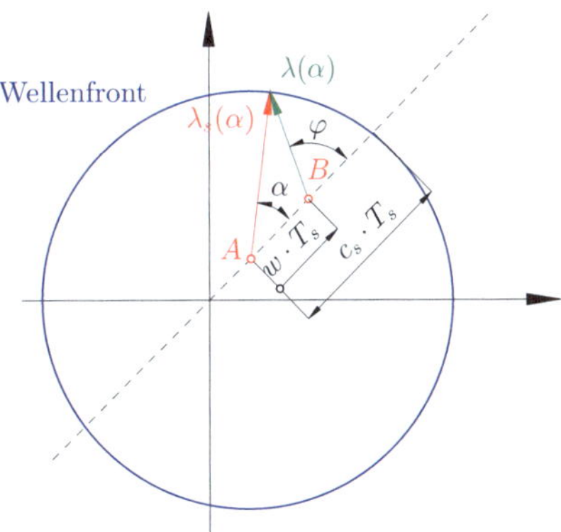

A: Punkt an welcher die Wellenfront ausgesendet wurde
B: Aktueller Ort des Senders
Zurückgelegte Strecke des Senders nach T

$$s = \| \vec{s} \| = w \cdot T_s = \sqrt{w_x^2 + w_y^2} \cdot T_s$$

◘ Abb. 2.38 Graphische Darstellung des Wellenlängenvektors, in Anl. an [105]

von Punkt A:

$$\vec{\lambda}_s(\alpha) = \begin{pmatrix} \lambda_s \cdot \cos(\alpha) \\ \lambda_s \cdot \sin(\alpha) \end{pmatrix} = \begin{pmatrix} c_s T \cdot \cos(\alpha) \\ c_s T \cdot \sin(\alpha) \end{pmatrix}$$

$$= \begin{pmatrix} \frac{c_s}{f_s} \cdot \cos(\alpha) \\ \frac{c_s}{f_s} \cdot \sin(\alpha) \end{pmatrix} \tag{2.233}$$

und für die Parametrisierung der Wellenfront (roter Kreis) ausgehend von Punkt B:

$$\vec{\lambda}(\alpha) = \vec{\lambda}_s(\alpha) - \vec{s}$$

$$= \begin{pmatrix} c_s T \cdot \cos(\alpha) - w_x T \\ c_s T \cdot \sin(\alpha) - w_y T \end{pmatrix}$$

$$= \begin{pmatrix} \frac{c_s}{f_s} \cdot \cos(\alpha) - \frac{w_x}{f_s} \\ \frac{c_s}{f_s} \cdot \sin(\alpha) - \frac{w_y}{f_s} \end{pmatrix}. \tag{2.234}$$

Die Winkelabhängige Wellenlänge kann mit der Kreisparameterdarstellung zu

$$\lambda(\alpha) = \| \vec{\lambda}(\alpha) \| = \sqrt{\lambda_x^2(\alpha) + \lambda_y^2(\alpha)} \tag{2.235}$$

geschrieben werden. Die Wellenpropagationskonstante lässt sich gem.

$$k(\alpha) = \frac{2\pi}{\lambda(\alpha)} \tag{2.236}$$

berechnen. Der azimutale Umlaufwinkel berechnen sich mit dem Tangens zu

$$\tan(\varphi(\alpha)) = \frac{\lambda_y(\alpha)}{\lambda_x(\alpha)}$$

$$\implies \quad \varphi(\alpha) = \arctan 2\big(\lambda_y(\alpha), \lambda_x(\alpha)\big) \tag{2.237}$$

Im Intervall $-\pi \geq \alpha \geq \pi$. Die Funktion $\mathrm{atan2}(y, x)$ ist eine Erweiterung der inversen Tangensfunktion, welche zwei Argumente entgegennimmt, anstatt wie beim klassischen Arcustangens $\arctan$ nur das Verhältnis y/x zu verwenden. Während der Ausdruck $\arctan(\frac{y}{x})$ den Winkel lediglich bis auf eine additive Konstante von π bestimmt und somit den Quadranten der resultierenden Winkelmessung nicht eindeutig festlegt, löst die Funktion $\mathrm{atan2}(y, x)$ dieses

Problem durch explizite Berücksichtigung der Vorzeichen von x und y. Dies führt zu einer eindeutigen Bestimmung des Winkels θ im Bereich $\theta \in (-\pi, \pi]$. Beispielsweise gilt $\arctan(\frac{2}{1}) = \arctan(\frac{-2}{-1})$, obwohl die beiden Punkte $(x, y) = (1, 2)$ und $(x, y) = (-1, -2)$ in unterschiedlichen Quadranten der kartesischen Ebene liegen. Im Gegensatz dazu liefert $\theta = \mathrm{atan2}(2, 1) \neq \mathrm{atan2}(-2, -1)$, wodurch die Funktion atan2 eine eindeutig quadrantenabhängige Winkelbestimmung gewährleistet. Eine Umrechnung des arzimuten Winkel φ in den Parameterwinkel α ermöglicht die folgende Formel in Determinantenschreibweise

$$\alpha(\varphi) = \varphi - \arcsin\left(\frac{1}{c_s} \cdot \begin{vmatrix} w_x & \cos\varphi \\ w_y & \sin\varphi \end{vmatrix} \right),$$

$$-\infty < \varphi < \infty. \tag{2.238}$$

Man kann die Wellengleichung damit als parameterisierte Fläche schreiben, gem.

$$\vec{u}(r, \varphi, t) = \begin{pmatrix} x(r, \varphi, t) \\ y(r, \varphi, t) \\ z(r, \varphi, t) \end{pmatrix}$$

$$= \begin{pmatrix} r \cdot \cos\varphi \\ r \cdot \sin\varphi \\ A \cdot \cos(\omega_s t - k(\alpha(\varphi)) \cdot r) \end{pmatrix}. \tag{2.239}$$

Sichtbarer Mach'scher Kegel: Sichtbar wird der Mach'sche Kegel erst bei hoher Luftfeuchtigkeit, als Wolkenscheibe, vgl. mit ◘ Abb. 2.39. Im Kegel ergibt sich nach der Kompression ein starker Unterdruck, der dann adiabatisch expandiert und dabei überschreitet der Partialdruck den Dampfdruck des Wassers. Als Folge kondensiert der Wasserdampf zu kleinen Tröpfchen, die als Nebelwand sichtbar sind.

◘ Tab. 2.6 zeigt den Machwinkel für unterschiedliche Geschwindigkeiten. Bei $Ma = 2$ erreicht der Winkel genau $30°$.

◻ Abb. 2.39 Ein Jagdbomber F/A-18 Hornet im Überschallflug mit Wolkenscheibeneffekt [71, 105]

◻ Tab. 2.6 Machwinkel für verschiedene Strömungsgeschwindigkeiten im Überschallbereich

w (m/s)	Ma	Machwinkel φ (°)
400	1.18	59.02
500	1.47	42.28
600	1.76	33.10
700	2.06	28.53
800	2.35	25.08
900	2.65	22.49
1000	2.94	20.42
1200	3.53	16.49
1500	4.41	13.12
2000	5.88	9.76
3000	8.82	6.52
5000	14.71	3.91

2.6.8 Bernoulli-, Euler- und Navier-Stokes Gleichung

Die nachfolgenden Abschnitte sind aus dem Buch Technische Mechanik Band 4 – Andreas Huber, [15] entnommen worden.

2.6.8.1 Euler- und Bernoulli-Gleichung und kinematische Grundgleichungen [1, 11]

Um die Euler-Gleichungen herleiten zu können, werden zunächst die bereits behandelten Grundgleichungen der Hydrodynamik untersucht.

- Kontinuitätsgleichung:

$$\frac{\partial u}{\partial x} + \frac{\partial v}{\partial y} = 0. \tag{2.240}$$

- Bewegungsgleichung in x-Richtung:

$$u\,\frac{\partial u}{\partial x} + v\,\frac{\partial u}{\partial y} = -\frac{1}{\varrho}\,\frac{\partial p}{\partial x} \tag{2.241}$$

- Bewegungsgleichung in y-Richtung:

$$u\,\frac{\partial v}{\partial x} + v\,\frac{\partial v}{\partial y} = -\frac{1}{\varrho}\,\frac{\partial p}{\partial y} \tag{2.242}$$

Bekanntlich benötigt man für die Bestimmung einer Unbekannten eine Gleichung. Hier kann man also mit drei Gleichungen auch drei Unbekannte bestimmen, dies entspricht der Möglichkeit, die unbekannten Geschwindigkeiten u und v sowie den Druck p zu berechnen. Die Gleichungen (2.240), (2.241), und (2.242) sind bereits in einfacher Form notiert, löst man diese, wird man aber schnell die hohe Komplexität dieser Gleichungslösung feststellen. Um diese Gleichungen noch weiter zu vereinfachen, wird Drehungsfreiheit angenommen, wodurch sich die Gleichung $\frac{dx}{dz} = \frac{u}{w}$ ergibt, bzw. durch Umformen und Anschreiben mit partieller Differentiation und Aufstellen in der xy-Ebene wird

$$\frac{\partial u}{\partial y} = \frac{\partial v}{\partial x}. \tag{2.243}$$

Der Sinn dahinter steckt darin, dass man jetzt Gl. (2.243) durch Multiplizieren mit dx zu

$$\left(u\,\frac{\partial u}{\partial x} + v\,\frac{\partial u}{\partial y}\right)dx = \left(-\frac{1}{\varrho}\,\frac{\partial p}{\partial x}\right)dx \tag{2.244}$$

schreiben kann. Durch Multiplizieren von dy bei der Gl. (2.242) ergibt sich

$$\left(u\,\frac{\partial v}{\partial x} + v\,\frac{\partial v}{\partial y}\right)dy = \left(-\frac{1}{\varrho}\,\frac{\partial p}{\partial y}\right)dy. \tag{2.245}$$

Addiert man Gl. (2.244) zu (2.245) resultiert

$$\left(u\,\frac{\partial u}{\partial x}+v\,\frac{\partial u}{\partial y}\right)dx+\left(u\,\frac{\partial v}{\partial x}+v\,\frac{\partial v}{\partial y}\right)dy$$
$$=\left(-\frac{1}{\varrho}\,\frac{\partial p}{\partial x}\right)dx+\left(-\frac{1}{\varrho}\,\frac{\partial p}{\partial y}\right)dy$$

$$\left(u\,\frac{\partial u}{\partial x}+v\,\frac{\partial u}{\partial y}\right)dx+\left(u\,\frac{\partial v}{\partial x}+v\,\frac{\partial v}{\partial y}\right)dy$$
$$=-\frac{1}{\varrho}\left(\frac{\partial p}{\partial x}\,dx+\frac{\partial p}{\partial y}\,dy\right);\tag{2.246}$$

wobei der Term aus (2.246) den Gesamtdruck darstellt, zu

$$\left(\frac{\partial p}{\partial x}\,dx+\frac{\partial p}{\partial y}\,dy\right)=dp.\tag{2.247}$$

Gl. (2.247) in (2.246) ergibt

$$\left(u\,\frac{\partial u}{\partial x}+v\,\frac{\partial u}{\partial y}\right)dx+\left(u\,\frac{\partial v}{\partial x}+v\,\frac{\partial v}{\partial y}\right)dy$$
$$=-\frac{1}{\varrho}\left(\frac{\partial p}{\partial x}\,dx+\frac{\partial p}{\partial y}\,dy\right)=-\frac{1}{\varrho}\,dp.\tag{2.248}$$

Gl. (2.243) in (2.248) eingesetzt lässt

$$\left(u\,\frac{\partial u}{\partial x}+v\,\frac{\partial u}{\partial y}\right)dx+\left(u\,\frac{\partial v}{\partial x}+v\,\frac{\partial v}{\partial y}\right)dy$$
$$=-\frac{1}{\varrho}\left(\frac{\partial p}{\partial x}\,dx+\frac{\partial p}{\partial y}\,dy\right)$$
$$=-\frac{1}{\varrho}\,dp=u\,du+v\,dv\tag{2.249}$$

folgen. Durch Integrieren ergibt sich

$$-\int\frac{1}{\varrho}\,dp=\int u\,du+\int v\,dv$$
$$-\frac{1}{\varrho}\,p=\frac{u^2}{2}+\frac{v^2}{2}\tag{2.250}$$

bzw. wenn man dies differentiell klein werden lässt

$$-\frac{1}{\varrho}\,dp=\frac{1}{2}\,d\left(u^2+v^2\right),\tag{2.251}$$

oder durch Schreiben in Integralform

$$\frac{\varrho}{2}\left(u^2+v^2\right)+p=\frac{\varrho}{2}\,V_\infty^2+p_\infty=\text{const.}\tag{2.252}$$

> **Definition 2.5 (Euler-Gleichung)**
>
> Gl. (2.251) wird als Euler-Gleichung bezeichnet.
>
> $$-\frac{1}{\varrho}\,dp=\frac{1}{2}\,d\left(u^2+v^2\right)\tag{2.253}$$

> **Definition 2.6 (Bernoulli-Gleichung)**
>
> Gl. (2.252) wird als Bernoulli-Gleichung bezeichnet.
>
> $$\frac{\varrho}{2}\left(u^2+v^2\right)+p=\frac{\varrho}{2}\,V_\infty^2+p_\infty=\text{const.}\tag{2.254}$$

> **Bemerkung 2.6**
> Die Konstante in dieser Gleichung hat denselben Wert über das gesamte Strömungsfeld.

> **Definition 2.7 (Kinematische Gln.)**
> Die Gleichungen (2.241), (2.242) und (2.243) stellen die sogenannten kinematischen Grundgleichungen dar.
>
> *Bewegungsgleichung in x-Richtung:*
>
> $$u\,\frac{\partial u}{\partial x}+v\,\frac{\partial u}{\partial y}=-\frac{1}{\varrho}\,\frac{\partial p}{\partial x}\tag{2.255}$$
>
> *Bewegungsgleichung in y-Richtung:*
>
> $$u\,\frac{\partial v}{\partial x}+v\,\frac{\partial v}{\partial y}=-\frac{1}{\varrho}\,\frac{\partial p}{\partial y}\tag{2.256}$$

Mittels all dieser drei Gleichungen kann man ein Strömungsfeld vollkommen berechnen. Werden zwei dieser Gleichungen gelöst, kennt man das Strömungsfeld. Diese Lösungen werden später genauer betrachtet. Nachdem diese beiden Geschwindigkeiten u und v bestimmt wurden, kann man diese in die Bernoulli Gl. (2.254) einsetzen. Dies führt dazu, dass der Druck berechnet werden kann.

2.6.8.2 Euler-Gleichungen

Es ergeben sich die ausgeschriebenen Euler-Gleichungen zu

$$\frac{\partial u}{\partial t} + u\frac{\partial u}{\partial x} + v\frac{\partial u}{\partial y} + w\frac{\partial u}{\partial z} = -\frac{1}{\varrho}\frac{\partial p}{\partial x} \tag{2.257}$$

$$\frac{\partial v}{\partial t} + u\frac{\partial v}{\partial x} + v\frac{\partial v}{\partial y} + w\frac{\partial v}{\partial z} = -\frac{1}{\varrho}\frac{\partial p}{\partial y} \tag{2.258}$$

$$\frac{\partial w}{\partial t} + u\frac{\partial w}{\partial x} + v\frac{\partial w}{\partial y} + w\frac{\partial w}{\partial z} = -\frac{1}{\varrho}\frac{\partial p}{\partial z} - g \tag{2.259}$$

$$\frac{\partial u}{\partial x} + \frac{\partial v}{\partial y} + \frac{\partial w}{\partial z} = 0. \tag{2.260}$$

Dabei handelt es sich um die Euler-Gleichungen in dreidimensionaler Form. Man kann die Euler-Gleichung auch mittels dem Nabla-Operator notieren, es folgt damit die Form

$$\vec{\nabla} f = \begin{pmatrix} \dfrac{\partial f}{\partial x} \\[2mm] \dfrac{\partial f}{\partial y} \\[2mm] \dfrac{\partial f}{\partial z} \end{pmatrix} = \mathrm{grad}(f). \tag{2.261}$$

Eine weitere, häufig gebrauchte Notation ist jene mittels Indizes, zu

$$\frac{Du_i}{Dt} = \frac{1}{\varrho} \cdot \frac{\partial p}{\partial x_i} - g_i. \tag{2.262}$$

Man kann auch die 2D-Euler-Gleichungen formulieren, zu

$$\frac{\partial u}{\partial t} + u\frac{\partial u}{\partial x} + v\frac{\partial u}{\partial y} + w\frac{\partial u}{\partial z} = -\frac{1}{\varrho}\frac{\partial p}{\partial x} \tag{2.263}$$

$$\frac{\partial v}{\partial t} + u\frac{\partial v}{\partial x} + v\frac{\partial v}{\partial y} + w\frac{\partial v}{\partial z} = -\frac{1}{\varrho}\frac{\partial p}{\partial y} \tag{2.264}$$

$$\frac{\partial u}{\partial x} + \frac{\partial v}{\partial y} = 0. \tag{2.265}$$

2.6.8.3 Navier-Stokes-Gleichungen

$$\vec{f_x} - \frac{1}{\varrho}\frac{\partial p}{\partial x} + v\left(\frac{\partial^2 v_x}{\partial x^2} + \frac{\partial^2 v_x}{\partial y^2} + \frac{\partial^2 v_x}{\partial z^2}\right)$$
$$= v_x\frac{\partial v_x}{\partial x} + v_y\frac{\partial v_x}{\partial y} + v_z\frac{\partial v_x}{\partial z} + \frac{\partial v_x}{\partial t} \tag{2.266}$$

$$\vec{f_y} - \frac{1}{\varrho}\frac{\partial p}{\partial y} + v\left(\frac{\partial^2 v_y}{\partial x^2} + \frac{\partial^2 v_y}{\partial y^2} + \frac{\partial^2 v_y}{\partial z^2}\right)$$
$$= v_x\frac{\partial v_y}{\partial x} + v_y\frac{\partial v_y}{\partial y} + v_z\frac{\partial v_y}{\partial z} + \frac{\partial v_y}{\partial t} \tag{2.267}$$

$$\vec{f_z} - \frac{1}{\varrho}\frac{\partial p}{\partial z} + v\left(\frac{\partial^2 v_z}{\partial x^2} + \frac{\partial^2 v_z}{\partial y^2} + \frac{\partial^2 v_z}{\partial z^2}\right)$$
$$= v_x\frac{\partial v_z}{\partial x} + v_y\frac{\partial v_z}{\partial y} + v_z\frac{\partial v_z}{\partial z} + \frac{\partial v_z}{\partial t} \tag{2.268}$$

$$\underbrace{\vec{f_x}}_{\text{Kraft}} - \underbrace{\frac{1}{\varrho}\frac{\partial p}{\partial x}}_{\text{Druck}} + v\underbrace{\left(\frac{\partial^2 v_x}{\partial x^2} + \frac{\partial^2 v_x}{\partial y^2} + \frac{\partial^2 v_x}{\partial z^2}\right)}_{\text{Viskosität}}$$
$$= \underbrace{v_x\frac{\partial v_x}{\partial x} + v_y\frac{\partial v_x}{\partial y} + v_z\frac{\partial v_x}{\partial z}}_{\text{Advektion}} + \frac{\partial v_x}{\partial t} \tag{2.269}$$

Man kann, ausgehend von der Formulierung für kartesische Koordinaten, die Navier-Stokes-Gleichungen auch für zylindrische Koordinaten formulieren. Dazu wird für die kartesischen Koordinaten

$$x = r \cdot \cos(\vartheta) \tag{2.270}$$
$$y = r \cdot \sin(\vartheta) \tag{2.271}$$
$$z = z \tag{2.272}$$

eingesetzt. Es folgen dann durch Beachtung der Kettenregeln bei den Ableitungen von

$$\frac{\partial p}{\partial x} \quad ; \quad \frac{\partial p}{\partial y} \quad ; \quad \frac{\partial p}{\partial z} \tag{2.273}$$

die Navier-Stokes-Gleichungen in zylindrischen Koordinaten zu

$$
\begin{aligned}
&f_r - \frac{1}{\varrho}\frac{\partial p}{\partial r} \\
&+ v\left(\frac{1}{r}\frac{\partial}{\partial r}\left(r\frac{\partial v_r}{\partial r}\right) + \frac{1}{r^2}\frac{\partial^2 v_r}{\partial \vartheta^2} + \frac{\partial^2 v_r}{\partial z^2} - \frac{v_\vartheta^2}{r}\right) \\
&= v_r\frac{\partial v_r}{\partial r} + \frac{v_\vartheta}{r}\frac{\partial v_r}{\partial \vartheta} + v_z\frac{\partial v_r}{\partial z} - \frac{v_\vartheta^2}{r} + \frac{\partial v_r}{\partial t}
\end{aligned}
\tag{2.274}
$$

$$
\begin{aligned}
&f_\vartheta - \frac{1}{\varrho r}\frac{\partial p}{\partial \vartheta} \\
&+ v\left(\frac{1}{r}\frac{\partial}{\partial r}\left(r\frac{\partial v_\vartheta}{\partial r}\right) + \frac{1}{r^2}\frac{\partial^2 v_\vartheta}{\partial \vartheta^2} + \frac{\partial^2 v_\vartheta}{\partial z^2} + \frac{v_r v_\vartheta}{r}\right) \\
&= v_r\frac{\partial v_\vartheta}{\partial r} + \frac{v_\vartheta}{r}\frac{\partial v_\vartheta}{\partial \vartheta} + v_z\frac{\partial v_\vartheta}{\partial z} + \frac{v_r v_\vartheta}{r} + \frac{\partial v_\vartheta}{\partial t}
\end{aligned}
\tag{2.275}
$$

$$
\begin{aligned}
&f_z - \frac{1}{\varrho}\frac{\partial p}{\partial z} \\
&+ v\left(\frac{1}{r}\frac{\partial}{\partial r}\left(r\frac{\partial v_z}{\partial r}\right) + \frac{1}{r^2}\frac{\partial^2 v_z}{\partial \vartheta^2} + \frac{\partial^2 v_z}{\partial z^2}\right) \\
&= v_r\frac{\partial v_z}{\partial r} + \frac{v_\vartheta}{r}\frac{\partial v_z}{\partial \vartheta} + v_z\frac{\partial v_z}{\partial z} + \frac{\partial v_z}{\partial t}
\end{aligned}
\tag{2.276}
$$

Hierbei sind f_r, f_ϑ und f_z die äußeren Kräfte in radialer, azimutaler und axialer Richtung. Man kann, ausgehend von der Formulierung für kartesische Koordinaten die Navier-Stokes-Gleichungen auch für Kugelkoordinaten formulieren. Dazu wird für die kartesischen Koordinaten

$$x = r \cdot \sin(\vartheta) \cdot \cos(\varphi) \tag{2.277}$$
$$y = r \cdot \sin(\vartheta) \cdot \sin(\varphi) \tag{2.278}$$
$$z = z \cdot \cos(\vartheta) \tag{2.279}$$

eingesetzt. Es folgen dann durch Beachtung der Kettenregeln bei den Ableitungen von

$$\frac{\partial p}{\partial x} \quad ; \quad \frac{\partial p}{\partial y} \quad ; \quad \frac{\partial p}{\partial z} \tag{2.280}$$

die Navier-Stokes-Gleichungen in Kugelkoordinaten zu

$$
\begin{aligned}
&f_r - \frac{1}{\varrho}\frac{\partial p}{\partial r} \\
&+ v\left(\frac{2}{r}\frac{\partial v_r}{\partial r} + \frac{v_r}{r^2} - \frac{2v_\vartheta^2}{r^2\tan(\vartheta)} - \frac{2v_\varphi^2}{r^2\sin^2(\vartheta)}\right) \\
&= v_r\frac{\partial v_r}{\partial r} + \frac{v_\vartheta^2}{r} + \frac{v_\varphi^2}{r\sin^2(\vartheta)} \\
&\quad - \frac{v_r v_\vartheta\tan(\vartheta)}{r} - \frac{v_r v_\varphi}{r\sin^2(\vartheta)} + \frac{\partial v_r}{\partial t}
\end{aligned}
\tag{2.281}
$$

$$
\begin{aligned}
&f_\vartheta - \frac{1}{\varrho r}\frac{\partial p}{\partial \vartheta} \\
&+ v\left(\frac{1}{r\sin(\vartheta)}\frac{\partial}{\partial \vartheta}\left(\sin(\vartheta)\frac{\partial v_\vartheta}{\partial \vartheta}\right)\right. \\
&\quad \left. + \frac{v_r^2}{r^2} - \frac{v_\vartheta^2}{r^2\tan(\vartheta)} - \frac{2v_\varphi^2}{r^2\sin^2(\vartheta)}\right) \\
&= v_r\frac{\partial v_\vartheta}{\partial r} + \frac{v_\vartheta}{r}\frac{\partial v_\vartheta}{\partial \vartheta} \\
&\quad + \frac{v_\varphi^2\cos(\vartheta)}{r\sin^2(\vartheta)} - \frac{v_r v_\varphi\cos(\vartheta)}{r\sin^2(\vartheta)} + \frac{\partial v_\vartheta}{\partial t}
\end{aligned}
\tag{2.282}
$$

$$
\begin{aligned}
&f_\varphi - \frac{1}{\varrho r\sin(\vartheta)}\frac{\partial p}{\partial \varphi} \\
&+ v\left(\frac{1}{r\sin(\vartheta)}\frac{\partial}{\partial \varphi}\left(\frac{\partial v_\varphi}{\partial \varphi}\right) + \frac{v_r^2}{r^2} - \frac{v_\vartheta^2}{r^2\tan(\vartheta)}\right) \\
&= v_r\frac{\partial v_\varphi}{\partial r} + \frac{v_\vartheta}{r}\frac{\partial v_\varphi}{\partial \vartheta} + \frac{v_\varphi}{r\sin(\vartheta)}\frac{\partial v_\varphi}{\partial \varphi} + \frac{\partial v_\varphi}{\partial t}
\end{aligned}
\tag{2.283}
$$

Hierbei sind f_r, f_ϑ und f_φ die äußeren Kräfte in radialer, azimutaler und axialer Richtung.

2.6.9 Wellenausbreitung, Schall- und Druckverteilung bei einem Überschallflug

Der folgende Abschnitt ist so auch in [32] zu finden.

Es gilt für die Unterschiedlichen Mach-Zahl Bereiche:

- Bei $Ma \ll 1$ handelt es sich um eine **inkompressible Unterschallströmung** wie sie als Beispiel bei einer Umströmung von Kraftfahrzeugen vorliegt.
- Liegt die Machzahl zwischen $0{,}2 < Ma < 1$ handelt es sich um eine **kompressible Unterschallströmung** wie sie bei ICE-Schienenfahrzeugen vorliegt.
- Liegt die Machzahl zwischen $Ma \gtrless 1$ spricht man von einer **transsonischen Strömung** wie sie bei einem Verkehrsflugzeug vorliegt.
- Für Machzahlen $Ma > 1$ liegt eine **Überschallströmung** vor, wie sie als Beispiel bei dem Überschallflugzeug vorzufinden ist.
- Bei $Ma \gg 1$ bezeichnet man die Strömung als **Hyperschallströmung**. Diese Machzahlen findet man bei Wiedereintrittsflugzeugen, Space Shuttles wieder. Bei Hyperschallströmungen ist besonders zu beachten, dass die Thermodynamischen Zustandsgleichungen keine Gültigkeit mehr haben. Es müssen in diesem Bereich die chemischen Reaktionen heißer Luft berücksichtigt werden.

Bei einer Umströmung eines Objektes, bei Bewegung mit Überschall, liegen unterschiedliche Schallwellen vor. Beispielsweise die **Kopfwelle** und die **Schwanzwelle**, wie sie in ◪ Abb. 2.40 dargestellt sind.

◪ Tab. 2.7 zeigt eine Übersicht der Geschwindigkeiten, die bei einem Vekrkehrsflugzeug, Space Shuttle, Überschallflieger, Kampfjet erreicht werden können und den Strömungsbereich, in dem diese eingeordnet werden.

Im Folgenden wird auf einzelne Objekte aus ◪ Tab. 2.7 noch näher eingegangen.

Fluggeschwindigkeit bei einem Passagierflugzeug:

Die **Reisegeschwindigkeit**, vgl. mit [78, 139, 143], bezeichnet die durchschnittliche Geschwindigkeit, mit der ein Luftfahrzeug während des Reiseflugs operiert. Diese Geschwindigkeit stellt einen Kompromiss zwischen Effizienz, Wirtschaftlichkeit und Flugdauer dar. Sie variiert je nach Flugzeugtyp, Antriebstechnologie und Einsatzbereich.

- **Kleine Motorflugzeuge**: Typische Reisegeschwindigkeiten liegen bei etwa 110 Knoten (ca. 200 km/h) [78].
- **Verkehrsflugzeuge mit Turboprop-Antrieb**: Diese erreichen Reisegeschwindigkeiten von bis zu 350 Knoten (ca. 650 km/h).
- **Verkehrsflugzeuge mit Strahlantrieb**: Operieren typischerweise bei 80 % bis 85 %

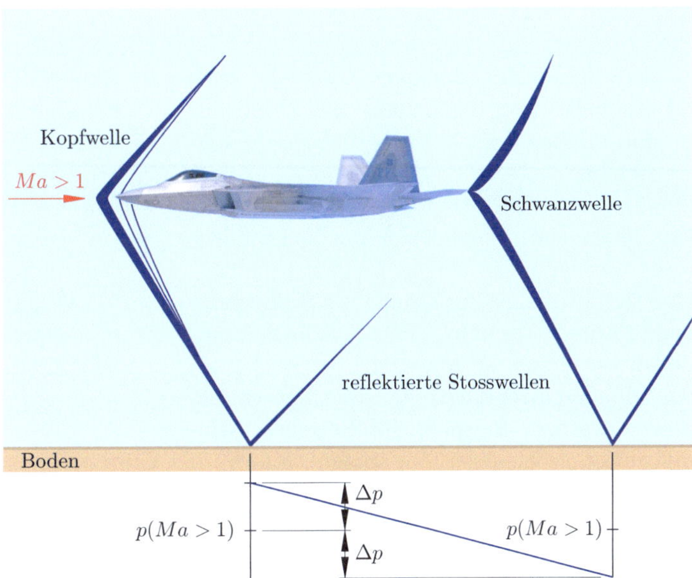

◪ **Abb. 2.40** Überschallflug und Druckverteilung am Boden, in Anl. an [32]

2

▫ Tab. 2.7 Machzahl und Strömungsform für verschiedene Objekte

Objekt	w [km/h]	w [m/s]	Ma	Strömungsform	Beispielabbildung
KFZ (Autobahn)	130	36.1	0.11	Inkompr. Unterschallströmung	
Porsche 911 GT3 RS	296	82.2	0.24	Kompr. Unterschallströmung	
ICE	330	91.7	0.27	Kompr. Unterschallströmung	
Airbus A380	1185	329.3	0.97	Transschonischen Strömung	
Concorde	2405	668	2.23	Überschallströmung	
Kampfjet (F-18)	1915	532	1.56	Überschallströmung	
Space Shuttle	18.000	5000	14.71	Hyperschallströmung	

der Schallgeschwindigkeit, was je nach Flughöhe und Temperatur etwa 490 bis 540 Knoten (ca. 900 bis 1000 km/h) entspricht.

Mit zunehmender Flughöhe nimmt die Luftdichte ab, was den Luftwiderstand reduziert und höhere Geschwindigkeiten ermöglicht. Temperatur und Luftdruck beeinflussen die Schallgeschwindigkeit, wodurch die Machzahl, ein Verhältnis der Fluggeschwindigkeit zur Schallgeschwindigkeit, variiert. Beispiele für Reisegeschwindigkeiten verschiedener Flugzeuge

- **Cessna 172 Skyhawk**: Ein beliebtes einmotoriges Kleinflugzeug mit einer maximalen Reisegeschwindigkeit von 230 km/h (124 Knoten).
- **Grob G 109 A**: Ein Motorsegler mit einer Reisegeschwindigkeit von 170 km/h.
- **Airbus A380**: Ein Großraum-Verkehrsflugzeug mit einer typischen Reisegeschwindigkeit von etwa 900 bis 1000 km/h.
- **Concorde**: Ein Überschall-Passagierflugzeug mit einer Reisegeschwindigkeit von Mach 2,02 (ca. 2179 km/h) und einer Höchstgeschwindigkeit von Mach 2,23 (ca. 2405 km/h).

Concorde:

Die **Concorde** (vgl. mit ▫ Abb. 2.41) war eines der ambitioniertesten Projekte der zivilen Luftfahrt. Als erstes kommerzielles Überschall-Passagierflugzeug revolutionierte sie den Luft-

Abb. 2.41 Eine Concorde der British Airways, gem. [28, 68]

verkehr, indem sie die Flugzeiten drastisch verkürzte. Der Flug von Europa nach Nordamerika, der mit herkömmlichen Flugzeugen etwa sieben bis acht Stunden dauerte, konnte mit der Concorde in rund 3,5 Stunden absolviert werden. Doch trotz ihrer technischen Errungenschaften wurde sie im Jahr 2003 außer Dienst gestellt. In diesem Artikel werden die Geschichte, Entwicklung und konstruktiven Besonderheiten der Concorde detailliert betrachtet (vgl. mit [68]).

Die Geschichte der Concorde: Die Entwicklung der Concorde begann in den 1950er Jahren, als Wissenschaftler und Ingenieure aus Frankreich und Großbritannien begannen, Überschallflugzeuge für den Passagierverkehr zu erforschen. In den frühen 1960er Jahren unterzeichneten die Regierungen beider Länder ein Abkommen zur gemeinsamen Entwicklung eines solchen Flugzeugs.

Entwicklung und Erstflug Das Projekt wurde von der britischen *British Aircraft Corporation (BAC)* und der französischen *Aérospatiale* (heute Airbus) entwickelt. Die Triebwerke, die den Überschallflug ermöglichen sollten, wurden von Rolls-Royce und SNECMA entwickelt. Die Entwicklung war teuer und zeitaufwendig, da zahlreiche Herausforderungen gelöst werden mussten, insbesondere im Bereich der Aerodynamik, der Materialwissenschaften und der Triebwerkskonstruktion.

Am **2. März 1969** absolvierte die Concorde ihren ersten Testflug. Zwei Jahre später, am **4. November 1970**, durchbrach sie erstmals die Schallmauer. Nach zahlreichen Tests und Anpassungen wurde die Concorde schließlich am **21. Januar 1976** in den Liniendienst eingeführt, mit den ersten Flügen von London nach Bahrain und von Paris nach Rio de Janeiro.

Die Concorde wurde hauptsächlich auf transatlantischen Strecken zwischen Europa und Nordamerika eingesetzt. Besonders die Strecken von London Heathrow und Paris Charles de Gaulle nach New York JFK waren beliebt. Die maximale Reisegeschwindigkeit betrug **Mach 2,02** (ca. 2.179 km/h), wobei die Concorde in einer Höhe von bis zu **18.000 m** (60.000 ft) flog, weit über dem kommerziellen Flugverkehr.

Aufgrund des Überschallknalls war die Concorde auf Flüge über den Ozean beschränkt, da der Knall am Boden störend gewesen wäre. Die hohen Betriebskosten führten dazu, dass die Concorde ein Flugzeug für wohlhabende Passagiere blieb, da die Ticketpreise deutlich über denen herkömmlicher Flüge lagen.

Am **25. Juli 2000** stürzte eine Concorde der *Air France* kurz nach dem Start in Paris ab. Die Katastrophe wurde durch Trümmerteile auf der Startbahn verursacht, die einen Reifen platzen ließen und einen Brand im Triebwerk auslösten. Dieser Unfall führte zusammen mit den wirtschaftlichen Herausforderungen nach den Anschlägen vom 11. September 2001 und den steigenden Wartungskosten zur Einstellung des Betriebs im Jahr **2003**. Die letzte Concorde-Landung fand am **26. November 2003** statt.

Die Concorde verwendete einen **Deltaflügel**, der keine separaten Landeklappen benötigte. Dieses Design sorgte für eine hervorragende Stabilität im Überschallflug, reduzierte den Luftwiderstand und erlaubte eine höhere Geschwindigkeit. Ein Nachteil des Deltaflügels war jedoch die erhöhte Landegeschwindigkeit, die eine lange Landebahn erforderte.

Die Absenkbare Nase Ein einzigartiges Merkmal der Concorde war die **absenkbare Nase**. Während des Fluges wurde die Nase in eine aerodynamische Position gebracht, um den Luftwiderstand zu minimieren. Bei Start und Landung wurde sie um bis zu **12,5°** abgesenkt, um den Piloten eine bessere Sicht zu ermöglichen. Aufgrund der hohen Temperaturen, die durch die Luftreibung bei Mach 2 entstehen (bis zu 127 °C an der Rumpfoberfläche), bestand die Concorde aus **einer speziellen Aluminiumlegierung**, die den thermischen Belastungen standhalten konnte.

Die vier **Rolls-Royce/Snecma Olympus 593**-Triebwerke nutzten Nachbrenner, um den zusätzlichen Schub für den Überschallflug zu erzeugen. Die Nachbrenner wurden beim Start und beim Übergang in den Überschallflug aktiviert, um die Concorde effizient auf Geschwindigkeit zu bringen.

Eines der Hauptprobleme des Überschallfluges ist der **Überschallknall**. Da die Concorde konstant mit Mach 2 flog, erzeugte sie einen permanenten Knall, der auf dem Boden zu hören war. Dies führte dazu, dass Überschallflüge über Land verboten wurden, wodurch die Concorde hauptsächlich über den Ozean flog.

Die Concorde nutzte ein komplexes **Treibstoffmanagementsystem**, um die Schwerpunktlage während des Fluges zu optimieren. Da sich der Luftwiderstand und der Auftrieb während des Fluges veränderten, wurde Treibstoff zwischen verschiedenen Tanks umgepumpt, um die Balance zu halten. Obwohl die Concorde nicht mehr in Betrieb ist, bleibt ihr Konzept in der Luftfahrt weiterhin von Interesse. Zahlreiche Unternehmen arbeiten derzeit an neuen Überschallflugzeugen, die effizienter und leiser sein sollen.

Die Firma *Boom Supersonic* entwickelt das Flugzeug **Overture**, das Überschallflüge mit modernen Materialien und Triebwerken ermöglichen soll. Im Gegensatz zur Concorde soll Overture leiser und wirtschaftlicher sein.

2.7 Übungen

Übungsbeispiel 2.1

Was besagt die Beobachtung über die Volumenänderung bei Flüssigkeiten und Gasen?

Lösung

Bei Flüssigkeiten ist die Volumenänderung selbst unter hohen Drücken unwesentlich, während bei Gasen die Änderung von Volumen und Dichte mit Druck und Temperatur nicht mehr vernachlässigt werden kann.

Übungsbeispiel 2.2

Welche zusätzliche Bedeutung hat die Gasgleichung bei strömenden Gasen?

Lösung

Neben den Hauptsätzen der Thermodynamik spielt die Gasgleichung eine wichtige Rolle für die Beschreibung strömender Gase.

Übungsbeispiel 2.3

Was beschreibt die Bernoulli-Gleichung allgemein?

Lösung

Die Bernoulli-Gleichung beschreibt die Energieerhaltung in strömenden Medien und gilt daher sowohl für Flüssigkeiten als auch für Gase.

Übungsbeispiel 2.4

Warum kann die Energiegleichung in der Hydromechanik vereinfacht werden?

Lösung

Da bei Flüssigkeiten der Wärmeaustausch mit der Umgebung vernachlässigt werden kann ($dq = 0$) und keine Volumenänderung erfolgt ($dv = 0$), ergibt sich aus dem ersten Hauptsatz $du = 0$.

Übungsbeispiel 2.5

Welche Vereinfachung ergibt sich für die Lageenergie in der Energiegleichung?

Lösung

Die Änderung der Lageenergie ist im Vergleich zu anderen Energieformen unbedeutend, sodass gilt: $g \cdot z_1 \approx g \cdot z_2$.

Übungsbeispiel 2.6

Wie lautet die allgemeine Energiegleichung für strömende Gase unter Berücksichtigung der Gasgleichung?

Lösung

Die Energiegleichung lautet:

$$h_1 + \frac{w_1^2}{2} = h_2 + \frac{w_2^2}{2}. \qquad (2.284)$$

Übungsbeispiel 2.7

Was bedeutet die Enthalpiedifferenz Δh bei der Strömung von Gasen?

Lösung

Die Enthalpiedifferenz Δh wird in kinetische Energie umgewandelt und beschreibt das sogenannte Wärmegefälle.

Übungsbeispiel 2.8

Welche Eigenschaften hat die Strömung von idealen Gasen?

Lösung

Die Strömung von idealen Gasen verläuft isentrop (adiabat), also reibungsfrei und ohne Wärmeaustausch mit der Umgebung, sodass $dq = 0$ und $ds = 0$ gelten.

Übungsbeispiel 2.9

Welche zusätzlichen Energieverluste treten bei der Strömung realer Gase auf?

Lösung

Bei realen Gasen wird ein Teil der Strömungsenergie durch Reibung in Wärme umgewandelt, wodurch eine unvermeidbare Energierückwandlung und Energieentwertung auftritt.

Übungsbeispiel 2.10

Warum geht bei realen Gasströmungen keine Energie verloren, obwohl eine Energieentwertung stattfindet?

Lösung

Es geht keine Energie verloren, da die Umwandlung der kinetischen Energie durch Reibung in Wärme erfolgt, jedoch ist diese Umwandlung irreversibel und mit einem Entropiezuwachs verbunden.

Übungsbeispiel 2.11

Wie lautet die Energiegleichung für die Strömung realer Gase?

Lösung

Die Energiegleichung lautet:

$$h_1 + \frac{w_1^2}{2} = h_2 + \frac{w_2^2}{2} + q_R. \qquad (2.285)$$

Übungsbeispiel 2.12

Wie unterscheidet sich die tatsächliche Strömungsgeschwindigkeit von der idealen?

Lösung

Die tatsächliche Strömungsgeschwindigkeit w_2 ist aufgrund von Reibungsverlusten stets kleiner als die ideale Geschwindigkeit w_{2s}.

Übungsbeispiel 2.13

Wie lautet die Beziehung zwischen der realen und der idealen Strömungsgeschwindigkeit?

Lösung

Die reale Strömungsgeschwindigkeit ist mit der Geschwindigkeitszahl φ verknüpft:

$$w_2 = \varphi \cdot w_{2s}. \qquad (2.286)$$

Übungsbeispiel 2.14

Was ist die Geschwindigkeitszahl φ und welchen Wertebereich hat sie?

Lösung

Die Geschwindigkeitszahl φ ist ein erfahrungsbasierter Korrekturfaktor für reale Strömungen und liegt typischerweise zwischen 0,95 und 0,98.

Übungsbeispiel 2.15

Wie berechnet sich der Gefälleverlust h_v?

Lösung

Der Gefälleverlust ergibt sich aus der Differenz zwischen der idealen und der realen kinetischen Energie:

$$h_v = \frac{w_{2s}^2}{2}(1 - \varphi^2). \tag{2.287}$$

Übungsbeispiel 2.16

Was beschreibt die Verlustzahl ζ?

Lösung

Die Verlustzahl ζ beschreibt die durch Reibung bedingten Energieverluste in realen Gasströmungen und ist definiert als $\zeta = 1 - \varphi^2$.

Übungsbeispiel 2.17

Wie kann die Geschwindigkeitszahl φ in Abhängigkeit von der Verlustzahl ζ ausgedrückt werden?

Lösung

Die Geschwindigkeitszahl ist gegeben durch:

$$\varphi = \sqrt{2 - \zeta}. \tag{2.288}$$

Übungsbeispiel 2.18

Wie wird der Wirkungsgrad η einer realen Gasströmung berechnet?

Lösung

Der Wirkungsgrad ergibt sich aus dem Verhältnis der realen Enthalpiedifferenz zur idealen Enthalpiedifferenz:

$$\eta = 1 - \frac{h_v}{\Delta h_S}. \tag{2.289}$$

Übungsbeispiel 2.19

Wie kann der Wirkungsgrad η in Abhängigkeit von φ ausgedrückt werden?

Lösung

Der Wirkungsgrad kann folgendermaßen berechnet werden:

$$\eta = 1 - \frac{w_{2s}^2}{2 \cdot \Delta h_S}(1 - \varphi^2). \tag{2.290}$$

Übungsbeispiel 2.20

Was versteht man unter einer Mündung in der Strömungstechnik?

Lösung

Eine Mündung ist eine Öffnung, die das Gas von einem Raum mit höherem Druck (p_1, T_1, h_1) in einen anderen mit niedrigerem Druck ($p_2 < p_1$) strömen lässt.

Übungsbeispiel 2.21

Was beschreibt die Bernoulli-Gleichung?

Lösung

Die Bernoulli-Gleichung beschreibt den Energieerhaltungssatz für eine stationäre, reibungsfreie Strömung und lautet:

$$p + \frac{1}{2}\rho v^2 + \rho g h = \text{konstant}$$

Übungsbeispiel 2.22

Was ist der Unterschied zwischen laminaren und turbulenten Strömungen?

Lösung

Bei einer laminaren Strömung bewegen sich die Flüssigkeitsteilchen in parallelen Schichten ohne Vermischung, während bei einer turbulenten Strömung Wirbel und chaotische Bewegungen auftreten.

Übungsbeispiel 2.23

Welche Bedeutung hat die Reynolds-Zahl?

Lösung

Die Reynolds-Zahl Re ist eine dimensionslose Kennzahl, die das Verhältnis von Trägheitskräften zu Zähigkeitskräften beschreibt und darüber entscheidet, ob eine Strömung laminar oder turbulent ist.

Übungsbeispiel 2.24

Was versteht man unter der Kontinuitätsgleichung?

Lösung

Die Kontinuitätsgleichung beschreibt die Erhaltung der Masse in einer Strömung:

$$\dot{m} = \rho A v = \text{konstant}$$

Übungsbeispiel 2.25

Was versteht man unter einer Mündung?

Lösung

Eine Mündung ist eine Öffnung, die das Gas von einem Raum (p_1, T_1, h_1) in einen anderen Raum ($p_2 < p_1$) strömen lässt.

Übungsbeispiel 2.26

Was beschreibt die Kontinuitätsgleichung in Bezug auf den Ausfluss von Gasen?

Lösung

Die Kontinuitätsgleichung beschreibt die Erhaltung der Masse in einem Strömungsprozess. Sie wird verwendet, um den theoretischen Massenstrom im Ausströmquerschnitt zu berechnen.

Übungsbeispiel 2.27

Wie lautet die allgemeine Formel für die Ausströmgeschwindigkeit w_2?

Lösung

$$w_2 = \varphi_M \cdot \sqrt{2 \cdot \Delta h_S}$$

Übungsbeispiel 2.28

Warum kann die Fluidgeschwindigkeit vor der Mündung (w_1) oft vernachlässigt werden?

Lösung

Weil sie im Vergleich zur Ausströmgeschwindigkeit meist sehr klein ist.

2

Übungsbeispiel 2.29

Was ist das kritische Druckverhältnis?

Lösung

Das kritische Druckverhältnis ist das Verhältnis von Nachdruck zu Vordruck, bei dem der Massenstrom ein Maximum erreicht.

Übungsbeispiel 2.30

Wie verhält sich der Massenstrom, wenn das Druckverhältnis unter das kritische Druckverhältnis sinkt?

Lösung

Der Massenstrom bleibt konstant, da keine weitere Entspannung im Mündungsquerschnitt stattfinden kann.

Übungsbeispiel 2.31

Was ist die Laval-Geschwindigkeit?

Lösung

Die Laval-Geschwindigkeit ist die Ausströmgeschwindigkeit einer Mündung bei kritischem Druckverhältnis.

Übungsbeispiel 2.32

Wie lautet die Formel für die Laval-Geschwindigkeit?

Lösung

$$w_L = \varphi_M \cdot K \cdot \sqrt{p_1 \cdot v_1}$$

Übungsbeispiel 2.33

Wie verhält sich der Massenstrom mit steigendem Vordruck p_1?

Lösung

Der Massenstrom nimmt mit steigendem Vordruck zu.

Übungsbeispiel 2.34

Welche Strahlform ergibt sich, wenn der Nachdruck p_2 größer oder gleich dem Lavaldruck p_L ist?

Lösung

Der Strahl ist eindeutig gerichtet und die kinetische Energie ist technisch verwertbar.

Übungsbeispiel 2.35

Was passiert, wenn der Nachdruck p_2 kleiner als der Lavaldruck p_L ist?

Lösung

Die Entspannung erfolgt explosionsartig hinter der Mündung, und die kinetische Energie wird zur Wirbelbildung genutzt, sodass sie technisch nicht verwertbar ist.

Übungsbeispiel 2.36

Welche Bedeutung hat die Größe κ in den Gleichungen zur Strömung?

Lösung

κ ist der Isentropenexponent, der das Verhältnis der spezifischen Wärmekapazitäten beschreibt und für die Berechnung des Druckverhältnisses sowie der Strömungsgeschwindigkeiten entscheidend ist.

Übungsbeispiel 2.37

Wie lässt sich die Laval-Geschwindigkeit alternativ berechnen?

Lösung

$$w_L = \sqrt{2 \cdot (h_1 - h_L)}$$

Übungsbeispiel 2.38

Wie hängt das kritische Druckverhältnis vom Isentropenexponenten κ ab?

Lösung

$$\frac{p_L}{p_1} = \left(\frac{2}{\kappa + 1} \right)^{\frac{\kappa}{\kappa - 1}}$$

Das kritische Druckverhältnis ist also nur von κ abhängig und für jedes Gas eine Konstante.

Übungsbeispiel 2.39

Was passiert in einer Laval-Düse, wenn der Druck vor der Düse höher ist als der kritische Druck?

Lösung

Wenn der Druck vor der Düse höher als der kritische Druck ist, wird der vorhandene Druckunterschied genutzt, um die Strömung zu beschleunigen. Der engste Querschnitt der Düse wird erreicht, und dann weitet sich die Düse wieder, um die Energie der Strömung vollständig auszunutzen.

Übungsbeispiel 2.40

Wie verhält sich die Strömungsgeschwindigkeit in einem Überschallbereich im Vergleich zum Unterschallbereich, wenn sich der Querschnitt ändert?

Lösung

Im Überschallbereich führt eine Querschnittserweiterung zu einer Erhöhung der Geschwindigkeit, während eine Querschnittsverengung die Geschwindigkeit verringert, im Gegensatz zu einer Strömung im Unterschallbereich, wo eine Querschnittsverengung zu einer Erhöhung der Geschwindigkeit führt.

Übungsbeispiel 2.41

Welche Formel beschreibt die Ausströmgeschwindigkeit w_2 aus einer Laval-Düse?

Lösung

Die Ausströmgeschwindigkeit w_2 aus einer Laval-Düse wird durch die folgende Formel beschrieben:

$$w_2 = \varphi \cdot \sqrt{w_1^2 + 2 \cdot \Delta h_S}$$

wobei w_1 die Geschwindigkeit vor der Düse ist und φ eine Konstante für Laval-Düsen darstellt.

Übungsbeispiel 2.42

Wie lässt sich die Laval-Düse dimensionieren?

Lösung

Die Laval-Düse lässt sich durch den Massenstrom dimensionieren, der durch den engsten Querschnitt der Düse strömt. Der Massenstrom aus einer Mündung mit gleichem Querschnitt A_M wie der engste Querschnitt der Laval-Düse entspricht dem Massenstrom in der Laval-Düse.

2

Übungsbeispiel 2.43

Warum sollte der Kegelwinkel des Erweiterungsteils einer Laval-Düse 10° nicht überschreiten?

Lösung

Der Kegelwinkel des Erweiterungsteils sollte 10° nicht überschreiten, um Strahlablösungen am Ende der Divergenz zu vermeiden, die zu einer ineffizienten Strömung und Energieverlusten führen könnten.

Übungsbeispiel 2.44

Was beschreibt die Isentropengleichung für die Lavaldüse?

Lösung

Die Isentropengleichung beschreibt die Änderung der Temperatur eines Gases in Bezug auf den Druck, wobei die Expansion als adiabatisch und isentrop (reibungslos und ohne Wärmeaustausch) angenommen wird.

Übungsbeispiel 2.45

Welche Gleichung gibt die Ausströmgeschwindigkeit für kompressible Strömung in einer Lavaldüse an?

Lösung

Die Ausströmgeschwindigkeit wird durch die Gleichung

$$w_2 = \sqrt{2 \frac{\kappa}{\kappa - 1} \frac{p_1}{\varrho_1} \left[1 - \left(\frac{p}{p_1}\right)^{\frac{\kappa-1}{\kappa}}\right]}$$

beschrieben.

Übungsbeispiel 2.46

Welche Annahme wird für die maximal mögliche Ausströmgeschwindigkeit in der Lavaldüse gemacht?

Lösung

Es wird angenommen, dass der Austrittsdruck gegen null geht, also das Gas ins Vakuum expandiert, um die maximale Ausströmgeschwindigkeit zu erreichen.

Übungsbeispiel 2.47

Was beschreibt das Phänomen der „unterexpandierten" Strömung in einer Schubdüse?

Lösung

Eine „unterexpandierte" Strömung tritt auf, wenn der Austrittsdruck höher ist als der Umgebungsdruck. In diesem Fall dehnt sich der Strahl nach dem Verlassen der Düse weiter aus, um sich dem äußeren Druckniveau anzupassen.

Übungsbeispiel 2.48

Was ist der Zusammenhang zwischen der Ausströmgeschwindigkeit und der maximalen Enthalpie des Gases?

Lösung

Die maximal mögliche Ausströmgeschwindigkeit ergibt sich aus der maximalen Umwandlung der Enthalpie in kinetische Energie, was theoretisch bei einem Druck von $p = 0\,\text{Pa}$ und einer Temperatur von $T = 0\,\text{K}$ erreicht werden könnte.

Übungsbeispiel 2.49

Welche Kontinuitätsgleichung gilt für die Strömung in einer Lavaldüse?

Lösung

Die Kontinuitätsgleichung lautet: $\frac{d\varrho}{\varrho} + \frac{dw}{w} + \frac{dA}{A} = 0$. Sie beschreibt die Erhaltung der Masse und der Strömungsgrößen entlang der Düse.

Übungsbeispiel 2.50

Was passiert mit der Geschwindigkeit in einer Lavaldüse, wenn der Querschnitt verkleinert wird?

Lösung

In der Hydrodynamik würde eine Verkleinerung des Querschnitts die Geschwindigkeit erhöhen. In der Lavaldüse ist dies jedoch nicht immer der Fall, besonders im Überschallbereich, wo die Strömungsgeschwindigkeit mit der Querschnittsvergrößerung zunimmt.

Übungsbeispiel 2.51

Welche Bedingung gilt für die Machzahl in Bezug auf die Strömungsarten in einer Lavaldüse?

Lösung

Für Unterschallströme gilt $Ma < 1$, für Überschallströme $Ma > 1$, und bei Schallgeschwindigkeit ist $Ma = 1$. Der kritische Zustand ist also der Übergang zwischen Unterschall und Überschall.

Übungsbeispiel 2.52

Was besagt die Gleichung für die isentrope Düsenströmung?

Lösung

Die Gleichung für die isentrope Düsenströmung lautet: $\frac{dA}{A} = -\frac{dw}{w}\left(1 - \frac{w^2}{a^2}\right)$, und beschreibt den Zusammenhang zwischen dem Querschnitt der Düse und der Strömungsgeschwindigkeit unter isentropen Bedingungen.

Übungsbeispiel 2.53

Was beschreibt die adiabatische Zustandsänderung in einer Düse?

Lösung

Eine adiabatische Zustandsänderung in einer Düse bedeutet, dass keine Wärme mit der Umgebung ausgetauscht wird und die Enthalpie im System konstant bleibt.

Übungsbeispiel 2.54

Warum wird in vielen thermodynamischen Berechnungen angenommen, dass die spezifische Wärmekapazität c_p konstant ist?

Lösung

Die Annahme einer konstanten spezifischen Wärmekapazität vereinfacht die Berechnungen und ermöglicht eine leichter verständliche Modellierung, obwohl in der Realität c_p temperaturabhängig sein kann.

2

Übungsbeispiel 2.55

Was beschreibt die Machzahl *Ma* und warum ist sie in der Düsentechnologie von Bedeutung?

Lösung

Die Machzahl beschreibt das Verhältnis der Geschwindigkeit eines Fluids zur Schallgeschwindigkeit. Sie ist in der Düsentechnologie wichtig, weil sie den Zustand der Strömung angibt, etwa ob sie subsonisch, transsonisch oder überschall ist.

Übungsbeispiel 2.56

Welche Rolle spielt die Temperatur in der Strömung von Gasen innerhalb einer Düse?

Lösung

Die Temperatur beeinflusst die Dichte und Geschwindigkeit des Gases. In einer Düse führt eine Temperaturänderung zu einer Änderung der Schallgeschwindigkeit, was wiederum die Machzahl und die Strömungsgeschwindigkeit beeinflusst.

Übungsbeispiel 2.57

Warum wird die Schallgeschwindigkeit als wichtiger Parameter in der Düsentechnologie betrachtet?

Lösung

Die Schallgeschwindigkeit ist entscheidend, um die Machzahl zu berechnen, die wiederum den Zustand der Strömung beschreibt und die Effizienz sowie die Leistung von Düsen beeinflusst.

Übungsbeispiel 2.58

Was passiert mit der Strömung in einer Düse, wenn die Machzahl den Wert 1 erreicht?

Lösung

Wenn die Machzahl den Wert 1 erreicht, handelt es sich um den sogenannten kritischen Punkt, an dem die Strömung die Schallgeschwindigkeit erreicht und somit als „sonisch" bezeichnet wird.

Übungsbeispiel 2.59

Was versteht man unter einem adiabaten Prozess in der Thermodynamik?

Lösung

Ein adiabater Prozess ist ein thermodynamischer Vorgang, bei dem kein Wärmeübergang zwischen dem System und seiner Umgebung stattfindet.

Übungsbeispiel 2.60

Warum ist die Kenntnis der Machzahl an der engsten Stelle der Düse besonders wichtig?

Lösung

An der engsten Stelle der Düse, wo die Strömungsgeschwindigkeit maximal ist, entspricht die Machzahl dem kritischen Wert von 1, was die Effizienz und die Strömungsdynamik der Düse beeinflusst.

Übungsbeispiel 2.61

Wie verändert sich die Strömung, wenn die Temperatur eines Gases in einer Düse verringert wird?

Lösung

Wenn die Temperatur sinkt, verringert sich auch die Schallgeschwindigkeit, was zu einer Veränderung der Machzahl führt und die Strömungseigenschaften beeinflusst.

Übungsbeispiel 2.62

Was ist der Unterschied zwischen einer subsonischen und einer überschall Strömung?

Lösung

Eine subsonische Strömung hat eine Machzahl von weniger als 1, während eine überschall Strömung eine Machzahl von mehr als 1 hat. Dies beeinflusst die Geschwindigkeit, die Druckverhältnisse und die Effizienz von Düsen und anderen strömungsdynamischen Geräten.

Übungsbeispiel 2.63

Was ist der Hauptnachteil der klassischen Lavaldüse im Bereich des Austritts?

Lösung

Der Hauptnachteil der klassischen Lavaldüse im Bereich des Austritts ist, dass dieser Teil nur noch gering zum Impuls beiträgt, obwohl das Hauptgewicht dort liegt. Der Impuls ist jedoch für den Raketenschub verantwortlich.

Übungsbeispiel 2.64

Warum wird die Lavaldüse so konstruiert, dass sie nach dem engsten Querschnitt schneller vergrößert wird?

Lösung

Die Lavaldüse wird nach dem engsten Querschnitt schneller vergrößert, um die Strömung besser zu führen und eine typische Glockenform zu erzeugen, was das Triebwerk kürzer und leichter macht.

Übungsbeispiel 2.65

Was passiert, wenn der Umgebungsdruck zwischen den Grenzkurven 1 und 2 liegt?

Lösung

Wenn der Umgebungsdruck zwischen den Grenzkurven 1 und 2 liegt, kann sich das Gas nicht durch isentrope Zustandsänderungen dem Druck am Düsenaustritt anpassen, und es entsteht ein Verdichtungsstoß.

Übungsbeispiel 2.66

Was ist ein Verdichtungsstoß und wo findet er Anwendung?

Lösung

Ein Verdichtungsstoß ist eine nahezu sprunghafte Änderung von Druck, Dichte und Temperatur in einen Unterschallzustand, die durch Entropieproduktion verursacht wird. Er findet Anwendung in einem Überschallkanal.

Übungsbeispiel 2.67

Welcher Parameter ist für die Machzahl im Überschallwindkanal entscheidend?

Lösung

Das Verhältnis A_{Mess}/A_M ist entscheidend für die Machzahl im Überschallwindkanal.

Übungsbeispiel 2.68

Was muss beim Kesseldruck im Überschallwindkanal beachtet werden?

Lösung

Der Kesseldruck darf während der Messung nicht zu weit absinken, da der kritische Zustand mit $Ma = 1$ an der kritischen Stelle erreicht werden muss.

2

Übungsbeispiel 2.69

Wie wird der Massenstrom im Überschallwindkanal definiert?

Lösung

Der Massenstrom im Überschallwindkanal wird durch den engsten Querschnitt definiert und ist gegeben durch $\dot{m}(t) = \varrho_M \cdot A_M \cdot a_M$.

Übungsbeispiel 2.70

Was versteht man unter einem quasistationären Verhältnis im Kontext des Überschallwindkanals?

Lösung

Ein quasistationäres Verhältnis liegt vor, wenn sich der Ruhedruck nur langsam ändert, was zu einer stabilen Strömung im Windkanal führt.

Übungsbeispiel 2.71

Was beschreibt die Gleichung für den Massenstrom, wenn das Dichteverhältnis berücksichtigt wird?

Lösung

Die Gleichung für den Massenstrom unter Berücksichtigung des Dichteverhältnisses lautet $\dot{m}(t) = \frac{\varrho_M}{\varrho_0} \cdot \varrho_0 \cdot A_M \cdot \sqrt{\frac{\kappa \cdot R \cdot T_M}{T_0}} \cdot \sqrt{T_0}$.

Übungsbeispiel 2.72

Was ist eine gekrümmte Stoßfront und wo tritt sie auf?

Lösung

Antwort: Eine gekrümmte Stoßfront bildet sich vor einem Hindernis und tritt unter anderem bei Flugzeugen (durch die kegelige Stoßwelle) und im Weltall auf.

Übungsbeispiel 2.73

Welche Bedeutung hat die Lavaldüse im Raketenantrieb?

Lösung

Die Lavaldüse ist eine der wichtigsten Komponenten im Raketenantrieb, da sie für die Erzeugung des Schubs durch die Verbrennung von Treibstoff verantwortlich ist.

Übungsbeispiel 2.74

Was versteht man unter Rückstoßantrieb bei Raketen?

Lösung

Der Rückstoßantrieb basiert auf dem 3. Newton'schen Axiom, das besagt, dass jede Aktion eine gleich große, entgegengesetzte Reaktion hervorruft. In diesem Fall wird die Rakete durch die Schubkraft, die bei der Verbrennung von Treibstoff erzeugt wird, in Bewegung gesetzt.

Übungsbeispiel 2.75

Was besagt das 3. Newton'sche Axiom im Zusammenhang mit Raketenantrieben?

Lösung

Das 3. Newton'sche Axiom besagt, dass jede Kraft eine gleich große, aber entgegengesetzte Reaktion hervorruft. Im Raketenantrieb bedeutet dies, dass die Schubkraft, die durch die Verbrennung von Treibstoff erzeugt wird, eine gleich große Rückstoßkraft erzeugt, die die Rakete in Bewegung setzt.

Übungsbeispiel 2.76

Was beschreibt die Impulsgleichung im Raketenantrieb?

Lösung

Die Impulsgleichung beschreibt die Wechselwirkung von Impulsen zwischen der Rakete und dem ausgestoßenen Treibstoff. Sie lautet: $\vec{p}_1 = -\vec{p}_2 = m_1 \cdot \vec{v_1} = -m_2 \cdot \vec{v_2}$, wobei die Impulse der Rakete und des ausgestoßenen Treibstoffs gleich groß, aber entgegengesetzt sind.

Übungsbeispiel 2.77

Was versteht man unter der Raketengrundgleichung?

Lösung

Die Raketengrundgleichung beschreibt die Beziehung zwischen der Geschwindigkeit einer Rakete und der Masse des Treibstoffs sowie der Rakete selbst. Sie ist das Ergebnis einer infinitesimalen Betrachtung des Impulses eines Massenteilchens innerhalb der Rakete.

Übungsbeispiel 2.78

Wie lautet die Raketengrundgleichung für eine einstufige Rakete?

Lösung

Die Raketengrundgleichung für eine einstufige Rakete lautet:

$$v = v_g \cdot \ln\left(\frac{m_0}{m}\right),$$

wobei v_g die Austrittsgeschwindigkeit, m_0 die Anfangsmasse und m die aktuelle Masse der Rakete ist.

Übungsbeispiel 2.79

Wie wird die Integrationskonstante C in der Raketengrundgleichung berechnet?

Lösung

Die Integrationskonstante C wird unter Verwendung der Anfangsbedingung $v = 0$ und $m = m_0$ berechnet. Sie ergibt sich zu:

$$C = v_g \cdot \ln(m_0).$$

Übungsbeispiel 2.80

Was beschreibt die Endgeschwindigkeit einer Rakete in der Raketengrundgleichung?

Lösung

Die Endgeschwindigkeit einer Rakete, v_{End}, ergibt sich aus der Raketengrundgleichung und hängt vom Massenverhältnis m_0/m_L ab. Sie beschreibt die maximale Geschwindigkeit, die die Rakete erreichen kann.

Übungsbeispiel 2.81

Welche Faktoren beeinflussen die theoretische Endgeschwindigkeit einer Rakete?

Lösung

Die theoretische Endgeschwindigkeit einer Rakete hängt vom Massenverhältnis m_0/m_L, der Schwerefeldkraft (z. B. der Erdbeschleunigung g) und gegebenenfalls der Verwendung eines Mehrstufenantriebs ab.

Übungsbeispiel 2.82

Wie lautet die Gleichung für die Endgeschwindigkeit einer mehrstufigen Rakete?

Lösung

Die Endgeschwindigkeit einer mehrstufigen Rakete wird durch folgende Gleichung beschrieben:

$$v_{\text{End},n_{St}} = v_g \cdot \sum_{i=1}^{n_{St}} \left[\ln\left(1 + \frac{m_T}{m_L} \right) \right]_i.$$

Dabei wird die Raketengleichung für jede Stufe angewendet und die Ergebnisse addiert.

Übungsbeispiel 2.83

Welche Rolle spielt das Massenverhältnis in der Endgeschwindigkeit einer mehrstufigen Rakete?

Lösung

Das Massenverhältnis, insbesondere das Verhältnis von Treibstoffmasse zu Strukturmasse, hat einen erheblichen Einfluss auf die Endgeschwindigkeit einer mehrstufigen Rakete. Ein höheres Massenverhältnis führt zu einer höheren Endgeschwindigkeit.

Übungsbeispiel 2.84

Wie wird die Ausströmgeschwindigkeit einer Rakete berechnet?

Lösung

Die Ausströmgeschwindigkeit v_s wird mit der Bernoulli-Gleichung berechnet und lautet:

$$v_s = \sqrt{\frac{2 \cdot (p_i - p_a)}{\varrho}},$$

wobei p_i der Staudruck, p_a der Umgebungsdruck und ϱ die Dichte des Fluids sind.

Übungsbeispiel 2.85

Was beschreibt die Gleichung für den Durchsatz in einem Raketenantrieb?

Lösung

Die Gleichung für den Durchsatz beschreibt die Masse des ausgestoßenen Treibstoffs pro Zeiteinheit und lautet:

$$\dot{m} = A \cdot v_s \cdot \varrho,$$

wobei A die Querschnittsfläche der Düse, v_s die Ausströmgeschwindigkeit und ϱ die Dichte des Treibstoffs sind.

Übungsbeispiel 2.86

Wie unterscheiden sich Feststoffantriebe von Flüssigkeitsraketentriebwerken?

Lösung

Feststoffantriebe verwenden feste Treibstoffe, bei denen sowohl oxidierte als auch reduzierte Komponenten in fester Form gebunden und mitgeführt werden, während Flüssigkeitsraketentriebwerke Brennstoff und Oxidator in getrennten Tanks speichern und erst im Triebwerk mischen.

Übungsbeispiel 2.87

Was ist der Hauptunterschied in der Treibstoffform zwischen Feststoffantrieben und Flüssigkeitsraketentriebwerken?

Lösung

Der Hauptunterschied liegt darin, dass Feststoffantriebe feste Treibstoffe verwenden, während Flüssigkeitsraketentriebwerke Flüssigtreibstoffe einsetzen.

Übungsbeispiel 2.88

Wie werden die Brennstoffe in Flüssigkeitsraketentriebwerken gehandhabt?

Lösung

In Flüssigkeitsraketentriebwerken werden Brennstoff und Oxidator in getrennten Tanks gespeichert und erst im Triebwerk gemischt.

Übungsbeispiel 2.89

Was passiert bei einem Feststoffantrieb mit den oxidierten und reduzierten Komponenten?

Lösung

Bei einem Feststoffantrieb sind sowohl die oxidierten als auch die reduzierten Komponenten in fester Form gebunden und werden gemeinsam mitgeführt.

Übungsbeispiel 2.90

Welche Art von Treibstoff verwenden Feststoffantriebe?

Lösung

Feststoffantriebe verwenden festen Treibstoff, der sowohl Oxidator als auch Brennstoff enthält.

Übungsbeispiel 2.91

Warum müssen Brennstoff und Oxidator in Flüssigkeitsraketentriebwerken getrennt gelagert werden?

Lösung

Brennstoff und Oxidator müssen in Flüssigkeitsraketentriebwerken getrennt gelagert werden, um eine vorzeitige Reaktion zu verhindern, die gefährlich sein könnte.

Übungsbeispiel 2.92

In welchem Zustand wird der Treibstoff bei Feststoffantrieben mitgeführt?

Lösung

Der Treibstoff bei Feststoffantrieben wird in fester Form mitgeführt.

Übungsbeispiel 2.93

Wie unterscheidet sich der Treibstoffvorgang in Flüssigkeitsraketentriebwerken von dem in Feststoffantrieben?

Lösung

In Flüssigkeitsraketentriebwerken wird der Brennstoff erst im Triebwerk mit dem Oxidator gemischt, während in Feststoffantrieben der Brennstoff bereits in einer festen Form vorliegt.

Übungsbeispiel 2.94

Was sind mögliche Vorteile von Flüssigkeitsraketentriebwerken im Vergleich zu Feststoffantrieben?

Lösung

Flüssigkeitsraketentriebwerke bieten die Möglichkeit, die Mischung von Brennstoff und Oxidator besser zu kontrollieren und können in der Regel präzisere Steuerung der Schubkraft bieten.

Übungsbeispiel 2.95

Was könnte ein Vorteil von Feststoffantrieben im Vergleich zu Flüssigkeitsraketentriebwerken sein?

Lösung

Ein Vorteil von Feststoffantrieben könnte ihre einfachere Konstruktion und höhere Zuverlässigkeit sein, da keine komplexe Brennstoffmischung erforderlich ist.

Übungsbeispiel 2.96

Was beschreibt der Energieerhaltungssatz für ein materielles Volumen in der Gasdynamik?

Lösung

Der Energieerhaltungssatz für ein materielles Volumen beschreibt, wie sich die kinetische Energie, die innere Energie, die Wärmequelle und der Wärmestrom in einem Volumen über die Zeit verhalten, sowie wie diese Größen durch äußere Kräfte und Wärmezufuhr verändert werden.

Übungsbeispiel 2.97

Was ist die Formel zur Berechnung der kinetischen Energie in der Gasdynamik?

Lösung

Die kinetische Energie wird berechnet durch $E_{\text{Kin}} = \int \frac{w^2}{2} \cdot \varrho \cdot dV$, wobei w die Geschwindigkeit und ϱ die Dichte ist.

Übungsbeispiel 2.98

Wie wird die innere Energie in der Gasdynamik berechnet?

Lösung

Die innere Energie wird durch $E_{\text{innere}} = \int \varrho \cdot u \cdot dV$ berechnet, wobei u die spezifische innere Energie ist.

Übungsbeispiel 2.99

Was ist der Unterschied zwischen der Wärmequelle w_{quell} und dem Wärmestrom $\underline{q}$?

Lösung

Die Wärmequelle w_{quell} beschreibt die Wärmezufuhr durch chemische Reaktionen oder Strahlung im Inneren des Volumens, während der Wärmestrom $\underline{q}$ die Wärme beschreibt, die über die Oberfläche des Volumens abfließt.

Übungsbeispiel 2.100

Was passiert, wenn die Kraftdichte rotationsfrei und stationär ist?

Lösung

Wenn die Kraftdichte rotationsfrei und stationär ist, gilt $\underline{f} = -\nabla U$, was die Formulierung der Arbeit im Volumen vereinfacht.

Übungsbeispiel 2.101

Was ist die Leibnizregel und wie wird sie angewendet?

Lösung

Die Leibnizregel beschreibt, wie man die Ableitung eines Integrals mit variablen Grenzen berechnet. Sie lautet

$$\frac{d}{dt} F(t) = f(t, b(t))b'(t) - f(t, a(t))a'(t)$$

$$+ \int_{a(t)}^{b(t)} \frac{\partial}{\partial t} f(t, x)dx.$$

Übungsbeispiel 2.102

Was beschreibt die Bernoulli-Gleichung in der Gasdynamik?

Lösung

Die Bernoulli-Gleichung beschreibt die Energieerhaltung für einen Stromfaden, wobei die spezifische Enthalpie, die kinetische Energie und die potenzielle Energie in einem konstanten Wert zusammengefasst sind.

Übungsbeispiel 2.103

Wie lautet die spezifische Enthalpie h in der Gasdynamik?

Lösung

Die spezifische Enthalpie wird durch $h := u + p \cdot v = u + \frac{p}{\varrho}$ definiert.

Übungsbeispiel 2.104

Was besagt die Gleichung $h + \frac{w^2}{2} + g \cdot z =$ const.?

Lösung

Diese Gleichung stellt eine Form der Bernoulli-Gleichung dar und zeigt, dass die spezifische Enthalpie, die kinetische Energie und die potenzielle Energie konstant sind, wenn sich das System nicht verändert.

Übungsbeispiel 2.105

Was stellt die Gleichung $dF = dh + w\,dw + g\,dz = 0$ dar?

Lösung

Diese Gleichung beschreibt die konstant bleibende Funktion F, die eine Beziehung zwischen der Enthalpie, der Geschwindigkeit und der Höhe in einem Gasdynamiksystem darstellt.

Übungsbeispiel 2.106

Was besagt die ideale Gasgleichung $p \cdot v = R \cdot T$?

Lösung

Die ideale Gasgleichung beschreibt den Zusammenhang zwischen Druck p, Volumen v, Temperatur T und der spezifischen Gaskonstanten R für ideale Gase.

Übungsbeispiel 2.107

In welchem Fall ist die ideale Gasgleichung in der Gasdynamik nicht genau anwendbar?

Lösung

Die ideale Gasgleichung ist nicht immer exakt anwendbar für alle Gase, insbesondere bei hohen Drücken oder niedrigen Temperaturen, wo Wechselwirkungen zwischen den Molekülen signifikant sind.

Übungsbeispiel 2.108

Was beschreibt die partielle Differentialgleichung für die innere Energie $du = (\frac{\partial u}{\partial T})_v\,dT + (\frac{\partial u}{\partial v})_T\,dv$?

Lösung

Diese Gleichung beschreibt die Änderung der inneren Energie u in Bezug auf die Temperatur T bei konstantem Volumen v und in Bezug auf das Volumen v bei konstanter Temperatur T.

Übungsbeispiel 2.109

Was besagt der 2. Hauptsatz der Thermodynamik in Bezug auf die Irreversibilität von Prozessen?

Lösung

Der 2. Hauptsatz der Thermodynamik besagt, dass natürliche Prozesse irreversibel sind und Entropie in einem System immer zunimmt.

Übungsbeispiel 2.110

Was ist Entropie und welche Rolle spielt sie in thermodynamischen Prozessen?

Lösung

Entropie ist ein Maß für die Unordnung oder Irreversibilität eines thermodynamischen Prozesses. Sie nimmt in einem geschlossenen System immer zu und kann nie abnehmen.

2

Übungsbeispiel 2.111

Was ist die Entropieungleichung und wie lautet die allgemeine Form?

Lösung

Die Entropieungleichung beschreibt eine bilanzielle Betrachtung der Entropie in einem bestimmten Volumen. Ihre allgemeine Form lautet:

$$\frac{d}{dt} \int_{\dot{V}} \varrho s \, dV \geq \int \frac{\varrho w_{\text{quell}}}{T} \, dV - \oint \frac{1}{T} q \cdot dA.$$

Übungsbeispiel 2.112

Was passiert mit der Entropieungleichung, wenn eine Adiabate unterstellt wird?

Lösung

Wenn eine Adiabate unterstellt wird, vereinfacht sich die Entropieungleichung für stationäre Strömungen zu:

$$s_2 - s_1 \geq 0.$$

Übungsbeispiel 2.113

Was beschreibt die Gibbs'sche Gleichung in der Thermodynamik?

Lösung

Die Gibbs'sche Gleichung beschreibt die Energiebilanz eines geschlossenen Systems, bei dem Volumenänderungsarbeit verrichtet wird. Sie ist eine grundlegende thermodynamische Gleichung, die den Zusammenhang zwischen Entropie, Temperatur, Druck und Volumen herstellt.

Übungsbeispiel 2.114

Was ist Schall und wie breitet sich Schall aus?

Lösung

Schall ist eine mechanische Welle, die sich in einem Medium als Deformation ausbreitet. In ruhenden Gasen und Flüssigkeiten handelt es sich immer um eine Longitudinalwelle.

Übungsbeispiel 2.115

Was beschreibt die Wellengleichung für Schall in einem Medium?

Lösung

Die Wellengleichung für Schall in einem Medium beschreibt die Ausbreitung der Schallwelle unter der Annahme eines Laplace-Operators Δ und einer Schallgeschwindigkeit w, die von verschiedenen Faktoren abhängt.

Übungsbeispiel 2.116

Wie ist die Schallgeschwindigkeit mit der Druck- und Dichteänderung verbunden?

Lösung

Die Schallgeschwindigkeit ist mit der Druck- und Dichteänderung durch die Isentropengleichung gekoppelt, die in der Thermodynamik abgeleitet wird.

Übungsbeispiel 2.117

Was ist die Normalatmosphäre (ISA) und wie ist die Schallgeschwindigkeit damit verbunden?

Lösung

Die Normalatmosphäre (ISA) beschreibt die internationale Standardatmosphäre, in der die Temperatur als konstant angenommen wird. Die Schallgeschwindigkeit hängt von der Temperatur in dieser Atmosphäre ab.

Übungsbeispiel 2.118

Was beschreibt der Mach'sche Kegel und was ist der Mach'sche Winkel?

Lösung

Der Mach'sche Kegel beschreibt eine Stoßwelle, die entsteht, wenn ein Objekt mit Schallgeschwindigkeit durch ein Medium bewegt wird. Der Mach'sche Winkel ist der halbe Spitzenwinkel des Kegels, der durch die Schallwellenfronten gebildet wird und ist in Bezug auf die Mach-Zahl definiert.

Übungsbeispiel 2.119

Was ist das Ziel bei der Herleitung der Euler-Gleichungen?

Lösung

Das Ziel ist es, die Grundgleichungen der Hydrodynamik zu vereinfachen und eine Lösung für die Unbekannten wie die Geschwindigkeiten u, v und den Druck p zu finden.

Übungsbeispiel 2.120

Welche Grundgleichungen der Hydrodynamik werden in der Theorie zur Herleitung der Euler-Gleichungen betrachtet?

Lösung

Die betrachteten Grundgleichungen sind die Kontinuitätsgleichung und die Bewegungsgleichungen in x- und y-Richtung.

Übungsbeispiel 2.121

Was besagt die Kontinuitätsgleichung?

Lösung

Die Kontinuitätsgleichung beschreibt die Masseerhaltung und besagt, dass die Änderung der Geschwindigkeit in der x- und y-Richtung zusammen null ergibt, was auf eine konstante Massenströme hinweist.

Übungsbeispiel 2.122

Warum ist es schwierig, die Bewegungsgleichungen direkt zu lösen?

Lösung

Es ist schwierig, weil die Gleichungen hohe Komplexität aufweisen, was die Berechnungen erschwert. Daher wird eine Vereinfachung vorgenommen.

Übungsbeispiel 2.123

Was wird bei der Vereinfachung der Bewegungsgleichungen angenommen?

Lösung

Es wird Drehungsfreiheit angenommen, was zu einer weiteren Vereinfachung der Gleichungen führt.

Übungsbeispiel 2.124

Was beschreibt die kinematische Grundgleichung?

Lösung

Die kinematischen Grundgleichungen beschreiben den Zusammenhang zwischen den Geschwindigkeiten und deren räumlicher Veränderung in der Strömung.

Übungsbeispiel 2.125

Was ist der Hauptunterschied zwischen der Euler- und der Bernoulli-Gleichung?

Lösung

Die Euler-Gleichung beschreibt die Änderung des Drucks in Bezug auf die Geschwindigkeit der Strömung, während die Bernoulli-Gleichung eine Beziehung zwischen Druck, Geschwindigkeit und der kinetischen Energie einer Strömung über eine Strecke darstellt.

Übungsbeispiel 2.126

Was bedeutet es, dass die Konstante in der Bernoulli-Gleichung über das gesamte Strömungsfeld denselben Wert hat?

Lösung

Es bedeutet, dass in einem Strömungsfeld die Energieerhaltung gilt, und der Gesamtwert der Energie (bestehend aus Druck und Geschwindigkeit) konstant bleibt, wenn keine äußeren Einflüsse wie Reibung oder Scherkräfte wirken.

Übungsbeispiel 2.127

Welche Rolle spielen die kinematischen Grundgleichungen bei der Bestimmung eines Strömungsfeldes?

Lösung

Die kinematischen Grundgleichungen ermöglichen es, die Unbekannten wie die Geschwindigkeit in den Richtungen x und y sowie den Druck zu berechnen, wenn sie zusammen mit anderen Gleichungen verwendet werden.

Übungsbeispiel 2.128

Wie trägt die Euler-Gleichung zur Strömungsberechnung bei?

Lösung

Die Euler-Gleichung ermöglicht es, den Druck in der Strömung unter der Annahme einer idealen, inkompressiblen Strömung zu berechnen, indem sie den Zusammenhang zwischen Druckänderungen und Geschwindigkeitsänderungen beschreibt.

Übungsbeispiel 2.129

Was ist der Zusammenhang zwischen den Euler-Gleichungen und den Navier-Stokes-Gleichungen?

Lösung

Die Euler-Gleichungen sind ein Spezialfall der Navier-Stokes-Gleichungen, bei denen keine Viskosität berücksichtigt wird, also bei inkompressiblen und reibungsfreien Strömungen.

Übungsbeispiel 2.130

Wie werden die Navier-Stokes-Gleichungen in verschiedenen Koordinatensystemen formuliert?

Lösung

Die Navier-Stokes-Gleichungen können in verschiedenen Koordinatensystemen wie kartesischen, zylindrischen oder Kugelkoordinaten formuliert werden, um die Strömung in verschiedenen Anwendungsbereichen, wie etwa bei Überschallflug oder der Strömung um Körper, zu beschreiben.

Flächen-Geschwindigkeitsbeziehung, Verdichtungsstöße

Inhaltsverzeichnis

© Der/die Autor(en), exklusiv lizenziert an Springer-Verlag GmbH, DE, ein Teil von Springer
Nature 2026
A. Huber, *Technische Mechanik 6 - Aeromechanik*,
https://doi.org/10.1007/978-3-662-72929-8_3

Sie lernen hier...
- Unterschiedliche Arten von Verdichtungsstößen kennen.
- die Flächen-Geschwindigkeitsbeziehung kennen.
- den senkrechten Verdichtungsstoß kennen.
- den schiefen Verdichtungsstoß kennen.

3.1 Flächen-Geschwindigkeitsbeziehung

Dieser Abschnitt beruht auf [2]. Mit Gl. (2.66) folgt eine Gleichung, die die konkrete Abhängigkeit der Fläche der Strömung und der Geschwindigkeit herstellt, zu

$$\frac{dA}{A} = \frac{dw}{w}(Ma^2 - 1). \tag{3.1}$$

Löst man diese DGL, durch Integration, ergibt sich

$$\int_{A_0}^{A(w)} \frac{dA}{A} = \int_{w_0}^{w} \left(\frac{w^2}{a^2} - 1\right)\frac{dw}{w}$$

$$\ln(|A|) - \ln(|A_0|) = \int_{w_0}^{w} \left(\frac{w^2}{a^2 \cdot w} - \frac{1}{w}\right)dw$$

$$\ln(|A|) - \ln(|A_0|) = \int_{w_0}^{w} \left(\frac{w}{a^2} - \frac{1}{w}\right)dw$$

$$\ln(|A|) - \ln(|A_0|) = \int_{w_0}^{w} \frac{w}{a^2}dw - \int_{w_0}^{w} \frac{1}{w}dw$$

$$\ln(|A|) - \ln(|A_0|) = \frac{1}{a^2}\int_{w_0}^{w} w \cdot dw - \int_{w_0}^{w} \frac{1}{w}dw$$

$$\ln(|A|) - \ln(|A_0|) = \frac{1}{a^2}\left.\frac{w^2}{2}\right|_{w_0}^{w} - \ln(|w|)\big|_{w_0}^{w}$$

$$\ln(|A|) - \ln(|A_0|) = \frac{1}{a^2}\left(\frac{w^2}{2} - \frac{w_0^2}{2}\right)$$
$$- [\ln(|w|) - \ln(|w_0|)]$$

$$\ln(|A|) - \ln(|A_0|) = \frac{1}{a^2}\left(\frac{w^2}{2} - \frac{w_0^2}{2}\right)$$
$$- \ln(|w|) + \ln(|w_0|)$$

$$\ln(A) = \frac{w^2 - w_0^2}{a^2} - \ln(w)$$
$$+ \ln(w_0) + \ln(A_0). \tag{3.2}$$

Entlogarithmieren ergibt

$$A(w) = e^{\frac{w^2 - w_0^2}{a^2} - \ln(w) + \ln(w_0) + \ln(A_0)} \quad \text{bzw.}$$

$$A(w) = \exp\left(\frac{w^2 - w_0^2}{a^2} - \ln(w)\right.$$
$$\left. + \ln(w_0) + \ln(A_0)\right). \tag{3.3}$$

In dieser Gleichung kann man die Fläche noch durch die Flächenformel ersetzen, es ergibt sich

$$d(w) = \left(\frac{4}{\pi} \cdot \exp\left(\frac{w^2 - w_0^2}{a^2} - \ln(w)\right.\right.$$
$$\left.\left. + \ln(w_0) + \ln\left(\frac{d_0^2 \cdot \pi}{4}\right)\right)\right)^{\frac{1}{2}} \tag{3.4}$$

Stellt man diese Gleichung in einem Diagramm dar, folgt ▫ Abb. 3.1. Dort ist auch wieder die Ähnlichkeit zur Lavaldüse zu erkennen.
Siehe ▶ Lösung durch Matlab 3.1.

> **Methode: Lösung durch Matlab 3.1**
>
> Es ist die Funktion infolge Gl. (3.4) in einem Diagramm, in Matlab, darzustellen. Es folgt ◘ Abb. 3.1
>
> ```matlab
> % Gegebene Parameter
> kappa = 1.4;          % Adiabatenkoeffizient für Luft
> R = 287;              % Gaskonstante für Luft in J/(kg*K)
> T = 300;              % Temperatur in Kelvin (z. B. 300 K)
>
> % Berechnung der Schallgeschwindigkeit
> a = sqrt(kappa * R * T);
>
> % Weitere Parameter
> d0 = 0.6;             % Anfangsdurchmesser in Metern (anpassen)
> w0 = 10;              % Anfangsgeschwindigkeit in m/s (muss > 0 sein, um log(w0) zu
> definieren)
>
> % Geschwindigkeitsbereich
> w = linspace(1, 1000, 500);  % Start bei 1 m/s, um log(w) zu vermeiden
>
> % Berechnung von d(w)
> d = sqrt((4/pi) * exp((w.^2 - w0^2) / a^2 - log(w) + log(w0) + log((d0^2 * pi) /
> 4)))/2;
>
> % Plot der Funktion
> figure;
> plot(w, d, 'b', 'LineWidth', 2);
> grid on;
> xlabel('Geschwindigkeit w [m/s]');
> ylabel('Durchmesser d(w) [m]');
> title('Durchmesser d(w) in Abhängigkeit von der Geschwindigkeit');
> legend('d(w)', 'Location', 'Best');
> ```

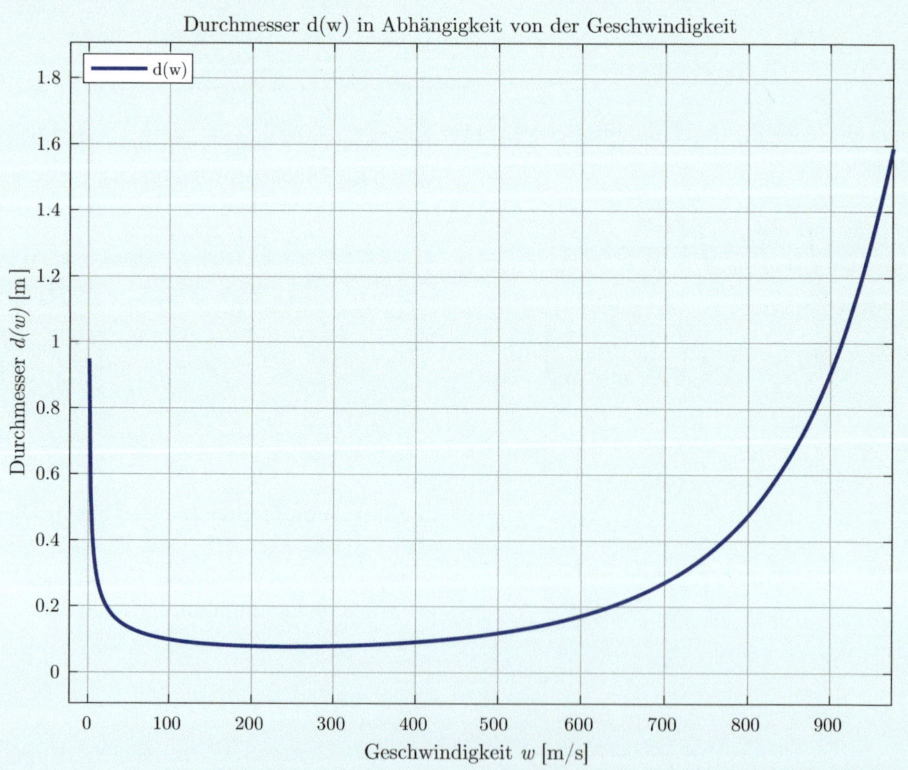

◘ **Abb. 3.1** Flächen-Geschwindigkeitsbeziehung – Verlauf

3.2 Entstehung eines Verdichtungsstoßes

Ein Verdichtungsstoß entsteht, wenn eine sprunghafte Änderung des Strömungszustands, die ausschließlich bei Überschallströmung in kompressiblen Medien auftritt, vorliegt. Dabei kann man folgende Abfolgen erkennen:

- die Dichte, der Druck und die Temperatur des Mediums nehmen zu.
- die Strömungsgeschwindigkeit sowie die Machzahl verringern sich.

Je nach Ausrichtung der Stoßfront in Bezug auf die Strömungsrichtung unterscheidet man zwischen:

- einen senkrechten Verdichtungsstoß, der die Überschallströmung auf Unterschallgeschwindigkeit abbremst, wobei die Strömungsrichtung erhalten bleibt.
- einen schrägen Verdichtungsstoß, der die Geschwindigkeit reduziert (jedoch nicht zwangsläufig auf Unterschall) und die Strömungsrichtung ändert.

Verdichtungsstöße entstehen, wenn Überschallströmung auf ein Hindernis trifft oder der Gegendruck zu stark ansteigt, etwa bei einem Unterschall-Triebwerkseinlauf. Da Druckwellen sich mit der lokalen Schallgeschwindigkeit ausbreiten, kann eine solche Störung nicht stromauf in einer Überschallströmung weitergegeben werden. Daher erfolgt die Anpassung des Strömungszustands abrupt, durch einen Stoß [32, 33, 46, 113, 134].

3.3 Senkrechter Verdichtungsstoß

Ein senkrechter Verdichtungsstoß entsteht, wenn eine Überschallströmung auf eine plötzliche Änderung im Strömungsfeld trifft, die senkrecht zur Strömungsrichtung ausgerichtet ist. Dies kann zum Beispiel durch ein Hindernis oder eine plötzliche Änderung der Geometrie (wie eine Stufe oder ein scharfer Winkel) im Strömungskanal verursacht werden. Hierbei wird die Überschallströmung abrupt auf Unterschallgeschwindigkeit reduziert. Dies geschieht, ohne dass die Strömungsrichtung verändert wird, da der Stoß senkrecht zur Strömung auftritt.

Die Hauptmerkmale eines senkrechten Verdichtungsstoßes sind:

- **Senkrechte Ausrichtung der Stoßfront**: Der Stoß tritt senkrecht zur Strömungsrichtung auf.
- **Reduktion der Geschwindigkeit**: Die Überschallströmung wird durch den Verdichtungsstoß auf Unterschallgeschwindigkeit reduziert.
- **Anstieg von Dichte, Druck und Temperatur**: Die Strömung wird verdichtet, was zu einem Anstieg von Dichte, Druck und Temperatur führt.

Ein typisches Beispiel für einen senkrechten Verdichtungsstoß ist der Stoß, der in einem Überschallströmungsbereich vor einer Düse oder einem Triebwerk auftritt.

3.3.1 Allgemeine Geschwindigkeitsbeziehungen

Gegeben ist eine stationäre Strömung, die als Stromröhre modelliert sei. Es gilt dann am Untersuchungspunkt 1: w_1, ϱ_1, p_1 und T_1. Diese Größen sind bekannt. Ist die Dichte konstant, so ist die Massenerhaltung durch die Geschwindigkeit der Strömung gegeben.

Mit dem Impulssatz

$$\varrho_1 \cdot w_1^2 + p_1 = \varrho_2 \cdot w_2^2 + p_2, \tag{3.5}$$

der Bernoulli-Gleichung

$$\frac{\kappa}{\kappa - 1} \frac{p_1}{\varrho_1} + \frac{w_1^2}{2} = \frac{\kappa}{\kappa - 1} \frac{p_2}{\varrho_2} + \frac{w_2^2}{2}, \tag{3.6}$$

und der Massenerhaltung

$$\varrho_1 \cdot w_1 = \varrho_2 \cdot w_2. \tag{3.7}$$

Alle Strömungsgrößen im Querschnitt 1 sind gegeben. Man kann mit Gl. (3.7) folgenden Ausdruck formulieren

$$\frac{w_2}{w_1} = \frac{\varrho_1}{\varrho_2} = C = \text{const.} \tag{3.8}$$

Setzt man Gl. (3.8) in Gl. (3.5) ein, folgt

$$p_2 = p_1 + \varrho_1 \cdot w_1^2 \cdot (1 - C). \tag{3.9}$$

Gl. (3.9) in Gl. (3.6) ergibt

$$\frac{\kappa}{\kappa - 1} \frac{p_1}{\varrho_1} + \frac{w_1^2}{2}$$

$$= \frac{\kappa}{\kappa - 1} \frac{p_1 + \varrho_1 \cdot w_1^2 \cdot (1 - C)}{\varrho_2} + \frac{w_2^2}{2}. \tag{3.10}$$

Hier kann man w_2 ersetzen, gem. Gl. (3.8) zu:
$w_2 = C \cdot w_1$ und $\varrho_2 = \frac{\varrho_1}{C}$, bzw. durch Einsetzen

$$\frac{\kappa}{\kappa - 1} \frac{p_1}{\varrho_1} + \frac{w_1^2}{2}$$

$$= \frac{\kappa}{\kappa - 1} \left(\frac{p_1 \cdot C}{\varrho_1} + w_1^2 \cdot (1 - C) \cdot C \right)$$

$$+ \frac{C^2 \cdot w_1^2}{2}$$

$$= \frac{\kappa}{\kappa - 1} \frac{p_1 \cdot C}{\varrho_1} + \frac{\kappa}{\kappa - 1} w_1^2 \cdot (1 - C) \cdot C$$

$$+ \frac{C^2 \cdot w_1^2}{2}. \tag{3.11}$$

Gl. (3.11) durch die quadrierte Schallgeschwindigkeit a_1^2 dividiert ergibt

$$\frac{\kappa}{\kappa - 1} \frac{p_1}{\varrho_1 \cdot a_1^2} + \frac{w_1^2}{2 \cdot a_1^2}$$

$$= \frac{\kappa}{\kappa - 1} \frac{p_1 \cdot C}{\varrho_1 \cdot a_1^2} + \frac{\kappa}{\kappa - 1} \frac{w_1^2}{a_1^2}$$

$$\cdot (1 - C) \cdot C + \frac{C^2 \cdot w_1^2}{2 \cdot a_1^2}. \tag{3.12}$$

Jetzt kann man $\frac{w_1^2}{a_1^2} = Ma_1^2$ ersetzen. Es folgt

$$\frac{\kappa}{\kappa - 1} \frac{p_1}{\varrho_1 \cdot a_1^2} + \frac{Ma_1^2}{2}$$

$$= \frac{\kappa}{\kappa - 1} \frac{p_1 \cdot C}{\varrho_1 \cdot a_1^2} + \frac{\kappa}{\kappa - 1} \cdot Ma_1^2$$

$$\cdot (1 - C) \cdot C + \frac{C^2 \cdot Ma_1}{2}. \tag{3.13}$$

Mit der Definition der Schallgeschwindigkeit
$a = \sqrt{\kappa \cdot p \cdot v} \Rightarrow a^2 = \kappa \cdot p \cdot \frac{1}{\varrho}$ ergibt sich

$$\frac{\kappa}{\kappa - 1} \frac{p_1 \cdot \varrho_1}{\varrho_1 \cdot \kappa \cdot p_1} + \frac{Ma_1^2}{2}$$

$$= \frac{\kappa}{\kappa - 1} \frac{p_1 \cdot C \cdot \varrho_1}{\varrho_1 \cdot \kappa \cdot p} + \frac{\kappa}{\kappa - 1}$$

$$\cdot Ma_1^2 \cdot (1 - C) \cdot C + \frac{C^2 \cdot Ma_1}{2}$$

$$\Longrightarrow \quad \frac{1}{\kappa - 1} + \frac{Ma_1^2}{2}$$

$$= \frac{1}{\kappa - 1} \cdot C + \frac{\kappa}{\kappa - 1}$$

$$\cdot Ma_1^2 \cdot (1 - C) \cdot C + \frac{C^2 \cdot Ma_1}{2}$$

$$\Longrightarrow \quad \frac{1}{\kappa - 1} \cdot (1 - C)$$

$$= \frac{\kappa}{\kappa - 1} \cdot Ma_1^2 \cdot (1 - C) \cdot C$$

$$+ Ma_1^2 \cdot \left(\frac{C^2}{2} - \frac{1}{2} \right)$$

$$\Longrightarrow \quad 0 = - \frac{1}{\kappa - 1} \cdot (1 - C)$$

$$+ \frac{\kappa}{\kappa - 1} \cdot Ma_1^2 \cdot (1 - C) \cdot C$$

$$+ Ma_1^2 \cdot \left(\frac{C^2 - 1}{2} \right). \tag{3.14}$$

Diese Gleichung mit (-1) multipliziert und einsetzen von $(1 - C)(1 + C) = 1 - C^2$ ergibt

$$0 = \frac{1}{\kappa - 1} \cdot (1 - C)$$

$$- \frac{\kappa}{\kappa - 1} \cdot Ma_1^2 \cdot (1 - C) \cdot C$$

$$+ Ma_1^2 \cdot \left(\frac{1 - C^2}{2} \right)$$

$$0 = \frac{1}{\kappa - 1} \cdot (1 - C)$$

$$- \frac{\kappa}{\kappa - 1} \cdot Ma_1^2 \cdot (1 - C) \cdot C$$

$$+ Ma_1^2 \cdot \left(\frac{(1 - C)(1 + C)}{2} \right) \tag{3.15}$$

und durch Herausheben von $1 - c$ folgt schließlich

$$0 = (1 - C) \cdot \left[\frac{1}{\kappa - 1} - \frac{\kappa}{\kappa - 1} \cdot Ma_1^2 \cdot C \right.$$

$$\left. + (1 + C) \cdot \left(\frac{Ma_1^2}{2} \right) \right]. \tag{3.16}$$

Im nächsten Schritt muss man sich überlegen, wann diese Gleichung eine Lösung besitzt, bzw. wann sie erfüllt ist. Sie ist dann erfüllt, wenn entweder der erste oder der zweite Term zu null wird. Dies bedeutet,

$$0 = \underbrace{(1-C)}_{=A \text{ bei } \mathbb{L}_1 \to A=0}$$
$$\cdot \underbrace{\left[\frac{1}{\kappa-1} - \frac{\kappa}{\kappa-1} \cdot Ma_1^2 \cdot C + (1+C) \cdot \left(\frac{Ma_1^2}{2}\right)\right]}_{=B \text{ bei } \mathbb{L}_2 \to B=0}.$$

$$(3.17)$$

Untersucht man zunächst Fall 1, also $A = 0$ in Gl. (3.17). Es gilt dann, mit Gl. (3.8)

$$1 - C = 0 \implies C = 1 = \frac{w_2}{w_1}$$
$$\implies \underline{\underline{w_1 = w_2}}. \qquad (3.18)$$

Es bleibt damit die Geschwindigkeit konstant, ohne dabei die Energie- oder Massenbedingung zu verletzen.

3.3.2 Gleichung für das Dichteverhältnis

Im zweiten Fall ist die Lösung etwas aufwendiger. Es gilt zunächst, mit Gl. (3.17)

$$\frac{1}{\kappa-1} - \frac{\kappa}{\kappa-1} \cdot Ma_1^2 \cdot C$$
$$+ (1+C) \cdot \left(\frac{Ma_1^2}{2}\right) = 0. \qquad (3.19)$$

Substituiert man hier $m = Ma^2 - 1 \Rightarrow Ma^2 = m + 1$ folgt durch Einsetzen in Gl. (3.19)

$$\frac{1}{\kappa-1} - \frac{\kappa}{\kappa-1} \cdot (m+1) \cdot C$$
$$+ (1+C) \cdot \left(\frac{m+1}{2}\right) = 0; \qquad (3.20)$$

bzw. durch Multiplizieren mit $(\kappa - 1)$ und 2

$$2 - 2 \cdot \kappa \cdot (m+1) \cdot C$$
$$+ (1+C) \cdot (m+1) \cdot (\kappa-1) = 0$$
$$2 - 2 \cdot \kappa \cdot (m+1) \cdot C$$
$$+ (\kappa + \kappa \cdot C - 1 - C) \cdot (m+1) = 0$$

$$(3.21)$$

Diese Gleichung mit $(m + 1)$ dividieren:

$$\frac{2}{m+1} - 2 \cdot \kappa \cdot C + (\kappa + \kappa \cdot C - 1 - C) = 0$$
$$\frac{2}{m+1} + (\kappa - 1) = 2 \cdot \kappa \cdot C - \kappa \cdot C + C$$
$$\frac{2}{m+1} + (\kappa - 1) = C \cdot (2 \cdot \kappa - \kappa + 1)$$

$$C = \frac{\dfrac{2}{m+1} + (\kappa - 1)}{2 \cdot \kappa - \kappa + 1}$$

$$C = \frac{\dfrac{2 + (\kappa - 1)(m + 1)}{m + 1}}{\kappa + 1}$$

$$C = \frac{2 + (\kappa - 1)(m + 1)}{(\kappa + 1) \cdot (m + 1)} \qquad (3.22)$$

Hier kann Gl. (3.8) eingesetzt werden, sowie die Machzahl durch Rücksubstituieren, zu

$$\frac{\varrho_1}{\varrho_2} = \frac{w_2}{w_1} = \frac{2 + (\kappa - 1) \cdot Ma_1^2}{(\kappa + 1) \cdot Ma_1^2}. \qquad (3.23)$$

Die Machzahl kann durch die Schallgeschwindigkeit und w_1 ersetzt werden, zu

$$\frac{\varrho_1}{\varrho_2} = \frac{w_2}{w_1} = \frac{2 + (\kappa - 1) \cdot Ma_1^2}{(\kappa + 1) \cdot Ma_1^2}. \qquad (3.24)$$

Aus dieser Gleichung kann man folgern, dass entweder eine Geschwindigkeit w_2 in einem anderen Querschnitt existieren muss, die nicht gleich der Geschwindigkeit w_1 ist, oder die Geschwindigkeit konstant bleiben muss. Welcher dieser beiden Fälle eintritt, kann nicht sofort ermittelt werden. Falls an zwei Querschnitten unterschiedliche Strömungsgeschwindigkeiten auftreten, muss zwischen diesen beiden Querschnitten eine sprunghafte Änderung der Geschwindigkeiten vorhanden sein. Dies kann man daraus folgern, dass Gl. (3.24) nur an zwei Punkten gelten kann, da kein Abstand zwischen den beiden Querschnitten untersucht wurde. Es muss sich daher um eine sprunghafte Änderung der Geschwindigkeit handeln. Zudem kann es nicht mehrere aufeinanderfolgende sprunghafte

Änderungen geben. Eine solche Änderung wird als **Verdichtungsstoß** bezeichnet.

Für sehr große Machzahlen, $Ma_1 \to \infty$, strebt das Dichteverhältnis einen endlichen Grenzwert zu (vgl. mit [38]). Mit Gl. (3.24) folgt durch Bilden des Kehrwertes

$$\frac{\varrho_2}{\varrho_1} = \frac{(\kappa + 1) \cdot Ma_1^2}{2 + (\kappa - 1) \cdot Ma_1^2}. \qquad (3.25)$$

Bei sehr großen Machzahlen kann man einen Grenzwert von Gl. (3.25) formulieren, zu

$$\lim_{Ma_1 \to \infty} \left(\frac{\varrho_2}{\varrho_1} \right)$$

$$= \lim_{Ma_1 \to \infty} \left(\frac{(\kappa + 1) \cdot Ma_1^2}{2 + (\kappa - 1) \cdot Ma_1^2} \right)$$

$$= \lim_{Ma_1 \to \infty} \left(\frac{(\kappa + 1) \cdot \dfrac{Ma_1^2}{Ma_1^2}}{\dfrac{2}{Ma_1^2} + (\kappa - 1) \cdot \dfrac{Ma_1^2}{Ma_1^2}} \right)$$

$$= \lim_{Ma_1 \to \infty} \left(\frac{(\kappa + 1)}{\dfrac{2}{Ma_1^2} + (\kappa - 1)} \right)$$

$$= \frac{(\kappa + 1)}{\underbrace{\dfrac{2}{\infty}}_{=0} + (\kappa - 1)}$$

$$= \left(\frac{\kappa + 1}{\kappa - 1} \right) > 1. \qquad (3.26)$$

3.3.3 Gleichung für das Druckverhältnis

Mit der Impulsgleichung aus Gl. (3.5) folgt durch Dividieren mit p_1

$$\frac{p_2}{p_1} + \frac{\varrho_2 \cdot w_2^2}{p_1} = 1 + \frac{\varrho_1 \cdot w_1^2}{p_1}$$

$$\frac{p_2}{p_1} = 1 + \frac{\varrho_1 \cdot w_1^2}{p_1} - \frac{\varrho_2 \cdot w_2^2}{p_1}$$

$$= 1 + \frac{\varrho_1 \cdot w_1^2}{p_1} \left(1 - \frac{\varrho_2 \cdot w_2^2 \cdot p_1}{p_1 \cdot \varrho_1 \cdot w_1^2} \right)$$

$$= 1 + \frac{\varrho_1 \cdot w_1^2}{p_1} \left(1 - \frac{\varrho_2}{\varrho_1} \cdot \frac{w_2^2}{w_1^2} \right). \qquad (3.27)$$

Hier kann man jetzt durch Umformen von Gl. (3.25) einsetzten

$$\frac{\varrho_2}{\varrho_1} = \frac{(\kappa + 1) \cdot Ma_1^2}{2 + (\kappa - 1) \cdot Ma_1^2}$$

$$\implies \frac{w_1}{w_2} = \frac{\varrho_2}{\varrho_1}, \qquad (3.28)$$

zu

$$\frac{p_2}{p_1} = 1 + \frac{\varrho_1 \cdot w_1^2}{p_1} \left(1 - \frac{w_1}{w_2} \cdot \frac{w_2^2}{w_1^2} \right)$$

$$= 1 + \frac{\varrho_1 \cdot w_1^2}{p_1} \left(1 - \frac{w_2}{w_1} \right). \qquad (3.29)$$

Mit der Definition für die Machzahl und die Schallgeschwindigkeit folgt

$$Ma_1^2 = \frac{w_1^2}{a_1^2} \quad \text{mit:} \quad a_1^2 = \kappa \cdot p_1 \cdot v_1 = \kappa \cdot p_1 \cdot \frac{1}{\varrho_1}$$

$$\implies w_1^2 = Ma_1^2 \cdot a_1^2 = Ma_1^2 \cdot \kappa \cdot p_1 \cdot \frac{1}{\varrho_1}$$

$$\implies \frac{w_1^2 \cdot \varrho_1}{p_1} = Ma_1^2 \cdot \kappa. \qquad (3.30)$$

Diese Bedingung in Gl. (3.26) eingesetzt, ergibt

$$\frac{p_2}{p_1} = 1 + Ma_1^2 \cdot \kappa \cdot \left(1 - \frac{w_2}{w_1} \right). \qquad (3.31)$$

Hier kann man die Bedingung (3.24) einsetzen. Es folgt dann

$$\frac{p_2}{p_1} = 1 + Ma_1^2 \cdot \kappa \cdot \left(1 - \frac{2 + (\kappa - 1) \cdot Ma_1^2}{(\kappa + 1) \cdot Ma_1^2} \right)$$

$$= 1 + Ma_1^2 \cdot \kappa \cdot \left(\frac{(\kappa + 1) \cdot Ma_1^2}{(\kappa + 1) \cdot Ma_1^2} - \frac{2 + (\kappa - 1) \cdot Ma_1^2}{(\kappa + 1) \cdot Ma_1^2} \right)$$

$$= 1 + Ma_1^2 \cdot \kappa \cdot \left(\frac{(\kappa + 1) \cdot Ma_1^2 - (2 + (\kappa - 1) \cdot Ma_1^2)}{(\kappa + 1) \cdot Ma_1^2} \right)$$

$$= 1 + Ma_1^2 \cdot \kappa \cdot \left(\frac{(\kappa + 1) \cdot Ma_1^2 - 2 + (1 - \kappa) \cdot Ma_1^2}{(\kappa + 1) \cdot Ma_1^2} \right). \qquad (3.32)$$

In dieser Gleichung kann man jetzt die einzelnen Klammern im Zähler auflösen, es folgt dann

$$\frac{p_2}{p_1} = 1 + Ma_1^2 \cdot \kappa \cdot \left(\frac{\kappa \cdot Ma_1^2 + Ma_1^2 - 2 - \kappa \cdot Ma_1^2 + Ma_1^2}{(\kappa + 1) \cdot Ma_1^2} \right)$$

$$= 1 + Ma_1^2 \cdot \kappa \cdot \left(\frac{2 \cdot Ma_1^2 - 2}{(\kappa + 1) \cdot Ma_1^2} \right) \qquad (3.33)$$

Dies kann man aufteilen, zu

$$\frac{p_2}{p_1} = 1 + Ma_1^2 \cdot \kappa \cdot \left(\frac{2 \cdot Ma_1^2}{(\kappa + 1) \cdot Ma_1^2} \right.$$

$$\left. - \frac{2}{(\kappa + 1) \cdot Ma_1^2} \right)$$

$$= 1 + Ma_1^2 \cdot \kappa \cdot \left(\frac{2}{(\kappa + 1)} - \frac{2}{(\kappa + 1) \cdot Ma_1^2} \right)$$

$$= 1 + \frac{2 \cdot \kappa}{(\kappa + 1)} \cdot Ma_1^2 - \frac{2 \cdot \kappa \cdot Ma_1^2}{(\kappa + 1) \cdot Ma_1^2}$$

$$= 1 + \frac{2 \cdot \kappa}{\kappa + 1} \cdot Ma_1^2 - \frac{2 \cdot \kappa}{\kappa + 1} \qquad (3.34)$$

und herausheben von $\frac{2 \cdot \kappa}{\kappa + 1}$ ergibt

$$\frac{p_2}{p_1} = 1 + \frac{2 \cdot \kappa}{\kappa + 1} \cdot (Ma_1^2 - 1). \qquad (3.35)$$

Berechnet man hier den Grenzwert, um das Geschehen bei sehr großen Machzahlen zu untersuchen, ergibt sich

$$\lim_{Ma_1 \to \infty} \left(\frac{p_2}{p_1} \right)$$

$$= \lim_{Ma_1 \to \infty} \left(1 + \frac{2 \cdot \kappa}{\kappa + 1} \cdot (Ma_1^2 - 1) \right)$$

$$= \lim_{Ma_1 \to \infty} \left(1 + \frac{2 \cdot \kappa}{\kappa + 1} \cdot Ma_1^2 - \frac{2 \cdot \kappa}{\kappa + 1} \cdot \right)$$

$$= \lim_{Ma_1 \to \infty} \left(\frac{1}{Ma_1^3} + \frac{2 \cdot \kappa}{\kappa + 1} \cdot \frac{Ma_1^2}{Ma_1^3} - \frac{2 \cdot \kappa}{\kappa + 1} \cdot \frac{1}{Ma_1^3} \right)$$

$$= \lim_{Ma_1 \to \infty} \left(\frac{1}{Ma_1^3} + \frac{2 \cdot \kappa}{\kappa + 1} \cdot Ma_1 - \frac{2 \cdot \kappa}{\kappa + 1} \cdot \frac{1}{Ma_1^3} \right)$$

$$= \underbrace{\frac{1}{\infty}}_{=0} + \underbrace{\frac{2 \cdot \kappa}{\kappa + 1} \cdot \infty}_{=\infty} - \frac{2 \cdot \kappa}{\kappa + 1} \cdot \underbrace{\frac{1}{\infty}}_{=0} = \infty.$$

$$(3.36)$$

3.3.4 Gleichung für das Temperaturverhältnis

Mit der idealen Gasgleichung folgt

$$p \cdot v = R \cdot T = p \cdot \frac{1}{\varrho}, \qquad (3.37)$$

mit der Definition der Schallgeschwindigkeit

$$a = \sqrt{\kappa \cdot p \cdot v} \quad \Longrightarrow \quad a^2 = \kappa \cdot p \cdot \frac{1}{\varrho}$$

$$\Longrightarrow \quad \frac{a^2}{\kappa} = p \cdot \frac{1}{\varrho}, \qquad (3.38)$$

folgt damit

$$R \cdot T = \frac{a^2}{\kappa}. \qquad (3.39)$$

Dies kann man an zwei Zustandspunkten anwenden. Es folgt dann durch Verhältnis Setzen

$$\frac{T_2}{T_1} = \frac{\dfrac{a_2^2}{\kappa}}{\dfrac{a_1^2}{\kappa}} = \frac{a_2^2}{a_1^2}. \qquad (3.40)$$

Man kann damit für den Druck folgendes Verhältnis formulieren, mit der idealen Gasgleichung

$$\frac{T_2 \cdot R}{T_1 \cdot R} = \frac{p_2 \cdot \dfrac{1}{\varrho_2}}{p_1 \cdot \dfrac{1}{\varrho_1}} = \frac{p_2}{p_1} \cdot \frac{\varrho_1}{\varrho_2} = \frac{T_2}{T_1}. \qquad (3.41)$$

In Gl. (3.41) kann man jetzt die beiden Gleichungen (3.35) und (3.24) einsetzen, zu

$$\frac{T_2}{T_1} = \left(1 + \frac{2 \cdot \kappa}{\kappa + 1} \cdot (Ma_1^2 - 1) \right)$$

$$\cdot \frac{2 + (\kappa - 1) \cdot Ma_1^2}{(\kappa + 1) \cdot Ma_1^2}. \qquad (3.42)$$

3.3.5 Gleichung für das Schallgeschwindigkeitsverhältnis

Mit Gl. (3.40) und (3.42) folgt die Gleichung für das Schallgeschwindigkeitsverhältnis zu

$$\left(\frac{a_2}{a_1} \right)^2 = \left(1 + \frac{2 \cdot \kappa}{\kappa + 1} \cdot (Ma_1^2 - 1) \right)$$

$$\cdot \frac{2 + (\kappa - 1) \cdot Ma_1^2}{(\kappa + 1) \cdot Ma_1^2} \qquad (3.43)$$

bzw.

$$\frac{a_2}{a_1} = \left(\left(1 + \frac{2 \cdot \kappa}{\kappa + 1} \cdot (Ma_1^2 - 1) \right) \cdot \frac{2 + (\kappa - 1) \cdot Ma_1^2}{(\kappa + 1) \cdot Ma_1^2} \right)^{\frac{1}{2}}. \tag{3.44}$$

3.3.6 Gleichung für das Machzahl-Verhältnis

Da für die Schallgeschwindigkeit

$$Ma^2 = \frac{w^2}{a^2} \tag{3.45}$$

gilt, kann man das Verhältnis zu

$$\frac{Ma_2^2}{Ma_1^2} = \frac{\frac{w_2^2}{a_2^2}}{\frac{w_1^2}{a_1^2}} = \frac{w_2^2}{w_1^2} \cdot \frac{a_1^2}{a_2^2} \tag{3.46}$$

formulieren. Hier kann man den Kehrwert von Gl. (3.43) sowie Gl. (3.24) einsetzen, zu

$$\frac{Ma_2^2}{Ma_1^2} = \left(\frac{2 + (\kappa - 1) \cdot Ma_1^2}{(\kappa + 1) \cdot Ma_1^2} \right)^2 \cdot \left(\frac{(\kappa + 1) \cdot Ma_1^2}{\left(1 + \frac{2 \cdot \kappa}{\kappa + 1} \cdot (Ma_1^2 - 1) \right) \cdot (2 + (\kappa - 1) \cdot Ma_1^2)} \right). \tag{3.47}$$

Daraus kann man durch Umformen formulieren:

$$\frac{Ma_2}{Ma_1} = \frac{2 + (\kappa - 1) \cdot Ma_1^2}{(\kappa + 1) \cdot Ma_1^2} \cdot \sqrt{\frac{(\kappa + 1) \cdot Ma_1^2}{\left(1 + \frac{2 \cdot \kappa}{\kappa + 1} \cdot (Ma_1^2 - 1) \right) \cdot (2 + (\kappa - 1) \cdot Ma_1^2)}}. \tag{3.48}$$

3.3.7 Gleichung für die Entropieänderung

Aus der Thermodynamik kennt man die Beziehung für die Entropie

$$ds = c_p \cdot \frac{dT}{T} - R \cdot \frac{dp}{p}. \tag{3.49}$$

Diese DGL kann einfach durch Integrieren gelöst werden. Es folgt

$$\int_{s_1}^{s_2} ds = c_p \cdot \int_{T_1}^{T_2} \frac{dT}{T} - R \cdot \int_{p_1}^{p_2} \frac{dp}{p}$$

$$s_2 - s_1 = c_p \cdot \ln(T_2) - \ln(T_1) - R \cdot \ln(p_2) - \ln(p_1)$$

$$s_2 - s_1 = c_p \cdot \ln\left(\frac{T_2}{T_1} \right) - R \cdot \ln\left(\frac{p_2}{p_1} \right). \tag{3.50}$$

In diese Gleichung kann man jetzt Gl. (3.35) und (3.42) einsetzen, wodurch sich für die Entropie zwischen den beiden Querschnitten folgende Gleichung ergibt

$$s_2 - s_1 = c_p \cdot \ln\left(1 + \frac{2 \cdot \kappa}{\kappa + 1} \cdot (Ma_1^2 - 1) \cdot \frac{2 + (\kappa - 1) \cdot Ma_1^2}{(\kappa + 1) \cdot Ma_1^2} \right) - R \cdot \ln\left(1 + \frac{2 \cdot \kappa}{\kappa + 1} \cdot (Ma_1^2 - 1) \right). \tag{3.51}$$

Diese Gleichung kann man auch noch mit dem Substitutionsparameter $m = Ma^2 - 1$ vereinfachen, um im Anschluss einen einfacheren Plot dieser Gleichung erstellen zu können. Setzt man diese Bedingung in Gl. (3.51) ein, folgt die Beziehung

$$s_2 - s_1 = \frac{R}{\kappa - 1} \left[\ln\left(1 + \frac{2 \cdot \kappa}{\kappa + 1} \cdot m \right) + \kappa \cdot \ln\left(\frac{\kappa - 1}{\kappa + 1} \cdot m \right) - \kappa \cdot \ln(1 + m) \right]$$

$$\text{mit:} \quad m = Ma^2 - 1. \tag{3.52}$$

3.3.8 Verlaufsdarstellungen

3.3.8.1 Entropieänderung

Beobachtung 3.1

Da gem. des 2. Hauptsatzes der Thermodynamik (vgl. mit [16]) die Entropie nur zunehmen kann, kann auch die Entropieänderung aus Gl. (3.52) nur positiv sein.

Corollary 3.1

Damit kann auch der Verdichtungsstoß nur dann auftreten, wenn die Anströmgeschwindigkeit größer als die Schallgeschwindigkeit ist. Dies kann man auch dem Plot aus ◘ Abb. 3.2 entnehmen. Einen mathematischen Beweis dieser Aussage findet man in [42].

Gem. ◘ Abb. 3.2 ist eindeutig zu erkennen, dass nur ein Verdichtungsstoß bei Machzahlen größer 1 auftreten kann, da zuvor die Entropie abnehmen würde, was gem. des 2. Hauptsatzes der Thermodynamik nicht möglich ist.

Siehe ► Lösung durch Matlab 3.2.

3.3.8.2 Machzahländerung

Tritt im Überschall ein Verdichtungsstoß auf, so kann dieser nur dann auftreten, wenn die 2. Geschwindigkeit, also im 2. Querschnitt die Geschwindigkeit im Unterschall Bereich liegt. Dies kann man zeigen, indem man die Funktion aus Gl. (3.48) plottet. Dies zeigt ◘ Abb. 3.3.

Siehe ► Lösung durch Matlab 3.3.

Methode: Lösung durch Matlab 3.2

Es ist Gl. (3.52) bzw. (3.51) zu plotten und anhand dieses Diagramms Folgerung 3.1 zu interpretieren.

```matlab
% Gegebene Stoffwerte für Luft
R = 287;      % Gaskonstante [J/(kg·K)]
kappa = 1.4;  % Isentropenexponent
s_0 = 2963

% Wertebereich für Mach-Zahl Ma_1 (einschließlich Unterschall)
Ma_1 = linspace(0.5, 2, 500);  % Werte von 0.5 bis 2
m = Ma_1.^2 - 1;  % Definition von m = Ma_1^2 - 1

% Berechnung der Entropieänderung nach der neuen Formel
delta_s = (R / (kappa - 1)) * (...
    log(1 + (2 * kappa / (kappa + 1)) .* m) + ...
    kappa * log((kappa - 1) ./ (kappa + 1) .* m) - ...
    kappa * log(1 + m)+s_0 ...
);

% X-Achse als Ma_1^2 - 1
x_values = Ma_1;
y_values = delta_s;

% Plot der Entropieänderung
figure;
plot(x_values, y_values, 'k', 'LineWidth', 2);
xlabel('$Ma_1$', 'Interpreter', 'latex');
ylabel('$s_2 - s_1$', 'Interpreter', 'latex');
title('Entropieänderung $s_2 - s_1$ in Abhängigkeit von $Ma_1^2 - 1$', 'Interpreter', ...
'latex');
grid on;
set(gca, 'FontSize', 12);
axis([-0.5, 1, min(delta_s), max(delta_s)]); % Bereich für bessere Darstellung
```

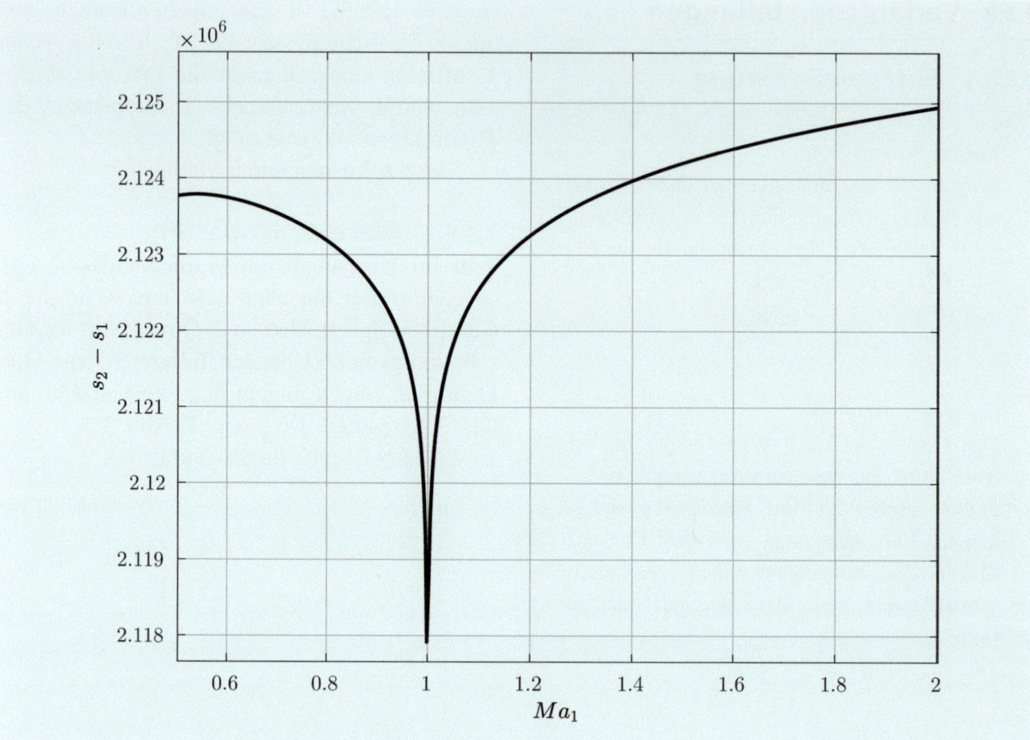

Abb. 3.2 Entropieänderung in Abhängigkeit der Machzahl

Methode: Lösung durch Matlab 3.3

Es ist Gl. (3.48) zu plotten.

```matlab
% Wertebereich für Ma_1
Ma_1 = linspace(1, 3, 500); % von 1 bis 3 mit 500 Punkten

% Verhältnis der spezifischen Wärmen (z. B. für Luft)
kappa = 1.4;

% Berechnung von Ma_2 gemäß der gegebenen Gleichung
Ma_2 = ( (2 + (kappa-1) .* Ma_1.^2) ./ ((kappa + 1) .* Ma_1.^2) ) ...
    .* sqrt( ((kappa + 1) .* Ma_1.^2) ./ ( (1 + (2 * kappa / (kappa + 1)) .* (Ma_1.^2
- 1)) ...
    .* (2 + (kappa-1) .* Ma_1.^2) ) );

% Plot der Funktion
figure;
plot(Ma_1, Ma_2, 'b', 'LineWidth', 2);
grid on;
xlabel('Ma_1', 'FontSize', 14);
ylabel('Ma_2', 'FontSize', 14);
title('Plot von Ma_2 über Ma_1', 'FontSize', 14);
legend(['\kappa = ', num2str(kappa)], 'Location', 'best');
```

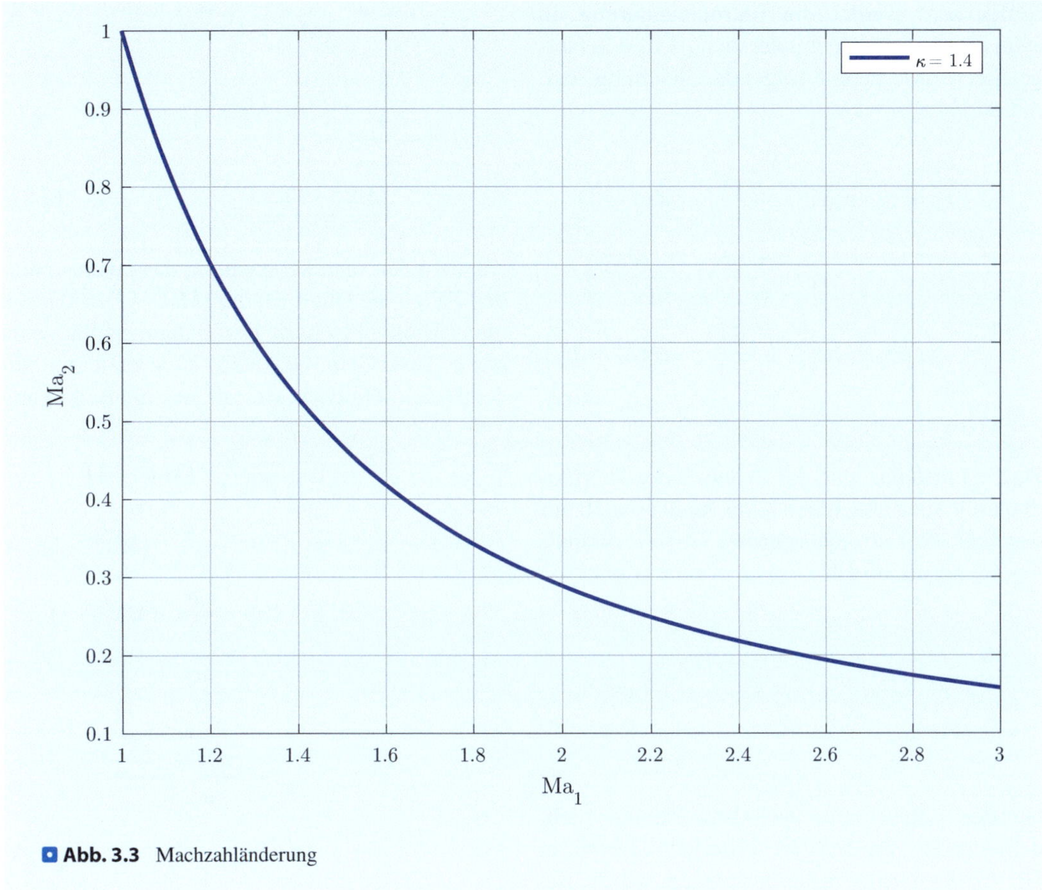

◻ Abb. 3.3 Machzahländerung

3.3.9 Relationen im Überblick

Man kann folgende Relationen finden, vgl. auch mit [2] und [42].

$$w_1 > w_2 \qquad Ma_1 > 1 \qquad Ma_2 < 1 \qquad (3.53)$$

$$\varrho_1 < \varrho_2 \qquad p_1 < p_2 \qquad T_1 < T_2 \qquad (3.54)$$

$$a_1 < a_2 \qquad s_2 - s_1 > 0. \qquad (3.55)$$

3.3.10 Zusammenfassung

Vgl. mit [38].

- Ein Verdichtungsstoß tritt in einem ruhenden Medium auf und breitet sich mit Überschallgeschwindigkeit aus. Dies kann auch eine Stoßwelle sein, anstatt des Verdichtungsstoßes.
- Je größer der Druckanstieg ist, desto schneller breitet sich die Stoßwelle im Medium aus.
- Stoßwellen unterscheiden sich klar von akustischen Wellen, in Bezug auf die Ausbreitungsgeschwindigkeit. Akustische Wellen breiten sich exakt mit Schallgeschwindigkeit aus. Dabei sind auch Druck- und Dichtesprünge infinitesimal klein.

3.3.11 Verdünnungsstöße

In der Literatur findet man auch noch den Begriff der Verdünnungsstöße. Hierbei stellt sich aber die Frage, können solche überhaupt entstehen, wenn man Bezug auf Beobachtung 3.1 nimmt.

Es wird wieder die Entropieänderung an zwei Zustandspunkten untersucht, 1 und 2. Hergeleitet wurde bereits folgende Gleichung, vgl. mit (3.51)

$$s_2 - s_1 = c_p \cdot \ln\left(1 + \frac{2 \cdot \kappa}{\kappa + 1} \cdot (Ma_1^2 - 1)\right.$$
$$\left. \cdot \frac{2 + (\kappa - 1) \cdot Ma_1^2}{(\kappa + 1) \cdot Ma_1^2}\right)$$
$$- R \cdot \ln\left(1 + \frac{2 \cdot \kappa}{\kappa + 1} \cdot (Ma_1^2 - 1)\right).$$
$$(3.56)$$

Da die Entropie, gem. des 2. Satzes der Thermodynamik nicht abnehmen kann, kann es auch nur den Fall der Entropieänderung $s_2 - s_1$, niemals $s_1 - s_2$ geben, da gilt

$$s_{\text{irr}} > 0 \implies s_2 - s_1 > 0. \qquad (3.57)$$

Da der Logarithmus negativer Zahlen nicht definiert ist, müssen die einzelnen Terme in Gl. (3.56) positiv sein, ansonsten würde die Gleichung nicht erfüllt werden. Es gilt also

$$1 + \frac{2 \cdot \kappa}{\kappa + 1} \cdot (Ma_1^2 - 1) \cdot \frac{2 + (\kappa - 1) \cdot Ma_1^2}{(\kappa + 1) \cdot Ma_1^2} > 0$$
$$(3.58)$$

$$1 + \frac{2 \cdot \kappa}{\kappa + 1} \cdot (Ma_1^2 - 1) > 0. \qquad (3.59)$$

Alle Konstanten, die größer 1 sind, können sofort ersetzt und gestrichen werden. Dies ist bei $\kappa = 1{,}4$ (Luft) der Fall. Es folgt daher

$$1 + \frac{2 \cdot 1{,}4}{1{,}4 + 1} \cdot (Ma_1^2 - 1)$$
$$\cdot \frac{2 + (1{,}4 - 1) \cdot Ma_1^2}{(1{,}4 + 1) \cdot Ma_1^2} > 0$$
$$1 + \underbrace{\frac{2{,}8}{2{,}4}}_{>1} \cdot (Ma_1^2 - 1) \cdot \frac{2{,}4 \cdot Ma_1^2}{2{,}4 \cdot Ma_1^2} > 0$$
$$\implies \underline{\underline{(Ma_1^2 - 1) > 0}} \qquad (3.60)$$

$$1 + \frac{2 \cdot 1{,}4}{1{,}4 + 1} \cdot (Ma_1^2 - 1) > 0$$
$$1 + \underbrace{\frac{2{,}8}{2{,}4}}_{>1} \cdot (Ma_1^2 - 1) > 0$$
$$\implies \underline{\underline{(Ma_1^2 - 1) > 0}} \qquad (3.61)$$

Daraus kann man beobachten, dass man in beiden Fällen die Ungleichung $(Ma_1^2 - 1) > 0$ lösen muss. Diese Gleichung ist nur dann erfüllt, wenn $Ma > 1$ ist. Gem. Gl. (3.35) kann man jetzt auf den Druck schließen, woraus sich die Bedingung

$$\frac{p_2}{p_1} = 1 + \frac{2 \cdot \kappa}{\kappa + 1} \cdot (Ma_1^2 - 1)$$
$$\implies p_2 = p_1 \cdot 1 + \frac{2 \cdot \kappa}{\kappa + 1} \cdot (Ma_1^2 - 1)$$
$$= p_1 \cdot 1 + \frac{2{,}8}{2{,}4} \cdot (Ma_1^2 - 1)$$
$$\equiv p_1 \cdot 1 + \underbrace{(Ma_1^2 - 1)}_{\substack{\text{wenn:} Ma > 1 \Rightarrow >1 \\ = x > 1}}$$
$$\implies \equiv x \cdot p_1.$$
$$(3.62)$$

ergibt. Es muss damit der Druck folgender Bedingung genügen: $p_2 > p_1$. Damit kann es nur einen **Verdichtungsstoß und niemals einen Verdünnungsstoß** geben.

> **Bemerkung 3.1**
>
> Schlagartige Umlenkungen der Strömung an Körperkonturen, die gegen die Strömung angestellt sind, führen in Überschallströmungen zwangsläufig zur Bildung von Verdichtungsstößen, da die Strömung nicht mehr der Kontur folgen kann und eine plötzliche Druckerhöhung erfährt. Dabei entstehen entweder schräge oder gekrümmte abgelöste Verdichtungsstöße, deren genaue Form und Lage von der Umlenkgeometrie sowie der Machzahl der anströmenden Strömung abhängen.

Plötzliche Umlenkungen der Strömung an Körperkonturen, die den Strömungsweg erweitern, führen zwar zu einer Richtungsänderung, gehen jedoch stets mit einer kontinuierlichen Druckabnahme einher. Vgl. mit der Prandtl-Meyer-Expansion.

3.4 Prandtl-Meyer-Expansion

3.4.1 Definition

Die Prandtl-Meyer-Expansion beschreibt die Expansion einer Überschallströmung, wenn sie an einer Ecke oder Kontur in eine Richtung umgelenkt wird, die der Strömung mehr Platz bietet. Dabei handelt es sich um einen isentropen Vorgang, bei dem die Strömung beschleunigt und der Druck, die Dichte sowie die Temperatur abnehmen.

3.4.2 Prandtl-Meyer-Expansionswellen

> **Corollary 3.2**
> **(Prandtl-Meyer-Expansionswellen)**
> Wenn eine Überschallströmung auf eine konkave Kante oder eine expandierende Kontur trifft, entstehen sogenannte **Prandtl-Meyer-Expansionswellen**. Im Gegensatz zu Verdichtungsstößen, die mit einem sprunghaften Druckanstieg verbunden sind, erfolgt die Expansion über eine **kontinuierliche Wellenstruktur**. Diese Expansion ist isentrop, also verlustfrei, da keine Stoßverluste auftreten.

— **Beschleunigung der Strömung:** Die Machzahl steigt nach der Expansion an.

— **Druckabfall:** Der Druck nimmt mit der Expansion kontinuierlich ab.

— **Isentroper Prozess:** Es findet keine abrupte Änderung wie bei einem Stoß statt, sondern eine sanfte Anpassung der Strömungsgrößen.

— **Prandtl-Meyer-Funktion:** Die Umlenkung der Strömung wird durch die sogenannte

◘ **Abb. 3.4** Theodor Meyer [129]

◘ **Abb. 3.5** Ludwig Prandtl [103, 116]

Prandtl-Meyer-Funktion beschrieben, die den Zusammenhang zwischen Machzahl und Umlenkungswinkel liefert.

Die Prandtl-Meyer-Expansionswellen sind nach Theodor Meyer[1] und Ludwig Prandtl[2] benannt.

---

1 Vgl. mit ◘ Abb. 3.4. Theodor Meyer (geboren 1. Juli 1882 in Bevensen; gestorben 8. März 1972) war ein deutscher Mathematiker, Physiker und Lehrer.

2 Vgl. mit ◘ Abb. 3.5. Ludwig Prandtl (geboren 4. Februar 1875 in Freising; gestorben 15. August 1953 in Göttingen) war ein deutscher Ingenieur.

3.4.3 Gleichungen

Jede Welle im Expansionsfächer lenkt die Strömung schrittweise um. Es ist physikalisch unmöglich, die Strömung durch eine einzelne „Stoßwelle" umzulenken, da dies dem zweiten Hauptsatz der Thermodynamik widersprechen würde.

Über den Expansionsfächer hinweg beschleunigt die Strömung, und die Machzahl erhöht sich, während der statische Druck, die Temperatur und die Dichte abnehmen. Da der Prozess isentrop ist, bleiben die Stagnationseigenschaften (z. B. Gesamtdruck und Gesamttemperatur) über den Fächer hinweg konstant.

Der Expansionsfächer besteht aus unendlich vielen Expansionswellen oder Mach-Linien. Die erste Mach-Linie bildet einen Winkel (vgl. mit ◘ Abb. 3.6)

$$\mu_1 = \arcsin\left(\frac{1}{Ma_1}\right) \qquad (3.63)$$

zur Strömungsrichtung, und die letzte Mach-Linie bildet einen Winkel

$$\mu_2 = \arcsin\left(\frac{1}{Ma_2}\right) \qquad (3.64)$$

zur endgültigen Strömungsrichtung. Da die Strömung in kleinen Winkeln umgelenkt wird und

die Änderungen über jede Expansionswelle gering sind, ist der gesamte Prozess isentrop. Dies vereinfacht die Berechnung der Strömungseigenschaften erheblich. Da der Prozess isentrop ist, bleiben die Stagnationseigenschaften wie Stagnationsdruck (p_0), Stagnationstemperatur (T_0) und Stagnationsdichte (ϱ_0) konstant. Stagnation meint hier die Größen, die sich im Staupunkt des Bauteils ergeben.

Die endgültigen statischen Eigenschaften sind eine Funktion der endgültigen Machzahl (Ma_2) und können mit den anfänglichen Strömungsbedingungen wie folgt in Beziehung gesetzt werden:

$$\frac{T_2}{T_1} = \left(\frac{1 + \dfrac{\kappa - 1}{2}Ma_1^2}{1 + \dfrac{\kappa - 1}{2}Ma_2^2}\right), \qquad (3.65)$$

$$\frac{p_2}{p_1} = \left(\frac{1 + \dfrac{\kappa - 1}{2}Ma_1^2}{1 + \dfrac{\kappa - 1}{2}Ma_2^2}\right)^{\frac{\kappa}{\kappa - 1}}, \qquad (3.66)$$

$$\frac{\varrho_2}{\varrho_1} = \left(\frac{1 + \dfrac{\kappa - 1}{2}Ma_1^2}{1 + \dfrac{\kappa - 1}{2}Ma_2^2}\right)^{\frac{1}{\kappa - 1}}. \qquad (3.67)$$

Die Machzahl nach der Umlenkung (Ma_2) steht in Beziehung zur anfänglichen Machzahl (Ma_1) und dem Umlenkwinkel (ϑ) durch:

$$\vartheta = \nu(Ma_2) - \nu(Ma_1). \qquad (3.68)$$

Bemerkung 3.2

Darin beschreibt $\nu(Ma)$ die **Prandtl-Meyer-Funktion**. Diese Funktion bestimmt den Winkel, um den eine Schallgeschwindigkeitsströmung ($Ma = 1$) umgelenkt werden muss, um eine bestimmte Machzahl (Ma) zu erreichen.

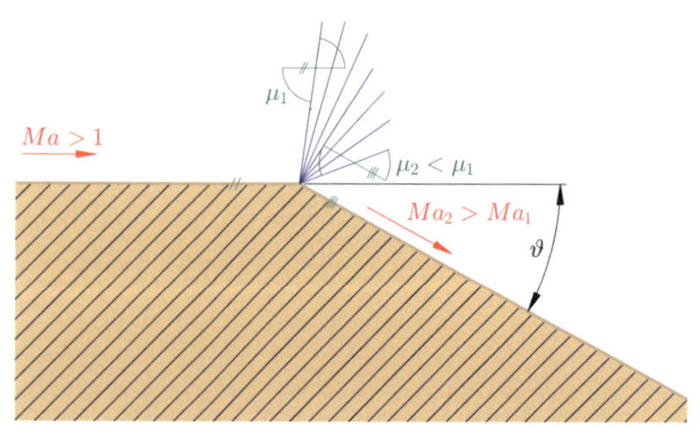

◘ **Abb. 3.6** Prandtl-Meyer-Expansion – Prinzipskizze

Definition 3.1

Mathematisch ist die **Prandtl-Meyer-Funktion** definiert durch folgenden Ausdruck:

$$\nu(Ma)$$

$$= \int \frac{\sqrt{Ma^2 - 1}}{1 + \frac{\kappa - 1}{2} Ma^2} \frac{dMa}{Ma}$$

$$= \sqrt{\frac{\kappa + 1}{\kappa - 1}} \arctan \sqrt{\frac{\kappa - 1}{\kappa + 1} (Ma^2 - 1)}$$

$$\quad - \arctan \sqrt{Ma^2 - 1}.$$

$$(3.69)$$

Einen Plot dieser Funktion findet man in ◘ Abb. 3.7.

Per Konvention gilt $\nu(1) = 0$. Ausgehend von der anfänglichen Machzahl (Ma_1) lässt sich somit $\nu(Ma_1)$ berechnen und mithilfe des Drehwinkels $\nu(Ma_2)$ bestimmen. Aus dem Wert von $\nu(Ma_2)$ erhält man die endgültige Machzahl (Ma_2) und die anderen Strömungseigenschaften. Das Geschwindigkeitsfeld im Expansionsfächer, ausgedrückt in Polarkoordinaten (r, ϕ), ist gegeben durch

$$v_r = \sqrt{2(h_0 - h) - c^2} \tag{3.70}$$

$$v_\phi = w \tag{3.71}$$

$$\phi = - \int \frac{d(\rho c)}{\varrho \sqrt{2(h_0 - h) - c^2}} \tag{3.72}$$

Darin ist h die spezifische Enthalpie und h_0 die spezifische Enthalpie im kritischen Punkt.

Siehe ▶ Lösung durch Matlab 3.4.

Methode: Lösung durch Matlab 3.4

Es ist Gl. (3.69) für unterschiedliche Machzahlen, von 1 bis 20 zu plotten, wenn κ die Werte: 1,33; 1,4 und 1,67 annehmen kann. Erstellen Sie zwei Ordiantenachsenbeschriftungen, zum einen in Grad und zum anderen in rad.

```matlab
% Wertebereich für die Mach-Zahl
Ma = linspace(1, 20, 500); % Mach-Zahl von 1 bis 20

% Definiere die Werte für das Verhältnis der spezifischen Wärmen kappa
kappa_values = [1.4, 1.33, 1.67];

% Erstelle die Figur
figure;
hold on;
grid on;

% Durchlaufe die verschiedenen kappa-Werte und plotte die Funktion
for kappa = kappa_values
    % Berechnung der Prandtl-Meyer-Funktion in Radiant
    nu_Ma = sqrt((kappa + 1) ./ (kappa - 1)) .* atan(sqrt((kappa - 1) ./ (kappa + 1)
.* (Ma.^2 - 1))) ...
            - atan(sqrt(Ma.^2 - 1));

    % Plot für den aktuellen kappa-Wert
    plot(Ma, nu_Ma, 'LineWidth', 2, 'DisplayName', sprintf('\\kappa = %.2f', kappa));
end

% Achsenbeschriftungen und Titel
xlabel('Mach-Zahl Ma', 'FontSize', 14);
ylabel('\nu(Ma) [rad]', 'FontSize', 14);
title('Prandtl-Meyer-Funktion \nu(Ma) für verschiedene \kappa-Werte', 'FontSize', 14);

% Setze y-Achsenlimits
ylim([0, 2.5]);
```

```matlab
% Zweite y-Achse für Grad-Werte
yyaxis left
ylabel('\nu(Ma) [Grad]', 'FontSize', 14);
yticks(0:0.5:2.5); % Ticks für die Rad-Achse
yticklabels(string(round(rad2deg(yticks), 1))); % Umrechnung in Grad

% Legende
legend('Location', 'southeast');

hold off;
```

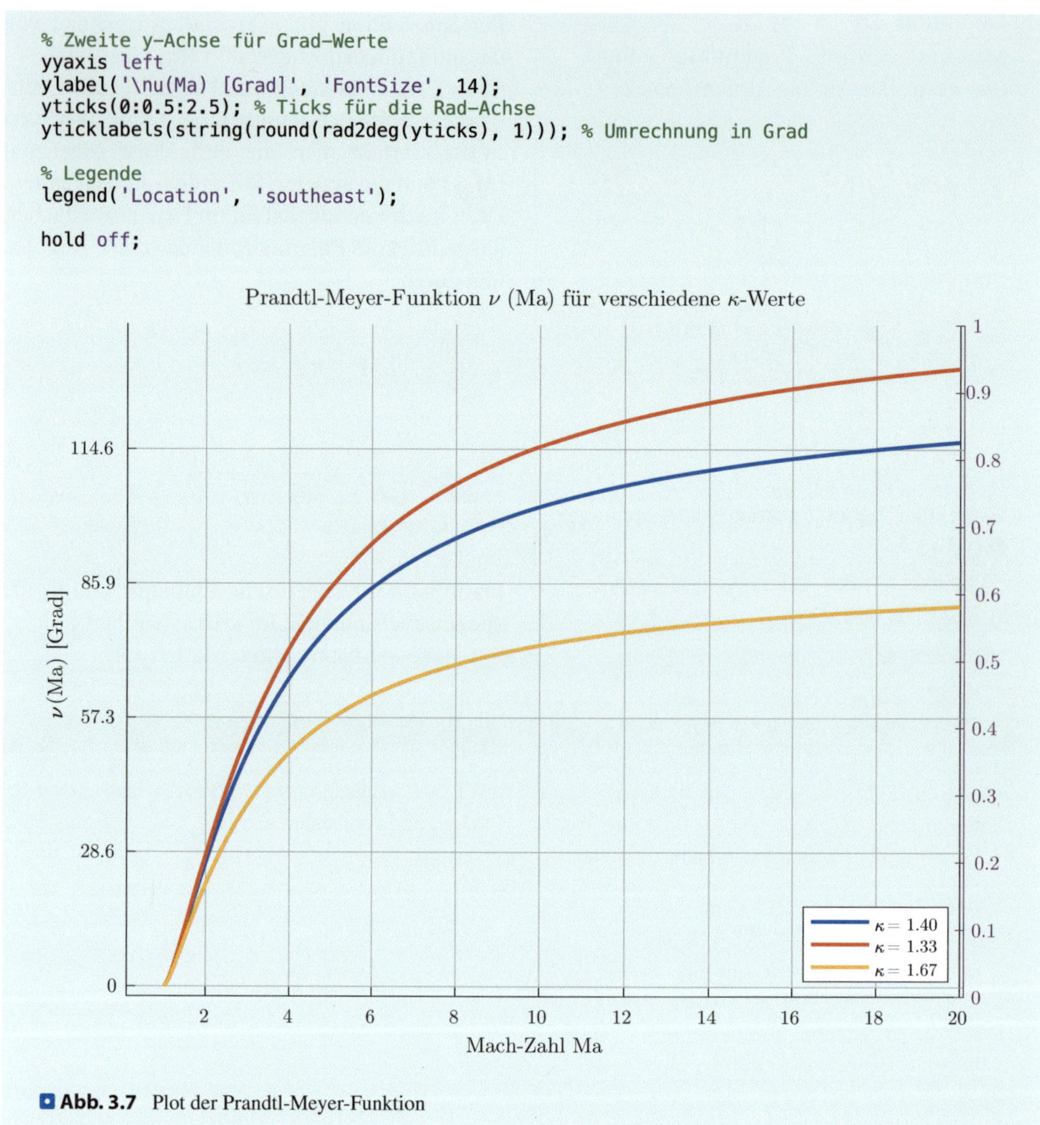

Abb. 3.7 Plot der Prandtl-Meyer-Funktion

3.4.4 Maximaler Umlenkwinkel

Da die Machzahl von 1 bis ∞ variiert, nimmt ν Werte von 0 bis ν_{max} an. Gem. Gl. (3.69) kann man für $Ma \to \infty$ einsetzen, zu

$$\lim_{Ma\to\infty} = \sqrt{\frac{\kappa+1}{\kappa-1}}\,\arctan\sqrt{\infty} - \arctan\sqrt{\infty}$$

$$= \sqrt{\frac{\kappa+1}{\kappa-1}}\,\underbrace{\arctan(\infty)}_{=\frac{\pi}{2}} - \underbrace{\arctan(\infty)}_{=\frac{\pi}{2}}. \tag{3.73}$$

Daraus ergibt sich

$$\nu_{\mathrm{max}} = \frac{\pi}{2}\left(\sqrt{\frac{\kappa+1}{\kappa-1}} - 1\right). \tag{3.74}$$

Dies setzt eine Grenze für den maximalen Winkel, um den eine Überschallströmung umgelenkt werden kann voraus, wobei der maximale Umlenkwinkel gegeben ist durch:

$$\vartheta_{max} = v_{max} - v(Ma_1). \qquad (3.75)$$

In einer idealen Strömung gibt es zwei Arten von Randbedingungen, die die Strömung einhalten muss:

- **Geschwindigkeitsrandbedingung**, die vorschreibt, dass die Komponente der Strömungsgeschwindigkeit senkrecht zur Wand null sein muss. Diese Bedingung wird auch als Nicht-Durchdringungs-Randbedingung bezeichnet.
- **Druckrandbedingung**, die besagt, dass es innerhalb der Strömung keine Unstetigkeit im statischen Druck geben kann (da keine Stöße in der Strömung auftreten)

Wenn sich die Strömung so weit dreht, dass sie parallel zur Wand verläuft, muss die Druckrandbedingung nicht mehr berücksichtigt werden. Allerdings nimmt der statische Druck der Strömung während der Umlenkung ab (wie zuvor beschrieben). Falls zu Beginn nicht genügend Druck vorhanden ist, kann die Strömung die Umlenkung nicht vollständig ausführen und wird nicht parallel zur Wand verlaufen. Dies definiert den maximalen Umlenkungswinkel, den eine Strömung erreichen kann. Je niedriger die Anfangs-Machzahl ist (also kleines Ma_1), desto größer ist der maximale Umlenkungswinkel (vgl. mit [117]).

Die Stromlinie, die die Endströmungsrichtung von der Wand trennt, wird als Schlupfströmung (**Slipstream**, in ◘ Abb. 3.8 als gestrichelte Linie dargestellt) bezeichnet. Über diese Linie hinweg gibt es einen Sprung in

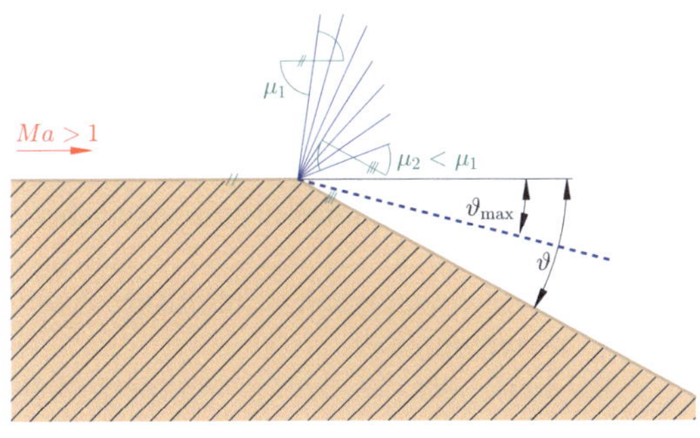

◘ **Abb. 3.8** Prandtl-Meyer-Expansion – Maximauntersuchung, in Anl. an [117]

Temperatur, Dichte und in der tangentialen Geschwindigkeitskomponente (wobei die normale Komponente null ist). Jenseits der Schlupfströmung ist die Strömung stagnant, also ruhend, wodurch automatisch die Geschwindigkeitsrandbedingung an der Wand erfüllt wird (vgl. mit [117]).

In einer realen Strömung wird anstelle einer Schlupfströmung eine Scherschicht beobachtet, da hier zusätzlich die Haftbedingung (no-slip boundary condition) gilt (vgl. mit [117]).

3.4.5 Anwendung

Die Prandtl-Meyer-Expansion tritt in verschiedenen technischen Anwendungen auf, darunter:
- Strömung in Überschalldüsen (z. B. Laval-Düsen),
- Überschallflugzeuge (Expansion an Tragflächenhinterkanten),
- Strömung um spitze Körper im Überschallbereich,
- Gasdynamik in Raketen- und Strahltriebwerken.

3.5 Schiefe Verdichtungsstöße

Ein schiefer Verdichtungsstoß (auch schräger Verdichtungsstoß oder obliquer shock auf Englisch) ist eine Stoßwelle, die schräg zur Anströmrichtung auftritt und dabei eine plötzliche Änderung der Strömungsgrößen wie Druck, Temperatur, Dichte und Strömungsrichtung verursacht. Es entsteht ein schiefer Verdichtungsstoß dann, wenn eine Überschallströmung auf einen schlanken, spitzen Körper trifft. Dieser kann mit der Methode der Schlierenoptik sichtbar gemacht werden (vgl. mit [2]). Vgl. mit ◘ Abb. 3.9.

Im Folgenden müssen die Strömungen vor- und hinter dem Stoß untersucht werden, im Speziellen unterschiedliche Parameter wie: Masse, Impuls und Energie. Dies kann man auch beim geraden Verdichtungsstoß beobachten.

Es lässt sich beobachten, dass die Stromlinien zunächst geradlinig verlaufen und anschließend beim Auftreffen auf den schiefen Verdichtungsstoß ihre Richtung ändern – sie werden am Stoß „gebrochen". Für diese

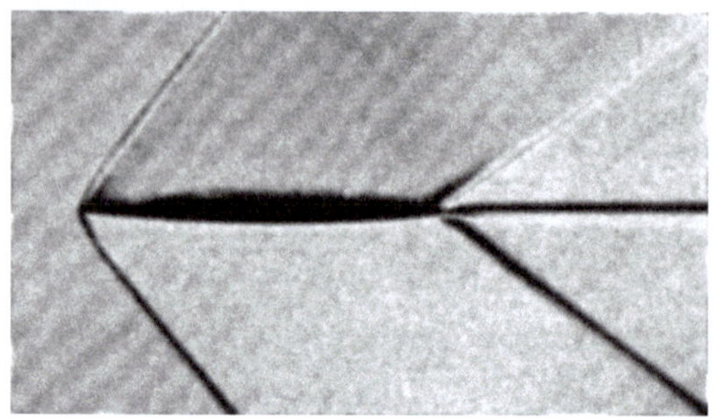

Abb. 3.9 Methode der Schlierenoptik, in Anl. an [2]

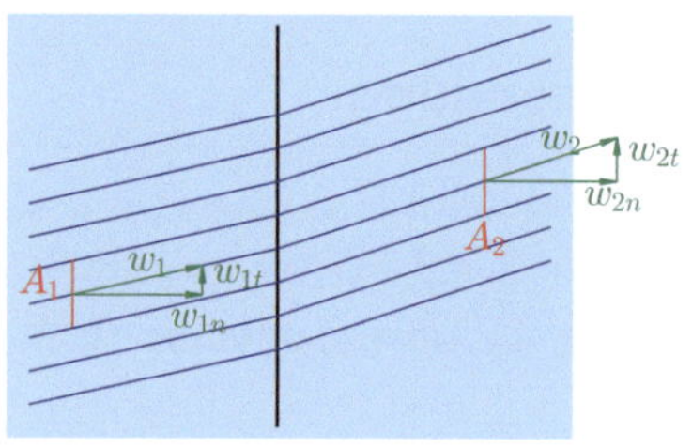

Abb. 3.10 Schiefer Verdichtungsstoß, in Anl. an [2]

Strömungskonfiguration kann die Skizze aus Abb. 3.10 gezeichnet werden.

Unter Annahme, dass $A_1 = A_2$ ist, kann man mittels der Kontinuitätsgleichung die Gleichung

$$\varrho_1 \cdot w_{1n} \cdot A_1 = \varrho_2 \cdot w_{2n} \cdot A_2$$
$$\implies \quad \varrho_1 \cdot w_{1n} = \varrho_2 \cdot w_{2n} \tag{3.76}$$

finden. Jetzt kann man normal zum Verdichtungsstoß, mit dem Impulssatz, unter Vernachlässigung von Mantel- und Volumenkräften die Gleichung

$$\varrho_1 \cdot w_{1n}^2 \cdot p_1 = \varrho_2 \cdot w_{2n}^2 \cdot p_2 \tag{3.77}$$

aufstellen. Tangential ergibt sich

$$\varrho_1 \cdot w_{1n} \cdot w_{1t} = \varrho_2 \cdot w_{2n} \cdot w_{2t}. \tag{3.78}$$

bzw. mit Gl. (3.76) folgt daraus

$$w_{1t} = w_{2t}. \tag{3.79}$$

Es ergibt sich damit die Bernoulli-Gleichung, zu

$$\frac{\kappa}{\kappa - 1} \frac{p_1}{\varrho_1} + \frac{w_1^2}{2} = \frac{\kappa}{\kappa - 1} \frac{p_2}{\varrho_2} + \frac{w_2^2}{2}. \tag{3.80}$$

Es gilt mit dem pythagoräischen Lehrsatz für die Geschwindigkeit

$$w^2 = w_n^2 + w_t^2 \tag{3.81}$$

bzw. durch Einsetzen in Gl. (3.80)

$$\frac{\kappa}{\kappa - 1} \frac{p_1}{\varrho_1} + \frac{w_{1n}^2}{2} + \frac{w_{1t}^2}{2}$$
$$= \frac{\kappa}{\kappa - 1} \frac{p_2}{\varrho_2} + \frac{w_{2n}^2}{2} + \frac{w_{2t}^2}{2}, \tag{3.82}$$

und daraus mithilfe von Gl. (3.79)

$$\frac{\kappa}{\kappa - 1} \frac{p_1}{\varrho_1} + \frac{w_{1n}^2}{2} = \frac{\kappa}{\kappa - 1} \frac{p_2}{\varrho_2} + \frac{w_{2n}^2}{2}. \tag{3.83}$$

Es handelt sich, durch Vergleichen, exakt um die Gleichungen, die auch bei der Herleitung der Gleichungen für den geraden Verdichtungsstoß (Bilanzgleichungen) gewählt wurden, mit dem kleinen Unterschied, dass jetzt anstatt von w_n geschrieben werden muss. Es muss in den Gleichungen für den geraden Verdichtungsstoß dann auch $Ma = c_N / a$ geschrieben werden. Sind die Tangentialkomponenten vor- und hinter dem Verdichtungsstoß extrem groß, folgt, dass hinter dem schrägen Verdichtungsstoß Überschallgeschwindigkeit herrschen muss, was in der Realität in der Regel auch so beobachtet werden kann [2]..

3.5.1 β-ϑ-Diagramm

Zeichnet man die beiden Geschwindigkeiten für den Ein- als auch Austritt eines schiefen Verdichtungsstoßes ein, folgt die Skizze aus Abb. 3.11. Im zweiten Schritt kann man dann die Geschwindigkeitskomponenten einzeichnen und dann die Dreiecke dahingehend drehen, dass die erste Geschwindigkeit (Eintrittsgeschwindigkeit) waagrecht liegt.

Jetzt muss der Winkel γ bestimmt werden. Um dies zu ermöglichen, muss zunächst der Winkel α ermittelt werden. Die Innenwinkelsumme eines rechtwinkeligen Dreiecks (zu-

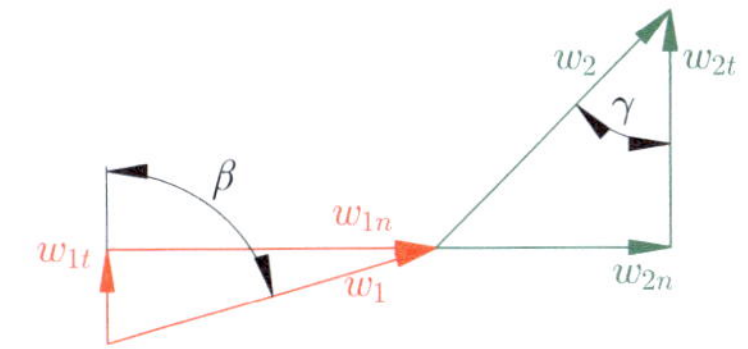

bzw. bei Drehung:

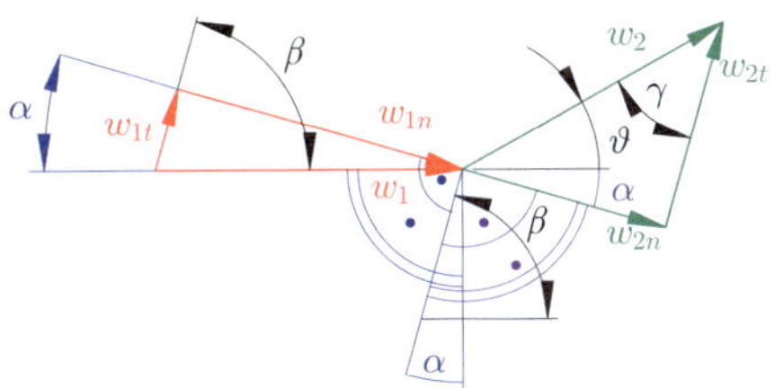

Abb. 3.11 Geschwindigkeitsdreiecke beim Ein- und Austritt eines schiefen Verdichtungsstoßes, in Anl. an [2]

nächst bei Dreieck 1) beträgt

$$\alpha + \beta + 90° = 180°$$
$$\implies \quad \alpha = 90° - \beta. \tag{3.84}$$

Jetzt kann man durch die Normalwinkelsätze feststellen, dass der Winkel α auch im 2. Dreieck gefunden werden kann. Mit der Innenwinkelsumme von Dreieck 2 findet man

$$\alpha + \vartheta + \gamma + 90° = 180°$$
$$\implies \quad \alpha + \vartheta + \gamma = 90°. \tag{3.85}$$

Setzt man jetzt noch die Bedingung für α ein, ergibt sich

$$90° - \beta + \vartheta + \gamma = 90°$$
$$\implies \quad \gamma = \beta - \vartheta. \tag{3.86}$$

Zieht man jetzt die Machzahlen hinzu, ergibt sich mit $Ma = \dfrac{w}{a}$ bzw. durch Umformen

$$w_2 = Ma_2 \cdot a \tag{3.87}$$
$$w_{2n} = Ma_{2n} \cdot a \tag{3.88}$$

und schließlich den Winkelbeziehungen

$$w_{2n} = w_2 \cdot \sin(\beta - \vartheta) \tag{3.89}$$

und einsetzen

$$Ma_{2n} \cdot a = Ma_2 \cdot \sin(\beta - \vartheta) \tag{3.90}$$
$$Ma_{2n} = Ma_2 \cdot \sin(\beta - \vartheta). \tag{3.91}$$

Mit der Winkelfunktion $\tan(\beta)$ findet man

$$\tan(\beta) = \frac{w_{1n}}{w_{1t}}$$
$$\implies \quad w_{1n} = \tan(\beta) \cdot w_{1t} \tag{3.92}$$
$$\implies \quad w_{1t} = \frac{w_{1n}}{\tan(\beta)} \tag{3.93}$$

Mit der Winkelfunktion $\tan(\beta)$ findet man

$$\tan(\beta - \vartheta) = \frac{w_{2n}}{w_{2t}}$$
$$\implies \quad w_{2n} = \tan(\beta - \vartheta) \cdot w_{2t} \tag{3.94}$$
$$\implies \quad w_{2t} = \frac{w_{2n}}{\tan(\beta - \vartheta)}. \tag{3.95}$$

Mit Gl. (3.79) findet man durch Einsetzen von Gl. (3.93) und (3.95)

$$w_{1t} = w_{2t}$$
$$\frac{w_{1n}}{\tan(\beta)} = \frac{w_{2n}}{\tan(\beta - \vartheta)}$$
$$\implies \quad \frac{\tan(\beta - \vartheta)}{\tan(\beta)} = \frac{w_{2n}}{w_{1n}} \tag{3.96}$$

Das Verhältnis von w_{1n} und w_{2n} ist für einen geraden Verdichtungsstoß durch die Gl. (3.24) gegeben. Dort sieht man, dass diese nur in Abhängigkeit der Anströmmachzahl steht. Damit ist eine Beziehung gefunden. Gl. (3.24) lautet

$$\frac{\varrho_1}{\varrho_2} = \frac{w_2}{w_1} = \frac{2 + (\kappa - 1) \cdot Ma_1^2}{(\kappa + 1) \cdot Ma_1^2} = \frac{w_{2n}}{w_{2n}}. \tag{3.97}$$

Setzt man in Gl. (3.97) Gl. (3.96) ein, ergibt sich

$$\frac{2 + (\kappa - 1) \cdot Ma_1^2 \cdot \sin^2(\beta)}{(\kappa + 1) \cdot Ma_1^2 \cdot \sin^2(\beta)} = \frac{\tan(\beta - \vartheta)}{\tan(\beta)}. \tag{3.98}$$

Setzt man hier den dritten Summensatz ein, der lautet

$$\tan(\beta - \vartheta) = \frac{\tan(\beta) - \tan(\vartheta)}{1 + \tan(\beta) \cdot \tan(\vartheta)} \tag{3.99}$$

ergibt sich

$$\frac{\dfrac{2 + (\kappa - 1) \cdot Ma_1^2 \cdot \sin^2(\beta)}{(\kappa + 1) \cdot Ma_1^2 \cdot \sin^2(\beta)}}{\tan(\beta)} = \frac{\dfrac{\tan(\beta) - \tan(\vartheta)}{1 + \tan(\beta) \cdot \tan(\vartheta)}}{\tan(\beta)}$$

$$\frac{2 + (\kappa - 1) \cdot Ma_1^2 \cdot \sin^2(\beta)}{(\kappa + 1) \cdot Ma_1^2 \cdot \sin^2(\beta)} = \frac{\tan(\beta) - \tan(\vartheta)}{\tan(\beta) + \tan^2(\beta) \cdot \tan(\vartheta)}. \tag{3.100}$$

Diese Gleichung muss jetzt auf $\tan(\vartheta)$ umgeformt werden, was eine doch sehr aufwendige, algebraische, Umformung bedeutet. Es folgt dann

$$\tan(\vartheta) = 2 \cdot \cot(\beta) \left[\frac{Ma_1^2 \cdot \sin(\beta) - 1}{Ma_1^2 \cdot (\kappa + \cos(2\beta)) + 2} \right]. \tag{3.101}$$

Corollary 3.3
Man kann folgern, dass alleinig eine Abhängigkeit von der Eintrittsmachzahl vorliegt.

Man kann jetzt in Gl. (3.101) unterschiedliche Machzahlen einsetzen und von jeder einen eigenen Graphen plotten. Dies zeigt ◘ Abb. 3.12.

In dem Plot aus ◘ Abb. 3.12 ist durch die rote Linie der maximale Ablenkungswinkel gezeigt. Der maximale Ablenkungswinkel berechnet sich durch Nullsetzen der ersten Ableitung (Extremwertfunktion) der Gl. (3.101). Bilden der ersten Ableitung und anschließendem Nullsetzen lässt die Extremstellen folgen. Es ergibt sich die rote Linie aus ◘ Abb. 3.12. Die blaue Linie durchläuft gerade die Wahl von β und ϑ bei der für die Austrittsmachzahl $Ma_2 = 1$. Es kann ein Zusammenhang hergestellt werden, indem man Gl. (3.101) verwendet, die eine Abhängigkeit von Ma_1 darstellt und im Anschluss

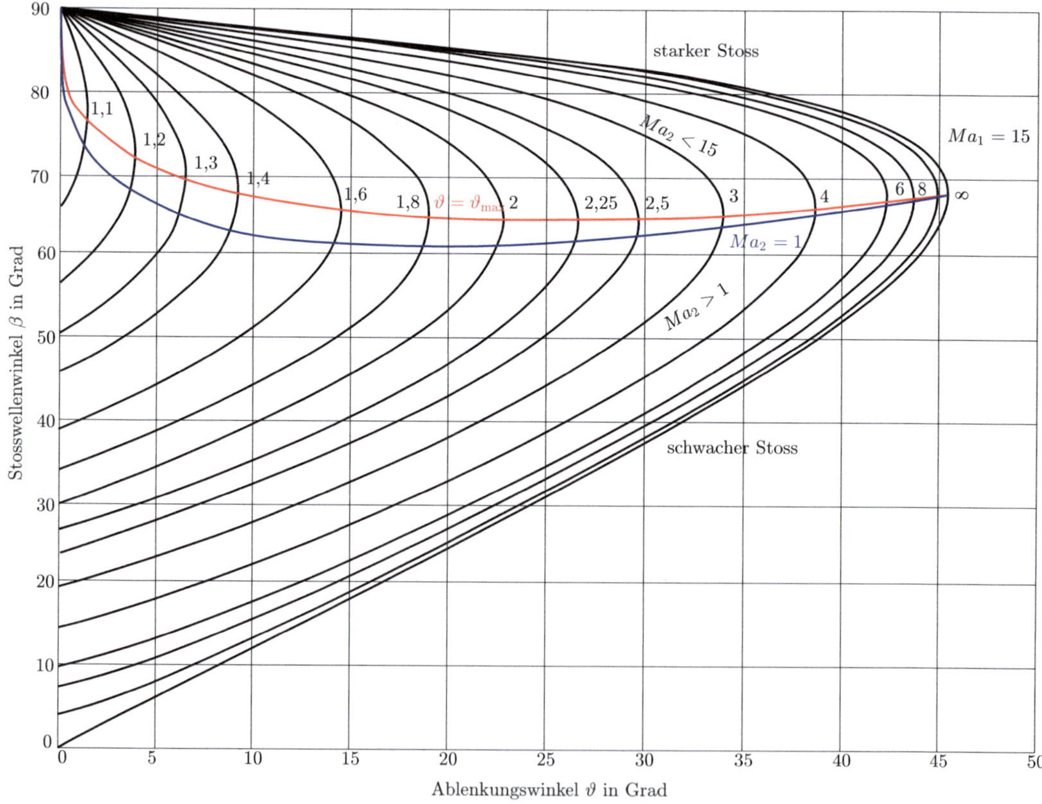

◘ **Abb. 3.12** Plot für unterschiedliche Einfallsmachzahlen, in Anl. an [2]

Gl. (3.48) hinzuzieht, welche nach Hinzunahme der eben betrachteten Winkelbeziehungen die zweite Gleichung zur Bestimmung der beiden Winkel für den Fall $Ma_2 = 1$. Man kann dann feststellen, dass sich ein Gebiet mit starken Stößen, wo $Ma_2 < 1$ ist, ergibt und ein Gebiet niedriger Stöße, mit $Ma_2 > 1$.

Aus der ▶ Lösung durch Matlab 3.5 folgt sofort das Diagramm aus ◻ Abb. 3.12.

Methode: Lösung durch Matlab 3.5

```matlab
% Parameters
kappa = 1.4; % Specific heat ratio for air
Ma_values = [1.1, 1.2, 1.3, 1.4, 1.6, 1.7, 1.8, 2, 2.25, 2.5, 3, 4, 6, 8, 15, 1e6]; %
Mach numbers
beta = linspace(1e-3, pi/2 - 1e-3, 1000); % Shock angle in radians

% Prepare figure
figure;
hold on;
grid on;
xlabel('Deflection angle, \theta (deg)');
ylabel('Shock wave angle, \beta (deg)');
title('\theta-\beta-M Diagram');
axis([0 50 0 90]);

% Loop over Mach numbers
for Ma = Ma_values
    theta = NaN(size(beta));
    for i = 1:length(beta)
        sin_beta = sin(beta(i));
        cos_2beta = cos(2*beta(i));
        cot_beta = 1 / tan(beta(i));
        numerator = Ma^2 * sin_beta^2 - 1;
        denominator = Ma^2 * (kappa + cos_2beta) + 2;
        val = 2 * cot_beta * (numerator / denominator);
        theta(i) = atan(val); % Result in radians
    end
    % Convert to degrees
    beta_deg = beta * (180/pi);
    theta_deg = theta * (180/pi);

    % Plot only the real/valid parts (for monotonic increasing weak shock solution)
    valid = ~isnan(theta_deg) & theta_deg > 0;
    theta_plot = theta_deg(valid);
    beta_plot = beta_deg(valid);

    if Ma == 1e6
        label = 'Inf';
    else
        label = sprintf('%.1f', Ma);
    end

    plot(theta_plot, beta_plot, 'DisplayName', ['M = ' label]);
end

legend('show','Location','northeastoutside');
text(25, 75, 'Strong shock', 'Color', [0.2 0.4 0.2]);
text(25, 25, 'Weak shock', 'Color', [0.2 0.4 0.2]);
```

3.5.2 Folgerungen aus dem β-ϑ-Diagramm

Gem. 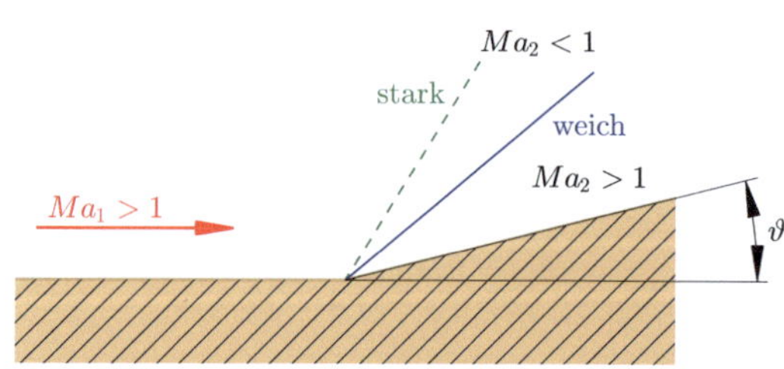 Abb. 3.12 kann es nur Lösungen für einen maximalen Winkel ϑ geben. Wird dieser Winkel überschritten, sind die Bilanzgleichungen in einem Strömungsfeld nicht mehr erfüllt, was auf einen **abgelösten Stoß**, anstatt eines **anliegenden Stoßes** führt, wie auch durch Experimente belegbar ist. Vgl. mit ◻ Abb. 3.13 (in Anl. an [2]).

Aus Symmetriegründen folgt, dass es sich bei einem abgelösten Stoß immer um einen geraden Verdichtungsstoß handelt. Es gibt daher immer ein Unterschallgebiet. Es resultieren daraus extreme Strömungsverluste, da abgelöste Kopfwellen vorliegen.

Mittels Kenntnisse der Algebra kann man folgern, dass es für jeden Winkel $\vartheta < \vartheta_{\max}$ immer zwei Lösungen gibt. In der Natur treten aber meist nur schwache bzw. weiche Stöße auf, also bei Stößen, für die gilt: $Ma_2 > 1$ (in Anl. an [2]).

Vgl. mit ◻ Abb. 3.14.

Im Falle, dass $\vartheta = 0$ ist, gibt es entweder einen geraden oder einen weichen schrägen Verdichtungsstoß. Der Öffnungswinkel ist dann jenem der Mach'schen Welle gleich. Gem. Gl. (3.96) folgt, die lautet

$$\frac{\tan(\beta - \vartheta)}{\tan(\beta)} = \frac{w_{2n}}{w_{1n}} = \frac{\tan(\beta - 0)}{\tan(\beta)}$$

$$= \frac{\tan(\beta)}{\tan(\beta)} = 1 \tag{3.102}$$

bzw. durch Umformen

$$w_{2n} = w_{1n}. \tag{3.103}$$

Es sind die beiden Geschwindigkeiten offensichtlich gleich groß. Man spricht dann von einem **unendlich schwachen Verdichtungsstoß**.

> **Corollary 3.4**
>
> Aus dem Diagramm aus ◻ Abb. 3.12 ergibt sich, dass sich schräge Stöße mit immer größer werdenden Machzahlen an jene von zugespitzten Körpern anlegen. Man erreicht die Figur aber selbst bei unendlich großen Machzahlen nicht. Vgl. mit [2]. Man kann damit die Umströmung eines Tragflügelprofils interpretieren. Es ergibt sich ◻ Abb. 3.15.

An der Hinterkante des Profils muss sich zwangsläufig ein schräger, schwacher Stoß ausbilden, da die Strömung stromauf dieser Stelle

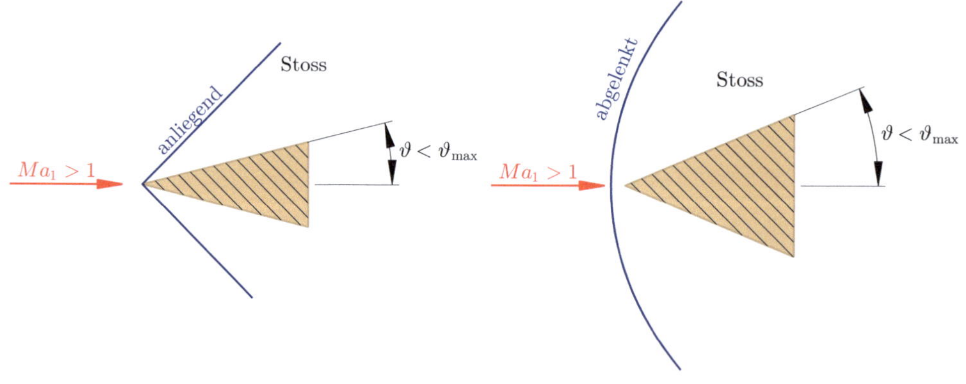

◻ **Abb. 3.14** Starker und weicher Stoß, in Anl. an [2]

◻ **Abb. 3.13** Keilströmung, in Anl. an [2]

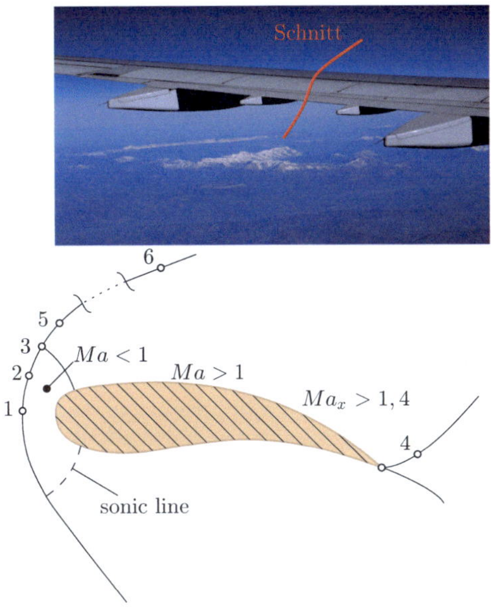

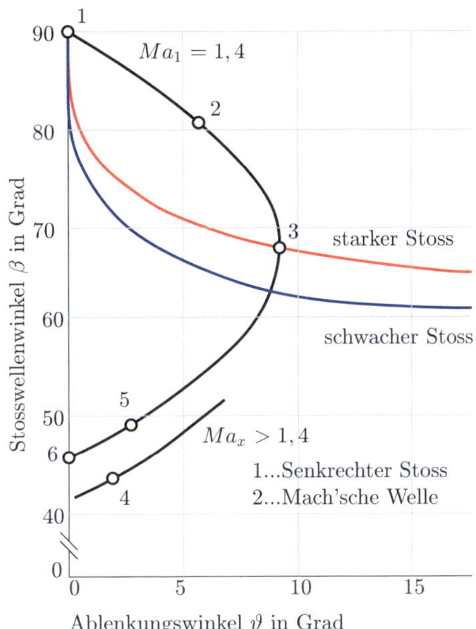

Abb. 3.15 Umströmung eines Tragflügelprofils, in Anl. an [2]

noch keine Information darüber besitzt, dass das Profil gleich endet. Aufgrund der endlichen Ausbreitungsgeschwindigkeit von Druck- und Dichteströmungen kann sich diese Information nicht „vorauseilen" und die Strömung entsprechend vorbereiten. Die plötzlich auftretende Geometrieänderung an der Profilhinterkante führt daher notwendigerweise zu einer unstetigen Änderung der Strömungsrichtung, was sich in der Ausbildung eines Stoßes manifestiert. Dabei gibt es keinen physikalischen Grund für die Strömung, unmittelbar hinter dem Stoß von Überschall- auf Unterschallgeschwindigkeit zu wechseln und später erneut in den Überschallbereich zu beschleunigen. Stattdessen bleibt die Geschwindigkeit hinter dem schwachen Stoß in der Regel weiterhin im Überschallbereich, um eine konsistente und physikalisch sinnvolle Strömungsanpassung zu gewährleisten.

3.6 Übungen

Übungsbeispiel 3.1

Was geschieht mit Dichte, Druck und Temperatur eines Mediums beim Durchlaufen eines Verdichtungsstoßes?

Lösung

Dichte, Druck und Temperatur des Mediums nehmen beim Durchlaufen eines Verdichtungsstoßes zu.

Übungsbeispiel 3.2

Wie verändern sich Strömungsgeschwindigkeit und Machzahl beim Durchlaufen eines Verdichtungsstoßes?

Lösung

Die Strömungsgeschwindigkeit und die Machzahl verringern sich beim Durchlaufen eines Verdichtungsstoßes.

3

Übungsbeispiel 3.3

Was unterscheidet einen senkrechten von einem schrägen Verdichtungsstoß in Bezug auf die Strömungsrichtung?

Lösung

Ein senkrechter Verdichtungsstoß bremst die Strömung auf Unterschallgeschwindigkeit ab, wobei die Strömungsrichtung erhalten bleibt. Ein schräger Verdichtungsstoß reduziert die Geschwindigkeit (nicht zwingend auf Unterschall) und ändert die Strömungsrichtung.

Übungsbeispiel 3.4

Unter welchen Bedingungen entstehen Verdichtungsstöße typischerweise?

Lösung

Verdichtungsstöße entstehen typischerweise, wenn eine Überschallströmung auf ein Hindernis trifft oder der Gegendruck stark ansteigt, beispielsweise bei einem Unterschall-Triebwerkseinlauf.

Übungsbeispiel 3.5

Warum erfolgt die Anpassung des Strömungszustands in einer Überschallströmung abrupt durch einen Stoß?

Lösung

Da sich Druckwellen nur mit der lokalen Schallgeschwindigkeit ausbreiten können, kann eine Störung in einer Überschallströmung nicht stromauf weitergegeben werden. Daher erfolgt die Anpassung abrupt durch einen Stoß.

Übungsbeispiel 3.6

Was ist ein senkrechter Verdichtungsstoß?

Lösung

Ein senkrechter Verdichtungsstoß entsteht bei einer plötzlichen Änderung im Strömungsfeld, die senkrecht zur Strömungsrichtung ausgerichtet ist.

Übungsbeispiel 3.7

Was passiert mit der Strömungsgeschwindigkeit bei einem senkrechten Verdichtungsstoß?

Lösung

Die Überschallströmung wird abrupt auf Unterschallgeschwindigkeit reduziert.

Übungsbeispiel 3.8

Verändert sich die Strömungsrichtung bei einem senkrechten Verdichtungsstoß?

Lösung

Nein, die Strömungsrichtung bleibt unverändert.

Übungsbeispiel 3.9

Welche physikalischen Größen steigen beim Durchlaufen eines senkrechten Verdichtungsstoßes?

Lösung

Dichte, Druck und Temperatur steigen an.

Übungsbeispiel 3.10

Nennen Sie ein typisches Beispiel für das Auftreten eines senkrechten Verdichtungsstoßes.

Lösung

Vor einer Düse oder einem Triebwerks-Intakt in einem Überschallströmungsbereich.

Übungsbeispiel 3.11

Was stellt die Konstante C dar?

Lösung

Das Verhältnis von Geschwindigkeiten bzw. Dichten.

$$C = \frac{w_2}{w_1} = \frac{\varrho_1}{\varrho_2} \qquad (3.104)$$

Übungsbeispiel 3.12

Wie lautet die Definition der Schallgeschwindigkeit a?

Lösung

$$a = \sqrt{\kappa \cdot p \cdot v}. \qquad (3.105)$$

Übungsbeispiel 3.13

Wann ist die Gl. (3.16) erfüllt?

Lösung

Wenn entweder $1 - C = 0$ oder der gesamte Klammerausdruck gleich null ist.

Übungsbeispiel 3.14

Was bedeutet die Lösung $1 - C = 0$?

Lösung

Die Geschwindigkeit bleibt konstant: $w_1 = w_2$.

Übungsbeispiel 3.15

Was passiert mit dem Dichteverhältnis bei sehr großen Machzahlen?

Lösung

Es strebt einen endlichen Grenzwert zu.

Übungsbeispiel 3.16

Was zeigt die sprunghafte Änderung der Geschwindigkeit an?

Lösung

Das Vorliegen eines Verdichtungsstoßes.

Übungsbeispiel 3.17

Was passiert bei $Ma_1 \to \infty$ mit $\frac{p_2}{p_1}$?

Lösung

$\frac{p_2}{p_1}$ wächst proportional zu Ma_1^2.

Übungsbeispiel 3.18

Was beschreibt die Prandtl-Meyer-Expansion?

Lösung

Die Prandtl-Meyer-Expansion beschreibt die Expansion einer Überschallströmung an einer Ecke oder Kontur, die der Strömung mehr Platz bietet.

3

Übungsbeispiel 3.19

Was passiert während einer Prandtl-Meyer-Expansion mit Druck, Dichte und Temperatur?

Lösung

Sie nehmen kontinuierlich ab.

Übungsbeispiel 3.20

Was passiert mit der Strömungsgeschwindigkeit bei einer Prandtl-Meyer-Expansion?

Lösung

Die Strömung wird beschleunigt.

Übungsbeispiel 3.21

An welchen geometrischen Elementen tritt eine Prandtl-Meyer-Expansion typischerweise auf?

Lösung

An einer konkaven Kante oder einer expandierenden Kontur.

Übungsbeispiel 3.22

Wie verläuft die Expansion bei einer Prandtl-Meyer-Expansion im Gegensatz zu einem Verdichtungsstoß?

Lösung

Sie erfolgt kontinuierlich und isentrop, ohne Stoßverluste.

Übungsbeispiel 3.23

Welche Wellenstruktur bildet sich bei einer Prandtl-Meyer-Expansion?

Lösung

Eine kontinuierliche Wellenstruktur aus Expansionswellen.

Übungsbeispiel 3.24

Wie verhält sich die Machzahl nach einer Randall-Meyer-Expansion?

Lösung

Sie steigt an.

Übungsbeispiel 3.25

Was beschreibt die Prandtl-Meyer-Funktion?

Lösung

Den Zusammenhang zwischen Machzahl und Umlenkwinkel der Strömung.

Übungsbeispiel 3.26

Warum ist es unmöglich, eine Überschallströmung durch eine einzelne Stoßwelle umzulenken?

Lösung

Weil dies dem zweiten Hauptsatz der Thermodynamik widersprechen würde.

Übungsbeispiel 3.27

Welche Eigenschaften bleiben während einer isentropen Expansion konstant?

Lösung

Stagnationsdruck, Stagnationstemperatur und Stagnationsdichte.

Übungsbeispiel 3.28

Welchen Wert hat die Prandtl-Meyer-Funktion bei $Ma = 1$?

Lösung

$\nu(1) = 0$.

Übungsbeispiel 3.29

Wie lautet der maximale Umlenkwinkel einer Überschallströmung?

Lösung

$\vartheta_{\max} = \nu_{\max} - \nu(Ma_1)$.

Übungsbeispiel 3.30

Was ist eine Schlupfströmung (Slipstream)?

Lösung

Eine Stromlinie, die die Endströmungsrichtung von der Wand trennt.

Übungsbeispiel 3.31

Was passiert über eine Schlupfströmung hinweg mit den Strömungseigenschaften?

Lösung

Es gibt Sprünge in Temperatur, Dichte und in der tangentialen Geschwindigkeitskomponente.

Übungsbeispiel 3.32

Was beobachtet man in einer realen Strömung anstelle einer idealen Schlupfströmung?

Lösung

Eine Scherschicht, aufgrund der Haftbedingung (no-slip boundary condition).

Übungsbeispiel 3.33

In welchen technischen Anwendungen tritt die Prandtl-Meyer-Expansion auf?

Lösung

In Überschalldüsen (Laval-Düsen), bei Überschallflugzeugen, um spitze Körper im Überschallbereich, sowie in der Gasdynamik von Raketen- und Strahltriebwerken.

Übungsbeispiel 3.34

Was versteht man unter einem schiefen Verdichtungsstoß?

Lösung

Ein schiefer Verdichtungsstoß ist eine Stoßwelle, die schräg zur Anströmrichtung auftritt und dabei plötzliche Änderungen der Strömungsgrößen (Druck, Temperatur, Dichte und Strömungsrichtung) verursacht.

Übungsbeispiel 3.35

Unter welchen Bedingungen entsteht ein schiefer Verdichtungsstoß?

Lösung

Er entsteht, wenn eine Überschallströmung auf einen schlanken, spitzen Körper trifft.

Übungsbeispiel 3.36

Mit welcher Methode kann man einen schiefen Verdichtungsstoß sichtbar machen?

Lösung

Mit der Methode der Schlierenoptik.

3

Übungsbeispiel 3.37

Wie ändern sich die Stromlinien beim Auftreffen auf einen schiefen Verdichtungsstoß?

Lösung

Die Stromlinien ändern ihre Richtung und werden am Stoß „gebrochen".

Übungsbeispiel 3.38

Was gilt für die Tangentialkomponenten der Geschwindigkeit vor und hinter dem schiefen Verdichtungsstoß?

Lösung

Die Tangentialkomponenten bleiben gleich, also $w_{1t} = w_{2t}$.

Übungsbeispiel 3.39

Was passiert, wenn die Tangentialkomponenten der Geschwindigkeit sehr groß sind?

Lösung

Dann herrscht hinter dem schrägen Verdichtungsstoß Überschallgeschwindigkeit.

Übungsbeispiel 3.40

Was beschreibt das $\beta - \vartheta$-Diagramm?

Lösung

Es beschreibt den Zusammenhang zwischen Stoßwinkel β, Ablenkungswinkel ϑ und Eintritts-Machzahl.

Übungsbeispiel 3.41

Wie viele Lösungen gibt es für einen Ablenkungswinkel kleiner als den maximalen Winkel ϑ_{max}?

Lösung

Es gibt zwei Lösungen, wobei in der Natur meist schwache Stöße ($Ma_2 > 1$) auftreten.

Übungsbeispiel 3.42

Was passiert, wenn der Ablenkungswinkel ϑ den maximalen Winkel ϑ_{max} überschreitet?

Lösung

Dann tritt ein abgelöster Stoß auf, und die Bilanzgleichungen sind nicht mehr erfüllt.

Übungsbeispiel 3.43

Was versteht man unter einem unendlich schwachen Verdichtungsstoß?

Lösung

Dies ist der Fall, wenn $\vartheta = 0$ ist. Dabei sind die Normalgeschwindigkeiten vor und hinter dem Stoß gleich: $w_{2n} = w_{1n}$.

Übungsbeispiel 3.44

Warum bildet sich an der Hinterkante eines Tragflügelprofils ein schräger, schwacher Stoß aus?

Lösung

Weil die Strömung stromauf keine Information darüber besitzt, dass das Profil endet; dies führt zu einer unstetigen Änderung der Strömungsrichtung und somit zur Ausbildung eines Stoßes.

Potentialströmungen

Inhaltsverzeichnis

© Der/die Autor(en), exklusiv lizenziert an Springer-Verlag GmbH, DE, ein Teil von Springer Nature 2026
A. Huber, *Technische Mechanik 6 - Aeromechanik*,
https://doi.org/10.1007/978-3-662-72929-8_4

Sie lernen hier…

- Euler-Gleichungen kennen.
- Grundlagen der Navier-Stokes-Gleichungen kennen.
- Kinematische Gleichungen kennen.
- Potentiale von Strömungen berechnen.
- Strömungssuperposition kennen.
- den Magnuseffekt kennen und das d'Alembert'sche Paradoxon widerlegen.
- Das Theorem von Kutta Joukowski kennen.

Zitat

Es gibt keine Technik des Denkens, sondern nur ein spontanes, kreatives Funktionieren der Intelligenz, die sich in der Harmonie von Verstand, Gefühl und Handeln manifestiert, die nicht voneinander getrennt sind.

Jiddu Krishnamurti

Im Folgenden handelt es sich um eine Zusammenfassung, mit geringfügigen Ergänzungen und Vertiefungen des Kapitels 6 des Buches Technische Mechanik 4 – Hydromechanik von Huber Andreas, vgl. mit [15]. Viele, hier nicht enthaltene Herleitungen von Gleichungen können dort im Detail eingesehen und nachgelesen werden.

4.1 Inkompressible Potentialströmungen [1, 11]

4.1.1 Vereinfachungen [1, 11]

In der Hydromechanik und für die folgenden, eingehenden Untersuchungen bezieht man sich nochmals auf die inkompressiblen Strömungen, bei denen folgende Vereinfachung getroffen wurden:

1. **reibungsfreie Strömung** Die umströmten, oder durchströmten Bauteile (je nach Art der Strömung: extern oder intern) sind vollkommen glatt anzunehmen, sodass die Strömung durch die Oberfläche oder den Rand nicht gebremst, verzögert oder abgelenkt wird.

2. **zweidimensionale Strömung** Die Strömung kann nur in einer Ebene auftreten, wodurch oftmals von unendlich langen Bauteilen, bei der Umströmung, in der Tafelebene die Rede ist.

3. **stationäre Strömung** Die Strömung ist nicht zeitabhängig (instationär) und ändert deren Eigenschaft nicht in Abhängigkeit der Zeit, wodurch die Zeit nicht weiter berücksichtigt werden muss und bei stationären Strömungen entfällt.

Eine weitere Annahme, nämlich jene der Potentialströmungen stellt eine nochmalige deutliche Vereinfachung dar. Dabei ist es Voraussetzung, dass das Strömungspotential diese Vereinfachungen erträgt.

In der Praxis bedeutet dies, dass man sich außerhalb der Grenzschichten oder Nachläufen befindet. Insbesondere werden vernünftige Ergebnisse erzielt, wenn an den umströmten, aerodynamischen Körpern die Strömung eine Ablösung erfährt. Ziemlich gute Übereinstimmungen von Messungen und Berechnungen von Geschwindigkeits- und Druckfeldern können daher für Umströmungen von Tragflügelprofilen erwartet werden. Darum wird die Umströmung von Profilen besonders genau behandelt.

Die Vereinfachungen, die durch die Annahme von Potentialströmungen entstehen, werden anschließend demonstriert. Bei der Kontinuitätsgleichung und der Navier-Stokes-Gleichung reduzieren sich im Fall stationärer, zweidimensionaler Strömungen für ein reibungsfreies und inkompressibles Fluid die beiden Bewegungsgleichungen in x und y Richtung, die sogenannten Euler-Gleichungen.

4.1.2 Euler-Gleichungen und Bernoulli-Gleichungen [1, 11]

4.1.2.1 Herleitung

Um die Euler-Gleichungen herleiten zu können, werden zunächst die bereits behandelten Grundgleichungen der Hydrodynamik untersucht. Diese lauten:

- **Kontinuitätsgleichung:**

$$\frac{\partial u}{\partial x} + \frac{\partial v}{\partial y} = 0 = \operatorname{div}(\underline{w}). \tag{4.1}$$

- **Bewegungsgleichung in x-Richtung:**

$$u\,\frac{\partial u}{\partial x} + v\,\frac{\partial u}{\partial y} = -\frac{1}{\varrho}\,\frac{\partial p}{\partial x} \tag{4.2}$$

- **Bewegungsgleichung in y-Richtung:**

$$u\,\frac{\partial v}{\partial x} + v\,\frac{\partial v}{\partial y} = -\frac{1}{\varrho}\,\frac{\partial p}{\partial y} \tag{4.3}$$

Bekanntlich benötigt man für die Bestimmung einer Unbekannten eine Gleichung. Hier kann man also mit drei Gleichungen auch drei Unbekannte bestimmen, dies entspricht der Möglichkeit, die unbekannten Geschwindigkeiten u und v sowie den Druck p zu berechnen. Die Gleichungen (4.1), (4.2), und (4.3) sind bereits in einfacher Form notiert, löst man diese, wird man aber schnell die hohe Komplexität dieser Gleichungslösung feststellen. Um diese Gleichungen noch weiter zu vereinfachen, wird Drehungsfreiheit angenommen: $\mathrm{rot}(\underline{w}) = 0$; wodurch sich die Gleichung mit $\frac{dx}{dz} = \frac{u}{w}$ ergibt, bzw. durch Umformen und Anschreiben mit partieller Differentiation und Aufstellen in der xy-Ebene wird

$$\frac{\partial u}{\partial y} = \frac{\partial v}{\partial x}. \tag{4.4}$$

Der Sinn dahintersteckt darin, dass man jetzt die Gl. (4.4) durch Multiplizieren mit dx zu

$$\left(u\,\frac{\partial u}{\partial x} + v\,\frac{\partial u}{\partial y}\right)dx = \left(-\frac{1}{\varrho}\,\frac{\partial p}{\partial x}\right)dx \tag{4.5}$$

schreiben kann. Mit Multiplizieren von dy der Gl. (4.3) ergibt sich

$$\left(u\,\frac{\partial v}{\partial x} + v\,\frac{\partial v}{\partial y}\right)dy = \left(-\frac{1}{\varrho}\,\frac{\partial p}{\partial y}\right)dy. \tag{4.6}$$

Addiert man Gl. (4.5) zu (4.6) resultiert

$$\left(u\,\frac{\partial u}{\partial x} + v\,\frac{\partial u}{\partial y}\right)dx + \left(u\,\frac{\partial v}{\partial x} + v\,\frac{\partial v}{\partial y}\right)dy$$
$$= \left(-\frac{1}{\varrho}\,\frac{\partial p}{\partial x}\right)dx + \left(-\frac{1}{\varrho}\,\frac{\partial p}{\partial y}\right)dy$$
$$\left(u\,\frac{\partial u}{\partial x} + v\,\frac{\partial u}{\partial y}\right)dx + \left(u\,\frac{\partial v}{\partial x} + v\,\frac{\partial v}{\partial y}\right)dy$$
$$= -\frac{1}{\varrho}\left(\frac{\partial p}{\partial x}\,dx + \frac{\partial p}{\partial y}\,dy\right); \tag{4.7}$$

wobei der Term aus (4.7) den Gesamtdruck darstellt, zu

$$\left(\frac{\partial p}{\partial x}\,dx + \frac{\partial p}{\partial y}\,dy\right) = dp. \tag{4.8}$$

Gl. (4.8) in (4.7) ergibt

$$\left(u\,\frac{\partial u}{\partial x} + v\,\frac{\partial u}{\partial y}\right)dx + \left(u\,\frac{\partial v}{\partial x} + v\,\frac{\partial v}{\partial y}\right)dy$$
$$= -\frac{1}{\varrho}\left(\frac{\partial p}{\partial x}\,dx + \frac{\partial p}{\partial y}\,dy\right) = -\frac{1}{\varrho}\,dp. \tag{4.9}$$

Gl. (4.4) in (4.9) eingesetzt lässt

$$\left(u\,\frac{\partial u}{\partial x} + v\,\frac{\partial u}{\partial y}\right)dx + \left(u\,\frac{\partial v}{\partial x} + v\,\frac{\partial v}{\partial y}\right)dy$$
$$= -\frac{1}{\varrho}\left(\frac{\partial p}{\partial x}\,dx + \frac{\partial p}{\partial y}\,dy\right)$$
$$= -\frac{1}{\varrho}\,dp = u\,du + v\,dv \tag{4.10}$$

folgen. Durch Integrieren ergibt sich

$$-\int \frac{1}{\varrho}\,dp = \int u\,du + \int v\,dv$$
$$\implies \quad -\frac{1}{\varrho}\,p = \frac{u^2}{2} + \frac{v^2}{2} \tag{4.11}$$

bzw. wenn man dies differenziell klein werden lässt

$$-\frac{1}{\varrho}\,dp = \frac{1}{2}\,d\left(u^2 + v^2\right), \tag{4.12}$$
$$\frac{\varrho}{2}\left(u^2 + v^2\right) + p = \frac{\varrho}{2}\,V_\infty^2 + p_\infty = \text{const.} \tag{4.13}$$

4.1.2.2 Interpretation der Ergebnisse

Definition 4.1 (Euler-Gleichung)

Gl. (4.12) wird als Euler-Gleichung bezeichnet.

$$-\frac{1}{\varrho}\,dp = \frac{1}{2}\,d\left(u^2 + v^2\right) \tag{4.14}$$

> **Definition 4.2 (Bernoulli-Gleichung)**
>
> Gl. (4.13) wird als Bernoulli-Gleichung bezeichnet.
>
> $$-\frac{1}{\varrho}\,dp = \frac{1}{2}\,d\left(u^2 + v^2\right) \qquad (4.15)$$

> **Definition 4.3 (Kinematische Gln.)**
>
> Die Gleichungen (4.2), (4.3) und (4.4) stellen die sogenannten kinematischen Grundgleichungen dar.
>
> *Bewegungsgleichung in x-Richtung:*
>
> $$u\,\frac{\partial u}{\partial x} + v\,\frac{\partial u}{\partial y} = -\frac{1}{\varrho}\,\frac{\partial p}{\partial x} \qquad (4.16)$$
>
> *Bewegungsgleichung in y-Richtung:*
>
> $$u\,\frac{\partial v}{\partial x} + v\,\frac{\partial v}{\partial y} = -\frac{1}{\varrho}\,\frac{\partial p}{\partial y} \qquad (4.17)$$

Mittels all dieser drei Gleichungen kann man ein Strömungsfeld vollkommen berechnen. Werden zwei dieser Gleichungen gelöst, kennt man das Strömungsfeld. Diese Lösungen werden später genauer betrachtet. Nachdem diese beiden Geschwindigkeiten u und v bestimmt wurden, kann man diese in die Bernoulli Gl. (4.15) einsetzen. Dies führt dazu, dass der Druck berechnet werden kann.

4.2 Komplexes Potential [1, 11]

4.2.1 Berechnungen

Die Kontinuitätsgleichung kann durch Einführen der Stromfunktion definiert werden.

$$u = \frac{\partial \psi}{\partial y} \qquad (4.18)$$

$$v = -\frac{\partial \psi}{\partial x} \qquad (4.19)$$

Diese beiden Gleichungen werden in die Bedingung der Drehungsfreiheit (4.4) eingesetzt. Es folgt

$$\frac{\partial u}{\partial y} = \frac{\partial v}{\partial x} \quad \Longrightarrow \quad \frac{\partial u}{\partial y} - \frac{\partial v}{\partial x} = 0. \qquad (4.20)$$

Mit (4.18) und (4.19): $\partial u = \frac{\partial^2 \psi}{\partial y}$, sowie $\partial v = -\frac{\partial^2 \psi}{\partial x}$, was durch Einsetzen in (4.20) zu

$$\frac{\frac{\partial^2 \psi}{\partial y}}{\partial y} + \frac{\frac{\partial^2 \psi}{\partial x}}{\partial x} = 0$$

$$\frac{\partial^2 \psi}{\partial y^2} + \frac{\partial^2 \psi}{\partial x^2} = 0 = \psi \underbrace{\left(\frac{\partial^2}{\partial y^2} + \frac{\partial^2}{\partial x^2}\right)}_{=\nabla^2 = \frac{\partial^2}{\partial y^2} + \frac{\partial^2}{\partial x^2}}$$

$$\frac{\partial^2 \psi}{\partial y^2} + \frac{\partial^2 \psi}{\partial x^2} = 0 = \nabla^2\,\psi \qquad (4.21)$$

resultiert. Ebenso ist die Gleichung durch Einführen eines Geschwindigkeitspotentials erfüllt ($u = \frac{\partial \phi}{\partial y}$ und $v = \frac{\partial \phi}{\partial x}$). Es ergibt sich:

$$\frac{\partial^2 \phi}{\partial y^2} + \frac{\partial^2 \phi}{\partial x^2} = 0 = \nabla^2\,\phi. \qquad (4.22)$$

Man sieht, dass die beiden Gleichungen: (4.22) und (4.21) die Laplace-Gleichungen sind. Sie sind nach Pierre-Simon Laplace (geboren 28. März 1749 in der Normandie; gestorben 5. März 1827 in Paris [101, 115]) benannt.

Bemerkung 4.1

Von einer komplexwertigen Funktion, welche durch

$$w = f(z) = f(x + i\,y) \qquad (4.23)$$

gegeben sei, mit $z = x + i \cdot y$ wird die erste und zweite partielle Ableitungen nach den unabhängigen Variablen x und y der komplexen Funktion (4.23) gebildet.

$$\frac{\partial w}{\partial x} = \frac{dw}{dz}\,\frac{\partial z}{\partial x} = \frac{dw}{dz}\,l \qquad (4.24)$$

$$\frac{\partial^2 w}{\partial x^2} = \frac{d^2 w}{dz^2}\,\frac{\partial z}{\partial x} = \frac{d^2 w}{dz^2}\,l \qquad (4.25)$$

und

$$\frac{\partial w}{\partial y} = \frac{dw}{dz}\frac{\partial z}{\partial y} = \frac{dw}{dz}\,l \qquad (4.26)$$

$$\frac{\partial^2 w}{\partial y^2} = \frac{d^2 w}{dz^2}\frac{\partial z}{\partial y} = \frac{d^2 w}{dz^2}\,l \qquad (4.27)$$

Werden die beiden Gleichungen (4.25) und (4.27) addiert, so erhält man die sogenannte Laplace-Gleichung.

$$\frac{\partial^2 w}{\partial x^2} + \frac{\partial^2 w}{\partial y^2} = 0 = \nabla^2 w \qquad (4.28)$$

Durch Vergleichen, folgt sofort Gl. (4.22).

Damit diese Gleichungen erfüllt sind, müssen Real- als auch Imaginärteil, der komplexen Funktion aus Gl. (4.23) ($w(z)$) als auch der Laplace-Gleichung, gem. Gl. (4.28) genügen. Dies kann man überprüfen, indem man die Annahme für die komplexe Funktion $w = \phi + i\,\psi$ mit den Bedingungen $\nabla^2\phi = 0$ und $\nabla^2\psi = 0$ überprüft. Diese müssen für die beiden Laplace-Gleichungen $w(z)$, Glg, (4.28) gültig sein.

Es gilt nach Umschreiben über die Gleichungen (4.25) und (4.27)

$$\frac{\partial w}{\partial x} = \frac{dw}{dz}\frac{\partial z}{\partial x} = \frac{dw}{dz}\,l$$
$$\frac{\partial w}{\partial x}\frac{\partial x}{\partial z} = \frac{dw}{dz}\,l$$
$$\frac{\partial w}{\partial z} = \frac{dw}{dz}\,l. \qquad (4.29)$$

Es folgt

$$\frac{\partial w}{\partial z} = \frac{\partial w}{\partial x} = \frac{dw}{dz}\,l = \frac{\partial \phi}{\partial x} + i\,\frac{\partial \psi}{\partial x} \qquad (4.30)$$

Ident ergibt sich mit (4.25)

$$\frac{\partial w}{\partial z} = \frac{1}{i}\frac{\partial w}{\partial y} = \frac{1}{i}\frac{\partial \phi}{\partial y} + i\,\frac{\partial \psi}{\partial y}. \qquad (4.31)$$

Vergleicht man die Real- und Imaginärteile resultiert

$$\frac{\partial \phi}{\partial x} = i\,\frac{\partial \psi}{\partial y} = u; \qquad (4.32)$$

$$\frac{\partial \phi}{\partial y} = -\frac{\partial \psi}{\partial x} = v. \qquad (4.33)$$

Diese beiden Gleichungen bezeichnet man auch als:

4.2.2 Cauchy-Riemann-Differentialgleichungen

$$\frac{\partial \phi}{\partial x} = i\,\frac{\partial \psi}{\partial y} = u \qquad (4.34)$$

$$\frac{\partial \phi}{\partial y} = -\frac{\partial \psi}{\partial x} = v \qquad (4.35)$$

Die Darlegungen verdeutlichen, dass die Real- und Imaginärteile der komplexen analytischen Funktion $w(z)$ als das **Geschwindigkeitspotential ϕ** und die **Stromfunktion ψ** für zweidimensionale Strömungen ohne Reibung, inkompressible Fluide und drehungsfreie Bewegungen interpretiert werden können. Diese Interpretation ermöglicht eine anschauliche Beschreibung von Strömungsphänomenen durch die Verwendung des komplexen Potentials.

4.3 Superpositionsprinzip [1, 11]

4.3.1 Notwendigkeit

Zusätzlich zu den genannten Strömungstypen ist es wichtig zu betonen, dass das Superpositionsprinzip auch für komplexere Strömungsphänomene gilt. Beispielsweise können die Lösungen für verschiedene Strömungen kombiniert werden, um eine Gesamtlösung für eine Strömungssituation zu erhalten. Dies ermöglicht es, realistische Strömungsprofile und -verhalten zu modellieren.

Im Kontext der Fluidmechanik, insbesondere bei der Umströmung von Flugkörpern oder

Tragwerkprofilen, spielen Randbedingungen eine entscheidende Rolle. Die reibungsfreie Strömung um Körper mit festen Wänden erfordert eine sorgfältige Analyse der Grenzschicht und der Wechselwirkungen zwischen der Strömung und der Körperoberfläche. Die Anwendung des Superpositionsprinzips ermöglicht es, komplexe Strömungsmuster zu verstehen und auf praxisrelevante Probleme in der Luft- und Raumfahrttechnik anzuwenden.

Die dargestellte Abbildung verdeutlicht, dass die Stromlinien die Oberfläche des Tragflügels begrenzen. Die Tatsache, dass sich die Stromlinien nicht kreuzen können, unterstreicht die physikalische Unmöglichkeit von Durchdringung und Vermischung verschiedener Strömungen. Dieses Verständnis ist von entscheidender Bedeutung, um aerodynamische Effekte und Auftriebsmechanismen zu analysieren, die wiederum für die Optimierung von Flugzeugen und anderen luftgetragenen Strukturen von großer Bedeutung sind.

4.3.2 Tragflügelumströmung

Als Beispiel wird ein Tragflügel untersucht. Dieser ist in ◘ Abb. 4.1 schematisch dargestellt. Betrachtet man die Strömung genauer, so stellt man fest, dass die Stromlinien in der Nähe des Flügels der Tragflügelberandung genügen, hingegen weiter entfernte immer mehr an eine Parallelströmung erinnern.

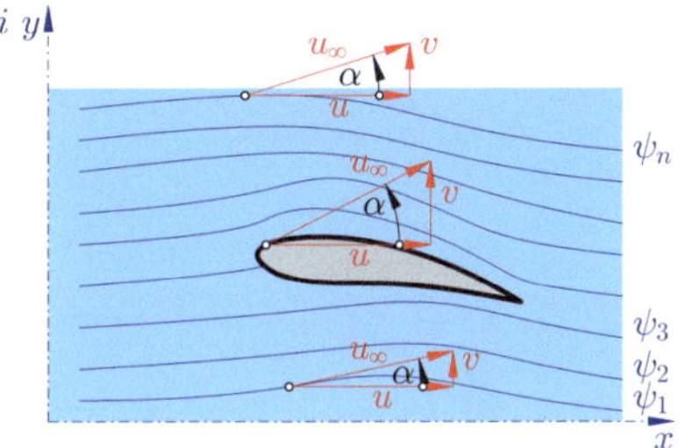

◘ **Abb. 4.1** Stromlinien bei einem Tragflügel mit dem Anstellwinkel α

$$\frac{v}{u}\,|_{\text{Wand}} = \frac{dy}{dx}\,|_{\text{Wand}} \qquad (4.36)$$

$$\psi_{\text{Wand}} = \text{const.} \qquad (4.37)$$

Die Randbedingungen weit entfernt von dem Tragflügelprofil entsprechen den Bedingungen der unter dem Winkel α angestellten Parallelströmung, zu

$$u = u_\infty = V_\infty \cos(\alpha); \qquad (4.38)$$
$$v = v_\infty = V_\infty \sin(\alpha). \qquad (4.39)$$

Der Index ∞ bezeichnet den Zustand im Unendlichen, genauer im Fernfeld des Profils.

Siehe ► Methode: Lösung durch SolidWorks – CFD 4.1.

Methode: Lösung durch SolidWorks – CFD 4.1

Zu untersuchen ist die Umströmung eines Tragflügels in Abhängigkeit des Fluidbereichs. Zum einen ist die Region direkt am Tragflügel zu untersuchen, zum anderen auch die weiter entferntere, jene wo bereits die Parallelströmung wieder erkennbar wird. Wie sieht es mit der Abhängigkeit der Anströmgeschwindigkeit aus?

Pos.	Bild	Erklärung
1		Modell zeichnen. Neue Simulationsstudie aufsetzen und Einstellungen treffen. Zunächst wird eine Anströmgeschwindigkeit von 100 km/h gewählt. Für die zweite Studie 300 km/h und für die Dritte 700 km/h.

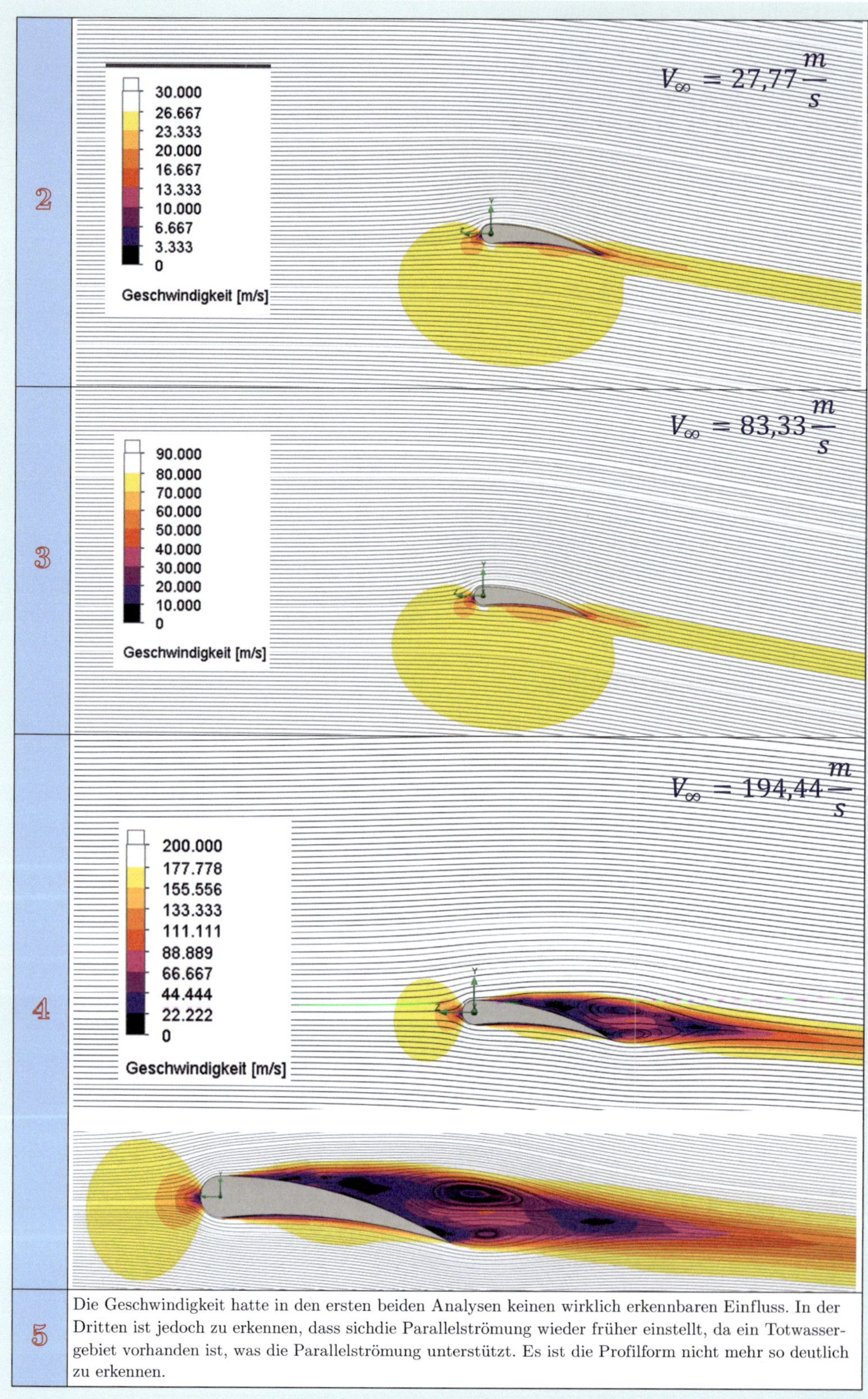

Die Geschwindigkeit hatte in den ersten beiden Analysen keinen wirklich erkennbaren Einfluss. In der Dritten ist jedoch zu erkennen, dass sichdie Parallelströmung wieder früher einstellt, da ein Totwassergebiet vorhanden ist, was die Parallelströmung unterstützt. Es ist die Profilform nicht mehr so deutlich zu erkennen.

4.3.3 D'Alembert'sches Paradoxon

> **Theorem 4.1**
>
> Wie man aus den obigen Abbildungen entnehmen kann, verlaufen die Stromlinien im oberen Teil enger als im unteren. Dies lässt vermuten, dass eine Auftriebskraft entsteht. Der Widerstand hingegen ist Null, da eine Potentialströmung eine reibungsfreie Strömung ist. Diese Tatsache heißt d'Alembert'sches Paradoxon. Dieses wurde bereits zu einem früheren Zeitpunkt behandelt, soll hier aber nochmals im Detail widerlegt werden.

Beweis Bei einer reibungsfreien Strömung treten keine Schubspannungen auf, die einen Nachlauf nach dem Kreiszylinder bewirken können. Es resultiert ein symmetrisches Strömungsfeld (nach Bernoulli) vor- und nach dem Körper in Strömungsrichtung.

Der Druckbeiwert ist definiert durch

$$c_P = \frac{p - p_\infty}{q_\infty}. \tag{4.40}$$

Hierin ist $q_\infty = \frac{1}{2} \varrho_\infty V_\infty^2$ der dynamische Druck. Wendet man hier die Bernoulli-Gleichung an, so kann der Druck durch Geschwindigkeiten ersetzt werden. Es ergibt sich

$$p_\infty + \frac{1}{2} \varrho_\infty V_\infty^2 = p + \frac{1}{2} \varrho_\infty u_\vartheta^2$$

$$p_\infty = p + \frac{1}{2} \varrho_\infty u_\vartheta^2 - \frac{1}{2} \varrho_\infty V_\infty^2$$

$$p_\infty = p + \frac{1}{2} \varrho_\infty \left(u_\vartheta^2 - V_\infty^2 \right). \tag{4.41}$$

Einsetzen ergibt

$$\begin{aligned}
c_P &= \frac{p - \left(p + \frac{1}{2} \varrho_\infty \left(u_\vartheta^2 - V_\infty^2 \right) \right)}{\frac{1}{2} \varrho_\infty V_\infty^2} \\
&= \frac{V_\infty^2 - u_\vartheta^2}{V_\infty^2} = \frac{V_\infty^2}{V_\infty^2} - \frac{u_\vartheta^2}{V_\infty^2} \\
&= 1 - \left(\frac{u_\vartheta}{V_\infty} \right). \tag{4.42}
\end{aligned}$$

Es folgt

$$c_P = 1 - \left[4 \sin^2 (\vartheta) + \left(\frac{2\,\Gamma\,\sin(\vartheta)}{\pi\,a\,V_\infty} \right)^2 \right]. \tag{4.43}$$

Jetzt kann der Widerstandswert c_w berechnet werden, welcher durch Druckunterschiede hervorgerufen wird. Für diesen gilt

$$\begin{aligned}
c_w &= \frac{1}{c} \int_{LE}^{TE} \left(C_{p,o} - C_{p,u} \right) dy \\
&= \frac{1}{c} \int_{LE}^{TE} C_{p,o}\, dy - \frac{1}{c} \int_{LE}^{TE} C_{p,u}\, dy. \tag{4.44}
\end{aligned}$$

Die Grenzen lauten hier TE und LE. Dabei handelt es sich um Abkürzungen, für **Leading Edge** (Vorderkante des Profils) und **Trailing-Edge** (Profilhinterkante). c beschreibt die Profilsehne oder **cord-length**, wobei es sich um die kürzeste Verbindung zwischen Vorder- und Hinterkante des Profils handelt. Die Indizes u und o bezeichnen die untere und die obere Seite des Tragflügelprofils.

In Polarkoordinaten kann die Länge y auch durch $y = R \sin (\vartheta)$ und $dy = R \sin (\vartheta)\, d\vartheta$ ersetzt werden, wenn $c = 2R$ gilt. Es folgt

$$\begin{aligned}
c_w &= \frac{1}{2} \int_0^\pi C_{p,o} \cos (\vartheta)\, d\vartheta \\
&\quad - \frac{1}{2} \int_0^{2\pi} C_{p,u} \cos (\vartheta)\, d\vartheta. \tag{4.45}
\end{aligned}$$

$$\begin{aligned}
c_w &= -\frac{1}{2} \int_0^\pi C_p \cos (\vartheta)\, d\vartheta \\
&\quad - \frac{1}{2} \int_0^{2\pi} C_p \cos (\vartheta)\, d\vartheta \tag{4.46}
\end{aligned}$$

$$c_w = -\frac{1}{2} \int_0^\pi C_p \cos (\vartheta)\, d\vartheta \tag{4.47}$$

Substituiert man Gl. (4.43) in (4.45), (4.46) und (4.47) so ergeben sich einige Integrale über die trigonometrische Funktion, die folgende Ergebnisse besitzen:

$$\int_0^{2\pi} \cos(\vartheta)\,d\vartheta = 0 \qquad (4.48)$$

$$\int_0^{2\pi} \sin^2(\vartheta)\cos(\vartheta)\,d\vartheta = 0 \qquad (4.49)$$

$$\int_0^{2\pi} \sin(\vartheta)\cos(\vartheta)\,d\vartheta = 0 \qquad (4.50)$$

Damit wird der berechnete Widerstand zu null, was das d'Alembert'sche Paradoxon bestätigt.

$$c_w = 0 \qquad (4.51)$$

□

4.3.4 Berechnung des Auftriebs

Für den Auftriebsbeiwert gilt

$$c_a = \frac{1}{c}\int_0^c c_{p,u}\,dx - \frac{1}{c}\int_0^c c_{p,o}\,dx. \qquad (4.52)$$

Dies kann man in Polarkoordinaten überführen. Es folgt

$$\begin{aligned}
c_a &= -\frac{1}{2}\int_\pi^{2\pi} c_{p,u}\,\sin(\vartheta)\,d\vartheta \\
&\quad + \frac{1}{2}\int_\pi^c c_{p,o}\,\sin(\vartheta)\,d\vartheta \\
&= -\frac{1}{2}\int_\pi^{2\pi} c_{p,l}\,\sin(\vartheta)\,d\vartheta. \qquad (4.53)
\end{aligned}$$

Gl. (4.43) in (4.53) einsetzen ergibt

$$\int_\pi^{2\pi} \sin(\vartheta)\,d\vartheta, \qquad (4.54)$$

$$\int_\pi^{2\pi} \sin^3(\vartheta)\,d\vartheta = 0, \qquad (4.55)$$

$$\int_\pi^{2\pi} \sin^2(\vartheta)\,d\vartheta = \pi. \qquad (4.56)$$

Das Resultat der beiden Gleichungen (4.53) liefert für den Auftriebsbeiwert

$$c_a = \frac{\Gamma}{R\,V_\infty}. \qquad (4.57)$$

Aus der Definition für den Auftriebsbeiwert c_a kann man die Auftriebskraft F_A ermitteln.

$$F_A = q_\infty\,S\,c_a = \frac{1}{2}\,\varrho_\infty\,V_\infty^2\,S\,c_a. \qquad (4.58)$$

Hierin stellt S die Tragflügelfläche bezogen auf die Einheitsspannweite $S = 2\,a$ dar.

4.3.5 Kutta-Joukowski-Theorem und Magnuskraft

Die Kutta-Joukowski-Transformation ist die einfachste Transformation, die auf einen Kreis angewendet werden kann und als Ergebnis Tragflächenprofile liefert. Sie ist nach Martin Wilhelm Kutta (vgl. ◘ Abb. 4.2)[1] und Nikolai Jegorowitsch Schukowski (vgl. ◘ Abb. 4.3)[2] benannt [100].

Der Magnus-Effekt, benannt nach Heinrich Gustav Magnus (vgl. mit ◘ Abb. 4.4)[3], besagt, dass ein rotierter Körper bei Umströmung eine Querkraftwirkung erfährt [107].

Der Effekt tritt dann auf, wenn als Beispiel ein Ball durch den Raum geschossen wird und

---

1   Martin Wilhelm Kutta, genannt Wilhelm Kutta, (geboren 3. November 1867 in Pitschen, Oberschlesien; gestorben 25. Dezember 1944 in Fürstenfeldbruck) war ein deutscher Mathematiker [135].

2   Nikolai Jegorowitsch Schukowski (geboren 17. Januar 1847 in Wladimir; gestorben 17. März 1921 in Moskau) war ein russischer Mathematiker, Aerodynamiker und Hydrodynamiker. Er gilt als Vater der russischen Luftfahrt [111].

3   Heinrich Gustav Magnus (geboren 2. Mai 1802 in Berlin; gestorben 4. April 1870 ebenda) war ein deutscher Physiker und Chemiker [86].

Abb. 4.2 Kutta [135]

Abb. 4.3 Schukowski [111]

sich dabei zu drehen beginnt. Durch die Drehung des Balles wird die äußerste Luftschicht (in der Grenzschicht) durch Reibung des Balles mit bewegt, weil diese am Ball quasi haftet. Fliegt der Ball weiter und rotiert gleichzeitig, so werden die Luftströmungen an der einen Seite addiert, weil diese in die gleiche Richtung zeigen, und auf der anderen abgezogen, weil sie entgegengesetzte Richtungen aufweisen. Dies führt zu einem Druckunterschied, welcher konzentriert in einem Punkt eine Kraft zur Folge hat, die den Ball in eine Richtung drückt. Dadurch fliegt ein

Abb. 4.4 Magnus [86]

Ball einen Bogen bzw. wird seitlich zur Flugrichtung abgelenkt.[4]

Theorem 4.2

Die Kombination der Gleichungen (4.57) und (4.58) liefert das Kutta-Joukowski-Theorem, zu

$$F_A = \varrho_\infty \, V_\infty \, \Gamma. \tag{4.59}$$

Corollary 4.1

Dies besagt, dass der Auftrieb A pro Einheitsspannweitenrichtung direkt proportional der Zirkulation Γ um einen Kreiszylinder in einer Parallelströmung ist, zu welcher die Auftriebskraft senkrecht steht.

Bemerkung 4.2

Eine derartige Strömung kann durch Drehen eines Zylinders in einer Strömung erzeugt werden. Damit entsteht eine Auftriebskraft, die auch **Magnuskraft** genannt wird.

---

4 Verweis auf Simulationsvideo, auf Wikipedia: ▶ https://de.wikipedia.org/wiki/Magnus-Effekt.

Das Strömungsfeld entspricht nachfolgendem Ausdruck:

$$w = V_\infty \left[z\, e^{-i\,\alpha} + \frac{a^2}{z}\, e^{i\,\alpha} \right] + \frac{i\,\Gamma}{2\,\pi} \ln(z)$$

(4.60)

mit $z = e^{i\,\vartheta}$ ergibt sich daraus

$$w = V_\infty \left[r\, e^{i\,(\vartheta - \alpha)} + \frac{a^2}{r}\, e^{-i\,(\vartheta - \alpha)} \right]$$
$$+ \frac{i\,\Gamma}{2\,\pi} \ln(r + i\,\vartheta)$$

(4.61)

4.4 Kompressible Potentialströmungen

4.4.1 Herleitung der Potentialgleichung [2]

Für kompressible Strömungen gelten ähnliche Gesetze wie für inkompressible. Bedingung dafür ist aber, dass weiterhin die Drehungsfreiheit vorausgesetzt wird.

Bei inkompressiblen Strömungen kann man mit Gl. (4.1) die Verbindung zur Divergenz herstellen. Es wurde Folgendes gefunden

$$\frac{\partial u}{\partial x} + \frac{\partial v}{\partial y} = 0 = \mathrm{div}(\underline{w}).$$

(4.62)

Setzt man Drehungsfreiheit voraus, so gilt

$$\mathrm{rot}(\underline{w}) = 0 \quad \Longleftrightarrow \quad \underline{w} = w = \mathrm{grad}(\phi).$$

(4.63)

Gemäß zuvor gezeigten Bedingungen muss die Laplace-Gleichung für die Beschreibung des Strömungsbilds gelten. Es ergibt sich gem. Gl. (4.28) die Gleichung

$$\Delta \phi = \frac{\partial^2 \phi}{\partial x^2} + \frac{\partial^2 \phi}{\partial y^2} = 0$$

(4.64)

Die Lösungen dieser linearen homogenen Differentialgleichung lassen sich aufgrund des Superpositionsprinzips beliebig überlagern, wobei jede Linearkombination ebenfalls eine gültige Lösung darstellt. Diese Lösungen erfüllen die Navier-Stokes-Gleichungen im Grenzfall reibungsfreier (inviskiden) Strömungen unter geeigneten Randbedingungen, insbesondere wenn keine Schubspannungen an den Wänden wirken. In diesem Fall sind Druck und Geschwindigkeit entlang einer Stromlinie gemäß der Bernoulli-Gleichung gekoppelt. Daraus folgt, dass die Strömung als potenziell (irrational) beschrieben werden kann und die Geschwindigkeit sich als Gradient eines Geschwindigkeitspotentials darstellen lässt. Die Vernachlässigung der viskosen Terme ist hierbei nur in Gebieten zulässig, in denen die Schubspannungen vernachlässigbar sind, typischerweise fernab von Grenzschichten.

Für kompressible Fluide ist Gl. (4.63) ebenfalls gültig – allerdings wiederum nur unter der Voraussetzung einer reibungsfreien (inviskiden) Strömung. Es muss dabei gezeigt werden, dass die Impulsgleichung in differentieller Form (Euler'sche Bewegungsgleichung) auch nach Einsetzen des Ansatzes weiterhin gültig bleibt. Dies bestätigt, dass die Lösung mit den physikalischen Grundgleichungen für ideale Fluide konsistent ist.

Gem. den beiden Gleichungen (4.16) und (4.17) findet man durch Umformen die Bewegungsgleichungen in x- bzw. y-Richtung.

$$\varrho \cdot \left(u\, \frac{\partial u}{\partial x} + v\, \frac{\partial u}{\partial y} \right) = -\frac{\partial p}{\partial x}$$

(4.65)

$$\varrho \cdot \left(u\, \frac{\partial v}{\partial x} + v\, \frac{\partial v}{\partial y} \right) = -\frac{\partial p}{\partial y}$$

(4.66)

Jetzt kann man die beiden Gleichungen ableiten. Gl. (4.65) wird nach y abgeleitet, Gl. (4.66) nach x. Es folgt

$$\varrho \cdot u\, \frac{\partial u}{\partial x}\frac{\partial u}{\partial y} + \varrho \cdot v\, \frac{\partial u}{\partial y}\frac{\partial u}{\partial y} + \varrho \cdot \frac{\partial u}{\partial y} \cdot \left(\frac{\partial u}{\partial x} + \frac{\partial u}{\partial y} \right)$$
$$+ \frac{\partial \varrho}{\partial y} \cdot \left(u\, \frac{\partial u}{\partial x} + v\, \frac{\partial u}{\partial y} \right) = -\frac{\partial p}{\partial x}\frac{\partial p}{\partial y}$$

$$\varrho \cdot u\, \frac{\partial^2 u}{\partial x \partial y} + \varrho \cdot v\, \frac{\partial^2 u}{\partial y^2} + \varrho \cdot \frac{\partial u}{\partial y} \cdot \left(\frac{\partial u}{\partial x} + \frac{\partial u}{\partial y} \right)$$
$$+ \frac{\partial \varrho}{\partial y} \cdot \left(u\, \frac{\partial u}{\partial x} + v\, \frac{\partial u}{\partial y} \right) = -\frac{\partial^2 p}{\partial x \partial y}$$

(4.67)

$$\varrho \cdot u \frac{\partial v}{\partial y}\frac{\partial u}{\partial y} + \varrho \cdot v \frac{\partial v}{\partial x}\frac{\partial v}{\partial y} + \varrho \cdot \frac{\partial v}{\partial x} \cdot \left(\frac{\partial u}{\partial x} + \frac{\partial v}{\partial y} \right)$$
$$+ \frac{\partial \varrho}{\partial y} \cdot \left(u\frac{\partial u}{\partial x} + v\frac{\partial u}{\partial y} \right) = -\frac{\partial p}{\partial x}\frac{\partial p}{\partial y}$$
$$\varrho \cdot u \frac{\partial^2 v}{\partial x^2} + \varrho \cdot v \frac{\partial^2 v}{\partial x \partial y} + \varrho \cdot \frac{\partial v}{\partial x} \cdot \left(\frac{\partial u}{\partial x} + \frac{\partial v}{\partial y} \right)$$
$$+ \frac{\partial \varrho}{\partial x} \cdot \left(u\frac{\partial v}{\partial x} + v\frac{\partial v}{\partial y} \right) = -\frac{\partial^2 p}{\partial x \partial y}$$
$$(4.68)$$

Die Dichte ist eine eindeutige Funktion des Druckes, man kann daher schreiben:

$$\frac{\partial \varrho}{\partial y} = \frac{d\varrho}{dp} \cdot \frac{\partial p}{\partial y} \qquad (4.69)$$

$$\frac{\partial \varrho}{\partial x} = \frac{d\varrho}{dp} \cdot \frac{\partial p}{\partial x}. \qquad (4.70)$$

Diese beiden Bedingungen kann man in Gl. (4.65) und (4.66) einsetzen, es folgt

$$\varrho \cdot \left(u\frac{\partial u}{\partial x} + v\frac{\partial u}{\partial y} \right) = -\frac{\partial p}{\partial x}$$
$$\left(u\frac{\partial u}{\partial x} + v\frac{\partial u}{\partial y} \right) = \left(-\frac{1}{\varrho}\frac{\partial p}{\partial x} \right)$$
$$\frac{\partial \varrho}{\partial y} \cdot \left(u\frac{\partial u}{\partial x} + v\frac{\partial u}{\partial y} \right) = \frac{\partial \varrho}{\partial y} \cdot \left(-\frac{1}{\varrho}\frac{\partial p}{\partial x} \right)$$
$$\frac{\partial \varrho}{\partial y} \cdot \left(u\frac{\partial u}{\partial x} + v\frac{\partial u}{\partial y} \right) = \frac{d\varrho}{dp} \cdot \frac{\partial p}{\partial y} \cdot \left(-\frac{1}{\varrho}\frac{\partial p}{\partial x} \right)$$
$$(4.71)$$
$$\varrho \cdot \left(u\frac{\partial v}{\partial x} + v\frac{\partial v}{\partial y} \right) = -\frac{\partial p}{\partial y}$$
$$\left(u\frac{\partial v}{\partial x} + v\frac{\partial v}{\partial y} \right) = \left(-\frac{1}{\varrho}\frac{\partial p}{\partial x} \right)$$
$$\frac{\partial \varrho}{\partial x} \cdot \left(u\frac{\partial v}{\partial x} + v\frac{\partial v}{\partial y} \right) = \frac{\partial \varrho}{\partial x} \cdot \left(-\frac{1}{\varrho}\frac{\partial p}{\partial x} \right)$$
$$\frac{\partial \varrho}{\partial x} \cdot \left(u\frac{\partial v}{\partial x} + v\frac{\partial v}{\partial y} \right) = \frac{d\varrho}{dp} \cdot \frac{\partial p}{\partial x} \cdot \left(-\frac{1}{\varrho}\frac{\partial p}{\partial x} \right)$$
$$(4.72)$$

Setzt man jetzt die beiden Gleichungen (4.67) und (4.68) gleich, ergibt sich folgender Ausdruck, bzw. durch Umformen, umstellen und

vereinfachen folgt schließlich

$$\varrho \cdot u \frac{\partial^2 u}{\partial x \partial y} + \varrho \cdot v \frac{\partial^2 u}{\partial y^2} + \varrho \cdot \frac{\partial u}{\partial y} \cdot \left(\frac{\partial u}{\partial x} + \frac{\partial u}{\partial y} \right)$$
$$+ \frac{\partial \varrho}{\partial y} \cdot \left(u\frac{\partial u}{\partial x} + v\frac{\partial u}{\partial y} \right)$$
$$= \varrho \cdot u \frac{\partial^2 v}{\partial x^2} + \varrho \cdot v \frac{\partial^2 v}{\partial x \partial y} + \varrho \cdot \frac{\partial v}{\partial x} \cdot \left(\frac{\partial u}{\partial x} + \frac{\partial v}{\partial y} \right)$$
$$+ \frac{\partial \varrho}{\partial x} \cdot \left(u\frac{\partial v}{\partial x} + v\frac{\partial v}{\partial y} \right)$$
$$(4.73)$$

$$\varrho \cdot u \frac{\partial^2 u}{\partial x \partial y} + \varrho \cdot v \frac{\partial^2 u}{\partial y^2} + \varrho \cdot \frac{\partial u}{\partial y} \cdot \left(\frac{\partial u}{\partial x} + \frac{\partial u}{\partial y} \right)$$
$$+ \frac{\partial \varrho}{\partial y} \cdot \left(u\frac{\partial u}{\partial x} + v\frac{\partial u}{\partial y} \right)$$
$$- \varrho \cdot u \frac{\partial^2 v}{\partial x^2} - \varrho \cdot v \frac{\partial^2 v}{\partial x \partial y} - \varrho \cdot \frac{\partial v}{\partial x} \cdot \left(\frac{\partial u}{\partial x} + \frac{\partial v}{\partial y} \right)$$
$$- \frac{\partial \varrho}{\partial x} \cdot \left(u\frac{\partial v}{\partial x} + v\frac{\partial v}{\partial y} \right) = 0$$
$$(4.74)$$

$$\varrho \cdot u \left[\frac{\partial^2 u}{\partial x \partial y} - \frac{\partial^2 v}{\partial x^2} \right] + \varrho \cdot v \left[\frac{\partial^2 u}{\partial y^2} - \frac{\partial^2 v}{\partial x \partial y} \right]$$
$$+ \varrho \cdot \left[\frac{\partial u}{\partial y} \cdot \left(\frac{\partial u}{\partial x} + \frac{\partial u}{\partial y} \right) - \frac{\partial v}{\partial x} \cdot \left(\frac{\partial v}{\partial x} + \frac{\partial v}{\partial y} \right) \right]$$
$$+ \left(u\frac{\partial u}{\partial x} + v\frac{\partial u}{\partial y} \right) \cdot \left(\frac{\partial \varrho}{\partial y} - \frac{\partial \varrho}{\partial x} \right) = 0$$
$$(4.75)$$

$$\varrho u \frac{\partial}{\partial x}\left(\frac{\partial u}{\partial y} - \frac{\partial v}{\partial x} \right) + \varrho v \frac{\partial}{\partial y}\left(\frac{\partial u}{\partial y} - \frac{\partial v}{\partial x} \right)$$
$$+ \varrho \left(\frac{\partial u}{\partial x} + \frac{\partial v}{\partial y} \right)\left(\frac{\partial u}{\partial y} - \frac{\partial v}{\partial x} \right) = 0 \qquad (4.76)$$

Geht man weiterhin von einer rotationsfreien Strömung aus, so ist rot($\underline{w}$) = 0, was in der Ebene gleichbleibend bedeutet

$$\frac{\partial v}{\partial x} = \frac{\partial u}{\partial y} = 0. \qquad (4.77)$$

Damit kann man folgern, dass eine Rotationsströmung eine Lösung für diese Bedingung ist.

Wenn man im Strömungsfeld einen Punkt wählt, an dem die Gleichungen (4.65) und (4.66) gelten – etwa in einem Bereich mit bekannter, einfacher Strömung wie einer Parallelströmung bei konstantem Druck (wie sie beispielsweise im Fernfeld, also im Unendlichen, existieren kann) – dann ist es zulässig, von diesem Referenzzustand aus nur noch die lokalen Änderungen bzw. Abweichungen zu betrachten.

In diesem Kontext ist es gerechtfertigt, die Differentialgleichungen durch Anwendung partieller Ableitungen zu analysieren, da man davon ausgeht, dass die betrachteten Größen in einem ausreichend kleinen Gebiet stetig differenzierbar sind. Die Verwendung von Differentiation als Werkzeug zur Herleitung oder Vereinfachung ist somit nicht nur legitim, sondern methodisch notwendig, um die Entwicklung der Strömungsgrößen im lokalen Umfeld des gewählten Punktes präzise beschreiben zu können.

Daher ist es – analog zum Fall inkompressibler Strömungen – möglich, das Geschwindigkeitsfeld als den Gradienten eines Skalarpotentials zu formulieren.

Diese Darstellung setzt voraus, dass das Strömungsfeld irrational ist, also die Rotation (Wirbelfreiheit) verschwindet. Unter dieser Voraussetzung lässt sich das Geschwindigkeitsfeld durch ein Potential ausdrücken, da ein wirbelfreies Vektorfeld stets als Gradient eines skalaren Feldes darstellbar ist.

Damit kann man auch für diesen Fall das Konzept des Geschwindigkeitspotentials einführen, was eine erhebliche Vereinfachung bei der mathematischen Beschreibung der Strömung erlaubt.

$$\underline{w} = \mathrm{grad}(\phi). \tag{4.78}$$

Es wird im Folgenden jetzt in Analogie zu Gl. (4.64) eine Differentialgleichung zur Beschreibung der Strömungsgeschwindigkeit gesucht bzw. hergeleitet. Neben der Kontinuitätsgleichung, die lautet

$$\frac{\partial \varrho}{\partial t} + \mathrm{div}(\varrho \underline{w}) = 0. \tag{4.79}$$

Für stationäre Strömungen folgt

$$\begin{aligned} \mathrm{div}(\varrho \underline{w}) &= \frac{\partial(\varrho \cdot u)}{\partial x} + \frac{\partial(\varrho \cdot v)}{\partial y} \\ &= \varrho\left(\frac{\partial u}{\partial x} + \frac{\partial v}{\partial y}\right) + u \cdot \frac{\partial \varrho}{\partial x} + v \cdot \frac{\partial \varrho}{\partial y} \\ &= 0. \end{aligned} \tag{4.80}$$

Es werden noch weitere Gleichungen benötigt. Diese ergeben sich mithilfe der bereits kennengelernten Gleichungen (4.65), (4.66), (4.69) und (4.70). Diese Gleichungen lauteten:

$$-\varrho \cdot \left(u\,\frac{\partial u}{\partial x} + v\,\frac{\partial u}{\partial y}\right) = \frac{\partial p}{\partial x} \tag{4.81}$$

$$-\varrho \cdot \left(u\,\frac{\partial v}{\partial x} + v\,\frac{\partial v}{\partial y}\right) = \frac{\partial p}{\partial y} \tag{4.82}$$

$$\frac{\partial \varrho}{\partial y} = \frac{d\varrho}{dp} \cdot \frac{\partial p}{\partial y} \quad\Longrightarrow\quad \frac{\partial \varrho}{\partial y} \cdot \frac{dp}{d\varrho} = \frac{\partial p}{\partial y} \tag{4.83}$$

$$\frac{\partial \varrho}{\partial x} = \frac{d\varrho}{dp} \cdot \frac{\partial p}{\partial x} \quad\Longrightarrow\quad \frac{\partial \varrho}{\partial x} \cdot \frac{dp}{d\varrho} = \frac{\partial p}{\partial x} \tag{4.84}$$

Ebenfalls ist aber die Gleichung für die Schallgeschwindigkeit (wurde bereits hergeleitet) bekannt, zu

$$a^2 = \frac{dp}{d\varrho}. \tag{4.85}$$

Jetzt kann man Gl. (4.85) in Gl. (4.83) und (4.84) einsetzen, es folgt

$$\frac{\partial \varrho}{\partial y} \cdot a^2 = \frac{\partial p}{\partial y} \tag{4.86}$$

$$\frac{\partial \varrho}{\partial x} \cdot a^2 = \frac{\partial p}{\partial x} \tag{4.87}$$

Jetzt kann man Gl. (4.86) und (4.87) in Gl. (4.81) bzw. (4.82) einsetzen und umformen, zu

$$-\frac{\varrho}{a^2} \cdot \left(u\,\frac{\partial u}{\partial x} + v\,\frac{\partial u}{\partial y}\right) = \frac{\partial \varrho}{\partial x} \tag{4.88}$$

$$-\frac{\varrho}{a^2} \cdot \left(u\,\frac{\partial v}{\partial x} + v\,\frac{\partial v}{\partial y}\right) = \frac{\partial \varrho}{\partial y} \tag{4.89}$$

Setzt man jetzt Gl. (4.88) und (4.89) in Gl. (4.80) ein, ergibt sich

$$\varrho\left(\frac{\partial u}{\partial x} + \frac{\partial v}{\partial y}\right) + u \cdot \left[-\frac{\varrho}{a^2} \cdot \left(u\,\frac{\partial u}{\partial x} + v\,\frac{\partial u}{\partial y}\right)\right]$$
$$+ v \cdot \left[-\frac{\varrho}{a^2} \cdot \left(u\,\frac{\partial v}{\partial x} + v\,\frac{\partial v}{\partial y}\right)\right] = 0. \tag{4.90}$$

Hier kann man die Klammern auflösen. Es kommt folgende Gleichung zustande

$$\varrho\left(\frac{\partial u}{\partial x} + \frac{\partial v}{\partial y}\right) - \frac{u \cdot \varrho}{a^2} \cdot u \frac{\partial u}{\partial x} - \frac{u \cdot \varrho}{a^2} \cdot v \frac{\partial u}{\partial y}$$

$$- \frac{v \cdot \varrho}{a^2} \cdot u \frac{\partial v}{\partial x} - \frac{v \cdot \varrho}{a^2} \cdot v \frac{\partial v}{\partial y} = 0$$

$$\varrho \cdot \frac{\partial u}{\partial x} + \varrho \cdot \frac{\partial v}{\partial y} - \frac{\varrho \cdot u^2}{a^2} \frac{\partial u}{\partial x} - \frac{u \cdot v \cdot \varrho}{a^2} \frac{\partial u}{\partial y}$$

$$- \frac{v \cdot u \cdot \varrho}{a^2} \frac{\partial v}{\partial x} - \frac{v^2 \cdot \varrho}{a^2} \frac{\partial v}{\partial y} = 0.$$

$$(4.91)$$

Ist $\varrho \neq 0$, kann man durch ϱ durch dividieren, es folgt

$$\frac{\partial u}{\partial x} + \frac{\partial v}{\partial y} - \frac{u^2}{a^2} \frac{\partial u}{\partial x} - \frac{u \cdot v}{a^2} \frac{\partial u}{\partial y}$$

$$- \frac{v \cdot u}{a^2} \frac{\partial v}{\partial x} - \frac{v^2}{a^2} \frac{\partial v}{\partial y} = 0$$

$$\frac{\partial u}{\partial x} - \frac{u^2}{a^2} \frac{\partial u}{\partial x} + \frac{\partial v}{\partial y} - \frac{v^2}{a^2} \frac{\partial v}{\partial y}$$

$$- \frac{u \cdot v}{a^2}\left(\frac{\partial u}{\partial y} + \frac{\partial v}{\partial x}\right) = 0 \qquad (4.92)$$

Hebt man jetzt heraus, ergibt sich

$$\frac{\partial u}{\partial x}\left(1 - \frac{u^2}{a^2}\right) + \frac{\partial v}{\partial y}\left(1 - \frac{v^2}{a^2}\right)$$

$$- \frac{u \cdot v}{a^2}\left(\frac{\partial u}{\partial y} + \frac{\partial v}{\partial x}\right) = 0. \qquad (4.93)$$

Jetzt kann man folgende Ausdrücke einsetzen, gem. Gl. (4.78)

$$u = \frac{\partial \phi}{\partial x} = \phi_x \qquad v = \frac{\partial \phi}{\partial y} = \phi_y. \qquad (4.94)$$

Bezieht man sich auf die Kontinuitätsgleichung (Gl. (4.80)) folgt

$$\mathrm{div}(\varrho \underline{w}) = \varrho\left(\frac{\partial u}{\partial x} + \frac{\partial v}{\partial y}\right) + u \cdot \frac{\partial \varrho}{\partial x} + v \cdot \frac{\partial \varrho}{\partial y}$$

$$= 0. \qquad (4.95)$$

bzw. durch Anwenden der Produktregel ergibt sich mit Gl. (4.94)

$$\frac{\partial}{\partial x}\phi_x\left(1 - \frac{\phi_x^2}{a^2}\right) + \frac{\partial}{\partial y}\phi_y\left(1 - \frac{\phi_y^2}{a^2}\right)$$

$$- \frac{\phi_x \cdot \phi_y}{a^2}\phi_{xy} = 0 \qquad (4.96)$$

und daraus schließlich

$$\phi_{xx} \cdot \left(1 - \frac{\phi_x^2}{a^2}\right) + \phi_{yy} \cdot \left(1 - \frac{\phi_y^2}{a^2}\right)$$

$$- 2 \cdot \frac{\phi_x \cdot \phi_y}{a^2} \cdot \phi_{xy} = 0. \qquad (4.97)$$

Damit hat man jetzt die gesuchte Gleichung gefunden. Wird aber $Ma \to 0$, so wird mit $Ma = \frac{w}{a}$ $\Rightarrow \lim_{Ma \to 0}\left(\frac{w}{a}\right)$ die Gleichung nur dann erfüllt, wenn $a \to \infty$ läuft, denn je größer der Nenner wird, desto kleiner das Ergebnis, also Null, wenn der Zähler unendlich wird[5]. Es wird im Folgenden also der Fall $a \to \infty$ untersucht.

$$\left(\phi_{xx} - \underbrace{\phi_{xx} \cdot \frac{\phi_x^2}{a^2}}_{=a}\right) + \left(\phi_{yy} - \underbrace{\phi_{yy} \cdot \frac{\phi_y^2}{a^2}}_{=b}\right)$$

$$- \underbrace{2 \cdot \frac{\phi_x \cdot \phi_y}{a^2} \cdot \phi_{xy}}_{=c} = 0. \qquad (4.98)$$

Setzt man in dieser Gleichung die einzelnen Grenzwerte ein, so ergibt sich

$$a = \lim_{a \to \infty}\left(\phi_{xx} \cdot \frac{\phi_x^2}{a^2}\right) = \phi_{xx} \cdot \frac{\phi_x^2}{\infty} = 0$$

$$(4.99)$$

$$b = \lim_{a \to \infty}\left(\phi_{yy} \cdot \frac{\phi_y^2}{a^2}\right) = \phi_{yy} \cdot \frac{\phi_y^2}{\infty} = 0$$

$$(4.100)$$

$$c = \lim_{a \to \infty}\left(2 \cdot \frac{\phi_x \cdot \phi_y}{a^2} \cdot \phi_{xy}\right)$$

$$= 2 \cdot \frac{\phi_x \cdot \phi_y}{\infty} \cdot \phi_{xy} = 0. \qquad (4.101)$$

---

5 Vgl. mit den Regeln von L'Hospital – siehe Mathematik – Analysis, etwa in [35–37].

Diese Gleichungen wieder rückeingesetzt ergibt

$$(\phi_{xx}) + (\phi_{yy}) = \frac{\partial^2 \phi}{\partial x^2} + \frac{\partial^2 \phi}{\partial y^2} = 0; \quad (4.102)$$

was der Laplace-Gleichung entspricht was exakt der Gl. (4.64) entspricht.

Gem. den bereits hergeleiteten Gleichungen (2.123) und (2.125), die lauteten:

$$\frac{T_2}{T_0} = 1 - \frac{\kappa - 1}{2} \cdot \left[\left(\frac{a_2}{a_M} \right)^2 - 1 \right]. \quad (4.103)$$

$$\frac{a_2}{a_M} = \sqrt{\frac{T_2}{T_M}}. \quad (4.104)$$

findet man durch Umformen von Gl. (4.104) und anschließendem Gleichsetzen mit Gl. (4.103) die Gleichung

$$\left(\frac{a_M}{a} \right)^2 = \frac{T_2}{T_0} = 1 - \frac{\kappa - 1}{2} \cdot \left[\left(\frac{a_2}{a_M} \right)^2 - 1 \right]. \quad (4.105)$$

Diese Gleichung kann man jetzt umformen, wenn man bedenkt, dass:

- Im unendlichen Fernfeld sind die Bedingungen konstant, d. h. $a_2 \to a_\infty$ und $T_2 \to T_\infty$.
- Der Stream-Geschwindigkeitsbetrag $w_\infty = \sqrt{u^2 + v^2}$ erscheint über die Definition der lokalen Machzahl $Ma_\infty = w_\infty / a_\infty$.
- Die Identität $\frac{a_\infty^2}{a_M^2} = 1$ ergibt sich, weil bei $Ma_M = 1$ gilt $a_M = a_\infty$.

gilt, zu

$$\left(\frac{a}{a_\infty} \right)^2 = 1 - \frac{\kappa - 1}{2} \cdot Ma_\infty^2 \cdot \left(\frac{u^2 + v^2}{w_\infty^2} 1 \right). \quad (4.106)$$

Man sieht hier, dass sie auftretende Schallgeschwindigkeit eine Feldgröße ist, und keine Konstante. Für die nicht lineare Potentialgleichung existieren keine einfachen Lösungen, man muss daher die Gleichungen vereinfachen.

4.4.2 Linearisierung der Potentialgleichung & Prandtl-Glauert-Ackeret'sche Regel [2]

Man kann die eben hergeleitete Potentialgleichung dahingehend vereinfachen, dass diese sehr stark jener der inkompressiblen Strömungen ähnelt.

In der Tat lässt sich ein einziger dimensionsloser Umrechnungsfaktor identifizieren, mit dessen Hilfe sich die bekannte Druckverteilung um ein Profil in inkompressibler Strömung systematisch in diejenige einer kompressiblen Umströmung überführen lässt. Dieser Korrekturfaktor berücksichtigt die Auswirkungen der Kompressibilität und hängt in erster Linie von der Machzahl der Umströmung ab. Unter Annahme kleiner Störungen (linearisierten Theorie) kann beispielsweise die sogenannte Prandtl-Glauert-Regel herangezogen werden, um den Einfluss der Kompressibilität im Unterschallbereich näherungsweise zu erfassen. Somit erlaubt dieser Ansatz eine elegante Verbindung zwischen inkompressibler und schwach kompressibler Aerodynamik und vereinfacht die Analyse realer Strömungsfelder erheblich.

Es wird jetzt die Gl. (4.97) verwendet, welche dann im Anschluss linearisiert wird. Es folgt die Gleichung

$$\phi_{xx} \cdot \left(1 - \frac{u^2}{a^2} \right) + \phi_{yy} \cdot \left(1 - \frac{v^2}{a^2} \right)$$
$$- 2 \cdot \frac{u \cdot v}{a^2} \cdot \phi_{xy} = 0. \quad (4.107)$$

Bei Vorliegen von schlanken Profilen, welche entlang ihrer Längsachse angeströmt werden, ergibt sich

$$u \approx u_\infty \qquad v \ll u \qquad v \ll a; \quad (4.108)$$

bzw. durch Einsetzen in Gl. (4.107)

$$\phi_{xx} \cdot \left(1 - \frac{u_\infty^2}{a^2} \right) + \phi_{yy} \cdot \left(1 - \underbrace{\frac{v^2}{a^2}}_{\approx 0} \right)$$
$$- 2 \cdot \underbrace{\frac{u \cdot v}{a^2}}_{\approx 0} \cdot \phi_{xy} = 0. \quad (4.109)$$

Jetzt kann man den Ausdruck $\frac{u_\infty^2}{a^2}$ durch Ma_∞ ersetzen. Es folgt dann

$$\phi_{xx} \cdot \left(1 - Ma_\infty^2\right) + \phi_{yy} = 0$$

$$\left(1 - Ma_\infty^2\right) \cdot \frac{\partial^2 \phi}{\partial x^2} + \frac{\partial^2 \phi}{\partial y^2} = 0; \qquad (4.110)$$

was die linearisiertes Potentialgleichung darstellt. Es ist dabei nur die konstante Anströmzahl als Faktor enthalten. Es wird jetzt eine Transformation durchgeführt. Dazu gilt zunächst

$$\left(1 - Ma_\infty^2\right) \cdot \frac{\partial^2 \phi'}{\partial x'^2} + \frac{\partial^2 \phi'}{\partial y'^2} = 0. \qquad (4.111)$$

Dabei gilt

$$x' = x \qquad y' = w_1 \cdot y \qquad \phi = w_2 \phi'. \qquad (4.112)$$

Beweis Setzt man Gl. (4.112) in Gl. (4.111) ein, folgt

$$\left(1 - Ma_\infty^2\right) \cdot \frac{\partial^2 \left(\dfrac{\phi}{w_2}\right)}{\partial x^2} + \frac{\partial^2 \left(\dfrac{\phi}{w_2}\right)}{\partial (w_1 \cdot y)'^2} = 0; \qquad (4.113)$$

bzw. daraus folgt sofort Gl. (4.111). $\qquad\square$

Man kann jetzt für den Faktor w_1 folgende Gleichung finden, sodass die Machzahl aus der Gleichung entfällt.

$$w_1 = \sqrt{\left|1 - Ma_\infty^2\right|}. \qquad (4.114)$$

Es ergeben sich dadurch folgende DGL für das Potential für die Vergleichsströmungen

$$\frac{\partial^2 \phi'}{\partial x'^2} + \frac{\partial^2 \phi'}{\partial y'^2} = 0 \qquad \text{für} \qquad Ma_\infty < 1; \qquad (4.115)$$

$$\frac{\partial^2 \phi'}{\partial x'^2} - \frac{\partial^2 \phi'}{\partial y'^2} = 0 \qquad \text{für} \qquad Ma_\infty > 1. \qquad (4.116)$$

Wird ein Profil von einer kompressiblen Strömung umströmt, so kann zur näherungsweisen Berechnung der Strömungsgrößen die Potentialgleichung (4.110) herangezogen werden. Diese Gleichung ist jedoch in ihrer ursprünglichen Form – insbesondere aufgrund des zusätzlichen Faktors, der von der Machzahl abhängt – nicht immer einfach analytisch lösbar.

Abhilfe schafft eine geeignete Koordinatentransformation. Wandelt man die x- und y-Koordinaten des betrachteten Profils gemäß den Transformationsregeln aus Gl. (4.112) um, so erhält man ein neues Koordinatensystem, in dem sich die Strömung deutlich einfacher beschreiben lässt: Je nach Strömungsregime (Unterschall- oder Überschallströmung) kann man dort die transformierte Potentialgleichung (4.115) (für $Ma_\infty < 1$) bzw. (4.116) (für $Ma_\infty > 1$) anwenden.

Die Lösung ϕ in der transformierten Ebene beschreibt die Strömung um das transformierte Profil. Um jedoch auf die physikalisch interessierende Strömung um das ursprüngliche Profil zurückzuschließen, muss diese Lösung anschließend in das ursprüngliche Koordinatensystem rücktransformiert werden.

Ziel ist es, aus der (nun vergleichsweise einfach bestimmbaren) Druckverteilung in der transformierten Ebene die tatsächliche Druckverteilung auf dem ursprünglichen Profil zu ermitteln. Diese Rückrechnung erfolgt mithilfe der Definition des dimensionslosen Druckbeiwerts c_p, dessen Einführung bereits weiter oben vorgenommen wurde, und der hier zur Verknüpfung der Lösungen in beiden Koordinatensystemen erneut herangezogen wird. Es gilt

$$c_p := \frac{p_x - p_\infty}{\dfrac{\varrho_\infty}{2} u_\infty^2}. \qquad (4.117)$$

Im Folgenden wird die Bernoulli-Gleichung verwendet, in Verbindung mit einer linearen Näherung, unter Annahme, dass die lokale Geschwindigkeit fast ident zur Anströmgeschwindigkeit ist.

Es folgt

$$c_p = -2 \cdot \frac{u}{u_\infty} = -\frac{2 \cdot \partial \phi}{u_\infty \partial x}. \qquad (4.118)$$

Wird das Profil mit der Geschwindigkeit u_∞ angeströmt, so ergibt sich für den Druckbeiwert des transformierten Profils

$$c_p' = -2 \cdot \frac{u'}{u_\infty} = -\frac{2 \cdot \partial\phi'}{u_\infty \partial x'}. \qquad (4.119)$$

Mit Gl. (4.112) folgt

$$c_p = w_2 \cdot c_p'. \qquad (4.120)$$

Im Folgenden muss jetzt c_2 ermittelt werden. Dazu wendet man die Stromlinienanalogie an. Beschreibt y_k die Kontur des Profils, so gilt

$$v = u_\infty \cdot \frac{\partial y_k}{\partial x} \qquad v' = u_\infty \cdot \frac{\partial y_k'}{\partial x'}. \qquad (4.121)$$

Daraus ergibt sich

$$w_1^2 \cdot w_2 = 1; \qquad (4.122)$$

bzw. durch Umformen ergibt sich für w_2

$$w_2 = \frac{1}{|\,1 - Ma_\infty^2\,|}. \qquad (4.123)$$

Es ist damit die gesuchte Transformation des Druckbeiwertes gefunden. Es kann jetzt der Druck eines kompressiblen angeströmten Profil berechnet werden, wenn es transformiert wird und die Druckverteilung im transformierten Raum berechnet wurde.

Es existiert dann also zwischen dem Druckbeiwert des transformierten Profil (jene Größen, die mit einem Strich gekennzeichnet wurden) und dem Beiwert des nicht transformierten Profils der Zusammenhang

$$c_p = \frac{p - p_\infty}{q_\infty} = \frac{c_p'}{|1 - Ma_\infty^2|}. \qquad (4.124)$$

Es ist möglich, die Druckbeiwerte eines Profils in einer kompressiblen Strömung näherungsweise abzuschätzen, wenn diese bereits für den inkompressiblen Fall vorliegen. Dazu bedient man sich der sogenannten Prandtl-Glauert-Transformation, bei der angenommen wird, dass die gemessenen Druckverteilungen im inkompressiblen Fall einer fiktiven kompressiblen Umströmung eines geometrisch veränderten (transformierten) Profils entsprechen.

Die bekannten Druckbeiwerte $c_{p,\text{ink}}$ aus der inkompressiblen Strömung werden dann mithilfe der Beziehung

$$c_{p,\text{komp}} = \frac{c_{p,\text{ink}}}{\sqrt{1 - Ma_\infty^2}} \qquad (4.125)$$

in den kompressiblen Fall überführt. Die Gl. (4.125) basiert auf einer linearen Näherung und ist für kleine bis mittlere Mach-Zahlen ($Ma_\infty \lesssim 0{,}7$) hinreichend genau.

Wichtig ist: Die resultierende Druckverteilung bezieht sich nicht auf das ursprüngliche Profil, sondern auf dessen transformierte Geometrie. Diese ergibt sich durch die Koordinatentransformation gemäß Gl. (4.108), welche insbesondere eine Streckung in y-Richtung beinhaltet

$$x' = x, \qquad y' = \frac{y}{\sqrt{1 - Ma_\infty^2}}. \qquad (4.126)$$

Um auf die reale Strömungssituation um das ursprünglich betrachtete Profil zurückzuschließen, muss daher eine Rücktransformation durchgeführt werden. Diese betrifft insbesondere die Geometrie des Profils, da durch die inverse Skalierung der y-Koordinate die ursprüngliche Form wiederhergestellt wird.

Bei dieser Rücktransformation ändern sich unter anderem folgende geometrische Merkmale:

- **Anstellwinkel:** Durch die unterschiedliche Skalierung von x und y verändert sich die effektive Orientierung des Profils zur Strömung.
- **Dickenverhältnis:** Die vertikale Streckung bzw. Stauchung beeinflusst das Verhältnis von Profildicke zur Profiltiefe.
- **Krümmung und Stromlinienverlauf:** Die Form der Stromlinien sowie der Druckgradient entlang des Profils ändern sich entsprechend.

Hat man schließlich die transformierte Druckverteilung auf das ursprüngliche Profil zurückübertragen, so ist es möglich, die reale Druckverteilung in der kompressiblen Strömung direkt aus der bekannten inkompressiblen Lösung abzuleiten – ohne eine vollständige Neuberechnung des kompressiblen Strömungsfeldes. Es gilt

$$\text{Wölbung:} \qquad \frac{f'}{l'} = \frac{f}{l} \cdot \sqrt{|1 - Ma_\infty^2|};$$

$$(4.127)$$

$$\text{Dicke:} \qquad \frac{d'}{l'} = \frac{d}{l} \cdot \sqrt{|1 - Ma_\infty^2|};$$

$$(4.128)$$

$$\text{Winkel:} \qquad \alpha' = \alpha \cdot \sqrt{|1 - Ma_\infty^2|}.$$

$$(4.129)$$

Unter der Annahme, dass auch c_p derart veränderlich ist, gelangt man zur Gleichung

$$c_p = \frac{c_p'}{\sqrt{|1 - Ma_\infty|}}; \quad \text{(Geometrie ungeändert).}$$

$$(4.130)$$

Man kann ein aerodynamisches Modell zunächst bei niedrigen Machzahlen, also unter annähernd inkompressiblen Bedingungen, vermessen. Die gemessene Druckbeiwertverteilung c_p gilt dann für die inkompressible Strömung oder für eine Strömung mit sehr geringer Kompressibilität.

Um aus diesen Daten die Druckverteilung für eine Strömung mit einer endlichen, aber noch unterschalligen Machzahl $Ma_1 < 1$ abzuleiten, verwendet man den sogenannten **Prandtl-Glauert-Faktor**, der sich für den unterschalligen Bereich wie folgt ergibt

$$\frac{1}{\sqrt{|1 - Ma_1^2|}}.$$

$$(4.131)$$

Diese Gleichung erlaubt es, die inkompressiblen Messergebnisse auf eine kompressible, unterschallige Strömung zu übertragen. Dabei wird angenommen, dass die Strömung weiterhin potenziell und isentrop ist und keine starken Stoßwellen oder Strömungsablösungen auftreten.

Für den Überschallbereich ($Ma_2 > 1$) ist diese Transformation nicht mehr direkt anwendbar. In diesem Fall muss die Druckverteilung bereits für eine bekannte Überschallmachzahl Ma_2 vorliegen – beispielsweise durch numerische Simulation oder experimentelle Messung. Diese kann dann mithilfe einer verallgemeinerten Form des Prandtl-Glauert-Zusammenhangs skaliert werden, wobei der Korrekturfaktor sich im Überschallbereich durch

$$\frac{1}{\sqrt{Ma^2 - 1}}.$$

$$(4.132)$$

ergibt (analog zum linearen Theorem im Überschall). Diese lineare Näherung ist jedoch nur für kleine Störungen im Überschallbereich (schwache Kompressibilitätseffekte) zulässig.

Da die Transformation – beispielsweise im Rahmen der Prandtl-Glauert-Näherung – nicht verbietet, dass die Randbedingungen im Unendlichen gleich bleiben, sondern dies im Gegenteil sogar voraussetzt, kann Gl. (4.130) in einer vereinfachten und direkt anwendbaren Form geschrieben werden. Insbesondere bleibt also die Geschwindigkeit u_∞, die Dichte ϱ_∞ und der statische Druck p_∞ in der Unendlichkeit identisch zwischen der inkompressiblen und der transformierten kompressiblen Strömung. Diese Voraussetzung ist notwendig, um eine konsistente Transformation der Strömungsgleichungen und insbesondere der Druckbeiwerte zu gewährleisten.

Daher lässt sich die Druckbeiwert-Formel im kompressiblen Fall wie folgt ausdrücken:

$$p(x) - p_\infty = \frac{1}{\sqrt{|1 - Ma_\infty^2|}}[p_{\text{ink}}(x) - p_\infty].$$

$$(4.133)$$

Der Auftriebsbeiwert C_L sowie der Momentenbeiwert C_M eines Profils lassen sich unmittelbar aus der Verteilung des Druckbeiwerts c_p entlang der Profiloberfläche berechnen. Da der Druckbeiwert im kompressiblen Fall gemäß der Prandtl-Glauert-Regel durch Multiplikation mit dem Faktor $1/\sqrt{1 - Ma_\infty^2}$ aus dem inkompressiblen Fall gewonnen wird, wirken sich diese Änderungen direkt auf die integrierten Größen wie Auftrieb und Moment aus.

Das bedeutet konkret: Auch die resultierenden aerodynamischen Kräfte und Momente skalieren im Rahmen dieser Näherung mit dem **Prandtl-Glauert-Faktor**. Die über die Profiltiefe integrierten Größen – also Auftriebs- und Momentenbeiwert – erhalten denselben Korrekturfaktor wie der Druckbeiwert an jedem Punkt.

Bemerkenswert ist, dass dieser theoretisch hergeleitete Zusammenhang – trotz der idealisierten Annahmen (z. B. dünne Profile, kleine Anstellwinkel, potenzielle Strömung, geringe Mach-Zahlen) – in der Praxis eine erstaunlich gute Übereinstimmung mit experimentellen Ergebnissen zeigt. Das macht die Prandtl-Glauert-Korrektur zu einem zentralen Werkzeug in der aerodynamischen Vorhersage für schwach kompressible Strömungen, insbesondere im transsonischen und unteren Unterschallbereich.

Im Laufe der Zeit wurde das **Modell von Laitone**

$$c_p = \frac{c_{p,0}}{\sqrt{1 - Ma_\infty^2} + \left[\dfrac{Ma_\infty^2}{2\sqrt{1-Ma_\infty^2}}\left(1 + \frac{\kappa-1}{2}Ma_\infty^2\right)\right]c_{p,0}},$$

$$(4.134)$$

und **Kármán-Tsien**

$$c_p = \frac{c_{p,0}}{\sqrt{1 - Ma_\infty^2} + \left[\dfrac{Ma_\infty^2}{1+\sqrt{1-Ma_\infty^2}}\right]\dfrac{c_{p,0}}{2}},$$

$$(4.135)$$

vereinfacht. ◘ Abb. 4.5 zeigt dies.

4.5 Übungen

Welche Vereinfachungen werden bei Strömungen inform von zweidimensionalen Potentialströmungen getroffen?

Lösung

1. **Reibungsfreie Strömung** Die umströmten, oder durchströmten Bauteile (je nach Art der Strömung: extern oder intern) sind vollkommen glatt anzunehmen, sodass die Strömung durch die Oberfläche oder den Rand nicht gebremst, verzögert oder abgelenkt wird.

2. **Inkompressible Strömung** Es handelt sich um Flüssigkeitsströmungen, keine Gasströmungen, da diese kompressibel sind, die Dichte des Fluids, oder hier in weiterer Folge der Flüssigkeit ist konstant

3. **Zweidimensionale Strömung** Die Strömung kann nur in einer Ebene auftreten, wodurch oftmals von unendlich langen Bauteilen, bei der Umströmung, in der Tafelebene die Rede ist.

4. **Stationäre Strömung** Die Strömung ist nicht zeitabhängig (instationär) und ändert deren Eigenschaft nicht in Abhängigkeit der Zeit, wodurch die Zeit nicht weiter berücksichtigt werden muss und bei stationären Strömungen entfällt.

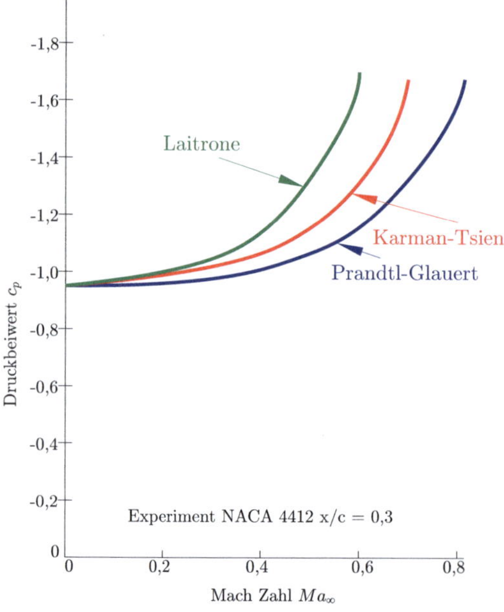

◘ **Abb. 4.5** Vgl. der unterschiedlichen Druckbeiwerten, in Anl. an [2]

Übungsbeispiel 4.2

Wie lautet die Euler-Gleichung?

Lösung

Gl. (4.12) wird als Euler-Gleichung bezeichnet.

$$-\frac{1}{\varrho}\,dp = \frac{1}{2}\,d\left(u^2 + v^2\right) \qquad (4.136)$$

Übungsbeispiel 4.3

Wie lautet die Bernoulli-Gleichung?

Lösung

Gl. (4.13) wird als Euler-Gleichung bezeichnet.

$$-\frac{1}{\varrho}\,dp = \frac{1}{2}\,d\left(u^2 + v^2\right) \qquad (4.137)$$

Übungsbeispiel 4.4

Wie lauten die kinematischen Grundgleichungen?

Lösung

Bewegungsgleichung in x-Richtung:

$$u\,\frac{\partial u}{\partial x} + v\,\frac{\partial u}{\partial y} = -\frac{1}{\varrho}\,\frac{\partial p}{\partial x} \qquad (4.138)$$

Bewegungsgleichung in y-Richtung:

$$u\,\frac{\partial v}{\partial x} + v\,\frac{\partial v}{\partial y} = -\frac{1}{\varrho}\,\frac{\partial p}{\partial y} \qquad (4.139)$$

Übungsbeispiel 4.5

Wie lautet die Laplace-Gleichung?

Lösung

$$\frac{\partial^2 w}{\partial x^2} + \frac{\partial^2 w}{\partial y^2} = 0 = \nabla^2 w \qquad (4.140)$$

Übungsbeispiel 4.6

Wie lauten die Cauchy-Riemann-Differentialgleichungen und was sagen diese aus?

Lösung

$$\frac{\partial \phi}{\partial x} = i\,\frac{\partial \psi}{\partial y} = u \qquad (4.141)$$

$$\frac{\partial \phi}{\partial y} = -\frac{\partial \psi}{\partial x} = v \qquad (4.142)$$

Die Darlegungen verdeutlichen, dass die Real- und Imaginärteile der komplexen analytischen Funktion $w(z)$ als das **Geschwindigkeitspotential** ϕ und die **Stromfunktion** ψ für zweidimensionale Strömungen ohne Reibung, inkompressible Fluide und drehungsfreie Bewegungen interpretiert werden können. Diese Interpretation ermöglicht eine anschauliche Beschreibung von Strömungsphänomenen durch die Verwendung des komplexen Potentials.

Übungsbeispiel 4.7

Welche Voraussetzung muss erfüllt sein, damit kompressible Strömungen wie inkompressible Strömungen behandelt werden können?

Lösung

Die Voraussetzung ist die Drehungsfreiheit der Strömung, also dass $\mathrm{rot}(\underline{w}) = 0$ gilt.

4

Übungsbeispiel 4.8

Welche Gleichung beschreibt das Strömungsbild unter der Annahme einer irrotationalen, inkompressiblen Strömung?

Lösung

Die Laplace-Gleichung $\Delta\phi = \frac{\partial^2\phi}{\partial x^2} + \frac{\partial^2\phi}{\partial y^2} = 0$ beschreibt das Strömungsbild.

Übungsbeispiel 4.9

Unter welchen Bedingungen sind Lösungen der Potentialgleichung auch Lösungen der Navier-Stokes-Gleichungen?

Lösung

Unter der Annahme reibungsfreier (inviskider) Strömung und geeigneter Randbedingungen, insbesondere wenn keine Schubspannungen an den Wänden wirken.

Übungsbeispiel 4.10

Wie ist das Geschwindigkeitsfeld bei potenziellen Strömungen mathematisch darstellbar?

Lösung

Als Gradient eines Skalarpotentials, also $\underline{w} = \mathrm{grad}(\phi)$.

Übungsbeispiel 4.11

Warum kann man die Gleichung $\underline{w} = \mathrm{grad}(\phi)$ auch für kompressible Fluide annehmen?

Lösung

Weil die Drehungsfreiheit ($\mathrm{rot}(\underline{w}) = 0$) auch für kompressible Fluide unter der Voraussetzung einer reibungsfreien Strömung gilt.

Übungsbeispiel 4.12

Was zeigt die Herleitung der Gl. (4.76) in Bezug auf die Rotation der Strömung?

Lösung

Sie zeigt, dass die Rotation verschwindet, wenn $\frac{\partial u}{\partial y} = \frac{\partial v}{\partial x}$ gilt, was eine wirbelfreie (irrotational) Strömung bedeutet.

Übungsbeispiel 4.13

Was passiert mit der Potentialgleichung, wenn der Mach-Zahl-Grenzwert $Ma \to 0$ genommen wird?

Lösung

Dann vereinfacht sich die Gleichung, weil alle Terme mit $1/a^2$ gegen Null gehen, was der Fall der inkompressiblen Strömung ist.

Übungsbeispiel 4.14

Was ist die Bedeutung des Superpositionsprinzips im Kontext der Potentialströmung?

Lösung

Es erlaubt die Überlagerung mehrerer Lösungen der Laplace-Gleichung, da es sich um eine lineare homogene Differentialgleichung handelt.

Übungsbeispiel 4.15

Was ist das Hauptziel der Linearisierung der Potentialgleichung in der kompressiblen Aerodynamik?

Lösung

Das Hauptziel besteht darin, die Potentialgleichung so zu vereinfachen, dass sie stark derjenigen für inkompressible Strömungen ähnelt, um so die Analyse realer Strömungsfelder bei schwach kompressiblen Bedingungen zu erleichtern.

Übungsbeispiel 4.16

Welche Annahme wird bei der Anwendung der Prandtl-Glauert-Regel getroffen?

Lösung

Es wird angenommen, dass nur kleine Störungen auftreten, d. h. es handelt sich um eine linearisierte Theorie, die für schwach kompressible, potenzielle Strömungen mit kleinen Anstellwinkeln gilt.

Übungsbeispiel 4.17

Welche Transformation wird auf die Koordinaten angewendet, um die Potentialgleichung zu vereinfachen?

Lösung

Es wird die Transformation $x' = x$, $y' = w_1 \cdot y$, $\phi = w_2 \cdot \phi'$ verwendet, wobei $w_1 = \sqrt{|1 - Ma_\infty^2|}$ ist.

Übungsbeispiel 4.18

Was beschreibt der dimensionslose Druckbeiwert c_p?

Lösung

Der Druckbeiwert c_p beschreibt den relativen Druckunterschied zwischen einem Punkt auf dem Profil und dem Umgebungsdruck, normiert mit dem dynamischen Druck: $c_p = \frac{p - p_\infty}{\frac{1}{2}\varrho_\infty u_\infty^2}$.

Übungsbeispiel 4.19

Wie lautet der Zusammenhang zwischen c_p und c_p'?

Lösung

Der Zusammenhang lautet: $c_p = w_2 \cdot c_p' = \frac{c_p'}{|1 - Ma_\infty^2|}$.

Übungsbeispiel 4.20

Welche geometrischen Merkmale des Profils ändern sich durch die Transformation?

Lösung

Es ändern sich insbesondere der Anstellwinkel, das Dickenverhältnis sowie die Krümmung und der Stromlinienverlauf.

Übungsbeispiel 4.21

Wie lautet die klassische Prandtl-Glauert-Korrekturformel zur Umrechnung von c_p?

Lösung

$$c_{p,\text{komp}} = \frac{c_{p,\text{ink}}}{\sqrt{1 - Ma_\infty^2}}.$$

Übungsbeispiel 4.22

Warum ist die Prandtl-Glauert-Regel im Überschallbereich nicht direkt anwendbar?

Lösung

Weil im Überschallbereich starke Verdichtungsstöße auftreten können, die nicht durch die lineare Theorie erfasst werden. Hier ist eine modifizierte Form der Transformation erforderlich.

Übungsbeispiel 4.23

Welche Rolle spielt der Prandtl-Glauert-Faktor bei der Bestimmung von Auftriebs- und Momentenbeiwerten?

Lösung

Auch die integrierten aerodynamischen Kräfte wie Auftrieb (C_L) und Moment (C_M) skalieren mit dem Prandtl-Glauert-Faktor, da sie auf der Verteilung von c_p basieren.

Expansions- und Kompressionswellen

Inhaltsverzeichnis

© Der/die Autor(en), exklusiv lizenziert an Springer-Verlag GmbH, DE, ein Teil von Springer Nature 2026
A. Huber, *Technische Mechanik 6 - Aeromechanik*,
https://doi.org/10.1007/978-3-662-72929-8_5

Sie lernen hier…

- Grundlagen der Hamilton Mathematik kennen.
- Numerische Methoden für Überschallströmungen kennen.
- den Unterschied zwischen Kompressions- und Expansionswellen kennen.
- FVM kennen, Godunov- Verfahren, Upwind Schemata kennen und anwenden.
- die Eikonalgleichung kennen.
- die Prandtl-Meyer-Funktion anwenden, herleiten und interpretieren.

> **Zitat**
>
> Der Computer arbeitet deshalb so schnell, weil er nicht denkt.
> *Gabriel Laub*

5.1 Nutzen/Berechnungs- methode [2]

Bei dem betrachteten Verfahren handelt es sich um ein Berechnungsmittel, das speziell für reine Überschallströmungen entwickelt wurde. In diesem Zusammenhang beziehen sich die sogenannten Wellen auf unendlich schwache, schiefe Verdichtungsstöße, die in der Fachliteratur als Mach'sche Linien bezeichnet werden. Diese Linien stellen die Grenzfälle von Verdichtungsstößen dar, bei denen die Stoßstärke gegen null tendiert.

Entlang einer solchen Mach'schen Linie kommt es zu einer sprunghaften Änderung des Geschwindigkeitsvektors. Diese Änderung lässt sich dadurch erklären, dass in einer Überschallströmung keine Information stromaufwärts propagieren kann. Die Mach'sche Linie stellt somit die Grenze des Einflussbereichs einer Störung dar. Eine Änderung der Strömungsgeschwindigkeit findet – analog zum Verhalten bei einem schiefen Verdichtungsstoß – ausschließlich in Richtung normal zur Linie statt. Diese Eigenschaft folgt unmittelbar aus den Erhaltungsgleichungen für Masse, Impuls und Energie, die auf ein infinitesimales Kontrollvolumen angewendet werden.

Die Herleitung der zugrunde liegenden Beziehungen erfolgt in methodischer Analogie zur Hamilton'schen Mechanik. Diese erlaubt eine elegante mathematische Beschreibung des Strömungsverhaltens entlang von Charakteristiken, wobei sich Parallelen zur klassischen Mechanik insbesondere in der Formulierung der Bewegungsgleichungen erkennen lassen.

5.2 Berechnungsmittel für reine Überschallströmungen

5.2.1 Einleitung

In der Gasdynamik nimmt die Behandlung von Überschallströmungen eine zentrale Rolle ein, insbesondere in der Luft- und Raumfahrttechnik, in der Strömungen mit Mach-Zahlen größer als eins regelmäßig auftreten. Reine Überschallströmungen, also Strömungen, die durchgehend eine Machzahl $Ma > 1$ aufweisen, stellen eine besondere Herausforderung dar, da herkömmliche Methoden der Potentialströmung versagen. Die Behandlung solcher Strömungen erfordert spezielle mathematische und physikalische Werkzeuge, die auf die hyperbolische Natur der zugrunde liegenden Gleichungen abgestimmt sind.

Ziel dieses Kapitels ist es, eine umfassende Übersicht über die Berechnungsmittel für reine Überschallströmungen zu geben. Dabei werden sowohl klassische analytische Methoden als auch numerische Verfahren betrachtet. Im Fokus stehen insbesondere die Methodik der Charakteristiken, die Theorie der schiefen Verdichtungsstöße, die Behandlung von Expansionen mittels MACH'scher Linien sowie moderne numerische Verfahren zur Lösung hyperbolischer Erhaltungsgleichungen.

5.2.2 Grundlagen der Überschallströmung

In diesem Kapitel wird ein Berechnungsmittel für reine Überschallströmungen vorgestellt, das insbesondere auf die physikalischen und mathematischen Eigenschaften sogenannter Mach'scher Linien abzielt. Diese entstehen als unendlich schwache, schiefe Verdichtungsstöße, entlang derer sich der Geschwindigkeitsvektor der Strömung sprunghaft ändert – ein direktes Resultat der Tatsache, dass Information in Überschallströmungen nicht stromaufwärts propagieren kann. Charakteristisch für diese Linien ist, dass sich die Geschwindigkeitsänderung ausschließlich normal zur Linie vollzieht, was sich konsistent aus den Erhaltungsgleichungen für Masse, Impuls und Energie ergibt. Die Herleitung der zugrunde liegenden Gleichungen erfolgt dabei in methodischer Analogie zur Hamilton'schen Mechanik. Die im Folgenden behandelten Abschnitte vertiefen diese Aspekte systematisch sowohl hinsichtlich ihrer physikalischen Bedeutung als auch ihrer mathematischen Struktur.

5.2.2.1 Charakteristik des Überschallregimes

Überschallströmungen sind durch Mach-Zahlen $Ma > 1$ gekennzeichnet. In diesem Regime dominieren Verdichtungsstöße und Expansionen das Strömungsfeld. Eine wichtige Eigenschaft ist, dass Störungen in einer solchen Strömung nicht stromaufwärts wandern können. Dies hat zur Folge, dass z. B. ein Körper in einer Überschallströmung keine Informationen „nach vorn" in das Strömungsfeld senden kann – ein Phänomen, das in direktem Gegensatz zu Unterschallströmungen steht.

5.2.2.2 Gleichungen der kompressiblen Strömung

Die kompressible Strömung wird durch das System der Erhaltungsgleichungen beschrieben:

- **Massenerhaltung (Kontinuitätsgleichung):**

$$\frac{\partial \varrho}{\partial t} + \nabla \cdot (\varrho \vec{v}) = 0. \tag{5.1}$$

- **Impulserhaltung:**

$$\frac{\partial (\rho \vec{v})}{\partial t} + \nabla \cdot (\rho \vec{v} \otimes \vec{v} + p\boldsymbol{I}) = 0. \tag{5.2}$$

- **Energieerhaltung:**

$$\frac{\partial E}{\partial t} + \nabla \cdot [(E + p)\vec{v}] = 0. \tag{5.3}$$

Für reine Überschallströmungen wird häufig das vereinfachte System im stationären, zweidimensionalen, reibungsfreien Fall betrachtet.

5.2.2.3 Hyperbolische Natur des Gleichungssystems

Die Gleichungen der Gasdynamik sind hyperbolisch, was bedeutet, dass Lösungen entlang bestimmter Linien, den sogenannten **Charakteristiken**, propagieren. Diese Eigenschaft ist zentral für die mathematische Behandlung von Überschallströmungen. Die Richtung der Informationstransportlinien (Charakteristiken) hängt von der lokalen Strömungsgeschwindigkeit und der lokalen Schallgeschwindigkeit ab.

5.2.2.4 Methode der Charakteristiken (Method of Characteristics, MOC)

Grundidee

Die Methode der Charakteristiken basiert auf der Eigenschaft, dass hyperbolische Gleichungen entlang bestimmter Linien gelöst werden können, auf denen die partielle Differentialgleichung in eine gewöhnliche Differentialgleichung übergeht. Diese Linien sind die **Charakteristiken** des Gleichungssystems.

Anwendung auf isentropische, zweidimensionale Strömungen

Für eine zweidimensionale, isentrope Strömung erhält man die sogenannten Kompatibilitätsbeziehungen entlang der Charakteristiken:

$$\frac{d\vartheta}{ds} + \frac{1}{Ma^2 - 1}\frac{dMa}{ds} = 0$$

entlang der positiven Charakteristik   (5.4)

$$\frac{d\vartheta}{ds} - \frac{1}{Ma^2 - 1}\frac{dMa}{ds} = 0$$

entlang der negativen Charakteristik   (5.5)

Dabei ist ϑ der Strömungswinkel und Ma die Machzahl. Die Methode ermöglicht es, komplexe Strömungsfelder (z. B. um Keile, Düsen oder bei Expansionen) zu berechnen. Die Herleitung wird im Folgenden noch im Detail untersucht.

Numerische Implementierung

Die Methode der Charakteristiken wird oft numerisch umgesetzt. Dabei wird das Strömungsfeld Punkt für Punkt konstruiert, wobei von bekannten Randbedingungen ausgegangen wird und neue Punkte entlang der sich schneidenden Charakteristiken berechnet werden.

5.2.3 Verdichtungsstöße und Mach'sche Linien

5.2.3.1 Schiefe Verdichtungsstöße

Ein schiefer Verdichtungsstoß tritt auf, wenn eine Überschallströmung auf eine Geometrie trifft, die eine plötzliche Richtungsänderung erfordert (z. B. Keil). Die Strömung erfährt eine Druck-, Dichte- und Temperaturerhöhung, während die Geschwindigkeit abnimmt. Die Gleichungen, die den Stoß beschreiben, wurden bereits im vorgehenden Kapitel ausführlich erklärt.

5.2.3.2 Mach'sche Linien

Unendlich schwache Verdichtungsstöße (vgl. mit vorgehenden Kapitel) werden als Mach'sche Linien interpretiert. Diese entstehen, wenn eine Überschallströmung eine infinitesimale Richtungsänderung erfährt. Sie sind die Grenzfälle von schiefen Verdichtungsstößen und spielen eine zentrale Rolle in der Methode der Charakteristiken, da sie dort als Charakteristiken auftreten.

5.2.3.3 Expansionen über Mach-Fächer

Eine Expansion erfolgt in Überschallströmungen stets kontinuierlich über einen sogenannten **Prandtl-Meyer-Fächer**. Die zugehörige Funktion $\nu(M)$, genannt **Prandtl-Meyer-Funktion**, beschreibt den Zusammenhang zwischen Machzahl und Strömungswinkel bei isentroper Expansion:

$$\nu(M) = \sqrt{\frac{\kappa+1}{\kappa-1}} \cdot \arctan\left(\sqrt{\frac{\kappa-1}{\kappa+1}(Ma^2-1)}\right)$$
$$- \arctan\left(\sqrt{Ma^2-1}\right). \tag{5.6}$$

Auch diese Gleichung wird im Folgenden noch ausführlich hergeleitet.

5.2.4 Numerische Methoden für Überschallströmungen

5.2.4.1 Finite-Volumen-Methoden

Die **Finite-Volumen-Methode (FVM)** ist besonders **geeignet für hyperbolische Gleichungssysteme**. Sie basiert auf der Bilanz über Kontrollvolumina und garantiert die Erhaltung physikalischer Größen.

Einführung, Definition und Begriffsbestimmung

Ihre besondere Stärke liegt in der natürlichen Einbettung der Erhaltungsgesetze in die numerische Diskretisierung. Dies ist insbesondere für die Simulation von kompressiblen Strömungen – wie sie in der Überschall-Aerodynamik auftreten – von entscheidender Bedeutung, da Stoßwellen, Expansionen und Diskontinuitäten korrekt behandelt werden müssen.

Im Kernprinzip basiert die FVM auf der Integration der Erhaltungsgleichungen (für Masse, Impuls und Energie) über endlich große Kontrollvolumina innerhalb des Rechengebiets. Die Änderung der Zustandsgrößen innerhalb eines Volumens wird durch die Flüsse über dessen Grenzen bestimmt. Anders als bei der Finite-Differenzen-Methode (FDM), bei der Ableitungen an diskreten Gitterpunkten approximiert werden, betrachtet die FVM Flussbilanzen über Zellflächen, was eine exakte Erhaltung auch auf diskreter Ebene gewährleistet.

Ein wesentliches Merkmal bei der Anwendung auf Überschallströmungen ist die Behandlung nicht linearer hyperbolischer Gleichungssysteme – insbesondere der Euler-Gleichungen. Aufgrund der Möglichkeit von Stoßwellen und scharfen Gradienten ist eine konservative Formulierung zwingend erforderlich. In diesem Zusammenhang wird oft auf spezielle Rekonstruktionsverfahren (z. B. MUSCL), Riemann-Löser (wie Roe, HLL oder Godunov) und Flusslimitierer zurückgegriffen, um numerische Dissipation zu kontrollieren und die physikalisch korrekte Lösung sicherzustellen.

Gerade bei rein überschalligen Strömungen, wie sie etwa hinter einem schiefen Verdichtungsstoß oder entlang Mach'scher Linien auftreten, erlaubt die Finite-Volumen-Methode eine besonders genaue Modellierung der Stoßstruktur. Dabei ist entscheidend, dass die Richtungsabhängigkeit der Informationstransportwege – typischerweise entlang der Charakteristiken – korrekt abgebildet wird. Dies wird durch die diskrete Erfassung der Flussrichtung und die Verwendung von upwind-basierten Verfahren realisiert.

Die Herleitung der Methode orientiert sich oft an der formalen Struktur der Erhaltungsgleichungen, kann aber – analog zur Hamilton'schen Mechanik – auch durch variationale Prinzipien und symplektische Integratoren erweitert werden. Solche Ansätze finden Anwendung in modernen konservativen Schemata, die speziell für Langzeitsimulationen ausgelegt sind und Energie- sowie Impulserhaltung in hoher Genauigkeit gewährleisten.

Grundprinzip der FVM

Die Grundidee der Finite-Volumen-Methode besteht in der Integration der Erhaltungsgleichungen über ein endlich großes Kontrollvolumen. Die allgemeine Form einer Erhaltungsgleichung in drei Raumdimensionen lautet:

$$\frac{\partial U}{\partial t} + \nabla \cdot F(U) = S(U), \qquad (5.7)$$

wobei:
- U der Vektor der konservativen Variablen ist,
- $F(U)$ der Flussvektor,
- $S(U)$ ein Quellterm.

Für kompressible, nicht viskose Strömungen (Euler-Gleichungen) gilt

$$U = \begin{pmatrix} \varrho \\ \varrho u \\ E \end{pmatrix}, \quad F = \begin{pmatrix} \varrho u \\ \varrho u \otimes u + pI \\ (E + p)u \end{pmatrix}, \qquad (5.8)$$

mit ϱ als Dichte, u als Geschwindigkeitsvektor, E als Gesamtenergie pro Volumen, p als Druck und I als Einheitsmatrix.

Diskretisierung über Kontrollvolumen

Zur Anwendung der FVM wird die Erhaltungsgleichung über ein Kontrollvolumen V_i integriert:

$$\frac{d}{dt} \int_{V_i} U\, dV + \int_{\partial V_i} F(U) \cdot n\, dA = \int_{V_i} S(U)\, dV. \qquad (5.9)$$

Diese Formulierung stellt sicher, dass die Erhaltungssätze auch auf numerischer Ebene gewahrt bleiben. Der Oberflächenintegralterm wird anschließend über die Zellflächen diskretisiert:

$$\frac{dU_i}{dt} + \frac{1}{|V_i|} \sum_{f \in \partial V_i} \hat{F}_f A_f = S_i, \qquad (5.10)$$

wobei $\hat{F}_f$ ein numerisch berechneter Fluss über die Fläche f ist, A_f deren Fläche und $|V_i|$ das Volumen der Zelle.

Numerische Flüsse und Riemann-Löser

Zur genauen Berechnung des Flusses $\hat{F}_f$ zwischen zwei benachbarten Kontrollvolumen wird ein lokales Riemann-Problem gelöst. Gängige Methoden sind:
- **Godunov-Verfahren**
- **Roe-Löser**
- **HLL- und HLLC-Verfahren**

Die Flüsse werden häufig nach dem **Upwind-Prinzip** bestimmt, um die Richtungsabhängigkeit des Informationstransports entlang der Charakteristiken korrekt abzubilden – ein essenzielles Merkmal bei Überschallströmungen.

Anwendung auf Überschallströmungen

Für rein überschallige Strömungen – wie sie z.B. hinter einem schiefen Verdichtungsstoß oder entlang Mach'scher Linien auftreten – bietet die Finite-Volumen-Methode eine besondere Eignung. In diesen Fällen treten starke Gradienten bis hin zu Diskontinuitäten auf, die numerisch nur mit konservativen Verfahren korrekt erfasst werden können. Die FVM erlaubt es, Stoßwellen diskret, aber ohne spürbare numerische Artefakte, zu modellieren. Durch die Integration über Zellflächen wird gewährleistet, dass selbst an den Zellen mit großen Gradienten die Erhaltung der Gesamtgrößen sichergestellt ist.

Rekonstruktionsverfahren und Flusslimitierer

Zur Erhöhung der Genauigkeit über first-order Verfahren hinaus kommen verschiedene Rekonstruktionsverfahren zum Einsatz:

- **MUSCL** (Monotonic Upstream-centered Scheme for Conservation Laws)
- **ENO/WENO** (Essentially Non-Oscillatory)

Zur Vermeidung nicht physikalischer Oszillationen an Diskontinuitäten werden zusätzlich Flusslimitierer verwendet, wie der minmod-, van-Leer- oder Superbee-Limiter.

Beziehung zur Hamilton'schen Mechanik

Interessanterweise lassen sich bestimmte Aspekte der FVM auch im Kontext variationaler Prinzipien formulieren. Dies betrifft insbesondere konservative Integratoren und symplektische Verfahren, die langfristige numerische Stabilität garantieren. Analog zur Hamilton'schen Mechanik kann das Verhalten des Systems über eine Wirkung funktional beschrieben werden, was in der numerischen Mechanik zunehmend an Bedeutung gewinnt – insbesondere bei energieerhaltenden Methoden.

5.2.4.2 Godunov-Verfahren

Das Godunov-Verfahren verwendet **lokale Riemann-Probleme** an den Zellgrenzen, um die Flüsse zwischen den Zellen korrekt zu berechnen. Es berücksichtigt Stoß- und Expansionswellen und ist daher besonders für kompressible Strömungen geeignet. Es wurde 1959 von Godunov entwickelt. Damit stellt es ein **Upwind-Verfahren erster Ordnung** dar, das physikalisch korrekte Lösungen insbesondere in Gegenwart von Stoßwellen liefert.

Grundprinzip

Das Godunov-Verfahren wird im Rahmen der Finite-Volumen-Methode formuliert. Die zugrundeliegende Formulierung der eindimensionalen Erhaltungsgleichung lautet:

$$\frac{\partial U}{\partial t} + \frac{\partial F(U)}{\partial x} = 0, \qquad (5.11)$$

wobei U der Vektor der konservativen Variablen (z. B. Masse, Impuls, Energie) und $F(U)$ der entsprechende Flussvektor ist.

In der Finite-Volumen-Diskretisierung wird für eine Zelle i mit Breite Δx geschrieben:

$$U_i^{n+1} = U_i^n - \frac{\Delta t}{\Delta x}\left(\hat{F}_{i+1/2} - \hat{F}_{i-1/2}\right), \qquad (5.12)$$

wobei $\hat{F}_{i+1/2}$ der numerische Fluss an der Zellenkante zwischen i und $i+1$ ist. Im Godunov-Verfahren wird dieser Fluss durch exakte (oder angenäherte) Lösung eines Riemann-Problems berechnet.

Das Riemann-Problem

Das Riemann-Problem ist ein Anfangswertproblem mit stückweise konstanten Anfangsdaten:

$$U(x, 0) = \begin{cases} U_L, & x < 0, \\ U_R, & x > 0, \end{cases} \qquad (5.13)$$

wobei U_L und U_R die Zustände links und rechts des Zellinterfaces darstellen. Die Lösung besteht typischerweise aus mehreren Wellen (Stoß, Kontakt, Expansion), die sich mit verschiedenen Geschwindigkeiten ausbreiten.

Numerischer Fluss im Godunov-Verfahren

Der Fluss $\hat{F}_{i+1/2}$ an der Zellgrenze ergibt sich aus der Lösung des Riemann-Problems:

$$\hat{F}_{i+1/2} = F\left(U_{i+1/2}^*\right), \qquad (5.14)$$

wobei $U_{i+1/2}^*$ der Zustand im Zentrum der Riemann-Lösung ist (z. B. am Kontaktdiskontinuitätspunkt $x = 0$).

Für lineare Probleme kann die Lösung explizit angegeben werden. Bei nicht linearen Gleichungen (wie den Euler-Gleichungen) muss auf numerische Approximationen (z. B. Roe, HLL, HLLE, HLLC) zurückgegriffen werden, da eine exakte Lösung aufwendig ist.

Eigenschaften und Stabilität

Das Godunov-Verfahren ist:

- **konservativ**: Es erhält die Erhaltungsform der Gleichungen.
- **stoßauflösend**: Diskontinuitäten wie Stoßwellen werden korrekt modelliert.
- **first-order genau**: Die Genauigkeit ist begrenzt, außer bei Glättung durch Rekonstruktionsverfahren (z. B. MUSCL).
- **total variation diminishing (TVD)**: Das Verfahren erzeugt keine neuen Extremstellen.

Limitierungen und Erweiterungen

Da das Verfahren nur erste Ordnung in Raum und Zeit ist, neigt es bei glatten Lösungen zu übermäßiger numerischer Dissipation. Um dies zu kompensieren, wird das Godunov-Verfahren häufig durch folgende Techniken erweitert:

- **MUSCL-Rekonstruktion**: Erhöht die Genauigkeit auf zweite Ordnung.
- **Flusslimitierer**: Dämpfen nicht physikalische Oszillationen.
- **Approximate Riemann-Solver**: Vereinfachen die Berechnung bei nicht linearen Systemen.

Riemann-Löser in der Finite-Volumen-Methode

Für nicht lineare hyperbolische Gleichungssysteme wie die Euler-Gleichungen ist eine exakte Lösung oft zu aufwendig. Daher kommen verschiedene **approximative Riemann-Löser** zum Einsatz. Zu den wichtigsten gehören der **Roe-Löser**, sowie die Familie der **HLL-Verfahren** (Harten-Lax-van-Leer): HLL, HLLE und HLLC.

Roe-Riemann-Löser: Der Roe-Riemann-Löser basiert auf der linearen Approximation des nicht linearen Systems durch eine konstante Jacobimatrix A, die die gleichen Eigenwerte und Eigenvektoren wie das originale System im Mittel besitzt. Die Idee ist, das System lokal durch ein lineares zu ersetzen:

$$A_{\text{Roe}} = \left.\frac{\partial F}{\partial U}\right|_{\tilde{U}}, \qquad (5.15)$$

wobei $\tilde{U}$ ein geeigneter gewichteter Mittelwert der linken und rechten Zustände U_L und U_R ist

(Roe-Mittel). Der numerische Fluss lautet:

$$\hat{F}_{\text{Roe}} = \frac{1}{2}[F(U_L) + F(U_R)]$$
$$- \frac{1}{2}\sum_{k=1}^{n} |\lambda_k|\,\alpha_k\,r_k, \qquad (5.16)$$

wobei λ_k, r_k und α_k die Eigenwerte, Eigenvektoren und Wellenstärken der Roe-Matrix A_{Roe} sind. Der Roe-Löser ist sehr genau bei glatten Lösungen und schwachen Diskontinuitäten, aber kann unter bestimmten Bedingungen (z. B. bei Expansionen) unphysikalische Lösungen (z. B. negative Drücke) liefern.

HLL-Riemann-Löser

Der HLL-Riemann-Löser (Harten-Lax-van-Leer) approximiert die Lösung des Riemann-Problems durch zwei Wellen mit Geschwindigkeiten S_L und S_R, zwischen denen sich ein konstanter Zustand befindet:

$$\hat{F}_{\text{HLL}}$$
$$= \begin{cases} F(U_L), & S_L \geq 0, \\ \begin{aligned}&\big(S_R F(U_L) - S_L F(U_R) \\ &+ S_L S_R(U_R - U_L)\big)/(S_R - S_L),\end{aligned} & S_L < 0 < S_R, \\ F(U_R), & S_R \leq 0. \end{cases}$$
$$(5.17)$$

Die Geschwindigkeiten S_L und S_R sind Schätzungen der minimalen und maximalen Wellengeschwindigkeiten (z. B. Schallgeschwindigkeit $\pm a$, plus Strömungsgeschwindigkeit u) in der Riemann-Fächerstruktur. Der HLL-Löser ist robust und garantiert positive Drücke und Dichten, aber er erkennt keine Kontaktdiskontinuität.

HLLE-Riemann-Löser

Der HLLE-Löser (eine Variante des HLL-Verfahrens) betont die numerische Stabilität durch zusätzliche Dissipation. Er hat dieselbe Struktur wie HLL, verwendet aber konservativere (größere) Wellengeschwindigkeiten S_L und S_R. Dies erhöht die numerische Dissipation, reduziert jedoch die Genauigkeit in Bereichen mit schwachen Wellen oder Kontaktdiskontinuitäten.

◻ Tab. 5.1 Vergleich der Verfahren

Eigenschaft	Roe	HLL	HLLE	HLLC
Kontaktdiskontinuität aufgelöst	Ja	Nein	Nein	Ja
Positivitätserhaltung	Nein	Ja	Ja	Ja
Numerische Dissipation	Niedrig	Mittel	Hoch	Mittel
Komplexität	Hoch	Niedrig	Niedrig	Mittel
Schockerhaltung	Gut	Gut	Gut	Gut

HLLC-Riemann-Löser

Der HLLC-Löser (HLL-Contact) erweitert den HLL-Löser um die explizite Berücksichtigung der Kontakt- und Scherwelle. Die Flussfunktion ist wie folgt aufgebaut:

$$
\hat{F}_{\text{HLLC}} = \begin{cases} F(U_L), & S_L \geq 0, \\ F_L^*, & S_L < 0 < S_M, \\ F_R^*, & S_M < 0 < S_R, \\ F(U_R), & S_R \leq 0, \end{cases}
\tag{5.18}
$$

wobei S_M die Geschwindigkeit der Kontaktwelle darstellt. Die Zustände U_L^* und U_R^* sowie die zugehörigen Flüsse F_L^*, F_R^* werden aus Rankine-Hugoniot-Sprüngleichungen abgeleitet.

Vorteile des HLLC-Lösers:
- Auflösung aller physikalisch relevanten Wellen (inklusive Kontakt).
- Robustheit wie HLL, aber bessere Auflösung von Diskontinuitäten.
- Erhalt von Druck- und Dichtepositivität.

Vergleich der Verfahren

Siehe ◻ Tab. 5.1.

5.2.4.3 Upwind-Schemata

Die numerische Lösung hyperbolischer Erhaltungsgleichungen, insbesondere bei kompressiblen Strömungen, erfordert eine adäquate Behandlung der Richtungsabhängigkeit des Informationstransports. **Upwind-Schemata** (auch:

Gegenstromverfahren) tragen dieser Anforderung Rechnung, indem sie bei der Diskretisierung die Strömungsrichtung explizit berücksichtigen. Sie basieren auf der Erkenntnis, dass Informationen in hyperbolischen Systemen entlang der Charakteristiken transportiert werden und daher die Flussberechnung in eine bestimmte Richtung bevorzugt erfolgen muss.

Grundidee

Betrachtet wird eine eindimensionale Erhaltungsgleichung

$$
\frac{\partial u(x,t)}{\partial t} + \frac{\partial f(u)}{\partial x} = 0.
\tag{5.19}
$$

Die Finite-Volumen-Methode führt zur diskreten Bilanzform

$$
\frac{du_i}{dt} = -\frac{1}{\Delta x}\left(\hat{f}_{i+\frac{1}{2}} - \hat{f}_{i-\frac{1}{2}}\right),
\tag{5.20}
$$

wobei $\hat{f}_{i\pm\frac{1}{2}}$ den numerischen Fluss an der Zellgrenze zwischen den Zellen i und $i \pm 1$ darstellt. In Upwind-Schemata wird dieser Fluss in Abhängigkeit von der Flussrichtung konstruiert.

Lineare Transportgleichung

Im einfachsten Fall eines konstanten Transportproblems mit $f(u) = au$ und $a > 0$ (konstante Strömungsgeschwindigkeit) lautet das Upwind-Schema erster Ordnung:

$$
\hat{f}_{i+\frac{1}{2}} = \begin{cases} au_i, & a > 0, \\ au_{i+1}, & a < 0. \end{cases}
\tag{5.21}
$$

Dieses einfache Upwind-Verfahren ist eindimensional und erster Ordnung. Es ist sehr diffusiv, aber stabil, insbesondere bei Diskontinuitäten (z. B. Stoßwellen).

Allgemeines Upwind-Verfahren für Systeme

Für Systeme wie die Euler-Gleichungen mit Vektorzustandsgrößen U und Flüssen $F(U)$ wird der numerische Fluss an einer Zellgrenze durch eine geeignete Approximation des Riemann-Problems gegeben. Allgemein:

$$\hat{F}_{i+\frac{1}{2}} = \frac{1}{2}[F(U_L) + F(U_R)]$$

$$- \frac{1}{2}D_{i+\frac{1}{2}}(U_R - U_L), \qquad (5.22)$$

wobei U_L und U_R die linken und rechten Zustände an der Zellgrenze sind, und D eine Dissipationsmatrix ist, die aus der Jacobimatrix der Flüsse $A = \frac{\partial F}{\partial U}$ abgeleitet wird.

Höherordentliche Upwind-Schemata: MUSCL-Verfahren

Zur Reduktion der numerischen Dissipation werden höherordentliche Upwind-Verfahren verwendet. Eine bekannte Methode ist das **MUSCL-Verfahren** (Monotonic Upstream-centered Scheme for Conservation Laws). Dabei werden die Zustandsgrößen innerhalb der Zellen linear rekonstruiert:

$$u_i^L = u_i - \frac{1}{2}\phi(r_i)\Delta u_i,$$

$$u_i^R = u_i + \frac{1}{2}\phi(r_i)\Delta u_i, \qquad (5.23)$$

mit $\Delta u_i = u_i - u_{i-1}$ und $\phi(r)$ als Flusslimitierer, der oszillatorisches Verhalten unterdrückt. Der resultierende Fluss wird wie beim einfachen Upwind-Schema berechnet, jedoch auf den rekonstruierten Werten.

Upwinding bei nicht linearen Systemen

Bei nicht linearen Systemen wie den Euler-Gleichungen ist die genaue Richtung des Informationstransports nicht a priori bekannt. Daher wird der Upwind-Richtungsentscheid anhand der lokalen Wellengeschwindigkeiten λ_k getroffen. Für jede Welle wird überprüft, ob sie nach links oder rechts läuft. Dadurch kann der Gesamtfluss als Summe von Ein-Wellen-Riemannproblemen interpretiert werden (z. B. im Roe-Verfahren oder Godunov-Verfahren).

Vorteile der Upwind-Schemata

- berücksichtigt Wellenausbreitungsrichtung
- Stabil auch bei Diskontinuitäten (z. B. Stoßwellen)

- Grundlage für moderne konservative Schemata
- Erhält Erhaltungseigenschaften (Masse, Impuls, Energie)

5.2.5 Herleitung der Charakteristiken aus den Erhaltungsgleichungen

Die Herleitung kann analog zur Hamilton'schen Mechanik erfolgen, wobei die Strömungsgleichungen als ein System von Differentialgleichungen interpretiert werden, das entlang bestimmter Pfade (den Charakteristiken) gelöst werden kann.

5.2.6 Hamilton'schen Mechanik

Die Hamilton'schen Gleichungen lauten:

$$\frac{dq_i}{dt} = \frac{\partial H}{\partial p_i}, \quad \frac{dp_i}{dt} = -\frac{\partial H}{\partial q_i}. \qquad (5.24)$$

In der Strömungsmechanik lassen sich unter bestimmten Voraussetzungen ähnliche Beziehungen ableiten, insbesondere im Rahmen der Variationsrechnung und bei isentropen Strömungen.

5.2.6.1 Erinnerung: Hamilton'sche Mechanik

Die klassische Hamilton'sche Mechanik beschreibt das zeitliche Verhalten eines dynamischen Systems durch das **Hamilton'sche Funktional** $H(q, p)$ mit den kanonischen Gleichungen:

$$\dot{q}_i = \frac{\partial H}{\partial p_i}, \qquad (5.25)$$

$$\dot{p}_i = -\frac{\partial H}{\partial q_i}, \qquad (5.26)$$

wobei q_i die generalisierten Koordinaten und p_i die zugehörigen Impulse darstellen.

5.2.6.2 Übertragung auf die Strömungsmechanik

Für Strömungen kann man eine entsprechende Struktur definieren, indem man das Strömungspotential ϕ als generalisierte Koordinate interpretiert und die Geschwindigkeit $\vec{v} = \nabla\phi$ als Impuls. Das System folgt einem konservativen Energieerhaltungssatz – eine direkte Analogie zur Hamilton-Funktion ergibt sich durch:

$$H = \frac{1}{2}|\nabla\phi|^2 + h(\varrho), \qquad (5.27)$$

wobei $h(\varrho)$ die Enthalpie in Abhängigkeit von der Dichte ist. Für isentrope Strömungen mit idealem Gas ergibt sich

$$h(\varrho) = \frac{\gamma}{\gamma-1}\frac{p}{\varrho} = \frac{\gamma}{\gamma-1}a^2, \qquad (5.28)$$

mit a als lokale Schallgeschwindigkeit.

5.2.6.3 Eikonalgleichung und Charakteristiken

In der Theorie schwacher Verdichtungsstöße ergeben sich charakteristische Linien, entlang derer sich Störungen fortpflanzen. Diese lassen sich aus der Eikonalgleichung herleiten, die für das Strömungspotential ϕ in einer kompressiblen isentropen Strömung lautet

$$|\nabla\phi|^2 = a^2, \qquad (5.29)$$

dies entspricht exakt der Hamilton-Jacobi-Gleichung der klassischen Mechanik mit Hamilton-Funktion:

$$H(q, \nabla\phi) = \frac{1}{2}|\nabla\phi|^2 - \frac{1}{2}a^2 = 0. \qquad (5.30)$$

5.2.6.4 Kanonische Struktur der Strömungsgleichungen

Die Formulierung der Euler-Gleichungen in kanonischer Form erlaubt die Anwendung strukturtreuer numerischer Methoden wie **symplektischer Integratoren**, welche in der Lage sind,

die Erhaltungsstruktur (z. B. Energie oder Entropie) auch auf diskreter Ebene zu wahren. Für reine Überschallströmungen ist dies besonders relevant, da Fehler in der Erhaltung der Charakteristiken zu unphysikalischen Ergebnissen führen können (z. B. falsche Stoßwinkel, Entartung von Mach'schen Linien).

5.3 Herleitung der Gleichungen [2]

Die bereits verwendeten Gleichungen im vorgehenden Abschnitt werden hier im Folgenden hergeleitet. Für die Herleitung wird zunächst ein Geschwindigkeitsdreieck aus einer Anströmgeschwindigkeit c gebildet. Dieses ist in ◨ Abb. 5.1 dargestellt.

Mit dem Sinussatz findet man und mir der Reduktionsformel

$$\frac{w + dc}{w} = \frac{\sin(\alpha)}{\sin(\beta)}, \qquad (5.31)$$

wobei man hier α und β ersetzen kann, durch

$$\alpha = 90° + \mu = \frac{\pi}{2} + \mu \qquad (5.32)$$

$$\beta = 180° - \alpha - d\vartheta = \pi - \left(\frac{\pi}{2} + \mu\right) - d\vartheta$$

$$= \frac{\pi}{2} - \mu - d\vartheta \qquad (5.33)$$

bzw. durch Einsetzen

$$\frac{w + dc}{w} = \frac{\sin\left(\frac{\pi}{2} + \mu\right)}{\sin\left(\frac{\pi}{2} - \mu - d\vartheta\right)}. \qquad (5.34)$$

folgt mit der Reduktionsformel

$$\sin\left(\frac{\pi}{2} + \mu\right) = \cos(\mu). \qquad (5.35)$$

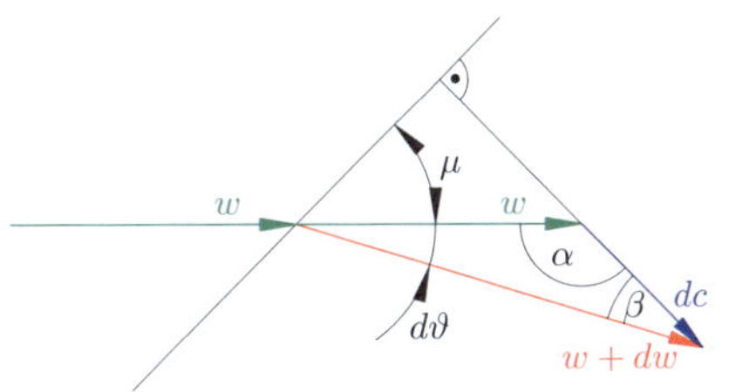

◨ **Abb. 5.1** Geschwindigkeitsdreieck für die Herleitung

Mit den Winkelfunktionen für den doppelten Winkel ergibt sich

$$\sin\left(\frac{\pi}{2} - \mu - d\vartheta\right)$$
$$= \cos(\mu + d\vartheta)$$
$$= \cos(\mu) \cdot \cos(d\vartheta) - \sin(\mu) \cdot \sin(d\vartheta). \tag{5.36}$$

Durch einsetzen folgt damit

$$1 + \frac{dw}{w} = \frac{\cos(\mu)}{\cos(\mu) \cdot \cos(d\vartheta) - \sin(\mu) \cdot \sin(d\vartheta)}. \tag{5.37}$$

Durch Betrachtung des Anstiegs für kleine Winkel (in einem Punkt) ergibt sich durch Division mit $\cos(\mu)$, sowie im Anschluss durch Ersetzen von $\tan(\mu) = \frac{\sin(\mu)}{\cos(\mu)}$ und anwenden der Taylorreihenentwicklung, nach der gilt, dass bei kleinen Winkeländerungen $d\vartheta \ll \Rightarrow \sin(d\vartheta) \approx d\vartheta$ bzw. $\cos(d\vartheta) \approx 1$ ist

$$1 + \frac{dw}{w} = \frac{\dfrac{\cos(\mu)}{\cos(\mu)}}{\dfrac{\cos(\mu) \cdot \cos(d\vartheta)}{\cos(\mu)} - \dfrac{\sin(\mu) \cdot \sin(d\vartheta)}{\cos(\mu)}}$$
$$= \frac{1}{\cos(d\vartheta) - \dfrac{\sin(\mu) \cdot \sin(d\vartheta)}{\cos(\mu)}}$$
$$= \frac{1}{1 - d\vartheta \cdot \dfrac{\sin(\mu)}{\cos(\mu)}} = \frac{1}{1 - d\vartheta \cdot \tan(\mu)} \tag{5.38}$$

Unter Gl. (2.231) wurde der Ausdruck $\sin(\varphi) = \frac{1}{Ma}$ hergeleitet. Mit diesen findet man, unter Bezugnahme auf die trigonometrischen Funktionen $\tan(\varphi) = \frac{\sin(\varphi)}{\cos(\varphi)}$ bzw.

$$\tan^2(\varphi) = \frac{\sin^2(\varphi)}{\cos^2(\varphi)} = \frac{\sin^2(\varphi)}{1 - \sin^2(\varphi)} \tag{5.39}$$

und durch Einsetzen von $\sin^2(\varphi) = \frac{1}{Ma^2}$

$$\tan^2(\varphi) = \frac{\dfrac{1}{Ma^2}}{1 - \dfrac{1}{Ma^2}} = \frac{\dfrac{1}{Ma^2}}{\dfrac{Ma^2 - 1}{Ma^2}}$$
$$= \frac{1}{Ma^2 - 1}$$

$$\tan(\varphi) = \frac{1}{\sqrt{Ma^2 - 1}}$$
$$\implies \tan(\mu) = \frac{1}{\sqrt{Ma^2 - 1}}. \tag{5.40}$$

Setzt man jetzt Gl. (5.40) in Gl. (5.38) ein, folgt

$$1 + \frac{dw}{w} = \frac{1}{1 - d\vartheta \cdot \dfrac{1}{\sqrt{Ma^2 - 1}}}$$
$$= \frac{1}{\dfrac{\sqrt{Ma^2 - 1} - d\vartheta}{\sqrt{Ma^2 - 1}}}$$
$$= \frac{\sqrt{Ma^2 - 1}}{\sqrt{Ma^2 - 1} - d\vartheta}. \tag{5.41}$$

Multipliziert man beide Seiten mit dem Nenner, ergibt sich

$$\left(1 + \frac{dw}{w}\right) \cdot \left(\sqrt{Ma^2 - 1} - d\vartheta\right) = \sqrt{Ma^2 - 1}; \tag{5.42}$$

bzw. durch Ausmultiplizieren

$$\sqrt{Ma^2 - 1} \cdot \left(1 + \frac{dw}{w}\right) - d\vartheta \cdot \left(1 + \frac{dw}{w}\right)$$
$$= \sqrt{Ma^2 - 1}. \tag{5.43}$$

Zeiht man jetzt die Terme, die $\sqrt{Ma^2 - 1}$ enthalten, auf eine Seite ergibt sich

$$-d\vartheta \cdot \left(1 + \frac{dw}{w}\right) = \sqrt{Ma^2 - 1}$$
$$- \sqrt{Ma^2 - 1} \cdot \left(1 + \frac{dw}{w}\right)$$
$$-d\vartheta \cdot \left(1 + \frac{dw}{w}\right) = -\sqrt{Ma^2 - 1} \cdot \left(\frac{dw}{w}\right)$$
$$d\vartheta = \sqrt{Ma^2 - 1} \cdot \frac{\left(\dfrac{dw}{w}\right)}{\left(1 + \dfrac{dw}{w}\right)}. \tag{5.44}$$

Jetzt bezieht man sich auf den Ausdruck

$$\frac{\left(\frac{dw}{w}\right)}{\left(1 + \frac{dw}{w}\right)}.$$

Proposition 5.1

Es gilt

$$\frac{\dfrac{dw}{w}}{1 + \dfrac{dw}{w}} \approx \frac{dw}{w}. \tag{5.45}$$

Beweis Es wird substituiert: $\varepsilon := \frac{dw}{w} \Rightarrow \frac{\varepsilon}{1+\varepsilon}$. Dies kann man als Reihe anschreiben, es gilt

$$\frac{1}{1+\varepsilon} = 1 - \varepsilon + \varepsilon^2 - \varepsilon^3 + \cdots. \tag{5.46}$$

Es ergibt sich damit

$$\frac{\varepsilon}{1+\varepsilon} = \varepsilon \cdot \left(1 - \varepsilon + \varepsilon^2 - \varepsilon^3 + \cdots\right) \tag{5.47}$$

$$= \varepsilon - \varepsilon^2 + \varepsilon^3 - \varepsilon^4 + \cdots. \tag{5.48}$$

Ist $|\varepsilon| \ll 1$, so ist auch $\varepsilon^2, \varepsilon^3, \ldots$ sehr klein, es folgt dann näherungsweise

$$\frac{\varepsilon}{1+\varepsilon} \approx \varepsilon; \tag{5.49}$$

bzw. durch Rücksubstitution

$$\frac{\dfrac{dw}{w}}{1 + \dfrac{dw}{w}} \approx \frac{dw}{w}. \tag{5.50}$$

$\square$

Setzt man jetzt Bedingung (5.45) in Gl. (5.44) ein, folgt

$$d\vartheta = \sqrt{Ma^2 - 1} \cdot \frac{dw}{w}. \tag{5.51}$$

Aus der Definition der Schallgeschwindigkeit findet man die Gleichung

$$w = Ma \cdot a \tag{5.52}$$

Dabei ist a die lokale Schallgeschwindigkeit. Der Logarithmus ergibt

$$\ln w = \ln(Ma \cdot a) = \ln Ma + \ln a. \tag{5.53}$$

Differenzieren liefert:

$$\frac{dw}{w} = \frac{dMa}{Ma} + \frac{da}{a}. \tag{5.54}$$

Ebenfalls wurde bereits die Bedingung für die Schallgeschwindigkeit in Abhängigkeit der Temperatur, der Gaskonstante und vom Isentropenexponent hergeleitet, zu

$$a = \sqrt{\kappa \cdot R \cdot T} \quad \Rightarrow \quad a^2 \propto T. \tag{5.55}$$

Durch Gl.: 2.81 wurde bereits hergeleitet

$$\frac{T_0}{T} = 1 + \frac{\kappa - 1}{2} \cdot Ma^2; \tag{5.56}$$

bzw. mittels Gl. (5.55) findet man die Gleichung

$$\left(\frac{a_0}{a}\right)^2 = \frac{T_0}{T}. \tag{5.57}$$

Setzt man Gl. (5.56) in Gl. (5.56) ein, folgt

$$\left(\frac{a_0}{a}\right)^2 = 1 + \frac{\kappa - 1}{2} Ma^2. \tag{5.58}$$

Logarithmieren ergibt

$$\left(\frac{a_0}{a}\right)^2 = \ln\left(1 + \frac{\kappa - 1}{2} Ma^2\right)$$

$$2 \cdot \ln\left(\frac{a_0}{a}\right) = \ln\left(1 + \frac{\kappa - 1}{2} Ma^2\right)$$

$$2 \cdot [\ln(a_0) - \ln(a)] = \ln\left(1 + \frac{\kappa - 1}{2} Ma^2\right)$$

$$\ln(a) - \ln(a_0) = -\frac{1}{2}\ln\left(1 + \frac{\kappa - 1}{2} Ma^2\right)$$

$$\ln(a) = -\frac{1}{2}\ln\left(1 + \frac{\kappa - 1}{2} Ma^2\right) + \ln a_0 \tag{5.59}$$

Bezieht man sich auf die Integrationsregeln, so gilt

$$\int \frac{1}{x}dx = \ln(x) + C. \tag{5.60}$$

Wendet man diese Regel auf Gl. (5.59) an (Differenzieren) ergibt sich

$$\ln(a) = \int \frac{1}{a} \cdot da \tag{5.61}$$

$$-\frac{1}{2}\ln\left(1 + \frac{\kappa - 1}{2}Ma^2\right)$$

$$= -\frac{1}{2}\int \frac{1}{1 + \frac{\kappa - 1}{2}Ma^2} \cdot (\kappa - 1) \cdot Ma \cdot dMa. \tag{5.62}$$

Es folgt durch Einsetzen und zusammenfassen

$$\int \frac{da}{a} = -\frac{1}{2}\int \frac{1}{1 + \frac{\kappa - 1}{2}Ma^2} \cdot (\kappa - 1) \cdot Ma \cdot dMa$$

$$\frac{da}{a} = -\frac{1}{2} \frac{1}{1 + \frac{\kappa - 1}{2}Ma^2} \cdot (\kappa - 1) \cdot Ma \cdot dMa$$

$$\frac{da}{a} = -\frac{(\kappa - 1) \cdot Ma}{2 \cdot \left[1 + \frac{\kappa - 1}{2}Ma^2\right]} \cdot dMa \tag{5.63}$$

Setzt man jetzt Gl. (5.63) in Gl. (5.54) ein, ergibt sich

$$\frac{dw}{w} = \frac{dMa}{Ma} - \frac{(\kappa - 1) \cdot Ma}{2 \cdot \left[1 + \frac{\kappa - 1}{2}Ma^2\right]} \cdot dMa$$

$$= \left[\frac{1}{Ma} - \frac{(\kappa - 1) \cdot Ma}{2 \cdot \left[1 + \frac{\kappa - 1}{2}Ma^2\right]}\right] \cdot dMa. \tag{5.64}$$

Jetzt kann man Gl. (5.64) in Gl. (5.51) einsetzen, zu

$$d\vartheta = \sqrt{Ma^2 - 1}$$

$$\cdot \left[\underbrace{\frac{1}{Ma}}_{\text{1. Ausdruck}} - \underbrace{\frac{(\kappa - 1) \cdot Ma}{2 \cdot \left[1 + \frac{\kappa - 1}{2}Ma^2\right]}}_{\text{2. Ausdruck}}\right] \cdot dMa. \tag{5.65}$$

Es wird der 1. Ausdruck $\frac{1}{Ma}$ untersucht, indem man hier Nenner und Zähler mit $(1 + \frac{\kappa-1}{2}Ma^2)$

multipliziert. Es folgt

$$\frac{1}{Ma} = \frac{1}{Ma} \cdot \frac{\left(1 + \frac{\kappa - 1}{2}Ma^2\right)}{\left(1 + \frac{\kappa - 1}{2}Ma^2\right)}$$

$$= \frac{1 + \frac{\kappa - 1}{2}Ma^2}{Ma \cdot \left(1 + \frac{\kappa - 1}{2}Ma^2\right)}. \tag{5.66}$$

Jetzt wird von Gl. (5.65) der 2. Ausdruck hinzugezogen und mit Ma multipliziert. Es folgt

$$\frac{(\kappa - 1) \cdot Ma^2}{2 \cdot Ma \cdot \left[1 + \frac{\kappa - 1}{2}Ma^2\right]}. \tag{5.67}$$

Jetzt kann man gem. Gl. (5.65) die Differenz zwischen den beiden Gleichungen (5.67) und (5.66) bilden, es ergibt sich

$$\frac{1 + \frac{\kappa - 1}{2}Ma^2}{Ma \cdot \left(1 + \frac{\kappa - 1}{2}Ma^2\right)}$$

$$- \frac{(\kappa - 1) \cdot Ma^2}{2 \cdot Ma \cdot \left[1 + \frac{\kappa - 1}{2}Ma^2\right]}$$

$$\Rightarrow \frac{1 + \frac{\kappa - 1}{2}Ma^2 - \frac{(\kappa - 1)}{2} \cdot Ma^2}{Ma \cdot \left(1 + \frac{\kappa - 1}{2}Ma^2\right)}$$

$$= \frac{1}{Ma \cdot \left(1 + \frac{\kappa - 1}{2}Ma^2\right)} \tag{5.68}$$

Jetzt kann man Gl. (5.68) in Gl. (5.65) einsetzen, es folgt

$$d\vartheta = \sqrt{Ma^2 - 1} \cdot \frac{1}{Ma \cdot \left(1 + \frac{\kappa - 1}{2}Ma^2\right)} \cdot dMa. \tag{5.69}$$

Ordnet man jetzt die einzelnen Terme noch, folgt schließlich

$$d\vartheta = \frac{\sqrt{Ma^2 - 1}}{1 + \left(\frac{\kappa - 1}{2}\right)Ma^2} \cdot \frac{dMa}{Ma}. \tag{5.70}$$

5.4 Lösung der Differentialgleichung

Die folgenden Untersuchungen beziehen sich auf Gl. (5.70).

- Integration findet nach **Prandtl-Meyer** von $\vartheta = 0$ und $Ma_1 = 1$ statt.
- Integration gilt für **Kompression** und **Expansion**. Spätere Superposition möglich.
- Bedingung für Kompression: Wellen schneiden sich nicht im Gebiet.

Integriert man Gl. (5.70), folgt direkt

$$\int_0^{\vartheta} d\vartheta = \int_1^{Ma} \frac{\sqrt{Ma^2 - 1}}{1 + \left(\dfrac{\kappa - 1}{2}\right)Ma^2} \cdot \frac{d\,Ma}{Ma}$$

$$\vartheta(Ma) = \int_1^{Ma} \frac{\sqrt{Ma^2 - 1}}{1 + \left(\dfrac{\kappa - 1}{2}\right)Ma^2} \cdot \frac{d\,Ma}{Ma}$$

$$(5.71)$$

Löst man dieses Integral (siehe folgenden Abschnitt), ergibt sich die **Prandtl-Meyer-Funktion** $v(Ma)$

$$v(Ma) = \theta(Ma)$$
$$= \sqrt{\frac{\kappa - 1}{\kappa + 1}} \cdot \arctan\left(\sqrt{\frac{\kappa + 1}{\kappa - 1}(Ma^2 - 1)}\right)$$
$$\cdot \arctan\left(\sqrt{Ma^2 - 1}\right). \qquad (5.72)$$

Setzt man in Gl. (5.72) die Randbedingungen $Ma = 1$ ein, ergibt sich die Lösung $\vartheta(Ma) = 0$.

Corollary 5.1

- Die Funktion $v(Ma)$ beschreibt den Winkelzuwachs durch eine Expansion (Vgl. mit ◻ Abb. 3.7).
- Der inverse Prozess (negative $d\theta$) beschreibt eine Kompression.
- Eine Superposition mehrerer Wellen ist möglich, da die Partielle Differentialgleichungen hyperbolisch sind.

- Bedingung für Kompression: *Wellen schneiden sich nicht im Gebiet (sonst Verdichtungsstoß)*[1] Das bedeutet: Bei zu starker Kompression konvergieren die Charakteristiken und führen zu Diskontinuitäten (Schocks) – das Modell (glatte Lösung) bricht dann zusammen.

5.5 Integrieren der Differentialgleichung und Herleitung der Prandtl-Meyer-Funktion

Bis jetzt wurde nicht näher auf die Lösung des Integrals eingegangen, das sich beim Lösen der Gl. (5.70) zu Gl. (5.72) ergibt. Dieses Integral ist nicht einfach zu lösen und bedarf einiges an Rechenaufwand. Darauf wird im Folgenden im Detail eingegangen. Zunächst ist die Differentialgleichung (aus Gl. (5.71)) gegeben.

$$\vartheta(Ma) = \int_1^{Ma} \frac{\sqrt{Ma^2 - 1}}{1 + \left(\dfrac{\kappa - 1}{2}\right)Ma^2} \cdot \frac{d\,Ma}{Ma}$$

$$(5.73)$$

Es wird in Gl. (5.73) zunächst Ma zu x substituiert und anschließend die Linearität angewendet

$$\vartheta(x) = \int_1^{Ma} \frac{\sqrt{x^2 - 1}}{1 + \left(\dfrac{\kappa - 1}{2}\right)x^2} \cdot \frac{dx}{x}$$

$$= 2 \cdot \int_1^{Ma} \frac{\sqrt{x^2 - 1}}{x \cdot [(\kappa - 1)x^2 + 2]} \cdot dx$$

$$(5.74)$$

Gelöst wird zunächst der Integralterm. Dazu wird erneut substituiert, nämlich $\sqrt{x^2 - 1} = u$. Es muss jetzt die Ableitung gebildet werden (Achtung: Anwenden der Kettenregel) ergibt

$$\frac{du}{dx} = \frac{1}{2} \cdot \frac{2x}{\sqrt{x^2 - 1}} = \frac{x}{\sqrt{x^2 - 1}}$$

$$\implies dx = \frac{\sqrt{x^2 - 1}}{x} \cdot du. \qquad (5.75)$$

---

1   Vgl. mit Kapitel vorher.

Setzt man Gl. (5.75) in Gl. (5.74) ein, ergibt sich

$$\vartheta(x) = \int\limits_{1}^{Ma} \frac{\sqrt{x^2 - 1}}{x \cdot [(\kappa - 1)x^2 + 2]} \cdot \frac{\sqrt{x^2 - 1}}{x} \cdot du$$

$$= \int\limits_{1}^{Ma} \frac{u^2}{x^2 \cdot [(\kappa - 1)x^2 + 2]} \cdot du. \qquad (5.76)$$

Mit der Substitutionsgleichung $\sqrt{x^2 - 1} = u$ findet man $x = \sqrt{u^2 + 1} \Rightarrow x^2 = u^2 + 1$

$$\vartheta(x) = \int\limits_{1}^{Ma} \frac{u^2}{(u^2 + 1) \cdot [(\kappa - 1)(u^2 + 1) + 2]} \cdot du$$

$$= \int\limits_{1}^{Ma} \frac{u^2}{(u^2 + 1) \cdot [\kappa \cdot u^2 + \kappa - u^2 - 1 + 2]} \cdot du$$

$$= \int\limits_{1}^{Ma} \frac{u^2}{(u^2 + 1) \cdot [\kappa \cdot u^2 - u^2 + \kappa + 1]} \cdot du$$
$$(5.77)$$

Hier kann man jetzt eine Partialbruchzerlegung durchführen, um das Integral weiter zu lösen. Es ist eine Darstellung der Form

$$\frac{u^2}{(u^2 + 1)((k - 1)u^2 + \kappa + 1)}$$
$$= \frac{A}{u^2 + 1} + \frac{B}{(\kappa - 1)u^2 + \kappa + 1} \qquad (5.78)$$

gesucht. Multipliziert man beide Seiten mit dem gemeinsamen Nenner, ergibt sich

$$\frac{u^2}{(u^2 + 1)((\kappa - 1)u^2 + \kappa + 1)}$$
$$= \frac{A \cdot ((\kappa - 1)u^2 + \kappa + 1)}{(u^2 + 1)((\kappa - 1)u^2 + \kappa + 1)}$$
$$+ \frac{B \cdot (u^2 + 1)}{(u^2 + 1)((\kappa - 1)u^2 + \kappa + 1)} \qquad (5.79)$$

Hier kann man mit dem Nenner multiplizieren, es ergibt sich

$$u^2 = A \cdot ((\kappa - 1)u^2 + \kappa + 1) + B \cdot (u^2 + 1)$$
$$= A \cdot (\kappa - 1) \cdot u^2 + A(\kappa + 1) + B \cdot u^2 + B$$
$$= A \cdot (\kappa - 1) \cdot u^2 + A(\kappa + 1) + B \cdot u^2 + B$$
$$= u^2 \cdot (A \cdot (\kappa - 1) + B) + A \cdot (\kappa + 1) + B$$
$$(5.80)$$

Jetzt muss ein Koeffizientenvergleich durchgeführt werden. Damit in Gl. (5.80) die Gleichung erfüllt wird, muss gelten

$$u^2 = u^2 \cdot \underbrace{(A \cdot (\kappa - 1) + B)}_{=1} + \underbrace{A \cdot (\kappa + 1) + B}_{=0}.$$
$$(5.81)$$

Es folgt sofort

$$A \cdot (\kappa + 1) + B = 1 \ldots \text{Koeffizient von } u^2$$
$$(5.82)$$

$$A \cdot (\kappa + 1) + B = 0 \ldots \text{Konstantes Glied.}$$
$$(5.83)$$

Aus den beiden Gleichungen (5.82) und (5.83) kann man ein Gleichungssystem formulieren, dass gelöst werden muss. Dazu wird Gl. (5.83) von Gl. (5.82) abgezogen. Es ergibt sich

$$A \cdot (\kappa + 1) + B - A \cdot (\kappa + 1) + B = 1 - 0$$
$$\implies \quad -2 \cdot A = 1$$
$$\implies \quad \underline{\underline{A = -\frac{1}{2}}}. \qquad (5.84)$$

Jetzt kann man Gl. (5.84) in Gl. (5.83) einsetzen, es folgt B, zu

$$-\frac{1}{2} \cdot (\kappa + 1) + B = 0$$
$$\implies \quad \underline{\underline{B = \frac{\kappa + 1}{2}}}. \qquad (5.85)$$

Im nächsten Schritt kann man die beiden Lösungen für A bzw. B (Gl. (5.84) bzw. (5.85)) in Gl. (5.78) einsetzen, es folgt

$$\frac{u^2}{(u^2 + 1)((k - 1)u^2 + \kappa + 1)}$$
$$= \frac{-\frac{1}{2}}{u^2 + 1} + \frac{\frac{\kappa + 1}{2}}{(\kappa - 1)u^2 + \kappa + 1}$$
$$= -\frac{1}{2 \cdot (u^2 + 1)} + \frac{\kappa + 1}{2 \cdot [(\kappa - 1)u^2 + \kappa + 1]}$$
$$= \underline{\underline{\frac{\kappa + 1}{2 \cdot [(\kappa - 1)u^2 + \kappa + 1]} - \frac{1}{2 \cdot (u^2 + 1)}}}.$$
$$(5.86)$$

Jetzt kann man gem. Gl. (5.86) Gl. (5.77) auch wie folgt schreiben

$$\int\limits_{1}^{Ma} \frac{u^2}{(u^2+1)\cdot[\kappa\cdot u^2 - u^2 + \kappa + 1]}\cdot du$$

$$= \int\limits_{1}^{Ma}\left[\frac{\kappa+1}{2\cdot[(\kappa-1)u^2+\kappa+1]} - \frac{1}{2\cdot(u^2+1)}\right]\cdot du$$

$$= \int\limits_{1}^{Ma}\left[\frac{\kappa+1}{2\cdot[(\kappa-1)u^2+\kappa+1]}\right]\cdot du$$

$$- \int\limits_{1}^{Ma}\left[\frac{1}{2\cdot(u^2+1)}\right]\cdot du$$

$$= \frac{\kappa+1}{2}\cdot\int\limits_{1}^{Ma}\left[\frac{1}{(\kappa-1)u^2+\kappa+1}\right]\cdot du$$

$$- \frac{1}{2}\cdot\int\limits_{1}^{Ma}\frac{1}{u^2+1}\cdot du \qquad (5.87)$$

Jetzt müssen die beiden Integrale gelöst werden. Zunächst wird das 1. Integral gelöst. Es wird wieder wie folgt substituiert:

$$v = \frac{\sqrt{\kappa-1}}{\sqrt{\kappa+1}}\cdot u \quad \Longrightarrow \quad u = \frac{\sqrt{\kappa+1}}{\sqrt{\kappa-1}}\cdot v$$

$$\frac{dv}{du} = \frac{\sqrt{\kappa-1}}{\sqrt{\kappa+1}} \quad \Longrightarrow \quad du = \frac{\sqrt{\kappa+1}}{\sqrt{\kappa-1}}\cdot dv.$$

$$(5.88)$$

$$\int\limits_{1}^{Ma}\left[\frac{1}{(\kappa-1)\left(\frac{\sqrt{\kappa+1}}{\sqrt{\kappa-1}}\cdot v\right)^2+\kappa+1}\right]\cdot \frac{\sqrt{\kappa+1}}{\sqrt{\kappa-1}}\cdot dv$$

$$\int\limits_{1}^{Ma}\left[\frac{1}{(\kappa+1)\cdot v^2+\kappa+1}\right]\cdot \frac{\sqrt{\kappa+1}}{\sqrt{\kappa-1}}\cdot dv$$

$$\int\limits_{1}^{Ma}\left[\frac{\sqrt{\kappa+1}}{\sqrt{\kappa-1}\cdot[(\kappa+1)\cdot v^2+\kappa+1]}\right]\cdot dv$$

$$\frac{\sqrt{\kappa+1}}{\sqrt{\kappa-1}}\int\limits_{1}^{Ma}\left[\frac{1}{\kappa\cdot v^2+v^2+\kappa+1}\right]\cdot dv$$

$$\frac{\sqrt{\kappa+1}}{\sqrt{\kappa-1}}\int\limits_{1}^{Ma}\left[\frac{1}{(\kappa+1)\cdot(v^2+1)}\right]\cdot dv$$

$$\frac{\sqrt{\kappa+1}}{\sqrt{\kappa-1}}\cdot\frac{1}{\kappa+1}\cdot\int\limits_{1}^{Ma}\frac{1}{v^2+1}\cdot dv$$

$$\frac{(\kappa+1)^{\frac{1}{2}}\cdot(\kappa+1)^{-1}}{\sqrt{\kappa-1}}\cdot\int\limits_{1}^{Ma}\frac{1}{v^2+1}\cdot dv$$

$$\frac{(\kappa+1)^{-\frac{1}{2}}}{\sqrt{\kappa-1}}\cdot\int\limits_{1}^{Ma}\frac{1}{v^2+1}\cdot dv$$

$$\frac{1}{\sqrt{\kappa-1}\cdot\sqrt{\kappa+1}}\cdot\int\limits_{1}^{Ma}\frac{1}{v^2+1}\cdot dv \qquad (5.89)$$

Aus einer Formelsammlung findet man[2] findet man als Lösung für das Integral

$$\int\limits_{1}^{Ma}\frac{1}{v^2+1}\cdot dv = \arctan(v). \qquad (5.90)$$

Setzt man jetzt Gl. (5.90) in Gl. (5.89) ein, folgt

$$\frac{1}{\sqrt{\kappa-1}\cdot\sqrt{\kappa+1}}\cdot\int\limits_{1}^{Ma}\frac{1}{v^2+1}\cdot dv$$

$$= \frac{\arctan(v)}{\sqrt{\kappa-1}\cdot\sqrt{\kappa+1}} \qquad (5.91)$$

Hier kann man jetzt eine Rücksubstitution von Gl. (5.88) vornehmen, es folgt dann

$$\frac{1}{\sqrt{\kappa-1}\cdot\sqrt{\kappa+1}}\cdot\int\limits_{1}^{Ma}\frac{1}{v^2+1}\cdot dv$$

$$= \frac{\arctan\left(\frac{\sqrt{\kappa-1}}{\sqrt{\kappa+1}}\cdot u\right)}{\sqrt{\kappa-1}\cdot\sqrt{\kappa+1}} \qquad (5.92)$$

Im Folgenden wird in Gl. (5.87) das 2. Integral gelöst, gem. des Schemas von Gl. (5.90). Es er-

---

2   Oder durch eigene Herleitung, vgl. mit ▸ https://www.integralrechner.de.

gibt sich sofort

$$\int_{1}^{Ma} \frac{1}{u^2 + 1} \cdot du = \arctan(u). \tag{5.93}$$

Im Folgenden kann man Gl. (5.92) und Gl. (5.93) in Gl. (5.87) einsetzen, es folgt dann

$$\int_{1}^{Ma} \frac{u^2}{(u^2 + 1) \cdot [\kappa \cdot u^2 - u^2 + \kappa + 1]} \cdot du$$

$$= \frac{\kappa + 1}{2} \cdot \int_{1}^{Ma} \left[\frac{1}{(\kappa - 1)u^2 + \kappa + 1} \right] \cdot du$$

$$- \frac{1}{2} \cdot \int_{1}^{Ma} \frac{1}{u^2 + 1} \cdot du$$

$$= \frac{\kappa + 1}{2} \cdot \frac{\arctan\left(\frac{\sqrt{\kappa - 1}}{\sqrt{\kappa + 1}} \cdot u \right)}{\sqrt{\kappa - 1} \cdot \sqrt{\kappa + 1}}$$

$$- \frac{1}{2} \cdot \arctan(u)$$

$$= \frac{(\kappa + 1)^{1 - \frac{1}{2}}}{2} \cdot \frac{\arctan\left(\frac{\sqrt{\kappa - 1}}{\sqrt{\kappa + 1}} \cdot u \right)}{\sqrt{\kappa - 1}}$$

$$- \frac{1}{2} \cdot \arctan(u)$$

$$= \frac{\sqrt{\kappa + 1}}{2} \cdot \frac{\arctan\left(\frac{\sqrt{\kappa - 1}}{\sqrt{\kappa + 1}} \cdot u \right)}{\sqrt{\kappa - 1}}$$

$$- \frac{1}{2} \cdot \arctan(u) \tag{5.94}$$

Durch Rücksubstitution von $u = \sqrt{x^2 - 1}$ folgt für Gl. (5.94)

$$\int_{1}^{Ma} \frac{u^2}{(u^2 + 1) \cdot [\kappa \cdot u^2 - u^2 + \kappa + 1]} \cdot du$$

$$= \frac{\sqrt{\kappa + 1}}{2} \cdot \frac{\arctan\left(\frac{\sqrt{\kappa - 1}}{\sqrt{\kappa + 1}} \cdot \sqrt{x^2 - 1} \right)}{\sqrt{\kappa - 1}}$$

$$- \frac{1}{2} \cdot \arctan(\sqrt{x^2 - 1}) \tag{5.95}$$

Setzt man jetzt Gl. (5.95) in Gl. (5.74) ein, ergibt sich

$$\vartheta(x) = \int_{1}^{Ma} \frac{\sqrt{x^2 - 1}}{1 + \left(\frac{\kappa - 1}{2} \right)x^2} \cdot \frac{dx}{x}$$

$$= \sqrt{\kappa + 1} \cdot \frac{\arctan\left(\frac{\sqrt{\kappa - 1}}{\sqrt{\kappa + 1}} \cdot \sqrt{x^2 - 1} \right)}{\sqrt{\kappa - 1}} \Bigg|_{1}^{Ma}$$

$$- \arctan(\sqrt{x^2 - 1}) \Big|_{1}^{Ma} \tag{5.96}$$

Durch Rücksubstitution von $x = Ma$ ergibt sich schließlich die Prandtl-Meyer-Funktion $\nu(Ma)$ zu

$$\nu(Ma) = \theta(Ma)$$

$$= \sqrt{\frac{\kappa + 1}{\kappa - 1}} \cdot \arctan\left(\sqrt{\frac{\kappa - 1}{\kappa + 1}(Ma^2 - 1)} \right)$$

$$\cdot \arctan\left(\sqrt{Ma^2 - 1} \right). \tag{5.97}$$

5.6 Plot der Prandtl-Meyer-Funktion

Im Folgenden wird Gl. (5.97) geplotet und interpretiert, für unterschiedliche Machzahlen und unterschiedlichen Prandtl-Meyer-Winkel. Den Plot zeigt ◘ Abb. 5.3.

Siehe ▶ Lösung durch Matlab 5.1.

Zusätzlich kann man sich die beiden Graphen noch besser vor Augen führen, wenn man dazu eine Abbildung mit den entsprechenden Größen einzeichnet. Dies zeigt ◘ Abb. 5.2. Der untere Graph (strichlierte Linie) in ◘ Abb. 5.3

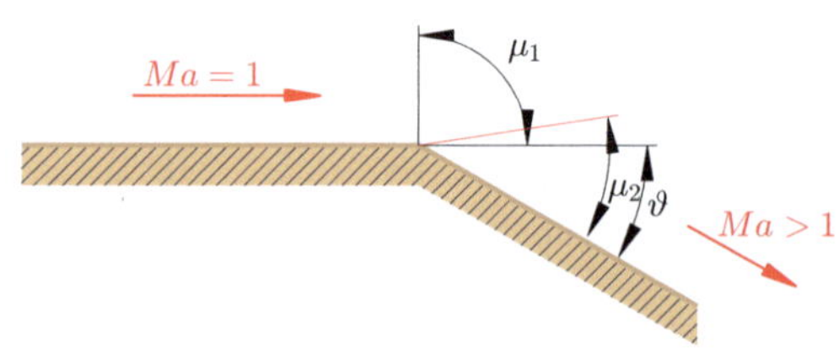

◘ **Abb. 5.2** Skizze für die Parameter der Prandtl-Meyer-Funktion, in Anl. an [2]

ist der Plot der Funktion:

$$\sin(\mu) = \frac{1}{Ma}. \tag{5.98}$$

Um den **Ablenkungswinkel** von $Ma_1 > 1$ zu $Ma_2 = 1$ zu bekommen, wird folgende Gleichung formuliert

$$\vartheta = v(Ma_2) - v(Ma_1). \tag{5.99}$$

Da es sich um einen **isentropen Prozess** handelt, kann man die bereits hergeleiteten Gleichungen

verwenden, die lauten

$$\frac{T_2}{T_1} = \frac{1 + \dfrac{\kappa - 1}{2} Ma_1^2}{1 + \dfrac{\kappa - 1}{2} Ma_2^2}, \tag{5.100}$$

$$\frac{p_2}{p_1} = \left(\frac{1 + \frac{\kappa-1}{2} Ma_1^2}{1 + \dfrac{\kappa - 1}{2} Ma_2^2} \right)^{\frac{\kappa}{\kappa - 1}}, \tag{5.101}$$

$$\frac{\varrho_2}{\varrho_1} = \left(\frac{1 + \dfrac{\kappa - 1}{2} Ma_1^2}{1 + \dfrac{\kappa - 1}{2} Ma_2^2} \right)^{\frac{1}{\kappa - 1}}. \tag{5.102}$$

Methode: Lösung durch Matlab 5.1

```matlab
% Prandtl-Meyer und Mach-Winkel
clc; clear;

% Parameter
k = 1.4;                    % Adiabatenexponent
M = linspace(1, 1000, 1000);  % Mach-Zahl-Vektor

% Prandtl-Meyer-Winkel (in Grad)
nu = sqrt((k+1)/(k-1)) * atand( sqrt((k-1)/(k+1) * (M.^2 - 1)) ) - atand( sqrt(M.^2 -
1) );
nu = real(nu); % Imaginary parts due to numerical inaccuracies near M=1

% Mach-Winkel (in Grad)
mu = asind(1./M);   % sin(mu) = 1/M

% Plot
figure;
hold on; grid on; box on;

% Achsen logarithmisch x
set(gca, 'XScale', 'log');

% Prandtl-Meyer-Winkel
plot(M, nu, 'k-', 'LineWidth', 1.5);

% Mach-Winkel
plot(M, mu, 'k--', 'LineWidth', 1.5);

% Achsentitel und Labels
xlabel('Machzahl M', 'FontSize', 12);
ylabel('Prandtl-Meyer-Winkel \nu und Mach-Winkel \mu [°]', 'FontSize', 12);

% Grenzen
xlim([1 1000]);
ylim([0 150]);

% Annotation
text(1.5, 90, '\nu(M)', 'FontSize', 12);
text(2, 20, '\mu(M)', 'FontSize', 12);
title('Prandtl-Meyer-Winkel \nu(M) und Mach-Winkel \mu(M)', 'FontSize', 13);

% Maximaler Prandtl-Meyer-Winkel analytisch berechnet
nu_max_deg = 90 * ( sqrt((k+1)/(k-1)) - 1 );
yline(nu_max_deg, 'k:', ['\nu_{max} = ', num2str(nu_max_deg, '%.1f'), '^\circ'], ...
    'LabelHorizontalAlignment', 'left', 'FontSize', 11);
```

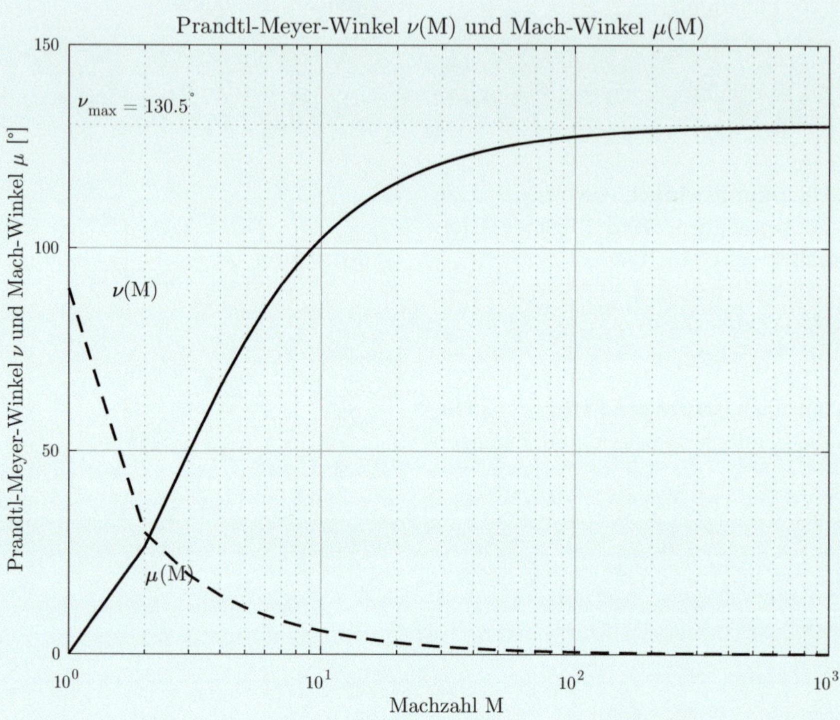

◘ **Abb. 5.3** Plot der Prandtl-Meyer-Funktion, in Anl. an [2]

5.7 Übungen

Übungsbeispiel 5.1

Was versteht man unter einer Mach'schen Linie in einer Überschallströmung?

Lösung

Eine Mach'sche Linie ist der Grenzfall eines unendlich schwachen, schiefen Verdichtungsstoßes. Sie kennzeichnet die Grenze des Einflussbereichs einer Störung, da in Überschallströmungen keine Information stromaufwärts propagieren kann. Entlang dieser Linie erfolgt eine sprunghafte Änderung des Geschwindigkeitsvektors, jedoch nur normal zur Linie.

Übungsbeispiel 5.2

Warum können in einer Überschallströmung Informationen nicht stromaufwärts transportiert werden?

Lösung

Weil die Strömungsgeschwindigkeit größer als die lokale Schallgeschwindigkeit ist. Dadurch ist der Einflussbereich von Störungen auf den Bereich stromabwärts beschränkt.

Übungsbeispiel 5.3

Was ist das Ziel des behandelten Berechnungsmittels für reine Überschallströmungen?

Lösung

Das Ziel ist es, eine systematische und mathematisch fundierte Methode zur Analyse und Berechnung reiner Überschallströmungen zu bieten, wobei insbesondere Mach'sche Linien, schiefe Verdichtungsstöße und Expansionen berücksichtigt werden.

Übungsbeispiel 5.4

Welche Art von Gleichungen beschreibt die kompressible Strömung?

Lösung

Die kompressible Strömung wird durch Erhaltungsgleichungen für Masse, Impuls und Energie beschrieben.

Übungsbeispiel 5.5

Wie lautet die Kontinuitätsgleichung (Massenerhaltung) für kompressible Strömungen?

Lösung

$$\frac{\partial \varrho}{\partial t} + \nabla \cdot (\varrho \vec{v}) = 0 \qquad (5.103)$$

Übungsbeispiel 5.6

Was bedeutet es, dass die Gleichungen der Gasdynamik „hyperbolisch" sind?

Lösung

Hyperbolisch bedeutet, dass sich die Lösungen der Gleichungen entlang bestimmter Linien – den Charakteristiken – ausbreiten. Diese Linien geben die Richtung des Informationstransports vor.

Übungsbeispiel 5.7

Was ist ein Prandtl-Meyer-Fächer?

Lösung

Ein Prandtl-Meyer-Fächer beschreibt eine kontinuierliche Expansion einer Überschallströmung über eine Reihe von Mach'schen Linien, die den Strömungswinkel vergrößern.

Übungsbeispiel 5.8

Welche physikalischen Größen ändern sich bei einem schiefen Verdichtungsstoß?

Lösung

Druck, Dichte und Temperatur steigen, während die Geschwindigkeit abnimmt.

Übungsbeispiel 5.9

Worin besteht die Grundidee der Methode der Charakteristiken (MOC)?

Lösung

Die Grundidee ist, dass hyperbolische Gleichungen entlang ihrer Charakteristiken in gewöhnliche Differentialgleichungen überführt werden können. Dies ermöglicht eine gezielte und strukturierte Lösung der Strömungsgleichungen.

Übungsbeispiel 5.10

Was ist das Grundprinzip der Finite-Volumen-Methode (FVM)?

Lösung

Die FVM basiert auf der Integration der Erhaltungsgleichungen über Kontrollvolumina und beschreibt die Änderung der Zustandsgrößen durch Flüsse über Zellgrenzen.

Übungsbeispiel 5.11

Warum ist die FVM besonders geeignet für Überschallströmungen?

Lösung

Weil sie Stoßwellen, Expansionen und Diskontinuitäten korrekt behandeln kann und eine konservative Formulierung ermöglicht.

Übungsbeispiel 5.12

Welche Gleichungsform beschreibt eine allgemeine Erhaltungsgleichung in drei Dimensionen?

Lösung

$$\frac{\partial U}{\partial t} + \nabla \cdot F(U) = S(U). \tag{5.104}$$

Übungsbeispiel 5.13

Welche physikalischen Größen enthält der Vektor U bei kompressibler Strömung?

Lösung

Dichte ϱ, Impuls ϱu und Gesamtenergie E.

Übungsbeispiel 5.14

Wozu dienen Riemann-Löser in der Finite-Volumen-Methode?

Lösung

Sie berechnen den Fluss zwischen Kontrollvolumen durch Lösung eines lokalen Riemann-Problems.

Übungsbeispiel 5.15

Welche drei Riemann-Löser werden im Text genannt?

Lösung

Godunov-Verfahren, Roe-Löser, HLL/HLLC-Verfahren.

Übungsbeispiel 5.16

Was ist das Upwind-Prinzip?

Lösung

Ein Verfahren, bei dem die Flussrichtung entlang der Charakteristiken berücksichtigt wird, um physikalisch korrekte Lösungen zu erhalten.

Übungsbeispiel 5.17

Was ist ein wesentliches Merkmal des Godunov-Verfahrens?

Lösung

Es löst lokale Riemann-Probleme und ist stoßauflösend sowie konservativ.

Übungsbeispiel 5.18

Wie lautet das Riemann-Problem im Godunov-Verfahren?

Lösung

$$U(x,0) = \begin{cases} U_L, & x < 0, \\ U_R, & x > 0 \end{cases} \tag{5.105}$$

Übungsbeispiel 5.19

Was macht das Roe-Verfahren besonders?

Lösung

Es verwendet eine konstante Jacobimatrix mit gleichen Eigenwerten und Eigenvektoren wie das ursprüngliche System im Mittel.

Übungsbeispiel 5.20

Was ist ein Nachteil des Roe-Lösers?

Lösung

Er kann bei Expansionen unphysikalische Zustände wie negative Drücke erzeugen.

Übungsbeispiel 5.21

Wie funktioniert der HLL-Riemann-Löser?

Lösung

Er approximiert die Lösung durch zwei Wellen mit Geschwindigkeiten S_L und S_R, zwischen denen ein konstanter Zustand liegt.

Übungsbeispiel 5.22

Welche Erweiterungen verbessern das Godunov-Verfahren?

Lösung

MUSCL-Rekonstruktion, Flusslimitierer und approximate Riemann-Solver.

Übungsbeispiel 5.23

Welche grundlegende Analogie besteht zwischen der Hamilton'schen Mechanik und der Strömungsmechanik?

Lösung

Beide Systeme lassen sich als Differentialgleichungen formulieren, die entlang bestimmter Pfade, sogenannter Charakteristiken, gelöst werden können.

Übungsbeispiel 5.24

Was stellt die Funktion $H(q, p)$ in der Hamilton'schen Mechanik dar?

Lösung

Sie ist das Hamilton'sche Funktional, das die Energie des Systems beschreibt.

Übungsbeispiel 5.25

Welche Entsprechung hat das Strömungspotential ϕ in der Hamilton'schen Mechanik?

Lösung

Es entspricht der generalisierten Koordinate q_i.

Übungsbeispiel 5.26

Welche Gleichung beschreibt die Charakteristiken in kompressiblen isentropen Strömungen?

Lösung

$$|\nabla\phi|^2 = a^2. \tag{5.106}$$

Übungsbeispiel 5.27

Was sind symplektische Integratoren und wozu dienen sie?

Lösung

Numerische Methoden, die die Erhaltungsstruktur (z. B. Energie, Entropie) der Strömung auch diskret erhalten.

Tragflügelaerodynamik im Transschall

Inhaltsverzeichnis

© Der/die Autor(en), exklusiv lizenziert an Springer-Verlag GmbH, DE, ein Teil von Springer Nature 2026
A. Huber, *Technische Mechanik 6 - Aeromechanik*,
https://doi.org/10.1007/978-3-662-72929-8_6

Sie lernen hier…

- die kritische Machzahl berechnen und interpretieren.
- die Änderung von c_a und c_w mit der Anströmmachzahl interpretieren.
- die Tragflügelpfeilung kennen.
- den Transschall kennen und dort vorliegende Profileigenschaften interpretieren.

> **Zitat**
>
> Manche Piloten sind Menschen, die ihrem Autopiloten weniger vertrauen als ihren Co-Piloten.
>
> *Christa Schyboll*

Die Aerodynamik von Tragflächen im Transschallbereich stellt ein zentrales Thema in der modernen Luftfahrttechnik dar. Besonders für konventionelle Verkehrsflugzeuge, deren typische Reisegeschwindigkeit im Bereich von Mach 0,75 bis Mach 0,85 liegt, ist die genaue Kenntnis der aerodynamischen Vorgänge in diesem Geschwindigkeitsregime essenziell. Der Transschallbereich ist charakterisiert durch die Überlagerung von Unterschall- und Überschalleffekten an unterschiedlichen Stellen des Strömungsfeldes eines Körpers. Diese Mischströmung führt zu komplexen physikalischen Phänomenen, die sowohl das aerodynamische Verhalten als auch die strukturelle Auslegung maßgeblich beeinflussen.

Der Transschallbereich beginnt typischerweise bei Machzahlen ab etwa 0,75 und erstreckt sich bis ungefähr Mach 1,2. In diesem Bereich treten erstmalig lokale Überschallströmungen auf der Oberfläche eines ansonsten im Unterschall fliegenden Flugzeugs auf, insbesondere im Bereich der Flügeloberseite. Diese Überschallbereiche enden abrupt in Form von Schockwellen, welche erhebliche Druckanstiege verursachen. Diese Drucksprünge führen nicht nur zu erhöhtem Widerstand, dem sogenannten **Wellenwiderstand**, sondern beeinflussen auch die Grenzschichtentwicklung negativ, was zu Strömungsablösungen führen kann. Der Wellenwiderstand steigt im Transschall besonders stark an und stellt eine der Hauptursachen für Effizienzverluste dar. Eine optimale Tragflächengeo-

metrie muss daher sorgfältig auf diese Effekte abgestimmt werden.

Ein weiteres zentrales aerodynamisches Problem ist die sogenannte **kritische Machzahl** eines Tragflügels, also jene Machzahl, bei der an einem bestimmten Punkt auf der Tragfläche erstmals lokale Überschallströmung auftritt. Wird diese überschritten, entstehen Schockwellen, welche die Druckverteilung abrupt verändern und zu einem dramatischen Anstieg des Widerstands führen können. Die genaue Kenntnis und Verschiebung dieser kritischen Machzahl zu höheren Werten durch geeignete aerodynamische Gestaltung sind daher eine wichtige Zielsetzung in der Tragflügelauslegung.

Zur Reduktion transsonischer Effekte wurden im Laufe der Jahre verschiedene Lösungsansätze entwickelt, darunter das Einführen gepfeilter Tragflächen, die Optimierung der Profilkontur (z. B. superkritische Profile) sowie adaptive oder variable Flügelgeometrien. Pfeilflügel ermöglichen eine effektive Reduktion der Normalgeschwindigkeit zur Strömungsrichtung, wodurch die kritische Machzahl erhöht und der Anstieg des Wellenwiderstandes hinausgezögert werden kann. Superkritische Tragflächenprofile hingegen sind so ausgelegt, dass sie eine flachere Druckverteilung aufweisen, wodurch Schockwellen abgeschwächt und die Effizienz im Transschallbereich verbessert wird.

Trotz dieser Fortschritte stellt die Tragflügelaerodynamik im Transschall weiterhin eine der größten Herausforderungen für die Luftfahrt dar. Die Anforderungen an Komfort, Wirtschaftlichkeit, Reichweite und Umweltverträglichkeit führen zu einem stetigen Optimierungsdruck in Bezug auf aerodynamische Effizienz und Widerstandsminimierung. Ein tiefgehendes Verständnis der transsonischen Strömungsmechanik ist deshalb unerlässlich.

6.1 Kritische Machzahl [2]

Die kritische Machzahl beschreibt den Punkt, an dem an einem Profil lokal zum ersten Mal Überschallgeschwindigkeit auftritt. Diese ist insbesondere für transsonische Strömungen von Bedeutung.

Man stellt sich daher die Frage, bei welcher Machzahl die Überschallgeschwindigkeit lokal auftritt. Es wird die Berechnung über die Energiegleichung zwischen Unendlich (Freiströmung) und dem kritischen Punkt (lokal $Ma = 1$) am Profil durchgeführt.

Aus der Energieerhaltungsgleichung ergibt sich der kritische Druckbeiwert:

$$c_{p,\text{krit}} = \frac{2}{\kappa\, Ma_\infty^2}\left[\left(\frac{1 + \dfrac{\kappa - 1}{2}\, Ma_\infty^2}{1 + \dfrac{\kappa - 1}{2}}\right)^{\frac{\kappa}{\kappa - 1}} - 1\right] \tag{6.1}$$

Dabei ist:

$c_{p,\text{krit}}$ ... kritischer Druckbeiwert

Ma_∞ ... Machzahl der Freiströmung

Mit dem **Prandtl-Glauert-Faktor** lässt sich der inkompressible Druckbeiwert auf den kompressiblen Fall fortzeichnen. Daraus ergibt sich die kritische Machzahl als Funktion der Profilform:

$$Ma_{\text{krit}} = f(c_{p,\text{inkompressibel}}) \tag{6.2}$$

Diese Beziehung erlaubt es, die kritische Machzahl für ein gegebenes Profil mithilfe aerodynamischer Analyse zu bestimmen. Siehe ◘ Abb. 6.1.

6.2 Änderung von c_a & c_w mit der Anströmmachzahl

Mit zunehmender Fluggeschwindigkeit im transsonischen Bereich treten komplexe, stark nicht lineare aerodynamische Phänomene auf. Zwei davon sind die sogenannte **Drag-Divergence-Machzahl** sowie die **Lift-Divergence-Machzahl**. Diese beschreiben Grenzwerte der Freiströmungs-Machzahl, bei denen sich Widerstands- bzw. Auftriebseigenschaften eines Profils oder Tragflügels abrupt verändern.

Diese plötzlichen Änderungen sind unmittelbar mit der Entstehung und Ausbreitung von Stoßwellen verbunden, welche in weiterer Folge zur Ablösung der Grenzschicht führen können.

6.2.1 Drag-Divergence-Machzahl

6.2.1.1 Definition und Charakteristik

Die **Drag-Divergence-Machzahl** Ma_{DD} ist die Machzahl, ab der der Widerstandsbeiwert C_D stark nicht linear ansteigt – typischerweise infolge der Entstehung von Stoßwellen an Stellen mit lokaler Überschallströmung. Mathematisch lässt sich diese Divergenz als inflexionsartiger Knick im C_D-Ma-Verlauf identifizieren.

Obwohl die Freiströmung sich noch im Unterschallbereich ($Ma_\infty < 1$) befindet, erreicht die lokale Strömungsgeschwindigkeit auf der Saugseite des Profils aufgrund starker Krümmung und Beschleunigung bereits Überschallwerte. Die daraus resultierende Verdichtungsstoßwelle

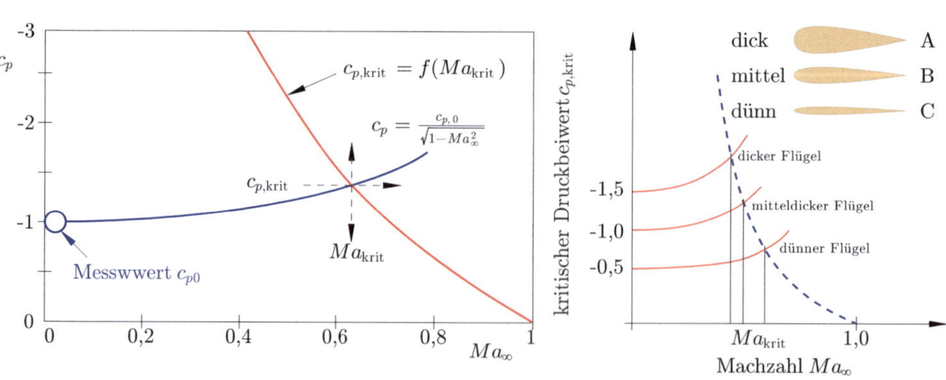

◘ **Abb. 6.1** Abbildung zur kritischen Machzahl für unterschiedliche Tragflügel, in Anl. an [2]

erzeugt einen signifikanten Anstieg des Drucks, was zu erhöhtem Druckwiderstand führt.

Mit wachsender Machzahl wird die lokale Beschleunigung der Strömung über die Profiloberseite intensiver. Sobald $Ma_{\text{lokal}} > 1$ auftritt, bildet sich eine Stoßwelle, die den Übergang zurück in den Unterschallbereich erzwingt. Dieser Übergang geht mit einem Energieverlust und starkem Druckanstieg einher. Insbesondere bei dünnen Profilen oder Pfeilflügeln treten diese Effekte später auf, da sie die lokale Beschleunigung reduzieren.

Hinter der Stoßwelle kann es, abhängig von Turbulenzniveau und Profilgeometrie, zur Ablösung der Grenzschicht kommen. Diese sogenannte **stoßinduzierte Strömungsablösung** erhöht nicht nur den Druckwiderstand, sondern reduziert auch die Kontrolle über das Strömungsfeld.

6.2.1.2 Einflussfaktoren

Die Lage von Ma_{DD} hängt von mehreren Parametern ab:

- **Profilform:** Dünne, superkritische Profile verzögern die Stoßbildung.
- **Pfeilung:** Erhöht die effektive Machzahl in Normalrichtung und kann Ma_{DD} anheben.
- **Reynolds-Zahl:** Beeinflusst die Stabilität der Grenzschicht und die Ablösungsneigung.

Typischerweise liegt Ma_{DD} im Bereich $0{,}72 \leq Ma_{\text{DD}} \leq 0{,}88$ für klassische Transportsysteme.

6.2.2 Lift-Divergence-Machzahl

6.2.2.1 Definition und Beobachtung

Die **Lift-Divergence-Machzahl** Ma_{LD} beschreibt die Machzahl, bei der der Auftriebsbeiwert C_L bei konstantem Anstellwinkel α sprunghaft ansteigt. Im Gegensatz zur Drag-Divergence-Machzahl ist dieser Effekt wesentlich *winkelabhängiger*, da die Strömungsbeschleunigung über die Saugseite direkt durch α beeinflusst wird.

Bei höheren Anstellwinkeln verlagert sich der Punkt maximaler Unterdruck (Saugspitze) weiter nach vorn, wodurch die lokale Machzahl schneller Überschallgeschwindigkeit erreicht. Dadurch tritt die Stoßbildung früher auf, und auch Ma_{LD} sinkt.

6.2.2.2 Zusammenhang mit Druckverteilung und Stoßwellen

Die durch Stoßwellen hervorgerufene plötzliche Änderung der Druckverteilung führt zu einem Auftriebsanstieg, der jedoch nicht durch eine kontinuierliche Änderung des Anstellwinkels, sondern durch eine abrupte Änderung der Umströmung zustande kommt. Die Nachlaufströmung wird durch die Stoßwelle deutlich umgelenkt; gleichzeitig kann es zur Ausbildung einer Ablöseblase kommen.

Ein charakteristisches Verhalten zeigt sich im Diagramm C_L vs. Ma: Eine zunächst lineare Steigerung des Auftriebs mit zunehmender Machzahl geht in eine stark ansteigende Kurve über – typischerweise im Bereich von $Ma \approx 0{,}7$–$0{,}9$ (je nach Profil und α).

6.2.3 Nicht lineare Effekte und instationäres Verhalten

Die Lift-Divergence ist eng mit weiteren instationären Effekten verknüpft:

- **Buffet Onset:** Periodische Ablösungen und Stoßbewegungen führen zu Oszillationen im Auftrieb.
- **Pitching Moment Jump:** Verlagerung des Druckzentrums bei Stoßausbildung verändert das Nickmoment.

Diese Effekte sind in der Flugmechanik kritisch und können zu Kontrollverlust oder Strukturanregungen führen.

6.2.4 Vergleich der Divergenz-Machzahlen

Vgl. mit ◨ Tab. 6.1.

6.2.5 Auswirkungen auf Flugzeugauslegung

Sowohl Ma_{DD} als auch Ma_{LD} beeinflussen die aerodynamische Leistungsfähigkeit und Betriebspunkte eines Luftfahrzeugs erheblich. Für transsonische Verkehrsflugzeuge bedeutet dies:

◻ Tab. 6.1 Gegenüberstellung von Ma_{DD} und Ma_{LD}

Eigenschaft	Drag-Divergence	Lift-Divergence
Symbol	Ma_{DD}	Ma_{LD}
Kritischer Effekt	Widerstandsanstieg	Auftriebsanstieg
Typische Ursache	Stoßwelle + Ablösung	Stoßwelle + Druckverlagerung
Abhängigkeit von α	Gering	Stark
Relevanz	Energieverlust/c_D	Stabilität/c_L
Charakteristik	Knick im $c_D(Ma)$	Knick im $c_L(Ma)$

— **Optimierung des Reise-Machbereichs**: Operieren unterhalb Ma_{DD}, aber nahe genug für hohe Effizienz.

— **Profilentwicklung**: Superkritische Profile mit verzögertem Stoßansatz.

— **Pfeilung und Flügelgeometrie**: Reduktion der Normalmachzahl zur Erhöhung von Ma_{DD} und Ma_{LD}.

— **CFD-Analyse und Windkanaltests**: Zur Bestimmung der kritischen Machzahlen unter realen Bedingungen.

Die Kombination aus aerodynamischer Optimierung und experimenteller Validierung ist unerlässlich, um den Betrieb im transsonischen Bereich zu gewährleisten. Siehe ◻ Abb. 6.2. ◻ Abb. 6.3 zeigt den schematischen Verlauf aerodynamischer Güte.

6.3 Tragflügelpfeilung

6.3.1 Einleitung

Eine zentrale Kenngröße ist bei der aerodynamischen Auslegung von Verkehrs- und Militärflugzeugen im Transschall die **kritische Machzahl** Ma_{krit}, also jene Freiströmungs-Machzahl, bei der lokal auf der Profiloberseite erstmals Überschallgeschwindigkeit erreicht wird. Dies ist der Punkt, an dem Verdichtungsstoßwellen entstehen, die mit einem Anstieg des Widerstands einhergehen. Eine Möglichkeit, den Eintritt dieser Effekte zu verzögern, ist die **Tragflügelpfeilung**, die neben anderen Methoden eine effektive Maßnahme darstellt.

6.3.2 Pfeilung als Maßnahme zur Machzahlanpassung

Die **Tragflügelpfeilung** (engl. **sweep angle**) beschreibt den Winkel zwischen der Flügelsehne und der Anströmrichtung. Sie führt dazu, dass die Strömungskomponente senkrecht zur Vorderkante – also die effektive Anströmung – reduziert wird. Die entscheidende aerodynamische Größe ist dabei die sogenannte **Normalmachzahl**:

$$Ma_{\infty,n} = Ma_\infty \cdot \cos(\Phi). \qquad (6.3)$$

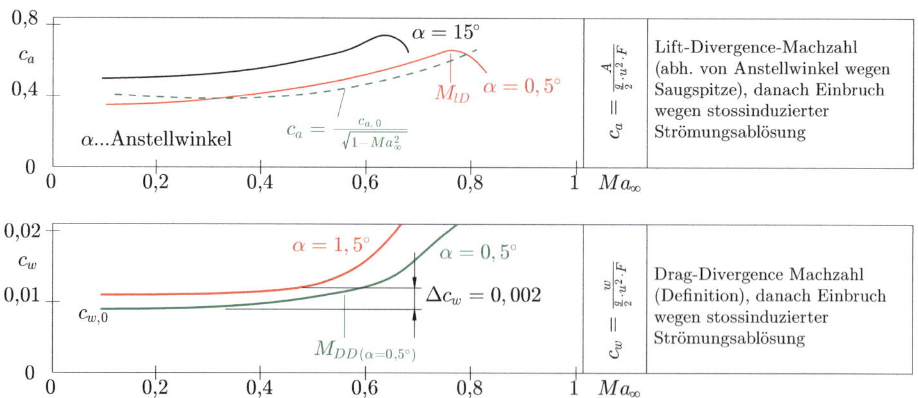

◻ Abb. 6.2 Änderung von c_a & c_w mit der Anströmmachzahl, in Anl. an [2]

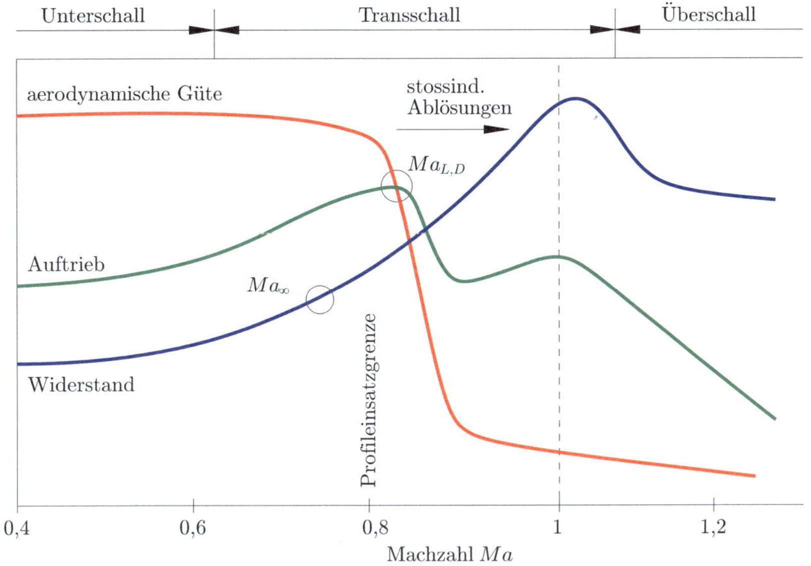

Abb. 6.3 Aerodynamische Güte, in Anl. an [2]

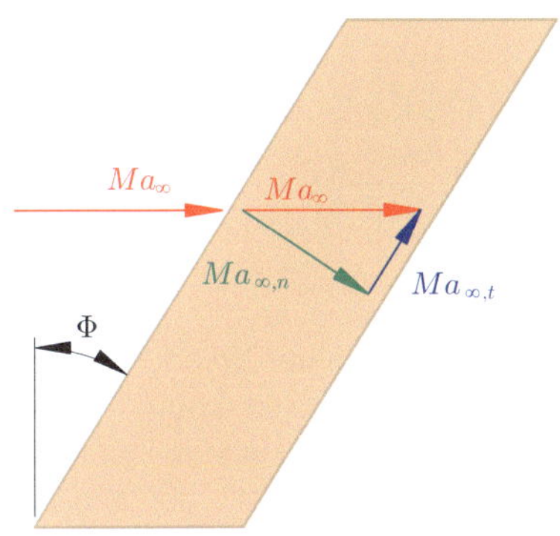

mit Φ als Pfeilwinkel und Ma_∞ als Freiströmungs-Machzahl, vgl. mit ■ Abb. 6.4. Durch die Reduktion von $Ma_{\infty,n}$ gegenüber Ma_∞ verzögert sich die Ausbildung lokaler Überschallbereiche auf dem Flügel, was wiederum die kritische Machzahl effektiv erhöht. Damit kann ein Flugzeug mit höherer Geschwindigkeit betrieben werden, ohne dass es zu einem signifikanten Widerstandssprung kommt (**Drag Rise**). Vgl. mit ■ Abb. 6.5.

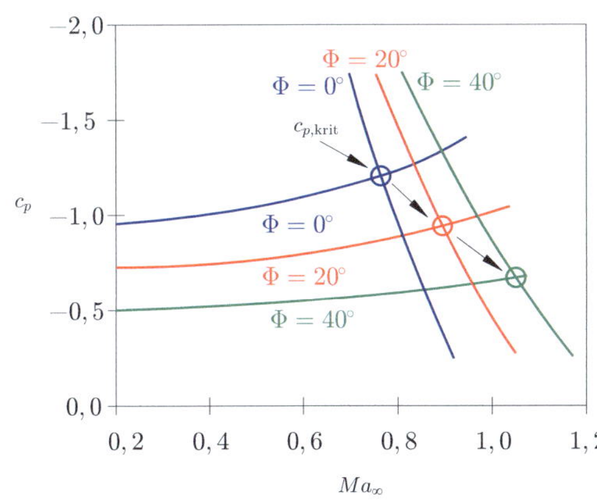

Abb. 6.4 Pfeilung eines Tragflügels-Grundprinzip inkl. Skizze, in Anl. an [2]

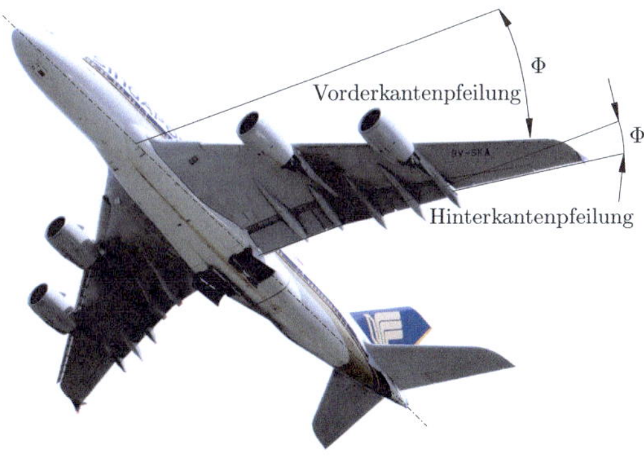

Abb. 6.5 Pfeilung eines Tragflügels, in Anl. an [2]

6.3.3 Warum Pfeilung und nicht einfach dünnere Profile?

Eine naheliegende Alternative zur Erhöhung der kritischen Machzahl besteht in der Verwendung **dünnerer Flügelprofile**, da geringere Profildicken ebenfalls die lokale Strömungsbeschleunigung vermindern. Allerdings sind damit strukturelle Nachteile verbunden:

- Dünnere Flügel weisen ein geringeres Flächenträgheitsmoment auf, was sie für Biegung und Torsion anfälliger macht.
- Die Materialverteilung in der Flügelwurzel muss für strukturelle Belastung (z. B. bei Start, Landung, Manövern) ausgelegt sein. Dünnere Flügel erfordern entweder schwerere Verstärkungen oder führen zu Einschränkungen in der Nutzlastkapazität.
- Ein dickerer Flügel bietet mehr Bauraum für Kraftstofftanks, Fahrwerk oder Systemintegration.

Die Tragflügelpfeilung erlaubt somit den Einsatz eines strukturell vorteilhafteren **dickeren Profils**, ohne dass dabei die aerodynamischen Nachteile eines geringen Ma_{krit} auftreten. Es handelt sich also um eine **aerodynamisch-strukturelle Optimierungsmaßnahme**.

6.3.4 Weitere Vorteile und Herausforderungen der Pfeilung

Neben der Erhöhung der kritischen Machzahl bietet die Tragflügelpfeilung zusätzliche Vorteile:

- **Höhere Reisegeschwindigkeit**: Effizientes Fliegen im transsonischen Bereich.
- **Geringerer Wellenwiderstand**: Verzögerte Stoßwellenbildung und geringerer Druckanstieg.
- **Kompatibilität mit superkritischen Profilen**: Pfeilung unterstützt die Verlagerung des Stoßes weiter nach hinten.

Allerdings gehen mit der Tragflügelpfeilung auch gewisse Nachteile einher:

- **Instationäres Verhalten bei geringen Geschwindigkeiten**: Zunahme der Strömungsdrehung und Neigung zu **Tip-Stall**.

- **Komplexere Auftriebserzeugung**: Die effektive Flügelstreckung sinkt mit zunehmender Pfeilung, was den induzierten Widerstand erhöht.
- **Strukturell ungünstige Lastverteilung**: Höhere Torsionsbelastungen an der Flügelwurzel.

Diese Effekte erfordern eine sorgfältige Auslegung, beispielsweise durch Winglets, Twist oder mechanische Hochauftriebssysteme.

6.3.5 Berechnung und weitere Effekte

Gl. (6.3) ist nicht ganz korrekt. Sie ist nur richtig, wenn ein unendlich langer Tragflügel vorliegt. Es ist dabei irrelevant, ob ein Tragflügel entlang seiner eigenen Achse ruht, oder reibungsfrei durch eine Strömung hindurchgezogen wird. Es folgt für die kritische Machzahl aus Gl. (6.3)

$$Ma_{\text{krit},\Phi} = \frac{Ma_{\text{krit},\Phi=0}}{\cos(\Phi)}. \tag{6.4}$$

Für Tragflügel endlicher Spannweite liefert die Pfeilung – über die Reduktion der effektiven Anströmung – eine bedeutende aerodynamische Verbesserung. Der Einfluss der geometrischen Pfeilung Φ auf die kritische Machzahl kann durch den folgenden empirisch gestützten Zusammenhang beschrieben werden:

$$Ma_{\text{krit},\Phi} = \frac{Ma_{\text{krit},\Phi=0}}{\sqrt{\cos(\Phi)}}. \tag{6.5}$$

Dieser Ausdruck beschreibt den Anstieg der kritischen Machzahl $Ma_{\text{krit},\Phi}$ mit zunehmendem Pfeilwinkel Φ für reale Flügel endlicher Streckung. Dabei ist $Ma_{\text{krit},\Phi=0}$ die kritische Machzahl eines ungepfeilten (geraden) Flügels unter sonst gleichen Bedingungen. Die zugrunde liegende Annahme ist, dass die Strömung nur die senkrechte Komponente zur Flügelvorderkante effektiv „sieht". Die lokale Machzahl in dieser

Richtung ist geringer, was die Verzögerung der Stoßbildung begünstigt.

Die Pfeilung reduziert allerdings nicht nur die Normalmachzahl, sondern beeinflusst auch die Auftriebsverteilung. Durch die Verlagerung des Auftriebs nach außen (Richtung Flügelspitzen) und die reduzierte Normalanströmung sinkt der effektive Auftrieb pro Spannweiteneinhcit. Der reduzierte Auftrieb führt wiederum zu einem insgesamt geringeren Druckwiderstand bei gleichbleibender Fluglage:

- **Weniger Auftrieb** $\Rightarrow$ geringere lokale Druckgradienten,
- **Weniger lokale Beschleunigung** $\Rightarrow$ spätere Ausbildung von Überschallbereichen,
- **Stoßwellenbildung wird verzögert** $\Rightarrow$ Stoßverluste treten bei höheren Ma_∞ auf.

Diese Kettenreaktion erklärt den charakteristischen Verlauf des Widerstandsbeiwerts c_D im transsonischen Bereich bei gepfeilten Flügeln. Im Vergleich zu ungepfeilten Flügeln beginnt der steile Widerstandsanstieg – verursacht durch Stoß-induzierte Strömungsablösungen – deutlich später. Dies verleiht dem Flugzeug eine breitere wirtschaftliche Geschwindigkeitsmarge und trägt zur Steigerung der aerodynamischen Effizienz bei.

Zusätzlich verbessert die Pfeilung das Verhalten in der Nähe der *Drag-Divergence-Machzahl Ma*$_{DD}$, da der Beginn der Stoßwellenbildung zeitlich nach hinten verschoben wird. Aus Sicht der Flugzeugauslegung bedeutet dies, dass ein gepfeilter Flügel strukturell vorteilhafter gestaltet werden kann (z. B. dickeres Profil) – ohne die für den Transsonikflug typischen aerodynamischen Nachteile zu verschärfen.

6.3.5.1 Inwash- und Outwash-Effekte bei Pfeilung

Ein bedeutender Einfluss der Flügelpfeilung liegt in der Änderung der dreidimensionalen Umströmung des Tragflügels. Bei konventionellen Flügeln mit geringer Pfeilung und subsonischer Anströmung kommt es typischerweise zu einem **Inwash-Effekt**, d. h., die Umströmung weist eine Querkomponente in Richtung Rumpf auf. Dies führt zu einer zentralisierten Auftriebsverteilung und fördert ein stabiles Strömungsverhalten im Innenbereich des Flügels.

Im transsonischen Bereich jedoch – insbesondere bei stark gepfeilten Flügeln mit superkritischen Profilen – kann sich die Strömungsrichtung entlang der Pfeilung umkehren, sodass ein **Outwash-Effekt** auftritt. Dabei fließt die Luftspanne nach außen, was die Auftriebslast in Richtung Flügelspitze verlagert. Diese Strömungskonfiguration wirkt sich negativ auf das Abreißverhalten und die Stabilität aus, insbesondere bei Anstellwinkeln nahe dem Strömungsabriss. Zudem kann Outwash zu einer frühen Entstehung von Wirbeln und Vortices an den Flügelenden führen, was wiederum die Flugeigenschaften im Hochauftriebsbereich beeinträchtigt.

6.3.5.2 Negative Aspekte der Tragflügelpfeilung

Die Tragflügelpfeilung ist mit mehreren Nachteilen behaftet, die sowohl die Leistungsfähigkeit als auch die strukturelle Integrität beeinflussen können:

- **Leading Edge Contamination:** Bei gepfeilten Flügeln nimmt die Anströmung an der Vorderkante eine schräg tangentiale Richtung ein, wodurch lokal bereits geringe Störungen oder Rauigkeiten (z. B. durch Insekten oder Vereisung) zur vorzeitigen Transition führen können. Die laminare Laufstrecke wird damit verkürzt, was die Hautreibung erhöht und die Gesamteffizienz verschlechtert.
- **Querströmungsinstabilitäten:** Die Pfeilung induziert eine Querströmung entlang der Flügelvorderkante. Diese Strömung kann bei laminaren Grenzschichten zu sog. **crossflow-instabilities** führen. Diese instabilen Moden führen zur frühzeitigen Transition zur Turbulenz, insbesondere in den Außenbereichen der Tragfläche, wo die Druckverhältnisse bereits ungünstig sind. Damit ist eine laminare Grenzschichtkontrolle bei stark gepfeilten Flügeln besonders schwierig.
- **Verschlechtertes Hochauftriebsverhalten:** Im Langsamflug – z. B. bei Start und Landung – führen die durch die Pfeilung entstehenden Strömungsdrehungen zu einer verstärkten Strömungsablösung an den Flügelspitzen (**Tip-Stall**). Diese Ablösungen entstehen lokal früher als bei ungepfeilten Flügeln, was die Wirksamkeit von Hochauf-

triebssystemen reduziert. Entsprechend müssen bei stark gepfeilten Flügeln aufwendige Hochauftriebshilfen (Slats, Krügerklappen) und Flügelverwindungen (Washout) verwendet werden.

- **Verlagerung des Auftriebszentrums:** Die Pfeilung verschiebt das Auftriebsmaximum in Richtung der Flügelspitze. Diese periphere Auftriebslast führt zu einer Erhöhung des Biegemomentes in der Flügelwurzel und zu einer höheren Beanspruchung der Tragstruktur. Zudem steigt die Gefahr aeroelastischer Instabilitäten, insbesondere des **Flatterns**, das durch die Interaktion zwischen aerodynamischen Kräften und elastischer Deformation entstehen kann.
- **Schlechtere Kontrollierbarkeit im Abriss:** Durch die tendenziell außen beginnende Ablösung verliert der Flügel bereits früh einen Teil seiner Quersteuerbarkeit. Dies kann in kritischen Flugphasen, wie beim Startabbruch oder beim Anflug auf kurze Startbahnen, zu sicherheitskritischen Situationen führen.

6.4 Profileigenschaften im Transschall

Neben der geometrischen Flügelform (z. B. Pfeilung, Streckung) kommt der lokalen Profilform – insbesondere dem Dickenverhältnis, der Dickenrücklage und der Wölbung – eine zentrale Bedeutung zu. Diese geometrischen Parameter beeinflussen maßgeblich die Entwicklung der Grenzschicht, die Position von Stoßwellen sowie die Höhe der kritischen Machzahl $Ma_{\infty,\mathrm{krit}}$.

6.4.1 Einfluss des Dickenverhältnisses

Das **Dickenverhältnis** ($\frac{f}{l}$) eines Profils beschreibt das Verhältnis der **maximalen Profildicke** f zur **Profiltiefe** l. Bei dünnen Profilen wirkt sich eine Änderung des Auftriebsbeiwerts c_A (bzw. Anstellwinkels α) stärker auf die Druckverteilung entlang des Profils aus. Dadurch kommt es schneller zur lokalen Überschallströmung und Stoßwellenbildung.

Mit zunehmendem Dickenverhältnis nimmt jedoch diese Sensitivität ab. Das bedeutet:

Corollary 6.1

Je größer das Dickenverhältnis, desto geringer ist der Unterschied in der kritischen Machzahl $Ma_{\infty,\mathrm{krit}}$ bei Änderung des Auftriebsbeiwerts c_A.

Dieser Zusammenhang erklärt sich durch die flacheren Druckgradienten dickerer Profile, die eine robustere Strömungsausbildung zur Folge haben. Allerdings ist dieser Vorteil durch strukturelle und Widerstandsnachteile limitiert – insbesondere bei höheren Machzahlen, da dicke Profile dort zu frühen Stoßverlusten und erhöhtem Wellenwiderstand führen.

6.4.2 Einfluss der Dickenrücklage

Die **Dickenrücklage** gibt an, an welcher Stelle der **maximale Dickenpunkt** des Profils liegt. Wird dieser Punkt nach hinten (stromabwärts) verlagert, spricht man von einer **größeren Dickenrücklage**. In diesem Fall ergibt sich eine flachere Druckverteilung entlang der Vorderhälfte des Profils, was wiederum eine spätere Entstehung von Überschallzonen begünstigt. Damit steigt die kritische Machzahl $Ma_{\infty,\mathrm{krit}}$:

Corollary 6.2

Je größer die Dickenrücklage, desto höher liegt Ma_{krit}.

Diese Konfiguration macht sich vor allem superkritische und laminare Profile zunutze. Sie fördern eine lange laminare Laufstrecke durch ein möglichst großes Gebiet mit negativen Druckgradienten. Die strömungsgünstige Gestaltung kann damit den Wellenwiderstand drastisch reduzieren.

Gleichzeitig führt eine vergrößerte Dickenrücklage zu einer erhöhten Empfindlichkeit der Stoßlage gegenüber Änderungen der Anströmbedingungen (z. B. Anstellwinkel, Turbulenzgrad, Reynolds-Zahl). Bereits geringe Änderungen können die Position des Stoßes verschieben und eine Strömungsablösung auslösen. Die Kontrolle dieser Sensitivität ist ein zentrales Ziel der Profilentwicklung im transsonischen Bereich.

6.4.3 Einfluss der Wölbung

Die **Wölbung** beschreibt die Krümmung der Mittellinie des Profils und bestimmt damit das Grundniveau des Auftriebs. Im transsonischen Bereich wirkt sich die Wölbung maßgeblich auf die Druckverteilung aus. Eine starke Wölbung führt zu einem hohen Auftriebsbeiwert, jedoch auch zu steilen Druckgradienten, die eine frühe Stoßbildung und Ablösung begünstigen. Eine flache Wölbung verzögert diese Effekte, limitiert aber gleichzeitig die maximale Auftriebsfähigkeit des Profils.

In diesem Kontext zeigen sich Zielkonflikte:

- Geringe Wölbung ⇒ günstiger Wellenwiderstand, aber niedriger Maximalauftrieb
- Starke Wölbung ⇒ hoher Auftrieb, aber empfindlich gegenüber Stoßbildung

Ein optimales transsonisches Profil weist daher eine mäßige Wölbung auf, kombiniert mit schlanker Gesamtauslegung und zurückliegender Dickenrücklage. ◘ Abb. 6.6 zeigt beispielhaft den Einfluss der Wölbung auf die Druckverteilung und Stoßlage bei gleicher Profildicke.

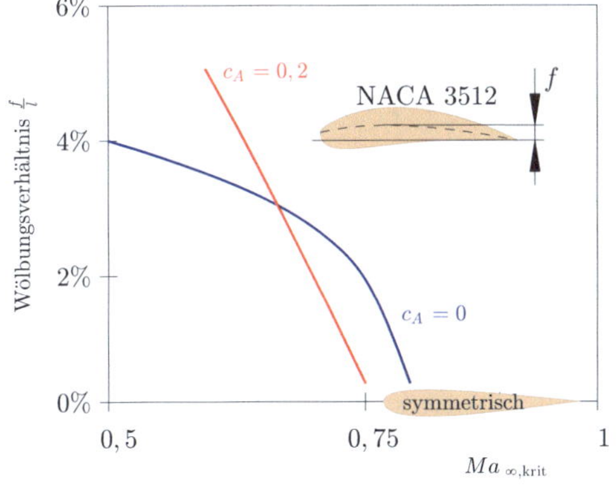

◘ **Abb. 6.6** Einfluss der Wölbung auf die Druckverteilung und Stoßlage bei gleicher Profildicke, in Anl. an [2]

6.4.4 Konstruktive Konsequenzen

Aus den genannten Überlegungen ergeben sich klare Anforderungen an transsonische Profile:

> **Corollary 6.3**
> Geeignet sind schlanke Profile mit moderatem Dickenverhältnis, zurückliegendem Dickenmaximum und angepasster Wölbung.

Solche Profile weisen jedoch in der Regel geringe Maximalauftriebsbeiwerte auf, was ihren Einsatz in Langsamflugphasen (Start, Landung) einschränkt. Daher ist der Einsatz komplexer Hochauftriebssysteme – wie Vorflügel, Krügerklappen oder Fowler-Klappen – zwingend erforderlich. Nur durch deren Integration kann die erforderliche Auftriebserhöhung im Langsamflug erzielt werden, ohne das transsonische Strömungsverhalten im Reiseflug zu kompromittieren.

6.5 Aerodynamische Auslegung transsonischer Profile

In der Frühzeit der Luftfahrt wurde die Entstehung lokaler Überschallgebiete auf der Tragfläche als strikt zu vermeidendes Phänomen angesehen. Die Bildung von Stoßwellen führte zu einem abrupten Anstieg des Widerstands – dem sog. „transsonischen Widerstandssprung" – und häufig zu stoßinduzierter Ablösung. Die Auslegung von Profilen richtete sich daher lange Zeit auf eine möglichst vollständige Unterdrückung solcher Überschallzonen, was durch schlanke, stark gewölbte Profile mit geringer Profildicke erreicht wurde.

6.5.1 Paradigmenwechsel: Die Entstehung überkritischer Profile

Anfang der 1960er-Jahre markierte ein grundlegender Paradigmenwechsel in der Profilentwicklung den Beginn eines neuen Kapitels in der Aerodynamik: Man erkannte, dass ein vollständiges Vermeiden von Überschallzonen nicht nur ineffizient, sondern im Kontext steigender Reisegeschwindigkeiten (Machzahlbereiche 0,7–0,9) auch technisch nicht mehr praktikabel war.

Stattdessen wurde ein neuer Ansatz verfolgt: Das Überschallgebiet auf der Profiloberseite wird *gezielt zugelassen*, jedoch so gestaltet, dass der anschließende Verdichtungsstoß möglichst schwach ausfällt. Durch diese Maßnahme kann der Widerstandsanstieg deutlich verzögert und die Drag-Divergence-Machzahl (Ma_{DD}) erhöht werden. Die so entwickelten Profile werden als **überkritische Profile** (*supercritical airfoils*) bezeichnet.

6.5.2 Geometrische Merkmale überkritischer Profile

Überkritische Profile weisen charakteristische Unterschiede zu klassischen Profilformen auf, die auf die Steuerung der Druckverteilung im transsonischen Bereich abzielen:

- **Flache Oberseite:** Die Profiloberseite ist in der Vorderhälfte nahezu eben. Dadurch entsteht zunächst eine nahezu konstante Druckverteilung, was die Entstehung eines großflächigen, aber moderaten Überschallgebietes ermöglicht.
- **Schwacher Verdichtungsstoß:** Im Übergangsbereich vom Überschall- zurück in den Unterschallbereich bildet sich ein vergleichsweise schwacher Stoß. Durch die „entschärfte" Druckerhöhung bleiben Ablösungen weitgehend aus, und der Wellenwiderstand bleibt niedrig.
- **Rear-Loading:** Um den geringen Auftrieb in der Vorderhälfte zu kompensieren, wird die Profilwölbung gezielt in die Hinterhälfte verlagert. Diese sogenannte **Rear-Loading**-Strategie führt zu einer Druckverringerung im hinteren Profilbereich und erhöht dort die Auftriebserzeugung.
- **Momentenverhalten:** Durch die rear-load-bedingte Druckverteilung entsteht ein starkes, kopflastiges (negatives) Moment um das aerodynamische Zentrum. Dieses Moment muss durch horizontale Leitwerke

oder Trimmklappen kompensiert werden und beeinflusst maßgeblich die Auslegung der Flugsteuerung.

6.5.3 Aerodynamische Vorteile überkritischer Profile

Die Vorteile überkritischer Profile zeigen sich vor allem im transsonischen Reiseflug:

- **Erhöhte kritische Machzahl:** Durch die flachere Druckverteilung verzögert sich die Entstehung der Stoßwelle. Der Punkt des Widerstandssprungs tritt erst bei deutlich höheren Machzahlen auf.
- **Geringerer Wellenwiderstand:** Die Stoßintensität wird gezielt abgeschwächt. Der resultierende Anstieg des Widerstands bei zunehmender Machzahl ist flacher.
- **Verbesserte Wirtschaftlichkeit:** Überkritische Profile ermöglichen höhere Reisegeschwindigkeiten bei gleichem Treibstoffverbrauch und sind daher ideal für Verkehrsflugzeuge im Machbereich 0,78–0,85.

6.5.4 Vergleich zu konventionellen Profilen

■ Abb. 6.7 zeigt den Vergleich zwischen einem klassischen NACA-Profil und einem modernen überkritischen Profil. Deutlich erkennbar sind die Unterschiede in der Druckverteilung, der Wölbungsanordnung sowie der Stoßposition.

6.5.5 Konstruktive Herausforderungen

Trotz ihrer Vorteile bringen überkritische Profile auch gewisse Herausforderungen mit sich. Insbesondere das verstärkte negative Moment sowie die reduzierte Maximalauftriebskapazität erfordern angepasste Trimm- und Hochauftriebskonzepte. Auch der strukturelle Aufwand kann aufgrund der flachen Profiloberseite steigen, da ausreichende Biegesteifigkeit und Bauraum für Komponenten unter Umständen schwerer zu realisieren sind.

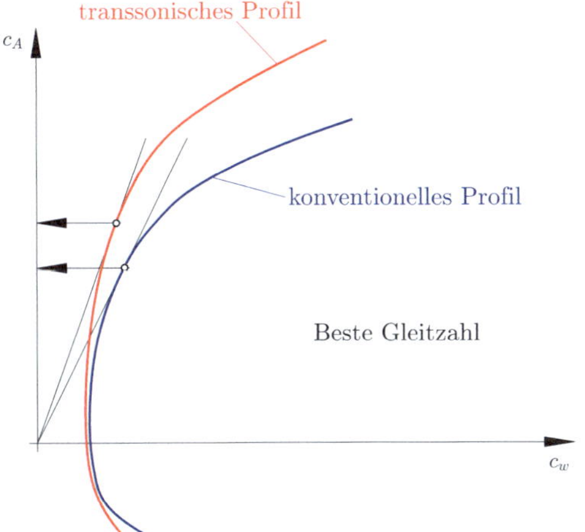

Abb. 6.7 Vergleich zwischen dem konventionellen und transsonischen Profil, in Anl. an [2]

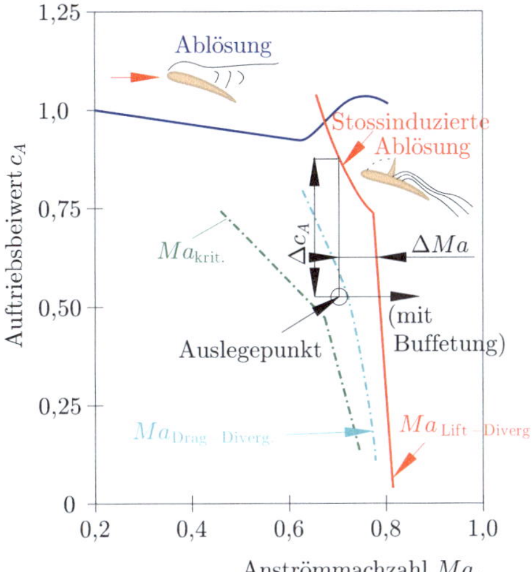

Abb. 6.8 Profileinsatzgrenzen, in Anl. an [2]

6.6 Profileinsatzgrenzen

Eine Schematische Darstellung findet sich in **Abb. 6.8**.

6.7 Transsonische Flächenregel

Diese Regel basiert auf der Erkenntnis, dass der Wellenwiderstand bei transsonischen Geschwindigkeiten vor allem von der Änderung der Querschnittsfläche entlang der Längsachse abhängt- und weniger von der genauen Geometrie des Flugzeugs.

> **Gesetz 6.1**
> Die Flächenregel fordert eine möglichst kontinuierliche Änderung der gesamten Querschnittsfläche entlang der Längsachse – unabhängig davon, ob diese Fläche durch Rumpf oder Flügel erzeugt wird.

An der Rumpf-Flügel-Schnittstelle bedeutet dies konkret:

- Wenn ein Flügel hinzutritt und die lokale Querschnittsfläche erhöht, sollte der Rumpf in diesem Bereich **entsprechend schmaler** gestaltet werden, um die Gesamtsumme der Querschnittsfläche konstant zu halten.
- Durch diese Maßnahme wird die Strömung „gleichmäßig" beschleunigt und an-

schließend wieder verzögert – ohne abrupte Querschnittsänderungen, die sonst Stoßwellen begünstigen würden.

Diese Technik führte in den 1950er- und 60er-Jahren zu charakteristischen Einzügen im Rumpfbereich vor und hinter den Flügeln, insbesondere bei Hochgeschwindigkeitsflugzeugen. Sie sind bis heute ein zentrales Gestaltungsmerkmal moderner Transportsysteme mit hoher Reisegeschwindigkeit.

Die konsequente Umsetzung der Flächenregel erfordert eine enge Abstimmung zwischen Aerodynamikern und Strukturdesignern, da sich der verjüngte Rumpfquerschnitt oft negativ auf die strukturelle Steifigkeit, Kabinenbreite oder den Bauraum für Treibstofftanks auswirken kann. Dennoch überwiegen die aerodynamischen Vorteile im transsonischen Flugregime deutlich.

Die Anwendung der Flächenregel stellt damit einen zentralen Baustein moderner Strömungsführung dar. Sie erlaubt eine gezielte Beherrschung der Kompressionsphänomene im transsonischen Bereich und reduziert den Widerstand in einem Flugzustand, der für Verkehrsflugzeuge von zentraler Bedeutung ist.

6.8 Übungen

Übungsbeispiel 6.1

Was beschreibt die kritische Machzahl?

Lösung

Die kritische Machzahl beschreibt den Punkt, bei dem an einem Profil lokal erstmals Überschallgeschwindigkeit auftritt.

Übungsbeispiel 6.2

Warum ist die kritische Machzahl besonders für transsonische Strömungen wichtig?

Lösung

Weil in diesem Bereich lokal bereits Überschallgeschwindigkeiten auftreten, obwohl die Freiströmung noch Unterschall ist.

Übungsbeispiel 6.3

Wie wird der kritische Druckbeiwert berechnet?

Lösung

Er wird mithilfe der Energiegleichung zwischen Freiströmung und kritischem Punkt ($Ma = 1$) berechnet.

Übungsbeispiel 6.4

Welche Größe ist im Zusammenhang mit der Energiegleichung besonders wichtig?

Lösung

Der kritische Druckbeiwert $c_{p,\text{krit}}$.

Übungsbeispiel 6.5

Wovon hängt der kritische Druckbeiwert ab?

Lösung

Vom spezifischen Wärmekapazitätenverhältnis κ und der Freiströmungs-Machzahl Ma_∞.

Übungsbeispiel 6.6

Was erlaubt die Beziehung mit dem Prandtl-Glauert-Faktor?

Lösung

Die Übertragung inkompressibler Druckbeiwerte auf den kompressiblen Fall.

Übungsbeispiel 6.7

Was stellt die Funktion
$Ma_{\text{krit}} = f(c_{p,\text{inkompressibel}})$ dar?

Lösung

Eine Möglichkeit, die kritische Machzahl aus der aerodynamischen Analyse eines Profils abzuleiten.

Übungsbeispiel 6.8

Was passiert mit dem Widerstand bei steigender Machzahl im transsonischen Bereich?

Lösung

Er steigt stark nichtlinear an, insbesondere bei Erreichen der Drag-Divergence-Machzahl.

Übungsbeispiel 6.9

Was ist die Drag-Divergence-Machzahl?

Lösung

Die Machzahl, bei der der Widerstand infolge einer Stoßwellenbildung stark zunimmt.

Übungsbeispiel 6.10

Wodurch entsteht der starke Widerstandsanstieg bei Ma_{DD}?

Lösung

Durch die Ausbildung einer Stoßwelle auf der Saugseite des Profils.

Übungsbeispiel 6.11

Warum können Stoßwellen auch im Unterschallbereich auftreten?

Lösung

Weil die lokale Strömungsgeschwindigkeit durch Profilkrümmung Überschallgeschwindigkeit erreichen kann.

Übungsbeispiel 6.12

Was folgt auf die Stoßwellenbildung im Profil?

Lösung

Ein Druckanstieg und eventuell eine strömungsinduzierte Ablösung der Grenzschicht.

Übungsbeispiel 6.13

Wie kann man die Drag-Divergence verzögern?

Lösung

Durch die Wahl dünner oder superkritischer Profile oder durch Flügelpfeilung.

Übungsbeispiel 6.14

Was ist die stoßinduzierte Strömungsablösung?

Lösung

Eine Ablösung der Grenzschicht infolge des Stoßwellen-bedingten Druckanstiegs.

Übungsbeispiel 6.15

Welche Einflussfaktoren bestimmen Ma_{DD}?

Lösung

Profilform, Pfeilung und Reynolds-Zahl.

Übungsbeispiel 6.16

Was beschreibt die Lift-Divergence-Machzahl?

Lösung

Die Machzahl, bei der der Auftrieb bei konstantem Anstellwinkel sprunghaft zunimmt.

Übungsbeispiel 6.17

Wie wirkt sich der Anstellwinkel auf Ma_{LD} aus?

Lösung

Ein höherer Anstellwinkel senkt Ma_{LD}, da die Strömung schneller Überschallgeschwindigkeit erreicht.

Übungsbeispiel 6.18

Warum kommt es bei Ma_{LD} zu einem Auftriebsanstieg?

Lösung

Weil sich die Druckverteilung durch Stoßwellenbildung abrupt ändert.

Übungsbeispiel 6.19

Welche typische Erscheinung kann bei Lift-Divergence auftreten?

Lösung

Eine Ablöseblase hinter der Stoßwelle.

Übungsbeispiel 6.20

In welchem Machzahlbereich tritt Ma_{LD} typischerweise auf?

Lösung

Zwischen $Ma \approx 0{,}7$ und $0{,}9$, je nach Profil und Anstellwinkel.

Übungsbeispiel 6.21

Was ist „Buffet Onset"?

Lösung

Periodische Stoßbewegungen und Ablösungen, die zu Auftriebsoszillationen führen.

Übungsbeispiel 6.22

Was ist der „Pitching Moment Jump"?

Lösung

Ein plötzlicher Sprung im Nickmoment durch Stoßverlagerung und Druckzentrumverschiebung.

Übungsbeispiel 6.23

Was ist der Hauptunterschied zwischen Ma_{DD} und Ma_{LD}?

Lösung

Ma_{DD} betrifft den Widerstand, Ma_{LD} den Auftrieb; letzterer ist stärker an den Anstellwinkel gebunden.

Übungsbeispiel 6.24

Wie äußert sich Ma_{DD} im Widerstandsbeiwert?

Lösung

Als inflexionsartiger Knick in der C_D-Kurve.

Übungsbeispiel 6.25

Wie zeigt sich Ma_{LD} im Auftriebsbeiwert?

Lösung

Als plötzlicher Anstieg in der C_L-Kurve bei wachsender Machzahl.

Übungsbeispiel 6.26

Welche aerodynamischen Phänomene treten in der Nähe von Ma_{LD} auf?

Lösung

Stoßwellen, Druckverlagerung, Ablöseblasen, instationäre Effekte.

Übungsbeispiel 6.27

Warum ist die genaue Kenntnis von Ma_{DD} und Ma_{LD} wichtig?

Lösung

Weil sie die Auslegung und Leistungsfähigkeit eines Luftfahrzeugs maßgeblich beeinflussen.

Übungsbeispiel 6.28

Wie lassen sich Ma_{DD} und Ma_{LD} erhöhen?

Lösung

Durch geeignete Profilwahl, Flügelpfeilung und Optimierung der Geometrie.

Übungsbeispiel 6.29

Wie wirken sich superkritische Profile auf die Machzahlen aus?

Lösung

Sie verzögern die Stoßwellenbildung und erhöhen so Ma_{DD}.

Übungsbeispiel 6.30

Welche Rolle spielen Windkanalversuche und CFD bei transsonischer Auslegung?

Lösung

Sie ermöglichen die experimentelle und numerische Bestimmung kritischer Machzahlen unter realitätsnahen Bedingungen.

Übungsbeispiel 6.31

Welche aerodynamische Maßnahme kann zur Erhöhung der kritischen Machzahl beitragen?

Lösung

Die Tragflügelpfeilung kann zur Erhöhung der kritischen Machzahl beitragen.

Übungsbeispiel 6.32

Was bewirkt die Tragflügelpfeilung hinsichtlich der Anströmung?

Lösung

Sie reduziert die effektive Anströmung senkrecht zur Vorderkante und damit die Normalmachzahl.

Übungsbeispiel 6.33

Wie lautet die Formel für die Normalmachzahl?

Lösung

$$Ma_{\infty,n} = Ma_{\infty} \cdot \cos(\Phi)$$

Übungsbeispiel 6.34

Warum wird durch Pfeilung der Drag Rise verzögert?

Lösung

Weil die Normalmachzahl reduziert wird, tritt die Überschallströmung später auf, wodurch der Widerstandsanstieg verzögert wird.

Übungsbeispiel 6.35

Warum werden nicht einfach dünnere Flügelprofile verwendet?

Lösung

Weil dünne Profile strukturell nachteilig sind, z. B. durch geringeres Flächenträgheitsmoment und weniger Bauraum.

Übungsbeispiel 6.36

Welchen strukturellen Vorteil bietet die Pfeilung?

Lösung

Sie erlaubt dickere Profile mit besserer Strukturfestigkeit bei gleichzeitiger Verzögerung der Stoßbildung.

6

Übungsbeispiel 6.37

Welche weiteren aerodynamischen Vorteile bietet die Pfeilung?

Lösung

Höhere Reisegeschwindigkeit, geringerer Wellenwiderstand, bessere Kompatibilität mit superkritischen Profilen.

Übungsbeispiel 6.38

Was ist ein Nachteil der Pfeilung bei niedrigen Geschwindigkeiten?

Lösung

Instationäres Verhalten, wie Strömungsdrehung und Tip-Stall.

Übungsbeispiel 6.39

Wie verändert die Pfeilung die Auftriebsverteilung?

Lösung

Der Auftrieb wird nach außen verlagert, wodurch sich die Lastverteilung und die Strukturbeanspruchung verändern.

Übungsbeispiel 6.40

Welche Strömungskomponente sieht der gepfeilte Flügel hauptsächlich?

Lösung

Nur die senkrechte Komponente zur Vorderkante, was die Stoßbildung verzögert.

Übungsbeispiel 6.41

Welche aerodynamische Konsequenz hat geringerer Auftrieb pro Spannweiteneinheit?

Lösung

Geringere Druckgradienten und verzögerte Stoßwellenbildung.

Übungsbeispiel 6.42

Wie beeinflusst die Pfeilung das Verhalten bei der Drag-Divergence-Machzahl?

Lösung

Der Beginn der Stoßwellenbildung wird nach hinten verschoben, was die Effizienz erhöht.

Übungsbeispiel 6.43

Was versteht man unter dem Inwash-Effekt?

Lösung

Querströmung zum Rumpf hin, typisch bei ungepfeilten Flügeln im Subsonikbereich.

Übungsbeispiel 6.44

Was ist der Outwash-Effekt?

Lösung

Querströmung nach außen bei stark gepfeilten Flügeln, was die Auftriebsverteilung verändert.

Übungsbeispiel 6.45

Welche Folge hat der Outwash-Effekt auf das Abreißverhalten?

Lösung

Er kann zu instabilem Verhalten und früher Strömungsablösung führen.

Übungsbeispiel 6.46

Was ist Leading Edge Contamination?

Lösung

Störungen an der Vorderkante führen zu früher Transition und höherer Hautreibung.

Übungsbeispiel 6.47

Was sind Crossflow-Instabilitäten?

Lösung

Querströmungsinstabilitäten in laminaren Grenzschichten durch die Pfeilung.

Übungsbeispiel 6.48

Wie wirkt sich Tip-Stall auf Hochauftriebssysteme aus?

Lösung

Er reduziert deren Wirksamkeit, sodass aufwendige Systeme nötig sind.

Übungsbeispiel 6.49

Was passiert durch die Verlagerung des Auftriebszentrums?

Lösung

Erhöhte Belastung der Flügelwurzel und Gefahr von Flattern.

Übungsbeispiel 6.50

Was beschreibt das Dickenverhältnis eines Profils?

Lösung

Das Verhältnis der maximalen Profildicke zur Profiltiefe.

Übungsbeispiel 6.51

Wie wirkt sich ein höheres Dickenverhältnis auf $Ma_{\infty,krit}$ aus?

Lösung

Es macht die kritische Machzahl weniger empfindlich gegenüber c_A-Änderungen.

Übungsbeispiel 6.52

Was beschreibt die Dickenrücklage?

Lösung

Die Position des maximalen Dickenpunkts entlang des Profils.

Übungsbeispiel 6.53

Wie beeinflusst eine größere Dickenrücklage Ma_{krit}?

Lösung

Sie erhöht Ma_{krit}, da die Druckverteilung flacher wird.

Übungsbeispiel 6.54

Welcher Nachteil ergibt sich aus großer Dickenrücklage?

Lösung

Stoßlage wird empfindlicher gegenüber Anströmbedingungen.

Übungsbeispiel 6.55

Was beschreibt die Wölbung eines Profils?

Lösung

Die Krümmung der Mittellinie des Profils.

6

Übungsbeispiel 6.56

Welche Zielkonflikte entstehen bei der Wölbung?

Lösung

Starke Wölbung begünstigt Auftrieb, aber auch frühe Stoßbildung; geringe Wölbung reduziert Auftrieb, aber verbessert den Wellenwiderstand.

Übungsbeispiel 6.57

Welche Eigenschaften sollte ein transsonisches Profil aufweisen?

Lösung

Moderates Dickenverhältnis, zurückliegender Dickenpunkt und angepasste Wölbung.

Übungsbeispiel 6.58

Warum galt die Entstehung lokaler Überschallgebiete in der Frühzeit der Luftfahrt als problematisch?

Lösung

Weil sie zu einem starken Widerstandsanstieg und oft zu stoßinduzierter Ablösung führten.

Übungsbeispiel 6.59

Welche Profilgeometrie wurde früher verwendet, um Überschallgebiete zu vermeiden?

Lösung

Schlanke, stark gewölbte Profile mit geringer Profildicke.

Übungsbeispiel 6.60

Was war der Paradigmenwechsel in der Profilentwicklung ab den 1960er-Jahren?

Lösung

Überschallzonen wurden gezielt zugelassen, jedoch mit der Maßgabe, den Verdichtungsstoß möglichst schwach zu halten.

Übungsbeispiel 6.61

Was ist das Hauptziel überkritischer Profile?

Lösung

Den Widerstandsanstieg bei transsonischer Strömung zu verzögern und die Drag-Divergence-Machzahl zu erhöhen.

Übungsbeispiel 6.62

Wie sieht die Oberseite eines überkritischen Profils typischerweise aus?

Lösung

In der Vorderhälfte nahezu eben, um eine flache Druckverteilung zu erzeugen.

Übungsbeispiel 6.63

Warum wird beim überkritischen Profil ein schwacher Verdichtungsstoß angestrebt?

Lösung

Um Ablösungen zu vermeiden und den Wellenwiderstand gering zu halten.

Übungsbeispiel 6.64

Was bedeutet „Rear-Loading" bei überkritischen Profilen?

Lösung

Die Verlagerung der Profilwölbung in die Hinterhälfte zur Erhöhung des Auftriebs in diesem Bereich.

Übungsbeispiel 6.65

Welchen Einfluss hat Rear-Loading auf das Momentenverhalten?

Lösung

Es führt zu einem stark negativen Moment um das aerodynamische Zentrum, das durch Leitwerke oder Trimmklappen kompensiert werden muss.

Übungsbeispiel 6.66

Welche aerodynamischen Vorteile bieten überkritische Profile?

Lösung

Erhöhte kritische Machzahl, geringerer Wellenwiderstand und bessere Wirtschaftlichkeit im Reiseflug.

Übungsbeispiel 6.67

In welchem Machzahlbereich werden überkritische Profile typischerweise eingesetzt?

Lösung

Im Bereich von Mach 0,78 bis 0,85.

Übungsbeispiel 6.68

Welche Nachteile haben überkritische Profile?

Lösung

Stärkeres negatives Moment, reduzierte Maximalauftriebskapazität und erhöhter struktureller Aufwand.

Übungsbeispiel 6.69

Was besagt die transsonische Flächenregel?

Lösung

Die Querschnittsfläche soll entlang der Längsachse möglichst kontinuierlich verändert werden, um Wellenwiderstand zu minimieren.

Übungsbeispiel 6.70

Wie beeinflusst die Flächenregel die Gestaltung des Rumpfs im Bereich der Tragflächen?

Lösung

Der Rumpf wird dort schmaler gemacht, um die zusätzliche Querschnittsfläche der Flügel auszugleichen.

Übungsbeispiel 6.71

Warum ist eine enge Abstimmung zwischen Aerodynamik und Strukturdesign bei Anwendung der Flächenregel nötig?

Lösung

Weil sich die Rumpfverjüngung negativ auf Steifigkeit, Kabinenbreite und Bauraum für Komponenten auswirken kann.

Übungsbeispiel 6.72

Warum ist die transsonische Flächenregel für moderne Verkehrsflugzeuge besonders wichtig?

Lösung

Weil sie den Wellenwiderstand im transsonischen Flugbereich reduziert, der für Verkehrsflugzeuge besonders relevant ist.

Stoß-Grenzschicht-Interferenzen

Inhaltsverzeichnis

© Der/die Autor(en), exklusiv lizenziert an Springer-Verlag GmbH, DE, ein Teil von Springer Nature 2026
A. Huber, *Technische Mechanik 6 - Aeromechanik*,
https://doi.org/10.1007/978-3-662-72929-8_7

Sie lernen hier…

- Stoß-Grenzschicht-Interferenzen interpretieren.
- die Stoßinduzierte Ablösung.
- die turbulente Grenzschicht vor dem Stoß untersuchen.
- die laminare Grenzschicht vor dem Stoß untersuchen.
- zugehörige Druckverläufe interpretieren.
- den Zusammenhang zwischen stoßinduzierter und Hinterkantenablösung kennen.

> **Zitat**
>
> Die Fähigkeit, zu lernen, ist ein Geschenk; die Fähigkeit, zu lehren, ist eine Kunst.
> *Nave Thomas*

7.1 Einführung und Grundlagen

Stoß-Grenzschicht-Interferenzen bezeichnen die Wechselwirkung zwischen einer **Verdichtungsstoßwelle** und der **viskosen Grenzschicht** im transsonischen oder überschallschnellen Strömungsbereich.

7.1.1 Druckanstieg über den Stoß

Ein Verdichtungsstoß ist stets mit einem plötzlichen Druckanstieg verbunden. Wenn dieser Stoß auf eine viskose Grenzschicht trifft, kann folgende Kettenreaktion auftreten:

- Die wandnahe Strömung wird durch den Druckanstieg abgebremst.
- Die Grenzschicht **dickt auf**, da sie kinetische Energie verliert.
- Ist der Druckanstieg zu stark, kann es zu einer **Ablösung der Grenzschicht** kommen.

7.1.2 Rückwirkende Druck- information stromaufwärts

Der Druckanstieg über den Stoß wirkt nicht nur lokal, sondern kann sich auch stromaufwärts fortpflanzen. Gründe dafür sind:

- Akustische Rückkopplung.
- Viskose Rückwirkung innerhalb der Grenzschicht.

Dies kann dazu führen, dass die Grenzschicht bereits vor dem Stoß destabilisiert wird und dort die Trennung einsetzt.

7.1.3 Ablösungsorte und -mechanismen

Es existieren verschiedene Szenarien der Ablösung:

- **Ablösung am Stoß:** Wenn die Grenzschicht zu schwach ist, kann sie den Stoß nicht durchlaufen – Ablösung tritt direkt an der Stoßstelle auf.
- **Ablösung an der Hinterkante:** Unter bestimmten Umständen kann sich zuerst eine Ablösezone **stromab des Stoßes** bilden, etwa durch ungünstige Druckverläufe im Nachlauf.

7.1.4 Folgen

- **Instationäre Stoßlagen:** Der Stoß kann beginnen, vor- und zurückzuwandern.
- **Druckpulsationen:** Es entstehen Schwingungen mit negativen Effekten auf Struktur und Steuerung.
- **Erhöhter Wellenwiderstand:** Die Effizienz der Strömung sinkt.

7.1.5 Gegenmaßnahmen

Zur Kontrolle der Stoß-Grenzschicht-Interferenz werden eingesetzt:

- Einsatz von **überkritischen Profilen** mit schwachen Stößen.
- **Grenzschichtbeeinflussung:** z. B. durch Turbulatoren, Absaugung oder Einspritzung.
- **Optimierung der Druckverteilung** über die Profilkontur.

7.2 Stoßinduzierte Ablösung

Ob und wie stark es bei einem Stoß zur Grenzschichtablösung kommt, hängt maßgeblich davon ab, ob die Strömung vor dem Stoß laminar oder turbulent ist.

7.2.1 Turbulente Grenzschicht vor dem Stoß

Bei einer turbulenten Grenzschicht, die dem Stoß vorgelagert ist, zeigt sich ein deutlich robusteres Strömungsverhalten im Vergleich zum laminar-turbulenten Fall. Aufgrund des höheren Impulses nahe der Wand besitzt die turbulente Grenzschicht eine größere Widerstandskraft gegenüber dem durch den Stoß verursachten plötzlichen Druckanstieg. Dies ermöglicht es der Strömung, dem Stoß teilweise standzuhalten, sodass eine großflächige Ablösung häufig vermieden wird.

Typischerweise bildet sich unmittelbar unterhalb des Stoßes eine lokale Ablöseblase, da die Grenzschicht an dieser Stelle besonders instabil ist. Die Druckinformation, die vom Stoß ausgeht, pflanzt sich stromaufwärts fort, was zu einem charakteristisch aufgefächerten Stoßfuß führt. In vielen Fällen tritt die Ablösung nicht direkt am Stoß, sondern erst weiter stromab oder gar nicht auf.

Das resultierende Strömungsbild ist geprägt durch eine deutlich kleinere oder vollständig unterdrückte Ablösezone sowie eine turbulente Nachlaufregion. Diese Eigenschaften machen die turbulente Grenzschicht deutlich weniger anfällig für stoßinduzierte Störungen, was sie für Anwendungen im transsonischen Bereich besonders vorteilhaft macht. Vgl. mit ◘ Abb. 7.1.

7.2.2 Laminare Grenzschicht vor dem Stoß

Im Gegensatz zur turbulenten zeigt sich die laminare Grenzschicht vor einem Stoß deutlich empfindlicher gegenüber plötzlichen Druckanstiegen. Aufgrund des flacheren Geschwindigkeitsgradienten in Wandnähe kann sich die vom Stoß ausgehende Druckinformation in einer laminar aufgebauten Grenzschicht deutlich schneller stromaufwärts ausbreiten. Dies führt dazu, dass die Strömung bereits vor Erreichen des Stoßes stark beeinflusst wird.

Da die Impulsdicke einer laminaren Grenzschicht gering ist, reagiert sie äußerst sensibel auf den abrupten Druckanstieg im Stoßbereich. Häufig resultiert daraus eine sofortige Ablösung direkt am Stoß, wobei sich eine große Ablöse-

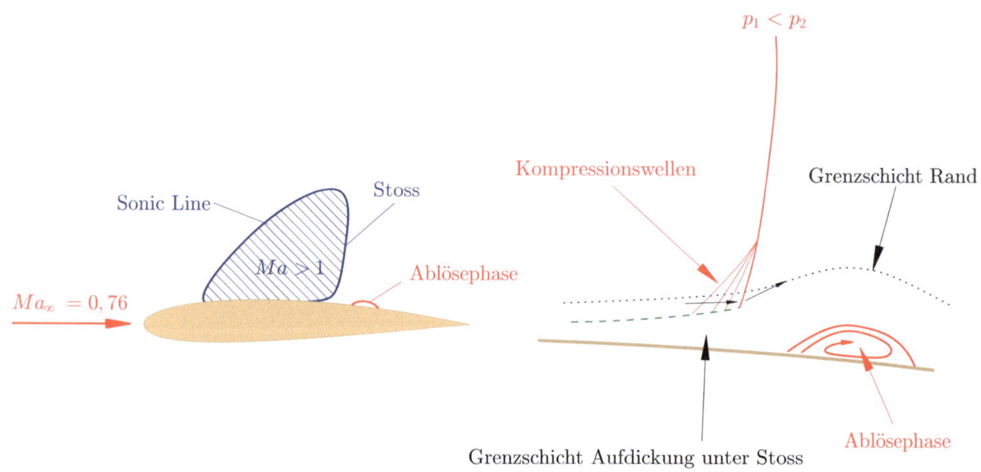

◘ **Abb. 7.1** Turbulente Grenzschicht vor dem Stoß, Darstellung, in Anl. an [2]

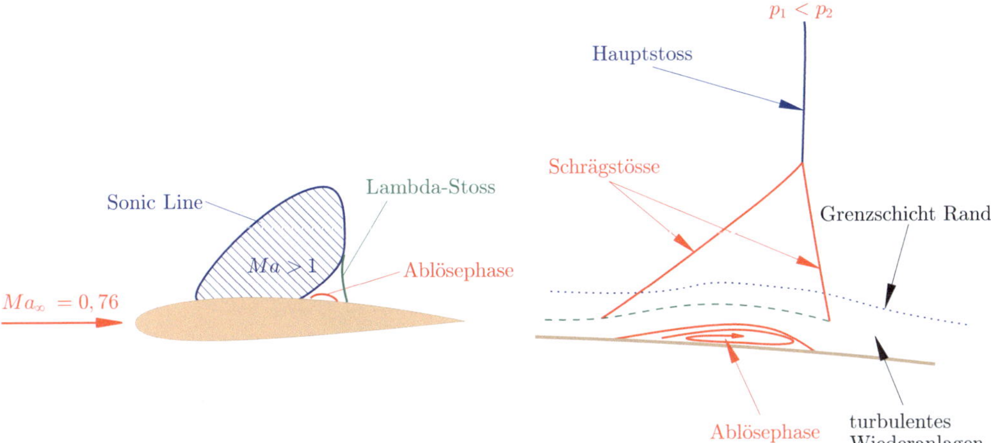

Abb. 7.2 Laminare Grenzschicht vor dem Stoß, Darstellung, in Anl. an [2]

blase bilden kann. In extremen Fällen kommt es sogar zur Rückströmung in der Nähe der Wand.

Ein weiteres typisches Merkmal ist das Auftreten einer Ablöseblase bereits vor dem eigentlichen Stoß, welche die anströmende Strömung zusätzlich verdrängt. Dadurch kann ein zweiter, kleinerer Stoß entstehen. Insgesamt ist die laminare Grenzschicht aufgrund dieser Instabilitäten im transsonischen Bereich unerwünscht. In der Praxis wird daher meist versucht, eine Transition zur turbulenten Strömung vor dem Stoß gezielt herbeizuführen, um die Robustheit gegenüber Stoßwirkungen zu verbessern. Vgl. mit **Abb. 7.2.**

Bemerkung 7.1

Ein **Lambda-Stoß (λ-Stoß)** entsteht typischerweise bei der Wechselwirkung eines Verdichtungsstoßes mit einer vorgelagerten Grenzschicht – insbesondere, wenn es in diesem Bereich zu einer Ablösung der Grenzschicht kommt. Der Name „Lambda-Stoß" rührt von der charakteristischen Form der Stoßstruktur her, die dem griechischen Buchstaben λ ähnelt.

Die typische Struktur eines Lambda-Stoßes umfasst:

- Einen **Hauptstoß**, der sich im Außenfeld (außerhalb der Grenzschicht) bildet.

- Zwei **Nebenstöße** bzw. **Vorstöße**, die sich in der Nähe der Wand infolge der Grenzschichtablösung bilden.

- Eine **Ablöseblase** unterhalb der Stoßstruktur, in der die Strömung teilweise oder vollständig rückläufig ist.

7.2.3 Druckverläufe

Vgl. mit **Abb.** 7.3. Darin ist das **Dickenverhältnis** durch $(\frac{f}{l})$ gekennzeichnet. Es handelt sich dabei um das Verhältnis der **maximalen Profildicke** f zur **Profiltiefe** l eines Profils.

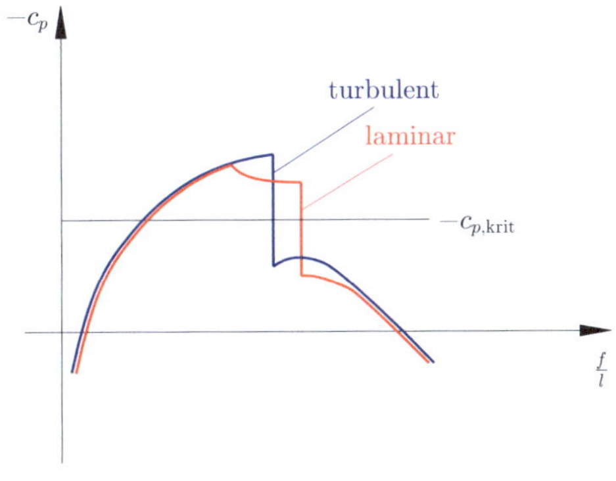

Abb. 7.3 Druckverläufe, Darstellung, in Anl. an [2]

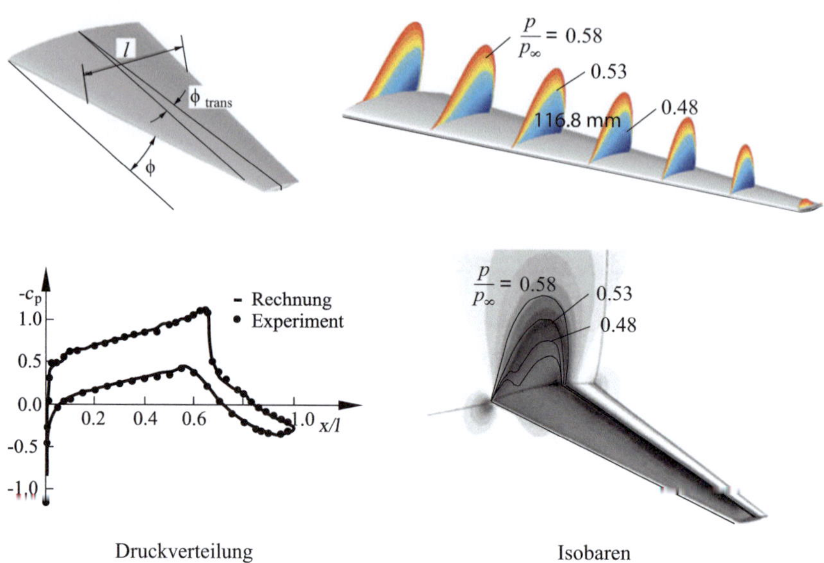

☐ Abb. 7.4 Isobaren in Profilschnitten und auf der Oberfläche eines gepfeilten transsonischen Tragflügels, aus [33], S. 247

7.2.4 Untersuchung bei einem räumlichen Tragflächenprofil

Bei einem gesamten Tragflächenprofil kann man an jeder Stelle der Profillänge einen gesonderten Druckverhältnisverlauf zeichnen, untersuchen und berechnen. So etwas ist in [33] S. 245 ff. zu finden. Ein Ausschnitt ist in ☐ Abb. 7.4 zu finden.

7.3 Zusammenspiel von Stoßinduzierter und Hinterkantenablösung

Besonders bei Machzahlen im Bereich $Ma = 0{,}7$–$0{,}9$ kann ein Verdichtungsstoß auf der Profiloberseite zu einer lokalen Ablösung der Grenzschicht führen.

7.3.1 Dynamik der Ablöseblase

Empirische Studien zeigen, dass sich die durch den Stoß induzierte Ablöseblase **plötzlich und stark vergrößert**, wenn der Druck im Stoß-bereich unter einen kritischen Wert p_{krit} fällt. Dieser kritische Druck markiert den Schwellen-wert, ab dem die Grenzschicht der durch den Stoß ausgelösten Drucksteigerung nicht mehr standhält und ablöst.

7.3.2 Ablösung durch Rear-Loading und Rekompression

In Profilen mit starkem **Rear-Loading** kann die Ablösung auch **zuerst im hinteren Profilbe-reich** auftreten. Ursache ist hier eine zu starke **Rekompression** der Strömung, also ein star-ker Druckanstieg im Nachlaufbereich, der eine Ablöseblase entstehen lässt – unabhängig von einem vorderen Stoß.

7.3.3 Stoßlage-Oszillationen und Buffeting

Ein instationäres Wechselspiel zwischen Stoß-welle und Grenzschicht kann zu **Buffeting** führen. Dabei oszilliert die Stoßlage, was zu periodischen Änderungen der Ablösezone und Druckverteilung führt. Diese Druckfluktuatio-nen wirken sich dynamisch auf die Struktur aus und können bei hohen Frequenzen strukturelle Vibrationen und Komforteinbußen verursachen.

7.3.4 Stabilisierungsmaßnahmen

Zur **Stoßstabilisierung** kommen aktive und passive Methoden zum Einsatz:

- **Aktiv:** Absaugung der Grenzschicht durch perforierte Oberflächen oder Spalte zur Stabilisierung der Strömung.
- **Passiv:** Poröse Paneele mit darunterliegenden Hohlkammern, die Druckfluktuationen dämpfen und die Stoßintensität reduzieren.

7.3.5 Einfluss der Reynolds-Zahl und Transition

Das Verhalten der Ablösung ist stark abhängig von der **Reynolds-Zahl** und der Lage der **Transition**. Eine laminare Grenzschicht vor dem Stoß ist empfindlicher gegenüber Druckanstiegen:

- sie besitzt eine geringe Impulsdicke und löst meist sofort ab.
- Ablöseblasen entstehen oft **bereits vor dem Stoß**, was eine zweite Verdichtungswelle nach sich ziehen kann.

Im Windkanal wird die Transition daher häufig durch sogenannte **Trips** (z.,B. kleine Rauheitsstreifen) erzwungen, um reproduzierbare Bedingungen mit vollständig turbulenter Grenzschicht zu erzeugen.

7.3.6 Transsonischer Laminarflügel

Ein besonderes Ziel moderner Flügelentwicklung ist der **transsonische Laminarflügel**. Hier soll die Grenzschicht möglichst weit, idealerweise **bis zum Stoß**, laminar bleiben, um den Reibungswiderstand zu minimieren. Gleichzeitig muss jedoch sichergestellt werden, dass die laminare Schicht nicht durch den Stoß abgelöst wird. Dies erfordert eine äußerst präzise Profilgestaltung und eine kontrollierte Druckverteilung.

7.4 Übungen

Übungsbeispiel 7.1

Was versteht man unter Stoß-Grenzschicht-Interferenzen?

Lösung

Die Wechselwirkung zwischen einer Verdichtungsstoßwelle und der viskosen Grenzschicht im transsonischen oder überschallschnellen Strömungsbereich.

Übungsbeispiel 7.2

Was geschieht mit der wandnahen Strömung beim Auftreffen eines Stoßes?

Lösung

Sie wird durch den Druckanstieg abgebremst.

Übungsbeispiel 7.3

Warum dickt die Grenzschicht bei einem Stoß auf?

Lösung

Weil sie durch den Druckanstieg kinetische Energie verliert.

Übungsbeispiel 7.4

Wann kann es zur Ablösung der Grenzschicht kommen?

Lösung

Wenn der Druckanstieg durch den Stoß zu stark ist.

Übungsbeispiel 7.5

Wie wirkt sich der Druckanstieg über den Stoß auf stromaufwärts gelegene Bereiche aus?

Lösung

Er kann sich durch akustische oder viskose Rückkopplung stromaufwärts fortpflanzen und die Grenzschicht dort destabilisieren.

Übungsbeispiel 7.6

Welche Mechanismen führen zur Druckrückwirkung stromaufwärts?

Lösung

Akustische Rückkopplung und viskose Rückwirkung innerhalb der Grenzschicht.

Übungsbeispiel 7.7

Wo kann eine Ablösung der Grenzschicht auftreten?

Lösung

Direkt am Stoß oder an der Hinterkante, abhängig vom Druckverlauf.

Übungsbeispiel 7.8

Was bedeutet instationäre Stoßlage?

Lösung

Der Stoß wandert periodisch vor und zurück.

Übungsbeispiel 7.9

Was sind Druckpulsationen in Zusammenhang mit Stoß-Grenzschicht-Interferenzen?

Lösung

Periodische Druckschwankungen, die negative Auswirkungen auf Struktur und Steuerung haben.

Übungsbeispiel 7.10

Was versteht man unter erhöhtem Wellenwiderstand?

Lösung

Eine Zunahme des Widerstands infolge der Stoß-Grenzschicht-Interaktion, was die Effizienz reduziert.

Übungsbeispiel 7.11

Wie lassen sich Stoß-Grenzschicht-Interferenzen kontrollieren?

Lösung

Durch überkritische Profile, Grenzschichtbeeinflussung und Optimierung der Druckverteilung.

Übungsbeispiel 7.12

Welche Maßnahmen zählen zur Grenzschichtbeeinflussung?

Lösung

Einsatz von Turbulatoren, Absaugung oder Einspritzung.

Übungsbeispiel 7.13

Warum sind überkritische Profile vorteilhaft?

Lösung

Sie erzeugen schwächere Stöße und reduzieren die Wahrscheinlichkeit einer Ablösung.

Übungsbeispiel 7.14

Warum ist eine turbulente Grenzschicht robuster gegenüber Stoßwirkungen?

Lösung

Aufgrund des höheren Impulses nahe der Wand.

Übungsbeispiel 7.15

Was bildet sich typischerweise unterhalb eines Stoßes bei turbulenter Grenzschicht?

Lösung

Eine lokale Ablöseblase.

Übungsbeispiel 7.16

Was versteht man unter Stoßfuß-Aufweitung?

Lösung

Die stromaufwärts gerichtete Ausbreitung der Druckinformation, die den Stoßfuß auffächert.

Übungsbeispiel 7.17

Warum ist die turbulente Grenzschicht vorteilhaft im transsonischen Bereich?

Lösung

Weil sie weniger anfällig für stoßinduzierte Ablösung ist.

Übungsbeispiel 7.18

Warum ist eine laminare Grenzschicht empfindlich gegenüber einem Stoß?

Lösung

Wegen des geringen Impulses und der flachen Geschwindigkeitsverteilung.

Übungsbeispiel 7.19

Was kann bei einer laminaren Grenzschicht direkt am Stoß auftreten?

Lösung

Eine sofortige großflächige Ablösung.

Übungsbeispiel 7.20

Was ist eine Vorablöseblase?

Lösung

Eine Ablösezone, die sich bereits vor dem eigentlichen Stoß bildet.

Übungsbeispiel 7.21

Was ist ein Lambda-Stoß?

Lösung

Eine Stoßstruktur mit Hauptstoß, Nebenstößen und einer Ablöseblase, ähnlich der Form des griechischen Buchstabens λ.

Übungsbeispiel 7.22

Was sind die charakteristischen Merkmale eines Lambda-Stoßes?

Lösung

Hauptstoß, zwei Nebenstöße (Vorstöße) und eine Ablöseblase.

Übungsbeispiel 7.23

Was bezeichnet das Dickenverhältnis bei einem Profil?

Lösung

Das Verhältnis der maximalen Profildicke zur Profiltiefe: $\left(\frac{f}{l}\right)$.

Übungsbeispiel 7.24

Was wird bei einem gesamten Tragflächenprofil untersucht?

Lösung

Der Druckverlauf entlang der Profillänge.

Übungsbeispiel 7.25

Was passiert mit der Ablöseblase, wenn der Druck unter p_{krit} fällt?

Lösung

Sie vergrößert sich plötzlich und stark.

Übungsbeispiel 7.26

Was ist Rear-Loading?

Lösung

Ein starker Druckanstieg im hinteren Profilbereich, der zur Ablösung führen kann.

Übungsbeispiel 7.27

Was ist Buffeting im aerodynamischen Zusammenhang?

Lösung

Eine stoßinduzierte Oszillation mit periodischer Änderung der Druckverteilung und Ablösezone.

Übungsbeispiel 7.28

Welche Maßnahmen stabilisieren die Stoßlage?

Lösung

Aktive Maßnahmen wie Absaugung sowie passive Maßnahmen wie poröse Paneele mit Hohlkammern.

Übungsbeispiel 7.29

Welchen Einfluss hat die Reynolds-Zahl auf die Ablösung?

Lösung

Höhere Reynolds-Zahl fördert Transition zur turbulenten Grenzschicht und reduziert Ablöseneigung.

Übungsbeispiel 7.30

Was ist das Ziel beim transsonischen Laminarflügel?

Lösung

Die Grenzschicht möglichst lange laminar zu halten, idealerweise bis zum Stoß, um Reibungsverluste zu minimieren.

Untersuchung der Aeromechanik bei Tragflügeln & -flächen

Inhaltsverzeichnis

Konforme Abbildungen in der Aeromechanik

Inhaltsverzeichnis

Sie lernen hier...

- Eigenschaften von Transformationen kennen.
- unterschiedliche Methoden der Transformation kennen.
- Quadratische Transformationen kennen.
- Joukowski-Transformationen kennen.
- Transformieren eines Kreises in ein Tragflügelprofil.

> **Zitat**
>
> Alle Träume können wahr werden, wenn wir den Mut haben, ihnen zu folgen.
> *Walt Disney*

Folgender Abschnitt ist so auch in [15] in Kapitel 7 zu finden. Dieser Abschnitt wird nur der Vollständigkeit in diesem Buch mitaufgenommen. Das folgende Kapitel ist etwas gekürzt, im Vergleich zu Kapitel 7 aus [15].

8.1 Eigenschaften der Transformation [1, 11]

Bis jetzt wurden nur einfache Körper für die Umströmungen, wie Kugeln, Zylinder und Bälle, betrachtet. Der Schwerpunkt lag vorwiegend auf den Eigenschaften der Strömung und den daraus resultierenden Effekten. In diesem Kapitel soll der Fokus auf den Körpern selbst liegen, die der Strömung ausgesetzt sind. Es wird grob darauf eingegangen, wann die bekannten und hergeleiteten Strömungsbedingungen bzw. Strömungsgleichungen auf diese Körper angewendet werden können.

Es wird analysiert, wie verschiedene Körperformen die Strömung beeinflussen und welche Auswirkungen dies auf die resultierenden Strömungsbedingungen hat. Dabei werden auch die Grenzen und Annahmen der zugrunde liegenden Strömungsgleichungen betrachtet, um zu verstehen, unter welchen Bedingungen diese anwendbar sind.

Dabei werden komplexe Formen und Strömungsprofile betrachtet, um ein umfassenderes Verständnis für die Strömung um unterschiedliche Körper zu gewinnen. Die Anwendung der Strömungsgleichungen wird in Abhängig-

keit von verschiedenen Parametern und Geometrien erörtert, um den Ingenieuren und Wissenschaftlern einen quasi Werkzeugkasten für die Strömungsanalyse komplexer Körper bereitzustellen.

8.2 Elementare Transformationsvorschriften [1, 11]

8.2.1 Transformation von Parallelströmungen

Für eine Parallelströmung gilt

$$w(z) = V_\infty \left(x \cos(\alpha) + y \sin(\alpha) \right) + i\, V_\infty (y \cos(\alpha) - x \sin(\alpha)) \tag{8.1}$$

Es muss immer die Gleichung der z-Ebene auf Singularitäten überprüft werden. Dies wird folgend getan:

$$\frac{dz}{d\zeta} = e^{i\,\alpha} = \text{const.} \neq 0. \tag{8.2}$$

Hierbei liegt keine Singularität vor, dass die Funktion für jeden Faktor α definiert ist.

8.2.2 Quadratische Transformation

> **Definition 8.1**
>
> Von einer quadratischen Transformation spricht man, wenn die Gleichung folgende Gestalt aufweist
>
> $$z = \zeta^2. \tag{8.3}$$

■ Abb. 8.1 zeigt, dass die Linie $\overline{CE}$ in der ζ-Ebene durch die quadratische Transformation in 4 Quadranten der z-Ebene genau auf der x-Achse liegt.

Diese Transformation hat eine Singularität bei $\zeta = 0$, denn es gilt

$$\frac{dz}{d\zeta} = 2\zeta = 0. \tag{8.4}$$

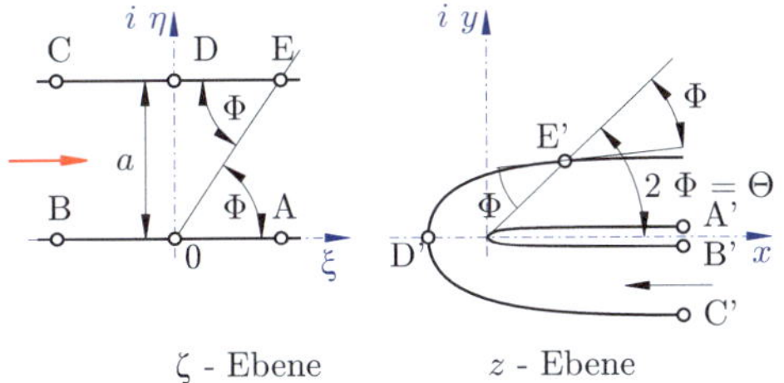

◘ Abb. 8.1 Quadratische Transformation

Beispiel 8.1

Die einfachste mathematische quadratische Transformation ist $z = \zeta^2$ mit $\zeta = 2$. Es würde sich dann bei der Ursprungsfunktion $z = 4$ um die Fläche der Transformierten $\zeta = 2$ handeln.

Es kann im Bereich einer Singularität nicht gewährleistet werden, dass die Wirbel in diesem Punkt vollständig erhalten bleiben. Man kann deshalb folgende Überlegungen aufstellen.

Wenn für ζ die Beschreibung gewählt wird

$$\zeta = \varrho\, e^{i\,\varphi}, \tag{8.5}$$

dann gilt für z über die Transformation aus Gl. (8.3)

$$z = r\, e^{i\,\vartheta} = \varrho^2\, e^{i\,2\varphi}. \tag{8.6}$$

Es können daraus folgende Beziehungen abgelesen werden, durch Vergleichen:

$$r = \varrho^2 \tag{8.7}$$
$$\vartheta = 2\,\varphi. \tag{8.8}$$

Diese Bedingungen gelten für die Singularitäten.

Im Folgenden wird die Stelle $\overline{CDE}$ untersucht. Scheinbar handelt es sich dabei in der ζ-Ebene um eine Parabel. Die Gleichung der Geraden mit dem konstanten Abstand a von der x-Achse ist:

$$\zeta = \xi + i\,a. \tag{8.9}$$

In der Transformationsvorschrift wird daraus

$$z = x + i\,y = \zeta^2 = (\xi + i\,a)^2$$
$$= \xi^2 - a^2 + i\,2a\,\xi. \tag{8.10}$$

Der Real- und Imaginärteil bildet die Koordinaten in der z-Ebene, zu

$$x = \xi^2 + i\,a^2 \tag{8.11}$$
$$y = 2\,a\,\xi. \tag{8.12}$$

Setzt man diese Koordinaten über ζ gleich, so erhält man die Gleichung für eine Parabel

$$x = \frac{y^2}{4\,a^2} - a^2. \tag{8.13}$$

Damit ist die quadratische Transformation vollständig beschrieben.

Siehe ► Beispiel 8.1.

8.2.3 Transformation nach Joukowski

8.2.3.1 Gleichungen der Transformation

Die Joukowski Transformation transformiert einen Kreis in eine Ellipse, was erstmals von Joukowski angewendet wurde.

$$z = \zeta + \frac{a^2}{\zeta}. \tag{8.14}$$

Die Kreisgleichung lautet somit

$$\zeta = b\, e^{i\,\varphi}. \tag{8.15}$$

Die in den Gleichungen (8.14) und (8.15) enthaltenen Koeffizienten a und b sind Kreisradien, die man mit jenen aus ◘ Abb. 8.2 vergleichen kann.

Die Eigenschaften der Joukowski Transformation sind

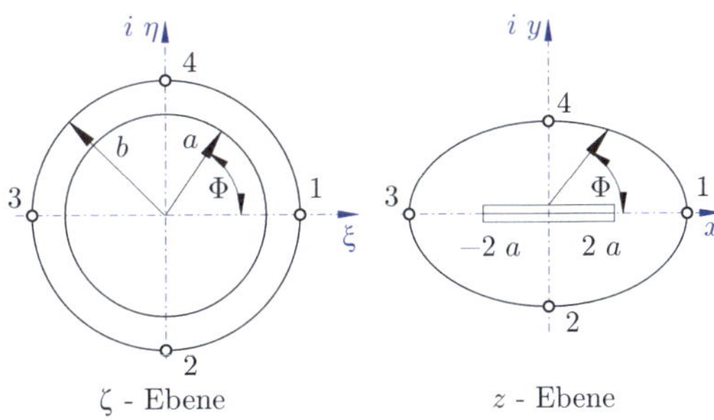

◘ Abb. 8.2 Joukowski Transformation

- Für $b > a$ wird der Kreis in eine Ellipse überführt,
- Für $b = a$ wird der Kreis in eine ebene Platte
  überführt.

Nach Einsetzen der beiden Gleichungen (8.14) und (8.15) folgt

$$z = b\,e^{i\,\varphi} + \frac{a^2}{b}\,e^{-i\,\varphi}$$
$$= b\,(\cos(\varphi) + i\sin(\varphi))$$
$$+ \frac{a^2}{b}\,(\cos(\varphi) - i\sin(\varphi)). \qquad (8.16)$$

$$z = \left(b + \frac{a^2}{b}\right)\cos(\varphi) + i\left(b - \frac{a^2}{b}\right)\sin(\varphi) \qquad (8.17)$$

In Parameterdarstellung erhält man die Gleichung einer Ellipse.

$$x = \frac{b^2 + a^2}{b}\cos(\varphi) \qquad (8.18)$$

$$y = \frac{b^2 - a^2}{b}\sin(\varphi) \qquad (8.19)$$

Wenn $a = b$ ist, das wird mit Gl. (8.19)

$$x = 2\,a\cos(\varphi) \qquad (8.20)$$
$$y = 0. \qquad (8.21)$$

Mittels dieser Gleichung kann man die Ausdehnung der ebenen Platte in x-Richtung errechnen, zu

$$-2\,a \leq x \leq 2\,a. \qquad (8.22)$$

Leitet man Gl. (8.14) nach ζ ab, kann man, wenn solche vorhanden sind, die singulären Punkte berechnen.

$$\frac{dz}{d\zeta} = 1 - \frac{a^2}{\zeta^2} \qquad (8.23)$$

Man kann daraus folgende Folgerungen aufstellen:

Corollary 8.1

$$\frac{dz}{d\zeta} = 0 \quad \text{für} \quad \zeta = a \qquad (8.24)$$

$$\frac{dz}{d\zeta} = \infty \quad \text{für} \quad \zeta = 0 \qquad (8.25)$$

8.2.3.2 Animation der Transformation nach Joukowski

Zur Veranschaulichung der Joukowski-Transformation werden die Gleichungen mittels Geo-Gebra dargestellt. Die Gleichung der Ellipse ist

$$f_{\text{ell}}(x, y) = \begin{pmatrix} x_{\text{ell}} \\ y_{\text{ell}} \end{pmatrix}. \qquad (8.26)$$

In Gl. (8.26) werden die beiden Gleichungen (8.19) eingesetzt, zu

$$f_{\text{ell}}(x, y) = \begin{pmatrix} \dfrac{b^2 + a^2}{b}\cos(\varphi) \\[2ex] \dfrac{b^2 - a^2}{b}\sin(\varphi) \end{pmatrix}. \qquad (8.27)$$

Wie bereits erwähnt, stellen hier die beiden Parameter a und b die Polarkoordinaten und den Radius des Kreises dar. Polarkoordinaten des Kreises aus der allgemeinen Kreisfunktion:

$$f_{\text{Kreis}}(x, y) = \begin{pmatrix} x \\ y \end{pmatrix} = \begin{pmatrix} \cos(t)\,r \\ \sin(t)\,r \end{pmatrix} = (b) \qquad (8.28)$$

$r \ldots$ Radius des Kreises.

Hat der Mittelpunkt des Kreises und der Ellipse eine Koordinatenverschiebung, ergibt sich

$$f_{\text{Kreis}}(x, y) = \begin{pmatrix} x + x_A \\ y + y_A \end{pmatrix} = \begin{pmatrix} \cos(t)\,r + x_A \\ \sin(t)\,r + x_A \end{pmatrix}. \qquad (8.29)$$

$$f_{\text{ell}}(x, y) = \begin{pmatrix} \dfrac{b^2 + a^2}{b}\,r\cos(\varphi) + x_A \\[2ex] \dfrac{b^2 - a^2}{b}\,r\sin(\varphi) + y_A \end{pmatrix} \qquad (8.30)$$

für a folgt

$$a = r^2 = x^2 + y^2$$
$$= \cos(t)\, r + \sin(t)\, r$$
$$= r\,(\cos(t) + \sin(t)), \tag{8.31}$$

bzw. bei Koordinatenverschiebung

$$a = r\,(\cos(t) + x_A + \sin(t) + x_A) = r, \tag{8.32}$$

für b ergibt sich mit Koordinatenverschiebung

$$b = \begin{pmatrix} x + x_A \\ y + y_A \end{pmatrix} = \begin{pmatrix} b_x \\ b_y \end{pmatrix} = \begin{pmatrix} r\cos(t) + x_A \\ r\sin(t) + y_A \end{pmatrix}. \tag{8.33}$$

Mittels Betragsbildung:

$$|b| = r^2 = b_x + b_y = r\,\cos(t) + x_A + r\,\sin(t) \tag{8.34}$$

Gl. (8.33) in (8.30) eingesetzt lässt

$$f_{\text{ell}}(x,y) = \begin{pmatrix} \dfrac{b^2 + a^2}{b}\, r\cos(\varphi) + x_A \\[2ex] \dfrac{b^2 - a^2}{b}\, r\sin(\varphi) + y_A \end{pmatrix}$$

$$= \begin{pmatrix} \dfrac{(r\cos(t) + x_A)^2 + (r\sin(t) + x_A)^2 + a^2}{(r\cos(t) + x_A)^2 + (r\sin(t) + x_A)^2}\, r\cos(\varphi) + x_A \\[3ex] \dfrac{(r\cos(t) + x_A)^2 + (r\sin(t) + x_A)^2 - a^2}{(r\cos(t) + x_A)^2 + (r\sin(t) + x_A)^2}\, r\sin(\varphi) + y_A \end{pmatrix} \tag{8.35}$$

folgen. Werden diese Gleichungen in das Programm GeoGebra eingetippt, folgt das Flügelprofil aus ◻ Abb. 8.3.

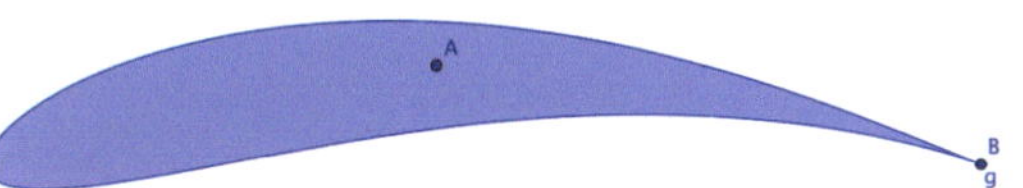

◻ **Abb. 8.3** Joukowski Transformation: Tragflügel

8.3 Anwendung [1, 11]

8.3.1 Allgemeine Bemerkungen

Die konformen Abbildungen haben vor allem die Aufgabe, dass leicht zu berechenbare Strömungsfelder auf komplexe Felder der Technik angewendet werden können. Dies ist dann beispielsweise der Fall, wenn die Strömungsfunktionen des Kreises, in die eines Tragflügelprofis transformiert werden können.

Zunächst sei die Transformationsfunktion

$$z = \zeta + \sum_{n=0}^{\infty} \frac{C_n}{(\zeta - \zeta_0)^n} \tag{8.36}$$

gegeben, darin ist $C_n = A_n + i\, B_n$. Vgl. mit ◻ Abb. 8.4.

$$\lim_{\zeta_A \to \infty} \frac{dz}{d\zeta} = 1 \tag{8.37}$$

Anstelle des Punktes T, in der ζ-Ebene, liegt eine scharfkantige Hinterkante vor. Es gilt $\zeta_T = a\, e^{-i\beta}$.

Es liegt eine Singularität an Stelle von T vor.

$$\left(\frac{dz}{d\zeta}\right)_T = 0 \tag{8.38}$$

8.3.1.1 Kutta-Bedingung

Die Kutta-Bedingung wird oft im Kontext der Potentialströmung verwendet, insbesondere bei der Betrachtung von zirkulären Zylindern oder Flügeln in einer ideellen, reibungsfreien Strö-

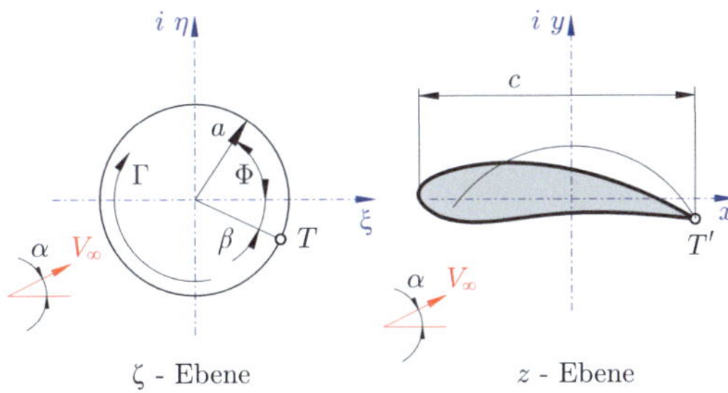

◻ **Abb. 8.4** Konforme Abbildungen für auftriebsbehaftete Profilumströmungen

mung. Die Bedingung lautet:

$$V_\infty = V_o = V_U. \tag{8.39}$$

Wobei V_∞ die Geschwindigkeit der ungestörten Strömung ist, V_o die Geschwindigkeit auf der Oberseite des Zylinders oder Flügels, und V_u die Geschwindigkeit auf der Unterseite ist.

Die Idee hinter der Kutta-Bedingung ist, dass die Strömung am hinteren Ende des Körpers nicht um die scharfe Kante strömen kann. Dies führt zu einer Ablösung der Strömung von der Kante und zur Bildung eines hinteren Staupunkts, von dem aus die Strömung wieder beginnt.

Um das zweidimensionale Profil wird die Zirkulation um den Kreiszylinder festgelegt. Das komplexe Potential wurde bereits behandelt, im Abschnitt als Dipol und Potentialwirbel in einer Parallelströmung untersucht wurden.

Damit wird die Zirkulation aus der Kutta Bedingung zu

$$\Gamma = 4\,\pi\,a\,V_\infty\,\sin\,(\beta + \alpha). \tag{8.40}$$

8.3.1.2 **Bedeutung für den Auftrieb**

Mithilfe der Zirkulation kann man den Auftrieb berechnen. Dazu wird die Gleichung

$$F_A = \varrho_\infty\,V_\infty^2\,\Gamma \tag{8.41}$$

verwendet. Aus der Definition für den Auftriebsbeiwert c_a und mit der Profiltiefe c entsteht für die Zirkulation

$$c_a = \frac{A}{\frac{1}{2}\,\varrho_\infty\,V_\infty^2\,\Gamma} \tag{8.42}$$

$$c_a = 8\,\pi\,\frac{a}{c}\,\sin\,(\alpha + \beta) \tag{8.43}$$

Hierbei kann man eine Vereinfachung vornehmen. Es wird der Sinus der beiden Winkel durch die beiden Winkel ersetzt: $\sin\,(\alpha + \beta) \approx \alpha + \beta$ und für $c \approx 4a$ eingesetzt. Es folgt sodann

$$c_a \approx 2\,\pi\,(\alpha + \beta), \tag{8.44}$$

$$\frac{\partial c_a}{\partial \alpha} \approx 2\,\pi. \tag{8.45}$$

8.3.2 **Joukowski-Theorem**

Gl. (8.36) kann vereinfacht werden, indem man $C_1 = a^2$, $C_n(\neq 1) = 0$ und $\zeta_0 = 0$ setzt

$$z = \zeta + \frac{a^2}{\zeta}. \tag{8.46}$$

Hierbei handelt es sich um die Joukowski Transformation. Sie transformiert den Kreis $\zeta = a\,e^{i\,\varphi}$ in eine ebene Platte. ◘ Abb. 8.5 zeigt, dass bei $\beta = 0$ auf der x-Achse ein Staupunkt vorliegt.

Die Zirkulation kann mithilfe von Gl. (8.40) berechnet werden, die in Verbindung mit der Gleichung der komplexen Geschwindigkeit um einen Kreiszylinder, auf einen Staupunkt in T

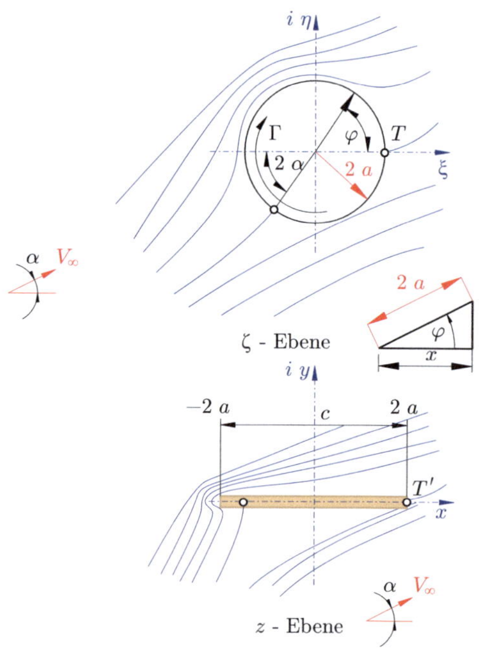

◘ **Abb. 8.5** Strömung entlang einer ebenen angestellten Platte schließen lässt (vgl. ▪ Abb. 8.5).

$$\frac{dw}{d\zeta} = 2\,V_\infty\, i\, e^{-i\,\varphi}\,[\sin(\varphi - \alpha)] \qquad (8.47)$$

Die Staupunkte am Kreis werden in den Punkten: $\varphi = 0$ und $\varphi = \pi + 2\alpha$ festgestellt. Um diese zu finden, muss Gl. (8.47) durch $\frac{dz}{d\zeta}$ dividiert werden, zu

$$\frac{dz}{d\zeta} = 1 - \frac{a^2}{a^2}\, e^{-2\,i\,\varphi} = 2\,i\, e^{-i\,\varphi}\,\sin(\varphi).$$
$$(8.48)$$

Für die transformierte Geschwindigkeit in z kann man

$$\frac{dw}{dz} = \frac{\frac{dw}{d\zeta}}{\frac{dz}{d\zeta}} = u - i\,v$$
$$= V_\infty\,\frac{\sin(\varphi - \alpha) + \sin(\alpha)}{\sin(\varphi)} \qquad (8.49)$$

schreiben. In Gl. (8.49) existiert kein Imaginärteil, wodurch mittels der trigonometrischen Beziehung umgeschrieben werden kann, mit $\frac{dw}{dz} = u$, zu

$$u = V_\infty\left(\cos(\alpha) + \sin(\alpha)\tan\left(\frac{\varphi}{2}\right)\right). \qquad (8.50)$$

8.3.2.1 Auswirkungen auf den Auftriebsbeiwert

Setzt man in Gl. (8.50) $\varphi = \pi$ folgt

$$u = V_\infty\left(\cos(\alpha) + \sin(\alpha)\tan\left(\frac{\pi}{2}\right)\right)$$
$$= V_\infty\left(\cos(\alpha) + \sin(\alpha)\infty\right)$$
$$u = \infty; \qquad (8.51)$$

also der vordere Staupunkt und für $\varphi = 0$

$$u = V_\infty\left(\cos(\alpha) + \sin(\alpha)\tan\left(\frac{0}{2}\right)\right)$$
$$= V_\infty\left(\cos(\alpha) + 0\right)$$
$$u = V_\infty\cos(\alpha); \qquad (8.52)$$

bzw. der hintere Staupunkt.

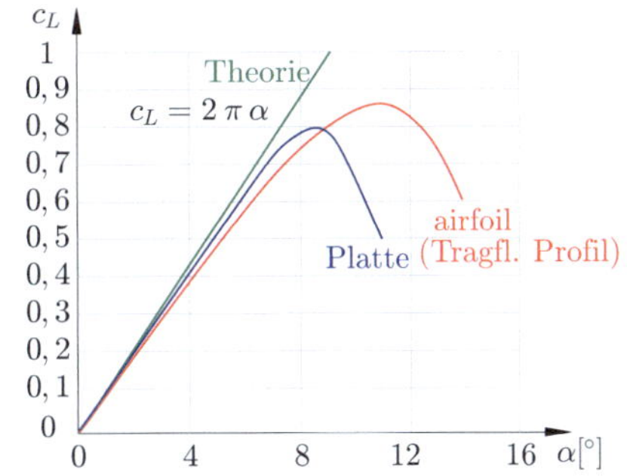

▪ **Abb. 8.6** Auftriebsbeiwert über den Anstellwinkel

Der Auftriebsbeiwert c_a pro Einheit in der Flügelspannweite ergibt sich durch $\beta = 0$ nach Gl. (8.44) zu

$$c_a \approx 2\,\pi\,\alpha. \qquad (8.53)$$

Stellt man diese analytische Gleichung einer Messung in einem Versuch gegenüber, so folgt das Diagramm aus ▪ Abb. 8.6.

8.3.2.2 Joukowski-Profil

Bis hierher macht die gesamte Joukowski Transformation noch nicht viel Sinn, ohne die direkte Anwendung in der Strömungsmechanik zu kennen. Dies ändert sich jetzt. Joukowski Transformationen sind nicht nur zwischen Kreis und Ellipsen möglich, sondern können auch angewendet werden, um Tragflügel zu untersuchen, wie es bereits zuvor für GeoGebra gezeigt wurde. Man nennt diese Querschnitte dann Joukowski-Profile. Man kann folgende Fälle unterscheiden:

- **Symmetrische Profile**, wenn der Kreismittelpunkt auf der ξ-Achse liegt.
- **Dünne, gekrümmte Profile**, wenn der Kreismittelpunkt auf der η-Achse liegt.
- **Dicke gekrümmte Profile**, wenn der Kreismittelpunkt bei $\xi < 0$ und $\eta \neq 0$ liegt.

$$\zeta = \zeta_0 + a\,e^{i\,\varphi} \qquad (8.54)$$

$$\zeta = \xi_0 + i\,\eta_0 + a\,e^{i\,\varphi} \qquad (8.55)$$

8.4 Übungen

Übungsbeispiel 8.1

Gesucht ist ein Matlab-Programm, das beim Eingeben der Parameter von Strömungsgeschwindigkeit, Anstellwinkel, Verschiebung in x- und y-Richtung sowie Radius die Joukowski-Transformation durchführt.

Lösung

```matlab
clear all
close all
clc
disp('----------------------------------------------------------------')
disp('  Joukowski Transformation Input Manager                        ')
disp('----------------------------------------------------------------')
v_inf = input('  Asymptotic Speed Modulus [m/s]: ');
v = v_inf/v_inf;
theta = input('  Asymptotic Speed Angle [deg]: ');
theta = theta*pi/180;
disp('----------------------------------------------------------------')
s_x = input('  Circle Origin, X_0 [m]: ');
s_y = input('  Circle Origin, Y_0 [m]: ');
s = s_x + i*s_y;
r = input('  Radius [m]: ');
disp('----------------------------------------------------------------')
disp('  If Solution visualization is uncorrect try modify Tolerance TOLL')
disp('----------------------------------------------------------------')

% FLUID PARAMETER
rho = 1.225;
% TRANSFORMATION PARAMETER
lambda = r-s;
% CIRCULATION
beta = (theta);
k = 2*r*v*sin(beta);
Gamma = k/(2*pi); %CIRCULATION

%COMPLEX ASYMPTOTIC SPEED
w = v * exp(i*theta);

%TOLLERANCE
toll = +5e-2;

% GENERATING MESH
x = meshgrid(-5:.1:5);
y = x';

% COMPLEX PLANE
z = x + i*y;

% Inside-circle points are Excluded!
for a = 1:length(x)
    for b = 1:length(y)
        if abs(z(a,b)-s) <=  r - toll
            z(a,b) = NaN;
        end
    end
end
```

```matlab
% AERODYNAMIC POTENTIAL
f = w*(z) + (v*exp(-i*theta)*r^2)./(z-s) + i*k*log(z);


% JOUKOWSKI TRANSFORMATION,
J = z+lambda^2./z;


%GRAPHIC - Circle and Joukowski Airfoil
angle = 0:.1:2*pi;
z_circle = r*(cos(angle)+i*sin(angle)) + s;
z_airfoil = z_circle+lambda^2./z_circle;


% KUTTA JOUKOWSKI THEOREM
L = v_inf*rho*Gamma;
L_str = num2str(L);



%PLOTTING SOLUTION
figure(1)
hold on
contour(real(z),imag(z),imag(f),[-5:.2:5])
fill(real(z_circle),imag(z_circle),'y')
axis equal
axis([-5 5 -5 5])
title(strcat('Flow Around a Circle.   Lift:   ',L_str,'  [N/m]'));



figure(2)
hold on
contour(real(J),imag(J),imag(f),[-5:.2:5])
fill(real(z_airfoil),imag(z_airfoil),'y')
axis equal
axis([-5 5 -5 5])
title(strcat('Flow Around the Corresponding Airfoil.   Lift:   ',L_str,'
[N/m]'));
```

Quelle des Programmes: ▶ https://de.mathworks.com/matlabcentral/fileexchange/8870-joukowski-airfoil-transformation.

Übungsbeispiel 8.2

Gesucht ist ein Matlab-Programm, dass beim Eingeben der Parameter von Strömungsgeschwindigkeit, Anstellwinkel, Verschiebung in x- und y-Richtung sowie Radius die Joukowski-Transformation durchführt. Hier sei $v = 100\,\text{m/s}$, $\alpha = 20°$, $x_0 = 0{,}5\,\text{m}$, $y_0 = 0{,}5\,\text{m}$, $r = 2\,\text{m}$.

Lösung

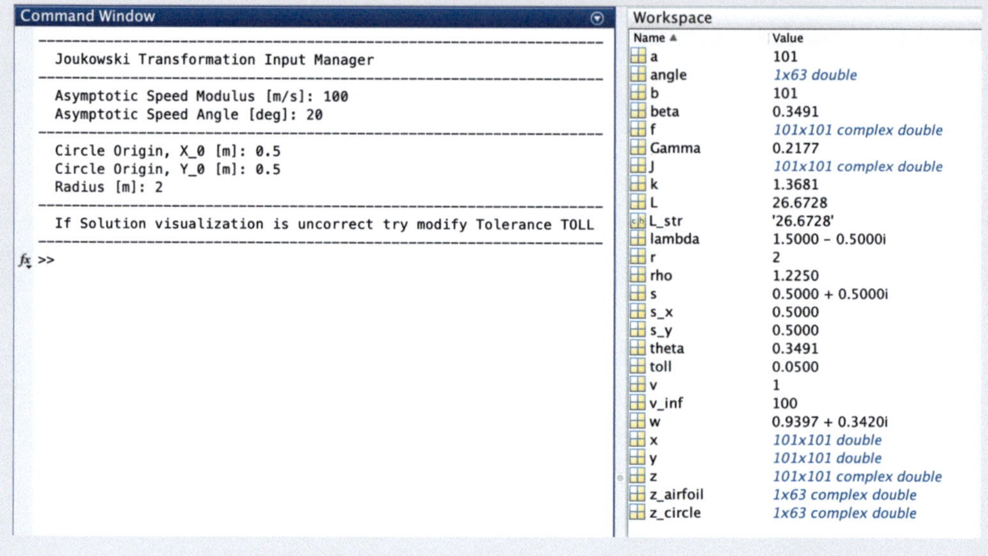

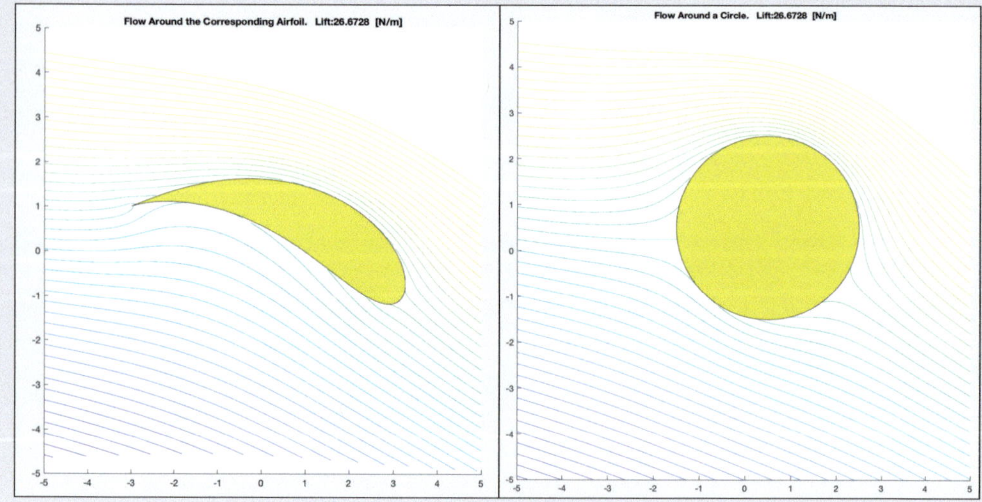

Übungsbeispiel 8.3

Gesucht ist ein Matlab-Programm, dass beim Eingeben der Parameter von Strömungsgeschwindigkeit, Anstellwinkel, Verschiebung in x- und y-Richtung sowie Radius die Joukowski-Transformation durchführt. Hier sei $v = 100\,\mathrm{m/s}$, $\alpha = 5°$, $x_0 = 0{,}5\,\mathrm{m}$, $y_0 = 0{,}5\,\mathrm{m}$, $r = 2\,\mathrm{m}$.

Lösung

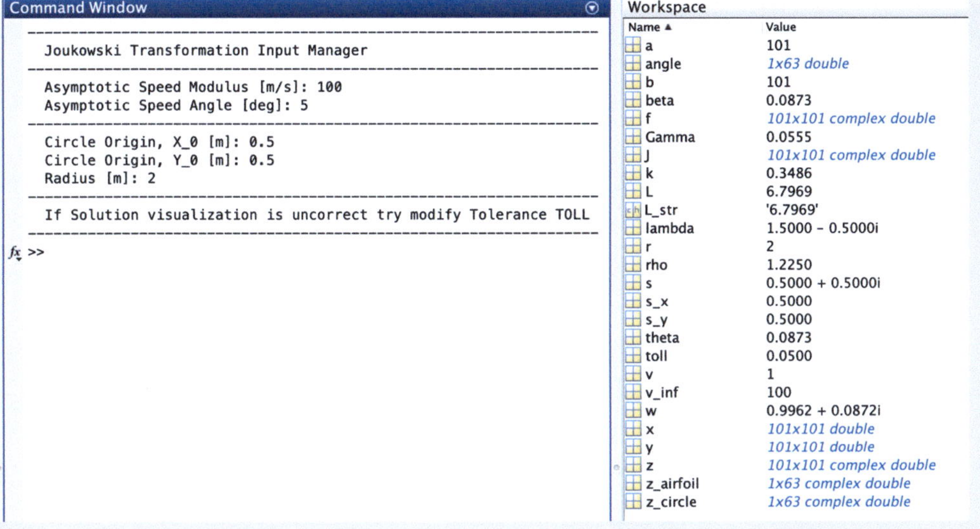

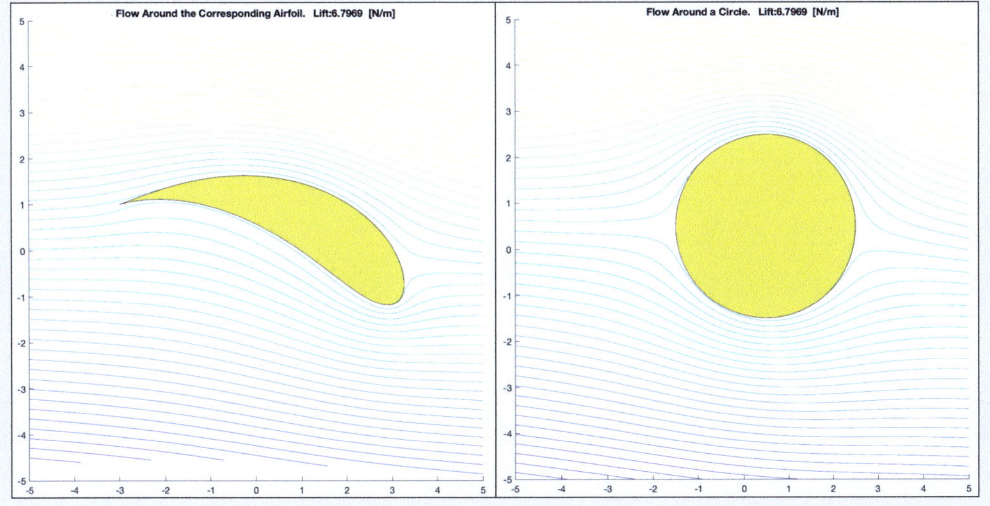

Linearisierte Theorie dünner Profile in der Aeromechanik

Inhaltsverzeichnis

A. Huber, *Technische Mechanik 6 - Aeromechanik*,
https://doi.org/10.1007/978-3-662-72929-8_9

Sie lernen hier…

- was dünne Profile sind.
- die Skelettlinie kennen.
- die Dickenverteilung kennen.
- induzierte Geschwindigkeiten kennen.
- Die Glauert Methode kennen.

Zitat

Eines Tages werden Maschinen vielleicht denken können, aber sie werden niemals Phantasie haben.

Theodor Heuss

Folgender Abschnitt ist so auch in [15] in Kapitel 8 zu finden. Dieser Abschnitt wird nur der Vollständigkeit in diesem Buch mitaufgenommen. Das folgende Kapitel ist etwas gekürzt, im Vergleich zu Kapitel 8 aus [15].

9.1　Prinzip der Theorie dünner Profile [1, 11]

In der Strömungsmechanik bezieht sich das Prinzip der Theorie dünner Profile auf die Annahme, dass bei der Betrachtung von Strömungen um dünne Körper oder Profile, wie Flügel oder Tragflächen, die dreidimensionalen Strömungseffekte vernachlässigt werden können. Stattdessen kann die Analyse auf einer zweidimensionalen Ebene durchgeführt werden, wodurch die Berechnungen vereinfacht werden.

Die Grundidee dabei ist, dass die Dicke des Profils im Vergleich zu den anderen Dimensionen (wie der Spannweite) vernachlässigbar klein ist. Dies ermöglicht es, die Strömung rund um das Profil als zweidimensional zu approximieren, was die mathematische Modellierung und Lösung erleichtert.

Für dünn bespannte Flügel kann man also die Strömungseffekte in der Dicke vernachlässigen und stattdessen eine zweidimensionale Betrachtung vornehmen. Dies führt zur sogenannten Potentialströmung oder dünnen Profiltheorie in der Aerodynamik.

Bemerkung 9.1

Bei der Untersuchung der Umströmung einer Tragfläche kann man folgende Vereinfachungen vornehmen

- Der Anstellwinkel α ist klein,
- die Profilkrümmung ist klein,
- die Profildicke ist klein und
- die Komponente u der Strömungsgeschwindigkeit ist klein.

Definition 9.1

(Linearisierte dünner Tragflügel) Man bezeichnet diese Vorgangsweise bei der Berechnung deshalb als Theorie linearisierter dünner Tragflügelprofile.

Zunächst muss zwischen zwei Begriffen unterschieden werden, jener der Skelettlinie und der Dickenverteilung. (vgl. mit ■ Abb. 9.1.)

Definition 9.2

(Skelettlinie und Dickenverteilung) Die Skelettlinie und die Dickenverteilung können durch die folgenden beiden Gleichungen unterschieden werden:

- **Skelettlinie:**

$$y_c = \frac{1}{2}\,(y_u + y_e) \tag{9.1}$$

- **Dickenverteilung:**

$$y_t = \frac{1}{2}\,(y_n - y_e) \tag{9.2}$$

Da es sich durch das Profil um eine gestörte, reibungsfreie, inkompressible Parallelströmung

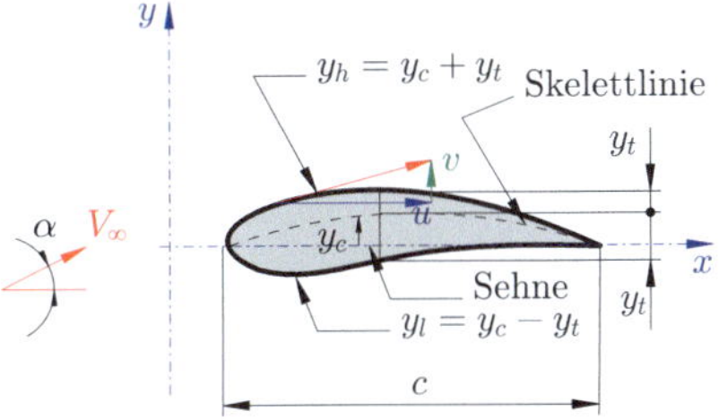

■ **Abb. 9.1**　Definition der Skelettlinie und der Dickenverteilung

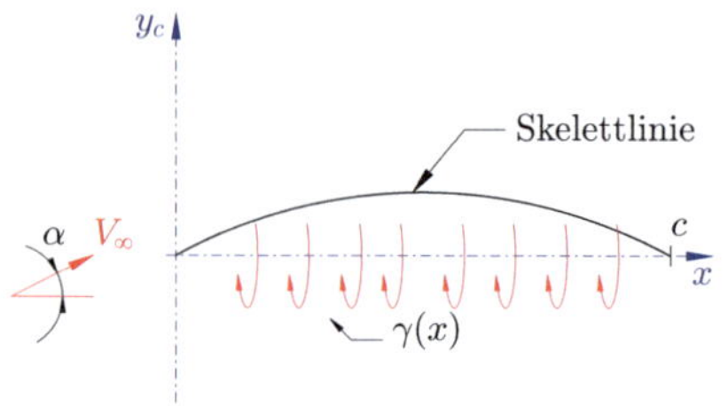

Abb. 9.2 Skelettlinie repräsentiert durch eine kontinuierliche Wirbelverteilung

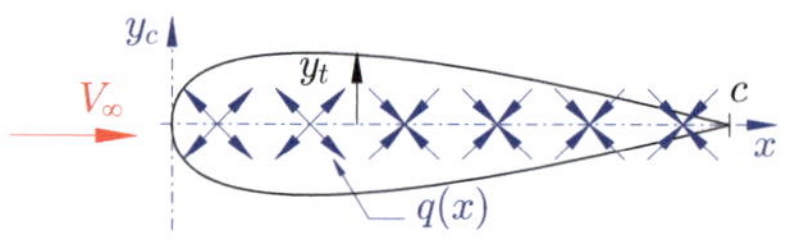

Abb. 9.3 Dickenverteilung repräsentiert durch eine kontinuierliche Quellen- und Senkenverteilung

handelt, kann ein Strömungsfeld durch zwei Potentialströmungen erzeugt werden.

> **Corollary 9.1**
>
> In ■ Abb. 9.2 ist eine Verteilung von Wirbeln, entlang der Profilsehne c dargestellt, die eine Skelettlinie um den Anstellwinkel α zeigt.

> **Corollary 9.2**
>
> Um eine symmetrische Dickenverteilung entlang von c zu erhalten, muss bei einem Nullanstellwinkel eine kontinuierliche Verteilung von Quellen und Senken vorliegen, gem. ■ Abb. 9.3.

In ■ Abb. 9.2 bedeutet $\gamma(x)$ die Wirbelstärke. In ■ Abb. 9.3 beschreibt $q(x)$ die Quellen- und Senkenverteilung auf der Profilsehne. Die Steigung der Kontur des dünnen Tragflügels kann durch Vergleichen von ■ Abb. 9.1 gemäß der Kombination aus den Strömungsgeschwindigkeiten und jenen der Parallelströmung (u und v) in den Richtungen x und y gebildet werden, zu

$$\left.\frac{dy}{dx}\right|_{\text{profile}} \approx \alpha + \frac{v}{V_\infty}. \tag{9.3}$$

Da der Abstand zwischen Profilsehne und Skelettlinie klein ist, ist die Strömungskomponente v etwa gleich auf diesen beiden Linien. Es gilt damit auch die Gl. (9.3) auf der Profilsehne. Man kann sie deshalb in die beeiden Komponenten der Potentialströmung aufteilen.

Die Geschwindigkeit $v_\gamma(x)$ der Wirbelstärkenverteilung $\gamma(x)$ beschreibt die Skelettlinie $y_c(x)$ zu

$$\frac{dy_c}{dx} = \alpha + \frac{v_\gamma(x)}{V_\infty}. \tag{9.4}$$

Die Geschwindigkeit $v_q(x)$ der Quellen- und Senkenverteilung $q(x)$ beschreibt die Dickenverteilung $y_t(x)$ zu

$$\frac{dy_t}{dx} = \pm \frac{v_q(x)}{V_\infty}. \tag{9.5}$$

Jetzt können die Normalgeschwindigkeiten definiert werden, diese lauten $v_\gamma(x)$ und $v_q(x)$ in den beiden Gleichungen (9.3) und (9.5).

9.2 Induzierte Geschwindigkeiten durch Singularitäten [1, 11]

Es werden Beziehungen zwischen Wirbel-, Quellen- und Senkenverteilung zu den induzierten Geschwindigkeiten entlang der Profilsehne aufgestellt.

■ Abb. 9.4 zeigt die kontinuierliche Verteilung der Quellenstärke $q(x)$ entlang der x-Achse von $x = 0$ bis $x = c$.

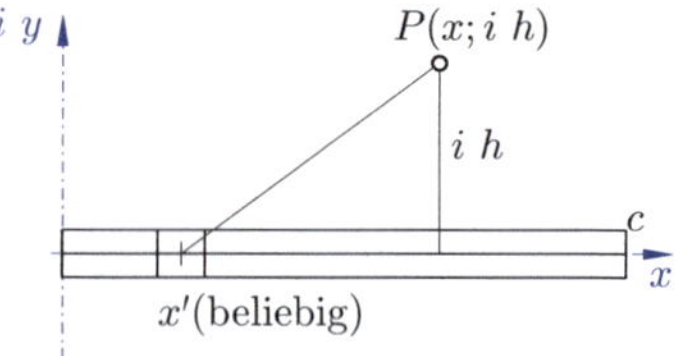

Abb. 9.4 Kontinuierliche Quellenverteilung entlang der x-Achse

Mit

$$\frac{dw}{dz} = u_q - i\,v_q\,\frac{dw}{dz} = \int_0^c \frac{q(x')\,dx'}{2\,\pi\,(x + i\,h - x')}.$$

(9.6)

findet man durch Unterteilen in den Real- und Imaginärteil

$$u_q(x,h) = \frac{1}{2\,\pi} \int_0^c \frac{(x - x')\,q(x')\,dx'}{(x - x')^2 + h^2} \quad (9.7)$$

$$v_q(x,h) = \frac{1}{2\,\pi} \int_0^c \frac{h\,q(x)\,dx'}{(x - x')^2 + h^2} \quad (9.8)$$

Für die Wirbelströmung $\gamma(x)$ mit der Einheitstiefe $\gamma > 0$ (im Uhrzeigersinn) kann man sich das gleiche wie für die zuvor behandelte kontinuierliche Quellenverteilung herleiten. Es gilt für die komplexe Geschwindigkeit im Punkt $P(x, i\,h)$

$$\frac{dw}{dz} = u_\gamma - i\,v_\gamma = i \int_0^c \frac{\gamma(x')\,dx'}{2\,\pi\,(x + i\,h - x')}.$$

(9.9)

Man kann jetzt die Gleichung für $h \to 0$ ermitteln und im Anschluss in einen Imaginär- und Realteil aufgespalten, zu

$$u_\gamma(x) = \pm\frac{1}{2}\,\gamma(x) \qquad\qquad (9.10)$$

$$v_\gamma(x) = -\frac{1}{2\,\pi}\,P \int_0^c \frac{\gamma(x')\,dx'}{(x - x')}. \qquad (9.11)$$

Mit dieser Gleichung sind jetzt alle Unbekannten bestimmt.

9.3 Skelettlinie und Effekte des Anstellwinkels [1, 11]

Im Folgenden werden die bereits hergeleiteten Gleichungen für die induzierte Geschwindigkeitskomponente v_γ, nach Gl. (9.4), die sich aus der Wirbelverteilung nach Gl. (9.11) ergibt, zur

Untersuchung für die kontinuierliche Wirbelverteilung $\gamma(x)$ verwendet. Es wird also zunächst

$$v_\gamma(x) = V_\infty \left(\frac{dy_c}{dx} - \alpha \right)$$

$$= -\frac{1}{2\,\pi}\,P \int_0^c \frac{\gamma(x')\,dx'}{(x - x')} \qquad (9.12)$$

festgehalten.

9.3.1 Methode nach Glauert

Die Glauert-Methode wird vor allem zur Analyse von Wirbeln und Wirbeltheorien verwendet. Sie wurde nach Hermann Glauert[1] benannt.

Die Methode beruht auf der Annahme, dass es sich bei dünnen Tragflügeln um eine Ansammlung von Wirbeln handelt. Diese Wirbel repräsentieren die Verteilung der Auftriebs- und Widerstandskräfte entlang der Spannweite des Flügels.

Bei der Glauert-Methode werden sogenannte „Wirbelkerne" eingeführt, die die Wirbelstruktur der Strömung um den Flügel modellieren. Es handelt sich um eine Transformation, wie sie in ◘ Abb. 9.5 gezeigt ist.

Gem. ◘ Abb. 9.5 lautet die Transformationsvorschrift

$$v_\gamma(x) = \frac{1}{2\,\pi}\,P \int_0^\pi \frac{\gamma(\varphi')\,\sin(\varphi')\,d\varphi'}{\cos(\varphi') - \cos(\varphi)}.$$

(9.13)

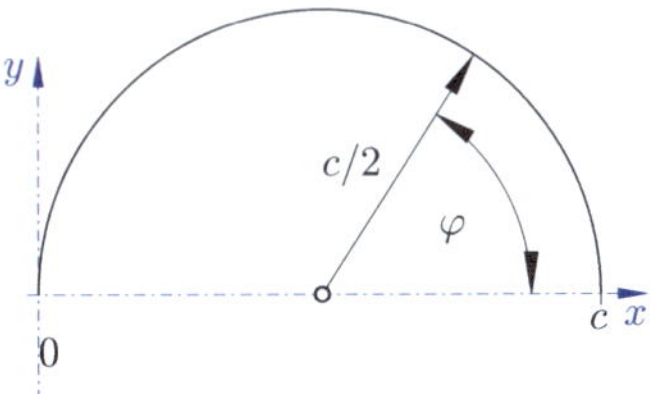

◘ **Abb. 9.5** Trigonometrische Transformation nach Glauert

1   Hermann Glauert (geboren 4. Oktober 1892 in Sheffield, Yorkshire; gestorben 6. August 1934 in Aldershot, Hampshire) [88].

Es sind die Randbedingungen der Skelettlinie $\frac{dy_c}{dx}$, der Anstellwinkel α und die ungestörte Anströmgeschwindigkeit V_∞ bereits bekannt.

9.3.2 Lösung für die Geschwindigkeitskomponente *u* mittels der Methode nach Glauert

$$u = V_\infty \left(1 \pm \tan\left(\frac{\varphi}{2}\right)\alpha\right) \qquad (9.14)$$

Dieses Ergebnis entspricht nun genau jenem, welches auch beim Kapitel „konforme Abbildungen" erreicht wurde.

9.3.3 Lösung für die Wirbelverteilung nach der Methode mit dem Poisson-Glauert-Integral

Eine Lösungsmöglichkeit von Gl. (9.13) kann man durch Anwendung des Poisson-Glauert-Integrals finden, wenn nur die Wirbelverteilung $\gamma(\varphi)$ bekannt ist. Dieses Integral lautet

$$\int_0^\pi \frac{\cos(n\,\varphi')}{\cos(\varphi') - \cos(\varphi)}\,\alpha\,\varphi' = \pi\,\frac{\sin(n\,\varphi)}{\sin(\varphi)}. \qquad (9.15)$$

Man kann diese Gl. (9.13) noch weiter vereinfachen. Es folgt dann für die γ-Verteilung die folgende Gleichung, zu

$$\frac{dy_c}{dx} = -\left[A_0 + \sum_{n=1}^\infty A_n \cos(n\,\varphi)\right]. \qquad (9.16)$$

Bemerkung 9.2

Mittels Gl. (9.16) ist die kontinuierliche Wirbelverteilung $\gamma(\varphi)$ an die Skelettlinie gebunden. Die Koeffizienten A_0 und A_n werden durch Einsetzen von Randbedingungen, wie $y_c = 0$, für $\varphi = 0$ und $\varphi = \pi$ ermittelt. Ebenso ermittelt man mittels der Steigung $\frac{dy_c}{dx}$ für eine endliche Anzahl an Punkten n die weiteren fehlenden Größen.

9.3.4 Entwicklung der Koeffizienten durch Fourier-Reihenentwicklung

Man kann die Koeffizienten A_0 bzw. A_n durch die Fourier-Reihe entwickeln, zu

$$A_0 = \frac{1}{\pi} \int_0^\pi \frac{dy_c}{dx}\,d\varphi \qquad (9.17)$$

$$A_n = -\frac{2}{\pi} \int_0^\pi \frac{dy_c}{dx} \cos(n\,\varphi)\,d\varphi. \qquad (9.18)$$

9.3.5 Tangentiale Geschwindigkeit entlang der Skelettlinie

Die tangentiale Geschwindigkeit kann durch die Gleichung

$$u(x) = V_\infty + u_\gamma = V_\infty \pm \frac{\gamma}{2} \qquad (9.19)$$

berechnet werden. Es ergibt sich damit

$$u(x) = V_\infty \pm \left[1 \pm \left\{(\alpha + A_0)\tan\left(\frac{\varphi}{2}\right)\right.\right.$$
$$\left.\left. + \sum_{n=1}^\infty A_n \sin(n\,\varphi)\right\}\right]. \qquad (9.20)$$

Man kann in dieser Gleichung den idealen Anstellwinkel berechnen. Dabei handelt es sich um den Winkel, der sich aus A_0 ergibt. Es gilt für den idealen Anstellwinkel $\alpha = -A_0$.

9.4 Dickenverteilung [1, 11]

Kombiniert man die beiden Gleichungen, folgt die Dickenverteilung zu

$$q(x) = 2\,V_\infty \frac{dy_t}{dx}. \tag{9.21}$$

Es gilt für die Dickenverteilung die Reihe

$$y_t = \frac{c}{2} \sum_{n=1}^{\infty} B_n \sin(n\,\varphi). \tag{9.22}$$

Die tangentiale Geschwindigkeitsverteilung u_q, die durch eine endliche Dickenverteilung des Profils entsteht, errechnet sich durch Einsetzen zu

$$\begin{aligned} u_q(x) &= \frac{1}{2\pi}\,P \int_0^c \frac{q(x')\,dx'}{(x-x')} \\ &= -\frac{V_\infty}{2\pi} \int_0^c \frac{\frac{dy_t}{dx}}{(x'-x)}\,dx'. \end{aligned} \tag{9.23}$$

Auch hier kann man die trigonometrische Transformation anwenden, durch Einsetzen der Gl. (9.21) nach φ abgeleitet zu φ' und in Gl. (9.22) eingesetzt folgt

$$\begin{aligned} u_q(\varphi) &= \frac{V_\infty}{\pi} \int_0^\pi \frac{\sum\limits_{n=1}^{\infty} B_n\,n\cos(n\,\varphi')}{\cos(n\,\varphi') - \cos(\varphi)}\,d\varphi' \\ &= \frac{V_\infty}{\pi} \sum_{n=1}^{\infty} B_n\,n \int_0^\pi \frac{\cos(n\,\varphi')}{\cos(n\,\varphi') - \cos(\varphi)}\,d\varphi'. \end{aligned} \tag{9.24}$$

Man kann hier das Integral (was ein Poisson-Glauert-Integral ist) ersetzen, mittels Gl. (9.15). Es folgt aus Gl. (9.24)

$$u_q(\varphi) = V_\infty \sum_{n=1}^{\infty} B_n\,n\,\frac{\sin(n\,\varphi)}{\sin(\varphi)}. \tag{9.25}$$

Diese gesamte Tangentialgeschwindigkeit, ohne den Krümmungseinfluss der Skelettlinie, wird zu

$$u_q(\varphi) = V_\infty + u_q(\varphi). \tag{9.26}$$

Untersucht man die Staupunkte genauer: $x = 0$ oder $\varphi = \pi$ und bei $x = c$ und $\varphi = 0$, so wird die Geschwindigkeit, nicht wie gewohnt in Staupunkten, zu null, weil

$$\lim_{\varphi \to \pi} \left(\frac{\sin(n\,\varphi)}{\sin(\varphi)} \right) = n \tag{9.27}$$

gilt. Es ist die Annahme von $u_q \ll V_\infty$ an den Staupunkten nicht gültig. Eine Lösung liefert der von Riegels eingeführte Korrekturfaktor.

$$u(\varphi) = \frac{1}{\kappa}\left(V_\infty + u_q(\varphi)\right) \tag{9.28}$$

Der Korrekturfaktor lautet

$$\kappa = \left[1 + \left(\frac{dy_t}{dx}\right)^2\right]^{\frac{1}{2}} = \sqrt{1 + \left(\frac{dy_t}{dx}\right)^2}. \tag{9.29}$$

9.5 Gekrümmte Profile mit Dickenverteilung [1, 11]

Bei gekrümmten Profilen kommt zusätzlich noch die Komponente u_γ hinzu (Superposition). Es resultiert daraus

$$u(\varphi) = \frac{1}{\kappa}\left(V_\infty + u_\gamma(\varphi) + u_q(\varphi)\right) \tag{9.30}$$

$$u_\gamma(\varphi) = \pm\, V_\infty \left[(\alpha + A_0)\tan\left(\frac{\varphi}{2}\right) + \sum_{n=1}^{\infty} A_n \sin(n\,\varphi) \right] \tag{9.31}$$

$$u_q(\varphi) = V_\infty \sum_{\mu=1}^{\infty} B_n\,\mu\,\frac{\sin(n\,\varphi)}{\sin(\varphi)} \tag{9.32}$$

$$\kappa = \left[1 + \left(\frac{dy_t}{dx}\right)^2\right]^{\frac{1}{2}} = \sqrt{1 + \left(\frac{dy_t}{dx}\right)^2} \tag{9.33}$$

9.6 Übungen

Übungsbeispiel 9.1

Wie lautet die Grundidee hinter der Theorie dünner Profile?

Lösung

In der Strömungsmechanik bezieht sich das Prinzip der Theorie dünner Profile auf die Annahme, dass bei der Betrachtung von Strömungen um dünne Körper oder Profile, wie Flügel oder Tragflächen, die dreidimensionalen Strömungseffekte vernachlässigt werden können. Stattdessen kann die Analyse auf einer zweidimensionalen Ebene durchgeführt werden, wodurch die Berechnungen vereinfacht werden.

Die Grundidee dabei ist, dass die Dicke des Profils im Vergleich zu den anderen Dimensionen (wie der Spannweite) vernachlässigbar klein ist. Dies ermöglicht es, die Strömung rund um das Profil als zweidimensional zu approximieren, was die mathematische Modellierung und Lösung erleichtert.

Übungsbeispiel 9.2

Welche Vereinfachungen werden bei der Theorie dünner Profile getroffen?

Lösung

- Der Anstellwinkel α ist klein,
- die Profilkrümmung ist klein,
- die Profildicke ist klein und
- die Komponente u der Strömungsgeschwindigkeit ist klein.

Übungsbeispiel 9.3

In welche beiden Strömungen kann das Strömungsfeld bei der Theorie dünner Profile unterteilt werden?

Lösung

Durch eine kontinuierliche Quellen- und Senkenverteilung

Übungsbeispiel 9.4

Wie kann die Steigung der Kontur des dünnen Tragflügels berechnet werden?

Lösung

$$\left.\frac{dy}{dx}\right|_{\text{profile}} \approx \alpha + \frac{v}{V_\infty} \tag{9.34}$$

Übungsbeispiel 9.5

Was ist die induzierte Geschwindigkeit bei der Theorie dünner Profile?

Lösung

Die induzierte Geschwindigkeit in der Theorie dünner Profile bezieht sich auf die Änderung der Geschwindigkeit entlang der Spannweite eines Tragflügels aufgrund der Anwesenheit von Auftrieb erzeugenden Wirbeln.

Übungsbeispiel 9.6

Was ist die Methode von Glauert?

Lösung

Die Methode beruht auf der Annahme, dass es sich bei dünnen Tragflügeln um eine Ansammlung von Wirbeln handelt. Diese Wirbel repräsentieren die Verteilung der Auftriebs- und Widerstandskräfte entlang der Spannweite des Flügels.

Bei der Glauert-Methode werden sogenannte „Wirbelkerne" eingeführt, die die Wirbelstruktur der Strömung um den Flügel modellieren. Es handelt sich um eine Transformation, wie sie in Abb. 9.5 gezeigt ist. Es handelt sich um eine Transformationsmethode.

Übungsbeispiel 9.7

Warum wird der Korrekturfaktor κ bei der Dickenverteilung eingeführt?

Lösung

Wenn man die Staupunkte untersucht und für diese die entsprechenden Winkel einsetzt, so gelangt man nicht auf eine Geschwindigkeit von 0. Dies liegt an der Annahme kleiner Winkel, die so nicht gemacht werden darf. Damit die Gleichungen trotzdem verwendet werden können, wurde von Riegels der Korrekturfaktor κ eingeführt.

Übungsbeispiel 9.8

Welcher Term gelangt bei der Dickenverteilung bei gekrümmten Profilen noch zusätzlich hinzu?

Lösung

Jener für $u_q(\varphi)$.

Panel-Methode für Profilumströmungen

Inhaltsverzeichnis

© Der/die Autor(en), exklusiv lizenziert an Springer-Verlag GmbH, DE, ein Teil von Springer Nature 2026

A. Huber, *Technische Mechanik 6 - Aeromechanik*,

https://doi.org/10.1007/978-3-662-72929-8_10

Sie lernen hier…

- Die Panel-Methode definieren und anwenden.
- Zweidimensionale Tragflügel (Tragflügellinien) mittels der Panel-Methode berechnen und untersuchen.
- Traglinien mittels numerischen Verfahren untersuchen.

Zitat

Der Mensch erfand die Atombombe, doch keine Maus der Welt würde eine Mausefalle konstruieren.

Albert Einstein

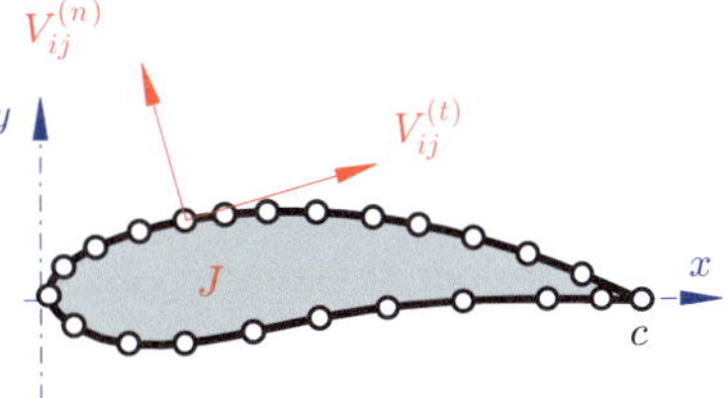

Abb. 10.1 Segmentierte Oberfläche mit diskreter Quellen- und Wirbelverteilung

Die Grundidee besteht darin, die Oberfläche eines Körpers (z. B. ein Tragflügelprofil) in eine endliche Anzahl diskreter Elemente zu unterteilen – sogenannte **Panels**. Auf jedem dieser Panels wird eine konstante oder linear veränderliche Verteilung von Singularitäten (Quellen, Wirbeln) angenommen. Die dadurch induzierten Geschwindigkeitsfelder überlagern sich linear, sodass sie gemeinsam das Strömungsfeld um den Körper approximieren. Vgl. mit **Abb. 10.1**.

10.1 Methode der diskreten Singularitätenverteilung [1, 11]

Die Methode der **diskreten Singularitätenverteilung** – oft auch als **Panel-Methode** bezeichnet, ist eine Methode irrotationaler Strömungsprobleme, um schlanke Körper zu berechnen. Sie stellt eine Erweiterung der klassischen Theorie dünner Tragflügel dar, welche kontinuierliche Verteilungen von Quellen- und Wirbelstärken entlang der Profillinie nutzt, indem diese Verteilungen in diskreter Form auf einzelnen Flächenelementen (Panels) abgebildet werden.

10.1.1 Grundprinzip und Motivation

Die klassische linearisierte Theorie dünner Tragflügel, wie sie in der Profiltheorie nach von Mises oder Glauert verwendet wird, geht davon aus, dass der gesamte Einfluss eines Profils auf das umgebende Strömungsfeld durch kontinuierlich verteilte Singularitäten – insbesondere Quellen und Wirbel – entlang der Mittellinie oder der Oberfläche dargestellt werden kann.

Diese kontinuierlichen Verteilungen lassen sich jedoch analytisch nur für einfache Geometrien und in idealisierten Fällen lösen. In der praktischen Aerodynamik – insbesondere bei der numerischen Analyse komplexer Profile, segmentierter Konfigurationen oder bei der Simulation realitätsnaher Anströmungen – sind diese analytischen Verfahren nicht anwendbar. Hier kommt die Panel-Methode zum Einsatz.

10.1.2 Mathematische Formulierung

Für jedes Panel werden die geometrischen Daten (Startpunkt, Endpunkt, Panelwinkel, Flächenmittelpunkt) zunächst bestimmt. Anschließend wird eine Singularität (typischerweise eine Quelle oder ein Wirbel) mit einer konstanten Stärke σ (für Quellen) bzw. γ (für Wirbel) auf dem Panel angesetzt.

Die von diesen diskreten Singularitäten erzeugte **induzierte Geschwindigkeit** an einem Punkt P im Strömungsfeld wird nach bekannten Formeln aus der Potentialtheorie berechnet. Insbesondere für zweidimensionale Probleme können geschlossene Ausdrücke für den Einfluss eines linearen Quellen- oder Wirbelelements angegeben werden.

Die Randbedingung der **impermeablen Oberfläche** verlangt, dass die resultierende Normalgeschwindigkeit an jedem Panel-„Kontrollpunkt" null ist:

$$v_n = (\vec{V}_\infty + \vec{v}_{\text{ind}}) \cdot \vec{n} = 0. \qquad (10.1)$$

Dabei ist:

- $\vec{V}_\infty$ die ungestörte Anströmgeschwindigkeit,
- $\vec{v}_{\text{ind}}$ die Summe aller von den Singularitäten erzeugten Geschwindigkeitskomponenten,
- $\vec{n}$ die lokale Oberflächennormale des Panels.

Es entsteht ein lineares Gleichungssystem, dessen Lösung die Singularitätenstärken liefert. Bei einer Kombination aus Quellen- und Wirbelverteilung spricht man auch von einer **Dirichlet-Neumann-Mischung**, da entweder die Geschwindigkeit (Neumann-Randbedingung) oder das Potential (Dirichlet-Randbedingung) vorgeschrieben ist.

10.1.3 Berechnung der Druckverteilung

Sobald die Singularitätenstärken bekannt sind, kann die tangentiale Geschwindigkeit auf der Oberfläche berechnet werden. Diese ist entscheidend für die Bestimmung des **Druckbeiwerts** C_p über die **Bernoulli-Gleichung**:

$$C_p = 1 - \left(\frac{v_{\text{tan}}}{V_\infty}\right)^2 . \qquad (10.2)$$

Aus der Verteilung von C_p entlang des Profils lassen sich alle wesentlichen aerodynamischen Kenngrößen wie Auftrieb, Momentenbeiträge und – im erweiterten Rahmen – auch Widerstand (z. B. durch Reibungsmodelle oder Auftriebsverteilungen) bestimmen.

10.1.4 Typen von Singularitäten und Erweiterungen

Die klassische Panel-Methode arbeitet entweder mit reinen Quellenverteilungen (für symmetrische, nicht auftriebswirksame Körper) oder kombiniert Quellen und Wirbel, um auftriebswirksame Geometrien zu modellieren. Häufig eingesetzte Varianten sind:

- **Quellen-Panels:** zur Modellierung von Verdrängungseffekten.
- **Wirbel-Panels:** zur Erzeugung zirkulierender Strömungen (Auftrieb).

- **Lineare Panel-Verteilungen:** mit linearer Variation der Stärke innerhalb eines Panels für höhere Genauigkeit.
- **Mehrfachverteilung pro Panel:** z. B. überlagertes Quellen- und Wirbelpanel.

Durch diese Kombinationen können auch komplexe Profile, einschließlich Klappen, Lücken oder sogar poröser Oberflächen, analysiert werden.

10.1.5 Anwendungsbereiche

Die Panel-Methode wurde ursprünglich in den 1960er-Jahren von **Hess und Smith** eingeführt. Aufgrund ihrer Effizienz und Vielseitigkeit hat sie sich in zahlreichen aerodynamischen Anwendungsfeldern etabliert. Sie eignet sich besonders für die Analyse von:

- **Interner und externer Potentialströmung:** z. B. Düsengeometrien, Kanäle, Gondeln.
- **Mehrfachprofilanordnungen (Multi-Elemente):** z. B. Landeklappen, Hochauftriebskonfigurationen.
- **Kaskadenströmungen:** in Turbomaschinen oder Verdichterschaufeln.
- **Profile in nicht uniformen Strömungen:** z. B. Scherströmungen, Wirbelhintergründe.
- **Gebläse- und Saugströmung:** zur Simulation von aktiver Strömungsbeeinflussung.

10.1.6 Voraussetzungen und Grenzen

Die Panel-Methode basiert auf der Annahme einer **Potentialströmung**, d. h.:

- die Strömung ist **reibungsfrei** (keine Viskosität),
- die Strömung ist **wirbelfrei** (außer in gezielt eingeführten Wirbelverteilungen),
- es liegt eine **stationäre** und **inkompressible** Anströmung vor.

Sie kann daher reale Effekte wie Grenzschichtablösung, Wirbelschleppen oder Stoßwellen (in transsonischen und supersonischen Bereichen) nicht direkt abbilden. Trotzdem bildet sie die Grundlage für viele ingenieurtechnische Abschätzungen und eignet sich hervorragend zur schnellen Analyse und Vorbewertung von Profilformen im Vorentwurf.

10.2　Profile ohne Auftrieb

Die Untersuchung von Profilen ohne Auftrieb, insbesondere zur Anwendung der Panel-Methode auf der Basis diskreter Quellenverteilungen, bietet die Grundlage der Panel-Methode.

In dieser speziellen Konfiguration wird auf den Einbau von Wirbeln verzichtet, wodurch keine Zirkulation entsteht – und folglich gemäß Kutta-Joukowski-Theorem auch kein Auftrieb. Diese Idealisierung erlaubt es, das grundlegende Wirkprinzip der Panel-Methode zu demonstrieren, bevor zirkulationsbehaftete Fälle behandelt werden.

Da das Verfahren auf einer mathematischen Diskretisierung basiert, müssen die geometrischen Eigenschaften des Profils – d. h. seine Umrisskontur – in Form diskreter Punkte bekannt sein. Auch die ungestörte Anströmgeschwindigkeit V_∞ (die ohne Einschränkung der Allgemeingültigkeit auf $V_\infty = 1$ normiert werden kann) sowie der Anstellwinkel α gehören zu den notwendigen Eingangsgrößen.

Das rechnerische Verfahren gliedert sich in fünf methodische Schritte:

10.2.1　Schritt 1: Geometrie und Diskretisierung

Die Oberfläche des Profils wird in N **Panel-Elemente** unterteilt, welche durch benachbarte Koordinatenpunkte $P_j = (x_j, y_j)$ definiert werden. Jedes Panel stellt ein geradliniges Segment dar, das zwischen P_j und P_{j+1} verläuft.

Die geometrischen Größen eines Panels sind:
- **Panel-Länge**

$$\Delta s_j = \sqrt{(x_{j+1} - x_j)^2 + (y_{j+1} - y_j)^2}$$

- **Mittlerer Punkt** (Kontrollpunkt):

$$x_j^c = \frac{1}{2}(x_j + x_{j+1}), \quad y_j^c = \frac{1}{2}(y_j + y_{j+1})$$

- **Tangential- und Normalvektor:**

$$\vec{t}_j = \frac{1}{\Delta s_j}\begin{pmatrix} x_{j+1} - x_j \\ y_{j+1} - y_j \end{pmatrix}, \quad \vec{n}_j = \begin{pmatrix} -t_{j,y} \\ t_{j,x} \end{pmatrix}$$

Die Kontrollpunkte I (mit $i = 1, \ldots, N$) liegen jeweils im Mittelpunkt eines Panels und dienen der Formulierung der Randbedingungen.

10.2.2　Schritt 2: Einflusskoeffizienten der Quellenelemente

Ziel ist die Bestimmung der Geschwindigkeit, die eine Quelle der Einheitsstärke auf dem Panel J am Kontrollpunkt I induziert. Diese wird in Normal- und Tangentialkomponente zerlegt

$$
\begin{aligned}
u_{ij} &= \frac{1}{2\pi} \int_{-\Delta_j/2}^{+\Delta_j/2} \frac{(x_{ij} - x)}{(x_{ij} - x)^2 + y_{ij}^2}\, dx \\
&= \frac{1}{4\pi} \ln\left(\frac{\left(x_{ij} + \frac{\Delta_j}{2}\right)^2 + y_{ij}^2}{\left(x_{ij} - \frac{\Delta_j}{2}\right)^2 + y_{ij}^2} \right)
\end{aligned}
\tag{10.3}
$$

$$
\begin{aligned}
v_{ij} &= \frac{1}{2\pi} \int_{-\Delta_j/2}^{+\Delta_j/2} \frac{y_{ij}}{(x_{ij} - x)^2 + y_{ij}^2}\, dx \\
&= \frac{1}{\pi} \cdot \tan^{-1}\left(\frac{\Delta_j/2}{x_{ij}^2 + y_{ij}^2 - (\Delta_j/2)^2} \cdot y_{ij} \right)
\end{aligned}
\tag{10.4}
$$

Dabei bezeichnen:
- x_{ij}, y_{ij} die Koordinatendifferenz vom Mittelpunkt des Panels J zum Kontrollpunkt I im lokalen Koordinatensystem von Panel J.
- Δ_j die Länge des Panels J.
- u_{ij} die tangentiale und v_{ij} die normale Geschwindigkeit am Punkt I infolge einer Quellenverteilung auf Panel J.

Die zugehörige Geometrie ist in ◘ Abb. 10.2 dargestellt.

10.2.3　Schritt 3: Aufstellen des linearen Gleichungssystems

Die zentrale Bedingung besteht darin, dass die Summe aus der induzierten Geschwindigkeit aller Quellenkomponenten plus der ungestörten

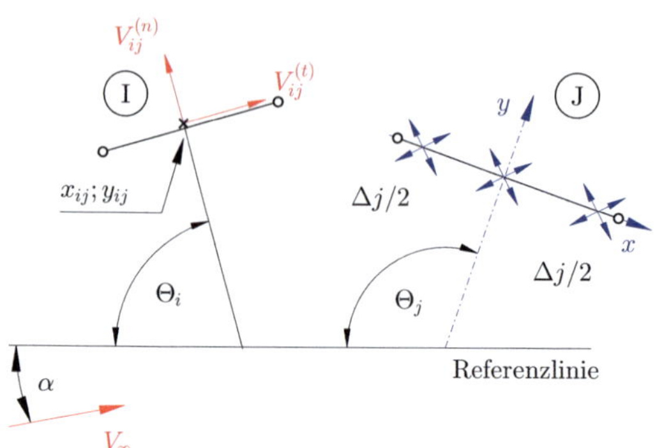

◼ **Abb. 10.2** Definitionen von Geschwindigkeiten und Längen

Anströmung in **Normalrichtung** an jedem Kontrollpunkt verschwindet

$$\vec{v}_\infty \cdot \vec{n}_i + \sum_{j=1}^{N} \sigma_j \cdot v_{ij}^{(n)} = 0, \quad i = 1, \ldots, N.$$

(10.5)

Dies ergibt ein lineares Gleichungssystem der Form:

$$\mathbf{A} \cdot \vec{\sigma} = \vec{b}$$

(10.6)

mit

- $A_{ij} = v_{ij}^{(n)}$: normalinduzierte Geschwindigkeit von Panel j an Punkt i
- σ_j: Stärke der Quelle auf Panel j
- $b_i = -\vec{v}_\infty \cdot \vec{n}_i$

Da die Quellenverteilung nur die Geometrie beeinflusst, ist die Lösung dieses Gleichungssystems unabhängig von der Zirkulation. Daher wird kein Auftrieb erzeugt.

10.2.4 Schritt 4: Berechnung der Geschwindigkeit und Druckverteilung

Nach Bestimmung der Singularitätenstärken σ_j kann die Geschwindigkeit an beliebigen Punkten auf der Oberfläche berechnet werden – insbesondere in Tangentialrichtung, da diese entscheidend für den Druckbeiwert C_p ist.

Die tangentiale Geschwindigkeit am Kontrollpunkt i ergibt sich aus:

$$v_{\mathrm{tan},i} = \vec{v}_\infty \cdot \vec{t}_i + \sum_{j=1}^{N} \sigma_j \cdot u_{ij}^{(t)}$$

(10.7)

Daraus ergibt sich mittels der Bernoulli-Gleichung:

$$C_{p,i} = 1 - \left(\frac{v_{\mathrm{tan},i}}{V_\infty}\right)^2$$

(10.8)

Die Fläche unter der Druckverteilung ist jedoch symmetrisch – es entsteht kein Nettodruckunterschied, somit:

$$L = 0, \quad \text{(kein Auftrieb)}.$$

(10.9)

10.2.5 Schritt 5: Interpretation und Validierung

Das Ergebnis der Rechnung zeigt eine realistische Druckverteilung, jedoch keinen resultierenden Auftrieb. Die Methode stellt somit einen Grenzfall dar, der rein auf Verdrängungseffekten basiert – ohne jegliche Zirkulation. Dieses Vorgehen kann zur Validierung von Panel-Algorithmen, Geometrieaufbereitung und Einflusskoeffizienten herangezogen werden. Erst durch die Einführung einer Wirbelverteilung kann ein auftriebswirksamer Fall modelliert werden.

Corollary 10.1

Die Panel-Methode ohne Wirbelverteilung erfüllt keine Kutta-Bedingung und führt daher zu keiner Zirkulation. Gemäß Kutta-Joukowski-Theorem:

$$L' = \varrho_\infty V_\infty \Gamma \implies \Gamma = 0$$
$$\implies L = 0$$

(10.10)

Die Methode eignet sich ideal zur Einführung in die Panel-Theorie, nicht jedoch zur realistischen Berechnung auftriebswirksamer Profile.

10.3 Profile mit Auftrieb

Im Gegensatz zu auftriebslosen Konfigurationen erzeugen reale Tragflügel und Profile einen resultierenden Auftrieb, der mit der Zirkulation Γ um das Profil verbunden ist. Mathematisch wird dieser Zusammenhang durch das **Kutta-Joukowski-Theorem** beschrieben

$$L' = \varrho_\infty V_\infty \Gamma. \tag{10.11}$$

Für eine korrekte Berechnung des Auftriebs mit Panelmethoden muss daher eine Wirbelverteilung berücksichtigt werden, welche die Zirkulation modelliert.

10.3.1 Physikalische Motivation: Kutta-Bedingung

Die Zirkulation um ein Profil ist nicht beliebig wählbar, sondern ergibt sich aus der physikalischen Randbedingung am scharfen Profilende: **Die Strömung verlässt die Profilhinterkante glatt.**

Bemerkung 10.1 (Kutta-Bedingung)
Die Geschwindigkeit auf der Profilober- und -unterseite ist am hintersten Punkt gleich groß:

$$v_{\text{oberseite}} = v_{\text{unterseite}} \quad \text{an der Hinterkante.} \tag{10.12}$$

Dies impliziert, dass die gesamte Zirkulation Γ so gewählt werden muss, dass diese Bedingung erfüllt ist.

10.3.2 Modellierung der Zirkulation über Wirbelverteilung

Zusätzlich zur Quellenverteilung σ_j wird nun jedem Panel eine Wirbelstärke γ_j zugeordnet. Die Gesamtgeschwindigkeit an einem Kontroll-punkt i ergibt sich dann aus der Superposition:

$$\vec{v}_i = \vec{v}_\infty + \sum_{j=1}^{N} \left(\sigma_j\, \vec{v}_{ij}^{\,(\text{Quelle})} + \gamma_j\, \vec{v}_{ij}^{\,(\text{Wirbel})} \right) \tag{10.13}$$

Für Wirbelinduzierte Geschwindigkeitskomponenten an Punkt i aufgrund eines konstanten Wirbels auf Panel j (lokales Koordinatensystem) gilt:

$$u_{ij}^{(\gamma)} = -\frac{1}{2\pi} \int_{-\Delta_j/2}^{+\Delta_j/2} \frac{y_{ij}}{(x_{ij}-x)^2 + y_{ij}^2}\, dx \tag{10.14}$$

$$v_{ij}^{(\gamma)} = \frac{1}{2\pi} \int_{-\Delta_j/2}^{+\Delta_j/2} \frac{(x_{ij}-x)}{(x_{ij}-x)^2 + y_{ij}^2}\, dx \tag{10.15}$$

Im Vergleich zur Quellenverteilung wirken die induzierten Geschwindigkeiten bei Wirbeln tangential stärker und erzeugen die asymmetrische Strömung, die für Auftrieb verantwortlich ist.

10.3.3 Aufstellen des Gleichungssystems mit Zirkulation

Analog zum auftriebslosen Fall wird nun die **Normalgeschwindigkeit** an jedem Kontroll-punkt auf null gesetzt:

$$\vec{v}_\infty \cdot \vec{n}_i + \sum_{j=1}^{N} \left(\sigma_j v_{ij}^{(n)} + \gamma_j w_{ij}^{(n)} \right) = 0,$$
$$i = 1, \dots, N \tag{10.16}$$

Zusätzlich wird eine weitere Gleichung benötigt: die **Kutta-Bedingung**, die meist so formuliert wird, dass die Wirbelstärken auf dem letzten oberen Panel gleich derjenigen auf dem letzten unteren Panel sind:

$$\gamma_1 = \gamma_N \quad (\text{glatter Austritt}) \tag{10.17}$$

Somit ergeben sich $N + 1$ Gleichungen für N Quellenstärken σ_j und N Wirbelstärken γ_j – allerdings lassen sich die Quellenanteile σ_j häufig eliminieren, indem man nur Wirbelpanel (Vortex-only Methode) oder gemischte Paneltypen einsetzt (siehe weiter unten).

10.3.4 Berechnung des Auftriebs

Sobald die Wirbelstärken γ_j berechnet sind, ergibt sich die Zirkulation Γ über das gesamte Profil als Summe:

$$\Gamma = \sum_{j=1}^{N} \gamma_j \cdot \Delta s_j. \tag{10.18}$$

Der dimensionslose Auftriebsbeiwert C_L folgt als:

$$C_L = \frac{2\Gamma}{V_\infty c}. \tag{10.19}$$

wobei c die Profiltiefe (Länge der Sehne) ist.

10.3.5 Berechnung der Druckverteilung

Die tangentiale Geschwindigkeit an jedem Kontrollpunkt ergibt sich nun aus der Summe der

Einflusskoeffizienten aller Wirbel:

$$v_{\text{tan},i} = \vec{v}_\infty \cdot \vec{t}_i + \sum_{j=1}^{N} \gamma_j \cdot u_{ij}^{(t)} \tag{10.20}$$

und der dimensionslose Druckbeiwert ist wieder gegeben durch:

$$C_{p,i} = 1 - \left(\frac{v_{\text{tan},i}}{V_\infty}\right)^2 \tag{10.21}$$

Die Druckverteilung zeigt die typische Asymmetrie auf – höhere Strömungsgeschwindigkeit auf der Oberseite führt zu niedrigem statischem Druck und damit zu Auftrieb.

Bemerkung 10.2
Durch Kombination von Quellen- und Wirbelverteilungen kann nahezu jede Randbedingung im Rahmen der Potentialtheorie erfüllt werden. Der auftriebslose Fall ist als Spezialfall der Wirbelfreiheit $\Gamma = 0$ enthalten.

10.4 Numerische Untersuchung mittels Matlab

Siehe ▶ Lösung durch Matlab 10.1–10.3.

Methode: Lösung durch Matlab 10.1

Im Folgenden ist ein Matlab-Programm zu erstellen, das mittels der Panel-Methode die Druckverteilung, auf der Ober- und Unterseite eines NACA 0012-Profil mit Zirkulation berechnet, sowie das Profil in einen eigenen Plot darstellt, bei einem Anstellwinkel von 5 Grad.

Lösung

Siehe ◼ Abb. 10.3 bzw. ◼ Abb. 10.4.

```matlab
clc; clear; close all;

%% PARAMETER
N = 100;                 % Anzahl Panels (muss gerade sein)
alpha_deg = 5;           % Anstellwinkel in Grad
alpha = deg2rad(alpha_deg); % Umwandlung in Bogenmaß
```

```matlab
%% NACA 0012 PROFILGEOMETRIE (4-digit manuell eingebaut)
% NACA 0012: m = 0, p = 0, t = 12
m = 0; p = 0; t = 12;
m = m / 100;
p = p / 10;
t = t / 100;

% Cosinus-Verteilung der x-Koordinaten
beta = linspace(0, pi, N/2 + 1);
x = (1 - cos(beta)) / 2; % [0,1]

% Dickenverteilung yt
yt = 5*t*(0.2969*sqrt(x) - 0.1260*x - 0.3516*x.^2 + ...
          0.2843*x.^3 - 0.1015*x.^4);

% Mittellinie yc und Steigung dyc/dx
yc = zeros(size(x));
dyc_dx = zeros(size(x));
for i = 1:length(x)
    if x(i) < p && p > 0
        yc(i) = m/p^2 * (2*p*x(i) - x(i)^2);
        dyc_dx(i) = 2*m/p^2 * (p - x(i));
    elseif p > 0
        yc(i) = m/(1 - p)^2 * ((1 - 2*p) + 2*p*x(i) - x(i)^2);
        dyc_dx(i) = 2*m/(1 - p)^2 * (p - x(i));
    end
end

theta = atan(dyc_dx);

% Ober- und Unterseite
xu = x - yt .* sin(theta);
yu = yc + yt .* cos(theta);
xl = x + yt .* sin(theta);
yl = yc - yt .* cos(theta);

% Zusammenfügen von Ober- und Unterseite
x = [flipud(xu') ; xl(2:end)'];
y = [flipud(yu') ; yl(2:end)'];
N = length(x) - 1;

%% PANELDATEN
for i = 1:N
    dx = x(i+1) - x(i);
    dy = y(i+1) - y(i);
    s(i) = sqrt(dx^2 + dy^2);
    phi(i) = atan2(dy, dx);
    xc(i) = 0.5*(x(i) + x(i+1));
    yc(i) = 0.5*(y(i) + y(i+1));
end

%% EINFLUSS-KOEFFIZIENTEN
Cn1 = zeros(N,N); Cn2 = zeros(N,N);
Ct1 = zeros(N,N); Ct2 = zeros(N,N);
```

```matlab
for i = 1:N
    for j = 1:N
        if i == j
            Cn1(i,j) = -1;
            Cn2(i,j) = 1;
            Ct1(i,j) = pi/2;
            Ct2(i,j) = pi/2;
        else
            A = -(xc(i) - x(j)) * cos(phi(j)) - (yc(i) - y(j)) * sin(phi(j));
            B = (xc(i) - x(j))^2 + (yc(i) - y(j))^2;
            C = sin(phi(i) - phi(j));
            D = cos(phi(i) - phi(j));
            E = (xc(i) - x(j)) * sin(phi(j)) - (yc(i) - y(j)) * cos(phi(j));
            F = log(1 + (s(j)^2 + 2*A*s(j)) / B);
            G = atan2(E*s(j), B + A*s(j));

            Cn2(i,j) = D + 0.5*F*C - A*C/B;
            Cn1(i,j) = D - 0.5*F*C - A*C/B;
            Ct2(i,j) = C - 0.5*F*D - A*D/B;
            Ct1(i,j) = C + 0.5*F*D - A*D/B;
        end
    end
end

%% LINEARES SYSTEM (Zirkulation + Kutta)
A = zeros(N+1, N+1);
RHS = zeros(N+1, 1);

for i = 1:N
    for j = 1:N
        A(i,j) = Cn1(i,j);
    end
    A(i,N+1) = sin(phi(i));            % Zirkulationsterm
    RHS(i) = -cos(phi(i) - alpha);     % rechte Seite
end

% Kutta-Bedingung
A(N+1,1)   = 1;
A(N+1,N)   = 1;
A(N+1,N+1) = 0;
RHS(N+1)   = 0;

% Lösung
gamma = A \ RHS;
lambda = gamma(1:N);       % Quellenstärken
Gamma = gamma(end);        % Zirkulation

%% BERECHNUNG DER DRUCKVERTEILUNG
vtan = zeros(N,1);
Cp = zeros(N,1);
for i = 1:N
    for j = 1:N
        vtan(i) = vtan(i) + lambda(j)*(Ct1(i,j) + Ct2(i,j));
    end
    vtan(i) = vtan(i) + Gamma*cos(phi(i));
    vtan(i) = vtan(i) + sin(phi(i) - alpha);
    Cp(i) = 1 - vtan(i)^2;
end
```

```matlab
%% VISUALISIERUNG
figure;
plot(x, y, 'k.-');
axis equal;
xlabel('x'); ylabel('y');
title('NACA 0012 Profil mit Panelaufteilung');

figure;
hold on;
plot(xc(1:N/2), Cp(1:N/2), 'b.-', 'DisplayName','Oberseite');
plot(xc(N/2+1:end), Cp(N/2+1:end), 'r.-', 'DisplayName','Unterseite');
set(gca, 'YDir','reverse');
xlabel('x'); ylabel('C_p');
title(sprintf('Druckverteilung über Profil (alpha = %.1f°)', alpha_deg));
legend; grid on;
```

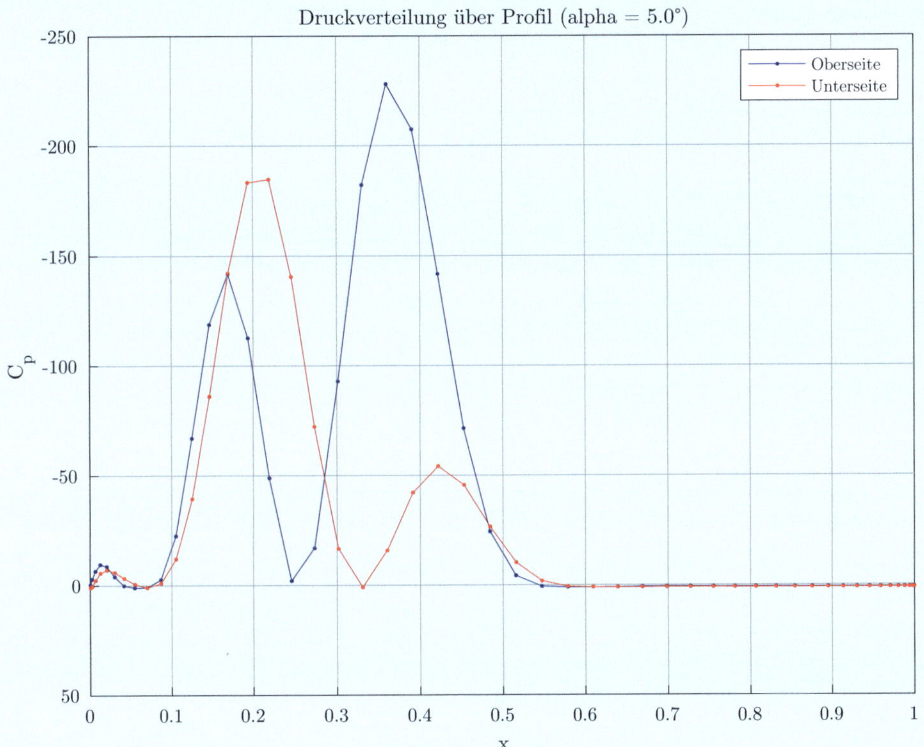

◼ **Abb. 10.3** Druckverteilung an der Ober- und Unterseite eines NACA 0012-Profil, mittels der Panel Methode in Matlab

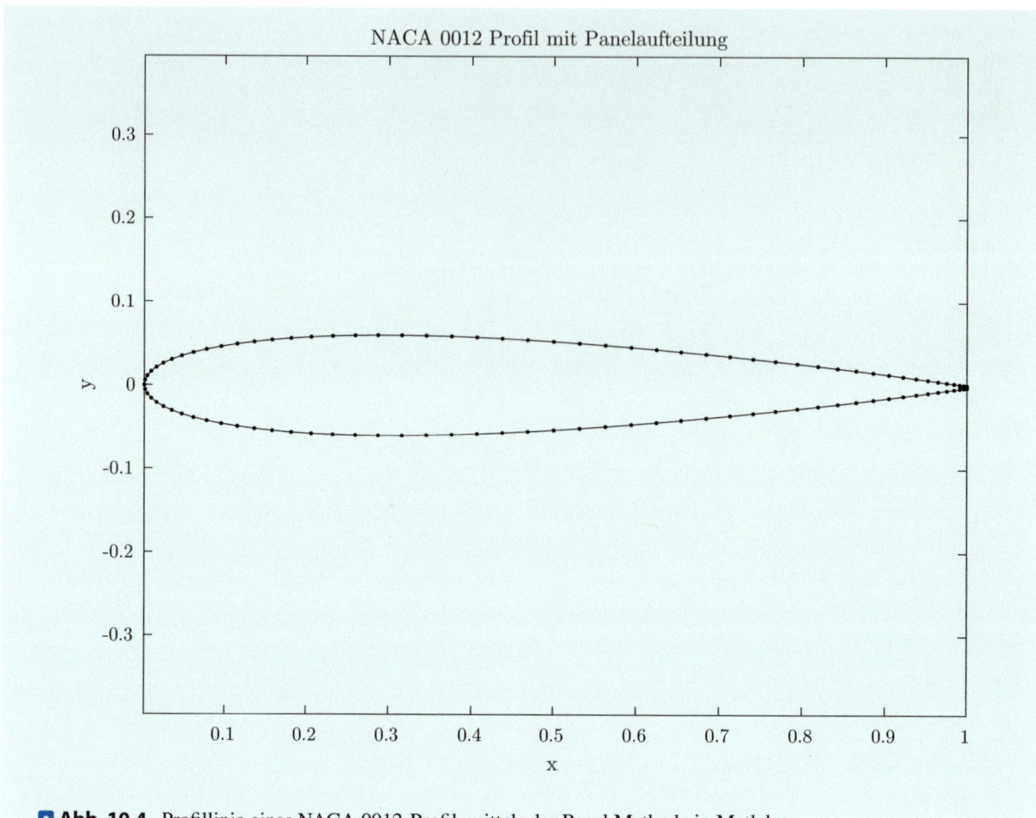

Abb. 10.4 Profillinie eines NACA 0012-Profil, mittels der Panel Methode in Matlab

---

Methode: Lösung durch Matlab 10.2

Im Folgenden ist ein Matlab-Programm zu erstellen, das mittels der Panel-Methode die Druckverteilung, auf der Ober- und Unterseite eines NACA 2412-Profil mit Zirkulation berechnet, sowie das Profil in einen eigenen Plot darstellt, bei einem Anstellwinkel von 5 Grad.

Lösung

Siehe ▣ Abb. 10.5 bzw. ▣ Abb. 10.6.

```matlab
clc; clear; close all;

%% PARAMETER
N = 100;                   % Anzahl Panels (gerade Zahl)
alpha_deg = 5;             % Anstellwinkel in Grad
alpha = deg2rad(alpha_deg); % Umrechnung in Bogenmaß
```

```matlab
%% NACA 2412 PROFILPARAMETER
m = 0.02;        % maximale Wölbung (2%)
p = 0.4;         % Ort der max. Wölbung (40%)
t = 0.12;        % Dicke (12%)

% Cosinus-Verteilung der x-Koordinaten (mehr Punkte an der Nase)
beta = linspace(0, pi, N/2 + 1);
x = (1 - cos(beta)) / 2; % von 0 bis 1

% Dickenverteilung yt (NACA 4-digit)
yt = 5*t*(0.2969*sqrt(x) - 0.1260*x - 0.3516*x.^2 + ...
          0.2843*x.^3 - 0.1015*x.^4);

% Mittellinie yc und Steigung dyc/dx
yc = zeros(size(x));
dyc_dx = zeros(size(x));
for i = 1:length(x)
    if x(i) < p
        yc(i) = m/p^2 * (2*p*x(i) - x(i)^2);
        dyc_dx(i) = 2*m/p^2 * (p - x(i));
    else
        yc(i) = m/(1 - p)^2 * ((1 - 2*p) + 2*p*x(i) - x(i)^2);
        dyc_dx(i) = 2*m/(1 - p)^2 * (p - x(i));
    end
end

theta = atan(dyc_dx);   % Winkel der Tangente an der Mittellinie

% Koordinaten der Ober- und Unterseite
xu = x - yt .* sin(theta);
yu = yc + yt .* cos(theta);
xl = x + yt .* sin(theta);
yl = yc - yt .* cos(theta);

% Zusammenfügen zu vollständigem Profil (Gegen-Uhrzeiger-Richtung)
x = [flipud(xu') ; xl(2:end)'];
y = [flipud(yu') ; yl(2:end)'];
N = length(x) - 1;

%% PANELDATEN
for i = 1:N
    dx = x(i+1) - x(i);
    dy = y(i+1) - y(i);
    s(i) = sqrt(dx^2 + dy^2);
    phi(i) = atan2(dy, dx);
    xc(i) = 0.5*(x(i) + x(i+1));
    yc(i) = 0.5*(y(i) + y(i+1));
end

%% EINFLUSS-KOEFFIZIENTEN
Cn1 = zeros(N,N); Cn2 = zeros(N,N);
Ct1 = zeros(N,N); Ct2 = zeros(N,N);
```

```matlab
for i = 1:N
    for j = 1:N
        if i == j
            Cn1(i,j) = -1;
            Cn2(i,j) = 1;
            Ct1(i,j) = pi/2;
            Ct2(i,j) = pi/2;
        else
            A = -(xc(i) - x(j)) * cos(phi(j)) - (yc(i) - y(j)) * sin(phi(j));
            B = (xc(i) - x(j))^2 + (yc(i) - y(j))^2;
            C = sin(phi(i) - phi(j));
            D = cos(phi(i) - phi(j));
            E = (xc(i) - x(j)) * sin(phi(j)) - (yc(i) - y(j)) * cos(phi(j));
            F = log(1 + (s(j)^2 + 2*A*s(j)) / B);
            G = atan2(E*s(j), B + A*s(j));

            Cn2(i,j) = D + 0.5*F*C - A*C/B;
            Cn1(i,j) = D - 0.5*F*C - A*C/B;
            Ct2(i,j) = C - 0.5*F*D - A*D/B;
            Ct1(i,j) = C + 0.5*F*D - A*D/B;
        end
    end
end

%% LINEARES SYSTEM (Zirkulation berücksichtigt)
A = zeros(N+1, N+1);
RHS = zeros(N+1, 1);

for i = 1:N
    for j = 1:N
        A(i,j) = Cn1(i,j);
    end
    A(i,N+1) = sin(phi(i));             % Zirkulationsterm
    RHS(i) = -cos(phi(i) - alpha);      % Anströmung
end

% Kutta-Bedingung (letzte Zeile)
A(N+1,1)   = 1;
A(N+1,N)   = 1;
A(N+1,N+1) = 0;
RHS(N+1)   = 0;

% Lösung des Gleichungssystems
gamma = A \ RHS;
lambda = gamma(1:N);        % Quellenstärken
Gamma = gamma(end);         % Zirkulation

%% DRUCKVERTEILUNG UND GESCHWINDIGKEIT
vtan = zeros(N,1); Cp = zeros(N,1);
for i = 1:N
    for j = 1:N
        vtan(i) = vtan(i) + lambda(j)*(Ct1(i,j) + Ct2(i,j));
    end
    vtan(i) = vtan(i) + Gamma*cos(phi(i));
    vtan(i) = vtan(i) + sin(phi(i) - alpha);
    Cp(i) = 1 - vtan(i)^2;
end
```

```
%% PLOTTEN: PROFIL
figure;
plot(x, y, 'k.-');
axis equal;
xlabel('x'); ylabel('y');
title('NACA 2412 Profil (Panelmethode)');
grid on;

%% PLOTTEN: DRUCKVERTEILUNG
figure;
hold on;
plot(xc(1:N/2), Cp(1:N/2), 'b.-', 'DisplayName','Oberseite');
plot(xc(N/2+1:end), Cp(N/2+1:end), 'r.-', 'DisplayName','Unterseite');
set(gca, 'YDir','reverse');   % Übliche Cp-Darstellung
xlabel('x'); ylabel('C_p');
title(sprintf('Druckverteilung über NACA 2412 (alpha = %.1f°)', alpha_deg));
legend; grid on;
```

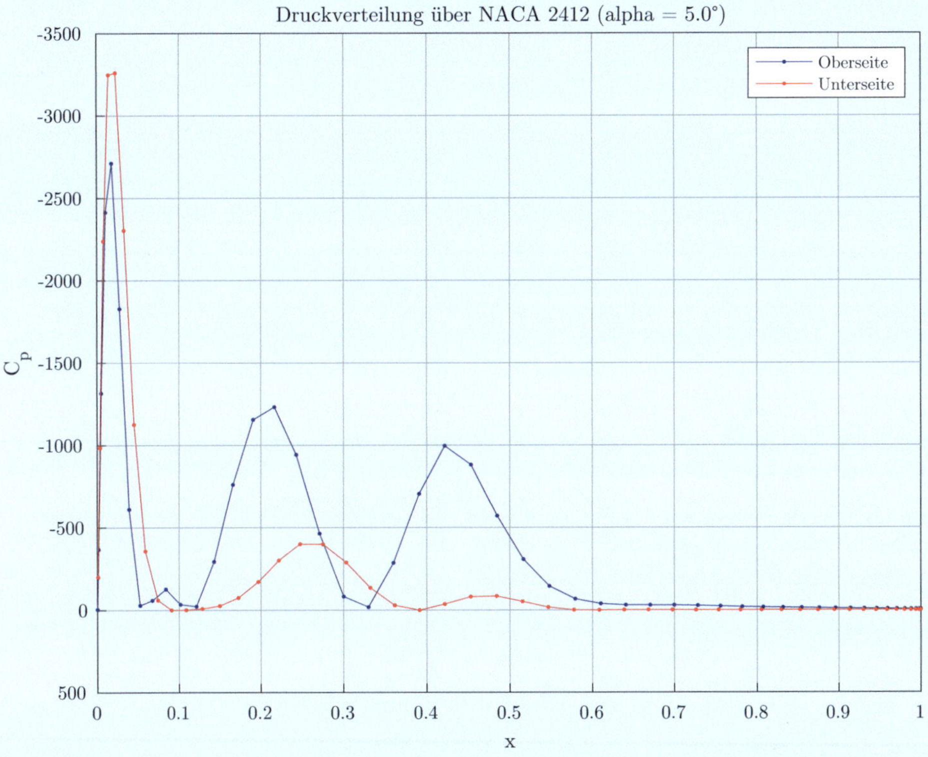

◘ Abb. 10.5 Druckverteilung an der Ober- und Unterseite eines NACA 2412-Profil, mittels der Panel Methode in Matlab

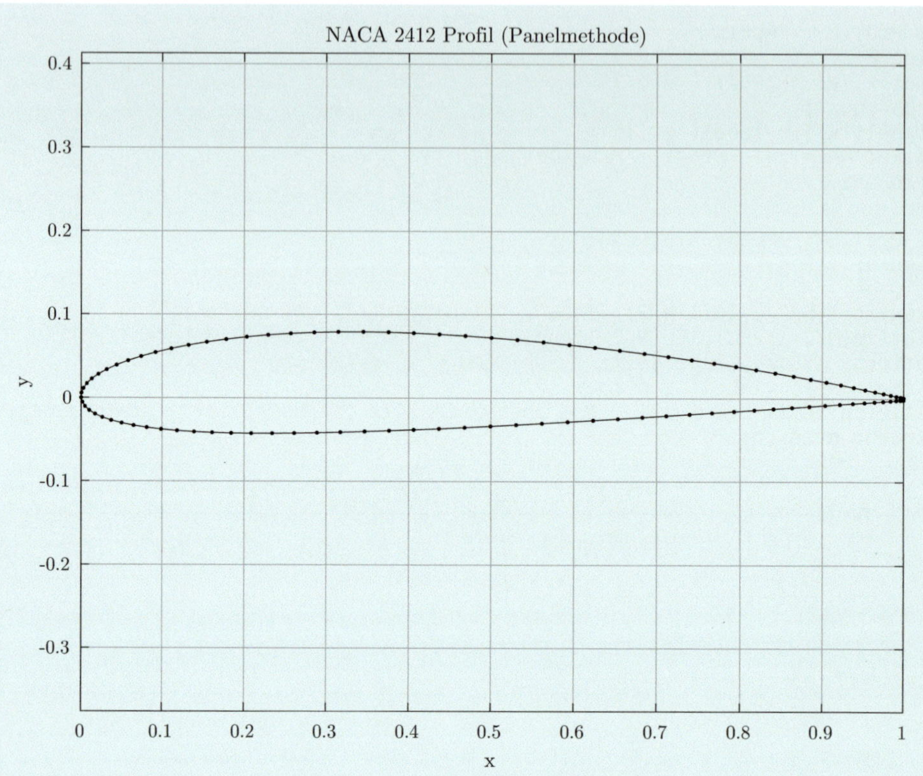

■ Abb. 10.6 Profillinie eines NACA 2412-Profil, mittels der Panel Methode in Matlab

---

Methode: Lösung durch Matlab 10.3

Jetzt ist ein Programm zu entwickeln, das aus den beiden zuvor programmierten Flügelprofilen den Auftriebsbeiwert berechnet. Hinweis: der Auftriebsbeiwert kann mit der bereits kennengelernten Gleichung, mittels der Zirkulation, $C_L = \frac{2\Gamma}{V_\infty \cdot c}$ berechnet werden.

```matlab
clc; clear; close all;

%% PARAMETER
N = 100;                   % Anzahl Panels (gerade Zahl)
alpha_deg = 5;             % Anstellwinkel in Grad
alpha = deg2rad(alpha_deg);  % Umrechnung in Bogenmaß

%% NACA 2412 PROFILPARAMETER
m = 0.02;       % maximale Wölbung (2%)
p = 0.4;        % Ort der max. Wölbung (40%)
t = 0.12;       % Dicke (12%)
```

```matlab
% Cosinus-Verteilung der x-Koordinaten (mehr Punkte an der Nase)
beta = linspace(0, pi, N/2 + 1);
x = (1 - cos(beta)) / 2; % von 0 bis 1

% Dickenverteilung yt (NACA 4-digit)
yt = 5*t*(0.2969*sqrt(x) - 0.1260*x - 0.3516*x.^2 + ...
          0.2843*x.^3 - 0.1015*x.^4);

% Mittellinie yc und Steigung dyc/dx
yc = zeros(size(x));
dyc_dx = zeros(size(x));
for i = 1:length(x)
    if x(i) < p
        yc(i) = m/p^2 * (2*p*x(i) - x(i)^2);
        dyc_dx(i) = 2*m/p^2 * (p - x(i));
    else
        yc(i) = m/(1 - p)^2 * ((1 - 2*p) + 2*p*x(i) - x(i)^2);
        dyc_dx(i) = 2*m/(1 - p)^2 * (p - x(i));
    end
end

theta = atan(dyc_dx);   % Winkel der Tangente an der Mittellinie

% Koordinaten der Ober- und Unterseite
xu = x - yt .* sin(theta);
yu = yc + yt .* cos(theta);
xl = x + yt .* sin(theta);
yl = yc - yt .* cos(theta);

% Zusammenfügen zu vollständigem Profil (Gegen-Uhrzeiger-Richtung)
x = [flipud(xu') ; xl(2:end)'];
y = [flipud(yu') ; yl(2:end)'];
N = length(x) - 1;

%% PANELDATEN
s = zeros(N,1);
phi = zeros(N,1);
xc = zeros(N,1);
yc_panel = zeros(N,1);

for i = 1:N
    dx = x(i+1) - x(i);
    dy = y(i+1) - y(i);
    s(i) = sqrt(dx^2 + dy^2);
    phi(i) = atan2(dy, dx);   % Winkel des Panels
    xc(i) = 0.5*(x(i) + x(i+1));
    yc_panel(i) = 0.5*(y(i) + y(i+1));
end
```

```matlab
%% EINFLUSS-KOEFFIZIENTEN
Cn1 = zeros(N,N); Cn2 = zeros(N,N);
Ct1 = zeros(N,N); Ct2 = zeros(N,N);

for i = 1:N
    for j = 1:N
        if i == j
            Cn1(i,j) = -1;
            Cn2(i,j) = 1;
            Ct1(i,j) = pi/2;
            Ct2(i,j) = pi/2;
        else
            A = -(xc(i) - x(j)) * cos(phi(j)) - (yc_panel(i) - y(j)) * sin(phi(j));
            B = (xc(i) - x(j))^2 + (yc_panel(i) - y(j))^2;
            C = sin(phi(i) - phi(j));
            D = cos(phi(i) - phi(j));
            E = (xc(i) - x(j)) * sin(phi(j)) - (yc_panel(i) - y(j)) * cos(phi(j));
            F = log(1 + (s(j)^2 + 2*A*s(j)) / B);
            G = atan2(E*s(j), B + A*s(j));

            Cn2(i,j) = D + 0.5*F*C - A*C/B;
            Cn1(i,j) = D - 0.5*F*C - A*C/B;
            Ct2(i,j) = C - 0.5*F*D - A*D/B;
            Ct1(i,j) = C + 0.5*F*D - A*D/B;
        end
    end
end

%% LINEARES SYSTEM (Zirkulation berücksichtigt)
A = zeros(N+1, N+1);
RHS = zeros(N+1, 1);

for i = 1:N
    for j = 1:N
        A(i,j) = Cn1(i,j);
    end
    A(i,N+1) = sin(phi(i));           % Zirkulationsterm
    RHS(i) = cos(phi(i) - alpha);     % ACHTUNG: Vorzeichen korrigiert (positiv)
end

% Kutta-Bedingung (letzte Zeile)
A(N+1,1)   = 1;
A(N+1,N)   = 1;
A(N+1,N+1) = 0;
RHS(N+1)   = 0;

% Lösung des Gleichungssystems
gamma = A \ RHS;
lambda = gamma(1:N);       % Quellenstärken
Gamma = gamma(end);        % Zirkulation

fprintf('Zirkulation Gamma = %.4f\n', Gamma);

%% DRUCKVERTEILUNG UND GESCHWINDIGKEIT
vtan = zeros(N,1); Cp = zeros(N,1);
for i = 1:N
    for j = 1:N
        vtan(i) = vtan(i) + lambda(j)*(Ct1(i,j) + Ct2(i,j));
    end
    vtan(i) = vtan(i) + Gamma*cos(phi(i));
    vtan(i) = vtan(i) + sin(phi(i) - alpha);
    Cp(i) = 1 - vtan(i)^2;
end
```

```matlab
%% AUFTRIEBSBEIWERT über ZIRKULATION
V_inf = 10;      % Normierte Anströmgeschwindigkeit
c = 1;           % Profiltiefe (NACA-Profil geht von 0 bis 1)
CL_zirk = 2 * Gamma / (V_inf * c);

fprintf('Auftriebsbeiwert C_L (aus Zirkulation): %.4f\n', CL_zirk);

%% AUFTRIEBSBEIWERT DURCH INTEGRATION DER Cp-VERTEILUNG (zum Vergleich)
% Panel-Normalenwinkel (normal zur Oberfläche)
theta_n = phi - pi/2;  % Normale Richtung (nach außen)

% Panel-Längen
dx = x(2:end) - x(1:end-1);
dy = y(2:end) - y(1:end-1);
s = sqrt(dx.^2 + dy.^2);

% Kraftbeitrag durch Druckkräfte (normiert)
dL = -Cp .* s .* cos(theta_n - alpha);  % Auftriebskomponente normal zur Anströmung
Lift = sum(dL);
CL_Cp = Lift / c;

fprintf('Auftriebsbeiwert C_L (aus Cp-Integration): %.4f\n', CL_Cp);

%% PLOTTEN: PROFIL
figure;
plot(x, y, 'k.-');
axis equal;
xlabel('x'); ylabel('y');
title('NACA 2412 Profil (Panelmethode)');
grid on;

%% PLOTTEN: DRUCKVERTEILUNG
figure;
hold on;
plot(xc(1:N/2), Cp(1:N/2), 'b.-', 'DisplayName','Oberseite');
plot(xc(N/2+1:end), Cp(N/2+1:end), 'r.-', 'DisplayName','Unterseite');
set(gca, 'YDir','reverse');  % Übliche Cp-Darstellung
xlabel('x'); ylabel('C_p');
title(sprintf('Druckverteilung über NACA 2412 (alpha = %.1f°)', alpha_deg));
legend; grid on;

dFx = -Cp .* s .* cos(theta_n);
dFy = -Cp .* s .* sin(theta_n);

Fx = sum(dFx);
Fy = sum(dFy);

Lift = Fx * sin(alpha) + Fy * cos(alpha);
CL_Cp = Lift / c;
```

```
Command Window
New to MATLAB? See resources for Getting Started.

   Zirkulation Gamma = 2.7953
   Auftriebsbeiwert C_L (aus Zirkulation): 0.5591
```

10.5 NACA-Profil

Dieser Abschnitt gibt einen Überblick über die Eigenschaften und Anwendungen von klassischen NACA-Flügelprofilen, insbesondere den symmetrischen NACA 0012, das Wölbprofil NACA 2412 sowie weitere Profile der NACA vierstelligen Serie.

NACA-Profile (National Advisory Committee for Aeronautics) sind eine standardisierte Familie von aerodynamischen Flügelprofilen, die seit den 1930er Jahren zur Beschreibung von Tragflächenformen verwendet werden. Die NACA vierstelligen Profile sind dabei besonders bekannt und weitverbreitet. Jedes Profil ist durch eine vierstellige Zahl eindeutig definiert, welche die Geometrie des Profils beschreibt.

10.5.1 Mathematische Beschreibung der NACA vierstelligen Profile

Die NACA vierstelligen Profile werden durch vier Ziffern definiert, z. B. NACA `MPXX`:
- **M**: Maximale Wölbung als Anteil der Profiltiefe (in Prozent, z. B. 2 für 2 %).
- **P**: Lage der maximalen Wölbung vom Vorderkante (in Zehntel der Profiltiefe, z. B. 4 für 40 %).
- **XX**: Maximale Dicke als Anteil der Profiltiefe (in Prozent, z. B. 12 für 12 %).

Mathematisch wird die **Profildicke** $y_t(x)$ an der Stelle $x \in [0, c]$ (mit Profiltiefe c) durch die folgende empirische Formel definiert:

$$y_t(x) = 5t\left(0{,}2969\sqrt{\frac{x}{c}} - 0{,}1260\frac{x}{c}\right.$$
$$- 0{,}3516\left(\frac{x}{c}\right)^2 + 0{,}2843\left(\frac{x}{c}\right)^3$$
$$\left. - -0{,}1015\left(\frac{x}{c}\right)^4\right),$$

$$(10.22)$$

wobei t die maximale Dicke in Bruchteilen der Profiltiefe ist.

Die **Wölbungslinie** $y_c(x)$ und deren **Steigung** $\frac{dy_c}{dx}$ werden je nach Lage p der maximalen Wölbung folgendermaßen definiert

$$y_c(x) = \begin{cases} \dfrac{m}{p^2}(2px - x^2), & 0 \le x \le p \\[2ex] \dfrac{m}{(1-p)^2} \\ \cdot\left((1-2p) + 2px - x^2\right), & p < x \le c, \end{cases}$$

$$(10.23)$$

mit m als maximale Wölbung in Bruchteilen der Profiltiefe.

Die **Profilober- und Unterseite** werden schließlich über die Wölbung und Dicke bestimmt:

$$x_u = x - y_t\sin\theta, \quad y_u = y_c + y_t\cos\theta,$$
$$(10.24)$$

$$x_l = x + y_t\sin\theta, \quad y_l = y_c - y_t\cos\theta,$$
$$(10.25)$$

wobei $\theta = \arctan(\frac{dy_c}{dx})$.

10.5.2 NACA 0012: Symmetrisches Profil

Das NACA 0012 ist ein symmetrisches Profil (M = 0, P = 0) mit einer Dicke von 12 %. Es besitzt keine Wölbungslinie ($y_c = 0$) und ist dadurch für Anströmwinkel um null ideal, ohne Auftrieb zu erzeugen.

10.5.2.1 Vorteile

- Symmetrisches Verhalten: Auftrieb ist bei null Anstellwinkeln null, was für Steuerflächen oder symmetrische Tragflächen vorteilhaft ist.
- Gute aerodynamische Eigenschaften bei hohen Geschwindigkeiten, da Dicke und Form stabil bleiben.
- Einfachheit der Herstellung durch symmetrische Geometrie.

10.5.2.2 Nachteile

- Kein natürlicher Auftrieb bei Null-Anstellwinkel (im Vergleich zu gewölbten Profilen).
- Weniger effizient bei niedrigen Geschwindigkeiten und kleineren Anstellwinkeln.

10.5.2.3 Anwendungen

Das NACA 0012 findet Anwendung in:

- Symmetrischen Flugzeugsteuerflächen (Querruder, Höhenruder).
- Propellerblätter und Rotoren, bei denen symmetrische Profile häufig eingesetzt werden.
- Testprofil für numerische Simulationen und Experimentaldaten.

10.5.3 NACA 2412: Gewölbtes Profil

Das NACA 2412 Profil besitzt eine maximale Wölbung von 2 % bei 40 % der Profiltiefe und eine Dicke von 12 %. Dies führt zu einem positiven Auftrieb bereits bei Null-Anstellwinkel.

10.5.3.1 Vorteile

- Erzeugt Auftrieb bei kleinen Anstellwinkeln, dadurch effizienter für Tragflächen mit geringer Anstellung.
- gutes Verhältnis von Auftrieb zu Widerstand (hohe Gleitfähigkeit).
- Geeignet für Flugzeuge, die bei niedrigen Geschwindigkeiten starten und landen.

10.5.3.2 Nachteile

- Größere Neigung zum Strömungsabriss als symmetrische Profile bei höheren Anstellwinkeln.
- Komplexere Herstellung aufgrund der asymmetrischen Geometrie.

10.5.3.3 Anwendungen

- Verkehrsflugzeuge und allgemeine Flugzeugtragflächen.

- Segelflugzeuge, die bei niedrigen Geschwindigkeiten optimalen Auftrieb benötigen.
- Modellflugzeuge und Ausbildungsflugzeuge.

10.5.4 Weitere NACA vierstellige Profile

Andere NACA vierstellige Profile variieren in Wölbung und Dicke, z. B.:

- NACA 4412: 4 % Wölbung bei 40 %, 12 % Dicke – stärker gewölbt, mehr Auftrieb, aber auch höherer Widerstand.
- NACA 2415: 2 % Wölbung, 40 % Lage, 15 % Dicke – dickere Variante für mehr strukturelle Festigkeit.

Die Variation der Parameter erlaubt die Anpassung an verschiedene Anforderungen: von geringer Geschwindigkeit bis zu höherer Belastung.

10.5.5 Mathematische Betrachtung der Auftriebserzeugung

Der Auftriebsbeiwert C_L lässt sich näherungsweise aus der Zirkulation Γ berechnen (Kutta-Joukowski-Theorem):

$$C_L = \frac{2\Gamma}{V_\infty c}, \tag{10.26}$$

wobei V_∞ die freie Anströmgeschwindigkeit und c die Profiltiefe ist.

Siehe ▶ Lösung durch Matlab 10.4.

Methode: Lösung durch Matlab 10.4

Es ist ein Matlab Programm zu programmieren, das von NACA Profilen, in Abhängigkeit der entsprechenden Parameter, durch Eingabe in das Command Window, den Profilquerschnitt zeichnet.

Es sind unterschiedliche NACA Profile in ◘ Abb. 10.7 dargestellt.

```matlab
clc; clear; close all;

%% ===== BENUTZEREINGABE =====
% Gebe Werte in Prozent ein, z.B. für NACA 2412 → 2, 40, 12
m_percent = input('Maximale Wölbung in % (z.B. 2 für NACA 2412): ');
p_percent = input('Ort der Wölbung in % (z.B. 40 für NACA 2412): ');
t_percent = input('Dicke in % (z.B. 12 für NACA 2412): ');
N_points  = input('Anzahl x-Punkte (empfohlen: >=50): ');
```

```matlab
%% ===== UMWANDLUNG in normierte Größen =====
m = m_percent / 100;   % maximale Wölbung (0...0.09)
p = p_percent / 100;   % Lage der maximalen Wölbung (0...1)
t = t_percent / 100;   % maximale Dicke (0...0.2)
c = 1;                 % Profiltiefe


%% ===== Cosinus-Verteilung für x =====
beta = linspace(0, pi, N_points);
x = (1 - cos(beta)) / 2;  % von 0 bis 1 (mehr Punkte vorne)


%% ===== Dickenverteilung (yt) =====
yt = 5*t*(0.2969*sqrt(x) - 0.1260*x - 0.3516*x.^2 + ...
          0.2843*x.^3 - 0.1015*x.^4);


%% ===== Berechne Mittellinie yc und Steigung dyc/dx =====
yc = zeros(size(x));
dyc_dx = zeros(size(x));


for i = 1:length(x)
    if p == 0   % Sonderfall: symmetrisches Profil
        yc(i) = 0;
        dyc_dx(i) = 0;
    elseif x(i) < p
        yc(i) = m/p^2 * (2*p*x(i) - x(i)^2);
        dyc_dx(i) = 2*m/p^2 * (p - x(i));
    else
        yc(i) = m/(1 - p)^2 * ((1 - 2*p) + 2*p*x(i) - x(i)^2);
        dyc_dx(i) = 2*m/(1 - p)^2 * (p - x(i));
    end
end


theta = atan(dyc_dx);   % Winkel der Tangente an der Mittellinie

%% ===== Berechne Ober- und Unterseite =====
xu = x - yt .* sin(theta);
yu = yc + yt .* cos(theta);
xl = x + yt .* sin(theta);
yl = yc - yt .* cos(theta);

%% ===== Profilpunkte zusammenfassen =====
x_profile = [flipud(xu') ; xl(2:end)'];
y_profile = [flipud(yu') ; yl(2:end)'];


%% ===== PLOT =====
figure;
plot(x_profile, y_profile, 'k.-', 'LineWidth', 1.2);
axis equal;
grid on;
xlabel('x / c'); ylabel('y / c');
title(sprintf('NACA Profil: %d%d%d%d (m=%.2f%%, p=%.2f%%, t=%.2f%%)', ...
    round(m*100), round(p*10), floor(t*100/10), mod(round(t*100),10), ...
    m_percent, p_percent, t_percent));
```

```
Command Window

New to MATLAB? See resources for Getting Started.

  Maximale Wölbung in % (z.B. 2 für NACA 2412): 0
  Ort der Wölbung in % (z.B. 40 für NACA 2412): 0
  Dicke in % (z.B. 12 für NACA 2412): 12
  Anzahl x-Punkte (empfohlen: >=50): 100
fx >>
```

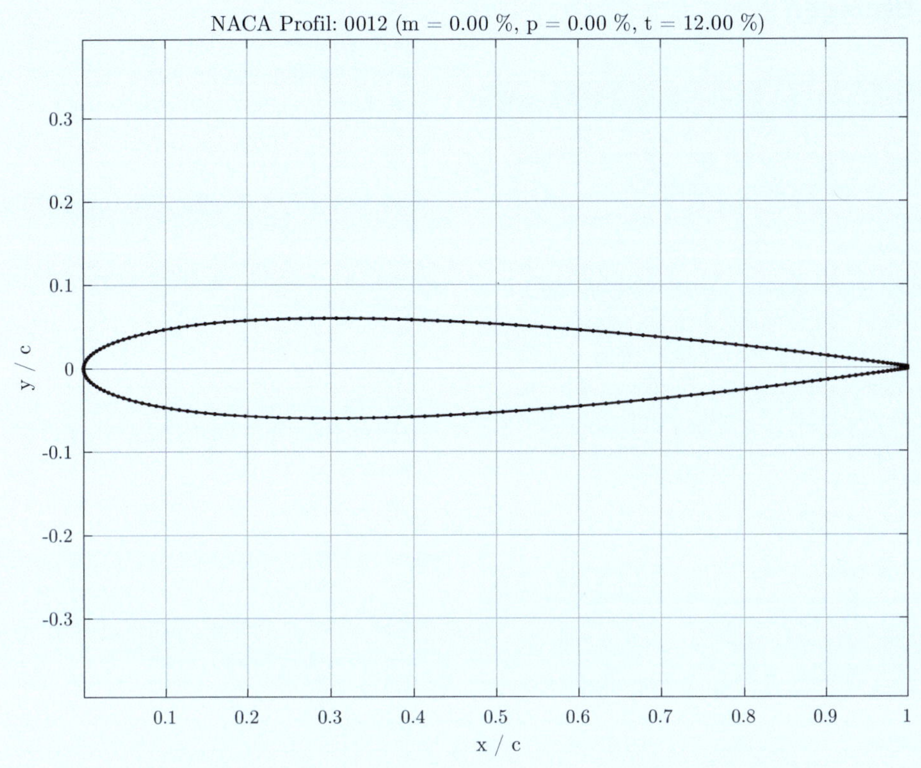

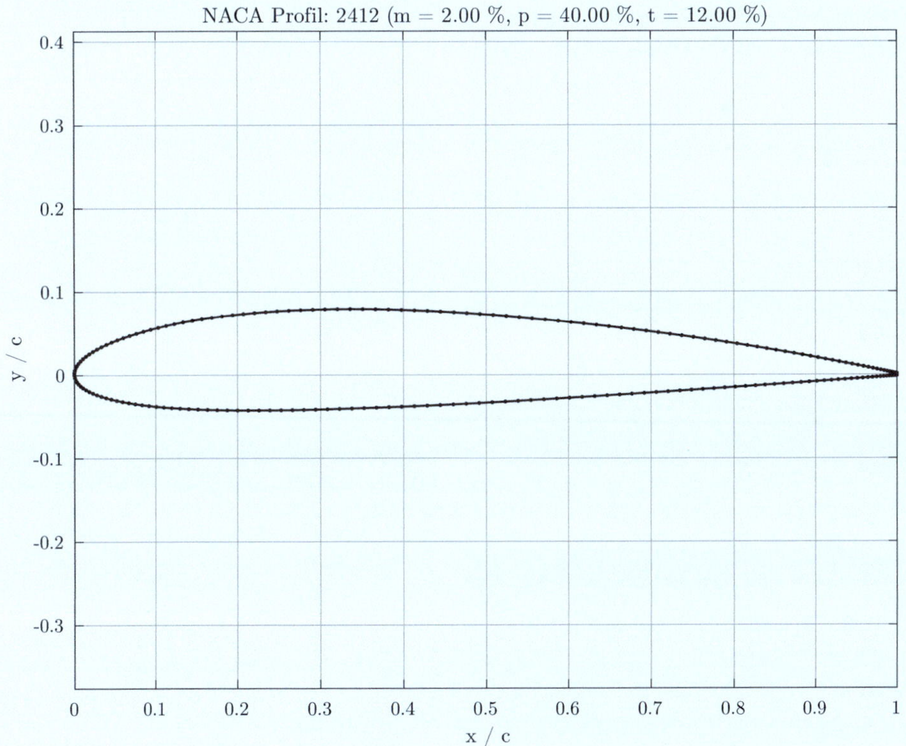

◼ Abb. 10.7 Plots der NACA Profilquerschnitte

10.6 Übungen

Übungsbeispiel 10.1

Was versteht man unter der Methode der diskreten Singularitätenverteilung?

Lösung

Die Methode der diskreten Singularitätenverteilung, auch Panel-Methode genannt, ist ein Verfahren zur Berechnung irrotationaler Strömungsprobleme um schlanke Körper, bei der kontinuierliche Verteilungen von Quellen- und Wirbelstärken entlang der Oberfläche in diskrete Panels zerlegt werden.

Übungsbeispiel 10.2

Welche klassische Theorie wird durch die Panel-Methode erweitert?

Lösung

Die klassische Theorie dünner Tragflügel, wie die Profiltheorie nach von Mises oder Glauert, wird durch die Panel-Methode erweitert.

Übungsbeispiel 10.3

Warum sind analytische Lösungen für kontinuierliche Singularitätenverteilungen oft nicht anwendbar?

Lösung

Weil sie nur für einfache Geometrien und idealisierte Fälle möglich sind, nicht aber für komplexe Profile oder realitätsnahe Anströmungen.

Übungsbeispiel 10.4

Was ist die Grundidee der Panel-Methode?

Lösung

Die Oberfläche eines Körpers wird in eine endliche Anzahl diskreter Elemente (Panels) unterteilt, auf denen konstante oder linear veränderliche Singularitäten verteilt werden, um das Strömungsfeld zu approximieren.

Übungsbeispiel 10.5

Welche Singularitätenarten werden bei der Panel-Methode verwendet?

Lösung

Quellen und Wirbel, welche jeweils mit einer bestimmten Stärke auf den Panels verteilt werden.

Übungsbeispiel 10.6

Was verlangt die Randbedingung der impermeablen Oberfläche?

Lösung

Dass die resultierende Normalgeschwindigkeit an jedem Kontrollpunkt auf der Oberfläche null ist.

Übungsbeispiel 10.7

Wie lautet die mathematische Formulierung der Randbedingung für die Normalgeschwindigkeit?

Lösung

$$v_n = (\vec{V}_\infty + \vec{v}_{\text{ind}}) \cdot \vec{n} = 0.$$

Übungsbeispiel 10.8

Welche physikalische Bedeutung hat die ungestörte Anströmgeschwindigkeit $\vec{V}_\infty$?

Lösung

Sie beschreibt die Strömungsgeschwindigkeit weit entfernt vom Körper, also ohne Einfluss des Körpers.

Übungsbeispiel 10.9

Was versteht man unter der Dirichlet-Neumann-Mischung in der Panel-Methode?

Lösung

Die Kombination von Quellen- und Wirbelverteilungen, bei der entweder Geschwindigkeit (Neumann-Randbedingung) oder Potential (Dirichlet-Randbedingung) vorgeschrieben ist.

Übungsbeispiel 10.10

Wie wird der Druckbeiwert C_p aus der tangentialen Geschwindigkeit berechnet?

Lösung

Über die Bernoulli-Gleichung:
$$C_p = 1 - \left(\frac{v_{tan}}{V_\infty}\right)^2.$$

Übungsbeispiel 10.11

Welche aerodynamischen Kenngrößen lassen sich aus der Druckverteilung ableiten?

Lösung

Auftrieb, Momentenbeiträge und im erweiterten Rahmen auch Widerstand.

Übungsbeispiel 10.12

Für welche Arten von Profilen verwendet man reine Quellen-Panels?

Lösung

Für symmetrische, nicht auftriebswirksame Körper zur Modellierung von Verdrängungseffekten.

Übungsbeispiel 10.13

Was bewirken Wirbel-Panels in der Panel-Methode?

Lösung

Sie erzeugen zirkulierende Strömungen, die Auftrieb verursachen.

Übungsbeispiel 10.14

Welche Vorteile bieten lineare Panel-Verteilungen gegenüber konstanten?

Lösung

Sie ermöglichen eine höhere Genauigkeit durch lineare Variation der Singularitätenstärken innerhalb eines Panels.

Übungsbeispiel 10.15

Welche komplexen Profile können durch Kombinationen von Quellen- und Wirbelpanels analysiert werden?

Lösung

Profile mit Klappen, Lücken oder porösen Oberflächen.

Übungsbeispiel 10.16

Wer führte die Panel-Methode ein und wann?

Lösung

Hess und Smith in den 1960er-Jahren.

Übungsbeispiel 10.17

Für welche Anwendungsbereiche eignet sich die Panel-Methode besonders?

Lösung

Interne und externe Potentialströmungen, Mehrfachprofilanordnungen, Kaskadenströmungen, Profile in nicht-uniformen Strömungen sowie Gebläse- und Saugströmungen.

Übungsbeispiel 10.18

Welche grundlegenden Annahmen liegen der Panel-Methode zugrunde?

Lösung

Reibungsfreie, wirbelfreie, stationäre und inkompressible Potentialströmung.

Übungsbeispiel 10.19

Welche realen Strömungseffekte kann die Panel-Methode nicht direkt abbilden?

Lösung

Grenzschichtablösung, Wirbelschleppen und Stoßwellen in trans- oder supersonischen Bereichen.

Übungsbeispiel 10.20

Warum ist die Panel-Methode trotzdem wichtig für den Ingenieur?

Lösung

Weil sie schnelle Abschätzungen und Vorbewertungen von Profilformen im Vorentwurf ermöglicht.

Übungsbeispiel 10.21

Was passiert bei der Panel-Methode ohne Wirbelverteilung?

Lösung

Es entsteht keine Zirkulation und somit kein Auftrieb, es handelt sich um einen auftriebslosen Fall.

Übungsbeispiel 10.22

Welche Eingangsgrößen sind für die Panel-Methode bei auftriebslosen Profilen notwendig?

Lösung

Die diskreten Punkte der Profilschale, die ungestörte Anströmgeschwindigkeit V_∞ und der Anstellwinkel α.

Übungsbeispiel 10.23

Wie wird die Oberfläche des Profils für die Panel-Methode diskretisiert?

Lösung

In N geradlinige Panel-Elemente zwischen benachbarten Punkten $P_j = (x_j, y_j)$.

Übungsbeispiel 10.24

Wie werden die geometrischen Eigenschaften eines Panels definiert?

Lösung

Panel-Länge, mittlerer Punkt (Kontrollpunkt), Tangential- und Normalvektor.

Übungsbeispiel 10.25

Wie wird die Geschwindigkeit einer Quellenstärke auf einem Panel am Kontrollpunkt bestimmt?

Lösung

Über Integrale, die die tangentiale und normale induzierte Geschwindigkeit als Funktionen der Panelgeometrie berechnen.

Übungsbeispiel 10.26

Was beschreibt der Einflusskoeffizient A_{ij} im Gleichungssystem?

Lösung

Die normalinduzierte Geschwindigkeit des Panels j am Kontrollpunkt i.

Übungsbeispiel 10.27

Wie lautet die zentrale Bedingung für das lineare Gleichungssystem der Panel-Methode?

Lösung

Die Summe aller induzierten Normalgeschwindigkeiten plus der ungestörten Anströmung ist an jedem Kontrollpunkt null.

Übungsbeispiel 10.28

Warum erzeugt die Quellenverteilung allein keinen Auftrieb?

Lösung

Weil sie keine Zirkulation erzeugt und somit keinen Nettodruckunterschied hervorruft.

Übungsbeispiel 10.29

Wie wird die tangentiale Geschwindigkeit am Kontrollpunkt berechnet?

Lösung

Als Summe aus ungestörter Geschwindigkeit in Tangentialrichtung und induzierter tangentialer Geschwindigkeit durch Quellenstärken.

Übungsbeispiel 10.30

Warum erfüllt die Panel-Methode ohne Wirbelverteilung keine Kutta-Bedingung?

Lösung

Weil keine Zirkulation entsteht und somit kein Auftrieb generiert wird.

Übungsbeispiel 10.31

Wie lautet das Kutta-Joukowski-Theorem im Zusammenhang mit der Panel-Methode ohne Wirbel?

Lösung

$L' = \varrho_\infty V_\infty \Gamma \Rightarrow \Gamma = 0 \Rightarrow L = 0$, also kein Auftrieb.

Übungsbeispiel 10.32

Was beschreibt das Kutta-Joukowski-Theorem?

Lösung

Das Kutta-Joukowski-Theorem beschreibt den Zusammenhang zwischen Auftrieb L' und Zirkulation Γ: $L' = \varrho_\infty V_\infty \Gamma$.

Übungsbeispiel 10.33

Warum ist die Zirkulation für ein Profil nicht beliebig wählbar?

Lösung

Weil die Zirkulation durch die Kutta-Bedingung festgelegt wird, verlässt die Strömung das Profil am scharfen Ende glatt verlässt.

Übungsbeispiel 10.34

Wie lautet die Kutta-Bedingung in mathematischer Form?

Lösung

$v_{\text{oberseite}} = v_{\text{unterseite}}$ an der Hinterkante

Übungsbeispiel 10.35

Welche zwei physikalischen Elemente werden in der Panelmethode verwendet?

Lösung

Quellenverteilung σ_j und Wirbelverteilung γ_j

Übungsbeispiel 10.36

Was verursacht die asymmetrische Strömung um ein Profil?

Lösung

Die tangential stärkere Wirkung der Wirbelkomponenten führt zur asymmetrischen Strömung.

Übungsbeispiel 10.37

Wie wird die Geschwindigkeit an einem Punkt i berechnet?

Lösung

Durch Superposition: $\vec{v}_i = \vec{v}_\infty + \sum_j (\sigma_j \, \vec{v}_{ij}^{(\text{Quelle})} + \gamma_j \, \vec{v}_{ij}^{(\text{Wirbel})})$

Übungsbeispiel 10.38

Wie viele Gleichungen werden durch die Randbedingung aufgestellt?

Lösung

N Gleichungen für die Nullsetzung der Normalgeschwindigkeit und eine zusätzliche durch die Kutta-Bedingung.

Übungsbeispiel 10.39

Was impliziert $\gamma_1 = \gamma_N$?

Lösung

Dass die Strömung das Profil am Ende glatt verlässt (Kutta-Bedingung).

Übungsbeispiel 10.40

Wie wird die Zirkulation Γ berechnet?

Lösung

$$\Gamma = \sum_j \gamma_j \cdot \Delta s_j$$

Übungsbeispiel 10.41

Wie wird der Auftriebsbeiwert C_L berechnet?

Lösung

$$C_L = \frac{2\Gamma}{V_\infty c}$$

Übungsbeispiel 10.42

Was ist c in der Formel für C_L?

Lösung

Die Profiltiefe (Länge der Sehne)

Übungsbeispiel 10.43

Was beschreibt der Druckbeiwert $C_{p,i}$?

Lösung

Den lokalen statischen Druck im Vergleich zum Umgebungsdruck.

Übungsbeispiel 10.44

Was bewirkt höhere Geschwindigkeit auf der Oberseite des Profils?

Lösung

Niedrigeren statischen Druck, was zu Auftrieb führt.

Übungsbeispiel 10.45

Was charakterisiert ein NACA 0012 Profil?

Lösung

Es ist ein symmetrisches Profil ohne Wölbung mit 12 % Dicke.

Übungsbeispiel 10.46

Was ist ein Nachteil des NACA 0012?

Lösung

Es erzeugt keinen natürlichen Auftrieb bei Null-Anstellwinkel.

Übungsbeispiel 10.47

Was ist ein Vorteil des NACA 2412?

Lösung

Es erzeugt Auftrieb bereits bei kleinen Anstellwinkeln.

Übungsbeispiel 10.48

Wie viel Wölbung hat das NACA 2412?

Lösung

2 % maximale Wölbung bei 40 % Profiltiefe.

Übungsbeispiel 10.49

Wofür steht die Ziffer „4" in NACA 2412?

Lösung

Für die Lage der maximalen Wölbung bei 40 % der Profiltiefe.

Übungsbeispiel 10.50

Welche Profileigenschaft steht in der letzten zwei Ziffern der NACA-Nummer?

Lösung

Die maximale Dicke in Prozent der Profiltiefe.

Übungsbeispiel 10.51

Warum kann man Quellenanteile σ_j eliminieren?

Lösung

Durch Nutzung reiner Wirbelpanel oder gemischter Paneltypen.

Übungsbeispiel 10.52

Was ist die Vortex-only Methode?

Lösung

Eine Methode, bei der nur Wirbelpanel verwendet werden, ohne Quellenverteilung.

Übungsbeispiel 10.53

Warum ist die Panelmethode nützlich für NACA-Profile?

Lösung

Weil sie die Druckverteilung und den Auftrieb numerisch genau berechnen kann.

Übungsbeispiel 10.54

Welcher Auftriebsbeiwert ergibt sich für $\Gamma = 1{,}2$, $V_\infty = 10$, $c = 1$?

Lösung

$$\underline{\underline{C_L}} = \frac{2 \cdot 1{,}2}{10 \cdot 1} = \underline{\underline{0{,}24}}. \qquad (10.27)$$

Definition zur Tragflügelumströmung

Inhaltsverzeichnis

© Der/die Autor(en), exklusiv lizenziert an Springer-Verlag GmbH, DE, ein Teil von Springer Nature 2026
A. Huber, *Technische Mechanik 6 - Aeromechanik*,
https://doi.org/10.1007/978-3-662-72929-8_11

Sie lernen hier…
- Deltaflügel berechnen.
- Wirbel- und Wirbelsätze berechnen und untersuchen.
- die Helmholtz'schen Wirbelsätze kennen.
- das Biot-Savart-Gesetz kennen und anwenden.
- Wirbelschicht bei dreidimensionalen Strömungen untersuchen.

Zitat

Die Welt wird nicht bedroht von den Menschen, die böse sind, sondern von denen, die das Böse zulassen.

11.1 Grundsätzliche Annahmen [1, 11]

11.1.1 Zwei- vs. Dreidimensionale inkompressible, reibungsfreie Strömung

Der fundamentale Unterschied zwischen zwei- und dreidimensionalen, inkompressiblen sowie reibungsfreien Strömungen liegt in der Möglichkeit des Auftretens von **Rotation (Vorticity)** und der Ausbildung von **Nachlaufwirbeln** hinter auftriebsbehafteten Körpern.

- In der zweidimensionalen Potentialströmung ist das Strömungsfeld vollständig **drehungsfrei** ($\vec{\nabla} \times \vec{v} = 0$), kontinuierlich und weist daher keinerlei Widerstand auf. Auftrieb und Druckverteilung entstehen hierbei ohne Erzeugung von Wirbeln im Nachlauf.
- Im Gegensatz dazu entstehen in der dreidimensionalen Strömung bei endlichen Tragflächen systematisch **Wirbelstrukturen im Nachlauf**, insbesondere als Folge der *induzierten Strömung*, die durch die Endlichkeit der Spannweite verursacht wird. Diese Wirbel – meist in Form der typischen Wirbelschleppe – tragen über ihre kinetische Energie zur Erzeugung von induziertem Widerstand bei.

Diese physikalische Diskrepanz ist grundlegend für das Verständnis der **Auftriebsentstehung** und **Widerstandsbildung** bei realen Tragflächen und bildet die Basis für die *Traglinientheorie nach Prandtl*.

11.1.2 Annahmen der klassischen Traglinientheorie nach Prandtl

Zur Entwicklung eines analytisch zugänglichen Modells für endliche Tragflächen wird in der klassischen Theorie nach PRANDTL ein vereinfachter Modellansatz gewählt. Dabei wird angenommen:

- Der Nachlauf der Tragfläche wird durch eine **unendlich dünne Wirbelschicht** repräsentiert, die an der Hinterkante des Flügels beginnt und sich stromabwärts erstreckt. Diese Schicht modelliert die im Nachlauf vorhandene Vorticity.
- Abgesehen von der Wirbelschicht bleibt das Strömungsfeld **drehungsfrei**, sodass weiterhin das Potentialströmungsmodell mit Superposition von Lösungen gültig ist.
- Die Wirbelschicht wird in der Modellierung **eben und nah an der Tragfläche** angenommen, sodass die wechselseitige Induktion zwischen Tragfläche und Nachlauf berücksichtigt werden kann. Daraus ergibt sich eine Modellierung des Auftriebs durch eine Verteilung gebundener Wirbel entlang der Spannweite (Lifting Line), ergänzt durch eine Verteilung freier Wirbelfäden im Nachlauf.

Diese Annahmen ermöglichen die Herleitung einer linearen Integralgleichung zur Bestimmung der Auftriebsverteilung in Abhängigkeit von Geometrie und Anströmung. Allerdings ist die Theorie mit mehreren wesentlichen Einschränkungen behaftet, wie nachfolgend erläutert.

11.1.3 Einschränkungen der Theorie – Deltaflügel und Ablösung

Ein zentraler Schwachpunkt der klassischen Traglinientheorie ist ihre Begrenzung auf Strömungen ohne wesentliche Ablösephänomene.

Dies schränkt die Anwendbarkeit insbesondere bei **hoch angestellten Deltaflügeln** ein, bei denen bereits an der Vorderkante kontrollierte Ablösungen auftreten, die zur Ausbildung stabiler Wirbelstrukturen führen. Diese *leading-edge vortices* sind charakteristisch für Delta- und Pfeilflügel im hohen Anstellwinkelbereich und können nicht mit der Prandtl'schen Theorie korrekt abgebildet werden, da dort nur drehungsfreie Strömung (außerhalb der Nachlaufwirbelschicht) zugelassen ist.

11.1.4 Allgemeine Einschränkungen der Traglinientheorie

Ein zentrales Problem der Traglinientheorie ist die **Herstellung einer konsistenten Beziehung zwischen der Geometrie der Tragfläche** (insbesondere Spannweite und Zuschnitt) **und der resultierenden Wirbelverteilung im Nachlauf.** Die Theorie beschreibt lediglich die induzierte Strömung infolge einer gegebenen Wirbelverteilung – umgekehrt muss jedoch für praktische Anwendungen die Lastverteilung (Auftriebsverteilung) in Abhängigkeit der Flügelgeometrie bestimmt werden.

Weitere Einschränkungen ergeben sich aus den zugrundeliegenden geometrischen Annahmen:

- Die Theorie basiert auf einer **dickenlosen** Profilannahme. Die Profilkontur wird durch eine gedachte, flache Bezugsfläche ersetzt, auf der die Randbedingungen formuliert werden. Dies entspricht der linearen Theorie dünner Profile.
- **Dicken- und Auftriebseffekte** werden getrennt behandelt und können im Rahmen linearer Superposition additiv kombiniert werden. Dies setzt voraus, dass beide Effekte klein und linear unabhängig sind.
- Für den Fall, dass die Dicke nicht vernachlässigt werden kann, kann diese durch **Quellenverteilungen innerhalb des Profils** angenähert werden. Dies erweitert die Theorie, bleibt jedoch weiterhin im Rahmen der linearen Näherung.

Trotz dieser Vereinfachungen liefert die Traglinientheorie in vielen praktischen Fällen gute

Näherungen für die **Auftriebsverteilung**, den **induzierten Widerstand** und die **Effekte von Zuschnitt und Pfeilung** bei mittleren bis hohen Reynolds-Zahlen und kleinen Anstellwinkeln. Für stark dreidimensionale Phänomene oder Strömungen mit großflächiger Ablösung sind jedoch erweiterte Modelle oder numerische Verfahren erforderlich.

11.2 Geometrische Verhältnisse [1, 11]

Zur eindeutigen Beschreibung der Strömung um eine dreidimensionale Tragfläche muss zunächst ein geeignetes, konsistentes Koordinatensystem definiert werden, das sowohl die Geometrie des Tragflügels als auch die Anströmung korrekt beschreibt.

In ◘ Abb. 11.1 ist ein solches Koordinatensystem dargestellt. Die Orientierung der Achsen erfolgt dabei wie folgt:
- Die x-Achse verläuft parallel zur ungestörten Freiströmung und entspricht somit der **Anströmrichtung**.
- Die y-Achse liegt quer zur Anströmung in der **Symmetrieebene des Tragflügels**. Sie beschreibt die Position entlang der Spannweite. Die Tragfläche ist in diesem System symmetrisch bezüglich der Ebene $y = 0$.
- Die z-Achse ist senkrecht zur x-y-Ebene orientiert und zeigt in Richtung der **Flügelunterseite**, d. h. nach unten. Somit ergibt sich ein linksorientiertes kartesisches Koordinatensystem.

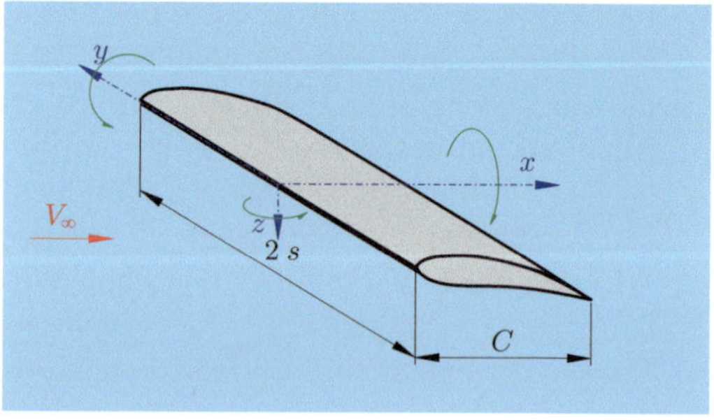

◘ **Abb. 11.1** Geometrie für einen endlichen ausgedehnten Tragflügel

Obwohl das verwendete Koordinatensystem formal linksdrehend ist, bleiben physikalische Vektoren wie die **Zirkulation** und die damit verbundene **Wirbelstärke** weiterhin durch die konventionelle **Rechte-Hand-Regel** definiert. Das bedeutet: Zeigt der Daumen in Richtung der positiven Normalen ($\vec{n}$), so erfolgt die Drehrichtung der Zirkulation im mathematisch positiven (gegen den Uhrzeigersinn) Sinne. Diese Konvention stellt sicher, dass die im Rahmen der Traglinientheorie eingeführten gebundenen Wirbel korrekt orientiert sind und ihre induzierten Geschwindigkeiten im Strömungsfeld physikalisch sinnvoll interpretiert werden können.

11.3 Wirbel- und Wirbelschicht im Raum

11.3.1 Die Helmholtz'schen Wirbelsätze

Die **Helmholtz'schen Wirbelsätze**, formuliert von HERMANN VON HELMHOLTZ (vgl. ■ Abb. 11.2) im Jahr 1858, beschreiben die grundlegenden Eigenschaften und Erhaltungsgesetze von Wirbeln in Strömungen idealisierter Fluide. Die zugrunde liegenden Annahmen sind:

- **Barotropes Fluid:** Der Druck ist eine Funktion der Dichte allein, also $p = p(\varrho)$.

■ **Abb. 11.2** Hermann von Helmholtz [89]

- **Reibungsfreiheit:** Die Viskosität wird vernachlässigt, was insbesondere außerhalb der Grenzschicht als gute Näherung für Fluide mit niedriger Zähigkeit (z. B. Luft bei geringer Dichte) gilt.

Unter diesen Voraussetzungen gelten die Helmholtz'schen Wirbelsätze als fundamentale Aussagen der Wirbeltheorie innerhalb der klassischen Strömungsmechanik. Sie liefern insbesondere im Bereich der **Potenzialströmungen** außerhalb viskoser Grenzschichten wertvolle Erkenntnisse über die Dynamik von Wirbelfeldern.

Die genaue Formulierung und Anzahl der Wirbelsätze variieren in der Literatur leicht, eine gängige Zusammenfassung lautet:

1. **Erster Wirbelsatz (Erhaltung der Zirkulation):** In einem reibungsfreien, barotropen Fluid bleibt die Zirkulation längs einer geschlossenen, mit der Strömung mitbewegten Materialkontur konstant (Satz von Kelvin).
2. **Zweiter Wirbelsatz (Unentstehbarkeit der Wirbelstärke):** In einer reibungsfreien Strömung kann innerhalb eines wirbelfreien Gebiets keine neue Wirbelstärke entstehen – Wirbel können nur durch Anfangsbedingungen oder an Rändern erzeugt werden (z. B. durch Ablösung).
3. **Dritter Wirbelsatz (Frostlinienverhalten von Wirbelfilamenten):** Wirbelstrukturen bewegen sich wie Materiallinien; die Wirbellinien sind also „gefrorene" Strukturen in die Strömung und deformieren sich mit ihr.
4. **Vierter Wirbelsatz (Kontinuität der Wirbellinien):** Wirbellinien sind stets kontinuierlich – sie enden nicht frei im Fluidinneren, sondern bilden geschlossene Linien, gehen ins Unendliche oder enden an festen Wänden.

Die Annahme der Reibungsfreiheit ist in der Praxis für Strömungen außerhalb der Grenzschicht, insbesondere bei hohen Reynolds-Zahlen, oft ausreichend genau. In solchen Fällen liefern die Helmholtz'schen Wirbelsätze wertvolle physikalische Intuition zur Entstehung, Entwicklung und Stabilität von Wirbelstrukturen, beispielsweise in Nachlaufwirbeln hinter Tragflügeln oder bei der Entstehung gebundener Wirbel in der Traglinientheorie.

◘ Abb. 11.3 Jean-Baptiste Biot [95]

Die Einordnung und Benennung der einzelnen Sätze ist in der wissenschaftlichen Literatur nicht einheitlich [87].

Nun müssen einige Betrachtungen zu Wirbeln und Wirbelschichten in Bezug auf das Biot[1] – Savart[2] – Gesetz gemacht werden.[3]

---

1   Jean-Baptiste Biot (vgl. mit ◘ Abb. 11.3) (geboren 21. April 1774 in Paris; gestorben 3. Februar 1862 ebenda) war ein französischer Physiker und Mathematiker, der im frühen 19. Jahrhundert den Zusammenhang zwischen elektrischem Strom und Magnetismus untersuchte (Biot-Savart-Gesetz), sowie die Drehung polarisierten Lichtes beim Durchgang durch optisch aktive, chemische Lösungen (optische Aktivität) [95].

2   Félix Savart (geboren 30. Juni 1791 in Charleville-Mézières, Ardennes; gestorben 16. März 1841 in Paris) war ein französischer Arzt und Physiker, der im frühen 19. Jahrhundert gemeinsam mit Jean-Baptiste Biot den Zusammenhang zwischen elektrischem Strom und Magnetismus untersuchte (Biot-Savart-Gesetz) [81].

3   Hermann Ludwig Ferdinand Helmholtz, ab 1883 von Helmholtz, (geboren 31. August 1821 in Potsdam; gestorben 8. September 1894 in Charlottenburg bei Berlin) war ein deutscher Arzt, Physiologe und Physiker. Als Universalgelehrter leistete er wichtige Beiträge zur Optik, Akustik, Elektrodynamik, Thermodynamik und Hydrodynamik. So formulierte er das Energieerhaltungsgesetz endgültig aus, maß als Erster die Nervenleitgeschwindigkeit und entwickelte maßgeblich die Dreifarbentheorie. Er war einer der einflussreichsten Naturwissenschaftler seiner Zeit und wurde in Anspielung auf Otto von Bismarck auch als „Reichskanzler der Physik" bezeichnet [89].

11.3.1.1 Biot-Savart-Gesetz in der Aerodynamik

Das **Biot-Savart-Gesetz**, ursprünglich aus der Elektrodynamik bekannt, lässt sich in der Aerodynamik als Integralformel zur Berechnung des Geschwindigkeitsfeldes eines Wirbelfadens übertragen. Es beschreibt den Einfluss eines Wirbelelements auf die Strömungsgeschwindigkeit an einem Punkt im Raum und ist besonders in der dreidimensionalen Wirbeltheorie von zentraler Bedeutung.

Eine **Einschränkung der Anwendbarkeit** liegt in rein **zweidimensionalen Strömungen** vor, dort wird das Biot-Savart-Gesetz in seiner vollen räumlichen Form nicht benötigt, da dort die Wirbelinduktion durch einfachere, analytische Methoden (z. B. Potentialtheorie) beschrieben werden kann. Die Geometrie erlaubt es, Zirkulationswirkungen entlang unendlicher Wirbellinien darzustellen, ohne die räumliche Verteilung explizit zu integrieren.

In **dreidimensionalen Strömungen** jedoch – insbesondere bei endlich ausgedehnten Tragflügeln – ist die Anwendbarkeit des Biot-Savart-Gesetzes von grundlegender Bedeutung. Hier treten gebundene Wirbel und induzierte Nachlaufwirbel auf, die miteinander gekoppelt sind und das induzierte Geschwindigkeitsfeld in der Umgebung des Flügels bestimmen.

Das Biot-Savart-Gesetz erlaubt es in diesem Kontext, den Einfluss einzelner Wirbelsegmente (z. B. auf einer Tragfläche oder im Wirbelschleppfeld) auf andere Punkte im Strömungsfeld zu berechnen. Dies ist insbesondere im Rahmen der **Traglinientheorie nach Prandtl** sowie in modernen Panelmethoden von essenzieller Bedeutung.

Für ein Wirbelelement $d\boldsymbol{\Gamma}$ an der Position $\boldsymbol{r}'$ ergibt sich die induzierte Geschwindigkeit $\boldsymbol{v}$ am Ort $\boldsymbol{r}$ durch:

$$v(r) = \frac{1}{4\pi} \int \frac{\boldsymbol{\Gamma} \times (\boldsymbol{r} - \boldsymbol{r}')}{|\boldsymbol{r} - \boldsymbol{r}'|^3} \, ds \qquad (11.1)$$

wobei $\boldsymbol{\Gamma}$ die Wirbelstärke und ds ein Längenelement des Wirbelfadens ist. Die Gleichung beschreibt die induzierte Geschwindigkeit, die ein Wirbelelement an einem entfernten Punkt erzeugt.

11.3.1.2 1. Helmholtz'scher Wirbelsatz [87]

Theorem 11.1

In Abwesenheit von wirbelanfachenden äußeren Kräften bleiben wirbelfreie Strömungsgebiete wirbelfrei. Dieser Satz wird auch einfach Helmholtz'scher Wirbelsatz oder erster Helmholtz'scher Wirbelsatz genannt.

oder:

Theorem 11.2

In einer reibungsfreien, barotropen und äußert kraftfreien Strömung bleibt ein zunächst wirbelfreies Strömungsgebiet für alle Zeiten wirbelfrei.

Der erste Wirbelsatz von Helmholtz wurde 1858 formuliert und beschreibt die zeitliche Invarianz der Drehungsfreiheit in idealen Fluiden. Er besagt: Ist ein Gebiet in einer idealen Strömung (reibungsfrei und barotrop) zu einem Anfangszeitpunkt rotationsfrei, so bleibt es dies auch im weiteren Verlauf der Bewegung. Dies ist insbesondere relevant für Potentialströmungen, da deren charakteristisches Merkmal $\mathrm{rot}(\vec{v}) = 0$ auch unter Zeitevolution erhalten bleibt, solange keine Rotation erzeugenden Mechanismen (z.,B. Viskosität, Turbulenz oder äußere Kräfte mit Wirbelmoment) wirken.

Beweis Ziel ist der Nachweis, dass sich der Wirbelvektor $\vec{\omega} = \mathrm{rot}(\vec{v})$ in einem idealen Fluid unter den gegebenen Bedingungen nicht spontan ausbilden kann, wenn er zunächst verschwindet.

Mit der Euler-Gleichung für ein reibungsfreies, inkompressibles Fluid ohne äußere Kräfte ergibt sich

$$\frac{\partial \vec{v}}{\partial t} + (\vec{v} \cdot \nabla)\vec{v} = -\frac{1}{\varrho}\nabla p. \tag{11.2}$$

Durch Anwendung des Rotationsoperators auf beide Seiten erhält man:

$$\frac{\partial}{\partial t}\mathrm{rot}(\vec{v}) + \mathrm{rot}((\vec{v}\cdot\nabla)\vec{v}) = \underbrace{\mathrm{rot}\left(-\frac{1}{\varrho}\nabla p\right)}_{= \vec{0} \quad (\text{da Gradientenfeld})} \tag{11.3}$$

Der nicht lineare Konvektionsterm wird mittels der vektoriellen Identität:

$$(\vec{v}\cdot\nabla)\vec{v} = \frac{1}{2}\nabla(\vec{v}\cdot\vec{v}) - \vec{v}\times(\mathrm{rot}\,\vec{v}) \tag{11.4}$$

umgeschrieben. Da der Gradient des Skalarfelds $\vec{v}\cdot\vec{v}$ rotationsfrei ist, ergibt sich:

$$\frac{\partial}{\partial t}\mathrm{rot}(\vec{v}) = \mathrm{rot}(\vec{v}\times\mathrm{rot}\,\vec{v}) = \mathrm{rot}(\vec{v}\times\vec{\omega}). \tag{11.5}$$

Mit der Definition für den totalen (material-)Ableitungsoperator

$$\frac{D}{Dt} := \frac{\partial}{\partial t} + (\vec{v}\cdot\nabla), \tag{11.6}$$

folgt unter Anwendung der Vektoridentitäten

$$\frac{D\vec{\omega}}{Dt} = (\vec{\omega}\cdot\nabla)\vec{v} - (\nabla\cdot\vec{v})\vec{\omega}. \tag{11.7}$$

Für inkompressible Strömungen ($\nabla\cdot\vec{v} = 0$) vereinfacht sich dies zu

$$\frac{D\vec{\omega}}{Dt} = (\vec{\omega}\cdot\nabla)\vec{v}. \tag{11.8}$$

Dies ist eine lineare Differentialgleichung erster Ordnung für $\vec{\omega}$. Falls $\vec{\omega} = \vec{0}$ zu einem Anfangszeitpunkt in einem Fluidelement, so folgt aus der Gleichung, dass auch $\frac{D\vec{\omega}}{Dt} = 0$ dort gilt. Das bedeutet, dass dieses Fluidelement für alle Zeiten wirbelfrei bleibt.

Ein alternativer Zugang beruht auf der Betrachtung eines infinitesimalen Rings von Fluidteilchen, der ein Flächenelement dA senkrecht zur Wirbelrichtung aufspannt. Die über diese Fläche integrierte Zirkulation ist proportional zur Wirbelstärke, also:

$$\Gamma = \iint\limits_{A} \vec{\omega} \cdot d\vec{A} \tag{11.9}$$

Nach dem **Kelvin'schen Zirkulationstheorem**, das ebenfalls auf reibungsfreie, barotrope Fluide ohne äußere, nicht konservative Kräfte anwendbar ist, bleibt Γ für ein mitbewegtes Flächenstück konstant. Gilt $\Gamma = 0$ zu einem Zeitpunkt, bleibt es null für alle späteren Zeiten. Daher bleibt auch die Wirbelstärke $\vec{\omega}$ verschwindend, was den Satz beweist. $\square$

Siehe ▶ Lösung durch Matlab 11.1.

> **Methode: Lösung durch Matlab 11.1**
>
> Es ist ein Matlab-Skript für die Wirbelentwicklung des 1. Helmholtz'schen Wirbelsatz zu erstellen. Es ist dabei, ein reibungsfreies, inkompressibles Strömungsfeld zu modellieren. Dieses muss vortexfrei sein (Rotation = 0). Die Lösung zeigt ◘ Abb. 11.4.

```matlab
% Simulation des 1. Helmholtz'schen Wirbelsatzes
% Wirbelarme Anfangsbedingungen in einem inkompressiblen, reibungsfreien Medium
clear; clc; close all;

% Gitterdefinition
[x, y] = meshgrid(-2:0.1:2, -2:0.1:2);
[ny, nx] = size(x);

% Anfangsbedingungen: Geschwindigkeit
u = -y;      % Geschwindigkeit in x-Richtung
v = x;       % Geschwindigkeit in y-Richtung

% Simulationsparameter
dt = 0.05;            % Zeitschritt
t_max = 2.0;          % Endzeit
steps = t_max/dt;     % Anzahl der Schritte

% Parameter zur Steuerung von Wirbelstörungen
wirbel_anregen = false;      % TRUE -> künstlicher Wirbel
wirbel_staerke = 0.5;        % Stärke der künstlichen Rotation

% Vorbereitung der Grafik
figure;
for t = 1:steps
    % Optionale Wirbelanregung
    if wirbel_anregen
        u = u + wirbel_staerke * sin(pi*x).*cos(pi*y)*dt;
        v = v - wirbel_staerke * cos(pi*x).*sin(pi*y)*dt;
    end

    % Wirbelstärke (Vorticity) berechnen
    [dy_u, dx_u] = gradient(u, 0.1); % dx/dy
    [dy_v, dx_v] = gradient(v, 0.1); % dx/dy
    vorticity = dx_v - dy_u;

    % Visualisierung
    subplot(1,2,1)
    quiver(x, y, u, v, 'b');
    axis equal;
    title(['Strömungsfeld bei t = ', num2str(t*dt), ' s']);
    xlabel('x'); ylabel('y');
    xlim([-2 2]); ylim([-2 2]);

    subplot(1,2,2)
    contourf(x, y, vorticity, 30, 'LineColor', 'none');
    colorbar;
    axis equal;
    title('Wirbelstärke (Vorticity)');
    xlabel('x'); ylabel('y');
    xlim([-2 2]); ylim([-2 2]);

    drawnow;
end
```

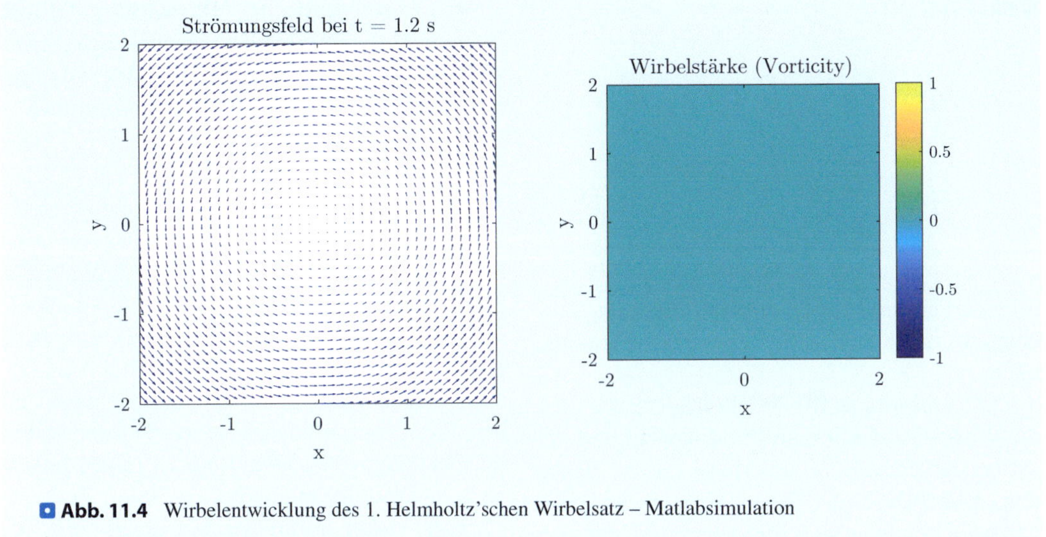

■ **Abb. 11.4** Wirbelentwicklung des 1. Helmholtz'schen Wirbelsatz – Matlabsimulation

11.3.1.3 2. Helmholtz'scher Wirbelsatz [87]

Theorem 11.3

Fluidelemente, die zu einem bestimmten Zeitpunkt auf einer Wirbellinie liegen, verbleiben bei Abwesenheit externer wirbelanfachender Kräfte für alle Zeiten auf derselben Wirbellinie. Wirbellinien verhalten sich somit wie materielle Linien.

Dieser Satz beschreibt die grundlegende Eigenschaft von Wirbellinien in idealen (reibungslosen und barotropen) Fluiden: Sie sind an die Fluidelemente gebunden, d. h., sie bewegen sich mit dem Fluid mit. Eine Wirbellinie ist dabei definiert als eine Linie, die in jedem Punkt tangential zum Wirbelvektor $\vec{\omega} = \nabla \times \vec{v}$ verläuft. Da der Wirbelvektor die lokale Rotationsachse des Fluids beschreibt, entspricht eine Wirbellinie einer Linie entlang dieser lokalen Rotation.

Beweis Ziel des Beweises ist es zu zeigen, dass ein Fluidelement, welches sich zum Zeitpunkt t_0 auf einer Wirbellinie befindet, auch zu jedem späteren Zeitpunkt $t > t_0$ auf derselben Wirbellinie verbleibt, sofern keine äußeren Kräfte oder viskosen Effekte das System stören.

1. Konstruktion der Wirbelfläche: Betrachte zunächst eine Fläche S im Fluid, deren Flächennormalen $\vec{n}$ zu jedem Zeitpunkt senkrecht zur lokalen Wirbelstärke $\vec{\omega}$ stehen. Eine solche Fläche wird als *Wirbelfläche* bezeichnet. Ihre Orientierung ergibt sich damit aus der Bedingung:

$$\vec{n} \cdot \vec{\omega} = 0 \quad \forall\, \vec{x} \in S \qquad (11.10)$$

2. Anwendung des Satzes von Kelvin: Der Satz von Kelvin zur Erhaltung der Zirkulation besagt für ein barotropes, reibungsfreies Fluid:

$$\frac{d}{dt} \oint_{\partial S(t)} \vec{v} \cdot d\vec{r} = 0 \qquad (11.11)$$

Das bedeutet, dass die Zirkulation entlang einer materiellen, geschlossenen Kurve $\partial S(t)$ (welche mit dem Fluid mitwandert) zeitlich konstant bleibt. Falls diese Kurve zu einem Anfangszeitpunkt $\Gamma = 0$ besitzt (z. B. weil das Strömungsfeld dort wirbelfrei ist), bleibt sie es auch zu jedem späteren Zeitpunkt.

Da die Zirkulation gleichzeitig über den Flächensatz von Stokes auch als Oberflächenintegral über die Wirbeldichte dargestellt werden kann:

$$\Gamma = \oint_{\partial S} \vec{v} \cdot d\vec{r} = \iint_{S} (\nabla \times \vec{v}) \cdot \vec{n}\, dS$$

$$= \iint_{S} \vec{\omega} \cdot \vec{n}\, dS \qquad (11.12)$$

folgt daraus unmittelbar, dass der Fluss der Wirbelstärke durch eine mitbewegte Fläche erhalten bleibt.

3. Konsequenz für Wirbellinien: Da sich die Wirbelfläche mit dem Fluid bewegt und der Wirbelstärkevektor $\vec{\omega}$ innerhalb dieser Fläche tangential bleibt (die Normale ist ja orthogonal zu $\vec{\omega}$), müssen alle Fluidelemente, die sich auf der Schnittlinie zweier solcher Wirbelflächen befinden – also auf einer Wirbellinie –, auch zukünftig auf dieser Linie bleiben.

Auf andere Art formuliert: Eine Wirbellinie besteht aus einer Folge von Fluidelementen, die alle gemeinsam entlang der lokalen Rotation transportiert werden. Da sowohl die Wirbelfläche als auch die auf ihr liegenden Linien mit dem Fluid mitwandern (materielle Flächen), bewegen sich auch die Wirbellinien mit dem Fluid mit – sie sind ebenfalls materiell.

4. Mathematische Darstellung durch Transportgleichung der Wirbelstärke: Die zeitliche Entwicklung der Wirbelstärke ist gegeben durch die vektorielle Transportgleichung:

$$\frac{D\vec{\omega}}{Dt} = (\vec{\omega} \cdot \nabla)\vec{v} \qquad (11.13)$$

Dies ist eine spezielle Form der Wirbeltransportgleichung für inkompressible, reibungsfreie Fluide. Die rechte Seite beschreibt die *Streckung* von Wirbellinien: Sie können gedehnt oder verdreht werden, aber nicht aus dem Nichts entstehen oder verschwinden. In jedem Fall verbleiben die Fluidelemente, die auf diesen Linien liegen, auch in der Folgezeit darauf.

Folgerung: Somit wurde gezeigt, dass die Wirbellinien mit der Fluidbewegung mitgeführt werden. Dies ist eine direkte Konsequenz der Erhaltung der Zirkulation und des Verhaltens der Wirbelstärke in barotropen, reibungsfreien Fluiden. Der zweite Helmholtz'sche Wirbelsatz beschreibt daher die Materialgebundenheit der Wirbellinien.   □

Siehe ▶ Lösung durch Matlab 11.2.

Methode: Lösung durch Matlab 11.2

Es ist ein Matlabskript zu programmieren, dass die materielle Eigenschaft von Wirbellinien, wie es der 2. Hemholtz'sche Wirbelsatz besagt, nachweist. Dabei ist so vorzugehen, dass die Partikel Anfangs eine geschlossene Linie entlang der Wirbelstärke (z. B. ein Kreis um einen Punktwirbel besitzen und nach einem Zeitablauf sich auf dieser Linie bewegen. Die Lösung zeigt ◻ Abb. 11.5.

```matlab
% Animation zum 2. Helmholtz'schen Wirbelsatz
clear; clc; close all;

% Parameter
nx = 50; ny = 50;              % Gittergröße
x = linspace(-2, 2, nx);
y = linspace(-2, 2, ny);
[X, Y] = meshgrid(x, y);

% Definition eines stationären Wirbelfeldes
gamma = 5; % Zirkulation
r2 = X.^2 + Y.^2 + 0.01; % Abstand² (Vermeidung durch 0 zu teilen)

% Geschwindigkeit eines Punktwirbels (stationär)
U = -gamma .* Y ./ r2;
V = gamma .* X ./ r2;
```

```matlab
% Anfangsposition von "Fluidelementen" auf einer Wirbellinie (z. B. Kreis)
theta = linspace(0, 2*pi, 20);
radius = 0.8;
px = radius * cos(theta);
py = radius * sin(theta);

% Zeitschritt und Anzahl
dt = 0.05;
steps = 200;

% Initialisierung der Partikeltrajektorien
n_particles = length(px);
traj_x = zeros(n_particles, steps);
traj_y = zeros(n_particles, steps);
traj_x(:,1) = px;
traj_y(:,1) = py;

% Vorbereitung der Animation
figure('Color','w');
axis equal tight;
hold on;
title('2. Helmholtz''scher Wirbelsatz: Materielle Wirbellinien','FontSize',14);
xlabel('x'); ylabel('y');
quiver(X, Y, U, V, 'Color', [0.7 0.7 0.7]);

% Haupt-Schleife: Partikel folgen der Strömung
for k = 2:steps
    % Interpolation der lokalen Geschwindigkeit an jedem Partikel
    for p = 1:n_particles
        x_p = traj_x(p,k-1);
        y_p = traj_y(p,k-1);

        % Bilineare Interpolation der Geschwindigkeitsfelder
        u_p = interp2(X, Y, U, x_p, y_p, 'linear', 0);
        v_p = interp2(X, Y, V, x_p, y_p, 'linear', 0);

        % Euler-Schritt zur Integration der Trajektorie
        traj_x(p,k) = x_p + dt * u_p;
        traj_y(p,k) = y_p + dt * v_p;
    end

    % Animation (alle 5 Schritte neu zeichnen)
    if mod(k,5) == 0
        clf;
        quiver(X, Y, U, V, 'Color', [0.8 0.8 0.8]);
        hold on;
        plot(traj_x(:,1:k)', traj_y(:,1:k)', 'b');   % Pfade
        plot(traj_x(:,k), traj_y(:,k), 'ro', 'MarkerFaceColor','r'); % aktuelle
Position
        title('2. Helmholtz''scher Wirbelsatz – Partikel auf
Wirbellinie','FontSize',14);
        xlabel('x'); ylabel('y');
        axis equal tight;
        drawnow;
    end
end
```

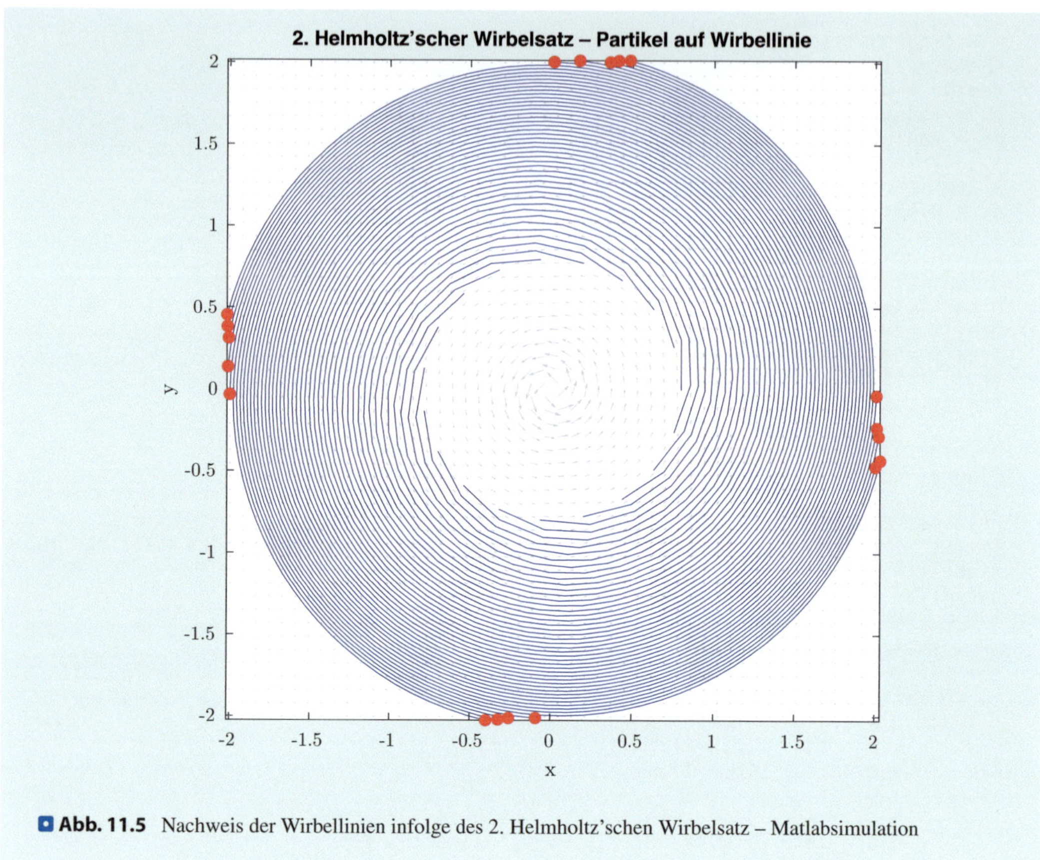

◻ Abb. 11.5   Nachweis der Wirbellinien infolge des 2. Helmholtz'schen Wirbelsatz – Matlabsimulation

11.3.1.4   3. Helmholtz'scher Wirbelsatz [87]

Theorem 11.4

In einer reibungsfreien, barotropen Strömung bleibt die Zirkulation entlang einer Wirbelröhre konstant. Als unmittelbare Konsequenz kann eine Wirbellinie innerhalb des Fluids weder beginnen noch enden. Wirbellinien sind daher stets entweder geschlossen, unendlich lang oder enden am Rand des Strömungsgebietes. Dieser Zusammenhang ist als dritter Helmholtz'scher Wirbelsatz bekannt.

Der dritte Wirbelsatz von Helmholtz beschreibt die strukturelle Topologie von Wirbelfeldern. Er stellt sicher, dass Wirbellinien – ähnlich den Stromlinien in divergenzfreien Strömungen –

eine kohärente und geschlossene geometrische Struktur besitzen, solange keine viskosen Effekte oder äußere Quellen/Senken für Rotation wirken.

Beweis   Zum Beweis dieses Satzes wird ein endlich langes Stück einer *Wirbelröhre* betrachtet. Eine Wirbelröhre ist ein Volumen, das durch eine Familie benachbarter Wirbellinien aufgespannt wird und dessen Querschnitt überall senkrecht zur lokalen Wirbeldichte (bzw. zum Wirbelvektor $\vec{\omega} = \mathrm{rot}(\vec{v})$) steht.

Sei V das Volumen der Wirbelröhre, das von den geschlossenen Oberflächen $A = a \cup b \cup m$ begrenzt wird, wobei:

- a und b die beiden Querschnittsflächen am Anfang und Ende der Wirbelröhre darstellen,
- m die Mantelfläche ist, die von den Wirbellinien gebildet wird.

Wendet man auf das Volumen V den Gauß'schen Integralsatz an, ergibt sich:

$$\int_V \operatorname{div}(\vec{\omega})\, dV = \int_A \vec{\omega} \cdot d\vec{a} = 0, \quad (11.14)$$

da $\operatorname{div}(\operatorname{rot}(\vec{v})) = 0$ stets gilt (rotationsfreie Felder sind divergentenfrei). Die Oberflächenintegrale zerfallen in:

$$\int_A \vec{\omega} \cdot d\vec{a} = \int_a \vec{\omega} \cdot d\vec{a}_a + \int_b \vec{\omega} \cdot d\vec{a}_b$$
$$+ \int_m \vec{\omega} \cdot d\vec{a}_m. \quad (11.15)$$

Da die Mantelfläche m aus Wirbellinien besteht, ist der Wirbelvektor $\vec{\omega}$ dort tangential zur Oberfläche. Die vektoriellen Flächenelemente $d\vec{a}_m$ stehen hingegen senkrecht zur Oberfläche, sodass das Skalarprodukt verschwindet:

$$\int_m \vec{\omega} \cdot d\vec{a}_m = 0. \quad (11.16)$$

Somit folgt:

$$\int_a \vec{\omega} \cdot d\vec{a}_a = -\int_b \vec{\omega} \cdot d\vec{a}_b. \quad (11.17)$$

Das bedeutet: Die *Intensität der Wirbelröhre* – definiert durch den Fluss der Wirbeldichte durch einen Querschnitt – bleibt entlang der Wirbelröhre konstant. Diese Intensität ist gleichzeitig die Zirkulation Γ entlang eines geschlossenen Weges um die Wirbelröhre (vgl. Stokes'scher Satz):

$$\Gamma = \oint_{\partial S} \vec{v} \cdot d\vec{s} = \int_S \vec{\omega} \cdot d\vec{a} = \text{konstant}.$$

$$(11.18)$$

Daraus ergibt sich: Die Zirkulation ist eine Erhaltungsgröße entlang der Wirbelröhre. Würde die Wirbelröhre irgendwo im Fluid „enden", müsste $\vec{\omega}$ abrupt verschwinden, was im Rahmen reibungsfreier, barotroper Strömungen ohne ex-

terne Quellen nicht möglich ist. Eine Wirbellinie kann also nicht plötzlich abbrechen – sie muss:

- entweder in einer anderen Wirbellinie münden (geschlossen sein),
- am Rand des Strömungsgebiets enden (z. B. an einer Wand),
- oder unendlich fortlaufen.   □

Corollary 11.1

Der dritte Helmholtz'sche Wirbelsatz hat tiefgreifende Konsequenzen für die Struktur von Wirbeln in realen und idealisierten Strömungen:

- **Topologie von Wirbeln:** Die Struktur von Wirbeln ist durch das Kontinuitätsprinzip der Rotation geprägt. In einer idealen Flüssigkeit können keine isolierten Wirbel existieren, sondern sie müssen stets Teil geschlossener oder durchgängiger Wirbelröhren sein.
- **Stabilität von Wirbelstrukturen:** Bekannte Phänomene wie Rauchringe, Wirbel in Flüssigkeiten (z. B. durch einen Quirl) oder atmosphärische Zyklonen zeigen hohe strukturelle Stabilität – zumindest in der Anfangsphase. Diese Stabilität ergibt sich aus der Erhaltung der Zirkulation und der Unzerbrechlichkeit von Wirbellinien.
- **Dissipation:** In realen Fluiden mit Viskosität führen Reibungskräfte über die Zeit zur Auflösung von Wirbelstrukturen. Der dritte Helmholtz'sche Satz gilt streng nur für ideale Fluide. In realen Strömungen zerfallen Wirbelröhren z. B. durch Diffusion von Impuls und Energie – wie bei einem langsam zerfallenden Rauchringen oder nach dem Abschalten eines Mixers.

Siehe ▶ Beispiel 11.1 und ▶ Lösung durch Matlab 11.3.

> **Beispiel 11.1 (Rauchringsystem)**
>
> Ein Rauchringsystem (z. B. durch Ausstoß eines Rauchimpulses) erzeugt eine geschlossene Wirbelröhre. Durch den dritten Helmholtz'schen Wirbelsatz bleibt die Zirkulation zunächst erhalten. Der Ring erhält seine Form und bewegt sich stabil durch das Medium. Mit der Zeit jedoch führen viskose Effekte zur Energieumwandlung (mechanisch bzw. thermisch), was zur Dämpfung und schließlich zum Zerfall der Struktur führt. Vgl. mit ◘ Abb. 11.6.
>
> 
>
> ◘ **Abb. 11.6** Visualisierung einer geschlossenen Wirbelröhre (z. B. Rauchringsystem) [87, 121]

> **Methode: Lösung durch Matlab 11.3**
>
> Es ist ein Matlabskript zu programmieren, das die konstante Zirkulation entlang einer Wirbelröhre nachweist, wie es der 3. Hemholtz'sche Wirbelsatz besagt. Die Lösung zeigt ◘ Abb. 11.7.

```matlab
% Simulation des 3. Helmholtzschen Wirbelsatzes (Konstanz der Zirkulation)

clear;
clc;

% Parameter der Wirbelröhre
n_frames = 200;
theta = linspace(0, 4*pi, 100); % Drehung um die Achse
z = linspace(-5, 5, 100); % z-Achse
r = 1; % Radius der Röhre

% Mesh für Zylinder (Wirbelröhre)
[Theta, Z] = meshgrid(theta, z);
X = r * cos(Theta);
Y = r * sin(Theta);

% Farbcodierung für konstante Zirkulation
C = repmat(linspace(0, 1, size(Z, 1))', 1, size(Z, 2));

% Animation erstellen
figure('Color','w');
axis tight manual;
set(gca, 'nextplot', 'replacechildren');
for t = 1:n_frames
    clf;
    % Rotation zur Veranschaulichung
    rot_angle = 2*pi*(t/n_frames);
    x_rot = cos(rot_angle) * X - sin(rot_angle) * Y;
    y_rot = sin(rot_angle) * X + cos(rot_angle) * Y;

    surf(x_rot, y_rot, Z, C, 'EdgeColor', 'none', 'FaceAlpha', 0.8);
    hold on;
```

```matlab
    % Zirkulationslinien (Wirbellinien) entlang der Röhre
    for k = 1:5
        plot3(cos(theta + k*pi/3), sin(theta + k*pi/3), linspace(-5, 5, 100), 'k', ...
'LineWidth', 1.5);
    end
    title('3. Helmholtzscher Wirbelsatz: Konstanz der Zirkulation in Wirbelröhre');
    xlabel('x'); ylabel('y'); zlabel('z');
    axis equal;
    view(30, 20);
    drawnow;
end
```

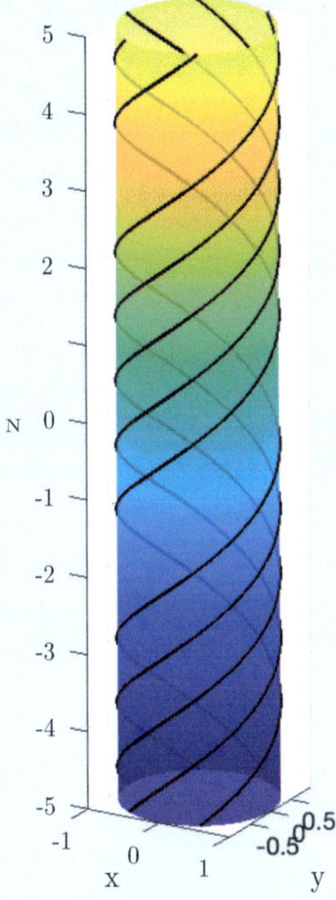

◻ Abb. 11.7　Nachweis der Wirbellinien infolge des 3. Helmholtz'schen Wirbelsatz – Matlabsimulation

11.3.2　Mathematische Beschreibung des Biot-Savart-Gesetzes

❯ Axiom 11.1

Das Biot-Savart-Gesetz beschreibt die induzierte Geschwindigkeit, die ein infinitesimales Wirbelelement $d\,\vec{s}$ mit der Wirbelstärke Γ an einem Punkt im Raum hervorruft. Es stellt einen fundamentalen Zusammenhang in der Wirbeltheorie dar:

$$d\,\vec{v}_i = \frac{\Gamma}{4\pi r^3}(d\,\vec{s} \times \vec{r}). \qquad (11.19)$$

Dabei bedeuten:

Γ …　Zirkulation (Wirbelstärke) des Elements

$d\,\vec{s}$ …　gerichteter Linienelementvektor entlang des Wirbelfadens

$\vec{r}$ …　Verbindungsvektor vom Wirbelelement zum Beobachtungspunkt

r …　Betrag von $\vec{r}$, also $r = |\vec{r}|$

$d\,\vec{v}_i$ …　induzierte Geschwindigkeit am Ort $\vec{r}$

Die durch das Kreuzprodukt $d\,\vec{s} \times \vec{r}$ bestimmte Richtung der induzierten Geschwindigkeit steht senkrecht auf der Ebene, die vom Wirbelelement und dem Beobachtungspunkt aufgespannt wird. Der Betrag nimmt mit dem Quadrat der Entfernung ab.

11.3.2.1 Beispiel: Halbunendlicher Wirbelfaden

Siehe ▶ Beispiel 11.2.

11.3.2.2 Erweiterung: Allgemeine Wirbellinie im Raum

Für eine beliebige Wirbellinie C ergibt sich die induzierte Geschwindigkeit an einem Punkt $\vec{x}$ als Linienintegral:

$$\vec{v}(\vec{x}) = \frac{\Gamma}{4\pi} \oint_C \frac{d\vec{s} \times (\vec{x} - \vec{x}_s)}{|\vec{x} - \vec{x}_s|^3}; \quad (11.20)$$

mit $\vec{x}_s$ als Ortselement der Wirbellinie. Diese Formel ist die Grundlage der numerischen Wirbelmethode in der Aerodynamik (z. B. Panelmethoden zur Flügelströmungssimulation).

11.3.3 Wirbelschicht in dreidimensionaler Strömung

In einer realen, viskosen Strömung können sich Schichten ausbilden, in denen starke Änderungen der Geschwindigkeit auftreten – sogenannte **Wirbelschichten** oder **Wirbelflächen**. Diese stellen idealisierte diskontinuierliche Übergänge im Geschwindigkeitsfeld dar, an denen die tangentiale Geschwindigkeit einen Sprung erfährt. In der Theorie der Potentialströmung werden solche Schichten häufig zur Beschreibung von Ablöse- oder Auftriebsphänomenen eingesetzt.

Physikalisch entspricht eine Wirbelfläche einer Fläche mit lokal stark konzentrierter Wirbelstärke, bei der der Vektor der Rotation des Geschwindigkeitsfeldes senkrecht zur Fläche steht und auf der die Strömungsgeschwindigkeit sprunghaft variiert. Mathematisch kann dies durch eine distributionsartige Beschreibung der Wirbelstärke entlang einer Fläche modelliert werden. Siehe ◻ Abb. 11.9.

Beispiel 11.2

Vgl. mit ◻ Abb. 11.8. Ein halbunendlicher Wirbelfaden liegt entlang der positiven x-Achse. Die Zirkulation sei konstant, $\Gamma = \text{const}$. Die induzierte Geschwindigkeit am Punkt P mit Abstand y zur x-Achse wird berechnet.

Geometrische Definition:

$$d\vec{s} = \vec{i}\, dx \quad (11.21)$$
$$\vec{r} = \vec{j}\, y - \vec{i}\, x = (-x, y, 0) \quad (11.22)$$

Berechnung des Kreuzprodukts:

$$d\vec{s} \times \vec{r} = \begin{vmatrix} \vec{i} & \vec{j} & \vec{k} \\ dx & 0 & 0 \\ -x & y & 0 \end{vmatrix} = \vec{k} \cdot y\, dx \quad (11.23)$$

Einsetzen in das Biot-Savart-Gesetz:

$$d\vec{v}_i = \frac{\Gamma}{4\pi(x^2 + y^2)^{3/2}}\, y\, dx\, \vec{k} \quad (11.24)$$

Integration über $x \in [0, \infty)$ ergibt:

$$\vec{v}_i = \frac{\Gamma\, \vec{k}}{4\pi} \int_0^\infty \frac{y\, dx}{(x^2 + y^2)^{3/2}} = \frac{\Gamma\, \vec{k}}{4\pi y}. \quad (11.25)$$

Verwendete Integrationsregel:

$$\int_0^\infty \frac{dx}{(x^2 + y^2)^{3/2}} = \frac{1}{y^2} \frac{x}{\sqrt{x^2 + y^2}} \Bigg|_0^\infty = \frac{1}{y^2} \quad (11.26)$$

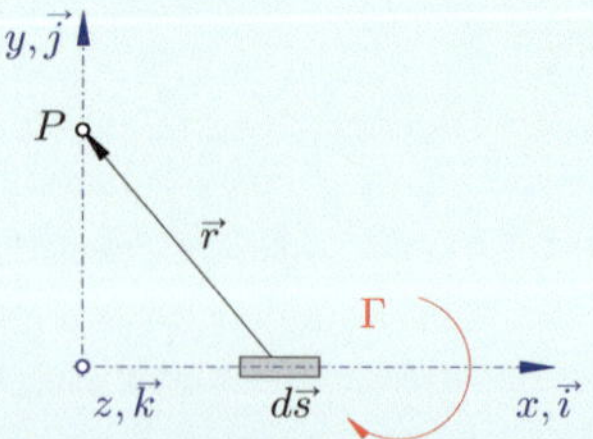

◻ **Abb. 11.8** Induzierte Geschwindigkeit durch ein Wirbelelement entlang eines halbunendlichen Wirbelfadens, in Anl. an [1, 11]

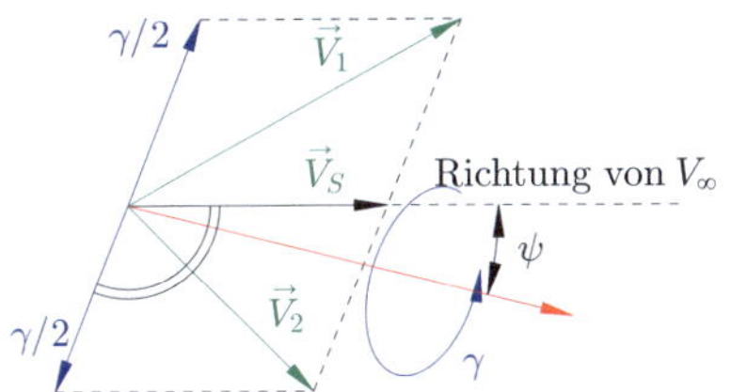

Abb. 11.9 Induzierte Geschwindigkeit durch ein Element einer Wirbelfläche

Die Abbildung zeigt die induzierten Geschwindigkeiten ober- und unterhalb einer Wirbelfläche. Die wichtigsten beteiligten Größen sind:

$\vec{v}_1$ … Geschwindigkeit direkt oberhalb der Wirbelfläche

$\vec{v}_2$ … Geschwindigkeit direkt unterhalb der Wirbelfläche

$\vec{v}_S$ … mittlere Strömungsgeschwindigkeit (z. B. V_∞)

$\vec{\gamma}$ … Richtungsvektor der Wirbelstärke entlang der Fläche

ψ … Winkel zwischen der Richtung von $\vec{\gamma}$ und $\vec{v}_S$

Die Wirbelstärke $\vec{\gamma}$ ist dabei definiert als Sprung der Geschwindigkeit über die Fläche:

$$\vec{\gamma} = \vec{v}_1 - \vec{v}_2. \tag{11.27}$$

Die induzierten Geschwindigkeiten ober- und unterhalb der Fläche haben denselben Betrag, aber entgegengesetzte Richtung. Sie betragen:

$$\vec{v}_{\text{ind}} = \pm \frac{\vec{\gamma}}{2}. \tag{11.28}$$

Diese Geschwindigkeit steht stets senkrecht zur Richtung von $\vec{\gamma}$ (Reaktion des Fluids auf das Wirbelmoment).

11.3.3.1 Drucksprung über der Wirbelschicht

Zur Bestimmung des Druckunterschieds über die Wirbelfläche hinweg wird die **Bernoulli-Gleichung** sowohl ober- als auch unterhalb der Fläche angewendet:

$$p_1 + \frac{1}{2}\varrho v_1^2 = P_1 \tag{11.29}$$

$$p_2 + \frac{1}{2}\varrho v_2^2 = P_2 \tag{11.30}$$

Subtraktion ergibt die allgemeine Gleichung für die Druckdifferenz:

$$\Delta p = p_1 - p_2 = (P_1 - P_2) + \frac{1}{2}\varrho(v_2^2 - v_1^2) \tag{11.31}$$

Anhand der **Abb. 11.9** und geometrischer Überlegungen ergeben sich für v_1^2 und v_2^2:

$$v_1^2 = \left(v_S + \frac{\gamma}{2}\sin\psi\right)^2 + \left(\frac{\gamma}{2}\cos\psi\right)^2 \tag{11.32}$$

$$v_2^2 = \left(v_S - \frac{\gamma}{2}\sin\psi\right)^2 + \left(\frac{\gamma}{2}\cos\psi\right)^2 \tag{11.33}$$

Subtraktion ergibt:

$$v_2^2 - v_1^2 = -2\gamma v_S \sin\psi \tag{11.34}$$

Einsetzen in Gl. (11.31) liefert den Drucksprung über die Wirbelfläche:

$$\Delta p = \Delta P - \varrho\gamma v_S \sin\psi. \tag{11.35}$$

Dieser Zusammenhang zeigt, dass der Druckunterschied direkt proportional zur lokalen Wirbelstärke γ und der Anströmgeschwindigkeit v_S ist sowie vom Winkel ψ abhängt, den die Wirbelstärke zur Anströmrichtung einschließt.

11.3.3.2 Grenzfälle und weitere Betrachtungen

- Für $\psi = 0$, also $\vec{\gamma}$ parallel zur Strömung, tritt kein Drucksprung auf.
- Für $\psi = 90°$ ist der Drucksprung maximal.
- Die Integrationsfläche zur Bestimmung des Gesamtdrucks muss senkrecht zur Strömung gewählt werden.
- Wirbelschichten sind häufig instabil und neigen zur Ausbildung von Wirbelringen oder -straßen (vgl. **Kelvin-Helmholtz-Instabilität**). Vgl. auch mit Technische Mechanik Band 4 – Hydromechanik [15], Kapitel 11, Turbulenz, S. 474.

11.3.3.3 Beispiele

Siehe ► Beispiel 11.3–11.5 und ► Lösung durch Matlab 11.4–11.6.YYY

Beispiel 11.3 (Flächenbelastung an der Hinterkante des Flügels bei Nachlauf)

Für $\Delta P = 0$ und $\psi = 0$ ergibt sich für Gl. (11.35):

$$\Delta p = 0 \qquad\qquad (11.36)$$

Das sind die Annahmen, die für die nicht gebundenen Wirbel im Nachlauf gelten. Hier ist also der Druck über die Fläche null. Das ist identisch mit der Kutta-Bedingung, die besagt, dass die Flächenbelastung des Tragflügels an der Hinterkante des Flügels im Nachlauf null sein muss. Dieser Fall ist in ◘ Abb. 11.10 verdeutlicht.

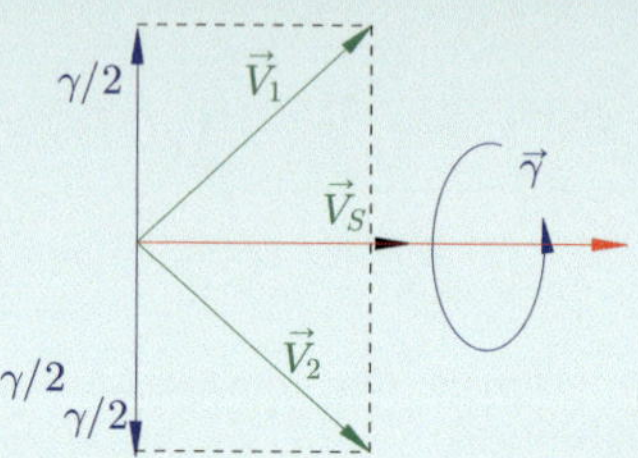

◘ **Abb. 11.10** Flächenbelastung an der Hinterkante des Flügels bei Nachlauf

---

Methode: Lösung durch Matlab 11.4 (Flächenbelastung an der Hinterkante des Flügels bei Nachlauf)

Es ist mittels Matlab zu zeigen, dass die Flächenbelastung an der Hinterkante des Flügels bei Nachlauf gleich Null ist, wie es in ▶ Beispiel 11.3 bereits berechnet wurde.

Es ist also zu zeigen, dass

- $\Delta P = 0$ (kein statischer Druckunterschied),
- $\psi = 0$ (Wirbelstärke parallel zur Anströmung)

gilt und daraus die Gleichung $\Delta p = \Delta P - \rho v_S \gamma \sin(\psi) = 0$ folgt.

Lösung

Siehe ◘ Abb. 11.11.

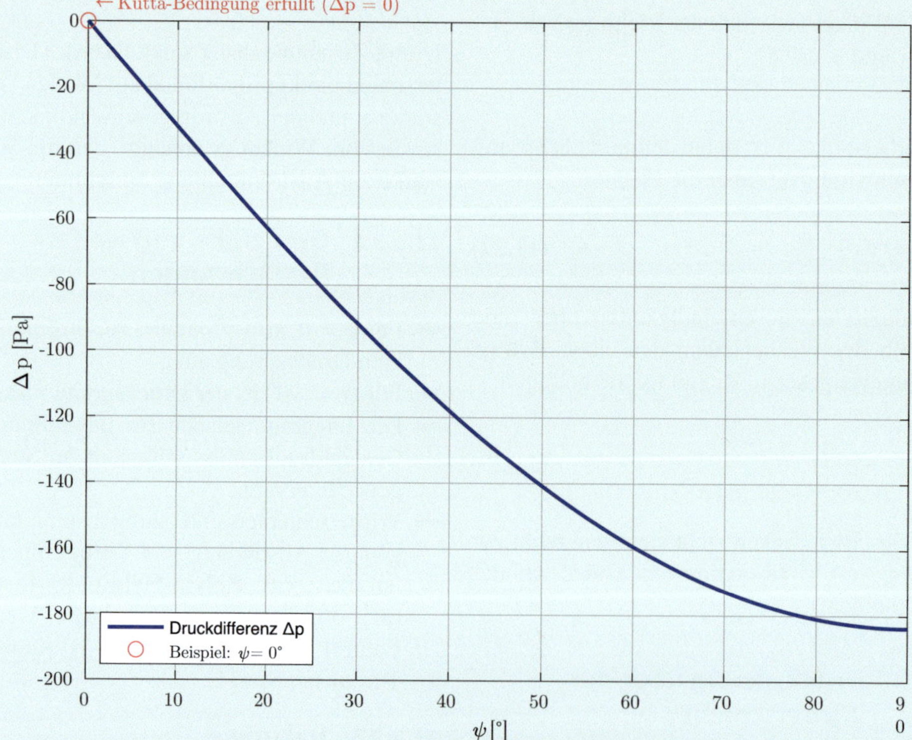

◘ **Abb. 11.11** Flächenbelastung an der Hinterkante des Flügels bei Nachlauf – Matlab

```matlab
clear; clc; close all;

% Gegebene Parameter
rho = 1.225;                % Dichte der Luft [kg/m^3]
v_S = 30;                   % mittlere Geschwindigkeit [m/s]
gamma = 5;                  % Wirbelstärke [m^2/s]
psi_deg = 0;                % Winkel psi in Grad
Delta_P = 0;                % Statischer Druckunterschied

% Umrechnung in Bogenmaß
psi = deg2rad(psi_deg);

% Berechnung der Druckdifferenz über die Fläche
Delta_p = Delta_P - rho * v_S * gamma * sin(psi);

% Ausgabe
fprintf("Druckdifferenz über der Wirbelfläche (psi = %.1f°): Δp = %.2f Pa\n", psi_deg,
Delta_p);

% Vergleich: verschiedene Winkel
psi_range = linspace(0, pi/2, 100);   % Winkel von 0 bis 90°
Delta_p_array = -rho * v_S * gamma * sin(psi_range);   % für ΔP = 0

% Plot
figure;
plot(rad2deg(psi_range), Delta_p_array, 'b', 'LineWidth', 2);
hold on;
plot(psi_deg, Delta_p, 'ro', 'MarkerSize', 8, 'DisplayName', 'Beispielpunkt');

xlabel('\psi [°]');
ylabel('\Delta p [Pa]');
title('Druckdifferenz über einer Wirbelfläche (\Delta P = 0)');
grid on;
legend('Druckdifferenz Δp', 'Beispiel: \psi = 0°', 'Location', 'southwest');

% Annotation: Kutta-Bedingung
text(5, 5, '\leftarrow Kutta-Bedingung erfüllt (\Delta p = 0)', 'FontSize', 10,
'Color', 'r');
```

Command Window

New to MATLAB? See resources for Getting Started.

   Druckdifferenz über der Wirbelfläche (psi = 0.0°): Δp = 0.00 Pa

fx >>

Für eine Fläche mit gebundenen Wirbeln auf der Tragflügelfläche, die ungepfeilt und mit einem großen Streckungsverhältnis versehen ist, sind die Annahmen, nach ◘ Abb. 11.12 $\Delta P = 0$ und $\psi \cong -\frac{\pi}{2}$ und $v_S \cong V_\infty$.

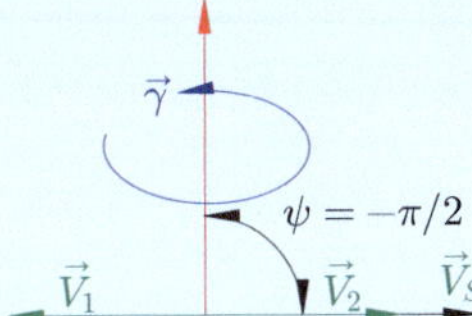

◘ **Abb. 11.12** Gebundene Wirbel auf einer ungepfeilten Tragflügelfläche und einem Streckungsverhältnis

Nach Gl. (11.31) wird somit:

$$p = \varrho\,\gamma\,V_\infty. \tag{11.37}$$

Das Ergebnis in Gl. (11.37) bestätigt die Kutta-Joukowski-Bedingung für die Auftriebskraft.

$$A = \int_0^c \Delta p = \varrho\,V_\infty \tag{11.38}$$

Zudem kann ein Lastfaktor l über den Drucksprung definiert werden:

$$l = \frac{\Delta p}{\frac{1}{2}\,\varrho\,V_\infty^2} = \frac{\varrho\,\gamma\,V_\infty}{\frac{1}{2}\,\varrho\,V_\infty^2} \tag{11.39}$$

$$l = \frac{2\,\gamma}{V_\infty}. \tag{11.40}$$

Methode: Lösung durch Matlab 11.5

(Gebundene Wirbel auf einer ungepfeilten Tragflügelfläche und einem Streckungsverhältnis) Es ist mittels Matlab zu zeigen, dass bei einem gebundenen Wirbel auf einer ungepfeilten Tragflügelfläche und einem Streckungsverhältnis die Lösungen aus ▶ Beispiel 11.4 folgen.

Lösung

Siehe ◘ Abb. 11.13.

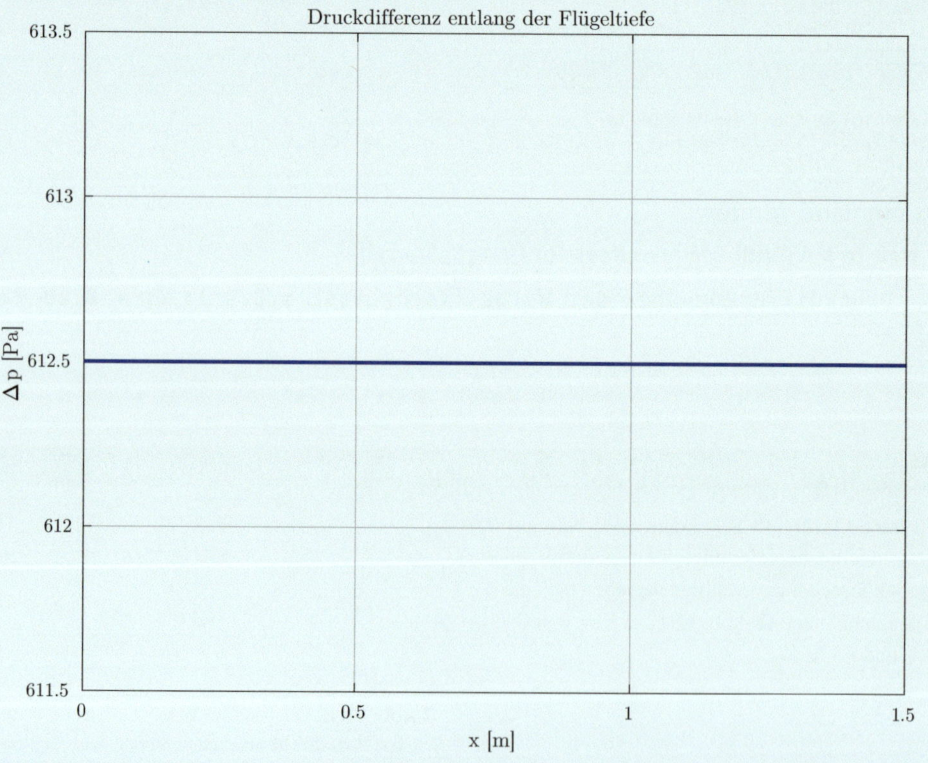

◘ **Abb. 11.13** Gebundene Wirbel auf einer ungepfeilten Tragflügelfläche und einem Streckungsverhältnis – Matlab

```matlab
% gebundene_wirbellinie.m
% Berechnung und Visualisierung der Druckdifferenz, Auftrieb und Lastfaktor
% für eine gebundene Wirbellinie auf einem ungepfeilten Tragflügel

clc; clear; close all;

%% Parameter
rho    = 1.225;        % Luftdichte [kg/m^3]
V_inf  = 50;           % Anströmgeschwindigkeit [m/s]
gamma  = 10;           % Wirbelstärke [m^2/s]
c      = 1.5;          % Flügeltiefe [m]
N      = 100;          % Anzahl der Diskretisierungspunkte über c

%% Druckdifferenz über die Flügeltiefe
x       = linspace(0, c, N);              % Position entlang der Flügeltiefe
Delta_p = rho * gamma * V_inf * ones(1,N); % Konstante Druckdifferenz

%% Auftrieb berechnen (Flächenbelastung)
A = trapz(x, Delta_p);                     % numerische Integration

%% Lastfaktor berechnen
l = Delta_p(1) / (0.5 * rho * V_inf^2);    % da Delta_p konstant ist, reicht ein Wert

%% Ausgabe der Ergebnisse
fprintf('--- Ergebnisse ---\n');
fprintf('Druckdifferenz Δp:       %.2f Pa\n', Delta_p(1));
fprintf('Auftriebskraft A:        %.2f N/m (pro Spannweite)\n', A);
fprintf('Lastfaktor l:            %.2f\n', l);
fprintf('Erwartet laut Theorie:   l = 2 * γ / V_inf = %.2f\n', 2*gamma/V_inf);

%% Visualisierung
figure;
plot(x, Delta_p, 'b-', 'LineWidth', 2);
xlabel('x [m]');
ylabel('\Delta p [Pa]');
title('Druckdifferenz entlang der Flügeltiefe');
grid on;
xlim([0 c]);

% Beschriftung
text(0.1, Delta_p(1)*0.95, sprintf('\\Delta p = %.2f Pa', Delta_p(1)), 'FontSize',
12);
```

Command Window

New to MATLAB? See resources for <u>Getting Started</u>.

```
   --- Ergebnisse ---
   Druckdifferenz Δp:       612.50 Pa
   Auftriebskraft A:        918.75 N/m (pro Spannweite)
   Lastfaktor l:            0.40
   Erwartet laut Theorie:   l = 2 * γ / V_inf = 0.40
fx >>
```

Beispiel 11.5 (Leicht rückwärts gepfeilte Flügel mit einem großen Streckenverhältnis)

Für einen leicht rückwärts gepfeilten Flügel mit einem großen Streckenverhältnis sind die Annahmen $\Delta P = 0$ und $\psi \cong -(\frac{\pi}{2} - \bigwedge)$ und $v_S \cong V_\infty$, worin $\bigwedge$ der Pfeilwinkel ist.

In diesem Fall wird aus Gl. (11.35) und ◼ Abb. 11.14:

Wie man sieht, wird die Wirbelverteilung in Spannweitenrichtung, welche die gebundenen Wirbel repräsentiert, unabhängig von Pfeilwinkel, da $\gamma \neq \gamma(\bigwedge)$. Also ergibt sich für die lokale Steigung der Auftriebskurve eine direkte Proportionalität zu $\cos(A)$:

$$\Delta p = \varrho \, V_\infty \, \gamma \cos(A) \qquad (11.41)$$

$$\frac{\partial c_a}{\partial \alpha} = 2\,\pi \cos(A) \qquad (11.42)$$

Der Lastfaktor nach Gl. (11.40) erhält somit die allgemeine Form:

$$l = \frac{2\,\gamma}{V_\infty} \cos(A). \qquad (11.43)$$

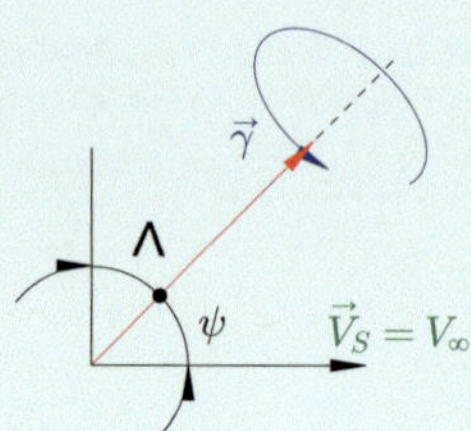

Es ist damit gezeigt, dass die Pfeilung den Auftrieb pro Anstellwinkel reduziert.

▫ Abb. 11.14   3. Beispiel

Methode: Lösung durch Matlab 11.6 (Leicht rückwärts gepfeilte Flügel bei großem Streckenverhältnis)

Folgende Bedingungen sind mittels Matlab zu prüfen, ident zu ▶ Beispiel 11.5:

- $\Delta p = \varrho \cdot V_\infty \cdot \gamma \cdot \cos(A)$
- $\frac{\partial c_a}{\partial \alpha} = 2\pi \cos(A)$
- $l = \frac{2\gamma}{V_\infty} \cos(A).$

Lösung

Siehe ▫ Abb. 11.15.

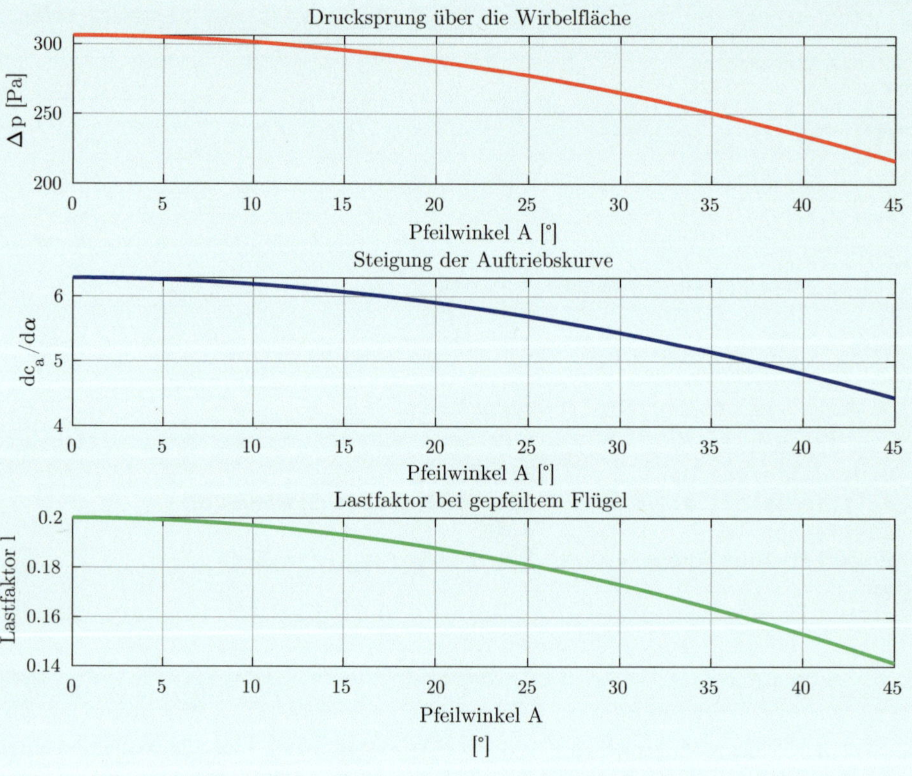

▫ Abb. 11.15   Leicht rückwärts gepfeilte Flügel mit einem großen Streckenverhältnis – Matlab

```matlab
clear; clc; close all;

% --- Parameter definieren ---
rho = 1.225;              % Luftdichte [kg/m^3]
V_inf = 50;               % Anströmgeschwindigkeit [m/s]
gamma = 5;                % Wirbelstärke [m^2/s]
A_deg = 0:1:45;           % Pfeilwinkel in Grad
A_rad = deg2rad(A_deg);   % Umrechnung in Bogenmaß

% --- Berechnungen ---
Delta_p = rho * V_inf * gamma .* cos(A_rad);
ca_alpha = 2 * pi * cos(A_rad);
l = (2 * gamma / V_inf) * cos(A_rad);

% --- Ausgabe auf Konsole ---
fprintf('Pfeilwinkel (°) | Delta_p (Pa) | ca_alpha (-) | Lastfaktor l (-)\n');
fprintf('--------------------------------------------------------------------\n');
for i = 1:length(A_deg)
    fprintf('%14.1f | %11.2f | %11.3f | %13.3f\n', A_deg(i), Delta_p(i), ca_alpha(i),
l(i));
end

% --- Plots ---
figure;
subplot(3,1,1)
plot(A_deg, Delta_p, 'r', 'LineWidth', 2);
xlabel('Pfeilwinkel A [°]');
ylabel('\Delta p [Pa]');
title('Drucksprung über die Wirbelfläche');
grid on;

subplot(3,1,2)
plot(A_deg, ca_alpha, 'b', 'LineWidth', 2);
xlabel('Pfeilwinkel A [°]');
ylabel('dc_a/d\alpha');
title('Steigung der Auftriebskurve');
grid on;

subplot(3,1,3)
plot(A_deg, l, 'g', 'LineWidth', 2);
xlabel('Pfeilwinkel A [°]');
ylabel('Lastfaktor l');
title('Lastfaktor bei gepfeiltem Flügel');
grid on;
```

Command Window

New to MATLAB? See resources for Getting Started.

33.0	256.84	5.270	0.168
34.0	253.89	5.209	0.166
35.0	250.87	5.147	0.164
36.0	247.76	5.083	0.162
37.0	244.58	5.018	0.160
38.0	241.33	4.951	0.158
39.0	238.00	4.883	0.155
40.0	234.60	4.813	0.153
41.0	231.13	4.742	0.151
42.0	227.59	4.669	0.149
43.0	223.98	4.595	0.146
44.0	220.30	4.520	0.144
45.0	216.55	4.443	0.141

11.4 Übungen

Übungsbeispiel 11.1

Was ist der grundlegende Unterschied zwischen zwei- und dreidimensionaler, inkompressibler und reibungsfreier Strömung?

Lösung

In der zweidimensionalen Strömung ist das Feld drehungsfrei und es entstehen keine Wirbel im Nachlauf. In der dreidimensionalen Strömung entstehen hingegen systematisch Wirbelstrukturen, vor allem infolge der induzierten Strömung durch die endliche Spannweite.

Übungsbeispiel 11.2

Was entsteht in der dreidimensionalen Strömung hinter den endlichen Tragflächen?

Lösung

In der dreidimensionalen Strömung entstehen Wirbelstrukturen im Nachlauf, insbesondere Wirbelschleppen.

Übungsbeispiel 11.3

Welche Theorie bildet die Grundlage zur Beschreibung des Auftriebs bei endlichen Tragflächen?

Lösung

Die Traglinientheorie nach Prandtl.

Übungsbeispiel 11.4

Welche Annahme trifft die Traglinientheorie für den Nachlauf?

Lösung

Der Nachlauf wird durch eine unendlich dünne Wirbelschicht modelliert, die an der Hinterkante des Flügels beginnt.

Übungsbeispiel 11.5

Welche Eigenschaft hat das Strömungsfeld außerhalb der Wirbelschicht laut Traglinientheorie?

Lösung

Es ist drehungsfrei und damit potenziell.

Übungsbeispiel 11.6

Was repräsentiert die gebundene Wirbelverteilung in der Traglinientheorie?

Lösung

Sie modelliert den Auftrieb über die Spannweite der Tragfläche.

Übungsbeispiel 11.7

Was ist eine wesentliche Einschränkung der klassischen Traglinientheorie?

Lösung

Sie kann keine Ablösephänomene wie bei hoch angestellten Deltaflügeln abbilden.

Übungsbeispiel 11.8

Welche Wirbel entstehen bei Deltaflügeln mit hohem Anstellwinkel?

Lösung

Leading-edge vortices, also stabile Wirbel an der Vorderkante.

Übungsbeispiel 11.9

Wie wird die Dicke eines Flügelprofils in der Traglinientheorie behandelt?

Lösung

Sie wird vernachlässigt; das Profil wird als dünne Linie betrachtet.

Übungsbeispiel 11.10

Was beschreibt das Biot-Savart-Gesetz im Zusammenhang mit Wirbeln?

Lösung

Es beschreibt die induzierte Geschwindigkeit eines Punktes im Strömungsfeld durch einen Wirbelfaden.

Übungsbeispiel 11.11

Was ist laut Traglinientheorie entscheidend für die Auftriebsverteilung?

Lösung

Die Geometrie der Tragfläche und die Verteilung der gebundenen Wirbel entlang der Spannweite.

Übungsbeispiel 11.12

Was besagt der erste Helmholtz'sche Wirbelsatz?

Lösung

Die Zirkulation entlang einer mitbewegten Materiallinie bleibt konstant.

Übungsbeispiel 11.13

Was besagt der zweite Helmholtz'sche Wirbelsatz?

Lösung

Neue Wirbelstärke kann in reibungsfreien Gebieten nicht spontan entstehen.

Übungsbeispiel 11.14

Was ist die Aussage des dritten Helmholtz'schen Wirbelsatzes?

Lösung

Wirbellinien bewegen sich wie Materiallinien und deformieren sich mit der Strömung.

Übungsbeispiel 11.15

Was beschreibt der vierte Helmholtz'sche Wirbelsatz?

Lösung

Wirbellinien sind kontinuierlich und enden nicht im Fluid, sondern an Wänden oder im Unendlichen.

Übungsbeispiel 11.16

Welche physikalische Konvention wird trotz eines linksdrehenden Koordinatensystems verwendet?

Lösung

Die Rechte-Hand-Regel für Wirbelstärke und Zirkulation.

Übungsbeispiel 11.17

Warum ist die Traglinientheorie bei großen Ablöseerscheinungen nicht anwendbar?

Lösung

Weil sie nur drehungsfreie Strömung außerhalb der Wirbelschicht zulässt.

Übungsbeispiel 11.18

Wie können Dickeneffekte eines Profils in erweiterter Theorie berücksichtigt werden?

Lösung

Durch Quellenverteilungen innerhalb des Profils.

Übungsbeispiel 11.19

Warum ist die Traglinientheorie in vielen Fällen dennoch nützlich?

Lösung

Weil sie gute Näherungen für Auftriebsverteilung und induzierten Widerstand bei mittleren bis hohen Reynolds-Zahlen liefert.

Übungsbeispiel 11.20

Was beschreibt eine Wirbelfläche in einer dreidimensionalen Strömung?

Lösung

Eine Wirbelfläche ist eine Fläche innerhalb einer Strömung, auf der die Drehung gegen unendlich strebt und über die ein Sprung in der tangentialen Geschwindigkeit stattfindet.

Übungsbeispiel 11.21

Was ist die physikalische Bedeutung der gerichteten Wirbelstärke $\vec{\gamma}$?

Lösung

Die gerichtete Wirbelstärke $\vec{\gamma}$ beschreibt die Differenz der Geschwindigkeiten ober- und unterhalb der Wirbelfläche: $\gamma = |\vec{v_1} - \vec{v_2}|$.

Übungsbeispiel 11.22

Wie lauten die induzierten Geschwindigkeiten ober- und unterhalb einer Wirbelfläche?

Lösung

Sie sind betragsgleich, aber entgegengesetzt gerichtet: $\pm\frac{\gamma}{2}$, senkrecht zur Wirbelstärke $\vec{\gamma}$.

Übungsbeispiel 11.23

Welche Vereinfachung ergibt sich für den Fall $\Delta P = 0$ und $\psi = 0$?

Lösung

In diesem Fall wird $\Delta p = 0$, was der Kutta-Bedingung entspricht: Im Nachlauf ist die Flächenbelastung null.

Übungsbeispiel 11.24

Welche Annahmen gelten für eine ungepfeilte Tragfläche mit großem Streckungsverhältnis und gebundenen Wirbeln?

Lösung

Es gilt $\Delta P = 0$, $\psi \approx -\frac{\pi}{2}$ und $v_S \approx V_\infty$.

Übungsbeispiel 11.25

Was ergibt sich für den Drucksprung Δp in diesem Fall?

Lösung

$$\Delta p = \varrho V_\infty \gamma. \tag{11.44}$$

Übungsbeispiel 11.26

Welche Beziehung folgt aus diesem Ergebnis für den Lastfaktor?

Lösung

$$l = \frac{2\gamma}{V_\infty}. \tag{11.45}$$

Übungsbeispiel 11.27

Wie ändert sich der Lastfaktor bei einem gepfeilten Flügel?

Lösung

Der Lastfaktor ist dann:

$$l = \frac{2\gamma}{V_\infty} \cos(\Lambda) \tag{11.46}$$

wobei Λ der Pfeilwinkel ist.

Übungsbeispiel 11.28

Welche lokale Änderung der Auftriebskurve ergibt sich durch den Pfeilwinkel?

Lösung

$$\frac{\partial c_a}{\partial \alpha} = 2\pi \cos(\Lambda). \tag{11.47}$$

Traglinientheorie

Inhaltsverzeichnis

© Der/die Autor(en), exklusiv lizenziert an Springer-Verlag GmbH, DE, ein Teil von Springer Nature 2026
A. Huber, *Technische Mechanik 6 - Aeromechanik*,
https://doi.org/10.1007/978-3-662-72929-8_12

Sie lernen hier…
- Berechnung von Traglinien kennen.
- Berechnung der Zirkulation.
- den Gesamtauftriebsbeiwert kennen.
- Elliptische Tragflügel berechnen.
- Strömungsablenkungswinkel kennen.
- die Fundamentalgleichung von Prandtl kennen.
- Allgemeine Tragflügel berechnen.

Zitat

Das Problem ist heute nicht die Atomenergie, sondern das Herz des Menschen.
Albert Einstein

12.1 Einführung in die Traglinientheorie [1, 11]

In dieser Einleitung werden die Annahmen für die Entwicklung der Traglinientheorie zusammengestellt. Dieser Ansatz ist der einfachste in der historischen Entwicklung und wurde von Ludwig Prandtl erstmals eingesetzt. Alle weiteren Entwicklungen basieren auf Prandtls Idee.

Auf einem endlich ausgedehnten Tragflügel ändern sich die Strömungseigenschaften in Spannweitenrichtung, insbesondere die Zirkulation, wie in der Abbildung angedeutet.

Die Traglinientheorie basiert auf einem vereinfachten Modell, in dem die Auftriebserzeugung eines Flügels durch eine Verteilung gebundener Wirbel entlang der Spannweite beschrieben wird. In ihrem grundlegendsten Ansatz geht diese Theorie von einer endlichen Anzahl gebundener Wirbelfäden aus, deren Wirbelstärke entlang der Spannweite variiert. Um diese Variation zu ermöglichen, obwohl die einzelnen Wirbel zunächst mit konstanter Stärke modelliert werden, müssen sie so angeordnet sein, dass ihre Länge bzw. räumliche Ausdehnung entlang der Spannweite variiert.

Dies wird erreicht, indem die gebundenen Wirbelfäden an ihren Enden um 90° nach hinten, also stromabwärts, abgelenkt werden. Durch diese Umlenkung entsteht eine zusammenhängende Wirbelfläche im Nachlauf des Flügels. Diese Fläche ist charakteristisch für Tragflü-

gel mit großer Streckung und ohne Pfeilung, wie sie in vielen idealisierten Anwendungen der Traglinientheorie betrachtet werden. Die Wirbel in dieser Fläche entsprechen den sogenannten Nachlaufwirbeln (oder freien Wirbeln) und sichern die Erhaltung der Zirkulation gemäß dem Helmholtz'schen Satz.

Es ist besonders hervorzuheben, dass diese Nachlaufwirbel durch ihre induzierte Strömung maßgeblich das Geschwindigkeitsfeld über dem Flügel beeinflussen. Die Wirbelfläche erzeugt dabei eine abwärts gerichtete Geschwindigkeit in z-Richtung, die als **induzierter Downwash** bezeichnet wird. Dieser Downwash ist direkt verantwortlich für den induzierten Widerstand des Flügels und verändert die effektive Anströmung des Profils lokal entlang der Spannweite, wie in ◘ Abb. 12.1 schematisch dargestellt.

Die Wahl dieser Modellannahmen – insbesondere die diskrete Aufteilung der gebundenen Wirbel, ihre Umleitung in eine Nachlaufwirbelfläche und die Vernachlässigung viskoser Effekte – führt zu einem geschlossen lösbaren, jedoch idealisierten System. Damit sind bestimmte Einschränkungen verbunden, beispielsweise die Gültigkeit nur für dünne Profile, kleine Anstellwinkel und große Streckungsverhältnisse. Trotz dieser Vereinfachungen liefert die Traglinientheorie eine sehr nützliche Grundlage zur Beschreibung des dreidimensionalen Auftriebsverhaltens und bleibt insbesondere in der Entwurfsphase von Tragflügeln ein zentrales Werkzeug der Luftfahrttechnik.

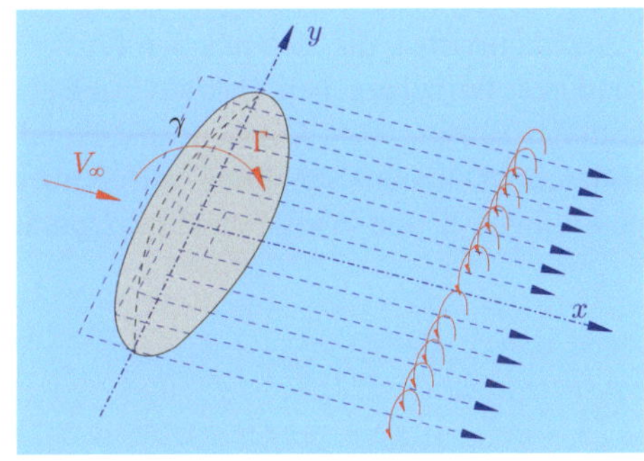

◘ **Abb. 12.1** Variable Verteilung der Zirkulation in Spannweitenrichtung

12.1.1 Geometrie

Die Lage der y-Achse sollte in der $\frac{1}{4}$-Profiltiefe des Flügels liegen. Der Flügel und die Nachlaufwirbelfläche liegen in der Ebene $z = 0$.

In ◘ Abb. 12.2 ist die Lage der $\frac{1}{4}$-Profiltiefe definiert.

Es wird der dreidimensionale Flügel durch eine sogenannte Traglinie repräsentiert, die den Auftrieb entlang der Spannweite modelliert. Zur mathematischen Beschreibung des Problems wird ein kartesisches Koordinatensystem verwendet:

- Die x-Achse verläuft in Richtung der ungestörten Anströmung.
- Die y-Achse liegt in Spannweitenrichtung.
- Die z-Achse steht senkrecht auf der Flügelfläche, positiv nach unten (für Downwash positiv definiert).

Die Traglinie wird in der Ebene $z = 0$ angenommen und befindet sich an der Position $x = \frac{1}{4} \cdot C$ der Profiltiefe C, also im ersten Viertel des Flügelprofils. Die Wahl des Punktes bei $x = \frac{1}{4}D$ ist nicht willkürlich. Dieser Punkt wird in der Aerodynamik als **aerodynamischer Neutralpunkt** oder **Bezugsachse** bezeichnet. Er hat folgende Eigenschaften:

- Er liegt in der Nähe des Auftriebsschwerpunkts für dünne Profile.
- Er vereinfacht die mathematische Behandlung der Wirbelverteilung.
- Er stimmt mit der Position überein, bei der laut dünner-Profil-Theorie keine Selbstinduktion auftritt.

Die Nachlaufwirbel, die sich aus den Enden der gebundenen Wirbel ergeben, befinden sich ebenfalls in der Ebene $z = 0$. Dies gilt insbesondere bei Flügeln mit hohem Streckungsverhältnis und ohne Pfeilung, da die Wirbel dann horizontal in

Strömungsrichtung abgeführt werden. Auch in numerischen Verfahren wie der **Vortex-Lattice-Methode (VLM)** wird diese Konvention genutzt. Die gebundenen Wirbel werden bei $x = \frac{1}{4}D$ modelliert, während die Kontrollpunkte, an denen die tangentiale Geschwindigkeitsbedingung erfüllt wird, bei $x = \frac{3}{4} \cdot C$ liegen.

12.1.2 Strömungsablenkwinkel

In der Traglinientheorie nach Prandtl wird der dreidimensionale Flügel durch eine kontinuierliche Linie gebundener Wirbel entlang der Spannweite modelliert. Um die Interaktion des Flügels mit der umgebenden Strömung korrekt zu erfassen, wird angenommen, dass jeder Querschnitt (Profilabschnitt) des Flügels in der y-Richtung unabhängig behandelt werden kann. Dennoch ist die Strömung, die auf jeden Abschnitt wirkt, durch das Gesamtsystem aller gebundenen und induzierten Wirbel beeinflusst.

Obwohl jedes Flügelprofil unabhängig modelliert wird, ist der lokale Strömungsablenkwinkel $\varepsilon(y)$ (vgl. mit ◘ Abb. 12.3) eine Folge der induzierten Geschwindigkeitskomponenten durch alle anderen Wirbel entlang der Spannweite. Die Ablenkung der Anströmung entsteht insbesondere durch die vertikale Geschwindigkeit $w(y)$, die infolge der gesamten Wirbelverteilung (auch als *Downwash* bezeichnet) entsteht.

Der **aerodynamische oder effektive Anstellwinkel** $\alpha_e(y)$ ergibt sich als die Differenz zwischen dem geometrischen Anstellwinkel α des Profils und dem lokal auftretenden Strömungsablenkwinkel $\varepsilon(y)$. Dies beschreibt den tatsächlich wirksamen Anstellwinkel eines Flügelabschnitts gegenüber der durch die Wirbelstruktur abgelenkten Anströmung

$$\alpha_e(y) = \alpha - \varepsilon(y). \tag{12.1}$$

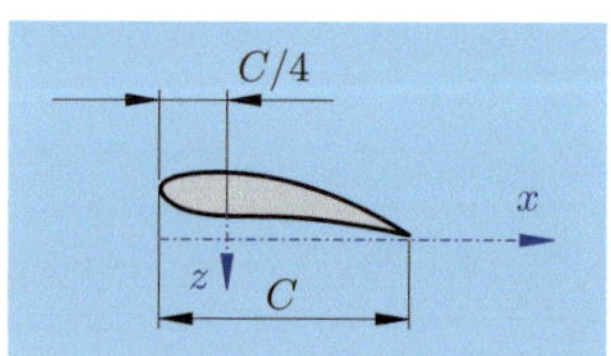

◘ **Abb. 12.2** Geometrische Verhältnisse am Tragflügel, in Anl. an [1, 11]

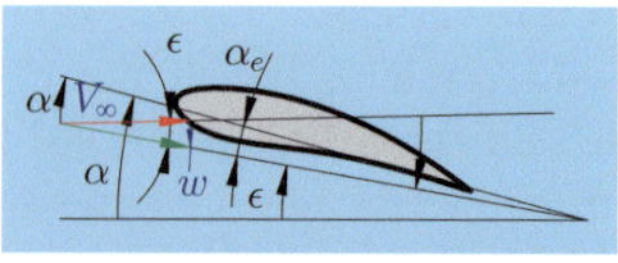

◘ **Abb. 12.3** Definition des Strömungsablenkungswinkel, in Anl. an [1, 11]

Dabei sind:

$\alpha_e(y)$ ... effektiver (aerodynamischer) Anstellwinkel [rad]

α ... geometrischer Anstellwinkel (vorgegeben) [rad]

$\varepsilon(y)$ ... Strömungsablenkwinkel infolge der Wirbelinduktion [rad]

Der Strömungsablenkwinkel $\varepsilon(y)$ ergibt sich direkt aus dem Verhältnis der vertikalen induzierten Geschwindigkeit $w(y)$ zur freien Anströmgeschwindigkeit V_∞:

$$\varepsilon(y) = \tan^{-1}\left(\frac{w(y)}{V_\infty}\right) \approx \frac{w(y)}{V_\infty}. \qquad (12.2)$$

Für kleine Ablenkwinkel (typischerweise $\varepsilon < 5°$) ist die Näherung $\tan(\varepsilon) \approx \varepsilon$ zulässig.

Da der Auftrieb lokal proportional zum effektiven Anstellwinkel ist ($L' \sim \alpha_e(y)$), ergibt sich eine direkte Abhängigkeit der lokalen Auftriebsverteilung von der Strömungsablenkung.

Methode: Lösung durch Matlab 12.1

Folgend ist ein Matlab Skript zu finden, dass folgende Winkel in einem Diagramm darstellt:

- eine angenommene gebundene Wirbelverteilung $\gamma(y)$,

- den Downwash $w(y)$ über Biot-Savart-Integration (Traglinientheorie),

- den Strömungsablenkwinkel $\varepsilon(y)$,

- und den effektiven Anstellwinkel $\alpha_e(y)$

Lösung

Siehe ◘ Abb. 12.4.

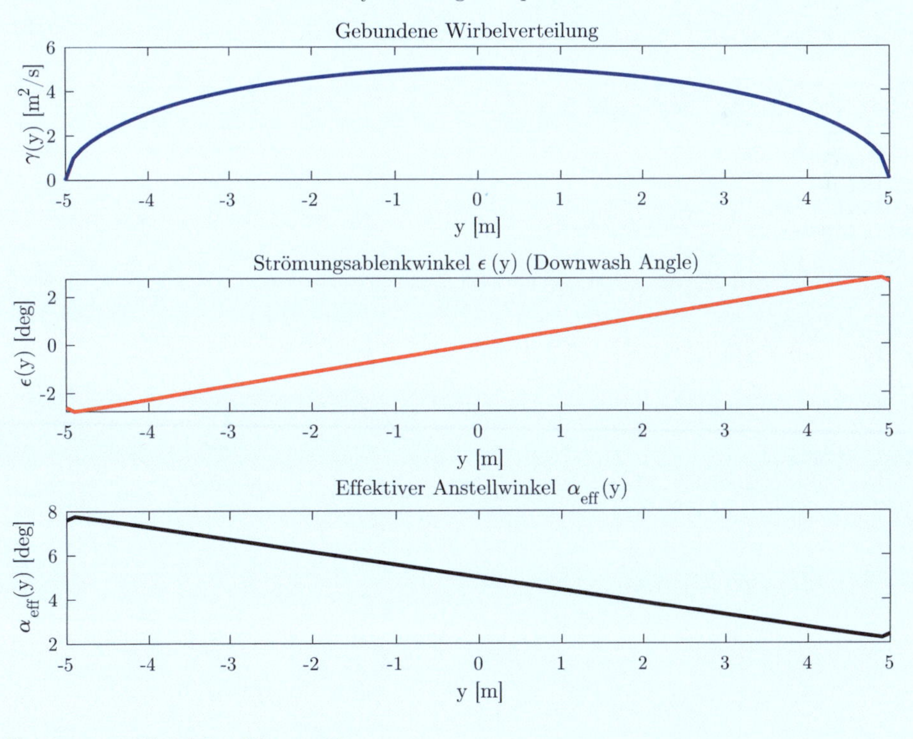

◘ **Abb. 12.4** Anstellwinkel und Downwash

```matlab
%% Traglinientheorie: Effektiver Anstellwinkel und Downwash
clear; clc; close all;

% Parameter
b = 10;                        % Spannweite [m]
V_inf = 50;                    % Anströmgeschwindigkeit [m/s]
alpha = deg2rad(5);            % geometrischer Anstellwinkel [rad]
rho = 1.225;                   % Luftdichte [kg/m³]

% Diskretisierung der Spannweite
N = 100;                       % Anzahl Punkte
y = linspace(-b/2, b/2, N);    % Position in Spannweitenrichtung

% Gebundene Wirbelverteilung (elliptisch, ideal für Vergleich)
gamma0 = 5; % maximale Wirbelstärke [m²/s]
gamma = gamma0 * sqrt(1 - (2*y/b).^2); % elliptische Verteilung

% Downwash w(y) Berechnung nach Traglinientheorie (Biot-Savart approx.)
w = zeros(1, N);
dy = y(2) - y(1);

for i = 1:N
    for j = 1:N
        if i ~= j
            w(i) = w(i) + (gamma(j) * dy) / (pi * (y(i) - y(j)));
        end
    end
end

w = w / 2; % symmetrischer Beitrag

% Strömungsablenkwinkel epsilon(y)
epsilon = w / V_inf; % in rad

% Effektiver Anstellwinkel
alpha_eff = alpha - epsilon;

% Visualisierung
figure;
subplot(3,1,1)
plot(y, gamma, 'b', 'LineWidth', 2)
xlabel('y [m]'); ylabel('\gamma(y) [m^2/s]')
title('Gebundene Wirbelverteilung')

subplot(3,1,2)
plot(y, rad2deg(epsilon), 'r', 'LineWidth', 2)
xlabel('y [m]'); ylabel('\epsilon(y) [deg]')
title('Strömungsablenkwinkel \epsilon(y) (Downwash Angle)')

subplot(3,1,3)
plot(y, rad2deg(alpha_eff), 'k', 'LineWidth', 2)
xlabel('y [m]'); ylabel('\alpha_{eff}(y) [deg]')
title('Effektiver Anstellwinkel \alpha_{eff}(y)')

sgtitle('Analyse entlang der Spannweite')
```

Die Bestimmung von $w(y)$ (und damit $\varepsilon(y)$) erfolgt später durch die Integralform der Biot-Savart-Gleichung, die über die gesamte Spannweite integriert wird.

Siehe ▶ Lösung durch Matlab 12.1.

Bemerkung 12.1

Die Wahl einer konstanten Anströmung V_∞ und eines kleinen Anstellwinkels ermöglicht die lineare Näherung und erleichtert somit die spätere analytische Lösung. Bei größeren Ablenkwinkeln oder bei nicht linearen Profilen müssen jedoch Korrekturen berücksichtigt werden.

12.1.3 Zirkulation und Auftrieb bei endlichen Flügeln

Im Rahmen der Traglinientheorie wird angenommen, dass das **Kutta-Joukowski-Gesetz** auch für endliche Flügel lokal gilt. Das bedeutet, dass an jedem Ort entlang der Spannweite ein proportionaler Zusammenhang zwischen der lokalen Zirkulation $\Gamma(y)$ und der lokalen Auftriebskraft pro Spannweiteneinheit $A(y)$ existiert:

$$A(y) = \varrho \, V_\infty \, \Gamma(y). \tag{12.3}$$

Dabei ist:

$\Gamma(y) \ldots$ die lokale Zirkulation am Ort y entlang der Spannweite,

$V_\infty \ldots$ die ungestörte Anströmgeschwindigkeit,

$\varrho \ldots$ die Dichte des umströmenden Mediums (i. d. R. Luft),

$A(y) \ldots$ die Auftriebskraft pro Längeneinheit in Spannweitenrichtung.

Für die lokale Beschreibung des Auftriebsbeiwerts $c_a(y)$ wird oft ein **linearer Zusammenhang** mit dem **effektiven Anstellwinkel** $\alpha_e(y)$ angenommen:

$$c_a(y) = a_0 \, \alpha_e(y). \tag{12.4}$$

Hierbei beschreibt a_0 die Steigung der Auftriebskurve des Profils, welche im Idealfall für dünne Profile in inkompressibler Strömung bis 2π erreicht (aber in realer Strömung meist kleiner ist, z. B. $a_0 \approx 5{,}7$ für typische Profile).

Durch Kombination der Gleichungen (12.3) und (12.4) kann ein direkter Ausdruck für die Zirkulation als Funktion des effektiven Anstellwinkels und der lokalen Profiltiefe $c(y)$ hergeleitet werden:

$$\Gamma(y) = \frac{A(y)}{\varrho \, V_\infty} = \frac{c_a(y) \, c(y) \, \frac{1}{2} \varrho V_\infty^2}{\varrho \, V_\infty}$$
$$= \frac{1}{2} a_0 \, V_\infty \, c(y) \, \alpha_e(y). \tag{12.5}$$

Damit zeigt sich, dass die lokale Zirkulation – und somit der lokale Auftrieb – direkt von folgenden Größen abhängt:

- der lokalen Profiltiefe $c(y)$,
- dem effektiven Anstellwinkel $\alpha_e(y)$,
- der Steigung der Auftriebskennlinie a_0,
- und der Anströmgeschwindigkeit V_∞.

Diese Beziehung ist zentral für die **Traglinientheorie nach Prandtl** und erlaubt die Berechnung der Zirkulationsverteilung entlang der Spannweite.

Siehe ▶ Lösung durch Matlab 12.2.

Methode: Lösung durch Matlab 12.2

Folgend ist ein Matlab Skript zu finden, das die lokale Zirkulation $\Gamma(y)$ auf Basis eines gegebenen Spannweitenverlaufs berechnet-entsprechend der folgenden Herleitung:

$$\Gamma(y) = \frac{1}{2} a_0 V_\infty c(y) \alpha_e(y). \qquad (12.6)$$

Dabei werden typische Annahmen für die lokale Profiltiefe $c(y)$, den effektiven Anstellwinkel $\alpha_e(y)$ und die Spannbreitenkoordinate y gemacht. Die Zirkulationsverteilung wird auch grafisch dargestellt.

Lösung

Siehe ◘ Abb. 12.5.

```matlab
% Zirkulationsberechnung entlang der Spannweite
% Nach Traglinientheorie / Kutta-Joukowski-Gesetz

clear; clc; close all;

%% Gegebene Parameter
b = 10;                          % Spannweite [m]
V_inf = 50;                      % Anströmgeschwindigkeit [m/s]
rho = 1.225;                     % Luftdichte [kg/m^3]
a0 = 2 * pi;                     % Auftriebsbeiwert-Steigung [rad^-1] (ideal dünnes
Profil)
alpha = deg2rad(5);             % Geometrischer Anstellwinkel [rad]
epsilon_max = deg2rad(2);       % Maximaler Downwash-Winkel [rad]

% Diskretisierung der Spannweite (nur Halbflügel wegen Symmetrie)
N = 100;
y = linspace(0, b/2, N);        % y-Koordinate von 0 bis b/2

%% Profilsehne c(y): elliptische Verteilung (realistisch)
c = 1 * sqrt(1 - (2*y/b).^2);   % max. Profiltiefe = 1 m in der Mitte

%% Strömungsablenkung epsilon(y): sinusförmig angenähert
epsilon = epsilon_max * sin(pi * y / (b/2)); % Beispielhafte Verteilung

%% Effektiver Anstellwinkel alpha_e(y)
alpha_e = alpha - epsilon;

%% Berechnung der Zirkulation Gamma(y)
Gamma = 0.5 * a0 * V_inf .* c .* alpha_e;  % [m^2/s]

%% Optional: Lokaler Auftrieb pro Spannweiteneinheit A(y)
A = rho * V_inf .* Gamma;  % [N/m]

%% Plot der Zirkulationsverteilung
figure;
plot(y, Gamma, 'b-', 'LineWidth', 2);
xlabel('Spannweitenposition y [m]');
ylabel('\Gamma(y) [m^2/s]');
title('Zirkulationsverteilung entlang der Spannweite');
grid on;

%% Plot des effektiven Anstellwinkels
figure;
plot(y, rad2deg(alpha_e), 'r-', 'LineWidth', 2);
xlabel('Spannweitenposition y [m]');
ylabel('\alpha_e(y) [°]');
title('Effektiver Anstellwinkel entlang der Spannweite');
grid on;

%% Plot der Profiltiefe
figure;
plot(y, c, 'k--', 'LineWidth', 2);
xlabel('Spannweitenposition y [m]');
ylabel('Profiltiefe c(y) [m]');
title('Profiltiefenverlauf c(y)');
grid on;
```

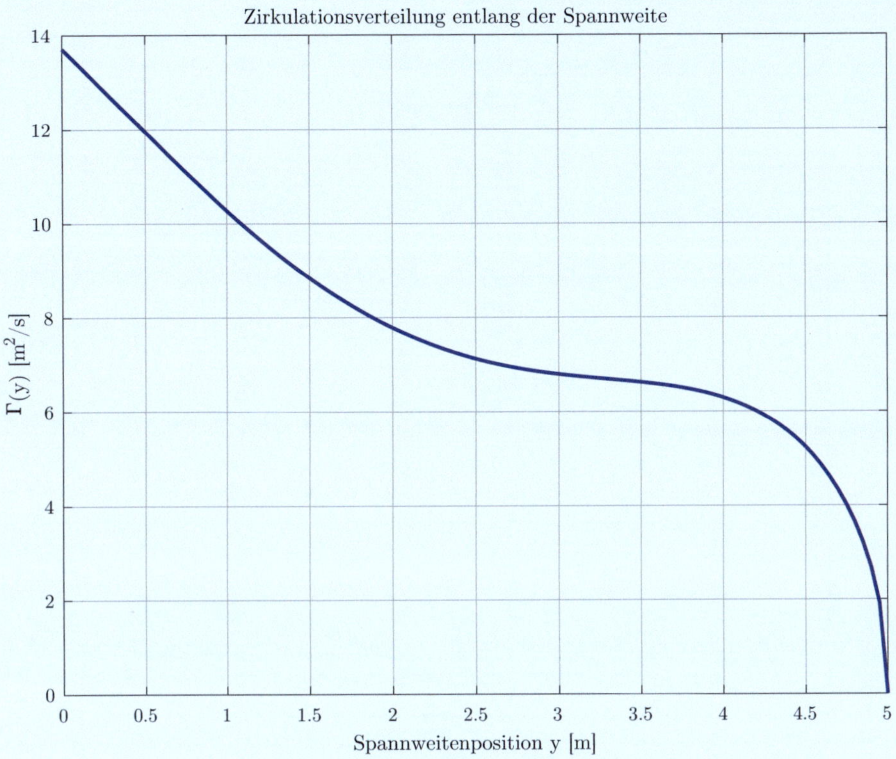

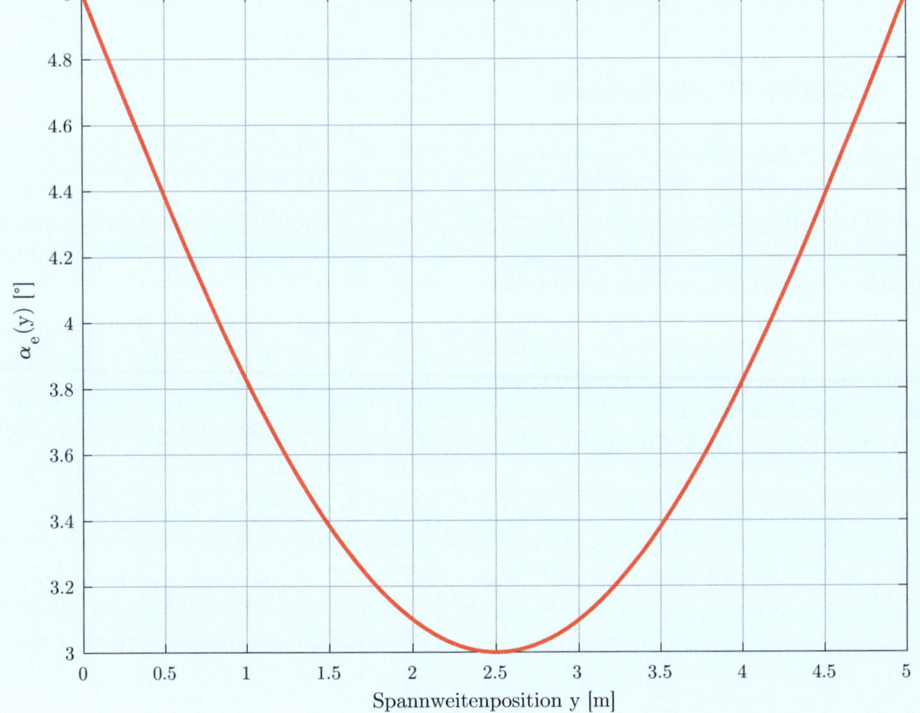

Zirkulationsverteilung entlang der Spannweite
14
12
10
8
6
4
2
0
Γ(y) [m²/s]
0
0.5
1
1.5
2
2.5
3
3.5
4
4.5
5
Spannweitenposition y [m]

Effektiver Anstellwinkel entlang der Spannweite
5
4.8
4.6
4.4
4.2
4
3.8
3.6
3.4
3.2
3
α_e(y) [°]
0
0.5
1
1.5
2
2.5
3
3.5
4
4.5
5
Spannweitenposition y [m]

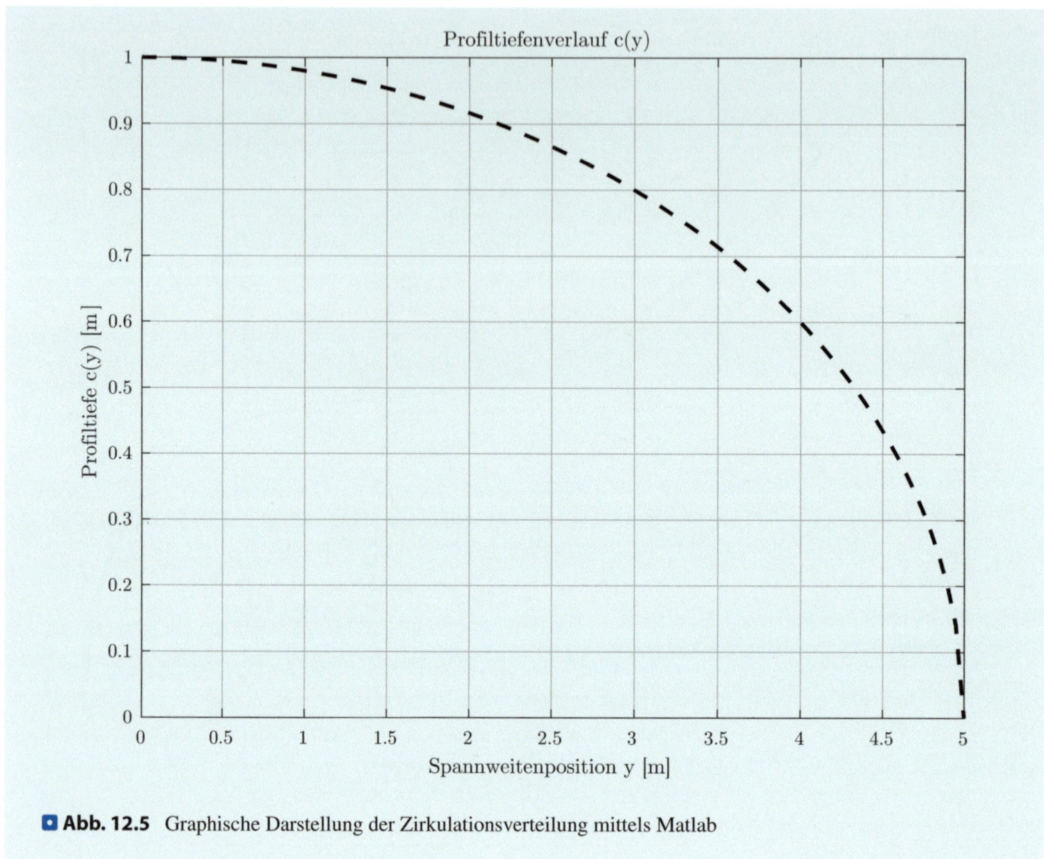

◼ Abb. 12.5   Graphische Darstellung der Zirkulationsverteilung mittels Matlab

12.1.4 Gesamtauftriebsbeiwert

Der **Gesamtauftriebsbeiwert** C_a stellt eine dimensionslose Kenngröße dar, mit der der gesamte durch die Tragfläche erzeugte Auftrieb in Relation zu den Strömungsparametern und der Fläche selbst gesetzt wird. Für dreidimensionale Flügel ergibt sich der Gesamtauftriebsbeiwert aus einer Integration der lokal wirkenden Auftriebskräfte (bzw. ihrer Beiwertverteilungen) über die gesamte Spannweite.

Die mathematische Definition lautet:

$$C_a = \frac{1}{2S\overline{c}} \int\limits_{-S}^{+S} c(y)\,c_a(y)\,dy. \qquad (12.7)$$

Dabei sind:

$C_a \dots$ der Gesamtauftriebsbeiwert der Tragfläche

$S \dots$ die halbe Spannweite des Flügels, sodass die Gesamtspannweite $b = 2S$ ist

$\overline{c} \dots$ die gemittelte Profiltiefe entlang der Spannweite (mittlere aerodynamische Sehne)

$c(y) \dots$ die lokale Profiltiefe an der Stelle y

$c_a(y) \dots$ der lokale Auftriebsbeiwert an der Stelle y

Herleitung auf Basis der Zirkulation: Die lokale Auftriebskraft pro Längeneinheit in Spannweitenrichtung ergibt sich nach dem *Kutta-*

Joukowski-Satz aus

$$A(y) = \varrho V_\infty \Gamma(y). \qquad (12.8)$$

Der zugehörige lokale Auftriebsbeiwert $c_a(y)$ ergibt sich mit:

$$c_a(y) = \frac{A(y)}{\frac{1}{2}\varrho V_\infty^2 c(y)} = \frac{2\Gamma(y)}{V_\infty c(y)}. \qquad (12.9)$$

Wird dieser Ausdruck in (12.7) eingesetzt, folgt für den Gesamtauftriebsbeiwert:

$$C_a = \frac{1}{2S\overline{c}} \int_{-S}^{+S} c(y) \cdot \frac{2\Gamma(y)}{V_\infty c(y)} \, dy$$

$$= \frac{1}{S\overline{c}V_\infty} \int_{-S}^{+S} \Gamma(y) \, dy. \qquad (12.10)$$

Diese Gleichung zeigt, dass der Gesamtauftriebsbeiwert letztlich proportional zur *Gesamtzirkulation* über die Spannweite ist.

Normierung über die Spannweite: Zur Vereinfachung kann die Integration durch eine normierte Variable ersetzt werden. Es gilt

$$\eta = \frac{y}{S}, \quad \text{mit} \quad \eta \in [-1, 1]. \qquad (12.11)$$

Es folgt

$$C_a = \frac{1}{\overline{c}V_\infty} \int_{-1}^{+1} \Gamma(S\eta) \, d\eta. \qquad (12.12)$$

Mittels dieser Gleichung kann der Gesamtauftrieb direkt aus der Zirkulationsverteilung entlang der Spannweite berechnet werden. Ist die Funktion $\Gamma(y)$ bekannt (beispielsweise aus einer elliptischen Verteilung oder einer Lösung der **Lifting Line Theory**), so lässt sich C_a einfach bestimmen.

Siehe ▶ Lösung durch Matlab 12.3.

Methode: Lösung durch Matlab 12.3

Folgend ist ein Matlab Skript zu finden, das den Gesamtauftriebsbeiwert C_a mithilfe einer gegebenen Zirkulationsverteilung $\Gamma(y)$ über die Flügelspannweite berechnet. Annahmen:

- Flügelhalbspannweite: S
- Anströmgeschwindigkeit: V_∞
- Zirkulation $\Gamma(y)$: beispielhaft elliptisch verteilt:

$$\Gamma(y) = \Gamma_0 \cdot \sqrt{1 - \left(\frac{y}{S}\right)^2} \qquad (12.13)$$

- Profilsehne $\overline{c}$ konstant

Lösung

Siehe ◻ Abb. 12.6.

```matlab
% Gesamtauftriebsbeiwert über Zirkulationsverteilung
clear; clc;

% Geometrie und Parameter
S = 10;                    % Halbe Spannweite [m]
c_bar = 1.5;               % Mittlere Profiltiefe [m]
V_inf = 50;                % Anströmgeschwindigkeit [m/s]
rho = 1.225;               % Luftdichte [kg/m^3]

% Zirkulationsverteilung (elliptisch): Gamma(y) = Gamma0 * sqrt(1 - (y/S)^2)
Gamma0 = 20;               % maximale Zirkulation [m^2/s]

% Diskretisierung
N = 1000;
y = linspace(-S, S, N);
Gamma = Gamma0 * sqrt(1 - (y/S).^2);  % Elliptische Verteilung
```

```matlab
% Numerische Integration von Gamma(y)
IntegralGamma = trapz(y, Gamma);  % [m^2/s * m]

% Gesamtauftriebsbeiwert aus Gleichung:
% C_a = 1 / (c_bar * V_inf) * Integral[-S,S] Gamma(y) dy
Ca = IntegralGamma / (c_bar * V_inf);

% Auftriebskraft (optional)
L_total = 0.5 * rho * V_inf^2 * 2 * S * c_bar * Ca;

% Ausgabe
fprintf('Gesamtauftriebsbeiwert C_a = %.4f\n', Ca);
fprintf('Gesamter Auftrieb L = %.2f N\n', L_total);

% Plot der Zirkulationsverteilung
figure;
plot(y, Gamma, 'b', 'LineWidth', 2);
xlabel('y [m]');
ylabel('\Gamma(y) [m^2/s]');
title('Zirkulationsverteilung über die Spannweite');
grid on;
```

```
Command Window

New to MATLAB? See resources for Getting Started.

    Gesamtauftriebsbeiwert C_a = 4.1886
    Gesamter Auftrieb L = 192416.10 N
fx >>
```

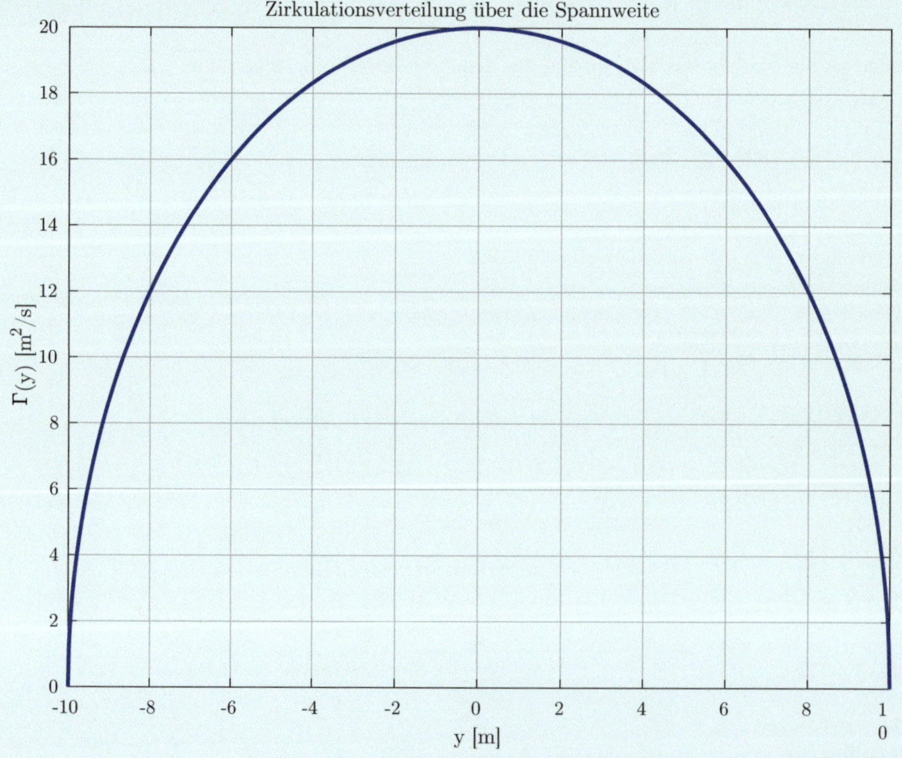

□ Abb. 12.6 Gesamtauftriebsbeiwert über Zirkulationsverteilung

12.1.5   Induzierter Widerstand

Die Auftriebskraft F_A wird definitionsgemäß senkrecht zur ungestörten Anströmung V_∞ gemessen. Aufgrund des induzierten Geschwindigkeitsfeldes – insbesondere der Strömungsablenkung nach unten (engl. **downwash**) – wirkt die resultierende aerodynamische Kraft jedoch leicht nach hinten geneigt.

Diese Neigung führt zu einer Komponente der aerodynamischen Kraft in Richtung der Anströmung, die als **induzierter Widerstand** F_{Wi} bezeichnet wird. Die Ursache liegt in der Erhaltung der Zirkulation und dem Nachlauf der Wirbelstrukturen infolge der endlichen Spannweite. Die geometrische Interpretation ist in ◘ Abb. 12.7 dargestellt.

Im Rahmen der linearen Traglinientheorie ergibt sich für jeden Punkt y entlang der Spannweite der lokale **induzierte Widerstandsbeiwert** durch:

$$c_{Wi}(y) = c_a(y) \cdot \varepsilon(y). \qquad (12.14)$$

Dabei bedeuten:

$c_a(y) \ldots$ lokaler Auftriebsbeiwert, abhängig von Zirkulation $\Gamma(y)$,

$\varepsilon(y) \ldots$ lokaler **Strömungsablenkwinkel**, also der sogenannte **downwash angle**, gegeben durch $\varepsilon(y) = \frac{w(y)}{V_\infty}$ mit $w(y)$ als induzierter Vertikalgeschwindigkeit.

Bemerkung 12.2

Der Downwash entsteht durch die Induktion der Nachlaufwirbel. Diese Wirbelfläche erzeugt hinter dem Flügel eine vertikale Geschwindigkeitskomponente, die jede Profillinie in eine leicht geneigte Strömung taucht. Dies führt zu einer Änderung der Wirkrichtung der Auftriebskraft und erzeugt eine Widerstandskomponente.

Die gesamte Wirkung wird durch Integration über die Flügelspannweite erfasst. Die Definition für den Gesamtbeiwert C_{Wi} ergibt sich durch:

$$C_{Wi} = \frac{1}{2S\bar{c}} \int\limits_{-S}^{+S} c(y)\, c_{Wi}(y)\, dy \qquad (12.15)$$

$$C_{Wi} = \frac{1}{2S\bar{c}} \int\limits_{-S}^{+S} c(y)\, c_a(y)\, \varepsilon(y)\, dy \qquad (12.16)$$

Dabei ist:

$S \ldots$ die halbe Spannweite,

$\bar{c} \ldots$ die mittlere aerodynamische Profiltiefe,

$c(y) \ldots$ die lokale Profiltiefe.

Alternativ-Ausdruck über Zirkulation: Durch Einsetzen des lokal definierten Auftriebsbeiwerts

$$c_a(y) = \frac{2\Gamma(y)}{V_\infty c(y)} \qquad (12.17)$$

lässt sich Gl. (12.16) umformen. Dadurch ergibt sich in dimensionsloser Form

$$C_{Wi} = \frac{1}{\bar{c} V_\infty} \int\limits_{-1}^{+1} \Gamma\left(\frac{y}{S}\right) \varepsilon\left(\frac{y}{S}\right) d\left(\frac{y}{S}\right). \qquad (12.18)$$

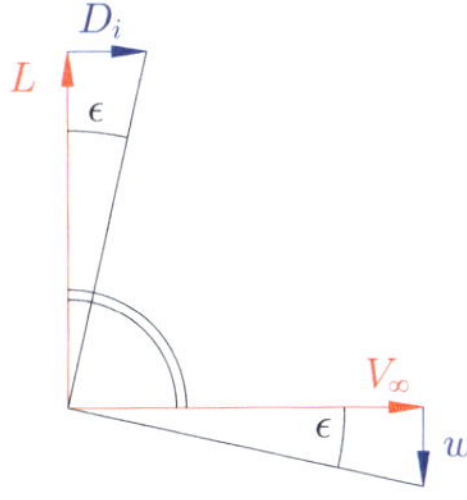

◘ **Abb. 12.7** Definition des auftriebinduzierten Widerstandes

Diese Darstellung zeigt deutlich: Der induzierte Widerstand ergibt sich direkt aus dem Produkt der lokalen Zirkulation und dem zugehörigen Downwash. In dieser Form entspricht die Gleichung exakt der Herleitung aus der erweiterten Traglinientheorie.

> **Corollary 12.1**
>
> Der induzierte Widerstand ist direkt mit der Effizienz des Flügels verknüpft. Für idealisierte elliptische Auftriebsverteilungen ist dieser minimal. Abweichungen davon (z. B. durch geometrische Auslegung oder strukturelle Einschränkungen) erhöhen C_{Wi} deutlich.

12.2 Die fundamentale Gleichung von Prandtl

Siehe ◼ Abb. 12.8. Die fundamentale Gleichung von Ludwig Prandtl bildet den Grundpfeiler der linearen Traglinientheorie für endliche Flügel (finite wings) und verknüpft die Zirkulationsverteilung $\Gamma(y)$ entlang der Spannweite mit dem lokalen Anstellwinkel α sowie der durch induzierte Geschwindigkeiten verursachten Ablenkung der Anströmrichtung.

Ein endlicher Tragflügel kann nicht wie ein unendlicher Flügel betrachtet werden, da an den Flügelenden die Zirkulation aus physikalischen Gründen gegen null gehen muss (Randbedingung). Diese Variation der Zirkulation $\Gamma(y)$ entlang der Spannweitenrichtung y erzeugt im Nachlauf eine Wirbelfläche (engl. vortex sheet), die eine induzierte Abwärtsgeschwindigkeit $w(y_0)$ erzeugt. Diese Ablenkung

bewirkt eine effektive Änderung des lokalen Anstellwinkels und somit der Druckverteilung über der Tragfläche. Die induzierte Geschwindigkeit $w(y_0)$ an einer bestimmten Stelle y_0 entlang der Spannweite ergibt sich aus dem Biot-Savart-Gesetz, welches beschreibt, wie ein Wirbelelement Geschwindigkeit im Strömungsfeld induziert.

Ein differentielles Wirbelelement $d\Gamma$ in der Spannweitenrichtung y induziert an der Position y_0 eine vertikale Geschwindigkeit dw, gegeben durch:

$$dw = -\frac{1}{4\pi(y - y_0)}\frac{\partial \Gamma}{\partial y}\,dy. \qquad (12.19)$$

Dies folgt aus der Annahme, dass die Wirbel parallel zur x-Achse verlaufen und die induzierte Geschwindigkeit in der z-Richtung senkrecht zur Tragfläche steht. Das negative Vorzeichen ergibt sich aus der Richtung der Induktion.

Die gesamte induzierte Geschwindigkeit $w(y_0)$ ergibt sich durch Integration über die gesamte Spannweite $[-S, +S]$:

$$w(y_0) = -\frac{1}{4\pi}\,\text{P.V.}\int_{-S}^{+S}\frac{1}{y - y_0}\frac{d\Gamma}{dy}\,dy. \qquad (12.20)$$

Dabei steht P.V. (Cauchy'scher Hauptwert) für die Hauptwertbildung wegen der Singularität bei $y = y_0$.

Der induzierte Anstellwinkel $\varepsilon(y_0)$ an der Stelle y_0 ist gegeben durch:

$$\varepsilon(y_0) = \frac{w(y_0)}{V_\infty}$$

$$\implies \quad \varepsilon(y_0) = -\frac{1}{4\pi V_\infty}\,\text{P.V.}\int_{-S}^{+S}\frac{1}{y - y_0}\frac{d\Gamma}{dy}\,dy. \qquad (12.21)$$

Die lokale effektive Anströmung ist der geometrische Anstellwinkel α abzüglich des induzierten Ablenkwinkels $\varepsilon(y)$:

$$\alpha_{\text{eff}}(y) = \alpha - \varepsilon(y). \qquad (12.22)$$

Gemäß der dünnprofiligen Theorie für kleine Anstellwinkel ist die Zirkulation $\Gamma(y)$ proportional zur effektiven Anströmung

$$\Gamma(y) = \frac{1}{2}a_0(y)V_\infty c(y)[\alpha - \varepsilon(y)]. \qquad (12.23)$$

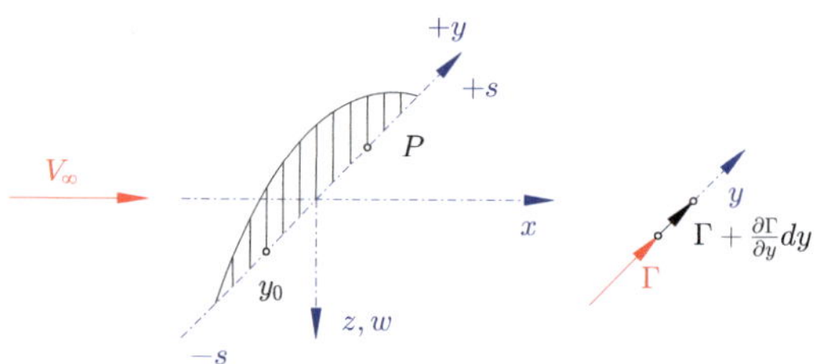

◼ **Abb. 12.8** Variable Zirkulation durch eine Wirbelfläche im Nachlauf

Setzt man nun Gl. (12.21) in (12.23) ein, ergibt sich die integro-differentiale Gleichung erster Art

$$\Gamma(y_0) = \frac{1}{2}a_0(y_0)V_\infty c(y_0)$$
$$\cdot \left[\alpha + \frac{1}{4\pi V_\infty} \text{P.V.} \int_{-S}^{+S} \frac{1}{y-y_0} \frac{d\Gamma}{dy} \, dy \right].$$
$$(12.24)$$

Diese Gleichung ist die fundamentale Gleichung der Traglinientheorie nach Prandtl.

Randbedingungen

$$\Gamma(-S) = \Gamma(+S) = 0. \qquad (12.25)$$

Dies entspricht der Forderung, dass die Zirkulation an den Flügelspitzen verschwindet – der Wirbelschlauch löst sich dort auf.

Transformation in trigonometrischer Form: Für eine elegantere Lösung wird die Spannweitenkoordinate über eine Substitution ersetzt

$$y = S \cos\vartheta \quad \text{mit} \quad \vartheta \in [0, \pi]. \qquad (12.26)$$

Somit liegen $y = +S$ bei $\vartheta = 0$ und $y = -S$ bei $\vartheta = \pi$.

Die Zirkulation wird als **Fourier-Sinus-Reihe** angesetzt

$$\Gamma(\vartheta) = 4V_\infty S \sum_{n=1}^{\infty} B_n \sin(n\vartheta). \qquad (12.27)$$

Dieser Ansatz erfüllt die Randbedingungen automatisch, da $\sin(n \cdot 0) = \sin(n \cdot \pi) = 0$ gilt.

Nach Einsetzen des Ansatzes ergibt sich

$$\Gamma(\vartheta_0) = \frac{1}{2}a_0\bar{c}V_\infty$$
$$\cdot \left[\alpha - \frac{1}{\pi} \int_0^\pi \frac{\sum_{n=1}^{\infty} n B_n \cos(n\vartheta)}{\cos\vartheta - \cos\vartheta_0} \, d\vartheta \right].$$
$$(12.28)$$

Dies ist eine vereinfachte Form der fundamentalen Gleichung in der transformierten Koordinate ϑ.

Der auftretende Integralausdruck lässt sich mit dem bekannten Glauert-Integral auswerten:

$$\int_0^\pi \frac{\cos(n\vartheta)}{\cos\vartheta - \cos\vartheta_0} \, d\vartheta = \pi \frac{\sin(n\vartheta_0)}{\sin\vartheta_0} \qquad (12.29)$$

Damit ergibt sich nach Umformung eine explizite Beziehung für die Koeffizienten B_n der Fourier-Entwicklung – also eine Lösungsmethode über ein lineares Gleichungssystem.

Die fundamentale Gleichung von Prandtl ist:
- eine lineare, singuläre Integro-Differentialgleichung erster Art
- lösbar durch orthogonale Funktionen (Fourier-Sinusreihen)
- abhängig von Flügelgeometrie $c(y)$ und $a_0(y)$
- Grundlage für die Berechnung von induziertem Widerstand, Auftriebsverteilung und Effizienz elliptischer Tragflächen

Siehe ▶ Lösung durch Matlab 12.4.

Methode: Lösung durch Matlab 12.4

(Numerische Lösung per Diskretisierung (Multhopp-Methode) in Matlab der fundamentalen Gleichung von Prandtl) Es ist in Matlab ein Skript zu schreiben, dass die numerische Lösung per Diskretisierung (Multhopp-Methode), der fundamentalen Gleichung von Prandtl, erbringt.

Dazu sind folgende Randbedingungen gegeben:

- Halbspannweite: $S = 5\,\text{m}$
- Spannweite: $b = 2S = 10\,\text{m}$
- Konstante Profiltiefe: $c = 1{,}5\,\text{m}$

- Profilsteigung: $a_0 = 2\pi$
- Anströmgeschwindigkeit: $V_\infty = 50\,\text{m\,s}^{-1}$
- Anstellwinkel: $\alpha = 5° = 0{,}0873\,\text{rad}$

Es wird zunächst eine **Analytische Lösung – Elliptische Zirkulation** erbracht, dies wird im folgenden Abschnitt noch genauer untersucht. Für den optimalen induzierten Widerstand ist die Zirkulation elliptisch verteilt:

$$\Gamma(y) = \Gamma_0 \sqrt{1 - \left(\frac{y}{S}\right)^2}; \qquad (12.30)$$

mit:

$$\underline{\underline{\Gamma_0}} = \frac{1}{2}\pi a_0 c V_\infty \alpha = \frac{1}{2}\pi \cdot 2\pi \cdot 1{,}5 \cdot 50 \cdot 0{,}0873$$

$$\approx \underline{\underline{64{,}59\,\text{m}^2\,\text{s}^{-1}}} \qquad (12.31)$$

Damit kann der Auftriebswert berechnet werden, zu

$$\underline{\underline{C_L}} = \frac{2\Gamma_0}{V_\infty S} = \frac{2 \cdot 64{,}59}{50 \cdot 5} = \underline{\underline{0{,}5167}}. \qquad (12.32)$$

Für das Seitenverhältnis und den induzierten Widerstand ergibt sich

$$\underline{\underline{\Lambda}} = \frac{b^2}{A} = \frac{10^2}{10 \cdot 1{,}5} = \frac{100}{15} \approx \underline{\underline{6{,}67}}, \qquad (12.33)$$

$$\underline{\underline{C_{D_i}}} = \frac{C_L^2}{\pi \Lambda} = \frac{(0{,}5167)^2}{\pi \cdot 6{,}67} \approx \underline{\underline{0{,}0127}}. \qquad (12.34)$$

Für die numerische Lösung wird die fundamentale Gleichung von Prandtl in Fourier-Sinus-Reihenform geschrieben:

$$\Gamma(\vartheta) = 4V_\infty S \sum_{n=1}^{N} B_n \sin(n\vartheta). \qquad (12.35)$$

Die Gleichung wird an diskreten Punkten $\vartheta_j = \frac{j\pi}{N+1}$ für $j = 1, \ldots, N$ ausgewertet.

Dabei ergibt sich ein lineares Gleichungssystem:

$$\sum_{n=1}^{N} B_n \left[\sin(n\vartheta_j) \left(\frac{a_0 c}{2S} + \frac{n}{\sin\vartheta_j} \sin(n\vartheta_j) \right) \right]$$

$$= a_0 c \alpha.$$

$$(12.36)$$

Die Lösung erfolgt numerisch in MATLAB. Siehe dazu das folgende Skript.

Lösung

Siehe ◘ Abb. 12.9.

```matlab
% Multhopp-Methode zur Lösung der fundamentalen Gleichung von Prandtl
clear; clc;

% Gegebene Parameter
V_inf = 50;              % m/s
c = 1.5;                 % m
a0 = 2*pi;               % Profilsteigung
alpha = deg2rad(5);      % Anstellwinkel in rad
S = 5;                   % Halbspannweite in m
N = 5;                   % Anzahl Diskretisierungspunkte

% Diskretisierte Winkel θ_j
theta = (1:N) * pi / (N + 1);

% Initialisierung
A = zeros(N, N);
f = a0 * c * alpha * ones(N, 1);

% Aufstellen der Koeffizientenmatrix
for j = 1:N
    for n = 1:N
        A(j, n) = sin(n * theta(j)) * (a0 * c / (2*S) + n * sin(n * theta(j)) / sin(theta(j)));
    end
end
```

```matlab
% Lösung des Gleichungssystems
B = A \ f;

% Ausgabe
disp('Fourier-Koeffizienten B_n:');
disp(B);

% Zirkulationsverteilung plotten
theta_plot = linspace(0, pi, 200);
Gamma = zeros(size(theta_plot));
for n = 1:N
    Gamma = Gamma + B(n) * sin(n * theta_plot);
end
Gamma = 4 * V_inf * S * Gamma;

figure;
plot(cos(theta_plot)*S, Gamma, 'b', 'LineWidth', 2);
xlabel('y [m]');
ylabel('\Gamma(y) [m^2/s]');
title('Zirkulationsverteilung entlang der Spannweite');
grid on;
```

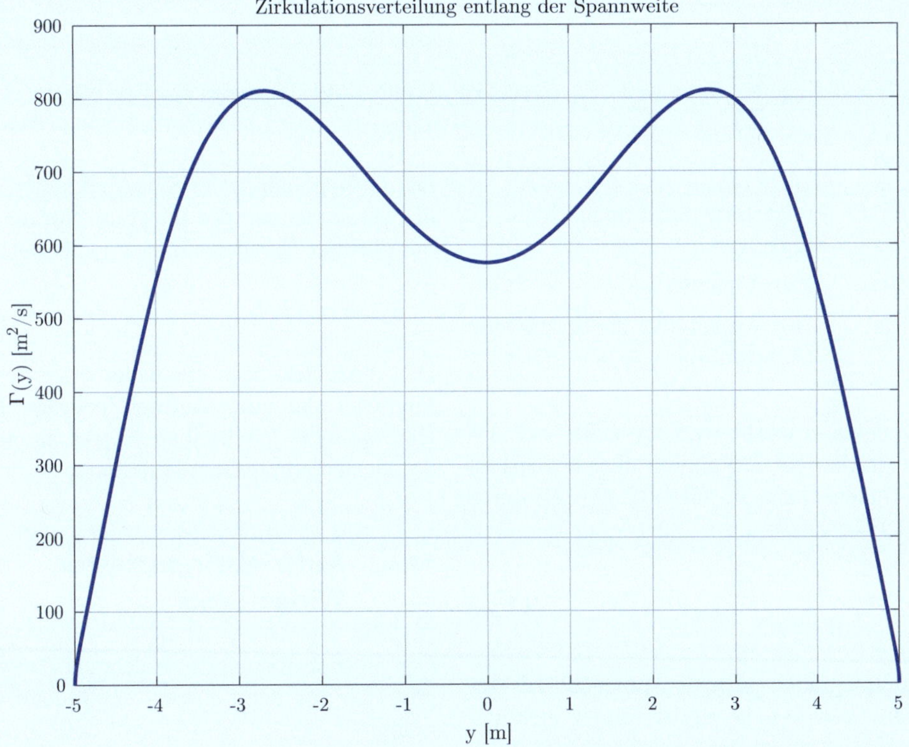

 Numerische Lösung per Diskretisierung (Multhopp-Methode) in Matlab der fundamentalen Gleichung von Prandtl

12.3 Elliptischer Tragflügel

Ein elliptischer Tragflügel (vgl. mit Abb. 12.10) zeichnet sich dadurch aus, dass seine Sehnenverteilung über die Spannweite einer Ellipse folgt. Dies führt zu einer idealisierten Zirkulationsverteilung, die einen konstanten induzierten Anstellwinkel und damit minimale auftriebsinduzierte Verluste erzeugt. Im Folgenden werden die grundlegenden Zusammenhänge sowie die wichtigsten aerodynamischen Kenngrößen für den elliptischen Flügel abgeleitet.

12.3.1 Zirkulationsverteilung und Auftriebsbeiwert

Mit dem bekannten Fourier-Ansatz für die Zirkulation

$$\Gamma(\vartheta) = 4V_\infty S \sum_{n=1}^{\infty} B_n \sin(n\vartheta). \qquad (12.37)$$

Dabei ist:

$V_\infty \ldots$ ungestörte Anströmgeschwindigkeit,

$S \ldots$ halbe Spannweite,

$\vartheta \in [0, \pi] \ldots$ Hilfswinkel über die Spannweite (Substitution: $y = S \cos(\vartheta)$).

Der Gesamtauftriebsbeiwert C_A ergibt sich aus der Integration der Zirkulation über die Spannweite (indem man in Gl. (12.12) Γ durch Gl. (12.27) ersetzt):

$$C_A = \frac{1}{\frac{1}{2}\varrho V_\infty^2 \bar{c} b} \int_{-S}^{+S} \varrho V_\infty \Gamma(y) dy \qquad (12.38)$$

Da die Integration über y äquivalent zur Integration über $\vartheta \in [0, \pi]$ ist, ergibt sich unter Berücksichtigung der Transformation $dy = -S \sin(\vartheta) d\vartheta$

$$C_A = 2A \int_{0}^{\pi} \sum_{n=1}^{\infty} B_n \sin(n\vartheta) \sin(\vartheta) d\vartheta;$$

$$(12.39)$$

und mit dem Streckungsverhältnis A (engl. „aspect ratio"):

$$A = \frac{b}{c} = \frac{2S}{c}. \qquad (12.40)$$

Abb. 12.10 Elliptischer Tragflügel [92]

Die Orthogonalität der Sinusfunktionen erlaubt die Vereinfachung des Integrals. Nur die Terme mit gleichen Frequenzen ($n = 1$) überleben

$$C_A = \pi A B_1. \qquad (12.41)$$

Dies bedeutet, dass allein der erste Term der Fourier-Reihe zum Auftrieb beiträgt. Höhere Harmonische beschreiben Abweichungen von der idealen elliptischen Verteilung.

12.3.2 Auftriebsinduzierter Widerstand

Der auftriebsinduzierte Widerstandsbeiwert ergibt sich aus der Leistung der Induktionsströmung:

$$C_{Wi} = \frac{1}{c V_\infty} \int_{0}^{\pi} \Gamma(\vartheta) \varepsilon(\vartheta) \sin(\vartheta) d\vartheta$$

$$= 2A \int_{0}^{\pi} \left[\sum_{n=1}^{\infty} B_n \sin(n\vartheta) \right]$$

$$\cdot \left[\sum_{m=1}^{\infty} m B_m \sin(m\vartheta) \right] d\vartheta. \qquad (12.42)$$

Die Kreuzterme mit $n \neq m$ verschwinden ebenfalls wegen der Orthogonalität. Damit ergibt sich

$$C_{Wi} = \pi A \sum_{n=1}^{\infty} n B_n^2. \tag{12.43}$$

Für den idealen elliptischen Flügel mit nur $B_1 \neq 0$ folgt

$$C_{Wi}^{\min} = \pi A B_1^2 = \frac{C_A^2}{\pi A}. \tag{12.44}$$

Diese Gleichung zeigt, dass der elliptische Flügel den minimalen induzierten Widerstand bei gegebenem Auftriebsbeiwert besitzt.

12.3.3 Strömungsablenkung und Auftriebsverteilung

Der Strömungsablenkwinkel ist mit der Zirkulationsverteilung über die **Biot-Savart-Integration** verknüpft. Für $B_1 \neq 0$, $B_{n>1} = 0$ ergibt sich ein konstanter Ablenkwinkel über die gesamte Spannweite

$$\varepsilon = \frac{C_A}{\pi A}. \tag{12.45}$$

Da der geometrische Anstellwinkel α konstant ist (nicht verwundener Flügel), folgt

$$\alpha_e = \alpha - \varepsilon. \tag{12.46}$$

Der lokale Auftriebsbeiwert bleibt konstant

$$c_a(y) = \frac{2\Gamma(y)}{V_\infty c(y)} = \text{const..} \tag{12.47}$$

Daraus folgt, dass die Profilsehne $c(y)$ elliptisch über die Spannweite verteilt sein muss, um konstantes c_a zu gewährleisten

$$c(y) \propto \sqrt{1 - \left(\frac{y}{S}\right)^2}. \tag{12.48}$$

Die Flächenverteilung entlang der Spannweite ergibt somit eine Ellipse

$$c(y)c_a(y) = \frac{4}{\pi}\bar{c}C_A \sqrt{1 - \left(\frac{y}{S}\right)^2}. \tag{12.49}$$

12.3.4 Zusammenfassung der wichtigsten Formeln

Gesamtauftrieb für den idealen elliptischen Flügel:

$$C_A = \pi A B_1 \tag{12.50}$$

Minimaler auftriebsinduzierter Widerstand:

$$C_{Wi}^{\min} = \frac{C_A^2}{\pi A}. \tag{12.51}$$

Allgemeine Form mit induziertem Widerstandsfaktor k:

$$C_{Wi} = k \cdot \frac{C_A^2}{\pi A}. \tag{12.52}$$

Effektiver Anstellwinkel:

$$\alpha_e = \alpha - \varepsilon = \alpha - \frac{C_A}{\pi A}. \tag{12.53}$$

Für den Fall $a_0 = 2\pi$, ergibt sich aus der Traglinientheorie für den Auftriebsbeiwert für endliche Spannweite

$$C_A = \frac{2\pi(\alpha - \alpha_0)}{1 + \frac{2}{A}}. \tag{12.54}$$

Steigung der Auftriebskurve:

$$\frac{dC_A}{d\alpha} = \frac{2\pi}{1 + \frac{2}{A}}. \tag{12.55}$$

Corollary 12.2
- Die elliptische Verteilung liefert das theoretische Optimum der Auftriebsverteilung, da sie den induzierten Widerstand minimiert.
- Jeder reale Flügel strebt durch Geometrie (z. B. Zuspitzung, Schränkung) diese ideale Verteilung an.

- Der Zusammenhang $C_A \sim (\alpha - \alpha_0)$ zeigt die lineare Abhängigkeit des Auftriebs vom Anstellwinkel.
- Die Korrektur durch das Streckungsverhältnis A berücksichtigt 3D-Effekte, da endliche Flügel Randwirbel erzeugen.

Siehe ▶ Lösung durch Matlab 12.5.

Methode: Lösung durch Matlab 12.5 (Numerische Untersuchung des Elliptischen Tragflügels)

Es ist in Matlab ein Skript zu schreiben, dass die Zirkulationsverteilung, den Auftriebsbeiwert C_A, den induzierten Widerstand C_{Wi}, sowie die Lastverteilung für einen elliptischen Tragflügel, basierend auf der linearen Traglinientheorie, mit nur dem ersten Fourier-Koeffizienten B_1, berechnet.

Die Lösung erfolgt numerisch in MATLAB. Siehe dazu das folgende Skript.

Lösung

Siehe ◻ Abb. 12.11.

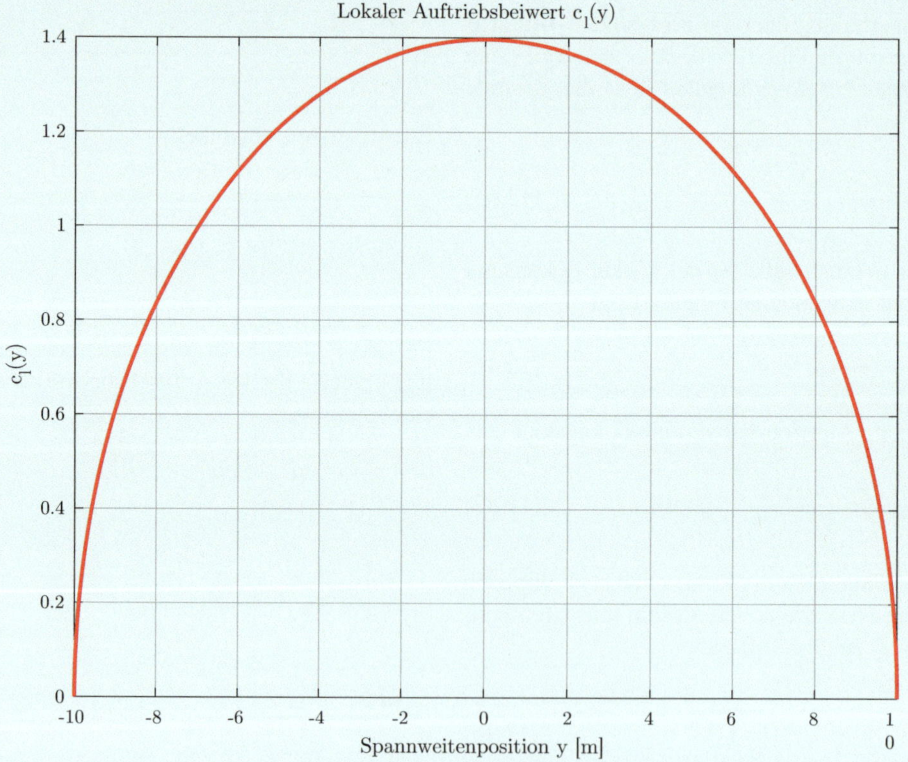

◻ **Abb. 12.11** Numerische Untersuchung des Elliptischen Tragflügel

```matlab
% Analyse eines elliptischen Tragflügels mit linearisierter Traglinientheorie
clear; clc; close all;

% Eingabeparameter
alpha_deg = 5;              % Geometrischer Anstellwinkel in Grad
alpha0_deg = 0;            % Nullauftriebswinkel in Grad
alpha = deg2rad(alpha_deg);       % Umrechnung in Bogenmaß
alpha0 = deg2rad(alpha0_deg);

AR = 8;                    % Streckung A = 2S / c_bar (elliptischer Flügel)
a0 = 2*pi;                 % Auftriebsanstieg für 2D-Profil (in 1/rad)
V_inf = 50;                % Anströmgeschwindigkeit in m/s
S = 10;                    % Tragflügelfläche in m²
c_bar = 2*S/AR;            % Mittlere aerodynamische Tiefe
rho = 1.225;               % Luftdichte in kg/m³

% Auftriebsbeiwert für elliptische Verteilung
Ca = (a0*(alpha - alpha0)) / (1 + (a0)/(pi*AR));   % Gleichung (40)
B1 = Ca / (pi * AR);                               % Fourier-Koeffizient B1

% Induzierter Widerstand
C_Wi = pi * AR * B1^2;                     % Gleichung (27)
epsilon = Ca / (pi * AR);                  % Gleichung (37)

% Auftriebskraft
L = 0.5 * rho * V_inf^2 * S * Ca;          % N
D_i = 0.5 * rho * V_inf^2 * S * C_Wi;      % Induzierter Widerstand in N

% Zirkulationsverteilung (elliptisch)
N = 200;
theta = linspace(0, pi, N);
y = (AR * c_bar / 2) * cos(theta);         % y = S * cos(theta)
Gamma = 4 * V_inf * S * B1 .* sin(theta);  % Gleichung (30)

% Lastverteilung (lokaler Auftrieb pro Spannweitenposition)
cl_y = (2 * Gamma) / V_inf;
cz_y = cl_y .* (pi / 4);  % skaliert zur besseren Darstellung

% Plot: Zirkulation
figure;
plot(y, Gamma, 'b', 'LineWidth', 2);
xlabel('Spannweitenposition y [m]');
ylabel('\Gamma(y) [m^2/s]');
title('Zirkulationsverteilung - Elliptischer Flügel');
grid on;

% Plot: Spannweite - Lastverteilung
figure;
plot(y, cl_y, 'r', 'LineWidth', 2);
xlabel('Spannweitenposition y [m]');
ylabel('c_l(y)');
title('Lokaler Auftriebsbeiwert c_l(y)');
grid on;

% Ausgabe
fprintf('--- Ergebnisse für elliptischen Tragflügel ---\n');
fprintf('Geometrischer Anstellwinkel alpha     = %.2f°\n', alpha_deg);
fprintf('Auftriebsbeiwert C_A                  = %.4f\n', Ca);
fprintf('Induzierter Widerstandsbeiwert C_Wi   = %.6f\n', C_Wi);
fprintf('Induzierter Widerstand D_i            = %.2f N\n', D_i);
fprintf('Gesamtauftrieb L                      = %.2f N\n', L);
fprintf('Downwash-Winkel epsilon               = %.4f rad = %.2f°\n', epsilon, ...
rad2deg(epsilon));
```

```
Command Window

New to MATLAB? See resources for Getting Started.

    --- Ergebnisse für elliptischen Tragflügel ---
    Geometrischer Anstellwinkel alpha          = 5.00°
    Auftriebsbeiwert C_A                       = 0.4386
    Induzierter Widerstandsbeiwert C_Wi        = 0.007656
    Induzierter Widerstand D_i                 = 117.23 N
    Gesamtauftrieb L                           = 6716.81 N
    Downwash-Winkel epsilon                    = 0.0175 rad = 1.00°
fx >>
```

12.4 Allgemeine Tragflügel

12.4.1 Effektiver Anstellwinkel und Auftriebsbeiwert

Der effektive Anstellwinkel α_e ist die Differenz zwischen geometrischem Anstellwinkel α und dem induzierten Anstellwinkel ε:

$$\alpha_e = \alpha - \varepsilon. \tag{12.56}$$

Für kleine Anstellwinkel gilt

$$c_a = a_0\alpha_e = a_0(\alpha - \varepsilon). \tag{12.57}$$

Mit der Definition der Auftriebskraft folgt:

$$A = c_a \cdot c \cdot \frac{1}{2}\rho V_\infty^2. \tag{12.58}$$

Da nach Kutta-Joukowski

$$L'(y) = \rho V_\infty \Gamma(y) \tag{12.59}$$

gilt, gilt für die Zirkulation auch

$$\alpha_e = \frac{2\Gamma}{a_0 c V_\infty}. \tag{12.60}$$

Einsetzen von (12.60) in (12.56) ergibt

$$\Gamma = \frac{a_0 c V_\infty}{2}(\alpha - \varepsilon). \tag{12.61}$$

12.4.2 Induzierter Anstellwinkel durch Downwash

Der Downwash $w(y_0)$ am Ort y_0 ergibt sich aus der Biot-Savart-Gleichung für eine kontinuierliche Zirkulationsverteilung

$$\varepsilon(y_0) = \frac{w(y_0)}{V_\infty} = -\frac{1}{4\pi V_\infty}\int_{-S}^{S}\frac{\partial\Gamma/\partial y}{y - y_0}\, dy. \tag{12.62}$$

Einsetzen von (12.62) in (12.61) ergibt Prandtls fundamentale Integralgleichung

$$\Gamma(y_0) = \frac{a_0 c(y_0) V_\infty}{2}$$
$$\cdot\left[\alpha + \frac{1}{4\pi V_\infty}\int_{-S}^{S}\frac{1}{y - y_0}\frac{d\Gamma(y)}{dy}\, dy\right]. \tag{12.63}$$

12.4.3 Transformation auf Winkelkoordinaten

Zur Lösung wird die Spannweite mit der Winkelkoordinate transformiert, zu

$$y = S\cos(\vartheta), \quad \vartheta \in [0, \pi]. \tag{12.64}$$

Die Zirkulation wird mit einer Fourier-Reihe dargestellt

$$\Gamma(\vartheta) = 4V_\infty S \sum_{n=1}^{\infty} B_n \sin(n\vartheta). \qquad (12.65)$$

Der Differentialquotient der Zirkulation lautet

$$\begin{aligned}
\frac{d\Gamma}{dy} &= \frac{d\Gamma}{d\vartheta} \cdot \frac{d\vartheta}{dy} \\
&= 4V_\infty S \sum_{n=1}^{\infty} B_n n \cos(n\vartheta) \cdot \frac{d\vartheta}{dy}.
\end{aligned} \qquad (12.66)$$

Einsetzen in (12.63) ergibt

$$\Gamma(\vartheta_0) = \frac{ca_0 V_\infty}{2} \left[\alpha + \frac{1}{\pi} \sum_{n=1}^{\infty} n B_n \right. \\
\left. \cdot \int_{\pi}^{0} \frac{\cos(\vartheta)}{\cos(\vartheta) - \cos(\vartheta_0)} d\vartheta \right]. \qquad (12.67)$$

Anwendung von Glauerts Integral ergibt schließlich

$$\Gamma(\vartheta) = \frac{ca_0 V_\infty}{2} \left[\alpha - \sum_{n=1}^{\infty} n B_n \frac{\sin(n\vartheta)}{\sin(\vartheta)} \right]. \qquad (12.68)$$

12.4.4 Diskretisierung (Multhopp-Methode)

Die Fourier-Reihe wird an m diskreten Punkten $\vartheta_j = \frac{j\pi}{2m}$ für $j = 1, \ldots, m$ ausgewertet

$$\sum_{n=1}^{m} B_n \sin(n\vartheta_j) \left[\frac{8S}{a_0 c} + \frac{n}{\sin(\vartheta_j)} \right] = \alpha_j. \qquad (12.69)$$

Dies ergibt ein lineares Gleichungssystem

$$\boldsymbol{K} \cdot \boldsymbol{B} = \boldsymbol{\alpha}, \qquad (12.70)$$

mit

$$K_{j,n} = \sin(n\vartheta_j) \left[\frac{8S}{a_0 c} + \frac{n}{\sin(\vartheta_j)} \right] \qquad (12.71)$$

und für $j = 1, \ldots, m$

$$\vartheta_j = \frac{j\pi}{2m}. \qquad (12.72)$$

12.4.5 Berechnung der Auftriebs- und Widerstandsbeiwerte

Die lokale Zirkulation ist

$$\Gamma(\vartheta) = 4V_\infty S \sum_{n=1}^{m} B_n \sin(n\vartheta). \qquad (12.73)$$

Der lokale Auftriebsbeiwert ist

$$c_a(\vartheta) = \frac{2\Gamma(\vartheta)}{V_\infty c}. \qquad (12.74)$$

Gesamtauftriebsbeiwert

$$C_L = \pi A B_1. \qquad (12.75)$$

Steigung der Auftriebsbeiwert-Kurve

$$\frac{\partial C_L}{\partial \alpha} = a = \frac{C_L}{\alpha}. \qquad (12.76)$$

Induzierter Widerstandsbeiwert

$$C_{D_i} = \pi A \sum_{n=1}^{m} n B_n^2. \qquad (12.77)$$

Elliptisch optimaler Widerstand

$$C_{D_i,\text{elliptisch}} = \pi A B_1^2. \qquad (12.78)$$

Widerstandszuwachsfaktor

$$k = \frac{C_{D_i}}{C_{D_i,\text{elliptisch}}}. \qquad (12.79)$$

12.5 Rechteckiger Flügel

Geometrische Parameter

$$c = 1\,\text{m} \tag{12.80}$$

$$S = 5\,\text{m} \tag{12.81}$$

$$A = \frac{2S}{c} = 10 \tag{12.82}$$

$$a_0 = 5{,}7\,\text{rad}^{-1} \tag{12.83}$$

$$\alpha = 5°. \tag{12.84}$$

Diskretisierung mit $m = 4$:

$$\vartheta_j = \left\{ \frac{\pi}{8}, \frac{\pi}{4}, \frac{3\pi}{8}, \frac{\pi}{2} \right\} \tag{12.85}$$

Zirkulation:

$$\Gamma(\vartheta_j) = 4V_\infty S \sum_{n=1}^{4} B_{2n-1} \sin((2n-1)\vartheta_j) \tag{12.86}$$

Das resultierende Gleichungssystem lautet

$$\sum_{n=1}^{4} B_{2n-1}(2n-1) \frac{\sin((2n-1)\vartheta_j)}{\sin(\vartheta_j)} \left[\frac{8S}{a_0 c} \right] = \alpha. \tag{12.87}$$

Es folgen die Lösungen zu

$$B_1 = 0{,}01291, \tag{12.88}$$

$$B_3 = 0{,}00200, \tag{12.89}$$

$$B_5 = 0{,}00052, \tag{12.90}$$

$$B_7 = 0{,}00010. \tag{12.91}$$

Lokaler Auftriebsbeiwert:

$$c_a(\vartheta) = \frac{8S}{c}[0{,}01291\sin(\vartheta) + 0{,}00200\sin(3\vartheta)$$
$$+\, 0{,}00052\sin(5\vartheta) + 0{,}00010\sin(7\vartheta)] \tag{12.92}$$

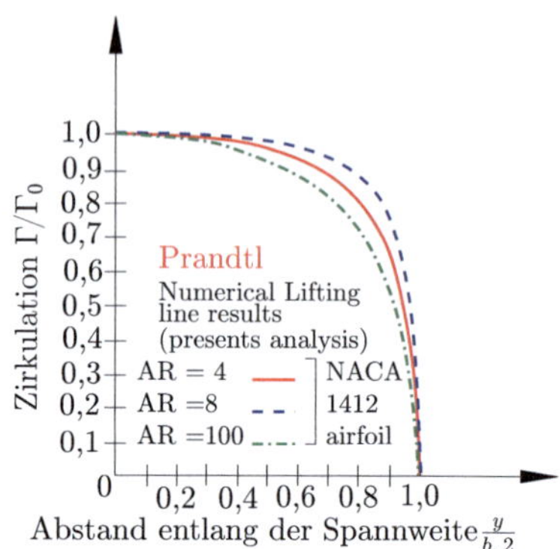

◘ Abb. 12.12 Ergebnisse der Traglinientheorie nach Prandtl der spannweitigen Lastverteilung für den unverwundenen rechteckigen Tragflügel

Gesamtauftriebsbeiwert:

$$C_L = \pi A B_1 = 0{,}406 \tag{12.93}$$

Induzierter Widerstand:

$$C_{D_i} = \pi A \sum_{n=1}^{4} n B_n^2 = 0{,}00575 \tag{12.94}$$

Vergleichswert elliptisch:

$$C_{D_i,\text{elliptisch}} = \pi A B_1^2 = 0{,}00524 \tag{12.95}$$

Widerstandszuwachsfaktor:

$$k = \frac{C_{D_i}}{C_{D_i,\text{elliptisch}}} = 1{,}097 \tag{12.96}$$

Siehe ◘ Abb. 12.12. Die Grafik zeigt die normierte Zirkulation Γ/Γ_0, wobei Γ_0 die maximale Zirkulation in der Flügelmitte auf der y-Achse ist, sowie auf der x-Achse den normierten Ort entlang der Halbspannweite $y/(b/2)$, also von 0 (Flügelmitte) bis 1 (Flügelspitze) beschreibt. Es handelt sich dabei bei dem roten Graphen um einen Tragflügel mit geringer Streckung, bei dem blauen Graphen um einen Flügel mit mittlerer Streckung sowie bei dem grünen Graphen um einen Tragflügel mit großer Streckung (quasi 2D).

Siehe ► Lösung durch Matlab 12.6.

Methode: Lösung durch Matlab 12.6

Es ist ein Matlab-Skript zu schreiben, das ◘ Abb. 12.12 nachbildet.

Die Lösung erfolgt numerisch in MATLAB. Siehe dazu das folgende Skript.

Lösung

Siehe ◘ Abb. 12.13.

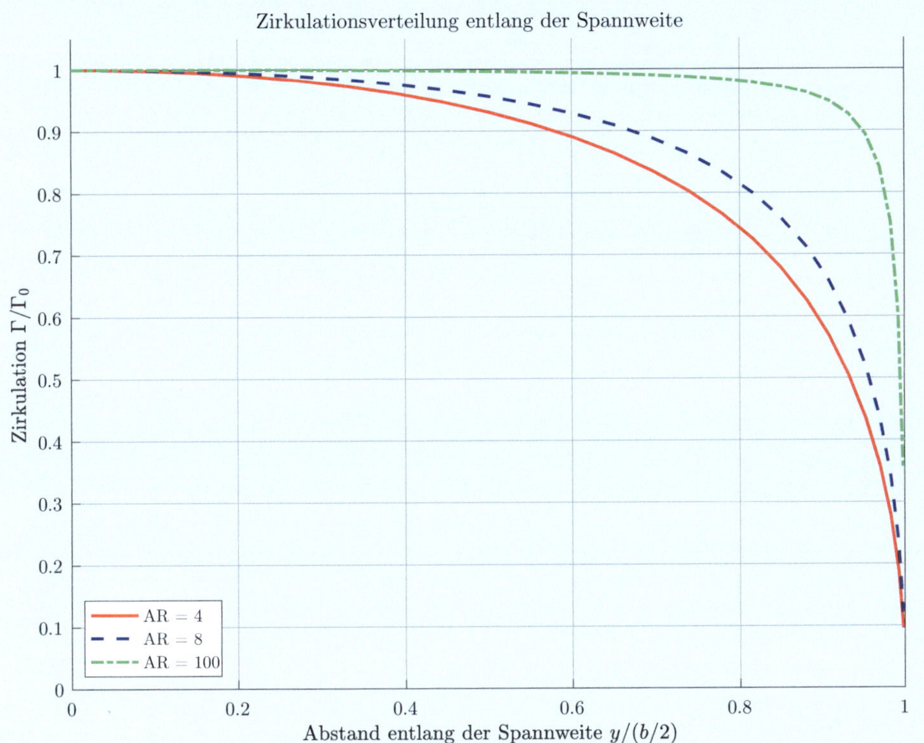

◘ **Abb. 12.13** Ergebnisse der Traglinientheorie nach Prandtl der spannweitigen Lastverteilung für den unverwundenen rechteckigen Tragflügel-Matlab

```
clc; clear;

% Allgemeine Einstellungen
N = 50;                          % Anzahl Kollokationspunkte
theta = pi*(1:N)' / (N+1);       % Kollokationswinkel
y_rel = cos(theta);              % normierter Ort y/(b/2)
AR_list = [4, 8, 100];           % Aspect Ratios
colors = {'r', 'b--', 'g-.'};    % Linienstile
labels = {'AR = 4', 'AR = 8', 'AR = 100'};
```

```matlab
% Plot vorbereiten
figure; hold on;
for k = 1:length(AR_list)
    AR = AR_list(k);
    % Festlegen konstanter Tiefe und Halbspannweite
    c = 1;                  % konstante Tiefe
    S = (AR * c)/2;         % Halbspannweite: AR = 2S/c

    % Matrix K aufbauen
    K = zeros(N,N);
    RHS = ones(N,1); % alpha_j = konstante Anstellung
    for j = 1:N
        for n = 1:N
            K(j,n) = sin(n * theta(j)) * ( (8*S)/(2*pi*c) + n / sin(theta(j)) );
        end
    end

    % Fourier-Koeffizienten berechnen
    B = K \ RHS;

    % Zirkulationsverlauf berechnen
    Gamma_rel = zeros(N,1); % normiert: Gamma / Gamma_max
    for n = 1:N
        Gamma_rel = Gamma_rel + B(n) * sin(n * theta);
    end
    Gamma_rel = Gamma_rel / max(Gamma_rel); % Normalisierung

    % Plotten
    plot(flip(y_rel), flip(Gamma_rel), colors{k}, 'LineWidth', 2, 'DisplayName',
labels{k});
end

% Plot formatieren
xlabel('Abstand entlang der Spannweite $y/(b/2)$', 'Interpreter', 'latex');
ylabel('Zirkulation $\Gamma/\Gamma_0$', 'Interpreter', 'latex');
legend('Location', 'SouthWest');
grid on;
axis([0 1 0 1.05]);
title('Zirkulationsverteilung entlang der Spannweite');

% Achsen optisch anpassen wie in Originalgrafik
ax = gca;
ax.FontSize = 12;
ax.XTick = 0:0.2:1;
ax.YTick = 0:0.1:1;
```

12.6 Übungen

Übungsbeispiel 12.1

Was ist das grundlegende Ziel der Traglinientheorie?

Lösung

Die Traglinientheorie zielt darauf ab, den dreidimensionalen Auftrieb und die Wirbelbildung eines Tragflügels realistisch zu beschreiben.

Übungsbeispiel 12.2

Welche physikalische Idee steckt hinter der Verteilung gebundener Wirbel entlang der Spannweite?

Lösung

Die Idee ist, dass der Auftrieb lokal als Wirbelstärke interpretiert werden kann, wobei sich über die Spannweite eine kontinuierliche Zirkulationsverteilung ergibt.

Übungsbeispiel 12.3

Was versteht man unter Nachlaufwirbeln und wie entstehen sie?

Lösung

Nachlaufwirbel entstehen durch die Ablenkung der gebundenen Wirbel an den Flügelenden, wodurch ein Wirbelschlauch im Nachlauf gebildet wird.

Übungsbeispiel 12.4

Warum führt die Wirbelbildung am Tragflügel zu einem induzierten Widerstand?

Lösung

Weil die Luftströmung durch die Wirbel nach unten abgelenkt wird (Downwash), was die Auftriebskraft nach hinten kippt und so einen Widerstand erzeugt.

Übungsbeispiel 12.5

Welche Vorteile bietet die Traglinientheorie gegenüber einer rein zweidimensionalen Betrachtung?

Lösung

Sie berücksichtigt die dreidimensionalen Effekte wie Auftriebsverteilung, Randwirbel und induzierten Widerstand, was realistischere Ergebnisse liefert.

Übungsbeispiel 12.6

Warum ist die Streckung eines Flügels ein entscheidender Parameter in der Traglinientheorie?

Lösung

Eine große Streckung reduziert die Stärke der Randwirbel und damit den induzierten Widerstand, wodurch die Tragflächeneffizienz steigt.

Übungsbeispiel 12.7

Was bedeutet es, dass ein Tragflügel „elliptische Auftriebsverteilung" aufweist?

Lösung

Es bedeutet, dass die Auftriebskraft über die Spannweite so verteilt ist, dass sie einem Halb-Ellipsenprofil folgt – was den induzierten Widerstand minimiert.

Übungsbeispiel 12.8

Warum sind rechteckige Tragflächen aus aerodynamischer Sicht ungünstiger als elliptische?

Lösung

Rechteckige Tragflächen erzeugen an den Enden stärkere Randwirbel und damit mehr induzierten Widerstand als eine elliptische Auftriebsverteilung.

Übungsbeispiel 12.9

Wie verändert sich die Strömung hinter einem Flügel laut Traglinientheorie?

Lösung

Hinter dem Flügel bildet sich ein Wirbelschlauch mit Abwärtsströmung (Downwash), der die Gesamtströmung beeinflusst.

Übungsbeispiel 12.10

Welche Rolle spielt der Downwash in der Traglinientheorie?

Lösung

Der Downwash verändert lokal den Anstellwinkel und beeinflusst damit die Auftriebsverteilung sowie den induzierten Widerstand.

Übungsbeispiel 12.11

Warum entsteht der Auftrieb nach der Traglinientheorie als Folge einer Zirkulation?

Lösung

Weil eine Zirkulation einen Druckunterschied zwischen Ober- und Unterseite des Profils verursacht, der als Auftrieb wirkt.

Übungsbeispiel 12.12

In welchem Zusammenhang stehen Wirbelschleppe und Flugsicherheit?

Lösung

Wirbelschleppen hinter Flugzeugen können gefährlich für nachfolgende Maschinen sein, da sie starke Luftverwirbelungen enthalten.

Übungsbeispiel 12.13

Warum ist die Traglinientheorie besonders relevant für die Auslegung von Tragflächen großer Verkehrsflugzeuge?

Lösung

Weil sie eine realistische Berechnung des induzierten Widerstands und damit der Effizienz des Flügels bei großen Streckungen ermöglicht.

Übungsbeispiel 12.14

Welche Annahmen liegen der Traglinientheorie zugrunde?

Lösung

Die Theorie geht von stationärer, inkompressibler, potentieller Strömung und kleinen Anstellwinkeln bei dünnen Profilen aus.

Übungsbeispiel 12.15

Wie lässt sich mit der Traglinientheorie die Wirkung von Winglets erklären?

Lösung

Winglets verringern die Stärke der Randwirbel, was den induzierten Widerstand reduziert – ein Effekt, den die Traglinientheorie beschreibt.

Übungsbeispiel 12.16

Was beschreibt die fundamentale Gleichung von Prandtl in der Traglinientheorie?

Lösung

Sie beschreibt die Beziehung zwischen der Zirkulationsverteilung entlang der Spannweite eines endlichen Flügels und dem lokalen Anstellwinkel sowie der induzierten Ablenkung durch Wirbel.

Übungsbeispiel 12.17

Warum ist bei endlichen Flügeln die Zirkulation an den Flügelspitzen null?

Lösung

Aus physikalischen Gründen muss die Zirkulation am Rand des Flügels verschwinden, da dort der Wirbelschlauch endet.

Übungsbeispiel 12.18

Was ist die Ursache für die induzierte Abwärtsgeschwindigkeit bei einem endlichen Flügel?

Lösung

Die Variation der Zirkulation entlang der Spannweite erzeugt eine Wirbelfläche im Nachlauf, die eine Abwärtsgeschwindigkeit induziert.

Übungsbeispiel 12.19

Welches Gesetz beschreibt die Wirkung eines Wirbelelements auf die Strömungsgeschwindigkeit?

Lösung

Das Biot-Savart-Gesetz.

Übungsbeispiel 12.20

Was bedeutet der Ausdruck „P.V." im Integral der induzierten Geschwindigkeit?

Lösung

P.V. steht für den Cauchy'schen Hauptwert und wird verwendet, um die Singularität des Integrals bei $y = y_0$ korrekt zu behandeln.

Übungsbeispiel 12.21

Wie hängt der induzierte Anstellwinkel $\varepsilon(y_0)$ mit der induzierten Geschwindigkeit zusammen?

Lösung

Er ist gegeben durch $\varepsilon(y_0) = \frac{w(y_0)}{V_\infty}$.

Übungsbeispiel 12.22

Was versteht man unter dem effektiven Anstellwinkel α_{eff}?

Lösung

Es ist der geometrische Anstellwinkel minus dem induzierten Anstellwinkel: $\alpha_{\text{eff}} = \alpha - \varepsilon(y)$.

Übungsbeispiel 12.23

Wovon hängt die Zirkulation $\Gamma(y)$ gemäß dünnprofiliger Theorie ab?

Lösung

Von der lokalen effektiven Anströmung, der Profiltiefe $c(y)$, der Profilsteigung $a_0(y)$ und der Anströmgeschwindigkeit V_∞.

Übungsbeispiel 12.24

Welche Art Gleichung ist die fundamentale Gleichung von Prandtl mathematisch gesehen?

Lösung

Eine lineare, singuläre Integro-Differentialgleichung erster Art.

Übungsbeispiel 12.25

Warum wird bei der Lösung der Gleichung die Koordinate y durch ϑ ersetzt?

Lösung

Um die Spannweitenkoordinate durch eine trigonometrische Transformation zu vereinfachen, wodurch sich die Randbedingungen automatisch erfüllen.

Übungsbeispiel 12.26

Warum eignet sich eine Fourier-Sinus-Reihe zur Darstellung der Zirkulation?

Lösung

Weil sie automatisch die Randbedingungen $\Gamma(\pm S) = 0$ erfüllt, da $\sin(n \cdot 0) = \sin(n \cdot \pi) = 0$.

Übungsbeispiel 12.27

Welche mathematische Methode wird zur Lösung der Fourierform der Prandtl-Gleichung verwendet?

Lösung

Die Auswertung mit Hilfe des Glauert-Integrals und darauf aufbauend ein lineares Gleichungssystem für die Fourier-Koeffizienten B_n.

Übungsbeispiel 12.28

Was beschreibt das Glauert-Integral?

Lösung

Es beschreibt die analytische Auswertung eines Integrals mit Cosinus-Term im Nenner, das bei der Fourier-Transformation der Prandtl-Gleichung auftritt.

Übungsbeispiel 12.29

Welche Parameter beeinflussen die Lösung der Prandtl-Gleichung?

Lösung

Die Profiltiefe $c(y)$, die Profilsteigung $a_0(y)$, die Anströmgeschwindigkeit V_∞ und der Anstellwinkel α.

Übungsbeispiel 12.30

Wie lautet die Form der elliptischen Zirkulation?

Lösung

$$\Gamma(y) = \Gamma_0 \sqrt{1 - \left(\tfrac{y}{S}\right)^2}.$$

Übungsbeispiel 12.31

Wofür steht der Ausdruck Γ_0 in der elliptischen Zirkulation?

Lösung

Für den maximalen Wert der Zirkulation im Zentrum des Flügels.

Übungsbeispiel 12.32

Wie wird der Auftriebsbeiwert C_L aus Γ_0 berechnet?

Lösung

Durch $C_L = \frac{2\Gamma_0}{V_\infty S}$.

Übungsbeispiel 12.33

Was beschreibt das Seitenverhältnis Λ?

Lösung

Das Verhältnis der Spannweite im Quadrat zur Flügelfläche: $\Lambda = \frac{b^2}{A}$.

Übungsbeispiel 12.34

Wie lautet die Formel für den induzierten Widerstandsbeiwert C_{D_i}?

Lösung

$$C_{D_i} = \frac{C_L^2}{\pi \Lambda}.$$

Übungsbeispiel 12.35

Was ist die Multhopp-Methode?

Lösung

Eine numerische Methode zur Lösung der Prandtl-Gleichung durch Diskretisierung und Aufstellen eines linearen Gleichungssystems an diskreten Stützstellen.

Übungsbeispiel 12.36

Was ist charakteristisch für einen elliptischen Tragflügel hinsichtlich seiner Sehnenverteilung?

Lösung

Die Sehnenverteilung eines elliptischen Tragflügels folgt über die Spannweite einer Ellipse.

Übungsbeispiel 12.37

Warum ist die elliptische Zirkulationsverteilung aerodynamisch günstig?

Lösung

Sie erzeugt einen konstanten induzierten Anstellwinkel und minimiert damit die auftriebsinduzierten Verluste.

Übungsbeispiel 12.38

Welcher mathematische Ansatz wird zur Beschreibung der Zirkulationsverteilung verwendet?

Lösung

Der Fourier-Ansatz: $\Gamma(\vartheta) = 4V_\infty S \sum_{n=1}^{\infty} B_n \sin(n\vartheta)$.

Übungsbeispiel 12.39

Welche Bedeutung hat der Hilfswinkel ϑ bei der Beschreibung der Spannweitenverteilung?

Lösung

Der Hilfswinkel $\vartheta \in [0, \pi]$ wird verwendet, um die Integration über die Spannweite zu vereinfachen; er ist über $y = S\cos(\vartheta)$ definiert.

Übungsbeispiel 12.40

Wie ist das Streckungsverhältnis (Aspect Ratio) eines Tragflügels definiert?

Lösung

$A = \frac{b}{c} = \frac{2S}{c}$, also Spannweite durch mittlere aerodynamische Flügeltiefe.

Übungsbeispiel 12.41

Welcher Term der Fourier-Reihe trägt bei einem ideal elliptischen Flügel ausschließlich zum Auftrieb bei?

Lösung

Nur der erste Term B_1 der Fourier-Reihe trägt zum Auftrieb bei.

Übungsbeispiel 12.42

Wie lautet die Formel für den Auftriebsbeiwert C_A eines ideal elliptischen Flügels?

Lösung

$C_A = \pi A B_1$.

Übungsbeispiel 12.43

Wie berechnet sich der auftriebsinduzierte Widerstand in allgemeiner Form?

Lösung

$C_{Wi} = \pi A \sum_{n=1}^{\infty} n B_n^2$.

Übungsbeispiel 12.44

Wie lautet der Ausdruck für den minimalen auftriebsinduzierten Widerstand eines elliptischen Flügels?

Lösung

$$C_{Wi}^{\min} = \frac{C_A^2}{\pi A}.$$

Übungsbeispiel 12.45

Was beschreibt der Strömungsablenkwinkel ε und wie ist er beim elliptischen Flügel verteilt?

Lösung

Er beschreibt die Ablenkung der Strömung durch den Flügel und ist beim elliptischen Flügel konstant über die Spannweite: $\varepsilon = \frac{C_A}{\pi A}$.

Übungsbeispiel 12.46

Wie ergibt sich der effektive Anstellwinkel α_e beim elliptischen Flügel?

Lösung

$$\alpha_e = \alpha - \varepsilon = \alpha - \frac{C_A}{\pi A}.$$

Übungsbeispiel 12.47

Welche Bedingung muss für die Sehnenverteilung $c(y)$ erfüllt sein, damit der lokale Auftriebsbeiwert $c_a(y)$ konstant ist?

Lösung

Die Sehnenverteilung muss elliptisch sein:
$$c(y) \propto \sqrt{1 - (\tfrac{y}{S})^2}.$$

Übungsbeispiel 12.48

Wie sieht die Auftriebsflächenverteilung $c(y)c_a(y)$ entlang der Spannweite beim elliptischen Flügel aus?

Lösung

$$c(y)c_a(y) = \frac{4}{\pi}\overline{c}C_A \sqrt{1 - (\tfrac{y}{S})^2}.$$

Übungsbeispiel 12.49

Wie lautet der Ausdruck für den Auftriebsbeiwert bei endlicher Spannweite in Abhängigkeit vom Anstellwinkel?

Lösung

$$C_A = \frac{2\pi(\alpha - \alpha_0)}{1 + \frac{2}{A}}.$$

Übungsbeispiel 12.50

Welche Steigung ergibt sich für die Auftriebskurve eines Flügels mit endlicher Spannweite?

Lösung

$$\frac{dC_A}{d\alpha} = \frac{2\pi}{1 + \frac{2}{A}}.$$

Übungsbeispiel 12.51

Was beschreibt der effektive Anstellwinkel α_e physikalisch?

Lösung

Der effektive Anstellwinkel α_e beschreibt den geometrischen Anstellwinkel α vermindert um den induzierten Anstellwinkel ε, also die tatsächliche Anströmung des Profils.

Übungsbeispiel 12.52

Warum wird bei kleinen Anstellwinkeln $c_a = a_0\alpha_e$ verwendet?

Lösung

Bei kleinen Anstellwinkeln ist der Zusammenhang zwischen Auftriebsbeiwert c_a und Anstellwinkel linear, was durch die lineare Näherung $c_a = a_0\alpha_e$ ausgedrückt wird.

Übungsbeispiel 12.53

Was beschreibt die Zirkulation Γ in der Tragflügeltheorie?

Lösung

Die Zirkulation Γ beschreibt den Umlauf der Geschwindigkeit um den Flügelquerschnitt und ist direkt mit dem Auftrieb verbunden.

Übungsbeispiel 12.54

Wie hängt die Zirkulation Γ mit dem effektiven Anstellwinkel zusammen?

Lösung

$\alpha_e = 2\Gamma/(a_0 c V_\infty)$ beschreibt den Zusammenhang zwischen Zirkulation und effektivem Anstellwinkel.

Übungsbeispiel 12.55

Welche Rolle spielt die Biot-Savart-Gleichung in der Tragflügeltheorie?

Lösung

Sie beschreibt den induzierten Downwash $w(y_0)$ aufgrund der Änderung der Zirkulation entlang der Spannweite und damit den induzierten Anstellwinkel $\varepsilon(y_0)$.

Übungsbeispiel 12.56

Was stellt Prandtls fundamentale Integralgleichung dar?

Lösung

Eine Integralgleichung, die die Zirkulation $\Gamma(y_0)$ mit dem geometrischen Anstellwinkel und dem induzierten Anteil verknüpft, basierend auf dem Downwash.

Übungsbeispiel 12.57

Warum wird in der Traglinientheorie eine Winkelkoordinate ϑ eingeführt?

Lösung

Die Transformation auf ϑ vereinfacht die mathematische Behandlung der Spannweite und ermöglicht die Darstellung der Zirkulation als Fourier-Reihe.

Übungsbeispiel 12.58

Wie wird die Zirkulation $\Gamma(\vartheta)$ in der Fourier-Reihe dargestellt?

Lösung

Als $\Gamma(\vartheta) = 4V_\infty S \sum_{n=1}^{\infty} B_n \sin(n\vartheta)$, also als Summe von Sinusfunktionen.

Übungsbeispiel 12.59

Was beschreibt der Ausdruck für $\frac{d\Gamma}{dy}$ in Bezug auf ϑ?

Lösung

Er beschreibt die Änderung der Zirkulation entlang der Spannweite über die Kettenregel: $\frac{d\Gamma}{d\vartheta} \cdot \frac{d\vartheta}{dy}$.

Übungsbeispiel 12.60

Was leistet die Anwendung von Glauerts Integral in der Tragflügeltheorie?

Lösung

Sie ermöglicht die explizite Darstellung der Zirkulation $\Gamma(\vartheta)$ unter Einbeziehung der Fourier-Koeffizienten B_n und des Anstellwinkels.

Übungsbeispiel 12.61

Wozu dient die Diskretisierung nach Multhopp in der Traglinientheorie?

Lösung

Zur numerischen Lösung der Integralgleichung durch ein lineares Gleichungssystem an diskreten Punkten ϑ_j.

Übungsbeispiel 12.62

Wie sieht die Struktur des Gleichungssystems in der Multhopp-Methode aus?

Lösung

Als Matrixgleichung $K \cdot B = \alpha$, wobei K die Koeffizientenmatrix ist und B die Fourier-Koeffizienten enthält.

Übungsbeispiel 12.63

Welche Größe beschreibt der Auftriebsbeiwert C_L in der Tragflügeltheorie?

Lösung

Der Gesamtauftriebsbeiwert C_L ist ein Maß für den dimensionslosen Auftrieb eines Flügels, gegeben durch $C_L = \pi A B_1$.

Übungsbeispiel 12.64

Was bedeutet die Steigung der Auftriebsbeiwert-Kurve $\frac{\partial C_L}{\partial \alpha}$?

Lösung

Sie beschreibt, wie stark sich der Auftriebsbeiwert bei Änderung des Anstellwinkels ändert und ergibt sich hier aus $\frac{C_L}{\alpha}$.

Übungsbeispiel 12.65

Was beschreibt der induzierte Widerstandsbeiwert C_{D_i}?

Lösung

Er beschreibt den durch Auftriebsverteilung verursachten Luftwiderstand und ist gegeben durch $C_{D_i} = \pi A \sum n B_n^2$.

Übungsbeispiel 12.66

Was versteht man unter dem elliptisch optimalen Widerstand?

Lösung

Das ist der minimale induzierte Widerstand, der bei elliptischer Auftriebsverteilung entsteht: $C_{D_i,\text{elliptisch}} = \pi A B_1^2$.

Übungsbeispiel 12.67

Was misst der Widerstandszuwachsfaktor k?

Lösung

Er misst den Mehrwiderstand gegenüber dem elliptischen Optimum: $k = \dfrac{C_{D_i}}{C_{D_i,\text{elliptisch}}}$.

Tragflächentheorie

Inhaltsverzeichnis

© Der/die Autor(en), exklusiv lizenziert an Springer-Verlag GmbH, DE, ein Teil von Springer Nature 2026

A. Huber, *Technische Mechanik 6 - Aeromechanik*,

https://doi.org/10.1007/978-3-662-72929-8_13

Sie lernen hier…

- Grundlegende Arten von Tragflächen und deren Berechnung kennen.
- die vereinfachte Wirbelgittermethode kennen.
- induzierte Geschwindigkeiten berechnen.
- Untersuchungen von Delta-Flügel.
- das Biot-Savart-Gesetz herleiten und anwenden.
- die Tragflächentheorie abgrenzen von der klassischen- sowie erweiterten Traglinientheorie.

Zitat

Wenn Du eine Aufgabe erledigt hast, stehst Du wieder am Anfang.
Gutow Dirk

13.1 Einführung – Tragflächentheorie nach Multhopp & Weissinger [1, 11]

Die klassische Traglinientheorie von Prandtl liefert sehr gute Näherungsergebnisse für den Auftriebsbeiwert C_L, den induzierten Widerstand C_{D_i} sowie für Rollmomente bei geraden, schlanken Tragflügeln mit Streckungsverhältnissen $A > 3$. Für kleinere Streckungsverhältnisse, gepfeilte Tragflügel oder stark dreidimensionale Konfigurationen (z. B. Deltaflügel, vgl. mit ◘ Abb. 13.1) stößt die klassische Theorie jedoch an ihre Grenzen. Um auch solche Konfigurationen korrekt beschreiben zu können, wird in der erweiterten Tragflächentheorie die eindimensionale Zirkulationsverteilung $\Gamma(y)$ durch eine zweidimensionale Verteilung ersetzt. Statt einzelner Auftriebswirbellinien wird eine kontinuierliche **Wirbelfläche** auf der Tragflügeloberfläche angenommen.

13.1.1 Modellannahmen

Auf der Tragflügeloberfläche existieren zwei überlagerte Wirbelflächen:

- Eine **Auftriebswirbelfläche** mit der Wirbelstärke $\gamma(x, y)$ (in z-Richtung wirkend, orientiert in y-Richtung). Diese Wirbel verlaufen in Spannweitenrichtung (y) und erzeugen eine Geschwindigkeit in z-Richtung, also senkrecht zur Flügeloberfläche – das entspricht dem Auftrieb.
- Eine **Nachlaufwirbelfläche** mit der Wirbelstärke $\delta(x, y)$ (in z-Richtung wirkend, orientiert in x-Richtung). Diese Wirbel verlaufen

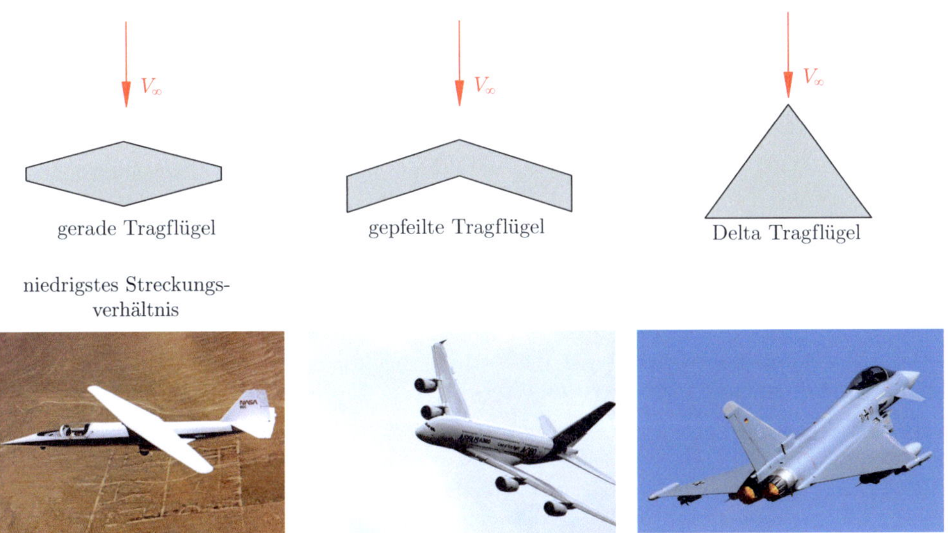

◘ **Abb. 13.1** Beispiele von Tragflügelkonturen (Traglinientheorie nicht anwendbar)

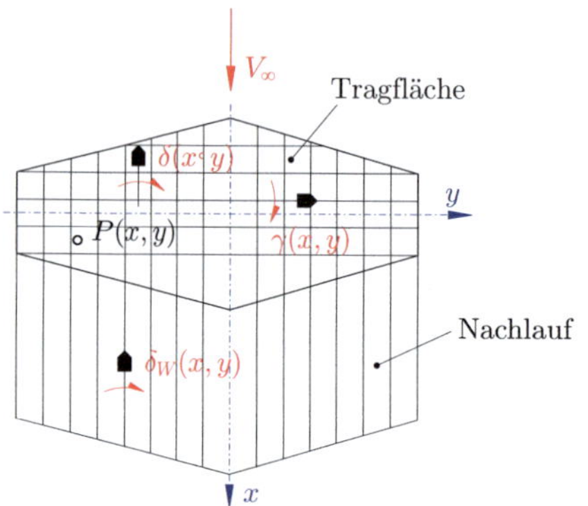

Abb. 13.2 Aufbau und Zusammenhang der Wirbelflächen nach der erweiterten Tragflächentheorie

in Profilrichtung (x) und induzieren ebenfalls eine Geschwindigkeit in z-Richtung – sie sind aber verantwortlich für den Nachlauf, also den induzierten Widerstand hinter dem Flügel.

Der Aufbau ist in ■ Abb. 13.2 dargestellt.

13.1.2 Kopplung durch Drehungsfreiheit

Die durch die Wirbelflächen induzierten tangentialen Geschwindigkeitskomponenten auf der Tragflügeloberfläche lauten:

$$u = \pm\frac{1}{2}\gamma(x,y) \qquad (13.1)$$

$$v = \pm\frac{1}{2}\delta(x,y) \qquad (13.2)$$

Dabei ist u die Geschwindigkeit in x-Richtung (**Profilrichtung**) und v die Geschwindigkeit in y-Richtung (**Spannweitenrichtung**).

Da das Strömungsfeld außerhalb der Wirbelfläche potenziell[1] ist, muss die **Drehungsfreiheit** erfüllt sein

$$\frac{\partial u}{\partial y} = \frac{\partial v}{\partial x}. \qquad (13.3)$$

---

1   Ein potentielles Strömungsfeld ist eine Strömung ohne innere Rotation, also eine wirbelfreie Strömung.

Einsetzen von Gl. (13.1) und (13.2) in (13.3) ergibt die **Kopplungsbedingung**

$$\frac{\partial \gamma}{\partial y} = \frac{\partial \delta}{\partial x}. \qquad (13.4)$$

Diese Gleichung beschreibt die notwendige Kopplung zwischen der Änderung der Auftriebswirbelverteilung $\gamma(x,y)$ in Spannweitenrichtung und der Entwicklung der Nachlaufwirbelverteilung $\delta(x,y)$ in Längsrichtung.

13.1.3 Nachlaufverhalten

Im stromab gelegenen Nachlauf (hinter der Flügelhinterkante) gilt

$$\gamma(x,y) = 0 \quad \text{für } x > c \quad \Longrightarrow \quad \frac{\partial \delta_w}{\partial x} = 0. \qquad (13.5)$$

Die Nachlaufwirbelstärke $\delta_w(y)$ bleibt also konstant in x-Richtung erhalten, sobald sie einmal an der Hinterkante erzeugt wurde. Dies entspricht einer konservativen Nachlaufwirbelverteilung ohne weitere Wechselwirkungen stromab.

13.1.4 Tangentialbedingung auf der Tragflügeloberfläche

Wie in ■ Abb. 13.3 dargestellt, muss in jedem Punkt $P(x,y)$ der Oberfläche eines Flügels die **Randbedingung der tangentialen Anströmung** erfüllt sein. Dies bedeutet: Die Gesamtheit der Strömungsgeschwindigkeit darf die Oberfläche des Tragflügels nicht durchdringen. In linearisierter Form (für kleine Anstellwinkel α und schlanke Flügel) ergibt sich aus dieser Bedingung die sogenannte **Tangentialbedingung**:

$$\alpha + \frac{w(x,y)}{V_\infty} = \frac{\partial z_c}{\partial x} \qquad (13.6)$$

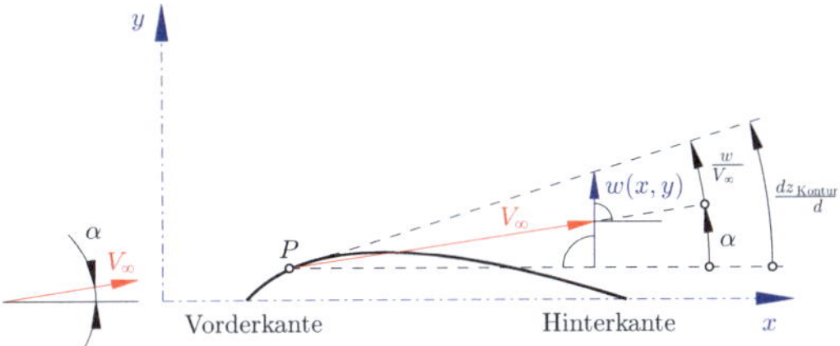

Abb. 13.3 Zusammenhang zwischen der Flügelkontur und der Normalgeschwindigkeitskomponente

Hierbei ist:

$w(x, y)$ … die durch die Wirbelflächen induzierte Geschwindigkeit in z-Richtung,

V_∞ … die ungestörte Anströmgeschwindigkeit,

$z_c(x, y)$ … die Konturfunktion des Flügels an der Stelle P,

α … der geometrische Anstellwinkel.

Diese Gleichung besagt, dass die Summe aus Anstellwinkel und Wirbeleinfluss genau der lokalen Steigung der Profilkontur entsprechen muss. Umgestellt ergibt sich

$$\frac{w(x, y)}{V_\infty} = \frac{\partial z_c}{\partial x} - \alpha. \tag{13.7}$$

Dies ist die zentrale Gleichung, die die Verbindung zwischen Geometrie, Anstellung und Wirbelverteilung herstellt.

13.1.5 Aufgabe der Wirbelverteilungen

Das Ziel der Tragflächentheorie ist es, geeignete Wirbelflächenverteilungen $\gamma(x, y)$ (Auftriebswirbel) und $\delta(x, y)$ (Nachlaufwirbel) zu finden, sodass die Tangentialbedingung (13.7) an allen Punkten der Flügeloberfläche erfüllt wird. Wichtig ist: Die Nachlaufwirbelstärke $\delta_W(y)$ hinter der Flügelhinterkante ist keine unabhängige Größe, sondern ergibt sich direkt aus dem

Wert von $\delta(x, y)$ an der Hinterkante. Sie bleibt im Nachlauf konstant

$$\frac{\partial \delta_W}{\partial x} = 0. \tag{13.8}$$

13.1.6 Zusammenhang zwischen Wirbelstärke und Druck

Sobald $\gamma(x, y)$ bestimmt ist, ergibt sich daraus der lokale Druckunterschied $\Delta p(x, y)$ zwischen der Ober- und Unterseite des Profils. Dieser hängt linear von der lokalen Wirbelstärke ab

$$p(x, y) = \varrho V_\infty \gamma(x, y). \tag{13.9}$$

Daraus folgt die dimensionslose **Lastverteilungsfunktion** $l(x, y)$

$$l(x, y) = \frac{p(x, y)}{\frac{1}{2} \varrho V_\infty^2} = \frac{2\gamma(x, y)}{V_\infty}. \tag{13.10}$$

13.1.7 Lokaler und Gesamtauftriebsbeiwert

Der **lokale Auftriebsbeiwert** $c_a(y)$ an einer bestimmten Spannweitenposition y ergibt sich aus der Integration der Lastverteilung über die Profiltiefe $c(y)$

$$c_a(y) = \frac{1}{c(y)} \int_0^{c(y)} l(x, y)\, dx. \tag{13.11}$$

Der **gesamte Auftriebsbeiwert** des Flügels ergibt sich dann durch Flächenintegration

$$c_a = \frac{1}{S} \int_{-S}^{+S} c_a(y)\, c(y)\, dy. \tag{13.12}$$

13.1.8 Zirkulation und induzierter Widerstand

Die **Zirkulation** $\Gamma(y)$ entlang der Spannweite ergibt sich aus der Integration der gebundenen Wirbelstärke über die Profiltiefe

$$\Gamma(y) = \int_0^{c(y)} \gamma(x,y)\, dx. \qquad (13.13)$$

Der **induzierte Widerstandsbeiwert** berechnet sich (analog zur Traglinientheorie) aus der Spannweitenverteilung der Zirkulation

$$c_{w,i} = \frac{2}{V_\infty S} \int_{-S}^{+S} \Gamma(y)\, \varepsilon(y)\, dy. \qquad (13.14)$$

Hierbei ist $\varepsilon(y)$ der lokale **Strömungsblenkwinkel**, verursacht durch die Nachlaufwirbel. Er berechnet sich durch die Biot-Savart-Gesetze in linearisiertem Ansatz

$$\varepsilon(y_0) = \frac{1}{4\pi V_\infty} \int_{-S}^{+S} \frac{\frac{d\Gamma(y)}{dy}}{y_0 - y}\, dy. \qquad (13.15)$$

Diese Gleichung zeigt deutlich, dass der Widerstand vollständig aus dem Nachlaufverhalten (also der Änderung der Zirkulation) bestimmt wird. Es ist damit die **Form der Verteilung** $\Gamma(y)$ über die Spannweite, die den induzierten Widerstand steuert.

Siehe ▶ Lösungen durch Matlab 13.1, 13.2, und 13.3.

Methode: Lösung durch Matlab 13.1

Es ist ein Matlab Skript zu erstellen, dass die Wirkung der Auftriebs- und Nachlaufwirbel entlang eines geraden Tragflügels mithilfe der erweiterten Tragflächentheorie untersucht. Anhand eines Matlab-Programms wird die Zirkulationsverteilung, der Blenkwinkelverlauf, der lokale Auftriebsbeiwert sowie eine animierte Darstellung des Wirbelfelds visualisiert.

Hinweis zum Programmablauf:

- Berechnung der elliptischen Zirkulationsverteilung $\Gamma(y)$
- Berechnung des lokalen Blenkwinkels $\varepsilon(y)$ mittels Biot-Savart-Gleichung (linearisiert)
- Berechnung des lokalen Auftriebsbeiwerts $c_a(y)$
- Berechnung des gesamten Auftriebsbeiwerts C_L und des induzierten Widerstandsbeiwerts C_{D_i}
- Animation des induzierten Wirbelfelds zur Veranschaulichung der dreidimensionalen Strömungseffekte

Lösung

Siehe ◘ Abb. 13.4.

```
clear; close all; clc;

%% Parameter
b = 10;                 % Spannweite [m]
c = 1;                  % konstante Flügeltiefe [m]
S = b * c;              % Flügelfläche [m²]
V_inf = 50;             % Anströmgeschwindigkeit [m/s]
rho = 1.225;            % Luftdichte [kg/m³]
alpha = deg2rad(5);     % Anstellwinkel [rad]

N = 200;
y = linspace(-b/2, b/2, N); dy = y(2) - y(1);
Gamma0 = pi * b * V_inf * alpha;
Gamma = Gamma0 * sqrt(1 - (2*y/b).^2);
dGamma_dy = gradient(Gamma, dy);
```

```matlab
%% Biot-Savart: induzierter Winkel eps(y)
eps = zeros(1, N);
for i = 1:N
    y0 = y(i);
    integrand = dGamma_dy ./ (y0 - y);
    integrand(y0 == y) = 0;   % Singulären Punkt ausschließen
    eps(i) = (1 / (4 * pi * V_inf)) * trapz(y, integrand);
end

%% Auftriebs- & Widerstandsbeiwert
L = rho * V_inf * trapz(y, Gamma);
CL = L / (0.5 * rho * V_inf^2 * S);
CDi = (2 / (V_inf * S)) * trapz(y, Gamma .* eps);
ca_y = 2 * Gamma / (V_inf * c);

fprintf('CL = %.4f\n', CL);
fprintf('CDi = %.4f\n', CDi);

%% Plot statisch
figure;
subplot(3,1,1); plot(y, Gamma, 'b', 'LineWidth', 2); grid on;
xlabel('y [m]'); ylabel('\Gamma(y) [m²/s]'); title('Zirkulationsverteilung');

subplot(3,1,2); plot(y, rad2deg(eps), 'r', 'LineWidth', 2); grid on;
xlabel('y [m]'); ylabel('\epsilon(y) [°]'); title('Blenkwinkel');

subplot(3,1,3); plot(y, ca_y, 'k', 'LineWidth', 2); grid on;
xlabel('y [m]'); ylabel('c_a(y)'); title('Lokaler Auftriebsbeiwert');

%% Animation: Induzierte Geschwindigkeit als Vektorfeld
[X, Y] = meshgrid(linspace(0,5,20), linspace(-b/2,b/2,50)); % Nachlaufgitter
Z = zeros(size(X));
W = zeros(size(X));

for i = 1:length(Y(:,1))
    idx = find(abs(y - Y(i,1)) == min(abs(y - Y(i,1))), 1);
    W(i,:) = eps(idx) * V_inf;   % Geschwindigkeit in z-Richtung
end

figure('Color','w');
for t = 1:100
    surf(X, Y, W*sin(2*pi*t/100), 'EdgeColor', 'interp'); hold on;
    xlabel('x [m]'); ylabel('y [m]'); zlabel('w(y) [m/s]');
    title('Animation: Induzierte Geschwindigkeit durch Nachlaufwirbel');
    view(30,20); zlim([-2 2]);
    shading interp; colormap jet;
    pause(0.05);
end
```

```
Command Window

New to MATLAB? See resources for Getting Started.

   CL = 4.3048
   CDi = 0.5828
fx >>
```

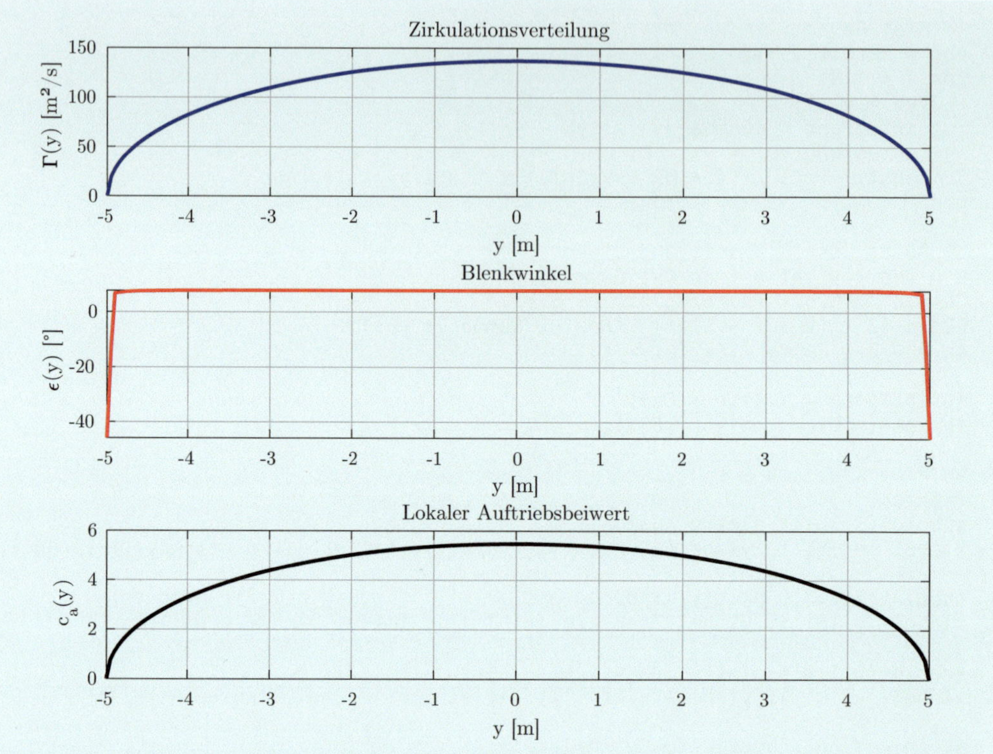

◘ Abb. 13.4 Wirkung der Auftriebs- und Nachlaufwirbel entlang eines geraden Tragflügels mithilfe der erweiterten Tragflächentheorie in Matlab

---

Methode: Lösung durch Matlab 13.2

Es ist ein Matlab Skript zu erstellen, dass die Wirkung der Auftriebs- und Nachlaufwirbel entlang eines gepfeilten Tragflügels mithilfe der erweiterten Tragflächentheorie untersucht. Anhand eines Matlab-Programms wird die Zirkulationsverteilung, der Blenkwinkelverlauf, der lokale Auftriebsbeiwert sowie eine animierte Darstellung des Wirbelfelds visualisiert.

Hinweis zum Programmablauf:

- Berechnung der elliptischen Zirkulationsverteilung $\Gamma(y)$
- Berechnung des lokalen Blenkwinkels $\varepsilon(y)$ mittels Biot-Savart-Gleichung (linearisiert)
- Berechnung des lokalen Auftriebsbeiwerts $c_a(y)$
- Berechnung des gesamten Auftriebsbeiwerts C_L und des induzierten Widerstandsbeiwerts C_{D_i}
- Animation des induzierten Wirbelfelds zur Veranschaulichung der dreidimensionalen Strömungseffekte

Lösung

Siehe ◘ Abb. 13.5.

```
%% Parameter
b = 10;                  % Spannweite [m]
c = 1;                   % konstante Flügeltiefe [m]
S = b * c;               % Flügelfläche [m²]
V_inf = 50;              % Anströmgeschwindigkeit [m/s]
rho = 1.225;             % Luftdichte [kg/m³]
alpha = deg2rad(5);      % Anstellwinkel [rad]
Lambda_deg = 30;         % Pfeilwinkel in Grad
Lambda = deg2rad(Lambda_deg); % in rad
```

```matlab
N = 200;
y = linspace(-b/2, b/2, N); dy = y(2) - y(1);

% Modifizierte Zirkulationsverteilung für gepfeilten Flügel (Annahme)
y_eff = y .* cos(Lambda);    % Effektive Projektionslänge in x-Richtung
Gamma0 = pi * b * V_inf * alpha;
Gamma = Gamma0 * sqrt(1 - (2*y_eff/b).^2);  % Elliptisch in effektiver Richtung
dGamma_dy = gradient(Gamma, dy);

%% Biot-Savart: Induzierter Winkel eps(y)
eps = zeros(1, N);
for i = 1:N
    y0 = y(i);
    integrand = dGamma_dy ./ (y0 - y);
    integrand(y0 == y) = 0;  % Singularität behandeln
    eps(i) = (1 / (4 * pi * V_inf)) * trapz(y, integrand);
end

%% Auftriebs- & Widerstandsbeiwert
L = rho * V_inf * trapz(y, Gamma);
CL = L / (0.5 * rho * V_inf^2 * S);
CDi = (2 / (V_inf * S)) * trapz(y, Gamma .* eps);
ca_y = 2 * Gamma / (V_inf * c);

fprintf('Gepfeilter Flügel mit Lambda = %d°\n', Lambda_deg);
fprintf('CL = %.4f\n', CL);
fprintf('CDi = %.4f\n', CDi);

%% Statische Darstellung
figure;
subplot(3,1,1); plot(y, Gamma, 'b', 'LineWidth', 2); grid on;
xlabel('y [m]'); ylabel('\Gamma(y) [m²/s]'); title('Zirkulationsverteilung');

subplot(3,1,2); plot(y, rad2deg(eps), 'r', 'LineWidth', 2); grid on;
xlabel('y [m]'); ylabel('\epsilon(y) [°]'); title('Blenkwinkelverteilung');

subplot(3,1,3); plot(y, ca_y, 'k', 'LineWidth', 2); grid on;
xlabel('y [m]'); ylabel('c_a(y)'); title('Lokaler Auftriebsbeiwert');

%% Animation: Induzierte Nachlaufgeschwindigkeit
[X, Y] = meshgrid(linspace(0,5,20), linspace(-b/2,b/2,50));
W = zeros(size(X));

for i = 1:length(Y(:,1))
    idx = find(abs(y - Y(i,1)) == min(abs(y - Y(i,1))), 1);
    W(i,:) = eps(idx) * V_inf;
end

figure('Color','w');
for t = 1:100
    surf(X, Y, W*sin(2*pi*t/100), 'EdgeColor', 'interp');
    xlabel('x [m]'); ylabel('y [m]'); zlabel('w(y) [m/s]');
    title('Animation: Induzierte Geschwindigkeit durch Nachlaufwirbel (gepf.
Flügel)');
    view(30,20); zlim([-2 2]);
    shading interp; colormap turbo;
    pause(0.05);
end
```

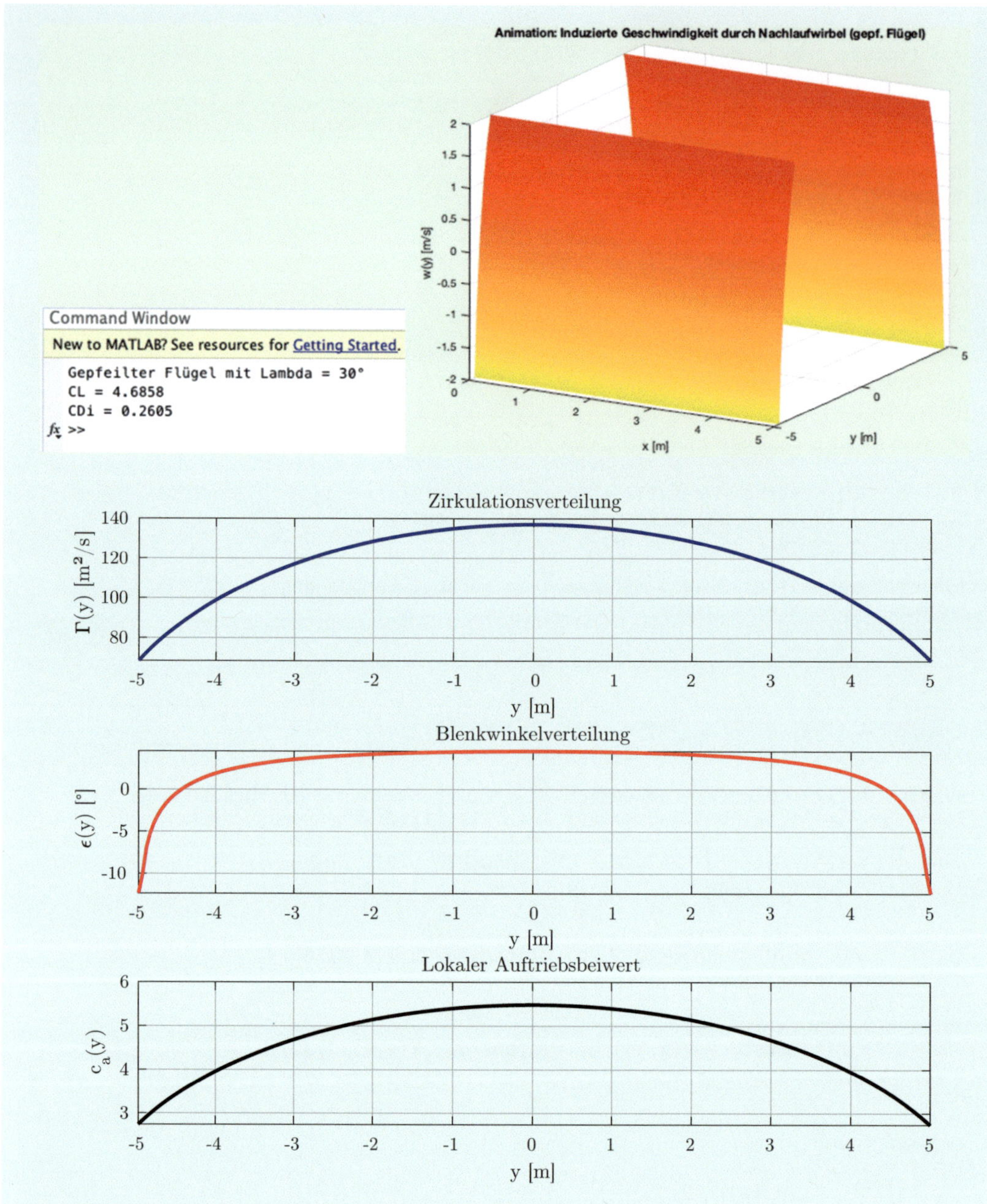

Abb. 13.5 Wirkung der Auftriebs- und Nachlaufwirbel entlang eines gepfeilten Tragflügels mithilfe der erweiterten Tragflächentheorie in Matlab

---

Methode: Lösung durch Matlab 13.3

Es ist ein Matlab Skript zu erstellen, dass die Wirkung der Auftriebs- und Nachlaufwirbel entlang eines Delta Tragflügels mithilfe der erweiterten Tragflächentheorie untersucht. Anhand eines Matlab-Programms wird die Zirkulationsverteilung, der Blenkwinkelverlauf, der lokale Auftriebsbeiwert sowie eine animierte Darstellung des Wirbelfelds visualisiert.

Hinweis zum Programmablauf:

- Berechnung der elliptischen Zirkulationsverteilung $\Gamma(y)$
- Berechnung des lokalen Blenkwinkels $\varepsilon(y)$ mittels Biot-Savart-Gleichung (linearisiert)

- Berechnung des lokalen Auftriebsbeiwerts $c_a(y)$
- Berechnung des gesamten Auftriebsbeiwerts C_L und des induzierten Widerstandsbeiwerts C_{D_i}
- Animation des induzierten Wirbelfelds zur Veranschaulichung der dreidimensionalen Strömungseffekte

Lösung

Siehe ◼ Abb. 13.6.

```matlab
%% Erweiterte Tragflächentheorie – Deltaflügel mit Animation
clear; close all; clc;

%% Parameter
b = 10;                     % Spannweite [m]
c_root = 2;                 % Wurzeltiefe [m]
V_inf = 50;                 % Anströmgeschwindigkeit [m/s]
rho = 1.225;                % Luftdichte [kg/m³]
alpha = deg2rad(5);         % Anstellwinkel [rad]

N = 200;
y = linspace(-b/2, b/2, N); dy = y(2) - y(1);

%% Sehnenverlauf für Deltaflügel (linear zulaufend zur Spitze)
c_y = c_root * (1 - 2*abs(y)/b);   % Sehne über y
c_y(c_y < 0) = 0;                   % Begrenzung auf nicht-negative Werte

S = trapz(y, c_y);                  % Fläche numerisch integriert

%% Zirkulationsverteilung proportional zur lokalen Sehne
Gamma = pi * V_inf .* c_y * alpha;
dGamma_dy = gradient(Gamma, dy);

%% Biot-Savart: induzierter Blenkwinkel eps(y)
eps = zeros(1, N);
for i = 1:N
    y0 = y(i);
    integrand = dGamma_dy ./ (y0 - y);
    integrand(y0 == y) = 0;
    eps(i) = (1 / (4 * pi * V_inf)) * trapz(y, integrand);
end

%% Auftriebs- & Widerstandsbeiwert
L = rho * V_inf * trapz(y, Gamma);
CL = L / (0.5 * rho * V_inf^2 * S);
CDi = (2 / (V_inf * S)) * trapz(y, Gamma .* eps);
ca_y = 2 * Gamma ./ (V_inf .* c_y);
ca_y(c_y == 0) = 0;  % Division durch Null vermeiden

fprintf('Deltaflügel:\n');
fprintf('CL = %.4f\n', CL);
fprintf('CDi = %.4f\n', CDi);
```

```matlab
%% Plot statisch
figure;
subplot(3,1,1); plot(y, Gamma, 'b', 'LineWidth', 2); grid on;
xlabel('y [m]'); ylabel('\Gamma(y) [m²/s]'); title('Zirkulationsverteilung –
Deltaflügel');


subplot(3,1,2); plot(y, rad2deg(eps), 'r', 'LineWidth', 2); grid on;
xlabel('y [m]'); ylabel('\epsilon(y) [°]'); title('Blenkwinkel');


subplot(3,1,3); plot(y, ca_y, 'k', 'LineWidth', 2); grid on;
xlabel('y [m]'); ylabel('c_a(y)'); title('Lokaler Auftriebsbeiwert');

%% Animation: Induzierte Geschwindigkeit als Nachlauf
[X, Y] = meshgrid(linspace(0,5,20), linspace(-b/2,b/2,50));
W = zeros(size(X));

for i = 1:length(Y(:,1))
    idx = find(abs(y - Y(i,1)) == min(abs(y - Y(i,1))), 1);
    W(i,:) = eps(idx) * V_inf;
end

figure('Color','w');
for t = 1:100
    surf(X, Y, W*sin(2*pi*t/100), 'EdgeColor', 'interp');
    xlabel('x [m]'); ylabel('y [m]'); zlabel('w(y) [m/s]');
    title('Animation: Induzierte Geschwindigkeit – Deltaflügel');
    view(30,20); zlim([-2 2]);
    shading interp; colormap turbo;
    pause(0.05);
end
```

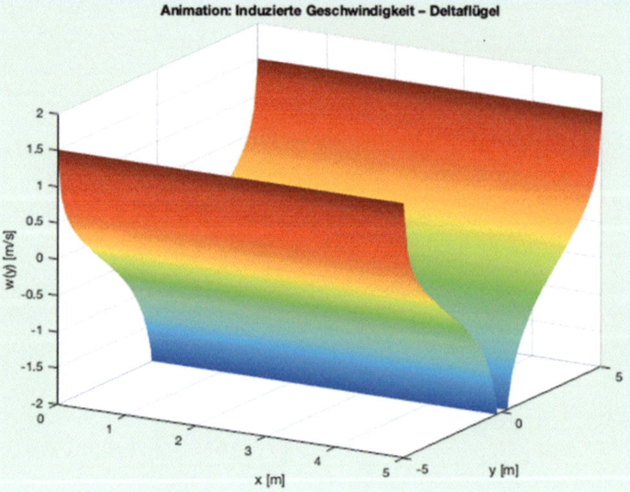

Command Window

New to MATLAB? See resources for Getti

```
  Deltaflügel:
  CL = 0.5483
  CDi = 0.0132
fx >>
```

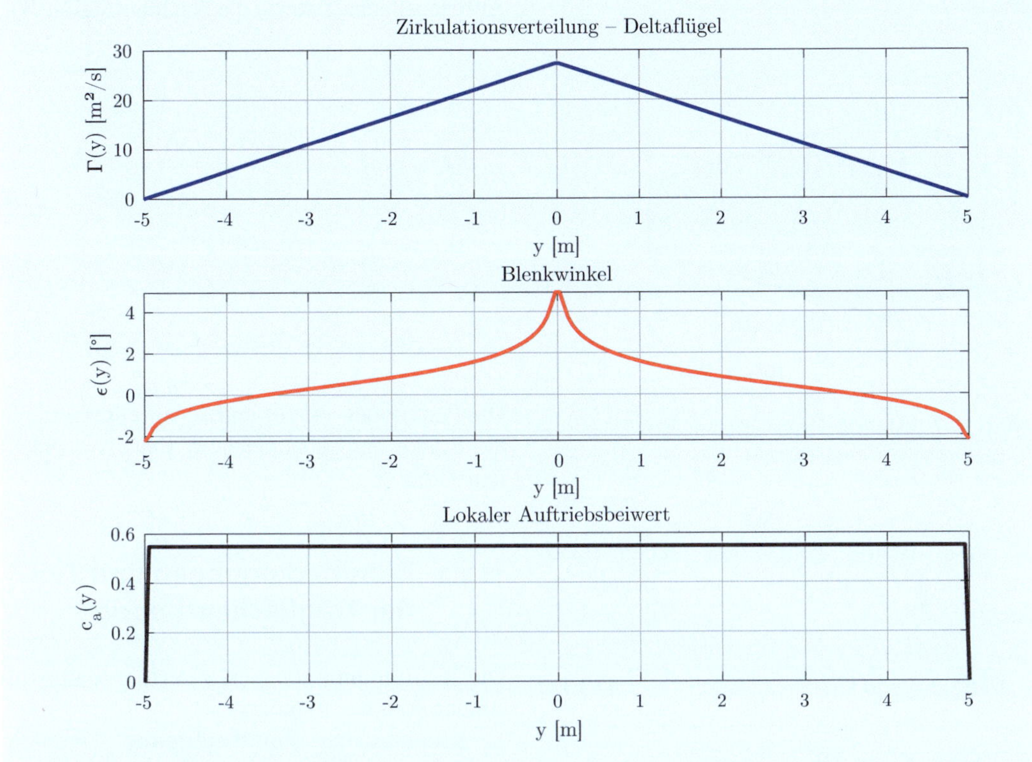

Abb. 13.6 Wirkung der Auftriebs- und Nachlaufwirbel entlang eines Delta Tragflügels mithilfe der erweiterten Tragflächentheorie in Matlab

13.2 Induzierte Geschwindigkeit [1, 11]

Wie bereits bei der Traglinientheorie behandelt wurde, beschreibt die **induzierte Geschwindigkeit** die Änderung des Geschwindigkeitsfeldes aufgrund der Wirbelverteilungen, die durch einen auftriebserzeugenden Tragflügel erzeugt werden. Die wichtigste Komponente ist dabei die **Normalgeschwindigkeit** $w(x, y)$ senkrecht zur Anströmrichtung, welche für den *induzierten Widerstand* verantwortlich ist.

Die Berechnung dieser Komponente basiert erneut auf dem **Biot-Savart-Gesetz**, das die durch ein Wirbelelement hervorgerufene Geschwindigkeit beschreibt.

13.2.1 Herleitung mit dem Biot-Savart-Gesetz

Zur Veranschaulichung der Geometrie und Strömungsverhältnisse siehe Abb. 13.7.

Ein Wirbelelement $d\Gamma = \gamma(\xi, \eta)\, d\xi$ an der Stelle $P(\xi, \eta)$ auf der Wirbelfläche dehnt sich über die Spannweitenrichtung $d\eta$ aus. Dieses Wirbelelement induziert am Punkt $P(x, y)$ eine Geschwindigkeit, gegeben durch das Biot-Savart-Gesetz:

$$|d\vec{V}| = \left| \frac{d\Gamma}{4\pi} \cdot \frac{d\vec{l} \times \vec{r}}{|\vec{r}|^3} \right|. \tag{13.16}$$

Geometrisch ergibt sich der Beitrag zur vertikalen Geschwindigkeit

$$|dV| = \frac{\gamma\, d\xi}{4\pi} \cdot \frac{d\eta \cdot r \cdot \sin\theta}{r^3}. \tag{13.17}$$

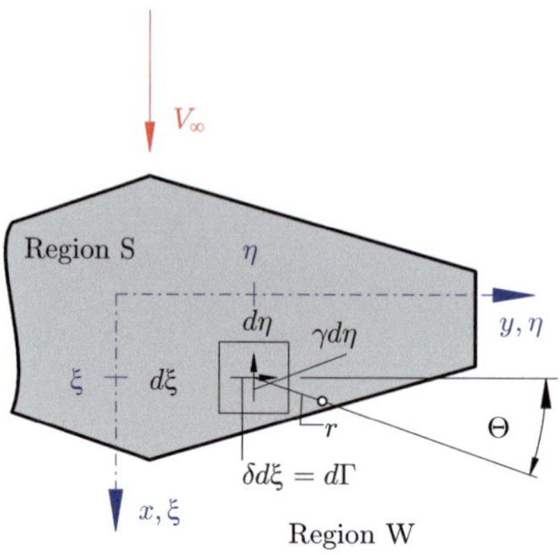

◘ Abb. 13.7 Induzierte Normalgeschwindigkeit am Punkt $P(x, y)$ durch ein Wirbelelement $d\Gamma$

Da dieser Beitrag gemäß der rechten-Hand-Regel abwärts gerichtet ist, wird er negativ angesetzt

$$(dw)_\gamma = -|dV|. \tag{13.18}$$

Mit der Identität $\sin\theta = \frac{x-\xi}{r}$ folgt

$$(dw)_\gamma = -\frac{\gamma}{4\pi} \cdot \frac{(x-\xi)}{r^3}\, d\xi\, d\eta. \tag{13.19}$$

Analog trägt ein Nachlaufwirbel mit Stärke $\delta(\xi, \eta)\, d\eta$ zur induzierten Geschwindigkeit bei

$$(dw)_\delta = -\frac{\delta}{4\pi} \cdot \frac{(y-\eta)}{r^3}\, d\xi\, d\eta, \tag{13.20}$$

mit dem Abstand

$$r = \sqrt{(x-\xi)^2 + (y-\eta)^2} \tag{13.21}$$

13.2.2 Gesamte induzierte Geschwindigkeit

Die Gesamtgeschwindigkeit $w(x, y)$ am Punkt $P(x, y)$ ergibt sich durch Integration über die

Auftriebsfläche S sowie die Nachlaufregion W

$$
\begin{aligned}
w(x,y) &= -\frac{1}{4\pi} \iint_S \frac{(x-\xi)\cdot\gamma(\xi,\eta)}{[(x-\xi)^2 + (y-\eta)^2]^{3/2}}\, d\xi\, d\eta; \\
&\quad -\frac{1}{4\pi} \iint_W \frac{(y-\eta)\cdot\delta_w(\eta)}{[(x-\xi)^2 + (y-\eta)^2]^{3/2}}\, d\xi\, d\eta.
\end{aligned}
\tag{13.22}
$$

Die Funktionen $\gamma(\xi, \eta)$ und $\delta_w(\eta)$ repräsentieren die Stärke der gebundenen Wirbel bzw. Nachlaufwirbel.

13.2.3 Randbedingungen und Ziel der Tragflächentheorie

Die Bestimmung von $\gamma(x, y)$ erfolgt unter folgenden Randbedingungen:

1. **Kinematische Randbedingung** (Undurchdringbarkeit):

$$\vec{V}_{\text{gesamt}} \cdot \vec{n} = 0 \quad \text{auf der Flügeloberfläche.} \tag{13.23}$$

2. **Irrotationalität der Außenströmung:**

$$\nabla \times \vec{V} = 0 \quad \text{für } \vec{x} \notin \text{Wirbelregion.} \tag{13.24}$$

13.2.4 Numerische Lösungsverfahren

Da eine analytische Lösung der Gl. (13.22) nur für Spezialfälle möglich ist (z. B. elliptische Auftriebsverteilung), wird die Lösung numerisch durchgeführt:

- **Panelmethoden:** Flügel wird in diskrete Segmente aufgeteilt, Annahme konstanter γ pro Segment.

- **Vortex-Lattice-Methoden (VLM):** Linearisierte Anordnung diskreter Wirbellinien mit Kontrolle der tangentialen Geschwindigkeit.
- **CFD-Methoden:** Lösung der Navier-Stokes- oder Euler-Gleichungen mit feiner Gitterauflösung.

13.2.5 Bedeutung der induzierten Geschwindigkeit

Die induzierte Geschwindigkeit beeinflusst:
- den **effektiven Anstellwinkel:**

$$\alpha_{\text{eff}}(y) = \alpha - \varepsilon(y), \quad \varepsilon(y) = \frac{w(y)}{V_\infty} \quad (13.25)$$

- den **lokalen Auftriebsbeiwert:**

$$c_a(y) \propto \Gamma(y) \tag{13.26}$$

- den **induzierten Widerstand:**

$$D_i \propto \varrho V_\infty \int \Gamma(y) \cdot w(y) \, dy \tag{13.27}$$

Siehe ► Lösung durch Matlab 13.4.

Methode: Lösung durch Matlab 13.4

Es ist ein Matlab Skript zu erstellen, dass die vertikale induzierte Geschwindigkeit $w(x, y)$ an einem Punktfeld im Raum, verursacht durch eine Wirbelverteilung $\gamma(\xi, \eta)$ auf einer rechteckigen Flügelfläche (z. B. gerader Flügel), berechnet, mit anschließender Lösung durch die Panel-Methode.

Lösung

Siehe ◘ Abb. 13.8.

```matlab
%% Induzierte Geschwindigkeit nach Biot–Savart & Panelmethode (3D)
clear; close all; clc;

%% Parameter
b = 10;            % Spannweite [m]
c = 1;             % Flügeltiefe [m]
V_inf = 50;        % Anströmgeschwindigkeit [m/s]
rho = 1.225;       % Luftdichte [kg/m³]
gamma0 = 1;        % Maximale Zirkulation [m²/s]

N = 200;           % Diskretisierung
xP = 2;            % Beobachtungspunkt (x–Richtung)
yP = linspace(-b/2, b/2, N); % Beobachtungspunkte quer zur Spannweite

%% Diskretisierung der Wirbelfläche
xi = linspace(0, c, N);       % Tiefe
eta = linspace(-b/2, b/2, N);% Spannweite
[Xi, Eta] = meshgrid(xi, eta);

% Elliptische Wirbelstärke γ(ξ, η)
Gamma = gamma0 * sqrt(1 - (2*Eta/b).^2);
Gamma(isnan(Gamma)) = 0;

%% Beobachtungspunkte (xP, yP)
[YpGrid, XpGrid] = meshgrid(yP, xP * ones(1,N));
w = zeros(size(YpGrid));
```

```matlab
% Induzierte Vertikalgeschwindigkeit nach Biot-Savart
for i = 1:N
    for j = 1:N
        x_obs = XpGrid(i,j);
        y_obs = YpGrid(i,j);

        dx = x_obs - Xi;
        dy = y_obs - Eta;
        r = sqrt(dx.^2 + dy.^2) + 1e-6; % Vermeidung Division durch 0

        integrand = - (Gamma ./ (4*pi)) .* (dx ./ (r.^3));
        w(i,j) = trapz(eta, trapz(xi, integrand, 2));
    end
end

%% Visualisierung der Vertikalgeschwindigkeit entlang y bei x = xP
figure;
plot(yP, w(1,:), 'LineWidth', 2);
xlabel('$y$ [m]', 'Interpreter', 'latex');
ylabel('$w(y)$ [m/s]', 'Interpreter', 'latex');
title('Induzierte Geschwindigkeit $w(y)$ bei $x = 2$ m', 'Interpreter', 'latex');
grid on;

%% Erweiterte 3D-Darstellung im Nachlaufbereich
xw = linspace(c, 5*c, 40);    % x-Bereich hinter der Flügelkante
yw = linspace(-b/2, b/2, 40); % y-Bereich über Spannweite
[Xw, Yw] = meshgrid(xw, yw);
w_ind = zeros(size(Xw));

for i = 1:N
    for j = 1:N
        x0 = xi(j);
        y0 = eta(i);
        gamma = Gamma(i,j);

        dx = Xw - x0;
        dy = Yw - y0;
        r3 = (dx.^2 + dy.^2).^(3/2) + 1e-6;

        dw = -gamma * dx ./ (4*pi * r3);
        w_ind = w_ind + dw;
    end
end

%% 3D-Visualisierung im Nachlauf
figure;
surf(Xw, Yw, w_ind, 'EdgeColor', 'none');
xlabel('x [m]'); ylabel('y [m]'); zlabel('w(x, y) [m/s]');
title('3D-Darstellung: Induzierte Vertikalgeschwindigkeit w(x, y)');
colorbar; view(45, 30); shading interp;
```

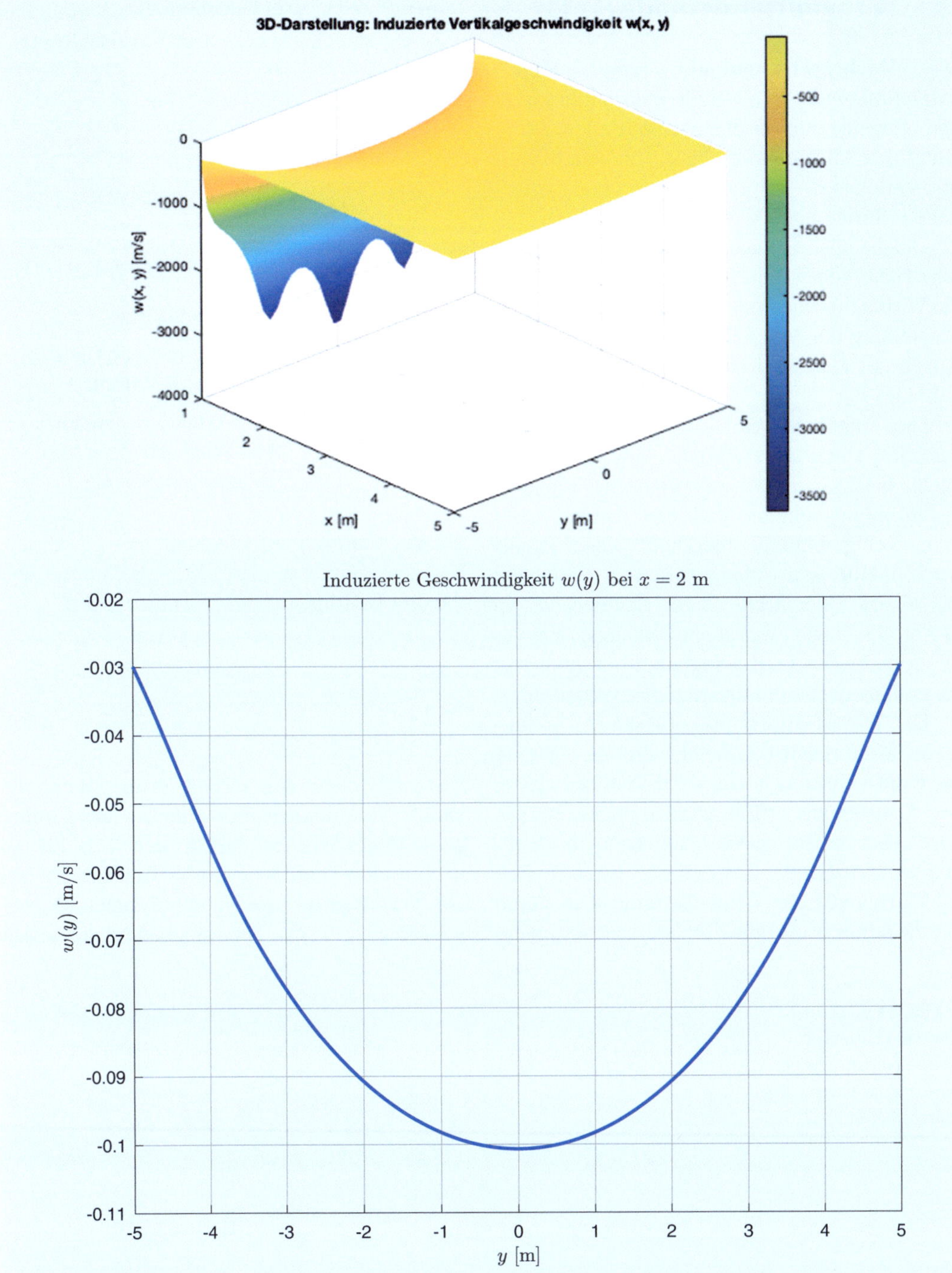

Abb. 13.8 Vertikale induzierte Geschwindigkeit $w(x, y)$ an einem Punktfeld im Raum, verursacht durch eine Wirbelverteilung $\gamma(\xi, \eta)$ auf einer rechteckigen Flügelfläche in Matlab

13.3 **Wirbelgittermethode [1, 11]**

Die **Wirbelgittermethode** (engl. *Vortex-Lattice-Method, VLM*) stellt eine vereinfachte und effiziente numerische Methode zur Bestimmung des Auftriebsverhaltens von Tragflächen im stationären, inkompressiblen und potentiellen Strömungsfeld dar. Im Gegensatz zur Tragflächentheorie nach Prandtl, bei der analytische Näherungen zum Einsatz kommen, basiert die Wirbelgittermethode auf einer diskretisierten Darstellung der Tragfläche durch eine endliche Anzahl an *Hufeisenwirbeln* mit variabler Wirbelstärke Γ_n.

Die Tragfläche wird in einzelne Rechteckbereiche, sogenannte **Panels**, unterteilt. Jeder Panel besitzt eine charakteristische Länge l in Strömungsrichtung und eine Breite b_n in Spannweitenrichtung. Innerhalb jedes Panels wird ein **Hufeisenwirbel** positioniert, bestehend aus einem Querwirbel (z. B.: Segment bc in ◘ Abb. 13.9) und zwei unendlich lange Schweife stromabwärts (z. B.: Segmente cd und ab), die entlang der Strömungsrichtung verlaufen.

Der Wirbel wird typischerweise bei $\frac{1}{4}l$ hinter der Vorderkante des Panels verortet, während der **Kontrollpunkt**, an dem die Randbedingung der Anströmung erfüllt werden muss, bei $\frac{3}{4}l$ liegt. Dies entspricht der sogenannten *three-quarter chord rule*.

Mathematische Modellierung: Die durch ein einzelnes Hufeisenwirbelelement an einem Punkt $P = (x, y, z)$ induzierte Geschwindigkeit $\vec{v}_{\mathrm{ind}}$ ergibt sich aus dem **Biot-Savart-Gesetz**:

$$\vec{v}_{\mathrm{ind}} = \frac{\Gamma}{4\pi} \oint_C \frac{\vec{s} \times \vec{r}}{|\vec{r}|^3}\, ds. \qquad (13.28)$$

Hierbei ist:

Γ ... die Wirbelstärke,

$\vec{s}$ ... das differenzielle Element entlang des Wirbels,

$\vec{r} = \vec{P} - \vec{s}$ ... der Verbindungsvektor von Wirbelelement zum Beobachtungspunkt.

Da das Hufeisenwirbelmodell drei geradlinige Segmente umfasst, wird $\vec{v}_{\mathrm{ind}}$ als Summe über die drei Beiträge (ab, bc, cd) berechnet:

$$\vec{v}_{\mathrm{ind}} = \vec{v}_{ab} + \vec{v}_{bc} + \vec{v}_{cd}. \qquad (13.29)$$

Die analytische Auswertung erfolgt durch bekannte geschlossene Formeln für den Einfluss geradliniger Wirbelelemente (siehe z. B. [20]).

Für eine Tragfläche mit N-Panels ergibt sich ein **Wirbelgitter** mit N unbekannten Wirbelstärken $\Gamma_1, \ldots, \Gamma_N$. Die Randbedingung besagt,

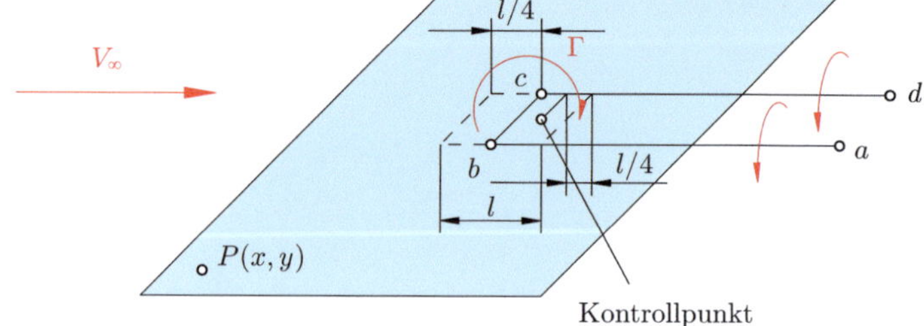

◘ **Abb. 13.9** Darstellung eines einzelnen Hufeisenwirbels und der Panelstruktur in der Wirbelgittermethode

dass an jedem Kontrollpunkt die **Stromlinienbedingung** erfüllt sein muss

$$\left(\vec{V}_\infty + \sum_{j=1}^{N} \vec{v}_j(P_i)\right) \cdot \vec{n}_i = 0$$

$$\text{für } i = 1, \dots, N; \qquad (13.30)$$

wobei:

$\vec{V}_\infty \dots$ die ungestörte Anströmgeschwindigkeit,

$\vec{v}_j(P_i) \dots$ die von Hufeisenwirbel j am Punkt P_i induzierte Geschwindigkeit,

$\vec{n}_i \dots$ die lokale Normalenrichtung am Kontrollpunkt i.

Dies führt zu einem linearen Gleichungssystem, der Gestalt

$$A \cdot \vec{\Gamma} = \vec{b}, \qquad (13.31)$$

mit:

$$A_{ij} = (\vec{v}_j(P_i) \cdot \vec{n}_i), \qquad (13.32)$$
$$b_i = -(\vec{V}_\infty \cdot \vec{n}_i). \qquad (13.33)$$

Die Lösung $\vec{\Gamma}$ liefert die Wirbelstärken auf jedem Panel. Daraus ergeben sich Auftriebsverteilungen und aerodynamische Kenngrößen wie z. B. der lokale Auftrieb $c_l(y)$, Gesamtauftrieb C_L, und Momentenbeiträge.

Durch Superposition mehrerer solcher Hufeisenwirbel (siehe ◙ Abb. 13.10) entsteht eine vollständige Wirbelgitterdarstellung der Tragfläche. Die Genauigkeit der Methode hängt maßgeblich von der Anzahl und Verteilung der Panels sowie der Position der Kontrollpunkte ab.

Vorteile und Grenzen:
- Geringer Rechenaufwand, da das Gleichungssystem linear ist.
- Sehr gut geeignet für schlanke Tragflächen und hohe *Re*-Zahlen.
- Keine Modellierung von Viskosität oder Druckverlusten.
- Nur gültig für kleine Anstellwinkel (lineare Theorie), inkompressible Strömung, dünne Profile.

Siehe ▶ Lösungen durch Matlab 13.5, 13.6, und 13.7.

◙ **Abb. 13.10** Komplette Panelstruktur mit mehreren Hufeisenwirbeln auf einer Tragfläche

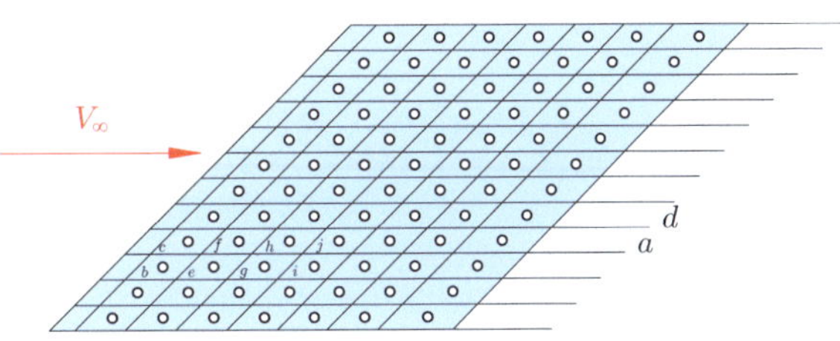

Methode: Lösung durch Matlab 13.5

Es ist ein Matlab Skript zu erstellen, das den Gesamtauftrieb und Auftriebsbeiwert mittels der Wirbelgittermethode (VLM) bei einem rechteckigen Tragflügel berechnet.

Lösung

Siehe ◻ Abb. 13.11.

```matlab
function vlm_rechteckfluegel_1_1()
    %% Parameter
    b = 10;                      % Spannweite [m]
    c = 1;                       % Flügeltiefe [m]
    N = 20;                      % Anzahl Panels (in Spannweitenrichtung)
    V_inf = 50;                  % Anströmgeschwindigkeit [m/s]
    alpha_deg = 5;               % Anstellwinkel [°]
    alpha = deg2rad(alpha_deg);  % Anstellwinkel [rad]
    rho = 1.225;                 % Luftdichte [kg/m³]

    %% Panel-Positionen
    dy = b / N;                                 % Panelbreite [m]
    y_vortex = linspace(-b/2 + dy/2, b/2 - dy/2, N);   % Vortex-Mitten (1/4-Linie)
    y_control = y_vortex;                       % Kontrollpunkte (3/4-Linie)
    x_vortex = c / 4;                           % x-Position Hufeisenwirbel
    x_control = 3 * c / 4;                       % x-Position Kontrollpunkt

    %% Initialisierung
    A = zeros(N, N);             % Einflussmatrix
    b_vec = zeros(N, 1);         % rechte Seite

    %% Einflussmatrix aufbauen
    for i = 1:N
        P = [x_control, y_control(i), 0];        % Beobachtungspunkt
        n_i = [0, 0, 1];                         % Normalenvektor (senkrecht zur
Oberfläche)

        for j = 1:N
            yj = y_vortex(j);
            a = [x_vortex, yj - dy/2, 0];
            b_pt = [x_vortex, yj + dy/2, 0];
            r0 = [5 * c, yj - dy/2, 0];  % Schweif links
            r1 = [5 * c, yj + dy/2, 0];  % Schweif rechts

            % Gesamte induzierte Geschwindigkeit
            v_ind = induced_velocity(P, a, b_pt) + ...
                    induced_velocity(P, b_pt, r1) + ...
                    induced_velocity(P, r0, a);

            A(i, j) = dot(v_ind, n_i);
        end

        % rechte Seite
        V_inf_vec = V_inf * [cos(alpha), 0, -sin(alpha)];
        b_vec(i) = -dot(V_inf_vec, n_i);
    end

    %% Lösung des Gleichungssystems
    Gamma = A \ b_vec;  % Wirbelstärken [m²/s]

    %% Auftriebsberechnung
    L_prime = rho * V_inf .* Gamma;        % Auftriebsdichte [N/m]
    L_total = sum(L_prime) * dy;           % Gesamtauftrieb [N]
    S = b * c;                             % Flügelfläche [m²]
    C_L = L_total / (0.5 * rho * V_inf^2 * S);  % Auftriebsbeiwert
```

```matlab
%% Plot Auftriebsverteilung
figure;
plot(y_vortex, L_prime, 'b-', 'LineWidth', 2);
xlabel('Spannweitenposition y [m]');
ylabel('Auftriebsdichte L'' [N/m]');
title(['Auftriebsverteilung, C_L = ', num2str(C_L, '%.3f')]);
grid on;

%% Konsolenausgabe
disp(['Gesamtauftrieb L = ', num2str(L_total, '%.2f'), ' N']);
disp(['Auftriebsbeiwert C_L = ', num2str(C_L, '%.4f')]);

%% Optional: Stromlinienvisualisierung im x-z-Querschnitt
figure;
hold on;
[X, Z] = meshgrid(linspace(0, 2*c, 30), linspace(-0.5*c, 0.5*c, 20));
U = V_inf * cos(alpha) * ones(size(X));
W = -V_inf * sin(alpha) * ones(size(X));

% Stromlinien im Querschnitt (nur Anströmfeld)
quiver(X, Z, U, W, 1.2, 'k');
title('Stromlinien (x-z-Ebene, mittlere Spannweite)');
xlabel('x [m]');
ylabel('z [m]');
plot([0 c], [0 0], 'r', 'LineWidth', 4); % Flügelprofil
axis equal;
grid on;
end

%% Funktion: Induzierte Geschwindigkeit nach Biot-Savart
function v = induced_velocity(P, A, B)
    r1 = P - A;
    r2 = P - B;
    r0 = B - A;
    epsilon = 1e-8;

    r1_norm = norm(r1);
    r2_norm = norm(r2);
    r0_norm = norm(r0);
    cross_r = cross(r1, r2);
    norm_cross = norm(cross_r)^2 + epsilon;

    if r1_norm < epsilon || r2_norm < epsilon
        v = [0, 0, 0];
        return;
    end

    v = (1 / (4 * pi)) * (cross_r / norm_cross) * dot(r0, (r1 / r1_norm - r2 / r2_norm));
end
```

```
>> vlm_rechteckfluegel_1_1
Gesamtauftrieb L = -6776.19 N
Auftriebsbeiwert C_L = -0.4425
>> vlm_rechteckfluegel_1_1
Gesamtauftrieb L = -6776.19 N
Auftriebsbeiwert C_L = -0.4425
fx >>
```

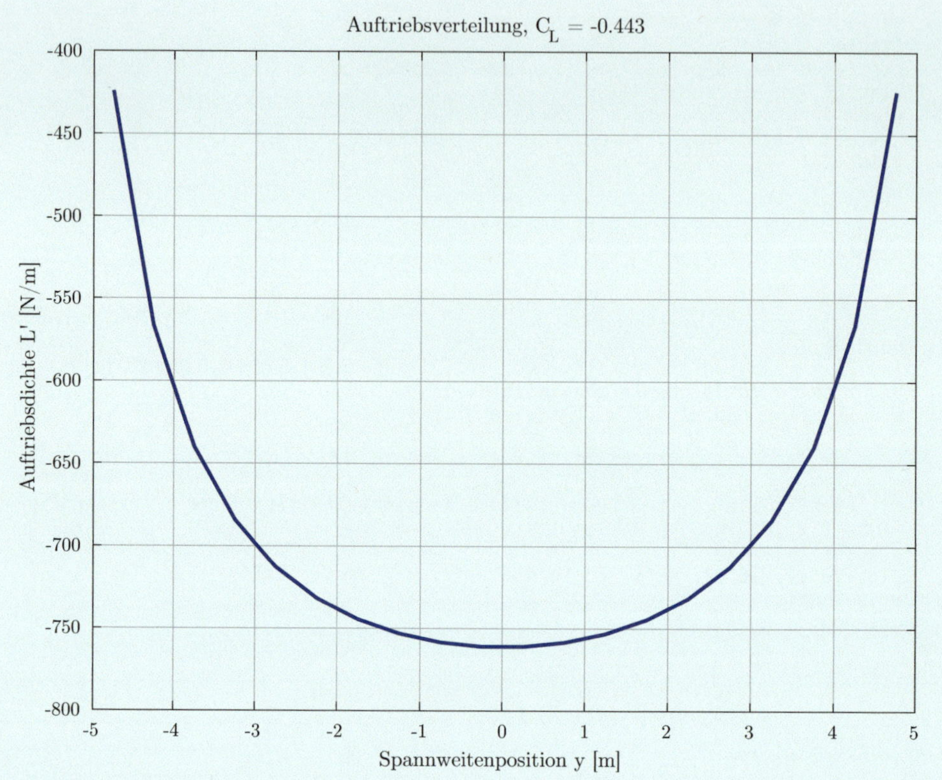

Abb. 13.11 Gesamtauftrieb und Auftriebsbeiwert mittels der Wirbelgittermethode (VLM) bei einem rechteckigen Tragflügel in Matlab

---

Methode: Lösung durch Matlab 13.6

Es ist ein Matlab Skript zu erstellen, das den Gesamtauftrieb und Auftriebsbeiwert mittels der Wirbelgittermethode (VLM) bei einem gepfeilten Tragflügel berechnet.

Lösung

Siehe **Abb. 13.12 und 13.13.**

```matlab
function vlm_gepfeilter_fluegel_1_1()
    %% Parameter
    b = 10;                   % Spannweite [m]
    c = 1;                    % Tiefe [m]
    sweep_deg = 30;           % Pfeilwinkel Lambda [°]
    sweep = deg2rad(sweep_deg); % [rad]
    N = 20;                   % Anzahl Panels (in Spannweitenrichtung)
    V_inf = 50;               % Anströmgeschwindigkeit [m/s]
    alpha_deg = 5;            % Anstellwinkel [°]
    alpha = deg2rad(alpha_deg);
    rho = 1.225;              % Luftdichte [kg/m³]

    %% Panel-Positionen
    dy = b / N;                                 % Panelbreite
    y_vortex = linspace(-b/2 + dy/2, b/2 - dy/2, N);  % Mittelpunkt Panel in y
    y_control = y_vortex;

    % x-Positionen entlang der gepfeilten Vorderkante
    x_vortex = c/4 + abs(y_vortex) * tan(sweep);       % Hufeisenwirbelpositionen
    x_control = 3*c/4 + abs(y_control) * tan(sweep);  % Kontrollpunkte (3/4-Linie)
```

```matlab
%% Initialisierung
A = zeros(N, N);        % Einflussmatrix
b_vec = zeros(N, 1);    % rechte Seite

%% Aufbau der Einflussmatrix
for i = 1:N
    P = [x_control(i), y_control(i), 0];
    n_i = [0, 0, 1]; % Normalenvektor in z-Richtung

    for j = 1:N
        yj = y_vortex(j);
        xj = x_vortex(j);

        % Hufeisenwirbel-Element
        a = [xj, yj - dy/2, 0];
        b_pt = [xj, yj + dy/2, 0];
        r0 = [5 * c, yj - dy/2, 0];  % linker Schweif
        r1 = [5 * c, yj + dy/2, 0];  % rechter Schweif

        % Induzierte Geschwindigkeit
        v_ind = induced_velocity(P, a, b_pt) + ...
                induced_velocity(P, b_pt, r1) + ...
                induced_velocity(P, r0, a);

        A(i, j) = dot(v_ind, n_i);
    end

    % Anströmung in Richtung alpha
    V_inf_vec = V_inf * [cos(alpha), 0, -sin(alpha)];
    b_vec(i) = -dot(V_inf_vec, n_i);
end

%% Lösung
Gamma = A \ b_vec;

%% Auftriebsberechnung
L_prime = rho * V_inf .* Gamma;
L_total = sum(L_prime) * dy;
S = b * c;
C_L = L_total / (0.5 * rho * V_inf^2 * S);

%% Plot: Auftriebsverteilung
figure;
plot(y_vortex, L_prime, 'b-', 'LineWidth', 2);
xlabel('Spannweitenposition y [m]');
ylabel('Auftriebsdichte L'' [N/m]');
title(['Gepfeilter Flügel: C_L = ', num2str(C_L, '%.3f'), ', \Lambda = ',
num2str(sweep_deg), '°']);
grid on;

%% Konsolenausgabe
disp(['Gesamtauftrieb L = ', num2str(L_total, '%.2f'), ' N']);
disp(['Auftriebsbeiwert C_L = ', num2str(C_L, '%.4f')]);

%% (Optional) Visualisierung: Hufeisenwirbel und Kontrollpunkte
figure;
hold on;
for j = 1:N
    yj = y_vortex(j);
    xj = x_vortex(j);
    line([xj, xj], [yj - dy/2, yj + dy/2], [0, 0], 'Color', 'r', 'LineWidth', 2);
% Querwirbel
    plot3(x_control(j), y_control(j), 0, 'ko'); % Kontrollpunkt
end
xlabel('x [m]');
ylabel('y [m]');
```

```matlab
    zlabel('z [m]');
    title('Hufeisenwirbelstruktur (rot) und Kontrollpunkte (schwarz)');
    grid on;
    axis equal;
end

%% Funktion: Biot-Savart-Gesetz
function v = induced_velocity(P, A, B)
    r1 = P - A;
    r2 = P - B;
    r0 = B - A;
    epsilon = 1e-8;

    r1_norm = norm(r1);
    r2_norm = norm(r2);
    cross_r = cross(r1, r2);
    norm_cross = norm(cross_r)^2 + epsilon;

    if r1_norm < epsilon || r2_norm < epsilon
        v = [0, 0, 0];
        return;
    end

    v = (1 / (4 * pi)) * (cross_r / norm_cross) * dot(r0, (r1 / r1_norm - r2 /
r2_norm));
end
```

```
>> vlm_gepfeilter_fluegel_1_1
Gesamtauftrieb L = -5983.98 N
Auftriebsbeiwert C_L = -0.3908
fx >>
```

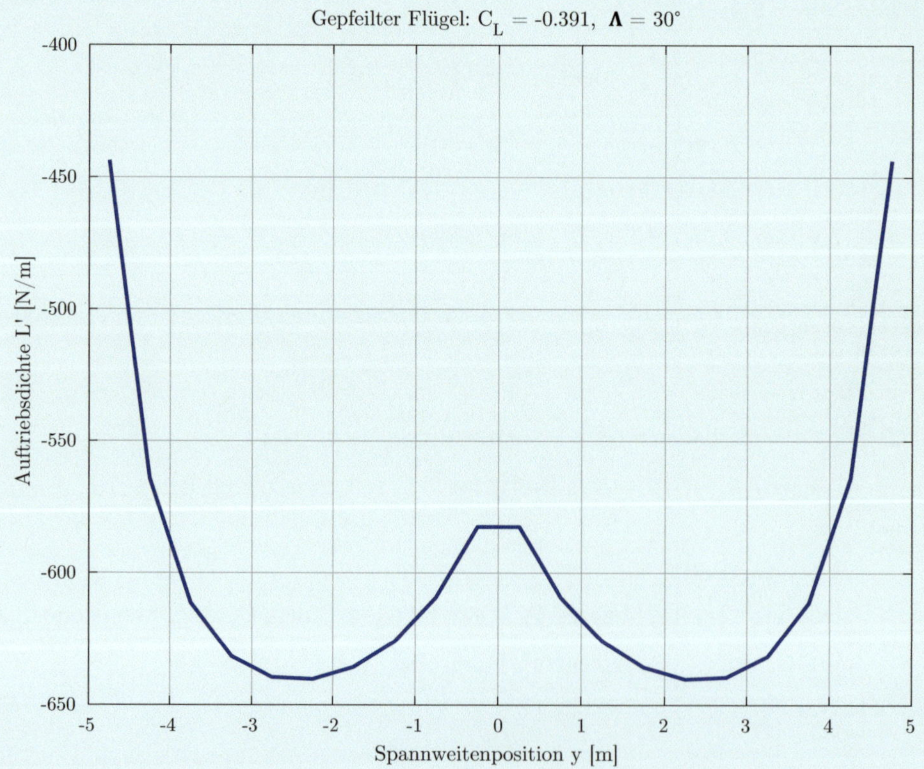

Abb. 13.12 Gesamtauftrieb und Auftriebsbeiwert mittels der Wirbelgittermethode (VLM) bei einem gepfeilten Tragflügel in Matlab (1)

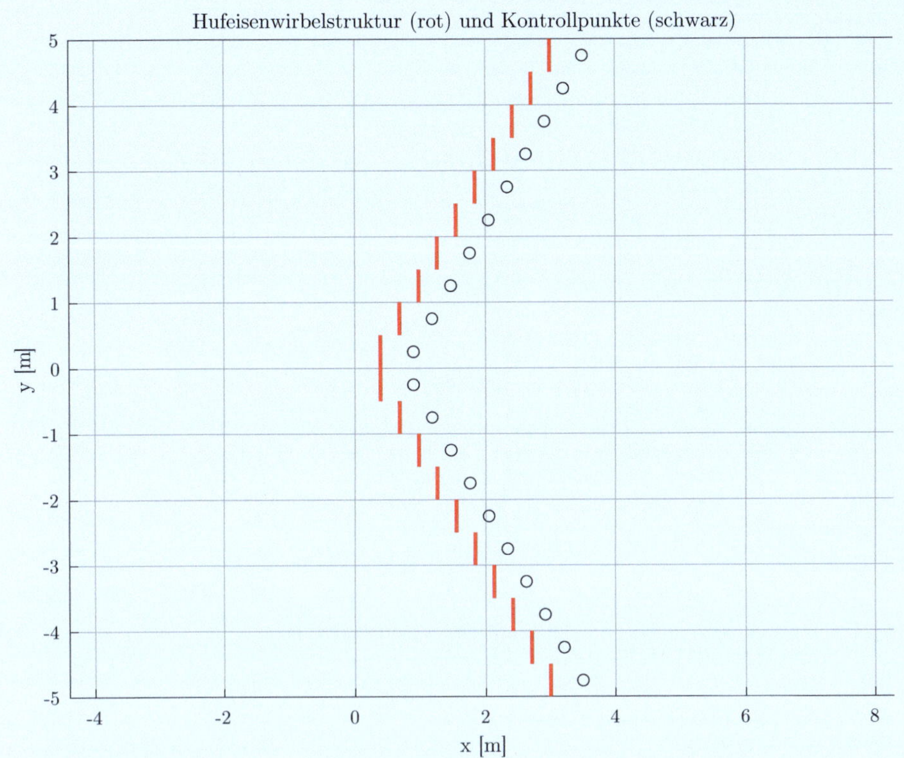

Abb. 13.13 Gesamtauftrieb und Auftriebsbeiwert mittels der Wirbelgittermethode (VLM) bei einem gepfeilten Tragflügel in Matlab (2)

Methode: Lösung durch Matlab 13.7

Es ist ein Matlab Skript zu erstellen, das den Gesamtauftrieb und Auftriebsbeiwert mittels der Wirbelgittermethode (VLM) bei einem Delta-Tragflügel berechnet.

Lösung

Siehe ■ Abb. 13.14 und 13.15.

```matlab
function vlm_deltafluegel()
    %% Parameter
    b = 10;                 % Spannweite [m]
    c_root = 2;             % Tiefe an der Wurzel [m]
    N = 30;                 % Anzahl Panels in Spannweitenrichtung (symmetrisch!)
    V_inf = 50;             % Anströmgeschwindigkeit [m/s]
    alpha_deg = 5;          % Anstellwinkel [°]
    alpha = deg2rad(alpha_deg);
    rho = 1.225;            % Luftdichte [kg/m³]

    %% Paneldefinition
    dy = b / N;
    y_vortex = linspace(-b/2 + dy/2, b/2 - dy/2, N);   % Panelmitten
    y_control = y_vortex;

    % Lokale Tiefe c(y) = c_root * (1 - 2*|y| / b)
    c_y = c_root * (1 - 2 * abs(y_vortex) / b);

    % Position der Hufeisenwirbel und Kontrollpunkte
    x_vortex = 0.25 * c_y;
    x_control = 0.75 * c_y;
```

```matlab
%% Initialisierung
A = zeros(N, N);
b_vec = zeros(N, 1);

    %% Einflussmatrix berechnen
    for i = 1:N
        Pi = [x_control(i), y_control(i), 0];      % Kontrollpunkt
        n_i = [0, 0, 1];                           % Normalenvektor

        for j = 1:N
            yj = y_vortex(j);
            dyj = dy;
            xj = x_vortex(j);

            a = [xj, yj - dyj/2, 0];
            b_pt = [xj, yj + dyj/2, 0];
            r0 = [5 * c_root, yj - dyj/2, 0];
            r1 = [5 * c_root, yj + dyj/2, 0];

            v_ind = induced_velocity(Pi, a, b_pt) + ...
                    induced_velocity(Pi, b_pt, r1) + ...
                    induced_velocity(Pi, r0, a);

            A(i, j) = dot(v_ind, n_i);
        end

        % Rechte Seite
        V_inf_vec = V_inf * [cos(alpha), 0, -sin(alpha)];
        b_vec(i) = -dot(V_inf_vec, n_i);
    end

    %% Lösung des Gleichungssystems
    Gamma = A \ b_vec;

    %% Auftriebsberechnung
    L_prime = rho * V_inf .* Gamma;
    L_total = sum(L_prime) * dy;
    S = 0.5 * b * c_root;   % Fläche des Deltaflügels
    C_L = L_total / (0.5 * rho * V_inf^2 * S);

    %% Plot: Auftriebsverteilung
    figure;
    plot(y_vortex, L_prime, 'b-', 'LineWidth', 2);
    xlabel('Spannweitenposition y [m]');
    ylabel('Auftriebsdichte L'' [N/m]');
    title(['Deltaflügel: C_L = ', num2str(C_L, '%.3f'), ' bei \alpha = ', ...
num2str(alpha_deg), '°']);
    grid on;

    %% Ausgabe
    disp(['Gesamtauftrieb L = ', num2str(L_total, '%.2f'), ' N']);
    disp(['Auftriebsbeiwert C_L = ', num2str(C_L, '%.4f')]);

    %% Visualisierung der Wirbelstruktur
    figure;
    hold on;
    for j = 1:N
        xj = x_vortex(j);
        yj = y_vortex(j);
        line([xj, xj], [yj - dy/2, yj + dy/2], [0, 0], 'Color', 'r', 'LineWidth', 2);
% Querwirbel
        plot3(x_control(j), y_control(j), 0, 'ko'); % Kontrollpunkt
    end
    xlabel('x [m]');
    ylabel('y [m]');
    zlabel('z [m]');
    title('Deltaflügel: Wirbelstruktur (rot) und Kontrollpunkte (schwarz)');
    axis equal;
    grid on;
end
```

```matlab
%% Funktion: Biot-Savart-Gesetz
function v = induced_velocity(P, A, B)
    r1 = P - A;
    r2 = P - B;
    r0 = B - A;
    epsilon = 1e-8;

    r1_norm = norm(r1);
    r2_norm = norm(r2);
    cross_r = cross(r1, r2);
    norm_cross = norm(cross_r)^2 + epsilon;

    if r1_norm < epsilon || r2_norm < epsilon
        v = [0, 0, 0];
        return;
    end

    v = (1 / (4 * pi)) * (cross_r / norm_cross) * dot(r0, (r1 / r1_norm - r2 / r2_norm));
end
```

```
>> vlm_deltafluegel
Gesamtauftrieb L = -6405.88 N
Auftriebsbeiwert C_L = -0.4183
fx >>
```

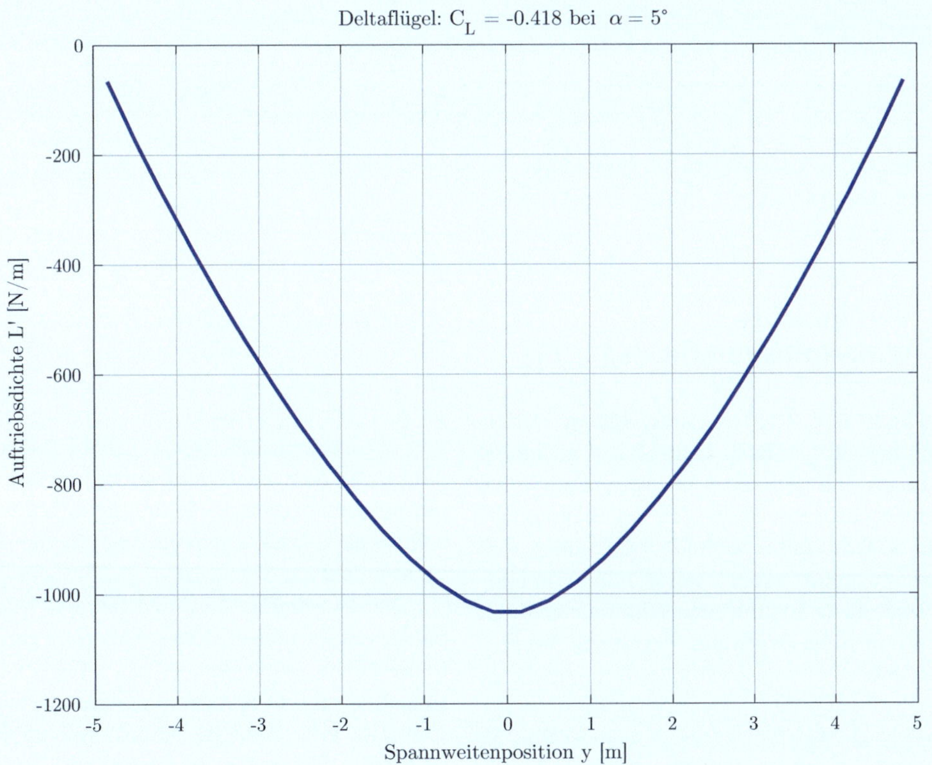

Abb. 13.14 Gesamtauftrieb und Auftriebsbeiwert mittels der Wirbelgittermethode (VLM) bei einem Delta-Tragflügel in Matlab (1)

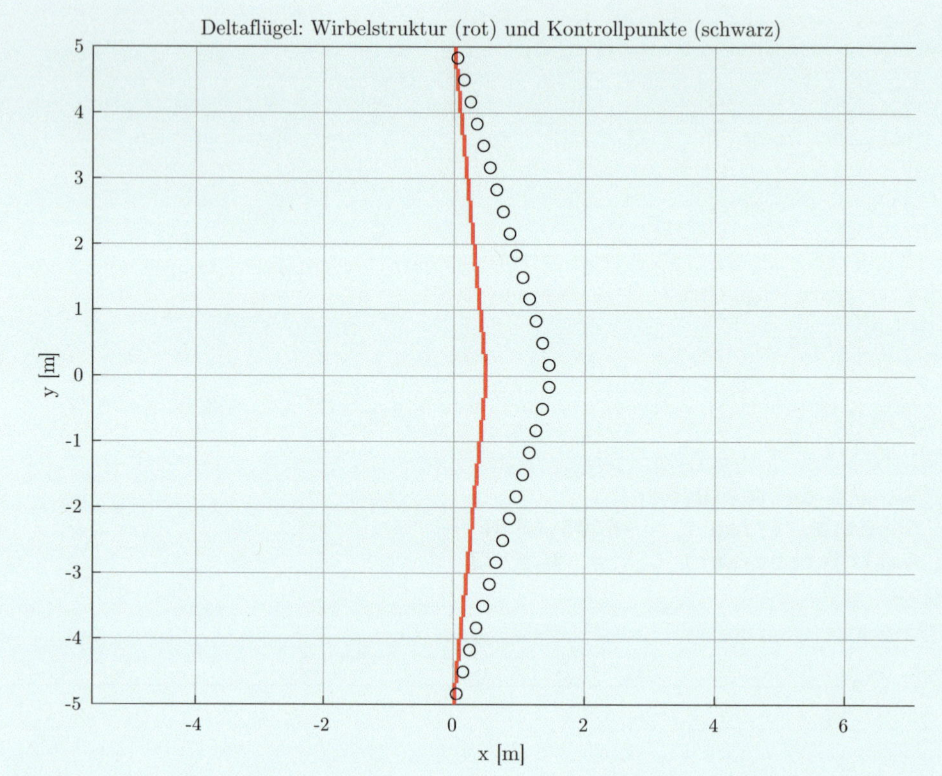

Abb. 13.15 Gesamtauftrieb und Auftriebsbeiwert mittels der Wirbelgittermethode (VLM) bei einem Delta-Tragflügel in Matlab (2)

13.4 Vereinfachte Wirbelgittermethode [1, 11]

Die numerische Strömungsberechnung mittels der Wirbelgittermethode kann durch geeignete Annahmen und geometrische Vereinfachungen erheblich reduziert werden. Die sogenannte *vereinfachte Wirbelgittermethode* beschränkt sich auf eine zweidimensionale Anordnung von Hufeisenwirbeln in Spannweitenrichtung, wodurch der rechnerische Aufwand verringert wird – insbesondere bei konventionellen Flügelgeometrien.

Wie in **▫** Abb. 13.16 gezeigt, erstrecken sich die einzelnen Gitterzellen (Panels) im Profilquerschnitt jeweils über die gesamte Tiefe des Flügels – von der Vorderkante bis zur Hinterkante. In jeder dieser Zellen wird ein einzelner Hufeisenwirbel angenommen, der quer zur An-

strömrichtung in Spannweitenrichtung verläuft. Die Position dieses Wirbels liegt typischerweise auf dem sogenannten *Viertelpunkt* der Profiltiefe, d. h. bei 25 % der lokalen Sehne gemessen von der Vorderkante. Der zugehörige Kontrollpunkt, an dem die Randbedingung der Nullnormalkomponente der Strömung erfüllt werden soll, befindet sich entsprechend auf dem Dreiviertelpunkt der Sehne (also bei 75 % der Tiefe).

Die Anordnung dieser Wirbel und Kontrollpunkte ergibt eine diskrete Näherung des kontinuierlichen Wirbelfeldes, das sich bei realen Flügeln ergibt. In Spannweitenrichtung wird der Flügel in eine endliche Anzahl solcher Panels unterteilt. Für jeden Panelabschnitt wird ein linearer Verlauf der Zirkulation angenommen, wodurch das System mathematisch über eine lineare Gleichungslösung zugänglich gemacht wird.

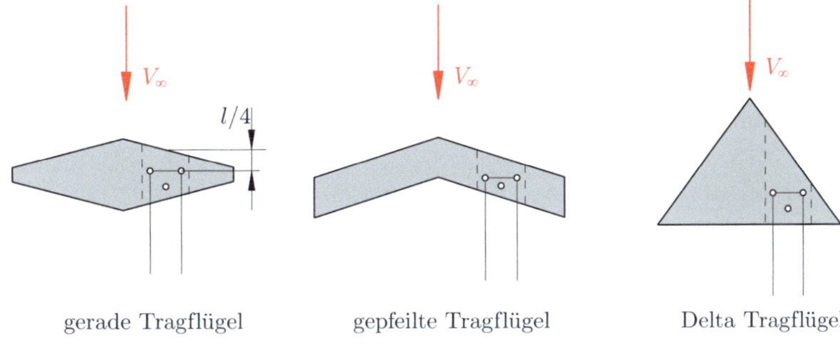

Abb. 13.16 Anordnung eines Wirbelgittersystems nach der vereinfachten Wirbelgittermethode

Diese Methodik lässt sich sowohl auf rechteckige als auch auf gepfeilte und deltaförmige Tragflächen anwenden. Bei gepfeilten Flügeln ergibt sich durch die Schräge der Vorderkante eine Verschiebung der Wirbel- und Kontrollpunktpositionen entlang der Strömungsrichtung. Für Deltaflügel mit stark veränderlicher Tiefe (keilförmig) wird die lokale Profiltiefe $c(y)$ als Funktion der Spannweitenkoordinate y berücksichtigt, was die präzise Platzierung der Wirbelpunkte entlang des Flügels erlaubt. Die Panels orientieren sich dabei weiterhin an der lokalen Sehne, wodurch die Methode auch für diese stark gepfeilte Geometrie anwendbar bleibt. Eine schematische Darstellung der jeweiligen Anordnungen für rechteckige, gepfeilte und Deltaflügel zeigt ■ Abb. 13.16.

Ausführliche Herleitungen, Randbedingungen sowie weiterführende mathematische Details dieser Methode sind in dem Werk „Aerodynamik des Flugzeuges" von H. Schlichting und E. Truckenbrodt [11] beschrieben. Insbesondere im Kapitel zur Tragflächentheorie werden dort auch die Einschränkungen, Anwendungsbereiche sowie Erweiterungsmöglichkeiten der vereinfachten Wirbelgittermethode behandelt.

Die Herleitung der vereinfachten Wirbelgittermethode basiert auf der linearen Tragflächentheorie für schlanke, unverbogene Tragflächen im stationären, inkompressiblen Fluss. Zentraler Bestandteil ist die Annahme eines über die Spannweite verteilten Hufeisenwirbelfeldes mit bekannter Geometrie, jedoch unbekannter Stärke Γ_n. Die Stärke dieser Wirbel ergibt sich aus der Forderung, dass die resultierende Geschwin-

digkeit an jedem Kontrollpunkt tangential zur lokalen Flügeloberfläche verläuft – also keine Normalkomponente aufweist. Mathematisch wird dies als Nullbedingung der Normalkomponente der Gesamtgeschwindigkeit am Kontrollpunkt formuliert:

$$\left(\vec{V}_\infty + \sum_{j=1}^{N} \vec{v}_{\mathrm{ind},j} \right) \cdot \vec{n}_i = 0$$

$$\text{für } i = 1, \ldots, N \qquad (13.34)$$

Dabei bezeichnet $\vec{V}_\infty$ die ungestörte Anströmgeschwindigkeit, $\vec{v}_{\mathrm{ind},j}$ die durch den j-ten Hufeisenwirbel induzierte Geschwindigkeit am Kontrollpunkt i und $\vec{n}_i$ den lokalen Normalenvektor der Tragfläche am Kontrollpunkt.

Die induzierte Geschwindigkeit eines Hufeisenwirbels wird gemäß dem Biot-Savart-Gesetz berechnet. Ein Hufeisenwirbel besteht aus einem Querwirbel, der quer zur Spannweite verläuft, sowie zwei Schweifwirbeln, die stromabwärts ins Unendliche reichen. Für ein Wirbelelement mit Anfangspunkt $\vec{A}$ und Endpunkt $\vec{B}$ sowie einem Beobachtungspunkt $\vec{P}$ ergibt sich die induzierte Geschwindigkeit durch das Biot-Savart-Gesetz zu:

$$\vec{v}_{\mathrm{ind}} = \frac{\Gamma}{4\pi} \cdot \frac{(\vec{r}_1 \times \vec{r}_2)}{|\vec{r}_1 \times \vec{r}_2|^2} \cdot \left(\frac{\vec{r}_1}{|\vec{r}_1|} - \frac{\vec{r}_2}{|\vec{r}_2|} \right)$$

$$\cdot (\vec{B} - \vec{A}), \qquad (13.35)$$

mit $\vec{r}_1 = \vec{P} - \vec{A}$ und $\vec{r}_2 = \vec{P} - \vec{B}$. Für jeden Wirbelabschnitt (Querwirbel, linker und rechter

Schweifwirbel) wird diese Formel separat ausgewertet und anschließend aufsummiert.

Es entsteht ein lineares Gleichungssystem der Form:

$$A \cdot \vec{\Gamma} = \vec{b},\qquad(13.36)$$

wobei $A \in \mathbb{R}^{N \times N}$ die Einflussmatrix enthält, in der jede Zeile die induzierte Normalgeschwindigkeit eines Wirbels j auf Kontrollpunkt i beschreibt. Die rechte Seite $\vec{b}$ besteht aus den negativen Projektionen der ungestörten Anströmung auf die jeweilige Normale $\vec{n}_i$. Die Lösung $\vec{\Gamma}$ liefert dann die Wirbelstärken über die Spannweite.

Für den **Auftrieb** ergibt sich daraus lokal:

$$L'(y_i) = \varrho V_\infty \cdot \Gamma_i.\qquad(13.37)$$

Der **Gesamtauftrieb** wird durch Integration (bzw. bei diskreter Näherung: Summation) der lokalen Auftriebsdichte berechnet:

$$L = \sum_{i=1}^{N} L'(y_i) \cdot \Delta y.\qquad(13.38)$$

Der **Auftriebsbeiwert** ergibt sich schließlich über:

$$C_L = \frac{L}{\frac{1}{2}\varrho V_\infty^2 S},\qquad(13.39)$$

mit der projizierten Flügelfläche S.

Die vereinfachte Wirbelgittermethode stellt eine reduzierte Form der dreidimensionalen Tragflächentheorie dar, bei der aber trotzdem die wesentlichen Effekte der Auftriebsentstehung über die Zirkulationsverteilung $\Gamma(y)$ entlang der Spannweite erfasst werden.

Weitere vertiefende Details – insbesondere zu Einflusskoeffizienten, elliptischer Auftriebsverteilung, Randbedingungen am Flügelende sowie Erweiterungen auf nicht lineare Profile – sind in „Aerodynamik des Flugzeuges" von Schlichting und Truckenbrodt [43, 44] ausführlich dokumentiert.

13.5 Anwendungen der Tragflügelberechnungsmethoden [1, 11]

13.5.1 Klassische Traglinientheorie

Diese Theorie wurde von Prandtl entwickelt und ist auf gerade, rechteckige oder elliptische Flügel mit hoher Streckung ($A > 3$) zugeschnitten. Sie modelliert den Flügel als unendlich dünne Auftriebsquelle entlang einer einzigen Linienstelle in Spannweitenrichtung (Traglinie) und setzt einen idealisierten, zweidimensionalen Querschnitt voraus.

Die Berechnung liefert eine elliptische oder modifizierte Auftriebsverteilung über die Spannweite und erlaubt Aussagen über:
- den Gesamtauftrieb,
- den induzierten Widerstand,
- das Rollmoment.

Technische Anwendungen: Diese Methode eignet sich hervorragend für Segelflugzeuge, klassische Flächenflugzeuge oder erste Vorentwürfe von Flügelprofilen, bei denen die Genauigkeit in Sehnenrichtung vernachlässigt werden kann.

13.5.2 Erweiterte Traglinientheorie

Die erweiterte Traglinientheorie (z. B. von Multhopp oder Weissinger) erweitert das klassische Modell auf Flügel mit beliebigen Grundrissen, einschließlich Pfeilung, Zuspitzung oder Segmentierung. Die Wirbel werden nicht nur auf einer Linie, sondern in mehreren definierten Querschnitten gesetzt, was eine verbesserte Erfassung der realen Zirkulationsverteilung erlaubt.

Die Theorie ermöglicht die Berechnung von:
- Gesamtauftrieb,
- induziertem Widerstand,
- Rollmoment,
- näherungsweise auch des Nickmoments.

Technische Anwendungen: Diese Methode ist besonders für Verkehrsflugzeuge, Businessjets oder militärische Flächenflugzeuge geeignet, bei denen Grundrissoptimierung, Auftriebsverteilung und Steuerwirkungen berücksichtigt werden müssen.

13.5.3 Tragflächentheorie (Wirbelgittermethode)

Die vollständige dreidimensionale Tragflächentheorie basiert auf der diskreten Wirbelgittermethode (Vortex-Lattice-Method, VLM). Hier wird die Tragfläche mit einer Gitterstruktur aus einzelnen Hufeisenwirbeln versehen, die sowohl in Spannweiten- als auch in Sehnenrichtung aufgelöst sind. Die Methode erfasst die gesamte Flügeloberfläche als Wirbelverteilung.
Errechnet werden:
- die lokale Auftriebsverteilung über Fläche und Tiefe,

- der Gesamtauftrieb,
- der induzierte Widerstand,
- das Roll- und Nickmoment.

Technische Anwendungen: Die VLM eignet sich für komplexe Flügelgeometrien wie Deltaflügel, gepfeilte oder geknickte Flächen sowie zur Analyse von Steuerwirkungen und aerodynamischen Kopplungen bei UAVs, Segelflugzeugen, Drohnen und modernen Kampfflugzeugen. Aufgrund der besseren Auflösung entlang der Profilsehne kann auch die aerodynamische Wirkung von Höhenrudern oder Landeklappen besser abgebildet werden.

Vergleich der Methoden

Vgl. mit ◘ Tab. 13.1.

13.6 Untersuchung des Delta-Flügels mittels CFD

Siehe ▶ Lösung durch SolidWorks – CFD 13.1.

◘ **Tab. 13.1** Gegenüberstellung dreier Tragflügeltheorien hinsichtlich Anwendung und Leistungsfähigkeit

Kriterium	Klassische Traglinientheorie	Erweiterte Traglinientheorie	Tragflächentheorie (VLM)
Geometrie	Gerade Flügel, $A > 3$	Beliebige Flügelgrundrisse	Komplexe Geometrien, z. B. Deltaflügel
Profilsehnenauflösung	Keine (nur 1 Linie über Spannweite)	Teilweise (Stützstellen entlang der Sehne)	Vollständig (2D-Gitter: Sehne und Spannweite)
Berechenbare Größen	C_L, $C_{D,i}$, M_{roll}	$+ M_{nick}$ (näherungsweise)	$+$ lokale Verteilungen, z. B. Druckfelder
Rechenaufwand	Sehr gering	Mittel	Höher, aber effizient
Genauigkeit	Gut bei hoher Streckung	Gut bei realen Geometrien	Sehr gut bei 3D-Formen und starker Pfeilung
Typische Anwendung	Segelflugzeuge, Vorentwurf	Verkehrsflugzeuge, Jetflügel	Kampfflugzeuge, UAVs, Forschung

Methode: Lösung durch SolidWorks – CFD 13.1

Es ist ein Deltaflügel auf Basis einer CFD Studie mittels SolidWorks zu untersuchen, speziell auf die Wirbelausbildung.

Pos.	Bild	Erklärung
1	Modell zeichnen.
2	Nebenstehende Modelleinstellungen wählen.

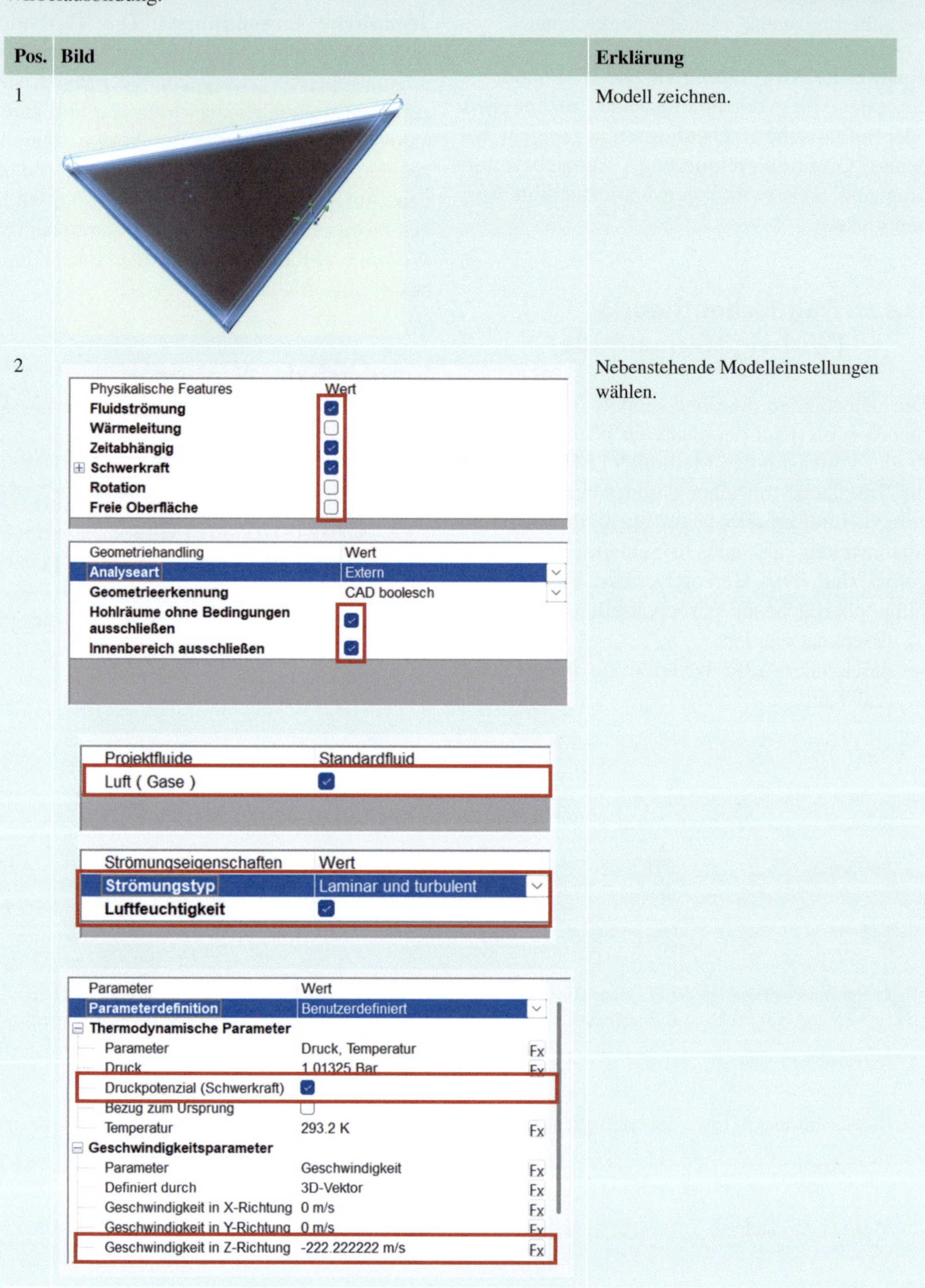

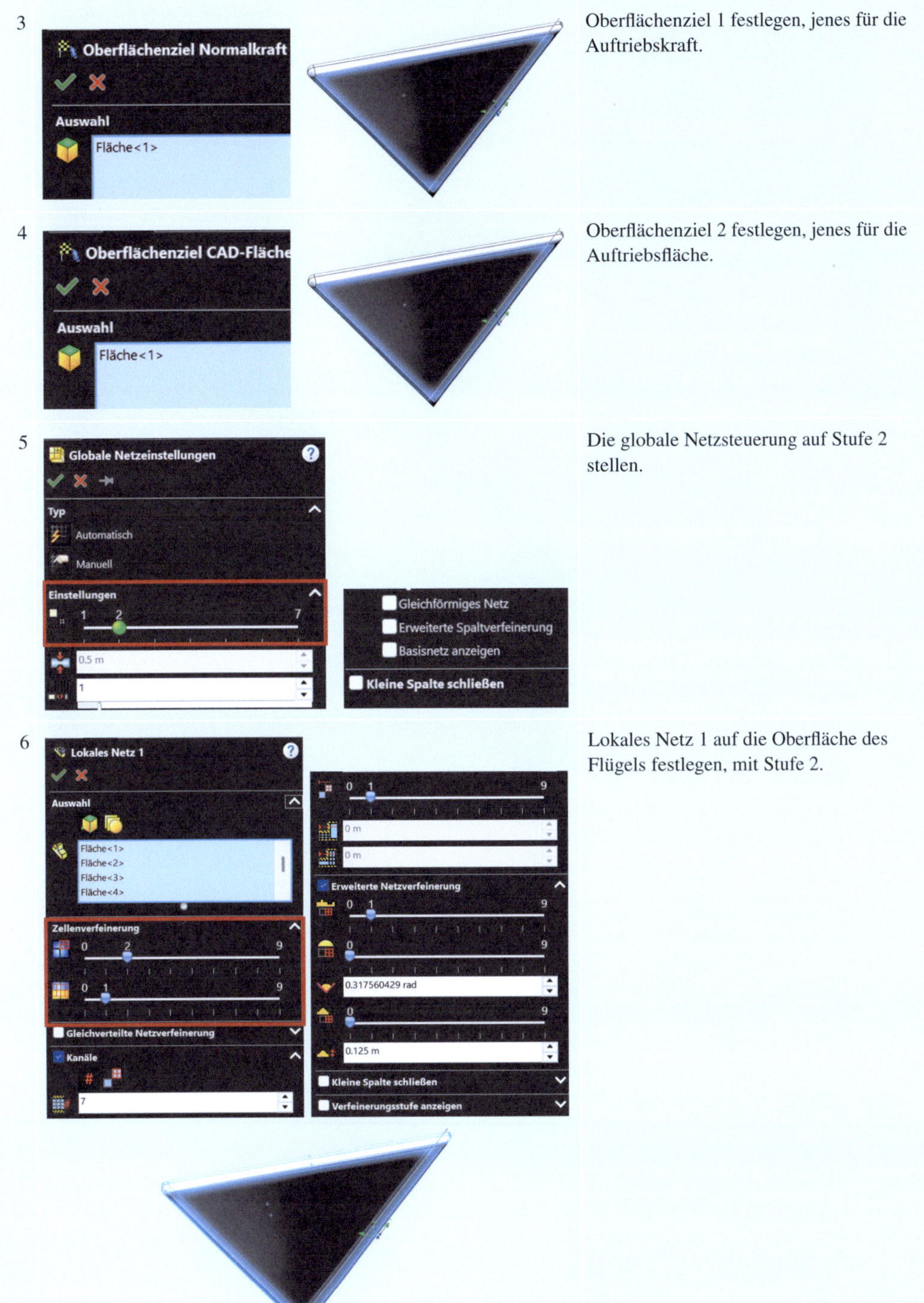

3 — Oberflächenziel 1 festlegen, jenes für die Auftriebskraft.

4 — Oberflächenziel 2 festlegen, jenes für die Auftriebsfläche.

5 — Die globale Netzsteuerung auf Stufe 2 stellen.

6 — Lokales Netz 1 auf die Oberfläche des Flügels festlegen, mit Stufe 2.

7

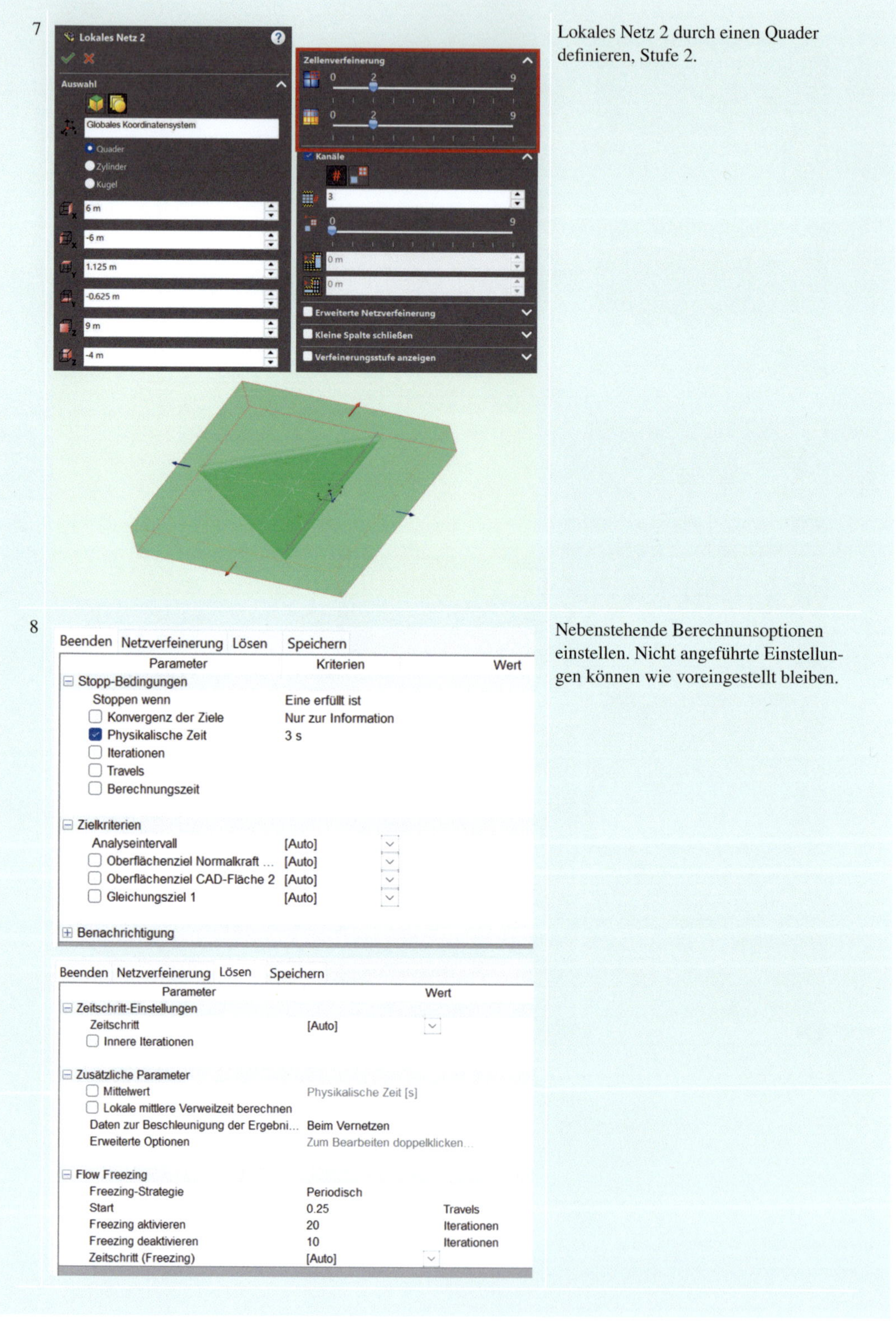

Lokales Netz 2 durch einen Quader definieren, Stufe 2.

8

Nebenstehende Berechnunsoptionen einstellen. Nicht angeführte Einstellungen können wie voreingestellt bleiben.

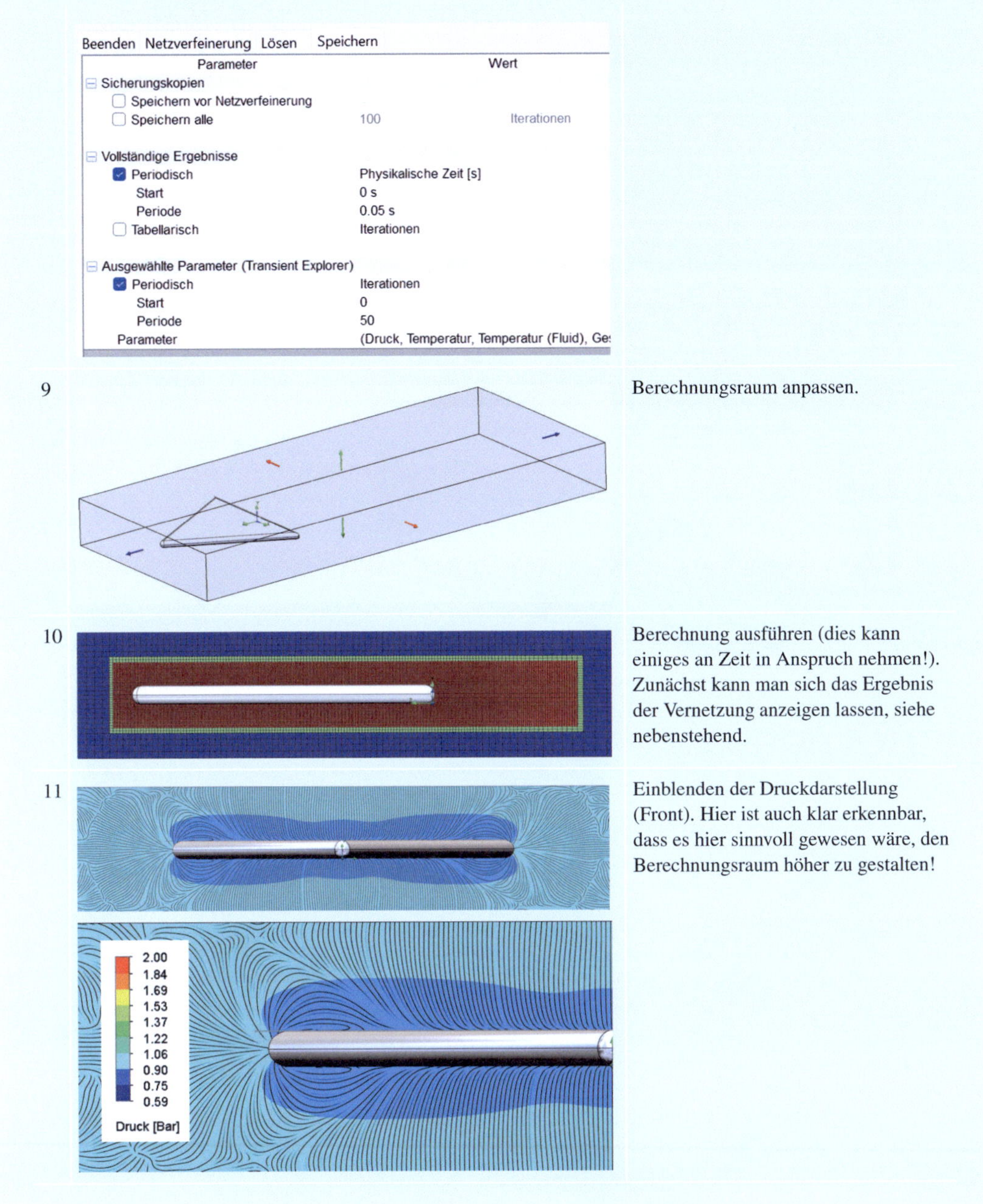

9		Berechnungsraum anpassen.
10		Berechnung ausführen (dies kann einiges an Zeit in Anspruch nehmen!). Zunächst kann man sich das Ergebnis der Vernetzung anzeigen lassen, siehe nebenstehend.
11		Einblenden der Druckdarstellung (Front). Hier ist auch klar erkennbar, dass es hier sinnvoll gewesen wäre, den Berechnungsraum höher zu gestalten!

12

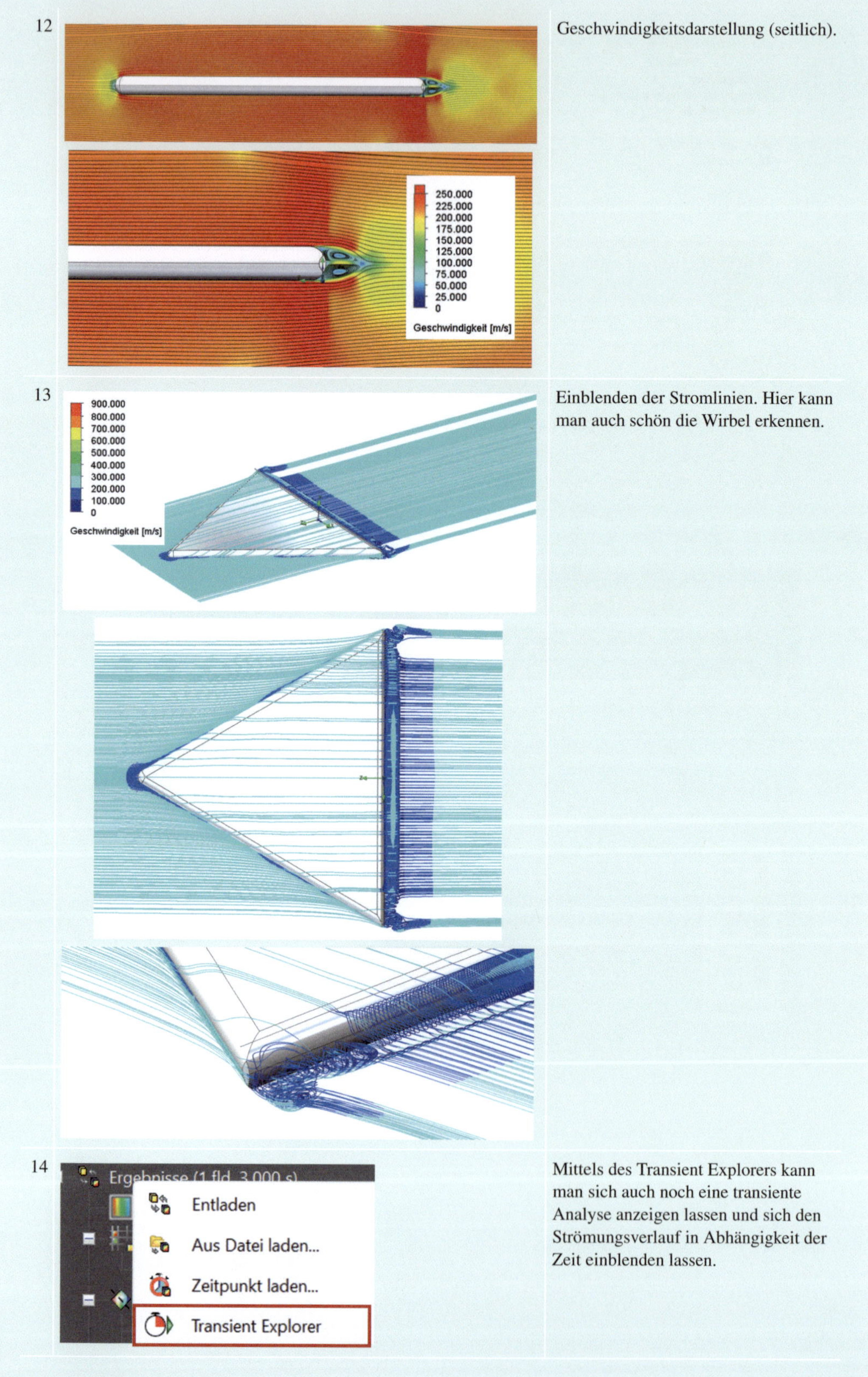

Geschwindigkeitsdarstellung (seitlich).

13

Einblenden der Stromlinien. Hier kann man auch schön die Wirbel erkennen.

14

Mittels des Transient Explorers kann man sich auch noch eine transiente Analyse anzeigen lassen und sich den Strömungsverlauf in Abhängigkeit der Zeit einblenden lassen.

13.7 Übungen

Übungsbeispiel 13.1

Welche aerodynamischen Größen kann die klassische Traglinientheorie nach Prandtl gut approximieren?

Lösung

Den Auftriebsbeiwert C_L, den induzierten Widerstand C_{D_i} und Rollmomente bei geraden, schlanken Tragflügeln mit Streckungsverhältnissen $A > 3$.

Übungsbeispiel 13.2

Warum ist die klassische Traglinientheorie für Deltaflügel ungeeignet?

Lösung

Weil sie stark dreidimensionale Konfigurationen wie Deltaflügel nicht korrekt beschreibt.

Übungsbeispiel 13.3

Was ersetzt in der erweiterten Tragflächentheorie die eindimensionale Zirkulationsverteilung?

Lösung

Eine zweidimensionale Verteilung der Wirbelstärken $\gamma(x, y)$ und $\delta(x, y)$.

Übungsbeispiel 13.4

Was beschreibt die Auftriebswirbelfläche?

Lösung

Wirbel in Spannweitenrichtung (y) mit Wirbelstärke $\gamma(x, y)$, die senkrecht zur Flügeloberfläche eine Geschwindigkeit erzeugen – also Auftrieb.

Übungsbeispiel 13.5

Welche Rolle spielt die Nachlaufwirbelfläche?

Lösung

Sie beschreibt Wirbel in Profilrichtung (x) mit Wirbelstärke $\delta(x, y)$, die den Nachlauf und damit den induzierten Widerstand erzeugen.

Übungsbeispiel 13.6

Welche Bedingung muss im potentiellen Strömungsfeld erfüllt sein?

Lösung

Die Drehungsfreiheit: $\frac{\partial u}{\partial y} = \frac{\partial v}{\partial x}$.

Übungsbeispiel 13.7

Wie lauten die Geschwindigkeitskomponenten auf der Tragflügeloberfläche?

Lösung

$u = \pm\frac{1}{2}\gamma(x, y)$ in x-Richtung und $v = \pm\frac{1}{2}\delta(x, y)$ in y-Richtung.

Übungsbeispiel 13.8

Was ergibt sich aus dem einsetzen der Geschwindigkeitskomponenten in die Bedingung der Drehungsfreiheit?

Lösung

Die Kopplungsbedingung: $\frac{\partial \gamma}{\partial y} = \frac{\partial \delta}{\partial x}$.

Übungsbeispiel 13.9

Was passiert mit der Nachlaufwirbelstärke hinter der Flügelhinterkante?

Lösung

Sie bleibt in x-Richtung konstant: $\frac{\partial \delta_w}{\partial x} = 0$.

Übungsbeispiel 13.10

Was besagt die Tangentialbedingung auf der Tragflügeloberfläche?

Lösung

Dass die Summe aus Anstellwinkel und induzierter Geschwindigkeit senkrecht zur Flügeloberfläche der lokalen Steigung der Profilkontur entsprechen muss: $\alpha + \frac{w(x,y)}{V_\infty} = \frac{\partial z_c}{\partial x}$.

Übungsbeispiel 13.11

Was beschreibt $w(x,y)$ in der Tangentialbedingung?

Lösung

Die durch die Wirbelflächen induzierte Geschwindigkeit in z-Richtung.

Übungsbeispiel 13.12

Was ergibt sich durch Umstellen der Tangentialbedingung?

Lösung

$\frac{w(x,y)}{V_\infty} = \frac{\partial z_c}{\partial x} - \alpha$.

Übungsbeispiel 13.13

Was ist das Ziel der erweiterten Tragflächentheorie?

Lösung

Die Bestimmung der Wirbelverteilungen $\gamma(x,y)$ und $\delta(x,y)$, sodass die Tangentialbedingung überall erfüllt ist.

Übungsbeispiel 13.14

Wie hängt der lokale Druck mit der Wirbelstärke zusammen?

Lösung

$p(x,y) = \varrho V_\infty \gamma(x,y)$.

Übungsbeispiel 13.15

Wie lautet die dimensionslose Lastverteilungsfunktion?

Lösung

$l(x,y) = \frac{2\gamma(x,y)}{V_\infty}$.

Übungsbeispiel 13.16

Wie wird der lokale Auftriebsbeiwert $c_a(y)$ berechnet?

Lösung

$c_a(y) = \frac{1}{c(y)} \int_0^{c(y)} l(x,y)\, dx$.

Übungsbeispiel 13.17

Wie berechnet man den gesamten Auftriebsbeiwert c_a des Flügels?

Lösung

$c_a = \frac{1}{S} \int_{-S}^{+S} c_a(y)\, c(y)\, dy$.

Übungsbeispiel 13.18

Wie ergibt sich die Zirkulation $\Gamma(y)$ entlang der Spannweite?

Lösung

$\Gamma(y) = \int_0^{c(y)} \gamma(x,y)\, dx$.

Übungsbeispiel 13.19

Wie wird der induzierte Widerstand $c_{w,i}$ berechnet?

Lösung

$c_{w,i} = \frac{2}{V_\infty S} \int_{-S}^{+S} \Gamma(y)\, \varepsilon(y)\, dy$.

Übungsbeispiel 13.20

Wie berechnet sich der Strömungsblenkwinkel $\varepsilon(y_0)$?

Lösung

$$\varepsilon(y_0) = \frac{1}{4\pi V_\infty} \int_{-S}^{+S} \frac{\frac{d\Gamma(y)}{dy}}{y_0 - y} \, dy.$$

Übungsbeispiel 13.21

Was beschreibt die induzierte Geschwindigkeit in der Tragflächentheorie?

Lösung

Sie beschreibt die Änderung des Geschwindigkeitsfeldes aufgrund der Wirbelverteilungen, insbesondere die senkrechte Normalgeschwindigkeit $w(x, y)$, die den induzierten Widerstand verursacht.

Übungsbeispiel 13.22

Welche physikalische Gesetzmäßigkeit liegt der Berechnung der induzierten Geschwindigkeit zugrunde?

Lösung

Das Biot-Savart-Gesetz.

Übungsbeispiel 13.23

Wie ergibt sich der Abstand r zwischen einem Punkt $P(x, y)$ und dem Wirbelelement $P(\xi, \eta)$?

Lösung

$$r = \sqrt{(x - \xi)^2 + (y - \eta)^2}$$

Übungsbeispiel 13.24

Wie wird die gesamte induzierte Geschwindigkeit $w(x, y)$ berechnet?

Lösung

Durch Integration über die Auftriebsfläche S und die Nachlaufregion W der jeweiligen Wirbelstärken.

Übungsbeispiel 13.25

Welche Funktion beschreibt die Stärke der gebundenen Wirbel?

Lösung

$\gamma(\xi, \eta)$

Übungsbeispiel 13.26

Welche Funktion beschreibt die Stärke der Nachlaufwirbel?

Lösung

$\delta_w(\eta)$

Übungsbeispiel 13.27

Was ist die kinematische Randbedingung bei der Tragflächentheorie?

Lösung

$\vec{V}_{\text{gesamt}} \cdot \vec{n} = 0$ auf der Flügeloberfläche – also die Undurchdringbarkeitsbedingung.

Übungsbeispiel 13.28

Wie lautet die Bedingung für die Irrotationalität der Außenströmung?

Lösung

$\nabla \times \vec{V} = 0$ für $\vec{x} \notin$ Wirbelregion.

Übungsbeispiel 13.29

Warum ist die Gleichung für $w(x, y)$ meist nur numerisch lösbar?

Lösung

Weil die Integralgleichung analytisch nur für Spezialfälle (z. B. elliptische Auftriebsverteilung) lösbar ist.

Übungsbeispiel 13.30

Wie funktioniert die Panelmethode?

Lösung

Der Flügel wird in Segmente unterteilt; pro Segment wird eine konstante Wirbelstärke γ angenommen.

Übungsbeispiel 13.31

Was ist das Prinzip der Vortex-Lattice-Methode (VLM)?

Lösung

Diskrete Wirbellinien werden linearisiert und tangentiale Geschwindigkeiten kontrolliert.

Übungsbeispiel 13.32

Was berechnet man in CFD-Methoden?

Lösung

Die Lösung der Navier-Stokes- oder Euler-Gleichungen auf einem feinen Gitter.

Übungsbeispiel 13.33

Welche Richtung hat der Beitrag eines Wirbelelements zur vertikalen Geschwindigkeit?

Lösung

Gemäß der rechten Hand-Regel abwärts, daher wird er negativ angesetzt.

Übungsbeispiel 13.34

Was ist das Ziel der Wirbelgittermethode (VLM)?

Lösung

Die VLM dient der Bestimmung des Auftriebsverhaltens von Tragflächen im stationären, inkompressiblen und potentiellen Strömungsfeld.

Übungsbeispiel 13.35

Worin besteht der Unterschied zur klassischen Tragflächentheorie nach Prandtl?

Lösung

Die Wirbelgittermethode verwendet eine diskretisierte Struktur aus Hufeisenwirbeln, während Prandtls Theorie auf analytischen Näherungen basiert.

Übungsbeispiel 13.36

Was ist ein Hufeisenwirbel?

Lösung

Ein Hufeisenwirbel besteht aus einem Querwirbel und zwei unendlich langen Schweifwirbeln, die stromabwärts verlaufen.

Übungsbeispiel 13.37

Wo befindet sich der Kontrollpunkt in einem Panel?

Lösung

Der Kontrollpunkt befindet sich bei drei Viertel der Panellänge ($\frac{3}{4}l$) hinter der Vorderkante.

Übungsbeispiel 13.38

Wie wird die Gesamtgeschwindigkeit an einem Kontrollpunkt berechnet?

Lösung

Sie ist die Summe aus der ungestörten Anströmung und den durch alle Wirbel induzierten Geschwindigkeiten.

Übungsbeispiel 13.39

Welche Randbedingungen gelten an den Kontrollpunkten?

Lösung

Die Normalkomponente der Gesamtgeschwindigkeit muss null sein.

Übungsbeispiel 13.40

Was ist das Ergebnis des Gleichungssystems $A \cdot \vec{\Gamma} = \vec{b}$?

Lösung

Die Lösung $\vec{\Gamma}$ liefert die Wirbelstärken auf jedem Panel.

Übungsbeispiel 13.41

Welche aerodynamischen Größen lassen sich aus den Wirbelstärken berechnen?

Lösung

Der lokale Auftrieb $c_l(y)$, der Gesamtauftrieb C_L und Momentenbeiträge.

Übungsbeispiel 13.42

Was ist der Unterschied zwischen vollständiger und vereinfachter Wirbelgittermethode?

Lösung

Die vereinfachte Methode löst die Geometrie nur in Spannweitenrichtung, nicht in Sehnenrichtung, auf.

Übungsbeispiel 13.43

Wie ist ein Panel in der vereinfachten VLM aufgebaut?

Lösung

Ein Panel erstreckt sich über die ganze Profiltiefe, enthält einen Hufeisenwirbel auf 25 % der Sehne und einen Kontrollpunkt bei 75 %.

Übungsbeispiel 13.44

Wie wird der Auftrieb lokal berechnet?

Lösung

Mit $L'(y_i) = \varrho V_\infty \cdot \Gamma_i$.

Übungsbeispiel 13.45

Wie ergibt sich der Gesamtauftrieb?

Lösung

Durch Summation der lokalen Auftriebsverteilungen: $L = \sum_{i=1}^{N} L'(y_i) \cdot \Delta y$.

Übungsbeispiel 13.46

Wie lautet die Formel für den Auftriebsbeiwert C_L?

Lösung

$$C_L = \frac{L}{\frac{1}{2}\varrho V_\infty^2 S}.$$

Übungsbeispiel 13.47

Welche Flügelgeometrien lassen sich mit der vereinfachten VLM berechnen?

Lösung

Rechteckige, gepfeilte und deltaförmige Flügel.

Übungsbeispiel 13.48

Was passiert mit der Wirbelplatzierung bei gepfeilten Flügeln?

Lösung

Sie verschiebt sich entlang der Strömungsrichtung wegen der schrägen Vorderkante.

Übungsbeispiel 13.49

Was berücksichtigt die klassische Traglinientheorie?

Lösung

Nur die Auftriebsverteilung entlang einer Linie in Spannweitenrichtung.

Übungsbeispiel 13.50

Für welche Geometrien ist die klassische Traglinientheorie geeignet?

Lösung

Gerade, elliptische oder rechteckige Flügel mit hoher Streckung ($A > 3$).

Übungsbeispiel 13.51

Was ist ein Vorteil der erweiterten Traglinientheorie?

Lösung

Sie berücksichtigt komplexere Grundrisse wie Pfeilung oder Zuspitzung.

Übungsbeispiel 13.52

Welche zusätzliche aerodynamische Größe lässt sich mit der erweiterten Traglinientheorie näherungsweise bestimmen?

Lösung

Das Nickmoment.

Übungsbeispiel 13.53

Was unterscheidet die vollständige VLM von den Traglinientheorien?

Lösung

Sie löst die Geometrie in zwei Dimensionen auf (Spannweite und Sehne).

Übungsbeispiel 13.54

Welche Geometrien lassen sich mit der vollständigen VLM berechnen?

Lösung

Auch stark gepfeilte, deltaförmige oder geknickte Flügel.

Übungsbeispiel 13.55

Welche Strömungsannahmen gelten bei der VLM?

Lösung

Stationäre, inkompressible und ideale (potential-) Strömung.

Übungsbeispiel 13.56

Welche Einschränkungen hat die VLM?

Lösung

Sie ignoriert Viskosität, Druckverluste und ist nur für kleine Anstellwinkel geeignet.

Übungsbeispiel 13.57

Wovon hängt die Genauigkeit der VLM ab?

Lösung

Von Anzahl und Anordnung der Panels sowie der Platzierung der Kontrollpunkte.

Gasturbinen und Turboverdichter

Inhaltsverzeichnis

Grundlagen der Gasturbinen

Inhaltsverzeichnis

> **Zitat**
>
> Ein Mikrophon ist kein Ohr, eine Kamera ist kein Auge. und ein Computer ist kein Gehirn. Wir dürfen uns von der Technologie nicht so blenden lassen, dass wir den Wert des Menschen nicht mehr einzuordnen wissen. Wir haben zu entscheiden, ob wir um unser Recht kämpfen wollen, Baumeister der Zukunft zu sein.
>
> *Mike Cooley*

14.1 Grundlagen des Gasprozesses in Bezug auf Gasturbinen

14.1.1 Reaktionsgrad r

$$r = \frac{\Delta h_t''}{\Delta h_t} \quad r = 0 \quad \text{für GDT}$$
$$r > 0 \quad \text{für ÜDT meist } r = 0{,}5 \tag{14.1}$$

> **Definition 14.1**
>
> Als Reaktionsgrad bezeichnet man das Verhältnis des im Laufrad umgesetzten Enthalpiegefälles zum gesamten in der Stufe umgesetzten Enthalpiegefälles.

Wird das gesamte Stufenwärmegefälle allein im Leitrad oder in einzelnen Düsen verarbeitet und in Geschwindigkeit umgesetzt, so wird, da das Laufradgefälle $\Delta h_t''$ Null wird, auch der

Reaktionsgrad Null. Eine solche Stufe nennt man **Gleichdruckstufe**, da der Druck p_2 vor den Laufschaufeln praktisch gleich dem Druck p_3 hinter den Laufschaufeln ist.

- Ist der Reaktionsgrad $r > 0$, spricht man von **Überdruckstufen**. In der Praxis hat sich in den sogenannten Überdruckturbinen ein Reaktionsgrad von $r = 0{,}5$ durchgesetzt. Bei den stark verwundenen Endschaufeln der großen Kondensationsturbine ist der Reaktionsgrad längs der Schaufel veränderlich, er nimmt von innen (Nabe) nach außen (Blattspitze) zu.

14.1.2 Geschwindigkeitsdreiecke

In ◨ Abb. 14.1 ist die Gleichdruck- der Überdruckstufe gegenübergestellt und anhand eines abgewickelten Schaufelplans die Geschwindigkeitsdreiecke für jeweils eine Stufe dargestellt.

Bei der Gleichdruckbeschaufelung gilt (vgl. mit ◨ Abb. 14.1)

$$w_2 = w_1 \cdot \psi; \tag{14.2}$$

wobei:

$\psi \ldots$ Laufschaufelbeiwert

$\alpha_1, \alpha_2 \ldots$ Strömungswinkel ($x = 1$)

$\beta_1, \beta_2 \ldots$ Schaufelwinkel

ist.

14.1.3 Erzeugung der Umfangskraft F_U

> **Gesetz 14.1**
>
> $$\vec{F} = \overrightarrow{I_{\text{aus}}} - \overrightarrow{I_{\text{ein}}} \tag{14.3}$$

Die Impulskraft $\vec{F}$ kann mittels des Impulsstromsatzes berechnet werden, wie auch bereits in der Hydromechanik. Man schreibt dann die Kraft aus der Differenz des Aus- bzw. Eintretenden Impulsstroms der Schaufel.

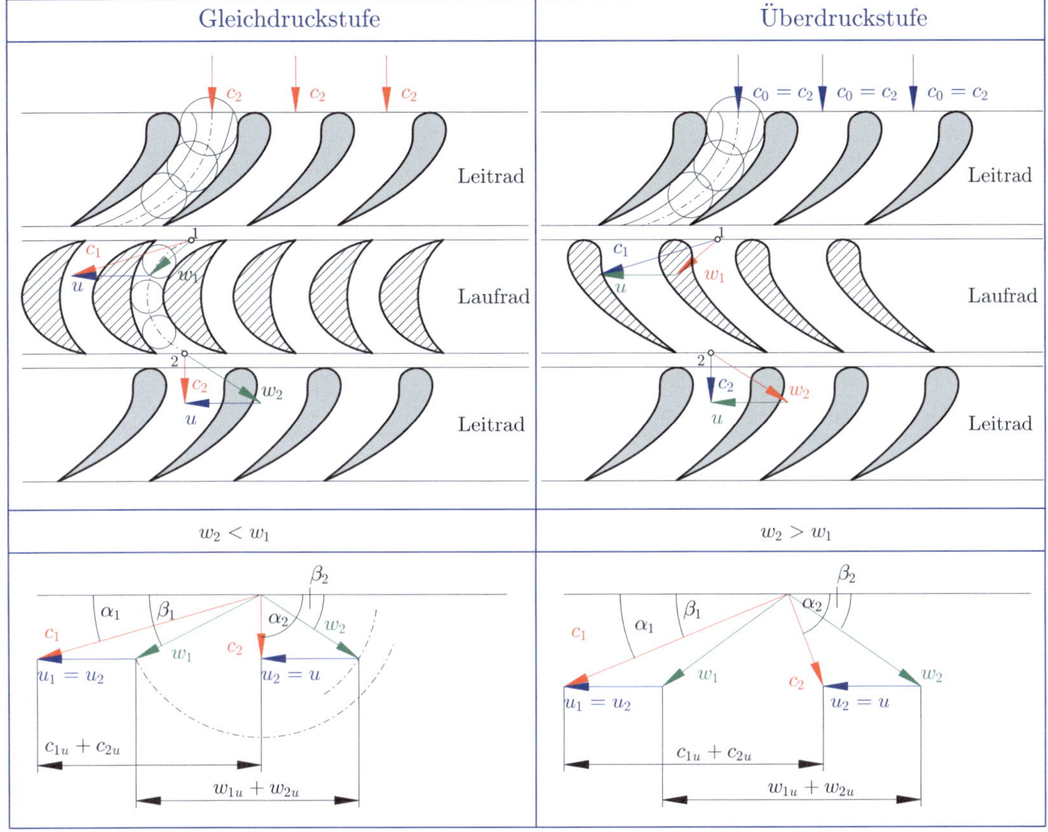

◻ Abb. 14.1 Geschwindigkeitsdreiecke bei Gleich- und Überdruckturbine

Punktmasse: Kraft = zeitliche Impulsänderung

$$\vec{F} = m \cdot \frac{d\,\vec{v}_{\text{abs}}}{dt} \implies \vec{F} \cdot dt = m \cdot d\,\vec{v}_{\text{abs}}$$

$v_{\text{abs}} = c = $ Absolutgeschw. des Fluids

$$(14.4)$$

$$\int_{1}^{2} \vec{F}\, dt = m \cdot \vec{v}_{\text{abs}} \qquad (14.5)$$

…eintretende und austretende Masse ist konstant (Massenerhaltung) (im stationären Fall)

Kontinuum:

$$\vec{F_u} = \dot{m}(\vec{c}_{2u} - \vec{c}_{1u})$$

… Kraft auf das Fluidvolumen   (14.6)

Für rotierende Maschinen ist die Umfangsrichtung interessant. Es kann aber auch z. B. die Axialrichtung (Axialkraft) interessieren, zusätzlich zur Druckkraft (Axialschub).

$$\vec{F} = -\vec{F_u} \quad \text{Actio = Reactio} \qquad (14.7)$$

… Kraft der Strömung auf die Schaufel in Umfangsrichtung

$$\vec{F_u} = \dot{m}(\vec{c}_{1u} - \vec{c}_{2u})$$

…Radialmaschinen   (14.8)

$$\vec{F_u} = \dot{m}(\vec{w}_{1u} - \vec{w}_{2u})$$

…Axialmaschinen   (14.9)

…bei Axialmaschine ist die Umfangsgeschwindigkeit in der Stufe $u = u_1 = u_2$ (auf derselben Stromlinie)

w_{2u} besitzt die Richtung von $-u$ daher: $-(-w_{2u}) = +w_{2u}$.

Umfangskraft: F_u

$$F_u = \dot{m}(w_{1u} - w_{2u}) \quad [N] \qquad (14.10)$$

Umfangsleistung: P_u (für Axialmaschine)

$$P_u = F_u \cdot u = \dot{m} \cdot u(w_{1u} + w_{2u}) \quad [W] \qquad (14.11)$$

14.1.4 Theoretische Gasgeschwindigkeit bei GDT-Stufe: c_0

Energievergleich: (vgl. mit ◨ Abb. 14.2)

$$m \cdot \left(h_0 + \underbrace{\frac{c_0^2}{2}}_{\approx 0} \right) = m \cdot \left(h_1 + \frac{c_{10}^2}{2} \right) \qquad (14.12)$$

Mit der Gleichung der Enthalpie ergibt sich $h_0 + c_0^2/2 = h_{\mathrm{ges},0}$ und $h_1 + c_{10}^2/2 = h_{\mathrm{ges},1}$, was als Gesamt-Enthalpie oder Totalenthalpie bezeichnet wird. Dies eingesetzt ergibt

$$\underbrace{m \cdot \Delta h_t}_{\text{techn. Arbeit}} = m \cdot \underbrace{\left(\frac{c_{10}^2}{2} \right)}_{\text{kin. Energie}} \implies c_{10}^2 = 2 \cdot \Delta h_t \qquad (14.13)$$

$$c_{10} = \sqrt{2 \cdot \Delta h_t} \qquad \left[\frac{J}{kg} \right]^{\frac{1}{2}} = \frac{m}{s} \qquad (14.14)$$

Bemerkung 14.1

Um sich eventuell anfallende Umrechnungen der Einheiten zu sparen, findet man in der Praxis oftmals die Gleichung

$$c_{10} = \sqrt{2000 \cdot \underbrace{\Delta h_t}_{\left[\frac{kJ}{kg} \right]}} = 44{,}72 \cdot \sqrt{\Delta h_t}. \qquad (14.15)$$

Diese Gleichung ergibt sich durch Umrechnen von Δh_t in kJ/kg, anstatt J/kg.

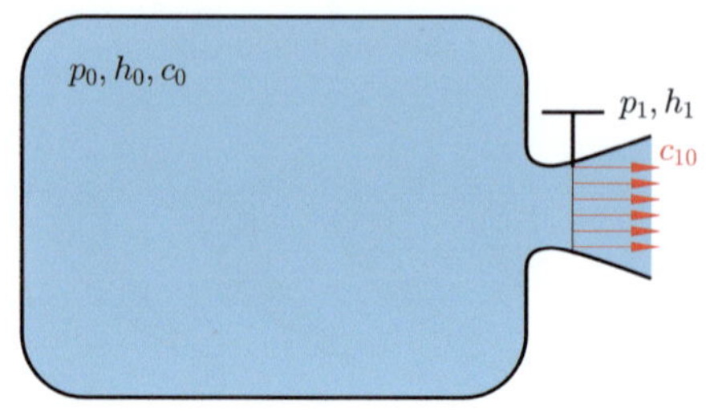

$$\boxed{\Delta h_t = h_0 - h_1}$$

p_0 Behälter-Innendruck
c_0 Geschwindigkeit des Fluids im Behälter (= vergleichsweise zur Ausströmgeschwindigkeit sehr gering und kann vernachlässigt werden).
h_0 Fluid-Enthalpie im Behälter

◨ **Abb. 14.2**   Ausströmen aus einem Behälter

Corollary 14.1

Dies ist die theoretische (verlustlose) Ausströmgeschwindigkeit aus einem Behälter, die Zuströmgeschwindigkeit ist hier null. Es gilt in der Aeromechanik, so wie es auch bereits in der Thermodynamik der Fall war, die Gleichung für die isentrope Zustandsänderung in Gasturbinen. Ist die Zuströmgeschwindigkeit aber nicht Null, so muss diese beachtet werden, dann gilt auch diese Gleichung nicht mehr, da dann der zu Eingang definierte Ansatz (Gl. (14.12): $c_o \approx 0$) nicht mehr gilt.

Bei höheren Geschwindigkeiten nehmen Reibungseffekte zu und sind zu berücksichtigen (Fanno-Kurve)

14.1.5 Reale Gasgeschwindigkeit

Im Folgenden wird die Machzahl, anstatt wie bisher mit Ma durch M abgekürzt, aus Platz- und Übersichtsgründen.

14.1.5.1 Fanno-Kurve

Definition 14.2 (Fanno-Kurve)

Die **Fanno-Kurve** beschreibt das Verhalten eines kompressiblen Fluids in einem adiabatischen Rohr mit Reibung.

Häufig findet sie Anwendung, bei Strömungen mit hoher Geschwindigkeit, wie in der Gasdynamik oder bei Strömungen in Düsen und Rohren. Die Fanno-Kurve, benannt nach dem Ingenieur Gino Fanno[1], stellt den Zusammenhang zwischen verschiedenen Strömungsgrößen entlang eines Rohres dar.

Annahmen der Fanno-Linie

- **Adiabatische Strömung**: Es findet kein Wärmeübergang mit der Umgebung statt. Die gesamte Energie bleibt im Strömungssystem erhalten.
- **Reibungsverluste**: Durch Wandreibung entsteht ein Druckverlust, der die Strömungsgeschwindigkeit und die Machzahl beeinflusst.
- **Ein-Dimensionalität**: Die Strömung wird als eindimensional angenommen, d. h. Größen wie Geschwindigkeit, Druck und Dichte ändern sich nur in Strömungsrichtung.
- **Kein Höhenunterschied**: Die Strömung findet in einem horizontalen Rohr statt, sodass die potenzielle Energie aufgrund von Höhenunterschieden vernachlässigt wird.

Mathematische Beschreibung

Die Fanno-Kurve wird durch den Zusammenhang zwischen der Machzahl M, dem Druck p, der Temperatur T und der Dichte des Fluids ϱ in einem adiabatischen Rohr mit Reibung beschrieben. Die Fanno-Linie beschreibt den Übergang zwischen **subsonischer** Strömung ($M < 1$) und **supersonischer** Strömung ($M > 1$).

Typische Gleichungen, die die Fanno-Linie beschreiben:

$$\frac{4\bar{f}l_{\mathrm{krit}}}{D} = \frac{1 - M^2}{\kappa M^2} + \frac{\kappa + 1}{2\kappa} \ln\left(\frac{\frac{\kappa+1}{2}M^2}{1 + \frac{\kappa-1}{2}M^2}\right) \tag{14.16}$$

wobei l_{krit} die Rohrlänge, D der Rohrdurchmesser, $\bar{f}$ der Reibungsfaktor, κ der Adiabatenexponent, und M die Machzahl ist.

Die Mach'sche Zahl berechnet sich durch folgende Gleichung (wurde bereits in Band 4 genauer untersucht und wird in Band 6 ausführlich behandelt)

$$M = \frac{v}{\sqrt{\kappa \cdot R \cdot T}} \tag{14.17}$$

wobei R die Gaskonstante, v die Strömungsgeschwindigkeit und T die Temperatur mit den Isentropenexponeten κ ist.

Verhalten der Fanno-Kurve

Die Fanno-Linie wird häufig in einem Diagramm (vgl. mit ■ Abb. 14.3, oben) dargestellt, in dem die Machzahl M auf der y-Achse und der

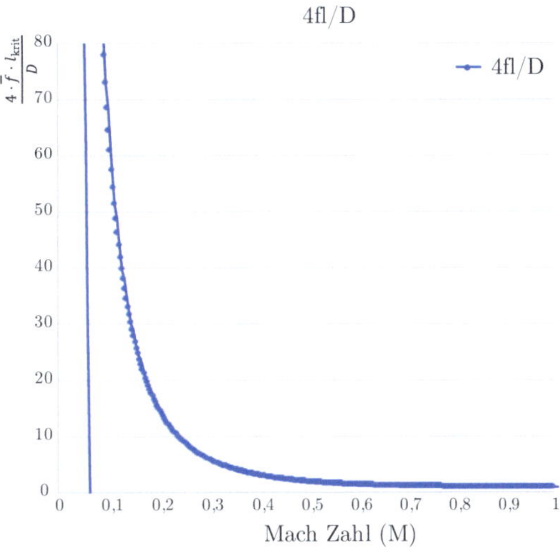

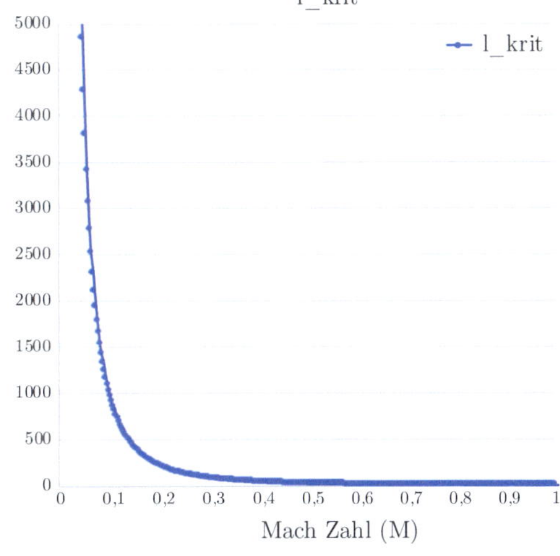

■ Abb. 14.3 Diagramm der Machzahl in Abhängigkeit des dimensionslosen Wertes $4\bar{f}l_{\mathrm{krit}}$ und der kritischen Länge l_{krit}

---

1 Geboren 1871 in Mantua; gestorben 1952 in Verona [84].

dimensionslose Rohrwiderstand $\frac{4\cdot\bar{f}\cdot l_{\text{krit}}}{D}$ auf der x-Achse aufgetragen ist. In diesem Diagramm gibt es zwei Hauptabschnitte:

- **Subsonischer Bereich** ($M < 1$): In diesem Bereich steigt die Machzahl aufgrund der Reibung entlang des Rohres, bis sie den Wert $M = 1$ erreicht.
- **Supersonischer Bereich** ($M > 1$): In diesem Bereich sinkt die Machzahl entlang des Rohres aufgrund der Reibung, bis sie ebenfalls den Wert $M = 1$ erreicht.

Der Zustand $M = 1$ entspricht der Schallgeschwindigkeit und stellt einen kritischen Punkt dar, der auch als **Fanno-Limit** bezeichnet wird. In einem adiabatischen Rohr mit Reibung kann die Strömung diesen Punkt erreichen, jedoch nicht überschreiten.

Die Werte aus ◨ Abb. 14.3 werden wie folgt berechnet, wenn folgende Randbedingungen gegeben sind: $T = 293\,\text{K}$, $\kappa = 1{,}4$, $D = 0{,}3\,\text{m}$, $R = 287\,\text{J/kgK}$, $\bar{f} = 0{,}005$ bei einer Geschwindigkeit $v = 200\,\text{m/s}$.

Zunächst wird die Machzahl bestimmt, gemäß Gl. (14.17) bestimmt zu

$$\underline{\underline{M}} = \frac{v}{\sqrt{\kappa \cdot R \cdot T}} = \frac{200}{\sqrt{1{,}4 \cdot 287 \cdot 293}}$$
$$= \underline{\underline{0{,}5828}} \qquad (14.18)$$

Dieser Wert kann jetzt in Gl. (14.16) eingesetzt werden, zu

$$\underline{\underline{\frac{4\,\bar{f}\,l_{\text{krit}}}{D}}} = \frac{1-M^2}{\kappa M^2} + \frac{\kappa+1}{2\kappa} \ln\left(\frac{\frac{\kappa+1}{2}M^2}{1 + \frac{\kappa-1}{2}M^2}\right)$$
$$= \underline{\underline{0{,}562633}} \qquad (14.19)$$

Mittels des Verhältnisses aus dieser Gleichung $\frac{4\,\bar{f}\,l_{\text{krit}}}{D} = 1{,}28221$ kann man die kritische Länge bestimmen, durch Umformen, zu

$$\underline{\underline{l_{\text{krit}}}} = \frac{4\,\bar{f}\,l_{\text{krit}}}{D} = \frac{1{,}562633 \cdot D}{4 \cdot \bar{f}}$$
$$= \frac{1{,}562633 \cdot 0{,}3}{4 \cdot 0{,}005} = \underline{\underline{8{,}4395\,\text{m}}} \quad (14.20)$$

Umgekehrt kann man folgern, dass, wenn die kritische Länge gegeben ist, man die Geschwindigkeit berechnen kann, was ursprünglich auch zu Beginn die Idee war. Untersucht man

Gl. (14.16) aber genauer, fällt auf, dass man hier nicht so einfach auf M, um dann die Geschwindigkeit zu berechnen, umformen kann, da sich die Geschwindigkeit im- und auch außerhalb des Logarithmus befindet. Es empfiehlt sich, eine numerische oder computergestützte Lösung zu verwenden. Eine Lösungsmöglichkeit mittels Matlab für eine solche Gleichung ist im Folgenden dargestellt.

Stationäre kompressible Strömungen in Rohren und Kanälen [39]

Im Folgenden wird die verwendete Gl. (14.16) hergeleitet. Dazu benötigt es aber einiges an mathematischem Aufwand, aufgrund, für viele der folgende Abschnitt nicht näher von Bedeutung sein wird. Der vollständigkeitshalber wird dieser aber hier im Buch mitaufgenommen. Grundlage für diese Herleitung und Überlegungen bietet das Skript [39].

Gemäß ◨ Abb. 14.4 kann man folgende Überlegungen festhalten:

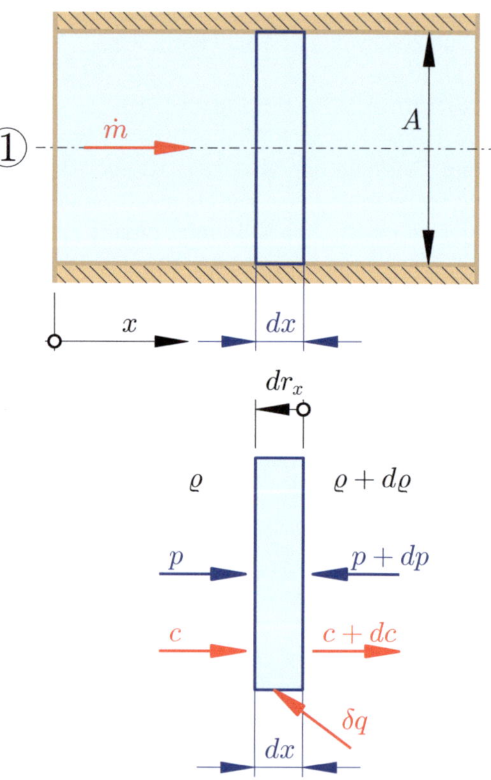

◨ **Abb. 14.4** Infinitesimal kleines Volumenstück einer kompressiblen Strömung

▬ Massenbilanz:

$$d(\varrho c) = 0 \qquad (14.21)$$

▬ Impulsbilanz:

$$d(\varrho c^2 + p + r_x) = 0 \qquad (14.22)$$

▬ Energiebilanz:

$$\delta q = d\left(h + \frac{c^2}{2}\right). \qquad (14.23)$$

Dynamik der stationären, adiabaten Strömung mit Reibung in Rohren konstanten Querschnitts [39]

Zunächst wird die Massenbilanz und Energiebilanz des Gases untersucht, da die Impulsbilanz die unbekannte Reibkraft enthält und diese zunächst nicht weiter untersucht wird.

Löst man die Differentialgleichungen der Massen- und Impulsbilanz folgt

$$\int d(\varrho c) = 0$$

$$\implies \varrho \cdot c = \text{const.} = \varrho_1 \cdot c_1 = \frac{\dot{m}}{A} \qquad (14.24)$$

$$\delta q = \int d\left(h + \frac{c^2}{2}\right)$$

$$\implies h + \frac{c^2}{2} = \text{const.} = h_1 \frac{c_1^2}{2} = h_0. \qquad (14.25)$$

Jetzt kann man die Massen- in die Energiebilanz einsetzen, wobei aus der Massenbilanz $c_1 = \frac{\dot{m}}{A \cdot \varrho_1}$ und mit $v = \frac{1}{\varrho} \Rightarrow c_1 = \frac{\dot{m} \cdot v}{A}$ zu

$$h + \frac{1}{2} \cdot \left(\frac{\dot{m}}{A}\right)^2 \cdot v^2 = h_0 \qquad (14.26)$$

wird. Man kann aus dieser Gleichung folgern, dass zu jedem Wert des spezifischen Volumens, das sich innerhalb der Rohrstrecke einstellt, eine Abhängigkeit der vorgegebenen Massenstromdichte und des Einström- oder Ruhezustandes eine bestimmte Enthalpie ergibt. Vergleicht man diesen Zustand mit jenes des Dampfes, so war es

dort so, wenn die Enthalpie eines Gases/Dampfzustandes bekannt war auch alle anderen Größen wie die Entropie ermittelbar war. Man kann daher aus dem *h-s*-Diagramm die **Fanno-Kurve** ermitteln und einzeichnen. Es ergibt sich daher das Diagramm aus ▢ Abb. 14.5.

Corollary 14.2
Über die Lauflänge des Rohrs nimmt die Entropie zu, aufgrund der Reibung. Gem.
▢ Abb. 14.6 kann man folgern:
▬ (1)/(2) kleine Eintrittsgeschwindigkeit: Geschwindigkeit nimmt mit wachsender Entropie zu.
▬ (3)/(4) große Eintrittsgeschwindigkeit: Geschwindigkeit nimmt mit wachsender Entropie ab.

Man kann bis jetzt aber noch nicht sagen, nach welcher Rohrleitungslänge beispielsweise Zustand 3 angetroffen werden kann, da die Länge von der Entropieproduktion abhängt. Diese wird durch ds/dx beschrieben, was unmittelbar von der Reibung der Strömung in der Rohrleitung abhängt. Man muss daher $r_x(x)$ kennen. Integriert man die Impulsgleichung, erhält man Kenntnis über die Rohrlänge und die Zustandsänderung.

Startet die Strömung mit einer niedrigen Geschwindigkeit, also von Punkt 1 aus in ▢ Abb. 14.6, so erreicht man ein Entropiemaximum. Jetzt wird das Diagramm aus ▢ Abb. 14.6 nochmals genauer untersucht, durch Anwendung des 2. Hauptsatzes der Thermodynamik. Dort hieß es, alle thermodynamischen Prozesse sind irreversibel, was mit sich zieht, dass die Entropie nur zu- nie abnehmen kann. Gemäß der Fanno-Kurve würde die Entropie nach Erreichen des Entropiemaximums aber abnehmen, was nicht möglich ist. Es kann der untere Bereich also gar nicht erreicht werden. Kann die Entropie nicht unter einen Bereich abnehmen, so kann auch der Druck nicht mehr unter einen gewissen Bereich fallen, egal welcher Druck in der Umgebung vorliegt. Dies bezeichnet man in der Thermodynamik als **Chocking**.

Es ist die Geschwindigkeit als ein Maximum am Rohrende vorgegeben. Soll ein niedrigerer

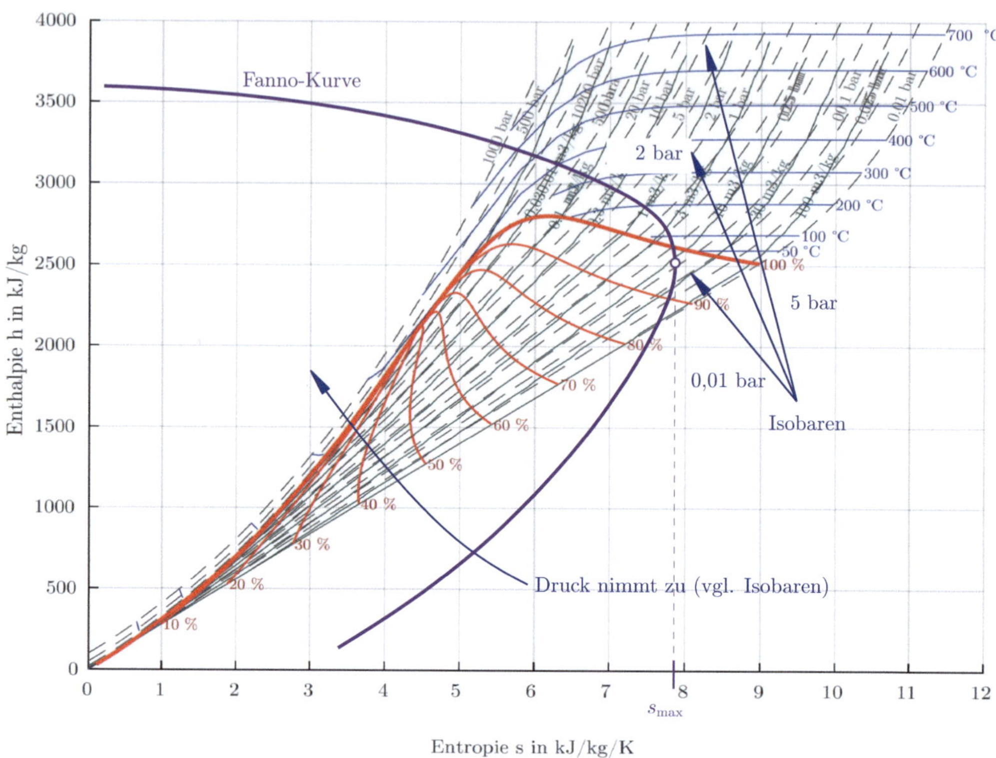

D Abb. 14.5 Fanno-Kurve im h-s-Diagramm für ideale Gase

Druck am Rohrende auftreten, muss eine andere, nämlich kleinere Massenstromdichte im Rohr eingestellt werden. Um einen niedrigeren Druck am Rohrende zu erreichen, muss die Massenstromdichte im Rohr reduziert werden.

- **Begrenzte Geschwindigkeit der Fanno-Kurve:**

In der Thermodynamik hat man die Gleichung $ds = \frac{dq}{T} \Rightarrow ds \cdot T = dq$ hergeleitet. Setzt man hier für die Wärme ein, folgt

$$T \cdot ds = dh - v \cdot dp. \tag{14.27}$$

Für die Fanno-Kurve gilt (wie zuvor hergeleitet) die Gleichung

$$dh + \left(\frac{\dot{m}}{A}\right)^2 \cdot v \cdot dv = 0. \tag{14.28}$$

Die Bedingung am begrenzten Punkt ist $ds = 0$. Es ergibt sich daraus

$$dh = v \cdot dp; \tag{14.29}$$

was eingesetzt werden kann, zu

$$v \cdot dp + \left(\frac{\dot{m}}{A}\right)^2 \cdot v \cdot dv = 0; \quad s = \text{const.} \tag{14.30}$$

Mit der Massenbilanz $\dot{m}/A = c/v$ folgt

$$c^2 = \frac{dp}{d\varrho}\Big|_{s=\text{const.}} = \left(\frac{\partial p}{\partial \varrho}\right)_s = a^2. \tag{14.31}$$

Der Punkt maximaler Entropie ist dadurch gekennzeichnet, dass das Gas an dieser Stelle die Schallgeschwindigkeit erreicht, wobei die Machzahl $M = 1$ beträgt. An diesem Punkt spricht man von einem sogenannten kritischen Zustand, bei dem der Durchfluss in der Strömungsgeschwindigkeit nicht weiter erhöht werden kann, da das Gas hier eine maximale Entropie und damit auch eine maximale Energieumwandlung erreicht hat. Jegliche weitere Druckänderung oder Energiezufuhr führt nicht mehr zu einer Erhöhung der Strömungsgeschwindigkeit, sondern verändert andere thermodynami-

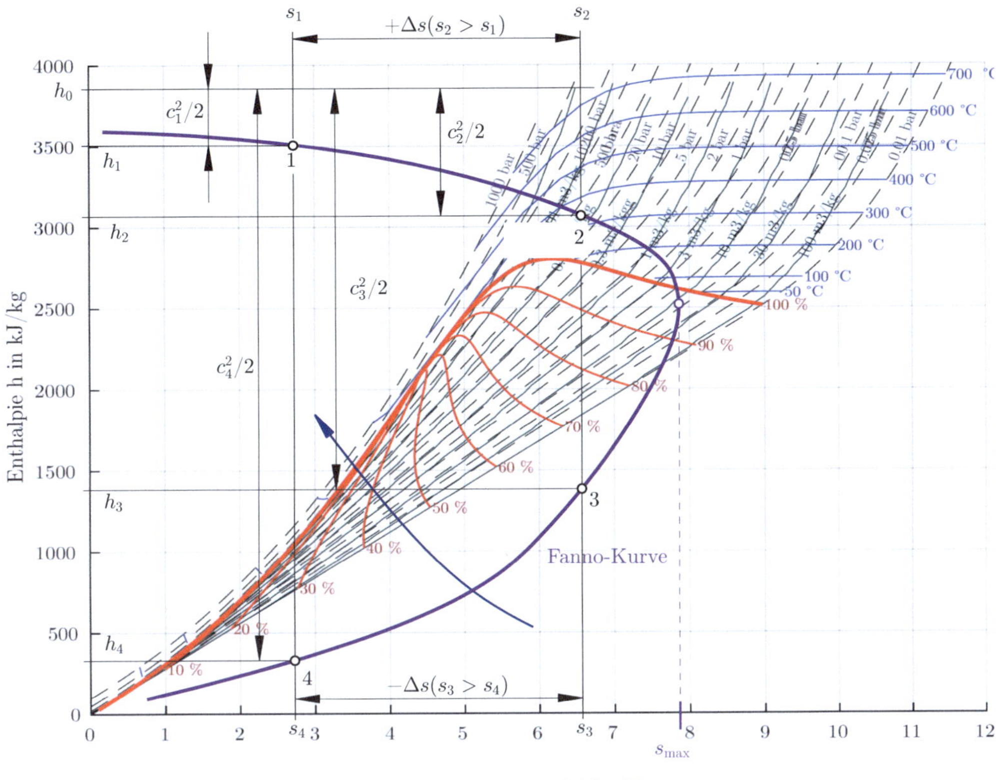

▣ Abb. 14.6 Fanno-Kurve im h-s-Diagramm für ideale Gase – Verschiedene Eintrittsgeschwindigkeiten

sche Eigenschaften des Systems. Man kann daraus das Diagramm aus ▣ Abb. 14.7 festhalten.

Bei einer kritischen Rohrlänge einer adiabaten Rohrströmung kann man die Gleichung $dr_x = \frac{\varrho \cdot c^2}{2} \cdot \frac{4 \cdot f \cdot dx}{D}$, mit f Reibungskoeffizient und D der hydraulische Durchmesser mit $D = \frac{4 \cdot A}{U}$ (vgl. auch Hydromechanik) formulieren. Die Impulsgleichung lautet

$$dp + \varrho \cdot c \cdot dc + dr_x$$
$$= dp + \varrho \cdot c \cdot dc + \frac{\varrho \cdot c^2}{2} \cdot \frac{4 \cdot f \cdot dx}{D}$$
$$= 0. \tag{14.32}$$

Da bekannt ist, dass sich bei der kritischen Rohrlänge der Schallzustand einstellt, ist es sinnvoll, den Impulssatz so umzuformen, dass alle Terme als Funktion der Machzahl M sowie des differentiell kleinen Stücks dM ausgedrückt werden. Dies ermöglicht es, den Zusammenhang in einer Form darzustellen, die eine Integration über die

Rohrlänge x erleichtert. Es muss also eine Ableitung der Differentialgleichung in Form von

$$\frac{4 \cdot f \cdot dx}{D} = f(\kappa, M)dM \tag{14.33}$$

vorliegen. Die Impulsgleichung lässt sich mit $\kappa \cdot \frac{p}{\varrho} = a^2$ umschreiben, zu

$$\frac{dp}{p} + \kappa \cdot M^2 \cdot \frac{dc}{c} + \frac{M^2}{2} \cdot \frac{4 \cdot f \cdot dx}{D} = 0. \tag{14.34}$$

Folgende Gleichungen kann man noch festhalten:

■ **Kontinuitätsgleichung:**

$$\frac{d\varrho}{\varrho} + \frac{dc}{c} = 0 \tag{14.35}$$

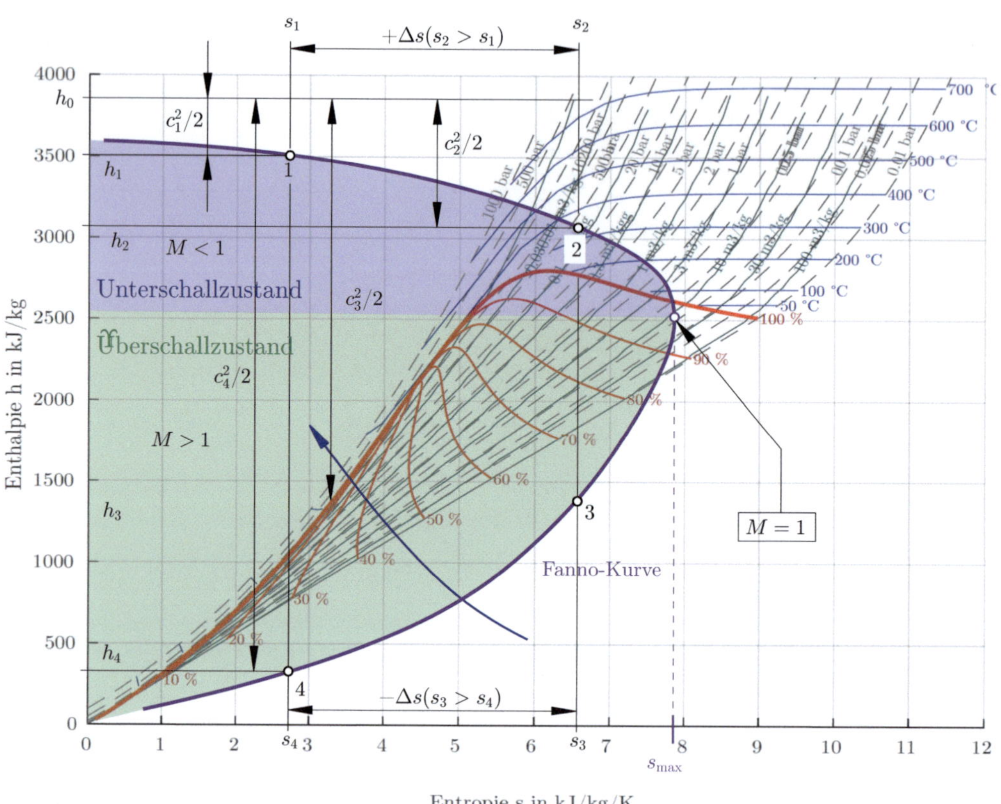

◘ Abb. 14.7 Fanno-Kurve im *h-s*-Diagramm für ideale Gase, Überschall- und Unterschallströmungsbereiche

■ Energiegleichung:

$$c_p \cdot dT + c \cdot dc = \frac{\kappa}{\kappa - 1} \cdot R \cdot dT + c \cdot dc$$
$$= 0$$

$$\implies \quad \frac{1}{\kappa - 1} \cdot \frac{dT}{T} + M^2 \cdot \frac{dc}{c} = 0 \tag{14.36}$$

■ Zustandsgleichung:

$$\frac{dp}{p} - \frac{d\varrho}{\varrho} = \frac{dT}{T} \tag{14.37}$$

sowie für die Machzahl

$$M = \frac{c}{a} = \frac{c}{\sqrt{\kappa \cdot R \cdot T}}$$

$$\implies \quad \frac{dM}{M} = \frac{dc}{c} - \frac{1}{2} \cdot \frac{dT}{T}. \tag{14.38}$$

Aus diesen Gleichungen kann man jetzt ein Gleichungssystem aufstellen, bestehend aus folgenden Gleichungen

$$\frac{dp}{p} + \kappa M^2 \frac{dc}{c} + \kappa \frac{M^2}{2} \frac{4f\,dx}{D} = 0 \tag{14.39}$$

$$\frac{d\varrho}{\varrho} + \frac{dc}{c} = 0 \tag{14.40}$$

$$\frac{1}{\kappa - 1} \frac{dT}{T} + M^2 \frac{dc}{c} = 0 \tag{14.41}$$

$$\frac{dp}{p} - \frac{d\varrho}{\varrho} = \frac{dT}{T} \tag{14.42}$$

$$\frac{dM}{M} - \frac{dc}{c} + \frac{1}{2} \frac{dT}{T} = 0. \tag{14.43}$$

Hierin kann man $\frac{d\varrho}{\varrho}$ mittels der Gleichung $\frac{d\varrho}{\varrho} + \frac{dc}{c} = 0$ ersetzen, wodurch sich

$$\frac{dp}{p} + \kappa M^2 \frac{dc}{c} + \kappa \frac{M^2}{2} \frac{4f\,dx}{D} = 0 \tag{14.44}$$

$$\frac{d\varrho}{\varrho} + \frac{dc}{c} = 0 \tag{14.45}$$

$$\frac{1}{\kappa - 1} \frac{dT}{T} + M^2 \frac{dc}{c} = 0 \quad (14.46)$$

$$\frac{dp}{p} - \frac{d\varrho}{\varrho} = \frac{dT}{T} \quad (14.47)$$

$$\frac{dM}{M} - \frac{dc}{c} + \frac{1}{2} \frac{dT}{T} = 0 \quad (14.48)$$

ergibt. Hierin kann man mittels $\frac{dp}{p} - \frac{d\varrho}{\varrho} = \frac{dT}{T}$ den Ausdruck $\frac{dp}{p}$ eliminieren, zu

$$\frac{dT}{T} - \frac{dc}{c}\left(1 - \kappa M^2\right) + \kappa \frac{M^2}{2} \frac{4f\,dx}{D} = 0 \quad (14.49)$$

$$\frac{1}{\kappa - 1} \frac{dT}{T} + M^2 \frac{dc}{c} = 0 \quad (14.50)$$

$$\frac{dM}{M} - \frac{dc}{c} + \frac{1}{2} \frac{dT}{T} = 0. \quad (14.51)$$

Jetzt kann man mittels $\frac{1}{\kappa - 1} \frac{dT}{T} + M^2 \frac{dc}{c} = 0$ den Ausdruck $\frac{dc}{c}$ eliminieren, zu

$$\frac{dT}{T}\left(1 + \frac{1 - \kappa M^2}{(\kappa - 1)M^2}\right) + \kappa \frac{M^2}{2} \frac{4f\,dx}{D} = 0 \quad (14.52)$$

$$\frac{dM}{M} + \frac{dT}{T}\left(\frac{1}{2} + \frac{1}{(\kappa - 1)M^2}\right) = 0 \quad (14.53)$$

und schließlich mit der letzten Gleichung kann $\frac{dT}{T}$ eliminiert werden, zu

$$\frac{4 \cdot f \cdot dx}{D} = \frac{2 \cdot \left(1 - M^2\right)}{\kappa \cdot M^2 \cdot \left(1 + \frac{\kappa - 1}{2} \cdot M^2\right)} \cdot \frac{dM}{M}. \quad (14.54)$$

Diese Gleichung kann man integrieren, mittels eines mittleren Reibwertes $\bar{f}$. Dieses Integral ist nicht ganz einfach zu lösen. Man kann zunächst

die Gleichung weiter vereinfachen

$$\frac{4 \cdot f \cdot l_{\text{krit}}}{D}$$

$$= \int_{M=0}^{M=1} \frac{2 \cdot \left(1 - M^2\right)}{\kappa \cdot M^2 \cdot \left(1 + \frac{\kappa - 1}{2} \cdot M^2\right)} dM$$

$$= \frac{2}{\kappa} \cdot \int_{M=0}^{M=1} \frac{1 - M^2}{M^3 + \frac{\kappa - 1}{2} \cdot M^5} dM$$

$$= -\frac{4}{\kappa} \cdot \int_{M=0}^{M=1} \frac{M^2 - 1}{(\kappa - 1) \cdot M^5 + 2 \cdot M^3} dM. \quad (14.55)$$

Lösen des Integrals $\int_{M=0}^{M=1} \frac{M^2 - 1}{(\kappa - 1) \cdot M^5 + 2 \cdot M^3} dM$. Dieser Term kann umgeschrieben werden zu

$$= \int_{M=0}^{M=1} \frac{M^2 - 1}{\kappa \cdot M^5 - M^5 + 2 \cdot M^3} dM$$

$$= \int_{M=0}^{M=1} \frac{M^2 - 1}{M^3 \cdot (\kappa \cdot M^2 - M^2 + 2)} dM. \quad (14.56)$$

Hier bietet es sich an, eine Partialbruchzerlegung durchzuführen. Dazu zerlegt man den Bruch zunächst in die Einzelteile, hier also in

$$\frac{M^2 - 1}{M^3 \underbrace{(\kappa M^2 - M^2 + 2)}_{=(\kappa - 1)M^2 + 2}}$$

$$= \frac{A}{4(\kappa - 1)M^2 + 2} + \frac{B}{4M} - \frac{C}{2M^3}$$

$$= \frac{A(8M^4) + B(4(\kappa - 1)M^2 + 2)(2M^3)}{(4(\kappa - 1)M^2 + 2)(4M)(2M^3)}$$
$$- \frac{C(4(\kappa - 1)M^2 + 2)(4M)}{(4(\kappa - 1)M^2 + 2)(4M)(2M^3)}$$

$$= \frac{A(8M^4) + B((8\kappa - 8)M^5 + 4M^3)}{(4(\kappa - 1)M^2 + 2)(4M)(2M^3)}$$
$$- \frac{C((16\kappa - 16)M^3) - 8M}{(4(\kappa - 1)M^2 + 2)(4M)(2M^3)} \quad (14.57)$$

Bezieht man sich jetzt nur auf den Zähler, weil man mit dem Nenner multipliziert und dieser dann entfällt, kann man die Gleichung

$$M^2 - 1 = A(8M^4) + B((8\kappa - 8)M^5 + 4M^3) - C((16\kappa - 16)M^3) - 8M \tag{14.58}$$

finden. Setzt man hier jetzt verschiedene Werte für M ein, kann man drei Gleichungen aufstellen und mithilfe dieser drei Gleichungen die drei Unbekannten A, B und C bestimmen.

$M = 1$:

$$1^2 - 1 = A(8 \cdot 1^4) + B((8\kappa - 8) \cdot 1^5 + 4 \cdot 1^3) - C((16\kappa - 16) \cdot 1^3) - 8 \cdot 1$$

$$0 = 8A + B(8\kappa - 4) - C(16\kappa - 16) - 8 \tag{14.59}$$

Man kann dies jetzt mit drei Werten machen, wodurch man als Lösung: $A = (\kappa^2 - 1)M$; $B = \kappa + 1$ und $C = 1$. Setzt man diese Werte in Gl. (14.57) ein und anschließend in (14.56) folgt

$$= \int_{M=0}^{M=1} \left(\frac{(\kappa^2 - 1) \cdot M}{4(\kappa - 1)M^2 + 2} + \frac{\kappa + 1}{4 \cdot M} - \frac{1}{2 \cdot M^3} \right) dM. \tag{14.60}$$

Hier kann man die Linearität anwenden.

$$= -\frac{\kappa^2 - 1}{4} \int_{M=0}^{M=1} \frac{M}{(\kappa - 1)M^2 + 2} dM$$

$$+ \frac{\kappa + 1}{4} \int_{M=0}^{M=1} \frac{1}{M} dM$$

$$- \frac{1}{2} \int_{M=0}^{M=1} \frac{1}{M^3} dM. \tag{14.61}$$

Diese einzelnen Integrale kann man der Reihe nach lösen. Begonnen wird mit $\int_{M=0}^{M=1} \frac{M}{(\kappa-1)M^2+2} dM$. Dafür wird der Nenner substituiert

$$(\kappa - 1)M^2 + 2 = u$$

$$\implies \frac{du}{dM} = 2 \cdot (\kappa - 1) \cdot M$$

$$\implies dM = \frac{du}{2 \cdot (\kappa - 1) \cdot M}, \tag{14.62}$$

bzw. durch Einsetzen

$$\int_{M=0}^{M=1} \frac{M}{u} \frac{du}{2 \cdot (\kappa - 1) \cdot M} = \frac{1}{2 \cdot (\kappa - 1)} \int_{M=0}^{M=1} \frac{du}{u}$$

$$= \frac{\ln(u)}{2 \cdot \kappa - 2}. \tag{14.63}$$

und durch Rücksubstituieren

$$\frac{\ln(u)}{2 \cdot \kappa - 2} = \frac{\ln((\kappa - 1)M^2 + 2)}{2 \cdot \kappa - 2}. \tag{14.64}$$

Lösen des zweiten Integrals

$$\frac{\kappa + 1}{4} \int_{M=0}^{M=1} \frac{1}{M} dM = \ln(M). \tag{14.65}$$

Und das dritte Integral:

$$\int_{M=0}^{M=1} \frac{1}{M^3} dM = \int_{M=0}^{M=1} M^{-3} dM = -\frac{1}{2M^2} dM. \tag{14.66}$$

Jetzt die gelösten Integrale einsetzen ergibt

$$= -\frac{\kappa^2 - 1}{4} \frac{\ln((\kappa - 1)M^2 + 2)}{2 \cdot \kappa - 2}$$

$$+ \frac{\ln((\kappa - 1)M^2 + 2)}{2 \cdot \kappa - 2}$$

$$+ \frac{(k + 1)\ln(M)}{4} + \frac{1}{4M^2}. \tag{14.67}$$

Daraus kann man jetzt die Lösung des Integrals formulieren zu

$$\frac{4\bar{f} l_{\mathrm{krit}}}{D} = \int_{M(x=0)}^{M=1} \frac{2(1 - M^2)}{\kappa Ma^3 \left(1 + \frac{\kappa - 1}{2} M^2\right)} dMa$$

$$= \left[-\frac{1}{\kappa M^2} - \frac{\kappa + 1}{2\kappa} \ln\left(\frac{M^2}{1 + \frac{\kappa - 1}{2} M^2} \right) \right]_{M(x=0)}^{M=1} \tag{14.68}$$

Bzw. die erwartete Gleichung:

$$\frac{4\bar{f} l_{\mathrm{krit}}}{D} = \frac{1 - M^2}{\kappa M^2} + \frac{\kappa + 1}{2\kappa} \ln\left(\frac{\frac{\kappa + 1}{2} M^2}{1 + \frac{\kappa - 1}{2} M^2} \right). \tag{14.69}$$

14.1.5.2 Rayleigh-Kurve

> **Definition 14.3 (Rayleighkurve)**
>
> Die **Rayleigh-Kurve** beschreibt das Verhalten eines kompressiblen Fluids in einem Rohr mit **Wärmeübertragung**, jedoch **ohne Reibung**.

Sie findet insbesondere Anwendung bei Gasströmungen in Brennkammern, Wärmetauschern oder Diffusoren. Die Rayleigh-Kurve, benannt nach Lord Rayleigh[2], stellt den Zusammenhang thermodynamischer Zustandsgrößen bei Wärmezufuhr bzw. -abfuhr in einer stationären Strömung dar.

Annahmen der Rayleigh-Linie

- **Reibungsfreie Strömung**: Es wird vernachlässigt, dass Reibung entlang der Wand auftritt.
- **Ein-Dimensionalität**: Es wird eine eindimensionale Strömung betrachtet.
- **Wärmezufuhr/-abfuhr möglich**: Der Wärmestrom $\dot{Q}$ entlang des Rohres ist variabel und wirkt sich direkt auf die Enthalpie der Strömung aus.
- **Keine Höhenunterschiede**: Potentielle Energie aufgrund der Höhe wird vernachlässigt.
- **Stationäre Strömung**: Der stationäre Zustand ermöglicht eine Beschreibung mit Differentialgleichungen entlang der Strömungslinie.

Mathematische Beschreibung

Die Rayleigh-Linie stellt eine Verbindung zwischen der Machzahl M, dem Druck p, der Temperatur T, dem spezifischen Volumen v, der Dichte ϱ und der Enthalpie h bei Wärmezufuhr bzw. -abfuhr dar.

Mit

$$\frac{T}{T^*} = \frac{\left(1 + \frac{\kappa-1}{2}M^2\right) \cdot \left(1 + \kappa M^2\right)}{\left(1 + \frac{\kappa-1}{2}\right) \cdot \left(1 + \kappa\right)} \qquad (14.70)$$

---

2   John William Strutt, 3. Baron Rayleigh (1842–1919), britischer Physiker und Nobelpreisträger [97]

Der Zustand mit Machzahl $M = 1$ stellt dabei den sogenannten **kritischen Punkt** oder auch **Rayleigh-Limit** dar. Die mit einem Stern (*) gekennzeichneten Größen beziehen sich auf diesen Zustand.

Rayleigh-Linie im *h*-*s*-Diagramm

Im Gegensatz zur Fanno-Kurve, bei der die Entropie durch Reibung zunimmt, ist bei der Rayleigh-Kurve die Entropie primär durch die Wärmezufuhr beeinflusst. Die Rayleigh-Linie im h–s-Diagramm ist daher ebenfalls eine Kurve mit einem Entropiemaximum bei $M = 1$.

Vergleicht man die Rayleigh-Kurve mit der Fanno-Kurve, erkennt man folgende Unterschiede:

- **Fanno**: Energie bleibt konstant, Entropie nimmt durch Reibung zu.
- **Rayleigh**: Enthalpie ändert sich durch Wärmezufuhr/-abfuhr, Entropie kann steigen oder sinken – theoretisch.

Thermodynamische Interpretation

Im Fall der Rayleigh-Kurve wirkt die Wärmezufuhr wie ein **Treiber** der Strömung im subsonischen Bereich – während sie im supersonischen Bereich eine **Bremse** darstellt. Der Prozess ist nur bis zum Entropiemaximum physikalisch realisierbar.

> **Corollary 14.3**
>
> Die Entropie steigt bei Wärmezufuhr im subsonischen Bereich bis zum kritischen Punkt an. Im supersonischen Bereich fällt die Entropie mit weiterer Wärmezufuhr – was physikalisch nicht möglich ist. Es gilt daher:
>
> - $M < 1$: Wärmezufuhr $\Rightarrow M$ steigt
> - $M = 1$: Entropiemaximum
> - $M > 1$: Wärmezufuhr $\Rightarrow M$ sinkt (nur theoretisch)

14.1.6 Tatsächliche Geschwindigkeit bei GD-Stufe c_1

Grundsätzlich kann die Geschwindigkeit c_1 durch

$$c_1 = c_{10} \cdot \varphi \qquad (14.71)$$

berechnet werden, wobei

φ ... Düsen- oder Leitschaufelfaktor

$\varphi = 0{,}95$ für gefräste Düsen

$\varphi = 0{,}90$ für gegossene Düsen

ist. Für w_2 ergibt sich

$$w_2 = w_1 \cdot \psi; \tag{14.72}$$

mit

ψ ... Leitschaufelverlustfaktor

$$\psi = f\left(\frac{\beta_1 + \beta_2}{2}\right) \approx 0{,}88 \div 0{,}92$$

14.1.7 **Berechnungsgrundlagen**

Im Folgenden werden die Grundlagen zur Berechnung bei Gleich- und Überdruckstufen untersucht.

14.1.7.1 **Gleichdruck-Stufe**

Reaktionsgrad
Vgl. für die Herleitung der Formeln mit ▪ Abb. 14.8.

$$\Delta h_t = \Delta h_t' + \Delta h_t'' \quad \text{oder}$$
$$\Delta h_t = \Delta h_{tLe} + \Delta h_{tLa}. \tag{14.73}$$

wobei für r (Reaktionsgrad) gilt

$$r = \frac{\Delta h''}{\Delta h_t} = 0 \qquad \Delta h'' = 0. \tag{14.74}$$

Geschwindigkeit
Es folgt mit Gl. (14.14)

$$c_{10} = \sqrt{2 \cdot \Delta h_t + c_0^2}; \tag{14.75}$$

oder wenn $c \approx 0$

$$c_{10} = 44{,}72 \cdot \sqrt{\Delta h_t} \qquad \Delta h_t \text{ in } \frac{kJ}{kg}. \tag{14.76}$$

... vgl. $h\text{-}s$-Diagramm.

$$c_1 = c_{10} \cdot \varphi \tag{14.77}$$

Mit dem Kosinussatz des Geschwindigkeitsdreiecks aus ▪ Abb. 14.9 kann man für w_1 folgenden Ausdruck finden

$$w_1^2 = c_1^2 + u^2 - 2 \cdot c_1 \cdot u \cdot \cos(\alpha_1); \tag{14.78}$$

und daraus

$$w_1 = \sqrt{c_1^2 + u^2 - 2 \cdot c_1 \cdot u \cdot \cos(\alpha_1)} \tag{14.79}$$
$$w_2 = w_1 \cdot \psi. \tag{14.80}$$

▪ **Abb. 14.8** Schaufelplan der Gleichdruck-Stufe

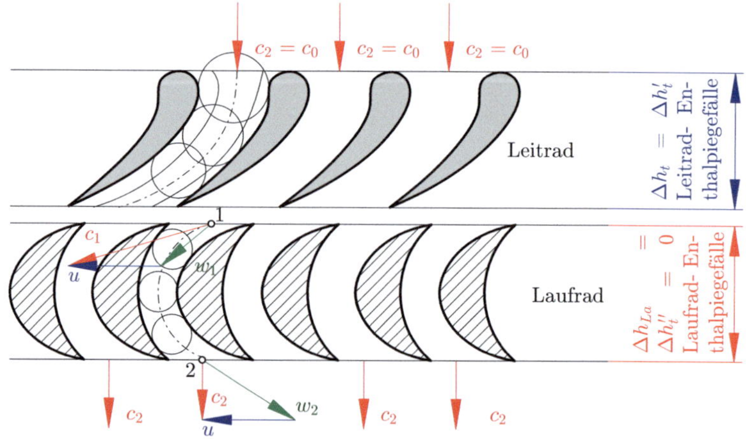

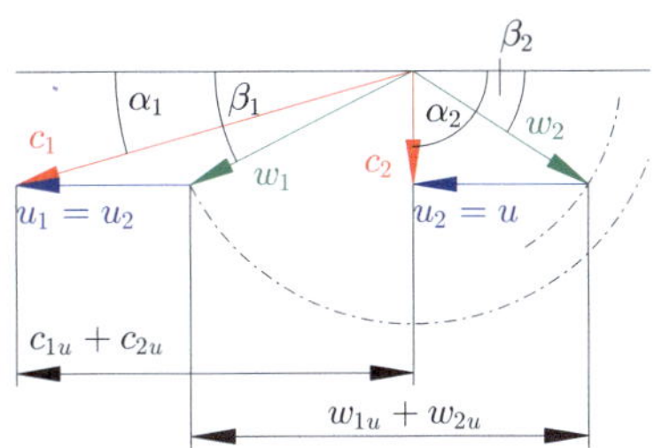

Abb. 14.9 Geschwindigkeitsdreieck Gleichdruck-Stufe

Ebenfalls aus ▪ Abb. 14.9 kann mittels des Kosinussatzes der Ausdruck

$$c_2^2 = w_2^2 + u^2 - 2 \cdot w_2 \cdot u \cdot \cos(\beta_2) \quad (14.81)$$

gefunden werden, was umgeformt

$$c_2 = \sqrt{w_2^2 + u^2 - 2 \cdot w_2 \cdot u \cdot \cos(\beta_2)}. \quad (14.82)$$

folgen lässt.

Düsen- oder Leitschaufelverlust h_d

$$\Delta h_d = \frac{c_{10}^2}{2} - \frac{c_1^2}{2} \implies c_1 = c_{10} \cdot \varphi \quad (14.83)$$

$$\Delta h_d = \frac{c_{10}^2}{2}\left(1 - \varphi^2\right) \quad \left[\frac{J}{kg}\right] \quad (14.84)$$

Laufschaufelverlust h_S

$$\Delta h_s = \frac{w_1^2}{2} - \frac{w_2^2}{2} \implies w_1 = w_1 \cdot \psi \quad (14.85)$$

$$\Delta h_s = \frac{w_1^2}{2}\left(1 - \psi^2\right) \quad \left[\frac{J}{kg}\right]. \quad (14.86)$$

Austrittsverlust h_a

$$\Delta h_a = \frac{c_2^2}{2} \quad \left[\frac{J}{kg}\right] \quad (14.87)$$

Umfangsenthalpie h_u

$$\Delta h_u = \Delta h_t - \Delta h_d - \Delta h_S - \Delta h_a$$
$$= u \cdot (w_{1u} + w_{2u}) \quad (14.88)$$

Umfangswirkungsgrad

$$\eta_U = \frac{\Delta h_u}{\Delta h_t} = \frac{u \cdot (w_{1u} + w_{2u})}{\dfrac{c_0^2}{2}} \quad (14.89)$$

Optimaler Umfangswirkungsgrad (für Gleichdruckstufe)

Vgl. mit ▪ Abb. 14.10.

$$\eta_U = f\left(\frac{u}{c_1}\right) \quad (14.90)$$

$$\eta_U = \frac{P_u}{P_1} = \frac{\dot{m} \cdot \Delta h_u}{\dot{m} \cdot \Delta h_t} = \frac{\Delta h_u}{\Delta h_t}$$
$$= \frac{u \cdot (w_{1u} + w_{2u})}{\dfrac{c_1^2}{2}} \quad (14.91)$$

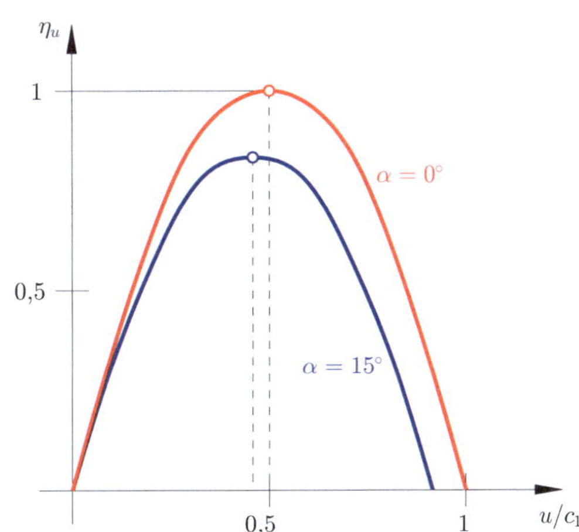

Abb. 14.10 Optimaler Wirkungsgrad bei einer Gleichdruckturbine

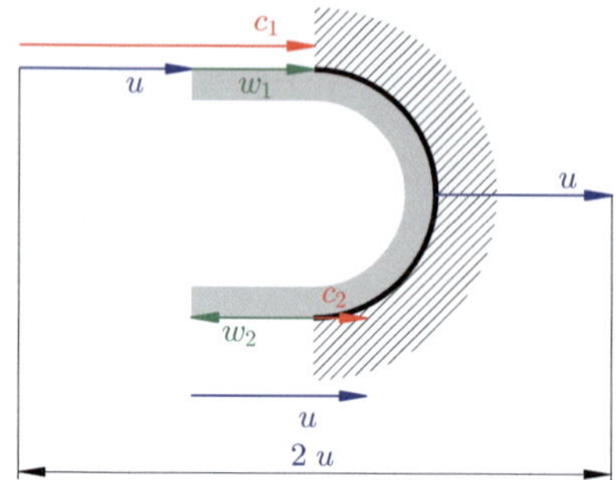

◻ Abb. 14.11   Nullwinkeldreieck

Man kann hier ein Nullwinkeldreieck zeichnen, ähnlich einer Pelton-Schaufel in der Hydromechanik, wie es in ◻ Abb. 14.11 gezeigt ist.

Man findet

$$|w_1| = |w_2| \tag{14.92}$$

$$w_{1u} = c_1 - u \tag{14.93}$$

$$w_{2u} = w_{1u} = c_1 - u \tag{14.94}$$

oder durch Einsetzen in Gl. (14.91)

$$\eta_U = \frac{u \cdot 2 \cdot (c_1 - u)}{\frac{c_1^2}{2}} = 4 \cdot \frac{u}{c_1}\left(1 - \frac{u}{c_1}\right), \tag{14.95}$$

es gilt also bei reibungsfreien Strömungen

$$\eta_u = 4 \cdot \frac{u}{c_1}\left(1 - \frac{u}{c_1}\right). \tag{14.96}$$

Mit dem Ansatz $c_2 = 2u - c_1$ und $\eta_u = \frac{P_u}{P_1} = \frac{u \cdot (c_{1u} - c_{2u})}{\frac{c_1^2}{2}}$ folgt dasselbe Ergebnis.

Nullwinkeldreieck (reibungsfreie Strömung)

(Siehe ◻ Abb. 14.11.) Für $\varphi = \psi = 1$ und $\alpha_1 = \beta_2 = 0$ wird damit $c_1 = c_{10}$ und $w_1 = w_2$.

Optimaler Wirkungsgrad

Vgl. dazu mit ◻ Abb. 14.10. Der optimale Wirkungsgrad $\eta_{u,\text{opt.}}$ kann mittels der Euler-Turbinenhauptgleichung ($y_\infty = u \cdot c_1 - c_2 \cdot u$) berech-

net werden, durch Bestimmung des Grenzwertes:

$$
\begin{aligned}
\eta_{u,\text{opt.}} = \frac{y}{du} &= (u \cdot c_1 - c_2 \cdot u)' \\
&= (u \cdot c_1 - u \cdot (2 \cdot u - c_1))' \\
&= c_1 - 4 \cdot u + c_1 = 2 \cdot c_1 - 4 \cdot u = 0
\end{aligned}
\tag{14.97}
$$

Eine andere Möglichkeit stellt die direkte Ableitung der Gleichung für den optimalen Wirkungsgrad dar. Es folgt

$$
\begin{aligned}
\eta_{u,\text{opt.}} = 0 &= \frac{d}{du}\left(4 \cdot \frac{u}{c_1} - 4 \cdot \frac{u^2}{c_1^2}\right) \\
&= \frac{4}{c_1} - \frac{8 \cdot u}{c_1^2} \\
\implies \quad \frac{1}{2} &= \frac{u}{c_1}
\end{aligned}
\tag{14.98}
$$

$$\frac{u}{c_1} = \frac{1}{2}. \tag{14.99}$$

14.1.7.2   Überdruckturbine

Vgl. mit ◻ Abb. 14.12. Es gilt als Beispiel mit dem Reaktionsgrad: $r = 0{,}5 \Rightarrow \Delta h_t' = \Delta h_t'' = \frac{\Delta h_t}{2}$.

Allgemein gilt

$$\Delta h_t'' = r \cdot \Delta h_t \quad \text{und} \quad \Delta h_t' = h_t \cdot (1 - r). \tag{14.100}$$

Leitschaufel

$$u_1 = u_2 = u \tag{14.101}$$

$$\Delta h_t' + \underbrace{\frac{c_0^2}{2}}_{\text{Zulaufenergie}} = \frac{c_{10}^2}{2}$$

$$\implies \quad c_{10} = \sqrt{2 \cdot \Delta h_t' + c_0^2} \tag{14.102}$$

mit

$$c_1 = c_{10} \cdot \varphi \tag{14.103}$$

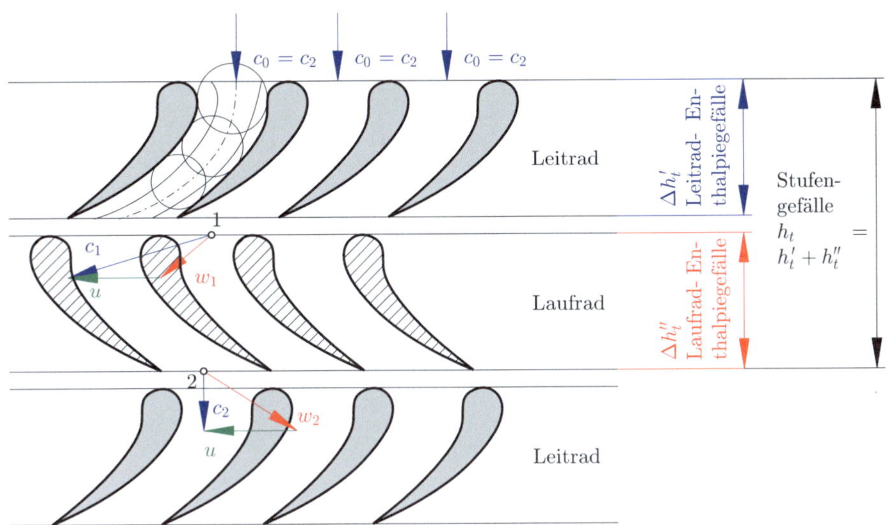

Abb. 14.12 Schaufelplan der Überdruckstufe

folgt:

$$c_1 = \varphi \cdot \sqrt{2 \cdot \Delta h_t' + c_0^2} \quad \left[\frac{m}{s}\right] \qquad (14.104)$$

Laufschaufel

Vgl. mit Abb. 14.13.

$$\Delta h_t'' + \frac{w_1^2}{2} = \frac{w_{20}^2}{2}$$

$$\Longrightarrow \quad w_{20} = \sqrt{2 \cdot \Delta h_t'' + w_1^2}. \qquad (14.105)$$

$\Delta h_t = \Delta h_t' + \Delta h_t'' \Longrightarrow c_1^2$

$\Delta h_t' = \frac{c_1^2}{2}$

$\Delta h_t'' = \frac{w_3^2}{2} = \frac{c_1^2}{2} \Longrightarrow w_2 = c_1$

Abb. 14.13 Geschwindigkeitsdreieck bei einer Überdruckbeschaufelung mit $r = 0{,}5$ und reibungsfreier Strömung

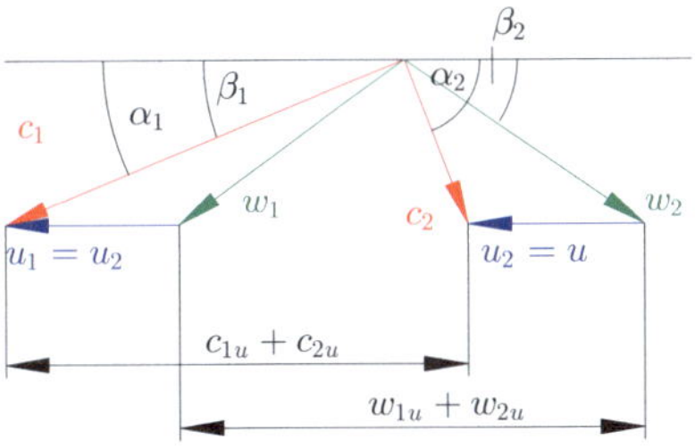

mit

$$w_2 = w_{20} \cdot \psi \qquad (14.106)$$

folgt

$$w_2 = \psi \cdot \sqrt{2 \cdot h_t'' + w_1^2} \quad \left[\frac{\mathrm{m}}{\mathrm{s}}\right]. \qquad (14.107)$$

Schaufelverluste

$$\Delta h_S = \Delta h_S' + \Delta h_S'' \qquad (14.108)$$

$$\Delta h_S' = \frac{c_{10}^2}{2} - \frac{c_1^2}{2} = \frac{c_{10}^2}{2} \cdot (1 - \varphi^2) \quad \left[\frac{\mathrm{J}}{\mathrm{kg}}\right] \qquad (14.109)$$

$$\Delta h_S'' = \frac{w_{20}^2}{2} - \frac{w_2^2}{2} = \frac{w_{20}^2}{2} \cdot (1 - \psi^2) \quad \left[\frac{\mathrm{J}}{\mathrm{kg}}\right] \qquad (14.110)$$

Austrittsverlust h_a

$$\Delta h_a = \frac{c_2^2}{2} \quad \left[\frac{\mathrm{J}}{\mathrm{kg}}\right] \qquad (14.111)$$

Umfangsenthalpie h_u

$$\Delta h_u = \Delta h_t - \Delta h_s - \Delta h_a + \Delta h_{zu} \quad \left[\frac{J}{kg}\right] \tag{14.112}$$

$$\Delta h_u = u \cdot (w_{1u} + w_{w2}) \tag{14.113}$$

Optimaler Umfangswirkungsgrad (für Überdruckstufe)

$$\eta_u = f\left(\frac{u}{c_1}\right) \tag{14.114}$$

$$\eta_u = \frac{\Delta h_u}{\Delta h_t} = \frac{u \cdot (w_{1u} + w_{2u})}{c_1^2} \tag{14.115}$$

Bemerkung 14.2

Die Frage, die sich immer wieder stellt ist, warum steht hier im Nenner plötzlich c_1^2 und nicht $c_1^2/2$?

Lösung: Weil bei der Berechnung der Gesamtenthalpie hier nun Lauf- und Leitrad beteiligt sind an der Energieumsetzung. Es folgt somit mit $\Delta h_t' + \Delta h_t'' = c_1^2/2 + c_1^2/2 = c_1^2$.

Es gilt gem. des Nullwinkeldreiecks:

$$w_{1u} = w_1 = c_1 - u \tag{14.116}$$

$$w_{2u} = w_2 = c_1 \tag{14.117}$$

$$w_1 = 0 \tag{14.118}$$

$$c_2 = 0. \tag{14.119}$$

$$\begin{aligned}
\eta_u &= \frac{h_u}{h_t} = \frac{u \cdot (w_{1u} + w_{2u})}{\frac{c_1^2}{2} + \frac{c_1^2}{2}} \\
&= \frac{u \cdot (c_1 - u + c_1)}{c_1^2} \\
&= \frac{u \cdot (2 \cdot c_1 - u)}{c_1^2} = \frac{u}{c_1} \cdot \frac{2 \cdot c_1 - u}{c_1}
\end{aligned} \tag{14.120}$$

Es gilt damit für eine reibungsfreie Strömung

$$\eta_{u,\text{opt.}} = \frac{u}{c_1}\left(2 - \frac{u}{c_1}\right). \tag{14.121}$$

Berechnen des optimalen Wirkungsgrades, durch Ableiten der Funktion für den Wirkungsgrad

$$\begin{aligned}
\eta_{u,\text{opt.}} = 0 &= \frac{d}{du}\left(\frac{2 \cdot u}{c_1} - \frac{u^2}{c_1^2}\right) \\
&= \frac{2}{c_1} - \frac{2 \cdot u}{c_1^2} \\
\implies \quad 1 &= \frac{u}{c_1}.
\end{aligned} \tag{14.122}$$

$$\frac{u}{c_1} = 1. \tag{14.123}$$

■ Abb. 14.14 stellt das Verhältnis zwischen u und c_1 graphisch dar.

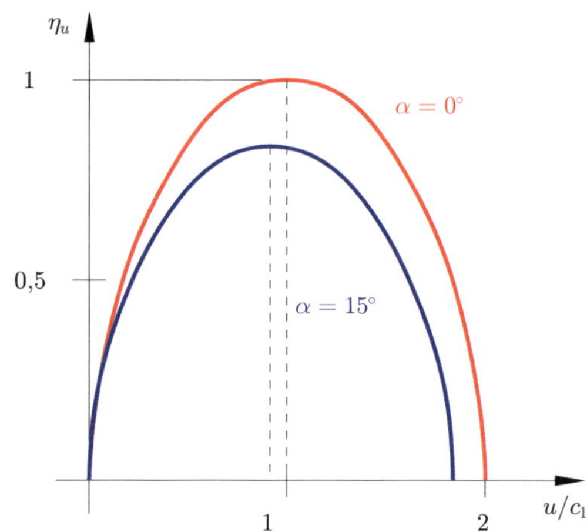

■ **Abb. 14.14** Optimaler Wirkungsgrad bei einer Überdruckbeschaufelung

14.2 Übungen

Übungsbeispiel 14.1

Was versteht man unter dem Begriff „Reaktionsgrad" in Bezug auf Dampfturbinen?

Lösung

Der Reaktionsgrad ist das Verhältnis des im Laufrad umgesetzten Enthalpiegefälles zum gesamten in der Stufe umgesetzten Enthalpiegefälle.

Übungsbeispiel 14.2

Was ist die Bedeutung einer Gleichdruckstufe?

Lösung

Eine Gleichdruckstufe ist eine Stufe, bei der der Druck p_2 vor den Laufschaufeln fast gleich dem Druck p_3 hinter den Laufschaufeln ist, und ihr Reaktionsgrad ist Null.

Übungsbeispiel 14.3

Was bedeutet ein Reaktionsgrad größer als Null?

Lösung

Ein Reaktionsgrad größer als Null bedeutet, dass die Stufe als Überdruckstufe arbeitet, wobei sich ein typischer Reaktionsgrad von $r = 0{,}5$ in Überdruckturbinen durchgesetzt hat.

Übungsbeispiel 14.4

Welche Funktion haben Geschwindigkeitsdreiecke bei der Turbinenbeschaufelung?

Lösung

Geschwindigkeitsdreiecke werden verwendet, um die Geschwindigkeitsvektoren bei der Strömung über die Schaufeln sowohl bei Gleichdruck- als auch bei Überdruckstufen zu analysieren.

Übungsbeispiel 14.5

Wie berechnet sich die Umfangskraft $\overrightarrow{F_u}$ bei einer Axialmaschine?

Lösung

Die Umfangskraft bei einer Axialmaschine berechnet sich durch $\overrightarrow{F_u} = \dot{m}(w_{1u} - w_{2u})$.

Übungsbeispiel 14.6

Was beschreibt die Formel $c_{10} = \sqrt{2 \cdot \Delta h_t}$?

Lösung

Diese Formel beschreibt die theoretische Dampfgeschwindigkeit bei einer Gleichdruckturbinenstufe (GDT) in Bezug auf das technologische Enthalpiegefälle Δh_t.

Übungsbeispiel 14.7

Wie verhält sich die Umfangsgeschwindigkeit in einer Stufe bei einer Axialmaschine?

Lösung

Bei einer Axialmaschine bleibt die Umfangsgeschwindigkeit in der Stufe konstant, also $u = u_1 = u_2$.

Übungsbeispiel 14.8

Was ist der Unterschied zwischen Punktmassen und Kontinua hinsichtlich der Impulskraftberechnung?

Lösung

Bei Punktmassen berechnet sich die Impulskraft durch die zeitliche Änderung des Impulses, wohingegen bei Kontinua die Impulskraft aus der Differenz der Impulsströme berechnet wird.

Übungsbeispiel 14.9

Wie wird die Zuströmgeschwindigkeit c_0 in der Theorie zur Berechnung der Dampfgeschwindigkeit bei einer Gleichdruckstufe behandelt?

Lösung

In der theoretischen Berechnung wird die Zuströmgeschwindigkeit c_0 oft vernachlässigt (angenommen als etwa Null), um die Berechnung zu vereinfachen.

Übungsbeispiel 14.10

Was beschreibt die Fanno-Kurve?

Lösung

Die Fanno-Kurve beschreibt das Verhalten eines kompressiblen Fluids in einem adiabatischen Rohr mit Reibung.

Übungsbeispiel 14.11

Welche Annahmen werden für die Fanno-Linie getroffen?

Lösung

Die Fanno-Linie basiert auf vier Annahmen: adiabatische Strömung, Reibungsverluste, Eindimensionalität und kein Höhenunterschied.

Übungsbeispiel 14.12

Wie wird die Machzahl in Bezug zur Fanno-Kurve definiert?

Lösung

Die Machzahl M definiert sich als das Verhältnis der Strömungsgeschwindigkeit v zur Schallgeschwindigkeit und ist ein wesentlicher Parameter in der Fanno-Kurve zur Unterscheidung zwischen subsonischer und supersonischer Strömung.

Übungsbeispiel 14.13

Welcher kritische Punkt wird als „Fanno-Limit" bezeichnet?

Lösung

Der kritische Punkt bei $M = 1$, der der Schallgeschwindigkeit entspricht, wird als Fanno-Limit bezeichnet. In einem adiabatischen Rohr mit Reibung kann dieser Punkt erreicht, jedoch nicht überschritten werden.

Übungsbeispiel 14.14

Wie lautet die Formel zur Berechnung der Machzahl und welche Variablen werden dafür benötigt?

Lösung

Die Machzahl wird berechnet als $M = \frac{v}{\sqrt{\kappa \cdot R \cdot T}}$, wobei v die Strömungsgeschwindigkeit, κ der Isentropenexponent, R die Gaskonstante und T die Temperatur ist.

Übungsbeispiel 14.15

Welche Bereiche unterscheidet die Fanno-Kurve, und wie verhalten sich diese Bereiche bezüglich der Machzahl?

Lösung

Die Fanno-Kurve unterscheidet zwischen einem subsonischen Bereich ($M < 1$), in dem die Machzahl entlang des Rohres ansteigt, und einem supersonischen Bereich ($M > 1$), in dem sie abnimmt. Beide Bereiche streben das Fanno-Limit an, wo $M = 1$.

Übungsbeispiel 14.16

Welche Gleichung wird zur Berechnung des dimensionslosen Rohrwiderstandes in der Fanno-Kurve verwendet?

Lösung

Der dimensionslose Rohrwiderstand wird durch die Gleichung

$$\frac{4\bar{f}l_{\mathrm{krit}}}{D} = \frac{1 - M^2}{\kappa M^2} + \frac{\kappa + 1}{2\kappa} \ln\left(\frac{\frac{\kappa+1}{2}M^2}{1 + \frac{\kappa-1}{2}M^2}\right)$$

beschrieben.

Übungsbeispiel 14.17

Wie kann die kritische Länge l_{krit} berechnet werden, wenn die Machzahl gegeben ist?

Lösung

Die kritische Länge l_{krit} wird aus der Umformung des Verhältnisses $\frac{4\bar{f}l_{\mathrm{krit}}}{D}$ berechnet, wenn der Rohrdurchmesser D und der Reibungsfaktor $\bar{f}$ bekannt sind.

Übungsbeispiel 14.18

Warum wird in der Untersuchung der stationären adiabatischen Strömung in Rohren konstanten Querschnitts die Impulsbilanz zunächst nicht betrachtet?

Lösung

Die Impulsbilanz wird nicht untersucht, da sie die unbekannte Reibkraft enthält.

Übungsbeispiel 14.19

Was ergibt sich aus der Massen- und Energiebilanz für die Geschwindigkeit c und die Enthalpie h?

Lösung

Aus der Massenbilanz ergibt sich $\varrho \cdot c = \mathrm{const}$. Die Energiebilanz liefert das $h + \frac{c^2}{2} = \mathrm{const}$.

Übungsbeispiel 14.20

Was beschreibt die sogenannte Fanno-Kurve im h-s-Diagramm für ideale Gase?

Lösung

Die Fanno-Kurve zeigt die Zustandsänderungen eines Gases in einem Rohr, wobei die Entropie in Abhängigkeit von der Reibung und der Massenstromdichte entlang der Rohrlänge zunimmt.

Übungsbeispiel 14.21

Warum kann der Zustand der maximalen Entropie bei niedriger Eintrittsgeschwindigkeit nicht unterschritten werden?

Lösung

Laut dem zweiten Hauptsatz der Thermodynamik kann die Entropie nur zunehmen und nicht abnehmen, sodass nach Erreichen des maximalen Entropiezustands keine Rückkehr zu niedrigeren Entropiewerten möglich ist.

Übungsbeispiel 14.22

Was beschreibt die Impulsgleichung für die kritische Rohrlänge und welchen Einfluss hat die Machzahl?

Lösung

Die Impulsgleichung beschreibt die Druck- und Geschwindigkeitsänderungen entlang der Rohrlänge in Abhängigkeit der Machzahl und ermöglicht die Integration über die Rohrlänge bei bekannten Reibungskoeffizienten.

Übungsbeispiel 14.23

Was beschreibt die Geschwindigkeit c_1 und wie wird sie berechnet?

Lösung

Die Geschwindigkeit c_1 ist die Düsen- oder Leitschaufelgeschwindigkeit und wird durch die Gleichung $c_1 = c_{10} \cdot \varphi$ berechnet, wobei φ je nach Düsentyp entweder 0,95 für gefräste Düsen oder 0,90 für gegossene Düsen ist.

Übungsbeispiel 14.24

Was ist der Leitschaufelverlustfaktor ψ und wie wirkt er sich auf w_2 aus?

Lösung

Der Leitschaufelverlustfaktor ψ ist ein Verlustfaktor, der den Wert w_2 beeinflusst, und wird angenähert durch $f(\frac{\beta_1+\beta_2}{2}) \approx 0,88 \div 0,92$. Er reduziert die Geschwindigkeit w_2, die durch $w_2 = w_1 \cdot \psi$ berechnet wird.

Übungsbeispiel 14.25

Wie lautet der Reaktionsgrad r für eine Gleichdruckstufe und was bedeutet ein Reaktionsgrad von $r = 0$?

Lösung

Der Reaktionsgrad r für eine Gleichdruckstufe wird als $r = \frac{\Delta h''}{\Delta h_t}$ definiert. Ein Reaktionsgrad von $r = 0$ bedeutet, dass $\Delta h'' = 0$, was anzeigt, dass keine Energieumsetzung durch Reaktion erfolgt.

Übungsbeispiel 14.26

Welche Formel ergibt sich für die Berechnung von c_{10} unter der Annahme, dass $c \approx 0$?

Lösung

Unter der Annahme, dass $c \approx 0$, ergibt sich für c_{10} die Formel $c_{10} = 44,72 \cdot \sqrt{\Delta h_t}$, wobei Δh_t in $\frac{kJ}{kg}$ angegeben ist.

Übungsbeispiel 14.27

Wie wird die Gesamtenthalpieänderung Δh_t bei einer Überdruckturbine in den Anteilen $\Delta h_t'$ und $\Delta h_t''$ aufgeteilt?

Lösung

Bei einer Überdruckturbine wird die Gesamtenthalpieänderung Δh_t aufgeteilt in $\Delta h_t' = h_t \cdot (1 - r)$ und $\Delta h_t'' = r \cdot \Delta h_t$, wobei r den Reaktionsgrad darstellt.

Übungsbeispiel 14.28

Welche Bedingung beschreibt die Definition des optimalen Wirkungsgrades $\eta_{u,\mathrm{opt.}}$ für eine Überdruckturbine?

Lösung

Für eine Überdruckturbine gilt für den optimalen Wirkungsgrad $\eta_{u,\mathrm{opt.}} = \frac{\Delta h_u}{\Delta h_t}$, was das Verhältnis der tatsächlich umgesetzten Umfangsenergie zur Gesamtenthalpieänderung beschreibt, und wird durch die Funktion $\eta_u = f(\frac{u}{c_1})$ genähert.

Verdichter- und Turboverdichter

Inhaltsverzeichnis

Sie lernen hier…
- Grundlagen von Verdichter kennen.
- Arten von Verdichter kennen.
- Verdichter und Ventilatoren berechnen.
- die isentrope Verdichtungsarbeit berechnen.
- Kennzahlen bei Verdichtern berechnen.
- Geschwindigkeitsdreiecke bei Verdichtern aufstellen und untersuchen.
- Regelungsarten bei Verdichtern kennen.
- die Leistungsdichte berechnen.
- Dichtungen bei Verdichtern kennen.

> **Zitat**
>
> Ein Mikrophon ist kein Ohr, eine Kamera ist kein Auge. und ein Computer ist kein Gehirn. Wir dürfen uns von der Technologie nicht so blenden lassen, dass wir den Wert des Menschen nicht mehr einzuordnen wissen. Wir haben zu entscheiden, ob wir um unser Recht kämpfen wollen, Baumeister der Zukunft zu sein.
>
> *Mike Cooley*

Die folgenden Inhalte – auch die Beispiele am Ende dieses Kapitels – basieren auf dem Skript „Verdichter". Es wird auf [24] bzw. [3] verwiesen.

15.1 Einführung

Turboverdichter sind **Strömungsmaschinen zur kontinuierlichen Verdichtung (Kompression) von Gasen** nach dem **dynamischen Prinzip**. Die Umwandlung erfolgt dabei durch Energieübertragung auf das strömende Gas, ohne dass dieses mechanisch verdrängt wird – im Gegensatz zu sogenannten Verdrängermaschinen.

Das zentrale Element eines Turboverdichters ist das **beschaufelte Laufrad (Rotor)**, welches durch eine externe Energiequelle (z. B. Elektromotor oder Turbine) angetrieben wird. Beim Durchströmen des Laufrades erfährt das Gas eine Erhöhung von:
- Geschwindigkeit (Zunahme der kinetischen Energie),
- Temperatur (Zunahme der inneren Energie),
- und Druck (Zunahme der statischen Energie).

An das Laufrad schließt sich ein feststehendes **Leitelement** (Leitschaufel oder Diffusor) an. In diesem erfolgt durch gezielte Verzögerung der Strömung eine weitere Druckerhöhung. Die dabei umgewandelte kinetische Energie wird in Form von Druckenergie im Gas gespeichert.

Da Turboverdichter **kontinuierlich durchströmte Systeme** sind, eignen sie sich besonders für Anwendungen mit großen Volumenströmen. Die kontinuierliche Arbeitsweise führt zu einer gleichmäßigen Verdichtung und einem ruhigen Betrieb. Im Vergleich zu zyklisch arbeitenden Kolbenverdichtern sind sie mechanisch weniger belastet und erlauben deutlich höhere Drehzahlen.

Allerdings sind bei **einstufigen** Turboverdichtern die erzielbaren Druckverhältnisse begrenzt. Um höhere Kompressionsverhältnisse zu erreichen, werden deshalb **mehrere Stufen hintereinandergeschaltet**. Solche mehrstufigen Verdichter sind heute Standard in vielen technischen Anwendungen.

15.1.1 Abgrenzung zu Verdrängermaschinen

Nicht behandelt werden hier sogenannte **formschlüssige (Verdränger-) Verdichter**, wie etwa:
- Kolbenverdichter,
- Schraubenverdichter,
- Flügelzellenverdichter.

Diese können in gesonderter Literatur genauer eingesehen werden, so als Beispiel in [3, 4, 49].

Bei diesen erfolgt die Verdichtung durch zyklisches Verkleinern eines eingeschlossenen Volumens. Während sich die idealisierten thermodynamischen Prozesse in Verdrängermaschinen nur geringfügig von denen in Strömungsmaschinen unterscheiden, bestehen erhebliche Unterschiede in Konstruktion, Dynamik und Einsatzbereich.

15.1.2 Historischer Überblick

Die Entwicklung von Turboverdichtern begann zu Beginn des 20. Jahrhunderts und nahm mit dem Fortschritt in der Luftfahrt und der Ent-

⊡ Abb. 15.1 Alfred Büchi [58]

wicklung von Strahltriebwerken ab den 1930er Jahren stark an Bedeutung zu.

- **Alfred Büchi** (siehe ⊡ Abb. 15.1). entwickelte bereits 1905 den Abgasturbolader zur Leistungssteigerung von Verbrennungsmotoren.
- Die Arbeiten von **Sir Frank Whittle** (Großbritannien) und **Hans von Ohain** (Deutschland) legten den Grundstein für die moderne Strahltriebwerkstechnologie.

15.1.3 Anwendungsgebiete

Moderne Turboverdichter finden Anwendung in einer Vielzahl technischer Systeme:

- **Luftfahrttechnik** – Verdichtung der Ansaugluft in Turbofan-Triebwerken.
- **Energieerzeugung** – Luftkompression in stationären Gasturbinen.
- **Verfahrenstechnik** – Kompression von Prozessgasen in der chemischen und petrochemischen Industrie.
- **Automobiltechnik** – Aufladung von Verbrennungsmotoren durch Abgasturbolader.
- **Kälte- und Klimatechnik** – Verdichtung von Kältemitteln.

15.2 Einteilung

Verdichter werden eingeteilt nach der

- Strömungsmaschine des Mediums und
- nach der Förderhöhe bzw. spezifischen Stutzenarbeit.

15.2.1 Strömungsmaschine des Mediums

Meridianebene = Ebene welche die Drehachse enthält = Grundlage für die Unterscheidung.

15.2.2 Bauarten von Turboverdichtern

Je nach Strömungsrichtung des Arbeitsmediums innerhalb des Verdichters lassen sich verschiedene Grundbauarten unterscheiden. Diese Bauarten unterscheiden sich nicht nur im Strömungsverlauf, sondern auch in Bezug auf Baugröße, erreichbare Druckverhältnisse, Wirkungsgrade sowie typische Einsatzbereiche.

- **Axialverdichter** (siehe ⊡ Abb. 15.2)
  Beim Axialverdichter verläuft die Strömung des Gases im Wesentlichen **parallel zur Wellenachse** (axial). Diese Bauform besteht typischerweise aus mehreren hintereinander geschalteten **Rotor-Stator-Stufen**, wobei jede Stufe eine gewisse Druckerhöhung bewirkt. Axialverdichter ermöglichen besonders bei großen Volumenströmen hohe Gesamtwirkungsgrade und werden daher bevorzugt in der **Luftfahrttechnik** (z. B. in Strahltriebwerken), in **Gasturbinenkraftwerken** sowie in industriellen Großverdichtern eingesetzt. Aufgrund der aufwendigen mehrstu-

⊡ Abb. 15.2 Axialverdichter

◘ Abb. 15.3 Radialverdichter

figen Bauweise und der engen Spaltmaße sind sie jedoch komplex in Konstruktion und Fertigung.

— **Radialverdichter** (siehe ◘ Abb. 15.3)
In Radialverdichtern (auch Zentrifugalverdichter genannt) strömt das Gas **radial von innen nach außen**. Das Gas tritt axial in das Laufrad ein, wird durch die Rotation nach außen beschleunigt und gelangt über einen Diffusor in den nachfolgenden Teil. Durch diese Bauweise lässt sich in nur **einer einzigen Stufe ein vergleichsweise hohes Druckverhältnis** erzielen. Radialverdichter sind robuster, kompakter und kostengünstiger als Axialverdichter, jedoch für kleinere Volumenströme ausgelegt. Typische Einsatzbereiche sind **Turbolader in Fahrzeugen**, kleine **Gasturbinen** sowie **Kälte- und Klimatechnik**.

— **Mischbauarten (Diagonalverdichter)**
Diagonalverdichter kombinieren Merkmale von Axial- und Radialverdichtern. Die Strömung verläuft schräg zur Welle – also **diagonal** –, was eine gute Kompromisslösung zwischen kompakter Bauform und hohem Volumenstrom darstellt. Diese Bauart wird häufig gewählt, wenn bei beengten Bauraumbedingungen ein höheres Druckverhältnis als bei rein axialer Strömung gefordert ist, ohne die Komplexität eines mehrstufigen Axialverdichters zu benötigen. Diagonalverdichter finden zunehmend Anwendung in **moder-**

nen Triebwerken, insbesondere in **mittleren Leistungsbereichen**, sowie in **Industriekompressoren**.

15.2.3 Klassifikation nach Förderhöhe bzw. spezifischer Stutzenarbeit

Die Einteilung von Strömungsmaschinen wie Ventilatoren, Gebläsen und Verdichtern kann auch anhand der **spezifischen Stutzenarbeit** y bzw. der **Förderhöhe** H erfolgen. Diese Größen kennzeichnen den energetischen Aufwand, der erforderlich ist, um ein Gas zu fördern bzw. zu verdichten. In der Praxis haben sich folgende Kategorien etabliert:

— **Ventilatoren:**
Ventilatoren sind meist ein- oder zweiflutige Axial- oder Radialmaschinen, die geringe Druckerhöhungen erzeugen. Das Druckverhältnis liegt bei:

$$\frac{p_2}{p_1} < 1{,}3 \tag{15.1}$$

Dies entspricht einer spezifischen Stutzenarbeit von:

$$y < 25\,\text{kJ/kg} \quad \text{bzw.} \quad H < 2{,}5\,\text{mWS}. \tag{15.2}$$

Diese Maschinen eignen sich insbesondere für Anwendungen mit kalter Luft und hohem Volumenstrom, bei denen keine nennenswerte Dichte- oder Temperaturänderung des Mediums auftritt.

— **Gebläse:**
Gebläse erreichen höhere Druckverhältnisse als Ventilatoren, arbeiten jedoch noch im Bereich moderater Kompression. Sie sind typischerweise für Druckverhältnisse von:

$$\frac{p_2}{p_1} < 3 \tag{15.3}$$

ausgelegt, was einer spezifischen Stutzenarbeit von:

$$y < 100\,\text{kJ/kg} \quad \text{bzw.} \quad H < 10\,\text{mWS} \tag{15.4}$$

entspricht. Auch hier sind Dichte- und Temperaturänderungen des Gases meist noch gering.

— **Verdichter (Kompressoren):**
Ab einem Druckverhältnis von:

$$\frac{p_2}{p_1} > 3 \qquad (15.5)$$

spricht man im Allgemeinen von einem Verdichter bzw. Kompressor. In diesem Bereich treten deutliche Änderungen der Gasdichte und -temperatur auf. Turboverdichter erreichen typischerweise hohe Drucksteigerungen, weshalb sie in der Regel **mehrstufig** ausgeführt werden.

Bemerkung 15.1
Der Übergang zwischen Ventilator, Gebläse und Verdichter ist **nicht scharf definiert**, sondern verläuft fließend. Die obigen Abgrenzungen sind als Orientierungswerte zu verstehen und lehnen sich an gängige Richtlinien wie DIN, VDI und ISO an. Insbesondere im Bereich der Lufttechnik kann je nach Anwendung und Norm ein Gerät sowohl als Gebläse als auch als Verdichter klassifiziert werden.

Vergleich Radial- und Axialverdichter

— **Radialverdichter:**
Radialverdichter zeichnen sich durch ein **hohes Stufendruckverhältnis** aus, was sie besonders geeignet für Anwendungen mit großen Druckerhöhungen bei geringeren Massenströmen macht. Typische Auslegungsdaten sind:
- Einstufige Ausführung: $p_2/p_1 = 2{,}2$ bis 4 (in Sonderfällen bis über 5)
- Einsatzbereich: Drücke bis ca. 600 bar, Volumenströme bis ca. $\dot{V} = 60 \, \frac{m^3}{s}$
Siehe Abb. 15.4.

— **Axialverdichter:**
Axialverdichter verfügen über ein **geringeres Stufendruckverhältnis**, können aber durch die Hintereinanderschaltung vieler Stufen sehr hohe Gesamtdruckverhältnisse erreichen. Sie sind besonders für sehr große Massenströme geeignet. Typische Kennwerte:
- Stufendruckverhältnis: $p_2/p_1 = 1{,}1$ bis $1{,}4$ (in Ausnahmefällen bis 1,5 in der ersten Stufe)

◘ Abb. 15.4 Radialverdichter

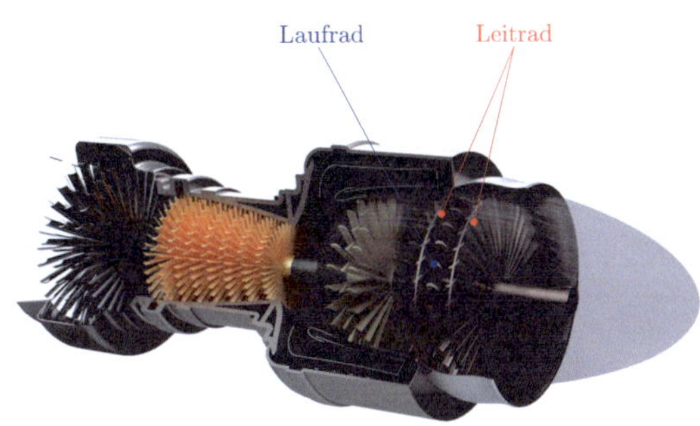

◘ Abb. 15.5 Axialverdichter

- Einsatzbereich: Drücke bis ca. 50 bar, Volumenströme bis ca. $\dot{V} = 300 \, \frac{m^3}{s}$

Axialverdichter kommen daher vor allem in der Luftfahrt (Flugtriebwerke), in großen Gasturbinen und bei Anwendungen mit kontinuierlichem Durchfluss zum Einsatz. Für Überschallverdichter können höhere mittlere Stufendruckverhältnisse erreicht werden. Siehe Abb. 15.5.

Allgemeiner Anhaltswert für die Einsatzwahl

— **Radialverdichter:** geeignet für **kleinere Massenströme** bei **hoher Drucksteigerung** (große spezifische Stutzenarbeit)
— **Axialverdichter:** geeignet für **sehr große Massenströme** bei **geringerer Drucksteigerung pro Stufe**

Radialverdichter benötigen aufgrund der Strömungsumlenkung und der kompakten Geometrie meist mehr Bauraum in radialer Richtung. Dies führt in vielen Fällen zu größeren Bauabmessungen, höherem Gewicht und – bei größeren Ansaugmassenströmen – auch zu höheren Kosten im Vergleich zu Axialmaschinen.

15.3 Thermodynamische Grundlagen von Turboverdichtern

Sowohl Axial- als auch Radialverdichter unterliegen denselben grundlegenden thermodynamischen Prinzipien. Die Analyse solcher Strömungsmaschinen erfolgt im Rahmen der Thermodynamik offener Systeme, bei denen kontinuierlich Masse durch das System fließt. Diese Betrachtung ist notwendig, da es sich bei Verdichtern nicht um abgeschlossene, sondern um durchströmte Systeme handelt.

Für die Energiebilanz eines solchen offenen Systems, in dem keine stofflichen Umwandlungen stattfinden, ist der erste Hauptsatz der Thermodynamik in seiner differentiellen Form anwendbar. Für genauere Informationen siehe in Band 5 dieser Buchreihe: Thermodynamik, [16]. Dort wurde für den 1. Hauptsatz der Thermodynamik für offene Systeme $dq + dw = dh + de$. Bei einem ruhenden System gilt $de = 0$. Zudem wird $dw = da_t$.

---

1. Hauptsatz der Thermodynamik (differenzielle Form):

$$dq + da_t = dh \qquad (15.6)$$

1. Hauptsatz der Thermodynamik (offen):

$$a_{Ki} = h_2 - h_1 - q_{12} \qquad (15.7)$$

Innere Kompressorarbeit (ohne Verluste)

$$q_{12} > 0 \quad \Rightarrow \quad \text{Wärmezufuhr an das Gas}$$
$$\text{(positiv definiert)} \qquad (15.8)$$

Im praktischen Betrieb von einstufigen Turbokompressoren, insbesondere bei großen Industrieanlagen, ist die effektive Kühlung während der Kompression meist nicht realisierbar. Die Wärmezufuhr q_{12} kann daher oft vernachlässigt werden, was eine vereinfachte Betrachtung ermöglicht:

$$a_{Ki} \approx h_2 - h_1. \qquad (15.9)$$

Diese sogenannte *indizierte* oder *innere Kompressorarbeit* beschreibt die theoretisch erforderliche Arbeit zur Verdichtung des Gases unter idealisierten Bedingungen, d. h. ohne Reibungs- oder Wärmeverluste. Im p-v-Diagramm entspricht diese Arbeit der eingeschlossenen Fläche zwischen Zustandskurve und Volumenachse – sie stellt somit die technische Arbeit dar, die im Prozess umgesetzt wird.

Es ist wichtig, zwischen dieser idealisierten inneren Arbeit und der realen Kompressionsarbeit zu unterscheiden. Letztere beinhaltet zusätzlich:

- die **Ansaugarbeit** zur Überwindung des Ansaugdrucks,
- die **Ausschiebearbeit** zur Förderung gegen den Auslassdruck,
- sowie mechanische Verluste (z. B. durch Lagerreibung, Strömungsverluste, Verwirbelungen).

Somit ergibt sich ein Unterschied zwischen theoretischer und tatsächlich aufzubringender Leistung. Für eine präzise energetische Bewertung müssen diese Verluste in der Gesamtbilanz berücksichtigt werden. Die Differenz zwischen der dem Gas zugeführten Energie und der theoretischen Verdichtungsarbeit spiegelt sich im sogenannten *isentrope Wirkungsgrad* wider, der in späteren Kapiteln noch detaillierter behandelt wird.

Die thermodynamische Analyse bildet somit die Grundlage für das Verständnis des Verdichterverhaltens – sowohl bei der Auslegung als auch bei der Bewertung der Effizienz von Verdichtersystemen. Sie liefert zentrale Kenngrößen wie die **spezifische Stutzenarbeit**, die **Druckverhältnisse**, sowie **thermische Zustandsänderungen**, die in nachfolgenden Abschnitten noch ausführlicher erläutert werden.

Bemerkung 15.2

In der Realität wird die innere Kompressorarbeit immer durch verschiedene Verlustmechanismen beeinflusst. Daher ist die hier dargestellte idealisierte Gleichung in der Regel nur für eine erste Abschätzung bzw. zur Berechnung von Referenzwerten geeignet. Für präzise Auslegungen und Systemanalysen sind detaillierte thermodynamische Modelle und numerische Simulationen erforderlich.

Die entsprechenden Einsatzgebiete von Verdichtern, in unterschiedlichen Bauarten, zeigt ◘ Abb. 15.6.

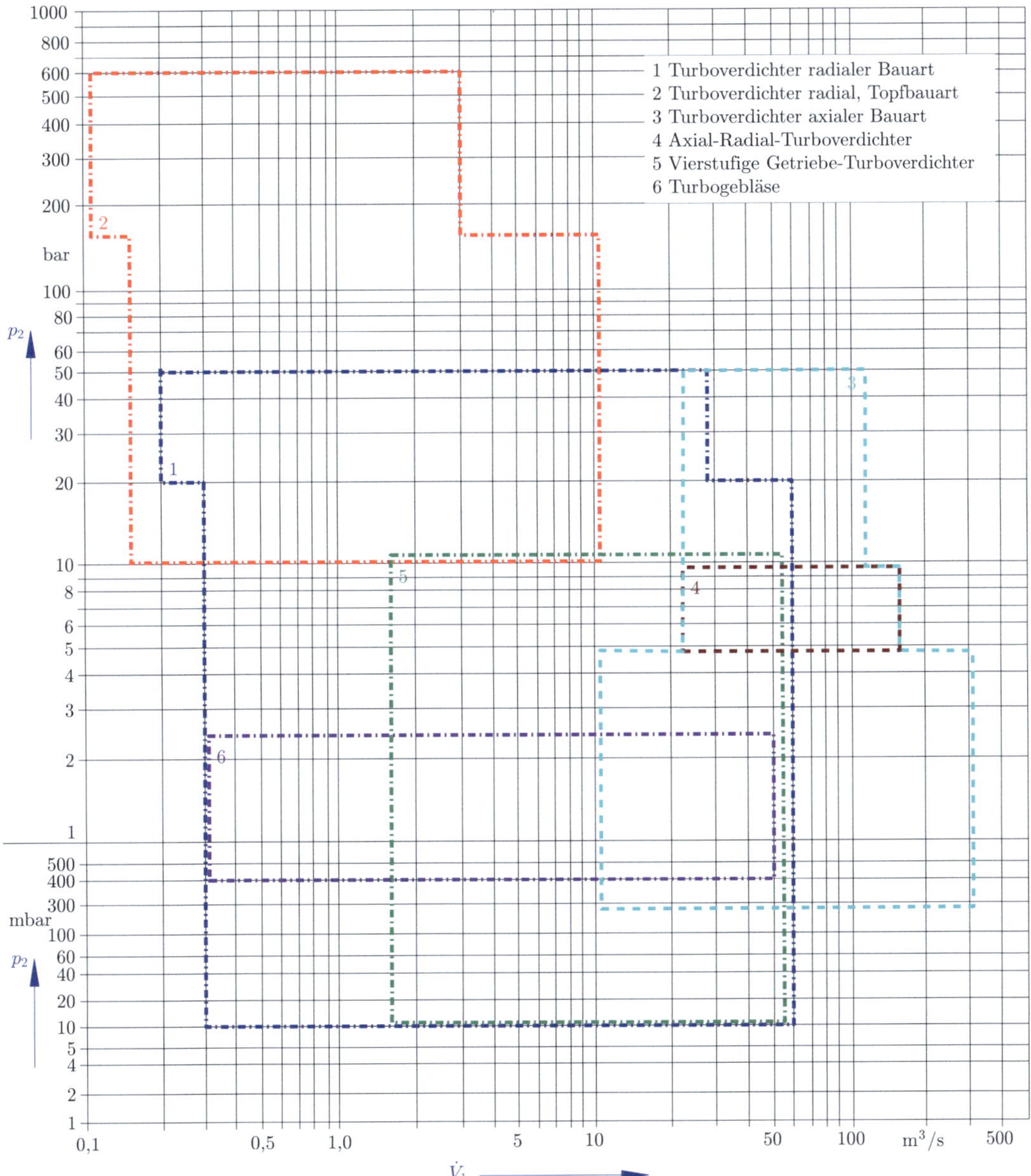

◘ **Abb. 15.6** Einsatzbereiche von Verdichtern (nach Fa. DEMAG), in Anl. an [3], S. 309, eigene Darstellung

Definition 15.1 (Spezif. Stutzenarbeit)

y (auch *spezifische Verdichtungsarbeit* gemäß VDI 2045, häufig mit a_{Ks} bezeichnet):

$$y = \Delta h_t = a_{Ks} \quad \text{(in J/kg)}$$

oder als Förderhöhe in mGS:

$$H = \frac{\Delta h_t}{g}. \tag{15.10}$$

Die spezifische Stutzenarbeit ist definiert als die **Differenz der Totalenthalpie** zwischen Druck- und Saugstutzen eines Verdichters. Sie beschreibt die Energie, die zur *isentropen* (reibungsfreien und verlustlosen) Verdichtung von 1 kg des Arbeitsmediums erforderlich ist.

Im Gegensatz zur reinen statischen Enthalpiedifferenz werden hierbei auch die **Geschwindigkeitsenergien am Ein- und Austritt** berücksichtigt, da diese – insbesondere bei hohen Strömungsgeschwindigkeiten – einen relevanten Beitrag zur Gesamtenergie darstellen. Vgl. mit ◘ Abb. 15.7.

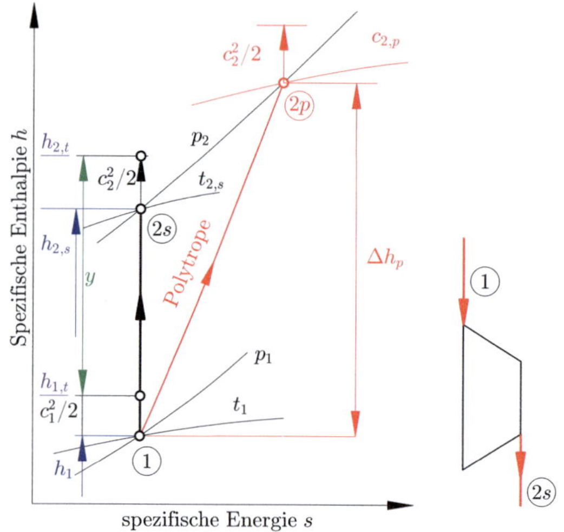

◘ **Abb. 15.7**   Verdichtungsprozess im h-s-Diagramm

Es gilt zunächst, gem. ◘ Abb. 15.7, $a_{Ks} = y = \Delta h_t$. Es folgt dann sofort aus der Abb.:

$$a_{Ks} = y = \Delta h_t \tag{15.11}$$

$$h_{t1} = h_1 + \frac{c_1^2}{2} \tag{15.12}$$

$$h_{t2} = h_{2s} + \frac{c_2^2}{2} \tag{15.13}$$

$$y = \Delta h_t = h_{t2} - h_{t1} \tag{15.14}$$

$$a_{Ks} = y = h_{2s} - h_1 + \frac{c_2^2 - c_1^2}{2}$$

$$\text{bzw.} \quad H = \frac{h_{2s} - h_1}{g} + \frac{c_2^2 - c_1^2}{2g}$$

Die Bezeichnungen 1 u. 2 beziehen sich hierbei auf die gesamte Maschine, d. h. Verdichter Eintritt (1) und –Austritt (2), oder auf eine Stufe.

Die Enthalpiedifferenz $h_{2s} - h_1$ (= isentrope Verdichterarbeit) entnimmt man aus einem h-s oder T-s-Diagramm, oder man berechnet sie entsprechend der thermodynamischen Beziehungen. Diese gelten genaugenommen nur für ideale Gase und Dämpfe, sind in den meisten Fällen aber genau genug, sofern man die spezifischen Wärmekapazitäten des Fluids kennt. In den meisten Fällen kann die Geschwindigkeitsenergie am Ein- und Austritt vernachlässigt werden (wenn die Geschwindigkeit am Eintritt und am Austritt annähernd gleich ist, ist die Differenz der kin. Energie vernachlässigbar). Bei idealen Gasen mit konstanter spezifischer Wärmekapazität entspricht das h-s-Diagramm dem T-s-Diagramm (oder man muss eben mit der mittleren spez. Wärmekapazität rechnen).

15.4 Isentrope Verdichterarbeit a_{Ks}

Der geringste theoretisch mögliche Arbeitsaufwand zur Verdichtung wird erreicht, wenn der Prozess **isentrop** (also reibungsfrei und ohne Entropiezunahme) abläuft. In diesem Fall ergibt sich für die spezifische isentrope Verdichterarbeit:

$$a_{Ks} = h_{2s} - h_1 = \bar{c}_p \cdot (T_{2s} - T_1). \tag{15.15}$$

Hierbei bezeichnet:

$\bar{c}_p$ ...　mittlere spezifische Wärmekapazität bei konstantem Druck,

h_1 ...　spezifische Enthalpie am Verdichtereintritt,

h_{2s} ...　spezifische Enthalpie am Verdichteraustritt im *isentroper* Fall,

T_1 ...　Eintrittstemperatur,

T_{2s} ...　Austrittstemperatur im isentropen Prozess.

Für **ideale Gase** gilt $\bar{c}_p = c_p = $ const. Falls c_p temperaturabhängig ist, kann zur Berechnung eine mittlere Wärmekapazität verwendet werden.

Die Temperaturänderung bei isentroper Verdichtung steht über die Poisson'sche Gleichung im Zusammenhang mit dem Druckverhältnis:

$$T_{2s} = T_1 \cdot \left(\frac{p_2}{p_1}\right)^{\frac{\kappa-1}{\kappa}} \tag{15.16}$$

mit $\kappa = c_p/c_v$ als Isentropenexponent.

Setzt man diese Beziehung in die Grundgleichung für a_{K_s} ein und klammert T_1 aus, so erhält man:

$$a_{K_s} = \bar{c}_p \cdot T_1 \cdot \left[\left(\frac{p_2}{p_1}\right)^{\frac{\kappa-1}{\kappa}} - 1\right]. \tag{15.17}$$

Ersetzt man c_p, durch Gesetze der Thermodynamik, vgl. mit [16], ergibt sich

$$c_p = R \cdot \frac{\kappa}{\kappa - 1}. \tag{15.18}$$

Dies setzt ein konstantes c_p voraus, was auf

$$a_{K_s} = R \cdot T_1 \cdot \frac{\kappa}{\kappa - 1} \cdot \left[\left(\frac{p_2}{p_1}\right)^{\frac{\kappa-1}{\kappa}} - 1\right] \tag{15.19}$$

führt. Wird zusätzlich die allgemeine Gasgleichung $R \cdot T = p \cdot v$ verwendet, kann die Gleichung auch in folgender Form ausgedrückt werden

$$a_{K_s} = \frac{\kappa}{\kappa - 1} \cdot p_1 \cdot v_1 \cdot \left[\left(\frac{p_2}{p_1}\right)^{\frac{\kappa-1}{\kappa}} - 1\right]. \tag{15.20}$$

Bemerkung 15.3 (Sonderfall: Kleine Druckverhältnisse (Ventilatoren))

Für Druckverhältnisse $p_2/p_1 < 1{,}3$ – wie sie typischerweise bei Ventilatoren vorkommen – wird die Kompressibilität (Dichteänderung) des Fördergases oft vernachlässigt. Dies ist z. B. in DIN 24163 und VDI 2044 beschrieben. Nach ISO 5801 wird bis zu spezifischen Stutzenarbeiten von $y = 25\,\text{kJ/kg}$ die Dichte vereinfacht durch die mittlere Dichte ϱ_m berücksichtigt:

$$\varrho_m = \frac{\varrho_1 + \varrho_2}{2}. \tag{15.21}$$

In dieser Näherung ergibt sich die spezifische Stutzenarbeit zu

$$a_{K_s} = y = \frac{p_2 - p_1}{\rho_m} + \frac{c_2^2 - c_1^2}{2} = \frac{\Delta p_t}{\varrho_m}. \tag{15.22}$$

Dabei bedeuten:

y ...　spezifische Stutzenarbeit,

p_1, p_2 ...　Eintritts- bzw. Austrittsdruck,

ϱ_m ...　mittlere Dichte,

c_1, c_2 ...　Eintritts- bzw. Austrittsgeschwindigkeit,

Δp_t ...　Gesamtdruckerhöhung (Totaldruckerhöhung).

15.5 Wirkungsgraddefinitionen

Der **isentropische Wirkungsgrad** eines Verdichters beschreibt das Verhältnis der minimal erforderlichen Arbeit im *idealen isentropen Prozess* zur tatsächlich aufgebrachten effektiven Arbeit. Er gibt somit an, wie nahe der reale Verdichtungsprozess am idealen, verlustfreien Zustand liegt

$$\eta_s = \frac{a_{K_s}}{a_{K_e}}. \qquad (15.23)$$

Hierbei gilt:

a_{K_s} ... spezifische Arbeit bei *isentroper* (reibungsfreier) Verdichtung,

a_{K_e} ... tatsächlich aufgebrachte *effektive* Verdichterarbeit.

Analog dazu lässt sich der **polytrope Wirkungsgrad** η_{s-i} definieren, bei dem der reale, meist polytrope Verdichtungsverlauf berücksichtigt wird. Verwendet man die entsprechenden thermodynamischen Beziehungen, erhält man

$$\eta_{s-i} = \frac{a_{K_s}}{a_{K_i}}. \qquad (15.24)$$

Der Wert a_{K_i} bezeichnet hier die spezifische Arbeit für den *polytropen* (realen) Prozess und lässt sich nach dem **1. Hauptsatz der Thermodynamik für offene Systeme** bestimmen

$$a_{K_i} = h_2 - h_1 + q_K. \qquad (15.25)$$

Dabei bedeuten

h_1, h_2 ... spezifische Enthalpien am Eintritt bzw. Austritt,

q_K ... Wärmezu- oder -abfuhr während der Verdichtung.

Im stationären Betrieb gilt $de = 0$, sodass sich aus $dq + dw = dh$ direkt $dw = a_{K_i}$ ergibt.

Die **Zusammenhänge zwischen den Wirkungsgraden** können wie folgt ausgedrückt werden:

$$\eta_s = \eta_{s-i} \cdot \eta_m. \qquad (15.26)$$

Hierbei ist:

η_m ... mechanischer Wirkungsgrad des Verdichters (berücksichtigt mechanische Verluste z. B. durch Lagerung oder Dichtungen).

Die effektive Arbeit lässt sich in zwei äquivalenten Formen schreiben

$$a_{K_e} = \frac{a_{K_i}}{\eta_m} \qquad \text{bzw.} \qquad a_{K_e} = \frac{a_{K_s}}{\eta_s}. \qquad (15.27)$$

Der isentrope Wirkungsgrad kann auch direkt aus den gemessenen Enthalpien bestimmt werden

$$\eta_{s-i} = \frac{h_{2s} - h_1}{h_2 - h_1}. \qquad (15.28)$$

Erfahrungswerte für den isentropen Wirkungsgrad: Bei der Auslegung von Verdichtern greift man häufig auf empirische Werte für η_s zurück. Diese hängen von Bauart, Größe, Drehzahl, Strömungsführung und dem zu verdichtenden Medium ab. Typische Orientierungswerte sind in ◻ Tab. 15.1 angegeben.

Gemäß dem *technischen Arbeitsbegriff* in der Thermodynamik lässt sich die spezifische technische Arbeit w_t in einem stationären Prozess aus dem Integral

$$w_t = \int_1^2 v \cdot dp \qquad (15.29)$$

bestimmen, wobei v das spezifische Volumen ist und die Integration entlang des Prozesses von Zustand 1 nach Zustand 2 erfolgt.

◼ Tab. 15.1 Typische Erfahrungswerte für den isentropen Wirkungsgrad η_s verschiedener Verdichterarten

Verdichtertyp	Druckverhältnis p_2/p_1	η_s
Axialverdichter (mehrstufig)	1,2 – 6	85 – 92 %
Radialverdichter (einstufig)	1,5 – 6	78 – 88 %
Schraubenverdichter (trockenlaufend)	2 – 8	65 – 75 %
Schraubenverdichter (ölüberflutet)	2 – 8	70 – 80 %
Kolbenverdichter (ein- bis mehrstufig)	3 – 10	80 – 90 %
Ventilatoren (Radial)	< 1,3	60 – 75 %
Ventilatoren (Axial)	< 1,3	65 – 80 %

Setzt man diesen Zusammenhang in Gl. (15.25) ein, so ergibt sich

$$a_{ki} = \int_1^2 v \cdot dp + q_k, \qquad (15.30)$$

wobei a_{ki} die innere spezifische Arbeit der Kompression und q_k die zugeführte Wärmemenge pro Masseneinheit ist.

■ **Isentroper Sonderfall**

Für den Spezialfall einer *isentropen* (reibungsfreien und adiabaten) Verdichtung gilt $q_k = 0$. Die Gleichung reduziert sich dann zu

$$a_{ki} = \int_1^2 v_S \cdot dp, \qquad (15.31)$$

wobei v_S das spezifische Volumen entlang einer isentropen Zustandsänderung bezeichnet.

■ **Reibungsbehaftete Verdichtung**

In realen Maschinen tritt Reibung auf, was zwei Effekte hat

1. Direkter Reibungsverlust (mechanische Dissipation),
2. Zusätzlicher Verlust durch Abweichung des spezifischen Volumens vom isentropen Verlauf.

Da das spezifische Volumen v bei reibungsbehafteten Verdichtungen größer ist als im isentropen Fall v_S, ist auch das Integral

$$\int_1^2 (v - v_S) \cdot dp \qquad (15.32)$$

positiv. Dies führt zu einem zusätzlichen Arbeitsaufwand neben dem reinen Reibungsverlust. Formal lässt sich dies ausdrücken als:

$$a_{ki} - a_{ks} = q_R + \int_1^2 (v - v_S) \cdot dp, \quad (15.33)$$

wobei a_{ks} die isentrope Kompressionsarbeit und q_R der Reibungsverlust pro Masseneinheit ist.

■ **Spezialfall: ideales Gas mit konstanten Wärmekapazitäten**

Für ein ideales Gas mit konstanten spezifischen Wärmekapazitäten c_p und c_v lässt sich der *innere isentrope Wirkungsgrad* besonders einfach berechnen. Aus der Energiebilanz folgt:

$$\eta_{s-i} = \frac{c_p(T_{2s} - T_1)}{c_p(T_2 - T_1)} = \frac{T_{2s} - T_1}{T_2 - T_1} \qquad (15.34)$$

Hierbei sind:

$T_{2s} \ldots$ Endtemperatur bei isentroper Verdichtung,

$T_2 \ldots$ tatsächliche Endtemperatur der Verdichtung,

$T_1 \ldots$ Eintrittstemperatur.

Corollary 15.1

Da sich Temperaturen relativ einfach messen lassen, kann der innere isentrope Wirkungsgrad in der Praxis ohne Kenntnis der Drücke oder Volumina direkt aus Temperaturmessungen bestimmt werden. Dies macht die Methode besonders attraktiv für Leistungsdiagnosen an Verdichtern und Turbomaschinen.

15.6 Radialverdichter

Radialverdichter, auch *Kreiselverdichter* genannt, gehören zu den Strömungsmaschinen, die ein Gas durch rotierende Laufräder auf eine höhere Druckstufe bringen. Sie ähneln in ihrer grundsätzlichen Bau- und Wirkungsweise der Kreiselpumpe, sind jedoch für kompressible Medien wie Luft, Prozessgase oder Dampf ausgelegt. Je nach Anwendungsfall und Bauart bestehen Radialverdichter typischerweise aus folgenden Hauptkomponenten:

- **Laufräder** – rotierende Schaufelräder, die dem angesaugten Gas Energie in Form von Geschwindigkeit (kinetische Energie) zuführen.
- **Leitapparat** – feststehende Strömungsführungselemente (z. B. Leiträder oder ein umlaufender Ringraum, auch *Spirale* genannt), die der Umwandlung der im Laufrad erzeugten kinetischen Energie in statischen Druck dienen.
- **Umlenkkanäle** – Kanäle, die den Gasstrom zwischen mehreren Laufrädern umleiten, wenn der Verdichter mehrstufig ausgeführt ist.

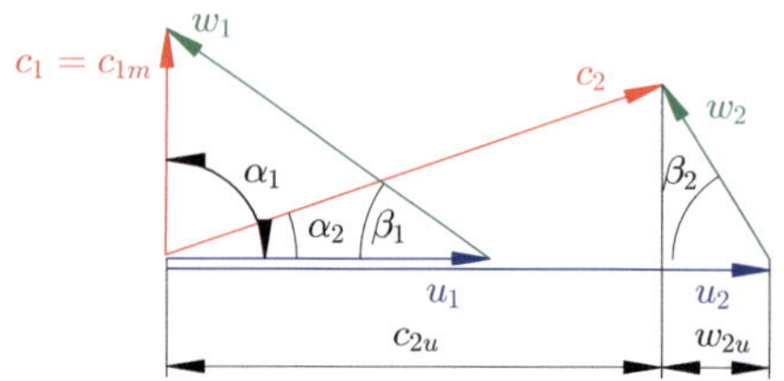

Abb. 15.8 Geschwindigkeitsdreieck eines drallfrei angeströmten Radialverdichters

3. Aufgrund der Zentrifugalkraft wird das Gas radial nach außen gedrängt und durch die Schaufelkanäle geleitet.
4. Entlang des Radius r steigt dabei der statische Druck kontinuierlich an.
5. Der nachgeschaltete Diffusor (Ringraum, Spirale oder Leitrad) wandelt die verbleibende kinetische Energie in weiteren statischen Druck um.

Der gesamte Druckaufbau des Verdichters setzt sich somit aus der Druckerhöhung im Laufrad und der Energieumwandlung im Diffusor zusammen.

15.6.1 Geschwindigkeitsdreiecke

Abb. 15.8 zeigt ein Geschwindigkeitsdreieck eines Verdichters.

Bemerkung 15.4

Der Leitapparat eines Radialverdichters ist in der Regel als *Diffusor* ausgeführt, d. h. als Strömungskanal mit zunehmendem Querschnitt. In diesem Bauteil wird ein Teil der hohen Strömungsgeschwindigkeit, die das Gas im Laufrad erhalten hat, durch die Strömungsverlangsamung in statischen Druck umgewandelt.

Das Funktionsprinzip lässt sich wie folgt beschreiben:

1. Das Gas wird in Achsrichtung (*axial*) in der Nähe der Laufradnabe angesaugt.
2. Im Laufrad wird das Gas im Schaufelraum stark beschleunigt und erhält eine hohe Umfangsgeschwindigkeit.

15.6.2 Bauarten und Kühlungsvarianten

Radialverdichter können je nach Einsatzbereich in unterschiedlichen Ausführungen gebaut werden:

- **Ungekühlte Bauart** – für Anwendungen mit moderaten Druckverhältnissen oder wenn die Temperaturerhöhung tolerierbar ist.
- **Gekühlte Bauart** – für Anwendungen mit hohen Druckverhältnissen, um eine zu starke Erwärmung des Gases zu vermeiden.

Bei der gekühlten Ausführung unterscheidet man:

- *Innenkühlung* – die Kühlung ist in die Maschine integriert, oft durch Kühlkanäle oder Kühlmantel.
- *Außenkühlung* – das Gas wird zwischen den Verdichterstufen durch einen externen Wärmetauscher abgekühlt.

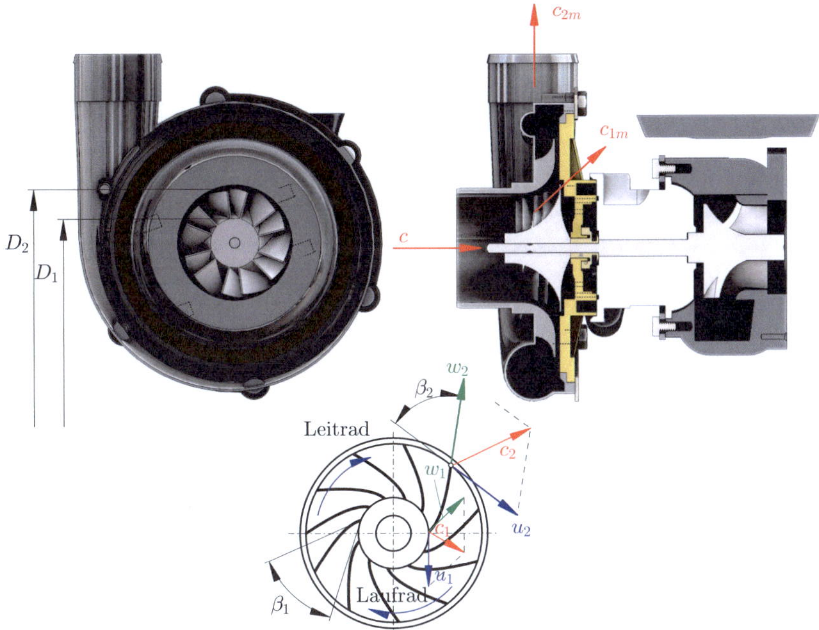

Abb. 15.9 Laufrad eines Radialverdichters $\beta_2 < 90°$

15.6.3 Stufenzahl und Anordnung

Ein Radialverdichter kann aus bis zu etwa zehn Stufen innerhalb eines einzigen Gehäuses bestehen. Für noch höhere Druckverhältnisse werden mehrere Verdichtereinheiten in Reihe geschaltet (*Mehrwellen- oder Mehrgehäuseanlagen*).

Die konkrete Auslegung hängt u. a. ab von:

- der zu verdichtenden Gasart (Molekulargewicht, spezifische Wärmekapazitäten),
- der Ansaugtemperatur und dem geforderten Enddruck,
- konstruktiven Beschränkungen (Größe, Werkstoffe, Drehzahlgrenzen).

Vgl. mit ▫ Abb. 15.9.

15.7 Ermittlung der spezifischen Arbeit bzw. der Förderhöhe *H* in *m* Gassäule [mGS]

Betrachtet wird das durch einen Verdichter strömende Fluid mit einem Massenstrom $\dot{m}$.

Das Gas tritt mit der Absolutgeschwindigkeit c_1 in den Schaufelraum ein und verlässt diesen am Austritt (Zustand 2) mit der Geschwindigkeit c_2.

Um die von den Laufradschaufeln auf das Fluid übertragene Arbeit zu bestimmen, wird die *Dralländerung* des Massenstromes herangezogen.

Man betrachtet also ein Kontrollvolumen, das durch die Schaufelkanäle des Laufrades aufgespannt ist. Entscheidend ist hierbei nur die Änderung des Drallstroms zwischen Ein- und Austritt – der genaue Druckverlauf entlang der Schaufeln muss nicht bekannt sein. Dies ist ein wesentliches Ergebnis, da die Schaufelkräfte nicht direkt erfasst werden müssen, sondern allein Ein- und Austrittsgrößen ausreichen.

Bemerkung 15.5

In CFD-Berechnungen kann man das Moment auch über die Druck- und Schubspannungsverteilungen an den Schaufeloberflächen berechnen. Hierbei wird das Moment jeder lokalen Kraft bezüglich der Drehachse bestimmt und über alle Oberflächenelemente integriert. Das Ergebnis ist jedoch identisch mit der obigen Betrachtung über die Dralländerung. Siehe ▫ Abb. 15.10.

15.7.1 Euler'sche Grundgleichung der Strömungsmaschinen

Die *Euler'sche Grundgleichung* bildet die zentrale Grundlage zur Beschreibung der Energieübertragung in Turbomaschinen. Sie basiert auf der Impuls- und Drallerhaltung und erlaubt es, die spezifische Arbeit allein aus den Geschwindigkeitskomponenten des Fluids am Laufradeintritt und -austritt zu bestimmen, ohne die genauen Schaufelkräfte oder Druckverteilungen entlang der Schaufeloberflächen zu kennen.

Ausgehend von der Definition der übertragenden Leistung (vgl. mit Technische Mechanik Band 3 – Dynamik [14]) gilt

$$P = M \cdot \omega, \tag{15.35}$$

mit dem vom Laufrad auf das Fluid übertragenen Moment M und der Winkelgeschwindigkeit ω des Laufrades. Es lässt sich die auf die Masseneinheit bezogene spezifische Arbeit w_t ableiten. Unter Verwendung der Dralländerung des Massenstroms gilt

$$w_t = \frac{P}{\dot{m}} = u_2\,c_{u2} - u_1\,c_{u1}. \tag{15.36}$$

Hierbei bedeuten:

$u = \omega \cdot r \dots$ die Umfangsgeschwindigkeit des Laufrades am Radius r,

$c_u \dots$ die Umfangskomponente der Absolutgeschwindigkeit des Fluids,

Indizes 1 und 2 $\dots$ Eintritt bzw. Austritt aus dem Laufrad.

Die Gleichung zeigt, dass die spezifische Arbeit ausschließlich durch die Änderung des Geschwindigkeitsdralls des Fluids bestimmt wird. Der erste Term $u_2 \cdot c_{u2}$ repräsentiert den Drallstrom am Laufradaustritt, der zweite Term $u_1 \cdot c_{u1}$ denjenigen am Eintritt. Die Differenz entspricht der vom Laufrad auf das Gas übertragenen spezifischen Arbeit.

Corollary 15.2 (Konkrete Bedeutung der Euler'schen Grundgleichung)

- sie stellt den direkten Zusammenhang zwischen der Schaufelbewegung (u) und den Strömungseigenschaften des Fluids (c_u) her. Sie ist unabhängig von den geometrischen Details der Schaufeln oder dem Druckverlauf im Laufrad und erlaubt damit eine allgemeine energetische Analyse.
- In der Praxis wird sie durch Geschwindigkeitsdreiecke am Laufradeintritt und -austritt anschaulich dargestellt.

15.7.2 Förderhöhe

Die in einem Verdichter auf die Masseneinheit des Fluids übertragene spezifische Arbeit w_t wird häufig in die sogenannte *Förderhöhe H* umgerechnet. Diese Größe dient als ein anschauliches Maß für die Maschinenleistung und wird definiert als

$$H = \frac{w_t}{g} \quad [\text{m}], \tag{15.37}$$

wobei g die Erdbeschleunigung ist.

Die Förderhöhe H entspricht der Höhe einer Flüssigkeits- oder hier besser: Gassäule, die durch die Maschine angehoben werden könnte. Während die spezifische Arbeit w_t eine energetische Größe mit der Einheit J/kg darstellt, hat die Förderhöhe die Dimension einer Länge und ist daher unmittelbar mit einer physikalisch anschaulichen Vorstellung verknüpft: Sie beschreibt den „Druckkopf" bzw. den Energieinhalt, den die Maschine dem Medium pro Masseneinheit zuführt.

Im Unterschied zur Drucksteigerung Δp, die vom Medium abhängt (dichteabhängig), ist die Förderhöhe eine *medienunabhängige* Größe. Damit lassen sich Verdichterleistungen unabhängig von der Gasdichte oder den thermodynamischen Zustandsgrößen vergleichen.

Corollary 15.3

Die Einführung der Förderhöhe besitzt mehrere wesentliche Vorteile:

- **Abhängigkeit von Strömungsgrößen:** Die Euler'sche Grundgleichung zeigt, dass die Förderhöhe ausschließlich durch die Strömungsgrößen am Eintritt und Austritt bestimmt wird (insbesondere durch die Umfangskomponenten der Geschwindigkeiten). Der exakte Schaufelverlauf im Laufrad muss nicht bekannt sein.
- **Praktische Anwendbarkeit:** Die Berechnung kann über die Geschwindigkeitsdreiecke am Laufradeintritt und -austritt erfolgen. Damit eignet sich die Förderhöhe als praxisnaher Vergleichswert in der Auslegung und Diagnose.
- **Medienunabhängigkeit:** Da *H* unabhängig von der Dichte des geförderten Mediums ist, erlaubt sie eine universelle Kennzeichnung von Strömungsmaschinen. Verschiedene Maschinen oder Betriebspunkte können so direkt miteinander verglichen werden.
- **Normierung:** Die Förderhöhe bildet die Grundlage für dimensionslose Kennzahlen (z. B. Förderzahl, spezifische Drehzahl), die eine Übertragbarkeit von Versuchsergebnissen auf andere Maschinen und Maßstäbe ermöglichen.

Gemäß ▣ Abb. 15.10 ergibt sich das von den Schaufeln auf das Fluid übertragene Moment aus der Änderung des Dralls um die Rotationsachse *z*.

Der Drallstrom $\dot{L}$ ist definiert als Impulsmomentstrom des Massenstromes bezüglich der Drehachse

$$\dot{L} = \dot{m} \cdot (r \cdot c_u), \qquad (15.38)$$

wobei

- *r* der jeweilige Radius,
- c_u die Umfangskomponente der Absolutgeschwindigkeit und
- $\dot{m}$ der durchgesetzte Massenstrom ist.

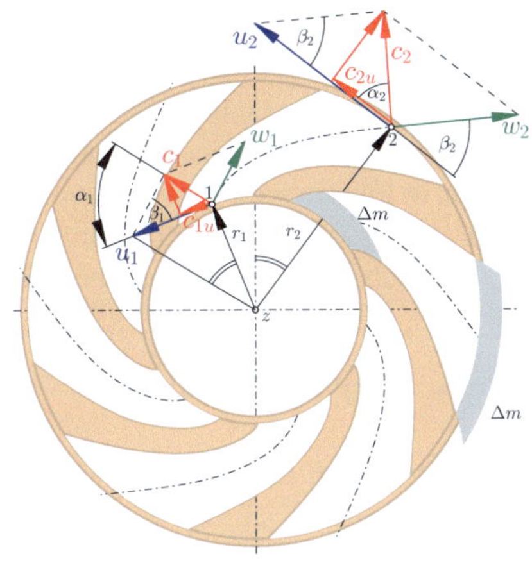

▣ **Abb. 15.10** Prinzipbild zur Herleitung der Euler'schen Hauptgleichung

Diese Gleichung wurde bereits in Band 4 dieser Buchreihe – Hydromechanik, Kap.: 4.6.1, S. 240 [15], genauer beschrieben.

Somit gilt für Eintritt (1) und Austritt (2):

$$\dot{L}_{\text{Ein}} = \dot{m} \cdot (r_1 \cdot c_{1u}), \qquad (15.39)$$

$$\dot{L}_{\text{Aus}} = \dot{m} \cdot (r_2 \cdot c_{2u}). \qquad (15.40)$$

Das von den Schaufeln auf das Gas übertragene Moment ist die Differenz der beiden Ströme:

$$M_z = \dot{L}_{\text{Aus}} - \dot{L}_{\text{Ein}} = \dot{m} \cdot (r_2\, c_{2u} - r_1\, c_{1u}). \qquad (15.41)$$

Die theoretische Umfangsleistung des Laufrades ergibt sich zu

$$P_u = M_z \cdot \omega = \dot{m} \cdot (r_2\, c_{2u} - r_1\, c_{1u}) \cdot \omega. \qquad (15.42)$$

Da die Umfangsgeschwindigkeit *u* das Kreuzprodukt aus $\vec{u} = \vec{\omega} \times \vec{r}$ ist, folgt

$$P_u = \dot{m} \cdot (c_{2u}\, u_2 - c_{1u}\, u_1) \quad [\text{W}]. \qquad (15.43)$$

Bezogen auf die Masseneinheit ergibt sich daraus die spezifische (theoretische) Arbeit:

$$y_{\text{th},\infty} = \frac{P_u}{\dot{m}} = c_{2u}\, u_2 - c_{1u}\, u_1 \quad \left[\frac{\text{J}}{\text{kg}}\right]. \qquad (15.44)$$

15.7.3 Euler'sche Hauptgleichung

Die auf das Fluid übertragene Leistung kann auf zwei verschiedene Weisen beschrieben werden:

- **Energie in Form von Förderhöhe:** Das Fluid erfährt eine Zunahme an potentieller Energie, die durch die Förderhöhe H beschrieben wird:

$$P_u = \dot{m} \cdot g \cdot H. \tag{15.45}$$

- **Energie in Form der Dralländerung:** Gemäß der Euler-Gleichung ergibt sich die übertragene Umfangsleistung aus der Änderung des Geschwindigkeitsdralls:

$$P_u = \dot{m} \cdot (c_{2u}\, u_2 - c_{1u}\, u_1). \tag{15.46}$$

Durch Gleichsetzen dieser beiden Ausdrucksformen erhält man

$$H = \frac{P_u}{\dot{m}\, g} = \frac{y_{\text{th},\infty}}{g} = \frac{c_{2u}\, u_2 - c_{1u}\, u_1}{g}. \tag{15.47}$$

$$\boxed{H_{\text{th},\infty} = \frac{c_{2u}\, u_2 - c_{1u}\, u_1}{g} \quad [\text{m}]} \tag{15.48}$$

Gem. ❑ Abb. 15.11 findet man mit dem Kosinus-Satz

$$w_1^2 = c_1^2 + u_1^2 - 2 \cdot c_1 \cdot u_1 \cdot \cos(\alpha_1); \tag{15.49}$$

$$w_2^2 = c_2^2 + u_2^2 - 2 \cdot c_2 \cdot u_2 \cdot \cos(\alpha_2). \tag{15.50}$$

Ebenfalls findet man aus ❑ Abb. 15.11 die Beziehungen

$$c_1 \cdot \cos(\alpha_1) = c_{1u}; \tag{15.51}$$

$$c_2 \cdot \cos(\alpha_2) = c_{2u}. \tag{15.52}$$

Setzt man Gl. (15.51) in Gl. (15.49) sowie (15.52) in Gl. (15.52) ein, folgt

$$w_1^2 = c_1^2 + u_1^2 - 2 \cdot u_1 \cdot c_{1u}$$
$$\implies c_{1u} = \frac{c_1^2 + u_1^2 - w_1^2}{2 \cdot u_1} \tag{15.53}$$

$$w_2^2 = c_2^2 + u_2^2 - 2 \cdot u_2 \cdot c_{2u}$$
$$\implies c_{2u} = \frac{c_2^2 + u_2^2 - w_2^2}{2 \cdot u_2} \tag{15.54}$$

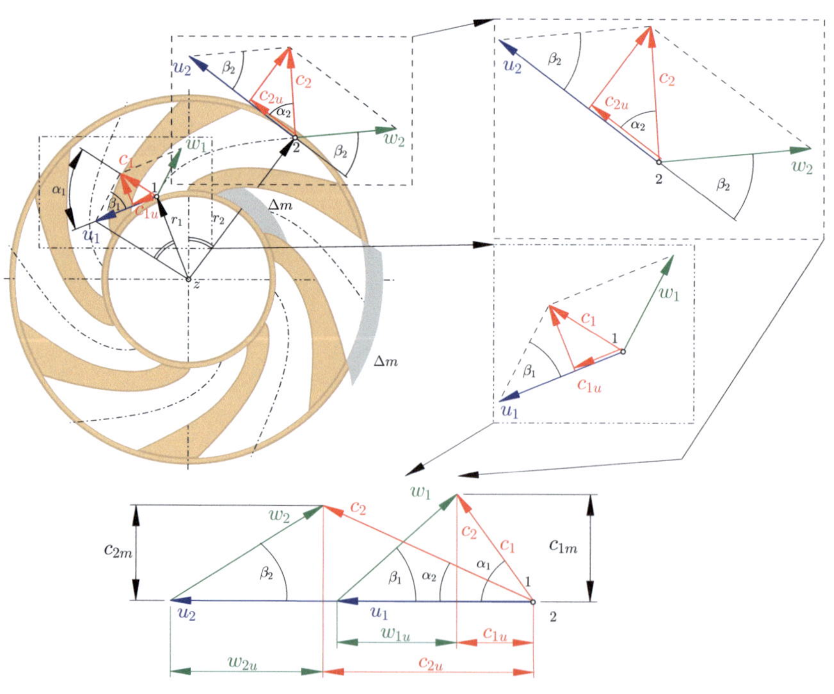

❑ Abb. 15.11 Geschwindigkeitsdreieck für den Energievergleich

Setzt man jetzt die beiden Gleichungen (15.53) sowie (15.54) in Gl. (15.48) ein, folgt

$$H_{\text{th},\infty} = \frac{\dfrac{c_2^2 + u_2^2 - w_2^2}{2 \cdot u_2} \cdot u_2 - \dfrac{c_1^2 + u_1^2 - w_1^2}{2 \cdot u_1} \cdot u_1}{g}$$

$$= \frac{c_2^2 + u_2^2 - w_2^2 - (c_1^2 + u_1^2 - w_1^2)}{2 \cdot g}$$

$$= \frac{c_2^2 + u_2^2 - w_2^2 - c_1^2 - u_1^2 + w_1^2}{2 \cdot g}$$

$$= \frac{c_2^2 - c_1^2 + u_2^2 - u_1^2 - w_2^2 + w_1^2}{2 \cdot g}$$

$$\tag{15.55}$$

und daraus durch Umformen

$$H = \frac{c_2^2 - c_1^2}{2 \cdot g} + \frac{u_2^2 - u_1^2}{2 \cdot g} + \frac{w_1^2 - w_2^2}{2 \cdot g}.$$

$$\tag{15.56}$$

15.7.4 Zwischenkühlung des verdichteten Gases

Unter Zwischenkühlung (vgl. mit Abb. 15.12) versteht man die Abfuhr der bei der Verdichtung entstehenden Wärme durch einen Wärmetauscher, sodass die Temperatur am Eintritt der nachfolgenden Stufe wieder abgesenkt wird, ähnlich wie man es bereits in umgekehrter Form in Band 5 bei den Dampfturbinen [16] kennengelernt hat.

— Ohne Kühlung steigt die Gastemperatur von Stufe zu Stufe stark an. Dies kann zu Materialbelastungen führen und erschwert eine weitere Verdichtung.

— Durch Kühlung (Abfuhr von Wärme) kann die Gastemperatur reduziert werden, was die für die Verdichtung erforderliche *spezifische Arbeit* deutlich verringert.

— Im Gegensatz zum Kolbenverdichter ist der Wärmeaustausch über die Maschinenwand bei Strömungsmaschinen aufgrund hoher Massenströme meist vernachlässigbar. Daher werden bei größeren Anlagen separate Wärmetauscher zwischen die Verdichterstufen geschaltet (z. B. wassergekühlte Rohrbündelwärmetauscher).

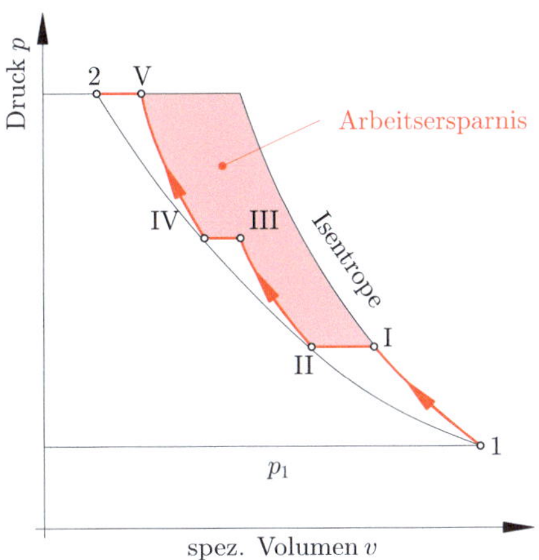

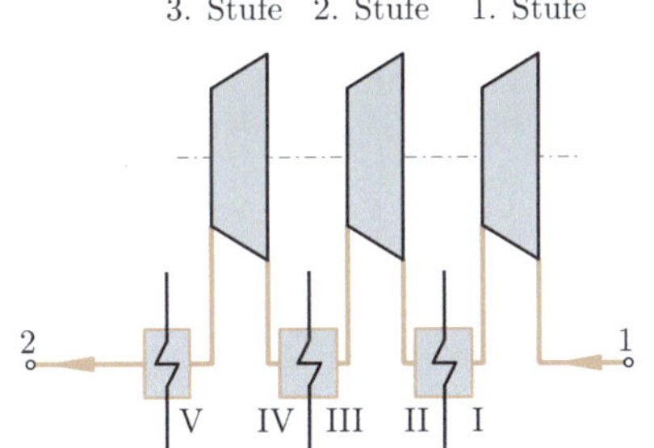

Abb. 15.12 Arbeitsersparnis bei Zwischenkühlung

— In Spezialfällen, etwa bei mehrstufigen Radialverdichtern, wird auch eine interne Rückkühlung in Rückführkanälen eingesetzt.

Die Verdichtung kann idealisiert zwischen zwei Grenzprozessen verlaufen

1. **Isotherme Verdichtung ($T = $ konst.)**

$$p \cdot v = \text{konst.} \tag{15.57}$$

Die isotherme Kompression stellt den theoretisch günstigsten Fall dar, da die Temperatur durch ideale Kühlung konstant gehalten wird. Sie benötigt die geringste Arbeit

$$a_{\text{isoth}} = \int_{v_1}^{v_2} p \, dv = p_1 v_1 \ln\!\left(\frac{p_2}{p_1}\right).$$

$$\tag{15.58}$$

2. **Isentrope (adiabate, reibungsfreie) Verdichtung**

$$p \cdot v^{\kappa} = \text{konst.}, \quad \kappa = \frac{c_p}{c_v} \qquad (15.59)$$

Die isentrope Kompression erfordert mehr Arbeit, da keine Wärmeabfuhr erfolgt.

$$a_{is} = p_1 v_1 \cdot \frac{\kappa}{\kappa - 1} \left[\left(\frac{p_2}{p_1} \right)^{\frac{\kappa - 1}{\kappa}} - 1 \right]. \qquad (15.60)$$

3. **Polytrope Verdichtung** Die reale Zustandsänderung liegt zwischen den beiden Extremfällen und wird durch eine Polytrope angenähert:

$$p \cdot v^{n} = \text{konst.}, \quad 1 < n < \kappa. \qquad (15.61)$$

Mit

$$a_{\text{poly}} = \int_{v_1}^{v_2} p \, dv. \qquad (15.62)$$

Folgt mit den Gesetzen für die polytrope Zustandsänderung

$$p \cdot v^{n} = \text{konst.} = p_1 v_1^{n}$$
$$\implies \quad p = p_1 v_1^{n} \cdot v^{-n}. \qquad (15.63)$$

und auflösen

$$a_{\text{poly}} = p_1 v_1 \cdot \frac{n}{n - 1} \left[\left(\frac{p_2}{p_1} \right)^{\frac{n - 1}{n}} - 1 \right]. \qquad (15.64)$$

Bei einer mehrstufigen Verdichtung mit Zwischenkühlung (Temperatur wird nach jeder Stufe auf den Anfangswert T_1 zurückgeführt) ergibt sich die Gesamtarbeit als Summe der Stufenarbeiten. Für optimale Energieeinsparung ist der Druckverlauf gleichmäßig zu gestalten. Das heißt, das *Druckverhältnis pro Stufe* wird so gewählt, dass alle Stufen denselben Arbeitsaufwand besitzen

$$\pi_{\text{opt}} = \left(\frac{p_{\text{ges}}}{p_1} \right)^{\frac{1}{z}}, \qquad (15.65)$$

mit

$p_{\text{ges}} \ldots$ Enddruck,

$p_1 \ldots$ Saugdruck,

$z \ldots$ Anzahl der Verdichterstufen.

Damit wird sichergestellt, dass die **Gesamtarbeit** des mehrstufigen Verdichters mit Zwischenkühlung minimal ist.

Die errechnete Gleichung (Gl. (15.64)) versagt für die isotherme Verdichtung mit $n = 1$, welche bei idealer Kühlung auftritt. Für diesen Fall kann für die Kompressorarbeit abgeleitet werden:

> **Bemerkung 15.6 (Vergleich mit hydraulischer Pumpenarbeit)**
>
> Für inkompressible Fluide (z. B. Wasser in hydraulischen Pumpen) ergibt sich die spezifische Arbeit direkt aus der Druckerhöhung. Unter Vernachlässigung von Wärmeübergängen ($dq \approx 0$) gilt nach dem ersten Hauptsatz der Thermodynamik:
>
> $$dq + da_t = dh = d(u + pv). \qquad (15.66)$$
>
> Da bei Flüssigkeiten die spezifische Volumenzunahme dv im Wesentlichen vernachlässigbar ist (Volumenänderungsarbeit entfällt), reduziert sich dieser Ausdruck auf
>
> $$dh \approx v \, dp. \qquad (15.67)$$
>
> Damit folgt für die hydraulische Pumpenleistung:
>
> $$P_{\text{Pumpe}} = A_{t,12} = \frac{\dot{m}}{\varrho} \Delta p = \dot{V} \Delta p \qquad (15.68)$$
>
> Dies bedeutet: Die Pumpenarbeit ist proportional zum geförderten Volumenstrom und der erzeugten Druckerhöhung.

Übertragung auf kompressible Fluide: Für Gase kann man das Zustandsgleichungsglied $p\,v = p_1 v_1$ heranziehen. Damit gilt

$$v = v_1 \cdot \frac{p_1}{p}. \tag{15.69}$$

Setzt man dies in die allgemeine Arbeitsermittlung ein, so erhält man für die isotherme Verdichtung ($T = \text{const}$):

$$a_{Ki} = a_{\text{isoth}} = \int_1^2 v\,dp = v_1 p_1 \int_{p_1}^{p_2} \frac{dp}{p}$$

$$= p_1 v_1 \cdot \ln\!\left(\frac{p_2}{p_1}\right). \tag{15.70}$$

Damit ergibt sich für die spezifische (technische) Arbeit im isothermen Spezialfall:

$$a_{\text{isoth}} = p_1 v_1 \cdot \ln\!\left(\frac{p_2}{p_1}\right) \tag{15.71}$$

15.7.5 Kennlinien des Radialverdichters (Drosselkurve)

15.7.5.1 Theoretische Förderhöhe

Die *theoretische Förderhöhe* $H_{\text{th},\infty}$ beschreibt den maximal möglichen Energieeintrag in das Gas durch das Laufrad, unter der Annahme einer reibungsfreien und idealisierten Strömung. Sie wird aus der **Euler'schen Grundgleichung** der Strömungsmaschinen gewonnen und ergibt sich bei drallfreier Zuströmung ($c_{1u} = 0$) zu

$$H_{\text{th},\infty} = \frac{u_2}{g}\left(u_2 - \frac{\dot{V}}{\pi D_2 b_2 \, \tan(\beta_2)}\right), \tag{15.72}$$

wobei gilt:

$u_2 = \omega \cdot r_2 \dots$ Umfangsgeschwindigkeit am Laufradaustritt,

$D_2 \dots$ Laufradaustrittsdurchmesser,

$b_2 \dots$ Laufradbreite am Austritt,

$\beta_2 \dots$ Schaufelaustrittswinkel,

$\dot{V} \dots$ Volumenstrom am Austritt,

$g \dots$ Erdbeschleunigung.

Corollary 15.4

Die Förderhöhe hängt damit sowohl von der Geometrie des Laufrads als auch vom Durchsatz $\dot{V}$ ab. Das negative Vorzeichen im zweiten Term drückt aus, dass mit steigendem Durchsatz die Förderhöhe sinkt: Ein größerer Massenstrom erfordert höhere Relativgeschwindigkeiten w_2 und damit einen geringeren Anteil der tangentialen Geschwindigkeitskomponente c_{2u}.

Corollary 15.5

- Für $\dot{V} = 0$ (Sperrbetrieb) erreicht der Verdichter seine maximale Förderhöhe. Dieser Punkt entspricht dem Schnittpunkt mit der *Euler'schen Geraden*.
- Mit wachsendem Volumenstrom nimmt $H_{\text{th},\infty}$ linear ab, bis ein Arbeitspunkt erreicht wird, an dem die tangentiale Geschwindigkeitskomponente c_{2u} verschwindet. In diesem Grenzfall kann keine Druckerhöhung mehr erzeugt werden.
- Die Kennlinie $H_{\text{th},\infty}(\dot{V})$ stellt somit eine *Gerade* dar, die als *theoretische Drosselkurve* oder *Euler'sche Gerade* bezeichnet wird.

Reale Kennlinien des Verdichters weichen von dieser theoretischen Geraden ab, da Strömungsverluste (Reibung, Leckverluste, Stoßverluste) und Abweichungen vom idealen Strömungsbild auftreten. Sie verlaufen stets unterhalb der theoretischen Kurve.

Stellt man die theoretische Förderhöhe $H_{\text{th},\infty}$ bzw. die spezifische Arbeit $y_{\text{th},\infty}$ als Funktion auf, so ergibt sich eine lineare Abhängigkeit.

Herleitung 15.1 (Herleitung von Gl. (15.64))

Mit Gl. (15.48), die mit $u_1 \cdot c_{1u} = 0$ lautet

$$H_{th\infty} = \frac{1}{g} \cdot \left(u_2 \cdot c_{2u} - \underbrace{u_1 \cdot c_{1u}}_{=0} \right) \qquad (15.73)$$

und einem Geschwindigkeitsdreieck gemäß drallfreier Strömung (gemäß ◙ Abb. 15.8) folgt mit

$$c_{2u} = u_2 - w_{2u}, \qquad (15.74)$$

wobei $\tan(\beta_2) = \frac{c_{2m}}{w_{2u}} \Rightarrow w_{2u} = \frac{c_{2m}}{\tan(\beta_2)}$ gilt:

$$c_{2u} = u_2 - \frac{c_{2m}}{\tan \beta_2} = u_2 - \frac{\dot{V}_2}{D_2 \cdot \pi \cdot b_2 \cdot \tan \beta_2} \qquad (15.75)$$

Im zweiten Teil dieser Herleitung wurde c_{2m} durch $\dot{V}_2 = A_2 \cdot c_{2m} = D_2 \cdot \pi \cdot b_2$ (unter Annahme von undendlich vielen Schaufeln) ersetzt.

Ausgehend von der Beziehung

$$y_{\text{th},\infty} = H_{\text{th},\infty} \cdot g, \qquad (15.76)$$

mit $g = \text{const.}$, und Einführen der dimensionslosen Größe

$$\frac{\dot{V}}{D_2 \cdot \pi \cdot b_2} = C_1, \qquad (15.77)$$

erhält man

$$y_{\text{th},\infty} = u_2^2 - \frac{u_2 \cdot C_1}{\tan(\beta_2)}. \qquad (15.78)$$

Fasst man den Faktor $u_2 \cdot C_1$ zu einer Konstante C zusammen, so folgt

$$y_{\text{th},\infty}(\beta_2) = -\frac{C}{\tan(\beta_2)} + u_2^2. \qquad (15.79)$$

Vergleicht man dies mit der allgemeinen Geradengleichung

$$f(x) = k \cdot x + d, \qquad (15.80)$$

so erkennt man, dass

$$d = u_2^2, \qquad (15.81)$$

$$k = -C. \qquad (15.82)$$

Damit stellt $y_{\text{th},\infty}$ in Abhängigkeit von $1/\tan(\beta_2)$ eine **lineare Gerade** dar, die auch als *Euler'sche Gerade* bezeichnet wird.

Unter dieser Kenntnis kann man jetzt unterschiedliche Fälle festhalten, wenn man β_2 in drei Bereichen untersucht. Kleiner, gleich und größer 90 Grad. Es ergeben sich folgende Fälle.

$$\beta_2 < 90° \Rightarrow \tan(\beta_2) > 0 \quad \Longrightarrow$$

$$\underbrace{u_2^2 - \frac{C}{\tan(\beta_2)}}_{\text{wird kleiner}} = \text{rückwärts gekr. Schaufeln}$$

fallende Gerade $k < 0$

$$\qquad (15.83)$$

$$\beta_2 = 90° \Rightarrow \tan(\beta_2) = 0 \quad \Longrightarrow$$

$$\underbrace{u_2^2 - \frac{C}{\tan(\beta_2)}}_{\text{bleibt gleich}} = \text{radial endende Schaufeln}$$

waagrechte Gerade $k = 0$

$$\qquad (15.84)$$

$$\beta_2 > 90° \Rightarrow \tan(\beta_2) < 0 \quad \Longrightarrow$$

$$\underbrace{u_2^2 - \frac{C}{\tan(\beta_2)}}_{\text{wird größer}} = \text{vorwärts gekr. Schaufeln}$$

steigende Gerade $k > 0$

$$\qquad (15.85)$$

Zeichnet man sich diese Fälle auf, so folgen die Daten aus ◙ Abb. 15.13.

Vgl. mit ◙ Abb. 15.14. Setzt man $H_{th\infty} = 0$ erhält man den theoretisch maximalen Förderstrom zu:

$$H_{\text{th}\infty} = 0 = \frac{u_2}{g} \cdot \left(u_2 - \frac{\dot{V}}{D_2 \cdot \pi \cdot b_2 \cdot \tan(\beta_2)} \right)$$

$$= u_2 - \frac{\dot{V}}{D_2 \cdot \pi \cdot b_2 \cdot \tan(\beta_2)}$$

$$= u_2 \cdot D_2 \cdot \pi \cdot b_2 \cdot \tan(\beta_2) - \dot{V}$$

$$\qquad (15.86)$$

$$\dot{V}_{2,\text{max}} = u_2 \cdot D_2 \cdot \pi \cdot b_2 \cdot \tan(\beta_2). \qquad (15.87)$$

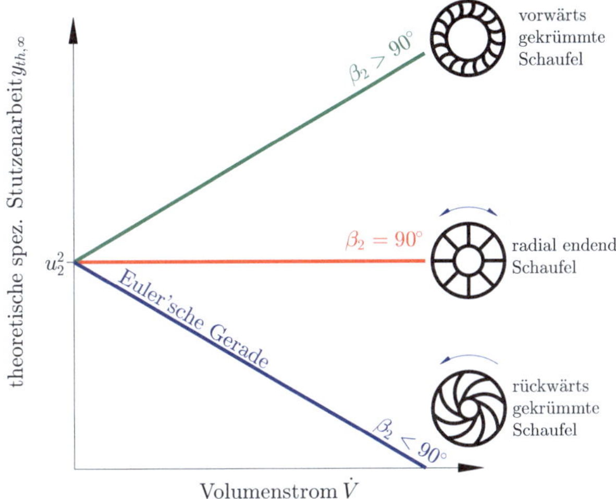

Abb. 15.13 Theoretische Drosselkurven (Euler'sche Geraden) – Einfluss des Schaufelaustrittswinkels β_2

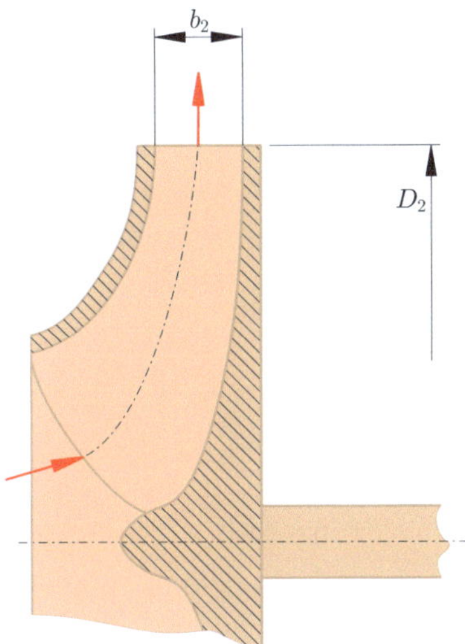

Abb. 15.14 Beispielhafter Turbinenkanal

15.7.5.2 Reale Förderhöhe (Drosselkurve) und spezifische Stutzenarbeit

Die bisher betrachtete *theoretische Förderhöhe* $H_{th,\infty}$ basiert auf der Euler'schen Hauptgleichung und berücksichtigt keine realen Verluste innerhalb der Maschine. Die *reale Förderhöhe* H_{real} (auch Drosselkurve genannt) beschreibt dagegen die tatsächlich zwischen Saug- und Druckstutzen messbare Förderhöhe und entspricht der *spezifischen Stutzenarbeit* y_{real}.

Sie ergibt sich aus der theoretischen Förderhöhe abzüglich aller relevanten Verlustterme

$$H_{real} = H_{th,\infty} - \Delta H_{Verluste}, \tag{15.88}$$

$$y_{real} = y_{th,\infty} - \Delta y_{Verluste}. \tag{15.89}$$

Die Verlustterme setzen sich aus verschiedenen Effekten zusammen:

— **Minderleistungseffekt:** Durch die endliche Schaufelzahl und Schaufeldicke weicht die tatsächliche Strömung von der idealisierten, drallfreien Zuströmung ab. Dies wird über den *Minderleistungsfaktor* μ (<1) berücksichtigt:

$$H_{th} = H_{th,\infty} \cdot \mu \qquad y_{th} = y_{th,\infty} \cdot \mu. \tag{15.90}$$

— **Kanalreibungsverluste:** In allen strömungsführenden Kanälen (Laufradkanäle, Leitgitter, Spiralgehäuse) entstehen Reibungsverluste, die stark vereinfacht analog zur Rohrreibung mit dem Quadrat der Strömungsgeschwindigkeit wachsen. Sie sind also eine Funktion der Fördermenge:

$$H_R = f(\dot{V}) \qquad y_R = f(\dot{V}). \tag{15.91}$$

— **Stoßverluste:** Auftretend am Eintritt von Laufrad und Leitrad, insbesondere *außerhalb des Auslegungspunktes*. Im Auslegungspunkt stimmen Schaufel- und Strömungswinkel exakt überein, sodass keine Stöße entstehen. Abweichungen davon verursachen Stoßverluste, die ebenfalls von der Fördermenge abhängen:

$$H_{St} = f(\dot{V}) \qquad y_{St} = f(\dot{V}). \qquad (15.92)$$

— **Spaltverluste (Leckage):** Durch den unvermeidlichen Spalt zwischen Laufradschaufel und Gehäuse entstehen Leckströme, die keine Nutzarbeit leisten. Diese Verluste führen dazu, dass die reale Drosselkurve bei $\dot{V} = 0$ nicht durch den theoretischen Wert geht, sondern um die sogenannte *theoretische Anfahrförderhöhe* H_A unterschritten wird (vgl. ■ Abb. 15.15).

Die reale Drosselkurve eines Verdichters kann somit allgemein dargestellt werden als

$$H_{\text{real}}(\dot{V}) = H_{\text{th},\infty} \cdot \mu - H_R(\dot{V})$$
$$- H_{St}(\dot{V}) - H_{Sp}(\dot{V}). \qquad (15.93)$$

In entsprechender Form gilt dies auch für die spezifische Stutzenarbeit:

$$y_{\text{real}}(\dot{V}) = y_{\text{th},\infty} \cdot \mu - y_R(\dot{V})$$
$$- y_{St}(\dot{V}) - y_{Sp}(\dot{V}). \qquad (15.94)$$

■ Abb. 15.15 zeigt die reale- im Gegensatz zur theoretischen Kennlinie.

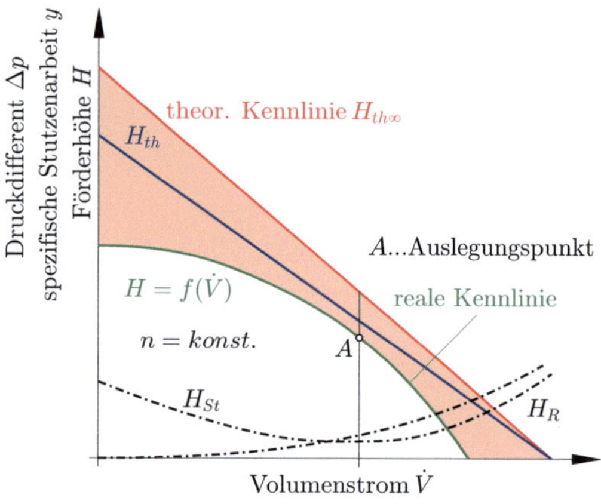

■ **Abb. 15.15**   Reale- vs. theoretische Kennlinie

15.7.6 Kennlinien-Verlauf (H-Verlauf)

Analyse anhand der Geschwindigkeitsdreiecke.

15.7.6.1 $\beta_2 < 90°$ (Rückwärtsgekrümmte Schaufel)

$$H = \frac{c_{2u} \cdot u_2 - c_{1u} \cdot u_1}{g}$$
$$\implies \quad H = f(c_{2u}) \text{ für } \alpha_1 = 90°$$
$$\text{(bei drallfreiem Eintritt)} \quad (15.95)$$

$$\dot{V} = A_2 \cdot c_{2m}$$
$$\implies \quad \dot{V} = f(c_{2m}) \text{ für } A_2 = \text{const.}$$
$$(15.96)$$

$$\dot{V}' < \dot{V}; \quad H' > H \quad \implies \quad \begin{cases} c'_{2m} < c_{2m} \\ c'_{2u} > c_{2u} \end{cases}$$
$$(15.97)$$

Vgl. mit ■ Abb. 15.16.

15.7.6.2 $\beta_2 = 90°$ (Radialschaufel)
Vgl. mit ■ Abb. 15.17.

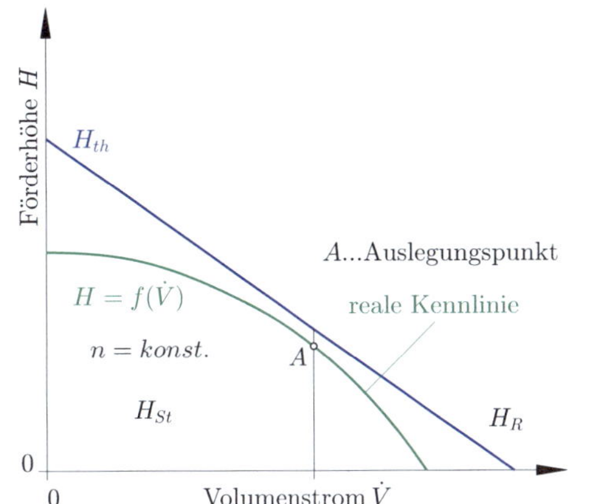

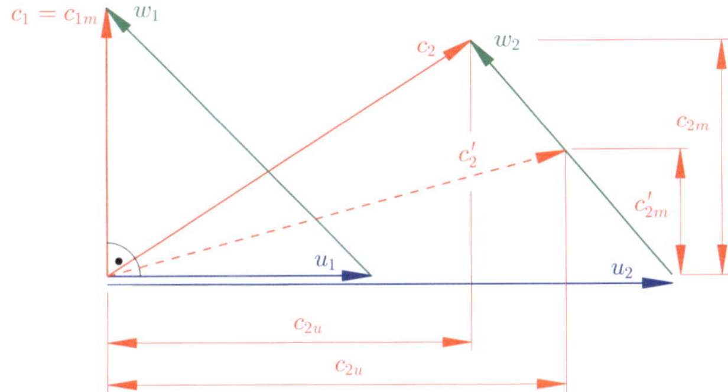

Abb. 15.16 $\beta_2 < 90°$ (rückwärtsgekrümmte Schaufel)

15.7.6.3 $\beta_2 > 90°$ (Vorwärtsgekrümmte Schaufel)

Vgl. mit **Abb. 15.18.**

Die Kennlinie eines Verdichters beschreibt den funktionalen Zusammenhang zwischen dem Förderstrom $\dot{V}$ und der Förderhöhe H. Im sogenannten Auslegungspunkt A **fallen die theoretische und die reale Kennlinie zusammen**, d. h. die idealisierte Berechnung stimmt mit den tatsächlich gemessenen Werten überein.

Ein besonderes Merkmal ist die sogenannte *Anfahrtshöhe* H_A, welche die minimale Förderhöhe beschreibt, die der Verdichter beim Anfahren – also bei Förderstrom $\dot{V} = 0$ – aufbauen kann. Diese Größe ist unabhängig vom gewählten Schaufelaustrittswinkel β_2, sofern der Anströmwinkel α_1 den Wert 90° annimmt. Unter diesen Bedingungen ergibt sich für die Anfahrts-

höhe der Ausdruck

$$H_A = \frac{u^2}{g}, \tag{15.98}$$

wobei u die Umfangsgeschwindigkeit am Laufradaustritt und g die Erdbeschleunigung bezeichnet.

Corollary 15.6

Die Anfahrtshöhe stellt somit die theoretische Förderhöhe dar, die sich allein aus der Umfangsgeschwindigkeit ergibt, und ist eine wichtige Bezugsgröße für die Beurteilung der Verdichterleistung im Teillast- und Anfahrbetrieb.

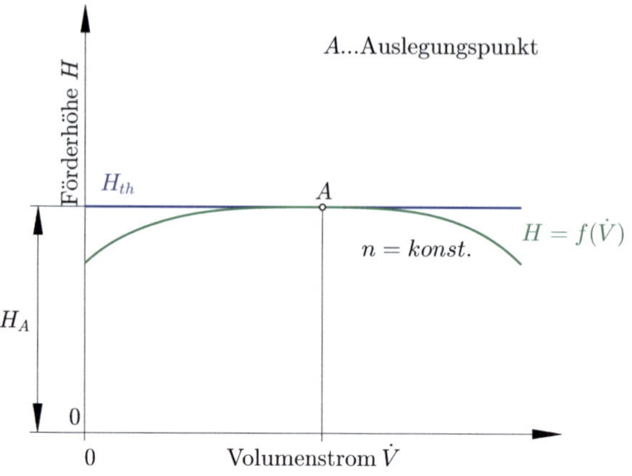

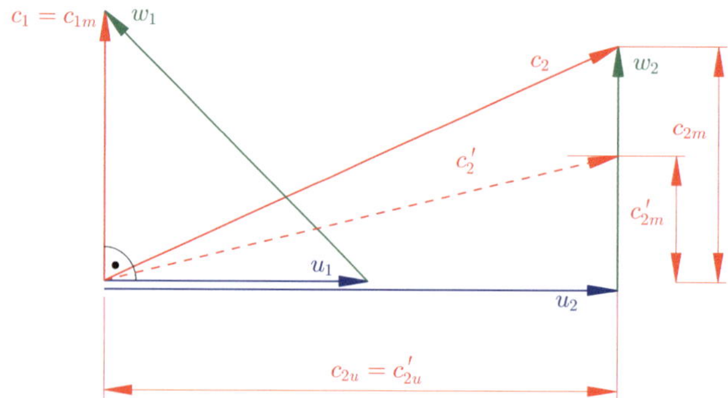

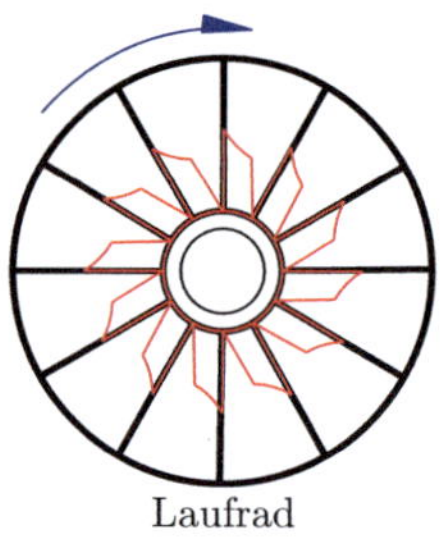

☐ **Abb. 15.17** $\beta_2 = 90°$ (Radialschaufel)

15.8 Axialverdichter

Vgl. mit ☐ Abb. 15.19. Darin bedeutet c_m... Meridiangeschwindigkeit

Bemerkung 15.7

Bei der Darstellung der Geschwindigkeitsdreiecke von Lauf- und Leitschaufeln verwendet man – abhängig vom Bezugssystem – unterschiedliche Notationen:

▬ Für die getrennte Betrachtung von Laufrad und Leitrad wird die vollständige Nummerierung 1 bis 4 verwendet.

▬ Für die vereinfachte Beschreibung einer einzelnen Stufe – insbesondere zur Definition des Druckverhältnisses – verwenden wir lediglich zwei Zustände:
  - p_1: Druck am Stufeneintritt (Eintritt ins Laufschaufelgitter)
  - p_2: Druck am Stufenaustritt (Austritt aus dem Leitschaufelgitter)

In der Literatur findet man teilweise auch eine verkürzte Zählweise von 1 bis 3, wobei der Spalt zwischen Lauf- und Leitkranz nicht separat berücksichtigt wird. Vgl. mit ☐ Abb. 15.20.

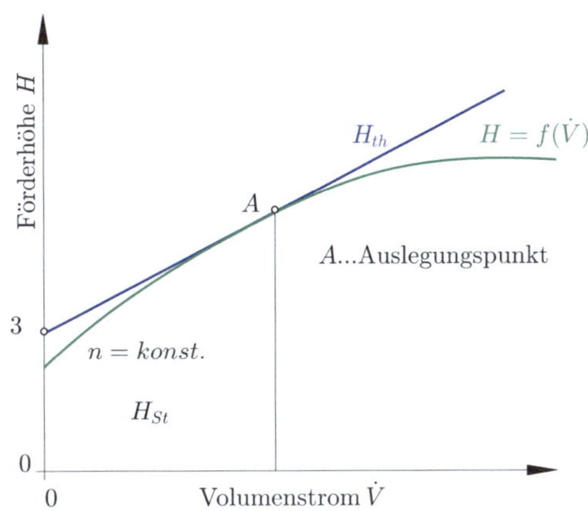

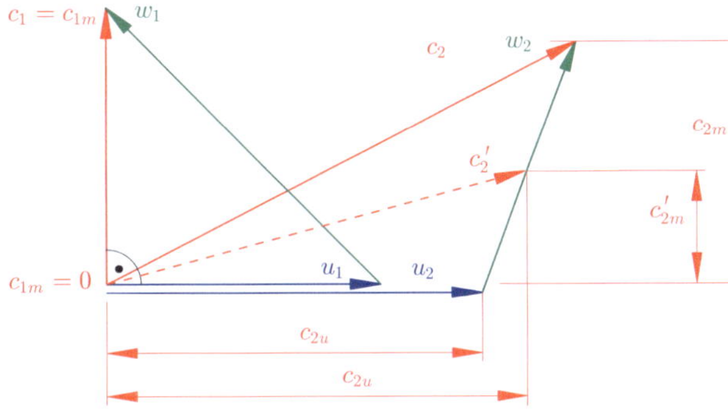

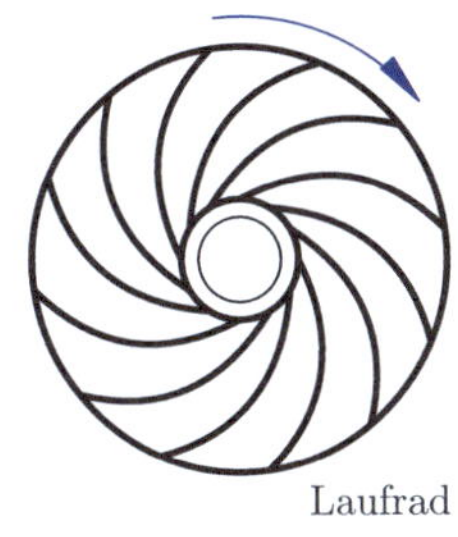

Abb. 15.18 $\beta_2 > 90°$ (vorwärtsgekrümmte Schaufel)

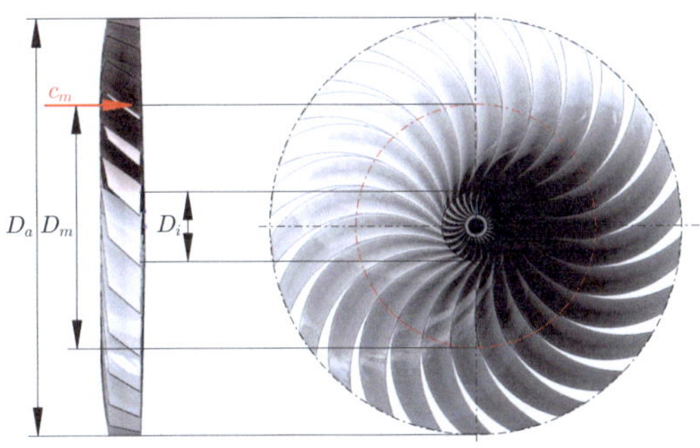

Abb. 15.19 Axialverdichter

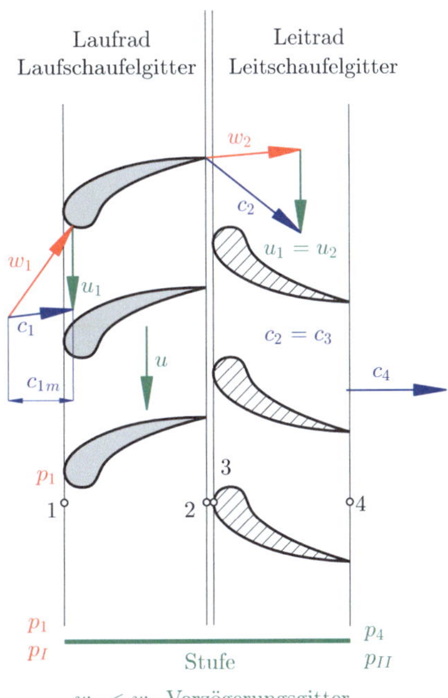

Abb. 15.20 Axialverdichter, Schaufelgitter

15.8.1 Geschwindigkeitsdreiecke

Vgl. mit ◼ Abb. 15.21.

Proposition 15.1

(Umfangsgeschwindigkeit bei einem Axial-gitter) Bei einem Axialgitter ist die Umfangs-geschwindigkeit an Eintritt und Austritt iden-tisch. Dies ergibt sich daraus, dass sowohl der Eintritts- als auch der Austrittsradius gleich ist. Somit gilt

$$u = u_1 = u_2. \tag{15.99}$$

wobei u die Umfangsgeschwindigkeit der Schaufelspitze beschreibt.

Beweis Sie ergibt sich allgemein aus der Beziehung

$$u = \omega \cdot r, \tag{15.100}$$

mit der Winkelgeschwindigkeit ω und dem Bezugsradius r. Da im Axialgitter $r_1 = r_2$ gilt, bleibt u konstant.   □

Die mittlere meridionale Geschwindigkeit c_{m2} am Austritt lässt sich aus dem Volumenstrom ableiten. Der Volumenstrom am Austritt ist definiert als

$$\dot{V}_2 = c_{m2} \cdot A_2, \tag{15.101}$$

wobei A_2 die Strömungsquerschnittsfläche am Austritt darstellt. Für eine ringförmige Strömungsfläche ergibt sich

$$A_2 = \frac{\pi}{4}\left(D_a^2 - D_i^2\right), \tag{15.102}$$

mit Außendurchmesser D_a und Innendurchmesser D_i.

Setzt man dies in die Volumenstromgleichung ein, folgt

$$c_{m2} = \frac{\dot{V}_2}{\frac{\pi}{4}\left(D_a^2 - D_i^2\right)}. \tag{15.103}$$

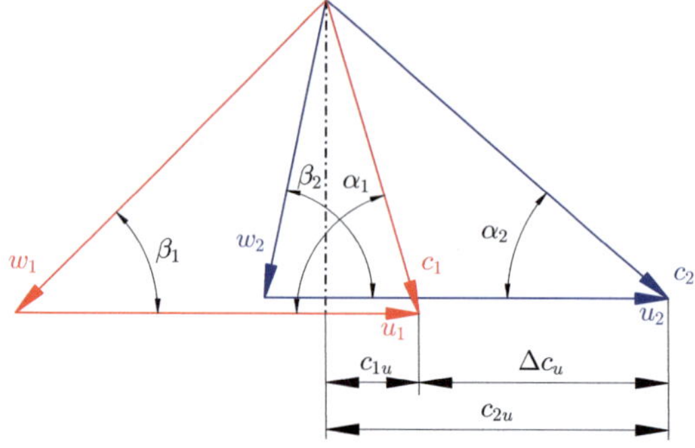

◼ **Abb. 15.21** Geschwindigkeitsdreieck – Axialverdichter

In realen Anwendungen wird die Geschwindigkeit mithilfe eines Korrekturfaktors k_2 berücksichtigt, welcher Effekte wie Nichtgleichförmigkeit der Strömung und Schaufelblockage beschreibt. Somit gilt allgemein

$$c_{m2} = \frac{\dot{V}_2}{\frac{\pi}{4}\left(D_a^2 - D_i^2\right)} \cdot k_2. \tag{15.104}$$

Die fundamentale Beziehung zwischen Strömung und übertragener Energie ergibt sich aus der Euler'schen Turbomaschinengleichung. Der Umfangskraftfluss (Tangentialimpulsänderung) wird über die Massenstrombilanz beschrieben als

$$F_u = \dot{m}(c_{2u} - c_{1u}), \tag{15.105}$$

wobei c_{1u} und c_{2u} die Umfangskomponenten der Absolutgeschwindigkeit am Eintritt bzw. Austritt sind.

Die von der Schaufel übertragene Leistung ergibt sich durch Multiplikation mit der Umfangsgeschwindigkeit u:

$$P_u = u \cdot \dot{m}(c_{2u} - c_{1u}). \tag{15.106}$$

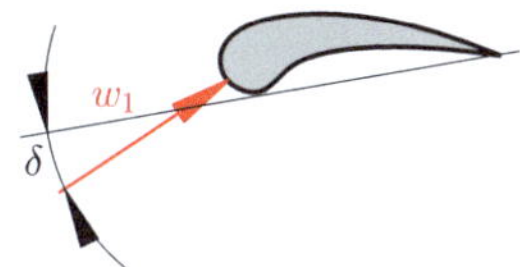

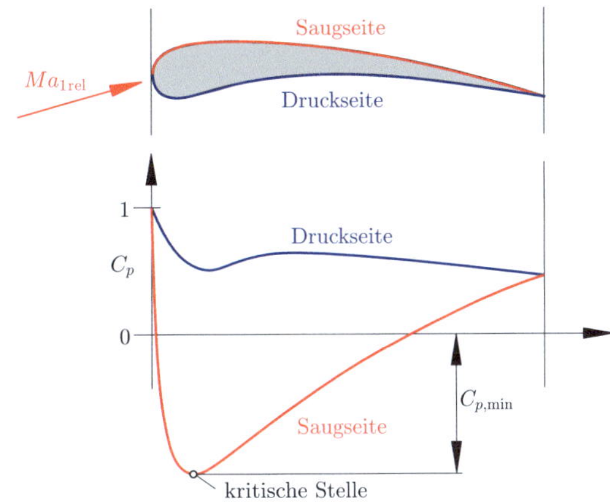

Abb. 15.22 Anström- oder Anstellwinkel, δ

Abb. 15.23 Saug- und Druckseite inkl. der Druckverteilung bei einem Schaufelprofil, in Anl. an [3]

Corollary 15.7

Diese Gleichung zeigt, dass die übertragene Leistung proportional zur Umfangsgeschwindigkeit, dem Massenstrom sowie der Änderung der Umfangskomponente der Strömungsgeschwindigkeit ist.

Beim Axialverdichter entfällt die durch die Radialströmung geprägte Fliehkraftwirkung innerhalb der Beschaufelung nahezu vollständig. Stattdessen erfolgt die Energiewandlung im Wesentlichen durch die aerodynamische Wechselwirkung zwischen Leit- und Laufschaufeln, die als tragflügelähnliche Profile ausgeführt sind (vgl. **Abb. 15.22**).

Die Strömung wird dabei nicht wie beim Radialverdichter stark umgelenkt, sondern erfährt eine vergleichsweise geringe Richtungs- und Geschwindigkeitsänderung zwischen Ein- und Austritt der einzelnen Schaufelreihen. Daraus ergibt sich, dass das Stufendruckverhältnis Π eines Axialverdichters deutlich kleiner ist als das eines Radialverdichters. Typische Werte liegen im Bereich

$$\Pi_{S_t} = 1{,}1 \text{ bis } 1{,}2 \qquad (15.107)$$

wobei in Sonderfällen auch Werte bis etwa

$$\Pi_{S_t} \approx 1{,}5 \qquad (15.108)$$

erreicht werden können. Das Stufendruckverhältnis wird definiert als

$$\Pi_{S_t} = \frac{p_2}{p_1}; \qquad (15.109)$$

mit p_1 als Totaldruck am Stufeneintritt und p_2 als Totaldruck am Stufenaustritt.

Für die Praxis bedeutet dies, dass zur Erzielung höherer Gesamtdruckverhältnisse beim Axialverdichter eine mehrstufige Bauweise erforderlich ist. Während beim Radialverdichter oft schon mit einer einzigen Stufe ein hohes Druckverhältnis erreicht werden kann, werden bei Axialverdichtern eine Vielzahl von Stufen hintereinandergeschaltet, um Gesamtdruckverhältnisse von $\Pi \geq 30$ zu erzielen, wie sie etwa in modernen Strahltriebwerken erforderlich sind.

Abb. 15.23 zeigt die qualitative und quantitative Druck- sowie Geschwindigkeitsverteilung über einem Verdichterschaufelprofil.

Die Form der Druck- und Geschwindigkeitsverteilung wird in erster Linie durch die Profilgeometrie (Wölbung, Dickenverteilung, Profiltiefe) sowie den Anströmwinkel beeinflusst. Änderungen dieser Parameter wirken sich unmittelbar auf den Auftriebs- und Widerstandsbeiwert der Schaufel aus, was wiederum die erreichbare Druckerhöhung und den Wirkungsgrad der gesamten Stufe bestimmt.

Zur genaueren Beschreibung dieser Verteilungen kann auf die Prandtl-Glauert-Regel zurückgegriffen werden, die den Einfluss der Kompressibilität der Strömung berücksichtigt. Für den lokalen Druckbeiwert C_p gilt

$$(C_p)\text{kompressibel} = \frac{(C_p)\text{inkompressibel}}{\sqrt{1 - Ma_{1,\mathrm{rel}}^2}}. \qquad (15.110)$$

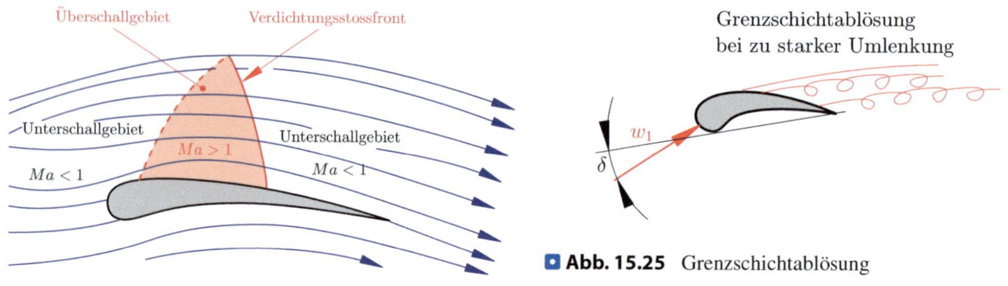

Abb. 15.24 Überschallströmung

Abb. 15.25 Grenzschichtablösung

Dabei bezeichnet $Ma_{1,\mathrm{rel}}$ die relative Machzahl der Anströmung am Profil.

Diese Korrektur ist insbesondere in Bereichen mit mittleren bis hohen Strömungsgeschwindigkeiten von großer Bedeutung, wie sie in Verdichterstufen häufig auftreten. Mit steigender Machzahl wächst der Einfluss der Kompressibilität, was zu einer Verstärkung der Druckschwankungen entlang des Profils führt. Überschallnahe Strömungen können lokale Stoßwellen auslösen, die wiederum zu Erhöhungen der Verlustleistung und im ungünstigen Fall zu Strömungsablösungen führen.

Auch bei einem Unterschallprofil (Subsonic-Profil) kann es lokal zur Ausbildung von Überschallströmungen auf der Schaufeloberseite kommen (vgl. **Abb. 15.24**). Ursache hierfür ist die Beschleunigung des Gases entlang der Saugseite des Profils, die lokal zu Mach-Zahlen größer als 1 führen kann. Solche Erscheinungen sind insbesondere bei hohen Umfangsgeschwindigkeiten und ausgeprägter Profilwölbung von Bedeutung.

Das Gas strömt mit der Absolutgeschwindigkeit c_1 auf das Laufrad, wodurch sich zusammen mit der Umfangsgeschwindigkeit u_1 die relative Anströmgeschwindigkeit w_1 ergibt. Innerhalb des Laufrads erfolgt eine Umlenkung und Verzögerung der relativen Geschwindigkeit, sodass am Laufradaustritt $w_2 < w_1$ vorliegt. Da die Verdichterbeschaufelung grundsätzlich als Verzögerungsgitter wirkt, entsteht durch diese Strömungsverzögerung ein Druckanstieg im Laufrad.

Das Strömungsfeld tritt anschließend mit der Absolutgeschwindigkeit c_2 in die Leitschaufeln ein. Dort erfolgt ebenfalls eine moderate Umlenkung, die wiederum eine Verzögerung der Strö-

mungsgeschwindigkeit und damit einen weiteren Druckanstieg im Leitrad bewirkt.

Damit dieser Prozess effizient verläuft, ist es entscheidend, dass die Umlenkung in Leit- und Laufschaufeln nur geringfügig erfolgt. Zu starke Umlenkungen führen zu hohen Beschleunigungen, was die Ausbildung lokaler Überschallzonen, das Entstehen von Stoßwellen sowie eine Verdickung der Grenzschicht begünstigt. Dies kann in der Folge zu Strömungsablösungen führen, die sowohl die Stabilität der Verdichterkennlinie als auch den Gesamtwirkungsgrad deutlich beeinträchtigen. Vgl. mit **Abb. 15.25**.

Die Förderhöhe einer Axialverdichterstufe ist im Vergleich zu einer Radialstufe bei gleicher Umfangsgeschwindigkeit deutlich geringer. Dies liegt daran, dass im Axialverdichter die Strömung überwiegend parallel zur Wellenachse geführt wird und die Druckerhöhung pro Stufe entsprechend kleiner ausfällt. Gleichzeitig entfallen jedoch die aufwendigen Umlenkeinrichtungen zwischen den Stufen, wie sie bei Radialmaschinen erforderlich sind. Dadurch sind die Strömungsverluste durch Umlenkung im Axialverdichter merklich reduziert.

Ein weiterer Vorteil liegt im Wirkungsgrad: Bei optimaler Auslegung kann der Axialverdichter einen bis zu 10 % höheren Wirkungsgrad erreichen als eine vergleichbare Radialmaschine bei identischen Betriebsdaten. Diese Überlegenheit zeigt sich jedoch vor allem im Bereich großer Förderströme. Nimmt der Massenstrom ab, so verkürzen sich die Schaufeln. Damit wächst der relative Einfluss der Kanalwandverluste, wodurch der Wirkungsgrad absinkt und sich demjenigen von Radialverdichtern annähert. Der wirtschaftlich sinnvolle Einsatz des Axialverdichters beginnt daher typischerweise erst bei sehr hohen Massenströmen von über $60.000 \,\mathrm{m}^3/\mathrm{h}$.

Die Flugtriebwerksindustrie ist der wichtigste Treiber für die Weiterentwicklung dieser Technologie. Da moderne Triebwerke hinsichtlich Wirkungsgrad, Leistungsgewicht und Betriebsverhalten stetig verbessert werden müssen, steht der Axialverdichter im Zentrum der Entwicklungsarbeit. In einem typischen Strahltriebwerk nimmt er allein etwa die Hälfte der gesamten Baulänge ein. Auch in anderen Bereichen des thermischen Strömungsmaschinenbaus – etwa in stationären Gasturbinen oder großen Industriekompressoren – verfolgt man das Ziel, die Leistungsdichte zu erhöhen und die Verluste zu minimieren.

Die konsequente Weiterentwicklung führt zwangsläufig zu einer Steigerung der Strömungs- und Umfangsgeschwindigkeiten. Dabei werden in modernen Verdichtern häufig Überschallgeschwindigkeiten in den Schaufelkanälen erreicht, was neue Herausforderungen an die Profilgestaltung (Stoßwellenkontrolle, Grenzschichtstabilität) mit sich bringt.

Durch diese Fortschritte konnte in den vergangenen Jahrzehnten das mittlere Stufendruckverhältnis von Axialverdichtern deutlich gesteigert werden. Während ältere Bauarten nur Druckverhältnisse von etwa $\Pi_{St} \approx 1{,}2$ erreichten, ermöglichen moderne Entwicklungen Werte von 1,5 und darüber. In Kombination mit der Mehrstufigkeit sind damit Gesamtdruckverhältnisse von über 30 realisierbar – ein wesentlicher Faktor für die Effizienz moderner Strahltriebwerke.

15.8.2 Typen von Axialverdichtern

Zunächst gelten für die Schallgeschwindigkeit und die Machzahlen die bekannten Gleichungen, gem.:

$$M_{\text{abs}} = \frac{c}{a} \quad \dots \text{für Leiträder} \tag{15.111}$$

$$M_{\text{rel}} = \frac{w}{a} \quad \dots \text{für Laufräder} \tag{15.112}$$

bzw.

$$a = \sqrt{\kappa \cdot R \cdot T} \quad \dots \text{Schallgeschwindigkeit.} \tag{15.113}$$

Vgl. mit ◨ Abb. 15.26. Auf der Ordinate ist der Radius r aufgetragen, auf der Abszisse die Machzahl Ma.

Unterschieden wird zwischen:

- der **absoluten Machzahl** Ma_{abs} (rot) → Geschwindigkeit bezogen auf das stationäre Bezugssystem,
- der **relativen Machzahl** Ma_{rel} (schwarz) → Geschwindigkeit relativ zur Laufschaufel.

Je nach Bauart und Betriebsweise ergeben sich charakteristische Machzahlverteilungen:

15.8.2.1 Unterschallverdichter (Subsonic-Verdichter)

- **Merkmale:** Sowohl die absolute als auch die relative Geschwindigkeit bleiben im gesamten Strömungsfeld unterhalb der Schallgeschwindigkeit.
- **Verlauf:**
  - $Ma_{\text{rel},1}$ steigt mit dem Radius an, da die Umfangsgeschwindigkeit $u = \omega r$ zunimmt.
  - $Ma_{\text{abs},2}$ sinkt leicht ab und bleibt ebenfalls <1.
- **Bedeutung:**
  - Strömung überall **subsonisch**, keine Stoßwellen.
  - Verluste gering, Auslegung und Betrieb unkritisch.
  - Begrenztes Stufendruckverhältnis.

15.8.2.2 Transsonikverdichter

- **Merkmale:** Lokale Beschleunigung auf Überschall, anschließende Abbremsung durch Stoßwellen.
- **Verlauf:**
  - $Ma_{\text{rel},1}$ steigt mit Radius stark an und erreicht Werte nahe 1 oder leicht darüber.
  - $Ma_{\text{abs},2}$ überschreitet lokal Mach 1 (z. B. Saugseite) und fällt stromab wieder unter 1 ab.
- **Bedeutung:**
  - Typisch für moderne Hochleistungsverdichter.
  - Höheres Stufendruckverhältnis ($\Pi_{S_t} \approx 1{,}5$).
  - Stoßwellenverluste und Stabilitätsprobleme möglich.

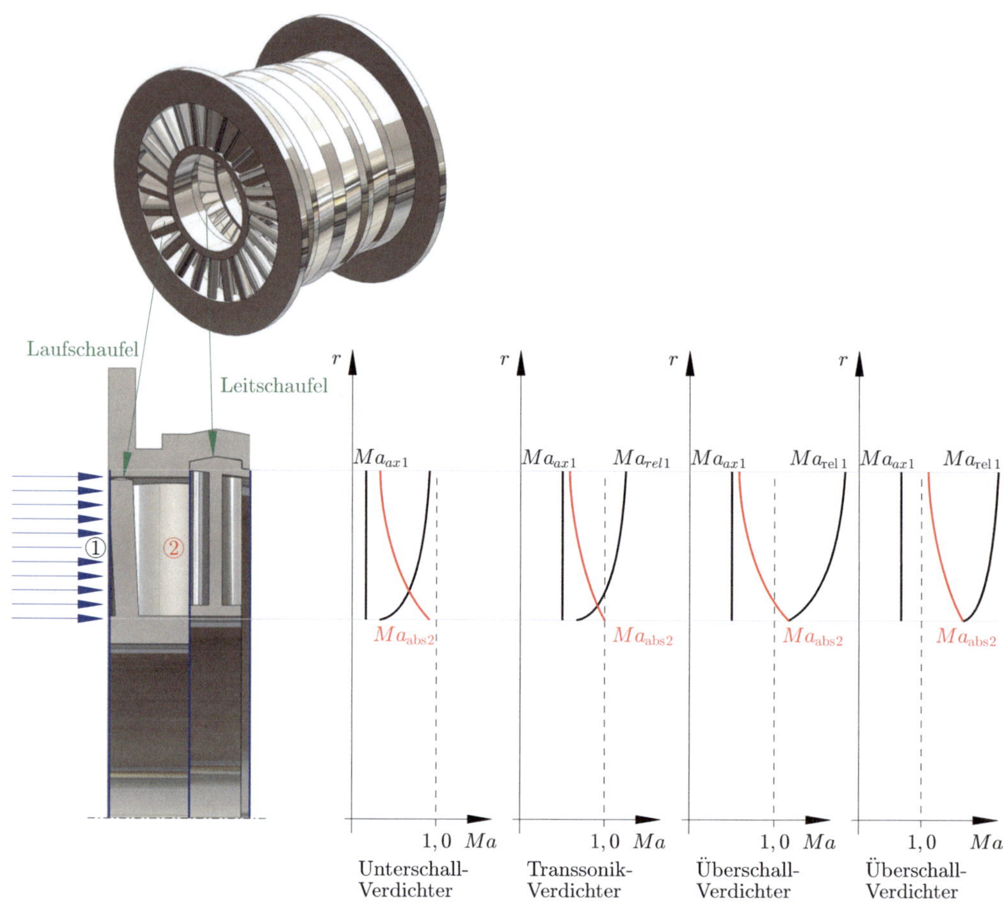

Abb. 15.26 Subsonik-, Transsonik-, und Sonik-Verdichter, in Anl. an [3]

15.8.2.3 Überschallverdichter (teilüberschall)

- **Merkmale:** Die absolute Geschwindigkeit erreicht über weite Bereiche Überschall.
- **Verlauf:**
  - $Ma_{rel,1}$ liegt deutlich >1.
  - $Ma_{abs,2}$ ebenfalls >1, fällt jedoch lokal durch Stoßwellen ab.
- **Bedeutung:**
  - Übergang zwischen transsonisch und vollüberschall.
  - Hohe Stoßwellenverluste, instabiler Betrieb.

15.8.2.4 Reiner Überschallverdichter

- **Merkmale:** Strömung vollständig im Überschallbereich.

- **Verlauf:**
  - $Ma_{rel,1}$ bleibt für alle Radien >1.
  - $Ma_{abs,2}$ ebenfalls durchgehend >1.
- **Bedeutung:**
  - Extreme Verluste durch Stoßwellen und Instabilitäten.

15.8.2.5 Übersicht
Vgl. mit **Tab. 15.2.**

15.8.3 Leistungsdichte von Axialverdichter

Tab. 15.3 zeigt exemplarisch die Entwicklung der **Axialverdichter** anhand dreier militärischer Strahltriebwerke aus den Jahren 1952 (J79), 1969 (RB 199) und 1999 (EJ 200). Die dargestellten Parameter verdeutlichen, wie sich

▪ Tab. 15.2 Vergleich der Verdichtertypen nach Machzahlverlauf, Vor- und Nachteilen

Verdichtertyp	Ma_{rel}	Ma_{abs}	Vorteile	Nachteile
Subsonik	<1	<1	Robust, geringe Verluste	Begrenztes Druckverhältnis
Transsonik	≈1	Lokal >1, dann <1	Hohe Drucksteigerung	Stoßwellenverluste
Teilw. Überschall	>1	>1, lokal reduziert	Höhere Druckverhältnisse	Hohe Verluste, instabil
Rein Überschall	>1	>1		

▪ Tab. 15.3 Vergleich der Leistungsdichte von Axialverdichtern, gem. [3]

Parameter	J79 (1952)	RB 199 (1969)	EJ 200 (1999)
Stufenzahl	17	12	8
Gesamtdruckverhältnis	12,5	23	24
Mittleres Stufendruckverhältnis	1,16	1,30	1,49
Mittlere Stufentemperatursteigerung [K]	21	42	65
Mittlere Umfangsgeschwindigkeit [m/s]	255	350	425

durch konstruktive und aerodynamische Verbesserungen die **Leistungsdichte** dieser Maschinen erheblich gesteigert hat.

15.8.3.1 J79 (1952)

Frühe Nachkriegsentwicklung, noch mit sehr vielen Stufen und geringer Stufenausnutzung. Niedrige Umfangsgeschwindigkeiten erlaubten einen sicheren Betrieb ohne Stoßwellenprobleme, führten jedoch zu einer geringen Leistungsdichte.

15.8.3.2 RB 199 (1969)

Durch gesteigerte Umfangsgeschwindigkeit und optimierte Schaufelprofile konnte das Gesamt-

druckverhältnis bei gleichzeitig reduzierter Stufenzahl fast verdoppelt werden. Die mittlere Stufenausnutzung stieg deutlich an, wodurch der Verdichter kompakter und leichter wurde.

15.8.3.3 EJ 200 (1999)

Neueste Generation mit extrem kompaktem Aufbau. Trotz nur 8 Stufen wird ein Gesamtdruckverhältnis von 24 erreicht. Die sehr hohe mittlere Umfangsgeschwindigkeit führt lokal zu transsonischen und teilweise supersonischen Strömungsbereichen. Damit verbunden sind Herausforderungen hinsichtlich **Stoßwellenkontrolle**, **Grenzschichtstabilisierung** und **Werkstoffbelastung**.

15.8.4 Gleichungen, Berechnung

15.8.4.1 Umfangskraft

$$F_u = \dot{m} \cdot (c_{2u} - c_{1u}) \quad \text{in [N]} \ldots \text{Impulssatz} \tag{15.114}$$

15.8.4.2 Umfangsleistung

$$P_u = \dot{m} \cdot u \cdot (c_{2u} - c_{1u}) \quad \text{in [W]} \tag{15.115}$$

15.8.4.3 Spezifische Umfangsleistung

$$y_{th\infty} = \frac{P_u}{\dot{m}} = u \cdot (c_{2u} - c_{1u}) \quad \text{in} \quad \left[\frac{\text{J}}{\text{kg}} = \frac{\text{m}^2}{\text{s}^2} \right] \tag{15.116}$$

15.8.4.4 Umfangsgeschwindigkeit

$$u_1 = u_2 = u \tag{15.117}$$

15.8.4.5 Förderhöhe

$$H_{th\infty} = \frac{y_{th\infty}}{g} = \frac{u}{g} \cdot (c_{2u} - c_{1u}) \quad \text{in} \left[\underbrace{\text{mGS}}_{m \text{ Gassäule}} \right] \tag{15.118}$$

15.8.4.6 Druckdifferenz

$$\Delta p = \rho_m \cdot u \cdot (c_{2u} - c_{1u}) \quad \text{in [Pa]} \quad (15.119)$$

15.9 Kennzahlen

15.9.1 Druckzahl ψ

$$\psi = \frac{Y}{\frac{u^2}{2}} = \frac{2g \cdot H}{u^2} \qquad (15.120)$$

15.9.2 Durchflusszahl φ

$$\varphi = \frac{\dot{V}}{\frac{D^2 \pi}{4} \cdot u} = \frac{\dot{V}}{\frac{D^2 \pi}{4} \cdot D \cdot \pi \cdot n} \qquad (15.121)$$

oder auch

$$\varphi' = \frac{c_m}{u}. \qquad (15.122)$$

Es ist auch sinnvoll, anstelle von $c_m = \dot{V}/\frac{D^2 \cdot \pi}{4}$ mit D als Laufradaußendurchmesser zu schreiben.

15.9.3 Leistungszahl λ

$$\lambda = \frac{\varphi \cdot \psi}{\eta} = \frac{8 \cdot P}{D^5 \cdot n^3 \cdot \pi^4 \cdot \varrho}$$

$$\text{bei Arbeitsmaschinen} \qquad (15.123)$$

15.9.4 Laufzahl σ

$$\sigma = \frac{\varphi^{1/2}}{\psi^{3/4}} \qquad (15.124)$$

Ausgedrückt durch n, $\dot{V}$ und Y ergibt sich

$$\sigma = n \cdot \frac{\sqrt{\dot{V}}}{(2 \cdot Y)^{3/4}} \cdot 2 \cdot \sqrt{\pi}. \qquad (15.125)$$

15.9.5 Spezifische Drehzahl n_q

$$n_q = n \cdot \frac{\sqrt{\dot{V}}}{H^{3/4}} \qquad (15.126)$$

oder:

$$\sigma = \frac{n_q}{157{,}8}. \qquad (15.127)$$

Spezifische Drehzahl n_q ist die Drehzahl einer geometrisch ähnlichen Strömungsmaschine mit dem Volumenstrom $\dot{V} = 1\,\frac{\text{m}^3}{\text{s}}$ und der Fall- bzw. Förderhöhe $H = 1\,\text{m}$:

$n_q \ldots$ spezifische Drehzahl in min^{-1}

$n \ldots$ Drehzahl in min^{-1}

$\dot{V} \ldots$ Volumenstrom in m^3/s

$H \ldots$ Fall-bzw. Förderhöhe in m

(siehe ◘ Tab. 15.4)

15.9.6 Durchmesszahl δ

$$\delta = \frac{\psi^{1/4}}{\varphi^{1/2}} = D \cdot \sqrt[4]{\frac{2 \cdot Y}{\dot{V}^2}} \frac{\sqrt{\pi}}{2} \qquad (15.128)$$

◘ **Tab. 15.4** Typische Werte für die Laufzahl und die spez. Drehzahl in Abhängigkeit der Radform

Radform	Laufzahl σ	spez. Drehzahl n_q
Radialrad	0,06–0,32	10–50 min^{-1}
Diagonalrad	0,25–1,0	40–160 min^{-1}
Axialrad	0,8–2,5	125–400 min^{-1}

Im Vergleich dazu der spezifische Durchmesser D_q für die Laufzahl σ, spezifische Drehzahl n, Durchmesserzahl δ und spezifischer Durchmesser D_q:

$$D_q = D \cdot \frac{H^{1/4}}{\dot{V}^{1/2}} \quad \delta = 1{,}865 \cdot D_q. \quad (15.129)$$

Sie beziehen sich üblicherweise auf die Optimalwerte, d. h. auf den Auslegungspunkt der Maschine ($=$ bei optimalem Wirkungsgrad)

15.10 Instabiles Verhalten von Verdichtern

Das Betriebsverhalten von Verdichtern lässt sich anhand der sogenannten **Drosselkurve** charakterisieren.

Unter **stabilem Verhalten** versteht man eine eindeutige Zuordnung zwischen Förderstrom $\dot{V}$ und der vom Verdichter erbrachten Förderhöhe H, dem Druckanstieg Δp oder der dimensionslosen Druckzahl ψ. Mathematisch bedeutet dies, dass die Kurve $H = f(\dot{V})$, $\Delta p = f(\dot{V})$ bzw. $\psi = f(\varphi)$ für jeden Betriebspunkt nur einen eindeutigen Wert liefert und stetig verläuft.

Im stabilen Bereich fällt die Kennlinie vom Förderhöchstwert H_0 bei $\dot{V} = 0$ (Betriebspunkt bei geschlossenem Volumenstrom) kontinuierlich bis auf $H = 0$ bei $\dot{V} = \dot{V}_{\max}$ ab. Der Verdichter kann somit ohne Mehrdeutigkeit betrieben werden, und es existiert für jede Betriebsbedingung ein eindeutiger stationärer Arbeitspunkt.

Ein wichtiges Kriterium für die Beurteilung des Stabilitätsverhaltens ist die **Steilheit der Drosselkurve**. Diese beschreibt, wie stark die Förderhöhe mit abnehmendem Volumenstrom ansteigt.

Nach DIN 1944 unterscheidet man:
- **Flache Drosselkurve**

$$\frac{\dot{V}}{H} \cdot \frac{\Delta H}{\Delta \dot{V}} < 0{,}2. \quad (15.130)$$

Hier nimmt die Förderhöhe bei Reduzierung des Volumenstroms nur langsam zu. Der Verdichter reagiert vergleichsweise unkritisch auf Schwankungen der Last, weist aber ein größeres Risiko für instationäre Erscheinungen wie Pumpen auf.
- **Steile Drosselkurve**

$$\frac{\dot{V}}{H} \cdot \frac{\Delta H}{\Delta \dot{V}} > 0{,}2. \quad (15.131)$$

In diesem Fall steigt die Förderhöhe bei abnehmendem Volumenstrom deutlich stärker an. Der Arbeitspunkt ist stabiler, da kleine Änderungen im Volumenstrom sofort mit deutlichen Druckänderungen beantwortet werden.

Durch diese Definition ist die Beurteilung der Steilheit unabhängig von der gewählten Skalierung der Koordinatenachsen und ermöglicht einen **standardisierten Vergleich verschiedener Verdichterkennlinien**.

Bedeutung für die Stabilität

Die Form der Drosselkurve ist unmittelbar mit der **Strömungsstabilität im Verdichter** verknüpft:
- Flache Kurven begünstigen instationäre Phänomene wie **Pumping** oder **Surge**, da sich mehrere mögliche Arbeitspunkte ausbilden können.
- Steile Kurven hingegen wirken stabilisierend, sind aber in der Praxis oft mit größeren Strömungsverlusten verbunden.

15.10.1 Instabile Drosselkurve

Im Gegensatz zur stabilen Drosselkurve, bei der jeder Förderstrom $\dot{V}$ einem eindeutigen Druck- oder Förderhöhenwert zugeordnet ist, können bei instabilen Drosselkurven mehrdeutige Arbeitspunkte auftreten. Dies führt in der Praxis zu instationären Strömungsphänomenen wie Pumpen oder Rotating Stall. Abhängig von der Geometrie und der Strömungsführung lassen sich verschiedene charakteristische Formen instabiler Drosselkurven unterscheiden:
- **Einfach instabile Drosselkurve** In diesem Fall steigt die Kennlinie bei kleinen Volu-

menströmen zunächst mit wachsendem Förderstrom $\dot{V}$ bis zu einem Maximum an. Anschließend fällt sie auf dem stabilen Ast kontinuierlich ab, bis bei $\dot{V} = \dot{V}_{max}$ die Förderhöhe gegen null geht. Diese Form der Kennlinie ist typisch für **Radialmaschinen**, da dort die Strömung aufgrund der Umlenkung und Fliehkraftwirkung bei kleinen Förderströmen eine Überhöhung des Druckanstiegs erzeugen kann.

- **Sattelförmige Drosselkurve** Bei dieser Form sinkt die Kurve zunächst mit steigendem Förderstrom $\dot{V}$ ab, erreicht ein Minimum und steigt anschließend bis zu einem charakteristischen **Sattelpunkt S** wieder an. Jenseits dieses Punktes verläuft die Kennlinie wie gewohnt monoton fallend bis zum maximalen Förderstrom. Solche Verläufe treten typischerweise bei **Axialverdichtern**, **Radialventilatoren mit Trommelläufern** ($\beta_2 > 90°$, vorwärts gekrümmte Schaufeln) sowie bei **Querstromventilatoren** auf. Die Ursache liegt in komplexen Strömungswechselwirkungen zwischen Schaufelgitter und Sekundärströmungen, die zu einer Zwischenstabilisierung im Bereich kleiner bis mittlerer Förderströme führen.

- **Strömungsabriss, Pumpgrenze, Betriebsgrenze oder *Rotating Stall*** Dieser Effekt tritt vorwiegend bei **Axialverdichtern**, aber auch bei **Radialverdichtern** und **Radialventilatoren** auf. Mit zunehmender Drosselung kommt es an einzelnen Schaufeln oder Schaufelgruppen zum **Strömungsabriss**, wodurch der Verdichter lokal seine Förderfähigkeit verliert.

  – Beim **einfachen Strömungsabriss** entsteht ein abrupter Übergang in einen instabilen Betriebsbereich, wobei die Kennlinie direkt in eine Pumpkurve übergeht.

  – Bei Kennlinien mit **Hysteresebereich** zeigt sich ein deutlich ausgeprägtes nicht lineares Verhalten: Nach Erreichen der Pumpgrenze folgt ein instationärer Betrieb mit wechselnden Strömungsrichtungen (teilweise Rückströmung), bevor sich bei steigender Förderstromrichtung wieder ein stabiler Ast einstellt.

> **Definition 15.2 (Rotating Stall)**
>
> Der Begriff **Rotating Stall** beschreibt hierbei eine rotierende, wandernde Ablösezone, die sich mit einer bestimmten Geschwindigkeit entlang des Schaufelkranzes bewegt und dadurch Druck- und Drehmomentpulsationen hervorruft.

Entscheidend für die genaue Form der Drosselkurve ist auch, ob die Drosselung **saugseitig** oder **druckseitig** erfolgt, da dies die Strömungsverteilung im gesamten Verdichter beeinflusst.

> **Bemerkung 15.8**
> Turboarbeitsmaschinen dürfen nur im stabilen Bereich der Drosselkurve betrieben werden!

15.10.2 Formen von Drosselkurven

15.10.2.1 Stabile Drosselkurve

- Abb. 15.27 zeigt den klassischen, stabilen Verlauf einer Verdichterkennlinie.
- Bei geschlossenem Drosselorgan ($\dot{V} = 0$) erreicht die spezifische Stutzarbeit ihr Maximum y_0.
- Mit zunehmender Öffnung der Drossel steigt der Volumenstrom an, die Förderhöhe nimmt jedoch stetig ab, bis sie bei $\dot{V}_{max}$ gegen null geht.

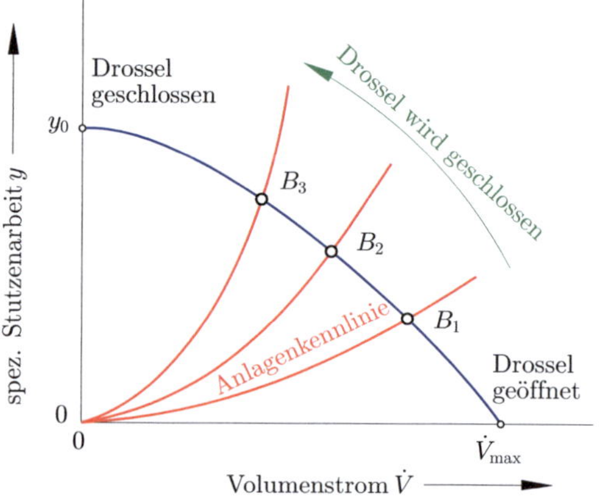

Abb. 15.27 Stabile Drosselkurve

— Die Betriebspunkte B_1, B_2 und B_3 kennzeichnen unterschiedliche Lastzustände auf der Anlagenkennlinie.

Damit liegt für jeden Volumenstrom ein eindeutiger Druckwert vor – der Betrieb ist **stabil**.

15.10.2.2 Flache und steile Drosselkurve

In ◘ Abb. 15.28 wird der Einfluss der Steilheit der Kennlinie dargestellt:

— Eine **flache Drosselkurve** ($\Delta y / \Delta \dot{V}$ klein) bedeutet, dass die Druckänderung bei einer Änderung des Förderstroms gering ist. Dies erhöht die Gefahr instabiler Betriebszustände wie Pumpen.

— Eine **steile Drosselkurve** ($\Delta y / \Delta \dot{V}$ groß) weist eine deutliche Druckänderung bei Volumenstromschwankungen auf und ist daher stabiler.

Die Unterscheidung erfolgt unabhängig von der Skalierung der Achsen nach DIN 1944 anhand des dimensionslosen Steilheitsparameters.

15.10.2.3 Instabile Drosselkurve (einfach instabil)

In ◘ Abb. 15.29 steigt die spezifische Stutzarbeit zunächst mit zunehmendem Volumenstrom an, bis ein Maximum (Scheitelpunkt S) erreicht ist. Danach folgt ein monoton fallender Verlauf bis $\dot{V}_{\max}$.

— Der Bereich links vom Scheitelpunkt S ist instabil: hier existieren keine stationären Arbeitspunkte.

— Diese Form tritt typischerweise bei **Radialmaschinen** auf.

15.10.2.4 Instabile Drosselkurve (sattelförmig)

In ◘ Abb. 15.30 fällt die Kennlinie zunächst ab, steigt anschließend wieder bis zu einem lokalen Maximum im Sattelpunkt S an und verläuft danach monoton fallend.

— Für Volumenströme $\dot{V} < \dot{V}_S$ befindet sich der Verdichter im instabilen Bereich, für $\dot{V} > \dot{V}_S$ im stabilen Bereich.

— Diese sattelförmige Kennlinie ist charakteristisch für **Axialverdichter**, **Radialventilatoren mit vorwärts gekrümmten Schaufeln** ($\beta_2 > 90°$) sowie für **Querstromventilatoren**.

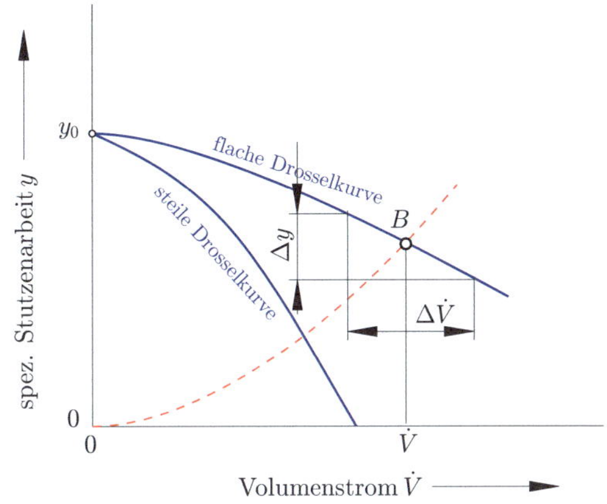

◘ **Abb. 15.28** Flache u. steile Drosselkurve

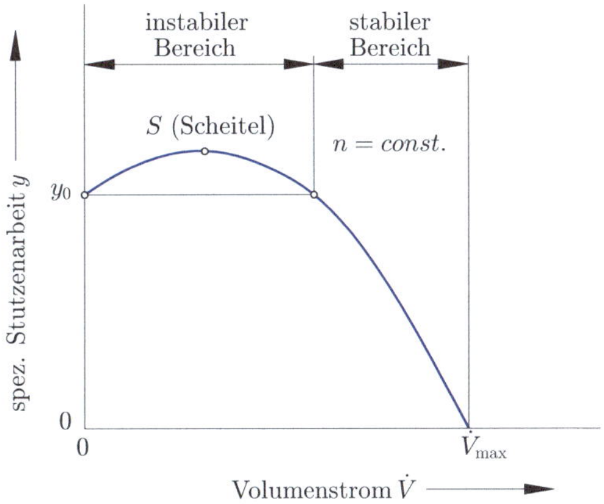

◘ **Abb. 15.29** Instabile Drosselkurve 1

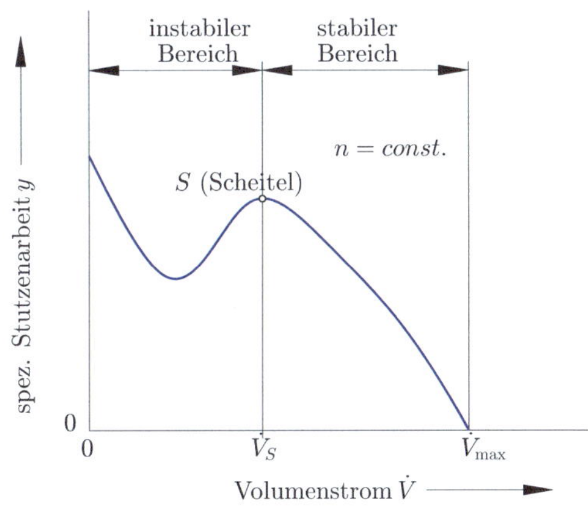

◘ **Abb. 15.30** Instabile Drosselkurve 2

Die Ursache liegt in komplexen Wechselwirkungen der Schaufelgitterströmung, die zu einer Zwischenstabilisierung im mittleren Förderstrombereich führen.

15.10.3 Pumpen beim Radialverdichter

Unter **Pumpen** versteht man ein instationäres, pulsierendes Förderverhalten von Kreiselmaschinen, das sich durch periodische Schwankungen von Volumenstrom, Druck und Förderhöhe äußert.

Dieses Phänomen tritt auf, wenn die Maschine weniger Gas abgeben kann, als sie im Auslegungspunkt fördert. Die Ursache liegt in einer instabilen Strömung, die zum wiederholten Wechsel zwischen Vorwärts- und Rückströmung führt.

15.10.3.1 Mechanismus des Pumpens

Wird der Volumenstrom bei konstanter Drehzahl n reduziert, so verschiebt sich der Betriebspunkt entlang der Verdichterkennlinie in Richtung kleiner Fördermengen.

1. Zunächst steigt der Druck in der Anlage, bis das Druckmaximum im Punkt 2 der Kennlinie erreicht ist.
2. Wird der Gasentnahme weiter verringert, fällt der Druck im Verdichter und anschließend in der gesamten Anlage ab. In extremen Fällen strömt das Gas sogar rückwärts über den Verdichter ins Freie.
3. Aufgrund der kinetischen Energie der rückwärts strömenden Gassäule wird der instabile Punkt 1′ erreicht. Von dort beginnt der Verdichter erneut Gas anzusaugen.
4. Durch die kinetische Energie der wieder einsetzenden Vorwärtsströmung wird das Druckmaximum im Punkt 2 rasch überwunden, der Betriebspunkt springt auf Punkt 3 (mit gleicher Förderhöhe wie Punkt 1) und kann sich sogar bis über den Auslegungspunkt A hinaus verschieben.
5. Wird das Gas im Betriebspunkt 3 oder im Auslegungspunkt A nicht abgenommen, wiederholt sich dieser Zyklus.

Die Frequenz dieser Pulsationen hängt stark vom **Speichervermögen der Anlage** (Leitungs-volumen, Sammelbehälter, Kompressorgehäuse) ab: Je geringer das Speichervermögen, desto schneller und ausgeprägter erfolgt der Pumpvorgang.

15.10.3.2 Folgen des Pumpens

Das Pumpen ist eine hochdynamische Erscheinung, die zu erheblichen mechanischen und aerodynamischen Belastungen führt:

- starke Druck- und Strömungspulsationen,
- Erschütterungen und Vibrationen der Antriebsmaschine und des Verdichters,
- erhöhte thermische und mechanische Beanspruchung der Lagerung,
- Gefahr von Schaufelbrüchen durch wechselnde Strömungslasten.

Ein längerer Betrieb im Pumpbereich kann daher zu schweren Maschinenschäden führen.

15.10.3.3 Pumpgrenze und Abhilfemaßnahmen

Die Kennlinie des Verdichters weist bei verschiedenen Drehzahlen jeweils eine charakteristische **Pumpgrenze** auf. Diese beschreibt die minimale Fördermenge $\dot{V}_{min}$, unterhalb derer stabiler Betrieb nicht mehr möglich ist.

Zur Vermeidung des Pumpens werden unterschiedliche Maßnahmen eingesetzt:

- **Ausblaseventile**: Sie leiten überschüssiges Gas ins Freie ab, sodass der Förderstrom nicht unter eine kritische Grenze $\dot{V}_4$ absinkt.
- **Bypass-Leitungen**: Statt Gas in die Umgebung abzugeben, wird es vom Verdichteraustritt wieder auf die Saugseite zurückgeführt – dies ist insbesondere bei giftigen oder umweltschädlichen Gasen notwendig.
- **Drehzahlregelung**: Durch Anpassung der Rotordrehzahl lässt sich die Lage der Pumpgrenze verschieben und an den aktuellen Förderbedarf anpassen.
- **Variable Leitschaufeln oder Rezirkulationsklappen**: Moderne Verdichter nutzen oft verstellbare Strömungsführungen, um Pumpgrenzen aktiv hinauszuschieben.

Abb. 15.31 zeigt den prinzipiellen Aufbau eines Ausblasesystems: Ein Ausblaseventil ist an den Sammelbehälter angeschlossen und öffnet bei drohender Instabilität, um überschüssiges Gas kontrolliert abzuführen.

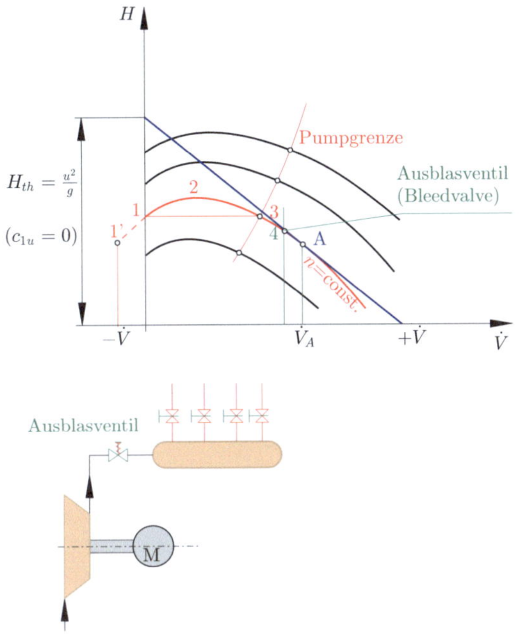

◘ Abb. 15.31 Pumpgrenze

15.10.4 Abreißen beim Axialverdichter

Unter dem **Abreißen der Strömung** versteht man bei Axialverdichtern ein instationäres Strömungsphänomen, das in seiner Wirkung mit dem **Pumpen** bei Radialverdichtern vergleichbar ist, jedoch andere Ursachen und Erscheinungsformen aufweist. Es tritt auf, wenn der Förderstrom $\dot{V}$ unter eine kritische Grenze abgesenkt wird und die Strömung nicht mehr in der Lage ist, den Schaufelkanal stabil zu durchströmen.

Wird der Förderstrom $\dot{V}$ verringert, so reduziert sich die Meridiangeschwindigkeit c_m. Dadurch verkleinert sich der Eintrittswinkel β_1 der Strömung in das Laufrad, während der Anströmwinkel δ zunimmt. Erreicht die Strömung den kritischen Abreißwinkel, kommt es zu **lokalen Grenzschichtablösungen** an den Schaufelprofilen. Die Folge sind Wirbelbildungen, die die Strömungspassage einschnüren und den Strömungsverlauf zusätzlich verschlechtern. In den nachfolgenden Schaufeln steigt der Anströmwinkel weiter an, während er bei den in Umfangsrichtung vorgelagerten Schaufeln wieder kleiner wird. Dieses instabile Gleichgewicht

führt dazu, dass das Abreißgebiet nicht ortsfest bleibt, sondern sich entlang des Schaufelkranzes verlagert.

Charakteristisch ist das sogenannte **rotierende Abreißen**. Hierbei wandert die Abreißzone entgegengesetzt zur Hauptströmungsrichtung mit etwa 30–50 % der Umfangsgeschwindigkeit u um den Verdichter. Aus diesem Grund wird das Phänomen auch als *Rotating Stall* bezeichnet. Dieses wandernde Strömungsabrissmuster führt zu erheblichen radialen und tangentialen Druckschwankungen, die den Verdichter belasten und unter Umständen Schaufelvibrationen bis hin zu strukturellen Schäden hervorrufen können.

Die Lokalisierung des Abreißens hängt stark von der **Betriebsdrehzahl** ab:

- **Unterhalb der Nenndrehzahl** (z. B. beim Anlauf) wird in den letzten Verdichterstufen nicht der notwendige Enddruck erreicht. Die Dichte ϱ der Strömung sinkt, und das Durchflussvolumen $\dot{V}$ verringert sich. Unter diesen Bedingungen tritt das Abreißen bevorzugt in den **ersten Stufen** des Verdichters auf.
- **Oberhalb der Nenndrehzahl** steigt der erreichbare Enddruck, die Strömungsdichte nimmt zu, und die Meridiangeschwindigkeit c_{2m} am Austritt wird kleiner. Dadurch vergrößert sich der Anströmwinkel δ, und die Gefahr des Abreißens verlagert sich in die **letzten Stufen** des Verdichters.

Das Abreißen beim Axialverdichter markiert somit eine wesentliche Betriebsgrenze. Während ein Pumpvorgang in der gesamten Maschine zu periodischem Rückstrom führt, ist das Abreißen durch örtlich begrenzte, wandernde Strömungsstörungen charakterisiert. Für den sicheren Betrieb müssen deshalb konstruktive und regelungstechnische Maßnahmen getroffen werden, etwa durch **verstellbare Leitschaufeln, Entlastungsventile** oder eine **angepasste Regelstrategie**, um den Arbeitspunkt von der Abreißgrenze fernzuhalten. Vgl. mit ◘ Abb. 15.32.

Die grundlegende Beziehung zwischen Massenstrom $\dot{m}$, Volumenstrom $\dot{V}$ und Dichte ϱ lautet:

$$\underbrace{\dot{m}}_{\frac{kg}{s}} = \underbrace{\dot{V}}_{\frac{m^3}{s}} \cdot \underbrace{\varrho}_{\frac{kg}{m^3}}$$

$$\dot{m} \cdot v = \dot{V}, \qquad \dot{m} \cdot \frac{1}{\varrho} = \dot{V} \qquad (15.132)$$

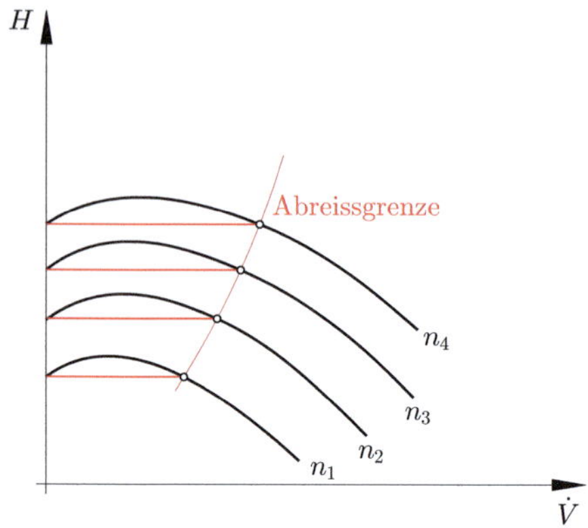

Abb. 15.32 Abreissgrenze

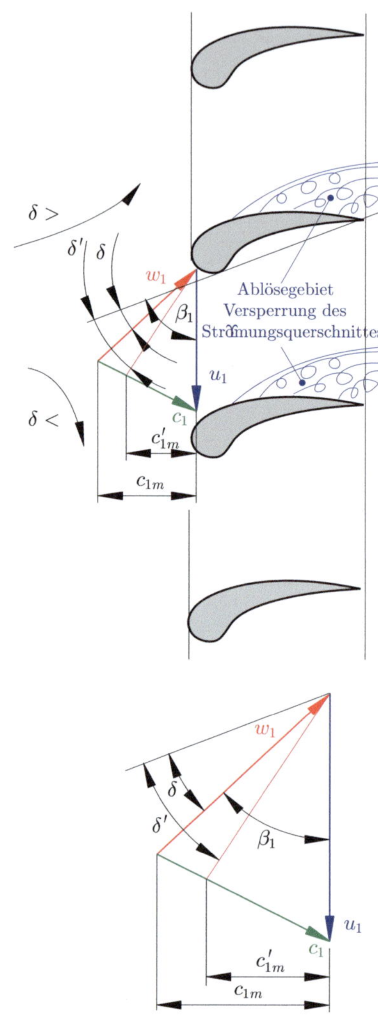

Abb. 15.33 Strömungsabriss bei Axialgitter

Hierbei ist $v = \frac{1}{\varrho}$ das **spezifische Volumen**. Bei gegebener Fördermenge führt eine höhere Dichte zu einem größeren Massenstrom, während eine verringerte Dichte den Massenstrom reduziert.

Gerade beim Anlauf des Axialverdichters ist die Gasdichte ϱ aufgrund des noch nicht aufgebauten Gesamtdrucks relativ gering. Dies kann dazu führen, dass der Massenstrom $\dot{m}$ in den ersten Stufen zu klein wird und es dort zu Strömungsabrissen kommt. Um dies zu vermeiden, werden **Ausblaseventile (Bleedvalves)** oder **Bypassströmungen** eingesetzt. Sie sorgen dafür, dass während des Anlaufs ein künstlich erhöhter Volumenstrom $\dot{V}$ durch den Verdichter strömt. Dadurch wird der effektive Massenstrom stabilisiert und die Abreißgrenze in einen höheren Volumenstrombereich verschoben. Das Ventil schließt erst bei Erreichen einer bestimmten Drehzahl, sodass der Verdichter anschließend im stabilen Betriebsbereich weiterläuft.

Wird der Förderstrom $\dot{V}$ verringert, sinkt die Meridiangeschwindigkeit c_{1m}. Dadurch wird der Anströmwinkel δ größer ($\delta \to \delta'$). Die relative Eintrittsgeschwindigkeit w_1 schließt dann nicht mehr mit dem Schaufelwinkel überein, sondern ergibt einen veränderten Eintrittswinkel β'_1. Diese Fehlanströmung führt zu Strömungsablösungen auf der Schaufeloberfläche.

Wie im oberen Zeichnung in **Abb. 15.33** erkennbar ist, bilden sich bei zu großem Anströmwinkel Ablösegebiete auf der Saugseite der Schaufel. Diese Wirbelzonen **versper-**

ren den Strömungsquerschnitt und führen zu einem erhöhten Druckverlust. Der wirksame Durchströmungsquerschnitt verringert sich, wodurch sich der Strömungsabriss selbst verstärkt.

Der Prozess des Abreißens verläuft nicht stationär, sondern breitet sich in Umfangsrichtung aus: In nachfolgenden Schaufeln wird der Anströmwinkel δ weiter vergrößert, während er in den davorliegenden Schaufeln wieder kleiner wird. Dadurch wandert die Ablösezone entlang der Schaufelkränze und rotiert typischerweise mit etwa 30 bis 50 % der Umfangsgeschwindigkeit u. Diese Erscheinung wird als **rotierendes Abreißen (Rotating Stall)** bezeichnet.

Corollary 15.8

- Bei geringen Förderströmen im Teillast- oder Anfahrbetrieb tritt das Abreißen bevorzugt in den ersten Stufen auf, da die Gasdichte niedrig und die Meridiangeschwindigkeit c_m stark reduziert ist.
- Bei Betrieb oberhalb der Nenndrehzahl verlagert sich die Abreißgrenze in die hinteren Stufen, da durch den höheren Enddruck die Dichte ϱ steigt und damit die Meridiangeschwindigkeit c_{2m} abnimmt, wodurch der Anströmwinkel δ zunimmt.

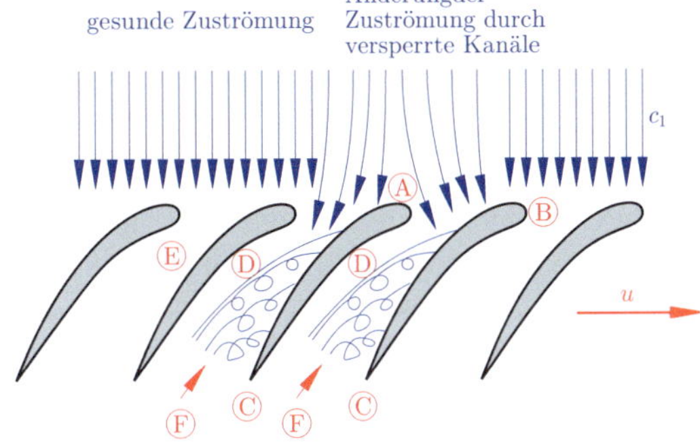

Ⓐ Ⓑ …Schaufeln mit abgelöster Strömung
Ⓒ …Wirbel an der Schaufelsaugseite
Ⓓ …Versperrung des Schaufelkanals
Ⓔ …Schaufe lmit gesunder Strömung
Ⓕ …Rückströmung im gestörten Schaufelkanal

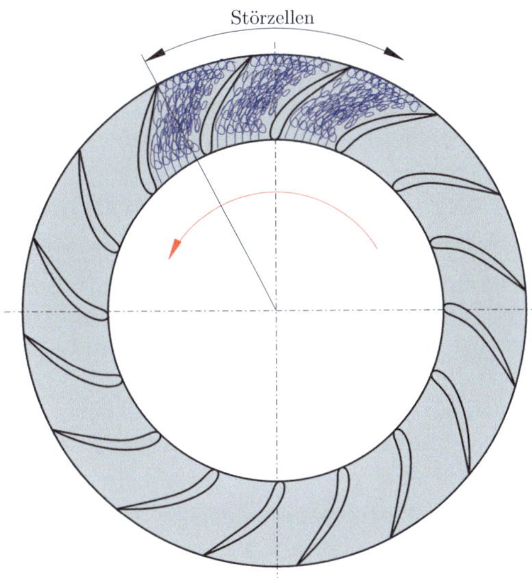

■ **Abb. 15.34** Strömungsabriss (**Rotating Stall**) im axialen und im radialen Laufrad (W.Bohl, W. Elmendorf Strömungsmaschinen 1)

■ Abb. 15.34 verdeutlicht die Entstehung und Ausbreitung von Strömungsstörungen im Axialverdichter. Diese Erscheinung wird als **rotierendes Abreißen (Rotating Stall)** bezeichnet und tritt auf, wenn einzelne Schaufelkanäle aufgrund einer ungünstigen Anströmung oder zu geringer Förderströme in den instabilen Bereich geraten.

Auf der oberen Seite von ■ Abb. 15.34 findet man den Strömungsverlauf innerhalb eines Schaufelgitters:

- **A, B:** Schaufeln mit abgelöster Strömung. Auf der Saugseite bilden sich Ablösegebiete, die zu Wirbelbildung und Energieverlusten führen.
- **C:** Entstehung von Wirbeln an der Schaufelsaugseite. Diese Wirbel verdrängen die Hauptströmung und reduzieren den wirksamen Durchströmungsquerschnitt.
- **D:** Durch die abgelöste Strömung kommt es zur **Versperrung des Schaufelkanals**, wodurch die Strömung im betroffenen Bereich stark behindert wird.
- **E:** Schaufeln mit ungestörter, gesunder Strömung. Hier bleibt die Relativströmung w_1 an die Schaufelgeometrie angepasst, sodass keine Ablösung auftritt.
- **F:** In den gestörten Kanälen bildet sich eine **Rückströmung**, die sogar entgegen der Hauptströmungsrichtung verlaufen kann.

Das Zusammenspiel aus abgelösten und ungestörten Strömungsbereichen führt dazu, dass sich lokale Störungen nicht auf einzelne Schaufeln beschränken, sondern die benachbarten Kanäle beeinflussen.

Auf der unteren Seite von ■ Abb. 15.34 findet man die **räumliche Ausdehnung** dieser Störzonen über den gesamten Verdichterumfang. Die Ablöse- und Rückströmungsgebiete fassen sich zu sogenannten **Störzellen** zusammen. Diese wandern in Umfangsrichtung mit etwa 30 bis 50 % der Umfangsgeschwindigkeit u und überlagern die normale Strömung.

15.11 Bauartmerkmale von Verdichtern

15.11.1 Radialverdichter

Radialverdichter werden bevorzugt dort eingesetzt, wo **Zwischenkühlungen** erforderlich sind, insbesondere bei höheren Druckverhältnissen. Die Zwischenkühler sind meist unmittelbar an **Leitdiffusoren** angeordnet, die neben der Strömungsumlenkung auch eine Verzögerungsfunktion übernehmen und somit den Druckaufbau ermöglichen. Da die Umlenkung bei relativ geringen Strömungsgeschwindigkeiten erfolgt, bleiben die Druckverluste in akzeptablen Grenzen.

Das Gehäuse wird in der Regel in **Achslage** geteilt. Ab Enddrücken von etwa 50 bar wird häufig die **Topfbauweise** gewählt, um eine höhere Festigkeit und Dichtheit zu gewährleisten.

15.11.1.1 Einstufige Radialverdichter

Die geringe Dichte des Fördermediums erfordert zur Erreichung hoher spezifischer Stutzenarbeit **große Umfangsgeschwindigkeiten**. Dies führt zu einer entsprechend hohen Fliehkraftbeanspruchung der Laufschaufeln. Um die rotierenden Massen zu reduzieren, werden bevorzugt **offene Laufräder ohne Deckscheibe** eingesetzt.

Frühe Ausführungen besaßen rein radiale Schaufeln ($\beta_2 = 90°$). Da diese ausschließlich Zugbeanspruchung und keine Biegebeanspruchung erfahren, sind sie für höchste Umfangsgeschwindigkeiten (bis ca. 540 m/s) geeignet. Moderne Verdichter verwenden dagegen meist **rückwärts gekrümmte Schaufeln**, die bessere Kennlinienformen und höhere Wirkungsgrade ermöglichen.

> **Bemerkung 15.9**
> Rückwärts gekrümmte Schaufeln können zusätzlich mit Deckscheiben versehen werden, um die **Biegesteifigkeit** zu erhöhen.

Zur Strömungsführung werden den Laufrädern Leitdiffusoren nachgeschaltet, entweder in Form eines Leitschaufelkranzes oder als schaufelloser **Ringkanal**. Während Leitschaufeln einen besseren Volllastwirkungsgrad erzielen, ist der schaufellose Ringdiffusor robuster gegenüber Betriebszustandsänderungen.

Die Laufräder sind in der Regel **fliegend gelagert**, sodass nur eine Wellendichtung erforderlich ist.

15.11.1.2 Mehrstufige Radialverdichter

Mehrstufige Radialverdichter ähneln im Aufbau mehrstufigen Kreiselpumpen. Da das spezifische Volumen des Gases mit fortschreitender Verdichtung abnimmt, werden die Abmessungen der nachfolgenden Stufen kleiner. Besonders in Kombination mit Zwischenkühlungen ergibt sich eine deutliche Reduzierung der Stufengröße.

15.11.1.3 Möglichkeiten der Abmessungsanpassung

Für die Anpassung der Stufenabmessungen bestehen zwei Ansätze:

- Skalierung aller Abmessungen im gleichen Verhältnis $\Rightarrow$ die Stufenkennzahlen φ und ψ bleiben konstant.
- Beibehaltung des Laufradaußendurchmessers bei gleichzeitiger Reduktion der Austrittsbreite $\Rightarrow$ Durchflusszahl φ und Schnellläufigkeit σ nehmen stufenweise ab.

Dabei besitzen die meisten Laufräder Deckscheiben. Offene Laufräder sind vor allem in den ersten Stufen üblich.

15.11.1.4 Achsschubausgleich

Um die axialen Schubkräfte zu kompensieren, kommen zwei Konzepte zum Einsatz:

- **Back-to-Back-Anordnung der Laufräder** Vorteile: Vermeidung von Spaltverlusten durch Ausgleichskolben. Nachteile: Komplexerer Aufbau, Restkräfte bleiben für bestimmte Betriebszustände $\Rightarrow$ kräftig dimensionierte Axiallager erforderlich.
- **Ausgleichskolben** Vorteile: Einfachere Bauweise. Nachteile: Höhere Spaltverluste, die den Wirkungsgrad beeinträchtigen.

15.11.1.5 Getriebe-Radialverdichter

Diese Bauart besteht typischerweise aus zwei bis sechs Radialstufen, die fliegend an ein gemeinsames Getriebe montiert sind. Meist werden offene Laufräder (ohne Deckscheiben) verwendet. Zwischen den Stufen erfolgt eine Zwischenkühlung.

Der große Vorteil liegt in der **Drehzahlanpassung der einzelnen Stufen**, wodurch trotz unterschiedlicher Volumina jede Stufe mit einer günstigen Schnellläufigkeit betrieben werden kann.

15.11.2 Axialverdichter

Axialverdichter sind konstruktiv ähnlich aufgebaut wie Dampf- oder Gasturbinen in Trommelbauweise. Das Gehäuse ist in der Regel **längsgeteilt**, die Leitschaufeln werden direkt im Gehäuse oder in speziellen Leitschaufelträgern montiert.

Bei stationären Verdichteranlagen erfolgt die Zu- und Abströmung senkrecht zur Maschinenachse, wobei eine strömungsgünstige Gestaltung zur Minimierung von Verlusten beiträgt.

Mit zunehmendem Volumenstrom überwiegen die Vorteile des Axialverdichters gegenüber dem Radialverdichter:

- **höhere Schnellläufigkeit** $\Rightarrow$ günstig für den Antrieb durch Dampf- oder Gasturbinen,
- **einfachere Strömungsführung** ohne Umlenkkanäle,
- **höhere Wirkungsgrade** (3–8 % über Radialverdichtern).

Nachteilig ist die geringere Eignung für Zwischenkühlungen, da die Strömung durch Ein- und Austrittsverluste gestört wird. Zwischenkühlungen sind dennoch sinnvoll bei hohen Enddrücken und mehrgehäusiger Bauweise, wenn das Arbeitsmedium ohnehin zwischen den Gehäusen austritt.

15.11.3 Wellendichtungen

Wie bei allen thermischen Strömungsmaschinen erfolgt die Abdichtung zwischen Gehäuse und rotierenden Bauteilen in der Regel durch **Labyrinthdichtungen**.

Bei **brennbaren, giftigen oder sehr kostspieligen Gasen** reicht diese Abdichtung jedoch nicht aus. In solchen Fällen ist ein vollständiger,

gasdichter Abschluss gegenüber der Umgebung erforderlich, der durch spezielle Dichtungssysteme (z. B. Sperrgasdichtungen) realisiert wird.

15.12 Regelungsarten

Zur Anpassung des Verdichters an unterschiedliche Betriebsbedingungen stehen verschiedene Regelungsverfahren zur Verfügung. Ziel ist es, den Förderstrom, den Druckaufbau und die Leistungsaufnahme flexibel an den Bedarf der Anlage anzupassen und gleichzeitig instabilen Betrieb (Pumpen, Strömungsabriss) zu vermeiden.

Die Wahl der geeigneten Regelungsart hängt von der Bauart des Verdichters, dem Arbeitsmedium, den geforderten Betriebsbereichen sowie von wirtschaftlichen Gesichtspunkten ab.

15.12.1 Saugdrosselregelung (Suction throttling)

Bei der Saugdrosselregelung wird am Verdichtereintritt eine Drosselklappe eingesetzt, die den Förderstrom reduziert. Dadurch sinken die Eintrittsdrücke und die Massendurchsätze. Das Verfahren ist konstruktiv einfach und kostengünstig, führt jedoch zu einem deutlichen Effizienzverlust, da der Verdichter weiterhin nahezu die gleiche Arbeit verrichtet, jedoch weniger nutzbare Förderleistung bereitstellt.

- **Vorteile:** einfache Konstruktion, geringer Investitionsaufwand.
- **Nachteile:** schlechte Energieeffizienz, Strömungsverluste durch Drosselung.
- **Einsatz:** kleinere Anlagen oder Hilfsverdichter, bei denen Energieverbrauch nachrangig ist.

15.12.2 Drehzahlregelung (Speed variation)

Bei der Drehzahlregelung wird die Rotordrehzahl des Verdichters verändert. Dies geschieht entweder über verstellbare Getriebe, Frequenzumrichter (bei Elektromotorantrieben) oder über veränderbare Turbinenleistung (bei Turbinenantrieben). Da Förderstrom, Druckverhältnis und Leistungsaufnahme stark von der Drehzahl abhängen, lässt sich der Betriebsbereich flexibel anpassen.

- **Vorteile:** hohe Energieeffizienz, breite Regelcharakteristik, direkte Anpassung der Pumpgrenze.
- **Nachteile:** höherer technischer Aufwand, zusätzliche Kosten für Regelaggregate (z. B. Frequenzumrichter).
- **Einsatz:** große stationäre Anlagen, bei denen der Energieverbrauch entscheidend ist.

15.12.3 Eintrittsleitschaufelregelung (Adjustable inlet guide vane control)

Hierbei werden verstellbare Leitschaufeln vor dem Laufrad angeordnet. Sie beeinflussen den Eintrittswinkel der Strömung und somit die Relativgeschwindigkeit an den Laufschaufeln. Dadurch kann der Verdichterstrom wirksam reduziert werden, ohne dass übermäßige Drosselverluste entstehen. Zusätzlich wird eine Drehbewegung der Strömung erzeugt, die das Arbeitsfeld des Verdichters verändert.

- **Vorteile:** bessere Effizienz im Teillastbetrieb als bei Saugdrosselung, gezielte Beeinflussung der Strömung.
- **Nachteile:** aufwendigere Mechanik, zusätzlicher Wartungsbedarf.
- **Einsatz:** häufig bei Axialverdichtern und größeren Radialverdichtern.

15.12.4 Nachleitschaufelregelung (Adjustable diffuser vane control)

Bei dieser Regelungsart befinden sich die verstellbaren Leitschaufeln hinter dem Laufrad im Diffusorbereich. Durch Veränderung der Geometrie des Diffusors wird die Umwandlung der kinetischen Energie in Druckenergie beeinflusst. So kann der Kennlinienverlauf des Verdichters im Teillastbereich verbessert werden.

- **Vorteile:** zusätzliche Stabilisierung der Kennlinie, Verschiebung der Pumpgrenze, Verbesserung des Wirkungsgrades in bestimmten Betriebspunkten.
- **Nachteile:** hohe konstruktive Komplexität, weniger wirksam als Eintrittsleitschaufeln bei starker Laständerung.
- **Einsatz:** in modernen Verdichtern zur Feinregelung und zur Kennlinienoptimierung.

15.13 Übungen

Übungsbeispiel 15.1

Was ist die Hauptaufgabe eines Turboverdichters?

Lösung

Die kontinuierliche Verdichtung (Kompression) von Gasen nach dem dynamischen Prinzip.

Übungsbeispiel 15.2

Worin unterscheidet sich ein Turboverdichter von einer Verdrängermaschine?

Lösung

Beim Turboverdichter erfolgt die Energieübertragung auf das Gas durch Strömung, während Verdrängermaschinen das Gas mechanisch verdrängen.

Übungsbeispiel 15.3

Welches Bauteil ist das zentrale Element eines Turboverdichters?

Lösung

Das beschaufelte Laufrad (Rotor).

Übungsbeispiel 15.4

Welche Energieformen nimmt das Gas im Laufrad auf?

Lösung

Kinetische Energie (Geschwindigkeit), innere Energie (Temperatur) und statische Energie (Druck).

Übungsbeispiel 15.5

Welche Aufgabe hat das Leitelement (Diffusor)?

Lösung

Es verzögert die Strömung gezielt, wodurch kinetische Energie in Druckenergie umgewandelt wird.

Übungsbeispiel 15.6

Warum eignen sich Turboverdichter besonders für große Volumenströme?

Lösung

Weil sie kontinuierlich durchströmt werden und dadurch eine gleichmäßige Verdichtung und einen ruhigen Betrieb ermöglichen.

Übungsbeispiel 15.7

Warum sind Turboverdichter mechanisch weniger belastet als Kolbenverdichter?

Lösung

Weil sie kontinuierlich arbeiten und keine zyklische Belastung durch Kolbenbewegungen auftritt.

Übungsbeispiel 15.8

Warum werden bei höheren Druckverhältnissen mehrere Stufen hintereinandergeschaltet?

Lösung

Weil einstufige Turboverdichter nur begrenzte Druckverhältnisse erreichen können.

Übungsbeispiel 15.9

Wie erfolgt die Verdichtung in Verdrängermaschinen?

Lösung

Durch zyklisches Verkleinern eines eingeschlossenen Volumens.

Übungsbeispiel 15.10

Nenne drei Beispiele für Verdrängermaschinen.

Lösung

Kolbenverdichter, Schraubenverdichter und Flügelzellenverdichter.

Übungsbeispiel 15.11

Wann begann die Entwicklung von Turboverdichtern?

Lösung

Zu Beginn des 20. Jahrhunderts.

Übungsbeispiel 15.12

Wer entwickelte 1905 den Abgasturbolader?

Lösung

Alfred Büchi.

Übungsbeispiel 15.13

Welche Bedeutung hatten Frank Whittle und Hans von Ohain?

Lösung

Sie legten die Grundlagen für die moderne Strahltriebwerkstechnologie.

Übungsbeispiel 15.14

Nenne fünf typische Anwendungsgebiete von Turboverdichtern.

Lösung

Luftfahrttechnik, Energieerzeugung, Verfahrenstechnik, Automobiltechnik, Kälte- und Klimatechnik.

Übungsbeispiel 15.15

Wie verläuft die Strömung im Axialverdichter?

Lösung

Im Wesentlichen parallel zur Wellenachse.

Übungsbeispiel 15.16

Wie verläuft die Strömung im Radialverdichter?

Lösung

Radial von innen nach außen.

Übungsbeispiel 15.17

Welche Verdichterbauart kombiniert Merkmale von Axial- und Radialverdichtern?

Lösung

Der Diagonalverdichter.

Übungsbeispiel 15.18

Welches Stufendruckverhältnis erreichen Axialverdichter typischerweise?

Lösung

Zwischen 1,1 und 1,4 pro Stufe.

Übungsbeispiel 15.19

Welches Stufendruckverhältnis erreichen Radialverdichter typischerweise?

Lösung

Zwischen 2,2 und 4 (in Sonderfällen über 5).

Übungsbeispiel 15.20

Bis zu welchem Druck werden Axialverdichter eingesetzt?

Lösung

Bis etwa 50 bar.

Übungsbeispiel 15.21

Bis zu welchem Druck werden Radialverdichter eingesetzt?

Lösung

Bis etwa 600 bar.

Übungsbeispiel 15.22

Was versteht man unter spezifischer Stutzenarbeit y?

Lösung

Die Differenz der Totalenthalpie zwischen Druck- und Saugstutzen eines Verdichters.

Übungsbeispiel 15.23

Welche Förderhöhen kennzeichnen einen Ventilator?

Lösung

$H < 2{,}5\,\text{mWS}$, $y < 25\,\text{kJ/kg}$.

Übungsbeispiel 15.24

Ab welchem Druckverhältnis spricht man von einem Verdichter?

Lösung

Ab einem Druckverhältnis $p_2/p_1 > 3$.

Übungsbeispiel 15.25

Warum sind Radialverdichter kompakter als Axialverdichter?

Lösung

Weil die Strömung umgelenkt wird und das Laufrad eine kompakte Bauform ermöglicht.

Übungsbeispiel 15.26

Welche Bauart ist für sehr große Massenströme geeignet?

Lösung

Der Axialverdichter.

Übungsbeispiel 15.27

Welche thermodynamische Grundlage gilt für Turboverdichter?

Lösung

Der erste Hauptsatz der Thermodynamik für offene Systeme.

Übungsbeispiel 15.28

Wie lautet die vereinfachte Gleichung für die innere Kompressorarbeit ohne Kühlung?

Lösung

$a_{Ki} \approx h_2 - h_1$.

Übungsbeispiel 15.29

Was unterscheidet die ideale innere Arbeit von der realen Kompressionsarbeit?

Lösung

Die reale Arbeit berücksichtigt zusätzlich Ansaugarbeit, Ausschiebearbeit und mechanische Verluste.

Übungsbeispiel 15.30

Was beschreibt der isentrope Wirkungsgrad?

Lösung

Das Verhältnis von idealer zu realer Verdichtungsarbeit.

Übungsbeispiel 15.31

Was versteht man unter isentroper Verdichterarbeit a_{K_s}?

Lösung

Die minimale theoretische Arbeit, die für eine Verdichtung benötigt wird, wenn der Prozess reibungsfrei und ohne Entropiezunahme abläuft.

Übungsbeispiel 15.32

Wie lautet die Grundgleichung für die isentrope Verdichterarbeit?

Lösung

$a_{K_s} = h_{2s} - h_1 = \bar{c}_p \cdot (T_{2s} - T_1)$

Übungsbeispiel 15.33

Was beschreibt h_1 in der Gleichung für a_{K_s}?

Lösung

Die spezifische Enthalpie am Verdichtereintritt.

Übungsbeispiel 15.34

Wie berechnet sich T_{2s} im isentropen Prozess?

Lösung

$T_{2s} = T_1 \cdot \left(\frac{p_2}{p_1}\right)^{\frac{\kappa-1}{\kappa}}$

Übungsbeispiel 15.35

Welche Rolle spielt der Isentropenexponent κ?

Lösung

Er beschreibt das Verhältnis der Wärmekapazitäten c_p/c_v und bestimmt den Zusammenhang zwischen Druck- und Temperaturänderung im isentropen Prozess.

Übungsbeispiel 15.36

Wie lautet die erweiterte Formel für a_{K_s} bei idealem Gas?

Lösung

$a_{K_s} = R \cdot T_1 \cdot \frac{\kappa}{\kappa-1} \cdot \left[\left(\frac{p_2}{p_1}\right)^{\frac{\kappa-1}{\kappa}} - 1\right]$

Übungsbeispiel 15.37

Wie kann a_{K_s} mithilfe der allgemeinen Gasgleichung ausgedrückt werden?

Lösung

$a_{K_s} = \frac{\kappa}{\kappa-1} \cdot p_1 \cdot v_1 \cdot \left[\left(\frac{p_2}{p_1}\right)^{\frac{\kappa-1}{\kappa}} - 1\right]$

Übungsbeispiel 15.38

Was ist der Sonderfall bei kleinen Druckverhältnissen, z. B. bei Ventilatoren?

Lösung

Die Kompressibilität des Gases wird vernachlässigt, und es wird mit einer mittleren Dichte ϱ_m gerechnet.

Übungsbeispiel 15.39

Wie wird die mittlere Dichte ϱ_m berechnet?

Lösung

$\varrho_m = \frac{\varrho_1 + \varrho_2}{2}$

Übungsbeispiel 15.40

Wie lautet die Formel für die spezifische Stutzenarbeit y?

Lösung

$y = \frac{p_2 - p_1}{\varrho_m} + \frac{c_2^2 - c_1^2}{2} = \frac{\Delta p_t}{\varrho_m}$

Übungsbeispiel 15.41

Wie definiert man den isentropen Wirkungsgrad η_s?

Lösung

$\eta_s = \frac{a_{K_s}}{a_{K_e}}$ – Verhältnis der minimal erforderlichen Arbeit zur tatsächlich aufgebrachten effektiven Arbeit.

Übungsbeispiel 15.42

Was bezeichnet a_{K_e}?

Lösung

Die tatsächlich aufgebrachte effektive Verdichterarbeit.

Übungsbeispiel 15.43

Wie unterscheidet sich der polytrope Wirkungsgrad η_{s-i} vom isentropen Wirkungsgrad?

Lösung

Der polytrope Wirkungsgrad berücksichtigt den realen, meist polytropen Verdichtungsverlauf, während der isentrope Wirkungsgrad den idealisierten Prozess beschreibt.

Übungsbeispiel 15.44

Wie lautet die Formel für a_{K_i} im polytropen Prozess?

Lösung

$$a_{K_i} = h_2 - h_1 + q_K$$

Übungsbeispiel 15.45

Welche Beziehung besteht zwischen η_s, η_{s-i} und η_m?

Lösung

$$\eta_s = \eta_{s-i} \cdot \eta_m$$

Übungsbeispiel 15.46

Welche typische Spannweite hat der isentrope Wirkungsgrad bei Axialverdichtern?

Lösung

Zwischen 85 und 92 % bei Druckverhältnissen von 1,2 bis 6.

Übungsbeispiel 15.47

Wie kann der innere isentrope Wirkungsgrad η_{s-i} mit Temperaturen berechnet werden?

Lösung

$$\eta_{s-i} = \frac{T_{2s} - T_1}{T_2 - T_1}$$

Übungsbeispiel 15.48

Warum eignet sich die Temperaturmethode besonders gut in der Praxis?

Lösung

Weil Temperaturen einfach messbar sind und keine Druck- oder Volumenmessungen erforderlich sind.

Übungsbeispiel 15.49

Wie wirkt sich Reibung auf die Verdichterarbeit aus?

Lösung

Sie erhöht die Arbeit durch direkte mechanische Verluste und durch ein größeres spezifisches Volumen gegenüber dem isentropen Verlauf.

Übungsbeispiel 15.50

Was beschreibt die Gleichung $a_{ki} - a_{ks} = q_R + \int_1^2 (v - v_S)\, dp$?

Lösung

Sie zeigt, dass die reale Arbeit größer ist als die isentrope Arbeit, wobei q_R die Reibungsverluste darstellt und der Integralterm die Abweichung des Volumens vom isentropen Verlauf berücksichtigt.

Übungsbeispiel 15.51

Was ist ein Radialverdichter und wie wird er auch genannt?

Lösung

Ein Radialverdichter, auch Kreiselverdichter genannt, ist eine Strömungsmaschine, die ein Gas durch rotierende Laufräder auf eine höhere Druckstufe bringt.

Übungsbeispiel 15.52

Worin unterscheidet sich ein Radialverdichter von einer Kreiselpumpe?

Lösung

Radialverdichter sind für kompressible Medien wie Luft, Prozessgase oder Dampf ausgelegt, während Kreiselpumpen für inkompressible Flüssigkeiten verwendet werden.

Übungsbeispiel 15.53

Welche Hauptkomponenten besitzt ein Radialverdichter?

Lösung

Er besteht typischerweise aus Laufrädern, Leitapparat (Diffusor) und Umlenkkanälen.

Übungsbeispiel 15.54

Welche Aufgabe haben Laufräder im Radialverdichter?

Lösung

Sie beschleunigen das Gas und übertragen kinetische Energie in Form von Geschwindigkeit auf das Medium.

Übungsbeispiel 15.55

Welche Funktion übernimmt der Leitapparat?

Lösung

Der Leitapparat wandelt die vom Laufrad erzeugte kinetische Energie in statischen Druck um.

Übungsbeispiel 15.56

Wozu dienen Umlenkkanäle in mehrstufigen Radialverdichtern?

Lösung

Sie leiten den Gasstrom zwischen mehreren Laufrädern um.

Übungsbeispiel 15.57

In welcher Form ist der Leitapparat häufig ausgeführt?

Lösung

Er ist meist als Diffusor ausgeführt, also ein Strömungskanal mit zunehmendem Querschnitt.

Übungsbeispiel 15.58

Beschreibe in kurzen Schritten das Funktionsprinzip eines Radialverdichters.

Lösung

1. Ansaugung axial nahe der Laufradnabe,
2. Beschleunigung im Laufrad,
3. Radiale Ausströmung durch Zentrifugalkraft,
4. Druckanstieg entlang des Radius,
5. Diffusor wandelt Restgeschwindigkeit in Druck um.

Übungsbeispiel 15.59

Woraus setzt sich der gesamte Druckaufbau im Radialverdichter zusammen?

Lösung

Aus der Druckerhöhung im Laufrad und der Energieumwandlung im Diffusor.

Übungsbeispiel 15.60

Welche Bauarten von Radialverdichtern gibt es?

Lösung

Ungekühlte Bauarten und gekühlte Bauarten.

Übungsbeispiel 15.61

Wann wird eine ungekühlte Bauart verwendet?

Lösung

Bei moderaten Druckverhältnissen oder wenn die Temperaturerhöhung tolerierbar ist.

Übungsbeispiel 15.62

Welche zwei Kühlvarianten gibt es bei gekühlten Radialverdichtern?

Lösung

Innenkühlung und Außenkühlung.

Übungsbeispiel 15.63

Wie funktioniert die Außenkühlung?

Lösung

Das Gas wird zwischen den Stufen durch einen externen Wärmetauscher, z. B. Rohrbündelwärmetauscher, abgekühlt.

Übungsbeispiel 15.64

Wie viele Stufen kann ein Radialverdichter in einem Gehäuse besitzen?

Lösung

Bis zu etwa zehn Stufen.

Übungsbeispiel 15.65

Was versteht man unter Mehrwellen- oder Mehrgehäuseanlagen?

Lösung

Mehrere Verdichtereinheiten werden in Reihe geschaltet, um höhere Druckverhältnisse zu erreichen.

Übungsbeispiel 15.66

Von welchen Faktoren hängt die Auslegung eines Radialverdichters ab?

Lösung

Von der Gasart, Ansaugtemperatur, Enddruck sowie konstruktiven Grenzen wie Größe, Werkstoffe und Drehzahl.

Übungsbeispiel 15.67

Auf welchem Prinzip basiert die Bestimmung der übertragenen Arbeit?

Lösung

Auf der Dralländerung des Massenstromes.

Übungsbeispiel 15.68

Was besagt die Euler'sche Grundgleichung der Strömungsmaschinen?

Lösung

Die spezifische Arbeit ergibt sich aus der Änderung des Geschwindigkeitsdralls des Fluids: $w_t = u_2 c_{u2} - u_1 c_{u1}$.

Übungsbeispiel 15.69

Welche Größen beschreibt u in der Euler-Gleichung?

Lösung

Die Umfangsgeschwindigkeit des Laufrades am Radius r ($u = \omega \cdot r$).

Übungsbeispiel 15.70

Warum ist die Förderhöhe medienunabhängig?

Lösung

Weil sie sich nur aus Strömungsgrößen berechnet und nicht von der Dichte abhängt.

Übungsbeispiel 15.71

Welche Vorteile bietet die Verwendung der Förderhöhe?

Lösung

Medienunabhängigkeit, praktische Vergleichbarkeit, Eignung für dimensionslose Kennzahlen und einfache Berechnung über Geschwindigkeitsdreiecke.

Übungsbeispiel 15.72

Was versteht man unter Zwischenkühlung?

Lösung

Die Abfuhr der bei der Verdichtung entstehenden Wärme zwischen den Stufen durch einen Wärmetauscher, sodass die Eintrittstemperatur abgesenkt wird.

Übungsbeispiel 15.73

Warum reduziert Zwischenkühlung die erforderliche Verdichterarbeit?

Lösung

Weil die Temperatur gesenkt wird und damit die spezifische Arbeit pro Stufe abnimmt.

Übungsbeispiel 15.74

Nenne die beiden theoretischen Grenzprozesse der Verdichtung.

Lösung

Isotherme Verdichtung (T = konstant) und isentrope Verdichtung (adiabat, reibungsfrei).

Übungsbeispiel 15.75

Welche Verdichtung erfordert die geringste Arbeit?

Lösung

Die isotherme Verdichtung.

Übungsbeispiel 15.76

Wie lautet die Gleichung für die isotherme Verdichterarbeit?

Lösung

$$a_{\text{isoth}} = p_1 v_1 \ln\left(\frac{p_2}{p_1}\right)$$

Übungsbeispiel 15.77

Wie lautet die Gleichung für die isentrope Verdichterarbeit?

Lösung

$$a_{is} = p_1 v_1 \cdot \frac{\kappa}{\kappa-1}\left[\left(\frac{p_2}{p_1}\right)^{\frac{\kappa-1}{\kappa}} - 1\right]$$

Übungsbeispiel 15.78

Wie lautet die allgemeine Formel für die polytrope Verdichterarbeit?

Lösung

$$a_{\mathrm{poly}} = p_1 v_1 \cdot \frac{n}{n-1} \left[\left(\frac{p_2}{p_1} \right)^{\frac{n-1}{n}} - 1 \right]$$

Übungsbeispiel 15.79

Wie wird das optimale Druckverhältnis pro Stufe bei mehrstufiger Verdichtung mit Zwischenkühlung gewählt?

Lösung

$$\pi_{\mathrm{opt}} = \left(\frac{p_{\mathrm{ges}}}{p_1} \right)^{1/z}$$ – alle Stufen erhalten denselben Arbeitsaufwand.

Übungsbeispiel 15.80

Was beschreibt die theoretische Förderhöhe $H_{\mathrm{th},\infty}$ bei einem Radialverdichter?

Lösung

Sie beschreibt den maximal möglichen Energieeintrag in das Gas durch das Laufrad unter der Annahme einer reibungsfreien und idealisierten Strömung.

Übungsbeispiel 15.81

Welche Hauptgrößen gehen in die Berechnung der theoretischen Förderhöhe nach der Euler'schen Grundgleichung ein?

Lösung

Die Umfangsgeschwindigkeit u_2, der Laufradaustrittsdurchmesser D_2, die Laufradbreite b_2, der Schaufelaustrittswinkel β_2, der Volumenstrom $\dot{V}$ sowie die Erdbeschleunigung g.

Übungsbeispiel 15.82

Warum sinkt die Förderhöhe mit steigendem Durchsatz $\dot{V}$?

Lösung

Ein größerer Massenstrom erfordert höhere Relativgeschwindigkeiten w_2, wodurch die tangentiale Geschwindigkeitskomponente c_{2u} kleiner wird. Dies reduziert die erreichbare Förderhöhe.

Übungsbeispiel 15.83

Was versteht man unter der Euler'schen Geraden bzw. theoretischen Drosselkurve?

Lösung

Es handelt sich um die lineare Abhängigkeit der Förderhöhe $H_{\mathrm{th},\infty}$ vom Durchsatz $\dot{V}$, die sich idealisiert ergibt, wenn keine Verluste berücksichtigt werden.

Übungsbeispiel 15.84

Warum verlaufen reale Kennlinien stets unterhalb der theoretischen Euler'schen Geraden?

Lösung

Weil in der Realität Strömungsverluste auftreten, wie Reibung, Stoßverluste, Minderleistungseffekte und Spaltverluste, die die tatsächlich erreichbare Förderhöhe reduzieren.

Übungsbeispiel 15.85

Was bewirkt der Minderleistungseffekt und wie wird er berücksichtigt?

Lösung

Aufgrund endlicher Schaufelzahl und Schaufeldicke weicht die Strömung von der idealisierten drallfreien Zuströmung ab. Dies wird durch den Minderleistungsfaktor $\mu < 1$ berücksichtigt.

Übungsbeispiel 15.86

Welche weiteren Verlustarten beeinflussen die reale Drosselkurve eines Verdichters?

Lösung

Kanalreibungsverluste, Stoßverluste am Eintritt von Laufrad und Leitrad sowie Spaltverluste (Leckströme zwischen Laufrad und Gehäuse).

Übungsbeispiel 15.87

Wie unterscheidet sich die Kennlinienform bei verschiedenen Schaufelaustrittswinkeln β_2?

Lösung

Rückwärtsgekrümmte Schaufeln ($\beta_2 < 90°$) führen zu einer fallenden Kennlinie, radiale Schaufeln ($\beta_2 = 90°$) zu einer horizontalen, und vorwärtsgekrümmte Schaufeln ($\beta_2 > 90°$) zu einer steigenden Kennlinie.

Übungsbeispiel 15.88

Was beschreibt die sogenannte Anfahrtshöhe H_A eines Verdichters?

Lösung

Sie gibt die minimale Förderhöhe an, die der Verdichter bei Förderstrom $\dot{V} = 0$ aufbauen kann. Sie ist unabhängig vom Schaufelaustrittswinkel und ergibt sich zu $H_A = u^2/g$.

Übungsbeispiel 15.89

Was passiert im Auslegungspunkt eines Verdichters?

Lösung

Im Auslegungspunkt stimmen theoretische und reale Kennlinie überein, d. h. die idealisierte Berechnung deckt sich mit den tatsächlich gemessenen Werten.

Übungsbeispiel 15.90

Was versteht man unter der Meridiangeschwindigkeit c_m im Axialverdichter?

Lösung

Die Meridiangeschwindigkeit ist die Geschwindigkeit der Strömung in Richtung der Maschinenachse, also entlang des Meridians.

Übungsbeispiel 15.91

Welche Druckgrößen definieren das Stufendruckverhältnis Π_{S_t} einer Axialverdichterstufe?

Lösung

Es wird definiert als Verhältnis von Totaldruck am Stufenaustritt p_2 zu Totaldruck am Stufeneintritt p_1: $\Pi_{S_t} = \frac{p_2}{p_1}$.

Übungsbeispiel 15.92

Warum ist die Umfangsgeschwindigkeit u in einem Axialgitter am Eintritt und Austritt gleich?

Lösung

Weil Eintritts- und Austrittsradius gleich sind ($r_1 = r_2$), sodass $u = \omega r$ konstant bleibt.

Übungsbeispiel 15.93

Wie berechnet sich die mittlere meridionale Geschwindigkeit c_{m2} am Austritt?

Lösung

Sie ergibt sich aus $c_{m2} = \frac{\dot{V}_2}{\frac{\pi}{4}(D_a^2 - D_i^2)} \cdot k_2$, wobei k_2 ein Korrekturfaktor ist.

Übungsbeispiel 15.94

Welche physikalische Größe beschreibt die Euler'sche Turbomaschinengleichung im Axialverdichter?

Lösung

Sie beschreibt den Zusammenhang zwischen Änderung der Umfangskomponente der Geschwindigkeit und der übertragenen Energie.

Übungsbeispiel 15.95

Wie lautet die Gleichung für den Umfangskraftfluss F_u?

Lösung

$F_u = \dot{m}(c_{2u} - c_{1u})$.

Übungsbeispiel 15.96

Wie wird die Umfangsleistung P_u berechnet?

Lösung

$P_u = u \cdot \dot{m} \cdot (c_{2u} - c_{1u})$.

Übungsbeispiel 15.97

Warum ist das Stufendruckverhältnis einer Axialstufe kleiner als das einer Radialstufe?

Lösung

Weil die Strömung im Axialverdichter nur geringfügig umgelenkt wird und daher die Drucksteigerung pro Stufe kleiner ist.

Übungsbeispiel 15.98

Welche typischen Werte erreicht das Stufendruckverhältnis Π_{S_t} eines Axialverdichters?

Lösung

Typisch $\Pi_{S_t} = 1{,}1$ bis $1{,}2$, in Sonderfällen bis etwa $1{,}5$.

Übungsbeispiel 15.99

Warum sind Axialverdichter für große Förderströme besonders geeignet?

Lösung

Weil sie durch die axiale Strömungsführung einen hohen Wirkungsgrad bei großen Massenströmen erreichen können.

Übungsbeispiel 15.100

Welche aerodynamische Analogie wird bei Axialverdichterschaufeln verwendet?

Lösung

Sie werden wie Tragflügelprofile behandelt, die Auftrieb und Widerstand erzeugen.

Übungsbeispiel 15.101

Was ist der Einfluss einer starken Schaufelumlenkung auf die Strömung?

Lösung

Zu starke Umlenkung fördert die Ausbildung von Stoßwellen und Strömungsablösungen, was Verluste verursacht.

Übungsbeispiel 15.102

Welche Rolle spielt die Prandtl-Glauert-Regel im Axialverdichter?

Lösung

Sie berücksichtigt den Einfluss der Kompressibilität auf den lokalen Druckbeiwert C_p bei hohen Mach-Zahlen.

Übungsbeispiel 15.103

Was kann selbst bei Subsonic-Profilen lokal auftreten?

Lösung

Überschallströmungen auf der Saugseite durch starke Beschleunigung des Gases.

Übungsbeispiel 15.104

Ab welchem Volumenstrombereich ist der Einsatz von Axialverdichtern wirtschaftlich sinnvoll?

Lösung

Typischerweise erst bei Massenströmen über $60.000\,\mathrm{m^3/h}$.

Übungsbeispiel 15.105

Welche Verdichtertypen werden nach Machzahlverteilung unterschieden?

Lösung

Subsonik-, Transsonik-, teilüberschall- und reine Überschallverdichter.

Übungsbeispiel 15.106

Welchen Vorteil hat ein Transsonikverdichter gegenüber einem Subsonikverdichter?

Lösung

Ein höheres Stufendruckverhältnis ($\Pi_{S_t} \approx 1{,}5$).

Übungsbeispiel 15.107

Welche Entwicklungsfortschritte zeigen die Triebwerke J79, RB 199 und EJ 200?

Lösung

Sie zeigen eine Reduktion der Stufenzahl bei gleichzeitigem Anstieg des Gesamtdruckverhältnisses und der Leistungsdichte.

Übungsbeispiel 15.108

Wie lautet die Formel für die spezifische Umfangsarbeit $y_{\mathrm{th},\infty}$?

Lösung

$$y_{\mathrm{th},\infty} = u \cdot (c_{2u} - c_{1u}).$$

Übungsbeispiel 15.109

Wie hängt die Förderhöhe $H_{\mathrm{th},\infty}$ mit der spezifischen Umfangsarbeit zusammen?

Lösung

Sie ist proportional und ergibt sich zu $H_{\mathrm{th},\infty} = \frac{y_{\mathrm{th},\infty}}{g} = \frac{u}{g}(c_{2u} - c_{1u})$.

Übungsbeispiel 15.110

Was versteht man unter der Druckzahl ψ?

Lösung

Die Druckzahl ψ ist definiert als Verhältnis von spezifischer Stutzenarbeit Y zur kinetischen Energie $\frac{u^2}{2}$ und lässt sich auch als $\psi = \frac{2gH}{u^2}$ ausdrücken.

Übungsbeispiel 15.111

Was beschreibt die Durchflusszahl φ?

Lösung

Die Durchflusszahl φ beschreibt das Verhältnis des Volumenstroms $\dot{V}$ zum Produkt aus Laufraddurchmesser D, Umfangsgeschwindigkeit u und Querschnittsfläche.

Übungsbeispiel 15.112

Wie kann die Durchflusszahl alternativ formuliert werden?

Lösung

Eine alternative Formulierung der Durchflusszahl ist $\varphi' = \frac{c_m}{u}$, wobei c_m die Meridiangeschwindigkeit ist.

Übungsbeispiel 15.113

Was versteht man unter der Leistungszahl λ?

Lösung

Die Leistungszahl λ ist definiert als $\lambda = \frac{\varphi \cdot \psi}{\eta}$ und beschreibt das Verhältnis von Leistung, Abmessungen und Betriebsgrößen einer Arbeitsmaschine.

Übungsbeispiel 15.114

Wie wird die Laufzahl σ definiert?

Lösung

Die Laufzahl σ charakterisiert die Schnellläufigkeit einer Strömungsmaschine und ist definiert als $\sigma = \frac{\varphi^{1/2}}{\psi^{3/4}}$.

Übungsbeispiel 15.115

Was ist die spezifische Drehzahl n_q?

Lösung

Die spezifische Drehzahl n_q ist die Drehzahl einer geometrisch ähnlichen Maschine, die bei $\dot{V} = 1\,\mathrm{m^3/s}$ und Förderhöhe $H = 1\,\mathrm{m}$ arbeitet.

Übungsbeispiel 15.116

Wie hängen Laufzahl σ und spezifische Drehzahl n_q zusammen?

Lösung

Die spezifische Drehzahl n_q steht mit der Laufzahl σ über den Zusammenhang $\sigma = \frac{n_q}{157,8}$ in Beziehung.

Übungsbeispiel 15.117

Welche typischen Werte kann die Laufzahl annehmen?

Lösung

Typische Werte der Laufzahl liegen bei Radialrädern zwischen 0,06–0,32, bei Diagonalrädern zwischen 0,25–1,0 und bei Axialrädern zwischen 0,8–2,5.

Übungsbeispiel 15.118

Wie ist die Durchmesserzahl δ definiert?

Lösung

Die Durchmesserzahl δ ist definiert als $\delta = \frac{\psi^{1/4}}{\varphi^{1/2}}$.

Übungsbeispiel 15.119

Was versteht man unter dem spezifischen Durchmesser D_q?

Lösung

Der spezifische Durchmesser D_q steht mit der Durchmesserzahl δ über $\delta = 1{,}865 \cdot D_q$ in Beziehung.

Übungsbeispiel 15.120

Wodurch zeichnet sich eine stabile Drosselkurve aus?

Lösung

Eine stabile Drosselkurve zeichnet sich dadurch aus, dass jedem Volumenstrom $\dot{V}$ eindeutig eine Förderhöhe H oder Druckzahl ψ zugeordnet werden kann.

Übungsbeispiel 15.121

Wann gilt eine Drosselkurve als flach nach DIN 1944?

Lösung

Nach DIN 1944 gilt eine Drosselkurve als flach, wenn $\frac{\dot{V}}{H} \cdot \frac{\Delta H}{\Delta \dot{V}} < 0{,}2$ ist.

Übungsbeispiel 15.122

Wann spricht man von einer steilen Drosselkurve?

Lösung

Eine steile Drosselkurve liegt vor, wenn $\frac{\dot{V}}{H} \cdot \frac{\Delta H}{\Delta \dot{V}} > 0{,}2$.

Übungsbeispiel 15.123

Welche Auswirkung haben flache Drosselkurven?

Lösung

Flache Drosselkurven begünstigen instabile Phänomene wie Pumping oder Surge.

Übungsbeispiel 15.124

Wo tritt eine einfach instabile Drosselkurve typischerweise auf?

Lösung

Eine einfach instabile Drosselkurve tritt typischerweise bei Radialmaschinen auf und zeigt zunächst ein Maximum bei kleinen Volumenströmen.

Übungsbeispiel 15.125

Wo findet man eine sattelförmige Drosselkurve?

Lösung

Eine sattelförmige Drosselkurve tritt typischerweise bei Axialverdichtern, Radialventilatoren mit vorwärts gekrümmten Schaufeln und Querstromventilatoren auf.

Übungsbeispiel 15.126

Was versteht man unter Pumpen bei Verdichtern?

Lösung

Unter Pumpen versteht man ein instationäres, pulsierendes Förderverhalten von Verdichtern mit periodischen Schwankungen von Volumenstrom, Druck und Förderhöhe.

Übungsbeispiel 15.127

Was beschreibt die Pumpgrenze?

Lösung

Die Pumpgrenze beschreibt die minimale Fördermenge $\dot{V}_{\min}$, unterhalb derer stabiler Betrieb nicht mehr möglich ist.

Übungsbeispiel 15.128

Welche Abhilfemaßnahmen gibt es gegen Pumpen?

Lösung

Abhilfemaßnahmen gegen Pumpen sind z. B. Ausblaseventile, Bypass-Leitungen, Drehzahlregelung oder variable Leitschaufeln.

Übungsbeispiel 15.129

Wie entsteht das Abreißen (Rotating Stall) im Axialverdichter?

Lösung

Das Abreißen beim Axialverdichter entsteht durch Grenzschichtablösungen an den Schaufeln bei zu kleinem Förderstrom und äußert sich durch wandernde Ablösezonen.

Übungsbeispiel 15.130

Zu [24] berechnen ist ein drallfrei angeströmter Radialverdichter mit folgenden Daten:

- Kupplungsleistung $P_K = 1{,}5\,\text{MW}$
- Massenstrom $\dot{m} = 22\,\text{kg/s}$
- Drehzahl $n = 9600\,\text{U/min}$
- mechanischer Wirkungsgrad $\eta_m = 0{,}98$
- Schaufellänge am Laufradeintritt $l_1 = 0{,}5 \cdot D_1$
- Mittlerer Durchmesser am Laufradeintritt $D_1 = 0{,}5 \cdot D_2$
- Dichte des Fluids $\varrho = 1{,}2\,\text{kg/m}^3$
- spez. Wärme $c_p = 1004\,\text{J/kg K}$
- $\alpha_2 = 32°$
- $u_2 = 300\,\text{m/s}$
- $c_3 = 120\,\text{m/s}$

a) Wie groß ist die innere spezifische Arbeit des Verdichters

b) Wie groß ist die Eintrittsgeschwindigkeit c_1, wenn drallfrei angeströmt wird?

c) Zeichnen Sie die Geschwindigkeitsdreiecke dimensionslos!

d) Ermitteln Sie den Gesamtenthalpieumsatz Δh und

e) den Reaktionsgrad r!

f) Wie groß ist der Temperaturanstieg des Gases?

Lösung

a) innere spezifische Arbeit des Verdichters

$$w_{ti} \cdot \dot{m} = P_K \cdot \eta_m \implies \underline{\underline{w_{ti} = \tfrac{P_K \cdot \eta_m}{\dot{m}_p} = 66818\ \text{J/kg}}} \qquad \underline{\underline{w_{ti} = y_{th} = 66818\ \text{J/kg}}}$$

b) Eintrittsgeschwindigkeit c_1 bei drallfreier Strömung

$$\underline{\underline{u_2 = 300\ \text{m/s}}} = d_2 \cdot \pi \cdot n \implies \underline{\underline{d_2 = \tfrac{u_2}{n \cdot \pi} = 596{,}83\ \text{mm}}} \qquad \underline{\underline{u_1 = d_1 \cdot \pi \cdot n = 150\ \text{m/s}}}$$

$$\underline{\underline{d_1 = 0{,}5 \cdot d_2 = 198{,}4\ \text{mm}}}$$

Mit $y_{th} = u_2 \cdot c_{2u} - u_1 \cdot c_{1u}$ folgt für drallfreie Strömung: $c_{1u} = 0$ folgt:

$$\underline{\underline{y_{th} = u_2 \cdot c_{2u}}} \implies \underline{\underline{c_{2u} = \tfrac{y_{th}}{u_2} = 222{,}72\ \text{m/s}}}$$

Geschwindigkeitsdreieck (nicht massstäblich) $\qquad \underline{\underline{\alpha_1 = 90°}} \qquad \underline{\underline{\alpha_2 = 32°}}$ (Angabe)

$$\sin(\beta_2) = \tfrac{c_{2m}}{w_{2u}} \qquad \underline{\underline{\beta_2 = \arcsin\left(\tfrac{c_{2m}}{w_{2u}}\right) = 60{,}96°}}$$

$$\tan(\alpha_2) = \tfrac{c_{2m}}{c_{2u}} \qquad \underline{\underline{w_{2u} = u_2 - c_{2u} = 77{,}27\ \text{m/s}}}$$

$$\underline{\underline{c_{2m} = c_{2u} \cdot \tan(\alpha_2) = 139{,}18\ \text{m/s}}}$$

$$\underline{\underline{c_2 = \tfrac{c_{2u}}{\cos(\alpha_2)} = 262{,}64\ \text{m/s}}}$$

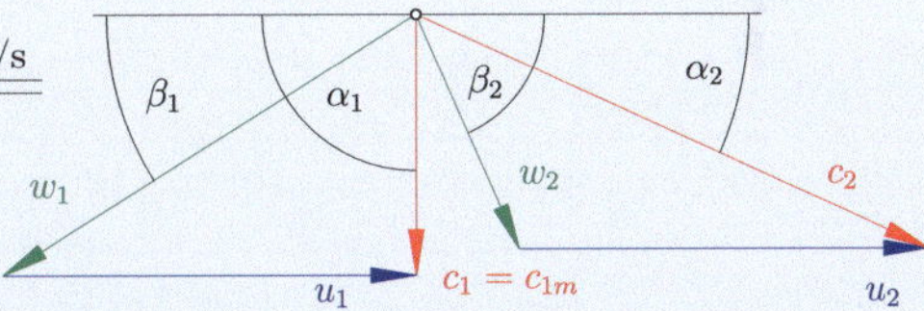

c) Geschwindigkeitsdreiecke

Mit dem Kosinussatz folgt: $\underline{\underline{w_2 = \sqrt{u_2^2 + c_2^2 - 2 \cdot u_2 \cdot c_2 \cdot \cos(\alpha_2)} = 159{,}19\ \text{m/s}}}$

Querschnittsfläche eintretenden Massenstrom: $A_1 = D_1 \cdot \pi \cdot L_S$

$$\underline{\underline{L_S = 0{,}5 \cdot d_1 = 149{,}2\ \text{mm}}} \qquad \underline{\underline{A_1 = 0{,}14\ \text{mm}}} \qquad \underline{\underline{c_1 = c_{1m}}}$$

$$\dot{m}_p = c_{1m} \cdot A_1 \cdot \varrho \Longrightarrow \underline{c_{1m}} = \frac{\dot{m}_p}{\varrho \cdot A_1} = \underline{131,06 \text{ m/s}} \qquad \underline{w_{1u} = u_1 = 150 \text{ m/s}} \qquad \underline{\beta_1} = \arctan\left(\frac{c_{1m}}{u_1}\right) = \underline{41,15°}$$

$$\underline{w_1} = \frac{w_{1u}}{\cos(\beta_1)} = \underline{199,19 \text{ m/s}}$$

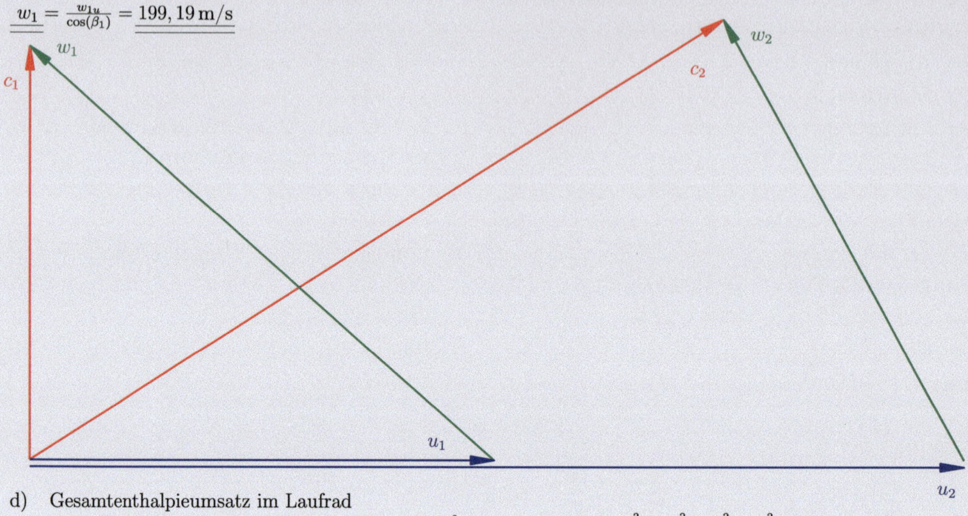

d) Gesamtenthalpieumsatz im Laufrad

Mit der allgemeinen Definition für Enthalpie: $\frac{v^2}{2}$ folgt: $\qquad \underline{\Delta h_{La}} = \frac{w_1^2}{2} - \frac{w_2^2}{2} + \frac{u_2^2}{2} - \frac{u_1^2}{2} = \underline{40,92 \text{ kJ/kg}}$

Gesamtenthalpieumsatz im Leitrad:

$$\underline{\Delta h_{ges}} = \frac{P_K}{m_P} = \underline{68,18 \text{ kJ/kg}} \qquad\qquad \underline{\Delta h_t} = \Delta h_{La} + \Delta h_{Le} \Longrightarrow \underline{\Delta h_{Le}} = \underline{26 \text{ kg/kg}}$$

Probe: oder: $\qquad \underline{\Delta h_{Le}} = \frac{c_1^2}{2} - \frac{c_2^2}{2} = \underline{25,9 \text{ kJ/kg}} \qquad\qquad \underline{\Delta h_{ges}} = \Delta h_{La} + \Delta h_{Le} = \underline{66,81 \text{ kJ/kg}}$

e) Reaktionsgrad: $\qquad \underline{r} = \frac{\Delta h_{La}}{\Delta h_{ges}} = \underline{0,612}$

f) Temperaturanstieg des Gases

Voraussetzung: Auch hier vorausgesetzt, dass die mechanischen Verluste dem Gas, = Erwärmung zugezählt werden dürfen! Wenn nicht, dann eben mit y_{th} rechnen.

$$\underline{\Delta T_{14}} = \frac{\Delta h_{14}}{c_{p14}} = \underline{67,91 \ K}$$

Zusatz: Vergleich im Cordier - Diagramm

Laufzahl: $\quad \sigma_1 = \frac{\varphi^{1/2}}{\psi^{1/2}} = \boxed{0,19}$

Durchmesserzahl: $\quad \boxed{\delta} = \frac{\psi^{1/4}}{\varphi^{1/2}} = \boxed{4,6}$

Druckzahl: $\quad \boxed{\psi} = \frac{Y}{u^2/2} = \boxed{1,5}$

Durchflusszahl: $\quad \underline{\varphi} = \frac{\dot{V}}{\frac{D_2^2 \cdot \pi}{4} \cdot u_2} = \underline{0,058}$

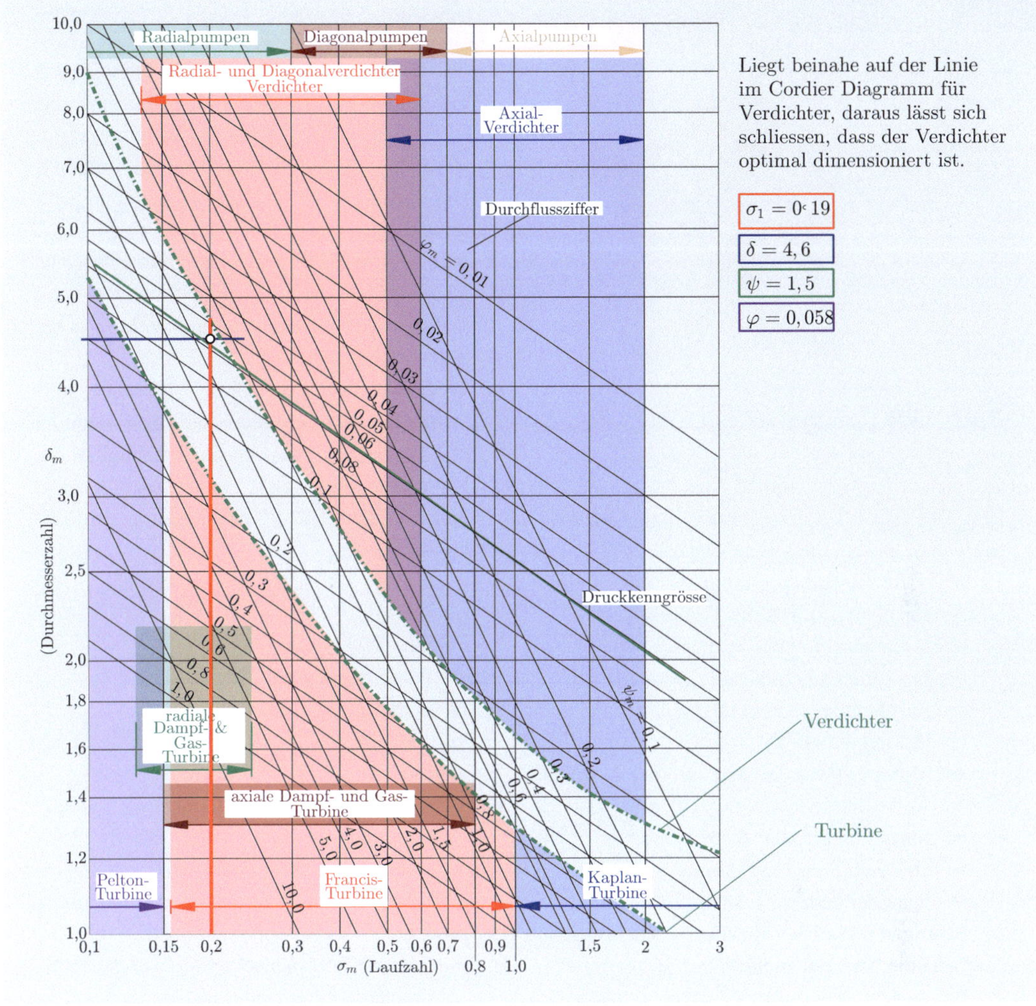

Liegt beinahe auf der Linie im Cordier Diagramm für Verdichter, daraus lässt sich schliessen, dass der Verdichter optimal dimensioniert ist.

$\sigma_1 = 0{,}19$

$\delta = 4,6$

$\psi = 1,5$

$\varphi = 0,058$

Übungsbeispiel 15.131

Schneekanonen (vgl. mit Abb. 15.35) dienen zum Verteilen der Schneekristalle und sind üblicherweise als Axialmaschine ausgeführt [24].

1. Skizzieren Sie den prinzipiellen Aufbau eines Axialgebläses. **Daten des Gebläses:**
   - Volumenstrom $\dot{V} = 6\,\mathrm{m^3/s}$,
   - Totaldruckerhöhung $\Delta p_{\mathrm{tot}} = 450\,\mathrm{Pa}$,
   - Luftdichte $\varrho_L = 1{,}3\,\mathrm{kg/m^3}$,
   - Lufttemperatur $\vartheta_L = 0\,°\mathrm{C}$.
   - Mittlerer Rotordurchmesser $D_m = 0{,}5\,\mathrm{m}$,
   - Außendurchmesser $D_a = 0{,}7\,\mathrm{m}$,
   - Innendurchmesser $D_i = 0{,}3\,\mathrm{m}$,
   - Drehzahl $n = 1450\,\mathrm{min^{-1}}$,
   - Schaufelbreite $b = 80\,\mathrm{mm}$.
2. Bestimmen Sie die spezifische theoretische Leistung bzw. Stutzenarbeit.
3. Berechnen Sie die theoretische hydraulische Leistung und die effektive zu erwartende erforderliche Antriebsleistung.
4. Wie würden Sie die Maschine hinsichtlich spezifischer Leistung klassifizieren?
5. Für drallfreie Zuströmung: Ermitteln Sie die **Geschwindigkeitsdreiecke** am Eintritt und Austritt des Laufrades und des Leitrades.
6. Zeichnen Sie maßstäblich den Schaufelplan mit zumindest je zwei Schaufeln für das Laufrad und das Leitrad in die Vorlage mit Bezeichnungen und zwar für den mittleren Durchmesser D_m und den Nabendurchmesser D_i.
7. Wenn Sie mit der gegenständlichen Maschine nicht Luft, sondern Wasser fördern sollten, welche hydraulische Leistung wäre theoretisch erforderlich?
8. Welche theoretische (ohne Luftwiderstand) Wurfweite hätte ein Wassertropfen, wenn es mit der Gebläse-Austrittsgeschwindigkeit die Schneekanone verlässt? (Die Austritts- bzw. Starthöhe darf für die Abschätzung vernachlässigt werden.)
9. Bestimmen Sie für die Maschine die:
   - Lauzahl,
   - Druckzahl,
   - Durchflusszahl,
   - Durchmesserzahl.
   Vergleichen Sie die Daten im Cordier-Diagramm.
10. Es sollte vorab am Prüfstand eine Modellmaschine untersucht werden. Für das Modell werden ein Laufraddurchmesser $D_M = 300\,\mathrm{mm}$ und eine Drehzahl $n_M = 3000\,\mathrm{min^{-1}}$ gewählt.
    a) Welcher Volumenstrom und welche Totaldruckerhöhung sind im Modellversuch zu erwarten?
    b) Welche spezifische Leistung und welche Leistung haben die Originalmaschine und die Modellmaschine?

Lösung

1) Prinzipieller Aufbau:

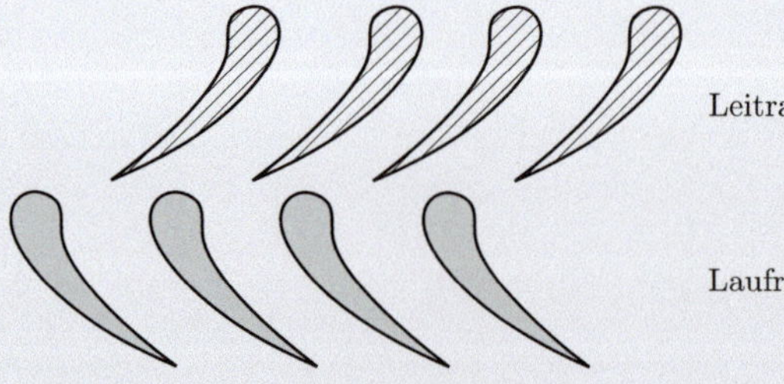

2)   spezifische theoretische Leistung:

$$y_{th,\infty} = \frac{\Delta p_{tot}}{\varrho_1} = \frac{450\ Pa}{1{,}3\ \text{kg/m}^3} = 346{,}15\ \text{m}^2/\text{s}^2$$

3)   theoretische hydr. Leistung:

$$\dot{m} = \dot{V} \cdot \varrho = 6\ \tfrac{\text{m}^3}{\text{s}} \cdot 1{,}3\ \tfrac{\text{kg}}{\text{m}^3} = 7{,}8\ \tfrac{\text{kg}}{\text{s}} \qquad\qquad Y_\infty = \dot{m} \cdot y_{th,\infty} = 2700\ \text{W}$$

Bei $\eta = 0{,}5$ folgt mit $P_{An} = \frac{Y_\infty}{\eta} = 5{,}4\ \text{kW}$.

4)   Klassifikation: Da die spez. Leistung: 0,34 kJ/kg beträgt spricht man von einem Ventillator

5)   Geschwindigkeitsdreiecke für drallfreie Zuströmung:

Strömungsquerschnitt: $A_S = D_m \cdot \pi \cdot L_S = 0{,}315\ \text{m}^2$ Schaufellänge: $L_S = \frac{D_a - D_i}{2} = 200\ \text{mm}$

Mediangeschwindigkeit: $c_{1,m} = \frac{\dot{V}}{A} = 19{,}1\ \text{m/s}$

Umfangsgeschwindigkeiten folgen fr die verschiedenen Durchmesser mit $u = d \cdot \pi \cdot n$

$n = 1450\ 1/\text{min} = 24{,}16\ 1/s$

$u_i = 22{,}77\ \text{m/s}; u_m = 37{,}9\ \text{m/s}; u_a = 53{,}14\ \text{m/s}$

Eulergleichung: $y_{th,\infty} = u \cdot (c_{2u} - c_{1u})$, wobei $c_{1u} = 0$ (Drallfrei) folgt $c_{2u} = \frac{y_{th,\infty}}{u}$.

$c_{2u,i} = 15{,}2\ \text{m/s}; c_{2u,m} = 9{,}13\ \text{m/s}; c_{2u,a} = 6{,}77\ \text{m/s}$

Winkel für Laufrad: mit $\beta_1 = \arctan\left(\frac{c_{1m}}{u}\right)$ folgt: $\beta_i = 40°; \beta_m = 26{,}75°; \beta_a = 19{,}78°$

Winkel für Laufrad: mit $\alpha_2 = \arctan\left(\frac{c_{1m}}{c_{2u}}\right)$ folgt: $\alpha_i = 51{,}48°; \alpha_m = 64{,}45°; \alpha_a = 70{,}5°$

Winkel für Laufrad: mit $\beta_2 = \arctan\left(\frac{c_{1m}}{u - c_{2u}}\right)$ folgt: $\beta_i = 68{,}36°; \beta_m = 33{,}58°; \beta_a = 22{,}38°$

$c_2 = \frac{c_{2u}}{\cos(\alpha_2)} = 24{,}4\ \text{m/s}, 21{,}2\ \text{m/s}, 20{,}3\ \text{m/s}$ $\alpha_i = 51{,}48°; \alpha_m = 64{,}45°; \alpha_a = 70{,}5°$

Winkel für Leitrad: mit $\beta_3 = 0°$ und $\beta_3 = \alpha_2$

$c_1 = c_{1,m}; \alpha = 90°$ folgt mit Satz von Pythagoras: $w_1 = \sqrt{c_1^2 + u^2}$

$w_{1i} = 29{,}72\ \text{m/s}; w_{1m} = 42{,}44\ \text{m/s}; w_{1a} = 56{,}47\ \text{m/s}$

Mit dem Kosiunussatz folgt: $w_2 = \sqrt{c_2^2 + u^2 - 2 \cdot u \cdot c_2 \cdot \cos(\beta_2)}$

$w_{2,i} = 26{,}53\ \text{m/s}; w_{2,m} = 23{,}39\ \text{m/s}; w_{2,a} = 34{,}8\ \text{m/s}$

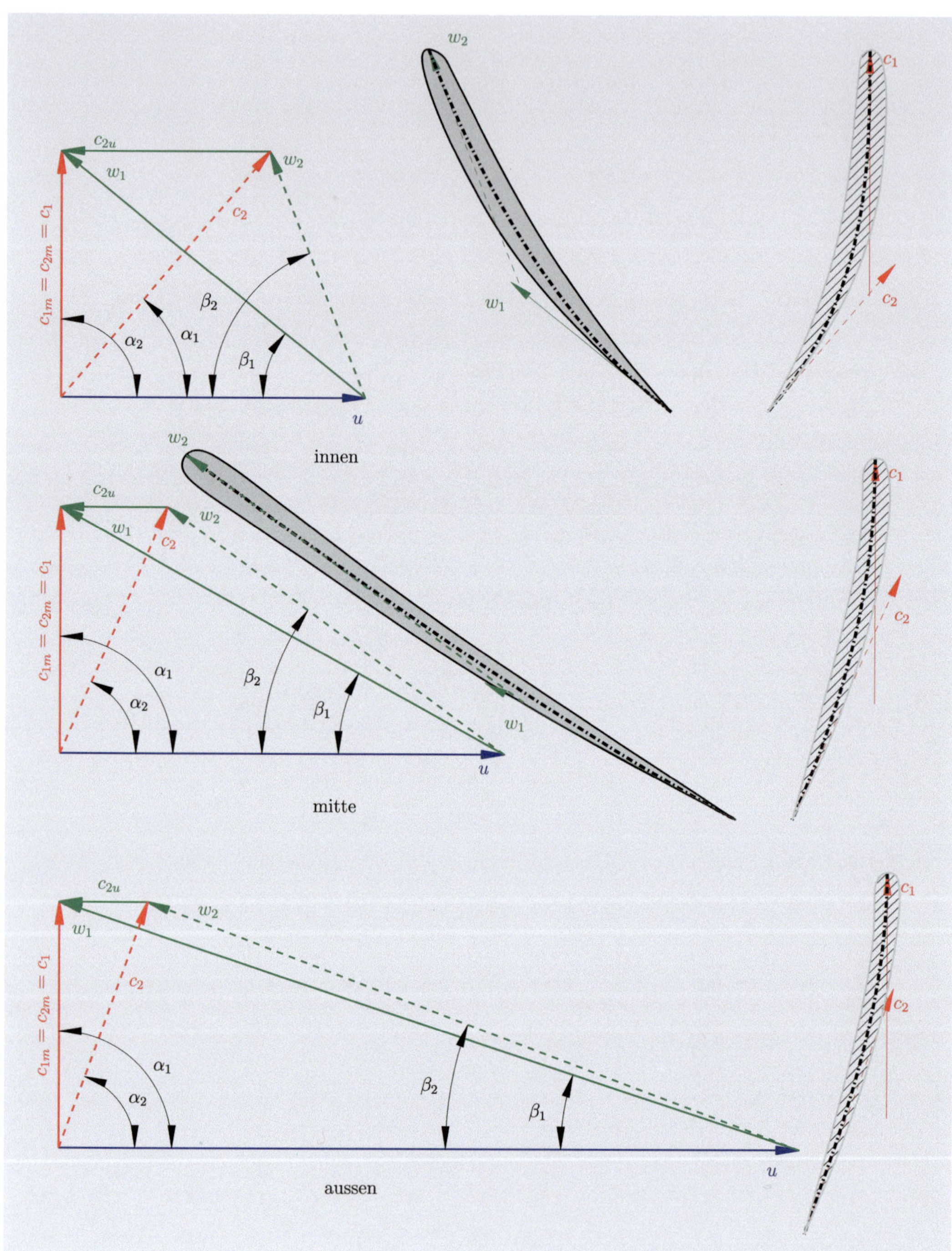

c_{2u}
w_1
c_2
w_2
$c_{1m} = c_{2m} = c_1$
α_2
α_1
β_2
β_1
u
innen
w_2
w_1
c_1
c_2
c_{2u}
w_1
c_2
w_2
$c_{1m} = c_{2m} = c_1$
α_1
α_2
β_2
β_1
w_1
u
mitte
w_2
c_1
c_2
c_{2u}
w_1
c_2
w_2
$c_{1m} = c_{2m} = c_1$
α_1
α_2
β_2
β_1
u
aussen
c_1
c_2

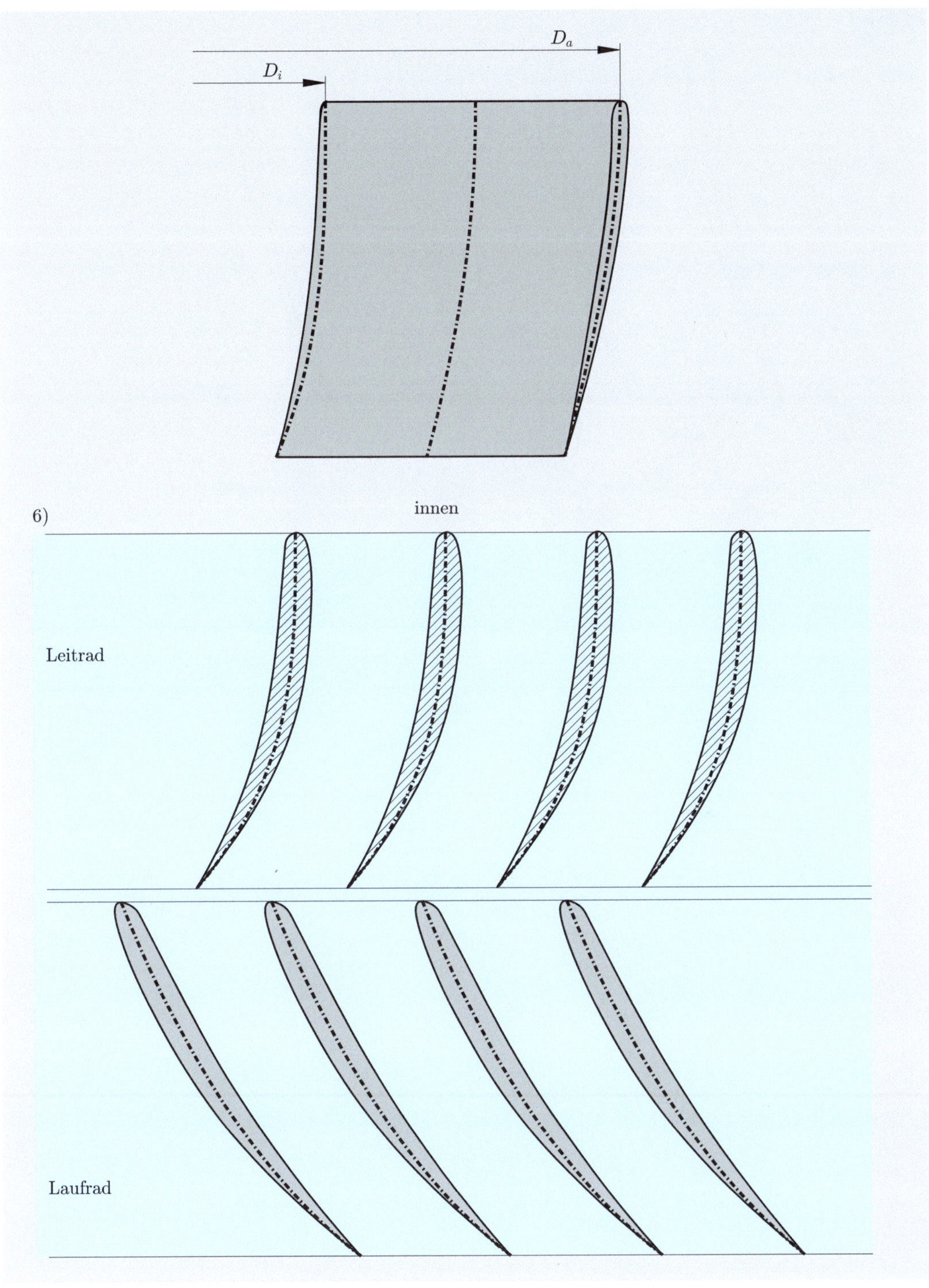
D_a
D_i
innen
6)
Leitrad
Laufrad

mitte
Leitrad
Laufrad

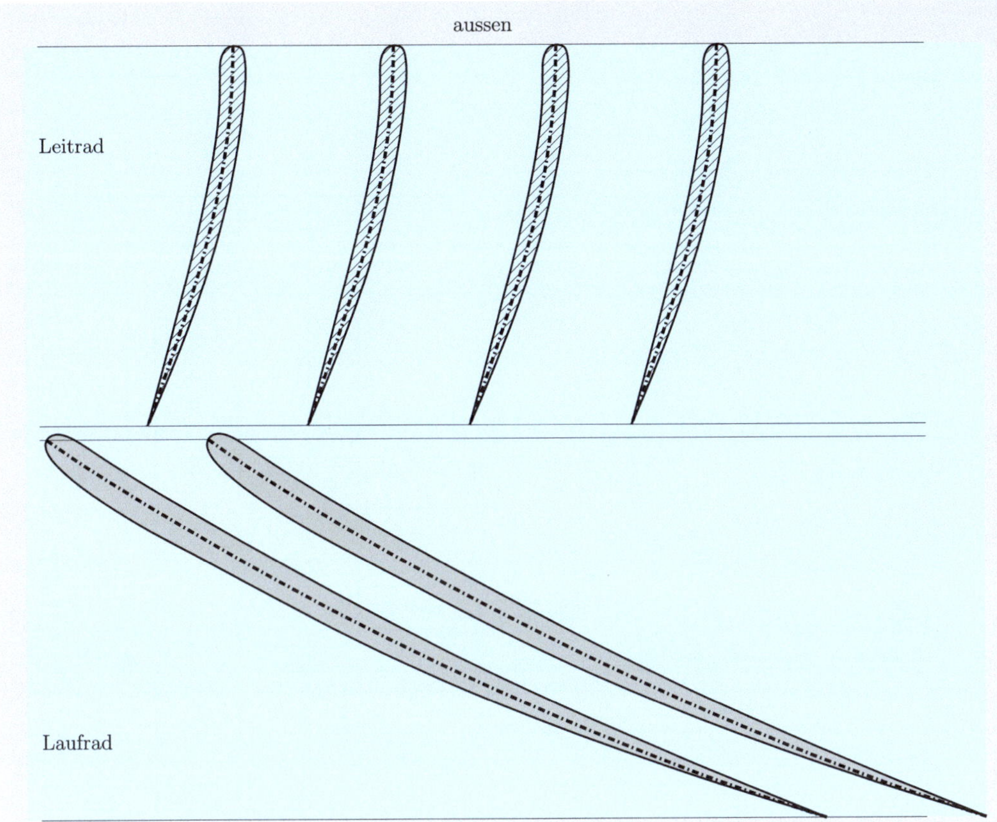

7) spezifische theoretische Leistung bei der Förderung von Wasser:

$$\underline{y_{th,\infty}} = \frac{\Delta p_{tot}}{\varrho w} = \frac{450 \; Pa}{1000 \; \text{kg/m}^3} = \underline{0,45 \; \text{m}^2/\text{s}^2}$$

8) Wurfparabel, wenn $h_0 = 0 :\approx 41$ m

9) Druckzahl: $\psi = \frac{Y}{u^2/2} = 10,41; 3,76; 1,92$

Durchflusszahl: $\varphi = \frac{\dot{V}}{\frac{D^2 \cdot \pi}{4} \cdot u} = 3,73; 0,8; 0,29$

Durchmesserzahl: $\delta = \frac{\psi^{1/4}}{\varphi^{1/2}} = 0,93; 1,57; 2,19$

Laufzahl: $\sigma = \frac{\varphi^{1/2}}{\psi^{1/2}} = 0,6; 0,46, 0,39$

Cordier - Diagramm

Druckzahl: $\boxed{10,41}; \boxed{3,76}; \boxed{1,92}$

Durchflusszahl: $\boxed{3,73}; \boxed{0,8}; \boxed{0,29}$

Laufzahl: $\boxed{0,6}; \boxed{0,46}; \boxed{0,39}$

Durchmesserzahl: $\boxed{0,93}; \boxed{1,57}; \boxed{2,19}$

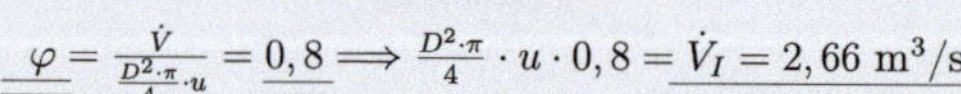

10) Modellmaschine

Massstabfaktoren:

$$k_G = \frac{u_I}{u_{II}} = \frac{D_I \cdot \pi \cdot n_I}{D_{II} \cdot \pi \cdot n_{II}} = k_I \cdot k_{II}$$

... Index I: Modell

... Index II: reale Maschine

$$\underline{\underline{k_G}} = \frac{0,3 \cdot \pi \cdot 3000/60}{0,5 \cdot \pi \cdot 1450/60} = \underline{\underline{1,2413}}$$

$$\underline{\underline{k_n}} = \frac{n_I}{n_{II}} = \underline{\underline{2,07}}$$

Druckzahl: $\underline{\underline{\psi}} = \frac{Y_{II}}{u_{II}^2/2} = \underline{\underline{3,76}}$

$$\underline{\underline{u_I}} = D_I \cdot \pi \cdot n_I = \underline{\underline{47,12 \text{ m/s}}}$$

$$\frac{Y_I}{1110,33} = 3,76 \Longrightarrow \underline{\underline{Y_I = 3760 \text{ W}}}$$

$$\underline{\underline{\varphi}} = \frac{\dot{V}}{\frac{D^2 \cdot \pi}{4} \cdot u} = \underline{\underline{0,8}} \Longrightarrow \frac{D^2 \cdot \pi}{4} \cdot u \cdot 0,8 = \underline{\underline{\dot{V}_I = 2,66 \text{ m}^3/\text{s}}}$$

$$\underline{\underline{\dot{m}}} = \dot{V} \cdot \varrho = 2,6 \, \frac{\text{m}^3}{\text{s}} \cdot 1,3 \, \frac{\text{kg}}{\text{m}^3} = \underline{\underline{3,46 \, \frac{\text{kg}}{\text{s}}}}$$

$$\underline{\underline{Y_{\infty,I}}} = \dot{m}_I \cdot y_{th,\infty,I} \Longrightarrow \frac{Y_{\infty,I}}{\dot{m}} = \underline{\underline{10877 \text{m}^2/\text{s}^2}}$$

$$y_{th,\infty} = \frac{\Delta p_{tot}}{\varrho_1} \Longrightarrow \underline{\underline{\Delta p_{tot}}} = y_{th,\infty,I} \cdot \varrho_1 = \underline{\underline{1412 \, Pa}}$$

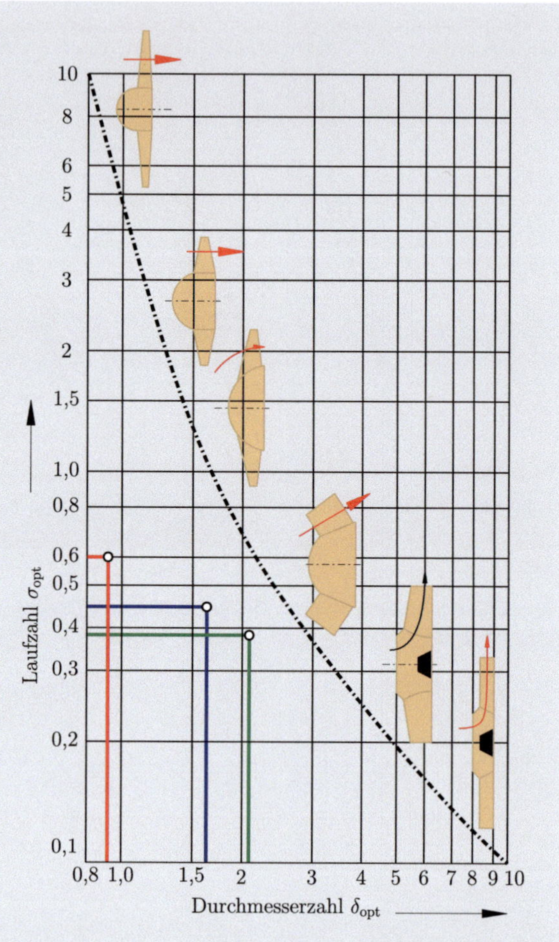

Übungsbeispiel 15.132

Welche [24] Arbeit w in J/kg und welche Leistung P in kW müsste man theoretisch aufbringen, wenn man stündlich 3000 m^3 Luft von 1 bar und 20 °C auf 6,8 bar verdichten würde?

a) isotherm bzw.

b) isentrop ($\kappa = 1{,}4$)

c) polytrop ($n = 1{,}45$)

d) wie hoch ist für Frage c) der Verdichterwirkungsgrad η_v

e) die Dissipation w_R bzw. P_R bei polytroper Verdichtung

f) zeichnen Sie die Verdichtungsprozesse in das T-s-Diagramm ein

Lösung

a) isotherm $\qquad p \cdot v = R \cdot T$

$$\underline{\underline{w_{th} = R \cdot T_1 \cdot \ln\left(\tfrac{p_2}{p_1}\right) = 162 \text{ kJ/kg}}} \qquad\qquad \underline{\underline{v_1 = \tfrac{R \cdot T_1}{p_1} = 0,84 \text{ m}^3/\text{kg}}}$$

$$p_2 \cdot v_2 = p_1 \cdot v_1 \Longrightarrow \underline{\underline{v_2 = 0,12 \text{ m}^3/\text{kg}}}$$

b) isentrop

$$y_{th} = a_{KS} = h_{2s} - h_1 = \overline{c_p} \cdot T_{2s} - T_1 = c_p \cdot T_1 \left[\left(\tfrac{p_2}{p_1}\right)^{\frac{\kappa-1}{\kappa}} - 1\right] \qquad \underline{\underline{v_1 = \tfrac{R \cdot T_1}{p_1} = 0,84 \text{ m}^3/\text{kg}}}$$

$$\underline{\underline{y_{th} = a_{KS} = R \cdot \tfrac{\kappa}{\kappa-1} \cdot T_1 \left[\left(\tfrac{p_2}{p_1}\right)^{\frac{\kappa-1}{\kappa}} - 1\right] = 214,6 \text{ kJ/kg}}}$$

$$p_2 \cdot v_2^{\kappa} = p_1 \cdot v_1^{\kappa} \Longrightarrow \underline{\underline{v_2 = 0,22 \text{ m}^3/\text{kg}}}$$

$$p_2 \cdot v_2 = R \cdot T_2 \Longrightarrow \underline{\underline{T_2 = \tfrac{p_2 \cdot v_2}{R} = 521,5 \text{ K}}}$$

c) polytrop

$$\underline{\underline{y_{th} = a_{KS} = R \cdot \tfrac{n}{n-1} \cdot T_1 \left[\left(\tfrac{p_2}{p_1}\right)^{\frac{n-1}{n}} - 1\right] = 220,2 \text{ kJ/kg}}}$$

$$\underline{\underline{v_1 = \tfrac{R \cdot T_1}{p_1} = 0,84 \text{ m}^3/\text{kg}}} \qquad\qquad p_2 \cdot v_2^{n} = p_1 \cdot v_1^{n} \Longrightarrow \underline{\underline{v_2 = 0,21 \text{ m}^3/\text{kg}}}$$

$$p_2 \cdot v_2 = R \cdot T_2 \Longrightarrow \underline{\underline{T_2 = \tfrac{p_2 \cdot v_2}{R} = 498,6 \text{ K}}}$$

d) Wenn $n = 1$ optimalster Fall $\Longrightarrow$ isotherm; daher Nutzen $= 162$ kJ/kg

Wenn $n = 1{,}45$ realer Fall $\Longrightarrow$ polytrop; daher Aufwand $= 220{,}2$ kJ/kg

$$\underline{\underline{\eta = \tfrac{Nutzen}{Aufwand} = 74\%}}$$

e) w_R bzw. P_R (Reibungsarbeit)

$$\underline{\underline{w_1 = Nutzen \cdot \eta_V = 162,95}}$$

$$\underline{\underline{w_R = 220,2 - 162,95 = 57,7 \text{ kJ/kg}}}$$

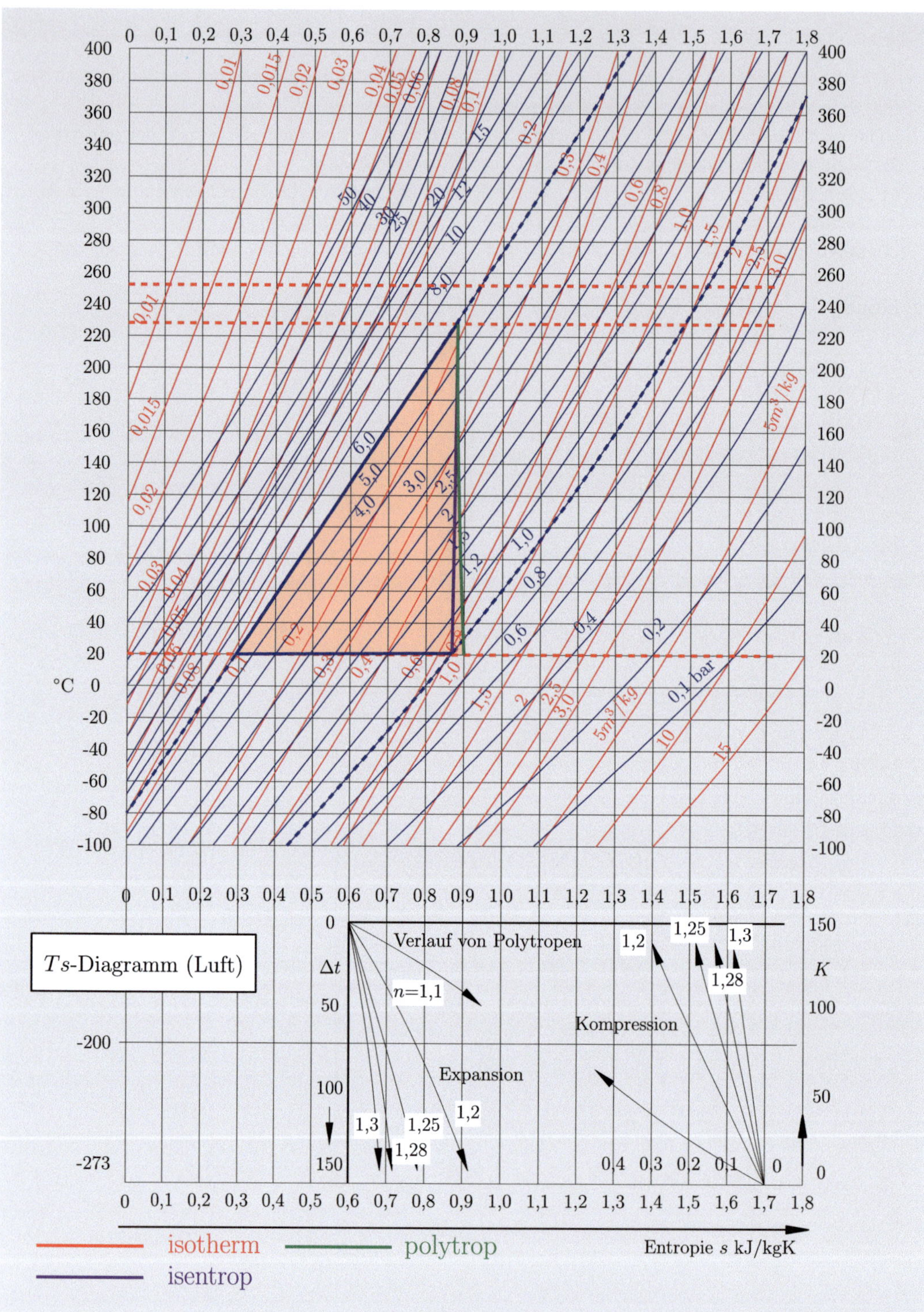

0 0,1 0,2 0,3 0,4 0,5 0,6 0,7 0,8 0,9 1,0 1,1 1,2 1,3 1,4 1,5 1,6 1,7 1,8
400 380 360 340 320 300 280 260 240 220 200 180 160 140 120 100 80 60 40 20 0 -20 -40 -60 -80 -100
°C
Ts-Diagramm (Luft)
Verlauf von Polytropen
$n=1,1$
Kompression
Expansion
1,2 1,25 1,3 1,28
1,3 1,25 1,2
1,28
Δt
K
0,4 0,3 0,2 0,1 0
isotherm
polytrop
isentrop
Entropie s kJ/kgK

Übungsbeispiel 15.133

Wie [24] hoch ist die Ersparnis an Verdichtungsarbeit

a) absolut in J/kg,
b) prozentual,

wenn bei Verdichtung von Luft ($\kappa = 1{,}4$) von 1 bar, 20 °C auf 7 bar, anstatt einstufig in zwei Stufen, bei vollständiger Rückkühlung zwischen 1. und 2. Stufe, verdichtet wird?

Lösung

a) absolute Arbeitsersparnis

$$y_{th} = a_{KS} = R \cdot \frac{\kappa}{\kappa-1} \cdot T_1 \left[\left(\frac{p_2}{p_1}\right)^{\frac{\kappa-1}{\kappa}} - 1 \right]$$

Bei einer Stufe:

$$y_{th,1st} = a_{KS,1st} = R \cdot \frac{\kappa}{\kappa-1} \cdot T_1 \left[\left(\frac{p_2}{p_1}\right)^{\frac{\kappa-1}{\kappa}} - 1 \right]$$

$$y_{th,1st} = a_{KS,1st} = 287 \cdot \frac{1{,}4}{1{,}4-1} \cdot 293 \left[\left(\frac{7}{1}\right)^{\frac{1{,}4-1}{1{,}4}} - 1 \right] = \underline{219 \text{ kJ/kg}}$$

Bei zwei Stufe:
$$\underline{\Pi = \Pi_1 \cdot \Pi_2 \cdot \ldots \cdot \Pi_n = \Pi^n} \Longrightarrow \sqrt{\Pi} = \Pi_{St} = \sqrt{\frac{7}{1}} = \sqrt{7} = \underline{2{,}64}$$

$$y_{th,2st} = a_{KS,2st} = R \cdot \frac{\kappa}{\kappa-1} \cdot T_1 \left[(\Pi_{St})^{\frac{\kappa-1}{\kappa}} - 1 \right]$$

$$y_{th,2st} = a_{KS,2st} = 287 \cdot \frac{1{,}4}{1{,}4-1} \cdot 293 \left[2{,}64^{\frac{1{,}4-1}{1{,}4}} - 1 \right] = \underline{94{,}1 \text{ kJ/kg}}$$

... ist die Stutzenarbeit je Stufe; Gesamtes a_{KS}:

$$\underline{y'_{th,2st} = a'_{KS,2st}} = 2 \cdot a_{KS,2st} = \underline{188{,}2 \text{ kJ/kg}}$$

$$\underline{\Delta w} = a_{KS,1st} - a'_{KS,2st} = \underline{30{,}8 \text{ kJ/kg}}$$

b) prozentuale Arbeitsersparnis

$$\underline{\Delta w_{[\%]}} = \frac{a_{KS,1st} - a'_{KS,2st}}{a_{KS,St}} = \underline{13{,}8\%}$$

c) Prozess im Ts - Diagramm

$$\underline{v_1} = \frac{R \cdot T_1}{p_1} = \underline{0{,}84 \text{ m}^3\text{/kg}}$$

(1st) $p_2 \cdot v_2^\kappa = p_1 \cdot v_1^\kappa \Longrightarrow \underline{v_2} = \underline{0{,}21 \text{ m}^3\text{/kg}}$

(2st) $p_2 \cdot v_2^\kappa = p_1 \cdot v_1^\kappa \Longrightarrow \underline{v'_2} = \underline{0{,}33 \text{ m}^3\text{/kg}}$

(1st) $p_2 \cdot v_2 = R \cdot T_2 \Longrightarrow \underline{T_2} = \frac{p_2 \cdot v_2}{R} = \underline{512{,}9 \text{ K}}$

(2st) $v_2 = 0{,}19 \text{ m}^3\text{/kg}$

(2st') $T_2 = 423{,}5 \text{ K}$

c)   Prozess im Ts - Diagramm (1-stufig)

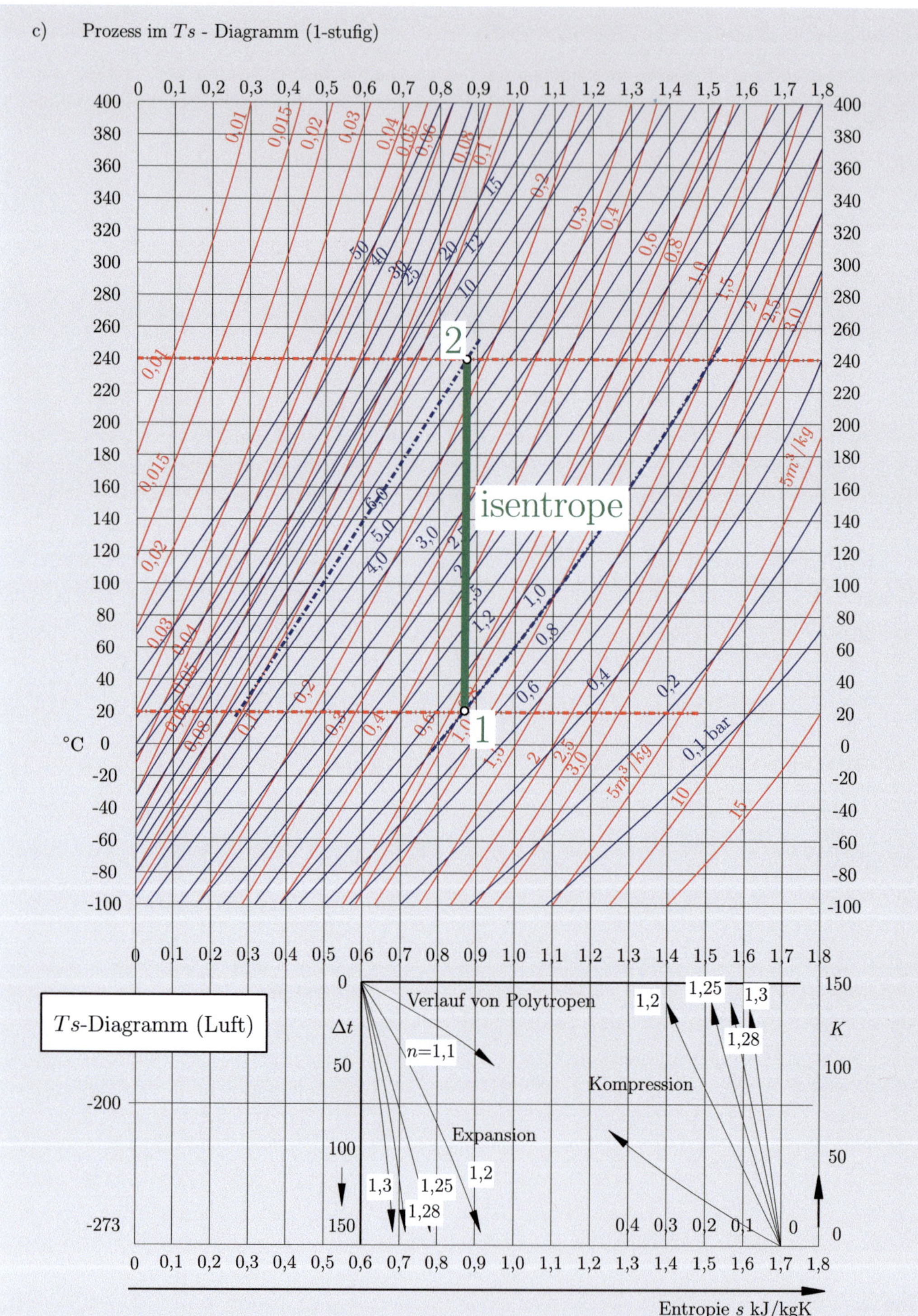

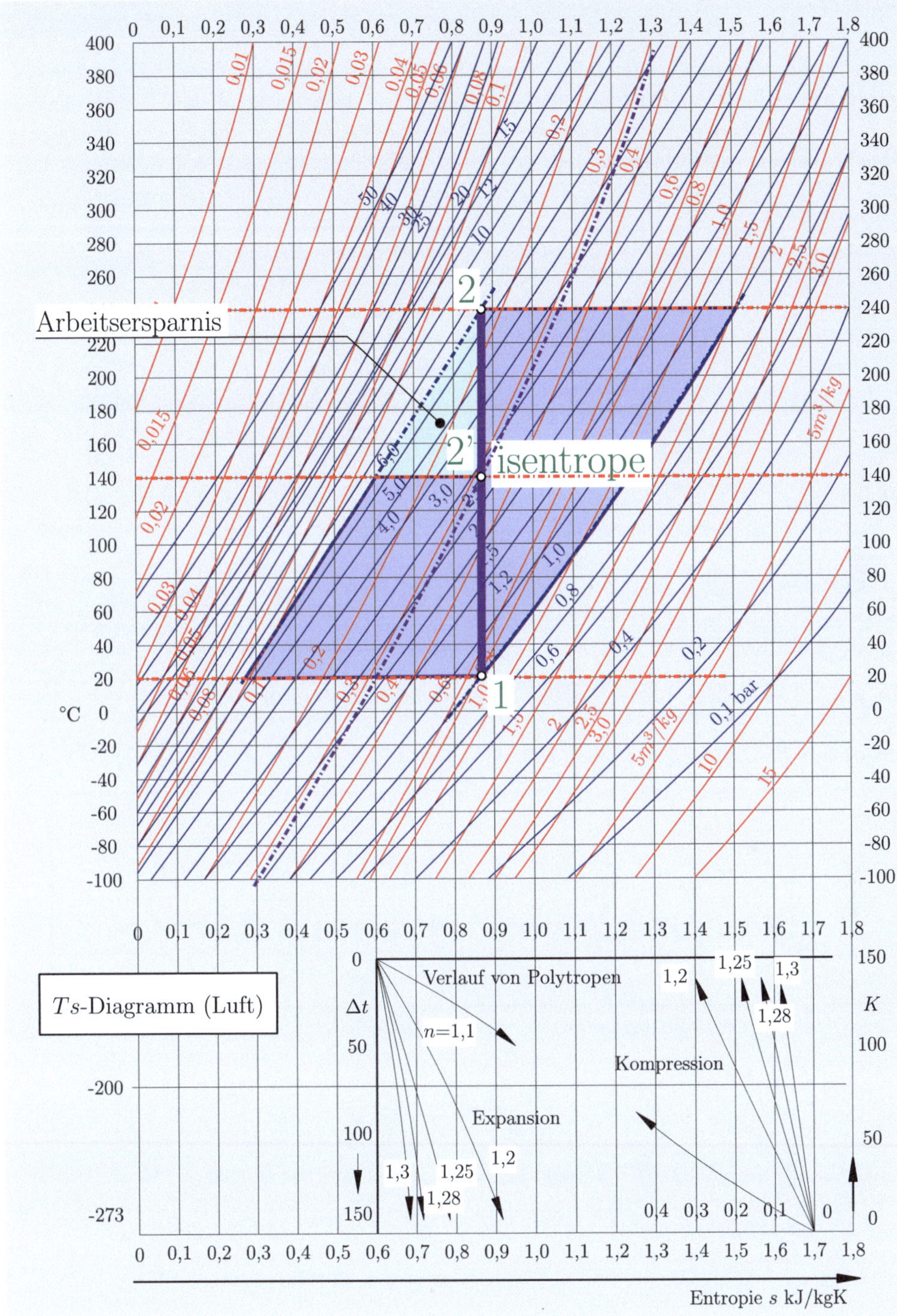
Arbeitsersparnis
2
2'
isentrope
1
°C
Ts-Diagramm (Luft)
Verlauf von Polytropen
n=1,1
Kompression
Expansion
1,3
1,28
1,25
1,2
1,2
1,25
1,3
1,28
Δt
K
0,4 0,3 0,2 0,1 0
Entropie s kJ/kgK

Übungsbeispiel 15.134

Ein [24] elektrischer Heizlüfter nimmt bei einer Klemmenspannung von $U = 220\,\text{V}$ einen Strom von $I = 5\,\text{A}$ auf. Die aufgenommene Leistung wird zum Verdichten und Aufheizen der Luft verwendet.

Die Luft wird zunächst auf den Zustand 2 verdichtet und dann bei konstantem Druck durch Widerstandsheizung erwärmt. Äußere Energien sind vernachlässigbar, das System ist wärmedicht isoliert.

Gegeben sind:

- $p_u = 1\,\text{bar}$,
- $T_u = 280\,\text{K}$,
- $\dot{V} = 80\,\text{m}^3/\text{h}$,
- $p_2 = 1{,}1\,\text{bar}$,
- $T_2 = 296\,\text{K}$,
- $R = 287\,\text{J}/(\text{kg} \cdot \text{K})$.

Zu bestimmen ist:

a) den Massenstrom $\dot{m}$,
b) das p-v- und das T-s-Diagramm,
c) die Antriebsleistung P_A bei $\eta_m = 1$,
d) den Verdichtungswirkungsgrad,
e) die Reibarbeit,
f) den Wärmestrom und die Temperatur T_3,
g) den Polytropenexponenten.

Lösung

a) Massenstrom

$$\underline{\underline{v_1}} = \frac{R \cdot T_1}{p_1} = \frac{287 \cdot 280}{1 \cdot 10^5} = \underline{0,81\ \text{m}^3/\text{kg}}$$

$$\underline{\underline{v_2}} = \frac{R \cdot T_2}{p_2} = \frac{287 \cdot 296}{1,1 \cdot 10^5} = \underline{0,77\ \text{m}^3/\text{kg}}$$

$$\underline{\underline{\varrho_1}} = \frac{1}{v_1} = \frac{1}{0,81} = \underline{1,23\ \text{kg/m}^3}$$

$$\underline{\underline{\varrho_2}} = \frac{1}{v_2} = \frac{1}{0,77} = \underline{1,29\ \text{kg/m}^3}$$

$$\underline{\underline{\dot{m}_1}} = \dot{V}_1 \cdot \varrho_1 = \underline{0,0277\ \tfrac{\text{kg}}{\text{s}}}$$

$$\underline{\underline{\dot{m}_2}} = \dot{V}_1 \cdot \varrho_2 = \underline{0,0287\ \tfrac{\text{kg}}{\text{s}}}$$

b) Zustände im $Ts-$ und $pv-$ Diagramm:

Punkt	v	T	p	Zustand	Ts	pv	Gleichung
1	$0,81\ \tfrac{\text{m}^3}{\text{kg}}$	$280\ K$	$1\ \text{bar}$	isentrop	senkr.		$p_1 \cdot v_1^\kappa = p_2 \cdot v_2^\kappa$
2	$0,77\ \tfrac{\text{m}^3}{\text{kg}}$	$296\ K$	$1,1\ \text{bar}$	isentrop	senkr.		$p_1 \cdot v_1^\kappa = p_2 \cdot v_2^\kappa$
3			$1,1\ \text{bar}$	isobar		senkr.	$p_2 \cdot v_2 = p_3 \cdot v_3$

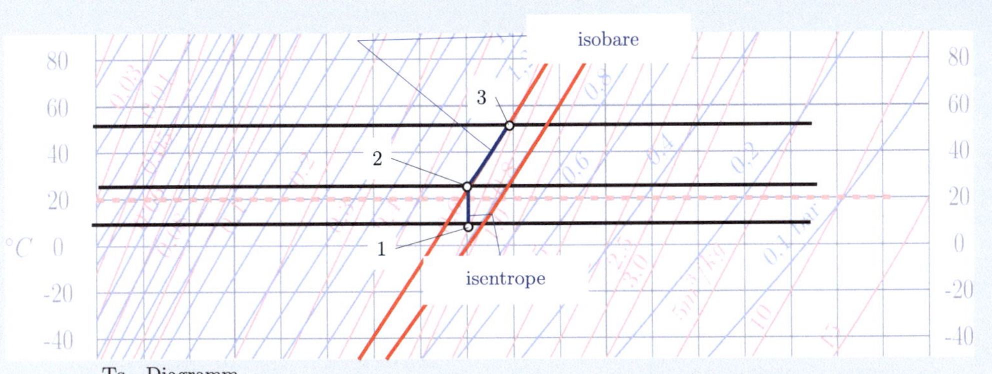

Ts - Diagramm

c) Arbeitsleistung bei $\eta_m = 1$ $\qquad$ $p_1 \cdot v_1^n = p_2 \cdot v_2^n \Longrightarrow \dfrac{\ln\left(\frac{p_1}{p_2}\right)}{\ln\left(\frac{v_2}{v_1}\right)} = \underline{\underline{n = 2,4}}$

(muss exakt eingesetzt werden; nicht 0,81 sondern 0,8036!)

$\Delta h = c_p \cdot \Delta T = 1005 \cdot 16 \; K = 16080 \; \text{J/kg}$ $\qquad$ $\underline{\underline{P_{Poly} = \dot{m} \cdot \Delta h = 445 \; W}}$

d) Verdichterwirkungsgrad

$$\underline{\underline{y_{th}}} = a_{KS} = 287 \cdot \frac{1,4}{1,4-1} \cdot 280 \left[\left(\frac{1,1}{1}\right)^{\frac{1,4-1}{1,4}} - 1 \right] = \underline{\underline{7764,4 \; \text{J/kg}}}$$

$$\underline{\underline{a_{Ke}}} = \frac{a_{Ki}}{\eta_m} = \frac{a_{Ki}}{1} = \underline{\underline{a_{Ki}}}$$

$$\underline{\underline{P_{Poly}}} = \dot{m} \cdot a_{Ke} \Longrightarrow a_{Ke} = \frac{P_{Poly}}{\dot{m}} = \frac{445}{0,027} = \underline{\underline{16481 \; \text{J/kg}}} \qquad \underline{\underline{\eta_V}} = \frac{a_{Ks}}{a_{Ke}} = \underline{\underline{48\%}}$$

e) Reibarbeit

$$\underline{\underline{\Delta w_R}} = a_{Ke} \cdot \eta_V = \underline{\underline{8 \; \text{kJ}}}$$

f) Heizarbeit $\qquad\qquad$ $\underline{\underline{P_{el}}} = U \cdot I = \underline{\underline{1100 \; W}}$ $\qquad\qquad$ $P_{el} = P_{th} = \underline{\underline{1100 \; W}}$

$$P_{el} = P_{yth} + P_{heizen} \Longrightarrow \underline{\underline{P_{heizen}}} = P_{el} - P_{y,th} = \underline{\underline{655 \; W}}$$

$$\underline{\underline{\dot{Q}}} = P_{heizen} = \underline{\underline{655 \; W}} \qquad\qquad w_{heizen} = \frac{P_{heizen}}{\dot{m}} = \underline{\underline{24259 \; \text{kJ/kg}}}$$

$$w_{isobar} = R \cdot (T_3 - T_2) \Longrightarrow \underline{\underline{T_3}} = \frac{w_{heizen}}{R} + T_2 = \underline{\underline{383 \; K}}$$

oder: $\qquad$ $\underline{\underline{\Delta T}} = \frac{w_{heizen}}{c_p} = \frac{24259}{2005} = \underline{\underline{24 \; K}}$ $\qquad\qquad$ $\underline{\underline{T_3}} = T_2 + \Delta T = \underline{\underline{320 \; K}}$

g) Polytropenexponenten

$$\underline{\underline{a_{Ki}}} = R \cdot \frac{n}{n-1} \cdot T_1 \left[\left(\frac{p_2}{p_1}\right)^{\frac{n-1}{n}} - 1 \right] = 287 \cdot \frac{n}{n-1} \cdot 280 \left[\left(\frac{1,1}{1}\right)^{\frac{n-1}{n}} - 1 \right] = \underline{\underline{455 \; W}}$$

$$p_1 \cdot v_1^n = p_2 \cdot v_2^n \Longrightarrow \frac{\ln\left(\frac{p_1}{p_2}\right)}{\ln\left(\frac{v_2}{v_1}\right)} = \underline{\underline{n = 2,4}}$$

Übungsbeispiel 15.135

Ein [24] axialer, wärmedichter Verdichter für Luft hat einen mittleren Schaufeldurchmesser von $D_m = 0{,}34\,\text{m}$, eine Schaufellänge $l = 0{,}1\,\text{m}$ und arbeitet mit einer Drehzahl von $n = 15.000\,\text{min}^{-1}$.

Als weitere Daten sind gegeben:

$$\alpha_1 = 90°, \qquad \beta_1 = 15°, \qquad \beta_2 = 75°,$$
$$w_2 = 62\,\text{m/s}, \quad R_1 = 287\,\text{J/(kg K)}$$

a) Zeichnen Sie maßstäblich das entsprechende Geschwindigkeitsdreieck!

b) Wie groß ist die spezifische Schaufelarbeit y_{th} bzw. a_{ki}?

c) Wie groß ist der Reaktionsgrad r?

d) Wie groß wäre die Verdichterleistung? ($p_1 = 1$ bar und $T_1 = 293$ K)

e) Zeichnen Sie maßstäblich die Geschwindigkeitsdreiecke für den Innen- und Außendurchmesser.

f) Zeichnen Sie den Schaufelplan passend zu den Geschwindigkeitsdreiecken.

Lösung

a)   Geschwindigkeitsdreieck

$$\underline{\underline{u_1 = u_2 = D_m \cdot \pi \cdot n = 267\ \text{m/s}}}$$

$$\cos(\beta_1) = \frac{u}{w_1} \implies \underline{\underline{w_1 = \frac{u}{\cos(\beta_1)} = 276,5\ \text{m/s}}}$$

$$\sin(\beta_1) = \frac{c_1}{w_1} \implies \underline{\underline{c_1 = \sin(\beta_1) \cdot w_1 = 71,55\ \text{m/s}}}$$

Eulergleichung für Axialturbine:

$$y_{th,\infty} = u \cdot (c_{2u} - c_{1u})\ \text{wobei}\ c_{1u} = 0:\ y_{th,\infty} = u \cdot c_{2u}$$

oder: Winkel $\beta_2 \qquad \cos(\beta_2) = \frac{w_2}{u} \implies \underline{\underline{w_2 = u \cdot \cos(\beta_2) = 69,1\ \text{m/s}}}$

Mit dem Kosinussatz folgt: $\qquad \underline{\underline{c_2 = \sqrt{w_2^2 + u^2 - 2 \cdot u \cdot w_2 \cdot \cos(\beta_2)} = 258\ \text{m/s}}}$

$$\frac{w_2}{\sin(\alpha_2)} = \frac{c_2}{\sin(\beta_2)} \implies \underline{\underline{\alpha_2 = \arcsin\left(\frac{w_2 \cdot \sin(\beta_2)}{c_2}\right) = 15°}}$$

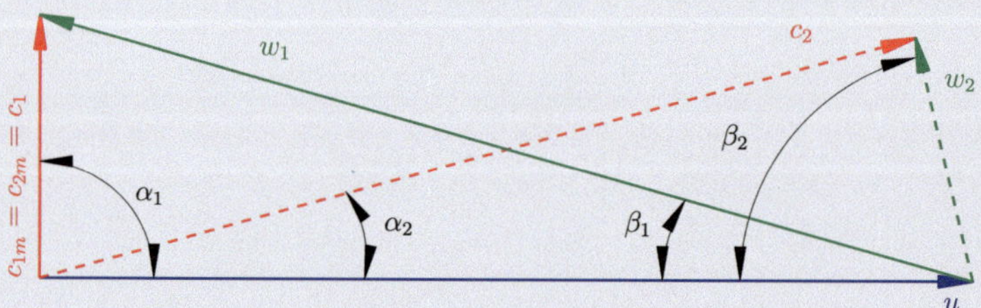

b)   spez. Schaufelarbeit

$$y_{th,\infty} = u \cdot (c_{2u} - c_{1u})\ \text{wobei}\ c_{1u} = 0:\ \underline{\underline{y_{th,\infty} = u \cdot c_{2u} = 66,5\ \text{kJ}}}$$

$$\underline{\underline{c_{2u} = c_2 \cdot \cos(\alpha_2) = 249,2\ \text{m/s}}}$$

c)   Reaktionsgrad $\qquad \underline{\underline{r = \frac{\Delta h_L}{h_{ges}} = \frac{\frac{u^2}{2}}{y_{th,\infty}} = \frac{\frac{u^2}{2}}{y_{th,\infty}} = 0,53}}$

d) **Verdichterleistung**

$$p_1 \cdot v_1 = R \cdot T_1 \implies \underline{v_1 = \tfrac{R \cdot T_1}{p_1} = 0,84 \ \text{m}^3/\text{kg}} \qquad\qquad \underline{\varrho = \tfrac{1}{v_1} = 1,19 \ \text{kg/m}^3}$$

Schaufellänge: $\underline{L_S = 0,1 \ \text{m}}$ \qquad Strömungsquerschnitt: $\underline{A_S = D_m \cdot \pi \cdot L_S = 0,1 \ \text{m}^2}$

Mediangeschwindigkeit: $\underline{c_{1,m} = \tfrac{\dot{V}}{A}} \implies \underline{\dot{V} = c_1 \cdot A = 7,15 \ \text{m}^3/\text{s}}$

$$\underline{P = \dot{m} \cdot y_{th,\infty} = \dot{V} \cdot \varrho \cdot y_{th,\infty} = 566,2 \ \text{kJ/kg}}$$

e) **Geschwindigkeitsdreiecke (innen und aussen)**

$$\underline{L_S = \tfrac{D_a - D_i}{2}} \implies 2 \cdot L_S = \Delta D = \underline{0,2 \ \text{m}}$$

Raddurchmesser D
$$\underline{D_a = D_m + \tfrac{\Delta D}{2} = 0,44 \ \text{m}}$$
$$\underline{D_i = D_m - \tfrac{\Delta D}{2} = 0,24 \ \text{m}}$$

Umfangsgeschwindigkeit u
$$\underline{u_{1,a} = u_{2,a} = D_a \cdot \pi \cdot n = 345,4 \ \text{m/s}}$$
$$\underline{u_{1,i} = u_{2,i} = D_i \cdot \pi \cdot n = 267,1 \ \text{m/s}}$$

$$y_{th,\infty} = u \cdot (c_{2u} - c_{1u}) \ \text{wobei} \ c_{1u} = 0: \ y_{th,\infty} = u \cdot c_{2u} \implies c_{2u} = \tfrac{y_{th,\infty}}{u}$$

$$y_{th,\infty} = u \cdot (c_{2u} - c_{1u}) \ \text{wobei} \ c_{1u} = 0: \ y_{th,\infty} = u \cdot c_{2u} \implies c_{2u} = \tfrac{y_{th,\infty}}{u}$$

Umfangskomponente von c_2
$$\underline{c_{2u,a} = \tfrac{y_{th,\infty}}{u_a} = 192,53 \ \text{m/s}}$$
$$\underline{c_{2u,i} = \tfrac{y_{th,\infty}}{u_i} = 248,1 \ \text{m/s}}$$

Mediangeschwindigkeit: $\underline{c_{1,m} = \tfrac{\dot{V}}{A} = 71,55 \ \text{m/s}}$

Winkel für Laufrad: mit $\beta_1 = \arctan\left(\tfrac{c_{1m}}{u}\right)$ folgt: $\underline{\beta_{1a} = 11,7°}; \underline{\beta_{1i} = 15°}$

Winkel für Laufrad: mit $\alpha_2 = \arctan\left(\tfrac{c_{1m}}{c_{2u}}\right)$ folgt: $\underline{\alpha_{2a} = 20,4°}; \underline{\alpha_{2i} = 16,1°}$

Winkel für Laufrad: mit $\beta_2 = \arctan\left(\tfrac{c_{1m}}{u - c_{2u}}\right)$ folgt: $\underline{\beta_{2a} = 25,1°}; \underline{\beta_{2i} = 75,1°}$

$$\cos(\beta_1) = \tfrac{u}{w_1} \implies w_1 = \tfrac{u}{\cos(\beta_1)} : \underline{w_{1a} = 352,7 \ \text{m/s}}; \underline{w_{1i} = 276,5 \ \text{m/s}}$$

$$w_{2u} = u - c_{2u}; \underline{w_{2u,a} = 152,9 \ \text{m/s}}; \underline{w_{2u,i} = 19 \ \text{m/s}}$$

$$w_2 = \sqrt{c_1^2 + w_{2u}^2}; \underline{w_{u,a} = 168,8 \ \text{m/s}}; \underline{w_{u,i} = 74 \ \text{m/s}}$$

$$\underline{c_2 = \sqrt{w_2^2 + u^2 - 2 \cdot u \cdot w_2 \cdot \cos(\beta_2)} = 205,4 \ \text{m/s}; 258,2 \ \text{m/s};}$$

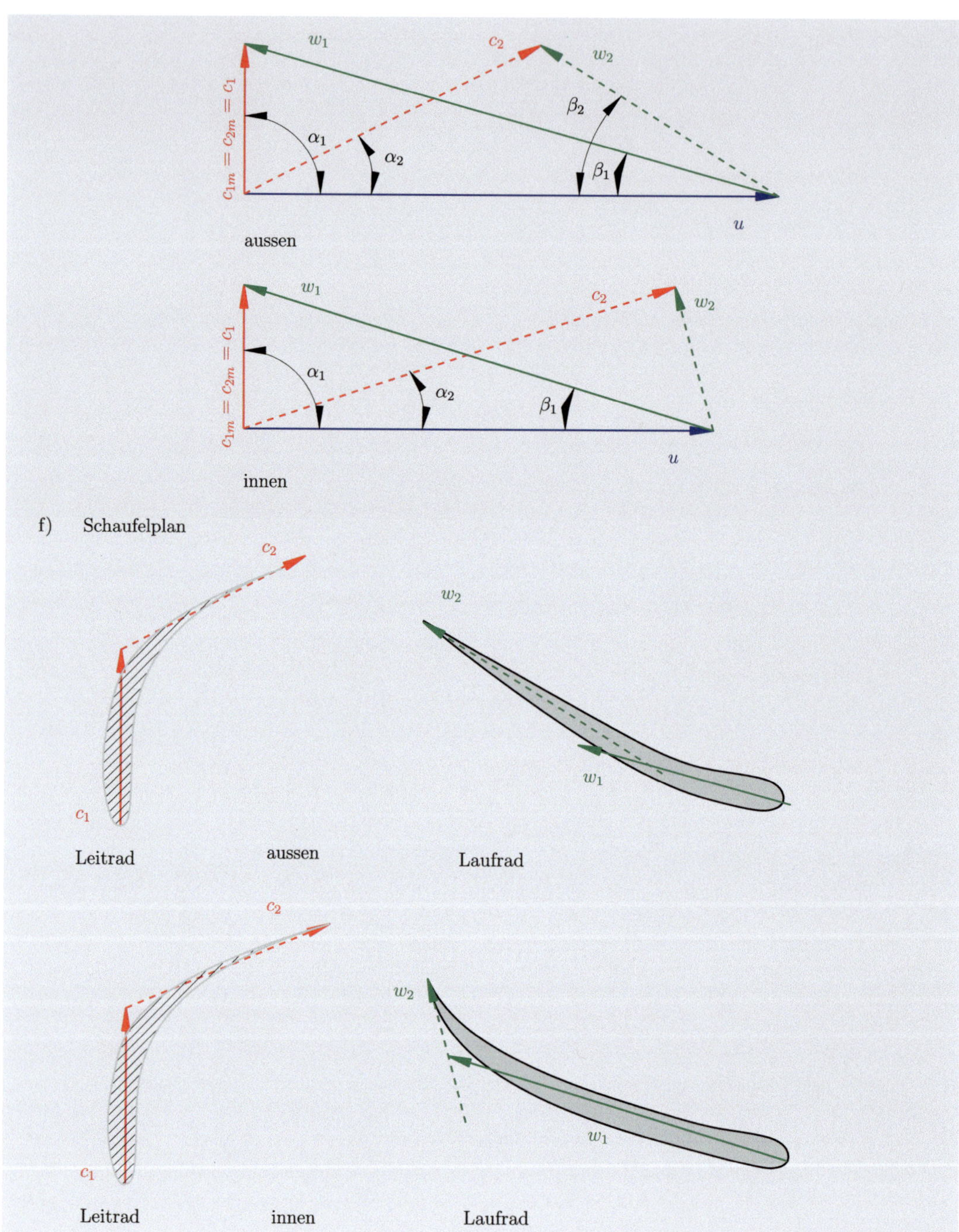

f)   Schaufelplan

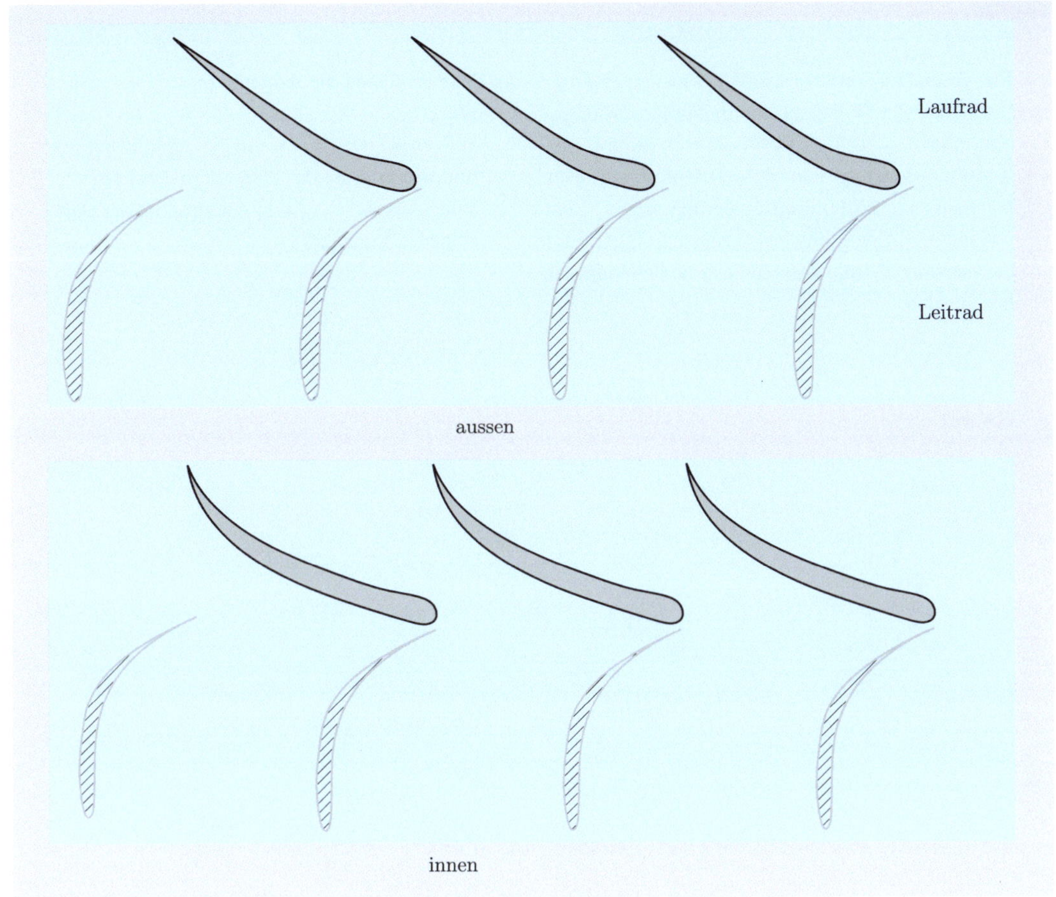

Laufrad
Leitrad
aussen
innen

Übungsbeispiel 15.136

Ein Verdichter fördert $\dot{m} = 98\,\frac{\text{kg}}{\text{s}}$ Erdgas in einer Rohrleitung mit einem Verdichtungswirkungsgrad von $\eta_v = 0{,}87$. Der Verdichter nimmt eine Kupplungsleistung von $P_K = 10\,\text{MW}$ auf. Der mechanische Wirkungsgrad beträgt $\eta_m = 0{,}98$. Die äußeren Energien sind vernachlässigbar, und das gesamte System kann als wärmedicht angesehen werden.

a) Wie groß sind die Arbeiten $w_{t,\text{poly}}$, $w_{t,\text{isent}}$ und w_{Reib}?

b) Wie groß ist $T_{2,\text{isent}}$, wenn $T_1 = 293\,\text{K}$ beträgt, und wie groß ist das Druckverhältnis Π?

c) Wie groß ist $T_{2,\text{poly}}$ und wie groß ist der Polytropenexponent n?

$$\kappa = 1{,}4, \quad \bar{c}_p = 1004\,\frac{\text{J}}{\text{kg}\,\text{K}}$$

Lösung

a)   Arbeiten

$$P_{\text{Poly}} = P_K \cdot \eta_m \qquad\qquad P_{\text{Poly}} = y_{th,\infty} \cdot \dot{m} = w_{\text{Poly}} \cdot \dot{m}$$

$$P_K \cdot \eta_m = w_{\text{Poly}} \cdot \dot{m} \implies \frac{P_K \cdot \eta_m}{\dot{m}} = \underline{\underline{w_{\text{Poly}} = 100\,\text{kJ/kg}}}$$

$$\eta_V = \frac{a_{Ks}}{a_{Ke}} = \frac{w_{\text{isen}}}{w_{\text{Poly}}} \implies \underline{\underline{w_{\text{isen}} = \eta_V \cdot w_{\text{Poly}} = 87\,\text{kJ/kg}}}$$

$$w_{\text{Reib}} = w_{\text{Poly}} - w_{\text{isen}} = \underline{\underline{13\,kJ/kg}}$$

b)   Temperaturen und Stufendruckverhältnis bei Isentrope

$$w_{\text{Poly}} = \Delta T \cdot c_p \implies \underline{\underline{\Delta T = \frac{w_{\text{Poly}}}{c_P} = 86{,}7\,\text{K}}}$$

$$\Delta T = T_2 - T_1 \implies \underline{\underline{T_2 = \Delta T + T_1 = 379{,}7\,\text{K}}}$$

$$y_{th} = a_{Ke} = R \cdot \frac{\kappa}{\kappa-1} \cdot T_1 \left[\left(\frac{p_2}{p_1}\right)^{\frac{\kappa-1}{\kappa}} - 1 \right] = R \cdot \frac{\kappa}{\kappa-1} \cdot T_1 \left[\Pi^{\frac{\kappa-1}{\kappa}} - 1 \right]$$

$$\frac{w_{\text{isen}}}{R \cdot \frac{\kappa}{\kappa-1} \cdot T_1} + 1 = \Pi^{\frac{\kappa-1}{\kappa}} \implies 1{,}2956 = \Pi^{0{,}285714} \implies {}^{0{,}285714}\!\sqrt{1{,}2956} = \underline{\underline{\Pi = 2{,}48}}$$

c)   Temperaturen und Polytropenexponent bei Polytrope

$$w_{\text{Poly}} = \Delta T \cdot c_p \implies \underline{\underline{\Delta T = \frac{w_{\text{Poly}}}{c_P} = 99{,}5\,\text{K}}}$$

$$\Delta T = T_2 - T_1 \implies \underline{\underline{T_2 = \Delta T + T_1 = 392{,}5\,\text{K}}}$$

d)   Temperaturen und Polytropenexponent bei Polytrope

$$w_{\text{Poly}} = \Delta T \cdot c_p \implies \underline{\underline{\Delta T = \frac{w_{\text{Poly}}}{c_P} = 99{,}5\,\text{K}}}$$

$$\Delta T = T_2 - T_1 \implies \underline{\underline{T_2 = \Delta T + T_1 = 392{,}5\,\text{K}}}$$

$$p_1 \cdot v_1 = R \cdot T_1$$

$$\underline{\underline{v_1 = \frac{R \cdot T_1}{p_1} = \frac{287 \cdot 293}{1 \cdot 10^5} = 0{,}84\,\text{m}^3/\text{kg}}} \qquad\qquad \underline{\underline{p_2 = 2{,}48\,\text{bar}}} \qquad \text{(Stufendruckverh.)}$$

$$\underline{\underline{v_2 = \frac{R \cdot T_2}{p_2} = \frac{287 \cdot 392{,}5}{2{,}48 \cdot 10^5} = 0{,}45\,\text{m}^3/\text{kg}}}$$

$$p_1 \cdot v_1^n = p_2 \cdot v_2^n \implies \frac{\ln\left(\frac{p_1}{p_2}\right)}{\ln\left(\frac{v_2}{v_1}\right)} = \underline{\underline{n = 1{,}47}}$$

Ein Turboverdichter verdichtet $4{,}45\,\frac{m^3}{s}$ Luft von $p_1 = 1\,\text{bar}$ und $\vartheta_1 = 20\,°\text{C}$ auf $p_2 = 4{,}5\,\text{bar}$ mit einem polytropen Verdichtungswirkungsgrad von $\eta_v = 0{,}85$.

Die Eintrittsgeschwindigkeit ist gleich der Austrittsgeschwindigkeit, und der Höhenunterschied ist vernachlässigbar. Der Verdichter arbeitet isentrop.

$$R_{\text{Luft}} = 287\,\frac{\text{J}}{\text{kg K}}, \quad \eta_m = 0{,}98, \quad \kappa = 1{,}4$$

Gesucht sind:

a) der Polytropenexponent n

b) die polytrope Austrittstemperatur

c) die isentrope Austrittstemperatur

d) der Enthalpieunterschied Δh zwischen den Zuständen 1 und 2

e) die isentrope Arbeit

f) die Dissipation

g) die Kupplungsleistung P_K

Lösung

a) Polytropenexmponent

$$\underline{\underline{y_{th}}} = a_{Ke} = R \cdot \frac{\kappa}{\kappa-1} \cdot T_1 \left[\left(\frac{p_2}{p_1}\right)^{\frac{\kappa-1}{\kappa}} - 1 \right] = \underline{\underline{158\,\text{kJ/kg}}}$$

$$\eta_V = \frac{a_{Ks}}{a_{Ke}} = \frac{w_{\text{isen}}}{w_{\text{Poly}}} \Longrightarrow \underline{\underline{w_{\text{Poly}}}} = \frac{w_{\text{isen}}}{\eta_V} = \underline{\underline{185{,}9\,\text{kJ/kg}}}$$

$$w_{\text{Poly}} = \Delta T \cdot c_p \Longrightarrow \underline{\underline{\Delta T}} = \frac{w_{\text{Poly}}}{c_P} = \underline{\underline{185\,\text{K}}}$$

$$\Delta T = T_2 - T_1 \Longrightarrow \underline{\underline{T_2}} = \Delta T + T_1 = \underline{\underline{478\,\text{K}}}$$

$$\underline{\underline{v_1}} = \frac{R \cdot T_1}{p_1} = \frac{287 \cdot 293}{1 \cdot 10^5} = \underline{\underline{0{,}84\,\text{m}^3/\text{kg}}} \qquad\qquad \underline{\underline{v_2}} = \frac{R \cdot T_2}{p_2} = \frac{287 \cdot 478}{4{,}5 \cdot 10^5} = \underline{\underline{0{,}31\,\text{m}^3/\text{kg}}}$$

$$p_1 \cdot v_1^n = p_2 \cdot v_2^n \Longrightarrow \frac{\ln\left(\frac{p_1}{p_2}\right)}{\ln\left(\frac{v_2}{v_1}\right)} = \underline{\underline{n = 1{,}48}}$$

b) polytrope Austrittstemperatur

$$w_{\text{Poly}} = \Delta T \cdot c_p \Longrightarrow \Delta T = \frac{w_{\text{Poly}}}{c_P} = 185\,\text{K}$$

$$\Delta T = T_2 - T_1 \Longrightarrow T_2 = \Delta T + T_1 = 478\,\text{K}$$

c) isentrope Austrittstemperatur

$$w_{\text{isen}} = \Delta T \cdot c_p \Longrightarrow \underline{\underline{\Delta T}} = \frac{w_{\text{isen}}}{c_P} = \underline{\underline{157{,}2\,\text{K}}}$$

$$\Delta T = T_2 - T_1 \Longrightarrow \underline{\underline{T_2}} = \Delta T + T_1 = \underline{\underline{450\,\text{K}}}$$

d)   Enthalpieunterschied zwischen 1 und 2

$$\underline{\underline{\Delta h}} = \Delta T \cdot c_p = \underline{158 \ \text{kJ/kg}} \qquad\qquad\qquad \text{(isentrop)}$$

$$\underline{\underline{\Delta h}} = \Delta T \cdot c_p = \underline{185,9 \ \text{kJ/kg}} \qquad\qquad\qquad \text{(polytrop)}$$

e)   isentrope Arbeit

$$\underline{\underline{y_{th}}} = \underline{\underline{a_{Ke}}} = R \cdot \frac{\kappa}{\kappa - 1} \cdot T_1 \left[\left(\frac{p_2}{p_1} \right)^{\frac{\kappa-1}{\kappa}} - 1 \right] = \underline{158 \ \text{kJ/kg}}$$

f)   Dissipation

$$\underline{\underline{w_{\text{Diss}}}} = w_{\text{Poly}} - w_{\text{isen}} = \underline{28 \ \text{kJ/kg}}$$

g)   Kupplungsleistung $\qquad\qquad \underline{\underline{\varrho_1}} = \frac{1}{v_1} = \underline{1,19 \ \text{kg/m}^3} \qquad\qquad \underline{\underline{\varrho_2}} = \frac{1}{v_2} = \underline{3,22 \ \text{kg/m}^3}$

$$\underline{\underline{\varrho_m}} = \frac{\varrho_1 + \varrho_2}{2} = \underline{2,205 \ \text{kg/m}^3}$$

$$\underline{\underline{P_K}} = \frac{P_{\text{Poly}}}{\eta_m} = \frac{w_{\text{Poly}} \cdot \dot{m}}{\eta_m} = \frac{w_{\text{Poly}} \cdot \dot{V} \cdot \varrho_m}{\eta_m} = \underline{1,98 \ MW}$$

Gasturbinen – Konstruktive Maßnahmen

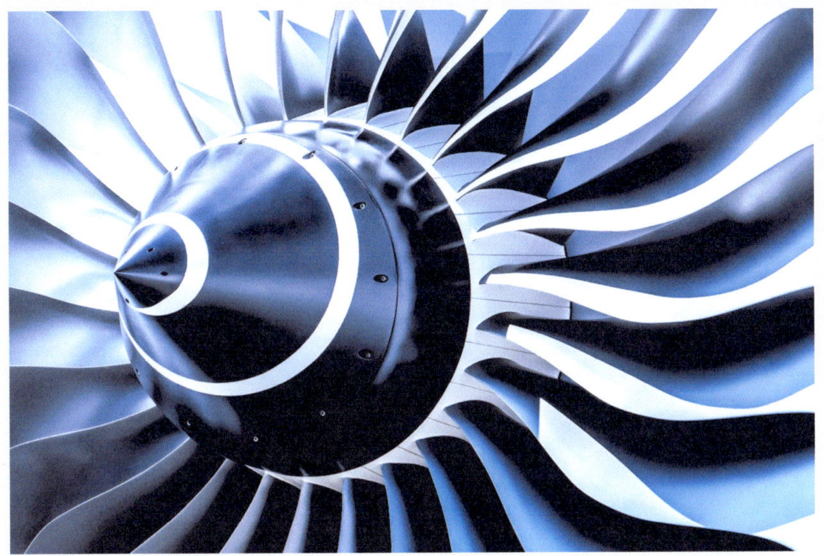

Inhaltsverzeichnis

Sie lernen hier...

- Vertiefungen und Eigenschaften von Gasturbinen kennen.
- konstruktive Grundlagen von Gasturbinen.
- den Gasturbinenprozess kennen.
- Bauteile einer Gasturbine kennen.
- Kühlung von Gasturbinen.
- Einsatzgebiete der Gasturbine.

Dieses Kapitel basiert auf dem Inhalt von [3], Kapitel 9.

16.1 Einleitung

Die ersten Vorschläge zur technischen Realisierung der Gasturbine stammen bereits aus dem Jahr 1791 (J. Barber, England). Technisch nutzbare Gasturbinen konnten jedoch erst ab etwa 1930 gebaut werden. Damit trat die Gasturbine als ernsthafte Konkurrentin zu den bis dahin weit entwickelten „klassischen" Wärmekraftmaschinen – insbesondere Ottomotor, Dieselmotor und Dampfturbine – auf.

Ein entscheidender Vorteil der Gasturbine liegt in der Luftfahrt: Sie ermöglicht den Betrieb von Flugzeugen bei großen Flughöhen und hohen Geschwindigkeiten, insbesondere im Überschallbereich. Dadurch wurden Anwendungen erschlossen, die mit herkömmlichen Kolbenmaschinen nicht erreichbar waren. Im Bereich kleiner Leistungen bleibt der Ottomotor jedoch nach wie vor dominant.

In den letzten Jahrzehnten hat die Gasturbine durch erhebliche technologische Fortschritte weiter an Bedeutung gewonnen. Zu nennen sind hier:

- der Bau großer, leistungsfähiger Axialverdichter,
- die Entwicklung neuer hochwarmfester Werkstoffe,
- die Einführung der Schaufelkühlung,
- die Weiterentwicklung von Turbomaschinen durch präzise Strömungsauslegung.

Trotzdem ist die Entwicklung keineswegs abgeschlossen.

Der Trend geht zu:

- noch höheren Heißgastemperaturen (bei modernen Flugzeugturbinen bis zu 1400 °C am Eintritt),
- größeren Druckverhältnissen (heute bis etwa 40),
- höheren Leistungen,
- kleineren Baugrößen und Gewichten,
- längerer Lebensdauer sowie höherer Zuverlässigkeit.

16.1.1 Vorteile der Gasturbine

Die Gasturbine besitzt im Vergleich zu anderen Wärmekraftmaschinen eine Reihe von Vorteilen:

- geringes Leistungsgewicht,
- kleiner Bauraumbedarf,
- geringer oder kein Kühlwasserbedarf,
- einfache Möglichkeit zur Automatisierung und Fernsteuerung,
- niedrige Schmierölkosten,
- schnelle Betriebsbereitschaft.

Daher wird die Gasturbine insbesondere eingesetzt:

- in Kraftwerken zur Strom- und Wärmeerzeugung,
- in Luftspeicherkraftwerken,
- zum Antrieb von Pumpen und Verdichtern,
- als Antriebsmaschine für Schienen-, Straßen- und Wasserfahrzeuge,
- in der Luftfahrt (Flugzeuge und Hubschrauber).

16.1.2 Leistungsgrenzen und Charakteristik

- Kraftwerksgasturbinen erreichen Leistungen bis etwa 340 MW.
- Antriebsturbinen für Maschinen etwa 20 MW.
- Flugzeugtriebwerke liefern Schubkräfte bis ca. 570 kN.

Als Strömungsmaschine arbeitet die Gasturbine bei deutlich höheren Temperaturen und Drücken

◘ Tab. 16.1 Gegenüberstellung der Kenngrößen zwischen Gas- und Dampfturbinen

	Gasturbine	Dampfturbine
Druck des Arbeitsmediums	< 40 bar	< 300 bar
Temperatur des Arbeitsmediums	< 1400 °C	< 600 °C
Austrittsdruck	= 1 bar	0,02 bar
Endtemperatur	> 400 °C	> 20 °C
Wärmegefälle	1000 $\frac{kJ}{kg}$	1500 $\frac{kJ}{kg}$
Stufenzahl	3…8	20…40

als die Dampfturbine, jedoch mit erheblich kleinerem spezifischem Stutzendurchmesser und geringerer Stufenzahl.

16.1.3 Vergleich: Gasturbine–Dampfturbine

◘ Tab. 16.1 zeigt eine Gegenüberstellung der wichtigsten Kenngrößen.

16.2 Kreisprozesse bei Gasturbinen

Der folgende Abschnitt ist so auch in Band 5 zu finden, dort ist er auch noch vertieft, für genauere Informationen wird auf [16], Kapitel 3.3.2.

16.2.1 Vergleichsprozesse für Turbomaschinen [12]

Vergleichsprozesse für Turbomaschinen sind theoretische Modelle, die verwendet werden, um das Verhalten und die Effizienz von realen Turbomaschinen wie Gasturbinen oder Dampfmaschinen zu bewerten. Diese Modelle dienen als Referenz, um den thermodynamischen Wirkungsgrad unter idealisierten Bedingungen zu bestimmen. Dabei werden idealisierte Prozesse angenommen, um die Maschinenleistung unter optimalen Bedingungen zu beschreiben.

Im Folgenden werden noch die einzelnen Schritte der Gasturbinenanlage unter die Lupe genommen.

— Am Anfang wird Luft angesaugt, die dann im Verdichter komprimiert wird.

— In der Brennkammer, die im Anschluss folgt, wird dann der verdichteten Luft Brennstoff zugemischt. Dies kann als Beispiel Kerosin, bei einem Flugzeugtriebwerk oder Petroleum sein.

— Aufgrund des hohen Druckes zündet das Gemisch selbstständig und verbrennt bei theoretisch konstantem Druck (Isobar)

— Es kommt zur Expansion des Gases in der Brennkammer, wodurch Arbeit abgegeben wird.

— Nach diesem Prozess strömen die Abgase ins Freie.

Bei vielen Gasturbinen handelt es sich um ein offenes, stationäres durchströmtes System.

Im Kraftwerksbereich hat man stationäre Gasturbinen wobei die Nutzleistung des Systems vor allem zur Erzeugung von Strom dient. Bei instationären Turbinen(beispielsweise bei Schiffsturbinen) wird die Nutzleistung zum Antrieb der Schiffsschraube verwendet. Ebenso ist es bei Triebwerken in Flugzeugen, diese treiben mit der überschüssigen Arbeit über eine Welle einen Propeller an (Turbo-Prop-Maschinen). Ein Problem stellen Propellerantriebe dann dar, wenn sie nahe der Schallgeschwindigkeit arbeiten. Es kommt somit bei Erreichen dieser Geschwindigkeit zu einer Grenze des Möglichen. Die Blattspitzen der Propeller laufen im Überschall und werden somit wirkungslos.

16.2.1.1 Joule-Prozess [99]

Der *Joule-Kreisprozess* oder *Brayton-Kreisprozess* ist ein thermodynamischer Kreisprozess, der nach *James Prescott Joule* bzw. *George Brayton* benannt ist.

Bemerkung 16.1

— **rechtslaufender Prozess:** Der Rechtslaufende Prozess ist ein Vergleichsprozess für den in Gasturbinen und Strahltriebwerken ablaufenden Vorgang. Er besteht aus den folgenden Zustandsänderungen:

Abb. 16.1 James Prescott Joule [94]

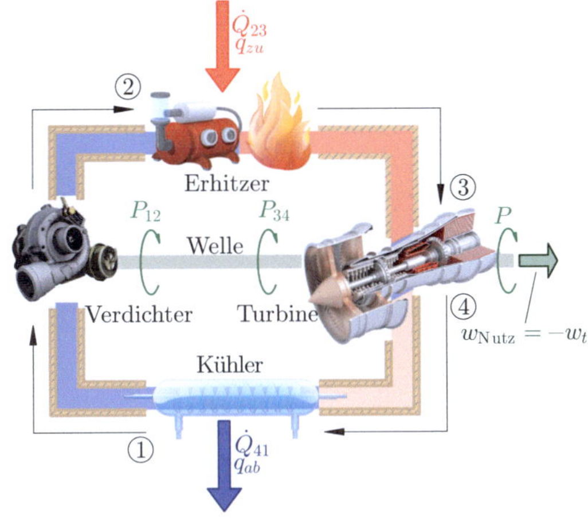

Abb. 16.2 Schema eines Joule-Prozesses

– zwei **isentropen** Zustandsänderungen
  (adiabatisch und reversibel),
– zwei **isobaren** Zustandsänderungen
  (Druck konstant).
■ **linkslaufender Prozess:** Als linkslaufender Prozess eignet sich der Brayton-Kreisprozess auch für Anwendungen in **Wärmepumpen** oder **Kälteanlagen**.

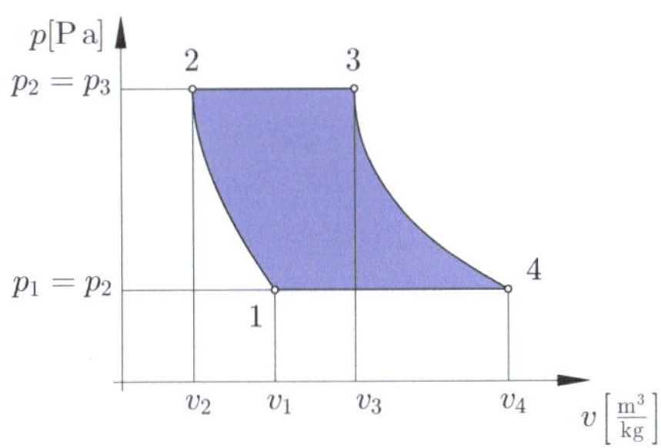

Abb. 16.3 p-v-Diagramm des Joule Prozesses

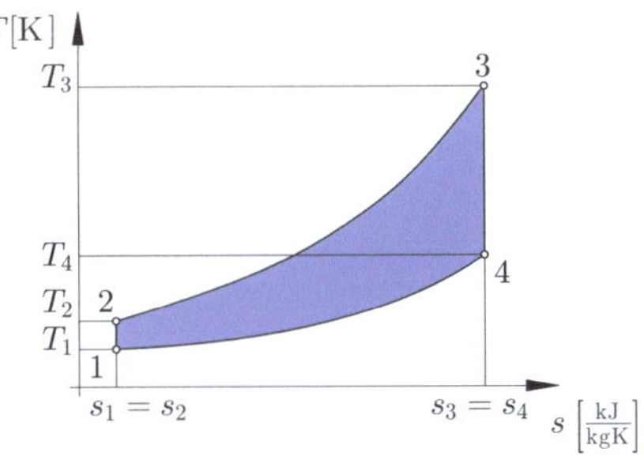

Abb. 16.4 T-s-Diagramm des Joule Prozesses

James Prescott Joule (vgl. mit ■ Abb. 16.1) (geboren 24. Dezember 1818 in Salford bei Manchester; gestorben 11. Oktober 1889 in Sale) war
ein britischer Brauer aber auch Physiker [94].

Ein Schema des Joule-Prozesses ist in
■ Abb. 16.2 gezeichnet, mit dem zugehörigen
p-v- und T-v-Diagramm, unter ■ Abb. 16.3
bzw. ■ Abb. 16.4. Die Zustandsänderungen des
Joule-Prozesses lauten:

1–2: Isentrope Kompression von p_1 auf p_2

2–3: Isobare Wärmezufuhr beim Druck p_2 auf
      die Maximaltemperatur T_3

3–4: Isentrope Expansion von p_2 auf p_1

4–1: Isobare Wärmeabfuhr beim Druck p_1

Nutzarbeit: Unter der Annahme von konstanten
spezifischen Wärmekapazitäten ergibt sich die
spezifische Nutzarbeit w_t aus der Wärmebilanz

zu

$$-w_t = -\sum_{N_p} w_{t,y} = \sum_{N_q} q_{i,j} = q_{zu} + q_{ab} \tag{16.1}$$

bzw.

$$-w_t = q_{23} + q_{41} = c_p \cdot (T_3 - T_2 + T_1 - T_4)$$
$$= c_p \cdot (T_1 - T_2 + T_3 - T_4). \tag{16.2}$$

Mit dem Verdichtungsdruckverhältnis

$$\pi = \frac{p_2}{p_1} \tag{16.3}$$

und der Isentropenbeziehung ergibt sich für die Temperaturen

$$T_2 = T_1 \cdot \pi^{\frac{\kappa-1}{\kappa}} \tag{16.4}$$

$$T_4 = T_3 \cdot \frac{1}{\pi^{\frac{\kappa-1}{\kappa}}}. \tag{16.5}$$

Die Gleichung für die spezifische Nutzarbeit lautet damit durch Einsetzen

$$-w_t = c_p \cdot T_1 \cdot \left(1 - \pi^{\frac{\kappa-1}{\kappa}} + \frac{T_3}{T_1} - \frac{T_3}{T_1} \cdot \frac{1}{\pi^{\frac{\kappa-1}{\kappa}}}\right) \tag{16.6}$$

bzw. mit $c_p/R = \kappa/(\kappa-1)$

$$-w_t = \frac{\kappa}{\kappa-1} \cdot R \cdot T_1$$
$$\cdot \left[\left(\pi^{\frac{\kappa-1}{\kappa}} - 1\right) \cdot \left(\frac{T_3}{T_1} \cdot \frac{1}{\pi^{\frac{\kappa-1}{\kappa}}} - 1\right)\right] \tag{16.7}$$

Corollary 16.1 (Abhängigkeit der Nutzarbeit beim Joule-Prozess)
Beim Joule-Prozess hängt also die spezifische Nutzarbeit w_t von dem Druckverhältnis im Verdichter $\pi = p_2/p_1$ und dem Temperaturverhältnis T_3/T_1 ab [12].

Thermischer Wirkungsgrad:

$$\eta_{th} = 1 - \frac{|q_{ab}|}{q_{zu}} = 1 + \frac{q_{41}}{q_{23}}$$
$$= 1 - \frac{|c_p \cdot (T_1 - T_4)|}{c_p \cdot (T_3 - T_2)} = 1 - \frac{T_4 - T_1}{T_3 - T_2} \tag{16.8}$$

bzw.

$$\eta_{th} = 1 - \frac{1}{\pi^{\frac{\kappa-1}{\kappa}}} \tag{16.9}$$

Corollary 16.2 (Abhängigkeit des thermischen Wirkungsgrades beim Joule-Prozess)
Der thermische ist eine Funktion vom Druckverhältnis π. Um hohe Wirkungsgrade zu erreichen, müssen auch hohe Druckverhältnisse verwirklicht werden [12].

16.2.1.2 Ericsson-Prozess [12]

Der *Ericsson-Kreisprozess* vgl. mit ◘ Abb. 16.6, benannt nach *John Ericsson*, wird häufig auch als *Ackeret-Keller-Kreisprozess* bezeichnet, nach *Jakob Ackeret*.

Dieser Kreisprozess dient als Vergleichsprozess für Gasturbinenanlagen, die entweder durch **interne** oder **externe** Erwärmung betrieben werden. Ein zentrales Merkmal des Ericsson-Kreisprozesses ist die **interne Wärmeübertragung**, bei der Wärme aus dem Abgas der Turbine an das verdichtete Gas (zum Beispiel Luft) übertragen wird. Dies führt zu einer effizienten Nutzung der im Abgas enthaltenen Restwärme.

Ein idealer Ericsson-Kreisprozess erreicht denselben Wirkungsgrad wie der **Carnot-Prozess**, da beide theoretisch die maximale Effizienz für den Betrieb zwischen zwei Wärmereservoiren anstreben. In der Praxis bietet der Ericsson-Kreisprozess jedoch den Vorteil einer kontinuierlichen Wärmezufuhr und Wärmenutzung [74].

Dieser Prozess geht auf einen Vorschlag des schwedischen Ingenieurs Ericsson (vgl. mit ◘ Abb. 16.5) (1803–1899) aus dem Jahre 1833 zurück. Realisiert wurde er erst über 100 Jahre später von den Schweizer Ingenieuren Jakob Ackeret (1898–1981) und Keller (1904–) [74].

Der Ericsson-Kreisprozess bildet einen **geschlossenen Kreislauf**, was es ermöglicht, auch aufwendigere Arbeitsmedien wie **Edelgase** einzusetzen. Der Einsatz von Edelgasen bietet erhebliche Vorteile, insbesondere aufgrund der höheren Werte des adiabatischen Exponenten κ.

Abb. 16.5 John Ericsson

T-s-Diagramm kann in Abb. 16.7 bzw. 16.8 eingesehen werden.

Bemerkung 16.2

(Zustandsänderungen des Ericson-Prozesses).

- 1–2: Isotherme Kompression von p_1 auf p_2 mit Kühlung
- 2–3: Isobare Wärmezufuhr beim Druck p_2 in einem zwischen Verdichter und Turbine geschalteten Wärmetauscher
- 3–4: Isotherme Expansion von p_2 auf p_1 in einer Turbine mit Wärmezufuhr
- 4–1: Isobare Wärmeabfuhr beim Druck p_1 im zwischengeschalteten Wärmetauscher

Diese höheren κ-Werte führen zu einer **Steigerung des thermischen Wirkungsgrades**, da der thermische Wirkungsgrad bei idealen Kreisprozessen unter anderem von κ abhängt. Somit ermöglicht die Verwendung von Edelgasen eine effizientere Energieumsetzung im Vergleich zu einfacheren Gasen wie Luft.

Ein schematisches Beispiel zum Ericsson Prozess ist in Abb. 16.6 gegeben. Das p-v- und

Bemerkung 16.3

Der Wärmetauscher ist dergestalt ausgelegt, dass zwischen Turbine und Verdichter die betragsmäßigen gleichen Wärmemengen ausgetauscht werden, d. h. es gilt

$$q_{23} = -q_{41}. \tag{16.10}$$

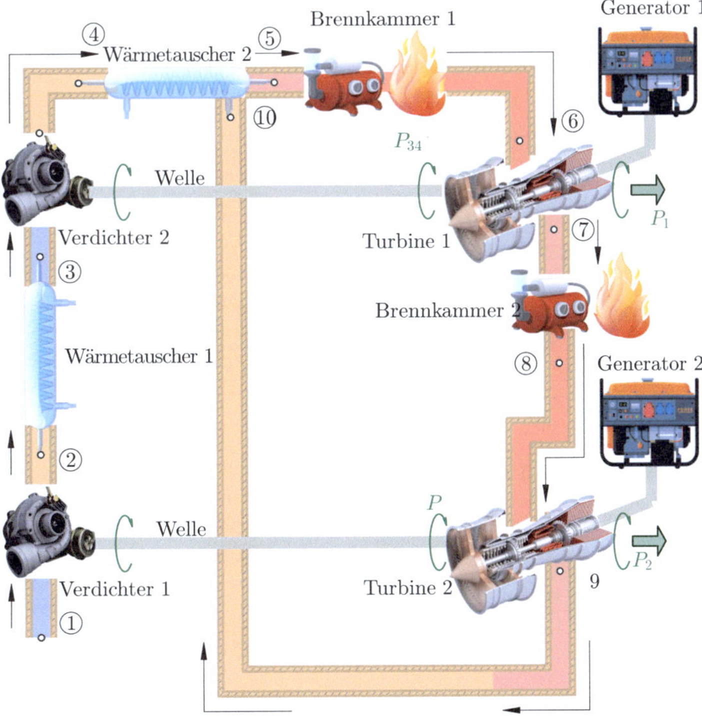

Abb. 16.6 Schema eines Ericsson-Prozesses

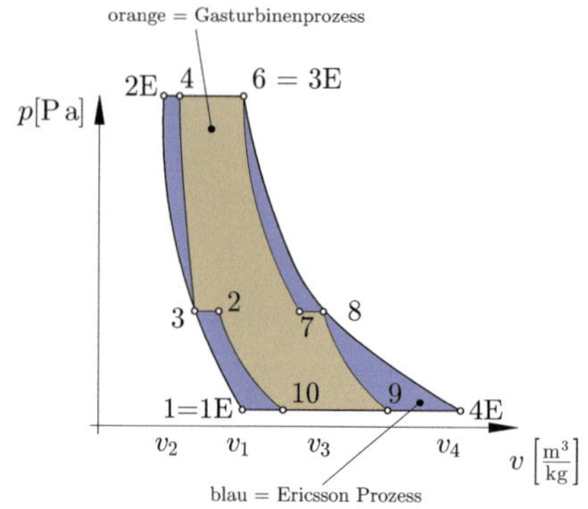

◻ Abb. 16.7 *p-v*-Diagramm des Ericsson Prozesses

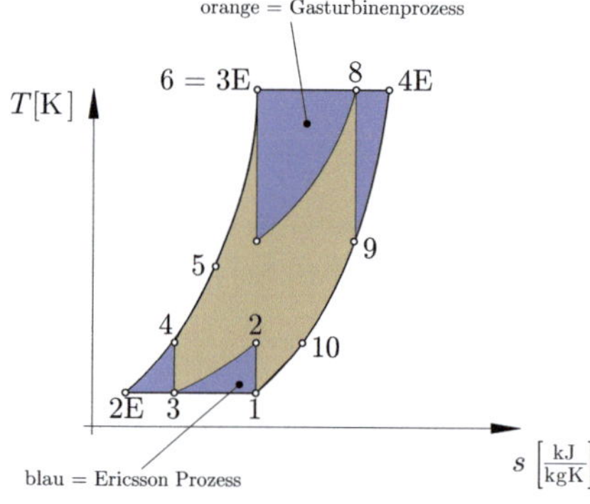

◻ Abb. 16.8 *T-s*-Diagramm des Ericsson Prozesses

Nutzarbeit: Die spezifische Nutzarbeit w_t ergibt sich aus der Wärmebilanz zu

$$-w_t = q_{zu} - |q_{ab}| = q_{34} + q_{41} + q_{12} + q_{23}$$
$$= q_{34} + q_{12}. \qquad (16.11)$$

Bei **isothermer Kompression** von p_1 auf p_2 gilt

$$q_{12} = p_1 \cdot v_1 \cdot \ln\left(\frac{p_1}{p_2}\right) = -R \cdot T_1 \cdot \ln\left(\frac{p_2}{p_1}\right) \qquad (16.12)$$

Bei **isothermer Expansion** mit $p_3 = p_2$ und $p_4 = p_1$ gilt

$$q_{34} = p_3 \cdot v_3 \cdot \ln\left(\frac{p_2}{p_1}\right) = R \cdot T_3 \cdot \ln\left(\frac{p_2}{p_1}\right) \qquad (16.13)$$

Mit dem Verdichter-Druckverhältnis $\pi = p_2/p_1$ ergibt sich die spezifische Nutzarbeit zu

$$-w_t = R \cdot T_1 \cdot \left(\frac{T_3}{T_1} - 1\right) \cdot \ln(\pi). \qquad (16.14)$$

Thermischer Wirkungsgrad

$$\eta_{th} = 1 - \frac{T_1}{T_3} \qquad (16.15)$$

Corollary 16.3

Der thermische Wirkungsgrad des Ericson-Prozesses hängt also ausschließlich von der Temperatur T_3, bei der die Wärme zugeführt wird, und der Temperatur T_1, bei der die Wärme abgeführt wird, ab. Bemerkenswert ist, dass der thermische Wirkungsgrad dieses Prozesses mit dem des Carnot-Prozesses übereinstimmt, was ihn theoretisch zu einem idealen Prozess macht. Allerdings stellt die praktische Umsetzung eine Herausforderung dar, insbesondere aufgrund der technischen Schwierigkeiten bei der Realisierung einer isothermen Kompression, die eine effiziente Kühlung erfordert, sowie einer isothermen Expansion, die eine kontinuierliche Wärmezufuhr notwendig macht.

Ein annähernder Lösungsansatz für diese Problematik besteht darin, die Kompression stufenweise durchzuführen und dabei Zwischenkühlung einzusetzen, während die Expansion ebenfalls schrittweise mit Zwischenerhitzung erfolgen kann. Diese Idee wurde im sogenannten Isex-Gasturbinen-Prozess von K. Leist (1901–1960) verwirklicht, bei dem zwischen den einzelnen Turbinenstufen eine Zwischenverbrennung stattfindet.

Der Isex-Prozess zeichnet sich durch seine Effizienzsteigerung gegenüber herkömmlichen Gasturbinenprozessen aus, da er thermodynamische Verluste minimiert und die Energieausnutzung verbessert. Die Zwischenverbrennung ermöglicht eine fortlaufende Zufuhr von Wärmeenergie, was den Wirkungsgrad des gesamten Prozesses erhöht. Diese technische Entwicklung war ein bedeutender Schritt in der Optimierung von Gasturbinen, wenngleich der praktische Einsatz solcher Verfahren weiterhin auf komplexen und teuren Technologien basiert. Heutige moderne Gasturbinen nutzen ähnliche Prinzipien wie Leist's Isex-Prozess, jedoch mit fortschrittlicheren Materialien und Kühlsystemen, um die thermische Effizienz weiter zu steigern.

16.2.2 Offener Gasturbinen-Kreisprozess ohne Wärmetausch

16.2.2.1 Theoretischer Prozess

Für den offenen Gasturbinenkreisprozess, ohne Wärmetausch, wird der zuvor theoretisch beschriebene Joule-Prozess verwendet. Man kann hierbei folgende, wichtige Gleichungen festhalten.

Thermischer Wirkungsgrad:

$$\eta_{th} = 1 - \frac{1}{\pi^{\frac{\kappa-1}{\kappa}}} \tag{16.16}$$

Corollary 16.4

Es ist damit der thermische Wirkungsgrad alleinig vom Druckverhältnis π abhängig.

Stellt man den thermischen Wirkungsgrad η_{th} in Abhängigkeit des Isentropenexponenten κ, als Funktion dar, ergibt sich ◻ Abb. 16.9.

Die **Nutzarbeit** der Gasturbinenanlage berechnet sich aus der Differenz zwischen Turbinen- und Verdichterarbeit. Es ergibt sich damit die Gleichung

$$-w_t = c_p \cdot T_1 \cdot \left(1 - \pi^{\frac{\kappa-1}{\kappa}} + \frac{T_3}{T_1} - \frac{T_3}{T_1} \cdot \frac{1}{\pi^{\frac{\kappa-1}{\kappa}}} \right). \tag{16.17}$$

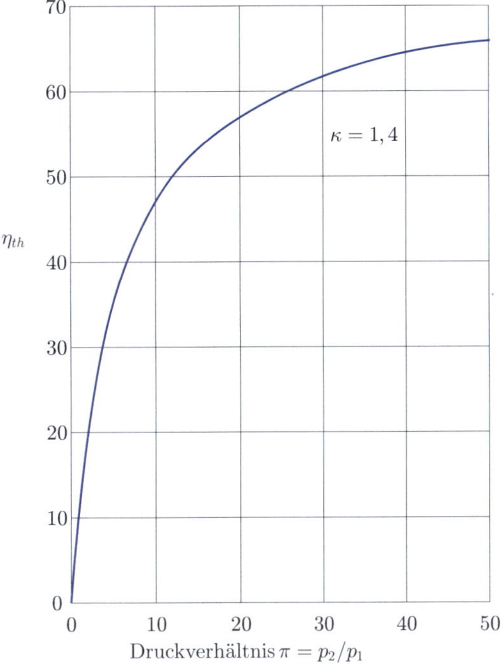

◻ **Abb. 16.9** Theoretischer Prozesswirkungsgrad abhängig von Druckverhältnis

Diese Gleichung findet man auch häufig in folgender Form

$$\frac{w}{c_p \cdot T_1} = \frac{T_3}{T_1} \cdot \left(1 - \frac{1}{\pi^{\frac{\kappa-1}{\kappa}}} \right) - \left(\pi^{\frac{\kappa-1}{\kappa}} - 1 \right). \tag{16.18}$$

Damit ergibt sich eine dimensionslose Beziehung zwischen der Nutzarbeit w und dem Temperaturverhältnis T_3/T_1 sowie dem Druckverhältnis π.

16.2.2.2 Realer Prozess

Beim realen Betrieb einer Gasturbine treten verschiedene Verluste auf, die den idealisierten Kreisprozess erheblich beeinflussen.

Die wichtigsten Verlustarten sind:

a) **Verlust bei der Verdichtung:** Die Verdichtung verläuft nicht isentrop, sondern *polytrop* unter Entropiezunahme. Ursache sind Reibungsverluste und Strömungsverluste im Verdichter (Vgl. mit ◻ Abb. 16.10). ·

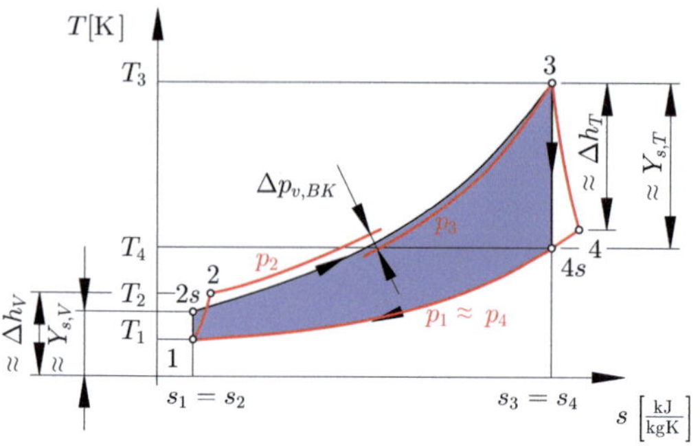

Abb. 16.10 T-s-Diagramm des realen Gasturbinenprozesses

b) **Druckverluste in der Brennkammer:** Die Wärmezufuhr erfolgt nicht vollkommen isobar. Aufgrund von Strömungswiderständen und turbulenter Durchmischung des Brennstoff-Luft-Gemisches tritt ein Druckverlust $\Delta p_{v,BK}$ in der Brennkammer auf.

c) **Verluste in der Turbine:** Auch die Expansion in der Turbine erfolgt nicht isentrop, sondern polytrop unter Entropiezunahme (Vgl. mit ◘ Abb. 16.10).

d) **Mechanische Verluste:** Diese treten insbesondere in Lagern auf. Zusätzlich ist Antriebsenergie für Hilfsaggregate erforderlich (z. B. Ölpumpen, Hydraulik, Steuerungssysteme).

e) **Leckverluste:** Bei hohen Temperaturen treten Leckagen an den Dichtungen auf. Außerdem wird ein Teil der Luft für Kühlsysteme abgezweigt (Sekundärluftströme), wodurch die nutzbare Luftmasse reduziert wird.

f) **Druckverluste im Zulauf und Ablauf:** Widerstände entstehen in Lufteintrittssystemen (z. B. Filter, Schalldämpfer, Ansaugleitungen) sowie in den Abgasleitungen.

g) **Verbrennungsverluste:** Die Verbrennung verläuft nicht vollständig, sodass ein Teil der im Brennstoff enthaltenen Energie ungenutzt verloren geht. Diese Verluste verringern den thermischen Wirkungsgrad η_{th} und damit auch den Kupplungswirkungsgrad η_K erheblich.

Die an der Kupplung einer Gasturbinenanlage abgegebene Nutzleistung P_K lässt sich auf den angesaugten Luftmassenstrom $\dot{m}_L$ beziehen:

$$\frac{P_K}{\dot{m}_L} = f(\pi; T_3) \tag{16.19}$$

mit

P_K ... Nutzleistung in kW

$\dot{m}_L$ ... angesaugter Luftmassenstrom in kg/s

$\pi = \frac{p_2}{p_1}$ ... Druckverhältnis (Verdichterauslass-/eintritt)

T_3 ... Turbineintrittstemperatur in °C

Die spezifische Nutzleistung $\frac{P_K}{\dot{m}_L}$ hängt im Wesentlichen von zwei Parametern ab:

- dem **Druckverhältnis** π: Ein höheres Druckverhältnis führt zu einer stärkeren Verdichtung und damit höheren Temperaturen am Verdichteraustritt, was den Wirkungsgrad verbessern kann. Allerdings steigen auch die Verdichterverluste.

- der **Turbineintrittstemperatur** T_3: Je höher T_3, desto größer das nutzbare Temperaturgefälle und damit die mögliche Arbeit, die in der Turbine umgesetzt werden kann. Der Grenzwert von T_3 wird durch die Materialfestigkeit und die Kühlung der Turbinenschaufeln bestimmt.

Daraus ergibt sich:

$$\frac{P_K}{\dot{m}_L} \propto (T_3 - T_{\min}) \cdot \ln(\pi). \tag{16.20}$$

Die reale Nutzleistung wird zusätzlich durch die oben genannten Verlustmechanismen reduziert. Deshalb ist der Kupplungswirkungsgrad η_K stets deutlich kleiner als der theoretische thermische Wirkungsgrad η_{th}.

η_K berechnet sich aus dem Heizwert H_u, der Kupplungsleistung P_K und dem Brennstoff-Massenstrom $\dot{m}_B$, gem.

$$\eta_K = \frac{P_K}{\dot{m}_B \cdot H_u}. \tag{16.21}$$

16.2.3 Offener Gasturbinen-Kreisprozess mit Wärmetausch

Bei einem offenen Gasturbinenprozess mit Wärmetausch werden die aus der Turbine austretenden Abgase, die noch eine vergleichsweise hohe Temperatur T_5 besitzen, über einen Wärmetauscher geleitet. Dort übertragen sie einen Teil ihrer Wärmeenergie auf die im Gegenstrom vorbeiströmende, bereits verdichtete Verbrennungsluft. Diese wird somit von T_2 auf T_3 vorgewärmt.

Dadurch reduziert sich die in der Brennkammer zusätzlich zuzuführende Wärmemenge, sodass Brennstoff eingespart werden kann:

$$q_{zu} = c_{p,m} \cdot (T_4 - T_3). \qquad (16.22)$$

Zum Vergleich: die Wärmemenge, die bereits durch den Wärmetauscher bereitgestellt wurde, ergibt sich zu

$$q_{WT} = c_{p,m} \cdot (T_3 - T_2). \qquad (16.23)$$

Für den thermischen Wirkungsgrad eines idealisierten, verlustlosen Kreisprozesses mit Wärmetausch erhält man:

$$\eta_{th} = 1 - \pi^{\frac{1-\kappa}{\kappa}} \cdot \frac{T_1}{T_4}. \qquad (16.24)$$

In der Realität treten jedoch zusätzlich zu den Verlustmechanismen weitere Effekte auf: Zum einen entstehen Reibungsverluste, zum anderen ist der tatsächliche Temperaturverlauf im Wärmetauscher zu berücksichtigen. Beide Faktoren verringern den real erreichbaren Wirkungsgrad.

Der Einsatz eines Wärmetauschers ist nur bis zu einem bestimmten Druckverhältnis π vorteilhaft. Bei hohen Druckverhältnissen steigt die Temperatur T_2 der verdichteten Luft so stark an, dass sie die Abgastemperatur T_5 übertrifft. In diesem Fall ist ein Wärmeaustausch nicht mehr möglich, da die heiße Verdichtungsluft die Abgase erwärmen würde, anstatt selbst abzukühlen. Somit kann nur in einem bestimmten Bereich ein positiver Wärmetausch realisiert werden.

Das Druckverhältnis, ab dem sich ein Wärmetauscherprozess nicht mehr lohnt, hängt von den Temperaturen des Prozesses sowie den Wirkungsgraden von Verdichter, Turbine und Wärmetauscher ab. Typischerweise liegt dieser Bereich bei

$$\pi \approx 10 \ldots 15. \qquad (16.25)$$

16.2.4 Geschlossener Gasturbinen-Kreisprozess

Im offenen Gasturbinenprozess ist die Wahl der Brennstoffe eingeschränkt. Eingesetzt werden können nur relativ reine Brennstoffe wie Erdgas, leichtes Heizöl oder spezielle Treibstoffe für Strahltriebwerke. Der Grund liegt darin, dass viele preisgünstige Brennstoffe, etwa schweres Heizöl oder Kohlenstaub, erhebliche Verunreinigungen enthalten. Diese führen zu Ablagerungen und Korrosionsschäden in Brennkammern und Turbinen, wodurch ihre Verwendung im offenen Prozess technisch und wirtschaftlich problematisch ist.

Um auch kostengünstige Brennstoffe wie Kohlenstaub nutzbar zu machen, entwickelten die Schweizer ACKERET und KELLER ein Gasturbinenkonzept mit geschlossenem Kreislauf. Erste Anlagen dieser Art wurden von den Firmen ESCH-WYSS und GHH gebaut. Heute findet der geschlossene Prozess insbesondere dort Anwendung, wo sehr hohe Kühlgastemperaturen erforderlich sind. Ein typisches Beispiel ist der Einsatz von Helium als Arbeitsgas in Kombination mit Hochtemperaturreaktoren, da Helium chemisch inert ist, eine hohe Wärmekapazität aufweist und sich gut für hohe Temperaturen eignet.

Im geschlossenen Kreisprozess wird das Arbeitsgas im *Erhitzer* (z. B. einem Kernreaktor oder einem konventionellen Wärmeerzeuger) auf die gewünschte Temperatur gebracht. Der Erhitzer übernimmt damit die gleiche Rolle wie der Dampferzeuger im Dampfkraftprozess. Das erhitzte Gas durchströmt anschließend die Gasturbine und verrichtet Arbeit. Danach wird es im Kühler wieder abgekühlt und im Verdichter erneut auf den erforderlichen Druck verdichtet. Damit ergibt sich ein vollständig geschlossener Kreislauf, in dem das Arbeitsgas permanent zirkuliert und nicht nach außen entweicht.

Der geschlossene Gasturbinenprozess besitzt, gegenüber dem offenen, folgende Vorteile:

- Das Arbeitsgas bleibt frei von Rauchgasen und Verunreinigungen, da es nicht direkt mit dem Brennstoff in Kontakt kommt. Dies reduziert Korrosion und verlängert die Lebensdauer der Komponenten.
- Durch Variation des Systemdrucks lässt sich die im Kreislauf umlaufende Gasmasse einfach regeln. Dadurch kann die Turbinenleistung flexibel angepasst werden, und es entstehen günstige Teillastwirkungsgrade.
- Mit hohen Systemdrücken können die Baugrößen der Maschinen verkleinert werden, was hohe Leistungsdichten und kompakte Bauformen ermöglicht.

Diesen Vorteilen stehen jedoch auch wesentliche Nachteile gegenüber. Vor allem ist der apparative Aufwand größer als im offenen Prozess. Besonders die Kühler müssen leistungsfähig ausgelegt werden, was einen hohen Kühlwasserbedarf mit sich bringt und den Betrieb kostenintensiver macht. Zudem ist der technische Aufbau komplexer, was sich in höheren Investitionskosten niederschlägt.

Das thermodynamische Wirkungsgrad- und Arbeitsvermögen des geschlossenen Kreisprozesses unterscheidet sich grundsätzlich nicht vom offenen Prozess. In beiden Fällen bestimmen vor allem das Druckverhältnis und die maximal zulässige Prozesstemperatur den erreichbaren Wirkungsgrad. Ein grundlegender Unterschied besteht lediglich in der Art der Wärmezufuhr: Im offenen Prozess erfolgt sie durch direkte Verbrennung in einer Brennkammer, während sie im geschlossenen Prozess indirekt über einen Erhitzer oder Wärmetauscher eingebracht wird.

16.3 Arten von Gasturbinen bei Flugzeugen

Gasturbinen bilden das Rückgrat der modernen Luftfahrt. Seit den 1940er Jahren haben sie den Kolbenmotor weitgehend verdrängt, da sie eine hohe Leistungsdichte, kompakte Bauweise und eine zuverlässige Funktionsweise aufweisen. Besonders wichtig sind sie für Flugzeuge, bei denen ein geringes Gewicht bei gleichzeitig hoher Schuberzeugung entscheidend ist.

Je nach Flugprofil, Geschwindigkeit und Einsatzgebiet kommen unterschiedliche Triebwerkstypen zum Einsatz. In diesem Abschnitt werden die wichtigsten Gasturbinenarten für Flugzeuge vorgestellt, wobei der Schwerpunkt auf *Turbofan-* und *Turboprop-Triebwerken* liegt.

16.3.1 Thermodynamische Grundlage

Die Funktionsweise aller Strahltriebwerke basiert auf dem *Joule- (Brayton-) Kreisprozess*. Die spezifische Schubkraft F eines Triebwerks ergibt sich nach dem Impulssatz zu

$$F = \dot{m} \cdot (v_{\text{Austritt}} - v_{\text{Eintritt}}), \qquad (16.26)$$

wobei $\dot{m}$ den Massenstrom und v die Strömungsgeschwindigkeit bezeichnet. Je höher die Differenz zwischen Austritts- und Eintrittsgeschwindigkeit, desto größer der Schub.

16.3.2 Klassifikation von Flugtriebwerken

In der Luftfahrt haben sich verschiedene Bauformen etabliert:

- **Turbojet** – reines Strahltriebwerk ohne Nebenstromanteil,
- **Turbofan** – Mantelstromtriebwerk mit Fan und Nebenstrom,
- **Turboprop** – Gasturbine mit Propellerantrieb,
- **Turboshaft** – Gasturbine zur Abgabe von Wellenleistung (z. B. für Hubschrauber).

In der zivilen Luftfahrt dominieren heute Turbofan- und Turboproptriebwerke, da sie im jeweiligen Geschwindigkeitsbereich die höchste Effizienz aufweisen.

16.3.3 Turbofan-Triebwerke

Das Turbofan-Triebwerk (vgl. mit Abb. 16.11) ist die am häufigsten eingesetzte Bauart in der zivilen Luftfahrt. Es stellt eine Weiterentwicklung des Turbojet dar, bei dem ein Teil der angesaugten Luft nicht durch die Brennkammer strömt, sondern als *Nebenstrom* am Kerntriebwerk vorbeigeleitet wird.

16.3.3.1 Aufbau

Ein Turbofan besteht im Wesentlichen aus:
- einem großen *Fan*, der den Luftstrom aufteilt,
- einem mehrstufigen Verdichter,
- einer Brennkammer,
- einer Hoch- und Niederdruckturbine,
- einer Schubdüse.

16.3.3.2 Nebenstromverhältnis

Das Verhältnis von Nebenstrom $\dot{m}_{\mathrm{Neben}}$ zu Kernstrom $\dot{m}_{\mathrm{Kern}}$ wird als *Bypass Ratio B* bezeichnet:

$$B = \frac{\dot{m}_{\mathrm{Neben}}}{\dot{m}_{\mathrm{Kern}}}. \tag{16.27}$$

- **Low Bypass** ($B < 2$): Militärische Triebwerke mit hohem Schub und Überschallfähigkeit.
- **High Bypass** ($B > 5$): Zivile Verkehrsflugzeuge, hoher Wirkungsgrad und niedrige Geräuschemissionen.

16.3.3.3 Vorteile

- Hoher Wirkungsgrad im Reiseflug,
- Geringerer spezifischer Treibstoffverbrauch,
- Reduzierte Lärmemissionen durch niedrigere Strahlaustrittsgeschwindigkeit.

16.3.3.4 Nachteile

- Größerer Bauraum und höheres Gewicht,

16.3.4 Turboprop-Triebwerke

Das Turboprop-Triebwerk (vgl. mit Abb. 16.12) kombiniert eine Gasturbine mit einem Propellerantrieb. Die im Verdichter verdichtete Luft wird im Brennraum erhitzt, in der Turbine expandiert und treibt dabei über eine Welle und ein Getriebe den Propeller an.

16.3.4.1 Eigenschaften

- Der überwiegende Teil der Leistung wird als *Wellenleistung* auf den Propeller übertragen.
- Nur ein kleiner Anteil des Schubs stammt aus dem Abgasstrahl.
- Typische Geschwindigkeit: bis ca. 800 km/h.
- Typische Flughöhen: bis 8,000 m.

Abb. 16.11 Turbofan-Triebwerk [30, 108]

Abb. 16.12 Turboprop-Triebwerk [132, 133]

16.3.4.2 Vorteile

- Sehr guter Wirkungsgrad bei niedrigen und mittleren Geschwindigkeiten,
- Niedriger Treibstoffverbrauch,
- Gute Start- und Steigleistung.

16.3.4.3 Nachteile

- Begrenzte Maximalgeschwindigkeit, da Propeller bei hohen Strömungsgeschwindigkeiten ineffizient werden,
- Lautstärke durch große Propeller,
- Mechanische Komplexität durch Getriebe.

16.3.5 Vergleich Turbofan und Turboprop

Vgl. mit ▫ Tab. 16.2.

16.3.6 Zukunftsperspektiven

Die Weiterentwicklung der Flugtriebwerke zielt auf eine weitere Steigerung der Effizienz und eine Reduktion der Emissionen ab. Wichtige Ansätze sind:

- **Geared Turbofan:** Ein Untersetzungsgetriebe ermöglicht den Betrieb des Fans mit niedrigerer Drehzahl, was Effizienz und Lärmminderung verbessert.

- **Open Rotor/Propfan:** Kombination der Vorteile von Turboprop und Turbofan, offene, gegenläufige Rotoren mit hohem Wirkungsgrad.
- **Alternative Treibstoffe:** Biokraftstoffe, synthetische Kraftstoffe und Wasserstoff sollen die Abhängigkeit von fossilen Brennstoffen reduzieren.

16.4 Bauteile einer Gasturbinenanlage [83]

Eine Gasturbine besteht prinzipiell (in Strömungsrichtung des Arbeitsmediums betrachtet) aus folgenden Hauptkomponenten:

- einem *Lufteintrittsgehäuse*, das den Ansaugstrom formt und die Strömung in den Verdichter leitet,
- einem meist mehrstufigen *Gasturbinenverdichter (GT-Verdichter)*, in dem die angesaugte Luft auf einen hohen Druck verdichtet wird,
- einem *Brennkammer-System*, in dem der Brennstoff mit der verdichteten Luft vermischt und verbrannt wird, wodurch das Arbeitsgas stark erhitzt und expandiert,
- einer *Turbine*, in der das heiße Abgas expandiert und dabei Arbeit verrichtet.

Verdichter und Turbine sind grundsätzlich über eine gemeinsame Welle miteinander gekoppelt. Auf diese Weise treibt die Turbine den Verdichter an und stellt die für die kontinuierliche Verbrennung notwendige Luftverdichtung sicher.

Die genaue Ausgestaltung der Strömungskanäle hängt vom Einsatzgebiet ab: Einläufe können als *Diffusoren* zur Druckerhöhung oder als *Düsen* zur Beschleunigung des Gases ausgelegt sein. Ebenso sind die Austrittsformen anwendungsabhängig und beeinflussen die Art der Energieabgabe. Soll die Gasturbine *mechanische Wellenleistung* liefern, etwa zur Stromerzeugung oder zum Antrieb von Schiffen und Fahrzeugen, sind zwei Grundbauarten üblich:

- **Direkt gekoppelte Bauweise:** Die Abtriebswelle ist direkt (meist über ein Getriebe) mit der gemeinsamen Turbinen-Verdichter-Welle verbunden. Die von der Turbine aufgenommene Energie wird dabei teilweise zur Verdichtung der Luft genutzt und teilweise

▫ **Tab. 16.2** Vergleich von Turbofan- und Turboprop-triebwerken

	Turbofan	Turboprop
Effizienz	Hoch bei $Ma > 0{,}5$	Hoch bei $Ma < 0{,}5$
Geschwindigkeit	Bis Überschall	Max. ca. 800 km/h
Einsatzgebiet	Langstreckenflugzeuge, Militärjets	Regionalflugzeuge, Transporter
Treibstoffverbrauch	Geringer bei hohen Geschwindigkeiten	Geringer bei niedrigen Geschwindigkeiten
Geräuschentwicklung	Niedriger (High-Bypass)	Höher (Propellerlärm)

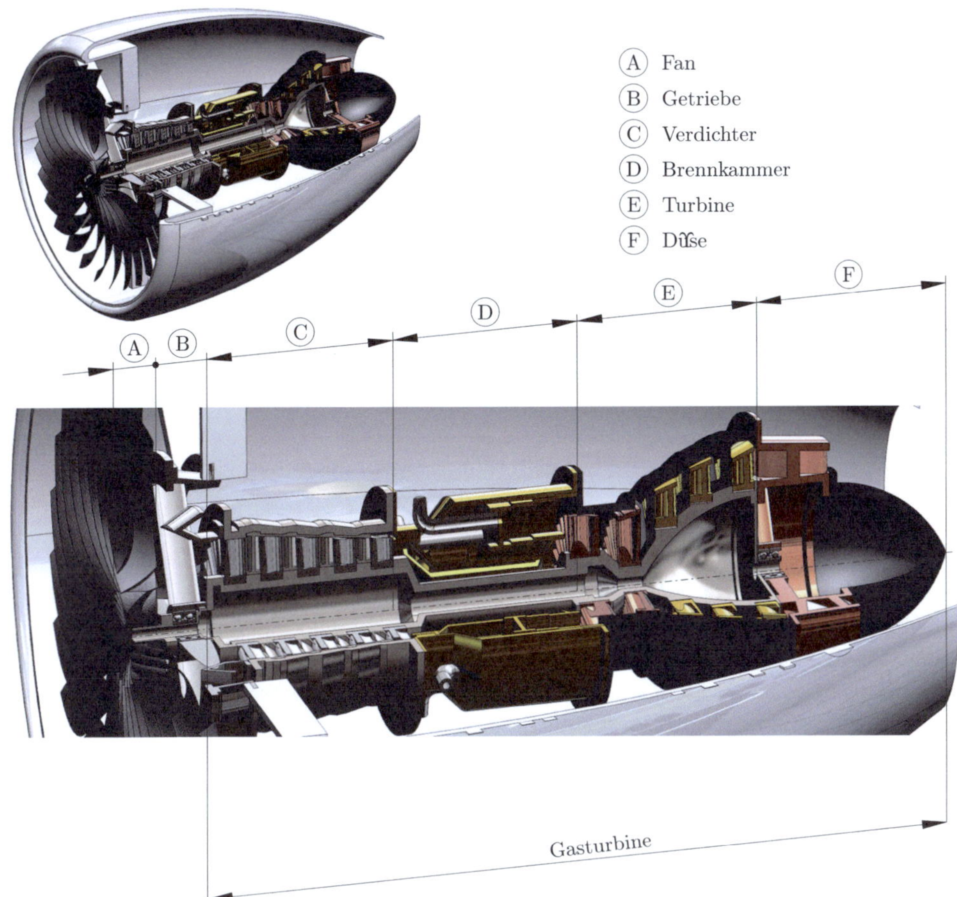

■ **Abb. 16.13** Aufbau eines Turbofan-Triebwerks

als Rotationsleistung an die Abtriebswelle abgegeben.

– **Freilaufturbine (fluiddynamische Kopplung):** Das Heißgas aus der Brennkammer strömt nach der Arbeit in der Antriebsturbine durch eine weitere Turbinenstufe, die mechanisch nicht mit dem Verdichter gekoppelt ist. Diese sogenannte Freilaufturbine sitzt auf einer separaten Welle, die als Abtriebswelle dient. Zwischen Verdichterturbine und Freilaufturbine besteht also nur eine strömungsdynamische Kopplung. Dieses Prinzip findet man häufig bei Strahltriebwerken, Turboprop-Triebwerken und bei stationären Gasturbinenanlagen.

Neben diesen Bauformen können Gasturbinen auch rein als *Strahltriebwerke* ausgelegt sein. In diesem Fall wird der größte Teil der Energie nicht als Wellenleistung entnommen, sondern direkt in Form eines Hochgeschwindigkeits-Abgasstrahls zur Erzeugung von Schub genutzt.

■ Abb. 16.13 zeigt den Aufbau eines Triebwerks anhand eines Turbofantriebwerks.

16.4.1 Lufteinlauf

Der **Lufteinlauf** (vgl. mit ■ Abb. 16.14). einer Gasturbine übernimmt die strömungsdynamische Anpassung zwischen der Einsatzumgebung und dem Verdichter. Seine Hauptaufgabe besteht darin, den Luftstrom so zu führen, dass er möglichst gleichförmig, verwirbelungsfrei und ohne Strömungsablösungen in die erste Verdichterstufe eintritt. Damit wird sichergestellt, dass der Verdichter mit optimalen Eintrittsbedingun-

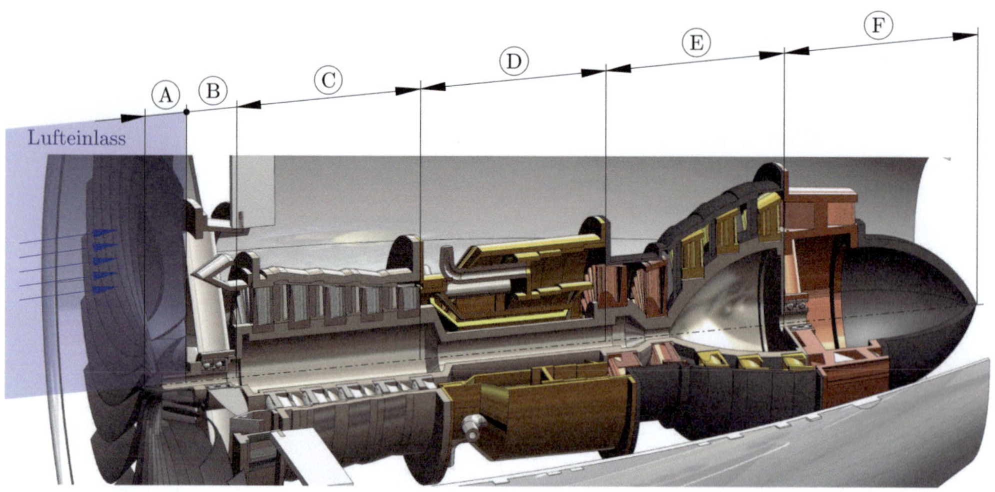

Abb. 16.14   Aufbau eines Turbofan-Triebwerks – Lufteinlauf

gen arbeitet und keine Effizienzverluste oder gar Strömungsabrisse entstehen.

Bei stationären Anwendungen oder bei Fluggeräten mit geringen Anströmgeschwindigkeiten dient der Lufteinlauf primär der *geordneten Zuführung* der Luft. Er gewährleistet eine gleichmäßige Verteilung des Massenstroms über den gesamten Verdichtereintrittsquerschnitt. Charakteristische Bauelemente in diesem Bereich sind der *Einlasskonus* sowie bei Turbofantriebwerken der *Fan* (Bläser) (vgl. mit **Abb. 16.15**), welcher den Luftstrom in Kern- und Nebenstrom aufteilt.

Mit steigender Fluggeschwindigkeit gewinnt der Lufteinlauf zunehmend die Funktion eines *Diffusors*. Er bremst die Strömung ab und erhöht dadurch den statischen Druck vor dem Verdichtereintritt (*Vorverdichtung*). Besonders bei Überschallgeschwindigkeit ist dieser Prozess entscheidend: Die anströmende Luft muss in mehreren Stufen durch Stoßwellen und Diffusorformen auf Unterschallgeschwindigkeit abgebremst werden, bevor sie in die Verdichterstufen gelangt. Nur so ist ein stabiler Betrieb des Verdichters möglich.

Darüber hinaus erfüllt der Lufteinlauf weitere Aufgaben, die je nach Triebwerksart variieren können:

- Bei stationären Gasturbinen wird in diesem Bereich häufig die *Turbineneinlassluftkühlung* integriert, um durch gezielte Vorkühlung die thermische Belastung des gesamten Kreislaufs zu reduzieren.
- In der militärischen Luftfahrt übernehmen verstellbare Einlaufgeometrien (z. B. variable Rampen oder Konen) die Aufgabe, den Luftstrom auch bei extremen Flugzuständen optimal an die Verdichterbedingungen anzupassen.
- Bei modernen Verkehrsflugzeugen mit großen Nebenstromverhältnissen spielt zudem die *aerodynamische Gestaltung* des Einlaufs eine zentrale Rolle für die Geräuschminderung und die Minimierung des spezifischen Treibstoffverbrauchs.

Abb. 16.15   Fan

16.4.2 Verdichter/Kompressor

Nach dem Lufteinlauf gelangt die Luft in den *Verdichter* oder *Turbokompressor*, der in axialer oder radialer Bauweise ausgeführt sein kann. Moderne Flugtriebwerke verwenden fast ausschließlich *Axialverdichter*, während Radialverdichter eher in kleinen Gasturbinen (z. B. Hilfsturbinen oder Turbopoptriebwerken geringer Leistung) Anwendung finden. Vgl. mit ◘ Abb. 16.16.

Ein Axialverdichter besteht aus einer Folge mehrerer *Rotor-* und *Statorstufen*. In den rotierenden Laufschaufeln (Rotor) wird der Luftströmung kinetische Energie zugeführt, die in den nachgeschalteten feststehenden Leitschaufeln (Stator) durch Diffusorwirkung in Druckenergie umgewandelt wird. Nach dem Bernoulli-Prinzip steigt in einem sich erweiternden Strömungskanal der statische Druck, während die Strömungsgeschwindigkeit abnimmt. Die Statorschaufeln haben zudem die Aufgabe, den spiralförmigen Luftstrom nach jeder Rotorstufe wieder in eine axiale Richtung zurückzuführen und die optimale Anströmung der nächsten Rotorreihe sicherzustellen.

Eine einzelne *Verdichterstufe* umfasst daher stets ein Rotor-Stator-Paar:

- In der Rotorstufe steigen Druck, Temperatur und Geschwindigkeit der Luft.
- In der Statorstufe steigt der Druck weiter, während die Geschwindigkeit abnimmt.

Die Rotoren sind gemeinsam auf einer Trommel oder Welle angeordnet. In modernen Triebwerken kommen häufig *Mehrwellen-Systeme* (zwei- oder dreiwellige Verdichter) zum Einsatz, sodass Niederdruck- und Hochdruckverdichter unterschiedliche Drehzahlen fahren können. Viele Statorschaufeln sind heute verstellbar, um den Anstellwinkel der einströmenden Luft an wechselnde Betriebszustände (Start, Teillast, Reiseflug) anzupassen und Strömungsabrisse zu verhindern.

Historisch waren Axialverdichter verhältnismäßig ineffizient: Selbst mit einer hohen Zahl an Stufen konnten nur moderate Gesamtdruckverhältnisse erzielt werden. Ein Beispiel ist das General Electric J79-Triebwerk, das trotz 17 Verdichterstufen lediglich ein Druckverhältnis von etwa 12,5 : 1 erreichte (entspricht rund 1,16 pro Stufe). Moderne Triebwerke profitieren hingegen von optimierten Schaufelprofilen und präzisen Strömungsberechnungen. So erreicht das Engine Alliance GP7200 mit nur 13 Stufen ein Druckverhältnis von 43,9 : 1 (ca. 1,34 pro Stufe).

Ein besonderes Problem ergibt sich durch lokale Überschallströmungen im Verdichter: Aufgrund der hohen Umfangsgeschwindigkeit der Rotorblätter kann die relative Strömungsgeschwindigkeit an den Schaufelspitzen in den Überschallbereich gelangen. Durch ausgefeilte Schaufelgeometrien wird jedoch verhindert, dass Stoßwellenbildung und Strömungsablösungen die Effizienz zu stark beeinträchtigen. Entscheidend ist, dass die *Durchströmungsgeschwindigkeit der Luft im Kanal selbst* stets unterhalb der lokalen Schallgeschwindigkeit bleibt. Andernfalls würde sich die Diffusorwirkung der Statorschaufeln umkehren und der Verdichter instabil werden. Dabei ist zu beachten, dass die Schallgeschwindigkeit mit steigender Gastemperatur zunimmt – im Inneren moderner Verdichter erreicht die Luft bereits Temperaturen bis zu 600 °C.

Es existieren *Brennkammern* (vgl. mit ◘ Abb. 16.17), die sowohl für *gasförmige Brennstoffe* als auch für *flüssige Brennstoffe* ausgelegt sind. In der stationären *Stromerzeugung* kommen häufig sogenannte *Doppel-Brennstoffmaschinen* zum Einsatz. Diese Systeme sind primär für den Betrieb mit *Brenngas* optimiert, können im Bedarfsfall jedoch auch auf *Brennöl* umschalten. Letzteres dient vor allem als Reserve, wobei die Betriebsdauer aufgrund der begrenzten Bevorratung in der Regel zeitlich limitiert ist.

Durch die *Kompression der Luft* im Verdichter steigt deren Temperatur um etwa 400, K. Ein Teil dieser erhitzten Luft wird als sogenannte *Primärluft* in die Brennkammer geleitet. Dort erfolgt die *Kraftstoffzufuhr* – bei Flugzeugen typischerweise mit *Kerosin* – und die *Zündung*. Der Startvorgang wird durch *Zündkerzen* unterstützt, während der Verbrennungsprozess im laufenden Betrieb selbstständig kontinuierlich fortgeführt wird.

In der *Verbrennung* des Sauerstoff-Kohlenwasserstoff-Gemisches steigt die Temperatur auf bis zu 2200 °C an, was eine starke *Expansion der Gase* bewirkt. Da die *Brennkammer* im über-

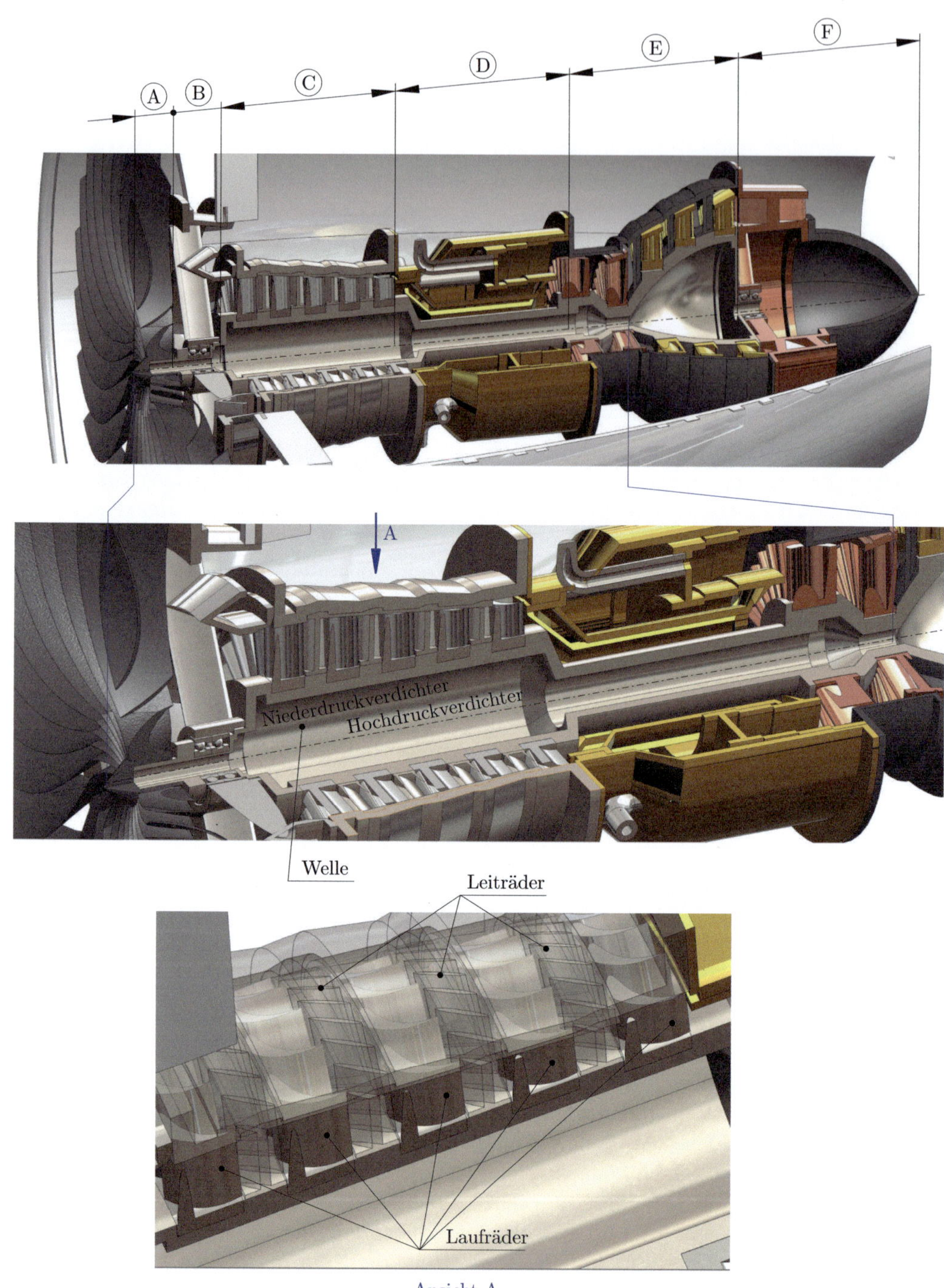

■ **Abb. 16.16** Aufbau eines Turbofan-Triebwerks – Verdichter

kritischen Bereich arbeitet, wäre ohne Kühlung selbst für hochtemperaturfeste *Superlegierungen* (z. B. auf *Nickel-Chrom-Molybdän-Basis*) ein Betrieb nicht möglich. Um die Wandung vor direktem Kontakt mit der Flamme zu schützen, wird die sogenannte *Sekundärluft* eingesetzt.

Diese Sekundärluft umströmt die Brennkammer zunächst außen und gelangt dann über

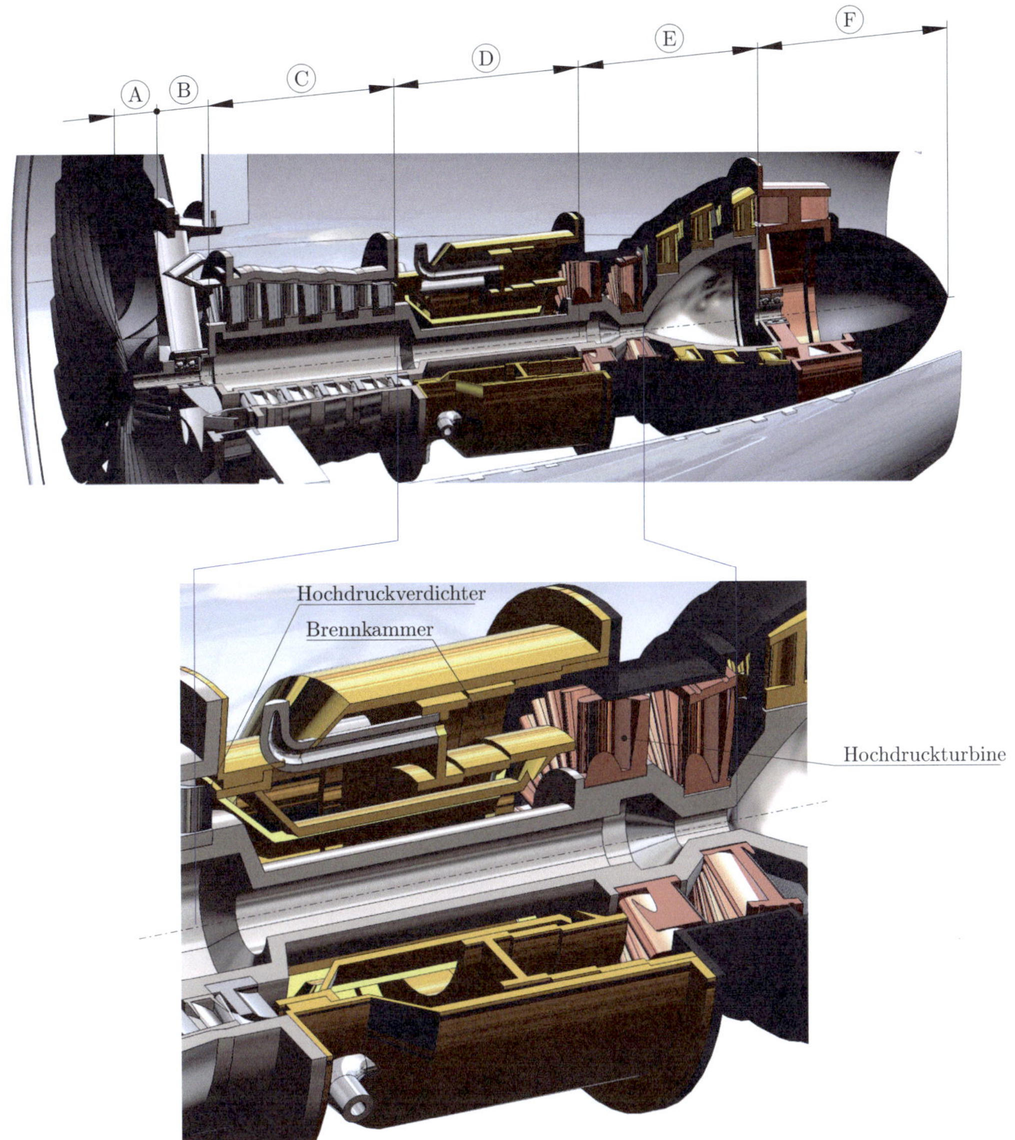

◘ Abb. 16.17　Aufbau eines Turbofan-Triebwerks – Brennkammer

feine Bohrungen in den schuppenartig aufgebauten Wandbereich. Dort bildet sie einen dünnen Schutzfilm – die sogenannte *Film- oder Schleierkühlung* – zwischen der heißen Flamme und der Brennkammerwand. Dadurch kann die Wandtemperatur um etwa 200, K reduziert werden, was die thermische Belastung erheblich verringert. Typischerweise werden etwa 70–80 % der gesamten Verdichterluft als Sekundärluft genutzt, während lediglich 20–30 % als

Primärluft direkt in die Verbrennungszone gelangen.

Ein weiterer wichtiger Aspekt ist die *Strömungsführung in der Brennkammer*. Um ein Abreißen der Flamme (*Flame-out* oder *Stall*) zu verhindern, werden die *Einspritzventile* für den Kraftstoff in einer geschützten Zone platziert, in der die Luftgeschwindigkeit durch konstruktive Maßnahmen auf etwa 25–30, m/s reduziert wird. Dadurch bleibt die Flamme stabil verankert.

Hinter der Brennkammer vermischen sich Primär- und Sekundärluft wieder vollständig. Ziel ist ein möglichst vollständiger *Ausbrand*, um den *thermischen Wirkungsgrad* zu maximieren und gleichzeitig die *Schadstoffemissionen* gering zu halten. Neben der thermischen Beständigkeit muss die Brennkammer auch hohe *mechanische Festigkeit* aufweisen, da sie nicht nur dem Innendruck standhält, sondern auch einen Teil der entstehenden *Reaktionskräfte* (und damit Schubkräfte) aufnimmt.

16.4.2.1 Rohr-Ringbrennkammern

Die *Rohr-Ringbrennkammer* stellt eine Mischform aus der klassischen *Rohrbrennkammer* und der *Ringbrennkammer* dar. Mehrere Einzellaufwerke (Rohrbrennkammern) sind hierbei über eine gemeinsame Austrittszone miteinander verbunden. Der große Vorteil dieser Bauart liegt in der hohen mechanischen Stabilität, weshalb sie sich besonders für sehr große und leistungsstarke Gasturbinen eignet. Durch den gemeinsamen Brennkammeraustritt ergibt sich eine gleichmäßige Beaufschlagung der nachgeschalteten Turbinenstufen, was den Wirkungsgrad des Gesamtprozesses verbessern kann.

In der Luftfahrt spielt die Rohr-Ringbrennkammer allerdings nur eine untergeordnete Rolle, da Gewicht und Platzbedarf für Strahltriebwerke meist ungünstig sind. Typische Anwendungsfelder sind daher eher industrielle Großgasturbinen oder spezielle Sonderantriebe.

16.4.2.2 Ringbrennkammer

Die *Ringbrennkammer* stellt für *Strahltriebwerke* das gasdynamische Optimum dar. Sie besitzt eine durchgehende, ringförmige Brennkammer, die den gesamten Umfang des Triebwerks einnimmt. Da die Luftströmung vom Verdichter zur Turbine ohne Umlenkungen erfolgen kann, sind die Strömungsverluste gering. Die kompakte Bauweise führt zudem zu einem kurzen und leichten Aufbau – ein entscheidender Vorteil im Flugzeugbau.

Der Brennstoff wird über mehrere *Einspritzventile* gleichmäßig in den ringförmigen Raum eingebracht. Die Verbrennung verteilt sich dadurch homogen über den gesamten Umfang. Nachteile ergeben sich jedoch in der *Wartung*, da ein Zugang zu den inneren Bereichen deutlich schwieriger ist als bei segmentierten Bauarten. Außerdem ist die konstruktive Entwicklung komplex: Die Strömungsverhältnisse in einer Ringbrennkammer sind stark dreidimensional, sodass aufwendige numerische Simulationen und experimentelle Optimierungen notwendig sind.

Trotz dieser Herausforderungen ist die Ringbrennkammer heute der am weitesten verbreitete Typ bei Luftfahrt-Gasturbinen, insbesondere bei *Turbofan- und Turbojettriebwerken*. Auch in stationären Kraftwerksgasturbinen mit hohen Leistungsdichten kommt sie zum Einsatz.

16.4.2.3 Silobrennkammern

Für stationäre *Gasturbinenanlagen* sind auch sogenannte *Silobrennkammern* verbreitet. Sie sind als einzelne, großvolumige Brennräume ausgeführt, die seitlich an das Turbinengehäuse angebaut werden. Ein Silo kann dabei eine beachtliche Größe erreichen und erlaubt eine vergleichsweise einfache Brennstoffzufuhr, insbesondere bei gasförmigen oder schwereren flüssigen Brennstoffen.

Ein wesentlicher Vorteil liegt in der *guten Zugänglichkeit* für Wartung und Inspektion, da jede Brennkammer einzeln von außen erreichbar ist. Dies ist vor allem im Dauerbetrieb stationärer Anlagen ein entscheidender Faktor. Allerdings sind Silobrennkammern konstruktiv größer und schwerer als ringförmige Bauarten, sodass sie im Flugzeugbau keine Anwendung finden.

16.4.3 Turbine

Nachdem die heißen Verbrennungsgase die *Brennkammer* verlassen, strömen sie mit hoher Geschwindigkeit und Temperatur auf die *Turbine*. Ihre Hauptaufgabe besteht darin, über eine gemeinsame *Welle* den *Verdichter* anzutreiben. Damit bildet die Turbine das zentrale Bindeglied im Energiehaushalt des Triebwerks.

16.4.3.1 Energieentnahme und Wirkungsweise

Die Turbine (vgl. mit ◨ Abb. 16.18) ist so ausgelegt, dass sie dem Abgasstrom nur so viel Energie entzieht, wie für den Betrieb der Verdichterstufen erforderlich ist. Bei klassischen *Turbojet-Triebwerken* wird der überwiegende Teil der im

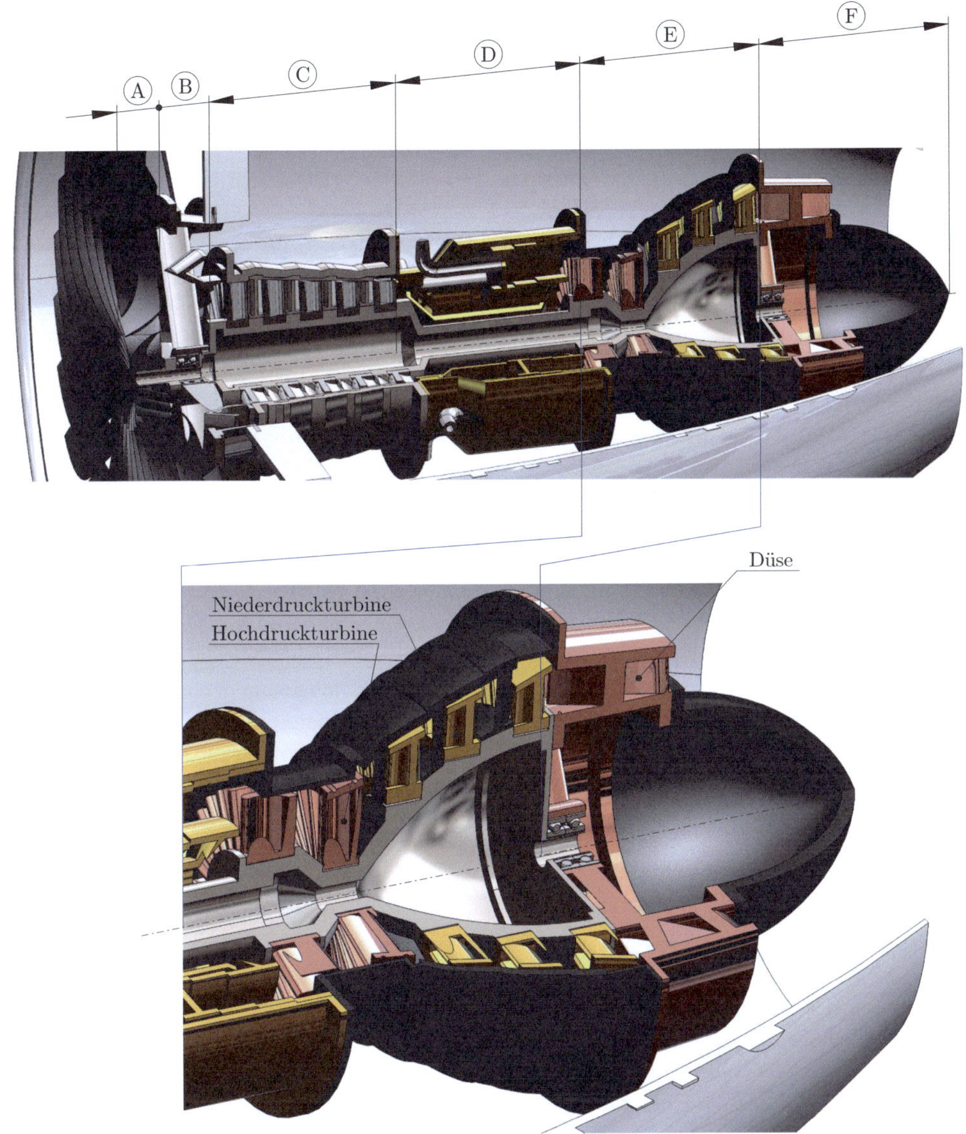

Abb. 16.18 Aufbau eines Turbofan-Triebwerks – Turbine

Abgas enthaltenen kinetischen Energie unmittelbar zur Schuberzeugung genutzt. In diesen Fällen bleibt die Turbine vergleichsweise klein und entnimmt lediglich die für den Kompressorantrieb nötige Leistung.

Nach der *Hochdruckturbine* folgen bei modernen Triebwerken häufig weitere Turbinenstufen, etwa eine *Niederdruckturbine*, die zusätzliche Verdichterstufen oder den Fan eines *Turbofantriebwerks* antreibt. Auch die Abführung von Wellenleistung zu Nebenaggregaten –

beispielsweise zu einem elektrischen Generator – ist möglich. Jede Turbine kann mehrstufig aufgebaut sein, um die Energienutzung gleichmäßig über mehrere Laufräder zu verteilen.

16.4.3.2　Werkstoffe und Kühlung

Die hohen thermischen Belastungen in der Turbine (Gaseintrittstemperaturen über 1500 °C) erfordern den Einsatz hochentwickelter *Superlegierungen*. Besonders beanspruchte Schaufeln werden durch *Innenkühlung* und *Film-*

oder Transpirationskühlung vor Überhitzung geschützt. Moderne Fertigungsverfahren erlauben die Herstellung von *Einkristallschaufeln*, deren gerichtete Kristallstruktur optimale Festigkeitseigenschaften unter hoher thermischer und mechanischer Last bietet. Zusätzlich erhalten die Schaufeln keramische Schutzbeschichtungen, die sowohl thermischen als auch erosiven Angriffen widerstehen.

Aufgrund der enormen Drehzahlen (über $10.000\,\mathrm{min}^{-1}$) und der damit verbundenen Fliehkräfte ist ein Bruch einzelner Turbinenschaufeln nicht völlig auszuschließen. Um die Sicherheit zu gewährleisten, wird das Turbinengehäuse verstärkt ausgelegt. Anders als im vorderen Bereich der Fan-Stufe, wo Materialien wie *Kevlar* zur Fragmentaufnahme eingesetzt werden, verbietet die hohe Temperatur im Turbinenbereich jedoch deren Einsatz.

16.4.4 Unterschiede nach Triebwerkstyp

- **Turbojet-Triebwerke:** Bei reinen Turbojets dient die Turbine fast ausschließlich dem Antrieb des Verdichters. Der erzeugte Schub entsteht überwiegend durch die Expansion der heißen Abgase in der *Schubdüse*. Da sowohl Turbine als auch Düse nur die Funktion der Energieübertragung übernehmen, spricht man teilweise von „negativem Schubanteil" der Turbine, da sie keine direkte Schuberzeugung, sondern primär Energieentnahme betreibt.
- **Turbofan-Triebwerke:** In modernen Mantelstromtriebwerken mit hohem *Nebenstromverhältnis* wird der Schub größtenteils durch den Fan erzeugt. Der heiße Kernstrom aus der Brennkammer dient dabei vor allem als Energielieferant: Die Turbine wandelt einen Teil der thermischen und kinetischen Energie in mechanische Leistung um und treibt damit neben den Verdichtern auch den Fan an. Der Schubbeitrag des heißen Abgasstrahls ist im Vergleich dazu deutlich geringer.
- **Turboprop-Triebwerke:** Eine Sonderform stellen *Turboprops* dar. Hier wird die in der Turbine umgesetzte Leistung nicht in Strahlschub, sondern fast vollständig in Wellenleistung für den Antrieb eines Propellers umgewandelt.

16.4.5 Schubdüse und Nachbrenner

Hinter der *Turbine* befindet sich bei vielen Strahltriebwerken eine konvergente *Düse*, durch die die heißen Gase mit hoher Geschwindigkeit ausströmen. Häufig handelt es sich dabei um eine in ihrer Geometrie *verstellbare Düse*, deren Querschnitt an unterschiedliche Betriebszustände angepasst werden kann.

16.4.5.1 Aufgabe der Düse

Entgegen der weitverbreiteten Annahme dient diese Baugruppe nicht direkt der Schuberzeugung, sondern übernimmt primär die Funktion der *Druckregelung*. Sie stellt sicher, dass der im Abgas vorhandene Druckunterschied zwischen Turbinenausgang und Umgebung gezielt in Strahlgeschwindigkeit umgesetzt wird. Damit wirkt die Düse im Strahlverlauf nicht als Vortriebselement, sondern eher als *Strömungswiderstand*, der eine Rückhaltekraft auf die Struktur des Triebwerks überträgt.

Das Ziel besteht darin, den gesamten am Turbinenaustritt vorhandenen Drucküberschuss in kinetische Energie umzuwandeln. Im Idealfall stimmt der Druck am Düsenende exakt mit dem Umgebungsdruck überein. Auf diese Weise wird ein „Aufplatzen" oder eine instabile Expansion des Strahls vermieden, was sowohl den Wirkungsgrad als auch die Betriebssicherheit erhöht.

16.4.5.2 Nachbrennerbetrieb

Bei speziellen militärischen Triebwerken kommt zusätzlich ein *Nachbrenner* zum Einsatz. Hierbei wird dem abgehenden, noch sauerstoffhaltigen Gasstrom erneut Kraftstoff zugeführt und entzündet. Die dadurch entstehende zusätzliche *Verbrennungswärme* führt zu einer starken Expansion und damit zu einer erheblichen Erhöhung der Strahlaustrittsgeschwindigkeit.

Der Nachbrenner erlaubt es, kurzfristig sehr hohe Schubleistungen bereitzustellen, wie sie insbesondere bei Startvorgängen von schweren Kampfflugzeugen oder in Luftkampfmanövern erforderlich sind. Da die Expansion im Normalbetrieb nicht vollständig abgeschlossen ist, muss die nachgeschaltete Düse in ihrer Geometrie *variabel* sein. Nur so kann ein reibungsloser Wechsel zwischen Normal- und Nachbrennerbetrieb erfolgen.

16.4.5.3 Anforderungen und Risiken

Die Steuerung der verstellbaren Düse ist technisch besonders anspruchsvoll:

- Bei der Umschaltung auf Nachbrennerbetrieb muss der Düsenquerschnitt schnell und exakt angepasst werden, um eine *thermische Verstopfung* zu verhindern.
- Kommt es zu einem Fehlverhalten, kann die Strömung instabil werden, was unter ungünstigen Bedingungen einen *Flammabriss* (*engl. flameout*) nach sich zieht.

16.4.6 Nebenkomponenten

Nebenkomponenten erfüllen und haben unterstützende, aber unverzichtbare Aufgaben:

- **Ansaug- und Filtereinrichtungen**: Während bei Flugzeugtriebwerken meist ein aerodynamisch gestalteter Einlauf genügt, besitzen stationäre Gasturbinen häufig ganze *Ansaug-Filterhäuser*. Diese reinigen die angesaugte Luft von Staub, Sand, Ruß oder Feuchtigkeit und verhindern damit Kompressorablagerungen oder Erosionsschäden.
- **Schmierölkreislauf**: Ein geschlossener Ölkreislauf versorgt die Lagerstellen der Welle mit Schmieröl. Neben der Schmierung übernimmt das Öl auch Kühlfunktionen und den Abtransport von Abriebpartikeln.
- **Start- und Anfahreinrichtungen**: Da eine Gasturbine aus dem Stillstand keinen Eigenanlauf besitzt, wird zum Start eine externe Antriebsquelle benötigt – z. B. ein Elektromotor, ein Hydraulikstarter oder bei Flugzeugen auch eine kleine Hilfsturbine (*APU* = Auxiliary Power Unit vgl. mit ◘ Abb. 16.19.).
- **Hydrauliksysteme**: Diese werden zur präzisen Steuerung von Ventilen, Leitschaufeln oder verstellbaren Verdichter- und Turbinenstufen eingesetzt.
- **Gaswarn- und Brandschutzanlagen**: Da im Betrieb erhebliche Mengen Brennstoff und heiße Abgase auftreten, überwachen Brand- und Gaswarnsysteme kritische Bereiche und leiten im Notfall Gegenmaßnahmen wie Löschmittelzufuhr ein.
- **Abgasanlage**: Stationäre Anlagen verfügen über Abgasrohre oder Filter, die einerseits den Abgasstrom gezielt ableiten und andererseits Emissionen reduzieren.
- **Mess- und Überwachungstechnik**: Zahlreiche Sensoren erfassen Drücke, Temperaturen, Drehzahlen, Vibrationen und Emissio-

◘ **Abb. 16.19** APU (Auxiliary Power Unit) bei einem Flugzeug

◘ Abb. 16.20   Nabenspirale

nen. Diese Daten dienen sowohl der automatischen Regelung als auch der sicherheitstechnischen Überwachung.

- **Elektrische Steuerungssysteme**: Moderne Gasturbinen sind vollständig in elektronische Regelsysteme eingebunden, die Stellmotoren, Klappen und Ventile koordinieren und den gesamten Betrieb optimieren.
- **Nabenspirale**: vgl. mit ◘ Abb. 16.20. Ein auffälliges Detail bei vielen Flugzeugtriebwerken ist die sogenannte *Nabenspirale*. Dabei handelt es sich um eine auf den Einlasskonus aufgemalte Spirallinie oder ein geometrisches Symbol, das die Drehbewegung des Fans optisch verdeutlicht.
  - **Sicherheitsfunktion:** Bei langsam drehendem Triebwerk wirkt die Spirale so, als würde sie sich zur Mitte hin zusammenziehen. Damit können Personen am Boden leicht erkennen, ob sich das Triebwerk dreht und welche Gefahr durch *Einsaugung, Abgasstrahl* oder *Anrollen des Flugzeugs* besteht. Bei voller Drehzahl ist die Spirale dagegen unsichtbar.
  - **Alternative Markierungen:** Manche Fluggesellschaften verwenden statt einer Spirale exzentrische Punkte oder Striche als Rotationsindikator.
  - **Zusatzwirkung**: Es wurde gelegentlich vermutet, dass die Nabenspirale auch Vögel vom Einflug in den Triebwerkseinlass abhalten könnte. Diese Annahme ist jedoch wissenschaftlich nicht eindeutig belegt und wird von Experten eher angezweifelt.

16.5 Einsatzgebiete von Gasturbinen

Gasturbinen finden in einer Vielzahl technischer Systeme Anwendung, da sie zahlreiche Vorteile gegenüber als Beispiel Dieselaggregaten in Kraftwerken. Sie zeichnen sich durch eine hohe Leistungsdichte, schnelle Lastwechselmöglichkeiten und einen vergleichsweise kompakten Aufbau aus.

16.5.1 Stationäre bzw. ortsfeste Anlagen

Unter *ortsfesten Anlagen* versteht man alle Anwendungsbereiche, in denen Gasturbinen nicht mobil eingesetzt werden, sondern als dauerhafte Energieerzeuger an einem festen Standort betrieben werden. Sie dienen überwiegend der *Stromerzeugung*, der *Wärmebereitstellung* oder der *mechanischen Antriebsleistung* für industrielle Prozesse.

16.5.1.1 Gasturbinenkraftwerke

Ein zentrales Einsatzgebiet ortsfester Gasturbinen ist das *Gasturbinenkraftwerk*. Die thermische Energie des Brennstoffs wird hier in mechanische Energie und schließlich in elektrische Energie umgewandelt. Gasturbinenkraftwerke zeichnen sich insbesondere durch kurze Anfahrzeiten aus, die im Bereich weniger Minuten liegen. Daher werden sie bevorzugt als *Spitzenlastkraftwerke* eingesetzt, um bei plötzlichen Lastspitzen im Stromnetz flexibel reagieren zu können.

Der thermische Wirkungsgrad reiner Gasturbinenprozesse liegt je nach Druckverhältnis π und Turbineneintrittstemperatur zwischen $\eta_{th} \approx 30 \ldots 40\,\%$.

Deutlich effizienter sind *Kombikraftwerke*, bei denen die heißen Abgase der Gasturbine einen Abhitzekessel speisen und damit eine nachgeschaltete Dampfturbine antreiben. Solche *Gas- und Dampfkraftwerke (GuD)* erreichen heute Gesamtwirkungsgrade von bis zu 62 %. Vgl. mit ◘ Abb. 16.21.

Siehe ▶ Beispiele 16.1 und 16.2.

> **Beispiel 16.1 (Siemens SGT5-9000HL [45])**
>
> Eine der modernsten Großgasturbinen ist die **Siemens SGT5-9000HL** (2019 in Leipzig in Betrieb genommen). Sie erreicht im kombinierten Gas- und Dampfbetrieb (GuD) einen elektrischen Wirkungsgrad von über 63 % und eine elektrische Leistung von bis zu 593 MW. Die maximale Turbineneintrittstemperatur liegt bei über 1600 °C, ermöglicht durch Einkristallturbinenschaufeln und neuartige Hitzeschutzbeschichtungen. Vgl. mit ▶ https://www.siemens-energy.com/global/en/home/products-services/product/sgt5-9000hl.html#/.

◘ **Abb. 16.21** GuD-Kraftwerk Knapsack von Statkraft mit zwei Gasturbinen im Chemiepark Knapsack. Die Kamine befinden sich an den Abhitzekesseln, vorn zwei Zellenkühltürme mit je neun Ventilatoren, vgl. mit [82, 85]

> **Beispiel 16.2 (General Electric 9HA.02 [8])**
>
> Die **GE 9HA.02** gehört ebenfalls zu den leistungsstärksten Gasturbinen weltweit. Sie liefert im GuD-Betrieb bis zu 826 MW und erreicht einen Wirkungsgrad von 62,2 %. Das Druckverhältnis beträgt rund $\pi \approx 23$, die Abgastemperatur am Turbinenaustritt liegt bei etwa 600 °C. Sie wird vor allem in Großkraftwerken zur Grundlastversorgung eingesetzt.

16.5.1.2 Industrielle Anwendungen

In der Industrie werden ortsfeste Gasturbinen nicht nur zur Stromproduktion, sondern auch als mechanische Antriebe eingesetzt. Typische Beispiele sind:

- **Verdichterantriebe**: Gasturbinen treiben große Luft- oder Gasverdichter an, etwa in der chemischen Industrie oder bei der Förderung von Erdgas.
- **Pumpenantriebe**: Vor allem in der Öl- und Gasindustrie (z. B. Offshore-Plattformen) werden Gasturbinen zur Förderung von Rohöl oder Erdgas eingesetzt.
- **Prozesswärme**: In gekoppelten Anlagen (Kraft-Wärme-Kopplung, KWK) wird die Abwärme der Gasturbine direkt zur Dampferzeugung, Heizung oder für Trocknungsprozesse genutzt.

Siehe ▶ Beispiele 16.3 und 16.4.

16.5.1.3 Offshore- und Sonderanwendungen

Gasturbinen haben sich auch in Offshore-Anlagen bewährt. Durch ihre hohe Leistungsdichte und den vergleichsweise geringen Platzbedarf können sie auf Plattformen oder Schiffen installiert werden, wo konventionelle Dampfkraftwerke aus Platz- und Gewichtsgründen nicht einsetzbar wären.

Darüber hinaus gibt es spezielle Einsatzgebiete wie *Notstromanlagen* für kritische Infrastrukturen (Krankenhäuser, Rechenzentren, Flughäfen). Hier profitieren Betreiber von der schnellen Startfähigkeit und der hohen Betriebssicherheit.

Siehe ▶ Beispiel 16.5.

16.5.1.4 Ökologische und ökonomische Aspekte

Der wirtschaftliche Einsatz stationärer Gasturbinen hängt stark von den Brennstoffkosten und der Verfügbarkeit von Erdgas ab. In Regionen mit niedrigen Erdgaspreisen sind Gasturbinenkraftwerke häufig eine attraktive Option. Ökologisch schneiden moderne Gasturbinen vergleichsweise gut ab:

- Sie stoßen bei Erdgasbetrieb deutlich weniger CO_2 und kaum Schwefeldioxid aus.
- Der Ausstoß von Stickoxiden (NO_x) kann durch verbesserte Brennkammergeometrien oder katalytische Nachbehandlung reduziert werden.
- In Kombination mit erneuerbarem Wasserstoff als Brennstoff bieten Gasturbinen ein erhebliches Potenzial für *klimaneutrale Energieerzeugung*.

16.5.2 Instationäre bzw. ortsbewegliche Anlagen

Neben den stationären Anwendungen spielen Gasturbinen insbesondere in der Mobilität eine herausragende Rolle. Sie haben die Luftfahrt grundlegend verändert und bilden die Basis für moderne Strahltriebwerke. Darüber hinaus finden sie in Schiffen, militärischen Landfahrzeugen und teilweise auch in Hochgeschwindigkeitszügen Anwendung. Im Folgenden werden die wichtigsten Typen von Luftstrahltriebwerken dargestellt.

16.5.2.1 Propeller-Turbinen-Luftstrahltriebwerke

Propeller-Turbinen-Luftstrahltriebwerke – meist als *Turboprop* bezeichnet – kombinieren die Eigenschaften eines klassischen Propellerantriebs mit denen eines Strahltriebwerks. Die Turbine treibt über ein Untersetzungsgetriebe einen großen Propeller an, während der Restschub aus dem Abgasstrahl stammt. Der Anteil des vom Propeller erzeugten Schubes beträgt dabei über 80 %.

Beispiel 16.3 (Rolls-Royce RB211 DL [41])

Die **RB211-DLE**-Gasturbine von Rolls-Royce wird vielfach als Antriebsmaschine für Pipeline-Verdichter eingesetzt. Sie liefert eine mechanische Leistung von ca. 30 MW, besitzt ein Druckverhältnis von $\pi \approx 18$ und erreicht eine Abgastemperatur von rund 500 °C. Dank *Dry Low Emission*-Technologie (DLE) unterschreitet sie die strengen NO_x-Grenzwerte der EU. Vgl. mit ◘ Abb. 16.22.

◘ **Abb. 16.22** Rolls Royce RB211 DL

Beispiel 16.4 (Rolls-Royce RB211 DLE [41])

Die **Solar Taurus 70** ist eine weitverbreitete Industriegasturbine mit einer elektrischen Leistung von 7,5 MW und einem Wirkungsgrad von etwa 33 %. Sie wird sowohl für kleinere Kraftwerke als auch als mechanischer Pumpen- und Verdichterantrieb genutzt.

Beispiel 16.5 (LM2500 von General Electric [26])

Die **GE LM2500** basiert auf einem Flugtriebwerk und ist eine der weltweit am häufigsten eingesetzten Industrieturbinen. Sie liefert 25 … 35 MW Leistung bei einem Wirkungsgrad von etwa 38 %. Aufgrund ihrer kompakten Bauweise wird sie sowohl auf Marineschiffen (z. B. Fregatten der Deutschen Marine) als auch auf Offshore-Plattformen als Verdichterantrieb verwendet.

Beispiel 16.6 (Pratt & Whitney Canada PW127M)

Das **PW127M**, vgl. [27], treibt die ATR-72 Regionalflugzeuge an. Es liefert eine Wellenleistung von 2,750 shp (ca. 2,05 MW) bei einem Druckverhältnis von $\pi \approx 15$ und einem spezifischen Verbrauch von etwa $0{,}55\,\mathrm{kg/(kN \cdot h)}$. Durch seine Robustheit und Sparsamkeit ist es vor allem im Regionalflug sehr verbreitet.

Beispiel 16.7 (Kuznetsov NK-12)

Das **NK-12**, vgl. mit [142], gilt als das leistungsstärkste je gebaute Turboprop-Triebwerk. Es erreicht eine Startleistung von 11,000 kW (ca. 15,000 PS) und treibt die sowjetische Langstreckenmaschine Tupolew Tu-95 an. Der Propeller ist als gegenläufiger Doppelpropeller ausgeführt, um die hohen Drehmomente effizient umzusetzen.

Beispiel 16.8 (General Electric J79)

Das **J79**, vgl. mit [31], wurde in den 1950er-Jahren für Jagdflugzeuge wie die F-104 Starfighter entwickelt. Es erreichte einen Schub von 79 kN mit Nachbrenner (ohne Nachbrenner 52 kN). Das Druckverhältnis lag bei $\pi \approx 12.5$, die Turbineneintrittstemperatur bei 1,500 K. Es war das erste Großserien-Triebwerk mit variabler Geometrie am Verdichtereinlauf.

Beispiel 16.9 (Tumanski R-25)

Das sowjetische **R-25**, vgl. [29], wurde in der MiG-21 eingesetzt. Es lieferte mit Nachbrenner bis zu 97 kN Schub, bei einem Gewicht von nur 1,100 kg. Damit konnte die MiG-21 Geschwindigkeiten über Mach 2 erreichen.

Technische Merkmale

- Typisches Leistungsband: $1 \ldots 10\,\mathrm{MW}$ (entspricht ca. $1\,000 \ldots 15.000\,\mathrm{PS}$).
- Effizient im Geschwindigkeitsbereich bis 750 km/h und in Flughöhen bis 7,000 m.
- Spezifischer Verbrauch: $0{,}4 \ldots 0{,}6\,\mathrm{kg/(kN \cdot h)}$.

Praxisbeispiele

Siehe ▶ Beispiele 16.6 und 16.7.

16.5.2.2 1-Strom-Luftstrahltriebwerke (Turbojet)

Die einfachste Form des Strahltriebwerks ist das *Einstrom-Luftstrahltriebwerk*, auch *Turbojet* genannt. Hier strömt die gesamte angesaugte Luft durch Verdichter, Brennkammer und Turbine, bevor sie durch die Schubdüse beschleunigt wird. Der gesamte Schub wird also durch den heißen Abgasstrahl erzeugt.

Technische Merkmale

- Sehr hohe Strahlgeschwindigkeit, dadurch hohe Endgeschwindigkeiten ($Ma \approx 2$ und mehr) möglich.
- Günstig bei hohen Flughöhen > 10,000 m).
- Nachteilig: Hoher spezifischer Kraftstoffverbrauch, laut und ineffizient bei niedrigen Geschwindigkeiten.

Praxisbeispiele

Siehe ▶ Beispiele 16.8 und 16.9.

16.5.2.3 Zwei-Strom-Luftstrahltriebwerke (Turbofan)

Das *Zweistrom-Luftstrahltriebwerk*, oder *Turbofan*, stellt die Weiterentwicklung des Turbojets dar. Ein Teil der angesaugten Luft wird am Kerntriebwerk vorbeigeleitet und direkt durch den Fan beschleunigt. Dies erhöht den Wirkungsgrad erheblich, da der Schub nicht nur aus dem heißen Abgasstrahl, sondern auch aus dem kühleren Nebenstrom stammt.

Das Verhältnis von Nebenstrom zu Kernstrom wird als *Nebenstromverhältnis BPR* bezeichnet. Moderne zivile Triebwerke erreichen $BPR = 10 \dots 12$, während militärische Triebwerke meist bei $BPR = 0{,}3 \dots 2$ liegen.

Technische Merkmale

- Wirkungsgrade von $> 40\,\%$ (reiner Gasturbinenprozess) bis $50\,\%$ im optimierten Flugbereich.
- Sehr gute Effizienz bei Unterschallgeschwindigkeit ($Ma < 1$).
- Deutlich leiser als Turbojets durch niedrigere Abgasgeschwindigkeiten.

Praxisbeispiele

Siehe ▶ Beispiele 16.10, 16.11 und 16.12.

Das **CFM56**, vgl. mit [140], ist eines der am meisten eingesetzten Turbofan-Triebwerke weltweit (z. B. Boeing 737, Airbus A320). Es liefert $98 \dots 151$ kN Schub, besitzt ein Nebenstromverhältnis von $BPR \approx 6$ und ein Druckverhältnis von $\pi \approx 30$. Der spezifische Verbrauch liegt bei etwa $0{,}56\,\text{kg}/(\text{kN} \cdot \text{h})$.

Das **Trent 900**, vgl. [40], treibt den Airbus A380 an. Es liefert 340 kN Schub, bei einem Nebenstromverhältnis von $BPR \approx 8{,}7$ und einem Gesamtdruckverhältnis von $\pi \approx 42$. Die Abgastemperaturen erreichen bis zu $1{,}700$ K. Durch modernste Materialien (Einkristallschaufeln, Keramikbeschichtungen) und optimierte Brennkammern erfüllt es die strengsten Lärmschutz- und Emissionsrichtlinien.

(**Pratt & Whitney PW1000G (Geared Turbofan)**) Das **PW1000G**, vgl. [25], ist ein modernes Getriebefan-Triebwerk. Durch ein Untersetzungsgetriebe wird der Fan mit optimal niedriger Drehzahl betrieben, während die Turbine mit höherer Drehzahl arbeitet. Dies erhöht den Wirkungsgrad und reduziert den Lärmpegel erheblich. Das Triebwerk erreicht Nebenstromverhältnisse bis $BPR = 12$ und einen spezifischen Verbrauch, der bis zu $16\,\%$ unter dem von konventionellen Turbofans liegt.

16.6 Flugzeugtriebwerke

Flugzeugtriebwerke (vgl. mit ◻ Abb. 16.23, 16.24 und 16.25) bilden den größten und technologisch anspruchsvollsten Anwendungsbereich von Gasturbinen. Ihre Hauptaufgabe ist die Bereitstellung des erforderlichen Schubes zur Überwindung des Luftwiderstandes sowie zur Erzeugung von Vortrieb. Im Gegensatz zu stationären Gasturbinen unterliegen sie besonderen Randbedingungen:

- möglichst geringes Gewicht bei gleichzeitig hoher Leistungsdichte,
- Betrieb in stark schwankenden Umgebungsbedingungen (Temperatur, Luftdichte, Flughöhe),
- hohe Anforderungen an Zuverlässigkeit und Sicherheit,
- strenge Vorgaben bezüglich Lärm- und Schadstoffemissionen.

Aus diesen Anforderungen haben sich verschiedene Triebwerksarten entwickelt, die je nach Einsatzgebiet unterschiedliche Stärken besitzen.

Im Folgenden wird auf die Funktion von Flugzeugtriebwerken eingegangen.

Abb. 16.23 Reales Flugzeugtriebwerk (1)

Die Arbeitsweise eines Flugzeugtriebwerks lässt sich in vier aufeinanderfolgende Hauptstufen gliedern, die den grundlegenden thermodynamischen Prozess einer Gasturbine abbilden: Ansaugen, Verdichten, Verbrennen und Ausstoßen.

16.6.1 Ansaugen

Die erste Stufe des Triebwerksprozesses ist das **Ansaugen** der Umgebungsluft. Diese Aufgabe übernimmt der sogenannte Fan-Rotor, ein großdimensioniertes Schaufelrad an der Vorderseite des Triebwerks.

Er wirkt wie eine mehrstufige Axialverdichterstufe geringer Druckerhöhung und beschleunigt eine sehr große Luftmasse in das Triebwerk hinein.

Beim **Turbojet-Triebwerk** wird die angesaugte Luft vollständig durch alle Kernkomponenten geleitet – also nacheinander durch Verdichter, Brennkammer und Turbine. Dadurch wird der gesamte Massendurchsatz am Ende in Schub umgewandelt.

Im Gegensatz dazu teilt der **Turbofan-Antrieb** die angesaugte Luftströmung hinter dem Fan in zwei Anteile:

- **Kernstrom (Primärluft)**: Dieser Teil wird wie beim Turbojet über die Verdichterstufen in die Brennkammer geführt, dort mit Kraftstoff vermischt und anschließend in der Turbine expandiert.
- **Mantelstrom (Sekundärluft)**: Ein meist wesentlich größerer Anteil der Luft umströmt den heißen Triebwerkskern unverbrannt und wird in einer eigenen Schubdüse beschleunigt.

Der **Nebenstrom** trägt entscheidend zur Schuberzeugung bei. Bei modernen zivilen Turbofantriebwerken mit hohem Nebenstromverhältnis (Bypass Ratio > 8) stammen bis zu **80–90 % des Gesamtschubs** allein aus dem Mantelstrom.

Der heiße Kernstrahl trägt nur den kleineren Rest bei. Neben der Schuberzeugung erfüllt der

Abb. 16.24 Reales Flugzeugtriebwerk (2)

Abb. 16.25 Reales Flugzeugtriebwerk (3)

Abb. 16.26   Funktion eine Triebwerks – Ansaugen

Mantelstrom noch eine weitere wichtige Funktion: Er legt sich wie ein schützender „Luftmantel" um die heißen Abgase des Kernstroms. Dadurch werden die Temperatur- und Geschwindigkeitsunterschiede im Abgasstrahl geglättet, was zu einer **deutlichen Reduzierung der Geräuschemissionen** führt.

Zusätzlich verbessert sich die **Gesamteffizienz** des Triebwerks, da ein größerer Luftmassenstrom bei vergleichsweise niedrigerer Austrittsgeschwindigkeit energetisch günstiger ist. Vgl. mit ◘ Abb. 16.26.

16.6.2 Verdichten

Nachdem die Luft den Fan-Rotor durchströmt hat, gelangt der Anteil, der in den **Triebwerkskern** eintritt, in die Stufen des **Verdichters**. Die-

ser besteht in modernen Flugzeugtriebwerken aus einem **Niederdruckverdichter** und einem **Hochdruckverdichter**. Vgl. mit ◘ Abb. 16.27.

Der **Niederdruckverdichter**, häufig auch als **Booster** bezeichnet, übernimmt die **Vorverdichtung** der Luft. Er erhöht den Druck um einen moderaten Faktor und sorgt gleichzeitig für eine strömungsdynamische Anpassung an die folgenden Stufen.

Im Anschluss erfolgt die Hauptkompression im **Hochdruckverdichter**, der die Luft auf ein Vielfaches des Umgebungsdruckes verdichtet. Moderne Triebwerke erreichen hier **Gesamtverdichtungsverhältnisse** von bis zu 50:1, was einen entscheidenden Beitrag zur **thermischen Effizienz** leistet.

Zur Steigerung von Wirkungsgrad und Lebensdauer wird heute zunehmend die sogenannte *Blisk-Bauweise* eingesetzt. Dabei wer-

Abb. 16.27 Funktion eine Triebwerks – Verdichten

den Scheibe und Schaufeln aus einem einzigen Werkstück gefertigt. Dies führt zu:

- einer **Gewichtsreduktion** durch den Wegfall von Befestigungselementen,
- einer **Verbesserung der Aerodynamik** aufgrund glatterer Übergänge zwischen Scheibe und Schaufeln,
- sowie einer **höheren Betriebssicherheit**, da das Risiko von Schaufelverlusten reduziert wird.

Die Verdichtung der Luft geht nach den thermodynamischen Gesetzmäßigkeiten mit einem starken **Temperaturanstieg** einher. So kann die Luft nach den Hochdruckstufen Temperaturen von bis zu **600** °C erreichen. Die Auslegung der Verdichterstufen erfolgt daher mit verstellbaren Leitschaufeln, um den Anströmwinkel flexibel an den Betriebspunkt anzupassen und Strömungsabrisse (**Stalls**) zu verhindern.

16.6.3 Verbrennen

Nach der isentrope Verdichtung im Axialverdichter strömt die Luft mit einem Druck, der auf ein Vielfaches des Umgebungsdrucks angestiegen ist, in die Brennkammer, vgl. mit **Abb. 16.28.** Dort wird sie über ein Brennstoff-Einspritzsystem mit feinst zerstäubtem Kerosin vermischt. Das Verhältnis von Luft zu Kraftstoff wird exakt geregelt, um eine stabile und effiziente Verbrennung zu gewährleisten.

In der Primärzone der Brennkammer entsteht ein gut durchmischtes Brennstoff-Luft-Gemisch, das durch permanente Zündung oder die heißen Abgase der Nachbarflamme ent-

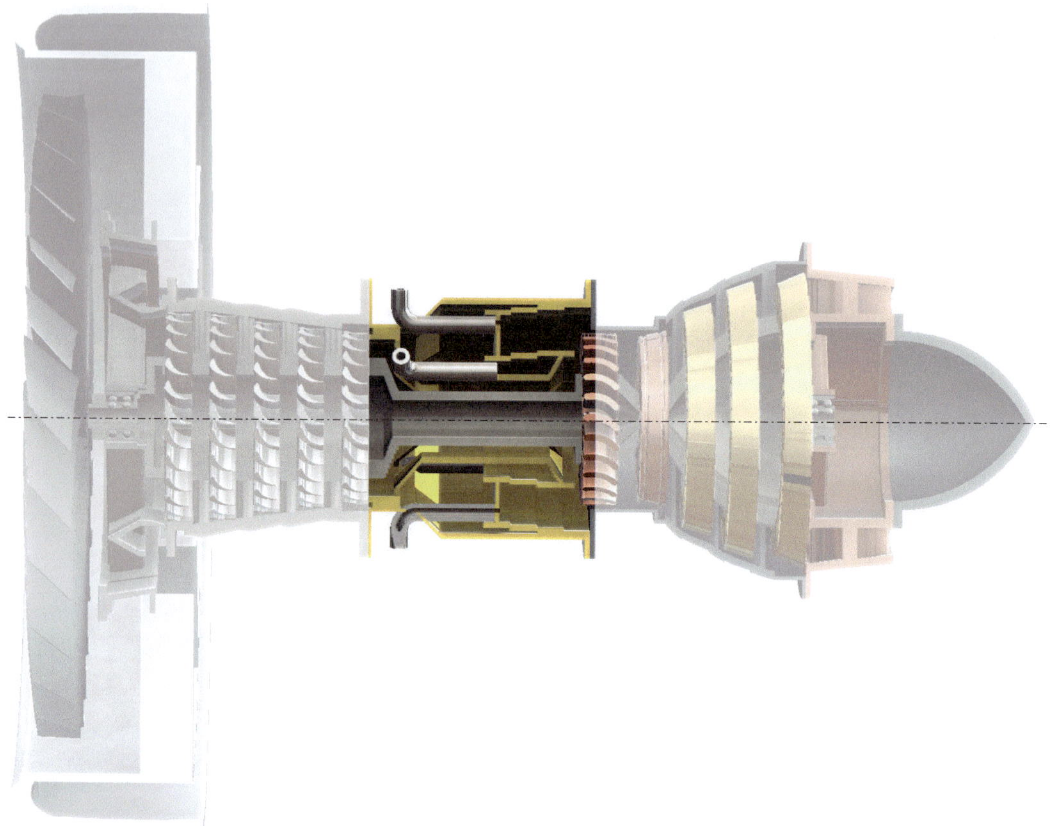

Abb. 16.28 Funktion eine Triebwerks – Verbrennen

flammt wird. Die Verbrennung läuft kontinuierlich und nahezu druckkonstant ab, wobei Temperaturen von rund 1.700 °C erreicht werden.

Durch die hohe Temperatur steigt die kinetische Energie der Moleküle sprunghaft an. Das Gas erfährt eine starke thermische Expansion, vergrößert sein Volumen erheblich und strömt mit hoher Geschwindigkeit in Richtung Turbine. Die so freigesetzte Energie stellt den eigentlichen Antrieb der Turbomaschine dar: Ein Teil treibt über die Turbine den Verdichter an, während der Rest als Schubleistung für den Vortrieb verfügbar ist.

16.6.4 Ausstoßen

Das aus der Brennkammer austretende, stark erhitzte Gas strömt zunächst durch die Hochdrucktturbine und anschließend durch die Niederdruckturbine (Abb. 16.29). Beide Turbinen bestehen aus mehreren hintereinander angeordneten Laufrädern mit einer Vielzahl filigraner Schaufeln, die so geformt sind, dass sie den Gasstrom optimal in Rotationsenergie umwandeln. Beim Durchströmen gibt das Abgas bis zu 60 % seiner thermischen und kinetischen Energie ab, indem es die Turbinenschaufeln antreibt.

Die entnommene Energie wird nicht direkt in Schub umgesetzt, sondern dient hauptsächlich zum Antrieb der Nebenaggregate des Triebwerks:

- Über eine koaxiale Wellenanordnung koppelt die äußere Welle die Hochdruckturbine mit dem Hochdruckverdichter.
- Die innere, längere Welle verbindet die Niederdruckturbine mit dem Niederdruckverdichter (Booster) sowie dem Fan.

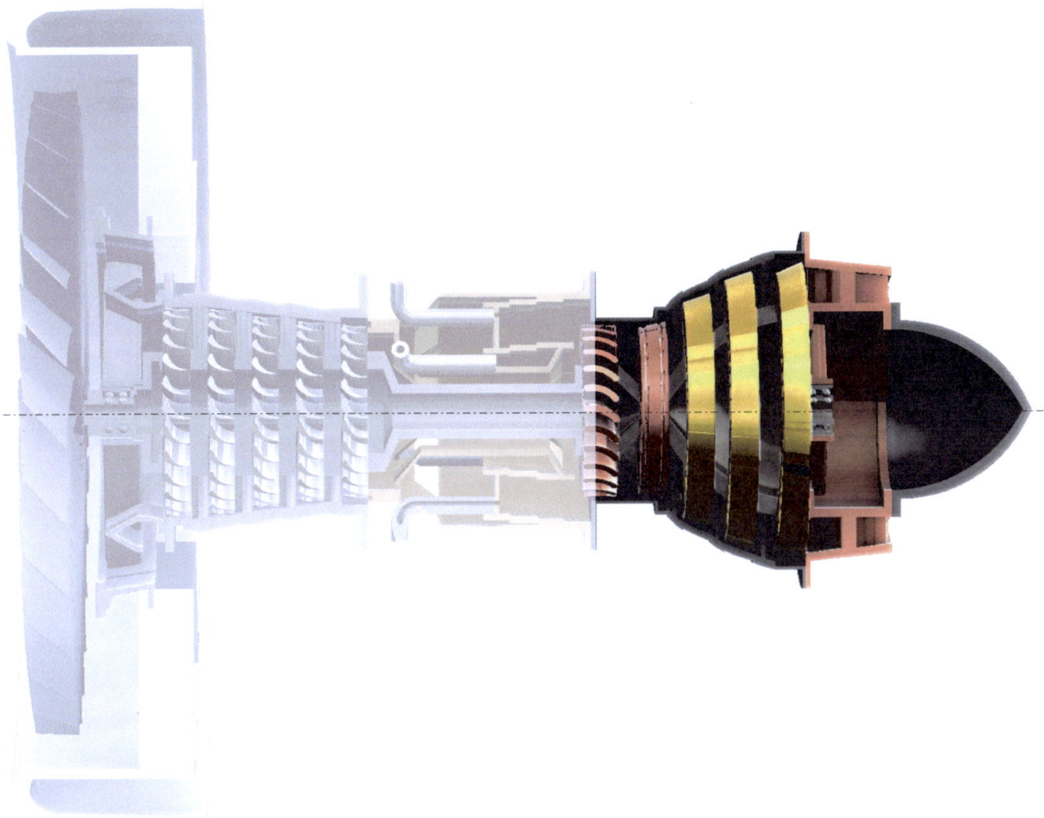

Abb. 16.29 Funktion eine Triebwerks – Ausstoßen

Auf diese Weise wird die gesamte Verdichterstufe kontinuierlich angetrieben und der für den Verbrennungsprozess notwendige Luftmassendurchsatz gewährleistet. Erst nachdem das Abgas diese Arbeit verrichtet hat, verlässt es mit deutlich erhöhter Strömungsgeschwindigkeit die Schubdüse. Dort erzeugt es noch einen zusätzlichen Restschub, der zusammen mit dem durch den Fan erzeugten Nebenstrom den Gesamtschub des Triebwerks bildet.

16.7　Übungen

Übungsbeispiel 16.1

Ab wann konnten technisch nutzbare Gasturbinen gebaut werden?

Lösung

Ab etwa 1930.

Übungsbeispiel 16.2

Welche Wärmekraftmaschinen waren vor der Gasturbine besonders weit entwickelt?

Lösung

Ottomotor, Dieselmotor und Dampfturbine.

Übungsbeispiel 16.3

Warum ist die Gasturbine für die Luftfahrt besonders geeignet?

Lösung

Sie ermöglicht den Betrieb bei großen Flughöhen und hohen Geschwindigkeiten, insbesondere im Überschallbereich.

Übungsbeispiel 16.4

Wo bleibt der Ottomotor weiterhin dominant?

Lösung

Im Bereich kleiner Leistungen.

Übungsbeispiel 16.5

Welche technologischen Fortschritte haben die Bedeutung der Gasturbine gesteigert?

Lösung

Große Axialverdichter, hochwarmfeste Werkstoffe, Schaufelkühlung und präzise Strömungsauslegung.

Übungsbeispiel 16.6

Welche Heißgastemperatur erreichen moderne Flugzeugturbinen am Eintritt?

Lösung

Bis zu 1400°C.

Übungsbeispiel 16.7

Wie hoch können die Druckverhältnisse moderner Gasturbinen sein?

Lösung

Bis etwa 40.

Übungsbeispiel 16.8

In welchen Bereichen wird die Gasturbine eingesetzt?

Lösung

In Kraftwerken, Luftspeicherkraftwerken, Pumpen- und Verdichterantrieben, Fahrzeugen und der Luftfahrt.

Übungsbeispiel 16.9

Welche Leistung erreichen Kraftwerksgasturbinen?

Lösung

Bis etwa 340 MW.

Übungsbeispiel 16.10

Welche Leistung haben Antriebsturbinen für Maschinen?

Lösung

Etwa 20 MW.

Übungsbeispiel 16.11

Wie hoch ist die Schubkraft moderner Flugzeugtriebwerke?

Lösung

Bis ca. 570 kN.

Übungsbeispiel 16.12

In welchen thermodynamischen Bereichen arbeitet die Gasturbine im Vergleich zur Dampfturbine?

Lösung

Bei deutlich höheren Temperaturen und Drücken.

Übungsbeispiel 16.13

Wodurch unterscheidet sich die Gasturbine von der Dampfturbine im Aufbau?

Lösung

Durch kleineren spezifischen Stutzendurchmesser und geringere Stufenzahl.

Übungsbeispiel 16.14

Welcher Druck herrscht im Arbeitsmedium einer Gasturbine?

Lösung

Unter 40 bar.

Übungsbeispiel 16.15

Welche Temperatur erreicht das Arbeitsmedium in einer Dampfturbine maximal?

Lösung

Unter 600°C.

Übungsbeispiel 16.16

Wie viele Stufen hat eine Gasturbine typischerweise?

Lösung

3 bis 8 Stufen.

Übungsbeispiel 16.17

Wie hoch ist das Wärmegefälle bei der Dampfturbine?

Lösung

Etwa 1500 $\frac{\text{kJ}}{\text{kg}}$.

Übungsbeispiel 16.18

Was sind Vergleichsprozesse für Turbomaschinen?

Lösung

Theoretische Modelle zur Bewertung von Verhalten und Effizienz realer Turbomaschinen.

Übungsbeispiel 16.19

Welche Zustandsänderungen liegen im Joule-Prozess vor?

Lösung

Zwei isentrope und zwei isobare Zustandsänderungen.

Übungsbeispiel 16.20

Was beschreibt der thermische Wirkungsgrad des Joule-Prozesses?

Lösung

Er gibt an, welcher Anteil der zugeführten Wärme in Nutzarbeit umgewandelt wird und hängt vom Druckverhältnis ab.

Übungsbeispiel 16.21

Warum haben Gasturbinen den Kolbenmotor in der Luftfahrt weitgehend verdrängt?

Lösung

Wegen ihrer hohen Leistungsdichte, kompakten Bauweise und zuverlässigen Funktionsweise.

Übungsbeispiel 16.22

Wovon hängt die spezifische Schubkraft eines Triebwerks nach dem Impulssatz ab?

Lösung

Vom Massenstrom und der Differenz zwischen Austritts- und Eintrittsgeschwindigkeit.

Übungsbeispiel 16.23

Welche Haupttypen von Flugtriebwerken gibt es?

Lösung

Turbojet, Turbofan, Turboprop und Turboshaft.

Übungsbeispiel 16.24

Welche Triebwerksarten dominieren in der zivilen Luftfahrt?

Lösung

Turbofan- und Turboproptriebwerke.

Übungsbeispiel 16.25

Wodurch unterscheidet sich das Turbofan-Triebwerk vom Turbojet?

Lösung

Ein Teil der Luft wird am Kerntriebwerk vorbeigeführt und als Nebenstrom genutzt.

Übungsbeispiel 16.26

Welche Hauptkomponenten besitzt ein Turbofan-Triebwerk?

Lösung

Fan, mehrstufiger Verdichter, Brennkammer, Hoch- und Niederdruckturbine sowie Schubdüse.

Übungsbeispiel 16.27

Wie lautet die Formel für das Nebenstromverhältnis (Bypass Ratio)?

Lösung

$$B = \frac{\dot{m}_{\text{Neben}}}{\dot{m}_{\text{Kern}}}. \tag{16.28}$$

Übungsbeispiel 16.28

Welche typischen Werte haben Low- und High-Bypass-Triebwerke?

Lösung

Low Bypass: $B < 2$ (Militär, Überschall); High Bypass: $B > 5$ (Zivilflugzeuge).

Übungsbeispiel 16.29

Nenne einen Vorteil und einen Nachteil von Turbofan-Triebwerken.

Lösung

Vorteil: hoher Wirkungsgrad im Reiseflug; Nachteil: größerer Bauraum und höheres Gewicht.

Übungsbeispiel 16.30

Wie wird die Leistung beim Turboprop-Triebwerk hauptsächlich genutzt?

Lösung

Als Wellenleistung zur Propellerbewegung, nicht durch den Abgasstrahl.

Übungsbeispiel 16.31

Welche typischen Geschwindigkeiten und Flughöhen erreichen Turboprops?

Lösung

Bis ca. 800 km/h und bis etwa 8.000 m Flughöhe.

Übungsbeispiel 16.32

Welche zukünftigen Entwicklungen sollen die Effizienz von Triebwerken steigern?

Lösung

Geared Turbofan, Open Rotor/Propfan sowie alternative Treibstoffe wie Biokraftstoffe und Wasserstoff.

Übungsbeispiel 16.33

Welche Hauptkomponenten gehören prinzipiell zu einer Gasturbine?

Lösung

Eine Gasturbine besteht aus dem Lufteintrittsgehäuse, dem Gasturbinenverdichter, dem Brennkammer-System und der Turbine.

Übungsbeispiel 16.34

Welche Aufgabe übernimmt die Turbine im Zusammenspiel mit dem Verdichter?

Lösung

Die Turbine treibt über die gemeinsame Welle den Verdichter an und stellt so die kontinuierliche Luftverdichtung für die Verbrennung sicher.

Übungsbeispiel 16.35

Wie können Einläufe einer Gasturbine strömungstechnisch ausgelegt sein?

Lösung

Sie können als Diffusoren zur Druckerhöhung oder als Düsen zur Beschleunigung der Strömung ausgelegt sein.

Übungsbeispiel 16.36

Wodurch unterscheiden sich direkt gekoppelte Bauweise und Freilaufturbine?

Lösung

Bei der direkt gekoppelten Bauweise ist die Abtriebswelle direkt mit der Turbinen-Verdichter-Welle verbunden. Bei der Freilaufturbine sitzt die Abtriebswelle auf einer separaten, nur fluiddynamisch gekoppelten Turbinenstufe.

Übungsbeispiel 16.37

Welche Hauptaufgabe hat der Lufteinlauf einer Gasturbine?

Lösung

Er sorgt für eine gleichförmige, verwirbelungsfreie Strömung in den Verdichter und verhindert Effizienzverluste oder Strömungsabrisse.

Übungsbeispiel 16.38

Welche Rolle spielt der Lufteinlauf bei Überschallgeschwindigkeit?

Lösung

Er bremst die Luft durch Stoßwellen und Diffusoren auf Unterschallgeschwindigkeit ab, um einen stabilen Verdichterbetrieb zu gewährleisten.

Übungsbeispiel 16.39

Welche Bauarten von Verdichtern gibt es in Gasturbinen?

Lösung

Es gibt Axialverdichter und Radialverdichter. Moderne Flugtriebwerke nutzen fast ausschließlich Axialverdichter.

Übungsbeispiel 16.40

Aus welchen Bauelementen besteht eine Verdichterstufe?

Lösung

Eine Verdichterstufe besteht aus einem Rotor-Stator-Paar: Rotor erhöht Druck, Temperatur und Geschwindigkeit, der Stator wandelt kinetische Energie in Druckenergie um.

Übungsbeispiel 16.41

Worin unterscheiden sich Primär- und Sekundärluft in der Brennkammer?

Lösung

Primärluft dient direkt der Verbrennung, während Sekundärluft zur Kühlung und zum Schutz der Brennkammerwand eingesetzt wird.

Übungsbeispiel 16.42

Welche Kühlmethode schützt die Brennkammerwände vor Überhitzung?

Lösung

Die Film- oder Schleierkühlung: Sekundärluft bildet einen dünnen Luftfilm zwischen Flamme und Wand.

Übungsbeispiel 16.43

Welche Vorteile bietet die Ringbrennkammer gegenüber anderen Brennkammerbauarten?

Lösung

Sie ermöglicht geringe Strömungsverluste, eine kompakte Bauweise, geringen Platzbedarf und gleichmäßige Verbrennung.

Übungsbeispiel 16.44

Welche Materialien werden in der Turbine eingesetzt und warum?

Lösung

Es werden hochentwickelte Superlegierungen, Einkristallschaufeln und keramische Schutzschichten eingesetzt, da sie hohen Temperaturen und mechanischen Belastungen standhalten.

Übungsbeispiel 16.45

Welche Aufgabe übernimmt die Schubdüse hinter der Turbine?

Lösung

Sie wandelt den Drucküberschuss am Turbinenaustritt in Strahlgeschwindigkeit um und regelt den Abgasdruck.

Übungsbeispiel 16.46

Warum werden Nachbrenner hauptsächlich in militärischen Triebwerken verwendet?

Lösung

Weil sie kurzfristig eine erhebliche Schuberhöhung ermöglichen, z. B. beim Start schwerer Flugzeuge oder in Luftkämpfen.

Übungsbeispiel 16.47

Was ist die Hauptaufgabe von Flugzeugtriebwerken?

Lösung

Flugzeugtriebwerke stellen den notwendigen Schub bereit, um den Luftwiderstand zu überwinden und Vortrieb zu erzeugen.

Übungsbeispiel 16.48

Unter welchen besonderen Randbedingungen arbeiten Flugzeugtriebwerke?

Lösung

Sie müssen leicht sein, eine hohe Leistungsdichte besitzen, zuverlässig arbeiten, strenge Lärm- und Emissionsgrenzen einhalten und unter variablen Umgebungsbedingungen funktionieren.

Übungsbeispiel 16.49

Welche vier Hauptstufen kennzeichnen den thermodynamischen Prozess eines Flugzeugtriebwerks?

Lösung

Der Prozess umfasst Ansaugen, Verdichten, Verbrennen und Ausstoßen.

Übungsbeispiel 16.50

Welche Aufgabe übernimmt der Fan-Rotor?

Lösung

Der Fan-Rotor saugt die Umgebungsluft an, beschleunigt sie und leitet sie in das Triebwerk.

Übungsbeispiel 16.51

Wie wird die Luft im Turbojet-Triebwerk geführt?

Lösung

Beim Turbojet durchströmt die gesamte Luft den Verdichter, die Brennkammer und die Turbine und wird vollständig in Schub umgesetzt.

Übungsbeispiel 16.52

Wie wird die Luft beim Turbofan-Triebwerk aufgeteilt?

Lösung

Sie wird in Kernstrom (Primärluft) und Mantelstrom (Sekundärluft) aufgeteilt.

Übungsbeispiel 16.53

Was geschieht mit dem Kernstrom im Triebwerk?

Lösung

Der Kernstrom wird verdichtet, mit Kraftstoff vermischt, verbrannt und in der Turbine expandiert.

Übungsbeispiel 16.54

Welche Rolle spielt der Mantelstrom?

Lösung

Der Mantelstrom umströmt den Triebwerkskern unverbrannt, wird separat beschleunigt und liefert den Großteil des Schubs.

Übungsbeispiel 16.55

Welcher Anteil des Gesamtschubs stammt bei modernen Turbofans aus dem Mantelstrom?

Lösung

Bis zu 80–90 % des Gesamtschubs stammen aus dem Mantelstrom.

Übungsbeispiel 16.56

Wie reduziert der Mantelstrom die Geräuschemissionen?

Lösung

Er umhüllt die heißen Abgase, glättet Temperatur- und Geschwindigkeitsunterschiede und dämpft dadurch den Lärm.

Übungsbeispiel 16.57

Warum verbessert ein großer Mantelstrom die Effizienz?

Lösung

Weil ein hoher Luftmassenstrom bei niedriger Austrittsgeschwindigkeit energetisch günstiger ist.

Übungsbeispiel 16.58

Welche Hauptfunktion hat der Verdichter?

Lösung

Er erhöht den Luftdruck und die Temperatur, um optimale Bedingungen für die Verbrennung zu schaffen.

Übungsbeispiel 16.59

Was ist die Aufgabe des Niederdruckverdichters (Boosters)?

Lösung

Er übernimmt die Vorverdichtung und passt den Luftstrom an die Hochdruckstufen an.

Übungsbeispiel 16.60

Welche Verdichtungsverhältnisse erreicht ein Hochdruckverdichter moderner Triebwerke?

Lösung

Moderne Hochdruckverdichter erreichen Gesamtverdichtungsverhältnisse bis 50 : 1.

Übungsbeispiel 16.61

Was kennzeichnet die Blisk-Bauweise?

Lösung

Scheibe und Schaufeln bestehen aus einem Werkstück, was Gewicht reduziert, Aerodynamik verbessert und die Betriebssicherheit erhöht.

Übungsbeispiel 16.62

Wie hoch kann die Lufttemperatur nach den Hochdruckstufen sein?

Lösung

Sie kann bis zu 600 °C erreichen.

Übungsbeispiel 16.63

Wie läuft die Verbrennung in der Brennkammer ab?

Lösung

Die verdichtete Luft wird mit fein zerstäubtem Kerosin vermischt und nahezu druckkonstant bei rund 1.700 °C verbrannt.

Übungsbeispiel 16.64

Was geschieht mit den Gasen nach der Verbrennung?

Lösung

Sie expandieren, vergrößern ihr Volumen, treiben die Turbine an und erzeugen Schub.

Übungsbeispiel 16.65

Wozu dient die in der Turbine entzogene Energie?

Lösung

Bis zu 60 %, der Energie treiben Fan, Verdichter und Nebenaggregate an.

Übungsbeispiel 16.66

Wie erzeugen die Abgase nach der Turbine zusätzlichen Schub?

Lösung

Sie werden in der Schubdüse beschleunigt und liefern zusammen mit dem Mantelstrom den Gesamtschub.

Windturbinen

Inhaltsverzeichnis

Windturbinen

Inhaltsverzeichnis

© Der/die Autor(en), exklusiv lizenziert an Springer-Verlag GmbH, DE, ein Teil von Springer
Nature 2026
A. Huber, *Technische Mechanik 6 - Aeromechanik*,
https://doi.org/10.1007/978-3-662-72929-8_17

> **Zitat**
>
> Wir können den Wind nicht ändern, aber die Segel anders setzen.
> *Aristoteles*

Dieses Kapitel basiert auf dem Inhalt von [3], Kapitel 10.

17.1 Einleitung

Die Nutzung erneuerbarer Energien ist im 21. Jahrhundert zu einer der wichtigsten gesellschaftlichen und technologischen Herausforderungen geworden. Angesichts des Klimawandels, der zunehmenden Ressourcenknappheit und der global steigenden Energienachfrage stellt sich die Frage, wie eine nachhaltige und zugleich zuverlässige Energieversorgung gestaltet werden kann. Im Zentrum dieser Diskussion steht die Windenergie, die als eine der effizientesten und am weitesten entwickelten Formen regenerativer Energien gilt.

Fossile Energieträger wie Kohle, Erdöl und Erdgas dominieren noch immer den weltweiten Energiemix. Ihre Verbrennung setzt jedoch große Mengen CO_2 frei, die entscheidend zum Treibhauseffekt beitragen. Der Energiesektor ist damit einer der Hauptverursacher des globalen Klimawandels. Erneuerbare Energien – wie Solarenergie, Wasserkraft, Biomasse, Geothermie und vor allem Windkraft – bieten die Möglichkeit, Energie nahezu emissionsfrei bereitzustellen. Sie sind damit nicht nur eine technologische Alternative, sondern ein zentraler Baustein zur Erreichung der internationalen Klimaziele.

Seit Beginn der Industrialisierung ist die globale Durchschnittstemperatur um rund 1,1 °C angestiegen. Wissenschaftliche Prognosen zeigen, dass ohne konsequente Reduktion der Emissionen ein Anstieg von mehr als 2 bis 4 °C bis zum Ende des Jahrhunderts wahrscheinlich ist. Dies hätte gravierende Folgen: häufigere Extremwetterereignisse, steigender Meeresspiegel, Verlust von Biodiversität und erhebliche wirtschaftliche Schäden. Windenergie kann hier einen wesentlichen Beitrag leisten, da bei ihrem Betrieb praktisch kein CO_2 freigesetzt wird. Lediglich die Herstellung, der Transport und der Bau der Anlagen verursachen Emissionen, die jedoch bereits nach wenigen Monaten Betriebszeit ausgeglichen sind.

Die Nutzung der Windenergie ist keineswegs eine moderne Erfindung. Schon vor über 2000 Jahren wurden Windmühlen in China und Persien zur Bewässerung und zum Mahlen von Getreide eingesetzt. In Europa erlebten Windmühlen im Mittelalter eine Blütezeit und prägten über Jahrhunderte ganze Landschaftsbilder. Mit der industriellen Revolution und der Verfügbarkeit fossiler Brennstoffe geriet die Windkraft zunächst in den Hintergrund. Erst im 20. Jahrhundert, getrieben durch Ölkrisen und Umweltbewegungen, begann die moderne Entwicklung von Windkraftanlagen.

Heute erreichen moderne Windkraftanlagen Nabenhöhen von über 150 m und Rotordurchmesser von mehr als 160 m. Damit erschließen sie deutlich höhere Windgeschwindigkeiten und erzielen Erträge von mehreren Megawatt pro Anlage. Technologische Innovationen in den Bereichen Materialforschung, Aerodynamik, Leistungsregelung und Netzintegration haben Windkraftwerke zu hocheffizienten Kraftwerken gemacht. Besonders Offshore-Windparks tragen dazu bei, das Potenzial der Windenergie in großem Maßstab nutzbar zu machen.

Windenergie hat sich in den letzten Jahrzehnten auch ökonomisch zu einem der wichtigsten Sektoren im Bereich erneuerbarer Energien entwickelt. Sie schafft zehntausende Arbeitsplätze, fördert regionale Wertschöpfung und reduziert die Abhängigkeit von Energieimporten. Gleichzeitig gibt es gesellschaftliche Diskussionen über Landschaftsbild, Lärmbelastung und ökologische Auswirkungen. Eine nachhaltige Energiewende erfordert daher nicht nur technologische Innovation, sondern auch einen verantwortungsvollen gesellschaftlichen Diskurs.

Die Energiewende beschreibt den fundamentalen Umbau der Energieversorgung hin zu erneuerbaren Energien, Energieeffizienz und Nachhaltigkeit. Windenergie nimmt dabei eine Schlüsselrolle ein:

- Sie ist kostengünstig und wettbewerbsfähig gegenüber fossilen Energieträgern.
- Sie lässt sich sowohl onshore als auch offshore einsetzen.
- Sie kann in Kombination mit Speichern und Netzausbau zur Versorgungssicherheit beitragen.

Aktuelle Szenarien zeigen, dass die Windenergie in Deutschland bis 2040 zwischen 30 und 50 % des gesamten Strombedarfs decken könnte.

17.2 Historischer Überblick

Dieser Abschnitt ist in ähnlicher Form auch in [137] zu finden.

Die Nutzung der Windenergie zur Stromerzeugung begann im späten 19. Jahrhundert. Während Windmühlen (vgl. mit ◘ Abb. 17.1 bzw. 17.2) bereits seit Jahrhunderten für mechanische Arbeiten wie das Mahlen von Getreide dienten, wurde nun erstmals elektrische Energie erzeugt.

1883 errichtete der österreichische Ingenieur **Josef Friedländer** eine Windturbine des Halladay-Bautyps, ursprünglich für Wasserpumpen entwickelt, und nutzte sie zur Stromerzeugung für Lampen, Werkzeuge und eine Dreschmaschine. Wenig später baute der Schotte **James Blyth** eine kleinere Anlage zur Beleuchtung seines Ferienhauses, während **Charles Francis Brush** in den USA eine 20 m hohe Anlage mit einem 12 kW-Asynchrongenerator entwickelte. Damit begann die eigentliche Pionierphase.

Um 1900 führte der Däne **Poul la Cour** Windkanalversuche mit aerodynamischen Rotorblättern durch. Er entwickelte das Konzept des Schnellläufers, bei dem wenige Rotorblätter genügen, um die Energie des Windes effizient zu nutzen. In Dänemark waren bald über 250 Anlagen in Betrieb, während in anderen Ländern Windmotoren durch die Elektrifizierung mit Wechselstromnetzen verdrängt wurden. Dieses Prinzip ist als dänisches Konzept bekannt.

Nach 1945 investierten Länder wie Frankreich und Großbritannien in die Windenergieforschung. Fortschritte in der Luftfahrt ermöglichten sehr schlanke Rotorblätter und sogar Einblattrotoren. Da die Energiepreise niedrig waren, blieben diese Entwicklungen meist experimentell.

Die Ölkrisen führten zu einem erneuten Aufschwung der Windenergienutzung. Während Großprojekte wie der deutsche GROWIAN scheiterten, setzte sich das dänische Konzept durch: robuste, dreiblättrige Kleinwindanlagen, die auch international große Verbreitung fanden. Besonders die von **Johannes Juul** konstruierte Gedser-Anlage erwies sich als zukunftsweisend.

In den 1990er und 2000er Jahren begann der Übergang zu Großturbinen mit variabler Drehzahl und verstellbaren Rotorblättern. Diese Anlagen verbesserten die Effizienz und die Integration ins Stromnetz erheblich. Dänemark entwickelte sich dabei zum internationalen Vor-

◘ **Abb. 17.1** Windmühlen (1)

◘ **Abb. 17.2** Windmühlen (2)

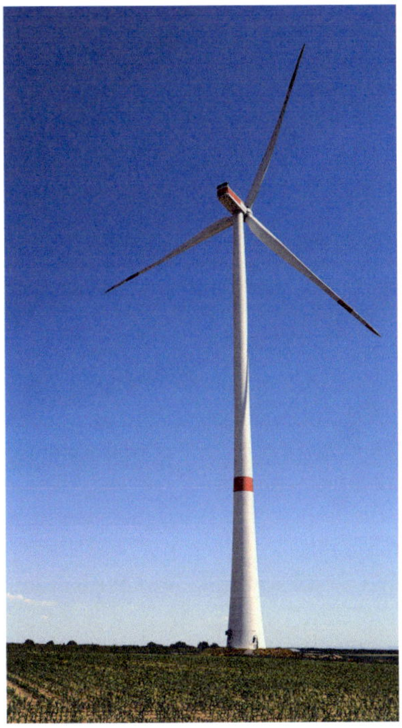

Abb. 17.3 Windrad

reiter und weist bis heute einen der höchsten Anteile von Windenergie an der Stromerzeugung auf. Vgl. mit Abb. 17.3.

17.3 Technische Entwicklung

Vgl. mit Abb. 17.4. Die Grafik verdeutlicht anhand von Enercon-Turbinen (E-15 bis E-160) den kontinuierlichen Zuwachs an Höhe, Rotordurchmesser und Nennleistung seit Mitte der 1980er Jahre:

- **E-15 (1984)**: Erste Serienanlage von Enercon mit nur 55 kW Nennleistung und einer Gesamthöhe von ca. 20 m. Sie markiert den Beginn kommerzieller Kleinwindanlagen in Deutschland.
- **E-58 (1996)**: Mit 1 MW Nennleistung und ca.80 m Gesamthöhe repräsentiert diese Anlage den Übergang in die Megawattklasse. Der Rotordurchmesser beträgt etwa 58 m.
- **E-66 (1995)**: Eine der meistgebauten Anlagen ihrer Zeit mit 1,5 MW Leistung. Sie erreichte Höhen um 100 m und wurde in großer Stückzahl installiert.

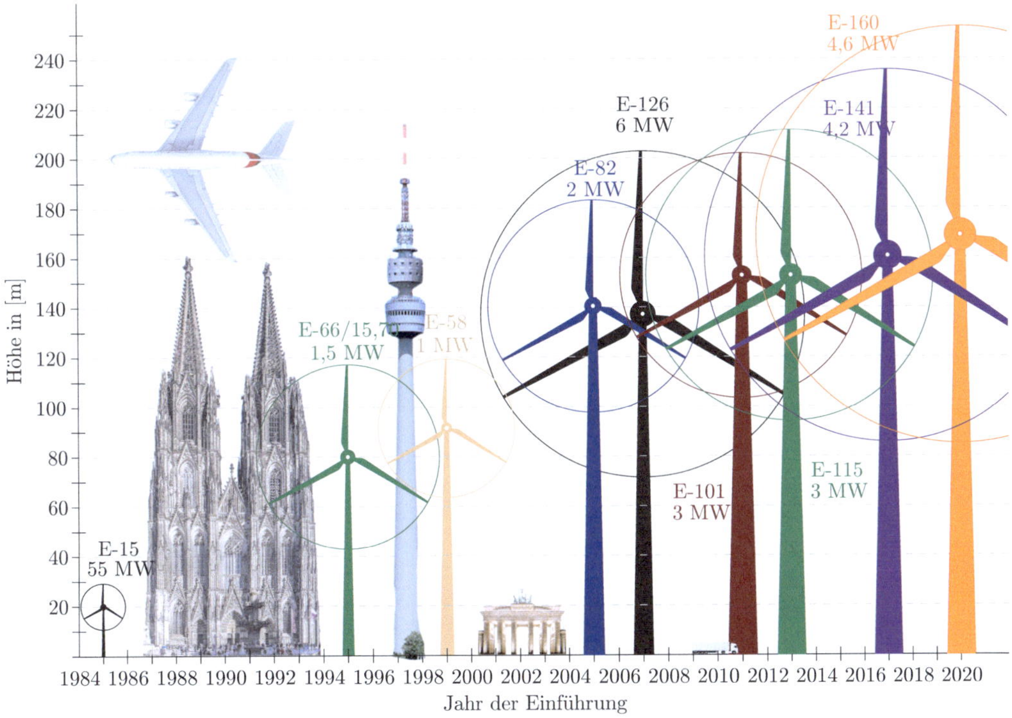

Abb. 17.4 Technische Entwicklung der Windräder

- **E-82 (2004)**: Mit 2 MW Nennleistung und einem Rotordurchmesser von 82 m war diese Anlage besonders für Binnenlandstandorte geeignet. Die Gesamthöhe lag bereits über 130 m.
- **E-101 (2011)**: Diese Anlage mit 3 MW und 101 m Rotordurchmesser ist ein typischer Vertreter der 2010er Jahre. Sie erreichte eine Gesamthöhe von rund 150 m und eröffnete den Einstieg in großflächige Windparks.
- **E-115 (2013)**: Mit 3 MW und einem 115 m-Rotor wurde sie für Schwachwindregionen entwickelt. Die Gesamthöhe überschritt bereits 180 m.
- **E-126 (2007)**: Lange Zeit die größte Serienanlage weltweit, mit 6 MW Nennleistung und 126 m Rotordurchmesser. Gesamthöhen über 200 m machten diese Turbine zum Symbol für den Trend zu Großanlagen.
- **E-141 (2017)**: Eine Anlage mit 4,2 MW und einem besonders großen Rotordurchmesser von 141 m, optimiert für schwache Windregionen. Gesamthöhen bis zu 230 m wurden erreicht.
- **E-160 (2019)**: Mit 4,6 MW und einem Rotordurchmesser von 160 m gehört sie zu den größten Onshore-Windkraftanlagen der Welt. Sie überragt den Kölner Dom deutlich und erreicht Dimensionen vergleichbar mit dem Berliner Fernsehturm.

17.4 Energieumsetzung in der Windturbine

17.4.1 Strahltheorie nach Froude und Rankine

Die theoretische Grundlage zur Beschreibung von Windkraftanlagen wurde von **Froude** (1889) und **Rankine** (1865) entwickelt. Es wird dabei der Rotor als eine **durchlässige Scheibe** (*Actuator Disk*), die den anströmenden Wind abbremst, betrachtet.

Die Annahmen der Theorie sind:
- inkompressible, reibungsfreie Strömung,
- gleichmäßige Belastung der Rotorebene,
- unendlicher Nachlauf ohne Randwirbel.

> **Bemerkung 17.1 (Strahltheorie von Froude und Rankine)**
> Vor dem Rotor wird der Luftstrom abgebremst, hinter dem Rotor fließt er mit reduzierter Geschwindigkeit weiter. Die Differenz der Impulsströme vor und hinter dem Rotor entspricht der entnommenen Leistung.

17.4.1.1 Betz'sches Gesetz

Albert Betz (1919) verfeinerte die Strahltheorie und leitete das theoretische Maximum der Leistungsentnahme ab. Sei
- v_∞ die ungestörte Windgeschwindigkeit vor der Anlage,
- v_d die Geschwindigkeit in der Rotorebene,
- v_h die Geschwindigkeit weit hinter dem Rotor,
- A die Rotorfläche,
- ϱ die Luftdichte.

Die durch den Rotor strömende Luftmasse pro Zeit ergibt sich zu

$$\dot{m} = \varrho A v_d. \tag{17.1}$$

Die entnommene Leistung entspricht der Differenz der kinetischen Energien vor und hinter dem Rotor

$$P = \tfrac{1}{2}\dot{m}\left(v_\infty^2 - v_h^2\right). \tag{17.2}$$

Da die Geschwindigkeit in der Rotorebene der Mittelwert aus An- und Abströmung ist, gilt

$$v_d = \tfrac{1}{2}(v_\infty + v_h). \tag{17.3}$$

Setzt man dies ein, so erhält man nach Umformung den **Leistungsbeiwert** C_p:

$$C_p = \frac{P}{\tfrac{1}{2}\varrho A v_\infty^3} = 4a(1 - a)^2, \tag{17.4}$$

wobei a der **Axialinduktionsfaktor** ist und den relativen Geschwindigkeitsabfall beschreibt:

$$v_d = (1 - a)v_\infty, \quad v_h = (1 - 2a)v_\infty. \tag{17.5}$$

Das Maximum des Leistungsbeiwerts ergibt sich für $a = \frac{1}{3}$:

$$C_{p,\text{max}} = \frac{16}{27} \approx 0{,}593. \tag{17.6}$$

Vgl. mit ◘ Abb. 17.5. Die Zuströmung erfolgt axial mit der Windgeschwindigkeit c_0. Zunächst tritt die Geschwindigkeit in 1 drallfrei ein, es gilt daher $c_1 = c_{1m}$. Für die Strömungsquerschnitte unmittelbar vor- und hinter dem Windrad gilt $A_1 = A_2$. Bei inkompressibler Strömung gilt auch $c_{1m} = c_{2m}$. Der Bilanzraum ist so gewählt, dass an den Punkten 0 und 3 der Umgebungsdruck p_u herrscht. Durch Ansetzen der Bernoul-li-Gleichung an den Punkten 1, 2 und 3 liefert

$$p_0 + \frac{\varrho}{2} \cdot c_0^2 = p_1 + \frac{\varrho}{2} \cdot c_1^2; \tag{17.7}$$

$$p_2 + \frac{\varrho}{2} \cdot c_{m2}^2 = p_3 + \frac{\varrho}{2} \cdot c_{m3}^2. \tag{17.8}$$

Es ergibt sich daraus die Druckdifferenz

$$\Delta p = p_1 - p_2 = \frac{\varrho}{2} \cdot \left(c_0^2 - c_{m3}^2\right). \tag{17.9}$$

17.4.1.2　Schubkraft und Volumenstrom

Mithilfe des Impulssatzes wird auf das Windrad in axialer Richtung wirkende Schubkraft F_S aus zwei unterschiedlichen Bilanzen formuliert, zu

$$F_S = \varrho \cdot \dot{V} \cdot (c_0 - c_{3m}). \tag{17.10}$$

Bilanz von Ebene 1 zu Ebene 2 ($c_{1m} = c_{2m}$):

$$F_S = \frac{\pi}{4} D^2 \cdot (p_1 - p_2). \tag{17.11}$$

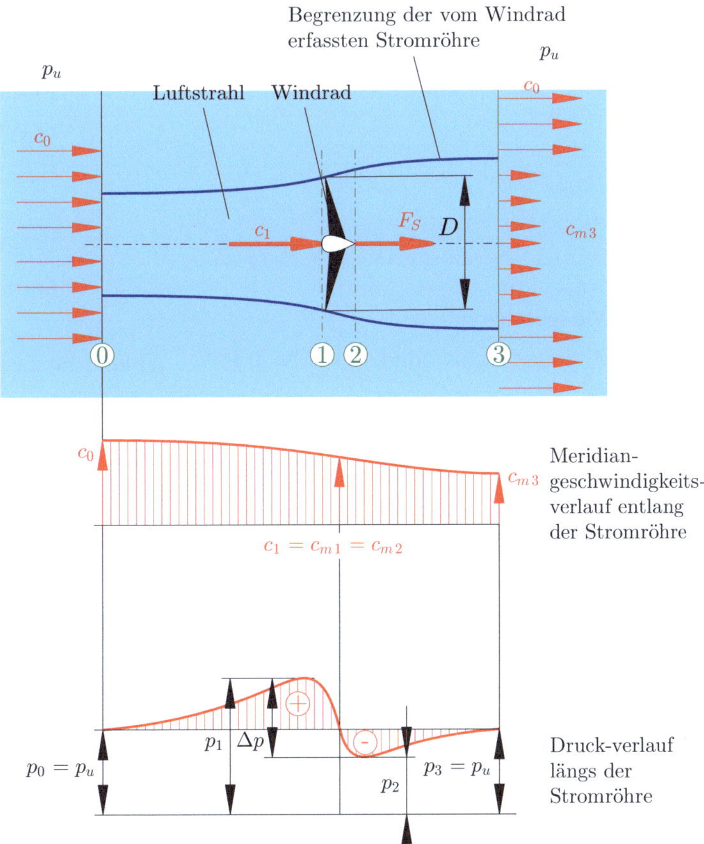

◘ **Abb. 17.5** Strömung durch ein idealisiertes Windrad, in Anl. an [3], Bild 10.3

Der Volumenstrom wird mit den Größen in der Windradebene beschrieben:

$$\dot{V} = \frac{\pi}{4} D^2 \cdot c_1 = A_1 \cdot c_1. \qquad (17.12)$$

Einsetzen der Druckdifferenz Δp und anschließendem Gleichsetzen der beiden Beziehungen für die Schubkraft führt zu

$$F_S = \frac{\varrho}{2} A_1 c_1 \left(c_0^2 - c_{3m}^2\right) \qquad (17.13)$$

$F_S \ldots$ Schubkraft auf das Windrad

$\varrho \ldots$ Luftdichte

$A_1 \ldots$ vom Windrad überstrichene Fläche $A_1 = \pi/4 \cdot D^2$

$D \ldots$ Außendurchmesser des Windrads

$c_0 \ldots$ Windgeschwindigkeit

$c_{m3} \ldots$ Meridiangeschwindigkeit in Ebene 3

17.4.1.3 Geschwindigkeit der Windrads

Die Geschwindigkeit in der Windradebene berechnet sich zu

$$c_1 = c_{m1} = c_{m2} = \frac{c_0 + c_{m3}}{2}. \qquad (17.14)$$

$c_0 \ldots$ Windgeschwindigkeit

$c_{m1} \ldots$ Meridiangeschwindigkeit in Ebene 1 $(= c_1)$

$c_{m2} \ldots$ Meridiangeschwindigkeit in Ebene 2

$c_{m3} \ldots$ Meridiangeschwindigkeit in Ebene 3

17.4.1.4 Schubbelastungsgrad

Die Meridiangeschwindigkeit in der Windradebene ist gleich dem arithmetischen Mittelwert von Anströmgeschwindigkeit sowie der Abströmgeschwindigkeit. Man kann damit den Schub über den dimensionslosen **Schubbelastungsgrad** ausdrücken, zu

$$F_S = C_S \cdot \frac{\varrho}{2} A_1 c_0^2 \qquad (17.15)$$

$$C_S = \frac{F_S}{\frac{\varrho}{2} \cdot A_1 \cdot c_0^2} = \frac{\frac{\varrho}{2} \cdot A_1 \cdot (c_0^2 - c_{m3}^2)}{\frac{\varrho}{2} \cdot A_1 \cdot c_0^2} \qquad (17.16)$$

$$C_S = 1 - \left(\frac{c_{m3}}{c_0}\right)^2 \qquad (17.17)$$

Die auf das Windrad übertragene Leistung kann aus der Schubkraft und der Stahlgeschwindigkeit berechnet werden, zu

17.4.1.5 Leistung

Die ideal auf das Windrad übertragene Leistung berechnet sich durch

$$P_{\text{ideal}} = c_1 \cdot F_S; \qquad (17.18)$$

$$P_{\text{ideal}} = \frac{\varrho}{2} A_1 c_1 \left(c_0^2 - c_{m3}^2\right). \qquad (17.19)$$

$P_{\text{Wind}} \ldots$ ideal auf das Windrad übertragene Leistung

$\varrho \ldots$ Luftdichte

$A_1 \ldots$ vom Windrad überstrichene Fläche

$c_{m3} \ldots$ Geschwindigkeit in der Ebene 1 $(= c_{m1})$

$c_0 \ldots$ Windgeschwindigkeit

$c_{m3} \ldots$ Meridiangeschwindigkeit in Ebene 3

Windleistungsangebot im Strömungsrohr:

$$P_{\text{Wind}} = \frac{\varrho}{2} A_1 c_0^3 \qquad (17.20)$$

17.4.1.6 Leistungsbeiwert

Damit ergibt sich der ideale Leistungsbeiwert:

$$P_{\text{ideal}} = C_{P,\text{ideal}} \cdot P_{\text{Wind}} \qquad (17.21)$$

$$C_{P,\text{ideal}} = \frac{P_{\text{ideal}}}{P_{\text{Wind}}} = \frac{c_1 \, C_S \cdot \frac{\varrho}{2} A_1 c_0^2}{\frac{\varrho}{2} A_1 c_0^3} = \frac{c_1}{c_0} C_S \qquad (17.22)$$

$$C_{P,\text{ideal}} = C_S \cdot \frac{c_1}{c_0} \qquad (17.23)$$

$$C_{P,\text{ideal}} = \frac{1}{2}\left[1 - \left(\frac{c_{m3}}{c_0}\right)^2\right] \cdot \left[1 + \frac{c_{m3}}{c_0}\right] \tag{17.24}$$

$C_{P,\text{ideal}}$ ... idealer Leistungsbeiwert

c_0 ... Windgeschwindigkeit

c_{m3} ... Geschwindigkeit in Ebene 3

Der Leistungsbeiwert $C_{P,\text{ideal}}$ erreicht für $c_{m3}/c_0 = \frac{1}{3}$ ein Maximum von

$$C_{P,\text{max}} = \frac{16}{27} \approx 0{,}593 \tag{17.25}$$

Die zugehörige maximale Nutzleistung des Windrads beträgt:

$$P_{\text{max}} = C_{P,\text{max}} \cdot P_{\text{Wind}} = \frac{8}{27}\, \varrho\, A_1\, c_0^3. \tag{17.26}$$

Die Zustromgeschwindigkeit in der Windradebene beträgt für diesen Betrieb mit $C_{P,\text{max}}$:

$$c_1 = \tfrac{2}{3}\, c_0 \tag{17.27}$$

und für die auf das Windrad wirkende Schubkraft ergibt sich:

$$F_S = \frac{4}{9}\, \varrho\, A_1\, c_0^2. \tag{17.28}$$

17.4.2 Drall und Verluste

Die bisherige Herleitung berücksichtigt bislang nur die Verlangsamung der Strömung in Achsrichtung (Meridianströmung), nicht jedoch den tatsächlichen Energieentzug in der Rotorebene. Um eine realistischere Beschreibung der Vorgänge im Windrad zu erhalten, muss zusätzlich betrachtet werden, wie die Strömung hinter dem Rotor beeinflusst wird. Insbesondere entstehen durch die Wechselwirkung mit den Rotorblättern Dralleffekte, die zu einer Abnahme des nutzbaren Energiepotentials führen.

Zur Analyse können die Konzepte der spezifischen Stutzenarbeit sowie der Energieumwandlung in einer Strömungsmaschine auf das Strömungsrohr zwischen den Ebenen 0 (freie Anströmung) und 3 (Nachlauf) angewandt wer-

den. Dabei wird – in guter Näherung – der Einfluss der Schwerkraft vernachlässigt, da er gegenüber den aerodynamischen Kräften keine Rolle spielt. Auf diese Weise lässt sich die Energiebilanz in der Stromröhre formulieren, welche den Zusammenhang zwischen Druck, Geschwindigkeit und der vom Rotor aufgenommenen Leistung beschreibt. Diese erweiterte Betrachtung bildet die Grundlage für die Ableitung des theoretischen Leistungsentzuges unter Berücksichtigung von Drallverlusten.

$$Y = \frac{p_{t0} - p_{t3}}{\varrho} = \frac{p_0 - p_3}{\varrho} + \frac{c_0^2 - c_3^2}{2} \tag{17.29}$$

und wegen $p_0 = p_3$

$$Y = \frac{c_0^2 - c_3^2}{2}. \tag{17.30}$$

Y ... spezifische Stutzenarbeit

c_0 ... Windgeschwindigkeit

c_3 ... Geschwindigkeit in Ebene 3

Liegt Reibungsfreiheit vor ($\eta = 1$), berechnet sich die theoretische Leistung des Windrads gem. folgender Gleichung

$$P_b = \dot{m} \cdot Y = \varrho\, \dot{V} \cdot Y \tag{17.31}$$

P_b ... theoretische Leistung des Windrades

$\dot{m}$ ... Massenstrom

Y ... spezifische Stutzenarbeit

ρ ... Luftdichte

$\dot{V}$ ... Volumenstrom

$$P_{th} = \frac{\varrho}{2}\, A_1\, c_1\, (c_0^2 - c_3^2) \tag{17.32}$$

P_{th} ... theoretische Leistung des Windrades

ϱ ... Luftdichte

A_1 ... vom Windrad überstrichene Fläche

c_1 ... Geschwindigkeit in Ebene 1 ($= c_{m1}$)

c_0 ... Windgeschwindigkeit

c_3 ... Geschwindigkeit in Ebene 3

Gem. der Euler'schen Strömungsmaschinen Hauptgleichung ist die Leistungsaufnahme mit der Dralländerung verbunden.

Bei einer Windturbine handelt es sich um eine Turbokraftmaschine, mit **drallfreier Zuströmung** und **drallbehafteter Abströmunng**.

Für den Strömungsvektor $\vec{c_3}$ gilt:

$$\vec{c_3} = \vec{c_{m3}} + \vec{c_{u3}} \qquad (17.33)$$

Durch die Ausbildung eines Dralls in der Nachlaufströmung ergibt sich, dass die resultierende Geschwindigkeit $\vec{c_3}$ stets größer ist als ihre meridionale Komponente $\vec{c_{m3}}$. Mit anderen Worten: ein Teil der Strömungsenergie wird nicht mehr in Achsrichtung transportiert, sondern in eine tangentiale Bewegung umgelenkt. Diese Drallenergie steht der nutzbaren Leistung des Windrades nicht mehr zur Verfügung.

Daraus folgt unmittelbar, dass die in Gl. (17.32) beschriebene theoretische Leistung P_{th} durch den Drall im Nachlauf reduziert wird. Der Rotor entzieht der Strömung zwar weiterhin kinetische Energie, doch bleibt der effektiv nutzbare Anteil geringer, da ein Teil der Energie in Form rotierender Wirbel abgeführt wird.

Somit gilt: Die realisierbare theoretische Leistung P_{th} liegt grundsätzlich unterhalb der idealen, in Gl. (17.19) definierten Leistung P_{ideal}. Dieser Unterschied beschreibt die unvermeidbaren Drallverluste einer Windturbine und verdeutlicht, dass die idealen Leistungsgrenzen nur im Fall drallfreier Abströmung erreichbar wären.

$$P_{th} = C_{P,th} \cdot P_{\text{Wind}} \quad \text{mit} \quad C_{P,th} < C_{P,\text{ideal}} \qquad (17.34)$$

Der Leistungsbeiwert $C_{P,th}$ ist abhängig vom Drall der Windturbinenabströmung. In der Windturbinentechnik ist das Verhältnis der Umfangsgeschwindigkeit u_a am äußeren Rotorrand zur ungestörten Windgeschwindigkeit c_0 von zentraler Bedeutung. Dieses dimensionslose Maß wird als **Schnelllaufzahl** λ bezeichnet:

$$\lambda = \frac{u_a}{c_0} \qquad (17.35)$$

$\lambda \ldots$ Schnelllaufzahl

$u_a \ldots$ Umfangsgeschwindigkeit im Außenschnitt des Rotors

$c_0 \ldots$ Windgeschwindigkeit

Langsamläufer ($\lambda < 5$) benötigen viele Schaufeln, um eine hohe theoretische Leistung zu erzielen, während **Schnellläufer** ($\lambda \geq 5$) mit wenigen Schaufeln auskommen. Der Trend moderner Windenergieanlagen geht zu höheren Schnelllaufzahlen und damit schlanken Rotorblättern, die aerodynamisch effizient arbeiten. Um die tatsächlich nutzbare Leistung des Windrades zu bestimmen, müssen die Verluste berücksichtigt werden. Diese werden durch den **Wirkungsgrad** η beschrieben, sodass gilt:

$$P = P_{th} \cdot \eta = \dot{m} \cdot Y \cdot \eta. \qquad (17.36)$$

Der Wirkungsgrad η berücksichtigt sowohl aerodynamische Strömungsverluste als auch mechanische Verluste im Windrad.

$$\eta = \eta_i \cdot \eta_m. \qquad (17.37)$$

$\eta_i \ldots$ innerer (aerodynamischer) Wirkungsgrad

$\eta_m \ldots$ mechanischer Wirkungsgrad

Der innere Wirkungsgrad η_i setzt sich zusammen aus dem hydraulischen Profilwirkungsgrad der Rotorblätter und dem Blattspitzeffizienzgrad η_{tip}, der Verluste durch induzierten Widerstand und Abströmwirbel berücksichtigt:

$$\eta_i = \eta_h \cdot \eta_{\text{tip}}. \qquad (17.38)$$

In der Praxis wird die Windradleistung über den Leistungsbeiwert C_P angegeben, der den theoretischen Leistungsbeiwert $C_{P,th}$ unter Berücksichtigung der Verluste modifiziert:

$$C_P = C_{P,th} \cdot \eta \qquad (17.39)$$

und damit ergibt sich die Leistung des Windrades zu:

$$P = C_P \cdot P_{\text{Wind}}. \qquad (17.40)$$

Die **elektrische Leistung**, die eine **Windenergieanlage** (**WEA**) tatsächlich ins Netz einspeist, ist nochmals geringer. Neben den aerodynamischen und mechanischen Verlusten treten hier zusätzlich Verluste im Generator, im Frequenzumrichter sowie ggf. im Getriebe auf. Daher gilt für den effektiven elektrischen Leistungsbeiwert:

$$C_{P,\text{WEA}} = C_P \cdot \eta_{\text{Getriebe}} \cdot \eta_{el}. \qquad (17.41)$$

Damit wird deutlich: Der Abstand zwischen theoretisch maximaler Leistung nach Betz, der real erreichbaren aerodynamischen Leistung und der schließlich ins Netz eingespeisten elektrischen Leistung kann erheblich sein. Moderne Anlagen erreichen heute elektrische Leistungsbeiwerte von etwa $C_{P,\text{WEA}} \approx 0{,}45$ bis $0{,}5$, was bereits nahe am theoretischen Limit von $C_{P,\text{max}} = 16/27 \approx 0{,}593$ liegt.

17.5 Bauformen von Windturbinen

Die Entwicklung der Windenergieanlagen hat eine Vielzahl unterschiedlicher Bauformen hervorgebracht, die sich nach Achsenausrichtung, Wirkprinzip und Einsatzzweck unterscheiden lassen.

17.5.1 Historische Bauformen

- **Vertikalachsige Windmühlen** (z. B. persische Windmühle, ab 7. Jh.): einfache Segel- oder Brettkonstruktionen.
- **Klassische Windmühle** (Holländer-, Kappenmühle): horizontale Achse, Einsatz für Mahlwerke und Pumpen. Vgl. mit Abb. 17.6

◘ **Abb. 17.6** Britzer Mühle in Berlin, rechts die Windrose zur Windrichtungsnachführung

17.5.2 Nach Achsenausrichtung

- **Horizontalläufer (HAWT)**: Rotorachse horizontal, heute dominierend. Typen: Zwei-, Drei- und Mehrflügler.
- **Vertikalläufer (VAWT)**: Rotorachse vertikal, unabhängig von Windrichtung. Typen (vgl. mit ◘ Abb. 17.7, 17.9):
  - **Darrieus-Rotor**: Ein Auftriebsrotor mit sichel- oder eiförmig gebogenen Flügeln, der aerodynamisch arbeitet und hohe Schnelllaufzahlen erreichen kann. Nachteil ist die schlechte Anlaufleistung, weswegen oft ein Hilfsantrieb oder eine Kombination mit einem Savonius-Rotor eingesetzt wird.
  - **Savonius-Rotor** (vgl. ◘ Abb. 17.8, 17.10): Ein Widerstandsrotor, bestehend aus zwei halbzylindrischen Schalen, die versetzt angeordnet sind. Vorteilhaft sind der robuste Aufbau und die gute Anlaufleistung, allerdings mit einem geringen Wirkungsgrad von ca. 15–20 %.

Abb. 17.9   Windmotor von James Blyth (1905)

Abb. 17.7   H-Darrieus in der Antarktis, gem. [9, 137]

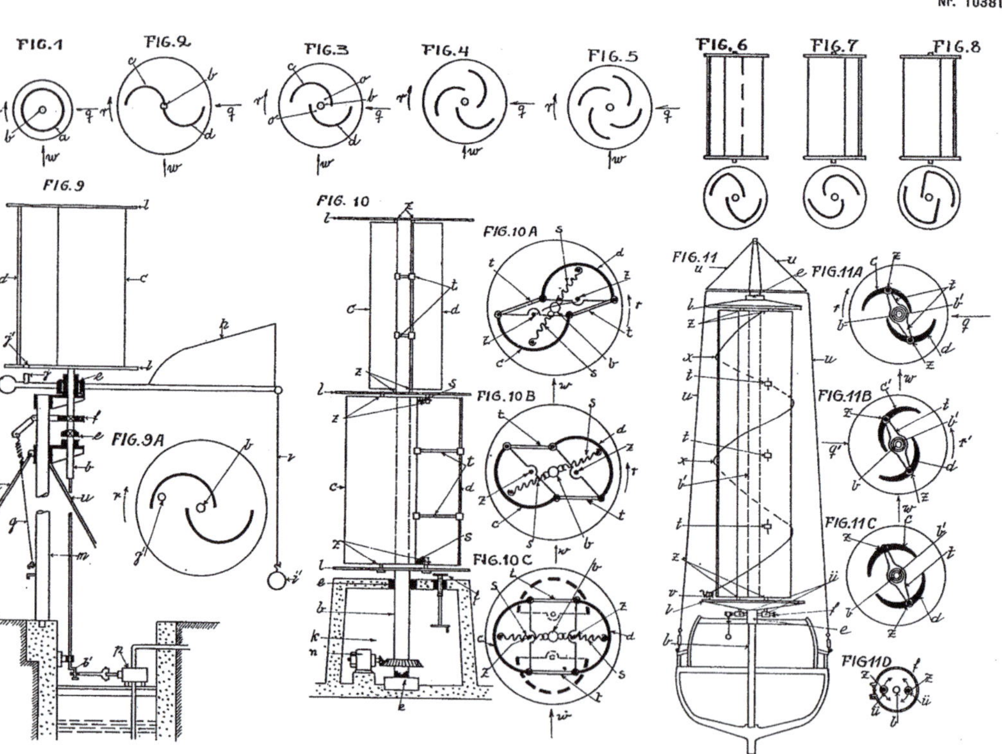

Abb. 17.8   Zeichnungen aus der österreichischen Patentschrift von Savonius (1925)

17.5.4 Sonderbauformen

- Einblattrotor (vgl. mit Abb. 17.11): Materialsparend, aber schwingungsanfällig.
- Zweiblattrotor: Leichter, schnelllaufend, jedoch unruhiger.
- Dreiblattrotor: Heute Standard, gute Laufruhe, hoher Wirkungsgrad.

17.5.5 Rechnerische Beurteilung der Bauformen und Einflussgrößen [3]

Zur Beurteilung und zum Vergleich unterschiedlicher Rotorbauformen reicht die Betrachtung des Leistungsbeiwerts C_P allein nicht aus. Neben der aufgenommene Leistung spielt auch das vom Rotor erzeugte Drehmoment M eine zentrale Rolle, da es die mechanische Belastung der Antriebswelle bestimmt und für die Auslegung von Generator und Getriebe maßgeblich ist.

Abb. 17.10   Savonius-Windspiel vor dem UDX-Hochhaus in Akihabara, Japan. Je nach Windstärke leuchten verschieden viele LEDs an den Flügelkanten der drei abwechselnd gegenläufigen, dreiflügeligen Rotoren, vgl. mit [34, 123]

- **H-Rotor**: Eine Variante des Darrieus-Rotors mit geraden, vertikalen Flügeln. Er kombiniert die aerodynamischen Vorteile des Darrieus mit einer einfacheren Bauweise, leidet jedoch ebenfalls unter Anlaufproblemen.

17.5.3 Nach Wirkprinzip

- **Auftriebsrotoren**: Hoher Wirkungsgrad, große Schnelllaufzahlen.
- **Widerstandsrotoren**: Robust, geringer Wirkungsgrad.

Aus diesem Grund wird zusätzlich der Drehmomentbeiwert C_M eingeführt. Er beschreibt das Verhältnis des wirksamen Drehmoments zu den aerodynamischen Bezugsgrößen und ermöglicht eine dimensionslose Darstellung, die unabhängig von der Rotorgröße gültig bleibt.

Mit dem Außenradius $R = \frac{D}{2}$ des Rotors ergibt sich das Drehmoment zu

$$M = C_M \cdot \frac{\varrho}{2} \cdot c_0^2 \cdot A_1 \cdot R; \qquad (17.42)$$

wobei

$\varrho \ldots$ die Luftdichte,

$c_0 \ldots$ die ungestörte Windgeschwindigkeit,

$A_1 \ldots$ die überstrichene Rotorfläche und

$R \ldots$ der Außenradius des Rotors ist.

Damit zeigt sich, dass das Drehmoment direkt proportional zum Drehmomentbeiwert C_M, zur Luftdichte, zur überstrichenen Fläche sowie zum Radius des Rotors ist. Besonders hervorzuheben ist die Abhängigkeit von R: große Rotoren erzeugen bei gleicher Windgeschwindigkeit ein deutlich höheres Drehmoment, was sich unmittelbar auf die Dimensionierung der mechanischen Bauteile wie Welle, Lager und Generator auswirkt.

Während der Leistungsbeiwert C_P vor allem Aussagen über die energetische Effizienz erlaubt, ist C_M entscheidend für die mechanische Auslegung. Insbesondere bei Schnellläufern mit hoher Drehzahl ist das Drehmoment vergleichsweise gering, während bei Langsamläufern mit niedriger Drehzahl, aber großem Rotordurchmesser, deutlich höhere Drehmomente auftreten.

In der Windenergietechnik wird daher stets eine Balance zwischen hohem Leistungsbeiwert C_P und akzeptablem Drehmomentbeiwert C_M gesucht. Diese Abwägung ist wesentlich für die Wahl der Bauform (z. B. Darrieus-, Savonius- oder H-Rotor) und die richtige Auslegung der Antriebsstrangkomponenten.

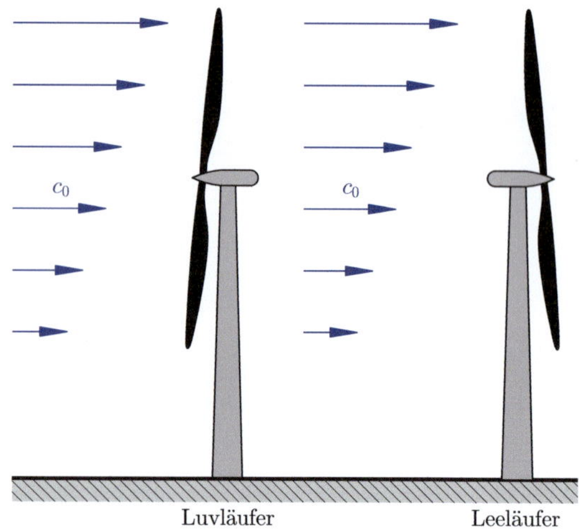

Abb. 17.12 Luv- und Leeläufer, in Anl. an [3]

Je nach Anströmverhalten unterscheidet man zwischen Luv- und Leeläufern, gem. **Abb. 17.12.**

Die beiden Beiwerte C_p und C_M sind den beiden **Abb. 17.13** und 17.14 zu entnehmen. Man findet zwischen diesen beiden Beiwerten den mathematischen Zusammenhang

$$\frac{C_P}{C_M} = \frac{\frac{P}{M} \cdot R}{\frac{1}{2} \cdot \varrho \cdot c_0^3 \cdot A_1} \qquad (17.43)$$

$$= \frac{P}{M} \cdot \frac{R}{c_0} = \frac{\omega \cdot R}{c_0} = \frac{u_c}{c_0} = \lambda, \qquad (17.44)$$

bzw. durch Umformen

$$C_P = \lambda \cdot C_M. \qquad (17.45)$$

$C_P \ldots$ Leistungsbeiwert

$\lambda \ldots$ Schnelllaufzahl

$C_M \ldots$ Drehmomentenbeiwert

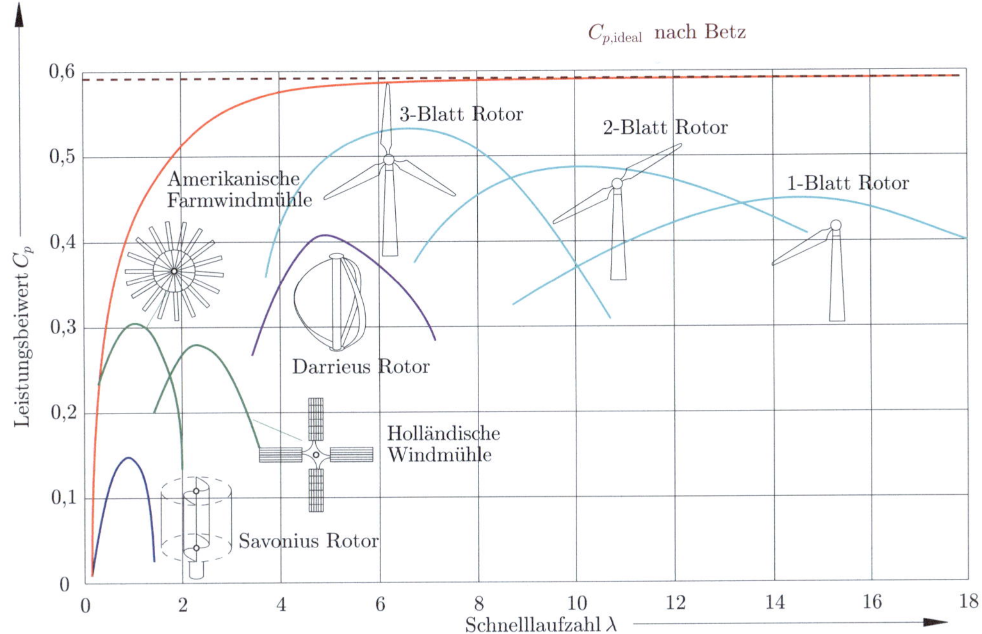

Abb. 17.13 Leistungsbeiwert C_p, in Anl. an [3]

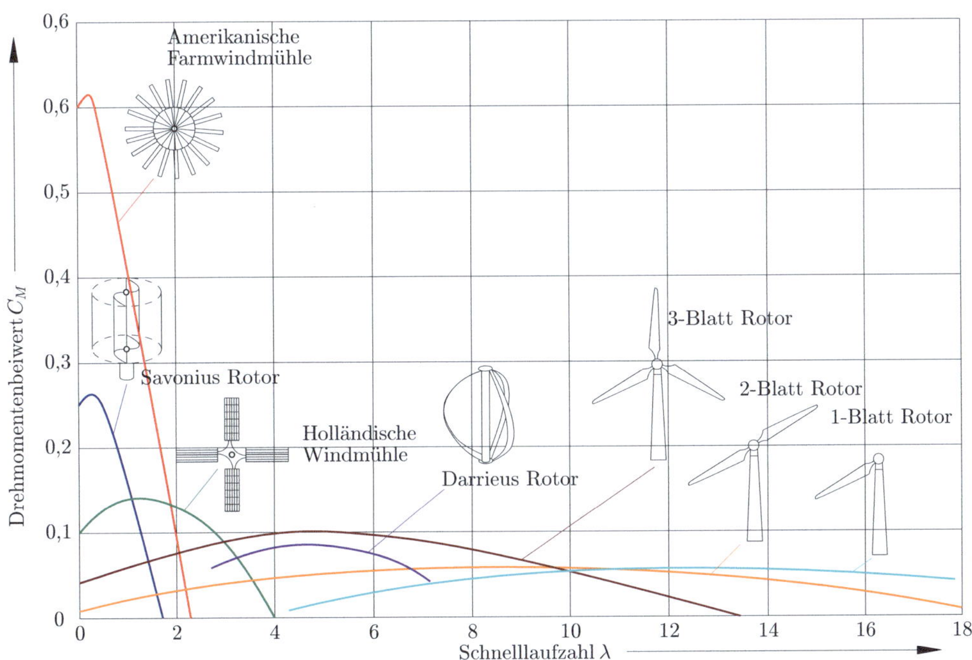

Abb. 17.14 Drehmomentenbeiwert C_M, in Anl. an [3]

17.6 Aerodynamik der Windturbine [3]

Vgl. mit ◘ Abb. 17.15. Die aerodynamische Analyse eines Windrads erfolgt durch die Betrachtung der Strömung an einem einzelnen Schaufelquerschnitt. Mithilfe Geschwindigkeitsdreiecken wird die Zusammensetzung der Absolutgeschwindigkeit in Umfangs- und Meridiankomponenten dargestellt. Die Umfangsgeschwindigkeit am Radius r ergibt sich zu

$$u = \omega \cdot r \qquad (17.46)$$

wobei ω die Winkelgeschwindigkeit darstellt. Die Relativgeschwindigkeit des anströmenden Fluids in Ebene 1 wird durch die Beziehung

$$c_u = \frac{c_1}{c_0} \qquad (17.47)$$

beschrieben. Es gilt zudem nach Betz

$$c_1 = \frac{2}{3} \cdot c_0. \qquad (17.48)$$

17.6.1 Auftriebs- und Widerstandskräfte am Schaufelprofil

Die an einem Schaufelprofil angreifenden Kräfte lassen sich in infinitesimal kleine Anteile für Auftrieb dF_A und Widerstand dF_W zerlegen. Diese ergeben sich zu:

$$dF_A = c_A \frac{\varrho}{2} w_1^2 \, l \, dr. \qquad (17.49)$$

$$dF_W = c_W \frac{\varrho}{2} w_1^2 \, l \, dr. \qquad (17.50)$$

Hierbei bedeuten:

c_A ...   Auftriebsbeiwert,

c_W ...   Widerstandsbeiwert,

l ...   Anstellwinkel,

dr ...   infinitesimal kleine radiale Streckung des Profils,

c_1 ...   Relativgeschwindigkeit in Ebene 1.

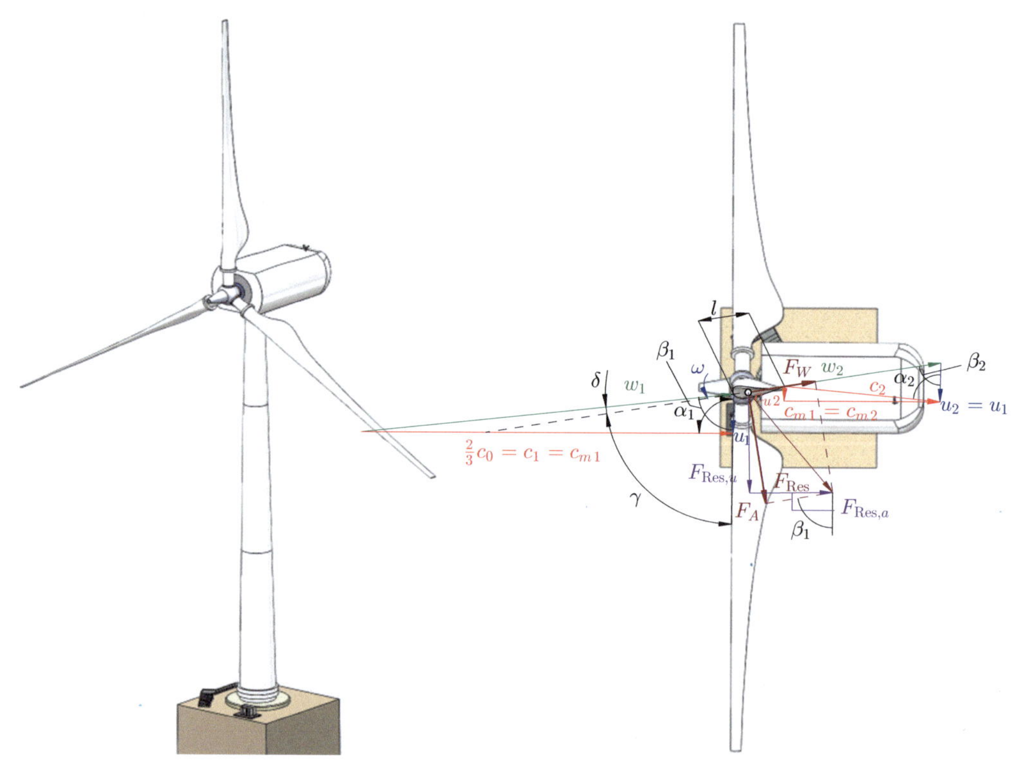

◘ **Abb. 17.15** Geschwindigkeitsdreiecke und Kräfte in einem Schaufelschnitt des Windrades, in Anl. an [3]

Das Verhältnis c_W/c_A wird als **Gleitbeiwert** ε bezeichnet und beschreibt die aerodynamische Qualität des Profils. Moderne Hochleistungsprofile erreichen Gleitbeiwerte unter 0,01.

$$\varepsilon = \frac{c_W}{c_A}. \qquad (17.51)$$

17.6.2 Kraft- und Leistungsanteile

Die resultierende Umfangskraft der Schaufel ist für die Leistungsabgabe entscheidend und ergibt sich zu: Die entsprechende Leistungsdifferenz ist dann:

$$dF_{R,u} = \frac{\varrho}{2} \cdot w_1^2 \cdot l \cdot c_A$$
$$\cdot [\sin(\beta_1) - \varepsilon \cdot \cos(\beta_1)] \cdot dr \qquad (17.52)$$

$$dP_{\text{Sch}} = \omega \cdot r \cdot dF_{R,u}$$
$$= \omega \cdot r \cdot \frac{\varrho}{2} \cdot w_1^2 \cdot l \cdot c_A$$
$$\cdot [\sin(\beta_1) - \varepsilon \cdot \cos(\beta_1)] \cdot dr. \qquad (17.53)$$

Bei einer reibungsfreien Strömung gilt $c_W = 0$. Gem. Gl. (17.51) wird damit auch ε zu Null.

$$dP_{th} = \omega \cdot r \cdot \frac{\varrho}{2} \cdot w_1^2 \cdot l \cdot c_A \cdot \sin(\beta_1) \cdot dr. \qquad (17.54)$$

17.6.3 Hydraulischer Wirkungsgrad und Betz-Bedingung

Der hydraulische Wirkungsgrad η_h beschreibt den Anteil der vom Windradprofil nutzbar gemachten Strömungsenergie im Verhältnis zur theoretisch möglichen Leistung. Er hängt insbesondere von der *Gleitzahl* ε des Profils, dem Anströmwinkel β_1 sowie dem Radius r des betrachteten Schaufelquerschnitts ab.

Für den lokalen hydraulischen Wirkungsgrad gilt:

$$\eta_h(r) = \frac{dP_{sh}}{dP_s} = 1 - \frac{\varepsilon(r)}{\tan\beta_1(r)}. \qquad (17.55)$$

Durch Integration über den gesamten Rotor ergibt sich der mittlere Wirkungsgrad:

$$\eta_h = \frac{1}{A_1} \int_0^R \left(1 - \frac{\varepsilon(r)}{\tan\beta_1(r)}\right) \cdot 2\pi r\, dr. \qquad (17.56)$$

wobei gilt:

$A_1 \ldots$ vom Windrad überstrichene Fläche,

$R \ldots$ Außenradius des Rotors,

$\varepsilon \ldots$ Gleitzahl des Profils,

$\beta_1 \ldots$ relativer Anströmwinkel des Profils.

17.6.4 Bestimmung des Anströmwinkels

Das Geschwindigkeitsdreieck (vgl. mit ■ Abb. 17.16) zeigt, dass der relative Anströmwinkel β_1 stark vom Radius abhängt. Für den Zusammenhang gilt:

$$\tan\beta_1(r) = \frac{c_1}{u(r)} = \frac{c_1}{\omega \cdot r}. \qquad (17.57)$$

Mit der Schnelllaufzahl und der Winkelgeschwindigkeit (Gl. (17.35))

$$\lambda = \frac{u}{c_0} = \frac{\omega R}{c_0} \qquad (17.58)$$

und der Betz-Bedingung für den optimalen Betriebspunkt

$$c_1 = \tfrac{2}{3}c_0 \qquad (17.59)$$

folgt schließlich:

$$\tan\beta_1(r) = \frac{2}{3} \cdot \frac{R}{\lambda \cdot r}. \qquad (17.60)$$

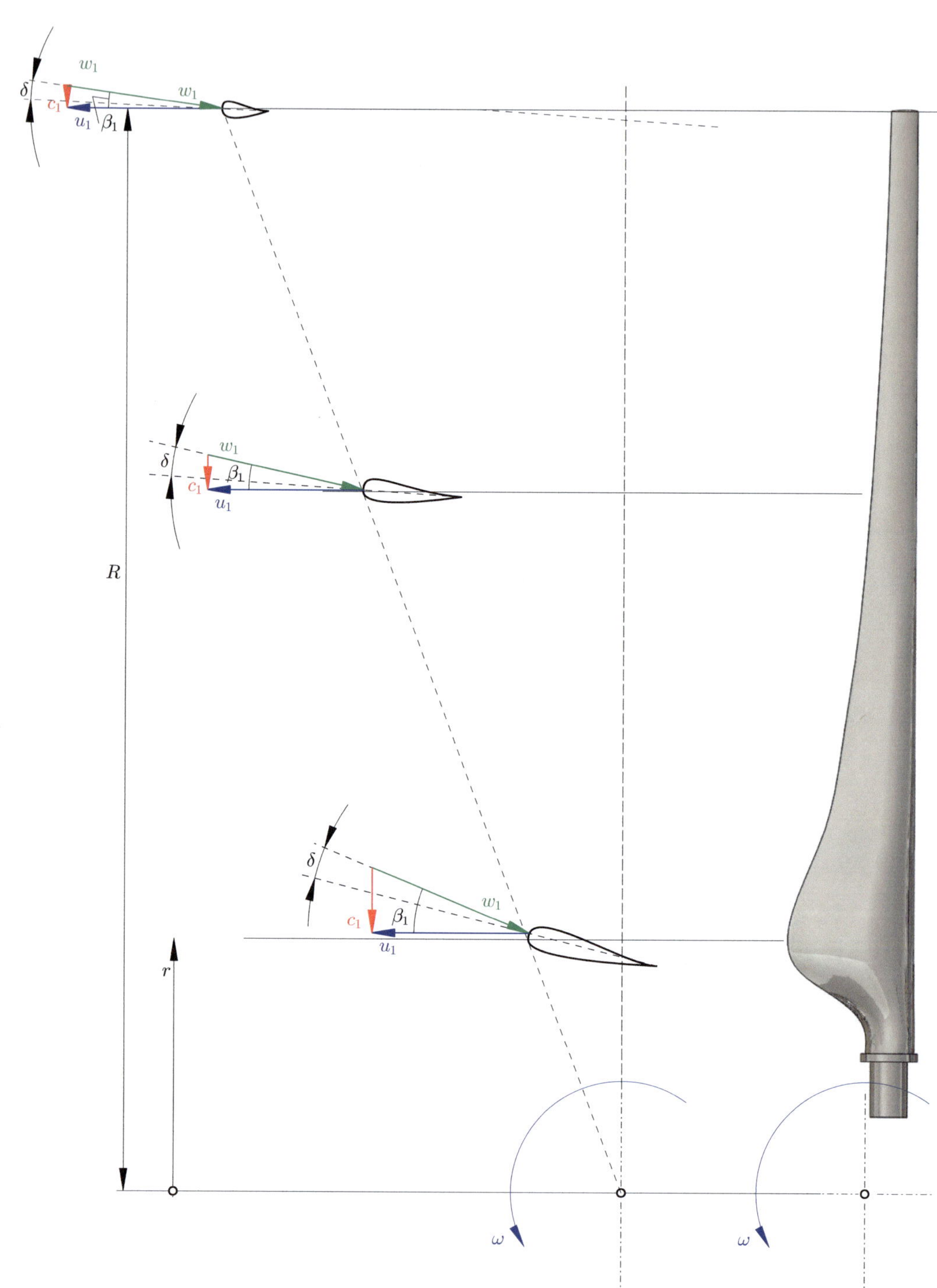

◻ Abb. 17.16　Verwindung des Rotorblatts, in Anl. an [3]

Setzt man diesen Ausdruck in die Integraldarstellung ein, so ergibt sich für den hydraulischen Wirkungsgrad:

$$\eta_h = \frac{2\pi}{A_1} \int_0^R \left(1 - \frac{3}{2}\lambda\,\varepsilon(r)\,\frac{r}{R}\right) r\,dr. \quad (17.61)$$

Für eine konstante, vom Radius unabhängige Gleitzahl ε vereinfacht sich die Darstellung zu:

$$\eta_h = 1 - \lambda \cdot \varepsilon \quad (17.62)$$

17.6.5 Einfluss von Schnelllaufzahl und Gleitzahl

Neben der Schnelllaufzahl λ spielt die aerodynamische Qualität des Profils – charakterisiert durch die Gleitzahl $\varepsilon = c_W/c_A$ – eine entscheidende Rolle für den erreichbaren Leistungsbeiwert. Unter Berücksichtigung der Profilverluste ergibt sich der effektive Leistungsbeiwert zu:

$$C_{P,\text{opt}} = C_{P,\text{th}} \cdot \eta_h. \quad (17.63)$$

Bemerkung 17.2
- Bei schlechten (hohen) Gleitzahlen fällt der Leistungsbeiwert $C_{P,\text{opt}}$ deutlich niedriger aus.
- Mit zunehmender Schnelllaufzahl λ nimmt der Einfluss der Blattanzahl ab, während die Gleitzahl immer stärker dominiert.
- Langsamläufer mit kleiner λ benötigen viele Schaufeln, während Schnellläufer mit hoher λ wenige, dafür besonders aerodynamische Profile einsetzen können.
- Die Wahl hochwertiger Profile mit geringer Gleitzahl ist für moderne Windenergieanlagen entscheidend, da sie direkt die Obergrenze der Energieausbeute bestimmen.

17.6.6 Einfluss der Blattspitze und Profilwahl

Die aerodynamische Leistungsfähigkeit einer Windenergieanlage wird nicht nur durch die Profilform des Rotorblatts, sondern auch wesentlich durch die Gestaltung der Blattspitzen beeinflusst. Moderne Schnellläufer benötigen weniger, dafür jedoch besonders aerodynamisch hochwertige Profile.

17.6.6.1 Profilwahl

Zur Auswahl geeigneter Profile wird auf umfangreiche Profildatenbanken zurückgegriffen (z. B. NACA-Profile oder moderne Laminarprofile aus dem Segelflugzeug- und Flugzeugbau). Dabei müssen verschiedene aerodynamische Effekte berücksichtigt werden:

- **Reynolds-Zahl-Effekte:** Sie beeinflussen die Strömungscharakteristik entlang des Profils.
- **Transition und Umschlag:** Übergang von laminarer zu turbulenter Strömung muss erfasst werden.
- **Stromlinienkrümmung und Druckgradienten:** Radiale Effekte im Meridianschnitt wirken sich auf die Druckverteilung aus.

17.6.6.2 Blattspitzenverluste

Ein wesentlicher 3D-Effekt tritt an den Rotorblattspitzen auf. Durch das Überströmen der Druck- auf die Saugseite entstehen zusätzliche Verluste, die pauschal mit dem sogenannten *Blattspitzenwirkungsgrad* η_{bp} berücksichtigt werden.

Nach einer Abschätzung von Betz ergibt sich dieser zu:

$$\eta_{bp} = \left(1 - \frac{0{,}92}{z \cdot \sqrt{\lambda^2 + \frac{4}{9}}}\right)^2 \quad (17.64)$$

mit:

$z \ldots$ Schaufelanzahl,
$\lambda \ldots$ Schnelllaufzahl.

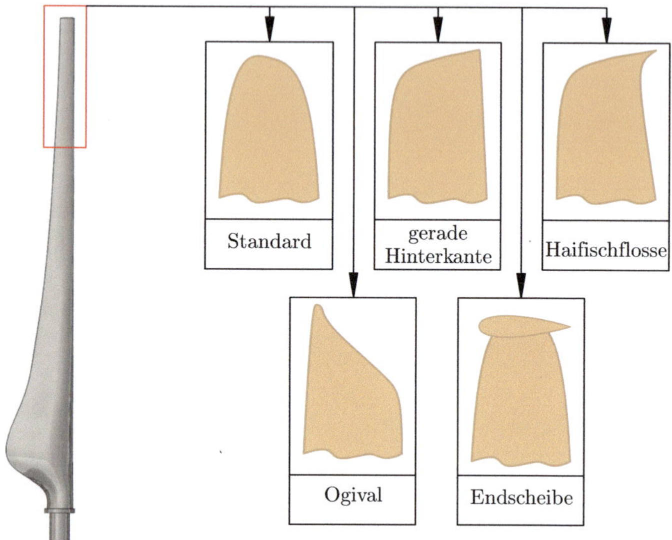

Abb. 17.17 Geometrien an der Rotorblattspitze, in Anl. an [3]

17.6.6.3 Gestaltung der Blattspitzen

Durch spezielle Formgebungen kann der Blattspitzenverlust reduziert werden. **Abb.** 17.17 zeigt unterschiedliche Geometrien, die in der Windenergietechnik zum Einsatz kommen:

Typische Varianten sind:
- Standardblattspitze,
- gerade Hinterkante,
- Haifischflossenform,
- Ogival-Form,
- Endscheibe (Winglet-ähnlich).

17.7 Bestandteile und konstruktiver Aufbau von Windturbinen [137]

17.7.1 Rotorblätter [137]

Nahezu alle heute eingesetzten Windkraftanlagen sind mit **drei symmetrisch um eine horizontale Drehachse angeordneten Rotorblättern** ausgestattet. Diese Konfiguration hat sich aufgrund ihrer hohen Effizienz, guten Laufruhe und geringen Materialbeanspruchung als Standard durchgesetzt. Die Rotorblätter entziehen der Strömung kinetische Energie und übertragen sie über die Nabe und die Welle an den Generator. Vgl. mit **Abb.** 17.18 und **Abb.** 17.19.

Abb. 17.18 Transport eines Rotorblatts [130, 137]

17.7.1.1 Aerodynamische und akustische Optimierung

Ein wesentlicher Konstruktionsaspekt betrifft die **Geräuschentwicklung**. Da insbesondere die Blattspitzen für die Entstehung von Betriebsgeräuschen verantwortlich sind, werden die Profile in diesem Bereich nicht nur aerodynamisch auf maximalen Wirkungsgrad, sondern auch akustisch optimiert. Hierzu zählen beispielsweise *gezahnte Hinterkanten* (engl. **trailing edge serrations**), die Wirbelablösungen reduzieren und somit den Schallpegel deutlich senken können.

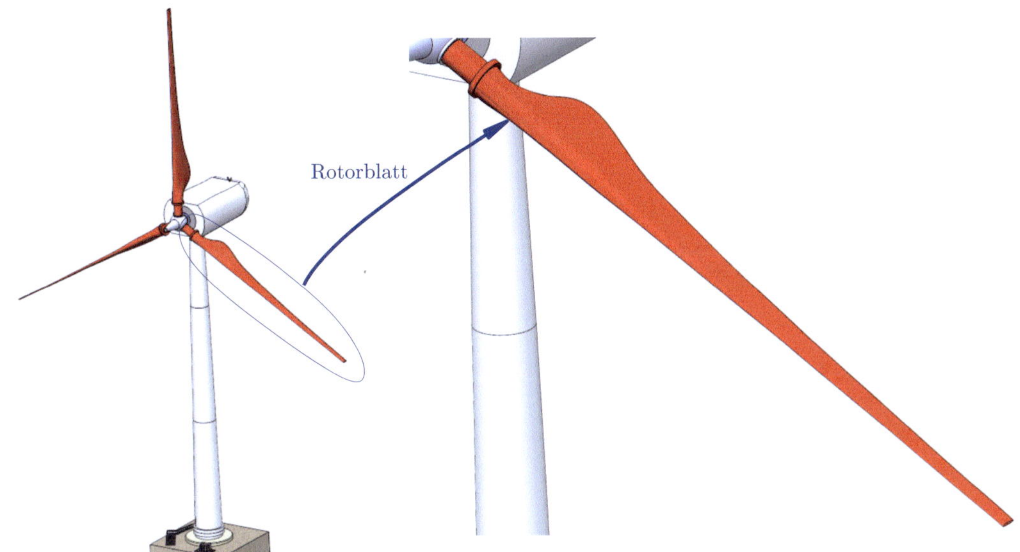

Abb. 17.19 Rotorblätter bei einem Windrad

17.7.1.2 Dimensionen

Die Abmessungen moderner Rotorblätter haben sich in den letzten Jahrzehnten erheblich vergrößert:

- **2013**: maximale Blattlängen ca. 65 m (Onshore) und 85 m (Offshore) bei Massen von rund 25 Tonnen.
- **2022**: Offshore-Blätter mit Längen von bis zu 115 m und Blattmassen von 50–60 Tonnen.

Mit zunehmender Länge steigt die strukturelle und aerodynamische Beanspruchung, was den Einsatz neuer Materialien und Bauweisen erfordert.

17.7.1.3 Materialien und Bauweisen

Rotorblätter bestehen überwiegend aus **glasfaserverstärktem Kunststoff (GFK)** in **Halbschalen-Sandwichbauweise**. Zur inneren Stabilisierung werden **Holme und Stege** integriert, die hohe Biege- und Torsionslasten aufnehmen.

Mit steigender Blattlänge kommen zunehmend **kohlenstofffaserverstärkte Kunststoffe (CFK)** zum Einsatz:

- bei Offshore- und Starkwindanlagen, um extremen Belastungen standzuhalten,
- aber auch bei Schwachwindanlagen mit sehr großen Rotordurchmessern, um das Eigengewicht zu reduzieren.

Die in Längsrichtung wirkenden Kräfte werden von sogenannten **Gurten** getragen, die aus Glas- oder Kohlenstofffasern bestehen. Diese können als **Endlosfasern (Rovings)** oder in Form von **Gelegen** ausgeführt sein, um eine optimale Kraftübertragung zu gewährleisten.

17.7.1.4 Rotorausrichtung und Drehrichtung

Windkraftanlagen mit **horizontaler Rotordrehachse (HAWT)** dominieren weltweit den Markt. In der Anfangszeit existierten sowohl links- als auch rechtsdrehende Anlagen. Heute hat sich jedoch die **Drehrichtung im Uhrzeigersinn** (aus Sicht des anströmenden Winds) durchgesetzt.

In nahezu allen Fällen ist der Rotor **vor dem Turm** (*Upwind-Konfiguration*) angeordnet. Dies vermeidet die durch den Turm verursachten Verwirbelungen in der Nachlaufströmung, die sonst beim **Downwind-Betrieb** zu folgenden Nachteilen führen würden:

- erhöhte Lärmemissionen,
- zusätzliche Blattbelastungen durch periodische Nachlaufanregung,
- Reduktion des aerodynamischen Wirkungsgrades.

Nur in speziellen Nischenanwendungen (z. B. bestimmte Leichtbauanlagen) finden Downwind-Rotoren noch Verwendung.

17.7.1.5 Drehsinn

In den Anfangsjahren der Windenergienutzung existierten sowohl **links- als auch rechtsdrehende Rotoren**. Die Wahl des Drehsinns war zunächst eher zufällig und hing von den jeweiligen Herstellern ab.

Heute hat sich nahezu weltweit eine Standardisierung durchgesetzt: aus Sicht des anströmenden Windes drehen sich moderne Windkraftanlagen **im Uhrzeigersinn**.

17.7.1.6 Anzahl der Rotorblätter

Mit zunehmender Blattanzahl steigt der maximal erreichbare Leistungsbeiwert. Die Zugewinne sind jedoch stark abnehmend:

- $1 \Rightarrow 2$ Blätter: ca. $+10\,\%$,
- $2 \Rightarrow 3$ Blätter: ca. $+3\text{–}4\,\%$,
- $3 \Rightarrow 4$ Blätter: nur noch $+1\text{–}2\,\%$.

Ein viertes Blatt ist aus wirtschaftlicher Sicht nicht sinnvoll. Im Offshore-Bereich könnten Zweiblatt-Anlagen Vorteile durch leichtere Logistik und geringere Bedeutung von Lärmemissionen haben.

17.7.1.7 Form des Rotorblattes

Der **Windwiderstand der Rotorfläche** führt dazu, dass der Windstrom seitlich ausweicht. Zudem biegen sich die Rotorblätter unter Last in Richtung des Windes (**Flapwise-Biegung**). Damit die Blätter trotz dieser Effekte in einem günstigen Winkel zur lokalen Strömung stehen, werden sie bereits bei der Herstellung mit einer **leichten Vorneigung gegen den Wind** versehen.

- Dies gewährleistet, dass die Blätter im Betrieb annähernd rechtwinkelig angeströmt werden.
- Gleichzeitig verhindert die Vorneigung, dass ein Blatt bei Verformung den Turm berührt.

Zur Vergrößerung des Sicherheitsabstands zwischen Blattspitze und Turm wird zusätzlich die **Rotorachse leicht geneigt** (**tilt angle**), sodass die Blattspitzen angehoben sind. Dies berücksichtigt auch den vor dem Turm entstehenden Luftstau.

Im äußeren Bereich sind viele Rotorblätter mit einer leichten **Sichelform** versehen. Dadurch weichen die Blattspitzen bei Böen kontrolliert nach Lee aus. Diese Verformung geht mit einer **Torsion (Verdrehung)** der Blätter

einher, die den lokalen Anströmwinkel verringert und somit die aerodynamische Belastung reduziert. Die Folge ist eine **Material- und Gewichtseinsparung** ohne nennenswerte Leistungseinbußen.

Zur weiteren Optimierung können Rotorblätter mit zusätzlichen **Strömungshilfen** ausgestattet werden:

- **Vortexgeneratoren** (kleine Leitelemente) verzögern die Strömungsablösung und steigern so die aerodynamische Effizienz.
- **Zackenbänder** an der Hinterkante (engl. *trailing edge serrations*) reduzieren Wirbelbildung und damit Geräuschemissionen.
- **Tuberkel-Strukturen** an der Vorderkante (nach dem Vorbild von Buckelwalen) verbessern die Strömungsanpassung bei wechselnden Anströmwinkeln.
- **Kämme an der Hinterkante** wirken ähnlich und tragen ebenfalls zu einer Geräuschreduktion bei.

Durch diese Maßnahmen lassen sich einerseits **Lastspitzen verringern** und die strukturelle Integrität sichern, andererseits kann der **Energieertrag um einige Prozent gesteigert** werden. Von besonderer Bedeutung ist zudem die **Lärmminderung**, da Schallemissionen einen zentralen Akzeptanz- und Standortfaktor darstellen.

17.7.1.8 Eisbildung

Unter winterlichen Bedingungen können sich auf den Rotorblättern **Eisansätze** bilden. Dies wirkt sich in mehrfacher Hinsicht negativ auf den Betrieb einer Windkraftanlage aus:

- **Aerodynamische Verluste:** Die Profilform der Rotorblätter wird verändert, wodurch der Auftrieb sinkt und der Strömungsabriss begünstigt wird. Dies reduziert den Wirkungsgrad erheblich.
- **Unwucht und Belastung:** Ungleichmäßig verteiltes Eis führt zu Rotorschwingungen und höheren mechanischen Beanspruchungen für Lager, Triebstrang und Turm.
- **Sicherheitsrisiko:** Abfallende oder durch die Rotordrehung weggeschleuderte Eisstücke können Personen und Objekte gefährden. Deshalb wird ein **Sicherheitsabstand von etwa dem 1,5-fachen der Summe aus Turmhöhe und Rotordurchmesser** empfohlen.

Zur Vermeidung kritischer Zustände verfügen moderne Anlagen über automatische **Eiserkennungssysteme**. Diese basieren auf:

- der Analyse von Leistungskurven (Abweichung zwischen Windgeschwindigkeit und erzeugter Leistung),
- der Messung von Temperatur und Rotorunwucht.

Wird Eisansatz festgestellt, schaltet sich die Anlage in der Regel automatisch ab. Einige Hersteller setzen zusätzlich auf **aktive Rotorblattenteisungssysteme**. Hierzu zählen:

- elektrische Heizsysteme im ein- bis zweistelligen Kilowattbereich pro Rotorblatt,
- Warmluftsysteme, bei denen Abwärme aus der Gondel (Generator, Umrichter) durch Hohlräume in den Rotorblättern geleitet wird,
- spezielle Beschichtungen, die die Eisbildung verzögern.

In der Praxis tritt Eisabwurf meist bei niedriger Drehzahl oder im Trudelbetrieb nach Abschaltung auf, sodass bislang keine dokumentierten Personenschäden bekannt sind.

17.7.1.9 Blitzschutzsystem

Aufgrund ihrer Höhe und exponierten Lage sind Windkraftanlagen **besonders blitzgefährdet**. Ein funktionierendes Blitzschutzsystem ist daher unverzichtbar, um Schäden an Rotorblättern, elektrischen Komponenten und Fundamenten zu vermeiden. Das Schutzkonzept umfasst mehrere Elemente:

- **Fangeinrichtungen:** An den Blattspitzen befinden sich metallische Rezeptoren oder ganze Blattspitzen aus Aluminium, die Blitze gezielt aufnehmen.
- **Ableitung:** In die Rotorblätter integrierte Leiter leiten den Blitzstrom über Gondel und Turm in das Erdungssystem.
- **Überbrückung von Lagern:** Da Blitze nicht durch Lagerflansche fließen dürfen, werden Funkenstrecken oder Schleifringe eingesetzt, um Ströme kontrolliert zu überzuleiten
- **Erdung:** Der Blitzstrom wird im Fundament breitflächig in den Boden abgeleitet.

Statistisch wird eine Windkraftanlage etwa alle zehn Jahre direkt von einem Blitz getroffen; in exponierten Lagen wie Mittelgebirgen liegt die Häufigkeit deutlich höher. Zusätzlich schützen Überspannungsableiter die elektrischen Systeme vor indirekten Auswirkungen von Blitzeinschlägen. Regelmäßige Wartung und Kontrolle des Blitzschutzsystems sind notwendig, um die Betriebssicherheit über die gesamte Lebensdauer sicherzustellen.

17.7.2 Maschinenhaus (Gondel) [137]

17.7.2.1 Bauteile und Arten

Vgl. mit ◼ Abb. 17.20. Das **Maschinenhaus**, auch *Gondel* genannt, bildet das zentrale Element oberhalb des Turms einer Windkraftanlage. Es beherbergt:

- den **Triebstrang** (Rotorwelle, ggf. Getriebe, Generator),
- Teile der **elektrischen Ausrüstung** sowie die **Windrichtungsnachführung**,

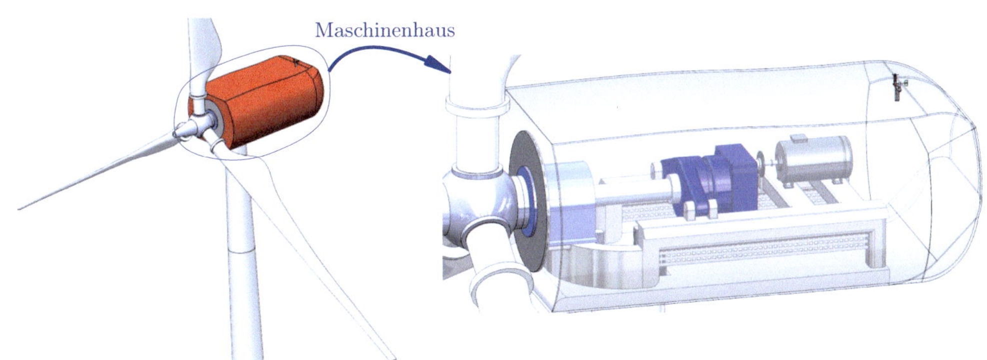

◼ **Abb. 17.20**   Maschinenhaus bei einem Windrad

- die **Rotorkopflagerung** und weitere **Hilfssysteme** wie Kühlung, Öl- und Hydraulikversorgung, Heizungen, Daten- und Steuerungstechnik,
- sicherheitsrelevante Systeme wie **Brandmelder** oder optionale Feuerlöschanlagen,
- interne **Kransysteme** zur Wartung und zum Austausch schwerer Komponenten.

Obwohl die Unterbringung aller Hauptkomponenten in der Gondel die Konstruktion komplexer macht, hat sich dieses Konzept aus mehreren Gründen als Standardbauweise etabliert:
- **Kurze mechanische Übertragungswege** zwischen Rotor und Generator,
- **geringere dynamische Probleme** durch kompakte Anordnung,
- bessere Möglichkeiten zur Integration von Hilfs- und Sicherheitssystemen.

17.7.2.2 Maschinenstrang

Der **Maschinenstrang** Vgl. mit ◘ Abb. 17.21 umfasst alle mechanischen und elektrischen Komponenten, die den Energiefluss vom Rotor bis zur Einspeisung ins Netz ermöglichen. Er besteht typischerweise aus:
- der **Rotorwelle** (langsamlaufend), die die vom Rotor erzeugte Drehbewegung überträgt,
- dem **Getriebe**, das die Drehzahl von wenigen Umdrehungen pro Minute auf die für den Generator erforderlichen Drehzahlen übersetzt,

- dem **Generator**, der die mechanische Leistung in elektrische Energie umwandelt,
- Kupplungen, Lagern und Bremsanlagen zur Kraftübertragung und Sicherheit.

Bei modernen Anlagen gibt es zwei Hauptkonzepte:
- **Getriebeanlagen:** kompakte Bauweise mit Standardgeneratoren, weit verbreitet im Onshore-Bereich.
- **Direktantriebe:** ohne Getriebe, dafür mit großem, langsam laufendem Generator; reduziert Wartungsaufwand und mechanische Verluste, insbesondere bei Offshore-Anlagen beliebt.

Der Maschinenstrang ist auf Schwingungsarmut, Langlebigkeit und eine hohe Effizienz über einen weiten Betriebsbereich ausgelegt. Moderne Lager- und Dämpfungssysteme sorgen für geringe Vibrationen und schützen sowohl mechanische Bauteile als auch die Gondelstruktur.

17.7.2.3 Nabe

Die **Nabe** (vgl. mit ◘ Abb. 17.22) verbindet die Rotorblätter mit der Hauptwelle des Maschinenstrangs. Sie ist das zentrale Bauteil zur Kraftübertragung und zur Aufnahme aerodynamischer sowie mechanischer Lasten. Die Nabe erfüllt dabei mehrere Funktionen:
- **Mechanische Anbindung:** sichere Befestigung der Rotorblätter und Übertragung der Rotorkräfte.

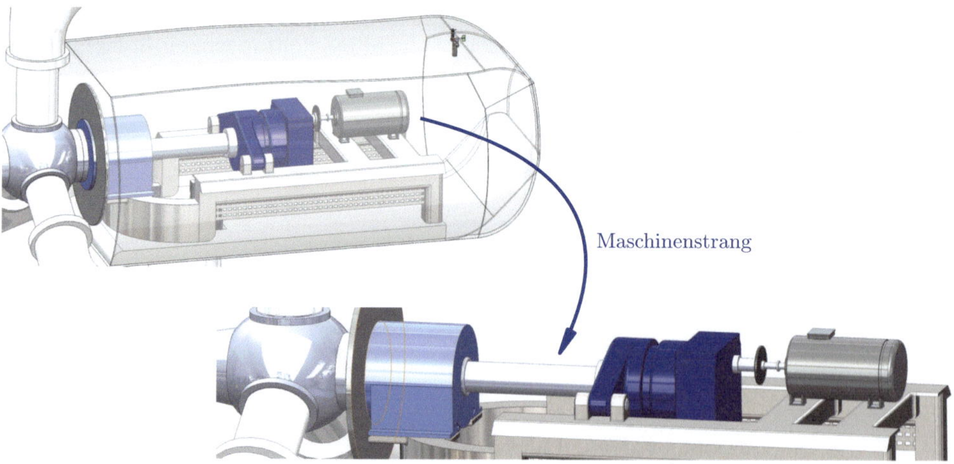

◘ **Abb. 17.21**   Maschinenstrang bei einem Windrad

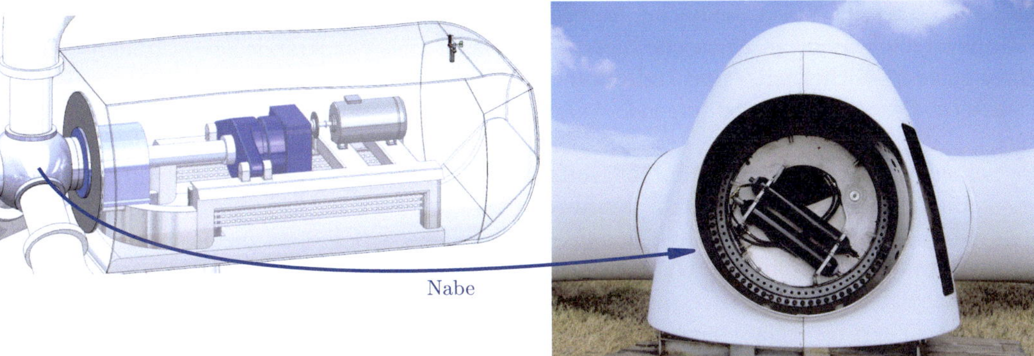

Abb. 17.22 Nabe bei einem Windrad, mit Teilen und Ergänzungen aus [62, 137]

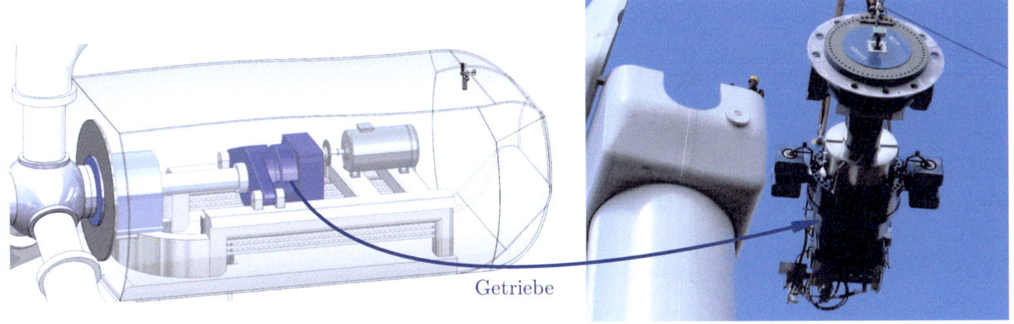

Abb. 17.23 Getriebe bei einem Windrad, mit Teilen und Ergänzungen aus [110, 137]

- **Pitch-Verstellung:** Aufnahme der Blattverstellungssysteme, mit denen Anstellwinkel und damit Auftrieb und Lasten gesteuert werden.
- **Lastaufnahme:** gleichmäßige Weiterleitung von Biege-, Torsions- und Schubkräften in den Triebstrang.

Konstruktiv unterscheidet man:

- **Starre Naben:** Blätter fest mit der Nabe verbunden, heute kaum noch gebräuchlich.
- **Verstellbare Naben (Pitch-System):** Standard in modernen Anlagen, erlaubt präzise Leistungs- und Lastregelung sowie Rotorstillstand im Notfall.

Aufgrund der hohen Beanspruchung besteht die Nabe meist aus robustem Stahlguss. Innenliegende Wartungsgänge ermöglichen den Zugang zu Pitch-Antrieben und Sensorik.

17.7.2.4 Getriebe

Das **Getriebe** (vgl. mit **Abb. 17.23**) einer Windkraftanlage dient zur Anpassung der niedrigen Drehzahl des Rotors (typisch 10–20 U/min) an die deutlich höheren Drehzahlen des Generators (im Bereich von mehreren hundert bis einigen tausend U/min). Damit bildet es eine zentrale Komponente des Maschinenstrangs.

- Übersetzung der **langsamlaufenden Rotorwelle** auf die **schnelllaufende Generatorwelle**.
- **Kraftübertragung** großer Drehmomente bei gleichzeitig kompakter Bauweise.
- **Dämpfung** von Lastspitzen und Unregelmäßigkeiten in der Rotordrehung.

17.7.2.5 Bremse

Die **Bremse** einer Windkraftanlage dient der sicheren Stillsetzung und Kontrolle des Rotors. Da die Rotorblätter durch aerodynamische Pitch-

Verstellung bereits eine wesentliche Abbremsung bewirken, wird die mechanische Bremse in erster Linie als **Sicherheits- und Haltebremse** eingesetzt. Die Bremse besitzt folgende Aufgaben:

- **Schnelles Anhalten** des Rotors im Notfall (z. B. Netzstörung, Überdrehzahl, Sturmbetrieb).
- **Fixierung** des Rotors für Wartungs- und Montagearbeiten.
- **Zusatzsicherung** zur aerodynamischen Bremse bei extremen Lastfällen.

Man unterscheidet folgende Bauarten:
- **Scheibenbremsen:** hydraulisch oder elektrisch betätigt, direkt auf der schnelllaufenden Welle montiert.
- **Trommel- oder Bandbremsen:** früher häufiger eingesetzt, heute weitgehend ersetzt.

Die Bremse ist als **Fail-Safe-System** ausgelegt: Sie legt sich bei Energie- oder Hydraulikdruckverlust automatisch an, um ein unkontrolliertes Weiterdrehen des Rotors zu verhindern.

17.7.2.6 Generator

Der **Generator** wandelt die mechanische Leistung des Rotors in elektrische Energie um. Dabei werden zwei Hauptkonzepte unterschieden:

Asynchrongeneratoren

- Lange Zeit Standard in getriebegekoppelten Windkraftanlagen.
- Robuste Bauweise, einfache Netzintegration in festen Drehzahlbereichen.
- Benötigen meist Blindleistungs-Kompensation und erzeugen höhere Verluste bei Teillast.

Synchrongeneratoren

- Häufig in modernen Anlagen mit **Umrichtern** eingesetzt.
- Ermöglichen **variable Drehzahlen** und damit bessere Energieausbeute und Netzstützung.
- Besonders in **Direktantriebskonzepten** verbreitet, häufig mit Permanentmagnet-Erregung.

17.7.2.7 Windrichtungsnachführung

Damit eine Windkraftanlage möglichst effizient arbeitet, muss der Rotor **ständig in Hauptwindrichtung** ausgerichtet werden. Diese Aufgabe übernimmt die **Windrichtungsnachführung** (engl. **Yaw-System**). Die Aufgaben dabei sind

- Sicherstellen, dass die Rotorfläche optimal im Wind steht und so maximale Energieausbeute erzielt wird.
- Verhindern von Queranströmung, die zu erhöhten Lasten auf Rotorblätter, Turm und Maschinenstrang führt.
- Ermöglichen des **Abdrehens aus der Windrichtung** bei extremen Bedingungen (Sturm, Notbetrieb).

Funktion:
- Ein **Windrichtungsgeber** (meist eine Windfahne oder Sensoren auf der Gondel) misst die aktuelle Windrichtung. (Vgl. mit ◨ Abb. 17.24)
- Das **Yaw-System** vergleicht diese mit der Stellung der Gondel.
- Elektromotoren oder hydraulische Antriebe drehen die Gondel über ein **großes Zahnkranzlager** am Turmkopf so lange, bis Rotorachse und Windrichtung übereinstimmen.

Es werden folgende Bauarten unterschieden:
- **Aktive Windnachführung:** Standard in modernen Anlagen; mehrere Elektromotoren mit Getrieben greifen in einen Zahnkranz ein und bewegen die Gondel.
- **Passive Windnachführung:** nur bei kleinen Anlagen verbreitet; die Gondel ist frei drehbar und richtet sich durch eine Windfahne selbstständig aus.

17.7.3 Elektrik und Einspeisung

Neben der mechanischen Energieumwandlung im Generator spielt die **elektrische Ausstattung** eine zentrale Rolle für den zuverlässigen und netzkonformen Betrieb einer Windkraftanlage. Sie umfasst alle Komponenten von der Stromerzeugung im Generator bis zur Einspeisung in das öffentliche Netz. Vgl. mit ◨ Abb. 17.25.

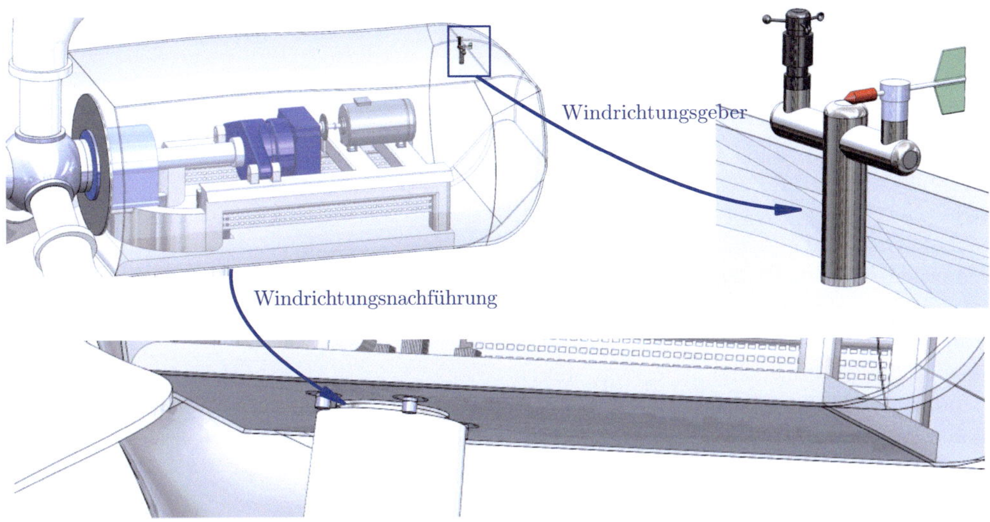

Abb. 17.24 Windrichtungsnachführung und Windrichtungsgeber bei einem Windrad

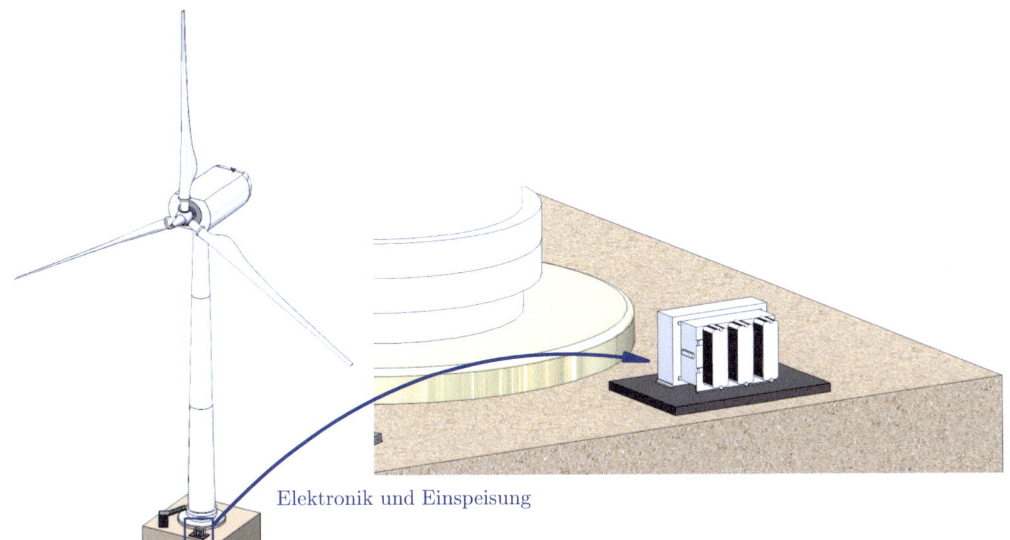

Abb. 17.25 Elektronik und Einspeisung bei einem Windrad

17.7.3.1 Hauptkomponenten:

- **Leistungselektronik:** Frequenz- und Spannungsanpassung über Umrichter; ermöglicht variable Drehzahlen und optimiert die Energieausbeute.
- **Transformator:** Spannungserhöhung von der Generatorspannung (typisch einige hundert Volt) auf Mittelspannungsebene (10–30 kV) für die Netzeinspeisung.
- **Schaltanlagen und Schutztechnik:** Schalter, Sicherungen, Überspannungsableiter sowie Fehlerstrom- und Erdungssysteme gewährleisten Betriebssicherheit.
- **Kabelsysteme:** flexible Leitungen im Turm zur Verbindung von Generator, Umrichter und Transformator.

17.7.3.2 Netzintegration

- Moderne Anlagen müssen **Netzrichtlinien (Grid Codes)** erfüllen, u. a. Spannungshaltung, Frequenzstabilität und Blindleistungsregelung.
- Bei Netzfehlern (z. B. Spannungseinbrüchen) wird ein *Fault Ride Through*-Betrieb gefordert, d. h. die Anlage muss kurzzeitig am Netz bleiben und zur Stabilisierung beitragen.
- Blindleistungskompensation erfolgt durch Umrichter oder durch zusätzliche Kondensatoren.

17.7.3.3 Betriebsführung

- Überwachung und Steuerung der elektrischen Systeme erfolgen kontinuierlich über das **SCADA-System** (Supervisory Control and Data Acquisition).
- Sensoren erfassen Ströme, Spannungen, Temperaturen und Isolationswiderstände zur Früherkennung von Störungen.
- Sicherheitsabschaltungen trennen die Anlage im Fehlerfall automatisch vom Netz.

17.7.3.4 Besonderheiten Offshore

- Offshore-Windparks werden häufig über **Hochspannungs-Gleichstrom-Übertragung (HGÜ)** an das Festland angebunden, um Leitungsverluste zu minimieren.
- Dafür sind **Umspannplattformen** notwendig, die mehrere Windkraftanlagen bündeln und die Spannung auf bis zu 300–500 kV erhöhen.

17.7.4 Turm

Der **Turm** trägt die Gondel mit dem Triebstrang und den Rotor. Er ist eine der zentralen Komponenten einer Windkraftanlage, da er sowohl die notwendige Höhe für die Energieausbeute bereitstellt als auch die gesamten statischen und dynamischen Lasten in das Fundament überträgt. Dabei wirken nicht nur das Eigengewicht der Anlage, sondern auch Windlasten, Schwingungen und im Offshore-Bereich zusätzlich Wellen- und Strömungskräfte.

Abb. 17.26 Windkraftanlage mit Stahlturm kurz vor dem Ersatz durch eine daneben errichtete Anlage mit Hybridturm [136, 137]

17.7.4.1 Stahltürme

Stahltürme sind die am weitesten verbreitete Bauart. Sie bestehen in der Regel aus leicht konischen Stahlrohren, die aus einzelnen Segmenten vorgefertigt und auf der Baustelle verschraubt werden. Vgl. mit **Abb.** 17.26.

17.7.4.2 Hybridtürme

Hybridtürme (vgl. mit **Abb.** 17.27) kombinieren die Vorteile von Stahl- und Betonkonstruktionen. Der untere Teil besteht aus einem massiven Betonsockel, während die oberen Abschnitte aus Stahlsegmenten gefertigt werden. Dadurch lassen sich große Nabenhöhen bei gleichzeitig akzeptablen Transport- und Materialkosten realisieren. Hybridtürme haben sich insbesondere bei sehr hohen Anlagen (> 150 m Nabenhöhe) durchgesetzt, da hier die Kostenvorteile und die Flexibilität im Transport entscheidend sind. Damit ergänzen sie die klassischen

▣ Abb. 17.27 Montage eines Hybridturms [109, 137]

▣ Abb. 17.28 Bewehrung des Fundamentes einer WEA bei Schonungen [61, 137]

Stahltürme, die weiterhin im mittleren Höhenbereich dominieren.

17.7.5 Fundament

Vgl. mit ▣ Abb. 17.28. Die Auslegung des Fundaments hängt wesentlich von den Standortbedingungen, insbesondere von der Tragfähigkeit und Beschaffenheit des Baugrunds, ab. Die Fundamentkosten können bis zu 20 % der Gesamtkosten einer Anlage betragen!

Man unterscheidet folgende Bauarten:

- **Flachfundament (Plattenfundament)**: Am häufigsten im Onshore-Bereich eingesetzt. Es besteht aus einer großen, kreisrunden oder polygonalen Stahlbetonplatte mit einem Durchmesser von 15 bis 30 m und einer Dicke von 1,5 bis 3 m. Die große Aufstandsflä-che verteilt die Lasten gleichmäßig auf den Untergrund.
- **Tiefgründung (Pfahlfundament)**: Wird angewendet, wenn der Baugrund nicht tragfähig genug ist. Mehrere Beton- oder Stahlpfähle leiten die Lasten in tiefere, tragfähige Bodenschichten ab. Diese Bauweise ist deutlich aufwendiger und kostenintensiver.
- **Sonderfundamente für Offshore-Anlagen**: Hier existieren verschiedene Bauformen:
    - **Monopile**: großer Stahlpfahl, mehrere Meter im Durchmesser, der in den Meeresboden eingerammt wird (häufigste Bauweise bis ca. 40 m Wassertiefe).
    - **Jacket-Konstruktion**: gitterartiger Stahlrahmen, der auf Pfählen fixiert wird; geeignet für größere Wassertiefen.
    - **Schwerkraftfundamente**: massive Betonblöcke, die durch ihr Eigengewicht auf dem Meeresboden stabil stehen.
    - **Schwimmende Fundamente**: für sehr tiefe Gewässer; die Anlage ist auf einem schwimmenden Träger installiert, der mit Ankern am Meeresboden befestigt ist.

17.8 Windgeschwindigkeiten und Betriebsverhalten von Windkraftanlagen

Windkraftanlagen werden durch ihre Steuerungselektronik bei geeigneten Windgeschwindigkeiten in Betrieb genommen und bei extrem hohen Windgeschwindigkeiten abgeschaltet. Die Windgeschwindigkeit kann entweder direkt über ein Anemometer gemessen oder indirekt aus Rotordrehzahl und Leistungsabgabe bestimmt werden.

17.8.1 Betriebsmodi bei unterschiedlichen Windgeschwindigkeiten

- **Anlaufwindgeschwindigkeit:** Typischerweise 3–4 m/s, ab dieser Geschwindigkeit liefert die Anlage erstmals nennenswerte Energie an das Stromnetz.
- **Leerlauf- oder Trudelzustand:** Bei unzureichendem Wind zur wirtschaftlichen Energieerzeugung werden Rotorblätter von

pitchgeregelten Anlagen in Segelstellung gedreht, während **stallgeregelte Anlagen** aus dem Wind gedreht werden. Der Rotor wird dabei nicht vollständig blockiert, um Lagerbelastungen zu vermeiden.

- **Normalbetrieb:** Die Anlage arbeitet innerhalb der konstruktiv vorgegebenen Drehzahl- und Leistungskennlinien.
- **Abschaltwindgeschwindigkeit:** Typischerweise 20–34 m/s. Moderne Anlagen reduzieren die Einspeisung schrittweise und drehen die Rotorblätter sukzessive aus dem Wind, um ein sanftes Abschalten zu gewährleisten.

17.8.2 Typische Windgeschwindigkeitsbereiche

Vgl. mit ▪ Tab. 17.1.

17.8.3 Betriebsstrategien und Sicherheitsmaßnahmen

Ältere drehzahlstarre Anlagen wurden bei Überschreitung der Abschaltwindgeschwindigkeit abrupt abgeschaltet, was die Netzstabilität belastete. Moderne Anlagen verfügen über Pitch- oder Stallregelungen, die ein kontrolliertes Absenken der Einspeisung ermöglichen. Zusätzlich sind manche Anlagen mit Sturmregelungen ausgestattet, die eine sofortige Abschaltung bei Windspitzen verhindern und nur bei extrem seltenen Windgeschwindigkeiten über 30–35 m/s eine Abschaltung auslösen.

Neben der Windgeschwindigkeit können folgende Faktoren eine Abschaltung erforderlich machen:

- Technische Defekte oder Fehlfunktionen
- Wartungs- oder Reparaturarbeiten
- Netzbedingte Einschränkungen, z. B. fehlende Aufnahmefähigkeit
- Umwelteinflüsse wie Schattenwurf oder Vereisung

Vgl. mit ▪ Abb. 17.29.

▪ **Tab. 17.1** Typische Windgeschwindigkeitsbereiche von Windkraftanlagen

Kenngröße	Windgeschwindigkeit [m/s]
Anlaufwindgeschwindigkeit	2,5–4,5
Auslegungswindgeschwindigkeit	6–10
Nennwindgeschwindigkeit	10–16
Abschaltwindgeschwindigkeit	20–34
Überlebenswindgeschwindigkeit	50–70

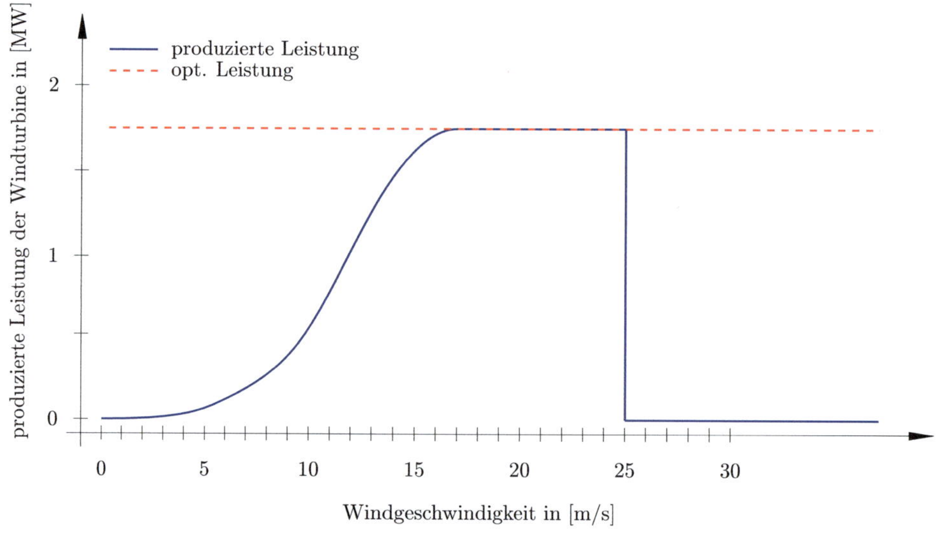

▪ **Abb. 17.29** Betriebsverhalten einer Windkraftanlage [137]

17.9　Übungen

Übungsbeispiel 17.1

Warum ist die Nutzung erneuerbarer Energien im 21. Jahrhundert besonders relevant?

Lösung

Aufgrund des Klimawandels, der steigenden Energienachfrage und der Ressourcenknappheit ist eine nachhaltige und zuverlässige Energieversorgung notwendig. Erneuerbare Energien bieten eine Möglichkeit, emissionsfreie Energie zu erzeugen.

Übungsbeispiel 17.2

Welche fossilen Energieträger dominieren den weltweiten Energiemix, und warum sind sie problematisch?

Lösung

Kohle, Erdöl und Erdgas dominieren den Energiemix. Ihre Verbrennung setzt große Mengen CO_2 frei, was entscheidend zum Treibhauseffekt und Klimawandel beiträgt.

Übungsbeispiel 17.3

Wie lange dauert es ungefähr, bis die durch Herstellung und Bau verursachten Emissionen einer Windkraftanlage durch ihren Betrieb ausgeglichen sind?

Lösung

Die Emissionen werden bereits nach wenigen Monaten Betriebszeit ausgeglichen.

Übungsbeispiel 17.4

Was beschreibt das „dänische Konzept" in der Windenergietechnik?

Lösung

Das dänische Konzept umfasst robuste, dreiblättrige Schnellläufer-Windanlagen mit wenigen Rotorblättern, die effizient Energie aus dem Wind nutzen.

Übungsbeispiel 17.5

Welche Entwicklungen kennzeichnen die modernen Windkraftanlagen seit den 1980er Jahren?

Lösung

Kontinuierlicher Zuwachs an Nabenhöhe, Rotordurchmesser und Nennleistung, variable Drehzahlregelung, verstellbare Rotorblätter und Offshore-Einsätze für höhere Effizienz und größere Stromerträge.

Übungsbeispiel 17.6

Nach Betz' Theorie, wie groß ist der maximale theoretische Leistungsbeiwert einer Windturbine?

Lösung

Der maximale Leistungsbeiwert beträgt $C_{P,\max} = 16/27 \approx 0{,}593$.

Übungsbeispiel 17.7

Faktoren reduzieren die theoretische Leistung einer Windturbine auf die tatsächlich nutzbare Leistung?

Lösung

Drallverluste im Nachlauf, mechanische Verluste im Rotor, aerodynamische Verluste sowie Verluste in Generator, Getriebe und Frequenzumrichter.

Übungsbeispiel 17.8

Wie wird der Schnelllaufcharakter eines Windrades beschrieben, und welchen Einfluss hat er auf die Anzahl der Rotorblätter?

Lösung

Der Schnelllauf wird durch die Schnelllaufzahl $\lambda = u_a/c_0$ beschrieben. Langsamläufer ($\lambda < 5$) benötigen viele Blätter, während Schnellläufer ($\lambda \geq 5$) mit wenigen Rotorblättern auskommen, was die Effizienz erhöht.

Übungsbeispiel 17.9

Welche Bauformen von Windturbinen unterscheiden sich nach Achsenausrichtung, Wirkprinzip und Einsatzzweck?

Lösung

Windenergieanlagen lassen sich nach Achsenausrichtung (horizontal oder vertikal), nach Wirkprinzip (Auftriebs- oder Widerstandsrotoren) und nach Einsatzzweck (historische, moderne Standard- oder Sonderbauformen) unterscheiden.

Übungsbeispiel 17.10

Welche Rotorachse hat ein Horizontalläufer (HAWT) und wie viele Flügeltypen gibt es?

Lösung

Die Rotorachse ist horizontal. Es gibt Zwei-, Drei- und Mehrflügler.

Übungsbeispiel 17.11

Nenne drei Typen von Vertikalläufern (VAWT) und ihre charakteristischen Merkmale.

Lösung

- Darrieus-Rotor: aerodynamisch, hohe Schnelllaufzahlen, schlechte Anlaufleistung.
- Savonius-Rotor: Widerstandsrotor, robust, gute Anlaufleistung, geringer Wirkungsgrad (15–20 %).
- H-Rotor: Variante des Darrieus mit geraden Flügeln, aerodynamische Vorteile, ebenfalls Anlaufprobleme.

Übungsbeispiel 17.12

Was unterscheidet Auftriebs- und Widerstandsrotoren in Bezug auf Wirkungsgrad?

Lösung

Auftriebsrotoren haben einen hohen Wirkungsgrad und große Schnelllaufzahlen, während Widerstandsrotoren robust, aber mit geringem Wirkungsgrad sind.

Übungsbeispiel 17.13

Welche Vor- und Nachteile hat der Einblattrotor?

Lösung

Vorteil: Materialsparend. Nachteil: schwingungsanfällig.

Übungsbeispiel 17.14

Warum wird zusätzlich zum Leistungsbeiwert C_P der Drehmomentbeiwert C_M betrachtet?

Lösung

C_M beschreibt das Verhältnis des wirksamen Drehmoments zu den aerodynamischen Bezugsgrößen und ist entscheidend für die mechanische Dimensionierung von Welle, Lager, Generator und Getriebe.

Übungsbeispiel 17.15

Wie lautet die Formel für das Drehmoment M eines Rotors?

Lösung

$$M = C_M \cdot \frac{\varrho}{2} \cdot c_0^2 \cdot A_1 \cdot R \qquad (17.65)$$

wobei ϱ die Luftdichte, c_0 die Windgeschwindigkeit, A_1 die Rotorfläche und R der Rotoraußenradius ist.

Übungsbeispiel 17.16

Was beschreibt die Schnelllaufzahl λ und wie hängt sie mit C_P und C_M zusammen?

Lösung

$\lambda = \frac{\omega R}{c_0}$ beschreibt das Verhältnis von Umfangsgeschwindigkeit der Blattspitze zur Windgeschwindigkeit. Es gilt $C_P = \lambda \cdot C_M$.

Übungsbeispiel 17.17

Welche Kräfte wirken an einem Schaufelprofil einer Windturbine?

Lösung

Auftrieb dF_A und Widerstand dF_W, berechnet mit den jeweiligen Beiwerten c_A und c_W.

Übungsbeispiel 17.18

Wie wird der Gleitbeiwert ε definiert?

Lösung

$$\varepsilon = \frac{c_W}{c_A} \qquad (17.66)$$

Er beschreibt die aerodynamische Qualität des Profils.

Übungsbeispiel 17.19

Welche Wirkung hat eine hohe Gleitzahl ε auf den Leistungsbeiwert $C_{P,\text{opt}}$?

Lösung

Eine hohe Gleitzahl reduziert den effektiven Leistungsbeiwert $C_{P,\text{opt}}$ deutlich.

Übungsbeispiel 17.20

Wie viele Schaufeln werden bei Langsamläufern und Schnellläufern typischerweise verwendet?

Lösung

Langsamläufer mit kleiner λ benötigen viele Schaufeln; Schnellläufer mit hoher λ verwenden wenige, besonders aerodynamische Profile.

Übungsbeispiel 17.21

Welche Effekte müssen bei der Profilwahl für Rotorblätter berücksichtigt werden?

Lösung

Reynolds-Zahl-Effekte, Transition von laminarer zu turbulenter Strömung, Stromlinienkrümmung und Druckgradienten.

Übungsbeispiel 17.22

Nennen Sie typische Geometrien für die Gestaltung von Blattspitzen.

Lösung

Standardblattspitze, gerade Hinterkante, Haifischflossenform, Ogival-Form, Endscheibe (Winglet-ähnlich).

Übungsbeispiel 17.23

Welche Faktoren beeinflussen die aerodynamische Leistungsfähigkeit einer Windenergieanlage entscheidend?

Lösung

Profilform des Rotorblatts, Gestaltung der Blattspitzen, Gleitzahl ε, Schnelllaufzahl λ, Anzahl der Schaufeln, Anströmwinkel β_1.

Übungsbeispiel 17.24

Wie viele Rotorblätter haben nahezu alle heute eingesetzten Windkraftanlagen und wie sind sie angeordnet?

Lösung

Nahezu alle modernen Windkraftanlagen besitzen drei Rotorblätter, die symmetrisch um eine horizontale Drehachse angeordnet sind.

Übungsbeispiel 17.25

Welche Funktion haben die Rotorblätter einer Windkraftanlage?

Lösung

Sie entziehen der Strömung kinetische Energie und übertragen sie über Nabe und Welle an den Generator.

Übungsbeispiel 17.26

Welche Maßnahmen werden an Rotorblättern zur aerodynamischen und akustischen Optimierung vorgenommen?

Lösung

Blattspitzenprofile werden aerodynamisch für maximalen Wirkungsgrad und akustisch optimiert, z. B. durch gezahnte Hinterkanten (trailing edge serrations), Vortexgeneratoren, Tuberkel-Strukturen oder Kämme an der Hinterkante.

Übungsbeispiel 17.27

Welche Materialien und Bauweisen werden für moderne Rotorblätter verwendet?

Lösung

Hauptsächlich glasfaserverstärkter Kunststoff (GFK) in Halbschalen-Sandwichbauweise; Holme und Stege zur Stabilisierung; bei langen oder Offshore-Blättern zunehmend kohlenstofffaserverstärkte Kunststoffe (CFK) und Endlosfasern (Rovings) oder Gelege zur Kraftübertragung.

Übungsbeispiel 17.28

Welche Rotorausrichtung ist bei modernen Windkraftanlagen üblich und warum?

Lösung

Horizontalachse (HAWT) mit Upwind-Konfiguration vor dem Turm, um Turbulenzen im Nachlauf zu vermeiden, Lärmemissionen zu reduzieren und den aerodynamischen Wirkungsgrad zu erhöhen.

Übungsbeispiel 17.29

In welche Drehrichtung drehen sich moderne Windkraftanlagen aus Sicht des anströmenden Winds?

Lösung

Im Uhrzeigersinn.

Übungsbeispiel 17.30

Warum werden Rotorblätter mit einer leichten Vorneigung und Sichelform gefertigt?

Lösung

Vorneigung sorgt für annähernd rechtwinklige Anströmung und verhindert Turmkollision.

Sichelform ermöglicht kontrolliertes Ausweichen der Blattspitzen bei Böen, reduziert Anströmwinkel und Belastung, spart Material und Gewicht.

Übungsbeispiel 17.31

Welche Strömungshilfen können zur Leistungs- und Geräuschoptimierung an Rotorblättern angebracht werden?

Lösung

Vortexgeneratoren, trailing edge serrations (Zackenbänder), Tuberkel-Strukturen und Kämme an der Hinterkante.

Übungsbeispiel 17.32

Welche Probleme entstehen durch Eisbildung auf Rotorblättern?

Lösung

Aerodynamische Verluste, Unwucht und mechanische Belastung, Sicherheitsrisiko durch herabfallendes Eis.

Übungsbeispiel 17.33

Wie verhindern moderne Windkraftanlagen kritische Eiszustände?

Lösung

Automatische Eiserkennungssysteme, Pitch-Anpassung, aktive Rotorblattenteisung durch elektrische Heizsysteme, Warmluft oder spezielle Beschichtungen.

Übungsbeispiel 17.34

Welche Elemente gehören zum Blitzschutzsystem einer Windkraftanlage?

Lösung

Fangeinrichtungen an Blattspitzen, Leitungen in Rotorblättern zur Gondel und Turm, Funkenstrecken/Schleifringe für Lager, Erdung über Fundament, Überspannungsableiter für elektrische Systeme.

Übungsbeispiel 17.35

Welche Komponenten befinden sich im Maschinenhaus (Gondel) einer Windkraftanlage?

Lösung

Triebstrang (Rotorwelle, Getriebe, Generator), elektrische Ausrüstung, Windrichtungsnachführung, Rotorkopflagerung, Hilfssysteme (Kühlung, Öl, Hydraulik), Sicherheitsanlagen (Brandmelder), Kransysteme.

Übungsbeispiel 17.36

Was sind die Unterschiede zwischen Getriebeanlagen und Direktantrieben?

Lösung

Getriebeanlagen: kompakt, Standardgenerator, verbreitet Onshore. Direktantriebe: kein Getriebe, großer langsamlaufender Generator, geringerer Wartungsaufwand, beliebt Offshore.

Übungsbeispiel 17.37

Welche Aufgaben erfüllt die Windrichtungsnachführung (Yaw-System)?

Lösung

Rotorfläche ständig optimal in Windrichtung ausrichten, Queranströmung verhindern, Rotor bei extremen Bedingungen abdrehen; wird über Windrichtungsgeber, Zahnkranzlager und Motoren/Antriebe realisiert.

Übungsbeispiel 17.38

Welche elektrischen Komponenten gehören zur Einspeisung einer Windkraftanlage?

Lösung

Leistungselektronik (Umrichter), Transformator, Schaltanlagen und Schutztechnik, Kabelsysteme.

Übungsbeispiel 17.39

Welche Turmtypen gibt es und welche Vorteile haben Hybridtürme?

Lösung

Stahltürme aus Segmenten, weit verbreitet. Hybridtürme: unterer Betonsockel, obere Stahlsegmente; ermöglichen große Nabenhöhen bei akzeptablen Transport- und Materialkosten.

Übungsbeispiel 17.40

Welche Fundamenttypen werden bei Onshore- und Offshore-Anlagen verwendet?

Lösung

Onshore: Flachfundament (Platte), Tiefgründung (Pfahlfundament).

Offshore: Monopile, Jacket-Konstruktion, Schwerkraftfundamente, schwimmende Fundamente.

Übungsbeispiel 17.41

Welche Windgeschwindigkeiten sind für Anlauf, Nennbetrieb und Abschaltung typisch?

Lösung

Anlauf: 2,5–4,5 m/s, Nenn: 10–16 m/s, Abschalt: 20–34 m/s, Überlebensgeschwindigkeit: 50–70 m/s.

17

Hyperschallströmungen

Inhaltsverzeichnis

Einleitung und Begriffsdefinition von Hyperschallströmungen

Inhaltsverzeichnis

© Der/die Autor(en), exklusiv lizenziert an Springer-Verlag GmbH, DE, ein Teil von Springer
Nature 2026
A. Huber, *Technische Mechanik 6 - Aeromechanik*,
https://doi.org/10.1007/978-3-662-72929-8_18

Sie lernen hier…

- Grundlagen der Hyperschallströmungen kennen.
- Strömung verdünnter Gase kennen.
- die Knudsenzahl einordnen, charakterisieren, berechnen und anwenden.
- Strömungen mit Verdünnungseffekten berechnen.
- die MEMS- und Nano-Technologie kennen.

> **Zitat**
>
> Du kannst die Wellen nicht aufhalten, aber du kannst lernen zu surfen.
> *Kabat Zinn*

Dieses Kapitel basiert auf dem Inhalt von [5].

Zunächst müssen einige Begriffe definiert werden, um im Anschluss die Thematik der Hyperschallströmungen behandeln zu können.

18.1 Hyperschall

> **Definition 18.1 (Hyperschallströmungen)**
>
> Von Hyperschall [5] spricht man, wenn die Strömungsgeschwindigkeit wesentlich größer als die Schallgeschwindigkeit ist. Formal kann man daher
>
> $$Ma^2 \gg 1 \qquad (18.1)$$
>
> festhalten.

> **Definition 18.2 (Hyperschall-Luftstr.)**
>
> Von Hyperschall-Luftströmungen [5] spricht man, wenn
>
> $$Ma_\infty^2 \gg 1 \qquad (18.2)$$
>
> gilt, wobei bei etwa stumpfen Körpern auch Unterschall- und Staugebiete auftreten können.

18.2 Strömungen verdünnter Gase und Knudsen-Zahl

18.2.1 Begriff und Grunddefinition [48]

Man spricht von Strömungen verdünnter Gase, wenn die mittlere freie Weglänge λ der Gasmoleküle vergleichbar wird mit einer charakteristischen Längenskala L des Strömungsfeldes. In diesem Fall lässt die Kontinuumsannahme (die zugrunde legt, dass Stoffgrößen wie Dichte, Temperatur und Geschwindigkeit differenzierbar Feldgrößen sind) deutlich nach, und das Gas zeigt merkliche molekulare Effekte. Das dimensionslose Verhältnis

$$Kn = \frac{\lambda}{L}. \qquad (18.3)$$

nennt man **Knudsen-Zahl** *Kn*. Die Knudsen-Zahl ist das Kenngrößenmaß zur Beurteilung, ob ein Gas als Kontinuum beschrieben werden kann oder ob kinetische Beschreibungen erforderlich sind.

18.2.2 Herleitung und Eigenschaften der mittleren freien Weglänge

Für ein ideales, verdünntes Gas aus härteren Kugeln (Hard-Sphere-Modell) lässt sich die mittlere freie Weglänge über die Teilchendichte n und den effektiven Molekülquerschnitt $\sigma = \pi d^2$ ausdrücken als

$$\lambda = \frac{1}{\sqrt{2}\,\pi d^2 n}, \qquad (18.4)$$

wobei d der effektive Moleküldurchmesser ist. Mit der Zustandsgleichung $p = n k_\mathrm{B} T$ (Druck p, Boltzmann'sche Konstante k_B, Temperatur T) folgt alternativ

$$\lambda = \frac{k_\mathrm{B} T}{\sqrt{2}\,\pi d^2 p}. \qquad (18.5)$$

Beispiel 18.1

Für Luft bei Normalbedingungen ($T \approx 300\,K$, $p \approx 1{,}013\,\mathrm{bar}$) und angenommener effektiver Moleküldurchmesser $d \approx 3{,}7 \cdot 10^{-10}$ m ergibt sich

$$\underline{\underline{\lambda}} \approx \frac{k_B \cdot 300}{\sqrt{2} \cdot \pi \cdot (3{,}7 \cdot 10^{-10})^2 \cdot 1{,}01325 \cdot 10^5}$$

$$\approx 6{,}7 \cdot 10^{-8} \text{ m} = \underline{67\,\mathrm{nm}}. \tag{18.6}$$

Setzt man diese mittlere freie Weglänge in (18.3) ein, so hängt der Wert der Knudsen-Zahl stark von der Wahl der charakteristischen Länge L ab (z. B. Rohrdurchmesser, Profillänge, Grenzschichtdicke oder Stoßfrontdicke). Für einige typische L-Werte folgen beispielhafte Knudsen-Zahlen:

$$L = 1m \quad \Longrightarrow \quad Kn \approx 6.7 \cdot 10^{-8}$$
$$\ldots \text{(starkes Kontinuum)} \tag{18.7}$$

$$L = 1e - 3m \quad \Longrightarrow \quad Kn \approx 6.7 \cdot 10^{-5}$$
$$\ldots \text{(Kontinuum)} \tag{18.8}$$

$$L = 1e - 6m \quad \Longrightarrow \quad Kn \approx 6.7 \cdot 10^{-2}$$
$$\ldots \text{(Gleit-/Übergangsbereich)}. \tag{18.9}$$

Aus (18.5) ist die prinzipielle Proportionalität $\lambda \propto T/p$ unmittelbar ersichtlich: bei sinkendem Druck bzw. steigender Temperatur vergrößert sich λ.

Siehe ▶ Beispiel 18.1.

18.2.3 Wahl der physikalischen Modelle

Die Knudsen-Zahl ermöglicht eine Faustregel für die Wahl des physikalischen Modells: vgl. mit ▫ Tab. 18.1.

Diese Grenzen geben eine Orientierung für die Modellwahl vor. Beispielsweise können an Grenzflächen (z. B. in sehr dünnen Grenzschichten oder in der Stoßfront eines starken Schocks) lokale **Effektiv-Knudsen-Zahlen** auftreten, die deutlich größer sind als die auf Basis der äußeren Geometrie berechnete globale Kn.

▫ **Tab. 18.1** Übliche Einteilung der Strömungsregime nach der Knudsen-Zahl (Näherungswerte).

Zustand	Bereich (approx.)	Geeignete Beschreibung
Kontinuum (no-slip)	$Kn \lesssim 10^{-3}$	Navier-Stokes mit no-slip
Gleitströmung (Slip)	$10^{-3} \lesssim Kn \lesssim 10^{-1}$	NS mit Gleit-/Temperatur-Jump-RB
Übergangsbereich	$10^{-1} \lesssim Kn \lesssim 10$	Kinetische Beschreibung (z. B. Boltzmann/DSMC)
Freimolekular (Knudsen)	$Kn \gtrsim 10$	Molekulare Strömung, einfache Stoßmodelle

18.2.4 Folgen für Randbedingungen, Kontinuumsannahme und erweiterte Modelle

18.2.4.1 Kontinuumsbruch und Randbedingungen

Im Slip-Zustand reicht die klassische No-Slip-Bedingung an festen Wänden nicht mehr aus. Ersteordnungs-Randbedingungen (Maxwell'scher Gleitstrom, Temperatur-Jump) führen eine Gleitgeschwindigkeit und einen Temperatursprung ein, die proportional zur mittleren freien Weglänge sind. Allgemein schreibt man für die **tangentiale Gleitgeschwindigkeit**

$$u_{\mathrm{slip}} = \ell_s \left. \frac{\partial u}{\partial n} \right|_w, \tag{18.10}$$

wobei ℓ_s eine dimensionsbehaftete Länge (zum Beispiel proportional zu λ und abhängig von der Molekül-Wand-Akkommodationskoeffizienten) ist. Analog existieren Temperatur-Jump-Bedingungen.

18.2.4.2 Erweiterungen der Kontinuumsbeschreibung

Aus der kinetischen Theorie ergibt die Chapman-Enskog-Expansion der Boltzmann-Gleichung bei erster Ordnung die Navier-Stokes-Gleichungen. Höhere Ordnungen führen zu Burnett- und Super-Burnett-Termen; diese sind formal korrekter, zeigen jedoch in vielen Fällen physikalisch nicht sinnvolle Instabilitäten und sind numerisch problematisch. Alternativ bieten sich Momentsysteme (z. B. Grad-13-Momentengleichungen) als Brücke zwischen kinetischen und hydrodynamischen Beschreibungen an, wenngleich auch hier Einschränkungen existieren.

18.2.5 Kinetische Beschreibung und numerische Verfahren

Im Übergangs- bis Freimolekularbereich ist die Lösung der Boltzmann-Gleichung oder stochastischer Partikelsimulationsverfahren erforderlich. Das gebräuchlichste (praktische) Verfahren für rechenintensive Probleme ist die **Direct Simulation Monte Carlo** (DSMC)-Methode, die molekulare Kollisionen statistisch nachbildet. Deterministische Boltzmann-Solver (z. B. diskrete Geschwindigkeitsmethoden) werden ebenfalls verwendet, sind aber meist auf kleine Probleme beschränkt.

18.2.6 Spezielle Phänomene

Ein klassisches Beispiel für nichtmonotone Effekte ist das sogenannte **Knudsen-Paradoxon** (Knudsen-Minimum), beobachtet etwa bei der Massenstromdichte durch enge Kanäle: Beim Übergang vom Kontinuum zum freien Molekularfluss zeigt die Durchsatzkennlinie ein lokales Minimum, was mit der veränderten Reibungsdissipation und dem partiellen Überspringen des Kollisionsmechanismus erklärt wird.

18.3 Zusammenhang zwischen *Kn*, *Ma* und *Re*

Wenn starke Gradienten von Strömungsgrößen (Geschwindigkeit, Temperatur oder Druck) auftreten, ist zu erwarten, dass die klassischen Kennzahlen der Strömungsmechanik, nämlich die Reynolds-Zahl *Re* und die Machzahl *Ma*,

mit der Knudsen-Zahl in einem direkten Zusammenhang stehen. Erstmals wurde dieser Zusammenhang von Theodore von Kármán (1923) hervorgehoben.

18.3.1 Definitionen der dimensionslosen Kennzahlen

Die klassischen Kennzahlen lauten

$$Re = \frac{\varrho U L}{\mu}, \tag{18.11}$$

$$Ma = \frac{U}{a} = \frac{U}{\sqrt{\kappa R T}} \tag{18.12}$$

wobei ϱ die Dichte, U eine charakteristische Strömungsgeschwindigkeit, L eine charakteristische Länge, μ die dynamische Viskosität, κ das Adiabatenexponent und $a = \sqrt{\gamma \cdot R \cdot T}$ die Schallgeschwindigkeit ist.

18.3.2 Molekulare Interpretation der Viskosität

Die **kinetische Gastheorie** beschreibt die innere Reibung eines Gases als molekularen Impulstransport quer zur Strömungsrichtung. Zur Verdeutlichung betrachtet man eine einfache Scherströmung $u(y)$, bei der nur die x-Geschwindigkeit von der y-Koordinate abhängt, während Dichte, Temperatur und Druck konstant bleiben.

Vgl. mit ◘ Abb. 18.1. Moleküle, die infolge ihrer thermischen Bewegung durch eine gedachte Fläche A normal zur y-Achse hindurchtreten, transportieren ihren Impuls abhängig von ihrer letzten Stoßposition. Moleküle, die von unten nach oben die Fläche durchqueren, haben ihren letzten Stoß typischerweise in einem Abstand $\frac{\lambda}{2}$ unterhalb der Fläche erfahren und tragen daher im Mittel einen Tangentialimpuls

$$I^{+} = m \left[u_A - \left(\frac{\partial u}{\partial y} \right)_A \frac{\lambda}{2} + \dots \right], \tag{18.13}$$

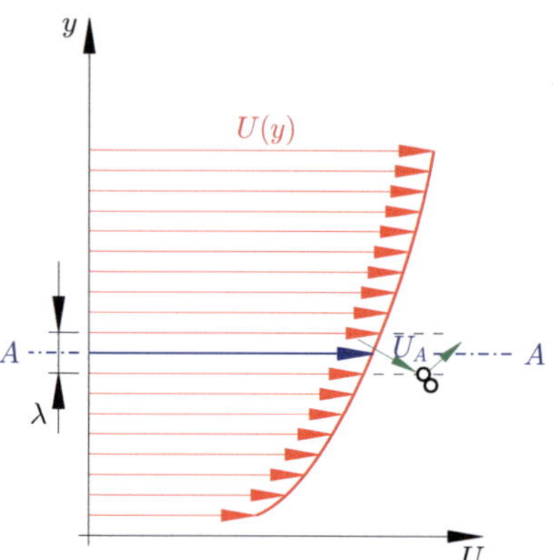

☐ **Abb. 18.1** Einfache Scherströmung zur Illustration des molekularen Impulsaustausches quer zur Strömungsrichtung, in Anl. an [48]

während Moleküle aus der Gegenrichtung

$$I^- = m\left[u_A + \left(\frac{\partial u}{\partial y}\right)_A \frac{\lambda}{2} + \dots\right] \qquad (18.14)$$

übertragen.

Die Differenz $I^- - I^+$ liefert den Impulsüberschuss, der mit der Zahl der Teilchen $n \cdot c$ multipliziert werden muss, die pro Sekunde und Flächeneinheit die Fläche durchqueren (mit c als mittlerer thermischer Geschwindigkeit)

$$\tau = n \cdot c \cdot (I^- - I^+) \propto \varrho c \cdot \lambda \cdot \left(\frac{\partial u}{\partial y}\right)_A. \qquad (18.15)$$

Makroskopisch wird die Schubspannung hingegen phänomenologisch durch das Newton'sche Reibungsgesetz beschrieben:

$$\tau = \mu \frac{\partial u}{\partial y}. \qquad (18.16)$$

Vergleich von (18.15) und (18.16) zeigt, dass die dynamische Viskosität im kinetischen Modell durch

$$\mu \sim \varrho \cdot c \cdot \lambda \qquad (18.17)$$

ausgedrückt werden

18.3.3 Herleitung des Zusammenhangs *Kn–Ma–Re*

Setzt man (18.17) in die Definition der Reynolds-Zahl (18.11) ein, so erhält man

$$Re \sim \frac{\varrho \cdot U \cdot L}{\varrho \cdot c \cdot \lambda} = \frac{U}{c} \cdot \frac{L}{\lambda}. \qquad (18.18)$$

Da die Knudsen-Zahl $Kn = \frac{\lambda}{L}$ gilt, folgt unmittelbar

$$Re \sim \frac{U}{c} \cdot \frac{1}{Kn}. \qquad (18.19)$$

Unter Berücksichtigung, dass die mittlere thermische Geschwindigkeit c von der Größenordnung der Schallgeschwindigkeit a ist ($c \sim a$), ergibt sich schließlich

$$Kn \approx \frac{Ma}{\alpha \cdot Re}, \qquad (18.20)$$

wobei α einen Proportionalitätsfaktor darstellt, der von Modellannahmen und Akkommodationskoeffizienten abhängt.

18.3.4 Linien konstanter Knudsen-Zahl

Gl. (18.20) beschreibt Linien konstanter Knudsen-Zahl im ($1/Ma/Re$)-Diagramm (☐ Abb. 18.2) als Hyperbeln. Jede Kurve repräsentiert damit einen bestimmten Verdünnungszustand.

- Bei hoher Reynolds-Zahl (stark viskose Flüssigkeiten oder große Längenskalen) ist Kn klein, die Kontinuumsannahme gültig.
- Bei kleiner Reynolds-Zahl oder großer Machzahl kann Kn beträchtlich werden, sodass Verdünnungseffekte unvermeidlich sind.
- Für Hyperschallströmungen (große Ma) treten selbst bei relativ kleinen Kn-Werten molekulare Effekte in Stoßfronten auf.

Vgl. mit ☐ Tab. 18.2.

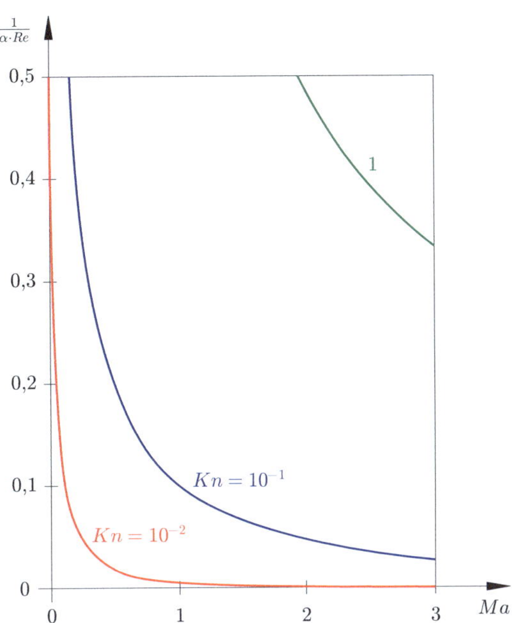

Abb. 18.2 Strömungsbereiche im Mach-Reynolds-Zahl-Diagramm, in Anl. an [48]

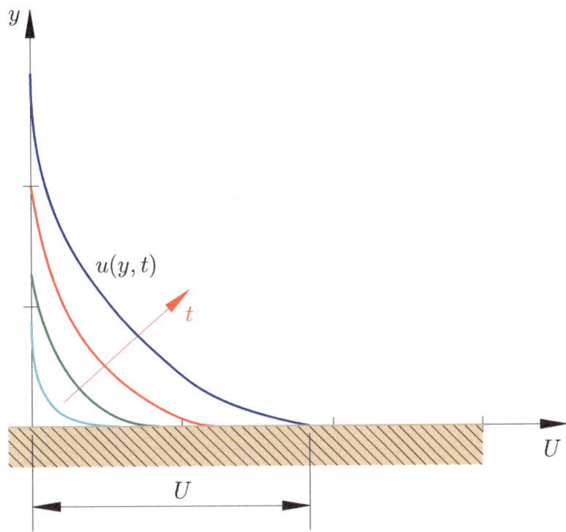

Abb. 18.3 Plötzlich bewegte, unendlich ausgedehnte Platte (Rayleigh-Problem), in Anl. an [48]

mung. In solchen Fällen können Verdünnungseffekte unter anderen Bedingungen als im stationären Fall auftreten. Vgl. mit **Abb. 18.3**.

Tab. 18.2 Einteilung der Strömungszustände nach dem Verhältnis Ma/Re

Zustand dt.	Zustand engl.	Kriterium
Kontinuums-strömung	Continuum flow	$\frac{Ma}{Re} < 0{,}01$
Gleitströmung	Slip flow	$0{,}01 < \frac{Ma}{Re} < 0{,}1$
Übergangs-strömung	Nearly free molecular flow	$0{,}1 < \frac{Ma}{Re} < 3$
Freie Molekül-strömung	Free molecular flow	$\frac{Ma}{Re} > 3$

18.4 Knudsenzahl bei instationären Strömungen (Anlaufströmungen)

Die zuvor dargestellten Zusammenhänge zwischen Mach- und Reynolds-Zahl gelten für stationäre, also zeitunabhängige Strömungen. In realen technischen Anwendungen treten instationäre Strömungen auf, bei denen die Strömungsgrößen zeitlich variieren. Ein klassisches Beispiel hierfür ist die sogenannte Anlaufströ-

Bemerkung 18.1 (Rayleigh'sche Problem)

Eine Veranschaulichung bietet das *Rayleigh'sche Problem*, der plötzlich in Bewegung gesetzten Platte. Dabei sei angenommen, dass sich zu allen Zeiten $t < 0$ eine unendlich ausgedehnte Platte am Ort $y = 0$ sowie ein Gas im oberen Halbraum ($y > 0$) in Ruhe befinden. Zum Zeitpunkt $t = 0$ werde die Platte schlagartig auf eine konstante Geschwindigkeit U gebracht, die sie fortan beibehält. Die an der Plattenoberfläche reflektierenden Moleküle übertragen die Information der Bewegung in das umgebende Gas, indem sie Impulse weitergeben. Es entwickelt sich somit ein zeit- und ortsabhängiges Geschwindigkeitsfeld $u(y, t)$, das für $t \to \infty$ gegen den stationären Grenzzustand konvergiert.

Die physikalische Interpretation dieses Vorgangs zeigt, dass die Strömung im Verlauf der Zeit sukzessive alle Strömungsbereiche durchläuft – von der freien Molekülströmung über das Übergangsregime bis hin zur klassischen Kontinuumsströmung. Verdünnungseffekte werden in diesem Zusammenhang durch das Verhältnis zweier charakteristischer Zeitmaße erfasst:

τ ... die mittlere Zeit zwischen zwei Molekülstößen,

t ... die seit Beginn der Plattenbewegung verstrichene Zeit.

Die instationäre Knudsenzahl ergibt sich somit zu

$$Kn = \frac{\tau}{t}. \tag{18.21}$$

Unter Berücksichtigung der mittleren freien Weglänge λ und einer charakteristischen Länge L gilt

$$Kn = \frac{\tau c}{L} = \frac{\lambda}{L}, \tag{18.22}$$

wobei c die mittlere thermische Geschwindigkeit der Moleküle bezeichnet.

Die verschiedenen Strömungszustände lassen sich damit wie folgt klassifizieren: vgl. mit ◘ Tab. 18.3.

Eine interessante Folgerung ergibt sich aus der Tatsache, dass $1/t$ auch als charakteristische Frequenz des Prozesses interpretiert werden kann. Damit treten Verdünnungseffekte nicht nur bei sehr dünnen Gasen, sondern auch bei hochfrequenten Vorgängen auf.

Praktisch bedeutsam ist dies beispielsweise in der Mikrosystemtechnik oder bei akustischen Hochfrequenzphänomenen, wo Zeitmaßstäbe im Nanosekunden- oder gar Pikosekundenbereich auftreten können. Bei gewöhnlichen Gasen unter Normalbedingungen (1 bar, 273 K) liegt die Zeitspanne, in der Knudsen-Effekte relevant sind, jedoch in der Größenordnung von 10^{-10} s, sodass sie in der klassischen Strömungsmechanik vernachlässigt werden können. Erst bei deutlich reduzierten Dichten, wie sie in Hochvakuumumgebungen oder in der Raumfahrttechnik auftreten, vergrößern sich die relevanten Zeitspannen so weit, dass Verdünnungseffekte makroskopische Bedeutung erlangen.

Auch im Falle instationärer Strömungen lässt sich die Knudsenzahl durch die Reynolds-Zahl und die Machzahl ausdrücken. Im Unterschied zum stationären Fall ist jedoch zu berücksichtigen, dass die charakteristische Länge L nicht fest vorgegeben ist, sondern mit der Zeit wächst. Für das Rayleigh'sche Problem der plötzlich in Gang gesetzten Platte bietet es sich an, die Verschiebung der Platte Ut als charakteristische Länge zu wählen.

Damit ergibt sich eine zeitabhängige Reynolds-Zahl zu

$$Re(t) = \frac{\varrho \cdot U \cdot (Ut)}{\mu} = \frac{\varrho \cdot U^2 \cdot t}{\mu}. \tag{18.23}$$

Die Reynolds-Zahl beginnt somit zum Zeitpunkt $t = 0$ mit verschwindend kleinen Werten und wächst proportional zur Zeit t.

Die Machzahl ist hingegen unabhängig von der Zeit und ergibt sich zu

$$Ma = \frac{U}{\sqrt{\kappa \cdot R \cdot T}}, \tag{18.24}$$

18

◘ **Tab. 18.3** Einteilung der Strömungszustände bei instationären Strömungen (mit BZ... Beobachtungszeit)

Zustand	Charakterisierung	Bedingung
Freie Molekülströmung	Stoßzeit deutlich größer als BZ	$Kn \gg 1 \iff \tau \gg t \iff \frac{\tau}{t} \gg \mathcal{O}(1)$
Übergangsströmung	Stoßzeit und BZ vergleichbar	$Kn = \mathcal{O}(1) \iff \tau = \mathcal{O}(t) \iff \frac{\tau}{t} = \mathcal{O}(1)$
Kontinuumsströmung	Stoßzeit deutlich kleiner als BZ	$Kn \ll 1 \iff \tau \ll t \iff \frac{\tau}{t} \ll \mathcal{O}(1)$

wobei R die spezifische Gaskonstante und T die Gastemperatur bezeichnet.

18.4.1 Molekulare Grundlagen

Um die Knudsenzahl in diesem Kontext herzuleiten, betrachten wir die kinetische Gastheorie. Es gilt

$$\lambda = c \cdot \tau, \tag{18.25}$$

wobei λ die mittlere freie Weglänge, τ die mittlere Zeitdauer zwischen zwei Molekülstößen und c die mittlere thermische Geschwindigkeit ist. Letztere ist proportional zur Schallgeschwindigkeit $a \sim \sqrt{RT}$, sodass $c \sim \sqrt{R \cdot T}$.

Die dynamische Viskosität μ kann ebenfalls durch kinetische Größen dargestellt werden:

$$\mu \sim \varrho \cdot c^2 \cdot \tau \sim \varrho\tau \cdot R \cdot T. \tag{18.26}$$

18.4.2 Instationäre Knudsenzahl

Die Knudsenzahl für instationäre Strömungen ergibt sich durch das Verhältnis der Stoßzeit τ zur Beobachtungszeit t

$$Kn = \frac{\tau}{t}. \tag{18.27}$$

Setzt man den Ausdruck für μ ein, so folgt

$$Kn \sim \frac{\mu}{\varrho \cdot R \cdot T} \cdot \frac{1}{t}. \tag{18.28}$$

Gleichzeitig ergibt sich durch die Definition von Reynolds-Zahl und Machzahl eine alternative Darstellung. Aus Gl. (18.23) und (18.24) folgt

$$\frac{Ma^2}{Re} \sim \frac{U^2}{R \cdot T} \frac{\mu}{\varrho \cdot U^2 \cdot t} = \frac{\mu}{\varrho \cdot R \cdot T} \cdot \frac{1}{t}. \tag{18.29}$$

Damit erhält man für instationäre Strömungen den Zusammenhang

$$Kn \sim \frac{Ma^2}{Re}. \tag{18.30}$$

Die Gl. (18.30) zeigt, dass die Knudsenzahl in instationären Vorgängen nicht nur durch Material- und Thermodynamikgrößen, sondern entscheidend durch die zeitabhängige Reynolds-Zahl beeinflusst wird. Während die Machzahl Ma konstant bleibt, wächst Re linear mit der Zeit t, sodass Kn mit zunehmender Zeit abnimmt.

Dies bedeutet, dass jede instationäre Strömung – wie im Rayleigh-Problem – zunächst von der freien Molekülströmung (hohe Kn-Werte) ausgeht und mit wachsender Zeit sukzessiv in die Übergangsströmung und schließlich in die Kontinuumsströmung übergeht.

Praktisch tritt dieser Effekt insbesondere in hochfrequenten Prozessen (z. B. in der Akustik oder in Mikroresonatoren) sowie in stark verdünnten Gasen (Vakuumtechnik, Weltraumumgebung) auf. Unter Normalbedingungen (1 bar, 273 K) bleiben die relevanten Zeitskalen mit $\mathcal{O}(10^{-10}\,\mathrm{s})$ jedoch so klein, dass die Verdünnungseffekte in den meisten technischen Anwendungen keine messbare Rolle spielen. Erst bei niedrigen Dichten verlängert sich die Stoßzeit τ so weit, dass Knudsen-Effekte makroskopisch relevant werden.

18.5 Strömungen mit Verdünnungseffekten

18.5.1 Das Rayleigh-Problem (1. Stokes'sches Problem)

In diesem Abschnitt soll gezeigt werden, dass das bereits skizzierte Rayleigh-Problem (Vgl. mit ◘ Abb. 18.3) für sehr kleine Zeiten $t = \mathcal{O}(\tau)$ nicht mehr durch die klassischen Kontinuumsgleichungen der Strömungsmechanik beschrieben werden kann. Der Grund hierfür ist, dass in diesem Zustand die Verdünnungseffekte des Gases dominant werden, sodass die Annahme eines Kontinuumsfeldes versagt. Es wird dieser Sachverhalt auf indirekte Weise gezeigt, indem eine Lösung der Navier-Stokes-Gleichungen für das Rayleigh-Problem hergeleitet und anschließend nachgewiesen wird, dass diese Lösung für $t \to 0$ unphysikalisch wird.

18.5.1.1 Herleitung aus den Navier-Stokes-Gleichungen

Für kleine Machzahlen $Ma \to 0$ reduziert sich das Strömungsproblem auf die inkompressiblen, instationären Navier-Stokes-Gleichungen. In kartesischen Koordinaten lauten diese (Vgl. mit [15]):

$$\frac{\partial u}{\partial x} + \frac{\partial v}{\partial y} = 0, \tag{18.31}$$

$$\frac{\partial u}{\partial t} + u\frac{\partial u}{\partial x} + v\frac{\partial u}{\partial y} = -\frac{1}{\varrho}\frac{\partial p}{\partial x} + \nu\left(\frac{\partial^2 u}{\partial x^2} + \frac{\partial^2 u}{\partial y^2}\right), \tag{18.32}$$

$$\frac{\partial v}{\partial t} + u\frac{\partial v}{\partial x} + v\frac{\partial v}{\partial y} = -\frac{1}{\varrho}\frac{\partial p}{\partial y} + \nu\left(\frac{\partial^2 v}{\partial x^2} + \frac{\partial^2 v}{\partial y^2}\right). \tag{18.33}$$

Da die Platte im Rayleigh-Problem unendlich ausgedehnt ist und kein Druckgradient in x-Richtung vorliegt, verschwinden alle Ableitungen in x-Richtung. Zudem folgt aus der Massenbilanz (18.31) für die undurchlässige Platte, dass die senkrechte Geschwindigkeit v im gesamten Feld verschwindet.

Damit reduziert sich die Impulsbilanz in y-Richtung (18.33) zu

$$\frac{\partial p}{\partial y} = 0, \tag{18.34}$$

und die x-Impulsbilanz (18.32) vereinfacht sich zu der eindimensionalen, linearen Gleichung

$$\frac{\partial u}{\partial t} = \nu \frac{\partial^2 u}{\partial y^2}, \tag{18.35}$$

die als **Rayleigh-Gleichung** bezeichnet wird.

18.5.1.2 Ähnlichkeitstransformation und Lösung

Zur Lösung von Gl. (18.35) führt man die dimensionslose Ähnlichkeitsvariable

$$s = \frac{y}{\sqrt{\nu t}} \tag{18.36}$$

ein, die den Einfluss von Zeit und Raum in einer einzigen Variable kombiniert.

Die entsprechenden Transformationen für die Ableitungen lauten

$$\frac{\partial}{\partial t} = -\frac{s}{2t}\frac{d}{ds}, \tag{18.37}$$

$$\frac{\partial^2}{\partial y^2} = \frac{1}{\nu t}\frac{d^2}{ds^2}. \tag{18.38}$$

Damit transformiert sich die Rayleigh-Gl. (18.35) in eine gewöhnliche Differentialgleichung. Mit den Randbedingungen

$$s \to \infty: \quad u = 0, \tag{18.39}$$

$$s = 0: \quad u = U, \tag{18.40}$$

ergibt sich die Lösung in geschlossener Form:

$$\frac{u(y,t)}{U} = 1 - \text{erf}\left(\frac{y}{2\sqrt{\nu t}}\right), \tag{18.41}$$

wobei die Fehlerfunktion erf() definiert ist als

$$\text{erf}(\chi) = \frac{2}{\sqrt{\pi}}\int_0^\chi e^{-t^2}\,dt. \tag{18.42}$$

Die Lösung (18.41) beschreibt ein zeitabhängiges Geschwindigkeitsprofil, das für $t \to \infty$ asymptotisch in einen stationären Zustand übergeht.

18.5.1.3 Grenze der Kontinuumsbeschreibung

Betrachtet man nun das Verhalten für $t \to 0$, so ergibt sich aus (18.41), dass die Geschwindigkeitsgradienten in Wandnähe gegen ∞ streben:

$$\left.\frac{\partial u}{\partial y}\right|_{y=0} \sim \frac{U}{\sqrt{\pi \nu t}} \quad \text{für } t \to 0. \tag{18.43}$$

Dies bedeutet, dass die Schubspannung an der Wand gemäß

$$\tau_w = \mu \left.\frac{\partial u}{\partial y}\right|_{y=0} \tag{18.44}$$

unbeschränkt anwächst. Physikalisch entspricht dies einer unendlichen Impulsübertragung von der Platte auf das Gas in der Anfangsphase, was in der Realität nicht auftreten kann.

18.5.1.4 Bedeutung der Knudsenzahl

Die Ursache für diese Unstetigkeit liegt darin, dass das Kontinuumsmodell die Molekülstruktur des Gases nicht berücksichtigt. Für sehr kleine Zeiten $t = \mathcal{O}(\tau)$ ist die Beobachtungszeit vergleichbar mit der Stoßzeit der Moleküle. In diesem Regime ist die Knudsenzahl definiert als

$$Kn = \frac{\tau}{t}. \qquad (18.45)$$

Für $t \ll \tau$ wird $Kn \gg 1$, was bedeutet, dass das Gas im Bereich der freien Molekülströmung liegt. Die Annahme eines kontinuierlichen Mediums, wie sie den Navier-Stokes-Gleichungen zugrunde liegt, ist in diesem Fall nicht mehr gerechtfertigt.

Das Rayleigh-Problem illustriert, dass jede instationäre Strömung zu Beginn durch alle Strömungsbereiche – von der freien Molekülströmung über das Übergangsgebiet bis hin zur Kontinuumsströmung – hindurchläuft. Während dieser Übergangsphase müssen zur korrekten Beschreibung Methoden der kinetischen Gastheorie, wie die Boltzmann-Gleichung oder DSMC-Simulationen, herangezogen werden.

18.5.2 Stationäre hypersonische Plattenumströmung

Im Rahmen von Raumflugmissionen, insbesondere bei Eintrittsmanövern in planetare Atmosphären (z. B. Mars oder Venus), spielen schlanke Körperformen eine zentrale Rolle für die thermische Belastung. Bei Hyperschallgeschwindigkeiten erreicht die Strömung hinter dem Stoß extrem hohe Temperaturen, sodass Strahlungswärmeübertragung in vielen Fällen einen bedeutenderen Beitrag liefert als die konvektive Wärmeübertragung. Da die abgestrahlte Leistung gemäß dem Stefan-Boltzmann-Gesetz mit der vierten Potenz der Temperatur skaliert, ist die Minimierung der Stoßtemperatur entscheidend. Schlanke Körperformen, wie z. B. eine ebene Platte mit scharfer Vorderkante, führen zu

schrägen Stößen mit kleinen Stoßwinkeln und somit zu niedrigeren Nachstoßtemperaturen.

Eine ebene Platte eignet sich daher besonders als Modellkörper. An ihr lassen sich alle Strömungszustände beobachten – von der freien Molekülströmung über das Übergangsgebiet bis hin zur klassischen Kontinuumsströmung. Dieses breite Spektrum macht sie zu einem Standardmodell für die theoretische wie experimentelle Analyse von Hyperschallströmungen.

Direkt an der Plattenvorderkante ($x/\lambda < 1$) herrscht freie Molekülströmung vor, bei der intermolekulare Stöße praktisch keine Rolle spielen. Erst stromab, ab einer Distanz von etwa 10λ, beginnt sich ein schräger Verdichtungsstoß auszubilden, der nach ungefähr 100λ die durch die Hugoniot-Relationen beschriebene Gleichgewichtskonfiguration erreicht. Dieser Befund gilt unabhängig von den spezifischen Anströmbedingungen. Mit zunehmender Distanz ($x/\lambda > 10^3$) wird der Stoß sehr dünn im Vergleich zu seinem Abstand von der Wand und kann mit den klassischen Gleichungen der Kontinuumsmechanik erfasst werden.

Obwohl Verdünnungseffekte insbesondere in der Nähe der Vorderkante auftreten, sind sie keineswegs auf Strömungen mit großen Knudsen-Zahlen beschränkt. Selbst in klassischen Kontinuumsströmungen können solche Effekte auftreten, allerdings sind sie dort geometrisch auf ein enges Gebiet im Bereich der Plattenvorderkante beschränkt und deshalb in praktischen Anwendungen häufig vernachlässigbar.

18.5.3 MEMS- und Nano-Technologie

Die Entwicklung von Mikro- und Nanotechnologien hat in den letzten Jahrzehnten eine Vielzahl neuartiger Anwendungen hervorgebracht, die von Sensorik und Aktorik bis hin zu biomedizinischen Systemen reichen. Insbesondere sogenannte **MEMS** (Micro-Electro-Mechanical Systems) bilden die technologische Grundlage für zahlreiche Bauelemente, die elektrische, mechanische und thermische Funktionen auf kleinstem Raum vereinen. Beispiele hierfür sind Beschleunigungssensoren, Mikrospiegel, Drucksensoren oder mikromechanische Pumpen. Im noch kleineren Maßstab eröffnet die Nanotechnologie zusätzliche Möglichkeiten, indem sie atomare und molekulare Prozesse gezielt kontrollierbar macht.

Im Bereich der MEMS- und Nanotechnologie gelten die klassischen Annahmen der Kontinuumsmechanik häufig nur eingeschränkt. Dies ist vor allem auf die im Vergleich zur Systemgröße große mittlere freie Weglänge λ der Moleküle zurückzuführen. In vielen Fällen liegt die Knudsenzahl $Kn = \lambda/L$ nicht mehr im Kontinuumsbereich ($Kn \ll 0{,}01$), sondern im Übergangs- oder sogar im freien Molekülregime. Dies hat weitreichende Konsequenzen:

- **Slip- und Jump-Bedingungen:** An Grenzflächen treten Gleitgeschwindigkeiten (**velocity slip**) sowie Temperatursprünge (**temperature jump**) auf, da die Annahme der klassischen No-Slip-Bedingung ihre Gültigkeit verliert.
- **Thermische Nichtgleichgewichte:** Aufgrund geringer Systemdimensionen treten starke lokale Temperaturgradienten auf, die nicht mehr mit Fourier'scher Wärmeleitung beschrieben werden können.
- **Selbstständige Gasantriebe:** In Mikrokanälen kann es durch Thermophorese oder Knudsen-Pump-Effekte zu gerichteten Gasströmungen ohne mechanische Pumpen kommen, was für miniaturisierte Fluidiksysteme nutzbar ist.

18.6 Übungen

Übungsbeispiel 18.1

Wann spricht man von Hyperschallströmungen?

Lösung

Wenn die Strömungsgeschwindigkeit wesentlich größer als die Schallgeschwindigkeit ist, formal $Ma^2 \gg 1$.

Übungsbeispiel 18.2

Wie lautet die Definition von Hyperschall-Luftströmungen?

Lösung

Bei Hyperschall-Luftströmungen gilt $Ma_\infty^2 \gg 1$, wobei auch Unterschall- und Staugebiete auftreten können.

Übungsbeispiel 18.3

Was beschreibt die Knudsen-Zahl?

Lösung

Sie ist das Verhältnis der mittleren freien Weglänge λ zur charakteristischen Länge L, also $Kn = \frac{\lambda}{L}$.

Übungsbeispiel 18.4

Wie berechnet man die mittlere freie Weglänge für ein ideales Gas im Hard-Sphere-Modell?

Lösung

$\lambda = \frac{1}{\sqrt{2}\,\pi d^2 n}$ mit Teilchendichte n und Moleküldurchmesser d.

Übungsbeispiel 18.5

Wie hängt die freie Weglänge λ von Temperatur und Druck ab?

Lösung

$\lambda \propto \frac{T}{p}$, d. h. sie wächst mit steigender Temperatur und sinkendem Druck.

Übungsbeispiel 18.6

Welche Strömungsregime werden anhand der Knudsen-Zahl unterschieden?

Lösung

Kontinuum ($Kn \lesssim 10^{-3}$), Gleitströmung ($10^{-3} \lesssim Kn \lesssim 10^{-1}$), Übergangsbereich ($10^{-1} \lesssim Kn \lesssim 10$), freimolekular ($Kn \gtrsim 10$).

Übungsbeispiel 18.7

Warum ist die klassische No-Slip-Bedingung bei höheren Knudsen-Zahlen nicht mehr gültig?

Lösung

Weil Moleküle an Wänden teilweise reflektiert werden, was zu Gleitgeschwindigkeiten (Slip) und Temperatur-Jumps führt.

Übungsbeispiel 18.8

Was beschreibt die Chapman-Enskog-Expansion?

Lösung

Sie leitet aus der Boltzmann-Gleichung die Navier-Stokes-Gleichungen her; höhere Ordnungen ergeben Burnett- und Super-Burnett-Termen.

Übungsbeispiel 18.9

Welches numerische Verfahren ist Standard für den Übergangs- bis Freimolekularbereich?

Lösung

Die Direct Simulation Monte Carlo (DSMC)-Methode.

Übungsbeispiel 18.10

Was ist das Knudsen-Paradoxon?

Lösung

Ein Minimum der Massenstromdichte beim Übergang vom Kontinuum zur freien Molekülströmung.

Übungsbeispiel 18.11

Wie lauten die Definitionen von Reynolds- und Machzahl?

Lösung

$Re = \frac{\varrho UL}{\mu}$ und $Ma = \frac{U}{a}$.

Übungsbeispiel 18.12

Wie hängt die Viskosität im kinetischen Modell von molekularen Größen ab?

Lösung

$\mu \sim \varrho\, c\, \lambda$, also proportional zur Dichte, thermischen Geschwindigkeit und freien Weglänge.

Übungsbeispiel 18.13

Welcher Zusammenhang gilt zwischen Kn, Ma und Re?

Lösung

$Kn \approx \frac{Ma}{\alpha \cdot Re}$, wobei α ein Modellparameter ist.

Übungsbeispiel 18.14

Wie lautet die Definition der instationären Knudsen-Zahl?

Lösung

$Kn = \frac{\tau}{t}$, also das Verhältnis der Stoßzeit zur Beobachtungszeit.

Übungsbeispiel 18.15

Was zeigt das Rayleigh'sche Problem für $t \to 0$?

Lösung

Die Schubspannung an der Wand wächst unendlich, was die Grenzen der Kontinuumsannahme verdeutlicht.

Übungsbeispiel 18.16

Warum ist eine ebene Platte ein Standardmodell für Hyperschalluntersuchungen?

Lösung

Weil an ihr alle Strömungszustände – von Molekülströmung bis Kontinuum – beobachtbar sind.

Übungsbeispiel 18.17

Was passiert bei der stationären Hyperschall-Plattenumströmung direkt an der Vorderkante?

Lösung

Dort herrscht freie Molekülströmung ($x/\lambda < 1$).

Übungsbeispiel 18.18

Ab welcher Distanz hinter der Vorderkante bildet sich ein Verdichtungsstoß aus?

Lösung

Etwa ab 10λ beginnt er, nach ca. 100λ erreicht er das Gleichgewicht.

Übungsbeispiel 18.19

Warum sind Verdünnungseffekte in MEMS relevant?

Lösung

Weil die Systemdimension L vergleichbar mit λ wird, sodass Kn in den Übergangs- oder Molekülbereich fällt.

Übungsbeispiel 18.20

Nennen Sie zwei typische Konsequenzen erhöhter Knudsen-Zahlen in MEMS.

Lösung

Auftreten von Slip- und Temperatur-Jump-Bedingungen sowie thermische Nichtgleichgewichte.

18

Kinetische Gastheorie

Inhaltsverzeichnis

© Der/die Autor(en), exklusiv lizenziert an Springer-Verlag GmbH, DE, ein Teil von Springer
Nature 2026
A. Huber, *Technische Mechanik 6 - Aeromechanik*,
https://doi.org/10.1007/978-3-662-72929-8_19

Sie lernen hier...

- Grundlagen und Begriffe der kinetischen Gastheorie kennen.
- das Boltzmann'sche Stoßintegral kennen.
- die Boltzmann'sche *H*-Funktion kennen.
- die Maxwell-Verteilung berechnen.
- das *H*-Theorem kennen.
- die freie Molekülströmung berechnen.
- die Maxwell'schen Transportgleichungen aufstellen.
- die BGK-Apporximation kennen.

> **Zitat**
>
> Das, wobei unsere Berechnungen versagen, nennen wir Zufall.
>
> *Albert Einstein*

19.1 Einführung, Annahmen und Grenzen

Die kinetische Gastheorie bildet die Grundlage zum Verständnis der mikroskopischen Mechanismen. Ihr zentraler Ansatz besteht darin, ein Gas als Ensemble von sehr vielen Teilchen (Atomen oder Molekülen) zu beschreiben, die sich in ständiger, ungeordneter Bewegung befinden und über elastische Stöße miteinander sowie mit den Begrenzungsflächen wechselwirken.

Die kinetische Gastheorie beruht auf den folgenden fundamentalen Hypothesen:

- Gase bestehen aus einer sehr großen Anzahl diskreter Teilchen mit vernachlässigbarem Eigenvolumen im Vergleich zum Gesamtvolumen.
- Zwischen den Teilchen wirken nur während Stößen Kräfte; außerhalb von Kollisionen bewegen sich die Teilchen geradlinig und gleichförmig.
- Die Kollisionen sind elastisch, d. h. Impuls und Energie bleiben erhalten.
- Der makroskopische Druck und die Temperatur lassen sich als Folgeerscheinungen der mikroskopischen Bewegung beschreiben.

Die klassische kinetische Gastheorie beschreibt ideale Gase mit hoher Genauigkeit, stößt jedoch bei hohen Dichten oder niedrigen Temperaturen an ihre Grenzen. Dort treten intermolekulare Kräfte, quantenmechanische Effekte oder chemische Reaktionen in den Vordergrund, die eine Erweiterung des Modells erfordern. Für diese Fälle kommen die Boltzmann-Gleichung und ihre Näherungen (BGK-Modell, Lattice-Boltzmann-Methoden) zur Anwendung.

19.2 Geschwindigkeitsverteilung der Moleküle und Momente der Verteilungsfunktion

Die Moleküle in einem Gas bewegen sich unterschiedlich schnell, und die Geschwindigkeit eines einzelnen Moleküls ändert sich mit der Zeit. Zur Beschreibung der Molekülbewegung verwendet man statistische Methoden, insbesondere **Geschwindigkeitsverteilungsfunktionen**.

Allgemein beschreibt eine **Verteilungsfunktion**, wie sich eine Größe über einen Raum oder ein Volumen verteilt. Analog zur Massendichte ϱ in einem nicht gleichförmigen Dichtefeld kann man die Verteilung der Moleküle im Gas betrachten:

- Ist das Gas in einem Behälter nicht gleichmäßig verteilt, definiert man eine örtliche Massendichte $\varrho(t, \boldsymbol{x}_i)$.
- Die Zahl der Moleküle pro Volumen am Ort $\boldsymbol{x}_i$ ist $n(t, \boldsymbol{x}_i)$.
- Die Zahl der Moleküle dN in einem infinitesimal kleinen Volumenelement dV_x ergibt sich zu

$$dN = n(t, \boldsymbol{x}_i) \cdot dV_x. \qquad (19.1)$$

- Die Gesamtzahl der Moleküle im Volumen V ist

$$N = \int_V n(t, \boldsymbol{x}_i) \cdot dV_x. \qquad (19.2)$$

Anschließend interessiert man sich **nicht mehr für die räumliche Verteilung**, sondern für die **Verteilung der Geschwindigkeiten** der Moleküle.

- Die **Eigengeschwindigkeit** c_i eines Moleküls ist die Geschwindigkeit relativ zur mittleren Strömungsgeschwindigkeit u_i:

$$c_i = \xi_i - u_i. \qquad (19.3)$$

■ Für den Spezialfall $u_i = 0$ gilt einfach $\xi_i = c_i$.

Die $n(t, \boldsymbol{x}_i)$ Moleküle in einer Volumeneinheit des Ortsraums können als Punkte im Geschwindigkeitsraum dargestellt werden. Sie bilden dort eine Punktwolke, der man eine lokale Punktdichte $f(\boldsymbol{\xi}_i, \boldsymbol{x}_i, t)$ (Punkte pro Volumen des Geschwindigkeitsraums) zuordnen kann, analog zur Teilchendichte $n(t, \boldsymbol{x}_i)$.

Die Zahl der Moleküle im Geschwindigkeitsraum-Element dV_ξ ist

$$f(\boldsymbol{\xi}_i, \boldsymbol{x}_i, t)\, dV_\xi, \tag{19.4}$$

wobei $dV_\xi = d\xi_1 d\xi_2 d\xi_3$. Diese Zahl entspricht der Anzahl der Moleküle pro Volumen des physikalischen Raumes, deren Geschwindigkeiten in diesem Bereich liegen. $f(\boldsymbol{\xi}_i, \boldsymbol{x}_i, t)$ nennt man die **Geschwindigkeitsverteilungsfunktion.**

Die Teilchendichte ergibt sich durch Integration über den Geschwindigkeitsraum:

$$n(t, \boldsymbol{x}_i) = \int f(\boldsymbol{\xi}_i, \boldsymbol{x}_i, t)\, dV_\xi, \tag{19.5}$$

wobei das Integral als dreifache Integration verstanden wird:

$$\int (\dots)\, dV_\xi = \int\limits_{-\infty}^{\infty} \int\limits_{-\infty}^{\infty} \int\limits_{-\infty}^{\infty} (\dots)\, d\xi_1 d\xi_2 d\xi_3. \tag{19.6}$$

Sei $\Phi(\boldsymbol{\xi}_i)$ eine Funktion der Molekülgeschwindigkeit (skalare, vektorielle oder tensorielle Eigenschaft). Dann ist der Mittelwert dieser Eigenschaft in der Volumeneinheit bei $\boldsymbol{x}_i$ zur Zeit t

$$n\overline{\Phi} = \int \Phi(\xi_i) f(\boldsymbol{\xi}_i, \boldsymbol{x}_i, t)\, dV_\xi. \tag{19.7}$$

Dabei ist $\overline{\Phi}$ ein Moment der Verteilungsfunktion $f(\boldsymbol{\xi}_i, \boldsymbol{x}_i, t)$.

Für spezifische Moleküleigenschaften folgt, durch Einsetzen folgender Werte für Φ, der Reihe nach,

$$\Phi = 1, \xi_i, mc_i c_j, \frac{m}{2}c^2, \frac{m}{2}c_i c^2. \tag{19.8}$$

1. **Teilchendichte:** $\phi = 1$

$$n = \int f\, dV_\xi \qquad n \cdot \overline{1} = \int 1 \cdot f\, dV_\xi. \tag{19.9}$$

2. **Mittlere Molekülgeschwindigkeit (Strömungsgeschwindigkeit):**

$$n\boldsymbol{u}_i = \int \boldsymbol{\xi}_i f\, dV_\xi = \overline{\xi_i} \int f\, dV_\xi, \tag{19.10}$$

Mit $\boldsymbol{c}_i = \boldsymbol{\xi}_i - \boldsymbol{u}_i$ gilt

$$\overline{c_i} = \frac{1}{n}\left(\underbrace{\int \xi_i f\, dV_\xi}_{nu_i} - u_i \underbrace{\int f\, dV_\xi}_{n} \right) = 0. \tag{19.11}$$

3. **Spannungstensor:** τ_{ij}

$$\tau_{ij} = m \int c_i c_j f\, dV_\xi = n m \overline{c_i c_j}$$

$$= \varrho \begin{pmatrix} \overline{c_1^2} & \overline{c_2 c_1} & \overline{c_3 c_1} \\ \overline{c_1 c_2} & \overline{c_2^2} & \overline{c_3 c_2} \\ \overline{c_1 c_3} & \overline{c_2 c_3} & \overline{c_3^2} \end{pmatrix}. \tag{19.12}$$

Für Indizes x, y, z gilt:

$$\tau_{ij} = \begin{pmatrix} \tau_{xx} & \tau_{yx} & \tau_{zx} \\ \tau_{xy} & \tau_{yy} & \tau_{zy} \\ \tau_{xz} & \tau_{yz} & \tau_{zz} \end{pmatrix}. \tag{19.13}$$

4. **Druck:**

$$p = \frac{1}{3}(\tau_{xx} + \tau_{yy} + \tau_{zz})$$
$$= \frac{1}{3}\varrho \overline{(c_x^2 + c_y^2 + c_z^2)}$$
$$= \frac{1}{3}\varrho c^2$$
$$= \frac{m}{3} \underbrace{\int c^2 f\, dV_\xi}_{n\overline{c^2}}. \tag{19.14}$$

5. **Temperatur:**

$$n\overline{\frac{m}{2}c^2} = n m \frac{3}{2} R T = \frac{3}{2} n k T$$
$$= \int \frac{m}{2} c^2 f\, dV_\xi. \tag{19.15}$$

mit

$$p = \varrho R T = n k T. \tag{19.16}$$

6. **Wärmestrom (Translationenergie-Strom in i-Richtung):**

$$q_i = n\frac{m}{2}\overline{c_i c^2} = \frac{\varrho}{2}\overline{c_i c^2}$$

$$= \frac{m}{2}\int c_i c^2 f\, dV_\xi. \tag{19.17}$$

Beweis Wärmestrom in y-Richtung: örtliche Maxwell-Verteilung

$$f = \frac{n(x_i,t)}{(2\pi RT(x_i,t))^{3/2}}$$

$$\cdot \exp\left[-\frac{(\xi_x-u)^2+(\xi_y-v)^2+(\xi_z-w)^2}{2RT(x_i,t)}\right] \tag{19.18}$$

Eingesetzt:

$$q_y = \int \frac{m}{2}c_y c^2 f\, dV_\xi$$

$$= \frac{m}{2}\left(\int c_y c_x^2 f\, dc_x dc_y dc_z\right.$$

$$+ \int c_y^3 f\, dc_x dc_y dc_z$$

$$+ \int c_y c_z^2 f\, dc_x dc_y dc_z\Big)$$

$$= \frac{m}{2}\left(\int_{-\infty}^{\infty}\int_{-\infty}^{\infty}\int_{-\infty}^{\infty} c_y c_x^2 \frac{n(x_i,t)}{(2\pi RT(x_i,t))^{3/2}}\right.$$

$$\cdot \exp\left\{-\frac{c_x^2+c_y^2+c_z^2}{2RT(x_i,t)}\right\} dc_x dc_y dc_z$$

$$+ \dots\Big)$$

$$= \frac{m}{2}\frac{n(x_i,t)}{(2\pi RT(x_i,t))^{3/2}}$$

$$\left(RT(\sqrt{2\pi RT})^2 \int_{-\infty}^{+\infty} c_y e^{-\frac{c_y^2}{2RT}}\, dc_y\right.$$

$$+ (\sqrt{2\pi RT})^2 \int_{-\infty}^{+\infty} c_y^3 e^{-\frac{c_y^2}{2RT}}\, dc_y$$

$$+ RT(\sqrt{2\pi RT})^2 \int_{-\infty}^{+\infty} c_y e^{-\frac{c_y^2}{2RT}}\, dc_y\right)$$

$$= 0 \tag{19.19}$$

$\square$

7. **Zahl der abhängigen Variablen (makroskopische Größen):**

$$\left.\begin{array}{ccc} n,\varrho & : & 1 \\ u_i & : & 3 \\ \tau_{ij} & : & 6 \\ q_i & : & 3 \end{array}\right\} = 13. \tag{19.20}$$

Für den Spannungstensor τ_{ij} benötigt man nur sechs Variablen, da er symmetrisch ist, $\tau_{ij} = \tau_{ji}$.

19.3 Bestimmungsgleichung für die Geschwindigkeitsfunktion einatomiger Gase – Die Boltzmann-Gleichung

19.3.1 Einführung

Bevor die eigentliche Gleichung festgelegt wird, müssen einige grundlegende Rahmenbedingungen beschrieben werden:

1. Die Moleküle verhalten sich wie punktförmige Teilchen ohne Eigenrotation oder Trägheitsmoment. Die Verteilungsfunktion f hängt daher ausschließlich von den Variablen c_i, x_i und der Zeit t ab.
2. Kollisionen finden ausschließlich zwischen jeweils zwei Teilchen statt. Der Teilchendurchmesser d ist so klein gegenüber der mittleren freien Weglänge λ, dass

$$d^3 \ll \frac{1}{n} \tag{19.21}$$

gilt. Das Eigenvolumen d^3 eines Moleküls bleibt somit im Vergleich zum tatsächlich verfügbaren Volumen vernachlässigbar, was auch für Gase mittlerer Dichte zutrifft. Selbst bei Drücken bis in die Größenordnung von etwa 10 bar können Wechselwirkungen als reine Zweierstöße behandelt werden.
3. Die Funktion f wird über Längen der Größenordnung d als praktisch unverändert betrachtet. Vorgänge im Umfeld von Objekten, die nur molekulare Dimension besitzen, lassen sich mit der Boltzmann-Gleichung nicht beschreiben. Für Körper, deren Ausdehnung in der Größenordnung von λ liegt,

bleibt sie jedoch anwendbar. Ebenso ist die Gleichung nicht für Zeitintervalle nutzbar, die der typischen Stoßdauer τ_c ($\sim 10^{-13}$ s) entsprechen.

4. Es wird statistische Unabhängigkeit der Teilchen vorausgesetzt: Die Wahrscheinlichkeit für eine bestimmte Geschwindigkeit eines Moleküls hängt nicht von der Geschwindigkeit eines anderen ab.

Zusätzlich wirkt auf die Moleküle ein äußeres Kraftfeld $m F_i$, das von Ort x_i und Zeit t abhängen kann, nicht jedoch von der Geschwindigkeit ξ_i. Der Sonderfall, in dem auch eine Abhängigkeit von ξ_i vorliegt, ist etwa für ionisierte Gase in elektromagnetischen Feldern relevant, wird hier aber nicht betrachtet. Befindet sich ein Teilchen zwischen den Zeitpunkten t und $t + dt$ in einem stoßfreien Zustand, so ändert sich seine Geschwindigkeit von ξ_i auf $\xi_i + F_i \, dt$, während sein Ortsvektor von x_i auf $x_i + \xi_i \, dt$ übergeht.

Betrachtet man ein Ortsvolumen $d V_x$ um den Punkt x_i zum Zeitpunkt t, so beschreibt $f(\xi_i, x_i, t) \, d V_\xi d V_x$ die Zahl der Moleküle, deren Geschwindigkeiten innerhalb des Phasenraumelements $d V_\xi$ um ξ_i liegen. Das Produkt $d V_\xi d V_x$ stellt also ein infinitesimales Gebiet des sechsdimensionalen Phasenraums dar.

Bleiben diese Teilchen während eines kleinen Zeitintervalls dt kollisionsfrei, so finden wir sie bei $t + dt$ am Ort $x_i + \xi_i dt$ mit einer Geschwindigkeit, die um $F_i dt$ von ξ_i abweicht. Ihre Dichte im Phasenraum lässt sich dann durch

$$f(\xi_i + F_i dt, \ x_i + \xi_i dt, \ t + dt) \, d V_\xi d V_x \tag{19.22}$$

beschreiben.

Weichen die beiden Ausdrücke voneinander ab, ist dies auf Stöße zurückzuführen. Der durch Stöße verursachte Zuwachs an Teilchen ist proportional zu $d V_\xi d V_x dt$ und wird als

$$\left(\frac{\partial f}{\partial t} \right)_{\text{Stoß}} d V_\xi d V_x dt \tag{19.23}$$

bezeichnet. Daher gilt

$$\begin{aligned} &\big[f(\xi_i + F_i dt, x_i + \xi_i dt, t + dt) \\ &\quad - f(\xi_i, x_i, t) \big] d V_\xi d V_x \\ &= \left(\frac{\partial f}{\partial t} \right)_{\text{Stoß}} d V_\xi d V_x dt. \end{aligned} \tag{19.24}$$

Teilt man durch $d V_\xi d V_x dt$, lässt $dt \to 0$ gehen und nutzt die Kettenregel, erhält man

$$\begin{aligned} \frac{df}{dt} &\equiv \frac{\partial f}{\partial t} + \sum_{i=1}^{3} \xi_i \frac{\partial f}{\partial x_i} + \sum_{i=1}^{3} F_i \frac{\partial f}{\partial \xi_i} \\ &= \left(\frac{\partial f}{\partial t} \right)_{\text{Stoß}}. \end{aligned} \tag{19.25}$$

Damit ergibt sich die Boltzmann-Gleichung als eine Kontinuitätsgleichung für die Verteilungsfunktion f.

19.3.2 Boltzmann-Gleichung

Wie später gezeigt wird, lässt sich der Stoßterm $(\partial f / \partial t)_{\text{Stoß}}$ durch ein Integral ausdrücken, das selbst wieder die Verteilungsfunktion f enthält. Damit nimmt die Boltzmann-Gleichung die Gestalt einer Integro-Differentialgleichung an.

Die Zahl der Teilchen mit Geschwindigkeit ξ_i in einem Phasenraumvolumen $d V_\xi d V_x$ ändert sich im Laufe der Zeit sowohl durch den Transport von Molekülen über die Grenzen von $d V_x$ und $d V_\xi$ als auch durch intermolekulare Kollisionen im Gebiet $d V_x$ (Quellterm). Teilchen verlassen den Ortsraum x_i aufgrund ihrer Geschwindigkeit ξ_i und den Geschwindigkeitsraum infolge der durch äußere Kräfte bewirkten Beschleunigung F_i.

Diese beiden Effekte erscheinen in den zweiten und dritten Termen der linken Seite der Gleichung.

Mathematisch entspricht die linke Seite der Boltzmann-Gleichung der totalen Ableitung von f entlang der Bahn im siebendimensionalen Phasenraum (t, x_i, ξ_i). Sie beschreibt also die Änderung von f entlang derjenigen Trajektorie, die das System in diesem Raum tatsächlich durchläuft.

19.4 Boltzmann'sches Stoßintegral

Das Boltzmann'sche Stoßintegral beschreibt den Einfluss binärer Kollisionen auf die Verteilungsfunktion $f(x, \xi, t)$ eines verdünnten Gases. Es liefert den Quellterm der Boltzmann-Gleichung und quantifiziert den Zuwachs bzw. Verlust von Molekülen in einem Element des sechsdimensionalen Phasenraums $(\boldsymbol{x}, \boldsymbol{\xi})$.

19.4.1 Herleitung über Stoßstatistik

Betrachtet man ein Flächenelement $b\,db\,d\varepsilon$ in der sogenannten P-Ebene, so durchqueren während des Zeitintervalls dt alle Moleküle der Sorte $\boldsymbol{\xi}_1$ dieses Flächenelement mit einer Rate

$$dV_{\xi_1}\, f(t, \boldsymbol{x}, \boldsymbol{\xi}_1)\, g\,(b\,db\,d\varepsilon)\,dt, \qquad (19.26)$$

wobei g die relative Geschwindigkeit der kollidierenden Teilchen bezeichnet.

Um die Gesamtzahl der Stöße eines Moleküls mit Geschwindigkeit $\boldsymbol{\xi}$ zu erfassen, integriert man über alle Stoßparameter (b, ε) sowie über alle Partnergeschwindigkeiten $\boldsymbol{\xi}_1$:

$$dt \int_0^{2\pi} d\varepsilon \int_0^\infty b\,db \int_{\mathbb{R}^3} f_1\, g\, dV_{\xi_1}. \qquad (19.27)$$

Da sich im Volumenelement $dV_\xi dV_x$ gleichzeitig Auftreffmoleküle der Geschwindigkeit $\boldsymbol{\xi}$ befinden, ergibt sich für die Gesamtzahl der Stöße, bei denen aus $\boldsymbol{\xi}$ die Geschwindigkeit $\boldsymbol{\xi}'$ entsteht:

$$dt\, dV_x\, dV_\xi\, f \int_0^{2\pi} d\varepsilon \int_0^\infty b\,db \int_{\mathbb{R}^3} f_1\, g\, dV_{\xi_1}. \qquad (19.28)$$

19.4.2 Gewonnene und verlorene Moleküle

Neben Molekülen, die durch Stöße **verloren gehen**, gibt es Moleküle, die durch **inverse Stöße** in den Geschwindigkeitsbereich $\boldsymbol{\xi}$ **hineingelangen**.

Für diese muss über die Ausgangsgeschwindigkeiten $\boldsymbol{\xi}'$ und $\boldsymbol{\xi}'_1$ integriert werden. Aufgrund der Kugelsymmetrie des Kraftfeldes gilt

$$g = g', \qquad b = b', \qquad \varepsilon = \varepsilon'. \qquad (19.29)$$

Die Transformation vom Raum $(\boldsymbol{\xi}, \boldsymbol{\xi}_1)$ in den Raum $(\boldsymbol{\xi}', \boldsymbol{\xi}'_1)$ hat bei elastischen Stößen die Jacobi'sche Determinante

$$J = \frac{\partial(\boldsymbol{\xi}', \boldsymbol{\xi}'_1)}{\partial(\boldsymbol{\xi}, \boldsymbol{\xi}_1)} = 1, \qquad (19.30)$$

so dass das Maß $dV_\xi\, dV_{\xi_1}$ erhalten bleibt.

19.4.3 Endform des Stoßintegrals

Die zeitliche Änderungsrate der Zahl der Moleküle mit Geschwindigkeit $\boldsymbol{\xi}$ pro Volumeneinheit des Phasenraums ergibt sich aus dem Gewinn durch inverse und dem Verlust durch direkte Stöße:

$$\left(\frac{\partial f}{\partial t}\right)_{\text{Stoß}}$$
$$= \int_{\mathbb{R}^3} \int_0^\infty \int_0^{2\pi} \left[f' f'_1 - f f_1\right] g\, b\, db\, d\varepsilon\, dV_{\xi_1}. \qquad (19.31)$$

Hier bezeichnen $f' = f(\boldsymbol{x}, \boldsymbol{\xi}', t)$ und $f'_1 = f(\boldsymbol{x}, \boldsymbol{\xi}'_1, t)$ die Verteilungsfunktionen nach dem Stoß.

19.4.4 Boltzmann-Gleichung in voller Gestalt

Setzt man diesen Stoßterm in die Kontinuitätsgleichung für f ein, ergibt sich die klassische Boltzmann-Gleichung:

$$\frac{\partial f}{\partial t} + \sum_{i=1}^3 \xi_i \frac{\partial f}{\partial x_i} + \sum_{i=1}^3 F_i \frac{\partial f}{\partial \xi_i}$$
$$= \int_{\mathbb{R}^3} \int_0^\infty \int_0^{2\pi} \left[f' f'_1 - f f_1\right] g\, b\, db\, d\varepsilon\, dV_{\xi_1}. \qquad (19.32)$$

Diese Form zeigt explizit, dass die zeitliche Änderung der Verteilungsfunktion aus drei Anteilen besteht: Transport im Ortsraum, Transport im Geschwindigkeitsraum (durch äußere Kräfte) und den Beitrag der Zweierkollisionen, der als Boltzmann'sches Stoßintegral auf der rechten Seite erscheint.

19.5 Boltzmann'sche *H*-Funktion und Gleichgewichtsverteilung [48]

19.5.1 Definition der *H*-Funktion

Im Rahmen der kinetischen Gastheorie führt Boltzmann die sogenannte **H-Funktion** ein, um die zeitliche Entwicklung der Verteilungsfunktion $f(\boldsymbol{x}, \boldsymbol{\xi}, t)$ zu charakterisieren.

Sie ist gegeben durch

$$H(t) = \iint_{\mathbb{R}^3\,\mathbb{R}^3} f(\boldsymbol{x}, \boldsymbol{\xi}, t) \ln f(\boldsymbol{x}, \boldsymbol{\xi}, t)\, d^3\xi\, d^3x \tag{19.33}$$

Die Entropie S eines abgeschlossenen Systems ist (bis auf eine Vorzeichen- und Faktorwahl) proportional zu H.

19.5.2 *H*-Theorem

> **Theorem 19.1 (*H*-Theorem)**
>
> Aus der Boltzmann-Gleichung mit dem Stoßintegral folgt das **H-Theorem**. Es besagt, dass
>
> $$\frac{dH}{dt} \leq 0 \tag{19.34}$$
>
> wobei die Gleichheit nur im Gleichgewichtszustand gilt.

Kollisionen führen dazu, dass H monoton abnimmt, während die Entropie $S \propto -H$ zunimmt. Dies ist eine mikroskopische Formulierung des zweiten Hauptsatzes der Thermodynamik.

19.5.3 Charakteristik des Gleichgewichts

Der stationäre Zustand wird durch die Bedingung

$$\left(\frac{\partial f}{\partial t}\right)_{\text{Stoss}} = 0 \tag{19.35}$$

bestimmt.

Aus dem Stoßintegral folgt, dass diese Bedingung nur erfüllt ist, wenn f eine spezielle exponentielle Form besitzt, die **lokale Maxwell-Verteilung**

$$f_{\text{eq}}(\boldsymbol{x}, \boldsymbol{\xi}) = n(\boldsymbol{x}) \left(\frac{m}{2\pi k_B T(\boldsymbol{x})}\right)^{3/2}$$
$$\cdot \exp\left[-\frac{m|\boldsymbol{\xi} - \boldsymbol{u}(\boldsymbol{x})|^2}{2k_B T(\boldsymbol{x})}\right]. \tag{19.36}$$

Hierbei sind

$n(\boldsymbol{x}) \ldots$ die Teilchendichte,

$T(\boldsymbol{x}) \ldots$ die Temperatur,

$\boldsymbol{u}(\boldsymbol{x}) \ldots$ die makroskopische Strömungsgeschwindigkeit,

$m \ldots$ die Teilchenmasse und

$k_B \ldots$ die Boltzmann-Konstante.

> **Corollary 19.1**
>
> Die Maxwell-Verteilung beschreibt das thermodynamische Gleichgewicht eines idealen Gases. Sie liefert die bekannte Gauß'sche Verteilung der Geschwindigkeitskomponenten sowie die charakteristische Verteilung der Teilchengeschwindigkeiten nach dem Energiesatz.
>
> Damit verknüpft das H-Theorem die mikroskopische Stoßdynamik mit der makroskopischen Entropieproduktion und erklärt, warum sich isolierte Gassysteme spontan in Richtung dieser Gleichgewichtsverteilung entwickeln.

19.5.4　Beweis des *H*-Theorems

Beweis　Gl. (19.33) kann auch in folgender Form geschrieben werden

$$H \equiv \int f \ln f \, dV_\xi = H(x_i, t), \qquad (19.37)$$

wobei das Integral über alle möglichen Geschwindigkeiten ξ genommen wird.

Für ein räumlich homogenes Gas hängt die Verteilungsfunktion $f(t, \underline{\xi})$ nicht vom Ort $\underline{x}$ ab, sodass H nur eine Funktion der Zeit ist.

Gem. der Aussage des *H*-Theorems muss die zeitliche Ableitung gebildet werden. Es folgt

$$\frac{\partial H}{\partial t} = \int \frac{\partial}{\partial t}(f \ln f) \, dV_\xi$$

$$= \int (1 + \ln f) \frac{\partial f}{\partial t} \, dV_\xi. \qquad (19.38)$$

Im Folgenden wird die Boltzmann-Gleichung vom äußeren Kraftfeld entkoppelt. Die äußeren Kräfte lauten damit $m\underline{F}_i = 0$ und dadurch die Boltzmann-Gleichung

$$\frac{\partial f}{\partial t} = \int (f' f_1' - f f_1) \, g b \, db \, d\epsilon \, dV_{\xi_1}, \qquad (19.39)$$

wobei

$f', f_1' \dots$　die Verteilungen nach dem Stoß,

$f, f_1 \dots$　die Verteilungen vor dem Stoß,

$g \dots$　die Relativgeschwindigkeit,

$b \dots$　der Stoßparameter,

$\epsilon \dots$　der Winkel

sind.

Setzt man (19.39) in (19.38) ein, ergibt sich

$$\frac{\partial H}{\partial t} = \iint (1 + \ln f)(f' f_1' - f f_1) \, g b$$

$$db \, d\epsilon \, dV_{\xi_1} \, dV_\xi. \qquad (19.40)$$

Durch geeignete Umformungen (ohne näher auf diese einzugehen) erhält man schließlich

$$\frac{\partial H}{\partial t} = \frac{1}{4} \iint \ln\left(\frac{f f_1}{f' f_1'}\right)(f' f_1' - f f_1) \, g b$$

$$db \, d\epsilon \, dV_{\xi_1} \, dV_\xi. \qquad (19.41)$$

Zu Beachten ist, dass man sich um die Vorzeichen Gedanken machen muss. Es gilt

- Falls $f' f_1' > f f_1$, dann gilt

$$\ln \frac{f f_1}{f' f_1'} < 0, \qquad (19.42)$$

sodass der Logarithmus und die Klammer entgegengesetzte Vorzeichen haben.

- Falls $f' f_1' < f f_1$, dann gilt

$$\ln \frac{f f_1}{f' f_1'} > 0, \qquad (19.43)$$

ebenfalls entgegengesetzte Vorzeichen.

Daraus folgt insgesamt

$$\frac{\partial H}{\partial t} \leq 0. \qquad (19.44)$$

Dies ist die Aussage des **Boltzmann'schen *H*-Theorems**: H kann niemals wachsen, sondern höchstens abnehmen.　□

19.5.5　Maxwell-Verteilung

Für die genauere Betrachtung der Maxwell-Verteilung wird zunächst der Grenzwert von H bestimmt. Da die Moleküle eine endliche Gesamtenergie besitzen, strebt H einem Grenzwert zu. Dieser ist erreicht, wenn gilt

$$f' f_1' = f f_1, \qquad (19.45)$$

was äquivalent ist zu

$$\ln f' + \ln f_1' = \ln f + \ln f_1. \qquad (19.46)$$

Somit muss $\ln f$ eine additive Stoßinvariante sein.

Aus der Mechanik ist bekannt, besser der Kontinuumsmechanik, dass die additiven Invarianten

$$1, \quad m\underline{\xi}, \quad \frac{m}{2}\xi^2 \qquad (19.47)$$

sind. Daher kann man schreiben

$$\ln f = am + b_i m \xi_i + d \frac{m}{2} \xi^2, \qquad (19.48)$$

wobei a, b_i, d voneinander verschiedene Größen sind (im inhomogenen Fall Funktionen von Ort und Zeit).

Explizit ergibt sich

$$\ln f = am + m(b_1\xi_1 + b_2\xi_2 + b_3\xi_3)$$
$$+ \frac{m}{2}d(\xi_1^2 + \xi_2^2 + \xi_3^2),$$
$$= \ln a^* - \frac{1}{2}d^*m\big[(\xi_1 - b_1/d^*)^2$$
$$+ (\xi_2 - b_2/d^*)^2 + (\xi_3 - b_3/d^*)^2\big].$$

$$(19.49)$$

Damit schließlich

$$f = a^* \exp\left\{-\frac{1}{2}md^*(\xi_i - b_i/d^*)^2\right\}.$$

$$(19.50)$$

Die Größen a^*, b_i und d^* müssen noch bestimmt werden. Das geschieht mithilfe der Definitionsgleichungen für die **Dichte**, die **Strömungsgeschwindigkeit** und die **Temperatur**.

19.5.5.1 Teilchendichte

Die Teilchendichte n ergibt sich aus

$$n = \int f \, dV_\xi$$
$$= a^* \int_{-\infty}^{\infty} \exp\left\{-\frac{1}{2}md^*\left(\frac{\xi_1 - b_1}{d^*}\right)^2\right\}d\xi_1$$
$$\cdot \int_{-\infty}^{\infty} \exp\left\{-\frac{1}{2}md^*\left(\frac{\xi_2 - b_2}{d^*}\right)^2\right\}d\xi_2$$
$$\cdot \int_{-\infty}^{\infty} \exp\left\{-\frac{1}{2}md^*\left(\frac{\xi_3 - b_3}{d^*}\right)^2\right\}d\xi_3$$

$$(19.51)$$

Jedes Integral ist eine **Gauß-Integration** der Form

$$\int_{-\infty}^{\infty} \exp\left(-\tfrac{1}{2}\alpha(x - \mu)^2\right)dx = \sqrt{\frac{2\pi}{\alpha}}. \quad (19.52)$$

Damit folgt

$$n = a^*\left(\frac{2\pi}{md^*}\right)^{3/2}. \qquad (19.53)$$

19.5.5.2 Strömungsgeschwindigkeit

Für die mittlere Geschwindigkeit in x_1-Richtung gilt

$$nu_1 = \int f \, \xi_1 \, dV_\xi. \qquad (19.54)$$

Setzt man f ein, so ergibt sich

$$nu_1 = a^* \int_{-\infty}^{\infty} \xi_1 \exp\left\{-\frac{1}{2}md^*\left(\frac{\xi_1 - b_1}{d^*}\right)^2\right\}d\xi_1$$
$$\cdot \prod_{j=2}^{3} \int_{-\infty}^{\infty} \exp\left\{-\frac{1}{2}md^*\left(\frac{\xi_j - b_j}{d^*}\right)^2\right\}d\xi_j.$$

$$(19.55)$$

Die Integrale für ξ_2 und ξ_3 sind bekannte Gaußintegrale:

$$\int_{-\infty}^{\infty} \exp\left(-\frac{1}{2}md^*\left(\frac{\xi_j - b_j}{d^*}\right)^2\right)d\xi_j$$
$$= \sqrt{\frac{2\pi}{md^*}}. \qquad (19.56)$$

Es bleibt also

$$nu_1 = a^*\left(\frac{2\pi}{md^*}\right)$$
$$\cdot \int_{-\infty}^{\infty} \xi_1 \exp\left(-\frac{1}{2}md^*\left(\frac{\xi_1 - b_1}{d^*}\right)^2\right)d\xi_1.$$

$$(19.57)$$

Bzw. durch Substitution

$$c_1 = \frac{\xi_1 - b_1}{d^*},$$
$$\Rightarrow \quad \xi_1 = d^*c_1 + b_1, \quad d\xi_1 = d^*dc_1.$$

$$(19.58)$$

Dann

$$\int_{-\infty}^{\infty} \xi_1 e^{-\frac{1}{2}md^*c_1^2} d\xi_1$$
$$= \int_{-\infty}^{\infty} (d^*c_1 + b_1)e^{-\frac{1}{2}md^*c_1^2} d^*dc_1.$$

$$(19.59)$$

Die Terme mit c_1 verschwinden (ungerade Funktion). Übrig bleibt

$$= b_1 d^* \int_{-\infty}^{\infty} e^{-\frac{1}{2} m d^* c_1^2} dc_1 = b_1 d^* \sqrt{\frac{2\pi}{m d^*}}. \tag{19.60}$$

Einsetzen liefert

$$n u_1 = a^* \frac{b_1}{d^*} \left(\frac{2\pi}{m d^*} \right)^{3/2}. \tag{19.61}$$

Damit ergibt sich allgemein

$$n u_i = a^* \frac{b_i}{d^*} \left(\frac{2\pi}{m d^*} \right)^{3/2}. \tag{19.62}$$

Zusammen mit Gl. (19.53) ergibt sich

$$u_i = \frac{b_i}{d^*}. \tag{19.63}$$

19.5.5.3 Zusammenhang mit der thermischen Geschwindigkeit

> **Definition 19.1 (Therm. Geschwindigkeit)**
>
> Es ist definiert
>
> $$c_i = \xi_i - u_i = \xi_i - \frac{b_i}{d^*}. \tag{19.64}$$

Dies entspricht der **thermischen Geschwindigkeit** (Eigenbewegung der Moleküle).

19.5.5.4 Bestimmung von d^* über die Temperatur

Die kinetische Energie liefert

$$\frac{3}{2} kT = \frac{m}{2n} \int c^2 f \, dV_\xi,$$
$$c^2 = c_1^2 + c_2^2 + c_3^2. \tag{19.65}$$

Einsetzen von f ergibt

$$\frac{3}{2} kT = \frac{3}{2 d^*}, \quad \Longrightarrow \quad d^* = \frac{1}{kT}. \tag{19.66}$$

19.5.5.5 Endgültige Form der Verteilung

Damit lautet die gesuchte Maxwell-Verteilung:

$$f = \frac{n}{(2\pi RT)^{3/2}} \exp\left(-\frac{(\xi_i - u_i)^2}{2RT} \right) \tag{19.67}$$

Oder Komponentenweise:

$$f = \frac{n}{(2\pi RT)^{3/2}}$$
$$\cdot \exp\left(-\frac{(\xi_1 - u_1)^2 + (\xi_2 - u_2)^2 + (\xi_3 - u_3)^2}{2RT} \right) \tag{19.68}$$

19.5.5.6 Örtliche Maxwell-Verteilung

Für zeit- und ortsabhängige Größen folgt die sogenannte **örtliche Maxwell-Verteilung**:

$$f_{\text{ÖM}}(t, x_i; \xi_i) = \frac{n(t, x_i)}{(2\pi RT(t, x_i))^{3/2}}$$
$$\cdot \exp\left(-\frac{c^2}{2RT(t, x_i)} \right),$$
$$c^2 = (\xi_i - u_i(t, x_i))^2. \tag{19.69}$$

Im Gegensatz dazu ist die stationäre (raum- und zeitlich konstante-) Maxwell-Verteilung:

$$f_M = \frac{n}{(2\pi RT)^{3/2}} \exp\left(-\frac{c^2}{2RT} \right). \tag{19.70}$$

> **Bemerkung 19.1**
>
> Das *H*-Theorem zeigt, dass ein Gas im Laufe der Zeit stets zur Maxwell-Verteilung tendiert. Für inhomogene Gase ist die Herleitung möglich, aber aufwendiger.

19.5.6 Makroskopische Größen als Momente der Verteilungsfunktion

Sind die mikroskopische **Verteilungsfunktion** $f(t, x, \xi)$ und ihre Abhängigkeit von der Molekülgeschwindigkeit ξ bekannt, so lassen sich alle makroskopischen Größen als **Momente von** f berechnen.

19.5.6.1 Definitionen der makroskopischen Größen

- **Dichte:**

$$\varrho = m \int\limits_{-\infty}^{\infty}\int\limits_{-\infty}^{\infty}\int\limits_{-\infty}^{\infty} f \, d\xi_1 d\xi_2 d\xi_3. \tag{19.71}$$

- **Strömungsgeschwindigkeit:**

$$u = \frac{m}{\varrho} \int\limits_{-\infty}^{\infty}\int\limits_{-\infty}^{\infty}\int\limits_{-\infty}^{\infty} \xi f \, d\xi_1 d\xi_2 d\xi_3 \tag{19.72}$$

- **Temperatur:**

$$T = \frac{m}{3\varrho R} \int\limits_{-\infty}^{\infty}\int\limits_{-\infty}^{\infty}\int\limits_{-\infty}^{\infty} (\xi - u)^2 f \, d\xi_1 d\xi_2 d\xi_3 \tag{19.73}$$

- **Spannungstensor:**

$$\tau_{ij} = m \int\limits_{-\infty}^{\infty}\int\limits_{-\infty}^{\infty}\int\limits_{-\infty}^{\infty} (\xi_i - u_i)(\xi_j - u_j) f$$
$$d\xi_1 d\xi_2 d\xi_3 \tag{19.74}$$

- **Wärmestromvektor:**

$$q_i = \frac{m}{2} \int\limits_{-\infty}^{\infty}\int\limits_{-\infty}^{\infty}\int\limits_{-\infty}^{\infty} (\xi_i - u_i)(\xi - u)^2 f$$
$$d\xi_1 d\xi_2 d\xi_3 \tag{19.75}$$

19.5.6.2 Örtliche Maxwell-Verteilung

Im Gleichgewichtszustand folgt die Verteilungsfunktion aus dem **Boltzmann'schen Stoßintegral** und der Tatsache, dass $\ln(f)$ als Linearkombination der Stoßinvarianten (Masse, Impuls, Energie) geschrieben werden kann.

Man erhält die **örtliche Maxwell-Verteilung**:

$$f^{\mathrm{OM}}(t, x, \xi) = n \left(\frac{m}{2\pi k T} \right)^{3/2}$$
$$\cdot \exp\left(-\frac{(\xi - u)^2}{2RT} \right). \tag{19.76}$$

Dabei sind n, u, T Funktionen von Ort x und Zeit t.

19.5.6.3 Momente der örtlichen Maxwell-Verteilung

Setzt man f^{OM} in die Definitionen (19.73) ein, so erhält man:

- **Dichte:**

$$\varrho = m \int f^{\mathrm{OM}} d^3\xi \tag{19.77}$$

- **Geschwindigkeit:**

$$u = \frac{m}{\varrho} \int \xi f^{\mathrm{OM}} d^3\xi \tag{19.78}$$

- **Temperatur:**

$$T = \frac{m}{3\varrho R} \int (\xi - u)^2 f^{\mathrm{OM}} d^3\xi \tag{19.79}$$

- **Spannungstensor:**

$$\tau_{ij} = m \int (\xi_i - u_i)(\xi_j - u_j) f^{\mathrm{OM}} d^3\xi$$
$$= p \, \delta_{ij} \tag{19.80}$$

- **Wärmestromvektor:**

$$q_i = \frac{m}{2} \int (\xi_i - u_i)(\xi - u)^2 f^{\mathrm{OM}} d^3\xi = 0 \tag{19.81}$$

Corollary 19.2

Im Gleichgewichtszustand beschreibt die Maxwell-Verteilung ein Gas ohne Reibung und ohne Wärmeleitung. Dies entspricht genau den **Euler-Gleichungen** der Gasdynamik.

19.5.6.4 Maxwell-Verteilung der Geschwindigkeitsbeträge

Betrachtet man nicht die Richtung, sondern nur den Betrag der Molekülgeschwindigkeit

$$c = |\xi - u|, \tag{19.82}$$

so erhält man die Maxwell-Verteilung für die Beträge:

$$f(c) = \frac{4\pi c^2 n}{(2\pi RT)^{3/2}} \exp\left(-\frac{c^2}{2RT}\right). \tag{19.83}$$

19.5.7 Charakteristische Geschwindigkeiten

Aus (19.83) lassen sich wichtige Kenngrößen berechnen:

- **Mittlere Geschwindigkeit:**

$$\bar{c} = \frac{1}{n} \int\limits_0^\infty c f(c)\, dc = \sqrt{\frac{8RT}{\pi}}. \tag{19.84}$$

- **Quadratisches Mittel (rms-Geschwindigkeit):**

$$\sqrt{\overline{c^2}} = \left(\frac{1}{n} \int\limits_0^\infty c^2 f(c)\, dc\right)^{1/2} = \sqrt{3RT}. \tag{19.85}$$

- **Wahrscheinlichste Geschwindigkeit:**

$$c_m = \sqrt{2RT}. \tag{19.86}$$

Bemerkung 19.2

Die wahrscheinlichste Geschwindigkeit c_m unterscheidet sich nur wenig von der Schallgeschwindigkeit $\sqrt{\kappa RT}$, wobei κ der Isentropenexponent ist. Vgl. auch mit [48]

19.5.7.1 Freie Molekülströmung

Im Spezialfall der freien Molekülströmung gilt:

$$\left(\frac{\partial f}{\partial t}\right)_{\text{Stöße}} \equiv 0. \tag{19.87}$$

Dies bedeutet: Stöße zwischen Molekülen sind vernachlässigbar.

Ein Gas befindet sich in freier Molekülströmung, wenn das Verhältnis der mittleren freien Weglänge λ zur charakteristischen Körperdimension L groß ist:

$$\mathrm{Kn} = \frac{\lambda}{L} \gg 1. \tag{19.88}$$

In diesem Zustand hängt das Strömungsfeld entscheidend von den **Randbedingungen** ab (z. B. diffuse Reflexion an Wänden).

Bemerkung 19.3 (Lees'sche Sichtkegelprinzip)

Das sogenannte **Lees'sche Sichtkegelprinzip** beschreibt dabei, wie Teilchen aus verschiedenen Bereichen der Wand zum Punkt $P(x)$ beitragen.

19.6 *H*-Theorem und Entropie [48]

Die Definitionsgleichung für die *H*-Funktion lautet

$$H \equiv \int f \ln f \, dV_\xi. \tag{19.89}$$

Für homogene Situationen kann man schreiben

$$H = n \ln f, \tag{19.90}$$

da $n = \int f \, dV_\xi$ die Teilchendichte ist.

19.6.1 *H*-Funktion für die Maxwell-Verteilung

Durch einsetzen der örtlichen Maxwell-Verteilung folgt

$$f^{\mathrm{OM}} = \frac{n}{(2\pi RT)^{3/2}} \exp\!\left(-\frac{c^2}{2RT}\right). \quad (19.91)$$

Dann gilt

$$\ln f^{\mathrm{OM}} = \ln n - \frac{3}{2}\ln(2\pi RT) - \frac{c^2}{2RT}. \quad (19.92)$$

Nun benutzt man die Definition der Temperatur in kinetischer Form

$$\frac{1}{2}c^2 = \frac{3}{2}RT \quad\Longleftrightarrow\quad \frac{c^2}{2RT} = \frac{3}{2}. \quad (19.93)$$

Damit ergibt sich

$$\begin{aligned} H &= n\ln f^{\mathrm{OM}} \\ &= n\!\left(\ln n - \frac{3}{2}\ln(2\pi RT) - \frac{3}{2}\right). \end{aligned} \quad (19.94)$$

19.6.2 *H*-Funktion pro Masseneinheit

Da n auf das Ortsvolumen bezogen ist, ist H ebenfalls volumenbezogen. Pro Masseneinheit gilt

$$H_m = \frac{H}{\varrho} = \frac{H}{mn}. \quad (19.95)$$

Einsetzen von H ergibt

$$H_m = \frac{1}{m}\ln\!\left[n(2\pi RT)^{-3/2}\right] + \text{konst.} \quad (19.96)$$

19.6.3 Thermodynamische Definition der Entropie

In der Thermodynamik, vgl. mit [48], ist die spezifische Entropie s definiert durch

$$ds = \frac{1}{T}\!\left(di - \frac{dp}{\varrho}\right). \quad (19.97)$$

Für ein ideales Gas gilt

$$\begin{aligned} di &= c_p\,dT, \\ R &= c_p - c_v, \\ p &= (c_p - c_v)\varrho T = R\varrho T. \end{aligned} \quad (19.98)$$

Daraus folgt

$$dp = R(T\,d\varrho + \varrho\,dT), \quad (19.99)$$

also

$$ds = \frac{c_v\,dT}{T} - R\frac{d\varrho}{\varrho}. \quad (19.100)$$

Für ein einatomiges Gas ist $c_v = \frac{3}{2}R$, also

$$ds = R\!\left(\frac{3}{2}\frac{dT}{T} - \frac{d\varrho}{\varrho}\right). \quad (19.101)$$

Integration liefert

$$s = R\ln\!\left(\frac{T^{3/2}}{\varrho}\right) + \text{konst.} \quad (19.102)$$

19.6.4 Zusammenhang zwischen H_m und s

Es wird die Kombination $kH_m + s$ betrachtet. Mit $R = \frac{k}{m}$ erhält man

$$kH_m + s = \frac{k}{m}\ln\!\left[m^{1/2}(2\pi k)^{3/2}\right] + \text{konst.} \quad (19.103)$$

Dies ist unabhängig vom Zustand des Gases. Daraus folgt der Zusammenhang:

$$s = -kH_m + \text{konst.} = -R\overline{\ln f} + \text{konst.} \quad (19.104)$$

— Für ein Gas im (örtlichen) thermodynamischen Gleichgewicht gilt, dass die **Boltzmann'sche *H*-Funktion proportional zur negativen Entropie** ist. Das bedeutet: Ist die mikroskopische Teilchenverteilung f eine Maxwell-Verteilung, so lässt sich aus H direkt die klassische thermodynamische Entropie s ableiten. Die *H*-Funktion liefert also die statistische Fundierung des Entropiebegriffs.

- Während die klassische Thermodynamik die Entropie s nur in der Nähe von Gleichgewichtszuständen definiert (d. h. für Systeme, die hinreichend nahe am lokalen thermodynamischen Gleichgewicht sind), kann die H-Funktion auch dann berechnet werden, wenn das System stark vom Gleichgewicht entfernt ist. Sie bleibt also für **beliebige, auch Nicht-Maxwell'sche Verteilungsfunktionen** definiert. Damit stellt H eine natürliche Erweiterung des Entropiebegriffs auf stark aus dem Gleichgewicht geratene Gase dar.

- Die H-Funktion erlaubt somit eine **Verallgemeinerung des klassischen Entropiebegriffs**: Auch in Nichtgleichgewichtszuständen – wo die klassische Thermodynamik keine Entropie mehr definiert – lässt sich mit Hilfe von H ein quantitatives Maß für die „Unordnung" oder den „Informationsgehalt" des Systems angeben.

- Das **H-Theorem** besagt, dass die H-Funktion in einem abgeschlossenen System im Zeitverlauf *monoton abnimmt*. Da $s \sim -H$, entspricht dies exakt der Aussage des **2. Hauptsatzes der Thermodynamik**, nach welchem die Entropie in einem abgeschlossenen System niemals abnehmen kann, sondern stets zunimmt oder im Grenzfall konstant bleibt. Dies kann man als Zusammenhang zwischen der statistischen Mechanik und der makroskopischen Thermodynamik bzw. Technischen Thermodynamik bezeichnen.

Bemerkung 19.4

Die Herleitung des H-Theorems basiert auf statistischen Annahmen (insbesondere auf der Stoßhypothese, auch **Stoßzahlansatz** genannt). Daher gilt sowohl das H-Theorem als auch der zweite Hauptsatz nicht als deterministisches Gesetz, sondern als eine Aussage mit *an Sicherheit grenzender Wahrscheinlichkeit*. In makroskopischen Systemen mit einer sehr großen Teilchenzahl ist die Wahrscheinlichkeit für eine Verletzung des zweiten Hauptsatzes verschwindend gering, weshalb die Gesetze in der Praxis als universell gültig betrachtet werden.

19.7 Maxwell'sche Transportgleichung [48]

In ▶ Kap. 19.2 wurden bereits verschiedene **Momente der Verteilungsfunktion** f eingeführt, die in der Gasdynamik von fundamentaler Bedeutung sind. Dazu gehören insbesondere:

- die **Dichte** ϱ,
- die **Strömungsgeschwindigkeit** u_i,
- die **Temperatur** T,
- der **Spannungstensor** τ_{ij},
- sowie der **Wärmestromvektor** q_i.

Es gilt beispielsweise

$$n = \int f \, dV_\xi = \int f^{\mathrm{OM}} \, dV_\xi, \qquad (19.105)$$

was zeigt, dass zur Bestimmung makroskopischer Größen nicht die gesamte Verteilungsfunktion f bekannt sein muss, sondern nur ihre Momente. Dies legt nahe, dass man versucht, aus der **Boltzmann-Gleichung** durch Integration entsprechende Gleichungen für die makroskopischen Größen abzuleiten.

19.7.1 Herleitung der allgemeinen Transportgleichung

Sei $\Phi(\xi)$ eine Moleküleigenschaft. Dann ist der makroskopische Mittelwert definiert als

$$n\Phi = \int \Phi(\xi_i) f \, dV_\xi. \qquad (19.106)$$

Wird die Boltzmann-Gleichung mit $\Phi(\xi_i)$ multipliziert,

$$\frac{\partial f}{\partial t} + \xi_j \frac{\partial f}{\partial x_j} + F_j \frac{\partial f}{\partial \xi_j} = \left(\frac{\partial f}{\partial t}\right)_{\mathrm{Stoß}} \qquad (19.107)$$

ergibt sich durch Integrieren über den gesamten Geschwindigkeitsraum:

$$\int \Phi(\xi_i)\left(\frac{\partial f}{\partial t} + \xi_j \frac{\partial f}{\partial x_j} + F_j \frac{\partial f}{\partial \xi_j}\right) dV_\xi$$

$$= \int \Phi(\xi_i)\left(\frac{\partial f}{\partial t}\right)_{\mathrm{Stoß}} dV_\xi. \qquad (19.108)$$

Die rechte Seite ist per Definition das **Stoßintegral**:

$$I_\Phi = \int \Phi(\xi) \left(\frac{\partial f}{\partial t}\right)_{\text{Stoß}} dV_\xi. \qquad (19.109)$$

Es ergibt sich daher

$$\int \Phi(\xi_i) \left(\frac{\partial f}{\partial t} + \xi_j \frac{\partial f}{\partial x_j} + F_j \frac{\partial f}{\partial \xi_j}\right) dV_\xi$$

$$= \int \Phi(\xi_i) \left(\frac{\partial f}{\partial t}\right)_{\text{Stoß}} dV_\xi = I_\Phi. \qquad (19.110)$$

Da die Integrationsgrenzen unabhängig von der Zeit sind, können Ableitung und Integration vertauscht werden:

$$\int\limits_{-\infty}^{\infty} \Phi(\underline{\xi}) \frac{\partial f}{\partial t} \, dV_\xi = \frac{\partial}{\partial t} \int\limits_{-\infty}^{\infty} \Phi(\underline{\xi}) f \, dV_\xi. $$

$$(19.111)$$

Analog ergibt sich für den **Transportterm** (Zweiter Term):

$$\int\limits_{-\infty}^{\infty} \Phi(\underline{\xi}) \, \xi_j \, \frac{\partial f}{\partial x_j} \, dV_\xi$$

$$= \frac{\partial}{\partial x_j} \int\limits_{-\infty}^{\infty} \Phi(\underline{\xi}) \, \xi_j \, f \, dV_\xi. \qquad (19.112)$$

Der **Kraftterm** erfordert partielle Integration bzgl. ξ_j im Geschwindigkeitsraum, wobei zu beachten ist, dass j ein an F_j gebundener Index ist.

$$\int\limits_{-\infty}^{\infty} \int\limits_{-\infty}^{\infty} \int\limits_{-\infty}^{\infty} \underbrace{\Phi(\underline{\xi})}_{u} \underbrace{\frac{\partial f}{\partial \xi_{(j)}} d\xi_{(j)}}_{dv} d\xi_i \, d\xi_k$$

$$= \int\limits_{\xi_i=-\infty}^{\infty} \int\limits_{\xi_k=-\infty}^{\infty} \Phi(\xi_l) [f]_{\xi_j=-\infty}^{\infty} d\xi_i \, d\xi_k$$

$$- \int\limits_{-\infty}^{\infty} \int\limits_{-\infty}^{\infty} \int\limits_{-\infty}^{\infty} f \frac{\partial \Phi(\xi_l)}{\partial \xi_{(j)}} dV_\xi$$

$$(19.113)$$

wobei Randterme verschwinden, da f für große Geschwindigkeiten hinreichend schnell gegen null geht. Damit lautet die allgemeine Form der **Transportgleichung**:

$$\frac{\partial}{\partial t} \int \Phi(\underline{\xi}) f \, dV_\xi + \frac{\partial}{\partial x_j} \int \Phi(\underline{\xi}) \xi_j \, f \, dV_\xi$$

$$- F_j \int f \frac{\partial \Phi(\underline{\xi})}{\partial \xi_j} dV_\xi = I_\Phi, \qquad (19.114)$$

oder

$$\frac{\partial (n \overline{\Phi(\xi_l)})}{\partial t} + \frac{\partial}{\partial x_j} (n \overline{\Phi(\xi_l)\xi_j}) - F_j n \frac{\overline{\partial \Phi(\xi_l)}}{\partial \xi_j}$$

$$= I_\Phi, \qquad (19.115)$$

wobei I_Φ das Stoßintegral bezeichnet. Es gilt $I_{\psi_l} \equiv 0$ gilt.

19.7.2 Gasdynamische Größen

Mit den Definitionen aus ▶ Kap. 19.2 folgt für die gasdynamischen Größen für die gasdynamischen Größen, nämlich
- **Dichte:**

$$\varrho = \int m f \, dV_\xi = nm, \qquad (19.116)$$

- **Geschwindigkeit:**

$$\varrho u_i = n m u_i = \int m \xi_i f \, dV_\xi, \qquad (19.117)$$

- **Temperatur:**

$$T = \frac{1}{\frac{3}{2}\varrho R} \int \frac{m}{2} \xi^2 f \, dV_\xi$$

$$= \frac{2}{3\varrho R} \int \frac{m}{2} (\xi_i^2 - 2u_i \xi_i + u_i^2) f \, dV_\xi$$

$$= \frac{2}{3\varrho R} \int \frac{m}{2} \xi_i^2 f \, dV_\xi$$

$$- \frac{1}{3nR} \left[2u_i \left(\int \xi_i f \, dV_\xi \right.\right.$$

$$\left.\left. - u_i \int f \, dV_\xi \right) \right]$$

$$= \frac{2}{3\varrho R} \int \frac{m}{2} \xi_i^2 f \, dV_\xi - \frac{1}{3R} u_i^2. $$

$$(19.118)$$

Damit folgt:

$$\frac{nm}{2}\overline{\xi^2} = \int \frac{m}{2}\xi^2 f\, dV_\xi = \tfrac{3}{2}\varrho RT + \tfrac{\varrho}{2}u_i^2.$$

$$(19.119)$$

■ **Spannungstensor:**

$$nm\,\overline{\xi_i\xi_j} = \int m\xi_i\xi_j f\, dV_\xi$$
$$= \int m(c_i + u_i)(c_j + u_j) f\, dV_\xi$$
$$= \tau_{ij} + \varrho u_i u_j, \qquad (19.120)$$

mit

$$\tau_{ij} = m\int c_i c_j f\, dV_\xi, \quad \text{und} \quad \int c_i f\, dV_\xi = 0.$$

$$(19.121)$$

■ **Wärmestrom:**

$$\frac{nm}{2}\overline{\xi_i\xi^2} = \frac{m}{2}\int \xi_i\xi^2 f\, dV_\xi$$
$$= \frac{m}{2}\int (c_i + u_i)$$
$$\cdot \left(c^2 + 2c_j u_j + u_j^2\right) f\, dV_\xi$$
$$= q_i + u_j\tau_{ij} + \varrho u_i\left(\tfrac{3}{2}RT + \tfrac{1}{2}u^2\right).$$

$$(19.122)$$

19.7.3 Gasdynamische Erhaltungssätze

Es folgen mit den Gasdynamischen Größen grundlegende, makroskopische Erhaltungsgleichungen, die im Folgenden behandelt werden.

19.7.3.1 Kontinuitätsgleichung ($\Phi = m$)

$$\frac{\partial\varrho}{\partial t} + \frac{\partial}{\partial x_i}(\varrho u_i) = 0. \qquad (4.49)$$

In **substantieller Ableitung**:

$$\frac{D\varrho}{Dt} + \varrho\frac{\partial u_i}{\partial x_i} = 0. \qquad (19.123)$$

oder **komponentenweise**:

$$\frac{\partial\varrho}{\partial t} + \frac{\partial(\varrho u_1)}{\partial x_1} + \frac{\partial(\varrho u_2)}{\partial x_2} + \frac{\partial(\varrho u_3)}{\partial x_3} = 0.$$

$$(19.124)$$

19.7.3.2 Impulsgleichung ($\Phi = m\xi_i$)

$$\frac{\partial(\varrho u_i)}{\partial t} + \frac{\partial}{\partial x_j}(\varrho u_i u_j + \tau_{ij}) - \varrho F_i = 0.$$

$$(19.125)$$

Mit Hilfe der Kontinuitätsgleichung erhält man auch:

$$\left(\frac{\partial}{\partial t} + u_j\frac{\partial}{\partial x_j}\right)u_i = -\frac{1}{\varrho}\frac{\partial\tau_{ij}}{\partial x_j} + F_i.$$

$$(19.126)$$

19.7.3.3 Energiegleichung ($\Phi = \tfrac{1}{2}m\xi^2$)

$$\frac{\partial}{\partial t}\left[\varrho\left(\tfrac{3}{2}RT + \tfrac{1}{2}u_i^2\right)\right]$$
$$+ \frac{\partial}{\partial x_j}\left[\varrho u_j\left(\tfrac{3}{2}RT + \tfrac{1}{2}u_i^2\right) + u_k\tau_{kj} + q_j\right]$$
$$- \varrho F_i u_i = 0. \qquad (19.127)$$

Unter Verwendung der Kontinuitäts- und Impulsgleichung erhält man

$$\frac{3}{2}\frac{\varrho R}{c_v}\left(\frac{\partial}{\partial t} + u_j\frac{\partial}{\partial x_j}\right)T = -\frac{\partial q_j}{\partial x_j} - \tau_{ij}\frac{\partial u_i}{\partial x_j}.$$

$$(19.128)$$

Die drei abgeleiteten Erhaltungsgesetze für Masse, Impuls und Energie liefern zwar die Grundstruktur der Gasdynamik, sind jedoch allein nicht hinreichend, um alle unbekannten Größen vollständig zu bestimmen.

Bemerkung 19.5

Insgesamt treten in diesen Gleichungen folgende 14 Variablen auf:

$$\varrho, \quad u_i, \quad \tau_{ij}, \quad T, \quad q_i, \qquad (19.129)$$

also Dichte, Geschwindigkeit, Spannungstensor, Temperatur und Wärmestrom. Da die Zahl der Gleichungen kleiner ist als die Zahl der Unbekannten, spricht man von einem **nicht geschlossenen System**.

Um eine **Schließung** zu erreichen, müssen zusätzliche Beziehungen eingeführt werden. In der klassischen Gasdynamik geschieht dies durch folgende Annahmen:

- Der Spannungstensor τ_{ij} ist proportional zum Deformationstensor, d. h. zur Symmetrie der Geschwindigkeitsgradienten (Newton'sche Reibungsgesetze).
- Der Wärmestrom q_i ist proportional zum Temperaturgradienten (Fourier'sches Gesetz der Wärmeleitung, vgl. mit [48]).

Mit diesen Hypothesen erhält man die **Navier-Stokes-Gleichungen** und damit ein geschlossenes Differentialgleichungssystem.

Bemerkung 19.6

Es ist jedoch zu betonen, dass diese linearen Zusammenhänge nur unter der Voraussetzung kleiner Knudsen-Zahlen gültig sind. Sie gelten daher ausschließlich für Strömungen, die sich in der Nähe des lokalen thermodynamischen Gleichgewichts befinden. Die mathematische Begründung dieser Näherung erfolgt über die **Chapman-Enskog-Entwicklung**, die später behandelt wird.

19.8 BGK-Approximation (Krook-Gleichung)

Die Boltzmann-Gleichung lautet,

$$\frac{\partial f}{\partial t} + \xi_i \frac{\partial f}{\partial x_i} + \frac{F_i}{m} \frac{\partial f}{\partial \xi_i} = I_\Phi, \qquad (19.130)$$

wobei I_Φ das Stoßintegral bezeichnet. Da I_Φ in seiner exakten Form sehr kompliziert ist, führt man das sogenannte **Relaxationsmodell** ein.

Im **BGK-Ansatz** (Bhatnagar-Gross-Krook, 1954) wird das Stoßintegral durch

$$I_\Phi \approx -\frac{1}{\tau}\left(f - f^{(0)}\right) \qquad (19.131)$$

ersetzt.

Hierbei gilt:

$f \ldots$ aktuelle Verteilungsfunktion,

$f^{(0)} \ldots$ lokale Maxwell-Verteilung (Gleichgewichtszustand),

$\tau \ldots$ Relaxationszeit (charakteristische Stoßzeit).

Damit ergibt sich die **BGK-Gleichung** in der Form

$$\frac{\partial f}{\partial t} + \xi_i \frac{\partial f}{\partial x_i} + \frac{F_i}{m} \frac{\partial f}{\partial \xi_i} = -\frac{1}{\tau}\left(f - f^{(0)}\right).$$

$$(19.132)$$

Die Maxwell-Gleichgewichtsfunktion $f^{(0)}$ lautet:

$$f^{(0)}(\underline{\xi}) = \frac{\varrho}{(2\pi RT)^{3/2}} \exp\left[-\frac{(\underline{\xi} - \underline{u})^2}{2RT}\right],$$

$$(19.133)$$

wobei ϱ die Massendichte, $\underline{u}$ die makroskopische Geschwindigkeit und T die Temperatur des Gases sind.

Die BGK-Approximation besitzt folgende Eigenschaften:

- Erhaltung von Masse, Impuls und Energie ist weiterhin gewährleistet.
- Das System relaxiert innerhalb der Zeit τ gegen das lokale Maxwell-Gleichgewicht.
- Transportkoeffizienten (z. B. Viskosität, Wärmeleitfähigkeit) ergeben sich korrekt bis auf Abweichungen bei der Prandtl-Zahl.

19.9 Anfangs- und Randbedingungen

Für eine Lösung der Boltzmann-Gleichung

$$\frac{\partial f}{\partial t} + \xi_i \frac{\partial f}{\partial x_i} + F_i \frac{\partial f}{\partial \xi_i} = I(t,\underline{x},\underline{\xi})$$
$$\equiv \left(\frac{\partial f}{\partial t}\right)_{\text{Stoß}} \quad (19.134)$$

zu erreichen, benötigt man Anfangs- und Rand-bedingungen.

19.9.1 Anfangsbedingungen

Zum Zeitpunkt $t = t_0$ findet man eine An-fangsbedingung, da dort die Verteilungsfunktion $f(t,\underline{x},\underline{\xi}) \geq 0$ keinerlei Einschränkungen un-terliegt. Sie kann beispielsweise als Maxwell-Verteilung oder als gestörte Maxwell-Verteilung vorgegeben werden.

19.9.2 Randbedingungen

Für diesen Abschnitt wird auf geeignete Litera-tur verwiesen, so als Beispiel [5] bzw. [48].

19.10 Übungen

Übungsbeispiel 19.1

Wie beschreibt die kinetische Gastheorie ein Gas?

Lösung

Die kinetische Gastheorie beschreibt ein Gas als Ensemble vieler Teilchen, die sich in stän-diger, ungeordneter Bewegung befinden und elastisch miteinander sowie mit Begrenzungs-flächen stoßen.

Übungsbeispiel 19.2

Welche fundamentale Annahme trifft die ki-netische Gastheorie über das Eigenvolumen der Teilchen?

Lösung

Eine fundamentale Annahme ist, dass das Ei-genvolumen der Teilchen im Vergleich zum Gesamtvolumen vernachlässigbar ist.

Übungsbeispiel 19.3

Was versteht man unter einem elastischen Stoß in der kinetischen Gastheorie?

Lösung

Elastische Stöße sind solche, bei denen so-wohl Impuls als auch Energie erhalten blei-ben.

Übungsbeispiel 19.4

Unter welchen Bedingungen stößt die klassi-sche kinetische Gastheorie an ihre Grenzen?

Lösung

Die klassische kinetische Gastheorie stößt bei hohen Dichten und niedrigen Temperaturen an ihre Grenzen, da intermolekulare Kräf-te und quantenmechanische Effekte relevant werden.

Übungsbeispiel 19.5

Was beschreibt die Geschwindigkeitsvertei-lungsfunktion $f(\xi_i, x_i, t)$?

Lösung

Die Geschwindigkeitsverteilungsfunktion gibt an, wie viele Moleküle pro Volumen-einheit im Geschwindigkeitsraum bestimmte Geschwindigkeiten besitzen.

Übungsbeispiel 19.6

Wie erhält man aus der Verteilungsfunktion die Teilchendichte?

Lösung

Die Teilchendichte $n(t, x_i)$ ergibt sich durch Integration der Geschwindigkeitsverteilungsfunktion über den gesamten Geschwindigkeitsraum.

Übungsbeispiel 19.7

Wie ist die Eigengeschwindigkeit eines Moleküls definiert?

Lösung

Die Eigengeschwindigkeit c_i eines Moleküls ist definiert als $c_i = \xi_i - u_i$, also die Abweichung von der mittleren Strömungsgeschwindigkeit.

Übungsbeispiel 19.8

Was beschreibt der Spannungstensor τ_{ij}?

Lösung

Der Spannungstensor τ_{ij} beschreibt den Impulsfluss im Gas und ergibt sich aus $m \int c_i c_j f \, dV_\xi$.

Übungsbeispiel 19.9

Wie lässt sich der Druck p aus dem Spannungstensor berechnen?

Lösung

Der Druck p ergibt sich aus dem Mittelwert der Diagonalanteile des Spannungstensors: $p = \frac{1}{3}(\tau_{xx} + \tau_{yy} + \tau_{zz})$.

Übungsbeispiel 19.10

Wie wird die Temperatur in der kinetischen Theorie definiert?

Lösung

Die Temperatur wird über die mittlere kinetische Energie der Moleküle definiert: $\frac{3}{2} n k T = \int \frac{m}{2} c^2 f \, dV_\xi$.

Übungsbeispiel 19.11

Welche Rolle spielt die Boltzmann-Gleichung in der kinetischen Gastheorie?

Lösung

Die Boltzmann-Gleichung beschreibt die zeitliche Änderung der Verteilungsfunktion f unter Berücksichtigung von Transportprozessen und Stoßprozessen.

Übungsbeispiel 19.12

Wie wird der Stoßterm in der Boltzmann-Gleichung dargestellt?

Lösung

Der Stoßterm in der Boltzmann-Gleichung wird durch das Boltzmann'sche Stoßintegral beschrieben, das die Zunahme und Abnahme von Teilchenzahlen durch Stöße erfasst.

Übungsbeispiel 19.13

Was ist die H-Funktion und wie wird sie definiert?

Lösung

Die H-Funktion ist definiert als $H = \int f \ln f \, d^3\xi \, d^3x$ und ist mit der Entropie verknüpft.

19

Übungsbeispiel 19.14

Welches zentrale Ergebnis liefert das H-Theorem?

Lösung

Das H-Theorem besagt, dass H mit der Zeit niemals zunimmt ($dH/dt \leq 0$). Dies entspricht der mikroskopischen Formulierung des zweiten Hauptsatzes der Thermodynamik.

Übungsbeispiel 19.15

Wie lautet die Gleichung der Maxwell-Verteilung?

Lösung

Die Maxwell-Verteilung lautet $f = \frac{n}{(2\pi RT)^{3/2}} \exp(-\frac{(\xi_i - u_i)^2}{2RT})$ und beschreibt die Gleichgewichtsverteilung der Molekülgeschwindigkeiten.

Übungsbeispiel 19.16

Was versteht man in der kinetischen Gastheorie unter „makroskopischen Größen"?

Lösung

Makroskopische Größen sind Momentsätze der Verteilungsfunktion $f(t, x, \xi)$, z. B. Dichte ϱ, Strömungsgeschwindigkeit u_i, Temperatur T, Spannungstensor τ_{ij} und Wärmestromvektor q_i, die durch Integrale über den Geschwindigkeitsraum definiert sind.

Übungsbeispiel 19.17

Wie wird die Massendichte ϱ aus der Verteilungsfunktion f berechnet?

Lösung

Die Massendichte ergibt sich als Moment von f:

$$\varrho = m \int\limits_{-\infty}^{\infty} \int\limits_{-\infty}^{\infty} \int\limits_{-\infty}^{\infty} f(\xi, x, t)\, d\xi_1 d\xi_2 d\xi_3.$$

Übungsbeispiel 19.18

Wie ist die Strömungsgeschwindigkeit u_i als Moment von f definiert?

Lösung

Die makroskopische Geschwindigkeit folgt aus dem ersten Geschwindigkeitsmoment:

$$\varrho u_i = m \int \xi_i\, f(\xi, x, t)\, d^3\xi,$$

d. h. $u_i = \frac{m}{\varrho} \int \xi_i f\, d^3\xi$.

Übungsbeispiel 19.19

Wie lässt sich die Temperatur T mit Hilfe der Verteilungsfunktion ausdrücken?

Lösung

Die thermische Energie (Temperatur) ist das zweite Moment der Eigenbewegungen:

$$T = \frac{m}{3\varrho R} \int (\xi - u)^2\, f(\xi, x, t)\, d^3\xi.$$

Übungsbeispiel 19.20

Was ist der Spannungstensor τ_{ij} und wie wird er definiert?

Lösung

Der Spannungstensor beschreibt Impulsflüsse durch thermische Geschwindigkeitskorrelationen:

$$\tau_{ij} = m \int (\xi_i - u_i)(\xi_j - u_j)\, f(\xi,x,t)\, d^3\xi.$$

Im Gleichgewicht (örtliche Maxwell-Verteilung) gilt $\tau_{ij} = p\,\delta_{ij}$.

Übungsbeispiel 19.21

Wie lautet die Definition des Wärmestromvektors q_i?

Lösung

Der Wärmestrom (translationale Energieführung) ist

$$q_i = \frac{m}{2} \int (\xi_i - u_i)\,(\xi - u)^2\, f(\xi,x,t)\, d^3\xi.$$

Für die örtliche Maxwell-Verteilung ergibt sich $q_i = 0$.

Übungsbeispiel 19.22

Wie sieht die örtliche Maxwell-Verteilung $f^{\mathrm{OM}}(t,x,\xi)$ aus?

Lösung

Die örtliche Maxwell-Verteilung lautet

$$f^{\mathrm{OM}}(t,x,\xi) = n(t,x)\left(\frac{m}{2\pi k T(t,x)}\right)^{3/2}$$
$$\cdot \exp\left(-\frac{(\xi - u(t,x))^2}{2RT(t,x)}\right),$$

wobei n, u, T orts- und zeitabhängig sind.

Übungsbeispiel 19.23

Welche Werte haben Spannungstensor und Wärmestrom für die örtliche Maxwell-Verteilung?

Lösung

Für f^{OM} gilt

$$\tau_{ij} = p\,\delta_{ij} \quad \text{(isotroper Druck)}, \qquad q_i = 0,$$

das heißt kein viskoser Schub und kein Wärmestrom im lokalen Gleichgewicht.

Übungsbeispiel 19.24

Wie lautet die Maxwell-Verteilung für die Beträge der Molekülgeschwindigkeit $c = |\xi - u|$?

Lösung

Die Verteilung der Geschwindigkeitsbeträge ist

$$f(c) = \frac{4\pi c^2 n}{(2\pi RT)^{3/2}} \exp\left(-\frac{c^2}{2RT}\right).$$

Übungsbeispiel 19.25

Was sind die mittlere Geschwindigkeit $\bar{c}$, die rms-Geschwindigkeit $\sqrt{\overline{c^2}}$ und die wahrscheinlichste Geschwindigkeit c_m?

Lösung

Die Kenngrößen aus $f(c)$ sind

$$\bar{c} = \sqrt{\frac{8RT}{\pi}}, \qquad \sqrt{\overline{c^2}} = \sqrt{3RT}, \qquad c_m = \sqrt{2RT}.$$

Übungsbeispiel 19.26

Wann spricht man von freier Molekülströmung und welche Bedingung gilt für die Knudsen-Zahl?

Lösung

Freie Molekülströmung liegt vor, wenn Kollisionen vernachlässigbar sind. Die Bedingung ist

$$Kn = \frac{\lambda}{L} \gg 1,$$

wobei λ die mittlere freie Weglänge und L eine charakteristische Körpergröße ist.

Übungsbeispiel 19.27

Wie ist die Boltzmann'sche H-Funktion definiert?

Lösung

Die H-Funktion (volumenbezogen) ist definiert als

$$H(t) = \int\limits_{\mathbb{R}^3} \int\limits_{\mathbb{R}^3} f(x, \xi, t) \ln f(x, \xi, t) \, d^3\xi \, d^3x,$$

für homogene Systeme reduziert sich das Integral entsprechend.

Übungsbeispiel 19.28

Was besagt das H-Theorem?

Lösung

Das H-Theorem besagt

$$\frac{dH}{dt} \leq 0,$$

d. h. H nimmt monoton ab und erreicht nur im Gleichgewicht (Maxwell-Verteilung) ein Extremum; äquivalent: die Entropie $S \propto -H$ nimmt zu.

Übungsbeispiel 19.29

Wie hängt die H-Funktion mit der spezifischen Entropie s zusammen?

Lösung

Für die spezifische Entropie gilt (bis auf konstante Vorfaktoren)

$$s = -kH_m + \text{const.} \quad \text{bzw.} \quad s = -R\,\overline{\ln f} + \text{const.},$$

wobei $H_m = H/\varrho$ das H pro Masseneinheit ist.

Übungsbeispiel 19.30

Wie lautet die allgemeine Transportgleichung für ein Moment mit Gewicht $\Phi(\xi)$?

Lösung

Die verallgemeinerte Transportgleichung lautet

$$\frac{\partial(n\overline{\Phi})}{\partial t} + \frac{\partial}{\partial x_j}\left(n\overline{\Phi\,\xi_j}\right) - F_j n\overline{\frac{\partial\Phi}{\partial\xi_j}} = I_\Phi,$$

wobei I_Φ das zugehörige Stoßintegral ist.

Übungsbeispiel 19.31

Wie ergibt sich aus der Transportgleichung die Kontinuitätsgleichung (Massenbilanz)?

Lösung

Mit $\Phi = m$ folgt die Kontinuitätsgleichung

$$\frac{\partial\varrho}{\partial t} + \frac{\partial(\varrho u_i)}{\partial x_i} = 0,$$

oder substantiell geschrieben $\frac{D\varrho}{Dt} + \varrho\partial_{x_i} u_i = 0.$

Übungsbeispiel 19.32

Welche Form hat die Impulsgleichung und welchen Einfluss hat der Spannungstensor τ_{ij}?

Lösung

Die Impulsgleichung lautet

$$\frac{\partial(\varrho u_i)}{\partial t} + \frac{\partial}{\partial x_j}(\varrho u_i u_j + \tau_{ij}) - \varrho F_i = 0,$$

bzw. in konvektiver Form

$$\frac{Du_i}{Dt} = -\frac{1}{\varrho}\frac{\partial \tau_{ij}}{\partial x_j} + F_i.$$

Der Tensor τ_{ij} enthält viskose und Druckanteile.

Übungsbeispiel 19.33

Wie lautet die Energiegleichung in makroskopischer Form?

Lösung

Die Energiegleichung lautet (kompakt)

$$\frac{\partial}{\partial t}\left[\varrho\left(\tfrac{3}{2}RT + \tfrac{1}{2}u^2\right)\right]$$
$$+ \frac{\partial}{\partial x_j}\left[\varrho u_j\left(\tfrac{3}{2}RT + \tfrac{1}{2}u^2\right) + u_k\tau_{kj} + q_j\right]$$
$$- \varrho F_i u_i = 0,$$

oder äquivalent für die Temperatur

$$\frac{3}{2}\varrho R\frac{DT}{Dt} = -\partial_{x_j}q_j - \tau_{ij}\partial_{x_j}u_i.$$

Übungsbeispiel 19.34

Warum sind die Erhaltungsgleichungen nicht geschlossen und wie wird üblicherweise geschlossen?

Lösung

Es treten mehr Unbekannte (z. B. τ_{ij}, q_i) auf als Gleichungen (System nicht geschlossen). Übliche Schließung: lineare Begleitgesetze (Newton'sches Reibungsgesetz für τ_{ij}, Fourier'sches Gesetz für q_i) – hergeleitet z. B. durch die Chapman-Enskog-Expansion $\rightarrow$ Navier-Stokes-Gleichungen.

Übungsbeispiel 19.35

Was ist die BGK-Approximation und wie lautet die BGK-Gleichung?

Lösung

Die BGK-Approximation ersetzt das komplizierte Stoßintegral durch ein Relaxationsmodell:

$$\frac{\partial f}{\partial t} + \xi_i\frac{\partial f}{\partial x_i} + \frac{F_i}{m}\frac{\partial f}{\partial \xi_i} = -\frac{1}{\tau}\left(f - f^{(0)}\right),$$

wobei $f^{(0)}$ die lokale Maxwell-Verteilung und τ die Relaxationszeit ist. BGK erhält Masse, Impuls und Energie und relaxiert gegen $f^{(0)}$, liefert jedoch eine abweichende Prandtl-Zahl.

Lösung der Boltzmann-Gleichung

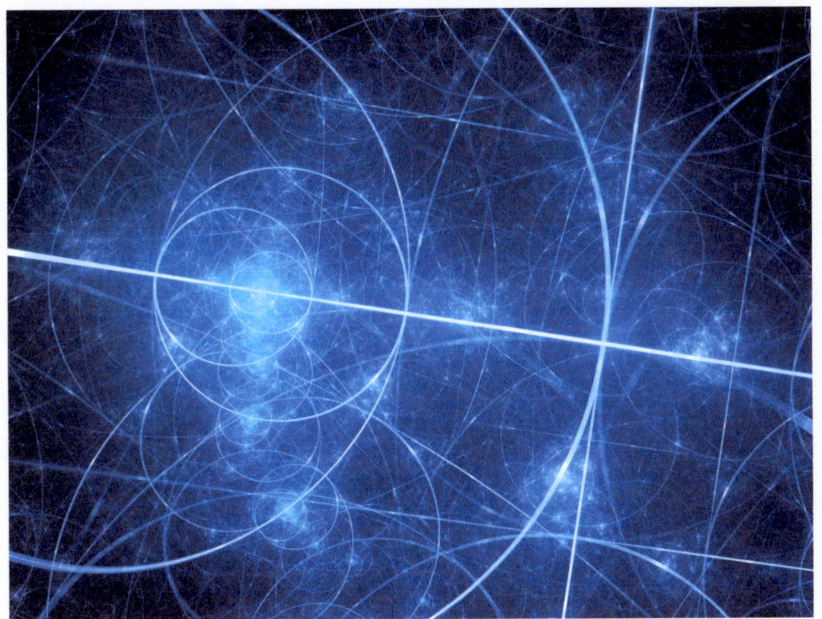

Inhaltsverzeichnis

A. Huber, *Technische Mechanik 6 - Aeromechanik*,
https://doi.org/10.1007/978-3-662-72929-8_20

Sie lernen hier…

- die spezielle Lösung der Boltzmann-Gleichung kennen.
- die allgemeine Lösung der Boltzmann-Gleichung kennen.
- die Momentenmethode kennen.
- die Grad'sche Momententheorie kennen.
- die diskontinuierliche Verteilungsfunktion kennen.
- die absolute- und örtliche Maxwell-Verteilung anwenden.

> **Zitat**
>
> Eine Führungspersönlichkeit ist ein Einzelgänger, der seine Mitläufer trainiert.
>
> *Ron Kritzfeld*

Dieser Abschnitt wird hier nicht mehr behandelt, da dies den Rahmen des Buches sprengen würde. Genauer kann man dies geeigneter Literatur entnehmen, so als Beispiel in [5] bzw. [48]. In [48] findet man auf knapp 40 Seiten, teilweise komplexe mathematische Methoden, die die Lösungen, sei es in Form Allgemeiner- oder Spezieller Form, der Boltzmann-Gleichung zeigen.

Die Boltzmann-Gleichung

$$\frac{\partial f}{\partial t} + \xi_i \frac{\partial f}{\partial x_i} + \frac{F_i}{m} \frac{\partial f}{\partial \xi_i} = I_\Phi \qquad (20.1)$$

stellt ein hochdimensionales, nicht lineares Integro-Differentialgleichungssystem dar. Eine geschlossene analytische Lösung existiert in der Regel nicht. Daher wurden verschiedene Methoden entwickelt, um zumindest Näherungslösungen zu gewinnen, die entweder bestimmte Grenzfälle beschreiben oder auf vereinfachten Annahmen beruhen.

Im Folgenden werden zunächst **allgemeine Methoden** vorgestellt, die darauf abzielen, grundsätzliche Eigenschaften der Lösungen zu erfassen. Anschließend folgen **spezielle Methoden**, die auf konkrete physikalische Situationen zugeschnitten sind.

20.1 Allgemeine Lösungsmethoden der Boltzmann-Gleichung

20.1.1 Momentenmethode

Eine naheliegende Möglichkeit zur Lösung der Boltzmann-Gleichung ist die **Momentenmethode**. Dabei wird die Verteilungsfunktion $f(t, \underline{x}, \underline{\xi})$ nicht direkt bestimmt, sondern durch ihre Momente charakterisiert. Diese ergeben sich durch Integration gegen geeignete Testfunktionen $\Phi(\xi)$:

$$M_\Phi(t, \underline{x}) = \int \Phi(\underline{\xi}) f(t, \underline{x}, \underline{\xi}) \, dV_\xi. \qquad (20.2)$$

Die Wahl von Φ erlaubt es, makroskopische Größen wie Dichte, Impulsdichte und Energie direkt aus der kinetischen Beschreibung abzuleiten.

20.1.2 Grad'sche Momentenmethode

Eine weitere Momentenmethode geht auf Harold Grad zurück. Er schlug vor, die Verteilungsfunktion f durch eine entwickelte Reihe von Hermite-Polynomen in den molekularen Geschwindigkeiten ξ_i darzustellen.

Die Grundidee lautet:

- f wird als Erweiterung um eine lokale Maxwell-Verteilung $f^{(0)}$ geschrieben.
- Abweichungen vom Gleichgewicht werden durch sukzessive Momente (Dichte, Impuls, Energie, Wärmestrom, höhere Flüsse) beschrieben.
- Die Entwicklung wird nach einer endlichen Zahl von Termen abgebrochen.

Das Verfahren erlaubt es, auch Nichtgleichgewichtsphänomene wie Wärmetransport oder viskose Effekte in systematischer Weise einzuführen. Allerdings wächst die Zahl der Gleichungen mit der Zahl der berücksichtigten Momente sehr schnell an, sodass praktische Rechnungen oft auf wenige Momente beschränkt bleiben.

20.1.3 Diskontinuierliche Verteilungsfunktion

Eine andere Methode basiert auf der Annahme, dass f in bestimmten Problemen nicht glatt, sondern stückweise definiert ist. Ein typisches Beispiel ist die Modellierung von Strömungen nahe Festkörpergrenzen:

- Moleküle, die auf eine Wand auftreffen, besitzen eine einlaufende Geschwindigkeit ξ_a.
- Nach der Wechselwirkung mit der Wand verlassen sie die Oberfläche mit einer reflektierten Geschwindigkeit ξ_r.
- In solchen Situationen ist es sinnvoll, f in Ein- und Auslaufanteile zu zerlegen.

Das Verfahren erlaubt die Beschreibung von Randschichten und Knudsen-Strömungen, ist aber weniger geeignet für großskalige Strömungsfelder, in denen f annähernd glatt ist.

20.2 Spezielle Lösungsmethoden der Boltzmann-Gleichung

Neben den allgemeinen Verfahren existieren Methoden, die auf spezielle Randwertprobleme oder Grenzfälle zugeschnitten sind. Diese ermöglichen es, in ausgewählten Konfigurationen exakte oder zumindest sehr gute Näherungslösungen anzugeben.

20.2.1 Exakte Lösung der Boltzmann-Gleichung

Nur in wenigen Fällen lassen sich exakte Lösungen angeben. Die wichtigsten betreffen Situationen, in denen die Verteilungsfunktion eine besonders einfache Form annimmt.

20.2.1.1 Absolute Maxwell-Verteilung

Im globalen Gleichgewicht ergibt sich eine räumlich und zeitlich konstante Maxwell-Verteilung:

$$f^{(0)}(\underline{\xi}) = \frac{\varrho}{(2\pi RT)^{3/2}} \exp\left[-\frac{(\underline{\xi} - \underline{u})^2}{2RT}\right].$$

$$(20.3)$$

Hier gilt:

$\varrho \ldots$ Dichte, konstant im Raum,

$\underline{u} \ldots$ Strömungsgeschwindigkeit, konstant,

$T \ldots$ Temperatur, konstant.

20.2.1.2 Örtliche Maxwell-Verteilung

Wird angenommen, dass das System lokal im Gleichgewicht ist, jedoch räumlich und zeitlich veränderliche makroskopische Felder $\varrho(\underline{x}, t)$, $\underline{u}(\underline{x}, t)$, $T(\underline{x}, t)$ besitzt, so spricht man von der **örtlichen Maxwell-Verteilung**. Sie stellt die Grundlage für die Herleitung der Navier-Stokes-Gleichungen dar, wie bereits im vorgehenden Kapitel behandelt wurde.

20.2.1.3 Freie Molekülströmung (Kn sehr groß)

Im Grenzfall sehr großer Knudsen-Zahlen ($Kn \to \infty$) treten praktisch keine Stöße zwischen den Molekülen mehr auf. Die Boltzmann-Gleichung reduziert sich dann auf eine reine Transportgleichung ohne Stoßterm:

$$\frac{\partial f}{\partial t} + \xi_i \frac{\partial f}{\partial x_i} = 0.$$

$$(20.4)$$

Dieser Fall beschreibt freie Molekülströmungen, wie sie in Hochvakuumtechnologien oder in der oberen Atmosphäre auftreten.

20.2.2 Couette-Strömung (stationär)

Eine weitere spezielle Lösung ermöglicht die Couette-Strömung:

- Zwei parallele Platten bewegen sich relativ zueinander.
- Dazwischen befindet sich ein Gas, das durch viskose Kräfte in Bewegung versetzt wird.
- Im stationären Fall stellt sich ein Geschwindigkeitsprofil ein, das sich durch die Boltzmann-Gleichung (bzw. ihre BGK-Approximation) beschreiben lässt.

20.3 Übungen

Übungsbeispiel 20.1

Was beschreibt die Boltzmann-Gleichung und welche Struktur hat sie?

Lösung

Die Boltzmann-Gleichung beschreibt die zeitliche Entwicklung der Geschwindigkeitsverteilungsfunktion $f(t, \boldsymbol{x}, \boldsymbol{\xi})$ eines verdünnten Gases. Sie hat die Struktur einer Kontinuitätsgleichung im Phasenraum mit einem Stoßterm:

$$\frac{\partial f}{\partial t} + \xi_i \frac{\partial f}{\partial x_i} + \frac{F_i}{m} \frac{\partial f}{\partial \xi_i} = \left(\frac{\partial f}{\partial t} \right)_{\text{Stoß}}, \quad (20.5)$$

wobei die linke Seite Transport und Beschleunigung durch äußere Kräfte beschreibt und die rechte Seite das Boltzmann'sche Stoßintegral enthält.

Übungsbeispiel 20.2

Warum existiert im Allgemeinen keine geschlossene analytische Lösung der Boltzmann-Gleichung?

Lösung

Weil die Gleichung ein hochdimensionales, nicht lineares Integro-Differentialgleichungssystem ist und das Stoßintegral nicht linear in f auftritt. Nur für spezielle Fälle wie die Maxwell-Verteilungen oder die freie Molekülströmung existieren geschlossene Lösungen.

Übungsbeispiel 20.3

Was ist die Idee der Momentenmethode und wie wird ein Moment definiert?

Lösung

Bei der Momentenmethode wird nicht f direkt bestimmt, sondern dessen Momente

$$M_\Phi(t, \boldsymbol{x}) = \int \Phi(\boldsymbol{\xi})\, f(t, \boldsymbol{x}, \boldsymbol{\xi})\, dV_\xi, \quad (20.6)$$

für geeignete Testfunktionen $\Phi(\boldsymbol{\xi})$. Damit lassen sich makroskopische Größen wie Dichte, Impulsdichte oder Energie bestimmen.

Übungsbeispiel 20.4

Worin besteht der Grad'sche Momentensatz und was wird dabei benutzt?

Lösung

Grad stellt f als Erweiterung um die lokale Maxwell-Verteilung $f^{(0)}$ dar und entwickelt die Abweichungen in Hermite-Polynomen in den molekularen Geschwindigkeiten ξ_i. Nach Abbruch der Reihe ergibt sich ein endlich-dimensionales Gleichungssystem für die gewählten Momente.

Übungsbeispiel 20.5

Wann und warum verwendet man eine diskontinuierliche Verteilungsfunktion?

Lösung

In Randbereichen nahe festen Wänden, wenn Moleküle einlaufend mit ξ_a und reflektiert mit ξ_r unterschiedliche Eigenschaften haben. Dann ist es sinnvoll, f in Ein- und Auslaufanteile zu zerlegen, um z. B. Knudsen-Schichten zu beschreiben.

20

Übungsbeispiel 20.6

Nenne die wichtigsten speziellen/exakten Lösungen der Boltzmann-Gleichung und ihre Bedingungen.

Lösung

- Absolute Maxwell-Verteilung: globales Gleichgewicht, $\varrho, \boldsymbol{u}, T$ konstant.
- Örtliche Maxwell-Verteilung: lokales Gleichgewicht, $\varrho(\boldsymbol{x}, t), \boldsymbol{u}(\boldsymbol{x}, t), T(\boldsymbol{x}, t)$ variabel.
- Freie Molekülströmung: $Kn \to \infty$, Stöße vernachlässigbar, reine Transportgleichung.

Übungsbeispiel 20.7

Wie lautet die Boltzmann-Gleichung im Grenzfall der freien Molekülströmung und wo tritt dieser Fall praktisch auf?

Lösung

Im Grenzfall großer Knudsen-Zahlen verschwindet der Stoßterm:

$$\frac{\partial f}{\partial t} + \xi_i \frac{\partial f}{\partial x_i} = 0. \tag{20.7}$$

Praktische Vorkommen sind Hochvakuumtechnik, die obere Atmosphäre oder Mikro-/Nanotechnologien.

Übungsbeispiel 20.8

Was beschreibt die Couette-Strömung und wie hängt sie mit der Boltzmann-Gleichung zusammen?

Lösung

Sie beschreibt das Gas zwischen zwei parallelen Platten, die sich relativ zueinander bewegen. Das Geschwindigkeitsprofil des Gases kann mit der Boltzmann-Gleichung oder der BGK-Approximation beschrieben werden.

Übungsbeispiel 20.9

Welche Vor- und Nachteile haben Momenten- bzw. Grad'sche Methoden in der Praxis?

Lösung

Vorteile: Reduktion der Komplexität, direkte Verbindung zu makroskopischen Größen, systematische Erweiterung.

Nachteile: Schließungsproblem, hoher Rechenaufwand bei vielen Momenten, Instabilitäten bei starken Nichtgleichgewichten.

Übungsbeispiel 20.10

Wie wird das Moment M_Φ benutzt, um makroskopische Größen zu erhalten – nenne Beispiele.

Lösung

- $\Phi = 1$ liefert die Teilchendichte n.
- $\Phi = m\xi_i$ ergibt die Impulsdichte ϱu_i.
- $\Phi = \frac{m}{2}\xi^2$ liefert die Energiedichte.

Damit lassen sich Kontinuitäts-, Impuls- und Energieerhaltungsgleichungen ableiten.

Flugtechnik

Inhaltsverzeichnis

Flugzeugtechnik

Inhaltsverzeichnis

© Der/die Autor(en), exklusiv lizenziert an Springer-Verlag GmbH, DE, ein Teil von Springer Nature 2026
A. Huber, *Technische Mechanik 6 - Aeromechanik*,
https://doi.org/10.1007/978-3-662-72929-8_21

- den Aufbau von Flugzeugen kennen.
- Bauteile für die Steuerung von Flugzeugen definieren.
- Tragwerke im Detail untersuchen, notwendige Klappen kennen, wie Sörklappen, Wölbklappen, Krügerklappen.
- den Vortexgenerator kennen.
- Wichtige Eigenschaften der Flugzeugwartung kennen.
- die größten Flugzeuge im Vergleich und deren Merkmale kennen.

> **Zitat**
>
> Das Einzige, was an der Luft gefährlich ist, ist die Erde.
>
> *Sigmund Jähn*

In diesem Kapitel findet man ergänzende Informationen rund um das Flugzeug und den Flugverkehr sowie der Flugzeugtechnik. Es wird hier nicht mehr vorwiegend auf die mathematischen Grundlagen sowie die mechanischen Effekte eingegangen, im Fokus stehen die technischen Hintergründe rund um das Thema „fliegen".

21.1 Begriffsdefinition

Gem. der ICAO (International Civil Aviation Organization) wird der Begriff „Flugzeug" wie folgt definiert, vgl. mit [18]

> **Definition 21.1 (Flugzeug)**
>
> Aeroplane. A power-driven heavier-than-air aircraft, deriving its lift in flight chiefly from aerodynamic reactions on surfaces which remain fixed under given conditions of flight.
>
> Ein motorgetriebenes, schwerer-als-Luft-Luftfahrzeug, dessen Auftrieb im Flug überwiegend aus aerodynamischen Kräften auf Flächen entsteht, die unter den gegebenen Flugbedingungen feststehen.

21.2 Aufbau eines Flugzeuges

Grundsätzlich unterteilt man ein Flugzeug in drei Konstruktionskomponenten:

- **Flugwerk,**
- **Triebwerksanlage und der**
- **Ausrüstung.**

Diese Baugruppen beinhalten dann wiederum die restlichen Unterbaugruppen.

21.2.1 Flugwerk [79]

Das Flugwerk beinhaltet quasi alle von außen sichtbaren Komponenten, ausgenommen der Triebwerke, wie man in ◘ Abb. 21.1 erkennen kann. Es bildet die strukturelle Grundlage eines Flugzeugs und umfasst alle Konstruktionselemente, die dem Flugzeug seine Form und Stabilität verleihen.

Das Flugwerk setzt sich aus folgenden Unterbaugruppen zusammen:

- **Rumpfwerk (Rumpf)**
- **Tragwerk (Flügel)**
- **Leitwerk (Höhen- und Seitenleitwerk)**
- **Steuerwerk (Steuerflächen und Steuereinrichtungen)**
- **Fahrwerk** bei Landflugzeugen bzw. **Schwimmer/Auftriebskörper** bei Wasserflugzeugen

Bei Sonderbauformen können abweichende Lösungen vorkommen. So verfügen Senkrechtstarter oder ältere Segelflugzeuge teilweise anstelle eines klassischen Fahrwerks über Kufenlandegestelle. In älterer Literatur wird der Begriff *Flugwerk* oft auch durch *Flugzeugzelle* oder einfach **Zelle** ersetzt.

21.2.1.1 Rumpfwerk

Der Rumpf (vgl. mit ◘ Abb. 21.2) stellt das zentrale Bauteil der meisten Flugzeuge dar. Er übernimmt mehrere Aufgaben gleichzeitig:

- Er verbindet die tragenden Strukturen des Flugzeugs (Tragwerk, Leitwerk, Fahrwerk).
- Er dient als Aufnahme für Piloten, Passagiere und Frachtraum.
- Er enthält wesentliche Systeme wie Cockpit, Bordsysteme und teilweise auch das Fahrwerk.

Abb. 21.1 Flugwerk

Abb. 21.2 Rumpfwerk

- Bei Flugbooten wirkt der Rumpf zusätzlich als Auftriebskörper auf der Wasseroberfläche.
- Triebwerke können, je nach Bauweise, im oder am Rumpf integriert sein.

Man unterscheidet verschiedene Bauformen des Rumpfquerschnitts:

- **Runder Querschnitt:** Standard bei modernen Passagierflugzeugen mit Druckkabine, da dieser eine gleichmäßige Druckverteilung ermöglicht und strukturell vorteilhaft ist.
- **Rechteckiger Querschnitt:** Häufig bei Frachtflugzeugen, um das Beladevolumen zu optimieren und eine bessere Stapelbarkeit der Fracht zu gewährleisten.
- **Sonderbauformen:** Neben klassischen Einrumpf-Flugzeugen existieren auch Konstruktionen mit **Doppelrumpf** (z. B. bei Spezialflugzeugen für Trägerstarts) oder **Nurflügel-Flugzeuge**, bei denen der Rumpf als separates Bauteil weitgehend entfällt.

21.2.1.2 Tragwerk

Die Tragfläche (vgl. mit Abb. 21.3) hat die Aufgabe, den dynamischen Auftrieb des Flugzeuges zu erzeugen und damit das Flugzeug zum Fliegen zu bringen. Es wird dabei durch Beeinflussung der Umströmung eine derart große Kraft erzeugt, die das Flugzeug zum Abheben bringt, vgl. mit dem Auftrieb. Zusätzlich hat das Tragwerk bei Flugzeugen, neben dem umgangssprachlich meist als „Flügel" bezeichnet, zahlreiche Klappen, die für das Abheben, Bremsen und Landen benötigt werden.

Zudem befindet sich im Flügel der Kraftstofftanks, bei Flugzeugen. Die **Spannweite** ist die gesamte Länge von linker- zu rechter **Tragflügelspitze**.

Das Tragwerk beinhaltet zahlreiche Unterbaugruppen und Komponenten, wovon die wichtigsten im Folgenden erörtert werden.

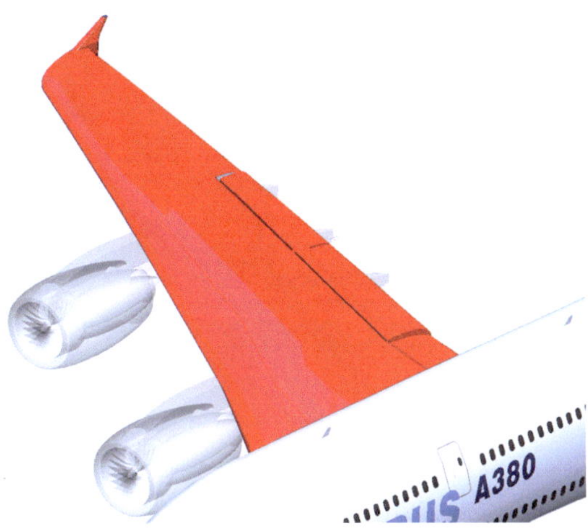

Abb. 21.3 Tragwerk

Tragflächengrundriss

In der Anfangszeit der Fliegerei orientierte man die Tragflächengrundrisse am Vogelflügel, wobei Otto Lilienthal mit der Wölbung und Hugo Junkers mit der Profildicke wichtige Beiträge leisteten. Moderne Tragflächen sind meist langgestreckt und zugespitzt, um den Luftwiderstand zu verringern und die Auftriebsverteilung zu verbessern. Winglets an Verkehrsflugzeugen reduzieren die Wirbelschleppen (vgl. auch mit [23]), verbessern die Auftriebsverteilung und senken dadurch den Treibstoffverbrauch. Vgl. mit ◘ Abb. 21.4

Überschallflugzeuge wie die Concorde nutzen Deltaflügel (vgl. mit ◘ Abb. 21.5), da diese besser an Verdichtungsstöße und die besonderen Strömungseffekte bei hohen Geschwindigkeiten angepasst sind.

Die Pfeilung der Tragflächen beeinflusst die Anströmgeschwindigkeit und reduziert den Auftrieb, kann aber auch Strömungsprobleme wie das Ablösen der Grenzschicht an den Flügelspitzen verursachen.

Neben Delta- und Pfeilflügeln gibt es experimentelle Formen wie Ringflügel oder Schwenkflügel (vgl. mit ◘ Abb. 21.6), die die Aerodynamik je nach Geschwindigkeit anpassen können. Eine innovative Idee von 2008 basiert auf den gewellten Vorderflossen des Buckelwals und ermöglicht durch gewellte Vorderkanten mehr

Abb. 21.4 Tragfläche von unten eines Airbus A310

Abb. 21.5 Die Concorde hat Delta-Flügel

Auftrieb, weniger Widerstand und eine höhere Stallgrenze, vgl. mit ◘ Abb. 21.7 und 21.8.

Abb. 21.9   Challenger 600 mit unter dem Rumpf liegendem Tragwerk (Tiefdecker)

Abb. 21.6   Schwenkmechanismus einer MiG-23 [19]

Abb. 21.10   Grumman TBM Avenger (Mitteldecker)

Abb. 21.7   Vortexgenerator beim BAE Harrier

Anordnung

Flugzeuge werden je nach Höhe der Tragflächen in Tiefdecker (vgl. mit **■** Abb. 21.9), Mitteldecker (vgl. mit **■** Abb. 21.10), Schulterdecker (vgl. mit **■** Abb. 21.11) und Hochdecker (vgl. mit **■** Abb. 21.12) eingeteilt. Bei Canardflugzeugen[1] liegt das Höhenleitwerk vor, bei Drachenflugzeugen hinter den Tragflächen. Moderne Großraumflugzeuge sind meist Tiefdecker (vgl. mit **■** Abb. 21.13), deren Flügel über einen Flügelmittelkasten mit dem Rumpf verbunden werden. Während in der Frühzeit Doppeldecker oder sogar Dreidecker verbreitet waren, dominieren heute Eindecker, wobei Nurflügel (Vgl. mit **■** Abb. 21.14) oder Tandemkonfigurationen seltene Sonderformen darstellen. Die Flügelstellung kann gerade, in V-Form oder als Knickflügel ausgeführt sein.

Abb. 21.8   Vortexgenerator – entwickelt durch Beobachtungen der Oberfläche eines Buckelwals

---

1   Dabei handelt es sich um ein Flugzeug, bei dem sich das Höhenleitwerk vor den Tragflächen positioniert ist, oft auch als Entenflügler bezeichnet.

Abb. 21.11 Schulterdecker – Airbus A400M Atlas [22]

Abb. 21.14 Der derzeit bekannteste Vertreter dieser Bauart mit Nurflügel – die Northrop B-2

Abb. 21.12 Segelflugzeug Rubik R11B Cimbora mit einer Hochdeckerkonstruktion [21]

Abb. 21.15 X-24B im Flug, 1975

Abb. 21.13 Die Tu-144LL im Juli 1997

Tragrumpf (Lifting Body)

Bei einem Tragrumpf handelt es sich um eine Flugzeugbauweise, bei der neben den Tragflächen auch die Rumpfkonstruktion für den Auftrieb verantwortlich ist, vgl. mit Abb. 21.15.

Vortrieb/Auftrieb

Vögel bzw. Flügel von Tieren erzeugen den Auf- als auch Vortrieb, indem sie die Flügel schwen-
ken. Anders ist dies bei Flugzeugen, dabei wird der Vortrieb durch die Triebwerke erzeugt und die Tragflügel erzeugen alleinig den Auftrieb. Es gibt auch Flugkonstruktionen, die sowohl den Auf- als auch Vortrieb über die Tragflächen erzeugen, sogenannte Schwingenflugzeuge oder auch Ornithopter, durch Schwenken der Tragflächen, was sich aber nie durchgesetzt hat, bisher wurde es nur im Modellflug umgesetzt.

Komponenten des Tragflügels

Die einzelnen Komponenten sind in Abb. 21.16 ersichtlich. Im Anschluss wird der Reihe nach auf die einzelnen Komponenten sowie deren Funktion eingegangen.

Winglets, Sharklets

Winglets als auch Sharklets bezeichnen ein Bauteil, dass den Luftwiderstand (indem sie Wirbel an den Flügelspitzen verringern) verhindert und senken so den Treibstoffverbrauch.

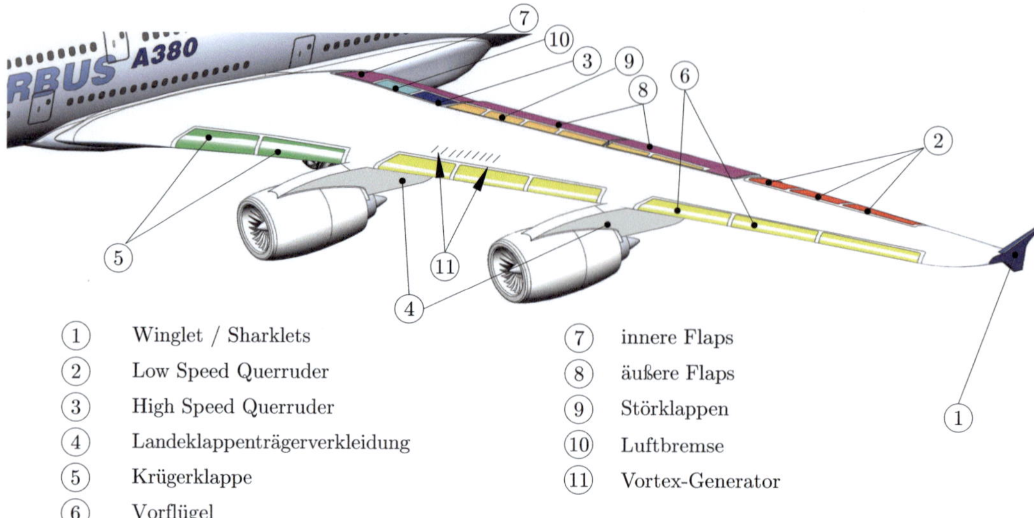

Abb. 21.16 Komponenten des Tragflügels

Winglets:
- Bezeichnung der Flügelspitzenendung der Marke Boeing
- Ursprünglich bei Boeing populär gemacht (z. B. Boeing 737, 747-400).
- Boeing unterscheidet zwischen „Blended Winglets" (weich gebogene Form) und „Split Scimitar Winglets" (neuere Variante mit zusätzlichem nach unten zeigendem Teil)

Sharklets:
- Bezeichnung der Flügelspitzenendung der Marke Airbus
- Wurden zuerst bei der A320neo-Familie eingeführt.
- Etwas größer und mit einer sanften, haiflossenähnlichen Form (daher der Name).

Querruder (Aileron) (Low- und Highspeed-Querruder) vgl. mit [119]

Das Querruder ist eine Steuerfläche, die sich an den Flügelenden befindet und das Flugzeug um die Längsachse (**Rollachse**) steuert. Die Querruder wirken immer paarweise und werden entgegengesetzt ausgeschlagen:
- Wird das linke Querruder nach oben und das rechte nach unten ausgeschlagen, so verringert sich der Auftrieb am linken Flügel und erhöht sich am rechten Flügel. Dadurch rollt das Flugzeug nach links.
- Umgekehrt führt ein Ausschlag des rechten Querruders nach oben und des linken nach unten zu einer Rollbewegung nach rechts.

Die Steuerung erfolgt typischerweise über das Steuerhorn oder den Sidestick des Piloten, vgl. mit ■ Abb. 21.17.

Mathematisch lässt sich das erzeugte Rollmoment M_x vereinfacht darstellen als:

$$M_x \approx \Delta C_L \cdot \frac{b}{2} \cdot q \cdot S. \qquad (21.1)$$

wobei gilt:

$\Delta C_L \ldots$ Differenz des Auftriebsbeiwerts zwischen linkem und rechtem Flügel,

$b \ldots$ Spannweite,

$q = \frac{1}{2}\varrho v^2 \ldots$ Staudruck,

$S \ldots$ Flügelgrundfläche.

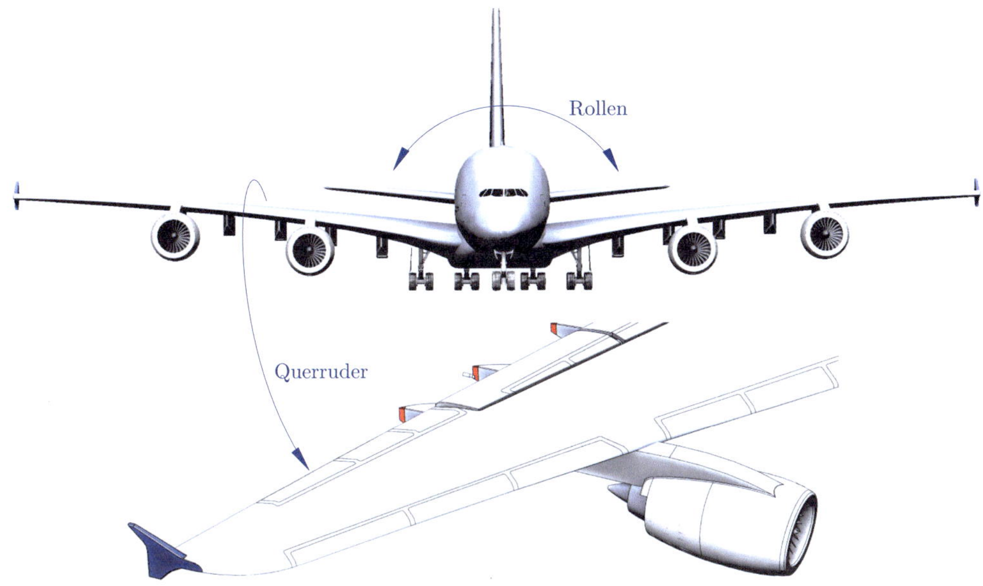

◘ Abb. 21.17 Querruder

— Low-Speed Querruder
- Große, weit außen angebrachte Querruder.
- Werden bei niedrigen Geschwindigkeiten (Start, Landung) genutzt.
- Bei niedriger Strömungsgeschwindigkeit benötigt man große Ausschläge und große Flächen, um genügend Rollmoment zu erzeugen.
- Bei sehr hohen Geschwindigkeiten würden sie zu viel Auftriebskraft erzeugen → Belastung für die Struktur und zu starke/ruckartige Bewegungen.

— High-Speed Querruder
- Kleinere Querruder, die weiter innen am Flügel sitzen.
- Werden bei hohen Geschwindigkeiten (Reiseflug) genutzt.
- Weil sie näher am Rumpf sind, erzeugen sie weniger strukturelle Belastung und benötigen bei hoher Strömungsgeschwindigkeit nur kleine Ausschläge, um das Flugzeug zu rollen. Dadurch wird eine präzisere Steuerung bei hohen Geschwindigkeiten ermöglicht.

Im modernen Flugzeugbau werden unterschiedliche Funktionen überlagert und kombiniert. Typische Beispiele:

— Elevons (z. B. Concorde, F-16): Kombination aus Elevator (Höhenruder) und Aileron (Querruder).

— Ruddervators (V-Leitwerk, z. B. Beechcraft Bonanza V35): Kombination aus Rudder (Seitenruder) und Elevator (Höhenruder).

— Spoilerons: Spoiler übernehmen teilweise die Funktion der Querruder (z. B. Airbus A380, Boeing 747). Viele Flugzeuge sind mit einen sogenannten **Rollspoiler** ausgestattet, der eine Unterfunktion der Störklappen darstellt. Dabei handelt es sich in der Regel um die am weitesten außen liegenden Segmente der Spoilerreihen auf den Tragflächen.

Wird ein Rollkommando gegeben, so fährt auf der **kurveninneren Tragfläche** zusätzlich zum nach oben ausgeschlagenen Querruder ein Spoiler aus. Auf der **kurvenäußeren Tragfläche** verbleiben die Spoiler in ihrer eingefahrenen Ruheposition. Dies hat folgende aerodynamische Effekte:

- **Unterstützung der Rollbewegung:** Durch das Ausfahren des Spoilers wird

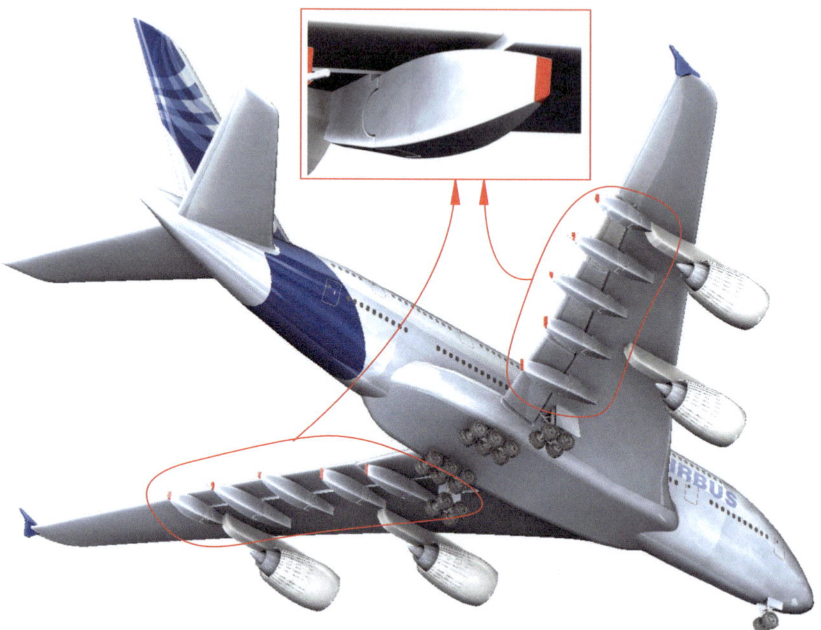

◘ Abb. 21.18   Landeklappenträgerverkleidung

der Auftrieb an der kurveninneren Fläche weiter verringert, was das Rollmoment verstärkt.

– **Abmilderung des negativen Wendemoments:** Klassische Querruder erzeugen beim Ausschlag ein unerwünschtes seitliches Moment (negatives Giermoment), da die kurvenäußere Fläche mehr Widerstand erfährt. Der einseitig ausgefahrene Spoiler erhöht jedoch den Widerstand an der kurveninneren Fläche. Dadurch entsteht ein gierunterstützendes Moment in Kurvenrichtung, welches das negative Wendemoment kompensiert.

Beim **Airbus A380** werden von den insgesamt acht Spoilern pro Tragfläche sechs Segmente im Außenflügel auch als Rollspoiler genutzt.

– **Flaperons**: Mischung aus Flaps (Landeklappen) und Ailerons (Querruder) für mehr Auftrieb und Rollsteuerung.

Die Steuerung der unterschiedlichen Funktionen wird über das sogenannte **Fly-by-Wire-System** ermöglicht.

– **Signal statt Mechanik:** Steuerbefehle werden elektronisch übertragen.

– **Rechnerunterstützung:** Flugkontrollcomputer übersetzen die Eingaben des Piloten in optimale Steuerflächenbewegungen.

– **Stabilitätserhöhung:** Flugzeuge können bewusst instabil ausgelegt werden (z. B. Eurofighter Typhoon, F-16), während Computer für Stabilität sorgen.

– **Automatische Begrenzungen:** Schutz vor Strömungsabriss, Überlastung oder übermäßigem Ausschlag.

Landeklappenträgerverkleidung

Die Landeklappenträgerverkleidung ist eine stromlinienförmige Verkleidung, die die Mechanik und Führungen der Landeklappen (Flaps) am Flügel aerodynamisch abdeckt. Damit sich die großen Klappen entlang der Tragfläche bewegen lassen, benötigt man Schienen (Flap Tracks) und Träger. Diese ragen bei ausgefahrener Klappe aus der Tragfläche heraus – um sie im eingefahrenen Zustand vor Luftwiderstand zu schützen, werden sie von einer Verkleidung umschlossen. Vgl. mit ◘ Abb. 21.18.

Krügerklappe, Vorderflügel und Kippnase

Eine **Krügerklappe** ist ein bewegliches Klappenelement an der **Flügelvorderkante**. Im ein-

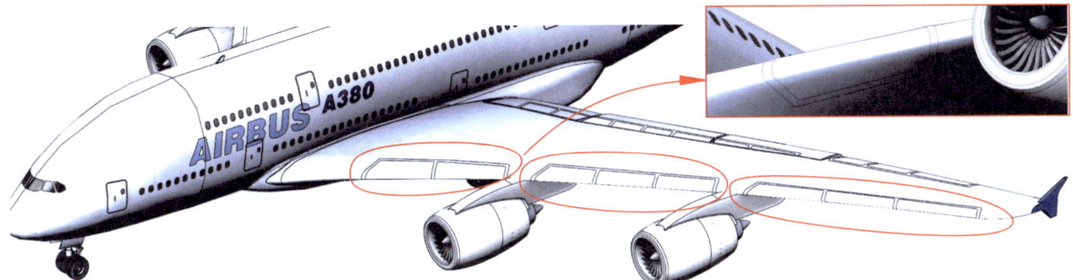

Abb. 21.19 Kippnase beim Airbus A380

gefahrenen Zustand liegt sie bündig unter der Tragfläche. Wird sie ausgefahren, klappt sie nach vorne und unten aus und verlängert dadurch die Flügelvorderkante. Das Profil wird abgerundet und die Tragfläche für hohe Auftriebsbeiwerte optimiert.

Die Krügerklappe erfüllt zwei zentrale Aufgaben:

- **Strömungsverbesserung:** Durch die veränderte Form der Vorderkante wird das Ablöseverhalten der Strömung verbessert. Der Auftrieb bleibt auch bei hohen Anstellwinkeln länger erhalten, wodurch die Gefahr eines Strömungsabrisses verringert wird.
- **Auftriebserhöhung:** Das Ausfahren der Klappe vergrößert die Wölbung des Flügelprofils und damit den maximalen Auftriebsbeiwert $C_{L,\max}$. Dies ist besonders bei Start und Landung von Vorteil, da das Flugzeug bei niedrigeren Geschwindigkeiten sicher betrieben werden kann.

Bemerkung 21.1 (Airbus A380)

Der Airbus A380 hat genau genommen keine Krüger-Klappen, demnach ist ◘ Abb. 21.19 nicht ganz richtig, allerdings befinden sich die Krügerklappen an derselben Stelle. Beim A380 spricht man von der Kippnase (Droop Leading Edge Flap oder Droop Nose).

Die Krügerklappe gehört zu den sogenannten **Leading Edge Devices** (Vorflügel). Sie unterscheidet sich von anderen Bauarten:

- **Krügerklappen:** klappen nach vorne und unten aus, meist an der geraden Flügelwurzel angebracht.

- **Spaltvorflügel (Slats):** gleiten nach vorne und unten und bilden einen Spalt, der die Strömung kontrolliert. Sie werden vor allem an den Außenflügeln eingesetzt, wo die Strömung besonders kritisch ist.
- Moderne Verkehrsflugzeuge kombinieren beide Systeme, um über die gesamte Spannweite optimale Auftriebswerte zu erzielen.

Krügerklappen werden bei vielen Verkehrsflugzeugen verwendet, unter anderem:

- Boeing 737, 747 und 707: Krügerklappen an den inneren Tragflächen,
- Airbus A380: Krügerklappen an den Flügelwurzeln, kombiniert mit Slats an den Außenflügeln.

Wölbklappe (Flaps), innere- und äußere Flaps

Wölbklappen (Flaps) (vgl. mit ◘ Abb. 21.20) ermöglichen die gezielte Veränderung der Tragflächengeometrie zur Anpassung der aerodynamischen Eigenschaften in unterschiedlichen Flugphasen.

Die ersten Flaps wurden in den 1910er-Jahren entwickelt, um die Start- und Landestrecken von Flugzeugen zu verkürzen. Frühe Konstruktionen, wie plain flaps oder split flaps, hatten einfache Mechanismen, die den Auftrieb vergrößerten. Mit der Weiterentwicklung der Luftfahrttechnik entstanden komplexere Systeme wie Voller-Flats, die eine höhere Effizienz bieten.

Durch das Absenken der Wölbklappen wird die effektive Wölbung der Tragfläche vergrößert. Dies führt zu einer Zunahme des Auftriebs und ermöglicht das Fliegen bei niedrigeren Geschwindigkeiten, ohne dass die Strömung abreißt.

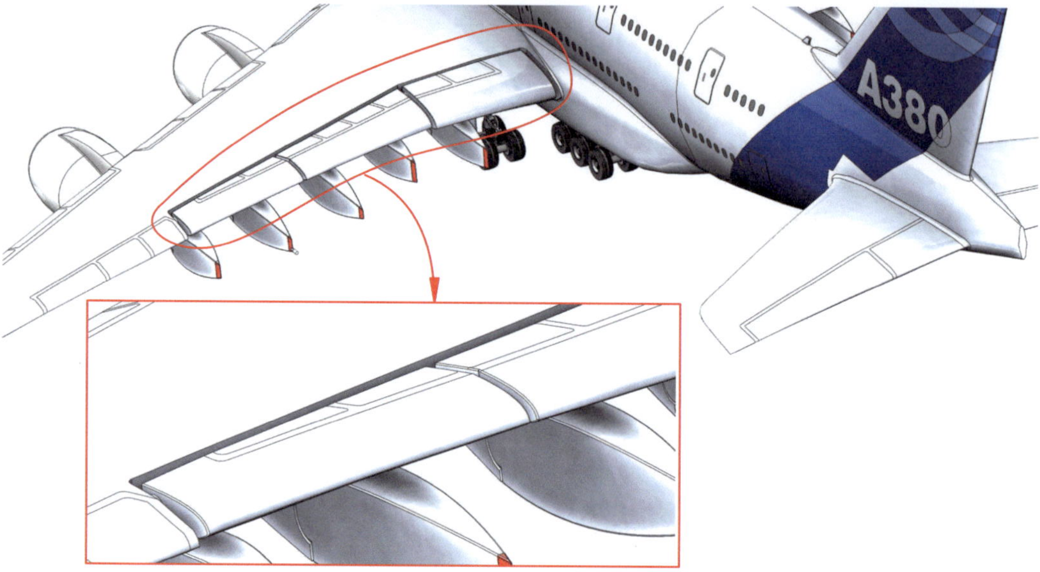

Abb. 21.20   Wölbklappen (Flaps)

Die Veränderung der Tragflächenkontur beeinflusst die Strömungsgeschwindigkeit über der Flügeloberseite und kann den Anstellwinkel der Strömung lokal erhöhen, wodurch der Auftrieb steigt.

Typen von Flaps
- **Plain Flaps:** einfache Klappen, die nach unten geklappt werden.
- **Split Flaps:** nur die Unterseite wird abgesenkt, erzeugt zusätzlichen Widerstand.
- **Fowler-Flaps:** verschieben sich nach hinten und unten, erhöhen Fläche und Wölbung.
- **Krüger-Flaps:** an der Vorderkante, verbessern Strömung bei Start/Landung.

Bedeutung während des Flugs:
- Start: Verkürzung der Startstrecke durch Erhöhung des Auftriebs bei niedriger Geschwindigkeit.
- Landung: Reduzierung der Landegeschwindigkeit und Erhöhung der Manövrierfähigkeit.
- Spezielle Manöver: Einsatz in Kurven oder bei Triebwerksausfall zur Verbesserung der Kontrolle.

Viele Verkehrsflugzeuge, wie die Boeing 737 oder der Airbus A320, nutzen eine Kombination aus inneren und äußeren Fowler-Flaps, um die Start- und Landeeigenschaften zu optimieren. Auch moderne Segelflugzeuge und Trainingsflugzeuge setzen Flaps ein, um die Flugleistung in verschiedenen Situationen zu verbessern.

Störklappe und Luftbremse

Störklappen (vgl. mit Abb. 21.21), auch als Spoiler oder Bremsklappen bezeichnet, sind bewegliche aerodynamische Klappen an Flugzeugen, die gezielt die Auftriebs- und Widerstandswerte einer Tragfläche verändern. Sie sind ein wesentlicher Bestandteil moderner Flugzeugtechnik und werden sowohl bei Verkehrs als auch bei Militärflugzeugen eingesetzt. Ihre Hauptfunktion besteht darin, den Auftrieb lokal zu reduzieren und die Sink- oder Bremsleistung zu erhöhen, wodurch die Manövrierfähigkeit und die Sicherheit in kritischen Flugphasen verbessert werden.

Störklappen wirken primär durch Reduzierung des Auftriebs. Durch das Absenken oder Ausfahren der Klappen wird die Strömung über der Tragfläche lokal gestört, was zu einer Verringerung der Auftriebskraft F_A führt:

$$F_A = \frac{1}{2}\varrho v^2 S C_L. \qquad (21.2)$$

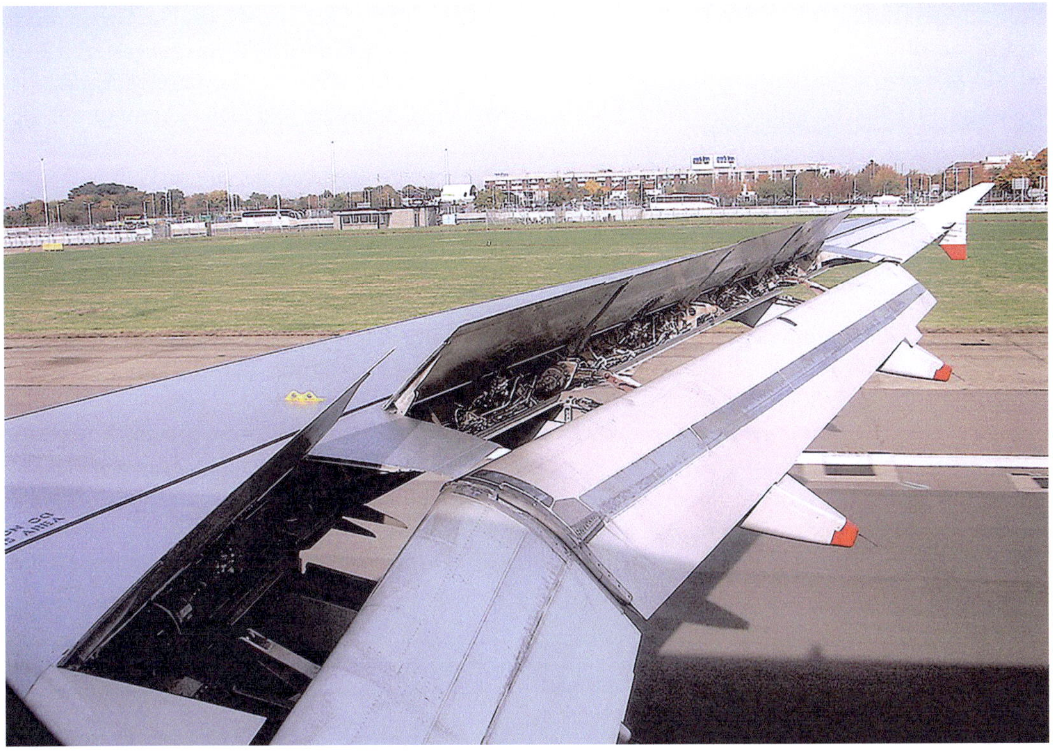

Abb. 21.21 Nach oben ausgefahrene Störklappen (Spoiler) eines A320, gem. [6]

Hierbei ist C_L der Auftriebsbeiwert. Durch das Aktivieren der Störklappen sinkt C_L, während der Luftwiderstand D gleichzeitig leicht steigt, da die Klappen zusätzliche Störflächen bilden.

Durch die Reduzierung des Auftriebs kann das Flugzeug gezielt sinken, ohne die Fluggeschwindigkeit wesentlich zu erhöhen. Dies ist besonders bei Anflügen auf kurze Landebahnen, bei Präzisionslandungen und bei Notfallmanövern von Bedeutung.

Die häufigste Form, die direkt auf der Tragflächenoberseite montiert ist. Sie reduziert lokal den Auftrieb und dient gleichzeitig als aerodynamische Bremsklappe nach der Landung. Seltener eingesetzt, wirken durch Erhöhung des Widerstands und zusätzlicher Auftriebsreduktion. Sie werden meist in Kombination mit Oberseiten-Spoilern verwendet.

Bei Hochgeschwindigkeitsflugzeugen oder Militärjets am Rumpf angebracht, um aerodynamische Bremswirkung zu erzielen, ohne die Tragflächenkontur zu verändern.

- **Lift Dumpers:** Spoiler, die nach der Landung vollständig ausgefahren werden, um den Auftrieb zu minimieren und die Radbremsen effektiver zu machen.
- **Airbrakes:** Kombination aus Spoiler und reiner Luftbremse, um den Luftwiderstand gezielt zu erhöhen.
- **Rollspoiler:** Speziell zur Unterstützung der Querneigung beim Kurvenflug.

Einsatzbereiche und Flugphasen
- **Landung:** Reduktion des Auftriebs unmittelbar nach dem Aufsetzen, Verstärkung der Radbremswirkung, Verkürzung der Landestrecke.
- **Sinkflug:** Präzise Kontrolle der Sinkrate bei Annäherung an den Zielflugplatz oder bei Notmanövern.
- **Kurvenflug:** Asymmetrischer Einsatz zur Unterstützung der Rollbewegung und Verbesserung der Wendigkeit.
- **Notfälle:** Schnelle Reduktion des Auftriebs zur kontrollierten Verzögerung bei Triebwerksausfall oder starken Wetterbedingungen.

Störklappen haben folgenden Einfluss auf die Aerodynamik:

- Störklappen verändern die Druckverteilung auf der Tragfläche, reduzieren die Auftriebskraft und erhöhen den induzierten Widerstand.
- Moderne Spoiler sind hydraulisch, elektrisch oder pneumatisch angetrieben, um präzise Steuerung und schnelle Reaktionszeiten zu gewährleisten.
- Durch die Integration in die Tragfläche wird die strukturelle Belastung gleichmäßig verteilt, wodurch die Stabilität während des Einsatzes erhalten bleibt.

Die Auftriebsreduktion durch Spoiler kann vereinfacht berechnet werden über die Veränderung des Auftriebsbeiwerts:

$$\Delta C_L = k \cdot \frac{A_s}{S} \qquad (21.3)$$

wobei A_s die Fläche der ausgefahrenen Störklappen, S die Tragflächenfläche und k ein empirischer Faktor für die Wirksamkeit der Klappe ist. Daraus ergibt sich die neue Auftriebskraft:

$$L_{\text{neu}} = \frac{1}{2}\varrho v^2 S(C_L - \Delta C_L). \qquad (21.4)$$

Vortexgenerator

Vortexgeneratoren (Wirbelgeneratoren) (vgl. mit ◘ Abb. 21.7) sind kleine aerodynamische Vorrichtungen, die auf der Oberfläche von Tragflächen, Leitwerken oder anderen aerodynamisch relevanten Bauteilen eines Flugzeugs angebracht werden. Sie erzeugen gezielt kleine Wirbel in der Grenzschicht der Strömung, wodurch die Luftströmung stabilisiert und das Ablösen der Strömung von der Oberfläche verzögert wird.

Vortexgeneratoren bestehen typischerweise aus kleinen, flachen Platten oder dreieckigen Finnen, die in einem bestimmten Winkel zur lokalen Anströmung angebracht werden. Sie werden in Reihen oder Linien entlang kritischer Stellen der Tragfläche montiert, wie z. B. vor den Querrudern, vor der Flügelwurzel oder an der Hinterkante der Tragfläche. Die Größe, Form und Positionierung der Vortexgeneratoren hängen von der spezifischen Strömungscharakteristik der Tragfläche und dem Einsatzprofil des Flugzeugs ab.

Vortexgeneratoren erzeugen kleine Wirbel, die Energie in die Grenzschicht einbringen. Diese Wirbel mischen die langsam fließende Luft in der Grenzschicht mit der schnelleren Strömung darüber, wodurch die Grenzschicht energiereicher wird. Als Ergebnis:

- Wird das Ablösen der Strömung von der Tragflächenoberfläche verzögert.
- Wird die Effizienz von Steuerflächen wie Querrudern, Höhenrudern oder Landeklappen erhöht.
- Werden aerodynamische Verluste reduziert und das Risiko von Strömungsabrissen verringert.

Vortexgeneratoren sind ein relativ einfacher, aber effektiver Weg, um aerodynamische Effizienz zu steigern und Strömungsabrisse zu verhindern. Sie haben folgende Vorteile:

- Erhöhung der Auftriebsreserve bei hohen Anstellwinkeln.
- Verbesserung der Kontrolle der Querruder und Landeklappen.
- Reduzierung von Luftwiderstand und Turbulenzen an der Tragfläche.

Folgende Varianten von Vortexgeneratoren werden unterschieden:

- **Standard Vortexgeneratoren:** Kleine dreieckige Platten, die in Reihen angebracht werden.
- **Micro Vortexgeneratoren:** Sehr kleine Versionen für dünne Tragflächenprofile, z. B. an Segelflugzeugen.
- **Active Vortexgeneratoren:** Systeme, die elektronisch oder pneumatisch aktiviert werden, um Wirbel gezielt bei Bedarf zu erzeugen.

Flügelwurzel

Die Flügelwurzel (vgl. mit ◘ Abb. 21.22) bezeichnet den Bereich, in dem die Tragfläche eines Flugzeugs mit dem Rumpf verbunden ist. Sie bildet den strukturellen und aerodynamischen Übergang zwischen Flügel und Rumpf.

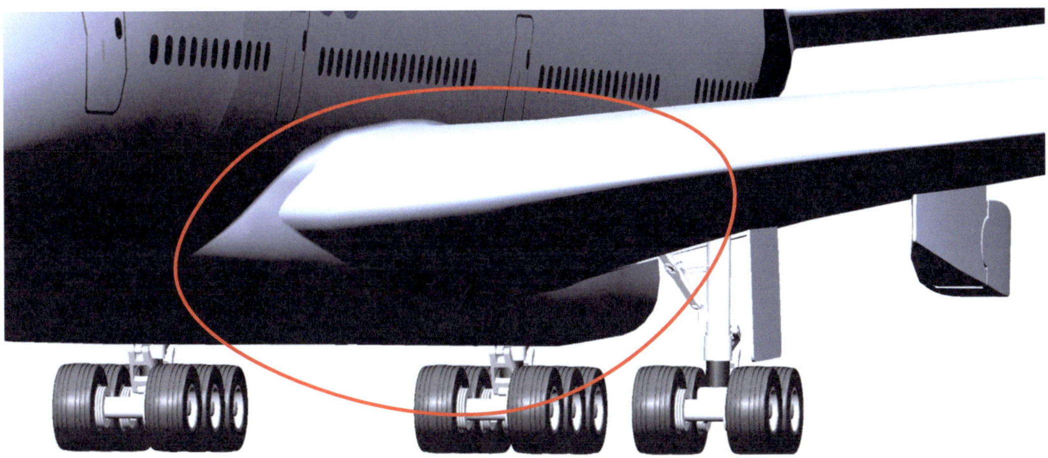

◘ Abb. 21.22 Flügelwurzel

Aufgrund der hohen Belastungen, die in diesem Bereich auftreten, ist die Flügelwurzel ein besonders komplexes und sicherheitsrelevantes Bauteil.

Die Flügelwurzel überträgt die größten Kräfte, die während des Flugs auf die Tragflächen wirken, auf den Rumpf. Dazu gehören:

- **Biegemomente:** Durch Auftriebskräfte entstehen erhebliche Biegemomente an der Flügelwurzel, die in den Rumpf eingeleitet werden müssen.
- **Torsionskräfte:** Luftströmungen und asymmetrische Belastungen erzeugen Drehmomente, die an der Flügelwurzel aufgenommen werden.
- **Schubkräfte:** Besonders bei Verkehrsflugzeugen mit Flügel- oder Fahrwerksbelastungen wird die Flügelwurzel zusätzlich durch Schub- und Druckkräfte beansprucht.

Aus aerodynamischer Sicht ist die Flügelwurzel eine kritische Stelle, da dort komplexe Strömungsverhältnisse entstehen:

- Interaktion zwischen Tragfläche und Rumpf führt zu Wirbel- und Druckfeldern.
- Gefahr von Strömungsablösungen im Bereich der Flügelwurzel, die Auftrieb und Steuerbarkeit beeinflussen können.
- Bei modernen Verkehrsflugzeugen werden Übergangsverkleidungen (sogenannte **fairings**) verwendet, um den Strömungswiderstand zu reduzieren und die Strömung in diesem Bereich zu glätten.

Kraftstofftank [79]

Das Kraftstoffsystem (fuel system) versorgt ein motorgetriebenes Flugzeug zuverlässig mit Treibstoff. Abhängig von Flugzeugtyp, Bauweise und Einsatzzweck (z. B. Kunstflugfähigkeit) unterscheiden sich die Systeme in Aufbau und Auslegung.

Die meisten Flugzeuge besitzen mehrere Kraftstofftanks in den Tragflächen.

- **Fall-Kraftstoffanlagen:** Bei Hoch- und Schulterdeckern kann der Kraftstoff aufgrund der Tanklage über der Motorebene allein durch Schwerkraft zum Motor fließen.
- **Pumpensysteme:** Bei Tiefdeckern, Kunstflug- und Strahlflugzeugen übernehmen elektrische (**boost pump**) und mechanische Pumpen die Versorgung.

Aufbau

- Tanks besitzen Ablassventile zur Entfernung von Kondenswasser.
- Belüftungsventile verhindern Über- oder Unterdruck und ermöglichen das Ausweichen expandierenden Kraftstoffs.
- Tanks sind untereinander verbunden, sodass ein Volumenausgleich möglich ist.
- Der Füllstand wird durch Schwimmer, Peilstäbe, Standrohre oder elektrische Anzeigen im Cockpit überwacht, oft mit begrenzter Genauigkeit.
- Ein Tankwahlschalter erlaubt die Auswahl einzelner Tanks oder den gleichzeitigen Betrieb mehrerer Tanks.

Steuerung und Regelung

- **Gemischregler:** Passt das Luft-Kraftstoff-Gemisch an die Flughöhe an (**Leanen**).
- **Primer:** Direkteinspritzung von Kraftstoff in die Zylinder für Kaltstarts.
- **Schub- und Propellerhebel:** Mit dem Gemischregler in einer gemeinsamen Konsole zur Motorleistungssteuerung.

Betriebsaspekte

- Kraftstoffmengenanzeigen sind oft ungenau; Sichtprüfung vor dem Flug ist notwendig.
- Vorrat wird in Volumeneinheiten angegeben; Temperatur beeinflusst die Berechnung der Restflugzeit.
- Bei Tiefdeckern kann ein leerer Tank zu Motorausfall führen, wenn nicht rechtzeitig umgeschaltet wird.
- Flugzeuge nehmen nur die erforderliche Treibstoffmenge plus Reserve mit, da volle Tanks zusammen mit maximaler Beladung das zulässige Gesamtgewicht überschreiten können.

Die meisten Tanks befinden sich in den Tragflächen, seltener im Rumpf. Gründe für die Flügelunterbringung:

- Optimale Raumausnutzung ohne Einschränkung des Frachtraums.
- Entlastung der hochbelasteten Flügelwurzel und Verringerung der Durchbiegung der Tragflächen.
- Günstige Lage in der Nähe des Schwerpunktes zur Erhaltung der Trimmung.

Bei großen Flugzeugen wie der Boeing 747 können die Flügeltanks über 220.000 Liter fassen. Verbrauch und Befüllung erfolgen so, dass die strukturellen Belastungen minimiert und die Schwerpunktlage stabil bleibt.

Kraftstoffsystem am Beispiel der Boeing 737 Classic

Die Kraftstoffanlagen von Großflugzeugen sind im Vergleich zu denen kleinerer Flugzeuge erheblich komplexer aufgebaut. Neben der schieren Menge an Treibstoff, die gespeichert und gefördert werden muss, spielen Aspekte wie Schwerpunktlage, strukturelle Belastung, Trimmung sowie Systemredundanz eine zentrale Rolle.

Bei älteren Verkehrsflugzeugen, wie der Boeing 737 Classic (Baureihen 737–300 und 737–400), sind viele Abläufe der Kraftstoffverteilung noch nicht automatisiert. Zahlreiche Funktionen müssen durch die Piloten aktiv überwacht und gesteuert werden, beispielsweise die Tankwahlschaltung oder die Pumpenkontrolle. Moderne Flugzeuggenerationen – etwa die Boeing 737NG oder der Airbus A320 – verfügen hingegen über hochautomatisierte Kraftstoffmanagementsysteme, die den Piloten von Routineaufgaben entlasten und eine kontinuierliche Überwachung aller Parameter gewährleisten.

Die Boeing 737 Classic ist mit insgesamt drei Haupttanks ausgestattet (vgl. ◘ Abb. 21.23):

- **Haupttank Nr. 1 (links)** – in der linken Tragfläche integriert,
- **Haupttank Nr. 2 (rechts)** – in der rechten Tragfläche integriert,
- **Mitteltank (Center Tank)** – im Rumpfbereich zwischen den Tragflächen angeordnet, teilweise in die Tragflächen hineinreichend.

Bei einer mittleren Kraftstoffdichte von ca. 0,8 kg/L ergeben sich folgende Werte:

- Tank Nr. 1: 5667 Liter $\approx$ 4530 kg,
- Tank Nr. 2: 5667 Liter $\approx$ 4530 kg,
- Mitteltank: 8743 Liter $\approx$ 7000 kg.

Damit ergibt sich eine Gesamtkapazität von:

$$V_{\text{gesamt}} = 20.077 \,\text{Liter},$$
$$m_{\text{gesamt}} \approx 16.060 \,\text{kg}. \tag{21.5}$$

Die Betriebslogik der Kraftstoffanlage ist so ausgelegt, dass der Mitteltank vorrangig entleert wird. Erst wenn dieser nahezu leer ist, erfolgt die automatische Umschaltung auf die Haupttanks. Dieser Ablauf hat zwei wesentliche Gründe:

1. **Strukturelle Entlastung:** Die Masse im Mitteltank wirkt direkt auf die Flügelwurzel. Eine frühzeitige Entleerung reduziert die strukturelle Belastung in diesem Bereich.
2. **Trimmung:** Die Lage des Mitteltanks im Schwerpunktbereich sorgt dafür, dass sich beim Entleeren die Trimmung des Flugzeugs nur minimal verändert.

Während die Boeing 737 Classic noch eine aktive Überwachung der Tankpumpen durch die Piloten erfordert, übernehmen bei neueren Flugzeugen automatische Steuercomputer:

- **Automatisches Pumpenmanagement:** Steuerung der elektrischen und mechanischen Pumpen nach Bedarf.
- **Automatische Tankumschaltung:** Priorisierung von Center- oder Flügeltanks ohne Eingriff der Piloten.
- **Fehlerüberwachung:** Erkennung von Pumpenausfällen, Druckverlusten oder Luftblasen im System.
- **Gewichtsmanagement:** Automatische Steuerung zur Aufrechterhaltung des optimalen Schwerpunkts.

Die Temperatur des Flugzeugtreibstoffs ist entscheidend, da es ansonsten zum Gefrieren des Treibstoffes kommen kann.

- Die **maximale Treibstofftemperatur** beträgt 49,6°.
- Die **minimale Treibstofftemperatur** entspricht dem höheren Wert aus:
  1. $-45\,°C$ oder
  2. dem Gefrierpunkt des verwendeten Kraftstoffs $+3\,°C$.

  Damit wird sichergestellt, dass stets eine ausreichende Fließfähigkeit und Schmierfähigkeit gegeben ist.

Während des Flugs muss die Temperatur des Treibstoffs mindestens $3\,°C$ oberhalb des spezifischen Gefrierpunkts des verwendeten Treibstoffs liegen. Wird dieser Wert unterschritten, drohen **Wachsbildung** und *Eiskristalle*, die Leitungen, Pumpen oder Filter verstopfen können.

Die Temperatur wird bei der Boeing 737 im linken Haupttank gemessen. Dieses Konstruktionsmerkmal ist eine Hinterlassenschaft aus der 737-200:

- Im linken Tank war die Treibstofftemperatur typischerweise niedriger, da der dort installierte Wärmetauscher für das Hydrauliksystem A kleiner dimensioniert war.
- Der rechte Tank enthielt den größeren Wärmetauscher des Hydrauliksystems B und erwärmte den Kraftstoff stärker.

Für den Betrieb des Messsystems ist eine Wechselstromversorgung mit 28 V AC erforderlich.

Die Gefrierpunkte variieren je nach Kraftstoffart und bestimmen die zulässigen Betriebstemperaturen:

- Jet A-1 (JP-1A), JP-8: $-47°$
- Jet A (JP-1): $-40°$
- Jet B, JP-4, TS-1: $-60°$
- JP-5: $-46°$

Die Wahl des Treibstoffs richtet sich nach klimatischen Einsatzbedingungen und Verfügbarkeit. In Regionen mit sehr tiefen Außentemperaturen (z. B. Polareinsätze) sind Treibstoffe mit besonders niedrigem Gefrierpunkt erforderlich.

Während des Fluges kann die Temperatur des Treibstoffs stark absinken, da die Tanks direkt dem kalten Luftstrom in großer Höhe ausgesetzt sind. Insbesondere bei Langstreckenflügen in tropopausennahen Reiseflughöhen (über 10.000 m) können Außentemperaturen von $-50°$ bis $-60°$ erreicht werden.

Sinkt die Temperatur des Treibstoffs kritisch nahe an den Gefrierpunkt, stehen dem Piloten verschiedene Maßnahmen zur Verfügung:

1. Sinkflug auf eine niedrigere, wärmere Flughöhe.
2. Kursänderung in wärmere Luftmassen.
3. Erhöhung der Fluggeschwindigkeit, um den Aufheizeffekt der Luftreibung zu verstärken.

In ◘ Abb. 21.23 bedeutet:

1. Engine Driven Fuel Pump – Left Engine;
2. Engine Driven Fuel Pump – Right Engine;
3. Crossfeed Valve;
4. Left Engine Fuel Shutoff Valve;
5. Right Engine Fuel Shutoff Valve;
6. Manual Defueling Valve;
7. Fueling Station;
8. Tank No. 2 (Right);
9. Forward Fuel Pump (Tank No. 2);
10. Aft Fuel Pump (Tank No. 2);
11. Left Fuel Pump (Center Tank);
12. Right Fuel Pump (Center Tank);
13. Center Tank;
14. Bypass Valve;
15. Aft Fuel Pump (Tank No. 1);
16. Forward Fuel Pump (Tank No. 1);
17. Tank No. 1 (Left);
18. Fuel Scavenge Shutoff Valve;
19. –
20. APU Fuel Shutoff Valve;
21. APU;

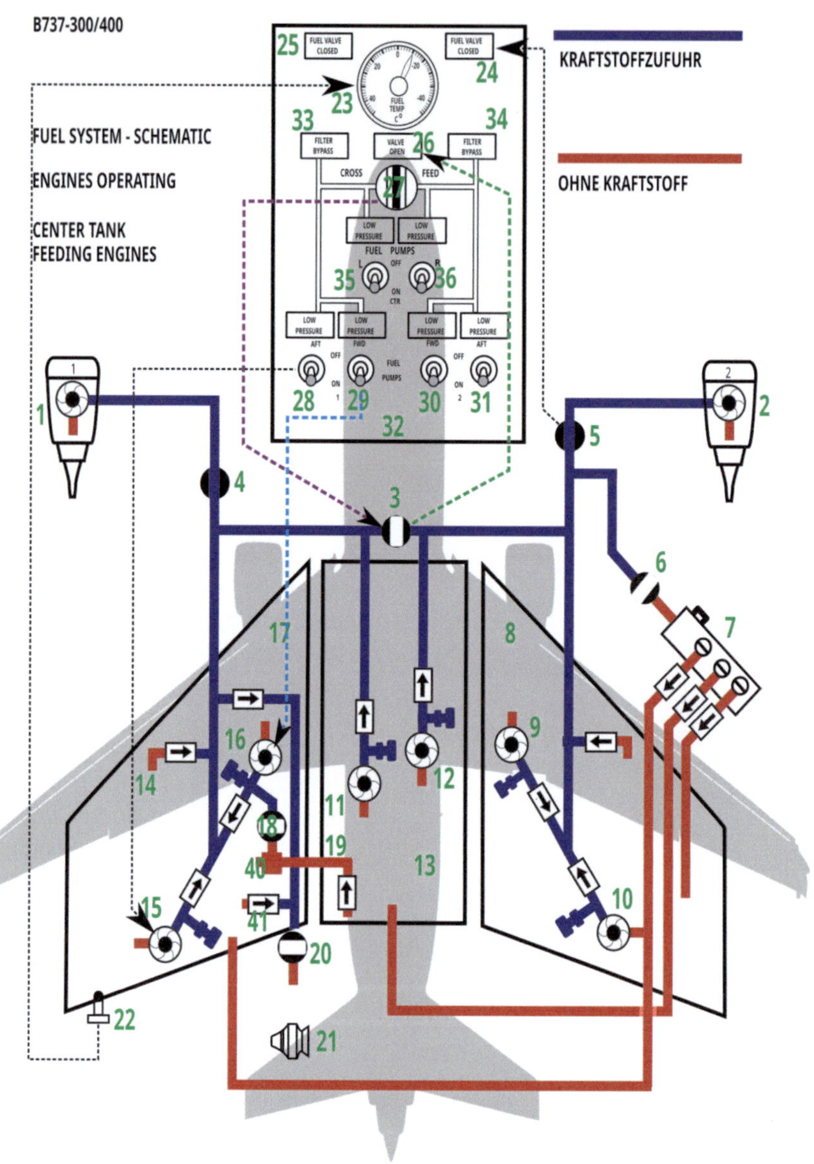

◻ Abb. 21.23   Kraftstofftank

22. Fuel Temperature Sensor;
23. Fuel Temperature Indicator;
24. Right Fuel Valve Closed Indicator Light;
25. Left Fuel Valve Closed Indicator Light;
26. Crossfeed Valve Open Indicator Light;
27. Crossfeed Selector;
28. Fuel Pump Switch for Left Aft Fuel-Pump;
29. Fuel Pump Switch for Left Forward Fuel-Pump;
30. Fuel Pump Switch for Right Forward Fuel-Pump;
31. Fuel Pump Switch for Right Aft Fuel-Pump;
32. Fuel Control Panel (Part of Overhead Panel);
33. Left Filter Bypass Indicator Light;
34. Right Filter Bypass Indicator Light;
35. Left Center Tank Fuel Pump Switch;
36. Right Center Tank Fuel Pump Switch;
37. –
38. –
39. –
40. Center Tank Scavenge Jet Pump;
41. APU Bypass Valve

Wenn beide elektrischen Kraftstoffpumpen des Mitteltanks ausgeschaltet sind, öffnet sich automatisch das **Fuel Scavenge Shutoff Valve**. Dadurch wird die **Center Tank Scavenge Pump** (Rückförderpumpe) durch den Kraftstoffstrom der Vorwärtspumpe von Tank 1 angetrieben. Diese fördert den Restkraftstoff aus dem Mitteltank in den linken Haupttank.

Die Rückförderung läuft etwa 20 Minuten, bevor sich das Ventil automatisch wieder schließt. Die Förderleistung der Scavenge Pump beträgt mindestens 100 kg/h, in der Praxis meist bis zu 200 kg/h.

Die Belüftung des Kraftstoffsystems erfolgt über jeweils einen rechten und linken **Surge Tank**. Diese sind über Öffnungen in den Flügelspitzen mit der Außenluft verbunden. Damit wird ein Druckausgleich sichergestellt, der sowohl Überdruck als auch Unterdruck vermeidet. Ohne diesen Mechanismus könnte die Tankstruktur oder sogar die Tragfläche beschädigt werden.

Bei einem Start mit weniger als 1000 kg Kraftstoff im Mitteltank kann es zu einer unausgeglichenen Gewichtsverteilung zwischen linker und rechter Tragfläche kommen:

- Im Steigflug fördert die rechte Pumpe des Haupttanks weniger oder keinen Kraftstoff mehr, da sie im vorderen Bereich des Tanks sitzt. Das rechte Triebwerk wird dann nur noch aus dem rechten Haupttank versorgt.
- Gleichzeitig erhält das linke Triebwerk Kraftstoff aus dem Mitteltank, sodass der linke Haupttank nicht entleert wird.
- Dadurch verbraucht sich der rechte Tank schneller, während der linke Tank gleich bleibt oder sogar durch die Rückförderpumpe zusätzlich gefüllt wird.

Das führt zu einer asymmetrischen Betankungssituation: Die rechte Tragfläche wird leichter, die linke schwerer. Schaltet die Crew die Haupttankpumpen ab, springt die Rückförderpumpe an und verstärkt dieses Ungleichgewicht, indem sie Restkraftstoff aus dem Mitteltank in den linken Tank pumpt.

Die **Auxiliary Power Unit** (APU) bezieht ihren Treibstoff ausschließlich aus dem linken Haupttank.

- Für den Start der APU müssen die Pumpen des linken Haupttanks eingeschaltet sein.
- Auch für den Betrieb am Boden (z. B. zur Strom- und Klimaversorgung bei Passagierbetrieb) ist die Aktivierung dieser Pumpen erforderlich.

Betankung

Die Versorgung der Tanks mit Treibstoff erfolgt über eine zentrale Betankungsstation, die sich auf der rechten Tragfläche befindet. Dort werden sämtliche Befüll- und Entleerungsprozesse gesteuert. Die maximale Durchflussrate beträgt dabei rund 800 kg/min, womit die Tragflächentanks innerhalb von etwa zwölf Minuten vollständig befüllt sind. Wird zusätzlich der Mitteltank betankt, verlängert sich die Dauer auf ungefähr zwanzig Minuten.

Die Anlage ist so konstruiert, dass eine Überfüllung zuverlässig verhindert wird: Sobald der Füllstand eines Tanks seine Kapazitätsgrenze erreicht, sperrt ein automatisch arbeitendes Ventil den weiteren Zulauf. Neben dem Befüllen erlaubt die Betankungsstation auch das gezielte Umpumpen von Kraftstoff zwischen den Tanks sowie das vollständige Ablassen des Vorrats.

Für Situationen, in denen kein Tankfahrzeug mit integrierter Pumpe zur Verfügung steht, ist ein alternatives Verfahren vorgesehen. Über Einfüllöffnungen auf der Oberseite der Tragflächen kann Kraftstoff durch Schwerkraft (**gravity fueling**) direkt in die Flügeltanks eingebracht werden. Der Mitteltank wird in diesem Fall nachträglich über die bordeigenen Pumpen aus den Haupttanks gespeist.

Das Entleeren des Systems wird über das sogenannte **Manual Defueling Valve** realisiert. Dieses Ventil verbindet die Hauptkraftstoffleitung mit der Betankungsstation und ermöglicht ein kontrolliertes Abführen von Treibstoff zurück in ein Tankfahrzeug oder in externe Sammelbehälter.

Holm

Der Flügelholm (engl. **spars**) ist das zentrale tragende Bauteil innerhalb einer Tragfläche und übernimmt die Hauptlasten, die während des Fluges auf das Flügelprofil wirken. Er stellt damit das „Rückgrat" des Flügels dar und bestimmt wesentlich dessen strukturelle Festigkeit und Steifigkeit.

Ein Flügel kann ein- oder mehrholmig ausgeführt sein:

- **Einfache Holmkonstruktion:** Häufig bei kleineren Flugzeugen. Ein Hauptträger verläuft in Spannweitenrichtung und trägt den größten Teil der Biegekräfte.
- **Mehrholmige Konstruktion:** Vor allem bei Verkehrsflugzeugen üblich, oft mit Vorder- und Hinterholm. Diese Bauweise verteilt die Kräfte besser und erlaubt die Integration großer Treibstofftanks zwischen den Holmen.

Die Holme bestehen in modernen Flugzeugen meist aus hochfesten Aluminiumlegierungen oder faserverstärkten Verbundwerkstoffen (CFK), die ein optimales Verhältnis von Gewicht zu Festigkeit bieten.

Channel Wing

Der Kanalflügel, im Englischen *Channel Wing* genannt, ist ein spezielles aerodynamisches Konzept, das in den 1940er- und 1950er-Jahren von dem US-amerikanischen Ingenieur Willard Ray Custer entwickelt wurde. Ziel dieses Entwurfs war es, die Start- und Landestrecke von Flugzeugen erheblich zu verkürzen und damit die Kurzstart- und Kurzlandeeigenschaften (STOL – **Short Take-Off and Landing**) zu verbessern.

Das Grundkonzept des Kanalflügels besteht darin, dass Teile der Tragfläche halbkreisförmig nach unten gekrümmt und wie eine Art Kanal ausgebildet werden. In diesem „Kanal" ist das Triebwerk mit Propeller integriert. Der Propellerstrahl wird somit direkt über die Flügeloberfläche geleitet. Dadurch entsteht bereits bei geringer Fluggeschwindigkeit ein deutlich verstärkter Auftrieb, da:

- die Strömungsgeschwindigkeit über der Kanaloberseite stark erhöht wird,
- ein Unterdruck auf der Flügeloberseite entsteht,
- und der Auftrieb dadurch unabhängig von der Vorwärtsgeschwindigkeit ansteigt.

Allerdings brachte der Kanalflügel auch erhebliche technische und praktische Probleme mit sich:

- **Hoher Widerstand:** Bei höheren Geschwindigkeiten erzeugt der halbkreisförmige Ka-

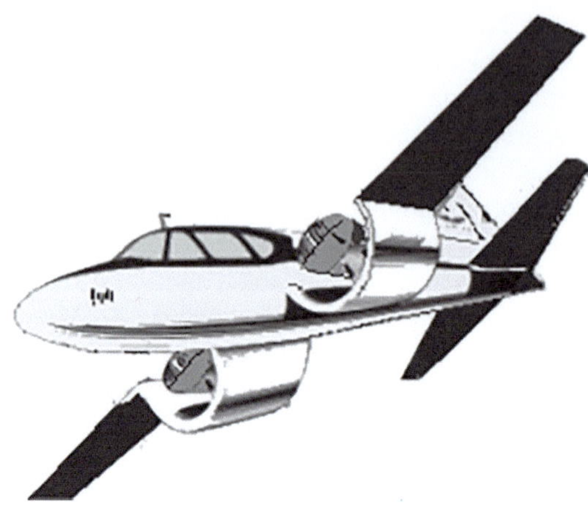

Abb. 21.24   Channel-Wing-Flugzeug CCW-5

nal zusätzlichen Luftwiderstand, was die Reisegeschwindigkeit und Reichweite stark reduziert.
- **Strukturelle Komplexität:** Die Integration der Triebwerke in den Kanal erschwert die Konstruktion und Wartung.
- **Asymmetrisches Verhalten:** Bei Ausfall eines Motors kann es zu gefährlich starken Nick- und Rollmomenten kommen, da der Kanalauftrieb stark motorabhängig ist.

Vgl. mit Abb. 21.24.

21.2.1.3   Leitwerk

Das Leitwerk (vgl. mit Abb. 21.25) besteht aus dem **Höhenleitwerk** (horizontal stabilizer) mit den **Höhenrudern** und den zugehörigen Trimmrudern, dem **Seitenleitwerk** (vertical stabilizer) mit dem Seitenruder und dem Trimmruder dafür und den Querrudern. Zudem ist die Hauptaufgabe des Leitwerks, die gegebene Fluglage und Richtung zu stabilisieren, ferner die Steuerung um alle drei Achsen des Flugzeugs. Das Höhen- und Seitenleitwerk sorgen sie dafür, dass das Flugzeug auch ohne ständige Steuerkorrekturen stabil in seiner Fluglage bleibt und vom Piloten gezielt in Nick- und Gierachse gesteuert werden kann.

Aufgaben

- **Stabilisierung:** Durch die Anordnung hinter dem Schwerpunkt wirkt es wie ein Hebelarm und verhindert unerwünschte Drehbewegungen.

Abb. 21.25 Leitwerk des A380

Abb. 21.26 Höhenleitwerk des A380

— **Steuerung:** Über die Ruderflächen – Höhenruder am Höhenleitwerk und Seitenruder am Seitenleitwerk – kann der Pilot die Fluglage aktiv verändern.

— **Trimmung:** Mithilfe von Trimmklappen oder verstellbaren Leitwerksflächen kann eine neutrale Steuerposition eingestellt werden, sodass das Flugzeug ohne ständige Rudereingaben stabil fliegt.

Höhenleitwerk

Das Höhenleitwerk (vgl. mit **Abb.** 21.26) ist meist als feststehende, waagerechte Fläche mit einem beweglichen Höhenruder ausgeführt. Es kontrolliert die **Nickbewegung** um die Querachse. Vgl. mit **Abb.** 21.27 und 21.28.

— Durch Ziehen am Steuerhorn wird das Höhenruder nach oben ausgeschlagen, wodurch der Auftrieb am Höhenleitwerk abnimmt und die Nase des Flugzeugs steigt.

— Umgekehrt führt ein Ausschlag nach unten zu einem Anstellwinkelverlust, und die Nase sinkt.

Abb. 21.27 Trimmbare Höhenflosse eines Airbus A320 [91, 131]

— In modernen Flugzeugen kann das gesamte Höhenleitwerk verstellbar sein (sogenanntes **Trimmleitwerk** oder **stabilator**), was besonders bei Hochgeschwindigkeitsflugzeugen wichtig ist.

Abb. 21.28 Höhenleitwerk (Pendelruder) einer MiG-21 [91]

Seitenleitwerk

Das Seitenleitwerk (vgl. mit Abb. 21.29) besteht aus einer senkrechten, feststehenden Fläche und einem beweglichen Seitenruder. Es steuert die **Gierbewegung** um die Hochachse.

- Es stabilisiert den Geradeausflug, ähnlich wie das Heck eines Pfeils.
- Mit dem Seitenruder können Drehungen um die Hochachse eingeleitet oder ausgeglichen werden, z. B. beim Start, bei Seitenwind oder im Kurvenflug.
- Ein zu kleines oder ineffektives Seitenleitwerk kann zu Instabilitäten führen, insbesondere bei Strahlflugzeugen mit Triebwerken in den Flügeln.

Es existieren verschiedene Bauformen, die je nach Flugzeugtyp, Einsatzzweck und aerodynamischen Anforderungen gewählt werden:

- **Konventionelles Leitwerk:** Höhenleitwerk unten am Rumpf, Seitenleitwerk darüber. Die häufigste Bauform.
- **T-Leitwerk:** Höhenleitwerk sitzt auf der Spitze des Seitenleitwerks, um Störungen durch den Flügelabwind zu vermeiden. Häufig bei Strahlflugzeugen mit Hecktriebwerken.
- **V-Leitwerk:** Zwei schräg gestellte Flächen übernehmen gleichzeitig die Aufgaben von Seiten- und Höhenleitwerk. Gewichtsvorteile, aber komplexere Steuerung.
- **Kreuzleitwerk:** Kombination aus Seitenleitwerk mit mittig angebrachtem Höhenleitwerk.
- **Leitwerkslos (Nurflügel):** Keine separaten Leitwerksflächen; Stabilisierung erfolgt durch spezielle Flügelgeometrie und Steuerflächen.

21.2.1.4 Steuerwerk

Unter dem Steuerwerk eines Flugzeugs versteht man die Gesamtheit der Einrichtungen, die es dem Piloten ermöglichen, die Fluglage und Flugrichtung gezielt zu beeinflussen. Es verbindet die Steuerorgane im Cockpit (Steuerhorn, Steuerknüppel, Seitenruderpedale, Schub- und Trimmhebel) mit den aerodynamischen Steuerflächen am Flugzeug (Quer-, Höhen- und Seitenruder sowie sekundäre Steuerflächen wie Landeklappen oder Spoiler).

Das Steuerwerk erfüllt mehrere zentrale Aufgaben:

- **Übertragung von Steuerbefehlen:** Bewegungen des Piloten am Steuerknüppel oder an den Pedalen werden mechanisch, hydraulisch oder elektrisch zu den Steuerflächen weitergeleitet.

Abb. 21.29 Seitenleitwerk des A380

- **Verstärkung von Steuerkräften:** Bei größeren Flugzeugen würden die aerodynamischen Lasten auf den Steuerflächen die Muskelkraft des Piloten übersteigen. Hier kommen Hydrauliksysteme oder elektrische Aktuatoren (Fly-by-Wire) zum Einsatz.
- **Rückmeldung:** Der Pilot erhält durch Widerstände oder künstliche Rückstellkräfte eine Rückmeldung über die Belastung der Steuerflächen.
- **Trimmung:** Feinabstimmung der Steuerflächen, damit das Flugzeug auch ohne ständige Rudereingaben stabil fliegen kann.

Arten von Steuerwerken

Im Laufe der Luftfahrtgeschichte haben sich verschiedene Konzepte entwickelt:

- **Mechanisches Steuerwerk:** Über Seilzüge, Gestänge und Umlenkrollen werden die Steuerbefehle direkt an die Ruderflächen übertragen. Dieses System findet sich vor allem bei Kleinflugzeugen.
- **Hydromechanisches Steuerwerk:** Kombination aus mechanischer Steuerung und hydraulischer Verstärkung. Weit verbreitet bei Verkehrsflugzeugen bis in die 1980er-Jahre.
- **Fly-by-Wire:** Hier werden die Eingaben des Piloten elektronisch an Computer übermittelt, die wiederum elektrische oder hydraulische Aktuatoren ansteuern. Dieses System erlaubt auch Stabilitätsprogramme und Flugbegrenzungen. Beispiele sind Airbus A320 oder moderne Militärjets.

- **Fly-by-Light:** Eine Weiterentwicklung, bei der Glasfaserkabel zur Signalübertragung genutzt werden. Vorteile sind höhere Datensicherheit und Unempfindlichkeit gegenüber elektromagnetischen Störungen.

Primäre und sekundäre Steuerflächen

Das Steuerwerk steuert unterschiedliche Flächen am Flugzeug:

- **Primäre Steuerflächen:** Quer-, Seiten- und Höhenruder – sie beeinflussen Roll-, Gier- und Nickbewegung.
- **Sekundäre Steuerflächen:** Landeklappen, Vorflügel, Spoiler und Trimmklappen – sie verändern die aerodynamischen Eigenschaften (Auftrieb, Widerstand, Trimmung), dienen aber nicht der direkten Steuerung der Fluglage.

Sicherheitstechnischen Vorschriften

Das Steuerwerk ist eines der sicherheitskritischsten Systeme im gesamten Flugzeug. Es muss:

- redundant ausgelegt sein (mehrfache Leitungen, Pumpen oder Computer),
- auch bei Teilausfällen die Kontrolle des Flugzeugs sicherstellen,
- regelmäßigen Wartungen und Funktionsprüfungen unterzogen werden.

21.2.1.5 Fahrwerk

Das Fahrwerk (vgl. mit 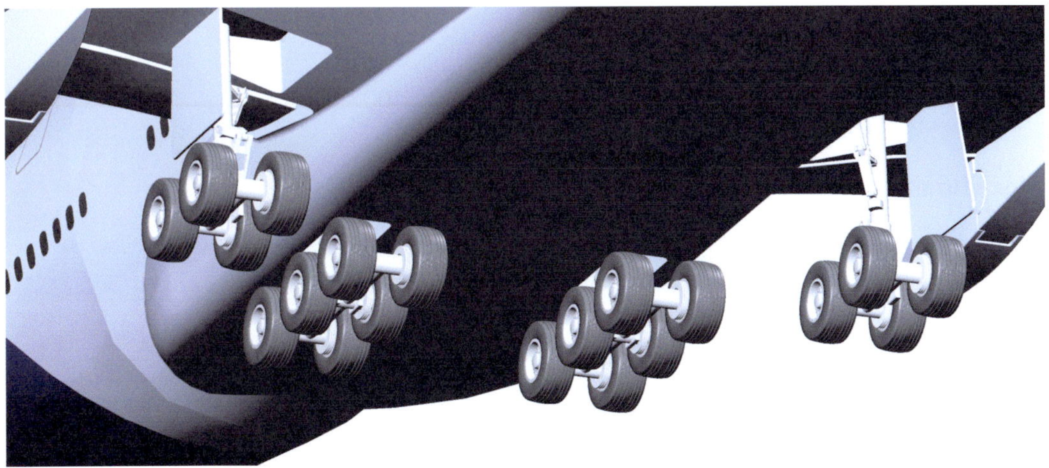 Abb. 21.30) ist die Bodenabstützung eines Flugzeugs und ermög-

◘ Abb. 21.30 Fahrwerk des A380

licht Start, Landung sowie das Rollen am Boden. Es stellt die Schnittstelle zwischen Flugzeug und Untergrund dar und ist damit eines der zentralen Systeme für die Betriebssicherheit. Neben der mechanischen Abstützung erfüllt das Fahrwerk weitere Aufgaben wie Stoßdämpfung, Bremsung und Steuerung der Bewegungen am Boden.

Das Fahrwerk übernimmt mehrere essentielle Funktionen:

- **Abstützung:** Aufnahme des Eigengewichts des Flugzeugs am Boden.
- **Energieaufnahme:** Dämpfung der Aufsetzenergie bei der Landung durch Feder- und Dämpferelemente.
- **Bremsung:** Abbremsen des Flugzeugs nach der Landung sowie beim Rollen.
- **Steuerung:** Richtungsänderungen beim Rollen durch das steuerbare Bug- oder Spornrad.
- **Bodenfreiheit:** Sicherstellung ausreichender Höhe zwischen Rumpf/Triebwerken und Untergrund.

Bauformen

Die Konstruktion des Fahrwerks (vgl. mit Abb. 21.31 und 21.32) hängt stark von der Flugzeuggröße und dem Einsatzprofil ab:

- **Hauptfahrwerk:** Trägt den Großteil der Last und befindet sich meist unter den Tragflächen oder am Rumpf.
- **Bugfahrwerk:** Bei den meisten modernen Flugzeugen vorne angebracht und steuerbar, ermöglicht präzises Rollen.
- **Spornradfahrwerk:** Historisch bei älteren Flugzeugen; ein kleines Rad am Heck ersetzt das Bugrad.
- **Fahrwerk mit Kufen oder Schwimmern:** Für Spezialflugzeuge, z. B. Ski-Fahrwerk für Schneebedingungen oder Schwimmerflugzeuge für Wasserlandungen.

Einziehbare und feste Fahrwerke

- **Festes Fahrwerk:** Einfach konstruiert, dauerhaft sichtbar. Typisch bei Kleinflugzeugen, Sport- und Schulflugzeugen. Vorteile sind geringere Kosten und Wartungsaufwand.
- **Einziehbares Fahrwerk:** Kann während des Fluges in den Rumpf oder die Tragflächen eingezogen werden, um den Luftwiderstand zu verringern. Standard bei Verkehrsflugzeugen und modernen Militärflugzeugen.

Abb. 21.31   Einzelnes Fahrwerk des A380

Abb. 21.32   Bugfahrwerk einer Boeing 737-800 [91]

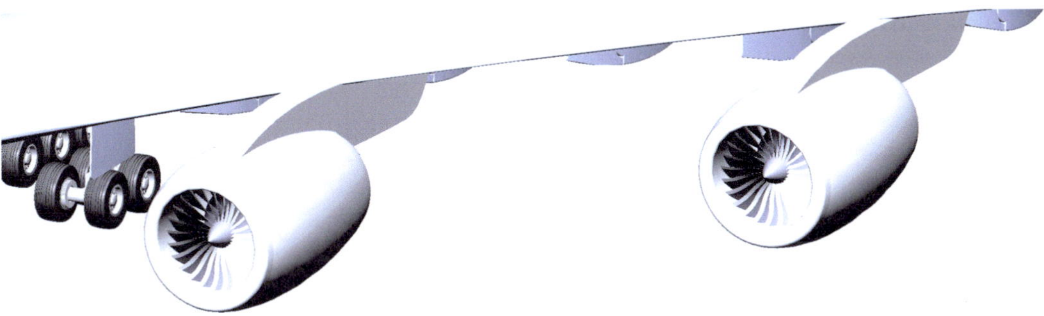

Abb. 21.33 Triebwerksanlage des A380

Das Fahrwerk umfasst neben den strukturellen Komponenten auch verschiedene Subsysteme:

- **Feder-/Dämpfungssysteme:** Meist Öldruckstoßdämpfer (Oleo-Struts), die den Aufprall bei der Landung aufnehmen.
- **Bremsanlage:** Hydraulische Scheibenbremsen an den Haupträdern, bei Großflugzeugen mit Antiskid-System (ähnlich ABS im Auto).
- **Lenkanlage:** Hydraulisch oder elektrisch unterstützte Steuerung des Bugrades.
- **Ein- und Ausfahrsystem:** Hydraulisch, elektrisch oder mechanisch betrieben. Notausfahrvorrichtungen sichern die Funktion bei Systemausfall.

Sicherheitsaspekte

Da das Fahrwerk beim Start und vor allem bei der Landung höchsten Belastungen ausgesetzt ist, gelten hier besonders strenge Sicherheitsanforderungen:

- Redundante Ausfahrsysteme (z. B. Notausfahren durch Schwerkraft).
- Regelmäßige Inspektionen auf Risse, Korrosion und Hydraulikleckagen.
- Belastungsnachweise durch Testlandungen mit Überlastfaktoren.

21.2.2 Triebwerksanlage

Auf die Triebwerksanlage (Abb. 21.33) wird hier nicht näher eingegangen, da dies bereits in einem anderen Kapitel dieses Buches getan wurde.

21.2.3 Ausrüstung

Unter der Betriebsausrüstung versteht man alle an Bord installierten Systeme und Geräte, die nicht direkt zum Flugwerk oder zum Triebwerk zählen, jedoch für den sicheren, effizienten und komfortablen Betrieb des Flugzeugs notwendig sind. Sie ergänzt somit die reine Struktur und Antriebsanlage um jene Einrichtungen, die den Betrieb erst ermöglichen und die Interaktion zwischen Besatzung, Technik und Umwelt sicherstellen.

Die Betriebsausrüstung deckt eine Vielzahl an Funktionsfeldern ab:

- **Überwachung:** Systeme zur Erfassung und Anzeige der Fluglage, Geschwindigkeit, Flughöhe sowie Instrumente zur Kontrolle von Triebwerksparametern und technischen Zuständen.
- **Navigation:** Einrichtungen zur Positionsbestimmung und Flugführung, von klassischen Funknavigationsanlagen bis hin zu modernen GPS- und Inertialsystemen.
- **Kommunikation:** Funkgeräte und Datenverbindungen für den Austausch zwischen Flugzeug und Bodenstationen sowie zwischen verschiedenen Luftfahrzeugen.
- **Versorgungssysteme:** Elektrische Energieversorgung, Klimatisierung, Kabinendruckregelung und andere Systeme, die einen sicheren und komfortablen Betrieb gewährleisten.
- **Warn- und Sicherheitssysteme:** Kollisionswarnanlagen (TCAS), Bodenannäherungswarnsysteme (GPWS/EGPWS), Feuerwarnanlagen, Notrutschen, Sauerstoffsysteme und weitere Komponenten.

— **Sonderausrüstung:** Zusätzliche Systeme, die je nach Flugzeugtyp und Einsatzprofil variieren, etwa militärische Selbstschutzanlagen, Messsysteme oder medizinische Ausrüstung.

Der elektronische Anteil der Betriebsausrüstung wird als **Avionik** bezeichnet. Er umfasst Sensoren, Rechner, Datenbusse und Anzeigeeinheiten, die zusammen eine hochgradig integrierte Informations- und Steuerungsumgebung bilden. Moderne Avioniksysteme ermöglichen eine weitgehend automatisierte Flugführung, unterstützen die Piloten durch komplexe Entscheidungs- und Warnlogik und tragen erheblich zur Flugsicherheit bei.

Die Betriebsausrüstung ist für die sichere Durchführung eines Fluges unverzichtbar. Während Flugwerk und Triebwerk die grundlegende Fähigkeit zum Fliegen bereitstellen, sorgt die Betriebsausrüstung dafür, dass das Flugzeug sicher navigiert, überwacht und kontrolliert werden kann. In der modernen Luftfahrt ist sie damit zu einem der entscheidenden Technologiebereiche geworden, dessen Anteil am Entwicklungsaufwand kontinuierlich steigt.

21.3 Wartung und Lebensdauer

21.3.1 Wartung und Instandhaltung

Neben dem bereits hohen Neupreis von Flugzeugen dürfen auch die Wartung, also die laufenden Kosten, nicht unterschätzt werden. Ähnlich wie beim Pkw gibt es auch beim Flugzeug unterschiedliche Wartungspakete, die im Folgenden genauer erörtert werden. Die Wartung von Verkehrsflugzeugen erfolgt nach einem streng festgelegten System von Prüfungen und Instandhaltungsmaßnahmen, die international standardisiert sind.

21.3.1.1 A-Check (Minor Check)

Der **A-Check**, oft auch als **Minor Check** bezeichnet, ist eine vergleichsweise leichte Wartungsmaßnahme, die in kurzen Abständen durchgeführt wird. Typischerweise erfolgt dieser Check alle 400 bis 600 Flugstunden oder etwa alle 6 bis 8 Wochen, abhängig vom jeweiligen

Wartungsprogramm und den Vorgaben des Herstellers.

Inhaltlich umfasst der A-Check vor allem Sichtkontrollen, Funktionsprüfungen und kleinere Inspektionen an Struktur, Kabine, Fahrwerk, Triebwerken und Avionik. Beispiele sind die Überprüfung der Beleuchtungssysteme, der Hydraulikflüssigkeiten, der Reifenabnutzung sowie der Notfallsysteme. Darüber hinaus werden Filter gewechselt und kleinere Software-Updates in der Avionik durchgeführt.

Der A-Check wird in der Regel in der Heimatbasis einer Fluggesellschaft durchgeführt und dauert meist nur wenige Stunden. Während dieser Zeit bleibt das Flugzeug in einer Wartungshalle oder auf einer dafür vorgesehenen Position am Flughafen. Der wirtschaftliche Gedanke spielt hierbei eine große Rolle: Das Ziel ist es, die Maschine nach Möglichkeit noch am selben Tag wieder in den Flugbetrieb zurückzuführen.

21.3.1.2 B-Check

Vgl. mit ◘ Abb. 21.34. Der **B-Check** ist umfangreicher als der A-Check und stellt gewissermaßen eine erweiterte Inspektion dar. Früher erfolgte er etwa alle 6 bis 8 Monate, heute wird er in vielen Wartungsprogrammen zunehmend durch eine Verdichtung der A-Checks ersetzt. Dies hat den Vorteil, dass die Wartungsereignisse besser in den operativen Flugbetrieb integriert werden können.

Der B-Check dauert in der Regel 1 bis 3 Tage und wird in einer Wartungseinrichtung durchgeführt, die über die notwendige Infrastruktur

◘ **Abb. 21.34** Plakat zur Erläuterung des C-Checks

verfügt. Typische Aufgaben sind eingehende Funktionsprüfungen der Flugzeugsysteme, die Überprüfung von Hydraulikanlagen, elektrische Tests, Kalibrierungen von Instrumenten sowie genauere Inspektionen der Struktur. Auch kleinere Modifikationen oder Service Bulletins können im Rahmen eines B-Checks eingespielt werden.

21.3.1.3 C-Check (Major Check)

Der **C-Check**, auch als **Major Check** bezeichnet, ist eine besonders tiefgehende und zeitintensive Wartung. Er findet typischerweise alle 18 bis 24 Monate oder nach 5.000 bis 8.000 Flugstunden statt, abhängig von Flugzeugtyp und Herstellerangaben.

Im Rahmen eines C-Checks wird das Flugzeug teilweise zerlegt, sodass eine umfassende Inspektion aller Hauptsysteme, Baugruppen und strukturellen Komponenten möglich ist. Dazu gehören unter anderem:

- Überprüfung und ggf. Austausch tragender Strukturteile,
- umfangreiche Inspektionen des Rumpfes und der Tragflächen auf Korrosion oder Materialermüdung,
- detaillierte Tests der Avioniksysteme,
- Wartung und Generalüberholung von Fahrwerk und Triebwerken,
- Funktionsprüfungen aller elektrischen, hydraulischen und pneumatischen Systeme.

Ein C-Check dauert in der Regel mehrere Wochen (typisch 2 bis 3 Wochen) und erfordert umfangreiche logistische Planung. Während dieser Zeit steht das Flugzeug nicht für den Linienbetrieb zur Verfügung, weshalb Fluggesellschaften entsprechende Ersatzkapazitäten einplanen müssen.

21.3.1.4 IL-Check (Intermediate Layover)

Der **Intermediate Layover Check** (IL-Check) ist eine Zwischenform zwischen einem A- und einem C-Check. Er wird in einigen Wartungsprogrammen eingesetzt, um die Belastung durch den C-Check zu reduzieren.

Dabei werden Aufgaben, die ansonsten gesammelt im C-Check durchgeführt würden, auf mehrere kleinere Wartungsereignisse verteilt. So können größere Arbeiten auf mehrere Wartungspausen aufgeteilt werden, wodurch die Standzeit des Flugzeugs im Hangar reduziert wird.

Der IL-Check hat damit eine strategische Bedeutung für Fluggesellschaften: Er erlaubt eine kontinuierliche Überwachung und Instandhaltung bei gleichzeitiger Optimierung der Einsatzbereitschaft der Flotte. Der Umfang eines IL-Checks variiert stark und hängt von den Vorgaben des Herstellers sowie der Wartungsstrategie der Airline ab.

21.3.1.5 D-Check

Der **D-Check** stellt die aufwändigste und tiefgreifendste Form der Flugzeugwartung dar. Er findet typischerweise alle 6 bis 12 Jahre statt und bedeutet eine nahezu vollständige Zerlegung und Generalüberholung des Flugzeugs.

Bei einem D-Check wird das Flugzeug bis auf die Grundstruktur demontiert. Rumpf, Tragflächen und Leitwerke werden eingehend auf Materialermüdung, Korrosion und strukturelle Schäden überprüft. Sämtliche Systeme, Leitungen, Kabelstränge und Triebwerke werden entweder gründlich gewartet oder ersetzt. Auch die Kabine wird vollständig ausgebaut, überholt und bei Bedarf modernisiert.

Ein D-Check kann je nach Flugzeugtyp mehrere Monate dauern und kostet häufig mehrere Millionen Euro. Aufgrund des enormen Aufwands wird in manchen Fällen entschieden, ein Flugzeug nach Ablauf der D-Check-Intervalle außer Dienst zu stellen, wenn die Wirtschaftlichkeit einer erneuten Generalüberholung nicht mehr gegeben ist.

21.3.2 Lebensdauer von Flugzeugen [79]

Im Gegensatz zu einzelnen Baugruppen wie beispielsweise Fahrwerken oder Triebwerken besitzen Verkehrsflugzeuge als Gesamtsystem keine fest definierte maximale Betriebsdauer. Stattdessen arbeiten die Hersteller mit Zielwerten für die konstruktive Lebensdauer. Bei Boeing wird dieser Wert als **Minimum Design Service Objective** (MDSO) bezeichnet, während Airbus den

Begriff **Design Service Goal** (DSG) verwendet. Diese Vorgaben spiegeln eine typische Einsatzdauer von rund zwei Jahrzehnten wider und sind primär auf die erwarteten Betriebsprofile ausgelegt.

Für die meisten Flugzeugtypen liegen die angestrebten Entwurfsgrenzen zwischen 50.000 und 60.000 Flugstunden. Die zulässige Anzahl von Flügen variiert dabei erheblich: Großraumflugzeuge für Langstrecken, wie die Boeing 747, erreichen im Entwurf oft etwa 20.000 Zyklen, während Kurzstreckenmuster wie die Boeing 737 aufgrund ihrer häufigeren Starts und Landungen auf 70.000 bis 75.000 Flüge ausgelegt sind. In der Praxis werden diese Zielgrößen jedoch regelmäßig übertroffen, da viele Flugzeuge länger als ursprünglich vorgesehen betrieben werden.

Um dem steigenden Alter zahlreicher Flotten Rechnung zu tragen, bietet Airbus eine erweiterte Grenze, das sogenannte **Enhanced Service Goal** (ESG), an. Dieses geht mit zusätzlichen Inspektions- und Wartungsmaßnahmen einher und ermöglicht es Betreibern, die Maschinen über die ursprünglichen Zielwerte hinaus einzusetzen.

Eine besondere Bedeutung erhielt die Thematik nach dem Zwischenfall von **Aloha Airlines Flug 243** im Jahr 1988, bei dem weitreichende Materialermüdung (**Widespread Fatigue Damage, WFD**) sichtbar wurde. Infolgedessen rückte die strukturelle Alterung stärker in den Fokus der Luftfahrtbehörden. Die US-amerikanische **Federal Aviation Administration** (FAA) führte deshalb verbindliche Vorgaben ein: Hersteller von Flugzeugen mit einem maximalen Abfluggewicht über 34 Tonnen (75.000 lbs) müssen seit 2011 sogenannte **Limits of Validity** (LOV) festlegen. Diese Werte geben absolute Obergrenzen in Bezug auf Flugstunden und Zyklen vor, nach deren Erreichen ein Weiterbetrieb untersagt ist.

Die festgelegten LOV liegen deutlich oberhalb der ursprünglichen Entwurfsziele und reichen, je nach Flugzeugmuster, von etwa 30.000 bis über 110.000 Flügen oder von 65.000 bis 160.000 Flugstunden. Boeing schätzte bei Ein-

führung der Regelung im Jahr 2013, dass weltweit lediglich zwei Dutzend ältere Maschinen die neuen Grenzwerte überschreiten würden.

Während im zivilen Sektor langfristige Einsatzdauer angestrebt wird, sind militärische Luftfahrzeuge meist auf eine deutlich kürzere Lebenszeit ausgelegt. Typische Planungsgrößen liegen bei etwa 15 Jahren Einsatzzeit, was in der Regel nur 5.000 bis 8.000 Flugstunden entspricht.

Ein oft übersehener Aspekt ist die Belastung der Struktur durch das Rollen am Boden. Eine Verkehrsmaschine legt durchschnittlich etwa fünf Kilometer pro Flug am Boden zurück. Hochgerechnet auf die gesamte Einsatzdauer summiert sich dies auf über 250.000 Kilometer Rollstrecke – ein Wert, der die Beanspruchung der Fahrwerke und Bodenstrukturen verdeutlicht.

21.4 Aerodynamische Kräfte des Flugzeugs in Bewegung

In diesem Abschnitt wird eine der wohl meistgefragten Fragen überhaupt beantwortet: Warum fliegt ein Flugzeug? Mathematisch wurden bereits im Laufe dieses Buchs, aber auch im Laufe der anderen Bände dieser Buchreihe (Technische Mechanik Band 3 – Hydromechanik [15], Technische Mechanik Band 5 – Thermodynamik [16]) darauf eingegangen, hier werden die dort gesammelten Informationen zusammengefasst als auch theoretisch und speziell auf das Flugzeug angewendet.

21.4.1 Auftrieb beim Flugzeug

Der Auftrieb ist die Kraft, die erzeugt werden muss, um das Flugzeug zum Fliegen zu bringen. Der Auftrieb entsteht durch die Wechselwirkung zwischen der Tragfläche und der umgebenden Luftströmung. Grundsätzlich handelt es sich um eine Kraft, die senkrecht zur Anströmrichtung wirkt und das Gewicht des Flugzeugs ausgleicht, vgl. mit ◨ Abb. 21.35.

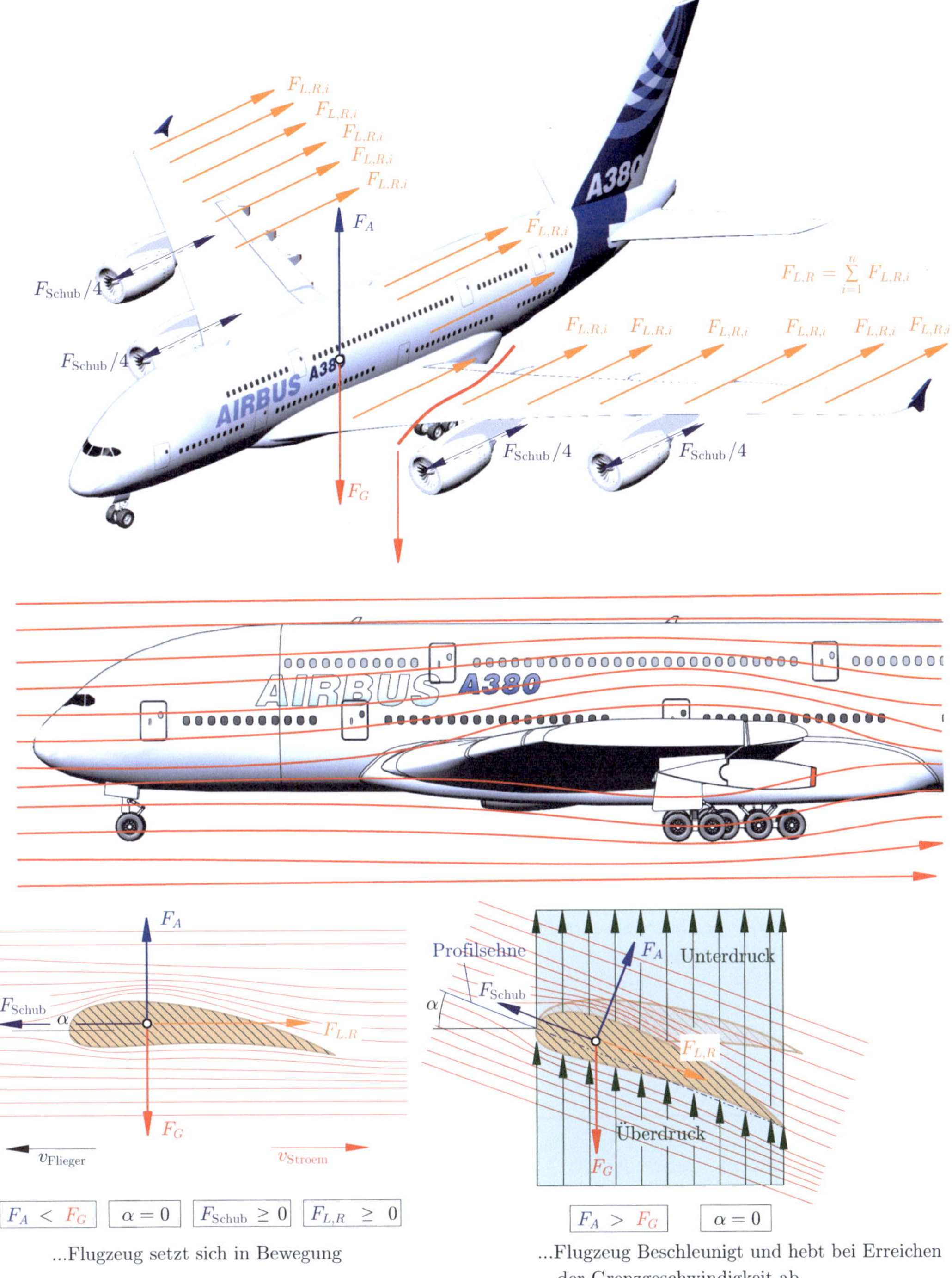

Abb. 21.35 Kräfte während des Starts, bei einem A380 gezeigt

21.4.1.1 Entstehung des Auftriebs

Die Form der Tragfläche (Profil) bewirkt, dass die Luft **oberhalb der Fläche schneller** strömt als **unterhalb**. Nach dem Bernoulli-Prinzip führt eine höhere Strömungsgeschwindigkeit zu einem geringeren statischen Druck. Dadurch entsteht ein Druckunterschied: Über der Tragfläche herrscht ein niedrigerer, unter der Tragfläche ein höherer Druck. Die resultierende Kraft wirkt nach oben und erzeugt den Auftrieb.

Neben dem Bernoulli-Effekt spielt auch das **Impulserhaltungsgesetz** (Newtons drittes Gesetz) eine Rolle: Die Tragfläche lenkt die Luft nach unten ab. Die Reaktionskraft auf diese Ablenkung trägt ebenfalls zum Auftrieb bei.

> **Bemerkung 21.2 (Warum fliegt ein Flugzeug)**
>
> Jetzt kann man die Frage beantworten, warum ein Flugzeug fliegt. Zusammenfassen lässt sich also festhalten: Durch die Form des Tragflügelquerschnitts strömt die Luft oberhalb schneller als unten, wodurch durch den Druckunterschied oberhalb eine Art „Vakuum" entsteht, das Flugzeug wird also quasi nach oben gesogen.

21.4.1.2 Berechnung der Kräfte

Die Größe des Auftriebs L lässt sich mit der vereinfachten Auftriebsgleichung

$$F_A = \frac{1}{2} \cdot \varrho \cdot v^2 \cdot A \cdot c_A \qquad (21.6)$$

beschreiben. Neben der Auftriebskraft gibt es noch die Luftwiderstandskraft $F_{W,L}$ (Vgl. mit ◻ Abb. 21.35), die durch den Luftwiderstand erzeugt wird, sie berechnet sich gem. der bereits aus Band 4 kennengelernten Gleichung,

$$F_{W,L} = \frac{1}{2} \cdot \varrho \cdot v^2 \cdot A \cdot c_W. \qquad (21.7)$$

Dabei bedeuten:

$F_A \ldots$ Auftriebskraft,

$F_{W,L} \ldots$ Widerstandskraft,

$\varrho \ldots$ Dichte der Luft,

$v \ldots$ Anströmgeschwindigkeit,

$A \ldots$ Flügelfläche,

$c_A \ldots$ Auftriebsbeiwert, der von der Flügelgeometrie und dem Anstellwinkel abhängt,

$c_W \ldots$ Widerstandsbeiwert, der von der ebenfalls von der Flügelgeometrie und dem Anstellwinkel abhängt.

Daraus wird ersichtlich, dass der Auftrieb steigt, wenn die Fluggeschwindigkeit oder die Flügelfläche zunimmt. Auch eine dichtere Luft (z. B. in Bodennähe) führt zu höherem Auftrieb.

In ◻ Abb. 21.35 findet man noch zwei weitere, entscheidende Kraftgrößen, zum einen die Schubkraft F_{Schub} und zum anderen die Gewichtskraft F_G. Die Gewichtskraft ist durch das Gewicht des Flugzeuges gegeben, die Schubkraft durch die Anzahl der Triebwerke und deren Leistung.

21.4.1.3 Einfluss des Anstellwinkels

Eine zentrale Rolle spielt der sogenannte **Anstellwinkel**, also der Winkel zwischen Profilsehne der Tragfläche und der Anströmrichtung. Mit zunehmendem Anstellwinkel steigt der Auftriebsbeiwert bis zu einem kritischen Wert an. Wird dieser überschritten, strömt die Luft nicht mehr sauber an der Flügeloberfläche entlang, es bildet sich Strömungsabriss (**Stall**). In diesem Fall bricht der Auftrieb schlagartig zusammen.

21.4.1.4 Auftriebshilfen

Um den Auftrieb in unterschiedlichen Flugphasen zu optimieren, verfügen Flugzeuge über spezielle Hilfseinrichtungen, die bereits in diesem Kapitel ausführlich behandelt wurden:
- **Vorflügel** und **Slats** erhöhen den maximal möglichen Anstellwinkel und verzögern den Strömungsabriss.
- **Landeklappen (Flaps)** vergrößern die Flügelfläche und den Auftriebsbeiwert, was vor allem beim Start und bei der Landung entscheidend ist.

- **Wölbklappen** und **Krügerklappen** verändern die Flügelwölbung und verbessern so die aerodynamischen Eigenschaften in niedrigen Geschwindigkeitsbereichen.

21.4.2 Zusammenhang zwischen Auftrieb, Vortrieb und Luftwiderstand

Neben dem **Auftrieb**, der das Gewicht trägt, spielen auch der **Vortrieb** (Schub) und der **Luftwiderstand** (Drag) eine entscheidende Rolle.

Die einzelnen Kräfte des Flugzeuges wurden bereits behandelt, darunter

21.4.2.1 Weight/Lift/Thrust/Drag

Auf ein Flugzeug im stationären Horizontalflug wirken im Wesentlichen vier Kräfte (vgl. mit ◨ Abb. 21.35):

- **Gewicht (Weight)** F_W: die durch die Erdanziehung verursachte Kraft nach unten,
- **Auftrieb (Lift)** F_L: wirkt senkrecht zur Anströmrichtung und nach oben,
- **Vortrieb (Thrust)** F_T: wird durch Triebwerke erzeugt und wirkt in Flugrichtung,
- **Luftwiderstand (Drag)** F_D: wirkt entgegen der Flugrichtung und entsteht durch Reibung und Wirbelbildung an der Struktur.

Damit ein Flugzeug im Gleichgewicht fliegt, gilt:

$$F_A = F_G \text{ und } F_{\text{Schub}} = F_{W,L} \text{ bzw.} \quad (21.8)$$

$$F_L = F_W \text{ und } F_T = F_D \quad\quad (21.9)$$

21.4.2.2 Zusammenwirken der Kräfte

- Der **Auftrieb** muss groß genug sein, um das Gewicht des Flugzeugs zu tragen. Er hängt von Geschwindigkeit, Luftdichte, Flügelfläche und Anstellwinkel ab.
- Damit der Auftrieb erzeugt werden kann, muss das Flugzeug mit einer bestimmten Geschwindigkeit durch die Luft bewegt werden. Hier kommt der **Vortrieb** ins Spiel: Triebwerke liefern die notwendige Energie, um die Geschwindigkeit aufrechtzuerhalten.
- Gleichzeitig erzeugt die Bewegung durch die Luft den **Luftwiderstand**, der dem Vortrieb entgegengerichtet ist. Der Widerstand steigt mit zunehmender Geschwindigkeit stark an, weshalb der Schub entsprechend angepasst werden muss.

21.4.2.3 Flugzustände

Je nach Kräfteverhältnis ergeben sich unterschiedliche Flugzustände:

- **Stationärer Horizontalflug:** $F_L = F_W$ und $F_T = F_D$. Das Flugzeug bleibt auf gleicher Höhe und Geschwindigkeit.
- **Steigflug:** Der Auftrieb bleibt kleiner als das Gewicht, die fehlende Komponente wird durch einen Schubüberschuss kompensiert. Triebwerke liefern mehr Vortrieb, um den zusätzlichen Widerstand zu überwinden.
- **Sinkflug:** Das Gewicht übersteigt den Auftrieb, und der Vortrieb kann reduziert werden. Der Widerstand sorgt mit dafür, dass die Sinkrate kontrolliert bleibt.
- **Beschleunigung im Horizontalflug:** $F_T > F_D$. Die Geschwindigkeit nimmt zu, bis ein neues Gleichgewicht erreicht ist.

21.4.3 Fluggeschwindigkeit und Flugenveloppe

21.4.3.1 Fluggeschwindigkeit

Unter der Fluggeschwindigkeit versteht man die Geschwindigkeit des Flugzeugs relativ zur umgebenden Luftmasse.

Es werden verschiedene Formen der Fluggeschwindigkeit unterschieden:

- **TAS (True Airspeed)**: die tatsächliche Geschwindigkeit des Flugzeugs relativ zur Luft. Sie hängt von der Flughöhe und Luftdichte ab.
- **IAS (Indicated Airspeed)**: die auf dem Fahrtmesser angezeigte Geschwindigkeit. Sie basiert auf dem dynamischen Druck, den die Luft am Pitotrohr erzeugt.
- **CAS (Calibrated Airspeed)**: korrigierte IAS, die Messfehler des Fahrtmessers und des Einbauorts berücksichtigt.
- **GS (Ground Speed)**: die Geschwindigkeit des Flugzeugs über Grund. Sie ergibt sich aus TAS plus oder minus Windkomponente.
- **Machzahl**: Verhältnis von TAS zur örtlichen Schallgeschwindigkeit. Sie wird im transsonischen und supersonischen Bereich entscheidend.

Die Wahl der optimalen Fluggeschwindigkeit hängt von der jeweiligen Flugphase ab:

- Start: möglichst geringe Geschwindigkeit zum Abheben bei ausreichendem Auftrieb.
- Steigflug: ökonomische Steiggeschwindigkeit (**best rate of climb** oder **best angle of climb**).
- Reiseflug: Geschwindigkeit für minimalen Treibstoffverbrauch oder kürzeste Flugzeit.
- Landeanflug: möglichst niedrige Geschwindigkeit knapp oberhalb der Stall-Geschwindigkeit für kurze Landestrecke.

21.4.3.2 Flugenveloppe

Die **Flugenveloppe** (englisch **Flight Envelope**) beschreibt die Grenzen, innerhalb derer ein Flugzeug sicher betrieben werden darf. Sie ist durch die Kombination aus Geschwindigkeit, Höhe, Lastvielfachen und Strukturfestigkeit bestimmt.

- **Mindestgeschwindigkeit:** Unterhalb dieser Geschwindigkeit kann die Tragfläche nicht mehr ausreichend Auftrieb erzeugen (*Stall*).
- **Höchstgeschwindigkeit:** Oberhalb dieser Grenze treten strukturelle Überlastungen oder aerodynamische Effekte (z. B. Schockwellen im Transsonischen Bereich) auf.
- **Lastvielfache (n):** Beschreiben die zusätzliche Belastung der Struktur bei Manövern, z. B. im Kurvenflug oder bei abrupten Höhenänderungen.
- **Höhe:** Mit zunehmender Flughöhe sinkt die Luftdichte, wodurch sich die maximal mögliche Geschwindigkeit verringert und die Stallgeschwindigkeit ansteigt. Daraus ergibt sich der sogenannte **Coffin Corner**, der kritische Bereich, in dem die Differenz zwischen minimaler und maximaler Fluggeschwindigkeit sehr klein wird.

Die Flugenveloppe wird häufig in einem sogenannten V-n-Diagramm dargestellt:

- Auf der x-Achse steht die Geschwindigkeit (meist IAS).
- Auf der y-Achse ist das Lastvielfache n aufgetragen.
- Die Kurve zeigt, bei welchen Geschwindigkeiten welche Lastvielfache ohne strukturelle Schäden zulässig sind.

21.5 Technische Daten und Vergleiche unterschiedlicher Flugzeuge

In diesem Abschnitt werden einige bekannte Flugzeuge, unterschiedlicher Marken und Einsatzgebiete gegenübergestellt. Die Daten sind Richtwerte, da es auch zu jedem Modell unterschiedliche Ausführungen gibt. Die Tabelle soll einen groben Vergleich und einen ersten Eindruck schaffen, welche Größen, Gewicht und Leistungsunterschiede es bei der Luftfahrt gibt. Vgl. mit ◘ Tab. 21.1.

Es werden folgende Flugzeuge verglichen:

- Airbus A320, vgl. mit ◘ Abb. 21.36
- Airbus A340, vgl. mit ◘ Abb. 21.37
- Airbus A350, vgl. mit ◘ Abb. 21.38
- Airbus A380, vgl. mit ◘ Abb. 21.39
- Airbus A400, vgl. mit ◘ Abb. 21.40
- Boeing B737, vgl. mit ◘ Abb. 21.41
- Boeing B747, vgl. mit ◘ Abb. 21.42
- Boeing B777, vgl. mit ◘ Abb. 21.43
- Boeing B787, vgl. mit ◘ Abb. 21.44
- Hughes H-4, vgl. mit ◘ Abb. 21.45
- Antonow An-225, vgl. mit ◘ Abb. 21.46,
- Scaled Composites Stratolaunch, vgl. mit ◘ Abb. 21.47.

◘ **Abb. 21.36** Airbus A320 [51, 57]

◘ **Abb. 21.37** Airbus A340 [52, 70]

■ **Abb. 21.38**   Airbus A350 [50, 53]

■ **Abb. 21.43**   Boeing B777 [65, 66]

■ **Abb. 21.39**   Airbus A380 [54, 138]

■ **Abb. 21.44**   Boeing B787 [67, 73]

■ **Abb. 21.40**   Airbus A400M [55, 56]

■ **Abb. 21.45**   Hughes H-4 Hercules

■ **Abb. 21.41**   Boeing B737 [63, 72]

■ **Abb. 21.46**   Antonow An-225

■ **Abb. 21.42**   Boeing B747 [64, 69]

■ **Abb. 21.47**   Scaled Composites Model 351 Stratolaunch, Roc [124, 125]

◼ Tab. 21.1 Vergleich: technische und betriebliche Eckdaten ausgewählter Flugzeuge

Parameter	A320	A340	A350	A380	A400M	B737	B747	B777	B787	Hughes H-4 (Spruce Goose)	An-225 Mriya	Stratolaunch Roc
Manufacturer/Marke	Airbus	Airbus	Airbus	Airbus	Airbus (ATO)/ Airbus Military	Boeing	Boeing	Boeing	Boeing	Howard Hughes (Hughes Aircraft)	Antonov	Scaled Composites (Stratolaunch Systems)
Typenbezeichnung/Variantenhinweis	A320 (ceo/neo; Familienbreite: A318–A321)	A340-200/300/500/600 (4-strahlig)	A350-900/-1000 (Widebody, twinjet)	A380-800 (Double-deck)	A400M Atlas (militärischer Transporter)	B737 (Classic/NG/MAX Varianten)	B747 (klassische Jumbo-Familie, Varianten)	B777 (300/300ER/200LR, etc.)	B787-8/-9/-10	H-4 (einmalig, hölzern/gigantisch)	An-225 (Einzelstück, Schwerlast)	Stratolaunch Roc (Trägerflugzeug für Raketen)
Erstflug (jahr)	1987 (A320)	1991 (A340-200)	2013 (A350-900)	2005 (A380)	2009 (A400M)	1967 (erste B737)	1969 (B747)	1994 (B777)	2009 (B787)	1947 (H-4 Flugprobe 1947 – nur eine Rolle)	1988 (An-225 erster Flug)	2019 (Stratolaunch erstes Rollout/erster Flug 2019)
Produktionszeitraum (kurz)	1990er-heute (Familie)	1990er-2011 (eingestellt)	2010er-heute	2000er-2019 (Produktion eingeschränkt)	2010er-heute (begrenzte Stückzahlen)	1967-heute (Familie)	1968–2023 (limitierte Neubauzahlen)	1990er-heute	2007-heute	Einzelstück (1940er)	1990er-heute (sehr wenige gebaut)	Seit 2017 (ein Prototyp)
Länge (m)	37.6 (A320)	59.4 (A340-300)	66.8 (A350-900)	72.7	45.1	39.5 (B737-800)	70.6 (B747-400)	63.7 (B777-300)	56.7 (B787-9)	66.0 (H-4)	84.0	73.0

(Fortsetzung)

Parameter	A320	A340	A350	A380	A400M	B737	B747	B777	B787	Hughes H-4 (Spruce Goose)	An-225 Mriya	Stratolaunch Roc
Spannweite (m)	34.1 (A320ceo)/ 35.8 (sharklets)	60.3 (A340-300)	64.8 (A350-900)	79.8	42.4	35.8 (B737-800 w/ winglets)	64.4	64.8 (B777-300ER)	60.1	97.5 (H-4)	88.4	117.3 (Roc sehr groß; Spannweite 117 m)
Höhe (m)	11.8	16.9	17.1	24.1	14.7	12.5	19.4	18.5	16.9	9.1	18.1	15.2
(m^2)	122	370	443	845	275	124	541	436	325	1 000 (grobe Schätzung)	905	1 200 (sehr grobe Schätzung)
MTOW (kg)	73 500–78 000 (A320 Varianten)	275 000–370 000 (A340 Varianten)	268 000 (A350-900) bis 316 000 (A350-1000)	575 000	141 000	79 000 (B737-800)	396 000 (B747-400) bis mehr bei -8 F	247 000–351 000 (B777 Varianten)	227 000–254 000 (B787 Varianten)	<40.000 (H-4 Einzelstück/ Schätzung; sehr speziell)	640 000	590 000 (Stratolaunch 590 t geschätzt)
Leergewicht/ OEW (kg)	42 000 (A320)	160 000–210 000	140 000–165 000	276 000	78 000	41 000	183 000	167 000	120 000	27 000 (Schätzung)	285 000	230 000 (Schätzung)
Flügelfläche Treibstoffkapazität (L/kg)	24 210 L (A320)	142 000 L (A340 Varianten)	141 000 L (A350-900)	320 000 L	50 000 L (A400M grob)	26 000 L (B737-800)	216 846 L (B747-400)	181 000 L (B777-300ER)	126 000 L (B787-9)	n/a (H-4 Einmalentwicklung)	300 000 L (An-225 grob)	n/a (Roc primär Träger, Treibstoffkapazität groß aber variiert)

(Fortsetzung)

Parameter	A320	A340	A350	A380	A400M	B737	B747	B777	B787	Hughes H-4 (Spruce Goose)	An-225 Mriya	Stratolaunch Roc
Triebwerksart	Turbofan (High bypass)	Turbofan (4×)	Turbofan (Twinjet, High bypass)	Turbofan (4x, High bypass)	Turboprops (4x Europrop TP400)	Turbofan	Turbofan (4x)	Turbofan (2x)	Turbofan (2x)	Piston/einzigartige Riesen-Konstruktion (Radial-/Sternmotoren historisch)	Turbofan (6x Progress D-18T in AN-225)	Turbofan (6x Pratt & Whitney PW4000? – Stratolaunch verwendet šest Triebwerke ähnlicher Klasse)
Anzahl Triebwerke	2	4	2	4	4 (Turboprop)	2	4	2	2	8? (H-4 hatte acht Sternmotoren; konstruierte Anordnung)	6	6
Triebwerksschub (typ. pro Triebwerk)	120–140 kN (je nach Variante)	120–250 kN (pro Triebwerk bei großen Varianten)	280–350 kN (A350-1000 high thrust variants)	300–340 kN (grobe Größenordnung, pro Triebwerk)	Prop 11–14 kN äquivalent (propeller performance, anders messbar)	85–120 kN (je nach Variante)	250 kN	300–430 kN (B777 Variants)	200–330 kN (B787 variants)	Nicht direkt vergleichbar (historisch)	230 kN (D-18T 229 kN)	Variabel; Roc nutzt sechs Triebwerke der Kategorie ca. 190–260 kN äquivalent

(Fortsetzung)

Parameter	A320	A340	A350	A380	A400M	B737	B747	B777	B787	Hughes H-4 (Spruce Goose)	An-225 Mriya	Stratolaunch Roc
Reisegeschwindigkeit (typisch)	828 km/h (M 0.78)	880 km/h (M 0.84)	903 km/h (M 0.85)	903 km/h (M 0.85)	780 km/h (mil. Transportprofil)	780–840 km/h	908 km/h (M 0.85)	905 km/h (M 0.84)	903 km/h (M 0.85)	≪500 km/h (H-4 langsam, Exponat)	800 km/h (Transitgeschw., sehr ladenabhängig)	800–900 km/h (typisch für große Träger)
Max. Reisereichweite (ungefähr, KM)	6 100 km (A320neo ferry)	12 400 km (A340-500 langstreckenv.)	15 000 km (A350-900/-1000 varianten)	15 000 km (A380-800)	3 300 km (A400M militärisch, variabel)	5 500 km (B737 MAX var.)	13 450 km (B747-400 interkont.)	13 650 km (B777-300ER)	13 500 km (B787-9)	n/a (H-4 nicht für reguläre Linien)	4 000–15 000 km (An-225 abhängig von Nutzlast; ferry range groß)	n/a (Stratolaunch primär Trägerflugzeug; Reichweite missionsabhängig)
Passagierkapazität (typisch)	140–180 (2-class A320)	250–300 (A340 var.)	300–350 (A350 variants)	525–850 (A380, 3-class 555, max hohe Kapazität)	– (militärischer Transport; Pax-Conversion möglich: 116–170)	120–189 (B737 family variants)	350–416 (B747 variants)	300–400 (B777 variants)	242–330 (B787 var.)	0–? (H-4 war Prototyp, kein Linienbetrieb)	0–? (An-225 Frachtflugzeug, gelegentliche pax conversions)	0–? (Stratolaunch ist ein Trägerflugzeug, keine Verkehrs-Pax-Konfiguration)
Abhebegeschwindigkeit/Rotation (V_r) (typ.)	130–150 kt (A320 je nach Gewicht)	150–180 kt (A340 je nach Variant)	140–160 kt	150–180 kt	110–140 kt (A400M var.)	130–150 kt	160–180 kt	150–170 kt	Nicht praxisrelevant/historisch	200 kt (variabel, sehr hoch)	130–170 kt (strain abhängig)	

(Fortsetzung)

Parameter	A320	A340	A350	A380	A400M	B737	B747	B777	B787	Hughes H-4 (Spruce Goose)	An-225 Mriya	Stratolaunch Roc
Kosten (Stückpreis, ungefähr, Millionen USD)	100–125 M$ (A320neo Liste)	200–300 M$ (A340 je nach Variant historisch)	250–350 M$ (A350 je nach Variant)	400–450 M$ (A380 Liste historisch)	70–100 M$ (A400M ungefähr)	90–135 M$ (B737 MAX Preislage Liste)	380–450 M$ (B747 varianten historic freight)	300–350 M$ (B777 varianten)	250–325 M$ (B787 varianten)	Einzelstück, historisch/ nicht kommerziell	Einzelstücke/ angepasst; sehr teuer (Projekt- und Erhaltungskosten hoch)	Projektkosten sehr hoch; Stückpreis schwer vergleichbar (ein Prototyp)
Haupt-Einsatzgebiete/ Rollen	Kurz-/Mittelstrecke Verkehrsflug	Langstrecken Verkehrsflug (vierstrahlig)	Langstrecke, Langstrecken-LR Interkontinental	Hochkapazität Langstrecke (Hochvolumen Routen)	Militärischer taktischer Transport, Luftfracht, Luftbetankung (Adaptierungen)	Kurz-/Mittelstrecke Verkehrsflug	Langstrecken Fracht und Pax (historisch Flagship)	Langstrecke Pax/ Fracht, Interkontinental	Langstrecke Pax (B787)	Experimentelles, Demonstrationsflugzeug (historisch)	Extrem Schwerlasttransport, Oversize Cargo	Trägermaschine für suborbitale Nutzlasten/ Raketenstart
Bemerkungen/ Besonderheiten	A320-Familie: weit verbreitet, viele Varianten	A340: vierstrahliges Konzept wurde durch twinjets verdrängt	A350: moderne Composite-Konstruktion, hoher Komfort	A380: größtes Passagierflugzeug, hohe Stückkosten, Produktionsstopp	A400M: Turboprop Großtransport, NATO Einsatzmodi	B737: weltweit meistgebautes Verkehrsflugzeug	B747: ikonisch, Frachtversionen weit verbreitet	B777: großer Twinjet Erfolg, Großraumfolge	B787: umfangreiche Kompositnutzung, Treibstoffeffizienz	H-4: größte Holzkonstruktion, nur Prototyp	An-225: größtes Nutzlastflugzeug, wenige Einsätze	Stratolaunch: größte Spannweite, spez. Einsatzzweck

21.6 Übungen

Übungsbeispiel 21.1

Wie definiert die ICAO den Begriff Flugzeug?

Lösung

Ein Flugzeug ist laut ICAO ein motorgetriebenes, schwerer-als-Luft-Luftfahrzeug, dessen Auftrieb im Flug überwiegend durch aerodynamische Kräfte auf festen Flächen entsteht, die unter den gegebenen Flugbedingungen unbeweglich bleiben.

Übungsbeispiel 21.2

In welche drei Hauptkomponenten wird ein Flugzeug grundsätzlich unterteilt?

Lösung

Ein Flugzeug wird grundsätzlich in drei Hauptkomponenten unterteilt: das Flugwerk, die Triebwerksanlage und die Ausrüstung.

Übungsbeispiel 21.3

Welche Aufgaben erfüllt das Flugwerk?

Lösung

Das Flugwerk bildet die strukturelle Grundlage des Flugzeugs, bestimmt dessen Form und Stabilität und umfasst alle sichtbaren Komponenten außer den Triebwerken.

Übungsbeispiel 21.4

Aus welchen Unterbaugruppen besteht das Flugwerk?

Lösung

Das Flugwerk besteht aus Rumpfwerk, Tragwerk, Leitwerk, Steuerwerk sowie Fahrwerk (bzw. Schwimmern oder Auftriebskörpern bei Wasserflugzeugen).

Übungsbeispiel 21.5

Welche Hauptfunktionen erfüllt der Rumpf eines Flugzeugs?

Lösung

Der Rumpf verbindet die tragenden Strukturen, beherbergt Besatzung, Passagiere und Fracht, enthält Systeme wie Cockpit und Fahrwerk und kann bei Flugbooten zusätzlich Auftrieb auf dem Wasser erzeugen.

Übungsbeispiel 21.6

Welche Rumpfquerschnitte sind üblich und warum?

Lösung

Übliche Formen sind runde Querschnitte (vorteilhaft für Druckkabinen), rechteckige Querschnitte (bei Frachtflugzeugen für optimales Ladevolumen) und Sonderformen wie Doppelrumpf- oder Nurflügel-Konstruktionen.

Übungsbeispiel 21.7

Welche Aufgabe hat das Tragwerk eines Flugzeugs?

Lösung

Das Tragwerk erzeugt den dynamischen Auftrieb, trägt den Treibstoff, enthält Steuerflächen und beeinflusst maßgeblich die Flugleistung und Stabilität.

Übungsbeispiel 21.8

Was sind Winglets und welchen Zweck erfüllen sie?

Lösung

Winglets sind nach oben gebogene Flügelspitzen, die Wirbelschleppen reduzieren, den Luftwiderstand verringern und dadurch den Treibstoffverbrauch senken.

Übungsbeispiel 21.9

Was ist der Unterschied zwischen Winglets und Sharklets?

Lösung

Winglets sind die Boeing-Bezeichnung für Flügelspitzen (z. B. „„lended" oder „Split Scimitar Winglets"), während Sharklets die Airbus-Version mit haiflossenähnlicher Form sind.

Übungsbeispiel 21.10

Was ist die Aufgabe der Querruder?

Lösung

Querruder steuern das Flugzeug um die Längsachse (Rollachse), indem sie den Auftrieb an den Flügeln unterschiedlich verändern.

Übungsbeispiel 21.11

Was unterscheidet Low-Speed- und High-Speed-Querruder?

Lösung

Low-Speed-Querruder sind groß und weit außen, für niedrige Geschwindigkeiten; High-Speed-Querruder sind kleiner, innenliegend und für hohe Geschwindigkeiten ausgelegt.

Übungsbeispiel 21.12

Welche kombinierte Steuerflächen gibt es im modernen Flugzeugbau?

Lösung

Kombinierte Steuerflächen sind z. B. Elevons (Höhen- und Querruder), Ruddervators (Seiten- und Höhenruder), Spoilerons (Spoiler als Querruder) und Flaperons (Landeklappen mit Querruderfunktion).

Übungsbeispiel 21.13

Was versteht man unter Fly-by-Wire?

Lösung

Fly-by-Wire ersetzt mechanische Steuerverbindungen durch elektronische Signalübertragung. Flugkontrollcomputer interpretieren Pilotenbefehle, erhöhen Stabilität und verhindern gefährliche Flugzustände.

Übungsbeispiel 21.14

Welche Funktion hat die Landeklappenträgerverkleidung?

Lösung

Sie schützt die ausgefahrenen Mechaniken und Schienen der Landeklappen (Flap Tracks) vor Luftwiderstand, indem sie stromlinienförmig verkleidet sind.

Übungsbeispiel 21.15

Was ist eine Krügerklappe und wozu dient sie?

Lösung

Die Krügerklappe ist ein Klappenelement an der Flügelvorderkante, das ausgefahren die Wölbung und den Auftrieb des Flügels erhöht, besonders nützlich bei Start und Landung.

Übungsbeispiel 21.16

Welche Arten von Wölbklappen gibt es?

Lösung

Zu den Haupttypen zählen Plain Flaps, Split Flaps, Fowler-Flaps und Krüger-Flaps, die sich in Mechanik und Auftriebserhöhung unterscheiden.

21

Übungsbeispiel 21.17

Welche Aufgaben erfüllen Störklappen (Spoiler)?

Lösung

Störklappen verringern den Auftrieb, erhöhen den Widerstand und unterstützen Landung, Sinkflug und Rollbewegungen. Sie können auch als Luftbremsen fungieren.

Übungsbeispiel 21.18

Was sind Lift Dumpers und Airbrakes?

Lösung

Lift Dumpers sind Spoiler, die nach der Landung vollständig ausgefahren werden, um Auftrieb zu beseitigen; Airbrakes dienen der gezielten Erhöhung des Luftwiderstands im Flug.

Übungsbeispiel 21.19

Welche Funktion haben Vortexgeneratoren?

Lösung

Vortexgeneratoren erzeugen kleine Wirbel, die die Grenzschicht stabilisieren, Strömungsablösungen verhindern und die Wirksamkeit von Steuerflächen verbessern.

Übungsbeispiel 21.20

Welche strukturelle Bedeutung hat die Flügelwurzel?

Lösung

Die Flügelwurzel überträgt Biege-, Torsions- und Schubkräfte vom Flügel auf den Rumpf und stellt damit einen besonders belasteten und sicherheitsrelevanten Teil des Flugzeugs dar.

Übungsbeispiel 21.21

Welche Hauptaufgabe erfüllt das Kraftstoffsystem eines motorgetriebenen Flugzeugs?

Lösung

Das Kraftstoffsystem versorgt das Flugzeug zuverlässig mit Treibstoff, unabhängig von Fluglage, Flughöhe oder Betriebszustand. Es stellt sicher, dass der Motor jederzeit ausreichend Kraftstoff erhält.

Übungsbeispiel 21.22

Welche zwei Hauptarten von Kraftstoffanlagen gibt es und wofür werden sie jeweils verwendet?

Lösung

Es gibt Fall-Kraftstoffanlagen, die bei Hoch- und Schulterdeckern den Kraftstoff durch Schwerkraft zuführen, und Pumpensysteme, die bei Tiefdeckern, Kunstflug- und Strahlflugzeugen elektrische und mechanische Pumpen einsetzen.

Übungsbeispiel 21.23

Welche Funktionen haben Belüftungsventile in Kraftstofftanks?

Lösung

Belüftungsventile verhindern Über- oder Unterdruck im Tank und ermöglichen das Entweichen oder Nachströmen von Luft bei Volumenänderungen des Kraftstoffs.

Übungsbeispiel 21.24

Welche Funktion hat der Gemischregler im Kraftstoffsystem?

Lösung

Der Gemischregler passt das Verhältnis von Luft zu Kraftstoff an die jeweilige Flughöhe an (Leanen), um eine optimale Verbrennung und Leistung zu gewährleisten.

Übungsbeispiel 21.25

Warum ist bei Flugzeugen eine Sichtprüfung des Kraftstoffvorrats notwendig?

Lösung

Da die Anzeigen für den Kraftstoffvorrat oft ungenau sind, ist eine visuelle Kontrolle vor dem Flug notwendig, um Fehleinschätzungen und Motorausfälle durch Kraftstoffmangel zu vermeiden.

Übungsbeispiel 21.26

Welche Vorteile bietet die Unterbringung von Kraftstofftanks in den Tragflächen?

Lösung

Sie spart Platz im Rumpf, reduziert die Biegebeanspruchung der Flügelwurzel und hält den Schwerpunkt stabil, da der Treibstoff nahe am Schwerpunkt liegt.

Übungsbeispiel 21.27

Wie ist die Kraftstoffanlage der Boeing 737 Classic aufgebaut?

Lösung

Sie besteht aus drei Haupttanks: Tank Nr. 1 (links), Tank Nr. 2 (rechts) und dem Mitteltank im Rumpfbereich zwischen den Tragflächen.

Übungsbeispiel 21.28

Warum wird bei der Boeing 737 Classic der Mitteltank zuerst entleert?

Lösung

Die Entleerung des Mitteltanks reduziert die Belastung der Flügelwurzel und sorgt für stabile Trimmung, da der Tank in der Nähe des Schwerpunktes liegt.

Übungsbeispiel 21.29

Welche Temperaturgrenzen gelten für Flugzeugtreibstoff?

Lösung

Die maximale Temperatur beträgt 49,6 °C; die minimale Temperatur liegt beim höheren Wert aus −45 °C oder dem Gefrierpunkt des Kraftstoffs plus 3 °C.

Übungsbeispiel 21.30

Warum wird die Treibstofftemperatur im linken Haupttank der Boeing 737 gemessen?

Lösung

Weil der linke Tank aufgrund des kleineren Hydraulik-Wärmetauschers in System A tendenziell kälter ist als der rechte, wodurch kritische Temperaturen zuerst dort auftreten.

Übungsbeispiel 21.31

Welche Maßnahmen kann die Crew ergreifen, wenn der Treibstoff nahe dem Gefrierpunkt ist?

Lösung

Der Pilot kann in eine wärmere Luftschicht sinken, den Kurs ändern oder die Fluggeschwindigkeit erhöhen, um den Treibstoff durch Luftreibung aufzuwärmen.

Übungsbeispiel 21.32

Welche Aufgabe hat das Fuel Scavenge Shutoff Valve?

Lösung

Es öffnet sich automatisch, wenn die Pumpen des Mitteltanks ausgeschaltet sind, und aktiviert die Scavenge Pump, die Restkraftstoff aus dem Mitteltank in den linken Haupttank fördert.

Übungsbeispiel 21.33

Was passiert bei einem Start mit weniger als 1000 kg Kraftstoff im Mitteltank?

Lösung

Es kann zu einer asymmetrischen Betankung kommen, da der rechte Tank schneller leerläuft, während der linke Tank durch die Rückförderpumpe weiter gefüllt wird.

Übungsbeispiel 21.34

Aus welchem Tank bezieht die APU ihren Kraftstoff?

Lösung

Die Auxiliary Power Unit (APU) bezieht ihren Kraftstoff ausschließlich aus dem linken Haupttank. Für den Betrieb müssen dessen Pumpen eingeschaltet sein.

Übungsbeispiel 21.35

Wo befindet sich die Betankungsstation der Boeing 737 und welche Funktionen erfüllt sie?

Lösung

Sie befindet sich auf der rechten Tragfläche und steuert Befüllung, Umpumpen und Entleerung der Tanks. Ein automatisches Ventilsystem verhindert Überfüllung.

Übungsbeispiel 21.36

Was ist der Zweck des Manual Defueling Valve?

Lösung

Es verbindet die Hauptkraftstoffleitung mit der Betankungsstation und ermöglicht ein kontrolliertes Ablassen von Treibstoff aus dem Flugzeug.

Übungsbeispiel 21.37

Welche Hauptaufgabe erfüllt der Flügelholm (Spar)?

Lösung

Der Flügelholm trägt die Hauptlasten des Flügels, nimmt Biege- und Torsionskräfte auf und bildet das strukturelle Rückgrat der Tragfläche.

Übungsbeispiel 21.38

Was ist das aerodynamische Prinzip des Channel Wings?

Lösung

Beim Channel Wing wird der Propeller in einen halbkreisförmigen Kanal integriert, wodurch die Strömungsgeschwindigkeit über der Flügeloberseite steigt und bei niedriger Geschwindigkeit zusätzlicher Auftrieb entsteht.

Übungsbeispiel 21.39

Welche Hauptfunktionen erfüllt das Leitwerk eines Flugzeugs?

Lösung

Das Leitwerk stabilisiert die Fluglage, ermöglicht Steuerung um Nick- und Gierachse und erlaubt durch Trimmung einen stabilen Geradeausflug ohne ständige Rudereingaben.

Übungsbeispiel 21.40

Welche Unterschiede bestehen zwischen konventionellem, T-, V- und Kreuzleitwerk?

Lösung

Das konventionelle Leitwerk hat ein unten liegendes Höhenleitwerk, das T-Leitwerk ein oben angeordnetes; das V-Leitwerk kombiniert Seiten- und Höhenruder, während das Kreuzleitwerk eine mittige Anordnung aufweist.

Übungsbeispiel 21.41

Was versteht man unter dem Steuerwerk eines Flugzeugs?

Lösung

Das Steuerwerk umfasst alle Einrichtungen, die es dem Piloten ermöglichen, die Fluglage und Flugrichtung gezielt zu beeinflussen. Es verbindet die Steuerorgane im Cockpit mit den aerodynamischen Steuerflächen am Flugzeug.

Übungsbeispiel 21.42

Welche Hauptaufgaben erfüllt das Steuerwerk?

Lösung

Das Steuerwerk überträgt Steuerbefehle, verstärkt Steuerkräfte, gibt dem Piloten Rückmeldung über Ruderausschläge und ermöglicht die Trimmung des Flugzeugs für stabilen Flug.

Übungsbeispiel 21.43

Wie werden Steuerbefehle im Flugzeug übertragen?

Lösung

Steuerbefehle werden mechanisch, hydraulisch oder elektrisch von den Steuerorganen im Cockpit zu den Steuerflächen weitergeleitet.

Übungsbeispiel 21.44

Warum sind Verstärkungssysteme im Steuerwerk notwendig?

Lösung

Bei großen Flugzeugen übersteigen die aerodynamischen Lasten auf den Steuerflächen die Muskelkraft des Piloten, daher werden hydraulische oder elektrische Verstärkungssysteme eingesetzt.

Übungsbeispiel 21.45

Was versteht man unter Trimmung im Flugzeug?

Lösung

Trimmung bezeichnet die Feineinstellung der Steuerflächen, damit das Flugzeug ohne ständige Rudereingaben stabil fliegen kann.

Übungsbeispiel 21.46

Welche Arten von Steuerwerken gibt es?

Lösung

Es gibt mechanische, hydromechanische, Fly-by-Wire- und Fly-by-Light-Steuerwerke.

Übungsbeispiel 21.47

Wie funktioniert ein mechanisches Steuerwerk?

Lösung

Bei einem mechanischen Steuerwerk werden Steuerbefehle über Seilzüge, Gestänge und Umlenkrollen direkt an die Ruderflächen übertragen.

Übungsbeispiel 21.48

Was zeichnet ein hydromechanisches Steuerwerk aus?

Lösung

Es kombiniert mechanische Steuerung mit hydraulischer Verstärkung und wurde bis in die 1980er-Jahre bei Verkehrsflugzeugen verwendet.

Übungsbeispiel 21.49

Was ist das Prinzip eines Fly-by-Wire-Systems?

Lösung

Beim Fly-by-Wire-System werden Steuerbefehle elektronisch an Computer übermittelt, die elektrische oder hydraulische Aktuatoren ansteuern. Es ermöglicht Stabilitätsprogramme und Flugbegrenzungen.

Übungsbeispiel 21.50

Was ist der Unterschied zwischen Fly-by-Wire und Fly-by-Light?

Lösung

Fly-by-Light nutzt Glasfaserkabel zur Signalübertragung anstelle elektrischer Leitungen. Dadurch werden Daten sicherer und unempfindlicher gegenüber elektromagnetischen Störungen übertragen.

Übungsbeispiel 21.51

Was sind primäre Steuerflächen?

Lösung

Primäre Steuerflächen sind Quer-, Seiten- und Höhenruder. Sie beeinflussen Roll-, Gier- und Nickbewegungen und steuern direkt die Fluglage.

Übungsbeispiel 21.52

Was versteht man unter sekundären Steuerflächen?

Lösung

Sekundäre Steuerflächen wie Landeklappen, Vorflügel, Spoiler und Trimmklappen verändern die aerodynamischen Eigenschaften, dienen aber nicht der direkten Steuerung der Fluglage.

Übungsbeispiel 21.53

Warum ist das Steuerwerk sicherheitskritisch?

Lösung

Ein Ausfall des Steuerwerks gefährdet die Flugkontrolle direkt, daher muss es redundant ausgelegt, regelmäßig geprüft und gewartet werden.

Übungsbeispiel 21.54

Was bedeutet Redundanz im Zusammenhang mit dem Steuerwerk?

Lösung

Redundanz bedeutet, dass mehrere unabhängige Leitungen, Pumpen oder Computer vorhanden sind, um die Steuerung auch bei Teilausfällen sicherzustellen.

Übungsbeispiel 21.55

Welche Aufgaben übernimmt das Fahrwerk eines Flugzeugs?

Lösung

Das Fahrwerk ermöglicht Start, Landung und Rollen, trägt das Eigengewicht, dämpft Aufsetzenergie, bremst und steuert Bewegungen am Boden.

Übungsbeispiel 21.56

Was ist der Unterschied zwischen Hauptfahrwerk und Bugfahrwerk?

Lösung

Das Hauptfahrwerk trägt den Großteil der Last und befindet sich meist unter Tragflächen oder Rumpf. Das Bugfahrwerk ist vorne angebracht, steuerbar und dient der Richtungssteuerung am Boden.

Übungsbeispiel 21.57

Was ist ein Spornradfahrwerk?

Lösung

Beim Spornradfahrwerk befindet sich ein kleines Rad am Heck anstelle eines Bugrades. Es war typisch für ältere Flugzeuge.

Übungsbeispiel 21.58

Was unterscheidet ein festes von einem einziehbaren Fahrwerk?

Lösung

Ein festes Fahrwerk bleibt dauerhaft sichtbar und ist einfacher aufgebaut, während ein einziehbares Fahrwerk während des Fluges eingefahren wird, um den Luftwiderstand zu verringern.

Übungsbeispiel 21.59

Welche Subsysteme gehören zum Fahrwerk?

Lösung

Zum Fahrwerk gehören Feder-/Dämpfungssysteme, Bremsanlage, Lenkanlage sowie Ein- und Ausfahrsysteme.

Übungsbeispiel 21.60

Welche Sicherheitsmaßnahmen gelten für das Fahrwerk?

Lösung

Es gibt redundante Ausfahrsysteme, regelmäßige Inspektionen auf Schäden und Nachweise über Belastungsfestigkeit durch Testlandungen mit Überlastfaktoren.

Hubschrauber

Inhaltsverzeichnis

© Der/die Autor(en), exklusiv lizenziert an Springer-Verlag GmbH, DE, ein Teil von Springer
Nature 2026
A. Huber, *Technische Mechanik 6 - Aeromechanik*,
https://doi.org/10.1007/978-3-662-72929-8_22

> **Zitat**
>
> Wenn alles gegen dich zu laufen scheint, erinnere dich, dass ein Flugzeug gegen den Wind abhebt!
>
> *Henry Ford*

Dieses Kapitel basiert auf [90].

22.1 Begriffsdefinition

Ein **Hubschrauber** oder **Helikopter** (vgl. mit ◘ Abb. 22.1) (kurz: Heli) ist ein senkrecht startendes und landendes Luftfahrzeug, das Motorkraft auf einen oder mehrere nahezu horizontal angeordnete Rotoren für Auftrieb und Vortrieb überträgt. Diese Rotoren wirken als sich drehende Tragflächen oder Flügel. Hubschrauber gehören somit zu den **Drehflüglern** und sind die bedeutendsten Vertreter dieser Luftfahrzeuggruppe.

Drehflügler ist die sinngemäße Übersetzung des Worts Helikopter, das sich aus dem Altgriechischen zusammensetzt, was so viel wie „Windung, Spirale, Schraube" bedeutet. Helikopter und Hubschrauber sind gleichbedeutend.

◘ **Abb. 22.1** Eurocopter AS350BA der Fleet Air Arm der Royal Australian Navy [76, 90]

Die Abgrenzung des Begriffs Hubschrauber ist variabel. Im weitesten Sinne werden Hubschrauber und Drehflügler synonym verwendet. Üblicherweise werden jedoch Drehflügler ohne angetriebenen Hauptrotor, wie Tragschrauber mit eigenen Vortriebsrotoren, nicht zu den Hubschraubern gezählt. Flugschrauber, die Eigenschaften beider Luftfahrzeugtypen kombinieren, werden uneinheitlich eingeordnet. Hubschrauber mit zusätzlichen starren Tragflächen heißen **Verbundhubschrauber**. Wandelflugzeuge zählen nicht zu den Hubschraubern.

22.2 Geschichtlicher Überblick

Das Prinzip des Auftriebs in Wendelform wurde bereits im alten China vor 2500 Jahren beim Spielzeug „fliegender Kreisel" genutzt. Leonardo da Vinci skizzierte zwischen 1487 und 1490 einen Hubschrauber („Helix Pteron"). Die technische Umsetzung gelang jedoch erst im 20. Jahrhundert.

Frühe Prinzipien

Das Prinzip des Auftriebs in Wendelform war bereits im alten China vor 2500 Jahren bekannt (Spielzeug „fliegender Kreisel"). Leonardo da Vinci skizzierte 1487–1490 einen Hubschrauber („Helix Pteron"). Die technische Umsetzung gelang erst im 20. Jahrhundert. Pioniere der Hubschrauberentwicklung waren u. a. Jakob Degen, Étienne Œhmichen, Raúl Pateras Pescara, Oszkár Asbóth, Juan de la Cierva, Engelbert Zaschka, Louis Charles Breguet, Alberto Santos Dumont, Henrich Focke, Anton Flettner und Igor Sikorski.

Frühe motorisierte Hubschrauber (1900–1925)

- 1901: Hermann Ganswindt, Erstflug in Berlin-Schöneberg mit Fallgewichtantrieb.
- 1902: Ján Bahýľ erreichte 50 cm Flughöhe.
- 1907: Paul Cornu, freier bemannter Vertikalflug (260 kg, 24-PS-V8-Motor).

- 1907: Brüder Louis Charles und Jacques Bréguet entwickelten *Gyroplane Nr.1* (vier gegenläufige Rotoren, 45 PS).
- 1909: Wladimir Walerianowitsch Tatarinow baute das *Tatarinow Aeromobile*.
- 1910–1916: Boris Nikolajewitsch Jurjew entwickelte die Taumelscheibe.
- 1913: Otto Baumgärtel konstruierte einen Senkrechtstarter mit Schwerpunktverlagerung.
- 1916: Jacob Christian Hansen Ellehammer baute Hubschrauber mit koaxialen Rotoren, Bugpropeller und kollektiver/zyklischer Blattverstellung.
- 1917: Gebrüder Rüb konstruierten Koaxialrotoren.

22.2.1 Erste funktionierende Hubschrauber (1918–1930)

- 1918: PKZ-1 und PKZ-2 (Stephan Petróczy, Theodore von Kármán, Wilhelm Zurovec) erreichten 50 m Höhe.
- 1919–1922: Henry A. Berliner experimentierte mit koaxialen und nebeneinanderliegenden Rotoren in den USA.
- 1922: Étienne Œhmichen, *Œhmichen No.2*, erster dokumentierter zuverlässig fliegender Senkrechtstarter.
- 1923: Juan de la Cierva entwickelte Autogiro-Lösungen zur Rotorstabilisierung.
- 1924: Raúl Pateras Pescara, *Pescara No.3*, setzte erstmals zyklische Blattverstellung ein.
- 1927–1930: Engelbert Zaschka, A. G. von Baumhauer, Nicholas Florine, Corradino D'Ascanio und Raoul Hafner entwickelten verschiedene Hubschraubermodelle.

22.2.2 Serien- und Rekordhubschrauber (1930–1970)

- 1935: Gyroplane-Laboratoire (Louis Charles Breguet, René Dorand), stabiler Koaxialhubschrauber.
- 1936: Focke-Wulf Fw 61, erste Autorotationslandung.

- 1939: Sikorsky VS-300, Prototyp des Sikorsky R-4.
- 1941: Focke-Achgelis Fa 223, erster in Serie gebauter Hubschrauber.
- 1946: Bell 47, erste zivile Zulassung (USA).
- 1948: Mil Mi-1, erster in Serie gebauter sowjetischer Hubschrauber.
- 1955: Sud Aviation Alouette II, erster Gasturbinen-Hubschrauber.
- 1956: Bell 204/UH-1, meistgebaute Hubschrauberfamilie.
- 1967: Bölkow Bo 105, erster Hubschrauber mit gelenklosem Rotorkopf.
- 1968: Mil Mi-12, größter Hubschrauber.

22.2.3 Neuere Entwicklungen (1970–21. Jahrhundert)

- 1975: Robinson R22, leichter Hubschrauber.
- 1977: Mil Mi-26, größter in Serie gebauter Hubschrauber.
- 1980: Kamow Ka-50 „Hokum", erster Hubschrauber mit Schleudersitz; Ka-52 „Alligator" Weiterentwicklung.
- 1983: Boeing-Sikorsky RAH-66 Comanche, Tarnkappen-Kampfhubschrauber (Fertigung 2004 eingestellt).
- 1984: Sikorsky X-wing, Rotor als Tragfläche im Vorwärtsflug.
- 2008: Sikorsky X2, Hochgeschwindigkeits-Hubschrauber (463 km/h).
- 2011: Volocopter, erster bemannter rein elektrisch angetriebener Hubschrauber.
- 2011–2013: Muskelkraft-Hubschrauber (Gamera I/II, AeroVelo Atlas) erzielten neue Flugdauer- und Höhenrekorde.

22.3 Antrieb

Hauptbestandteile für den Antrieb des Hubschraubers sind die **Kraftmaschine** (Motor) und das **Getriebe**.

22.3.1 Kraftmaschine (Motor)

Die Kraftmaschine liefert die notwendige Energie für die Rotoren. In Hubschraubern werden hauptsächlich folgende Motortypen verwendet:

 Wellenturbine General Electric T64 einer Sikorsky CH-53G

— **Kolbenmotoren:** Werden vor allem bei leichten Hubschraubern eingesetzt (z. B. Robinson R22, Schweizer 300C). Vorteile: kostengünstig, einfach wartbar; Nachteile: begrenzte Leistung und höhere Vibrationen.
— **Turbinenmotoren (Gasturbinen), vgl. mit Abb. 22.2:** Standard bei mittleren und schweren Hubschraubern (z. B. Bell 204, Eurocopter AS350). Vorteile: hohe Leistung, geringes Gewicht, hohe Zuverlässigkeit; Nachteile: teurer in Anschaffung und Wartung, höherer Treibstoffverbrauch.

22.3.2 Getriebe

Das Getriebe überträgt die Motorkraft auf den Haupt- und Heckrotor und reduziert die Drehzahl auf die erforderliche Rotordrehzahl. Es gibt mehrere wichtige Komponenten:
— **Hauptgetriebe:** Überträgt die Leistung des Motors auf den Hauptrotor. Reduziert die Motordrehzahl auf die für den Rotor optimale Drehzahl.
— **Zwischengetriebe/Tailrotor-Getriebe:** Überträgt die Leistung auf den Heckrotor, um das Drehmoment des Hauptrotors auszugleichen und die Richtungssteuerung zu ermöglichen.
— **Nebenaggregate:** Einige Getriebe treiben Hilfssysteme an, wie Hydraulikpumpen, Generatoren oder Klimaanlagen.

22.4 Funktion

22.4.1 Auftriebsprinzip der Rotorblätter

Die Rotorblätter eines Hubschraubers erzeugen Auftrieb, indem sie die umgebende Luftströmung dynamisch beeinflussen. Ähnlich wie bei starren Flugzeugtragflächen hängt die Größe der Auftriebskraft von mehreren Faktoren ab: dem Profil der Blätter, dem Anstellwinkel und der Geschwindigkeit, mit der die Luft über die Blattlänge hinweg anströmt. Dabei ist die Anströmgeschwindigkeit nicht konstant, sondern variiert entlang des Rotorblatts von der Wurzel bis zur Blattspitze.

Bewegt sich der Hubschrauber vorwärts, addiert sich die Vorwärtsgeschwindigkeit zur Umlaufgeschwindigkeit des nach vorne bewegten Blattes, wodurch die Anströmgeschwindigkeit zunimmt. Am zurücklaufenden Blatt wirkt die Vorwärtsbewegung entgegen, sodass sich die Geschwindigkeiten subtrahieren. Diese Variation führt zu unterschiedlichen Auftriebskräften entlang der Rotorblätter und wird als asymmetrischer Auftrieb bezeichnet.

22.4.2 Dynamische Kräfte und Rotorkopfgestaltung

Die bei Flugbewegungen entstehenden asymmetrischen Kräfte müssen vom Rotorkopf (vgl. mit Abb. 22.3) abgefangen werden. Bei älte-

 Starrer Rotorkopf einer Bo 105 [90, 127]

ren Hubschraubermodellen erfolgte dies durch Schlag- und Schwenkgelenke an den Blattwurzeln, die die Kräfte aufnahmen und die Belastung auf die Mechanik reduzierten. Moderne Hubschrauber verzichten zunehmend auf mechanische Gelenke. Stattdessen werden Rotorköpfe und Blätter aus Verbundmaterialien gefertigt, die unterschiedliche Elastizitäten aufweisen. Typische Werkstoffe sind Titan für den Kern, hochfester glasfaserverstärkter, Kunststoff für die Blätter sowie Elastomere, die die auftretenden Scher- und Biegekräfte ausgleichen. Diese Materialkombination erlaubt es, die ständig wechselnden dynamischen Belastungen aufzunehmen, ohne dass die Bauteile Schaden nehmen.

Ein wegweisendes Beispiel ist die *Bölkow Bo 105*, bei der erstmals ein gelenkloser Rotorkopf realisiert wurde. Hierbei wurden Rotorblätter aus glasfaserverstärktem Kunststoff mit einem massiven Titankern kombiniert, der durch Elastomere flexibel gelagert war. Bei späteren Modellen, etwa dem *Eurocopter EC 135*, wurde dieser Ansatz weiterentwickelt: Der sogenannte lagerlose Rotorkopf überträgt die Kräfte direkt in die Blattwurzel, wodurch die Konstruktion mechanisch vereinfacht und gleichzeitig belastbarer wurde. Diese Technik hat sich bei den meisten modernen Hubschraubern durchgesetzt.

22.4.3 Zyklische Blattverstellung

Die zyklische Blattverstellung dient der Steuerung der Horizontalbewegung des Hubschraubers. Hierbei wird der Anstellwinkel der Rotorblätter während eines Umlaufs periodisch verändert. Durch diese zyklische Anpassung neigen sich die Rotorblattspitzen auf einer Ebene in die gewünschte Flugrichtung. Der Rotor erzeugt somit Schub senkrecht zur Rotorblattfläche, der je nach Neigung Vorwärts-, Rückwärts- oder Seitwärtsbewegung bewirkt. Gleichzeitig bleibt der Gesamthub während des Umlaufs annähernd konstant.

Diese Technik stellt sicher, dass der Rotorschub in Flugrichtung wirkt, während der Hubschrauber selbst durch Luftwiderstand und Schwerpunktlage beeinflusst wird. Liegt der Schwerpunkt des Hubschraubers exakt auf der Rotorwelle, erfolgt der Schub gleichmäßig durch den Schwerpunkt, und es treten keine Schlagbewegungen auf. Nur bei Änderung der Fluggeschwindigkeit oder bei ungleichmäßiger Beladung des Fluggerätes entsteht eine zyklische Schwenkbewegung der Rotorblätter.

22.4.4 Kollektive Blattverstellung

Die kollektive Blattverstellung (Pitch) verändert den Anstellwinkel aller Rotorblätter gleichzeitig. Dies bewirkt eine gleichmäßige Auftriebsänderung über die gesamte Rotorfläche und ermöglicht das Steigen oder Sinken des Hubschraubers. Bei einfachen Modellhubschraubern wird diese Steuerung häufig durch Anpassung der Rotordrehzahl ersetzt, was jedoch aufgrund der Massenträgheit des Rotors eine verzögerte Reaktion mit sich bringt. Bei echten Hubschraubern bleibt die Rotordrehzahl während des Fluges in der Regel konstant, während der Anstellwinkel über die kollektive Blattverstellung angepasst wird.

22.4.5 Taumelscheibe als Steuerelement

Die Taumelscheibe (vgl. mit ◘ Abb. 22.4 und 22.5) ist das zentrale Steuerungselement für die Blattverstellung. Sie besteht aus zwei Hauptteilen: einem festen unteren Teil und einem

◘ **Abb. 22.4** Taumelscheibe [90]

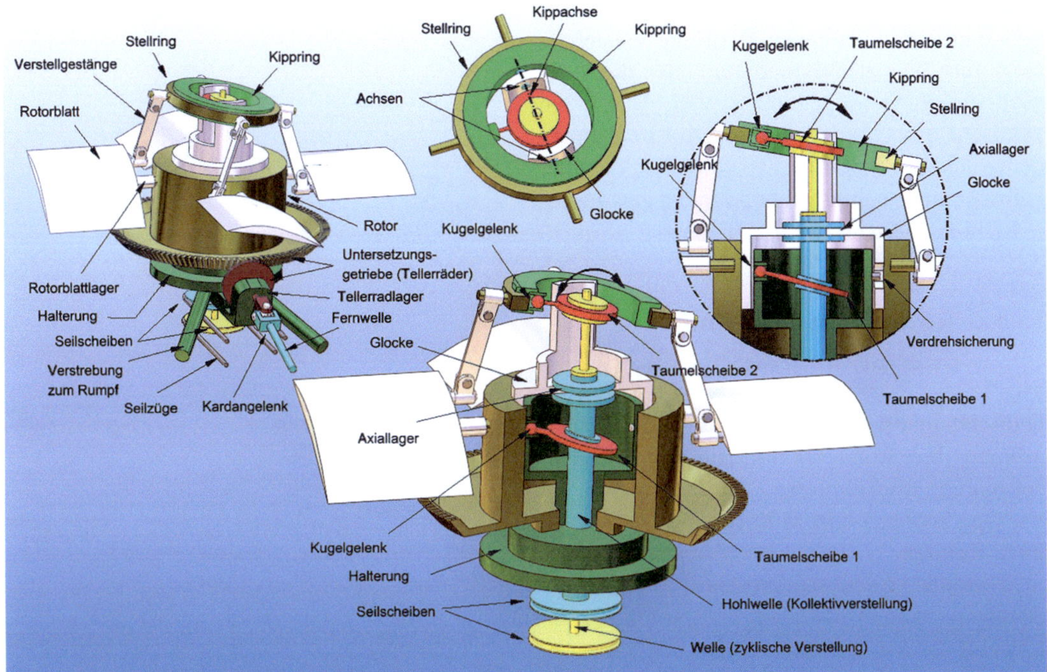

Abb. 22.5 Prinzip der Rotorblatt-Verstelleinrichtung nach Focke und Bußmann [90, 118]

oberen, mit dem Rotor rotierenden Teil. Der Pilot verschiebt den unteren Teil der Taumelscheibe mit dem kollektiven Verstellhebel, um die Anstellwinkel aller Blätter gleichzeitig zu verändern. Durch Neigung des Steuerknüppels wird die Taumelscheibe zyklisch geneigt, sodass die gewünschten Anstellwinkel über Stoßstangen und Hebel auf die Blattwurzeln übertragen werden.

Auf diese Weise lassen sich die Rotorblätter präzise in jede Richtung neigen, um die Flugbewegungen vorwärts, rückwärts und seitwärts sowie Kurvenflüge zu realisieren. Gleichzeitig wird die nötige Senkrechtkraft aufrechterhalten, die den Hubschrauber trägt und stabilisiert.

Es wird der Anstellwinkel für die Rotorblätter über die Taumelscheibe verstellt. Dieser Winkel bestimmt unmittelbar den Auftrieb jedes einzelnen Blattes und damit die gesamte Hebekraft des Hubschraubers.

22.4.5.1 Kollektive Steuerung
Über den kollektiven Hebel wird der untere Teil der Taumelscheibe nach oben oder unten verschoben, wodurch der Anstellwinkel al-

ler Rotorblätter gleichzeitig verändert wird. Eine Erhöhung des Anstellwinkels vergrößert die Angriffsfläche der Blätter gegen die Luftströmung und steigert den Auftrieb, wodurch der Hubschrauber steigt. Eine Verringerung des Anstellwinkels reduziert den Auftrieb, sodass der Hubschrauber sinkt.

22.4.5.2 Zyklische Steuerung
Durch Neigen des Steuerknüppels wird die Taumelscheibe zyklisch geneigt, sodass die Anstellwinkel der Blätter während ihrer Rotation periodisch verändert werden. Dies führt zu einer Schubkomponente in die gewünschte horizontale Richtung, ohne den Gesamthub wesentlich zu verändern. Somit ermöglicht die zyklische Blattverstellung die Steuerung von Vorwärts-, Rückwärts- und Seitwärtsbewegungen, während die kollektive Verstellung den vertikalen Auftrieb regelt.

22.4.5.3 Auftriebsverteilung entlang des Rotors
Da die Luftgeschwindigkeit über das Rotorblatt nicht konstant ist und beim Vorwärtsflug un-

terschiedliche Relativgeschwindigkeiten auf der vor- und zurücklaufenden Blattseite entstehen, sorgt die Taumelscheibe dafür, dass die Auftriebsverteilung ausgeglichen wird. Durch die zyklische Anpassung wird der Auftrieb an jedem Punkt des Rotorblatts so verändert, dass der Hubschrauber stabil bleibt und in die gewünschte Richtung gesteuert werden kann.

22.4.6 Rotorvarianten und Giermomentausgleich

Hubschrauber werden nach der Anzahl und Anordnung ihrer Rotoren klassifiziert. Es gibt Einzelrotoren, Doppelrotoren, Dreifachrotoren sowie Quadrocopter oder Multicopter mit vier oder mehr Rotoren.

Unabhängig von der Antriebsart (außer beim Blattspitzenantrieb) werden die Rotoren normalerweise durch einen Motor im Rumpf betrieben. Dadurch entsteht an der Rotorachse ein Drehmoment, das bei einem einzelnen Hauptrotor eine Rotation des Rumpfes in entgegengesetzter Richtung verursachen würde. Um dieses sogenannte Giermoment auszugleichen, kommen unterschiedliche technische Konzepte zum Einsatz.

22.4.6.1 Einrotorsystem

Bei einem Einrotorhubschrauber wird das Giermoment in der Regel durch einen Heckrotor kompensiert. Dieser erzeugt einen seitlichen Schub, der die Rumpfdrehung ausgleicht. Varianten des Heckrotors sind unter anderem der ummantelte Mantelpropeller (Fenestron) oder das NO-TAil-Rotor-System (NOTAR), bei dem das Giermoment durch gerichtete Luftströme und Seitenleitwerke ausgeglichen wird. Der Heckrotor wird meist über Wellen und Umlenkgetriebe vom Hauptgetriebe angetrieben, sodass seine Drehzahl proportional zur Rotordrehzahl ist. Die Steuerung erfolgt über Pedale, die den Blattwinkel analog zur kollektiven Blattverstellung des Hauptrotors verändern. Vgl. mit ◼ Abb. 22.6.

22.4.6.2 Doppelrotorsysteme

Doppelrotorhubschrauber besitzen zwei gegenläufig rotierende Hauptrotoren, deren Giermomente sich gegenseitig aufheben. Die Anordnung kann dabei unterschiedlich erfolgen:

◼ **Abb. 22.6** Einrotorsystem-Fenestron an einem EC 120 [90]

◼ **Abb. 22.7** Chinook der Royal Air Force mit Doppelrotor in Tandemkonfiguration [90]

Koaxial (übereinander auf derselben Achse), Tandem (hintereinander) oder transversal (nebeneinander). Eine weitere Variante sind leicht versetzte, ineinandergreifende Rotoren, wie beim Flettner-Doppelrotor, bei dem die Achsen schräg zueinander stehen. Koaxialkonfigurationen ermöglichen zudem höhere Vorwärtsgeschwindigkeiten, insbesondere in Kombination mit einem zusätzlichen Schubpropeller, wie dies erstmals beim Fairey Gyrodyne 1947 umgesetzt wurde. Vgl. mit ◼ Abb. 22.7.

22.4.6.3 Dreifachrotorsysteme

Dreifachrotoren sind eher selten und wurden nur in Ausnahmefällen umgesetzt, etwa beim Cierva W.11, in der Planung (Mil Mi-32) oder im Modellbau (Tribelle, Tricopter). Das Giermoment wird hier durch leichtes Kippen der Rotorachsen oder durch Schwenkbarkeit einzelner Rotoren kompensiert. Vgl. mit ◼ Abb. 22.8.

Abb. 22.8 Cierva W.11 mit drei Hauptrotoren [90]

Abb. 22.10 Curtiss-Bleecker von 1930, mit Blattmittelantrieb durch Propeller

Abb. 22.9 AirRobot AR 100-B [90]

22.4.6.4 Quadrocopter und Multicopter

Quadrocopter besitzen vier Rotoren in einer Ebene. Die Steuerung erfolgt ausschließlich über die koordinierte Änderung der Rotordrehzahl oder des Pitchwinkels der Rotorblätter. Gegenläufig drehende Rotoren benachbarter Achsen heben das Giermoment auf. Auf dieser Technologie basieren auch Multicopter mit sechs, acht oder mehr Rotoren, wie etwa der Volocopter mit 16 bzw. 18 Rotoren. Vgl. mit Abb. 22.9.

22.4.6.5 Blattspitzenantrieb

Beim Blattspitzenantrieb wird der Rotor durch Propeller oder Gasstrahlen an den Blattspitzen angetrieben. Da das Drehmoment direkt an den Rotor übertragen wird, entsteht praktisch kein Giermoment auf dem Rumpf, sodass kein Heckrotor notwendig ist. Vgl. mit Abb. 22.10.

22.4.6.6 Effizienz und praktische Umsetzung

Obwohl Doppelrotorsysteme effizienter sind, da die gesamte Antriebsleistung zum Auf- und Vortrieb genutzt wird und kein Teil für einen Heckrotor abgeführt werden muss, haben sich in der Praxis Einrotorsysteme mit Heckrotor durchgesetzt. Der Grund liegt vor allem in den geringeren Bau- und Wartungskosten, da nur ein Rotorkopf und ein Getriebe benötigt werden – die beiden komplexesten und empfindlichsten Baugruppen eines Hubschraubers.

Heckrotoren haben üblicherweise zwei bis fünf Blätter. Zur Geräuschreduzierung werden teilweise vierblättrige Rotoren in X-Form oder der Fenestron mit bis zu 18 Blättern verwendet. Während des Reiseflugs kann das Giermoment zusätzlich durch Seitenleitwerke und schräg gestellte Endscheiben der Rumpfstruktur teilweise kompensiert werden.

22.4.7 Notsteuerung und Autorotation

Fällt der Antrieb des Hubschraubers aus, kann er dennoch sicher landen, indem der Pilot die Maschine in einen steilen Sinkflug überführt. Durch die nach oben anströmende Luft wird der frei laufende Rotor in Drehung gehalten oder beschleunigt. Diese sogenannte Autorotation erzeugt Auftrieb, der die Sinkgeschwindigkeit begrenzt und die Stabilität des Hubschraubers erhält. In dieser Situation ist ein Giermomentausgleich nicht notwendig, da nur das geringe Restmoment aus Lagerreibung kompensiert werden müsste, das bis zur Landung nicht kritisch wird.

Kurz vor dem Bodenkontakt wird der kollektive Blattwinkel von leicht negativ auf positiv vergrößert. Dies erhöht den Auftrieb und reduziert die Sinkgeschwindigkeit, wodurch ein kontrolliertes Abbremsen des Hubschraubers erreicht wird. Die Rotordrehung nimmt dabei ab, und der Rotor verliert langsam seine gespeicherte Energie. Das Manöver erfordert Präzision, da nur ein Versuch zur Verfügung steht und die richtige Höhe für den Beginn der Notlandung entscheidend ist. Piloten üben die Autorotation regelmäßig, um im Ernstfall eine sichere Landung zu gewährleisten.

22.5 Übungen

Übungsbeispiel 22.1

Was ist ein Hubschrauber und wodurch unterscheidet er sich von Flugzeugen?

Lösung

Ein Hubschrauber ist ein Luftfahrzeug, das seinen Auftrieb und Vortrieb durch einen oder mehrere nahezu horizontal angeordnete Rotoren erzeugt. Im Gegensatz zu Flugzeugen kann er senkrecht starten, landen und in der Luft schweben.

Übungsbeispiel 22.2

Was bedeutet der Begriff Drehflügler?

Lösung

Drehflügler sind Luftfahrzeuge, deren Auftrieb durch rotierende Flügel – also Rotorblätter – erzeugt wird. Hubschrauber sind die bedeutendsten Vertreter dieser Kategorie.

Übungsbeispiel 22.3

Woher stammt das Wort Helikopter?

Lösung

Der Begriff Helikopter stammt aus dem Altgriechischen und setzt sich aus helix (Windung, Spirale) und pteron (Flügel) zusammen.

Übungsbeispiel 22.4

Was ist ein Verbundhubschrauber?

Lösung

Ein Verbundhubschrauber ist ein Hubschrauber, der zusätzlich zu seinen Rotoren über starre Tragflächen verfügt, um im Vorwärtsflug zusätzlichen Auftrieb zu erzeugen.

Übungsbeispiel 22.5

Wer skizzierte als Erster einen Hubschrauber und wann?

Lösung

Leonardo da Vinci skizzierte zwischen 1487 und 1490 einen Hubschrauberentwurf namens „Helix Pteron".

Übungsbeispiel 22.6

Wann gelang die technische Umsetzung des Hubschrauberprinzips erstmals?

Lösung

Die technische Umsetzung gelang erst im 20. Jahrhundert, nachdem verschiedene Pioniere die Grundlagen entwickelt hatten.

Übungsbeispiel 22.7

Welcher Hubschrauber war der Erste mit ziviler Zulassung?

Lösung

Der Bell 47 erhielt 1946 als erster Hubschrauber eine zivile Zulassung in den USA.

Übungsbeispiel 22.8

Was zeichnet den Bölkow Bo 105 aus?

Lösung

Der Bölkow Bo 105 war der erste Hubschrauber mit gelenklosem Rotorkopf, bei dem elastische Materialien anstelle mechanischer Gelenke verwendet wurden.

Übungsbeispiel 22.9

Welche Aufgabe hat die Kraftmaschine im Hubschrauber?

Lösung

Die Kraftmaschine (Motor) liefert die mechanische Energie, die über das Getriebe auf die Rotoren übertragen wird, um Auftrieb und Vortrieb zu erzeugen.

Übungsbeispiel 22.10

Welche Motortypen werden in Hubschraubern eingesetzt?

Lösung

Hauptsächlich werden Kolbenmotoren bei leichten Hubschraubern und Turbinenmotoren (Gasturbinen) bei mittleren und schweren Hubschraubern verwendet.

Übungsbeispiel 22.11

Was sind die Vorteile von Turbinenmotoren gegenüber Kolbenmotoren?

Lösung

Turbinenmotoren bieten hohe Leistung, geringes Gewicht und hohe Zuverlässigkeit, sind jedoch teurer und verbrauchen mehr Treibstoff.

Übungsbeispiel 22.12

Welche Funktion hat das Getriebe eines Hubschraubers?

Lösung

Das Getriebe überträgt die Leistung des Motors auf Haupt- und Heckrotor und reduziert die Drehzahl auf die für den Rotor optimale Geschwindigkeit.

Übungsbeispiel 22.13

Wie erzeugen die Rotorblätter Auftrieb?

Lösung

Die Rotorblätter erzeugen Auftrieb durch ihre Profilform und den Anstellwinkel, wodurch Luft nach unten beschleunigt wird und eine Auftriebskraft nach oben entsteht.

Übungsbeispiel 22.14

Was versteht man unter asymmetrischem Auftrieb?

Lösung

Beim Vorwärtsflug ist die Anströmgeschwindigkeit auf der vorlaufenden Seite des Rotors höher als auf der zurücklaufenden Seite, was zu unterschiedlichen Auftriebskräften führt – dem sogenannten asymmetrischen Auftrieb.

Übungsbeispiel 22.15

Welche Funktion erfüllt der Rotorkopf?

Lösung

Der Rotorkopf überträgt die Kräfte und Steuerbewegungen vom Hubschrauber auf die Rotorblätter und gleicht dabei die auftretenden dynamischen Belastungen aus.

Übungsbeispiel 22.16

Was ist die zyklische Blattverstellung?

Lösung

Bei der zyklischen Blattverstellung wird der Anstellwinkel der Rotorblätter während jeder Umdrehung periodisch verändert, um horizontale Bewegungen zu steuern.

Übungsbeispiel 22.17

Was ist die kollektive Blattverstellung?

Lösung

Die kollektive Blattverstellung verändert den Anstellwinkel aller Rotorblätter gleichzeitig und steuert dadurch das Steigen oder Sinken des Hubschraubers.

Übungsbeispiel 22.18

Was ist die Taumelscheibe und wofür wird sie verwendet?

Lösung

Die Taumelscheibe ist das zentrale Steuerungselement, das die Bewegungen der Steuerknüppel in kollektive und zyklische Blattwinkeländerungen umsetzt und sie mechanisch auf die Rotorblätter überträgt.

Übungsbeispiel 22.19

Wie wird die kollektive Steuerung am Hubschrauber ausgeführt?

Lösung

Der Pilot bewegt den kollektiven Hebel nach oben oder unten, wodurch die Taumelscheibe axial verschoben und der Anstellwinkel aller Blätter gleichzeitig verändert wird.

Übungsbeispiel 22.20

Wie funktioniert die zyklische Steuerung?

Lösung

Durch Neigung des Steuerknüppels wird die Taumelscheibe zyklisch geneigt, sodass sich der Anstellwinkel der Blätter während der Rotation periodisch ändert und horizontale Bewegungen ermöglicht werden.

Übungsbeispiel 22.21

Warum wird die Taumelscheibe zur Auftriebsverteilung benötigt?

Lösung

Sie gleicht die ungleichmäßige Auftriebsverteilung zwischen vor- und zurücklaufendem Blatt aus, die durch unterschiedliche Relativgeschwindigkeiten entsteht.

Übungsbeispiel 22.22

Was versteht man unter Einrotorsystemen?

Lösung

Beim Einrotorsystem besitzt der Hubschrauber einen Hauptrotor, dessen Giermoment durch einen Heckrotor kompensiert wird.

22

Übungsbeispiel 22.23

Wie funktioniert das NOTAR-System?

Lösung

Das NOTAR-System (No Tail Rotor) nutzt gerichtete Luftströme aus dem Heckausleger, um das Giermoment auszugleichen, anstatt eines mechanischen Heckrotors.

Übungsbeispiel 22.24

Was ist ein Doppelrotorsystem?

Lösung

Doppelrotorsysteme besitzen zwei gegenläufig rotierende Hauptrotoren, deren Drehmomente sich gegenseitig aufheben. Sie können koaxial, tandem oder transversal angeordnet sein.

Übungsbeispiel 22.25

Was ist ein Koaxialrotor?

Lösung

Bei einem Koaxialrotor sind zwei gegenläufig drehende Rotoren übereinander auf derselben Achse angeordnet, wodurch das Giermoment kompensiert wird.

Übungsbeispiel 22.26

Wie steuert ein Quadrocopter seine Bewegung?

Lösung

Ein Quadrocopter steuert ausschließlich über die koordinierte Änderung der Drehzahlen seiner vier Rotoren, wodurch Steigen, Sinken und Drehen ermöglicht werden.

Übungsbeispiel 22.27

Was ist der Vorteil von Doppelrotorsystemen gegenüber Einrotorsystemen?

Lösung

Doppelrotorsysteme nutzen die gesamte Motorleistung für Auftrieb und Vortrieb, da kein Teil für den Heckrotor benötigt wird, sind aber mechanisch aufwendiger.

Übungsbeispiel 22.28

Was bezeichnet man als Blattspitzenantrieb?

Lösung

Beim Blattspitzenantrieb wird der Rotor direkt an den Blattspitzen durch Propeller oder Gasstrahlen angetrieben, wodurch kein Giermoment auf den Rumpf entsteht.

Übungsbeispiel 22.29

Wie kann ein Hubschrauber bei Motorausfall landen?

Lösung

Durch Autorotation: Der Rotor wird durch den Luftstrom in Drehung gehalten, wodurch Auftrieb entsteht, der die Sinkgeschwindigkeit reduziert und eine sichere Landung ermöglicht.

Übungsbeispiel 22.30

Was geschieht bei der Autorotation kurz vor der Landung?

Lösung

Kurz vor dem Bodenkontakt wird der kollektive Blattwinkel vergrößert, um die Sinkgeschwindigkeit zu verringern und den Hubschrauber sanft abzubremsen.

Numerische Strömungsmechanik und CFD

Inhaltsverzeichnis

Grundlagen der CFD

Inhaltsverzeichnis

© Der/die Autor(en), exklusiv lizenziert an Springer-Verlag GmbH, DE, ein Teil von Springer
Nature 2026
A. Huber, *Technische Mechanik 6 - Aeromechanik*,
https://doi.org/10.1007/978-3-662-72929-8_23

Sie lernen hier…

- Verständnis der Bedeutung von Computational Fluid Dynamics (CFD).
- Einblicke, wie die theoretischen Gleichungen in CFD-Programmen umgesetzt werden.
- Erkennen der Relevanz der Strömungsgleichungen in der modernen Industrie.
- Aufzeigen der praktischen Einsatzbereiche der zuvor behandelten Gleichungen.
- Berechnung von Strömungen durch Computereinsatz.
- Analyse von Strömungssimulationen aus realen Anwendungen.
- Grundlagen von SolidWorks FlowSimulation verstehen und anwenden.

Zitat

Ich habe mir immer gewünscht, dass mein Computer so leicht zu bedienen ist wie mein Telefon; mein Wunsch ging in Erfüllung: Mein Telefon kann ich jetzt auch nicht mehr bedienen.

Bjarne Stroustrup

Im Folgenden wird ein kurzer Überblick über die numerische Strömungsmechanik bzw. Aeromechanik gegeben, im Speziellen von der Aeromechanik in Verbindung mit den in SolidWorks hinterlegten Gleichungen, um strömungsmechanische Probleme (CFD) zu lösen. Für detailliertere Einblicke, Gleichungen und Lösungsmethoden wird auf geeignete Literatur verwiesen, so als Beispiel:

- Technische Mechanik 4 – Gross et al. – Springer Vieweg [10]
- Numerische Strömungsmechanik – Ferziger – Springer Vieweg [7]
- Mathematische Strömungslehre I + II – D. Hänel – Skript [17]

Dieses Kapitel ist in ähnlicher Form auch in [15], Kapitel 12 zu finden.

23.1 Grundlegendes [47]

Die numerische Strömungsmechanik, international bekannt als Computational Fluid Dynamics (CFD), ist eine etablierte Methode der Strömungsmechanik, die das Ziel verfolgt, Strömungsprobleme approximativ mittels numerischer Verfahren zu lösen. Die zugrunde liegenden Modellgleichungen sind meist die Navier-Stokes-Gleichungen, Euler-Gleichungen, Stokes-Gleichungen oder Potentialgleichungen. Die numerische Lösung ermöglicht die Vorhersage komplexer Strömungsfelder unter Berücksichtigung physikalischer Effekte wie Turbulenz, Viskosität und Kompressibilität. Zudem können thermische Effekte, Mehrphasenströmungen, chemische Reaktionen oder Strömungen in bewegten Bezugssystemen integriert werden.

23.1.1 Modelle

Die umfassendste Modellierung erfolgt durch die Navier-Stokes-Gleichungen, ein System nicht linearer partieller Differentialgleichungen zweiter Ordnung. Sie berücksichtigen Viskosität, Turbulenz und hydrodynamische Grenzschichten. Die Komplexität führt zu hohen Anforderungen an Rechenleistung, Speicher und numerische Verfahren.

Ein vereinfachtes Modell stellen die Euler-Gleichungen dar, bei denen Reibung vernachlässigt wird. Grenzschichten und Turbulenz werden nicht berücksichtigt, wodurch z. B. Strömungsabrisse nicht simuliert werden können. Vorteile sind jedoch geringere Anforderungen an die Gitterauflösung. Für Strömungsbereiche ohne dominante Grenzschichten sind Euler-Gleichungen ausreichend.

Potentialgleichungen dienen vorrangig für schnelle, grobe Vorhersagen. Sie setzen die Entropie als konstant voraus, wodurch starke Schockwellen ausgeschlossen sind. Wird zusätzlich die Dichte als konstant angenommen, reduziert sich das Problem auf die Laplace-Gleichung.

Die CFD-Grundlagen bilden auch die Basis der numerischen Aeroakustik, welche Strö-

23

mungsgeräusche berechnet und damit zur Geräuschoptimierung in Industrie und Fahrzeugtechnik beiträgt.

23.1.2 Verfahren

Häufig verwendete numerische Methoden sind:
- Finite-Differenzen-Methode (FDM)
- Finite-Volumen-Methode (FVM)
- Finite-Elemente-Methode (FEM)

FEM eignet sich besonders für elliptische und parabolische Probleme im inkompressiblen Bereich, weniger für hyperbolische. Sie bietet Robustheit und solide mathematische Fundierung. FVM ist für Erhaltungsgleichungen geeignet, insbesondere bei kompressiblen Strömungen. FDM ist einfach und hauptsächlich für theoretische Analysen relevant.

Darüber hinaus werden Stabilitäts- und Konvergenzkriterien wie CFL-Bedingung (Courant-Friedrichs-Lewy) berücksichtigt, um zeitabhängige Simulationen zuverlässig zu gestalten. Adaptive Zeitschrittsteuerung kann die Genauigkeit erhöhen und Rechenzeit optimieren.

23.2 Navier-Stokes-Gleichungen in der CFD

Die nachfolgende Darstellung basiert auf der technischen Referenz von SolidWorks FlowSimulation 2020, die nur in Englisch verfügbar ist. Sie beschreibt die in FlowSimulation hinterlegten Gleichungen und deren Umsetzung.

23.2.1 Turbulente und laminare Strömung [47]

FlowSimulation löst die Navier-Stokes-Gleichungen, die die Erhaltung von Masse, Impuls und Energie in Fluiden beschreiben. Sie werden ergänzt durch Zustandsgleichungen, die die Fluidnatur definieren, und empirische Abhängigkeiten von Dichte, Viskosität und Wärmeleitfähigkeit von der Temperatur. Nicht-Newton'sche Fluide werden über die Abhängigkeit der dynamischen Viskosität von Scherungsgeschwindigkeit und Temperatur berücksichtigt. Kompressible Flüssigkeiten werden durch Druckabhängigkeit der Dichte modelliert. Jede konkrete Problemstellung wird durch Geometrie, Rand- und Anfangsbedingungen definiert.

FlowSimulation kann sowohl laminare als auch turbulente Strömungen behandeln. Laminare Strömungen treten bei niedrigen Reynolds-Zahlen auf:

$$Re = \frac{\varrho U L}{\mu}, \tag{23.1}$$

wobei U die charakteristische Geschwindigkeit, L die charakteristische Länge, ϱ die Dichte und μ die dynamische Viskosität ist. Überschreitet die Reynolds-Zahl einen kritischen Wert, wird die Strömung turbulent. Die meisten Strömungen in der Praxis sind turbulent, daher liegt der Fokus von FlowSimulation auf der Simulation turbulenter Strömungen.

Für turbulente Strömungen werden Favregewichtete Navier-Stokes-Gleichungen verwendet. Zeitgemittelte Effekte der Turbulenz werden berücksichtigt, während großskalige, zeitabhängige Phänomene direkt simuliert werden. Zusätzliche Terme, die Reynolds-Spannungen, erscheinen:

$$\tau_{ij}^R \tag{23.2}$$

und erfordern Modellinformationen. Zur Schließung des Gleichungssystems werden Transportgleichungen für turbulente kinetische Energie k und Dissipationsrate ε verwendet, das sogenannte k-ε-Modell. Laminare und turbulente Strömungen werden in einem einheitlichen System beschrieben, inklusive Übergängen zwischen Zuständen.

Strömungen in Modellen mit bewegten Wänden werden durch passende Randbedingungen berechnet. Rotierende Teile werden in Koordinatensystemen berechnet, die mit den rotierenden Teilen verbunden sind. Stationäre Teile müssen rotationssymmetrisch sein. Darüber hinaus können Periodizitätsbedingungen oder Symmetrieebenen die Rechenkosten reduzieren.

Die Erhaltungsgleichungen in einem rotierenden Koordinatensystem mit Winkelgeschwindigkeit Ω lauten:

$$\frac{\partial \varrho}{\partial t} + \frac{\partial}{\partial x_i}(\varrho u_i) = S_M^p \tag{23.3}$$

$$\frac{\partial \varrho u_i}{\partial t} + \frac{\partial}{\partial x_j}(\varrho u_i u_j) + \frac{\partial p}{\partial x_i}$$

$$= \frac{\partial}{\partial x_j}(\tau_{ij} + \tau_{ij}^R) + S_i + S_{Ii}^p, \quad i = 1, 2, 3 \tag{23.4}$$

$$\frac{\partial \varrho H}{\partial t} + \frac{\partial \varrho u_i H}{\partial x_i}$$

$$= \frac{\partial}{\partial x_i}\left(u_j(\tau_{ij} + \tau_{ij}^R) + q_i\right) + \frac{\partial p}{\partial t}$$

$$- \tau_{ij}^R \frac{\partial u_i}{\partial x_j} + \varrho\varepsilon + S_i u_i + S_H^p + Q_H \tag{23.5}$$

$$H = h + \frac{u^2}{2} + \frac{5}{3}k - \frac{\Omega^2 r^2}{2} - \sum_m h_m^0 y_m \tag{23.6}$$

23.2.2　Strömungen bei hohen Mach-Zahlen

Für Berechnungen bei hohen Mach-Zahlen wird die Energiegleichung wie folgt angepasst:

$$\frac{\partial \varrho E}{\partial t} + \frac{\partial}{\partial x_i}\left(\varrho u_i\left(E + \frac{p}{\varrho}\right)\right)$$

$$= \frac{\partial}{\partial x_i}\left(u_j(\tau_{ij} + \tau_{ij}^R) + q_i\right)$$

$$- \tau_{ij}^R \frac{\partial u_i}{\partial x_j} + \varrho\varepsilon + Q_H, \tag{23.7}$$

$$E = e + \frac{u^2}{2}, \tag{23.8}$$

wobei e die innere Energie ist. Für Newton'sche Fluide gilt der viskose Spannungstensor:

$$\tau_{ij} = \mu\left(\frac{\partial u_i}{\partial x_j} + \frac{\partial u_j}{\partial x_i} - \frac{2}{3}\delta_{ij}\frac{\partial u_k}{\partial x_k}\right) \tag{23.9}$$

Nach dem Boussinesq-Ansatz:

$$\tau_{ij}^R = \mu_t\left(\frac{\partial u_i}{\partial x_j} + \frac{\partial u_j}{\partial x_i} - \frac{2}{3}\delta_{ij}\frac{\partial u_k}{\partial x_k}\right) - \frac{2}{3}\varrho k\delta_{ij} \tag{23.10}$$

23.2.3　Freie Oberfläche

FlowSimulation erlaubt die Modellierung zweier nicht mischbarer Fluide mit freier Oberfläche. Flüssigkeiten gelten als nicht mischbar, wenn sie vollständig unlöslich sind. Die freie Oberfläche ist die Grenzfläche zwischen den beiden Fluiden, z. B. Flüssigkeit und Gas. Phasewechsel, Oberflächenspannung oder Grenzschichten an der Interface sind in dieser Version nicht berücksichtigt.

Die Volume-of-Fluid (VOF) Technik wird verwendet, um die Volumenfraktion α_q der Fluide zu verfolgen:

$$0 \le \alpha_q \le 1, \quad \sum_{q=0}^{N_q-1} \alpha_q = 1 \tag{23.11}$$

Die Dichte in jeder Zelle ergibt sich aus den Volumenfraktionen:

$$\varrho = \sum_{q=0}^{N_q-1} \alpha_q \varrho_q \tag{23.12}$$

Die Volumenfraktionsgleichung lautet:

$$\frac{\partial \alpha_q}{\partial t} + \frac{\alpha_q}{\varrho_q}\frac{\partial \varrho_q}{\partial t} + \sum_i \frac{\partial(\alpha_q u_i)}{\partial x_i} = 0 \tag{23.13}$$

Zusätzlich werden Schnittflächen normalisiert und konservierende Diskretisierungsmethoden eingesetzt, um Massenerhaltung an der Fluid-Fluid-Grenzfläche zu garantieren. Adaptive Gitterverfeinerung in der Nähe der freien Oberfläche erhöht die Genauigkeit bei stark deformierenden Interfaces.

23.3　Numerische Lösungstechnik [47]

Die **Numerische Lösungstechnik** in FlowSimulation ist robust und benutzerfreundlich konzipiert. Standardmäßig erfordert sie kein detailliertes Wissen über das **Rechengitter** oder die zugrunde liegenden Diskretisierungsmethoden. Dennoch können besonders komplexe Strömungsprobleme eine Anpassung der automatisch gewählten Parameter notwendig machen, um Rechenzeit und Speicherverbrauch zu optimieren.

23.3.1 Grundprinzip

FlowSimulation verwendet die **Finite-Volumen-Methode (FVM)** als Basis der Diskretisierung. Dabei wird das Raumvolumen in kleine Kontrollvolumina zerlegt, über die die **Erhaltungsgleichungen** für Masse, Impuls und Energie integriert werden. Die zellzentrierten Variablen werden genutzt, um **konservative Approximationen** zu gewährleisten.

Die **implizite zeitliche Integration** erster Ordnung (**Euler-Verfahren**) ermöglicht stabile Simulationen auch bei großen Zeitschritten. Die räumlichen Ableitungen werden durch **implizite Differenzen zweiter Ordnung** approximiert, wodurch die **numerische Viskosität** minimiert wird, sodass die Strömungsstruktur präzise erfasst wird.

23.3.2 Stabilitäts- und Konvergenzkriterien

Zur Gewährleistung stabiler Simulationen werden Kriterien wie die **CFL-Bedingung (Courant-Friedrichs-Lewy)** berücksichtigt:

$$ \text{CFL} = \frac{U\Delta t}{\Delta x} \leq 1 \tag{23.14} $$

wobei U die charakteristische Geschwindigkeit, Δt der **Zeitschritt** und Δx die **Zellgröße** ist. Adaptive Zeitschrittsteuerungen erlauben die automatische Anpassung von Δt abhängig von lokalen Strömungsbedingungen. Dies verhindert numerische Instabilitäten, reduziert Rechenzeit und erhöht die Genauigkeit in hochgradig transienten Bereichen.

23.3.3 Computational Mesh

Das **Rechengitter** in FlowSimulation basiert auf lokal verfeinerten rechteckigen Zellen, die in der

Nähe von **Geometriegrenzen** polyedrisch werden (**Cut-Cell-Verfahren**). Diese Zellen kombinieren Achsorientierung für Regularität mit beliebig orientierten Flächen zur präzisen Abbildung der **Geometrie**.

Jede Zelle gehört eindeutig entweder einem **Fluid** oder Festkörper zu. In Mehrphasenströmungen werden die **Volumenfraktionen** innerhalb der Zellen gespeichert und konservierend behandelt:

$$ \varrho = \sum_{q=0}^{N_q-1} \alpha_q \varrho_q \tag{23.15} $$

Die Gitterverfeinerung erfolgt adaptiv (**Adaptive Mesh Refinement, AMR**) in Bereichen hoher Gradienten, an Grenzflächen und in Strömungsregionen mit komplexen Geometrien. Dadurch werden lokal hochaufgelöste Ergebnisse bei gleichzeitig optimierter Rechenzeit erreicht.

23.3.4 Räumliche Approximationen

Die **zellzentrierte Finite-Volumen-Methode** integriert die Erhaltungsgleichungen über jedes Kontrollvolumen. Die Approximation berücksichtigt sowohl reguläre als auch komplexe Polyederzellen. Dies garantiert die **konservative Erhaltung** von Masse, Impuls und Energie in diskreter Form.

Die Diskretisierung umfasst **zweite Ordnung für Raum** und **erste Ordnung für Zeit**, wobei **implizite Operatoren** zur Stabilisierung der Lösung eingesetzt werden. **Numerische Viskosität** durch Diskretisierung bleibt minimal, wodurch Strömungsphänomene wie **Wirbel**, **Schockwellen** oder **Grenzschichten** realitätsnah abgebildet werden können.

Die Behandlung von **Randbedingungen** umfasst stationäre, bewegte, periodische oder symmetrische Grenzen. In FlowSimulation werden alle Randflächen automatisch identifiziert und den entsprechenden physikalischen Bedingungen zugeordnet.

23.3.5 Adaptive Zeitschrittsteuerung

Adaptive Zeitschrittsteuerung verbessert die **Effizienz** und **Stabilität** bei transienten Strömungen. Zeitschritte werden lokal verkleinert, wenn hohe Geschwindigkeits- oder Druckgradienten auftreten. Dies verhindert numerische Instabilitäten und sorgt für präzise Vorhersagen dynamischer Effekte.

23.3.6 Praktische Umsetzung in SolidWorks FlowSimulation

In FlowSimulation werden folgende Aspekte besonders berücksichtigt:

- **Automatische Zellverfeinerung** an Grenzflächen, bewegten Objekten und freien Oberflächen.
- Einheitliche Behandlung **laminare** und **turbulente Strömungen** inklusive Übergänge.
- Integrierte **Turbulenzmodelle** (**k-ε**, **k-ω**, **Spalart-Allmaras**).
- Konservierende **Volumen-** und **Flussberechnung** für **Mehrphasenströmungen**.
- **Visualisierung** der freien Oberfläche und Strömungsfelder während oder nach der Berechnung.
- Möglichkeit, **parametrische Studien** durch Variation von Geometrie oder Randbedingungen durchzuführen.

23.3.7 Validierung von CFD-Simulationen

Die **Validierung** erfolgt durch Vergleich der Simulationsergebnisse mit experimentellen Daten, analytischen Lösungen oder **Benchmark-Fällen**. Typische Validierungsparameter sind:

- Druck- und Geschwindigkeitsfelder an ausgewählten Schnittflächen.
- **Turbulenzgrößen** (z. B. turbulente kinetische Energie k und Dissipation ε).
- Volumenstrom, Auftrieb, Widerstand und Kräfte auf Oberflächen.
- Position und Stabilität **freier Oberflächen** in Mehrphasenströmungen.

23.4 Turbulenz

Im Folgenden handelte es sich um die Kurzform des Kapitels „Turbulenz" aus Technische Mechanik – Band 4 – Hydromechanik ([15]), für genauere und tiefere Informationen dort nachlesen, Kapitel 11.

23.4.1 Was ist Turbulenz

Turbulenz ist ein Maß für die Unregelmäßigkeit in Strömungen und tritt auf, wenn eine kritische Reynolds-Zahl (2320) überschritten wird. Hierbei entsteht anstelle einer laminaren Strömung eine turbulente Strömung, die durch komplexe Wirbelbewegungen und Verwirbelungen geprägt ist. Turbulente Strömungen zeichnen sich durch eine Vielzahl von Skalen aus, von kleineren bis hin zu großen Wirbeln, die innerhalb eines dreidimensionalen Strömungsfeldes auftreten. Diese Strömungen variieren nicht nur räumlich, sondern auch zeitlich in einer scheinbar zufälligen Weise.

23.4.2 Eigenschaften von Turbulenten Strömungen

Turbulente Strömungen weisen eine Reihe charakteristischer Eigenschaften auf:

- **Ähnlichkeit der Wirbel:** Turbulente Strömungen enthalten sowohl sehr große, Wirbel die mehrere Kilometer groß sein können, als auch sehr kleine, die nur Millimeter messen.
- **Schwer vorhersehbare raumzeitliche Struktur:** Die Strukturen von Winden und Strömungen sind aufgrund ihrer ständigen Schwankungen schwer vorherzusehen.
- **Abhängigkeit von Anfangsbedingungen:** Kleinste Unterschiede können, wie im Fall des Coandă-Effekts, große Auswirkungen auf das Strömungsverhalten haben.
- **Abhängigkeit von Randbedingungen:** Die Strömungsdynamik kann beispielsweise durch Riblets beeinflusst werden.

23.4.3　Merkmale der Turbulenz

- **Zufälligkeit des Strömungszustandes:** Turbulente Strömungen sind durch unvorhersehbare Richtungs- und Geschwindigkeitsänderungen gekennzeichnet, wobei deterministisches Chaos gewisse Vorhersagbarkeit bietet.
- **Diffusivität:** Turbulente Bewegungen führen zu einer schnellen und intensiven Mischung von Fluiden, die weit über die langsame molekulare Diffusion hinausgeht.
- **Dissipation:** Die kontinuierliche Umwandlung von kinetischer Energie in Wärme erfolgt über verschiedene Skalen durch Energiekaskaden.
- **Nichtlinearität:** Die Instabilität laminarer Fluss wird durch zunehmende Nichtlinearität verstärkt, was zur vollen Turbulenz führt.

23.4.4　Coandă Effekt

Der Coandă-Effekt beschreibt das Phänomen, bei dem ein Fluid einer gekrümmten Oberfläche folgt. Dies wird durch die viskose Haftung des Fluids an der Oberfläche erreicht. Für ein effektives Strömen entlang einer Oberfläche muss diese konkav sein. Dieser Effekt findet Anwendung in der Luftfahrt und anderen Bereichen, wo die Kontrolle des Luft- oder Flüssigkeitsstroms entscheidend ist.

23.4.5　Riblet

Riblets sind Mikrostrukturen, die oft in der Aerodynamik zur Verringerung des Luftwiderstands genutzt werden. Diese Rillen oder Rippen können die Querbewegungen von Wirbeln stören, was zu einer signifikanten Reduzierung der und damit des Strömungswiderstands führt. Inspiriert von der Struktur von Haifischschuppen, werden Riblets zur Verbesserung der Kraftstoffeffizienz in der Luftfahrt eingesetzt.

23.4.6　Unterscheidung Laminare- und Turbulente Strömung (Stabilitätstheorie)

Die Reynolds-Zahl bleibt ein entscheidendes Kriterium zur Unterscheidung zwischen laminarer und turbulenter Strömung. Die Studie von Tollmien-Schlichting-Wellen und der Kelvin-Helmholtz-Instabilität bietet Einblicke in den Übergang von Laminarität zu Turbulenz, ein zentrales Thema der Stabilitätstheorie.

23.4.7　Reynold'sche Zerlegungstheorie

Diese Theorie ermöglicht die Zerlegung turbulenter Strömungen in einen gemittelten und einen fluktuierenden Teil. Dadurch wird es möglich, turbulente Strömungen über die Navier-Stokes-Gleichungen zu beschreiben, was zur Formulierung der Reynolds-Gleichungen führt. Diese erfordern jedoch Schließungsansätze, um die zusätzlichen Unbekannten zu bestimmen.

23.4.8　Unterteilung der Turbulenz

23.4.8.1　Isotrope Turbulenz

In isotroper Turbulenz sind die statistischen Eigenschaften der Fluktuationen in allen Raumrichtungen gleich, was bedeutet, dass die Geschwindigkeitsfluktuationen in x-, y- und z-Richtungen statistisch gleichwertig auftreten.

23.4.8.2　Homogene Turbulenz

Homogene Turbulenz zeichnet sich durch gleichbleibende statistische Eigenschaften der Fluktuationen im gesamten Strömungsfeld und in allen Richtungen aus, obwohl reale Einflüsse diese Verteilung stören können.

23.4.8.3　Scherturbulenz

Scherturbulenz wird durch Geschwindigkeitsgradienten erzeugt und ist typisch für viele natürliche und technische Strömungen.

23.4.9 Wichtige Begriffe

23.4.9.1 Turbulente Dissipation

Turbulente Dissipation ist der Prozess, bei dem kinetische Energie in kleinere Skalen umgewandelt und schließlich in Wärme dissipiert wird.

23.4.9.2 Turbulenzlänge und -intensität

Diese Begriffe beschreiben die charakteristischen Größen und die Stärke der Schwankungen in einer Strömung im Verhältnis zur mittleren Strömungsgeschwindigkeit.

23.4.10 Schließungssätze

Verschiedene Schließungssätze helfen dabei, die Reynolds-Gleichungen zu lösen. Ein wichtiger Ansatz ist die, die es ermöglicht, die turbulente Schubspannung in einer Strömung zu berechnen.

23.5 Übungen

Übungsbeispiel 23.1

Was ist Turbulenz und wann tritt sie auf?

Lösung

Turbulenz ist ein Maß für die Unregelmäßigkeit in Strömungen und tritt auf, wenn eine kritische Reynolds-Zahl von 2320 überschritten wird.

Übungsbeispiel 23.2

Welche sind die grundlegenden Merkmale der Turbulenz?

Lösung

Grundlegende Merkmale der Turbulenz sind Zufälligkeit des Strömungszustandes, Diffusivität, Dissipation und Nichtlinearität.

Übungsbeispiel 23.3

Was beschreibt der Coandă-Effekt?

Lösung

Der Coandă-Effekt beschreibt das Phänomen, bei dem ein Fluid einer gekrümmten Oberfläche folgt.

Übungsbeispiel 23.4

Wie beeinflusst die Ähnlichkeit der Wirbel die turbulente Strömung?

Lösung

Turbulente Strömungen enthalten sowohl sehr große als auch sehr kleine Wirbel, was die Komplexität und Unvorhersehbarkeit der Strömung erhöht.

Übungsbeispiel 23.5

Was ist eine Scherturbulenz und wie entsteht sie?

Lösung

Scherturbulenz wird durch Geschwindigkeitsgradienten erzeugt und ist typisch für viele natürliche und technische Strömungen.

Übungsbeispiel 23.6

Was versteht man unter turbulenter Dissipation?

Lösung

Turbulente Dissipation ist der Prozess, bei dem kinetische Energie in kleinere Skalen umgewandelt und schließlich in Wärme dissipiert wird.

23

Übungsbeispiel 23.7

Was ist die Reynold'sche Zerlegungstheorie?

Lösung

Die Reynold'sche Zerlegungstheorie ermöglicht die Zerlegung turbulenter Strömungen in einen gemittelten und einen fluktuierenden Teil, um sie durch die Navier-Stokes-Gleichungen zu beschreiben.

Übungsbeispiel 23.8

Welche Rolle spielt die Reynolds-Zahl bei der Unterscheidung von Strömungstypen?

Lösung

Die Reynolds-Zahl dient als entscheidendes Kriterium zur Unterscheidung zwischen laminarer und turbulenter Strömung.

Übungsbeispiel 23.9

Wie wird die homogene Turbulenz charakterisiert?

Lösung

Homogene Turbulenz zeichnet sich durch gleichbleibende statistische Eigenschaften der Fluktuationen im gesamten Strömungsfeld aus.

Übungsbeispiel 23.10

Welche Faktoren beeinflussen die Stabilitätstheorie?

Lösung

Die Stabilitätstheorie wird durch die Reynolds-Zahl und Phänomene wie die Tollmien-Schlichting-Wellen und die Kelvin-Helmholtz-Instabilität beeinflusst.

Übungsbeispiel 23.11

Was ist der Unterschied zwischen laminarer und turbulenter Strömung?

Lösung

Laminarer Fluss ist durch ruhige, gleichmäßige Bewegung gekennzeichnet, während turbulenter Fluss unregelmäßig mit Wirbeln und Fluktuationen ist.

Übungsbeispiel 23.12

Welches ist ein Hauptanwendungsbereich für Riblets?

Lösung

Riblets werden in der Aerodynamik zur Verringerung des Luftwiderstands genutzt.

Übungsbeispiel 23.13

Welche Fluiddynamikeigenschaften haben Einfluss auf den Coandă-Effekt?

Lösung

Viskose Haftung und die Krümmung der Oberfläche beeinflussen den Coandă-Effekt.

Übungsbeispiel 23.14

Was ist die Turbulenzlänge?

Lösung

Die Turbulenzlänge beschreibt die charakteristische Größe der Wirbelstrukturen in einer turbulenten Strömung.

Übungsbeispiel 23.15

Warum ist die Diffusivität ein wichtiges Merkmal der Turbulenz?

Lösung

Diffusivität zeigt die Fähigkeit der Strömung, sich schnell und intensiv zu vermischen, was für die schnelle Verteilung von Wärme und Teilchen innerhalb der Strömung entscheidend ist.

Übungsbeispiel 23.16

Wie wird turbulente Strömung in numerischen Modellen typischerweise simuliert?

Lösung

Turbulente Strömungen werden mithilfe von Modellen wie dem k-ε-Modell simuliert, das Transportgleichungen für kinetische Energie und Dissipationsrate verwendet.

Übungsbeispiel 23.17

Was sind Schließungssätze und ihre Funktion in der numerischen Strömungsmechanik?

Lösung

Schließungssätze sind mathematische Ansätze, die helfen, die zusätzlichen Unbekannten in den Reynolds-Gleichungen zu bestimmen.

Übungsbeispiel 23.18

Welche Rolle spielt die nichtlineare Dynamik in turbulenten Strömungen?

Lösung

Nichtlineare Dynamik verstärkt die Instabilität in laminarer Strömung und führt zur Entwicklung voller Turbulenz.

Übungsbeispiel 23.19

Was macht isotrope Turbulenz speziell?

Lösung

In isotroper Turbulenz sind die statistischen Eigenschaften der Fluktuationen gleich in allen Raumrichtungen, was eine Vereinfachung in theoretischen Modellen darstellt.

Übungsbeispiel 23.20

Warum ist die Kenntnis von Turbulenzintensitäten wichtig?

Lösung

Turbulenzintensitäten geben Aufschluss über die Stärke der Schwankungen im Verhältnis zur mittleren Strömungsgeschwindigkeit und beeinflussen das Design und die Analyse technischer Systeme.

Übungsbeispiel 23.21

Wie beeinflussen Turbulenzmodelle die Simulationsergebnisse?

Lösung

Turbulenzmodelle wie das k-ε-Modell beeinflussen die Genauigkeit und Zuverlässigkeit der Simulationsergebnisse, da sie die komplexen Wechselwirkungen innerhalb der Strömung abbilden.

Übungsbeispiel 23.22

Welche Anwendungen haben freie Oberflächen in der Strömungsmechanik?

Lösung

Freie Oberflächenmodelle sind nützlich für die Analyse von Strömungen an Grenzflächen zwischen nicht mischbaren Fluiden, wie Flüssigkeiten und Gasen.

Übungsbeispiel 23.23

Was ist die Boussinesq-Annahme bei turbulenten Strömungen?

Lösung

Die Boussinesq-Annahme modelliert die Reynolds-Spannungen als proportional zur mittleren Scherrate, was die Behandlung von Turbulenz vereinfacht.

Übungsbeispiel 23.24

Weshalb sind adaptive Gitter in der CFD wichtig?

Lösung

Adaptive Gitter verbessern die Auflösung und Genauigkeit der Simulationen, insbesondere in Bereichen mit hohen Gradienten oder komplexen Geometrien.

Übungsbeispiel 23.25

Wie erklären wir die Stabilitätstheorie in Bezug auf Turbulenz?

Lösung

Die Stabilitätstheorie untersucht Bedingungen und Faktoren, unter denen eine laminare Strömung in Turbulenz übergeht, basierend auf der Reynolds-Zahl und Strömungsinstabilitäten.

Übungsbeispiel 23.26

Was unterscheidet die laminare von der turbulenten Schicht in einer Strömung?

Lösung

In der laminaren Schicht erfolgt die Strömung in geordneten Bahnen, während in der turbulenten Schicht chaotische Wirbel und Mischungen dominieren.

Übungsbeispiel 23.27

Was ist der Zweck der numerischen Lösungstechniken in der Strömungsmechanik?

Lösung

Sie dienen der Approximation und Simulation komplexer Strömungsprobleme, die analytisch nicht lösbar sind, durch numerische Diskretisierung und Iterationsverfahren.

Übungsbeispiel 23.28

Wie tragen Turbulenzmodelle zur Geräuschoptimierung bei?

Lösung

In der numerischen Aeroakustik ermöglichen Turbulenzmodelle die Vorhersage und Optimierung von Strömungsgeräuschen, was zur Geräuschreduzierung in Automobilen und Flugzeugen beiträgt.

Übungsbeispiel 23.29

Welches ist die grundlegendste mathematische Beschreibung für strömungsmechanische Probleme?

Lösung

Die grundlegendsten mathematischen Beschreibungen sind die Navier-Stokes-Gleichungen, welche die Erhaltung von Masse, Impuls und Energie in Fluiden beschreiben.

Übungsbeispiel 23.30

Warum ist die Untersuchung des laminar-turbulenten Übergangs wichtig?

Lösung

Der Übergang ist entscheidend für die Kontrolle, Effizienz und Vorhersage von Strömungsverhalten in vielen technischen Anwendungen, wie in Tragflächen von Flugzeugen oder Rohren.

Serviceteil

Formelsammlung Aeromechanik

Sie lernen hier…
- die wichtigsten Formeln und Bezeichnungen dieses Buches kennen.

Zitat

Die Technik von heute ist das Brot von morgen – die Wissenschaft von heute ist die Technik von morgen.

Richard von Weizsäcker

A.1 Mischung Idealer Gase

$$p = \sum_{i=1}^{n} p_i. \tag{A.1}$$

A.1.1 Fälle des Gesetzes von Dalton

Gesetz von Dalton Fall 1
In m kg einer Mischung sind $m_1, m_2, \ldots, m_n$ kg verschiedener Gase enthalten, wenn $\mu_i = \frac{m_i}{m}$ gilt

$$\sum_{i=1}^{n} \mu_i = \sum_{i=1}^{n} \frac{m_i}{m} = 1. \tag{A.2}$$

$$R = \sum_{i=1}^{n} \mu_i R_i \tag{A.3}$$

$$p\,v = \mu\,R\,T. \tag{A.4}$$

Corollary A.1
Für ein Gemisch idealer Gase, gilt die Gasgleichung.

Gesetz von Dalton Fall 2
In n kmol einer Mischung sind $v_1, v \ldots v_n$ kmol verschiedener Gase enthalten:

$$v_i = \frac{n_i}{n} \qquad \sum_{i=1}^{n} v_i = \sum_{i=1}^{n} \frac{n_i}{n} = 1 \tag{A.5}$$

Auch hier kann man wieder die Gasgleichung jedes einzelnen Gases verwenden. Es ergibt sich

$$p\,V_m = R_m\,T \tag{A.6}$$

Corollary A.2
Für ein Gemisch idealer Gase, gilt die allgemeine Gasgleichung.

Für das **Molvolumen des Gemisches** gilt

$$p\,V_m = R_m\,T. \tag{A.7}$$

Für die **Molare Masse des Gemisches** gilt:

$$M = \sum_{i=1}^{n} v_i\,M_i \tag{A.8}$$

Gesetz von Dalton Fall 3
In V m^3 einer Mischung sind $V_1\;V_2 \ldots V_n$ m^3 verschiedener Gase enthalten:

$$\varphi_i = \frac{V_i}{V} \qquad \sum_{i=1}^{n} \varphi_i = \sum_{i=1}^{n} \frac{V_i}{V} = 1 \tag{A.9}$$

A.1.2 Satz von Avogadro

Theorem A.1

Das Volumen V_i jeder Komponente ist der Stoffmenge n_i proportional.

$$\frac{V_i}{n_i} = \frac{V}{n} \tag{A.10}$$

$$\frac{V_i}{V} = \frac{n_i}{n} \qquad \varphi_i = v_i \tag{A.11}$$

◘ Tab. A.1 Stoffwerttabelle

Gas	Chem. Zeichen	Atom-zahl	Molare Masse M kg/kmol	Gaskonstante R J/kg K	Normdichte kg/m³	Isentropen-exponent κ
Helium	He	1	4,033	2077,1	0,1768	1,66
Argon	Ar	1	39,948	208,2	1,7821	1,66
Wasserstoff	H_2	2	2,016	4124,4	0,0899	1,409
Stickstoff	N_2	2	28,013	296,8	1,2499	1,4
Sauerstoff	O_2	2	31,999	259,8	1,4276	1,399
Luft	–	–	28,964	287	1,2922	1,402
Kohlenmonoxyd	CO	2	28,011	296,8	1,2495	1,4
Stickoxyd	NO	2	30,006	277,1	1,3388	1,385
Chlorwasserstoff	HCl	2	36,465	228	1,6265	1,4
Kohlendioxyd	CO_2	3	44,01	188,9	1,9634	1,301
Stickoxydul	N_2O	3	44,013	188,9	1,9637	1,27
Schwefeldioxyd	SO_2	3	64,06	129,8	2,8581	1,272
Wasserdampf	H_2O	3	18,015	461,5	0,8037	1,332
Amoniak	NH_3	4	17,031	488,2	0,7598	1,313
Azetylen	C_2H_2	4	26,038	319,4	1,1807	1,255
Methan	CH_4	5	16,042	518,8	0,7152	1,319
Ethylen	C_2H_4	6	28,052	296,6	1,2506	1,249
Ethan	C_2H_6	8	30,068	276,7	1,3406	1,2

A.1.3 Ergänzungen aus der Thermodynamik

$$\mu_i = \frac{M_i}{M}\, v_i = \frac{M_i}{M}\, \varphi_i$$

$$\frac{p_i}{p} = \frac{n_i}{n} = \frac{V_i}{V} = \varphi_i = v_i$$

$$R = \frac{R_m}{M}$$

$$c_p = \sum \mu_i\, c_{pi} \qquad c_v = \sum \mu_i\, c_{vi}$$

$$c_{mp} = \sum v_i\, c_{mpi} \qquad c_{mp} = \sum v_i\, c_{mvi} \tag{A.12}$$

A.1.4 Stoffwerttabelle

Siehe ◘ Tab. A.1.

A.2 Strömung von Gasen

A.2.1 Energiegleichung

A.2.1.1 Bernoulli-Gleichung

$$\frac{p_1}{\varrho} + g \cdot z_1 + \frac{w_1^2}{2} + u_1$$

$$= \frac{p_2}{\varrho} + g \cdot z_2 + \frac{w_2^2}{2} + u_2. \tag{A.13}$$

1. Die Änderung der Lageenergie ist im Verhältnis zur Änderung der anderen Energieformen unbedeutend, da gilt

$$g \cdot z_1 \approx g \cdot z_2. \tag{A.14}$$

2. Berücksichtigung der Gasgleichung liefert

$$\frac{p}{\varrho} = p \cdot v = R \cdot T = (c_p - c_v) \cdot T. \tag{A.15}$$

3. Berücksichtigung der Definition für Gase:

$$u = c_v \cdot T. \tag{A.16}$$

Somit lautet die Energiegleichung;

$$h_1 + \frac{w_1^2}{2} = h_2 + \frac{w_2^2}{2}. \tag{A.17}$$

Strömung von idealen Gasen

$$h_1 - h_{2s} = \frac{w_{2s}^2 - w_1^2}{2}. \tag{A.18}$$

Strömung von realen Gasen

Weil der Wärmeaustausch mit der Umgebung wegen der Schnelligkeit der Strömung meist vernachlässigt werden kann, ist der dadurch für die Strömung verloren gegangene Anteil der kinetischen Energie als Wärmezuwachs (q_R) gegenüber der isentropen Zustandsänderung wiederzufinden ($w_R = q_R$).

A.2.1.2 Energiegleichung für reale Gase

$$h_1 = \frac{w_1^2}{2} \tag{A.19}$$

Proposition A.1

w_2 ist immer kleiner als w_{2s}.

$$w_2 = \varphi \cdot w_{2s}, \tag{A.20}$$

A.2.1.3 Geschwindigkeitsbeiwert oder Düsenbeiwert

Definition A.1

Die Geschwindigkeitszahl oder der **Düsenbeiwert** ist ein aus Versuchen ermittelter Erfahrungswert und u. a. abhängig vom Querschnittsverlauf des Strömungsweges ($\varphi \approx 0{,}95\ldots0{,}98$).

A.2.1.4 Gefälleverlust h_v

$$h_v = \frac{w_{2s}^2}{2} \cdot (1 - \varphi^2). \tag{A.21}$$

A.2.1.5 Widerstands- oder Verlustzahl ζ

Es gilt für die Widerstands- oder Verlustzahl ζ, bei wirklicher Strömung realer Gase $\zeta = 1 - \varphi^2$.

A.2.1.6 Geschwindigkeitszahl

$$\varphi = \sqrt{2 - \zeta}. \tag{A.22}$$

A.2.2 Wirkungsgrad η

$$\eta = 1 - \frac{w_{2s}^2}{2 \cdot \Delta h_S} \cdot (1 - \varphi^2). \tag{A.23}$$

A.2.3 Ausströmen aus Mündungen

A.2.3.1 Mündungen

Definition A.2

Eine Mündung ist eine Öffnung, die das Gas von einem Raum (p_1, T_1, h_1) in einen anderen ($p_2 < p_1$) strömen lässt.

A.2.3.2 Düsenströmung

$$w_2 = \varphi_M \cdot \sqrt{2 \cdot \frac{\kappa \cdot p_1 \cdot v_1}{\kappa - 1} \cdot \left[1 - \left(\frac{p_2}{p_1}\right)^{\frac{\kappa - 1}{\kappa}}\right]}. \tag{A.24}$$

$$\dot{m}_{th} = \frac{A_2 \cdot w_{2s}}{v_{2s}} \cdot \sqrt{2 \cdot w_{t,s}}. \tag{A.25}$$

Bemerkung A.1

Da die technische Arbeit in diesem Fall eine Expansionsarbeit ist und nach der Vorzeichenvereinbarung negativ wäre, hier aber nur ihr Betrag von Interesse ist, werden die beiden Summanden in der eckigen Klammer vertauscht!

Tab. A.2 Kritisches Druckverhältnis als Konstante von Gasen, Auswahl

Tab. A.2 Kritisches Druckverhältnis als Konstante von Gasen, Auswahl

Gas	κ	$\frac{p_L}{p_1}$
Zweiatomig (Luft)	1,4	0,528
Dreiatomig	1,3	0,546
Sattdampf	1,135	0,577

$$\dot{m}_{th} =$$

$$A_2 \cdot \sqrt{2 \cdot \frac{\kappa}{\kappa - 1} \cdot \frac{p_1}{v_1} \cdot \left[\left(\frac{p_1}{p_2} \right)^{\frac{2}{\kappa}} - \left(\frac{p_2}{p_1} \right)^{\frac{\kappa + 1}{\kappa}} \right]} \tag{A.26}$$

$$p_L = p_1 \cdot \left(\frac{2}{\kappa + 1} \right)^{\frac{\kappa}{\kappa - 1}} \tag{A.27}$$

Das „kritische Druckverhältnis" ist dem nach eine Funktion des Gases, nur vom Isentropenexponenten κ abhängig, also eine Konstante für ein Gas. Eine Auswahl zeigt ◘ Tab. A.2.

Vgl. mit ◘ Abb. A.1. Eine allmähliche, völlige Entspannung erfolgt im Mündungsquerschnitt wenn $p_2 \geq p_L$ ist. Der austretende Strahl ist dann eindeutig gerichtet, die kinetische Energie ist technisch verwertbar.

Ist hingegen $p_2 < p_L$, dann kann im Mündungsquerschnitt nur auf p_L entspannt werden, die weitere Entspannung auf p_2 erfolgt direkt hinter der Mündung explosionsartig, die kinetische Energie wird zur Wirbelbildung benötigt, sie ist technisch nicht verwertbar.

Die Ausströmgeschwindigkeit einer Mündung bei kritischem Druckverhältnis heißt kritische Geschwindigkeit oder **Laval-Geschwindigkeit w_L**

Die Laval -Geschwindigkeit errechnet sich mit dem kritischen Druckverhältnis aus:

$$w_L = \varphi_M \cdot \sqrt{2 \cdot \frac{\kappa \cdot p_1 \cdot v_1}{\kappa - 1} \left(1 - \frac{2}{\kappa + 1} \right)} \tag{A.28}$$

$$K = \sqrt{2 \cdot \frac{\kappa}{\kappa - 1} \left(1 - \frac{2}{\kappa + 1} \right)}$$

$$= \sqrt{2 \cdot \frac{\kappa}{\kappa + 1}} \tag{A.29}$$

$$w_L = \varphi_M \cdot K \cdot \sqrt{p_1 \cdot v_1} \tag{A.30}$$

Zahlenwerte für K sind in ◘ Tab. A.3 gegeben.

Verwendung der Laval-Geschwindigkeit:

$$w_L = \sqrt{2 \cdot (h_1 - h_L)}$$

$$= \varphi_M \cdot \sqrt{2 \cdot (h_1 - h_{L,S})}. \tag{A.31}$$

$$w_{kr} = w_L = \sqrt{\kappa \cdot p_{kr} \cdot v_{kr}} = \sqrt{\kappa \cdot R \cdot T_{kr}}. \tag{A.32}$$

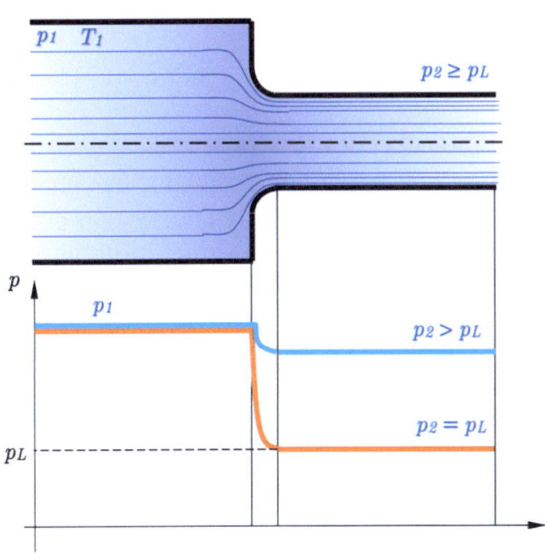

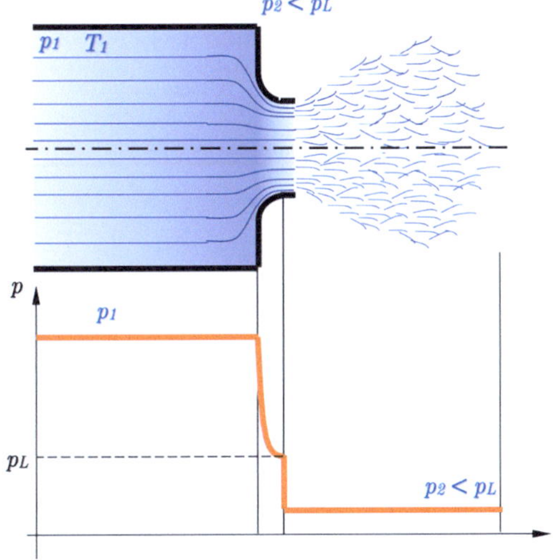

Abb. A.1 Strahlformen, abhängig vom Druck am Mündungsquerschnitt

◼ Tab. A.3 Anhaltswerte für K von Gasen, Auswahl	
Gas	**K**
Zweiatomig (Luft)	1,08
Dreiatomig (Heißdampf)	1,063
Sattdampf	1,031

Den **kritischen (größten) Volumensstrom** erhält man wiederum aus der **Kontinuitätsgleichung**:

$$\dot{V}_{kr} = A_2 \cdot w_L. \tag{A.33}$$

Den **tatsächlichen Massenstrom** erhält man mit der Geschwindigkeitszahl:

$$\dot{m} = \varphi \cdot \dot{m}_{th}. \tag{A.34}$$

Schallgeschwindigkeit a

> **Beobachtung A.1**
> Der Schall breitet sich in Form von Längswellen in elastischen Körpern aus.

Bei Gasen ist die Schallgeschwindigkeit eine Funktion des Gaszustandes.

$$a = \sqrt{\kappa \cdot p \cdot v} = \sqrt{\kappa \cdot R \cdot T}. \tag{A.35}$$

Machzahl

Bezieht man die vorhandene Bewegungsgeschwindigkeit auf die Schallgeschwindigkeit, erhält man die **Machzahl** Ma

$$Ma = \frac{w}{a}. \tag{A.36}$$

Grenzgeschwindigkeit

$$w_{2s,\max} = \sqrt{2 \cdot \frac{\kappa \cdot p_1 \cdot v_1}{\kappa - 1}} = \sqrt{2 \cdot \frac{\kappa \cdot R \cdot T_1}{\kappa - 1}}$$
$$= \sqrt{2 \cdot c_P \cdot T_1}. \tag{A.37}$$

$$w_{s,\max} = a \cdot \sqrt{\frac{2}{\kappa - 1}}. \tag{A.38}$$

In Mündungen kann aber die Grenzgeschwindigkeit nicht erreicht werden.

A.2.4 Ausströmen aus erweiterten (divergenten) Düsen

A.2.4.1 Beschleunigung der Masseteilchen

Die Strömungsgeschwindigkeit erhöht sich von der Lavalgeschwindigkeit im engsten Querschnitt auf die Austrittsgeschwindigkeit w_2, die demnach größer als die Schallgeschwindigkeit sein muss.

A.2.4.2 Geschwindigkeit

$$w_2 = \varphi \cdot \sqrt{w_1^2 + 2 \cdot \Delta h_S}. \tag{A.39}$$

w_1 ist dabei die Geschwindigkeit vor der Laval-Düse, welche oftmals $w_1 \approx 0$ ist und φ_D ist die Geschwindigkeit für Laval-Düsen.

Für Gase gilt

$$w_2 = \sqrt{\frac{2 \cdot \kappa \cdot p_1 \cdot v_1}{\kappa - 1} \cdot \left[1 - \left(\frac{p_2}{p_1} \right)^{\frac{\kappa - 1}{\kappa}} \right]}. \tag{A.40}$$

$$A_M = \frac{\dot{m}}{\varphi_M \cdot \sqrt{2 \cdot \frac{\kappa}{\kappa - 1} \cdot \frac{p_1}{v_1} \cdot \left[\left(\frac{p_L}{p_1} \right)^{\frac{2}{\kappa}} - \left(\frac{p_L}{p_1} \right)^{\frac{\kappa + 1}{\kappa}} \right]}} \tag{A.41}$$

$$A_2 = \frac{\dot{m}}{\varphi_D \cdot \sqrt{2 \cdot \frac{\kappa}{\kappa - 1} \cdot \frac{p_1}{v_1} \cdot \left[\left(\frac{p_2}{p_1} \right)^{\frac{2}{\kappa}} - \left(\frac{p_2}{p_1} \right)^{\frac{\kappa + 1}{\kappa}} \right]}} \tag{A.42}$$

Der Kegelwinkel des Erweiterungsteiles soll $10°$ nicht überschreiten, um Strahlablösungen am Ende der Divergenz zu vermeiden. Daraus ergibt sich die erforderliche Länge der Erweiterung.

A.2.5 Lavaldüse im Detail

A.2.5.1 Berechnungsgrundlagen

Energieerhaltung

$$\frac{dA}{A} = -\frac{dw}{w} \left(1 - \frac{w^2}{a^2} \right). \tag{A.43}$$

Charakterisierung der Strömung

Mit der Machzahl kann man die Strömung charakterisieren. Es gilt:

> **Bemerkung A.2 (Charakterisierung der Strömung)**
> - **Unterschall**: $Ma < 1$
> - **Überschall**: $Ma > 1$
> - **Schallnahe Strömung**: $Ma \approx 1$
> - **kritischer Zustand**: $Ma = 1$

Gleichungen der isentropen Düsenströmung

$$\frac{dA}{A} = -\frac{dw}{w}\left(1 - Ma^2\right). \tag{A.44}$$

$$\frac{dw}{w} = -\frac{dA}{A}\frac{1}{1 - Ma^2}. \tag{A.45}$$

$$\frac{dp}{\varrho \cdot w^2} = \frac{dA}{A}\frac{1}{1 - Ma^2}. \tag{A.46}$$

Lokale Zustandsänderungen einer isentropen Gasströmung aus dem Ruhezustand

$$\frac{T_0}{T} = 1 + \frac{\kappa - 1}{2} \cdot Ma^2. \tag{A.47}$$

$$\frac{p_0}{p} = \left(1 + \frac{\kappa - 1}{2} \cdot Ma^2\right)^{\frac{\kappa}{\kappa-1}}. \tag{A.48}$$

$$\frac{\varrho_0}{\varrho} = \left(1 + \frac{\kappa - 1}{2} \cdot Ma^2\right)^{\frac{1}{\kappa-1}}. \tag{A.49}$$

$$\frac{w^2}{2} = \frac{\kappa}{\kappa - 1} \cdot \frac{p_0}{\varrho_0} \cdot \left[1 - \left(\frac{p}{p_0}\right)^{\frac{\kappa-1}{\kappa}}\right] \tag{A.50}$$

$$\frac{w^2}{2} = \frac{\kappa}{\kappa - 1} \cdot \frac{p_0}{\varrho_0} \cdot \left[1 - \frac{T}{T_0}\right]. \tag{A.51}$$

$$w_{\max} = \sqrt{2 \cdot \frac{\kappa}{\kappa - 1} \cdot \frac{p_0}{\varrho_0}}$$
$$= \sqrt{2 \cdot \frac{\kappa}{\kappa - 1} \cdot R \cdot T_0}. \tag{A.52}$$

Erreichen der lokalen Schallgeschwindigkeit in einer Düse

$$\frac{T_0}{T_M} = 1 + \frac{\kappa - 1}{2} = \frac{\kappa + 1}{2}. \tag{A.53}$$

$$\frac{p_0}{p_M} = \left(\frac{\kappa + 1}{2}\right)^{\frac{\kappa}{\kappa-1}}; \tag{A.54}$$

$$\frac{\varrho_0}{\varrho_M} = \left(\frac{\kappa + 1}{2}\right)^{\frac{1}{\kappa-1}}. \tag{A.55}$$

$$\frac{A_2}{A_M} = \frac{1}{Ma} \cdot \left[\frac{1 + \dfrac{\kappa - 1}{2} \cdot Ma^2}{\dfrac{\kappa + 1}{2}}\right]^{\frac{\kappa+1}{2(\kappa-1)}}. \tag{A.56}$$

$$\left(\frac{A_2}{A_M}\right)^2 = \frac{1}{Ma^2} \cdot \left[\frac{2 + (\kappa - 1) \cdot Ma^2}{\kappa + 1}\right]^{\frac{\kappa+1}{\kappa-1}}. \tag{A.57}$$

A.2.5.2 Untersuchung der Gestaltung einer Lavaldüse

$$\left(\frac{A_2}{A_M}\right)^2 = \frac{1}{Ma^2} \cdot \left[\frac{2 + (\kappa - 1) \cdot Ma^2}{\kappa + 1}\right]^{\frac{\kappa+1}{\kappa-1}}. \tag{A.58}$$

$$\frac{T_2}{T_0} = 1 - \frac{\kappa - 1}{2} \cdot \left[\left(\frac{a_2}{a_M}\right)^2 - 1\right]. \tag{A.59}$$

$$\frac{a_2}{a_M} = \sqrt{\frac{T_2}{T_M}}. \tag{A.60}$$

$$\frac{p_2}{p_M} = \left(\frac{T_2}{T_M}\right)^{\frac{\kappa}{\kappa-1}}. \tag{A.61}$$

$$\left(\frac{u_2}{u_M}\right)^2 = \frac{1 + \dfrac{2}{\kappa - 1}}{1 + \dfrac{2}{\kappa - 1} \cdot \dfrac{1}{Ma^2}} = \left(\frac{w_2}{w_M}\right)^2. \tag{A.62}$$

A.2.5.3 Strömungsvorgänge mit der Entropieproduktion

Liegt der Umgebungsdruck zwischen den Grenzkurven 1 und 2, vgl. mit ◘ Abb. A.2,

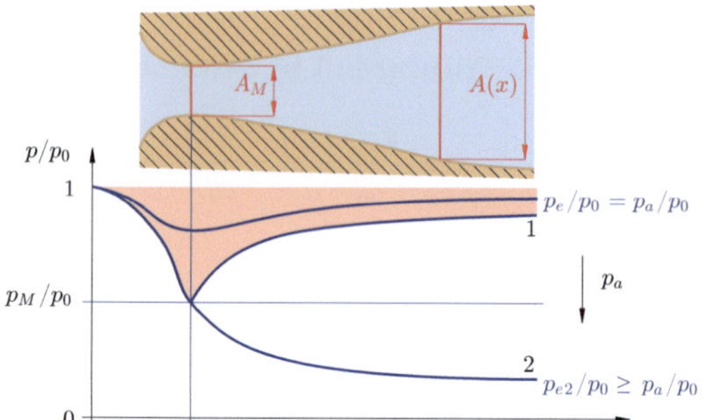

Abb. A.2 Strömungsvorgänge mit der Entropieproduktion

so ist es nicht möglich, dass sich das durch isentrope Zustandsänderungen dem Druck am Düsenaustritt anpasst.

Überschallwindkanal

$$\dot{m}(t) = \left(\frac{2}{\kappa + 1}\right)^{\frac{1}{\kappa - 1}} \cdot A_M \cdot \sqrt{\frac{2}{\kappa + 1}} \\ \cdot \sqrt{\kappa \cdot R} \cdot \varrho_0 \cdot \sqrt{T_0}. \qquad (A.63)$$

Gekrümmte Stoßfront

Es gibt zahlreiche Beispiele für eine gekrümmte Stoßwelle. Als Beispiel bei einem Flugzeug wird diese durch die kegelige Stoßwelle (Mach'scher Kegel) als Überschallknall wahrgenommen. Darauf wird später noch im Detail eingegangen. Aber auch im Weltall bilden sich derartige Stoßwellen aus, oder beispielsweise bei einem Donner.

A.2.6 Gestaltung eines Raketenantriebs

A.2.6.1 Rückstoßantrieb

Einstufige Raketengrundgleichung

$$v = v_g \cdot \ln\left(\frac{m_0}{m}\right). \qquad (A.64)$$

$$m_0 = m_L + m_T. \qquad (A.65)$$

$$v_{End} = v_g \cdot \ln\left(1 + \frac{m_T}{m_L}\right). \qquad (A.66)$$

Mehrstufige Raketengrundgleichung

$$v_{End, n_{St}} = v_g \cdot \sum_{i=1}^{n_{St}} \left[\ln\left(1 + \frac{m_T}{m_L}\right)\right]_i. \qquad (A.67)$$

Berechnungsgrundlagen eines Rückstoßantriebs

$$v_s = \sqrt{\frac{2 \cdot (p_i - p_a)}{\varrho}}. \qquad (A.68)$$

$$\dot{m} = A \cdot v_s \cdot \varrho. \qquad (A.69)$$

$$\varrho = \frac{m}{V} = \frac{p}{R \cdot T}. \qquad (A.70)$$

$$F = 2 \cdot \Delta p \cdot A. \qquad (A.71)$$

$$P_{Triebwerk} = \frac{v_s \cdot F_s}{2}. \qquad (A.72)$$

$$P_{Nutz} = F_s \cdot \frac{v_2 + v_1}{2}. \qquad (A.73)$$

A.2.6.2 Feststoffantrieb

Bei einem Feststoffantrieb besteht das Raketentriebwerk aus einem Antriebssatz aus festem Material, vgl. mit [77]. Anders als bei den im Anschluss behandelten Flüssigkeitsraketentriebwerken werden bei Feststoffantrieben die reduzierten als auch oxidierten Komponenten als feste Stoffe gebunden und mitgeführt.

Ihr vergleichsweise niedriger Preis macht sie zudem zu einer wirtschaftlichen Lösung für Startunterstützungssysteme von Raketen (*Booster*) und Flugzeugen (*Rocket-Assisted Take-Off, RATO*) sowie für kleine Oberstufenantriebe. Auch Interkontinentalraketen, wie beispielsweise die Trident-Serie, basieren auf Feststoffantrieben. Darüber hinaus werden sie in Rettungssystemen für bemannte Raumfahrzeuge eingesetzt, um diese im Falle eines Versagens der Trägerrakete schnell aus der Gefahrenzone zu bringen.

A.2.6.3 Flüssigkeitsraketentriebwerk

Flüssigkeitsraketen [80] unterscheiden sich grundlegend von Feststoffraketen dadurch, dass Brennstoff und Oxidator in separaten Tanks gelagert und erst im Triebwerk miteinander vermischt werden. Dabei wird entweder ein einzelner chemischer Stoff (Monergol) katalytisch zersetzt oder zwei (Diergol) bzw. mehrere (Triergol) Komponenten kontrolliert zur Verbrennung gebracht.

Der entstehende Gasstrom expandiert in einer Düse und erzeugt gemäß dem Rückstoßprinzip den erforderlichen Schub. Da der Oxidator mitgeführt wird, sind Flüssigkeitsraketen unabhängig von atmosphärischem Sauerstoff und können auch in der Hochatmosphäre oder im Weltraum betrieben werden.

Die getrennte Lagerung und Zufuhr von Brennstoff und Oxidator ermöglichen eine präzisere Steuerung des Verbrennungsprozesses und eine gezielte Schubregulierung, wodurch Flüssigkeitsraketen flexibler einsetzbar sind als Feststoffraketen.

$$\frac{p_e}{p_a} \approx 0{,}25 \text{ bis } 0{,}4 \tag{A.74}$$

Darin ist p_e der Druck am Düsenaustritt und p_a der Atmosphärendruck.

A.2.7 Elemente aus der Strömungslehre und Thermodynamik angewandt in der Gasdynamik

A.2.7.1 Energieerhaltungssatz für ein materielles Volumen

Theorem A.2 (Energiesatz für ein mat. Volum.)

Es gilt

$$\begin{aligned}\frac{d}{dt}\int_{\tilde{V}} \varrho \cdot \left(\frac{w^2}{2} + u\right) \cdot dV &= \int \varrho \underline{w} \cdot \underline{f} \cdot dV + \oint \underline{w} \cdot \underline{\sigma} \cdot dA \\ &+ \int \varrho \cdot w_{\text{quell}} \cdot dV - \int \underline{q} \cdot d\underline{A}.\end{aligned} \tag{A.75}$$

A.2.7.2 Energiesatz für einen Stromfaden

$$\begin{aligned}dF &= \frac{\partial F}{\partial h} dh + \frac{\partial F}{\partial w} dw + \frac{\partial F}{\partial z} dz \\ &= dh + w dw + g dz = 0.\end{aligned} \tag{A.76}$$

A.2.7.3 Ideale Gasgleichung

$$p \cdot v = R \cdot T. \tag{A.77}$$

$$du = \left(\frac{\partial u}{\partial T}\right)_v dT + \left(\frac{\partial u}{\partial v}\right)_T dv \tag{A.78}$$

A.2.7.4 Irreversibilität von thermodynamischen Prozessen

$$dS := \frac{dQ}{T}. \tag{A.79}$$

2. Hauptsatz der Thermodynamik

Theorem A.3 (2. Hauptsatz der Thermodyn.)

Alle natürlichen Prozesse sind irreversibel.

Oder anders formuliert

Theorem A.4 (2. Hauptsatz der Thermodyn.)

Die Unwandelbarkeit von Energien ist begrenzt.

Entropie S

Theorem A.5

Die Entropie nimmt, in allen Systemen, immer zu und kann nie abnehmen.

$$\int_{l_1}^{l_2} \frac{\partial(\varrho s A)}{\partial t} dl + \dot{m}_2 s_2 - \dot{m}_1 s_1 \geq 0. \tag{A.80}$$

Für stationäre Strömungen vereinfacht sich diese Gleichung zu

$$s_2 - s_1 \geq 0. \tag{A.81}$$

Gibbs'sche Gleichung

$$du = T ds - p dv. \tag{A.82}$$

A.2.7.5 Übersicht der wichtigsten Gleichungen aus der Thermodynamik

Die wichtigsten Gleichungen aus der Thermodynamik sowie die entsprechenden Zusammenhänge der einzelnen Zustandsgrößen findet man in den ▪ Abb. A.3, A.4, A.5, A.6, A.7, A.8 und A.9 sowie ▪ Tab. A.4.

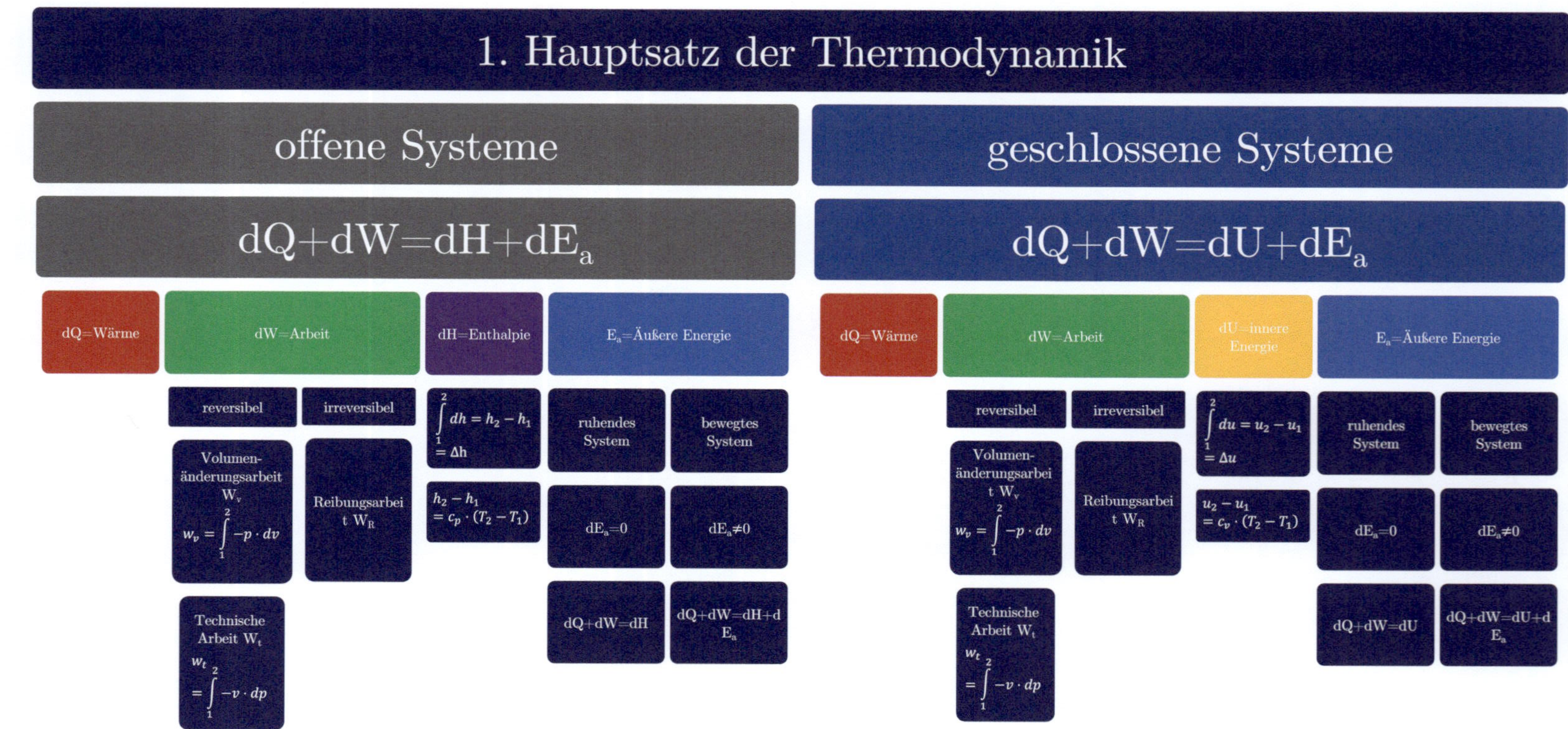

■ **Abb. A.3** Überblick zum 1. Hauptsatz der Thermodynamik

Abb. A.4 Überblick der Arbeitsformen

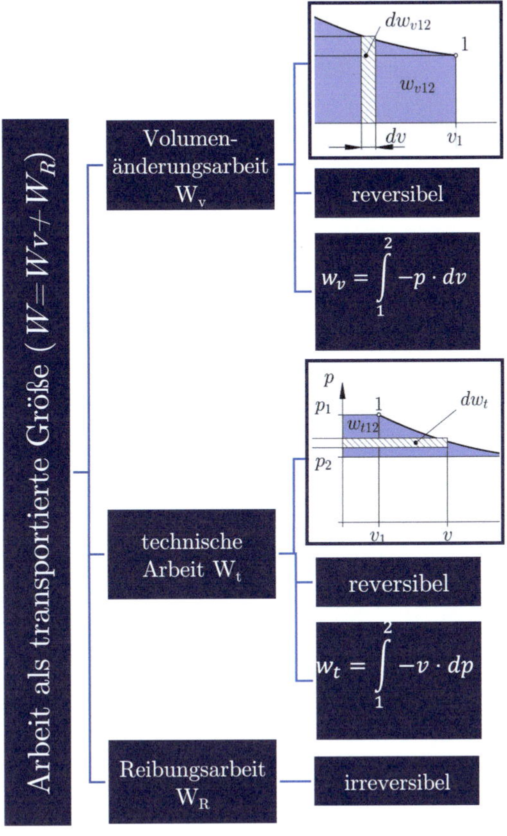

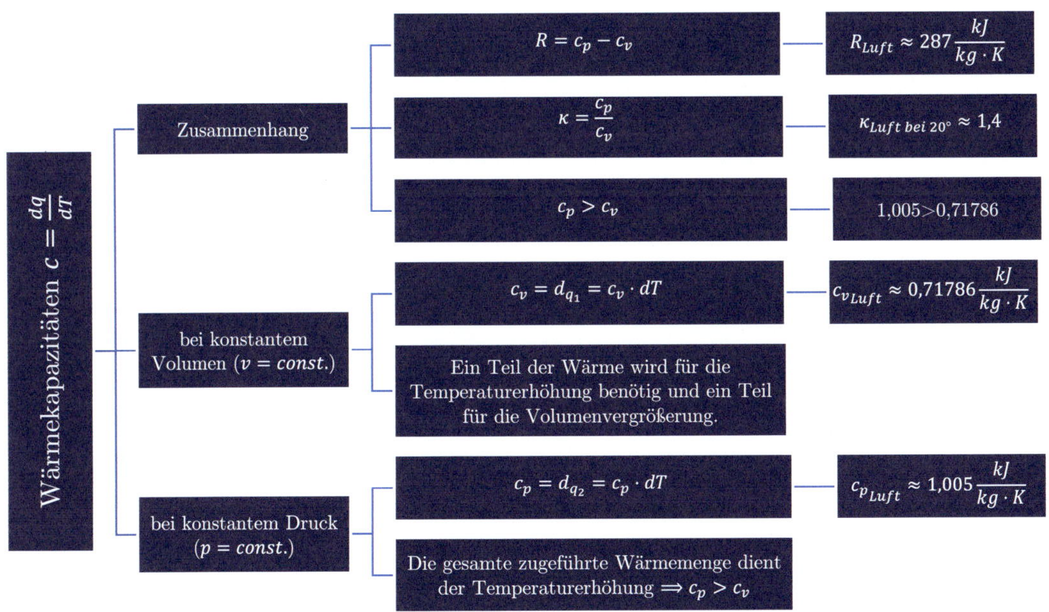

Abb. A.5 Überblick der Wärmekapazitäten

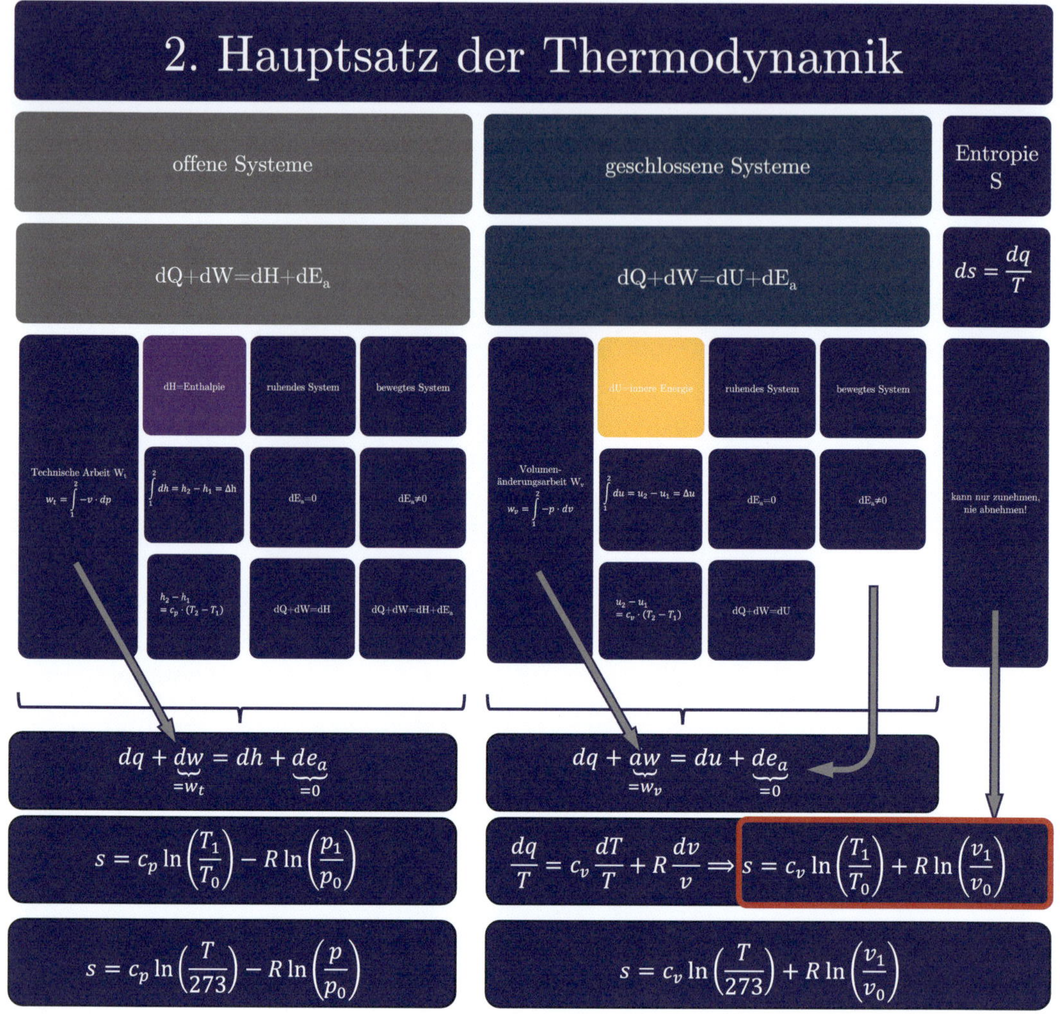

■ **Abb. A.6** Überblick Gleichungen für den 2. Hauptsatz der Thermodynamik

Zustandsänderungen idealer Gase

isotherm	isochor	isobar	isenthalp	isentrop	polytrop
T=const. (Temperatur)	v=const. (Volumen)	p=const. (Druck)	h=const. (Enthalpie) T=const. (Temperatur)	s=const. (Entropie)	n=const. (Polytropenexponent)
$p \cdot v = const.$	$\frac{p}{T} = const.$	$\frac{v}{T} = const.$	$dh = c_p \cdot dT = 0; dT = 0$	$p \cdot v^{\kappa} = const$ $T \cdot v^{\kappa-1} = const.$	$p \cdot v^n = const.$
gleichs. Hyperbel im pv-Diagramm	Vertikale im pv-Diagramm	Horizontale im pv-Diagramm	gleichs. Hyperbel im pv-Diagramm	Exponentialkurve im pv-Diagramm	Exponentialkurve im pv-Diagramm

$$w_{t12} = p_1 \cdot v_1 \cdot \ln\left(\frac{p_2}{p_1}\right)$$
$$w_{t12} = p_1 \cdot v_1 \cdot \ln\left(\frac{v_1}{v_2}\right)$$
$$w_{t12} = R \cdot T \cdot \ln\left(\frac{p_2}{p_1}\right)$$
$$w_{t12} = R \cdot T \cdot \ln\left(\frac{v_1}{v_2}\right)$$

$$w_{t12} = v \cdot (p_2 - p_1)$$
$$w_{t12} = R \cdot (T_1 - T_2)$$

$$w_{t12} = 0$$

$$w_{t12} = 0$$

$$w_{t12} = h_2 - h_1$$
$$w_{t12} = c_p \cdot (T_2 - T_1)$$
$$w_{t12} = \kappa \cdot w_{v12}$$

$$w_{t12} = h_2 - h_1$$
$$w_{t12} = c_p \cdot (T_2 - T_1)$$
$$w_{t12} = n \cdot w_{v12}$$

$$w_{v12} = p_1 \cdot v_1 \cdot \ln\left(\frac{p_2}{p_1}\right)$$
$$w_{v12} = p_1 \cdot v_1 \cdot \ln\left(\frac{v_1}{v_2}\right)$$
$$w_{v12} = R \cdot T \cdot \ln\left(\frac{p_2}{p_1}\right)$$
$$w_{v12} = R \cdot T \cdot \ln\left(\frac{v_1}{v_2}\right)$$

$$w_{v12} = 0$$

$$w_{v12} = p \cdot (v_1 - v_2)$$
$$w_{v12} = R \cdot (T_1 - T_2)$$
$$|w_{v12}| = \frac{\kappa - 1}{\kappa} \cdot q_{12}$$

$$w_{v12} = 0$$

$$w_{v12} = \frac{1}{\kappa - 1} \cdot (p_2 v_2 - p_1 v_1)$$
$$w_{v12} = \frac{p_1 v_1}{\kappa - 1}\left(\frac{p_2 \cdot v_2}{p_1 \cdot v_1} - 1\right)$$
$$w_{v12} = \frac{p_1 v_1}{\kappa - 1}\left[\left(\frac{p_2}{p_1}\right)^{\frac{\kappa-1}{\kappa}} - 1\right]$$
$$w_{v12} = \frac{p_1 v_1}{\kappa - 1}\left[\left(\frac{v_1}{v_2}\right)^{\kappa-1} - 1\right]$$

$$w_{v12} = \frac{1}{n - 1} \cdot (p_2 v_2 - p_1 v_1)$$
$$w_{v12} = \frac{p_1 v_1}{n - 1}\left(\frac{p_2 \cdot v_2}{p_1 \cdot v_1} - 1\right)$$
$$w_{v12} = \frac{p_1 v_1}{n - 1}\left[\left(\frac{p_2}{p_1}\right)^{\frac{n-1}{n}} - 1\right]$$
$$w_{v12} = \frac{p_1 v_1}{n - 1}\left[\left(\frac{v_1}{v_2}\right)^{n-1} - 1\right]$$

$$q_{12} = -w_{t12}$$
$$q_{12} = -w_{v12}$$

$$q_{12} = u_2 - u_1$$
$$q_{12} = c_v \cdot (T_2 - T_1)$$

$$q_{12} = h_2 - h_1$$
$$q_{12} = c_p \cdot (T_2 - T_1)$$
$$q_{12} = u_2 - u_1 - w_{v12}$$

$$q_{12} = 0$$

$$q_{12} = 0$$

$$q_{12} = c_v \cdot (T_2 - T_1)\left(\frac{n - \kappa}{n - 1}\right)$$

◘ Abb. A.7 Übersicht der Gleichungen zur Berechnung der Zustandsänderungen des idealen Gases

◻ Tab. A.4 Übersicht der Gleichungen für die Zustandsänderungen

Zustandsänderung	Arbeit	Wärme
Isotherme $T = \text{const.}$ $p \cdot v = \text{const.}$	$w_{t12} = p_1 \cdot v_1 \cdot \ln\left(\dfrac{p_2}{p_1}\right) = w_{v12}$ $w_{t12} = p_1 \cdot v_1 \cdot \ln\left(\dfrac{v_1}{v_2}\right) = w_{v12}$ $w_{t12} = R \cdot T \cdot \ln\left(\dfrac{p_2}{p_1}\right) = w_{v12}$ $w_{t12} = R \cdot T \cdot \ln\left(\dfrac{v_1}{v_2}\right) = w_{v12}$	$q_{12} = -w_{t12} = -w_{v12}$
Isochore $v = \text{const.}$ $\dfrac{p}{T} = \text{const.}$	$w_{t12} = v \cdot (p_2 - p_1)$ $w_{t12} = R \cdot (T_2 - T_1)$ $w_{v12} = 0$	$q_{12} = u_2 - u_1$ $q_{12} = c_v \cdot (T_2 - T_1)$
Isobare $p = \text{const.}$ $\dfrac{v}{T} = \text{const.}$	$w_{t12} = 0$ $w_{v12} = p \cdot (v_1 - v_2)$ $w_{v12} = R \cdot (T_1 - T_2)$	$q_{12} = h_2 - h_1$ $q_{12} = c_p \cdot (T_2 - T_1)$ $q_{12} = u_2 - u_1 - w_{v12}$
Isenthalp $h = \text{const.}$ $T = \text{const.}$ $dh = c_p \cdot dT = 0; dT = 0$	$w_{t12} = 0$ $w_{v12} = 0$	$q_{12} = 0$
Isentrope $s = \text{const.}$ $p \cdot v^\kappa = \text{const.}$ $T \cdot v^{\kappa-1} = \text{const.}$ $\dfrac{T}{p^{\frac{\kappa-1}{\kappa}}} = \text{const.}$	$w_{t12} = h_2 - h_1$ $w_{t12} = c_p \cdot (T_2 - T_1)$ $w_{t12} = \kappa \cdot w_{v12}$ $w_{v12} = \dfrac{1}{\kappa - 1} \cdot (p_2 \cdot v_2 - p_1 \cdot v_1)$ $w_{v12} = \dfrac{p_1 \cdot v_1}{\kappa - 1} \cdot \left[\left(\dfrac{p_2}{p_1}\right)^{\frac{\kappa-1}{\kappa}} - 1\right]$ $w_{v12} = \dfrac{p_1 \cdot v_1}{\kappa - 1} \cdot \left[\left(\dfrac{v_1}{v_2}\right)^{\kappa-1} - 1\right]$	$q_{12} = 0$
Polytrope $n = \text{const.}$	$w_{t12} = h_2 - h_1$ $w_{t12} = c_p \cdot (T_2 - T_1)$ $w_{t12} = n \cdot w_{v12}$ $w_{v12} = \dfrac{1}{n - 1} \cdot (p_2 \cdot v_2 - p_1 \cdot v_1)$ $w_{v12} = \dfrac{p_1 \cdot v_1}{n - 1} \cdot \left[\left(\dfrac{p_2}{p_1}\right)^{\frac{n-1}{n}} - 1\right]$ $w_{v12} = \dfrac{p_1 \cdot v_1}{n - 1} \cdot \left[\left(\dfrac{v_1}{v_2}\right)^{n-1} - 1\right]$	$q_{12} = c_v \cdot (T_2 - T_1) \cdot \dfrac{n - \kappa}{n - 1}$

Reversible Zustandsänderungen idealer Gase von 1 nach 2 für $c_p, c_v, \kappa = const.$

$p \cdot v = R \cdot T \quad c_p = \frac{\kappa}{\kappa-1} \cdot R \quad c_p = \frac{1}{\kappa-1} \cdot R \quad c_p = \kappa \cdot c_v \quad c_p = c_v + R$

	$\frac{v_2}{v_1} =$	$\frac{p_2}{p_1} =$	$\frac{T_2}{T_1} =$	$u_2 - u_1 =$	$h_2 - h_1 =$	$s_2 - s_1 =$
Isochore $v = const.$ $\frac{p}{T} = const.$	$\frac{v_2}{v_1} = 1$	$\frac{p_2}{p_1} = \frac{T_2}{T_1}$	$\frac{T_2}{T_1} = \frac{p_2}{p_1}$	$u_2 - u_1 =$ $c_v(T_2 - T_1)$	$h_2 - h_1 =$ $c_p(T_2 - T_1)$	$s_2 - s_1 =$ $c_v \ln\left(\frac{T_2}{T_1}\right)$
Isobare $p = const.$ $\frac{v}{T} = const.$	$\frac{v_2}{v_1} = \frac{T_2}{T_1}$	$\frac{p_2}{p_1} = 1$	$\frac{T_2}{T_1} = \frac{v_2}{v_1}$	$u_2 - u_1 =$ $c_v(T_2 - T_1)$	$h_2 - h_1 =$ $c_p(T_2 - T_1)$	$s_2 - s_1 =$ $c_p \ln\left(\frac{T_2}{T_1}\right)$
Isotherme $T = const.$ $p \cdot v = const.$	$\frac{v_2}{v_1} = \frac{p_1}{p_2}$	$\frac{p_2}{p_1} = \frac{v_1}{v_2}$	$\frac{T_2}{T_1} = 1$	$u_2 - u_1 = 0$	$h_2 - h_1 = 0$	$s_2 - s_1$ $= R\ln\left(\frac{p_2}{p_1}\right)$ $= R\ln\left(\frac{v_2}{v_1}\right)$
Isentrope $s = const.$ $p \cdot v^\kappa = const.$ $\kappa = const.$	$\frac{v_2}{v_1} = \left(\frac{p_1}{p_2}\right)^{\frac{1}{\kappa}}$ $\frac{v_2}{v_1} = \left(\frac{T_1}{T_2}\right)^{\frac{1}{\kappa-1}}$	$\frac{p_2}{p_1} = \left(\frac{T_2}{T_1}\right)^{\frac{\kappa}{\kappa-1}}$ $\frac{p_2}{p_1} = \left(\frac{v_1}{v_2}\right)^{\frac{1}{\kappa}}$	$\frac{T_2}{T_1} = \left(\frac{p_2}{p_1}\right)^{\frac{\kappa}{\kappa-1}}$ $\frac{T_2}{T_1} = \left(\frac{v_1}{v_2}\right)^{\kappa-1}$	$u_2 - u_1 =$ $c_v(T_2 - T_1)$	$h_2 - h_1 =$ $c_p(T_2 - T_1)$	$s_2 - s_1 = 0$
Polytrope $n = const.$ $p \cdot v^n = const.$	$\frac{v_2}{v_1} = \left(\frac{p_1}{p_2}\right)^{\frac{1}{n}}$ $\frac{v_2}{v_1} = \left(\frac{T_1}{T_2}\right)^{\frac{1}{n-1}}$	$\frac{p_2}{p_1} = \left(\frac{T_2}{T_1}\right)^{\frac{n}{n-1}}$ $\frac{p_2}{p_1} = \left(\frac{v_1}{v_2}\right)^{\frac{1}{n}}$	$\frac{T_2}{T_1} = \left(\frac{p_2}{p_1}\right)^{\frac{n}{n-1}}$ $\frac{T_2}{T_1} = \left(\frac{v_1}{v_2}\right)^{n-1}$	$u_2 - u_1 =$ $c_v(T_2 - T_1)$	$h_2 - h_1 =$ $c_p(T_2 - T_1)$	$s_2 - s_1 =$ $= \frac{n-\kappa}{n-1}c_v \ln\left(\frac{T_2}{T_1}\right)$

◻ Abb. A.8 Formeln Zustandsänderungen 1

Reversible Zustandsänderungen idealer Gase von 1 nach 2 für $c_p, c_v, \kappa = const.$

$p \cdot v = R \cdot T \quad c_p = \frac{\kappa}{\kappa-1} \cdot R \quad c_p = \frac{1}{\kappa-1} \cdot R \quad c_p = \kappa \cdot c_v \quad c_p = c_v + R$

	$q_{12} =$	$w_{v12} =$ (bei geschl. Systemen)	$w_{t12} =$ (bei stat. offenen Syst.)
Isochore $v = const.$ $\frac{p}{T} = const.$	$q_{12} = c_v(T_2 - T_1)$	$w_{v12} = 0$	$w_{t12} = v(p_2 - p_1) = R(T_2 - T_1)$
Isobare $p = const.$ $\frac{v}{T} = const.$	$q_{12} = c_p(T_2 - T_1)$	$w_{v12} = -p \cdot (v_2 - v_1)$ $w_{v12} = -R \cdot (T_2 - T_1)$	$w_{t12} = 0$
Isotherme $T = const.$ $p \cdot v = const.$	$q_{12} = -w_{v12} = -w_{t12}$	$w_{v12} = w_{t12} = -q_{12} = -R \cdot T \cdot \ln\left(\frac{v_2}{v_1}\right) = R \cdot T \cdot \ln\left(\frac{p_2}{p_1}\right)$ mit: $R \cdot T_1 = p_1 \cdot v_1 = p_2 \cdot v_2$	
Isentrope $s = const.$ $p \cdot v^\kappa = const.$ $\kappa = const.$	$q_{12} = 0$	$w_{v12} = c_v(T_2 - T_1) = \frac{R}{\kappa-1}(T_2 - T_1)$ $w_{v12} = \frac{R \cdot T_1}{\kappa-1}\left[\left(\frac{p_2}{p_1}\right)^{\frac{\kappa-1}{\kappa}} - 1\right]$ $w_{v12} = \frac{R \cdot T_1}{\kappa-1}\left[\left(\frac{v_1}{v_2}\right)^{\kappa-1} - 1\right]$ $w_{v12} = \frac{1}{\kappa}w_{t12}$ mit:$R \cdot T_1 = p_1 \cdot v_1$	$w_{t12} = c_p(T_2 - T_1) = \frac{R \cdot \kappa}{\kappa-1}(T_2 - T_1)$ $w_{t12} = \frac{R \cdot T_1 \cdot \kappa}{\kappa-1}\left[\left(\frac{p_2}{p_1}\right)^{\frac{\kappa-1}{\kappa}} - 1\right]$ $w_{t12} = \frac{R \cdot T_1 \cdot \kappa}{\kappa-1}\left[\left(\frac{v_1}{v_2}\right)^{\kappa-1} - 1\right]$ $w_{t12} = \kappa \cdot w_{v12}$ mit:$R \cdot T_1 = p_1 \cdot v_1$
Polytrope $n = const.$ $p \cdot v^n = const.$	$q_{12} = c_v(T_2 - T_1) - w_{v12}$ $q_{12} = c_p(T_2 - T_1) - w_{t12}$ $q_{12} = \frac{(n-\kappa)}{(n-1)(\kappa-1)}R(T_2 - T_1)$	$w_{v12} = \frac{R \cdot T_1}{n-1}\left[\left(\frac{p_2}{p_1}\right)^{\frac{n-1}{n}} - 1\right]$ $w_{v12} = \frac{R \cdot T_1}{n-1}\left[\left(\frac{v_1}{v_2}\right)^{n-1} - 1\right]$ $w_{v12} = \frac{R}{n-1}(T_2 - T_1)$ $w_{v12} = \frac{1}{n}w_{t12}$ mit:$R \cdot T_1 = p_1 \cdot v_1$	$w_{t12} = \frac{R \cdot T_1 \cdot n}{n-1}\left[\left(\frac{p_2}{p_1}\right)^{\frac{n-1}{n}} - 1\right]$ $w_{t12} = \frac{R \cdot T_1 \cdot n}{n-1}\left[\left(\frac{v_1}{v_2}\right)^{n-1} - 1\right]$ $w_{t12} = n \cdot w_{v12}$ mit:$R \cdot T_1 = p_1 \cdot v_1$ $w_{t12} = \frac{R \cdot n}{n-1}(T_2 - T_1)$

◻ Abb. A.9 Formeln Zustandsänderungen 2

A.2.7.6 Schall und Schallausbreitung

$$\Delta p = \frac{1}{w^2}\frac{\partial^2 p}{\partial t^2}. \tag{A.83}$$

$$\lambda = \frac{c}{f}. \tag{A.84}$$

$$a^2 = \left(\frac{\partial p}{\partial \varrho}\right)_s \tag{A.85}$$

$$a^2 = \kappa \cdot \frac{p}{\varrho}. \tag{A.86}$$

$$a = \sqrt{\kappa \cdot R \cdot T}. \tag{A.87}$$

Abhängigkeit der Schallgeschwindigkeit von der Höhe

Normalatmosphäre (ISA)

$$p(h) = \left(\frac{T_{\text{Ref}} + k \cdot h}{T_{\text{Ref}} + k \cdot h_{\text{Ref}}}\right)^{-\frac{g}{R \cdot k}} \cdot p_{\text{Ref}} \tag{A.88}$$

$$\varrho(h) = \left(\frac{T_{\text{Ref}} + k \cdot h}{T_{\text{Ref}} + k \cdot h_{\text{Ref}}}\right)^{-\frac{g}{R \cdot k}} \cdot \varrho_{\text{Ref}} \cdot \frac{T_{\text{Ref}}}{T}. \tag{A.89}$$

Schallausbreitung und Mach'scher Kegel

◘ Abb. A.10 zeigt eine Darstellung des Machwinkels sowie des Machkegels.

$$\sin(\varphi) = \frac{s_{\text{Welle}}}{s_{\text{Objekt}}} = \frac{c_s \cdot t}{v \cdot t} = \frac{c_s}{v} = \frac{1}{Ma}. \tag{A.90}$$

Darin bedeutet:

$s \ldots$	in der Zeit t zurückgelegter Weg
$\varphi \ldots$	Mach'scher Winkel
$a \ldots$	Schallgeschwindigkeit
$w \ldots$	Fluggeschwindigkeit des Objekts
$Ma \ldots$	Mach-Zahl

- Bei Schallgeschwindigkeit hat der Kegelöffnungswinkel eine Größe von 180°. Der Kegel hat in diesem Fall die Form einer ebenen Stoßfront angenommen.
- Bei $w > a$ bilden die sich durchdringenden Kugelwellenfronten Kegel mit konstruktiver Interferenz.

Für dynamische Wellenbilder gilt:

$f_s \ldots$	Frequenz der Schallquelle
$\omega_s \ldots$	Kreisfrequenz der Schallquelle
$\lambda \ldots$	Wellenlänge

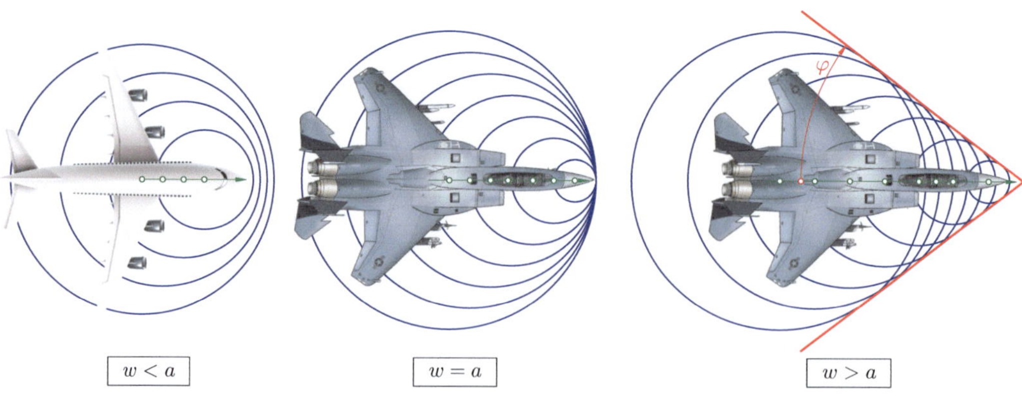

◘ **Abb. A.10** Mach-Winkel und Mach-Kegel

$w_x, w_y \ldots$ Geschwindigkeit des Flugzeugs

$k \ldots$ Wellenpropagationskonstante

$\varphi \ldots$ Azimutaler Winkel (Polarkoordinaten)

Es gilt für die Wellenlänge

$$\vec{\lambda}(\alpha) = \begin{pmatrix} \lambda_x(\alpha) \\ \lambda_y(\alpha) \end{pmatrix} = \begin{pmatrix} \dfrac{a}{f_s}\cos(\alpha) - \dfrac{w_x}{f_s} \\ \dfrac{a}{f_s}\sin(\alpha) - \dfrac{w_y}{f_s} \end{pmatrix}$$

$$\alpha \in [-\pi, \pi]. \tag{A.91}$$

$$\alpha(\varphi) = \varphi - \arcsin\left(\frac{1}{c_s} \cdot \begin{vmatrix} w_x & \cos\varphi \\ w_y & \sin\varphi \end{vmatrix} \right),$$

$$-\infty < \varphi < \infty. \tag{A.92}$$

$$\vec{u}(r,\varphi,t) = \begin{pmatrix} x(r,\varphi,t) \\ y(r,\varphi,t) \\ z(r,\varphi,t) \end{pmatrix}$$

$$= \begin{pmatrix} r \cdot \cos\varphi \\ r \cdot \sin\varphi \\ A \cdot \cos(\omega_s t - k(\alpha(\varphi)) \cdot r) \end{pmatrix}. \tag{A.93}$$

A.2.7.7 Bernoulli-, Euler- und Navier-Stokes Gleichung

Euler- und Bernoulli-Gleichung und kinematischen Grundgleichungen

Definition A.3 (Euler-Gleichung)

$$-\frac{1}{\varrho}\, dp = \frac{1}{2}\, d\left(u^2 + v^2\right) \tag{A.94}$$

Definition A.4 (Bernoulli-Gleichung)

$$\frac{\varrho}{2}\left(u^2 + v^2\right) + p = \frac{\varrho}{2} V_\infty^2 + p_\infty = \text{const.} \tag{A.95}$$

Bemerkung A.3

Die Konstante in dieser Gleichung hat denselben Wert über das gesamte Strömungsfeld.

Definition A.5 (Kinematische Gln.)

Bewegungsgleichung in x-Richtung:

$$u\frac{\partial u}{\partial x} + v\frac{\partial u}{\partial y} = -\frac{1}{\varrho}\frac{\partial p}{\partial x} \tag{A.96}$$

Bewegungsgleichung in y-Richtung:

$$u\frac{\partial v}{\partial x} + v\frac{\partial v}{\partial y} = -\frac{1}{\varrho}\frac{\partial p}{\partial y} \tag{A.97}$$

Euler-Gleichungen

$$\frac{\partial u}{\partial t} + u\frac{\partial u}{\partial x} + v\frac{\partial u}{\partial y} + w\frac{\partial u}{\partial z} = -\frac{1}{\varrho}\frac{\partial p}{\partial x} \tag{A.98}$$

$$\frac{\partial v}{\partial t} + u\frac{\partial v}{\partial x} + v\frac{\partial v}{\partial y} + w\frac{\partial v}{\partial z} = -\frac{1}{\varrho}\frac{\partial p}{\partial y} \tag{A.99}$$

$$\frac{\partial w}{\partial t} + u\frac{\partial w}{\partial x} + v\frac{\partial w}{\partial y} + w\frac{\partial w}{\partial z} = -\frac{1}{\varrho}\frac{\partial p}{\partial z} - g \tag{A.100}$$

$$\frac{\partial u}{\partial x} + \frac{\partial v}{\partial y} + \frac{\partial w}{\partial z} = 0. \tag{A.101}$$

$$\vec{\nabla} f = \begin{pmatrix} \dfrac{\partial f}{\partial x} \\ \dfrac{\partial f}{\partial y} \\ \dfrac{\partial f}{\partial z} \end{pmatrix} = \text{grad}(f). \tag{A.102}$$

$$\frac{Du_i}{Dt} = \frac{1}{\varrho} \cdot \frac{\partial p}{\partial x_i} - g_i. \tag{A.103}$$

Man kann auch die 2D-Euler-Gleichungen formulieren, zu

$$\frac{\partial u}{\partial t} + u\frac{\partial u}{\partial x} + v\frac{\partial u}{\partial y} + w\frac{\partial u}{\partial z} = -\frac{1}{\varrho}\frac{\partial p}{\partial x}$$

(A.104)

$$\frac{\partial v}{\partial t} + u\frac{\partial v}{\partial x} + v\frac{\partial v}{\partial y} + w\frac{\partial v}{\partial z} = -\frac{1}{\varrho}\frac{\partial p}{\partial y}$$

(A.105)

$$\frac{\partial u}{\partial x} + \frac{\partial v}{\partial y} = 0.$$

(A.106)

Navier-Stokes-Gleichungen

Kartesischen Koordinaten

$$\vec{f_x} - \frac{1}{\varrho}\frac{\partial p}{\partial x} + v\left(\frac{\partial^2 v_x}{\partial x^2} + \frac{\partial^2 v_x}{\partial y^2} + \frac{\partial^2 v_x}{\partial z^2}\right)$$
$$= v_x\frac{\partial v_x}{\partial x} + v_y\frac{\partial v_x}{\partial y} + v_z\frac{\partial v_x}{\partial z} + \frac{\partial v_x}{\partial t}$$

(A.107)

$$\vec{f_y} - \frac{1}{\varrho}\frac{\partial p}{\partial y} + v\left(\frac{\partial^2 v_y}{\partial x^2} + \frac{\partial^2 v_y}{\partial y^2} + \frac{\partial^2 v_y}{\partial z^2}\right)$$
$$= v_x\frac{\partial v_y}{\partial x} + v_y\frac{\partial v_y}{\partial y} + v_z\frac{\partial v_y}{\partial z} + \frac{\partial v_y}{\partial t}$$

(A.108)

$$\vec{f_z} - \frac{1}{\varrho}\frac{\partial p}{\partial z} + v\left(\frac{\partial^2 v_z}{\partial x^2} + \frac{\partial^2 v_z}{\partial y^2} + \frac{\partial^2 v_z}{\partial z^2}\right)$$
$$= v_x\frac{\partial v_z}{\partial x} + v_y\frac{\partial v_z}{\partial y} + v_z\frac{\partial v_z}{\partial z} + \frac{\partial v_z}{\partial t}$$

(A.109)

$$\underbrace{\vec{f_x}}_{\text{Kraft}} - \underbrace{\frac{1}{\varrho}\frac{\partial p}{\partial x}}_{\text{Druck}} + \underbrace{v\left(\frac{\partial^2 v_x}{\partial x^2} + \frac{\partial^2 v_x}{\partial y^2} + \frac{\partial^2 v_x}{\partial z^2}\right)}_{\text{Viskosität}}$$
$$= \underbrace{v_x\frac{\partial v_x}{\partial x} + v_y\frac{\partial v_x}{\partial y} + v_z\frac{\partial v_x}{\partial z} + \frac{\partial v_x}{\partial t}}_{\text{Advektion}}$$

(A.110)

Zylindrische Koordinaten

$$f_r - \frac{1}{\varrho}\frac{\partial p}{\partial r}$$
$$+ v\left(\frac{1}{r}\frac{\partial}{\partial r}\left(r\frac{\partial v_r}{\partial r}\right) + \frac{1}{r^2}\frac{\partial^2 v_r}{\partial \vartheta^2} + \frac{\partial^2 v_r}{\partial z^2} - \frac{v_\vartheta^2}{r}\right)$$
$$= v_r\frac{\partial v_r}{\partial r} + \frac{v_\vartheta}{r}\frac{\partial v_r}{\partial \vartheta} + v_z\frac{\partial v_r}{\partial z} - \frac{v_\vartheta^2}{r} + \frac{\partial v_r}{\partial t}$$

(A.111)

$$f_\vartheta - \frac{1}{\varrho r}\frac{\partial p}{\partial \vartheta}$$
$$+ v\left(\frac{1}{r}\frac{\partial}{\partial r}\left(r\frac{\partial v_\vartheta}{\partial r}\right) + \frac{1}{r^2}\frac{\partial^2 v_\vartheta}{\partial \vartheta^2} + \frac{\partial^2 v_\vartheta}{\partial z^2} + \frac{v_r v_\vartheta}{r}\right)$$
$$= v_r\frac{\partial v_\vartheta}{\partial r} + \frac{v_\vartheta}{r}\frac{\partial v_\vartheta}{\partial \vartheta} + v_z\frac{\partial v_\vartheta}{\partial z} + \frac{v_r v_\vartheta}{r} + \frac{\partial v_\vartheta}{\partial t}$$

(A.112)

$$f_z - \frac{1}{\varrho}\frac{\partial p}{\partial z}$$
$$+ v\left(\frac{1}{r}\frac{\partial}{\partial r}\left(r\frac{\partial v_z}{\partial r}\right) + \frac{1}{r^2}\frac{\partial^2 v_z}{\partial \vartheta^2} + \frac{\partial^2 v_z}{\partial z^2}\right)$$
$$= v_r\frac{\partial v_z}{\partial r} + \frac{v_\vartheta}{r}\frac{\partial v_z}{\partial \vartheta} + v_z\frac{\partial v_z}{\partial z} + \frac{\partial v_z}{\partial t}$$

(A.113)

Kugelkoordinaten

$$f_r - \frac{1}{\varrho}\frac{\partial p}{\partial r}$$
$$+ v\left(\frac{2}{r}\frac{\partial v_r}{\partial r} + \frac{v_r}{r^2} - \frac{2v_\vartheta^2}{r^2\tan(\vartheta)} - \frac{2v_\varphi^2}{r^2\sin^2(\vartheta)}\right)$$
$$= v_r\frac{\partial v_r}{\partial r} + \frac{v_\vartheta^2}{r} + \frac{v_\varphi^2}{r\sin^2(\vartheta)}$$
$$- \frac{v_r v_\vartheta \tan(\vartheta)}{r} - \frac{v_r v_\varphi}{r\sin^2(\vartheta)} + \frac{\partial v_r}{\partial t}$$

(A.114)

$$f_\vartheta - \frac{1}{\varrho r}\frac{\partial p}{\partial \vartheta}$$

$$+ \nu\left(\frac{1}{r\sin(\vartheta)}\frac{\partial}{\partial \vartheta}\left(\sin(\vartheta)\frac{\partial v_\vartheta}{\partial \vartheta}\right)\right.$$

$$\left.+ \frac{v_r^2}{r^2} - \frac{v_\vartheta^2}{r^2\tan(\vartheta)} - \frac{2v_\varphi^2}{r^2\sin^2(\vartheta)}\right)$$

$$= v_r\frac{\partial v_\vartheta}{\partial r} + \frac{v_\vartheta}{r}\frac{\partial v_\vartheta}{\partial \vartheta}$$

$$+ \frac{v_\varphi^2\cos(\vartheta)}{r\sin^2(\vartheta)} - \frac{v_r v_\varphi\cos(\vartheta)}{r\sin^2(\vartheta)} + \frac{\partial v_\vartheta}{\partial t}$$

$$\tag{A.115}$$

$$f_\varphi - \frac{1}{\varrho r\sin(\vartheta)}\frac{\partial p}{\partial \varphi}$$

$$+ \nu\left(\frac{1}{r\sin(\vartheta)}\frac{\partial}{\partial \varphi}\left(\frac{\partial v_\varphi}{\partial \varphi}\right) + \frac{v_r^2}{r^2} - \frac{v_\vartheta^2}{r^2\tan(\vartheta)}\right)$$

$$= v_r\frac{\partial v_\varphi}{\partial r} + \frac{v_\vartheta}{r}\frac{\partial v_\varphi}{\partial \vartheta} + \frac{v_\varphi}{r\sin(\vartheta)}\frac{\partial v_\varphi}{\partial \varphi} + \frac{\partial v_\varphi}{\partial t}$$

$$\tag{A.116}$$

A.3 Flächen-Geschwindigkeitsbeziehung, Verdichtungsstöße

A.3.1 Flächen-Geschwindigkeitsbeziehung

$$\frac{dA}{A} = \frac{dw}{w}(Ma^2 - 1). \tag{A.117}$$

$$A(w) = e^{\frac{w^2-w_0^2}{a^2}-\ln(w)+\ln(w_0)+\ln(A_0)} \quad \text{bzw.}$$

$$A(w) = \exp\left(\frac{w^2 - w_0^2}{a^2} - \ln(w)\right.$$

$$\left. + \ln(w_0) + \ln(A_0)\right). \tag{A.118}$$

$$d(w) = \left(\frac{4}{\pi} \cdot \exp\left(\frac{w^2 - w_0^2}{a^2} - \ln(w)\right.\right.$$

$$\left.\left. + \ln(w_0) + \ln\left(\frac{d_0^2 \cdot \pi}{4}\right)\right)\right)^{\frac{1}{2}} \tag{A.119}$$

A.3.2 Senkrechter Verdichtungsstoß

A.3.2.1 Allgemeine Geschwindigkeitsbeziehungen

$$1 - C = 0 \quad \Longrightarrow \quad C = 1 = \frac{w_2}{w_1}$$

$$\Longrightarrow \quad \underline{\underline{w_1 = w_2.}} \tag{A.120}$$

A.3.2.2 Gleichung für das Dichteverhältnis

$$\frac{\varrho_1}{\varrho_2} = \frac{w_2}{w_1} = \frac{2 + (\kappa - 1) \cdot Ma_1^2}{(\kappa + 1) \cdot Ma_1^2}. \tag{A.121}$$

A.3.2.3 Gleichung für das Druckverhältnis

$$\frac{p_2}{p_1} = 1 + \frac{2 \cdot \kappa}{\kappa + 1} \cdot (Ma_1^2 - 1). \tag{A.122}$$

A.3.2.4 Gleichung für das Temperaturverhältnis

$$\frac{T_2}{T_1} = \left(1 + \frac{2 \cdot \kappa}{\kappa + 1} \cdot (Ma_1^2 - 1)\right)$$

$$\cdot \frac{2 + (\kappa - 1) \cdot Ma_1^2}{(\kappa + 1) \cdot Ma_1^2}. \tag{A.123}$$

A.3.2.5 Gleichung für das Schallgeschwindigkeitsverhältnis

$$\frac{a_2}{a_1} = \left(\left(1 + \frac{2 \cdot \kappa}{\kappa + 1} \cdot (Ma_1^2 - 1)\right)\right.$$

$$\left. \cdot \frac{2 + (\kappa - 1) \cdot Ma_1^2}{(\kappa + 1) \cdot Ma_1^2}\right)^{\frac{1}{2}}. \tag{A.124}$$

A.3.2.6 Gleichung für das Mach-Zahl Verhältnis

$$\frac{Ma_2}{Ma_1} = \frac{2 + (\kappa - 1) \cdot Ma_1^2}{(\kappa + 1) \cdot Ma_1^2}$$

$$\cdot \sqrt{\frac{(\kappa + 1) \cdot Ma_1^2}{\left(1 + \frac{2 \cdot \kappa}{\kappa + 1} \cdot (Ma_1^2 - 1)\right) \cdot (2 + (\kappa - 1) \cdot Ma_1^2)}}. \tag{A.125}$$

A.3.2.7 Gleichung für die Entropieänderung

$$s_2 - s_1$$

$$= c_p \cdot \ln\left(1 + \frac{2 \cdot \kappa}{\kappa + 1} \cdot (Ma_1^2 - 1)\right)$$

$$\cdot \frac{2 + (\kappa - 1) \cdot Ma_1^2}{(\kappa + 1) \cdot Ma_1^2}\bigg)$$

$$- R \cdot \ln\left(1 + \frac{2 \cdot \kappa}{\kappa + 1} \cdot (Ma_1^2 - 1)\right).$$

$$s_2 - s_1$$

$$= \frac{R}{\kappa - 1}\left[\ln\left(1 + \frac{2 \cdot \kappa}{\kappa + 1} \cdot m\right) \right.$$

$$\left. + \kappa \cdot \ln\left(\frac{\kappa - 1}{\kappa + 1} \cdot m\right) - \kappa \cdot \ln(1 + m)\right]$$

mit: $m = Ma^2 - 1$.

$$(A.126)$$

A.3.2.8 Relationen im Überblick

$$w_1 > w_2 \qquad Ma_1 > 1 \qquad Ma_2 < 1$$

$$(A.127)$$

$$\varrho_1 < \varrho_2 \qquad p_1 < p_2 \qquad T_1 < T_2 \quad (A.128)$$

$$a_1 < a_2 \qquad s_2 - s_1 > 0. \qquad (A.129)$$

A.3.2.9 Verdünnungsstöße

$$s_{\mathrm{irr}} > 0 \quad \Longrightarrow \quad s_2 - s_1 > 0. \qquad (A.130)$$

Bemerkung A.4
Schlagartige Umlenkungen der Strömung an Körperkonturen, die gegen die Strömung angestellt sind, führen in Überschallströmungen zwangsläufig zur Bildung von Verdichtungsstößen, da die Strömung nicht mehr der Kontur folgen kann und eine plötzliche Druckerhöhung erfährt. Dabei entstehen entweder schräge oder gekrümmte abgelöste Verdichtungsstöße, deren genaue Form und Lage von der Umlenkgeometrie sowie der Mach-Zahl der anströmenden Strömung abhängen.

A.3.3 Prandtl-Meyer-Expansion

A.3.3.1 Prandtl-Meyer-Expansionswellen

**Corollary A.3
(Prandtl-Meyer-Expansionswellen)**
Wenn eine Überschallströmung auf eine konkave Kante oder eine expandierende Kontur trifft, entstehen sogenannte **Prandtl-Meyer-Expansionswellen**. Im Gegensatz zu Verdichtungsstößen, die mit einem sprunghaften Druckanstieg verbunden sind, erfolgt die Expansion über eine **kontinuierliche Wellenstruktur**. Diese Expansion ist isentrop, also verlustfrei, da keine Stoßverluste auftreten.

■ **Beschleunigung der Strömung:** Die Mach-Zahl steigt nach der Expansion an.
■ **Druckabfall:** Der Druck nimmt mit der Expansion kontinuierlich ab.
■ **Isentroper Prozess:** Es findet keine abrupte Änderung wie bei einem Stoß statt, sondern eine sanfte Anpassung der Strömungsgrößen.
■ **Prandtl-Meyer-Funktion:** Die Umlenkung der Strömung wird durch die sogenannte **Prandtl-Meyer-Funktion** beschrieben, die den Zusammenhang zwischen Mach-Zahl und Umlenkungswinkel liefert.

A.3.3.2 Gleichungen

$$\mu_1 = \arcsin\left(\frac{1}{Ma_1}\right) \qquad (A.131)$$

$$\mu_2 = \arcsin\left(\frac{1}{Ma_2}\right) \qquad (A.132)$$

$$\frac{T_2}{T_1} = \left(\frac{1 + \dfrac{\kappa - 1}{2} Ma_1^2}{1 + \dfrac{\kappa - 1}{2} Ma_2^2}\right) \qquad (A.133)$$

$$\frac{p_2}{p_1} = \left(\frac{1 + \dfrac{\kappa - 1}{2} Ma_1^2}{1 + \dfrac{\kappa - 1}{2} Ma_2^2}\right)^{\frac{\kappa}{\kappa - 1}} \qquad (A.134)$$

$$\frac{\varrho_2}{\varrho_1} = \left(\frac{1 + \frac{\kappa - 1}{2}Ma_1^2}{1 + \frac{\kappa - 1}{2}Ma_2^2}\right)^{\frac{1}{\kappa - 1}} \tag{A.135}$$

Definition A.6

Mathematisch ist die **Prandtl-Meyer-Funktion** definiert durch folgenden Ausdruck:

$$\nu(Ma)$$
$$= \int \frac{\sqrt{Ma^2 - 1}}{1 + \frac{\kappa-1}{2}Ma^2}\frac{dMa}{Ma}$$
$$= \sqrt{\frac{\kappa + 1}{\kappa - 1}}\arctan\sqrt{\frac{\kappa - 1}{\kappa + 1}(Ma^2 - 1)}$$
$$\quad - \arctan\sqrt{Ma^2 - 1}. \tag{A.136}$$

$$v_r = \sqrt{2(h_0 - h) - c^2} \tag{A.137}$$

$$v_\phi = w \tag{A.138}$$

$$\phi = -\int \frac{d(\rho c)}{\varrho\sqrt{2(h_0 - h) - c^2}} \tag{A.139}$$

A.3.3.3 Maximaler Umlenkwinkel

$$\nu_{\max} = \frac{\pi}{2}\left(\sqrt{\frac{\kappa + 1}{\kappa - 1}} - 1\right) \tag{A.140}$$

$$\vartheta_{\max} = \nu_{\max} - \nu(Ma_1) \tag{A.141}$$

A.3.4 Schiefe Verdichtungsstöße

$$\frac{\kappa}{\kappa - 1}\frac{p_1}{\varrho_1} + \frac{w_{1n}^2}{2} = \frac{\kappa}{\kappa - 1}\frac{p_2}{\varrho_2} + \frac{w_{2n}^2}{2}. \tag{A.142}$$

A.3.4.1 β-ϑ-Diagramm

$$\tan(\vartheta) = 2\cdot\cot(\beta)\left[\frac{Ma_1^2\cdot\sin(\beta) - 1}{Ma_1^2\cdot(\kappa + \cos(2\beta)) + 2}\right]. \tag{A.143}$$

Corollary A.4

Man kann folgern, dass alleinig eine Abhängigkeit von der Eintrittsmachzahl vorliegt.

A.4 Potentialströmungen

A.4.1 Inkompressible Potentialströmungen

A.4.1.1 Euler-Gleichungen und Bernoulli-Gleichungen

Herleitung

$$-\frac{1}{\varrho}dp = \frac{1}{2}d\left(u^2 + v^2\right), \tag{A.144}$$

$$\frac{\varrho}{2}\left(u^2 + v^2\right) + p = \frac{\varrho}{2}V_\infty^2 + p_\infty = \text{const.} \tag{A.145}$$

Interpretation der Ergebnisse

Definition A.7 (Euler-Gleichung)

$$-\frac{1}{\varrho}dp = \frac{1}{2}d\left(u^2 + v^2\right) \tag{A.146}$$

Definition A.8 (Bernoulli-Gleichung)

$$-\frac{1}{\varrho}dp = \frac{1}{2}d\left(u^2 + v^2\right) \tag{A.147}$$

Definition A.9 (Kinematische Gln.)

Bewegungsgleichung in x-Richtung:

$$u\frac{\partial u}{\partial x} + v\frac{\partial u}{\partial y} = -\frac{1}{\varrho}\frac{\partial p}{\partial x} \tag{A.148}$$

Bewegungsgleichung in y-Richtung:

$$u\frac{\partial v}{\partial x} + v\frac{\partial v}{\partial y} = -\frac{1}{\varrho}\frac{\partial p}{\partial y} \tag{A.149}$$

A.4.2 Komplexes Potential

Cauchy-Riemann-Differentialgleichungen

$$\frac{\partial \phi}{\partial x} = i\,\frac{\partial \psi}{\partial y} = u \qquad (A.150)$$

$$\frac{\partial \phi}{\partial y} = -\frac{\partial \psi}{\partial x} = v \qquad (A.151)$$

A.4.3 Superpositionsprinzip

A.4.3.1 Tragflügelumströmung

$$\frac{v}{u}\Big|_{\text{Wand}} = \frac{dy}{dx}\Big|_{\text{Wand}} \qquad (A.152)$$

$$\psi_{\text{Wand}} = \text{const.} \qquad (A.153)$$

$$u = u_\infty = V_\infty \cos(\alpha); \qquad (A.154)$$

$$v = v_\infty = V_\infty \sin(\alpha). \qquad (A.155)$$

A.4.3.2 D'Alembert'sche Paradoxon

Theorem A.6

Wie man aus den obigen Abbildungen entnehmen kann, verlaufen die Stromlinien im oberen Teil enger als im unteren. Dies lässt vermuten, dass eine Auftriebskraft entsteht. Der Widerstand hingegen ist Null, da eine Potentialströmung eine reibungsfreie Strömung ist. Diese Tatsache heißt d'Alembert'sches Paradoxon. Dieses wurde bereits zu einem früheren Zeitpunkt behandelt, soll hier aber nochmals im Detail widerlegt werden.

$$c_w = 0 \qquad (A.156)$$

A.4.3.3 Berechnung des Auftriebs

$$c_a = \frac{\Gamma}{R\,V_\infty}. \qquad (A.157)$$

$$F_A = q_\infty\,S\,c_a = \frac{1}{2}\,\varrho_\infty\,V_\infty^2\,S\,c_a. \qquad (A.158)$$

Hierin stellt S die Tragflügelfläche bezogen auf die Einheitsspannweite $S = 2\,a$ dar.

A.4.3.4 Kutta-Joukowski-Theorem und Magnuskraft

Theorem A.7

$$F_A = \varrho_\infty\,V_\infty\,\Gamma. \qquad (A.159)$$

Corollary A.5

Dieses besagt, dass der Auftrieb A pro Einheitsspannweitenrichtung direkt proportional der Zirkulation Γ um einen Kreiszylinder in einer Parallelströmung ist, zu welcher die Auftriebskraft senkrecht steht.

Bemerkung A.5

Eine derartige Strömung kann durch Drehen eines Zylinders in einer Strömung erzeugt werden. Damit entsteht eine Auftriebskraft, die auch **Magnuskraft** genannt wird.

$$w = V_\infty \left[r\,e^{i\,(\vartheta - \alpha)} + \frac{a^2}{r}\,e^{-i\,(\vartheta - \alpha)} \right]$$
$$+ \frac{i\,\Gamma}{2\,\pi}\,\ln(r + i\,\vartheta) \qquad (A.160)$$

A.4.4 Kompressible Potentialströmungen

$$\phi_{xx} \cdot \left(1 - \frac{\phi_x^2}{a^2}\right) + \phi_{yy} \cdot \left(1 - \frac{\phi_y^2}{a^2}\right)$$
$$- 2 \cdot \frac{\phi_x \cdot \phi_y}{a^2} \cdot \phi_{xy} = 0. \qquad (A.161)$$

$$\left(\frac{a}{a_\infty}\right)^2 = 1 - \frac{\kappa - 1}{2} \cdot Ma_\infty^2 \cdot \left(\frac{u^2 + v^2}{w_\infty^2} 1\right). \qquad (A.162)$$

$$c_p = -2 \cdot \frac{u}{u_\infty} = -\frac{2 \cdot \partial \phi}{u_\infty \partial x}. \qquad (A.163)$$

$$c_p' = -2 \cdot \frac{u'}{u_\infty} = -\frac{2 \cdot \partial \phi'}{u_\infty \partial x'}. \qquad (A.164)$$

$$c_p = \frac{p - p_\infty}{q_\infty} = \frac{c_p'}{|1 - Ma_\infty^2|}. \qquad (A.165)$$

$$c_p = \frac{c_p'}{\sqrt{|1-Ma_\infty|}}; \quad \text{(Geometrie ungeändert)}. \tag{A.166}$$

$$p(x) - p_\infty = \frac{1}{\sqrt{|1-Ma_\infty^2|}}\,[p_{\text{ink}}(x) - p_\infty] \tag{A.167}$$

$$c_p = \frac{c_{p,0}}{\sqrt{1-Ma_\infty^2} + \left[\frac{Ma_\infty^2}{2\sqrt{1-Ma_\infty^2}}\left(1+\frac{\kappa-1}{2}Ma_\infty^2\right)\right]c_{p,0}}, \tag{A.168}$$

$$c_p = \frac{c_{p,0}}{\sqrt{1-Ma_\infty^2} + \left[\frac{Ma_\infty^2}{1+\sqrt{1-Ma_\infty^2}}\right]\frac{c_{p,0}}{2}}, \tag{A.169}$$

A.5 Expansions- und Kompressionswellen

A.5.1 Berechnungsmittel für reine Überschallströmungen

A.5.1.1 Gleichungen

- **Massenerhaltung (Kontinuitätsgleichung):**

$$\frac{\partial \varrho}{\partial t} + \nabla \cdot (\varrho\,\vec{v}) = 0. \tag{A.170}$$

- **Impulserhaltung:**

$$\frac{\partial(\rho\,\vec{v})}{\partial t} + \nabla \cdot (\rho\,\vec{v} \otimes \vec{v} + p\boldsymbol{I}) = 0. \tag{A.171}$$

- **Energieerhaltung:**

$$\frac{\partial E}{\partial t} + \nabla \cdot [(E + p)\vec{v}] = 0. \tag{A.172}$$

$$\frac{d\vartheta}{ds} + \frac{1}{Ma^2 - 1}\frac{dMa}{ds} = 0$$

entlang der positiven Charakteristik

$$\tag{A.173}$$

$$\frac{d\vartheta}{ds} - \frac{1}{Ma^2 - 1}\frac{dMa}{ds} = 0$$

entlang der negativen Charakteristik

$$\tag{A.174}$$

A.5.1.2 Verdichtungsstöße und Mach'sche Linien

$$v(M) = \sqrt{\frac{\kappa + 1}{\kappa - 1}}$$
$$\cdot \arctan\left(\sqrt{\frac{\kappa - 1}{\kappa + 1}(Ma^2 - 1)}\right)$$
$$- \arctan\left(\sqrt{Ma^2 - 1}\right). \tag{A.175}$$

A.5.1.3 Numerische Methoden für Überschallströmungen

Finite-Volumen-Methoden

$$\frac{\partial U}{\partial t} + \nabla \cdot F(U) = S(U), \tag{A.176}$$

wobei:
- U der Vektor der konservativen Variablen ist,
- $F(U)$ der Flussvektor,
- $S(U)$ ein Quellterm.

$$U = \begin{pmatrix} \varrho \\ \varrho u \\ E \end{pmatrix}, \quad F = \begin{pmatrix} \varrho u \\ \varrho u \otimes u + p\boldsymbol{I} \\ (E + p)u \end{pmatrix}, \tag{A.177}$$

mit ϱ als Dichte, u als Geschwindigkeitsvektor, E als Gesamtenergie pro Volumen, p als Druck und $\boldsymbol{I}$ als Einheitsmatrix.

$$\frac{d}{dt}\int_{V_i} U\,dV + \int_{\partial V_i} F(U) \cdot \boldsymbol{n}\,dA$$
$$= \int_{V_i} S(U)\,dV. \tag{A.178}$$

$$\frac{dU_i}{dt} + \frac{1}{|V_i|}\sum_{f \in \partial V_i} \hat{F}_f A_f = S_i, \tag{A.179}$$

wobei $\hat{F}_f$ ein numerisch berechneter Fluss über die Fläche f ist, A_f deren Fläche und $|V_i|$ das Volumen der Zelle.

$$\frac{\partial U}{\partial t} + \frac{\partial F(U)}{\partial x} = 0, \tag{A.180}$$

$$U_i^{n+1} = U_i^n - \frac{\Delta t}{\Delta x}\left(\hat{F}_{i+1/2} - \hat{F}_{i-1/2}\right), \tag{A.181}$$

$\hat{\boldsymbol{F}}_{\text{HLL}}$

$$= \begin{cases} \boldsymbol{F}(\boldsymbol{U}_L), & S_L \geq 0, \\ \big(S_R \boldsymbol{F}(\boldsymbol{U}_L) - S_L \boldsymbol{F}(\boldsymbol{U}_R) \\ \quad + S_L S_R (\boldsymbol{U}_R - \boldsymbol{U}_L)\big)/(S_R - S_L), & S_L < 0 < S_R, \\ \boldsymbol{F}(\boldsymbol{U}_R), & S_R \leq 0. \end{cases}$$

$$\tag{A.182}$$

$$\hat{\boldsymbol{F}}_{\text{HLLC}} = \begin{cases} \boldsymbol{F}(\boldsymbol{U}_L), & S_L \geq 0, \\ \boldsymbol{F}_L^*, & S_L < 0 < S_M, \\ \boldsymbol{F}_R^*, & S_M < 0 < S_R, \\ \boldsymbol{F}(\boldsymbol{U}_R), & S_R \leq 0, \end{cases} \tag{A.183}$$

Upwind-Schemata

$$\frac{du_i}{dt} = -\frac{1}{\Delta x}\left(\hat{f}_{i+\frac{1}{2}} - \hat{f}_{i-\frac{1}{2}}\right), \tag{A.184}$$

$$\hat{f}_{i+\frac{1}{2}} = \begin{cases} au_i, & a > 0, \\ au_{i+1}, & a < 0. \end{cases} \tag{A.185}$$

A.5.1.4 Hamilton'schen Mechanik

$$\frac{dq_i}{dt} = \frac{\partial H}{\partial p_i}, \quad \frac{dp_i}{dt} = -\frac{\partial H}{\partial q_i}. \tag{A.186}$$

$$\dot{q}_i = \frac{\partial H}{\partial p_i}, \tag{A.187}$$

$$\dot{p}_i = -\frac{\partial H}{\partial q_i}, \tag{A.188}$$

wobei q_i die generalisierten Koordinaten und p_i die zugehörigen Impulse darstellen.

$$h(\varrho) = \frac{\gamma}{\gamma - 1}\frac{p}{\varrho} = \frac{\gamma}{\gamma - 1}a^2, \tag{A.189}$$

Eikonalgleichung und Charakteristiken

$$|\nabla\phi|^2 = a^2, \tag{A.190}$$

$$H(q, \nabla\phi) = \frac{1}{2}|\nabla\phi|^2 - \frac{1}{2}a^2 = 0. \tag{A.191}$$

$$d\vartheta = \frac{\sqrt{Ma^2 - 1}}{1 + \left(\dfrac{\kappa - 1}{2}\right)Ma^2} \cdot \frac{dMa}{Ma} \tag{A.192}$$

A.5.2 Lösung der Differentialgleichung

$$v(Ma) = \theta(Ma)$$
$$= \sqrt{\frac{\kappa - 1}{\kappa + 1}} \cdot \arctan\left(\sqrt{\frac{\kappa + 1}{\kappa - 1}(Ma^2 - 1)}\right)$$
$$\cdot \arctan\left(\sqrt{Ma^2 - 1}\right). \tag{A.193}$$

A.5.3 Integrieren der Differentialgleichung und Herleitung der Prandtl-Meyer-Funktion

$$v(Ma) = \theta(Ma)$$
$$= \sqrt{\frac{\kappa + 1}{\kappa - 1}} \cdot \arctan\left(\sqrt{\frac{\kappa - 1}{\kappa + 1}(Ma^2 - 1)}\right)$$
$$\cdot \arctan\left(\sqrt{Ma^2 - 1}\right). \tag{A.194}$$

A.6 Tragflügelaerodynamik im Transschall

A.6.1 Kritische Machzahl [2]

$$c_{p,\text{krit}} = \frac{2}{\kappa Ma_\infty^2}\left[\left(\frac{1 + \dfrac{\kappa - 1}{2}Ma_\infty^2}{1 + \dfrac{\kappa - 1}{2}}\right)^{\frac{\kappa}{\kappa - 1}} - 1\right] \tag{A.195}$$

Dabei ist:

$c_{p,\text{krit}}$ ... kritischer Druckbeiwert

Ma_∞ ... Machzahl der Freiströmung

Mit dem **Prandtl-Glauert-Faktor** lässt sich der inkompressible Druckbeiwert auf den kompressiblen Fall fortzeichnen. Daraus ergibt sich die kritische Machzahl als Funktion der Profilform:

$$Ma_{\text{krit}} = f(c_{p,\text{inkompressibel}}) \tag{A.196}$$

Diese Beziehung erlaubt es, die kritische Machzahl für ein gegebenes Profil mithilfe aerodynamischer Analyse zu bestimmen. Siehe ◘ Abb. A.11.

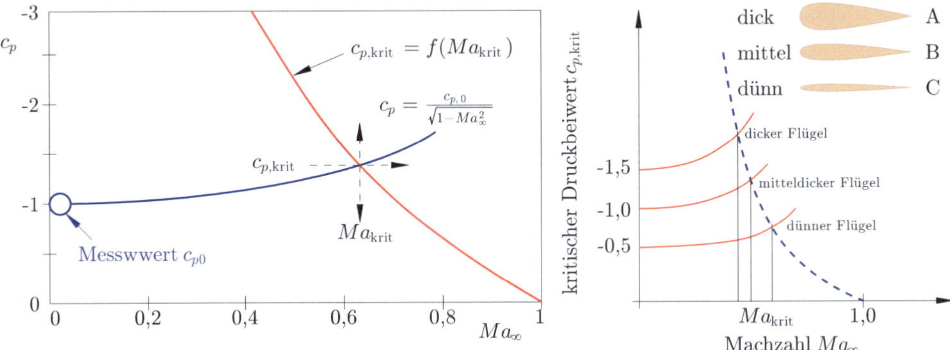

Abb. A.11 Abbildung zur kritischen Machzahl für unterschiedliche Tragflügel, in Anl. an [2]

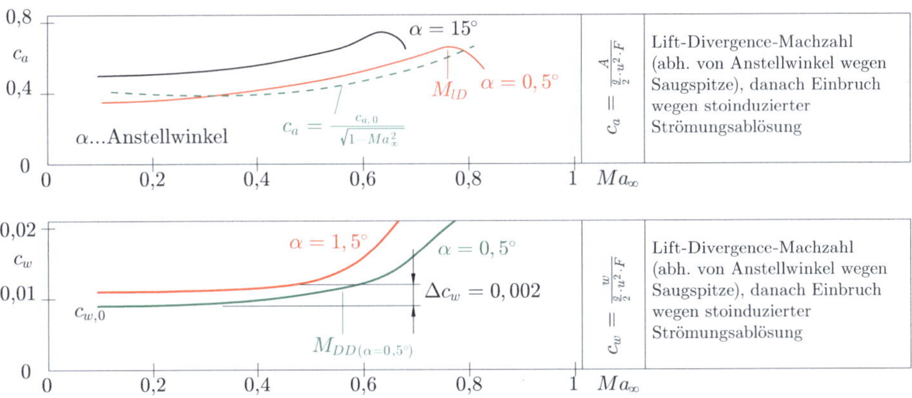

Abb. A.12 Änderung von c_a & c_w mit der Anströmmachzahl, in Anl. an [2]

A.6.2 Änderung von c_a & c_w mit der Anströmmachzahl

Siehe ■ Abb. A.12 und A.13.

A.6.3 Tragflügelpfeilung

A.6.3.1 Pfeilung als Maßnahme zur Machzahlanpassung

$$Ma_{\infty,n} = Ma_\infty \cdot \cos(\Phi). \qquad (A.197)$$

mit Φ als Pfeilwinkel und Ma_∞ als Freiströmungs-Machzahl. Siehe ■ Abb. A.14.

$$Ma_{\text{krit},\Phi} = \frac{Ma_{\text{krit},\Phi=0}}{\cos(\Phi)}. \qquad (A.198)$$

$$Ma_{\text{krit},\Phi} = \frac{Ma_{\text{krit},\Phi=0}}{\sqrt{\cos(\Phi)}} \qquad (A.199)$$

A.6.4 Profileigenschaften im Transschall

Corollary A.6

Je größer das Dickenverhältnis, desto geringer ist der Unterschied in der kritischen Machzahl $Ma_{\infty,\text{krit}}$ bei Änderung des Auftriebsbeiwerts c_A.

Corollary A.7

Je größer die Dickenrücklage, desto höher liegt Ma_krit.

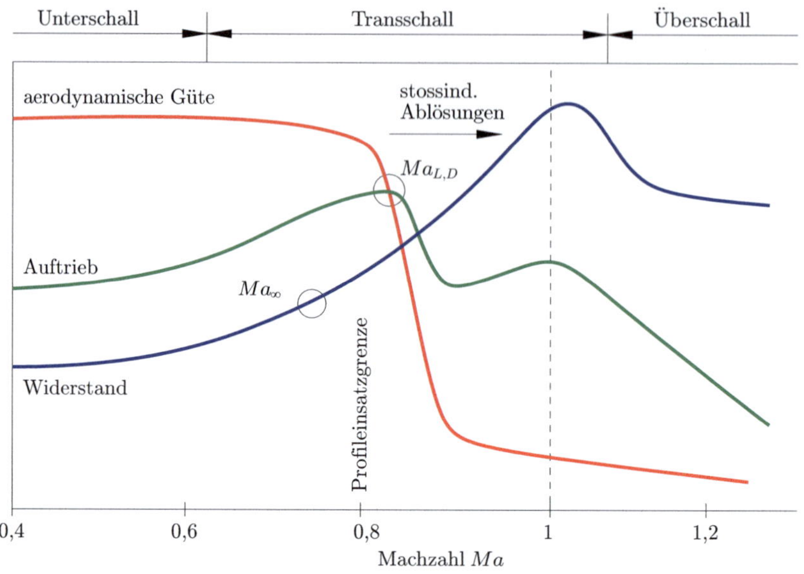

Abb. A.13 Aerodynamische Güte, in Anl. an [2]

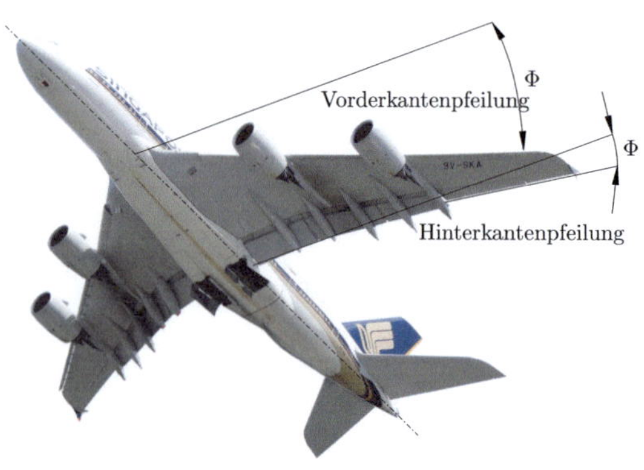

Abb. A.14 Pfeilung eines Tragflügels, in Anl. an [2]

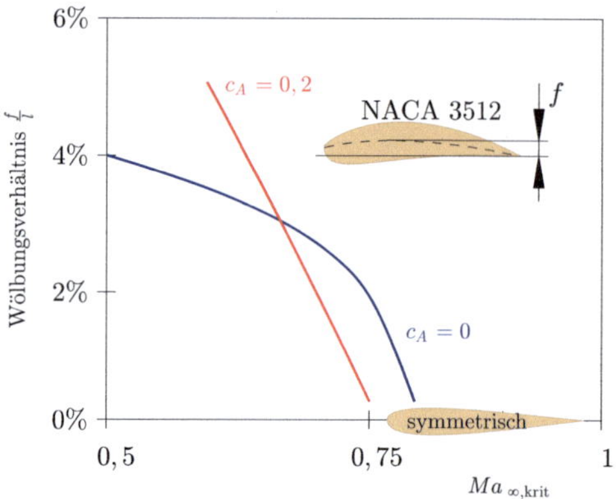

Abb. A.15 Einfluss der Wölbung auf die Druckverteilung und Stoßlage bei gleicher Profildicke, in Anl. an [2]

Corollary A.8

Geeignet sind schlanke Profile mit moderatem Dickenverhältnis, zurückliegendem Dickenmaximum und angepasster Wölbung.

Siehe ▣ Abb. A.15.

A.6.5 Profileinsatzgrenzen

Eine Schematische Darstellung findet sich in ▣ Abb. A.16.

A.6.6 Transsonische Flächenregel

❯ Gesetz A.1

Die Flächenregel fordert eine möglichst kontinuierliche Änderung der gesamten Querschnittsfläche entlang der Längsachse – unabhängig davon, ob diese Fläche durch Rumpf oder Flügel erzeugt wird.

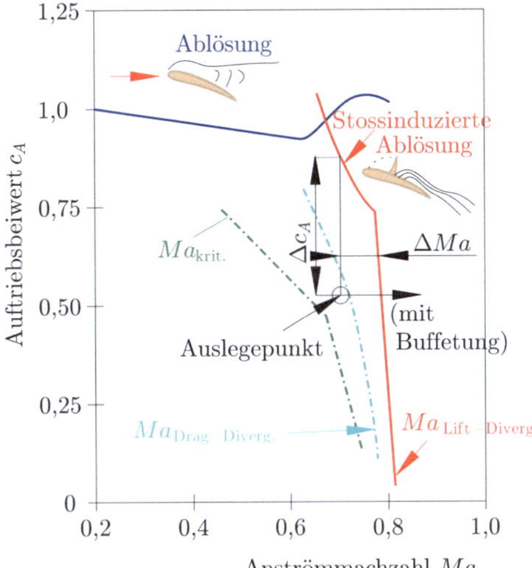

Abb. A.16 Profileinsatzgrenzen, in Anl. an [2]

A.7 Stoß-Grenzschicht-Interferenzen

A.7.1 Turbulente Grenzschicht vor dem Stoß

Siehe Abb. A.17 und A.18.

A.7.2 Laminare Grenzschicht vor dem Stoß

Ein **Lambda-Stoß (λ-Stoß)** entsteht typischerweise bei der Wechselwirkung eines Verdichtungsstoßes mit einer vorgelagerten Grenzschicht – insbesondere, wenn es in diesem Bereich zu einer Ablösung der Grenzschicht kommt. Der Name „Lambda-Stoß" rührt von der charakteristischen Form der Stoßstruktur her, die dem griechischen Buchstaben λ ähnelt.

Die typische Struktur eines Lambda-Stoßes umfasst:

- Einen **Hauptstoß**, der sich im Außenfeld (außerhalb der Grenzschicht) bildet.
- Zwei **Nebenstöße** bzw. **Vorstöße**, die sich in der Nähe der Wand infolge der Grenzschichtablösung bilden.
- Eine **Ablöseblase** unterhalb der Stoßstruktur, in der die Strömung teilweise oder vollständig rückläufig ist.

A.7.3 Druckverläufe

Vgl. mit Abb. A.19.

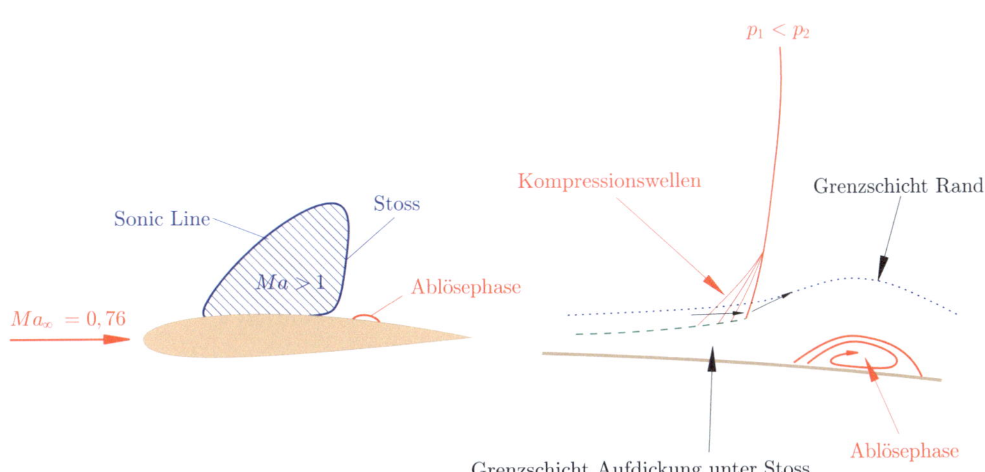

Abb. A.17 Turbulente Grenzschicht vor dem Stoß, Darstellung, in Anl. an [2]

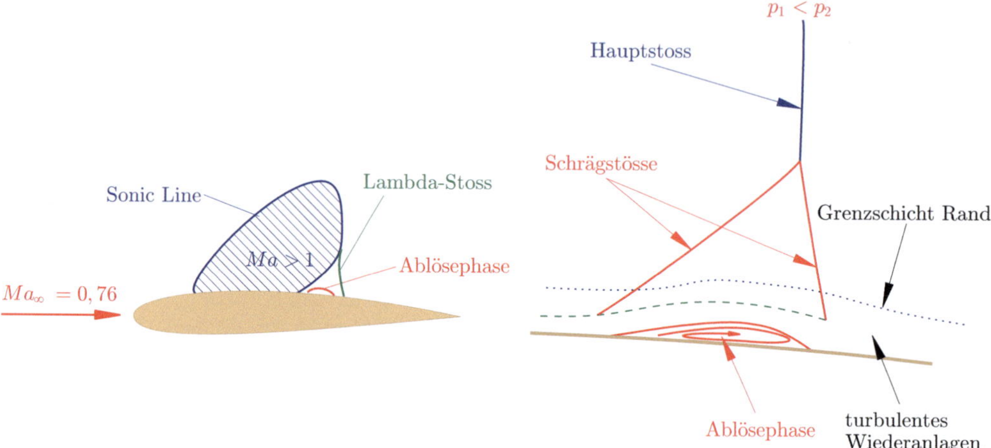

◻ Abb. A.18 Laminare Grenzschicht vor dem Stoß, Darstellung, in Anl. an [2]

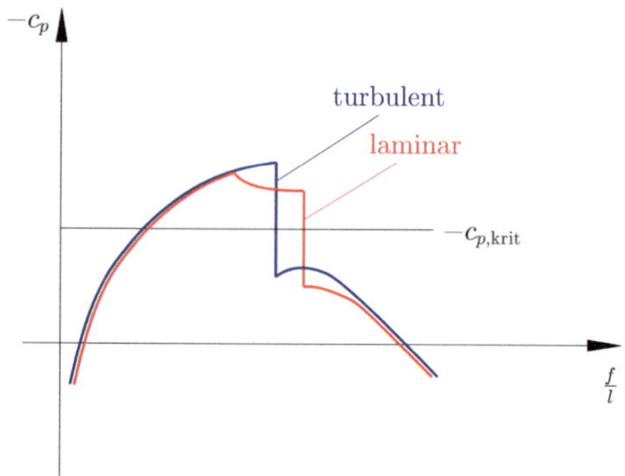

◻ Abb. A.19 Druckverläufe, Darstellung, in Anl. an [2]

A.8 Konforme Abbildungen in der Aeromechanik

A.8.1 Elementare Transformationsvorschriften [1, 11]

A.8.1.1 Transformation von Parallelströmungen

$$w(z) = V_\infty\left(x\,\cos(\alpha) + y\,\sin(\alpha)\right)$$
$$+ i\,V_\infty\left(y\,\cos(\alpha) - x\,\sin(\alpha)\right)$$

$$\tag{A.200}$$

$$\frac{dz}{d\zeta} = e^{i\,\alpha} = \text{const.} \neq 0. \tag{A.201}$$

Hierbei liegt keine Singularität vor, dass die Funktion für jeden Faktor α definiert ist.

A.8.1.2 Quadratische Transformation

> **Definition A.10**
>
> Von einer quadratischen Transformation spricht man, wenn die Gleichung folgende Gestalt aufweist
>
> $$z = \zeta^2. \tag{A.202}$$

A.8.1.3 Transformation nach Joukowski

$$z = \left(b + \frac{a^2}{b}\right)\cos(\varphi) + i\left(b - \frac{a^2}{b}\right)\sin(\varphi) \tag{A.203}$$

$$x = \frac{b^2 + a^2}{b}\cos(\varphi) \tag{A.204}$$

$$y = \frac{b^2 - a^2}{b}\sin(\varphi) \tag{A.205}$$

Wenn $a = b$ ist, gilt

$$x = 2\,a\,\cos(\varphi) \tag{A.206}$$
$$y = 0. \tag{A.207}$$

$$\frac{dz}{d\zeta} = 0 \quad \text{für} \quad \zeta = a \tag{A.208}$$

$$\frac{dz}{d\zeta} = \infty \quad \text{für} \quad \zeta = 0 \tag{A.209}$$

A.8.2 Anwendung [1, 11]

A.8.2.1 Kutta-Bedingung

$$V_\infty = V_o = V_U.$$
(A.210)

$$\Gamma = 4\,\pi\,a\,V_\infty\,\sin(\beta + \alpha).$$
(A.211)

A.8.2.2 Bedeutung für den Auftrieb

$$c_a = 8\,\pi\,\frac{a}{c}\,\sin(\alpha + \beta)$$
(A.212)

$$c_a \approx 2\,\pi\,(\alpha + \beta),$$
(A.213)

$$\frac{\partial c_a}{\partial \alpha} \approx 2\,\pi.$$
(A.214)

A.8.3 Joukowski-Theorem

$$z = \zeta + \frac{a^2}{\zeta}.$$
(A.215)

$$u = V_\infty\left(\cos(\alpha) + \sin(\alpha)\,\tan\left(\frac{\varphi}{2}\right)\right).$$
(A.216)

$$c_a \approx 2\,\pi\,\alpha.$$
(A.217)

$$\zeta = \xi_0 + i\,\eta_0 + a\,e^{i\,\varphi}$$
(A.218)

A.9 Linearisierte Theorie dünner Profile in der Aeromechanik

A.9.1 Prinzip der Theorie dünner Profile [1, 11]

Bemerkung A.6

Bei der Untersuchung der Umströmung einer Tragfläche kann man folgende Vereinfachungen vornehmen

- Der Anstellwinkel α ist klein,
- die Profilkrümmung ist klein,
- die Profildicke ist klein und
- die Komponente u der Strömungsgeschwindigkeit ist klein.

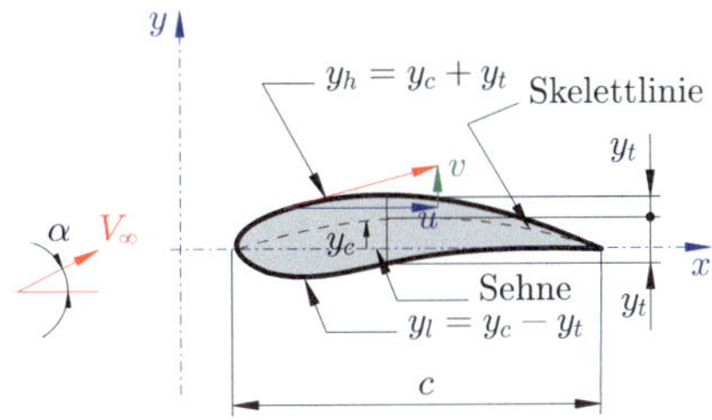

Abb. A.20 Definition der Skelettlinie und der Dickenverteilung

Definition A.11

(Linearisierte dünner Tragflügel) Man bezeichnet diese Vorgangsweise bei der Berechnung deshalb als Theorie Linearisierter dünner Tragflügelprofile.

Vgl. mit Abb. A.20.

Definition A.12

(Skelettlinie und Dickenverteilung) Die Skelettlinie und die Dickenverteilung können durch die folgende beiden Gleichungen unterschieden werden:

- **Skelettlinie:**

$$y_c = \frac{1}{2}(y_u + y_e)$$
(A.219)

- **Dickenverteilung:**

$$y_t = \frac{1}{2}(y_n - y_e)$$
(A.220)

$$\left.\frac{dy}{dx}\right|_{\text{profile}} \approx \alpha + \frac{v}{V_\infty}$$
(A.221)

$$\frac{dy_c}{dx} = \alpha + \frac{v_\gamma(x)}{V_\infty}.$$
(A.222)

$$\frac{dy_t}{dx} = \pm\frac{v_q(x)}{V_\infty}.$$
(A.223)

A.9.2 Induzierte Geschwindigkeiten durch Singularitäten [1, 11]

$$u_\gamma(x) = \pm\frac{1}{2}\,\gamma(x)$$
(A.224)

$$v_\gamma(x) = -\frac{1}{2\,\pi}\,P\int_0^c \frac{\gamma(x')\,dx'}{(x - x')}.$$
(A.225)

A.9.3 Skelettlinie und Effekte des Anstellwinkels [1, 11]

A.9.3.1 Methode nach Glauert

$$v_\gamma(x) = \frac{1}{2\pi}\, P \int_0^\pi \frac{\gamma(\varphi')\sin(\varphi')\,d\varphi'}{\cos(\varphi') - \cos(\varphi)}.$$

(A.226)

A.9.3.2 Lösung für die Geschwindigkeitskomponente u mittels der Methode nach Glauert

$$u = V_\infty \left(1 \pm \tan\left(\frac{\varphi}{2}\right)\alpha\right)$$

(A.227)

A.9.3.3 Lösung für die Wirbelverteilung nach der Methode mit dem Poisson-Glauert-Integral

$$A_0 = \frac{1}{\pi}\int_0^\pi \frac{dy_c}{dx}\,d\varphi$$

(A.228)

$$A_n = -\frac{2}{\pi}\int_0^\pi \frac{dy_c}{dx}\cos(n\varphi)\,d\varphi.$$

(A.229)

A.9.3.4 Tangentiale Geschwindigkeit entlang der Skelettlinie

$$u(x) = V_\infty \pm \left[1 \pm \left\{(\alpha + A_0)\tan\left(\frac{\varphi}{2}\right) + \sum_{n=1}^\infty A_n \sin(n\varphi)\right\}\right].$$

(A.230)

A.9.4 Dickenverteilung [1, 11]

$$u(\varphi) = \frac{1}{\kappa}\left(V_\infty + u_q(\varphi)\right)$$

(A.231)

$$\kappa = \left[1 + \left(\frac{dy_t}{dx}\right)^2\right]^{\frac{1}{2}} = \sqrt{1 + \left(\frac{dy_t}{dx}\right)^2}.$$

(A.232)

A.9.5 Gekrümmte Profile mit Dickenverteilung [1, 11]

$$u(\varphi) = \frac{1}{\kappa}\left(V_\infty + u_\gamma(\varphi) + u_q(\varphi)\right)$$

(A.233)

$$u_\gamma(\varphi) = \pm\, V_\infty\left[(\alpha + A_0)\tan\left(\frac{\varphi}{2}\right) + \sum_{n=1}^\infty A_n \sin(n\varphi)\right]$$

(A.234)

$$u_q(\varphi) = V_\infty \sum_{\mu=1}^\infty B_n\, \mu\, \frac{\sin(n\varphi)}{\sin(\varphi)}$$

(A.235)

$$\kappa = \left[1 + \left(\frac{dy_t}{dx}\right)^2\right]^{\frac{1}{2}} = \sqrt{1 + \left(\frac{dy_t}{dx}\right)^2}$$

(A.236)

A.10 Panel-Methode für Profilumströmungen

Gem. ▪ Abb. A.21 gilt

$$v_n = (\vec{V}_\infty + \vec{v}_{\text{ind}}) \cdot \vec{n} = 0.$$

(A.237)

Dabei ist:

$\vec{V}_\infty$ … die ungestörte Anströmgeschwindigkeit,

$\vec{v}_{\text{ind}}$ … die Summe aller von den Singularitäten erzeugten Geschwindigkeitskomponenten,

$\vec{n}$ … die lokale Oberflächennormale des Panels.

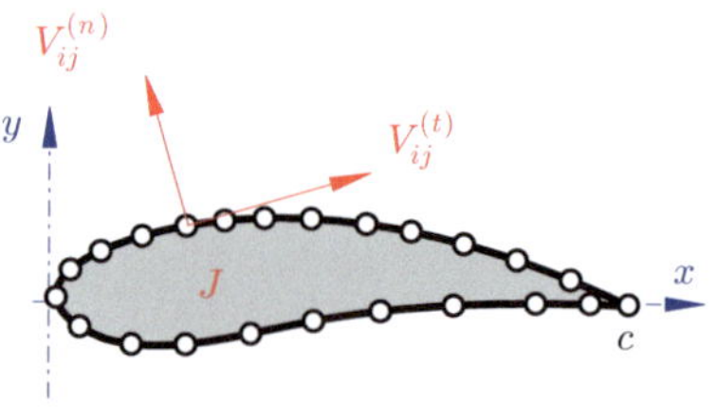

▪ **Abb. A.21** Segmentierte Oberfläche mit diskreter Quellen- und Wirbelverteilung

A.10.0.1 Berechnung der Druckverteilung

$$C_p = 1 - \left(\frac{v_{\tan}}{V_\infty}\right)^2. \tag{A.238}$$

A.10.0.2 Typen von Singularitäten und Erweiterungen

- **Quellen-Panels:** zur Modellierung von Verdrängungseffekten.
- **Wirbel-Panels:** zur Erzeugung zirkulierender Strömungen (Auftrieb).
- **Lineare Panel-Verteilungen:** mit linearer Variation der Stärke innerhalb eines Panels für höhere Genauigkeit.
- **Mehrfachverteilung pro Panel:** z. B. überlagertes Quellen- und Wirbelpanel.

Durch diese Kombinationen können auch komplexe Profile, einschließlich Klappen, Lücken oder sogar poröser Oberflächen, analysiert werden.

A.10.1 Profile ohne Auftrieb

A.10.1.1 Schritt 1: Geometrie und Diskretisierung

- **Panel-Länge**

$$\Delta s_j = \sqrt{(x_{j+1} - x_j)^2 + (y_{j+1} - y_j)^2}$$

- **Mittlerer Punkt** (Kontrollpunkt):

$$x_j^c = \frac{1}{2}(x_j + x_{j+1}), \quad y_j^c = \frac{1}{2}(y_j + y_{j+1})$$

- **Tangential- und Normalvektor:**

$$\vec{t}_j = \frac{1}{\Delta s_j}\begin{pmatrix} x_{j+1} - x_j \\ y_{j+1} - y_j \end{pmatrix}, \quad \vec{n}_j = \begin{pmatrix} -t_{j,y} \\ t_{j,x} \end{pmatrix}$$

Die Kontrollpunkte I (mit $i = 1, \ldots, N$) liegen jeweils im Mittelpunkt eines Panels und dienen der Formulierung der Randbedingungen.

A.10.1.2 Schritt 2: Einflusskoeffizienten der Quellenelemente

$$u_{ij} = \frac{1}{2\pi} \int_{-\Delta_j/2}^{+\Delta_j/2} \frac{(x_{ij} - x)}{(x_{ij} - x)^2 + y_{ij}^2} \, dx$$

$$= \frac{1}{4\pi} \ln\left(\frac{\left(x_{ij} + \frac{\Delta_j}{2}\right)^2 + y_{ij}^2}{\left(x_{ij} - \frac{\Delta_j}{2}\right)^2 + y_{ij}^2}\right) \tag{A.239}$$

$$v_{ij} = \frac{1}{2\pi} \int_{-\Delta_j/2}^{+\Delta_j/2} \frac{y_{ij}}{(x_{ij} - x)^2 + y_{ij}^2} \, dx$$

$$= \frac{1}{\pi} \cdot \tan^{-1}\left(\frac{\Delta_j/2}{x_{ij}^2 + y_{ij}^2 - (\Delta_j/2)^2} \cdot y_{ij}\right) \tag{A.240}$$

Dabei bezeichnen:

$x_{ij}, y_{ij} \ldots$ die Koordinatendifferenz vom Mittelpunkt des Panels J zum Kontrollpunkt I im lokalen Koordinatensystem von Panel J.

$\Delta_j \ldots$ die Länge des Panels J.

$u_{ij} \ldots$ die tangentiale und v_{ij} die normale Geschwindigkeit am Punkt I infolge einer Quellenverteilung auf Panel J.

A.10.1.3 Schritt 3: Aufstellen des linearen Gleichungssystems

$$\vec{v}_\infty \cdot \vec{n}_i + \sum_{j=1}^{N} \sigma_j \cdot v_{ij}^{(n)} = 0, \quad i = 1, \ldots, N. \tag{A.241}$$

Dies ergibt ein lineares Gleichungssystem der Form:

$$A \cdot \vec{\sigma} = \vec{b} \tag{A.242}$$

mit

$A_{ij} = v_{ij}^{(n)} \ldots$ normalinduzierte Geschwindigkeit von Panel j an Punkt i

$\sigma_j \ldots$ Stärke der Quelle auf Panel j

$b_i = -\vec{v}_\infty \cdot \vec{n}_i$

Da die Quellenverteilung nur die Geometrie beeinflusst, ist die Lösung dieses Gleichungssystems unabhängig von der Zirkulation. Daher wird kein Auftrieb erzeugt.

A.10.1.4 Schritt 4: Berechnung der Geschwindigkeit und Druckverteilung

$$v_{\text{tan},i} = \vec{v}_\infty \cdot \vec{t}_i + \sum_{j=1}^{N} \sigma_j \cdot u_{ij}^{(t)} \qquad (A.243)$$

Daraus ergibt sich mittels der Bernoulli-Gleichung:

$$C_{p,i} = 1 - \left(\frac{v_{\text{tan},i}}{V_\infty} \right)^2 \qquad (A.244)$$

Die Fläche unter der Druckverteilung ist jedoch symmetrisch – es entsteht kein Nettodruckunterschied, somit:

$$L = 0, \quad \text{(kein Auftrieb)}. \qquad (A.245)$$

A.10.1.5 Schritt 5: Interpretation und Validierung

Corollary A.9
Die Panel-Methode ohne Wirbelverteilung erfüllt keine Kutta-Bedingung und führt daher zu keiner Zirkulation. Gemäß Kutta-Joukowski-Theorem:

$$L' = \varrho_\infty V_\infty \Gamma \Rightarrow \Gamma = 0 \Rightarrow L = 0 \quad (A.246)$$

Die Methode eignet sich ideal zur Einführung in die Panel-Theorie, nicht jedoch zur realistischen Berechnung auftriebswirksamer Profile.

A.10.2 Profile mit Auftrieb

Im Gegensatz zu auftriebslosen Konfigurationen erzeugen reale Tragflügel und Profile einen resultierenden Auftrieb, der mit der Zirkulation Γ um das Profil verbunden ist. Mathematisch wird dieser Zusammenhang durch das **Kutta-Joukowski-Theorem** beschrieben

$$L' = \varrho_\infty V_\infty \Gamma. \qquad (A.247)$$

A.10.2.1 Physikalische Motivation: Kutta-Bedingung

Bemerkung A.7 (Kutta-Bedingung)
Die Geschwindigkeit auf der Profilober- und -unterseite ist am hintersten Punkt gleich groß:

$$v_{\text{oberseite}} = v_{\text{unterseite}} \quad \text{an der Hinterkante.} \qquad (A.248)$$

Dies impliziert, dass die gesamte Zirkulation Γ so gewählt werden muss, dass diese Bedingung erfüllt ist.

A.10.2.2 Modellierung der Zirkulation über Wirbelverteilung

Für Wirbelinduzierte Geschwindigkeitskomponenten an Punkt i aufgrund eines konstanten Wirbels auf Panel j (lokales Koordinatensystem) gilt:

$$u_{ij}^{(\gamma)} = -\frac{1}{2\pi} \int_{-\Delta_j/2}^{+\Delta_j/2} \frac{y_{ij}}{(x_{ij} - x)^2 + y_{ij}^2} \, dx \qquad (A.249)$$

$$v_{ij}^{(\gamma)} = \frac{1}{2\pi} \int_{-\Delta_j/2}^{+\Delta_j/2} \frac{(x_{ij} - x)}{(x_{ij} - x)^2 + y_{ij}^2} \, dx \qquad (A.250)$$

A.10.2.3 Aufstellen des Gleichungssystems mit Zirkulation

$$\vec{v}_\infty \cdot \vec{n}_i + \sum_{j=1}^{N} \left(\sigma_j v_{ij}^{(n)} + \gamma_j w_{ij}^{(n)} \right) = 0,$$
$$i = 1, \ldots, N \qquad (A.251)$$

A.10.2.4 Berechnung des Auftriebs

$$C_L = \frac{2\Gamma}{V_\infty c}. \qquad (A.252)$$

wobei c die Profiltiefe (Länge der Sehne) ist.

A.10.2.5 Berechnung der Druckverteilung

$$v_{\tan,i} = \vec{v}_\infty \cdot \vec{t}_i + \sum_{j=1}^{N} \gamma_j \cdot u_{ij}^{(t)} \qquad (A.253)$$

$$C_{p,i} = 1 - \left(\frac{v_{\tan,i}}{V_\infty}\right)^2 \qquad (A.254)$$

Bemerkung A.8

Durch Kombination von Quellen- und Wirbelverteilungen kann nahezu jede Randbedingung im Rahmen der Potentialtheorie erfüllt werden. Der auftriebslose Fall ist als Spezialfall der Wirbelfreiheit $\Gamma = 0$ enthalten.

A.10.3 NACA-Profile

- **M**: Maximale Wölbung als Anteil der Profiltiefe (in Prozent, z. B. 2 für 2 %).
- **P**: Lage der maximalen Wölbung vom Vorderkante (in Zehntel der Profiltiefe, z. B. 4 für 40 %).
- **XX**: Maximale Dicke als Anteil der Profiltiefe (in Prozent, z. B. 12 für 12 %).

Mathematisch wird die **Profildicke** $y_t(x)$ an der Stelle $x \in [0, c]$ (mit Profiltiefe c) durch die folgende empirische Formel definiert:

$$y_t(x) = 5t\left(0{,}2969\sqrt{\frac{x}{c}} - 0{,}1260\frac{x}{c}\right.$$
$$- 0{,}3516\left(\frac{x}{c}\right)^2 + 0{,}2843\left(\frac{x}{c}\right)^3$$
$$\left. - -0{,}1015\left(\frac{x}{c}\right)^4\right),$$
$$(A.255)$$

wobei t die maximale Dicke in Bruchteilen der Profiltiefe ist.

$$y_c(x) = \begin{cases} \dfrac{m}{p^2}(2px - x^2), & 0 \le x \le p \\[2ex] \dfrac{m}{(1-p)^2} \\ \quad \cdot\left((1-2p) + 2px - x^2\right), & p < x \le c, \end{cases}$$
$$(A.256)$$

$$x_u = x - y_t\sin\theta, \quad y_u = y_c + y_t\cos\theta,$$
$$(A.257)$$

$$x_l = x + y_t\sin\theta, \quad y_l = y_c - y_t\cos\theta,$$
$$(A.258)$$

Der Auftriebsbeiwert C_L lässt sich näherungsweise aus der Zirkulation Γ berechnen (Kutta-Joukowski-Theorem):

$$C_L = \frac{2\Gamma}{V_\infty c}, \qquad (A.259)$$

wobei V_∞ die freie Anströmgeschwindigkeit und c die Profiltiefe ist.

A.11 Definition zur Tragflügelumströmung

A.11.1 Geometrische Verhältnisse [1, 11]

Siehe ◘ Abb. A.22.

- Die x-Achse verläuft parallel zur ungestörten Freiströmung und entspricht somit der **Anströmrichtung**.
- Die y-Achse liegt quer zur Anströmung in der **Symmetrieebene des Tragflügels**. Sie beschreibt die Position entlang der Spannweite. Die Tragfläche ist in diesem System symmetrisch bezüglich der Ebene $y = 0$.
- Die z-Achse ist senkrecht zur x-y-Ebene orientiert und zeigt in Richtung der **Flügelunterseite**, d. h. nach unten. Somit ergibt sich ein linksorientiertes kartesisches Koordinatensystem.

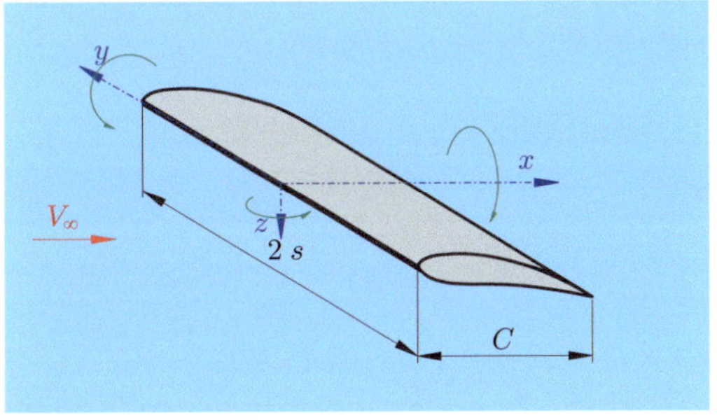

◘ **Abb. A.22** Geometrie für einen endlichen ausgedehnten Tragflügel

A.11.2 Wirbel- und Wirbelschicht im Raum

A.11.2.1 Die Helmholtz'schen Wirbelsätze

1. **Erster Wirbelsatz (Erhaltung der Zirkulation):** In einem reibungsfreien, barotropen Fluid bleibt die Zirkulation längs eines geschlossenen, mit der Strömung mitbewegten Materialkonturs konstant (Satz von Kelvin).
2. **Zweiter Wirbelsatz (Unentstehbarkeit der Wirbelstärke):** In einer reibungsfreien Strömung kann innerhalb eines Wirbelfreien Gebiets keine neue Wirbelstärke entstehen – Wirbel können nur durch Anfangsbedingungen oder an Rändern erzeugt werden (z. B. durch Ablösung).
3. **Dritter Wirbelsatz (Frostlinienverhalten von Wirbelfilamenten):** Wirbelstrukturen bewegen sich wie Materiallinien; die Wirbellinien sind also „gefrorene" Strukturen in die Strömung und deformieren sich mit ihr.
4. **Vierter Wirbelsatz (Kontinuität der Wirbellinien):** Wirbellinien sind stets kontinuierlich – sie enden nicht frei im Fluidinneren, sondern bilden geschlossene Linien, gehen ins Unendliche oder enden an festen Wänden.

Biot-Savart-Gesetz in der Aerodynamik

Für ein Wirbelelement $d\boldsymbol{\Gamma}$ an der Position $\boldsymbol{r}'$ ergibt sich die induzierte Geschwindigkeit $\boldsymbol{v}$ am Ort $\boldsymbol{r}$ durch:

$$\boldsymbol{v}(\boldsymbol{r}) = \frac{1}{4\pi} \int \frac{\boldsymbol{\Gamma} \times (\boldsymbol{r} - \boldsymbol{r}')}{|\boldsymbol{r} - \boldsymbol{r}'|^3} \, ds \qquad (A.260)$$

wobei $\boldsymbol{\Gamma}$ die Wirbelstärke und ds ein Längenelement des Wirbelfadens ist.

1. Helmholtz'scher Wirbelsatz

Theorem A.8

In Abwesenheit von wirbelanfachenden äußeren Kräften bleiben wirbelfreie Strömungsgebiete wirbelfrei. Dieser Satz wird auch einfach Helmholtz'scher Wirbelsatz oder erster Helmholtz'scher Wirbelsatz genannt.

oder:

Theorem A.9

In einer reibungsfreien, barotropen und äußert kraftfreien Strömung bleibt ein zunächst wirbelfreies Strömungsgebiet für alle Zeiten wirbelfrei.

2. Helmholtz'scher Wirbelsatz [87]

Theorem A.10

Fluidelemente, die zu einem bestimmten Zeitpunkt auf einer Wirbellinie liegen, verbleiben bei Abwesenheit externer wirbelanfachender Kräfte für alle Zeiten auf derselben Wirbellinie. Wirbellinien verhalten sich somit wie materielle Linien.

3. Helmholtz'scher Wirbelsatz [87]

Theorem A.11

In einer reibungsfreien, barotropen Strömung bleibt die Zirkulation entlang einer Wirbelröhre konstant. Als unmittelbare Konsequenz kann eine Wirbellinie innerhalb des Fluids weder beginnen noch enden. Wirbellinien sind daher stets entweder geschlossen, unendlich lang oder enden am Rand des Strömungsgebietes. Dieser Zusammenhang ist als dritter Helmholtz'scher Wirbelsatz bekannt.

Corollary A.10

Der dritte Helmholtz'sche Wirbelsatz hat tiefgreifende Konsequenzen für die Struktur von Wirbeln in realen und idealisierten Strömungen:

- **Topologie von Wirbeln:** Die Struktur von Wirbeln ist durch das Kontinuitätsprinzip der Rotation geprägt. In einer idealen Flüssigkeit können keine isolierten Wirbel existieren, sondern sie müssen stets Teil geschlossener oder durchgängiger Wirbelröhren sein.

- **Stabilität von Wirbelstrukturen:** Bekannte Phänomene wie Rauchringe, Wirbel in Flüssigkeiten (z. B. durch einen Quirl) oder atmosphärische Zyklonen zeigen hohe strukturelle Stabilität – zumindest in der Anfangsphase. Diese Stabilität ergibt sich aus der Erhaltung der Zirkulation und der Unzerbrechlichkeit von Wirbellinien.

- **Dissipation:** In realen Fluiden mit Viskosität führen Reibungskräfte über die Zeit zur Auflösung von Wirbelstrukturen. Der dritte Helmholtz'sche Satz gilt streng nur für ideale Fluide. In realen Strömungen zerfallen Wirbelröhren z. B. durch Diffusion von Impuls und Energie – wie bei einem langsam zerfallenden Rauchringen oder nach dem Abschalten eines Mixers.

A.11.2.2 Mathematische Beschreibung des Biot-Savart-Gesetzes

Axiom A.1

Das Biot-Savart-Gesetz beschreibt die induzierte Geschwindigkeit, die ein infinitesimales Wirbelelement $d\vec{s}$ mit der Wirbelstärke Γ an einem Punkt im Raum hervorruft. Es stellt einen fundamentalen Zusammenhang in der Wirbeltheorie dar:

$$d\vec{v}_i = \frac{\Gamma}{4\pi r^3}(d\vec{s} \times \vec{r}). \qquad (A.261)$$

Dabei bedeuten:

Γ ... Zirkulation (Wirbelstärke) des Elements

$d\vec{s}$ ... gerichteter Linienelementvektor entlang des Wirbelfadens

$\vec{r}$ ... Verbindungsvektor vom Wirbelelement zum Beobachtungspunkt

r ... Betrag von $\vec{r}$, also $r = |\vec{r}|$

$d\vec{v}_i$ ... induzierte Geschwindigkeit am Ort $\vec{r}$

A.11.2.3 Wirbelschicht in dreidimensionaler Strömung

Siehe ▫ Abb. A.23.

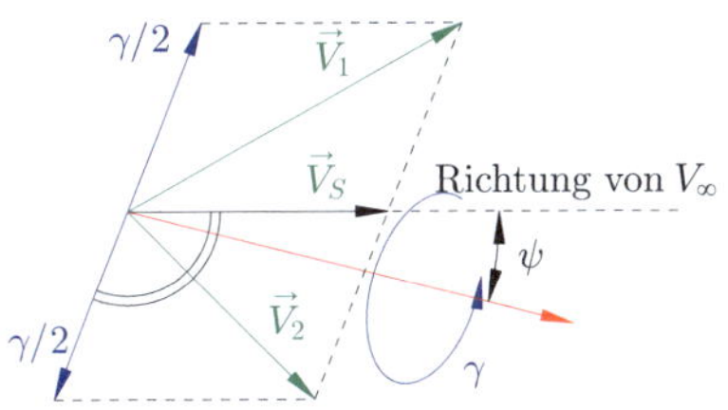

▫ **Abb. A.23** Induzierte Geschwindigkeit durch ein Element einer Wirbelfläche

$\vec{v}_1$ ... Geschwindigkeit direkt oberhalb der Wirbelfläche

$\vec{v}_2$ ... Geschwindigkeit direkt unterhalb der Wirbelfläche

$\vec{v}_S$ ... mittlere Strömungsgeschwindigkeit (z. B. V_∞)

$\vec{\gamma}$ ... Richtungsvektor der Wirbelstärke entlang der Fläche

ψ ... Winkel zwischen der Richtung von $\vec{\gamma}$ und $\vec{v}_S$

$$\vec{\gamma} = \vec{v}_1 - \vec{v}_2. \qquad (A.262)$$

$$\vec{v}_{\text{ind}} = \pm\frac{\vec{\gamma}}{2}. \qquad (A.263)$$

Drucksprung über der Wirbelschicht

$$p_1 + \frac{1}{2}\varrho v_1^2 = P_1 \qquad (A.264)$$

$$p_2 + \frac{1}{2}\varrho v_2^2 = P_2 \qquad (A.265)$$

$$\Delta p = p_1 - p_2 = (P_1 - P_2) + \frac{1}{2}\varrho(v_2^2 - v_1^2) \qquad (A.266)$$

$$v_1^2 = \left(v_S + \frac{\gamma}{2}\sin\psi\right)^2 + \left(\frac{\gamma}{2}\cos\psi\right)^2 \qquad (A.267)$$

$$v_2^2 = \left(v_S - \frac{\gamma}{2}\sin\psi\right)^2 + \left(\frac{\gamma}{2}\cos\psi\right)^2 \qquad (A.268)$$

$$v_2^2 - v_1^2 = -2\gamma v_S \sin\psi \qquad (A.269)$$

$$\Delta p = \Delta P - \varrho\gamma v_S \sin\psi \qquad (A.270)$$

Grenzfälle und weitere Betrachtungen

- Für $\psi = 0$, also $\vec{\gamma}$ parallel zur Strömung, tritt kein Drucksprung auf.
- Für $\psi = 90°$ ist der Drucksprung maximal.
- Die Integrationsfläche zur Bestimmung des Gesamtdrucks muss senkrecht zur Strömung gewählt werden.
- Wirbelschichten sind häufig instabil und neigen zur Ausbildung von Wirbelringen oder -straßen (vgl. **Kelvin-Helmholtz-Instabilität**). Vgl. auch mit Technische Mechanik Band 4 – Hydromechanik [15], Kapitel 11, Turbulenz, S. 474.

A.12 Traglinientheorie

A.12.1 Einführung in die Traglinientheorie [1, 11]

A.12.1.1 Strömungsablenkwinkel

$$\alpha_e(y) = \alpha - \varepsilon(y) \qquad \text{(A.271)}$$

Dabei sind:

$\alpha_e(y)\ \ldots$ effektiver (aerodynamischer) Anstellwinkel [rad]

$\alpha\ \ldots$ geometrischer Anstellwinkel (vorgegeben) [rad]

$\varepsilon(y)\ \ldots$ Strömungsablenkwinkel infolge der Wirbelinduktion [rad]

Der Strömungsablenkwinkel $\varepsilon(y)$ ergibt sich direkt aus dem Verhältnis der vertikalen induzierten Geschwindigkeit $w(y)$ zur freien Anströmgeschwindigkeit V_∞:

$$\varepsilon(y) = \tan^{-1}\left(\frac{w(y)}{V_\infty}\right) \approx \frac{w(y)}{V_\infty} \qquad \text{(A.272)}$$

A.12.1.2 Zirkulation und Auftrieb bei endlichen Flügeln

$$A(y) = \varrho\, V_\infty\, \Gamma(y). \qquad \text{(A.273)}$$

Dabei ist:

$\Gamma(y)\ \ldots$ die lokale Zirkulation am Ort y entlang der Spannweite,

$V_\infty\ \ldots$ die ungestörte Anströmgeschwindigkeit,

$\varrho\ \ldots$ die Dichte des umströmenden Mediums (i. d. R. Luft),

$A(y)\ \ldots$ die Auftriebskraft pro Längeneinheit in Spannweitenrichtung.

Für die lokale Beschreibung des Auftriebsbeiwerts $c_a(y)$ wird oft ein **linearer Zusammenhang** mit dem **effektiven Anstellwinkel** $\alpha_e(y)$ angenommen:

$$c_a(y) = a_0\, \alpha_e(y) \qquad \text{(A.274)}$$

$$\Gamma(y) = \frac{A(y)}{\varrho\, V_\infty} = \frac{c_a(y)\, c(y)\, \frac{1}{2}\varrho V_\infty^2}{\varrho\, V_\infty}$$
$$= \frac{1}{2}\, a_0\, V_\infty\, c(y)\, \alpha_e(y) \qquad \text{(A.275)}$$

Damit zeigt sich, dass die lokale Zirkulation – und somit der lokale Auftrieb – direkt von folgenden Größen abhängt:
- der lokalen Profiltiefe $c(y)$,
- dem effektiven Anstellwinkel $\alpha_e(y)$,
- der Steigung der Auftriebskennlinie a_0,
- und der Anströmgeschwindigkeit V_∞.

A.12.1.3 Gesamtauftriebsbeiwert

$$C_a = \frac{1}{2S\bar{c}} \int\limits_{-S}^{+S} c(y)\, c_a(y)\, dy. \qquad \text{(A.276)}$$

Dabei sind:

$C_a\ \ldots$ der Gesamtauftriebsbeiwert der Tragfläche

$S\ \ldots$ die halbe Spannweite des Flügels, sodass die Gesamtspannweite $b = 2S$ ist

$\bar{c}\ \ldots$ die gemittelte Profiltiefe entlang der Spannweite (mittlere aerodynamische Sehne)

$c(y)\ \ldots$ die lokale Profiltiefe an der Stelle y

$c_a(y)\ \ldots$ der lokale Auftriebsbeiwert an der Stelle y

A.12.1.4 Induzierter Widerstand

$$c_{Wi}(y) = c_a(y) \cdot \varepsilon(y). \qquad (A.277)$$

Dabei bedeuten:

$c_a(y) \ldots$ lokaler Auftriebsbeiwert, abhängig von Zirkulation $\Gamma(y)$,

$\varepsilon(y) \ldots$ lokaler **Strömungsablenkwinkel**, also der sogenannte **downwash angle**, gegeben durch $\varepsilon(y) = \frac{w(y)}{V_\infty}$ mit $w(y)$ als induzierter Vertikalgeschwindigkeit.

Bemerkung A.9

Der Downwash entsteht durch die Induktion der Nachlaufwirbel. Diese Wirbelfläche erzeugt hinter dem Flügel eine vertikale Geschwindigkeitskomponente, die jede Profillinie in eine leicht geneigte Strömung taucht. Dies führt zu einer Änderung der Wirkrichtung der Auftriebskraft und erzeugt eine Widerstandskomponente.

$$C_{Wi} = \frac{1}{2S\bar{c}} \int\limits_{-S}^{+S} c(y)\, c_{Wi}(y)\, dy \qquad (A.278)$$

$$C_{Wi} = \frac{1}{2S\bar{c}} \int\limits_{-S}^{+S} c(y)\, c_a(y)\, \varepsilon(y)\, dy \qquad (A.279)$$

Dabei ist:

$S \ldots$ die halbe Spannweite,

$\bar{c} \ldots$ die mittlere aerodynamische Profiltiefe,

$c(y) \ldots$ die lokale Profiltiefe.

$$C_{Wi} = \frac{1}{\bar{c}V_\infty} \int\limits_{-1}^{+1} \Gamma\!\left(\frac{y}{S}\right) \varepsilon\!\left(\frac{y}{S}\right) d\!\left(\frac{y}{S}\right). \qquad (A.280)$$

Corollary A.11

Der induzierte Widerstand ist direkt mit der Effizienz des Flügels verknüpft. Für idealisierte elliptische Auftriebsverteilungen ist dieser minimal. Abweichungen davon (z. B. durch geometrische Auslegung oder strukturelle Einschränkungen) erhöhen C_{Wi} deutlich.

A.12.2 Die fundamentale Gleichung von Prandtl

$$\Gamma(y_0) = \frac{1}{2} a_0(y_0) V_\infty c(y_0)$$
$$\cdot \left[\alpha + \frac{1}{4\pi V_\infty} \text{P.V.} \int\limits_{-S}^{+S} \frac{1}{y - y_0} \frac{d\Gamma}{dy}\, dy \right]. \qquad (A.281)$$

Diese Gleichung ist die fundamentale Gleichung der Traglinientheorie nach Prandtl.

Randbedingungen:

$$\Gamma(-S) = \Gamma(+S) = 0 \qquad (A.282)$$

Transformation in trigonometrischer Form:

$$y = S\cos\vartheta \quad \text{mit} \quad \vartheta \in [0, \pi] \qquad (A.283)$$

Somit liegen $y = +S$ bei $\vartheta = 0$ und $y = -S$ bei $\vartheta = \pi$.

Die Zirkulation wird als **Fourier-Sinus-Reihe** angesetzt:

$$\Gamma(\vartheta) = 4V_\infty S \sum_{n=1}^{\infty} B_n \sin(n\vartheta) \qquad (A.284)$$

$$\Gamma(\vartheta_0) = \frac{1}{2} a_0 \bar{c} V_\infty$$
$$\cdot \left[\alpha - \frac{1}{\pi} \int\limits_{0}^{\pi} \frac{\sum_{n=1}^{\infty} n B_n \cos(n\vartheta)}{\cos\vartheta - \cos\vartheta_0}\, d\vartheta \right]. \qquad (A.285)$$

Glauert-Integral

$$\int\limits_{0}^{\pi} \frac{\cos(n\vartheta)}{\cos\vartheta - \cos\vartheta_0}\, d\vartheta = \pi \frac{\sin(n\vartheta_0)}{\sin\vartheta_0} \qquad (A.286)$$

Die fundamentale Gleichung von Prandtl ist:

- Eine lineare, singuläre Integro-Differentialgleichung erster Art
- Lösbar durch orthogonale Funktionen (Fourier-Sinusreihen)
- Abhängig von Flügelgeometrie $c(y)$ und $a_0(y)$
- Grundlage für die Berechnung von induziertem Widerstand, Auftriebsverteilung und Effizienz elliptischer Tragflächen

A.12.3 Elliptischer Tragflügel

A.12.3.1 Zirkulationsverteilung und Auftriebsbeiwert

$$\Gamma(\vartheta) = 4 V_\infty S \sum_{n=1}^{\infty} B_n \sin(n\vartheta) \qquad \text{(A.287)}$$

Dabei ist:

$V_\infty \dots$ ungestörte Anströmgeschwindigkeit,

$S \dots$ halbe Spannweite,

$\vartheta \in [0, \pi] \dots$ Hilfswinkel über die Spannweite (Substitution: $y = S \cos(\vartheta)$).

$$C_A = 2A \int_0^\pi \sum_{n=1}^{\infty} B_n \sin(n\vartheta) \sin(\vartheta) d\vartheta; \qquad \text{(A.288)}$$

A.12.3.2 Auftriebsinduzierter Widerstand

$$C_{Wi} = \frac{1}{\bar{c} V_\infty} \int_0^\pi \Gamma(\vartheta) \varepsilon(\vartheta) \sin(\vartheta) d\vartheta$$

$$= 2A \int_0^\pi \left[\sum_{n=1}^{\infty} B_n \sin(n\vartheta) \right]$$

$$\cdot \left[\sum_{m=1}^{\infty} m B_m \sin(m\vartheta) \right] d\vartheta \qquad \text{(A.289)}$$

$$C_{Wi} = \pi A \sum_{n=1}^{\infty} n B_n^2. \qquad \text{(A.290)}$$

$$C_{Wi}^{\min} = \pi A B_1^2 = \frac{C_A^2}{\pi A}. \qquad \text{(A.291)}$$

A.12.3.3 Strömungsablenkung und Auftriebsverteilung

$$c(y) c_a(y) = \frac{4}{\pi} \bar{c} C_A \sqrt{1 - \left(\frac{y}{S}\right)^2}. \qquad \text{(A.292)}$$

A.12.3.4 Zusammenfassung der wichtigsten Formeln

Gesamtauftrieb für den idealen elliptischen Flügel:

$$C_A = \pi A B_1 \qquad \text{(A.293)}$$

Minimaler auftriebsinduzierter Widerstand:

$$C_{Wi}^{\min} = \frac{C_A^2}{\pi A} \qquad \text{(A.294)}$$

Allgemeine Form mit induziertem Widerstandsfaktor k:

$$C_{Wi} = k \cdot \frac{C_A^2}{\pi A} \qquad \text{(A.295)}$$

Effektiver Anstellwinkel:

$$\alpha_e = \alpha - \varepsilon = \alpha - \frac{C_A}{\pi A} \qquad \text{(A.296)}$$

Auftriebsbeiwert für endliche Spannweite:
Für den Fall $a_0 = 2\pi$, ergibt sich aus der Traglinientheorie:

$$C_A = \frac{2\pi(\alpha - \alpha_0)}{1 + \frac{2}{A}} \qquad \text{(A.297)}$$

Steigung der Auftriebskurve:

$$\frac{dC_A}{d\alpha} = \frac{2\pi}{1 + \frac{2}{A}} \qquad \text{(A.298)}$$

Corollary A.12
- Die elliptische Verteilung liefert das theoretische Optimum der Auftriebsverteilung, da sie den induzierten Widerstand minimiert.
- Jeder reale Flügel strebt durch Geometrie (z. B. Zuspitzung, Schränkung) diese ideale Verteilung an.

- Der Zusammenhang $C_A \sim (\alpha - \alpha_0)$ zeigt die lineare Abhängigkeit des Auftriebs vom Anstellwinkel.
- Die Korrektur durch das Streckungsverhältnis A berücksichtigt 3D-Effekte, da endliche Flügel Randwirbel erzeugen.

A.13 Tragflächentheorie

A.13.1 Einführung-Tragflächentheorie nach Multhopp & Weissinger

A.13.1.1 Kopplung durch Drehungsfreiheit

$$u = \pm \frac{1}{2}\gamma(x, y) \tag{A.299}$$

$$v = \pm \frac{1}{2}\delta(x, y) \tag{A.300}$$

A.13.1.2 Nachlaufverhalten

$$\gamma(x, y) = 0 \quad \text{für } x > c \implies \quad \frac{\partial \delta_w}{\partial x} = 0 \tag{A.301}$$

A.13.1.3 Tangentialbedingung auf der Tragflügeloberfläche

$$\alpha + \frac{w(x, y)}{V_\infty} = \frac{\partial z_c}{\partial x} \tag{A.302}$$

Hierbei ist:
- $w(x, y)$ die durch die Wirbelflächen induzierte Geschwindigkeit in z-Richtung,
- V_∞ die ungestörte Anströmgeschwindigkeit,
- $z_c(x, y)$ die Konturfunktion des Flügels an der Stelle P,
- α der geometrische Anstellwinkel.

A.13.1.4 Aufgabe der Wirbelverteilungen

$$\frac{\partial \delta_W}{\partial x} = 0. \tag{A.303}$$

A.13.1.5 Zusammenhang zwischen Wirbelstärke und Druck

$$p(x, y) = \varrho V_\infty \gamma(x, y). \tag{A.304}$$

Lastverteilungsfunktion $l(x, y)$:

$$l(x, y) = \frac{p(x, y)}{\frac{1}{2}\varrho V_\infty^2} = \frac{2\gamma(x, y)}{V_\infty}. \tag{A.305}$$

A.13.1.6 Lokaler und Gesamtauftriebsbeiwert

Der **lokale Auftriebsbeiwert** $c_a(y)$ an einer bestimmten Spannweitenposition y ergibt sich aus der Integration der Lastverteilung über die Profiltiefe $c(y)$

$$c_a(y) = \frac{1}{c(y)} \int\limits_0^{c(y)} l(x, y)\, dx. \tag{A.306}$$

Der **gesamte Auftriebsbeiwert** des Flügels ergibt sich dann durch Flächenintegration

$$c_a = \frac{1}{S} \int\limits_{-S}^{+S} c_a(y)\, c(y)\, dy. \tag{A.307}$$

A.13.1.7 Zirkulation und induzierter Widerstand

$$\Gamma(y) = \int\limits_0^{c(y)} \gamma(x, y)\, dx. \tag{A.308}$$

$$c_{w,i} = \frac{2}{V_\infty S} \int\limits_{-S}^{+S} \Gamma(y)\, \varepsilon(y)\, dy. \tag{A.309}$$

Hierbei ist $\varepsilon(y)$ der lokale **Strömungsablenkwinkel**, verursacht durch die Nachlaufwirbel. Er berechnet sich durch die Biot-Savart-Gesetze in linearisiertem Ansatz

$$\varepsilon(y_0) = \frac{1}{4\pi V_\infty} \int\limits_{-S}^{+S} \frac{\frac{d\Gamma(y)}{dy}}{y_0 - y}\, dy. \tag{A.310}$$

A.13.2 Induzierte Geschwindigkeit [1, 11]

A.13.2.1 Biot-Savart-Gesetz

$$r = \sqrt{(x - \xi)^2 + (y - \eta)^2} \qquad (A.311)$$

A.13.2.2 Gesamte induzierte Geschwindigkeit

$$w(x, y)$$
$$= -\frac{1}{4\pi} \iint_S \frac{(x - \xi) \cdot \gamma(\xi, \eta)}{[(x - \xi)^2 + (y - \eta)^2]^{3/2}} \, d\xi \, d\eta;$$
$$- \frac{1}{4\pi} \iint_W \frac{(y - \eta) \cdot \delta_w(\eta)}{[(x - \xi)^2 + (y - \eta)^2]^{3/2}} \, d\xi \, d\eta. \qquad (A.312)$$

Die Funktionen $\gamma(\xi, \eta)$ und $\delta_w(\eta)$ repräsentieren die Stärke der gebundenen Wirbel bzw. Nachlaufwirbel.

A.13.2.3 Randbedingungen und Ziel der Tragflächentheorie

1. **Kinematische Randbedingung** (Undurchdringbarkeit):

$$\vec{V}_{\text{gesamt}} \cdot \vec{n} = 0 \quad \text{auf der Flügeloberfläche.} \qquad (A.313)$$

2. **Irrotationalität der Außenströmung:**

$$\nabla \times \vec{V} = 0 \quad \text{für } \vec{x} \notin \text{Wirbelregion} \qquad (A.314)$$

A.13.2.4 Bedeutung der induzierten Geschwindigkeit

— den **effektiven Anstellwinkel:**

$$\alpha_{\text{eff}}(y) = \alpha - \varepsilon(y), \quad \varepsilon(y) = \frac{w(y)}{V_\infty} \qquad (A.315)$$

— den **lokalen Auftriebsbeiwert:**

$$c_a(y) \propto \Gamma(y) \qquad (A.316)$$

— den **induzierten Widerstand:**

$$D_i \propto \varrho V_\infty \int \Gamma(y) \cdot w(y) \, dy \qquad (A.317)$$

A.13.3 Wirbelgittermethode

$$A \cdot \vec{\Gamma} = \vec{b}. \qquad (A.318)$$

$$A_{ij} = (\vec{v}_j(P_i) \cdot \vec{n}_i), \qquad (A.319)$$
$$b_i = -(\vec{V}_\infty \cdot \vec{n}_i). \qquad (A.320)$$

A.13.4 Vereinfachte Wirbelgittermethode

Für den **Auftrieb** ergibt sich daraus lokal:

$$L'(y_i) = \varrho V_\infty \cdot \Gamma_i \qquad (A.321)$$

Der **Gesamtauftrieb** wird durch Integration (bzw. bei diskreter Näherung: Summation) der lokalen Auftriebsdichte berechnet:

$$L = \sum_{i=1}^{N} L'(y_i) \cdot \Delta y \qquad (A.322)$$

Der **Auftriebsbeiwert** ergibt sich schließlich über:

$$C_L = \frac{L}{\frac{1}{2}\varrho V_\infty^2 S}. \qquad (A.323)$$

mit der projizierten Flügelfläche S.

A.14 Grundlagen der Gasturbinen

A.14.1 Grundlagen des Gasprozesses in Bezug auf Gasturbinen

A.14.1.1 Reaktionsgrad r

$$r = \frac{\Delta h_t''}{\Delta h_t} \quad r = 0 \quad \text{für GDT}$$
$$r > 0 \quad \text{für ÜDT meist } r = 0{,}5 \qquad (A.324)$$

> **Definition A.13**
>
> Als Reaktionsgrad bezeichnet man das Verhältnis des im Laufrad umgesetzten Enthalpiegefälles zum gesamten in der Stufe umgesetzten Enthalpiegefälles.

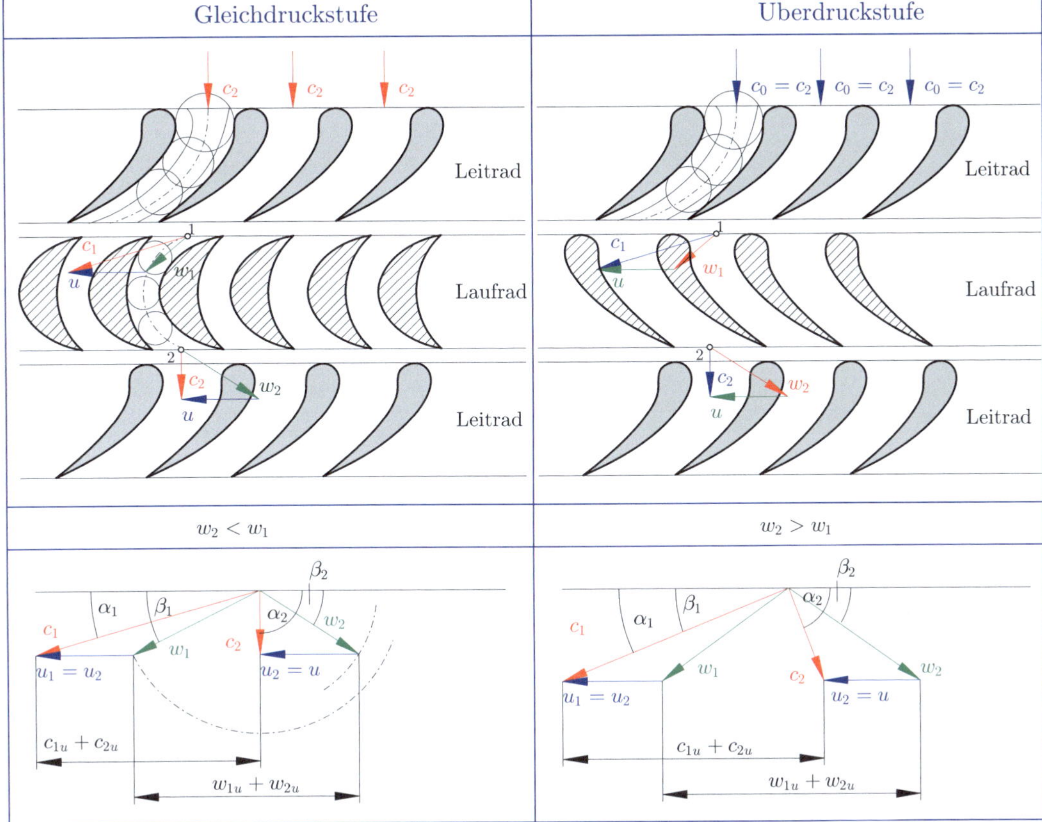

Abb. A.24 Geschwindigkeitsdreiecke bei Gleich- und Überdruckturbine

A.14.1.2 Geschwindigkeitsdreiecke

Bei der Gleichdruckbeschaufelung gilt (vgl. mit Abb. A.24)

$$w_2 = w_1 \cdot \psi; \qquad (A.325)$$

wobei:

ψ ... Laufschaufelbeiwert

α_1, α_2 ... Strömungswinkel ($x = 1$)

β_1, β_2 ... Schaufelwinkel

A.14.1.3 Erzeugung der Umfangskraft F_U

Gesetz A.2

$$\vec{F} = \vec{I_{aus}} - \vec{I_{ein}} \qquad (A.326)$$

Die Impulskraft $\vec{F}$ kann mittels des Impulsstromsatzes berechnet werden, wie auch bereits in der Hydromechanik. Man schreibt dann die Kraft aus der Differenz des Aus- bzw. Eintretenden Impulsstrom der Schaufel.

Umfangskraft: F_u

$$F_u = \dot{m}(w_{1u} - w_{2u}) \qquad [\text{N}] \qquad (A.327)$$

Umfangsleistung: P_u (für Axialmaschine)

$$P_u = F_u \cdot u = \dot{m} \cdot u(w_{1u} + w_{2u}) \qquad [\text{W}] \qquad (A.328)$$

A.14.1.4 Theoretische Gasgeschwindigkeit bei GDT-Stufe: c_0

Energievergleich: (vgl. mit Abb. 14.2)

$$m \cdot \left(h_0 + \underbrace{\frac{c_0^2}{2}}_{\approx 0} \right) = m \cdot \left(h_1 + \frac{c_{10}^2}{2} \right)$$

$$(A.329)$$

$$\underbrace{m \cdot \Delta h_t}_{\text{techn. Arbeit}} = \underbrace{m \cdot \left(\frac{c_{10}^2}{2}\right)}_{\text{kin. Energie}} \implies c_{10}^2 = 2 \cdot \Delta h_t \qquad \text{(A.330)}$$

$$c_{10} = \sqrt{2 \cdot \Delta h_t} \qquad \left[\frac{\text{J}}{\text{kg}}\right]^{\frac{1}{2}} = \frac{\text{m}}{\text{s}} \qquad \text{(A.331)}$$

Bemerkung A.10

Um sich eventuell anfallende Umrechnungen der Einheiten zu sparen, findet man in der Praxis oftmals die Gleichung

$$c_{10} = \sqrt{2000 \cdot \underbrace{\Delta h_t}_{\left[\frac{\text{kJ}}{\text{kg}}\right]}} = 44{,}72 \cdot \sqrt{\Delta h_t}. \qquad \text{(A.332)}$$

Diese Gleichung ergibt sich durch umrechnen von Δh_t in kJ/kg, anstatt J/kg.

A.14.1.5 Reale Gasgeschwindigkeit

Fanno-Kurve

Definition A.14 (Fanno-Kurve)

Die **Fanno-Kurve** beschreibt das Verhalten eines kompressiblen Fluids in einem adiabatischen Rohr mit Reibung.

Typische Gleichungen, die die Fanno-Linie beschreiben:

$$\frac{4\bar{f}l_{\text{krit}}}{D} = \frac{1 - \text{M}^2}{\kappa \text{M}^2} + \frac{\kappa + 1}{2\kappa} \ln\left(\frac{\frac{\kappa+1}{2}\text{M}^2}{1 + \frac{\kappa-1}{2}\text{M}^2}\right) \qquad \text{(A.333)}$$

wobei l_{krit} die Rohrlänge, D der Rohrdurchmesser, $\bar{f}$ der Reibungsfaktor, κ der Adiabatenexponent, und M die Mach-Zahl ist.

Die Mach'sche Zahl berechnet sich durch folgende Gleichung (wurde bereits in Band 4 genauer untersucht und wird in Band 6 ausführlich behandelt)

$$M = \frac{v}{\sqrt{\kappa \cdot R \cdot T}} \qquad \text{(A.334)}$$

wobei R die Gaskonstante, v die Strömungsgeschwindigkeit und T die Temperatur mit den Isentropenexponeten κ ist.

$$h + \frac{1}{2} \cdot \left(\frac{\dot{m}}{A}\right)^2 \cdot v^2 = h_0 \qquad \text{(A.335)}$$

Rayleigh-Kurve

Definition A.15 (Rayleighkurve)

Die **Rayleigh-Kurve** beschreibt das Verhalten eines kompressiblen Fluids in einem Rohr mit **Wärmeübertragung**, jedoch **ohne Reibung**.

$$\frac{T}{T^*} = \frac{\left(1 + \frac{\kappa-1}{2}M^2\right) \cdot \left(1 + \kappa M^2\right)}{\left(1 + \frac{\kappa-1}{2}\right) \cdot \left(1 + \kappa\right)} \qquad \text{(A.336)}$$

Der Zustand mit Mach-Zahl $M = 1$ stellt dabei den sogenannten **kritischen Punkt** oder auch **Rayleigh-Limit** dar. Die mit einem Stern (*) gekennzeichneten Größen beziehen sich auf diesen Zustand.

- **Fanno**: Energie bleibt konstant, Entropie nimmt durch Reibung zu.
- **Rayleigh**: Enthalpie ändert sich durch Wärmezufuhr/-abfuhr, Entropie kann steigen oder sinken – theoretisch.

Im Fall der Rayleigh-Kurve wirkt die Wärmezufuhr wie ein **Treiber** der Strömung im subsonischen Bereich – während sie im supersonischen Bereich eine **Bremse** darstellt. Der Prozess ist nur bis zum Entropiemaximum physikalisch realisierbar.

Corollary A.13

Die Entropie steigt bei Wärmezufuhr im subsonischen Bereich bis zum kritischen Punkt an. Im supersonischen Bereich fällt die Entropie mit weiterer Wärmezufuhr – was physikalisch nicht möglich ist. Es gilt daher:

- $M < 1$: Wärmezufuhr $\Rightarrow M$ steigt
- $M = 1$: Entropiemaximum
- $M > 1$: Wärmezufuhr $\Rightarrow M$ sinkt (nur theoretisch)

A.14.1.6 Tatsächliche Geschwindigkeit bei GD-Stufe c_1

$$c_1 = c_{10} \cdot \varphi \qquad (A.337)$$

berechnet werden, wobei

φ ... Düsen- oder Leitschaufelfaktor

$\varphi = 0{,}95$ für gefräste Düsen

$\varphi = 0{,}90$ für gegossene Düsen

ist. Für w_2 ergibt sich

$$w_2 = w_1 \cdot \psi; \qquad (A.338)$$

mit

ψ ... Leitschaufelverlustfaktor

$$\psi = f\left(\frac{\beta_1 + \beta_2}{2}\right) \approx 0{,}88 \div 0{,}92$$

A.14.1.7 Berechnungsgrundlagen

Im Folgenden werden die Grundlagen zur Berechnung bei Gleich- und Überdruckstufen untersucht.

Gleichdruck-Stufe

Reaktionsgrad

$$\Delta h_t = \Delta h_t' + \Delta h_t'' \quad \text{oder}$$
$$\Delta h_t = \Delta h_{t\mathrm{Le}} + \Delta h_{t\mathrm{La}}. \qquad (A.339)$$

wobei für $r \Rightarrow$ Reaktionsgrad gilt

$$r = \frac{\Delta h''}{\Delta h_t} = 0 \qquad \Delta h'' = 0. \qquad (A.340)$$

Geschwindigkeit

$$c_{10} = \sqrt{2 \cdot \Delta h_t + c_0^2}; \qquad (A.341)$$

oder wenn $c \approx 0$ folgt

$$c_{10} = 44{,}72 \cdot \sqrt{\Delta h_t} \qquad \Delta h_t \quad \text{in } \frac{\mathrm{kJ}}{\mathrm{kg}}. \qquad (A.342)$$

$$w_1 = \sqrt{c_1^2 + u^2 - 2 \cdot c_1 \cdot u \cdot \cos(\alpha_1)} \qquad (A.343)$$

$$w_2 = w_1 \cdot \psi \qquad (A.344)$$

$$c_2 = \sqrt{w_2^2 + u^2 - 2 \cdot w_2 \cdot u \cdot \cos(\beta_2)}. \qquad (A.345)$$

Siehe ▪ Abb. A.25 bzw. ▪ Abb. A.26.

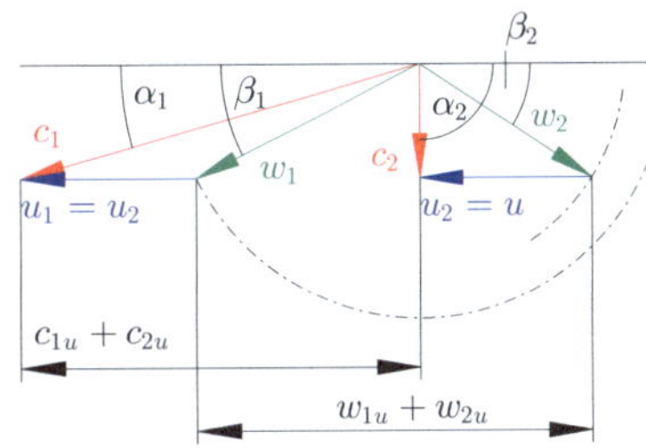

▪ **Abb. A.26** Geschwindigkeitsdreieck Gleichdruck-Stufe

▪ **Abb. A.25** Schaufelplan der Gleichdruck-Stufe

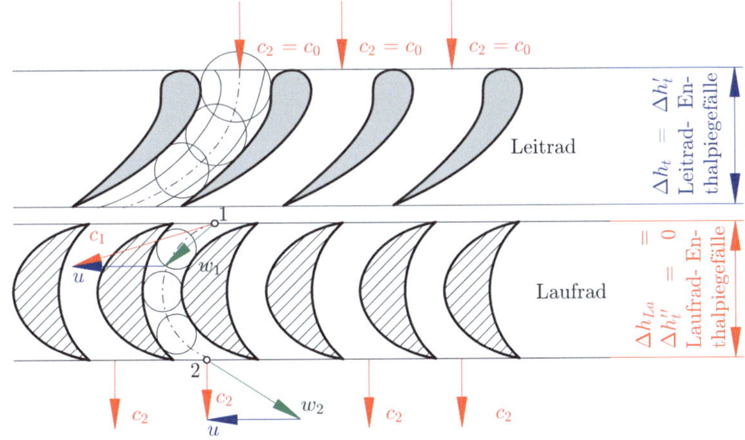

Düsen- oder Leitschaufelverlust h_d

$$\Delta h_d = \frac{c_{10}^2}{2} - \frac{c_1^2}{2} \implies c_1 = c_{10} \cdot \varphi$$

$$\text{(A.346)}$$

$$\Delta h_d = \frac{c_{10}^2}{2}\left(1 - \varphi^2\right) \quad \left[\frac{\text{J}}{\text{kg}}\right] \qquad \text{(A.347)}$$

Laufschaufelverlust h_S

$$\Delta h_s = \frac{w_1^2}{2} - \frac{w_2^2}{2} \implies w_1 = w_1 \cdot \psi$$

$$\text{(A.348)}$$

$$\Delta h_s = \frac{w_1^2}{2}\left(1 - \psi^2\right) \quad \left[\frac{\text{J}}{\text{kg}}\right]. \qquad \text{(A.349)}$$

Austrittsverlust h_a

$$\Delta h_a = \frac{c_2^2}{2} \quad \left[\frac{\text{J}}{\text{kg}}\right] \qquad \text{(A.350)}$$

Umfangsenthalpie h_u

$$\Delta h_u = \Delta h_t - \Delta h_d - \Delta h_S - \Delta h_a$$
$$= u \cdot (w_{1u} + w_{2u}) \qquad \text{(A.351)}$$

Umfangswirkungsgrad

$$\eta_U = \frac{\Delta h_u}{\Delta h_t} = \frac{u \cdot (w_{1u} + w_{2u})}{\dfrac{c_0^2}{2}} \qquad \text{(A.352)}$$

Optimaler Umfangswirkungsgrad (für Gleichdruckstufe)

$$\eta_u = 4 \cdot \frac{u}{c_1}\left(1 - \frac{u}{c_1}\right). \qquad \text{(A.353)}$$

Optimaler Wirkungsgrad

$$\frac{u}{c_1} = \frac{1}{2}. \qquad \text{(A.354)}$$

Überdruckturbine

Vgl. mit ◘ Abb. A.27.

$$\Delta h_t'' = r \cdot \Delta h_t \quad \text{und} \quad \Delta h_t' = h_t \cdot (1 - r). \qquad \text{(A.355)}$$

Leitschaufel

$$u_1 = u_2 = u \qquad \text{(A.356)}$$

$$c_1 = c_{10} \cdot \varphi \qquad \text{(A.357)}$$

$$c_1 = \varphi \cdot \sqrt{2 \cdot \Delta h_t' + c_0^2} \quad \left[\frac{\text{m}}{\text{s}}\right] \qquad \text{(A.358)}$$

Laufschaufel

$$w_2 = \psi \cdot \sqrt{2 \cdot h_t'' + w_1^2} \quad \left[\frac{\text{m}}{\text{s}}\right]. \qquad \text{(A.359)}$$

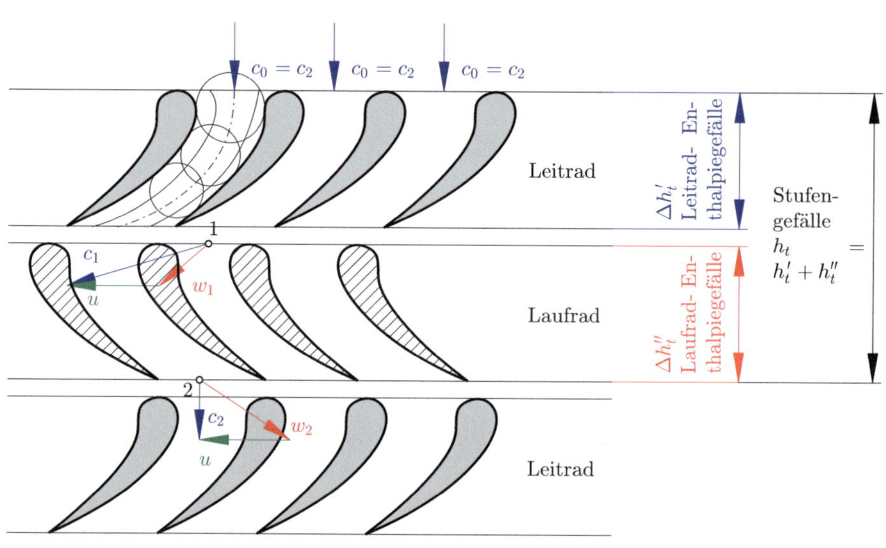

◘ **Abb. A.27** Schaufelplan der Überdruckstufe

Schaufelverluste

$$\Delta h'_S = \frac{c_{10}^2}{2} - \frac{c_1^2}{2} = \frac{c_{10}^2}{2} \cdot \left(1 - \varphi^2\right) \quad \left[\frac{J}{kg}\right]$$

(A.360)

$$\Delta h''_S = \frac{w_{20}^2}{2} - \frac{w_2^2}{2} = \frac{w_{20}^2}{2} \cdot \left(1 - \psi^2\right) \quad \left[\frac{J}{kg}\right]$$

(A.361)

Austrittsverlust h_a

$$\Delta h_a = \frac{c_2^2}{2} \quad \left[\frac{J}{kg}\right]$$

(A.362)

Umfangsenthalpie h_u

$$\Delta h_u = \Delta h_t - \Delta h_s - \Delta h_a + \Delta h_{zu} \quad \left[\frac{J}{kg}\right]$$

(A.363)

$$\Delta h_u = u \cdot (w_{1u} + w_{w2})$$

(A.364)

Optimaler Umfangswirkungsgrad (für Überdruckstufe)

$$\eta_u = \frac{\Delta h_u}{\Delta h_t} = \frac{u \cdot (w_{1u} + w_{2u})}{c_1^2}$$

(A.365)

$$\eta_{u,\text{opt.}} = \frac{u}{c_1} \left(2 - \frac{u}{c_1}\right).$$

(A.366)

$$\frac{u}{c_1} = 1.$$

(A.367)

A.15 Verdichter- und Turboverdichter

A.15.1 Thermodynamische Grundlagen von Turboverdichtern

1. Hauptsatz der Thermodynamik (differenzielle Form):

$$dq + da_t = dh$$

(A.368)

1. Hauptsatz der Thermodynamik (offen):

$$a_{Ki} = h_2 - h_1 - q_{12}$$

(A.369)

Innere Kompressorarbeit (ohne Verluste)

$$q_{12} > 0 \quad \Rightarrow \quad \text{Wärmezufuhr an das Gas}$$
$$\text{(positiv definiert)} \quad \text{(A.370)}$$

Im praktischen Betrieb von einstufigen Turbokompressoren, insbesondere bei großen Industrieanlagen, ist die effektive Kühlung während der Kompression meist nicht realisierbar. Die Wärmezufuhr q_{12} kann daher oft vernachlässigt werden, was eine vereinfachte Betrachtung ermöglicht:

$$a_{Ki} \approx h_2 - h_1.$$

(A.371)

- die **Ansaugarbeit** zur Überwindung des Ansaugdrucks,
- die **Ausschiebearbeit** zur Förderung gegen den Auslassdruck,
- sowie mechanische Verluste (z. B. durch Lagerreibung, Strömungsverluste, Verwirbelungen).

Die entsprechenden Einsatzgebiete von Verdichtern, in unterschiedlichen Bauarten, zeigt ◘ Abb. A.28.

Definition A.16 (Spezif. Stutzenarbeit)

y (auch *spezifische Verdichtungsarbeit* gemäß VDI 2045, häufig mit a_{Ks} bezeichnet):

$$y = \Delta h_t = a_{Ks} \quad \text{(in J/kg)}$$

oder als Förderhöhe in mGS:

$$H = \frac{\Delta h_t}{g}.$$

(A.372)

Vgl. mit ◘ Abb. A.29.

$$a_{Ks} = y = h_{2s} - h_1 + \frac{c_2^2 - c_1^2}{2}$$

(A.373)

$$\text{bzw.} \quad H = \frac{h_{2s} - h_1}{g} + \frac{c_2^2 - c_1^2}{2g} \quad \text{(A.374)}$$

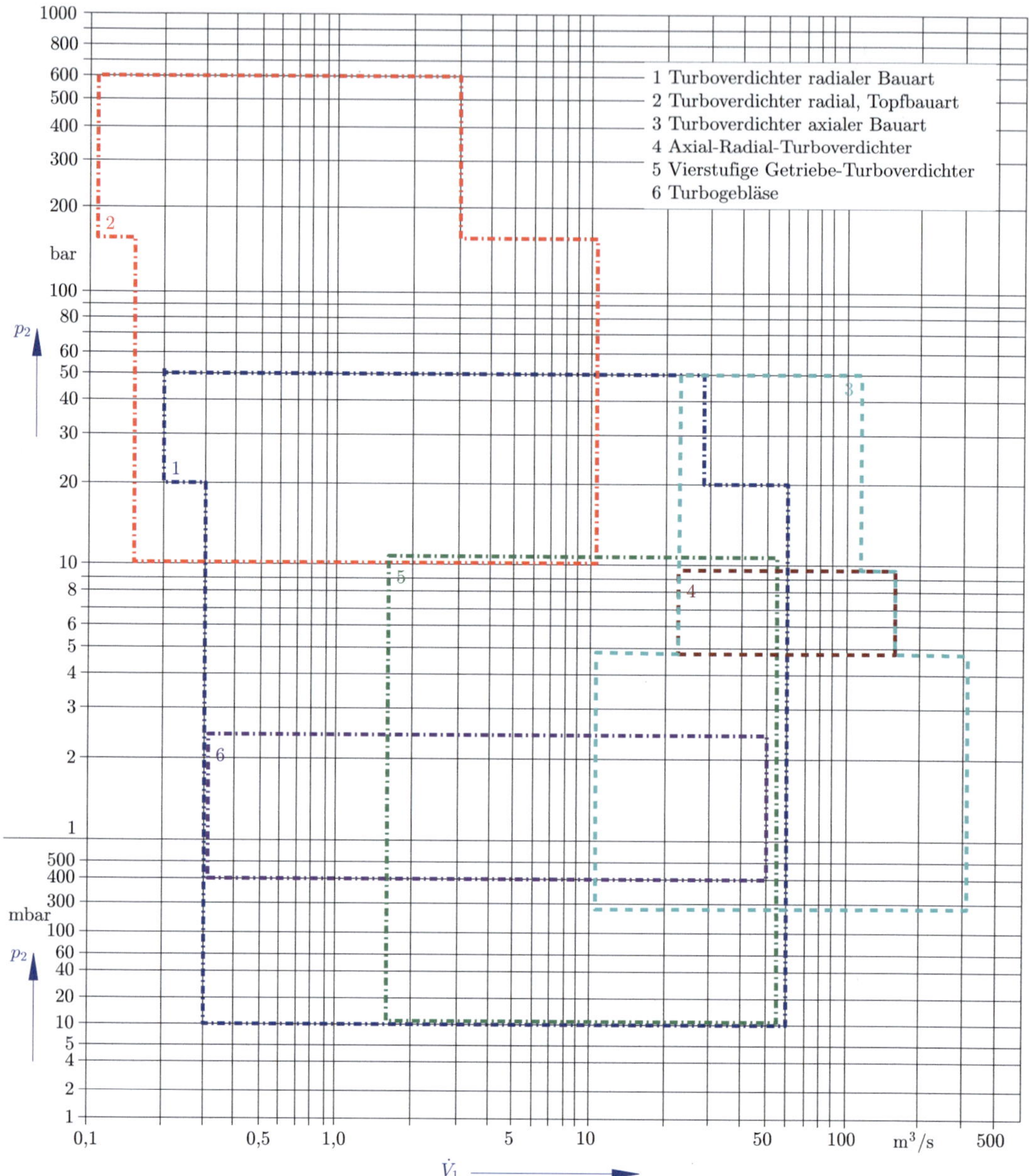

■ **Abb. A.28**   Einsatzbereiche von Verdichtern (nach Fa. DEMAG), in Anl. an [3], S. 309, eigene Darstellung

A.15.2 Isentrope Verdichterarbeit a_{K_s}

$$a_{K_s} = h_{2s} - h_1 = \bar{c}_p \cdot (T_{2s} - T_1) \quad \text{(A.375)}$$

Hierbei bezeichnet:

$\bar{c}_p$ ... mittlere spezifische Wärmekapazität bei konstantem Druck,

h_1 ... spezifische Enthalpie am Verdichtereintritt,

h_{2s} ... spezifische Enthalpie am Verdichteraustritt im *isentroper* Fall,

T_1 ... Eintrittstemperatur,

T_{2s} ... Austrittstemperatur im isentropen Prozess.

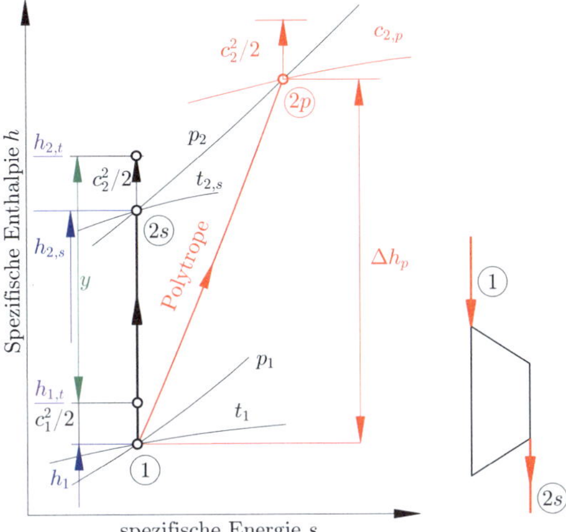

Abb. A.29 Verdichtungsprozess im h-s-Diagramm

Für **ideale Gase** gilt $\bar{c}_p = c_p = $ const. Falls c_p temperaturabhängig ist, kann zur Berechnung eine mittlere Wärmekapazität verwendet werden.

$$T_{2s} = T_1 \cdot \left(\frac{p_2}{p_1}\right)^{\frac{\kappa-1}{\kappa}} \tag{A.376}$$

mit $\kappa = c_p/c_v$ als Isentropenexponent.

$$a_{K_s} = \bar{c}_p \cdot T_1 \cdot \left[\left(\frac{p_2}{p_1}\right)^{\frac{\kappa-1}{\kappa}} - 1\right] \tag{A.377}$$

$$c_p = R \cdot \frac{\kappa}{\kappa-1}. \tag{A.378}$$

$$a_{K_s} = R \cdot T_1 \cdot \frac{\kappa}{\kappa-1} \cdot \left[\left(\frac{p_2}{p_1}\right)^{\frac{\kappa-1}{\kappa}} - 1\right] \tag{A.379}$$

$$a_{K_s} = \frac{\kappa}{\kappa-1} \cdot p_1 \cdot v_1 \cdot \left[\left(\frac{p_2}{p_1}\right)^{\frac{\kappa-1}{\kappa}} - 1\right]. \tag{A.380}$$

Bemerkung A.11 (Sonderfall: Kleine Druckverhältnisse (Ventilatoren))

Für Druckverhältnisse $p_2/p_1 < 1{,}3$ – wie sie typischerweise bei Ventilatoren vorkommen – wird die Kompressibilität (Dichteänderung)

des Fördergases oft vernachlässigt. Dies ist z. B. in DIN 24163 und VDI 2044 beschrieben. Nach ISO 5801 wird bis zu spezifischen Stutzenarbeiten von $y = 25\,\text{kJ/kg}$ die Dichte vereinfacht durch die mittlere Dichte ϱ_m berücksichtigt:

$$a_{K_s} = y = \frac{p_2 - p_1}{\rho_m} + \frac{c_2^2 - c_1^2}{2} = \frac{\Delta p_t}{\varrho_m}. \tag{A.381}$$

Dabei bedeuten:

$y \ldots$ spezifische Stutzenarbeit,

$p_1, p_2 \ldots$ Eintritts- bzw. Austrittsdruck,

$\varrho_m \ldots$ mittlere Dichte,

$c_1, c_2 \ldots$ Eintritts- bzw. Austrittsgeschwindigkeit,

$\Delta p_t \ldots$ Gesamtdruckerhöhung (Totaldruckerhöhung).

A.15.3 Wirkungsgraddefinitionen

$$\eta_s = \frac{a_{K_s}}{a_{K_e}}. \tag{A.382}$$

Hierbei gilt:

$a_{K_s} \ldots$ spezifische Arbeit bei *isentroper* (reibungsfreier) Verdichtung,

$a_{K_e} \ldots$ tatsächlich aufgebrachte *effektive* Verdichterarbeit.

Analog dazu lässt sich der **polytrope Wirkungsgrad** η_{s-i} definieren, bei dem der reale, meist polytrope Verdichtungsverlauf berücksichtigt wird. Verwendet man die entsprechenden thermodynamischen Beziehungen, erhält man

$$\eta_{s-i} = \frac{a_{K_s}}{a_{K_i}}. \tag{A.383}$$

Der Wert a_{K_i} bezeichnet hier die spezifische Arbeit für den *polytropen* (realen) Prozess und lässt sich nach dem **1. Hauptsatz der Thermodynamik für offene Systeme** bestimmen

$$a_{K_i} = h_2 - h_1 + q_K. \tag{A.384}$$

Dabei bedeuten

$h_1, h_2 \ldots$ spezifische Enthalpien am Eintritt bzw. Austritt,

$q_K \ldots$ Wärmezu- oder -abfuhr während der Verdichtung.

$$\eta_s = \eta_{s-i} \cdot \eta_m. \tag{A.385}$$

Hierbei ist:

$\eta_m \ldots$ mechanischer Wirkungsgrad des Verdichters (berücksichtigt mechanische Verluste z. B. durch Lagerung oder Dichtungen).

Die effektive Arbeit lässt sich in zwei äquivalenten Formen schreiben

$$a_{K_e} = \frac{a_{K_i}}{\eta_m} \qquad \text{bzw.} \qquad a_{K_e} = \frac{a_{K_s}}{\eta_s}. \tag{A.386}$$

Der isentrope Wirkungsgrad kann auch direkt aus den gemessenen Enthalpien bestimmt werden

$$\eta_{s-i} = \frac{h_{2s} - h_1}{h_2 - h_1}. \tag{A.387}$$

Erfahrungswerte für den isentropen Wirkungsgrad: Bei der Auslegung von Verdichtern greift man häufig auf empirische Werte für η_s zurück. Diese hängen von Bauart, Größe, Drehzahl, Strömungsführung und dem zu verdichtenden Medium ab. Typische Orientierungswerte sind in ◘ Tab. A.5 angegeben.

$$\eta_{s-i} = \frac{c_p(T_{2s} - T_1)}{c_p(T_2 - T_1)} = \frac{T_{2s} - T_1}{T_2 - T_1} \tag{A.388}$$

Hierbei sind:

$T_{2s} \ldots$ Endtemperatur bei isentroper Verdichtung,

$T_2 \ldots$ tatsächliche Endtemperatur der Verdichtung,

$T_1 \ldots$ Eintrittstemperatur.

◘ **Tab. A.5** Typische Erfahrungswerte für den isentropen Wirkungsgrad η_s verschiedener Verdichterarten

Verdichtertyp	Druckverhältnis p_2/p_1	η_s
Axialverdichter (mehrstufig)	1,2 – 6	85 – 92 %
Radialverdichter (einstufig)	1,5 – 6	78 – 88 %
Schraubenverdichter (trockenlaufend)	2 – 8	65 – 75 %
Schraubenverdichter (ölüberflutet)	2 – 8	70 – 80 %
Kolbenverdichter (ein- bis mehrstufig)	3 – 10	80 – 90 %
Ventilatoren (Radial)	< 1,3	60 – 75 %
Ventilatoren (Axial)	< 1,3	65 – 80 %

A.15.4 Ermittlung der spezifischen Arbeit bzw. der Förderhöhe H in m Gassäule [mGS]

A.15.4.1 Euler'sche Grundgleichung der Strömungsmaschinen

$$w_t = \frac{P}{\dot{m}} = u_2\, c_{u2} - u_1\, c_{u1}. \tag{A.389}$$

Hierbei bedeuten:

$u = \omega \cdot r \ldots$ die Umfangsgeschwindigkeit des Laufrades am Radius r,

$c_u \ldots$ die Umfangskomponente der Absolutgeschwindigkeit des Fluids,

Indizes 1 und 2 $\ldots$ Eintritt bzw. Austritt aus dem Laufrad.

A.15.4.2 Förderhöhe

$$H = \frac{w_t}{g} \quad [\text{m}], \tag{A.390}$$

wobei g die Erdbeschleunigung ist. Vgl. mit ◘ Abb. A.30.

$$P_u = \dot{m} \cdot (c_{2u}\, u_2 - c_{1u}\, u_1) \quad [\text{W}]. \tag{A.391}$$

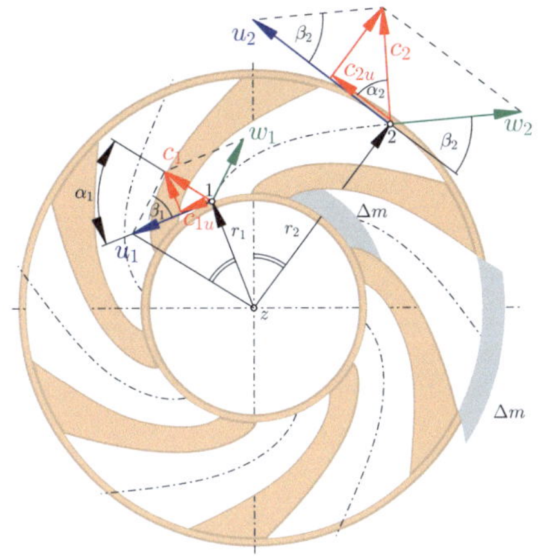

Abb. A.30 Prinzipbild zur Herleitung der Euler'schen Hauptgleichung

Bezogen auf die Masseneinheit ergibt sich daraus die spezifische (theoretische) Arbeit:

$$y_{th,\infty} = \frac{P_u}{\dot{m}} = c_{2u}\, u_2 - c_{1u}\, u_1 \quad \left[\frac{\text{J}}{\text{kg}}\right]. \tag{A.392}$$

A.15.4.3 Euler'sche Hauptgleichung

$$H_{th,\infty} = \frac{c_{2u}\, u_2 - c_{1u}\, u_1}{g} \quad [\text{m}] \tag{A.393}$$

$$H = \frac{c_2^2 - c_1^2}{2\cdot g} + \frac{u_2^2 - u_1^2}{2\cdot g} + \frac{w_1^2 - w_2^2}{2\cdot g}. \tag{A.394}$$

A.15.4.4 Zwischenkühlung des verdichteten Gases

1. **Isotherme Verdichtung (T = konst.)**

$$p \cdot v = \text{konst.} \tag{A.395}$$

$$a_{\text{isoth}} = \int_{v_1}^{v_2} p\, dv = p_1 v_1 \ln\left(\frac{p_2}{p_1}\right). \tag{A.396}$$

2. **Isentrope (adiabate, reibungsfreie) Verdichtung**

$$p \cdot v^\kappa = \text{konst.}, \quad \kappa = \frac{c_p}{c_v} \tag{A.397}$$

$$a_{is} = p_1 v_1 \cdot \frac{\kappa}{\kappa - 1}\left[\left(\frac{p_2}{p_1}\right)^{\frac{\kappa-1}{\kappa}} - 1\right]. \tag{A.398}$$

3. **Polytrope Verdichtung** Die reale Zustandsänderung liegt zwischen den beiden Extremfällen und wird durch eine Polytrope angenähert:

$$p \cdot v^n = \text{konst.}, \quad 1 < n < \kappa. \tag{A.399}$$

$$a_{\text{poly}} = p_1 v_1 \cdot \frac{n}{n - 1}\left[\left(\frac{p_2}{p_1}\right)^{\frac{n-1}{n}} - 1\right]. \tag{A.400}$$

$$\pi_{\text{opt}} = \left(\frac{p_{\text{ges}}}{p_1}\right)^{\frac{1}{z}}, \tag{A.401}$$

mit

p_{ges} ... Enddruck,

p_1 ... Saugdruck,

z ... Anzahl der Verdichterstufen.

Bemerkung A.12 (Vergleich mit hydraulischer Pumpenarbeit)

$$P_{\text{Pumpe}} = A_{t,12} = \frac{\dot{m}}{\varrho}\,\Delta p = \dot{V}\,\Delta p \tag{A.402}$$

Dies bedeutet: Die Pumpenarbeit ist proportional zum geförderten Volumenstrom und der erzeugten Druckerhöhung.

Übertragung auf kompressible Fluide:

$$a_{\text{isoth}} = p_1 v_1 \cdot \ln\left(\frac{p_2}{p_1}\right) \tag{A.403}$$

A.15.4.5 Kennlinien des Radialverdichters (Drosselkurve)

Theoretische Förderhöhe

$$H_{th,\infty} = \frac{u_2}{g}\left(u_2 - \frac{\dot{V}}{\pi D_2 b_2 \tan(\beta_2)}\right), \tag{A.404}$$

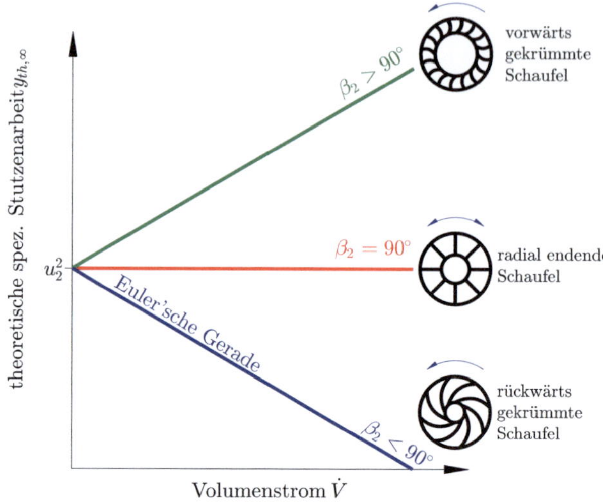

Abb. A.31 Theoretische Drosselkurven (Euler'sche Geraden) – Einfluss des Schaufelaustrittswinkels β_2

wobei gilt:

$u_2 = \omega \cdot r_2 \ldots$ Umfangsgeschwindigkeit am Laufradaustritt,

$D_2 \ldots$ Laufradaustrittsdurchmesser,

$b_2 \ldots$ Laufradbreite am Austritt,

$\beta_2 \ldots$ Schaufelaustrittswinkel,

$\dot{V} \ldots$ Volumenstrom am Austritt,

$g \ldots$ Erdbeschleunigung.

$$\beta_2 < 90° \Rightarrow \tan(\beta_2) > 0 \implies$$

$$\underbrace{u_2^2 - \underbrace{\frac{C}{\tan(\beta_2)}}_{\text{wird kleiner}}}_{\text{fallende Gerade } k<0} = \text{rückwärts gekr. Schaufeln}$$

$$(A.405)$$

$$\beta_2 = 90° \Rightarrow \tan(\beta_2) = 0 \implies$$

$$\underbrace{u_2^2 - \underbrace{\frac{C}{\tan(\beta_2)}}_{\text{bleibt gleich}}}_{\text{waagrechte Gerade } k=0} = \text{radial endende Schaufeln}$$

$$(A.406)$$

$$\beta_2 > 90° \Rightarrow \tan(\beta_2) < 0 \implies$$

$$\underbrace{u_2^2 - \underbrace{\frac{C}{\tan(\beta_2)}}_{\text{wird größer}}}_{\text{steigende Gerade } k>0} = \text{vorwärts gekr. Schaufeln}$$

$$(A.407)$$

Zeichnet man sich diese Fälle auf, so folgen die Daten aus **Abb. A.31**.

$$\dot{V}_{2,\max} = u_2 \cdot D_2 \cdot \pi \cdot b_2 \cdot \tan(\beta_2). \quad (A.408)$$

Reale Förderhöhe (Drosselkurve) und spezifische Stutzenarbeit

Minderleistungseffekt:

$$H_{th} = H_{th,\infty} \cdot \mu \qquad y_{th} = y_{th,\infty} \cdot \mu. \quad (A.409)$$

Kanalreibungsverluste:

$$H_R = f(\dot{V}) \qquad y_R = f(\dot{V}). \quad (A.410)$$

Stoßverluste:

$$H_{St} = f(\dot{V}) \qquad y_{St} = f(\dot{V}). \quad (A.411)$$

Die reale Drosselkurve eines Verdichters kann somit allgemein dargestellt werden als

$$H_{\text{real}}(\dot{V}) = H_{th,\infty} \cdot \mu - H_R(\dot{V})$$
$$- H_{St}(\dot{V}) - H_{Sp}(\dot{V}). \quad (A.412)$$

In entsprechender Form gilt dies auch für die spezifische Stutzenarbeit:

$$y_{\text{real}}(\dot{V}) = y_{th,\infty} \cdot \mu - y_R(\dot{V})$$
$$- y_{St}(\dot{V}) - y_{Sp}(\dot{V}). \quad (A.413)$$

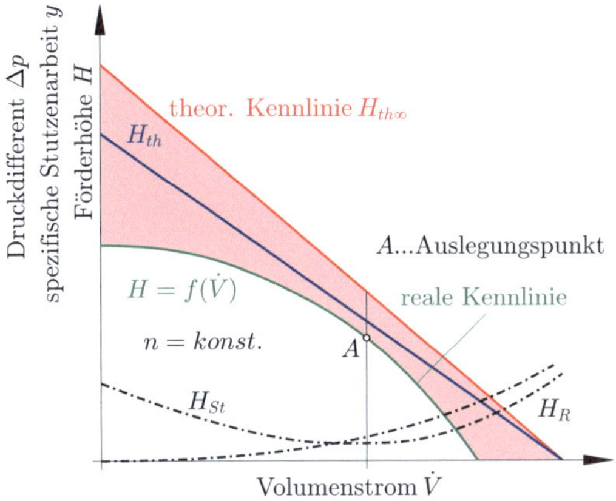

Abb. A.32 Reale- vs. theoretische Kennlinie

Abb. A.32 zeigt die reale- im Gegensatz zur theoretischen Kennlinie.

A.15.5 Axialverdichter

A.15.5.1 Geschwindigkeitsdreiecke

Proposition A.2

(**Umfangsgeschwindigkeit bei einem Axialgitter**) Bei einem Axialgitter ist die Umfangsgeschwindigkeit an Eintritt und Austritt identisch ist. Dies ergibt sich daraus, dass sowohl der Eintritts- als auch der Austrittsradius identisch sind. Somit gilt

$$u = u_1 = u_2. \tag{A.414}$$

wobei u die Umfangsgeschwindigkeit der Schaufelspitze beschreibt.

$$c_{m2} = \frac{\dot{V}_2}{\frac{\pi}{4}\left(D_a^2 - D_i^2\right)} \cdot k_2. \tag{A.415}$$

$$F_u = \dot{m}(c_{2u} - c_{1u}), \tag{A.416}$$

wobei c_{1u} und c_{2u} die Umfangskomponenten der Absolutgeschwindigkeit am Eintritt bzw. Aus-

tritt sind.

$$P_u = u \cdot \dot{m}(c_{2u} - c_{1u}). \tag{A.417}$$

$$\Pi_{S_t} = \frac{p_2}{p_1}; \tag{A.418}$$

$$(C_p)\text{kompressibel} = \frac{(C_p)\text{inkompressibel}}{\sqrt{1 - Ma_{1,\text{rel}}^2}}. \tag{A.419}$$

Dabei bezeichnet $Ma_{1,\text{rel}}$ die relative Mach-Zahl der Anströmung am Profil.

A.15.5.2 Typen von Axialverdichtern

$$M_{\text{abs}} = \frac{c}{a} \dots \text{für Leiträder} \tag{A.420}$$

$$M_{\text{rel}} = \frac{w}{a} \dots \text{für Laufräder} \tag{A.421}$$

bzw.

$$a = \sqrt{\kappa \cdot R \cdot T} \quad \dots \text{Schallgeschwindigkeit.} \tag{A.422}$$

Vgl. mit **Abb. A.33, Tab. A.6** und A.7.

Tab. A.6 Vergleich der Verdichtertypen nach Machzahlverlauf, Vor- und Nachteilen

Verdichtertyp	Ma_{rel}	Ma_{abs}	Vorteile	Nachteile
Subsonik	<1	<1	Robust, geringe Verluste	Begrenztes Druckverhältnis
Transsonik	≈1	Lokal >1, dann <1	Hohe Drucksteigerung	Stoßwellenverluste
Teilw. Überschall	>1	>1, lokal reduziert	Höhere Druckverhältnisse	Hohe Verluste, instabil
Rein Überschall	>1	>1		

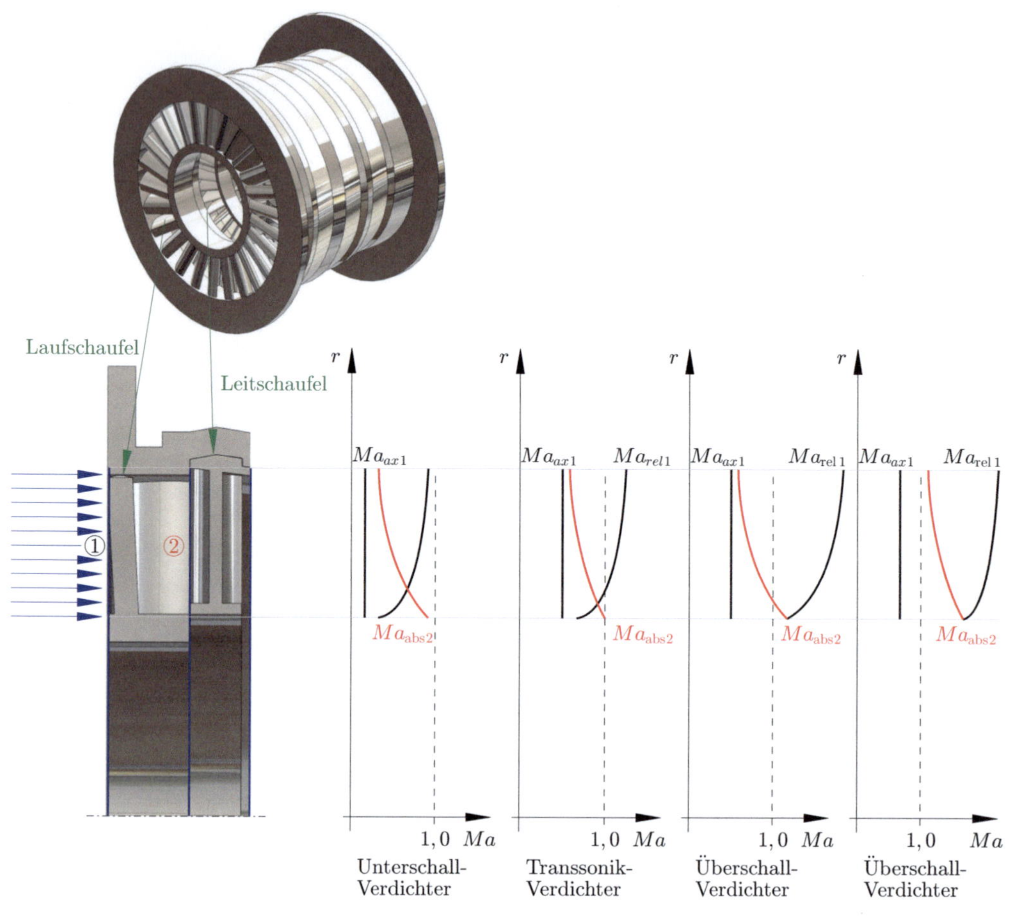

▣ Abb. A.33   Subsonik-, Transsonik-, und Sonik-Verdichter, in Anl. an [3]

▣ Tab. A.7   Vergleich der Leistungsdichte von Axialverdichtern, gem. [3]

Parameter	J79 (1952)	RB 199 (1969)	EJ 200 (1999)
Stufenzahl	17	12	8
Gesamtdruckverhältnis	12,5	23	24
Mittleres Stufendruckverhältnis	1,16	1,30	1,49
Mittlere Stufentemperatursteigerung [K]	21	42	65
Mittlere Umfangsgeschwindigkeit [m/s]	255	350	425

A.15.5.3   Gleichungen, Berechnung

Umfangskraft

$$F_u = \dot{m} \cdot (c_{2u} - c_{1u}) \quad \text{in [N]} \ldots \text{Impulssatz}$$
(A.423)

Umfangsleistung

$$P_u = \dot{m} \cdot u \cdot (c_{2u} - c_{1u}) \quad \text{in [W]}$$
(A.424)

Spezifische Umfangsleistung

$$y_{\text{th},\infty} = \frac{P_u}{\dot{m}} = u \cdot (c_{2u} - c_{1u}) \quad \text{in} \left[\frac{\text{J}}{\text{kg}} = \frac{\text{m}^2}{\text{s}^2} \right]$$
(A.425)

Umfangsgeschwindigkeit

$$u_1 = u_2 = u \tag{A.426}$$

Förderhöhe

$$H_{\text{th},\infty} = \frac{y_{\text{th},\infty}}{g}$$

$$= \frac{u}{g} \cdot (c_{2u} - c_{1u}) \quad \text{in} \left[\underbrace{\text{mGS}}_{m \text{ Gassäule}} \right] \tag{A.427}$$

Druckdifferenz

$$\Delta p = \rho_m \cdot u \cdot (c_{2u} - c_{1u}) \quad \text{in [Pa]} \tag{A.428}$$

A.15.6 Kennzahlen

A.15.6.1 Druckzahl ψ

$$\psi = \frac{Y}{\dfrac{u^2}{2}} = \frac{2g \cdot H}{u^2} \tag{A.429}$$

A.15.6.2 Durchflusszahl φ

$$\varphi = \frac{\dot{V}}{\dfrac{D^2 \pi}{4} \cdot u} = \frac{\dot{V}}{\dfrac{D^2 \pi}{4} \cdot D \cdot \pi \cdot n} \tag{A.430}$$

$$\varphi' = \frac{c_m}{u}. \tag{A.431}$$

A.15.6.3 Leistungszahl λ

$$\lambda = \frac{\varphi \cdot \psi}{\eta} = \frac{8 \cdot P}{D^5 \cdot n^3 \cdot \pi^4 \cdot \varrho}$$

bei Arbeitsmaschinen $\tag{A.432}$

A.15.6.4 Laufzahl σ

$$\sigma = \frac{\varphi^{1/2}}{\psi^{3/4}} \tag{A.433}$$

$$\sigma = n \cdot \frac{\sqrt{\dot{V}}}{(2 \cdot Y)^{3/4}} \cdot 2 \cdot \sqrt{\pi}. \tag{A.434}$$

Tab. A.8 Typische Werte für die Laufzahl und die spez. Drehzahl in Abhängigkeit der Radform

Radform	Laufzahl σ	spez. Drehzahl n_q
Radialrad	0,06–0,32	10–50 min^{-1}
Diagonalrad	0,25–1,0	40–160 min^{-1}
Axialrad	0,8–2,5	125–400 min^{-1}

A.15.6.5 Spezifische Drehzahl n_q

$$n_q = n \cdot \frac{\sqrt{\dot{V}}}{H^{3/4}} \tag{A.435}$$

$$\sigma = \frac{n_q}{157{,}8}. \tag{A.436}$$

$n_q \ldots$ spezifische Drehzahl in min^{-1}

$n \ldots$ Drehzahl in min^{-1}

$\dot{V} \ldots$ Volumenstrom in m^3/s

$H \ldots$ Fall-bzw. Förderhöhe in m

Vgl. mit **Tab. A.8**.

A.15.6.6 Durchmesszahl δ

$$\delta = \frac{\psi^{1/4}}{\varphi^{1/2}} = D \cdot \sqrt[4]{\frac{2 \cdot Y}{\dot{V}^2}} \frac{\sqrt{\pi}}{2} \tag{A.437}$$

Im Vergleich dazu der spezifische Durchmesser D_q für die Laufzahl σ, spezifische Drehzahl n, Durchmesserzahl δ und spezifischer Durchmesser D_q:

$$D_q = D \cdot \frac{H^{1/4}}{\dot{V}^{1/2}} \quad \delta = 1{,}865 \cdot D_q \tag{A.438}$$

A.15.7 Instabiles Verhalten von Verdichtern

Definition A.17 (Rotating Stall)

Der Begriff **Rotating Stall** beschreibt hierbei eine rotierende, wandernde Ablösezone, die sich mit einer bestimmten Geschwindigkeit entlang des Schaufelkranzes bewegt und dadurch Druck- und Drehmomentpulsationen hervorruft.

Entscheidend für die genaue Form der Drosselkurve ist auch, ob die Drosselung **saugseitig** oder **druckseitig** erfolgt, da dies die Strömungsverteilung im gesamten Verdichter beeinflusst.

> **Bemerkung A.13**
> Turboarbeitsmaschinen dürfen nur im stabilen Bereich der Drosselkurve betrieben werden!

A.15.8 Formen von Drosselkurven

Stabile Drosselkurve

Abb. A.34 zeigt den klassischen, stabilen Verlauf einer Verdichterkennlinie.

Flache und steile Drosselkurve

In Abb. A.35 wird der Einfluss der Steilheit der Kennlinie dargestellt.

Instabile Drosselkurve (einfach instabil)

In Abb. A.36 steigt die spezifische Stutzarbeit zunächst mit zunehmendem Volumenstrom an, bis ein Maximum (Scheitelpunkt S) erreicht ist.

Instabile Drosselkurve (sattelförmig)

In Abb. A.37 fällt die Kennlinie zunächst ab, steigt anschließend wieder bis zu einem lokalen Maximum im Sattelpunkt S an und verläuft danach monoton fallend.

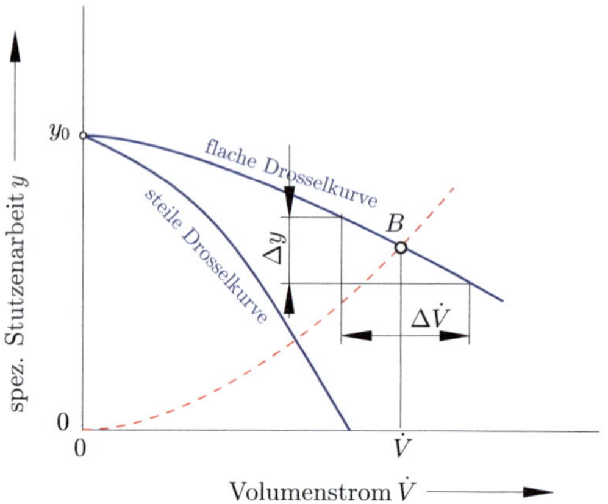
Abb. A.35 Flache u. steile Drosselkurve

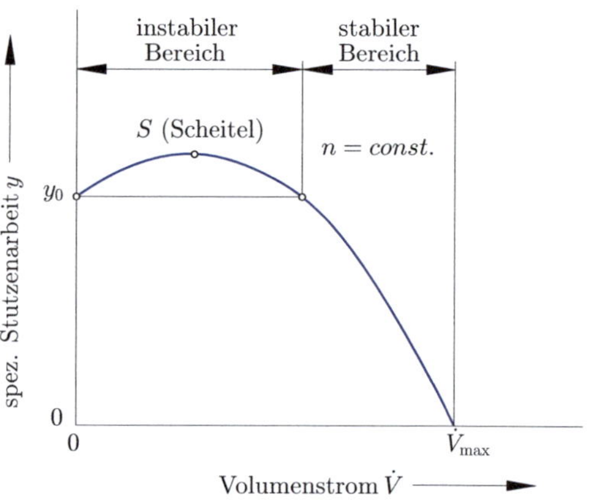
Abb. A.36 Instabile Drosselkurve 1

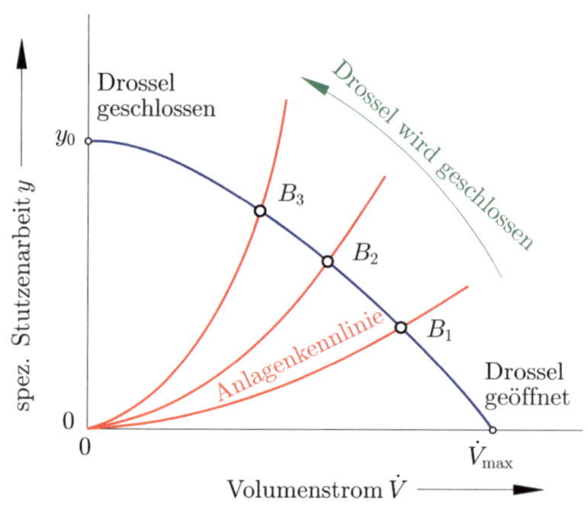
Abb. A.34 Stabile Drosselkurve

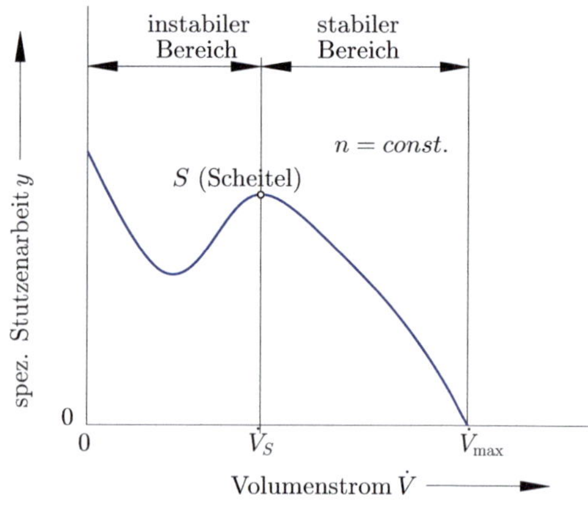
Abb. A.37 Instabile Drosselkurve 2

A.15.8.1 Pumpen beim Radialverdichter

Vgl. mit ◘ Abb. A.38.

A.15.8.2 Abreißen beim Axialverdichter

Vgl. mit ◘ Abb. A.39.

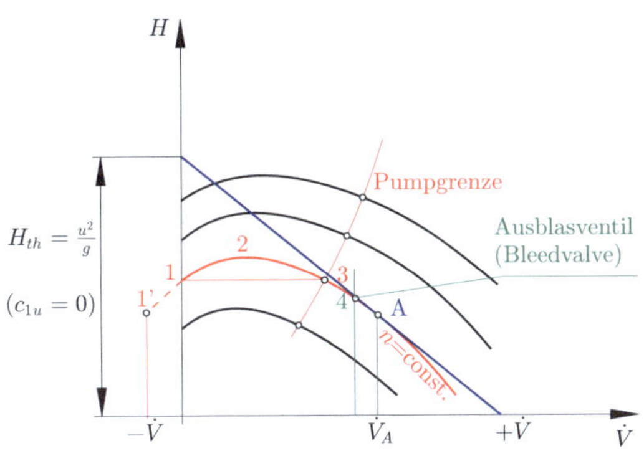

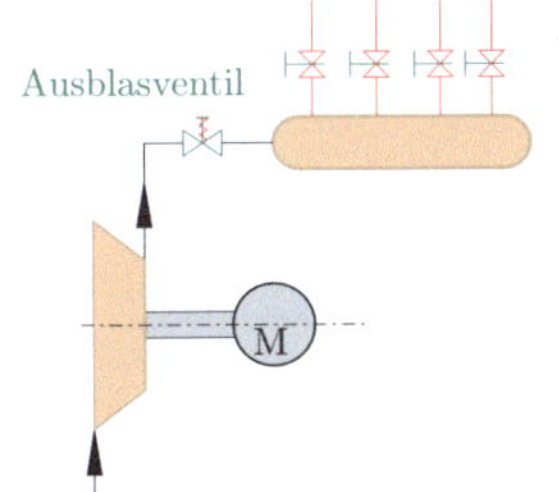

◘ **Abb. A.38** Pumpgrenze

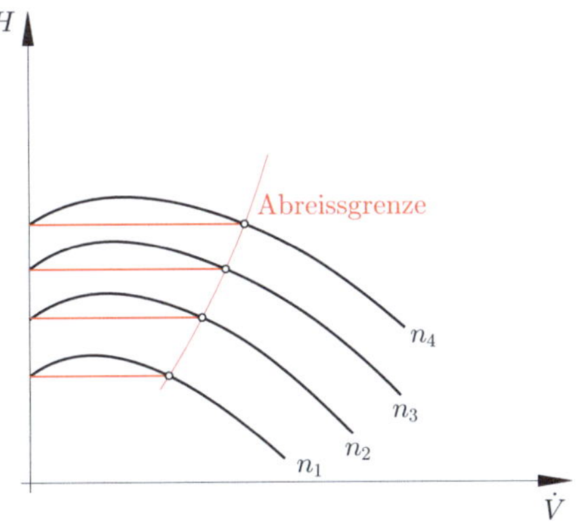

◘ **Abb. A.39** Abreissgrenze

A.16 Gasturbinen – konstruktive Maßnahmen

A.16.1 Kreisprozesse bei Gasturbinen

A.16.1.1 Vergleichsprozesse für Turbomaschinen

- Am Anfang wird Luft angesaugt, die dann im Verdichter komprimiert wird.
- In der Brennkammer, die im Anschluss folgt, wird dann der verdichteten Luft Brennstoff zugemischt. Dies kann als Beispiel Kerosin, bei einem Flugzeugtriebwerk oder Petroleum sein.
- Aufgrund des hohen Druckes zündet das Gemisch selbstständig und verbrennt bei theoretisch konstantem Druck (Isobar)
- Es kommt zur Expansion des Gases in der Brennkammer wodurch Arbeit abgegeben wird.
- Nach diesem Prozess strömen die Abgase ins Freie.

Joule-Prozess [99]

Bemerkung A.14

- **rechtslaufender Prozess:** Der rechtslaufende Prozess ist ein Vergleichsprozess für den in Gasturbinen und Strahltriebwerken ablaufenden Vorgang. Er besteht aus den folgenden Zustandsänderungen:
  - zwei **isentropen** Zustandsänderungen (adiabatisch und reversibel),
  - zwei **isobaren** Zustandsänderungen (Druck konstant).
- **linkslaufender Prozess:** Als linkslaufender Prozess eignet sich der Brayton-Kreisprozess auch für Anwendungen in **Wärmepumpen** oder **Kälteanlagen**.

Ein Schema des Joule-Prozesses ist in ◘ Abb. A.40 gezeichnet, mit den zugehörigen p-v- und T-v-Diagramm, unter ◘ Abb. A.41

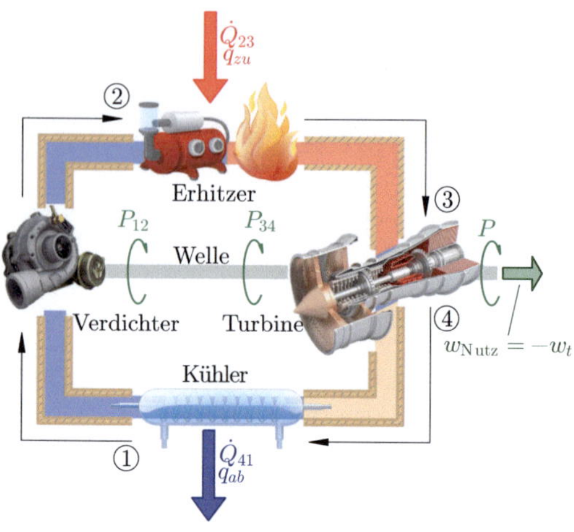

Abb. A.40   Schema eines Joule-Prozesses

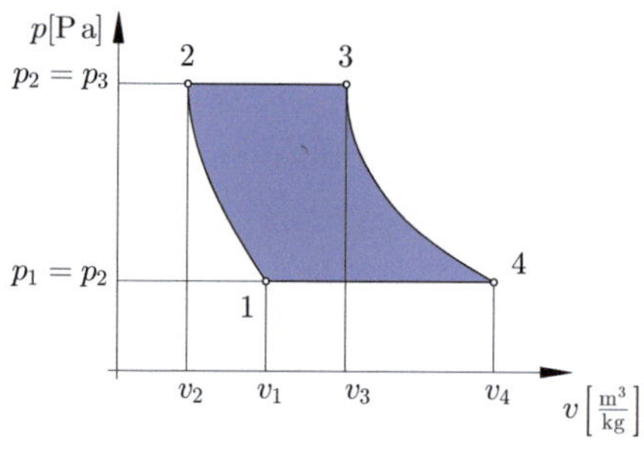

Abb. A.41 p-v-Diagramm des Joule Prozesses

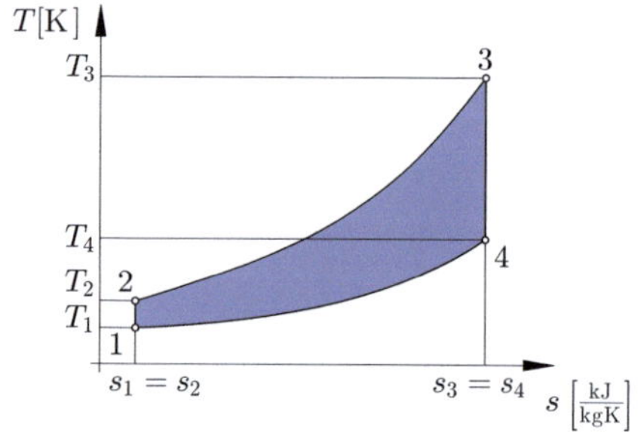

Abb. A.42 T-s-Diagramm des Joule Prozesses

bzw. ■ Abb. A.42. Die Zustandsänderungen des Joule-Prozesses lauten:

1–2: Isentrope Kompression von p_1 auf p_2

2–3: Isobare Wärmezufuhr beim Druck p_2 auf die Maximaltemperatur T_3

3–4: Isentrope Expansion von p_2 auf p_1

4–1: Isobare Wärmeabfuhr beim Druck p_1

Nutzarbeit:

$$-w_t = c_p \cdot T_1 \cdot \left(1 - \pi^{\frac{\kappa-1}{\kappa}} + \frac{T_3}{T_1} - \frac{T_3}{T_1} \cdot \frac{1}{\pi^{\frac{\kappa-1}{\kappa}}}\right)$$
$$(A.439)$$

$$-w_t = \frac{\kappa}{\kappa - 1} \cdot R \cdot T_1$$
$$\cdot \left[\left(\pi^{\frac{\kappa-1}{\kappa}} - 1\right) \cdot \left(\frac{T_3}{T_1} \cdot \frac{1}{\pi^{\frac{\kappa-1}{\kappa}}} - 1\right)\right]$$
$$(A.440)$$

Corollary A.14 (Abhängigkeit der Nutzarbeit beim Joule-Prozess)

Beim [12] Joule-Prozess hängt also die spezifische Nutzarbeit w_t von dem Druckverhältnis im Verdichter $\pi = p_2/p_1$ und dem Temperaturverhältnis T_3/T_1 ab.

Thermischer Wirkungsgrad:

$$\eta_{th} = 1 - \frac{1}{\pi^{\frac{\kappa-1}{\kappa}}} \qquad (A.441)$$

Corollary A.15 (Abhängigkeit des thermischen Wirkungsgrades beim Joule-Prozess)

Der [12] thermische ist eine Funktion vom Druckverhältnis π. Um hohe Wirkungsgrade zu erreichen müssen auch hohe Druckverhältnisse verwirklicht werden.

Ericsson-Prozess [12]

Bemerkung A.15

(Zustandsänderungen des Ericson-Prozesses).

- 1–2: Isotherme Kompression von p_1 auf p_2 mit Kühlung
- 2–3: Isobare Wärmezufuhr beim Druck p_2 in einem zwischen Verdichter und Turbine geschalteten Wärmetauscher
- 3–4: Isotherme Expansion von p_2 auf p_1 in einer Turbine mit Wärmezufuhr
- 4–1: Isobare Wärmeabfuhr beim Druck p_1 im zwischengeschalteten Wärmetauscher

Bemerkung A.16

Der Wärmetauscher ist dergestalt ausgelegt, dass zwischen Turbine und Verdichter die betragsmäßigen gleichen Wärmemengen ausgetauscht werden, d. h. es gilt

$$q_{23} = -q_{41}. \tag{A.442}$$

Mit dem Verdichter-Druckverhältnis $\pi = p_2/p_1$ ergibt sich die spezifische Nutzarbeit zu

$$-w_t = R \cdot T_1 \cdot \left(\frac{T_3}{T_1} - 1\right) \cdot \ln(\pi). \tag{A.443}$$

Thermischer Wirkungsgrad

$$\eta_{th} = 1 - \frac{T_1}{T_3} \tag{A.444}$$

A.16.1.2 Offener Gasturbinen-Kreisprozess ohne Wärmetausch

Theoretischer Prozess
Thermischer Wirkungsgrad:

$$\eta_{th} = 1 - \frac{1}{\pi^{\frac{\kappa-1}{\kappa}}} \tag{A.445}$$

Die **Nutzarbeit**

$$-w_t = c_p \cdot T_1 \cdot \left(1 - \pi^{\frac{\kappa-1}{\kappa}} + \frac{T_3}{T_1} - \frac{T_3}{T_1} \cdot \frac{1}{\pi^{\frac{\kappa-1}{\kappa}}}\right). \tag{A.446}$$

$$\frac{w}{c_p \cdot T_1} = \frac{T_3}{T_1} \cdot \left(1 - \frac{1}{\pi^{\frac{\kappa-1}{\kappa}}}\right) - \left(\pi^{\frac{\kappa-1}{\kappa}} - 1\right). \tag{A.447}$$

Realer Prozess
Siehe ◘ Abb. A.43.

$$\frac{P_K}{\dot{m}_L} = f(\pi; T_3) \tag{A.448}$$

mit

P_K ...   Nutzleistung in kW

$\dot{m}_L$ ...   angesaugter Luftmassenstrom in kg/s

$\pi = \frac{p_2}{p_1}$ ...   Druckverhältnis (Verdichterauslass-/eintritt)

T_3 ...   Turbineintrittstemperatur in °C

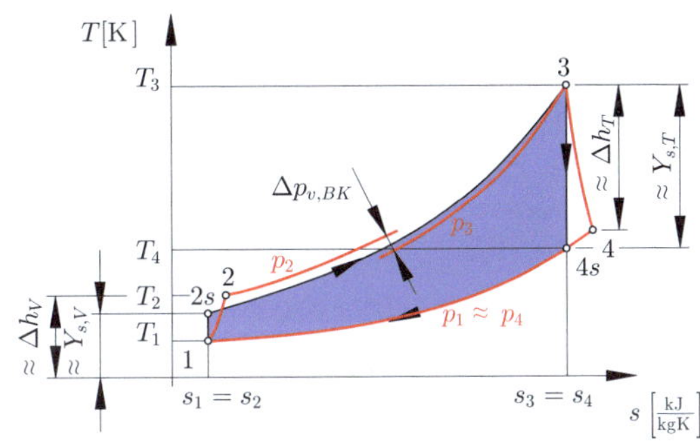

◘ **Abb. A.43** T-s-Diagramm des realen Gasturbinenprozess

$$\frac{P_K}{\dot{m}_L} \propto (T_3 - T_{min}) \cdot \ln(\pi). \tag{A.449}$$

$$\eta_K = \frac{P_K}{\dot{m}_B \cdot H_u}. \tag{A.450}$$

A.16.1.3 Offener Gasturbinen-Kreisprozess mit Wärmetausch

$$\eta_{th} = 1 - \pi^{\frac{1-\kappa}{\kappa}} \cdot \frac{T_1}{T_4} \tag{A.451}$$

A.16.2 Arten von Gasturbinen bei Flugzeugen

A.16.2.1 Thermodynamische Grundlage

$$F = \dot{m} \cdot (v_{Austritt} - v_{Eintritt}), \tag{A.452}$$

wobei $\dot{m}$ den Massenstrom und v die Strömungsgeschwindigkeit bezeichnet. Je höher die Differenz zwischen Austritts- und Eintrittsgeschwindigkeit, desto größer der Schub.

A.16.2.2 Turbofan-Triebwerke

Nebenstromverhältnis

$$B = \frac{\dot{m}_{Neben}}{\dot{m}_{Kern}}. \tag{A.453}$$

- **Low Bypass** ($B < 2$): Militärische Triebwerke mit hohem Schub und Überschallfähigkeit.
- **High Bypass** ($B > 5$): Zivile Verkehrsflugzeuge, hoher Wirkungsgrad und niedrige Geräuschemissionen.

A.17 Windturbinen

A.17.1 Energieumsetzung in der Windturbine

A.17.1.1 Strahltheorie nach Froude und Rankine

Bemerkung A.17 (Strahltheorie von Froude und Rankine)
Vor dem Rotor wird der Luftstrom abgebremst, hinter dem Rotor fließt er mit reduzierter Geschwindigkeit weiter. Die Differenz der Impulsströme vor und hinter dem Rotor entspricht der entnommenen Leistung.

Betz'sches Gesetz
Die entnommene Leistung entspricht der Differenz der kinetischen Energien vor und hinter dem Rotor

$$P = \tfrac{1}{2}\dot{m}\left(v_\infty^2 - v_h^2\right). \tag{A.454}$$

Da die Geschwindigkeit in der Rotorebene der Mittelwert aus An- und Abströmung ist, gilt

$$v_d = \tfrac{1}{2}(v_\infty + v_h). \tag{A.455}$$

Leistungsbeiwert:

$$C_p = \frac{P}{\tfrac{1}{2}\varrho A v_\infty^3} = 4a(1-a)^2, \tag{A.456}$$

wobei a der **Axialinduktionsfaktor** ist und den relativen Geschwindigkeitsabfall beschreibt:

$$v_d = (1-a)v_\infty, \quad v_h = (1-2a)v_\infty. \tag{A.457}$$

Schubkraft und Volumenstrom

$$F_S = \frac{\varrho}{2} A_1 c_1 \left(c_0^2 - c_{3m}^2\right) \tag{A.458}$$

$F_S \dots$ Schubkraft auf das Windrad

$\varrho \dots$ Luftdichte

$A_1 \dots$ vom Windrad überstrichene Fläche $A_1 = \pi/4 \cdot D^2$

$D \dots$ Außendurchmesser des Windrads

$c_0 \dots$ Windgeschwindigkeit

$c_{m3} \dots$ Meridiangeschwindigkeit in Ebene 3

Geschwindigkeit der Windrads

$$c_1 = c_{m1} = c_{m2} = \frac{c_0 + c_{m3}}{2}. \tag{A.459}$$

$c_0 \dots$ Windgeschwindigkeit

$c_{m1} \dots$ Meridiangeschwindigkeit in Ebene 1 $(= c_1)$

$c_{m2} \dots$ Meridiangeschwindigkeit in Ebene 2

$c_{m3} \dots$ Meridiangeschwindigkeit in Ebene 3

Schubbelastungsgrad

$$F_S = C_S \cdot \frac{\varrho}{2} A_1 c_0^2 \tag{A.460}$$

$$C_S = 1 - \left(\frac{c_{m3}}{c_0}\right)^2 \tag{A.461}$$

Leistung

$$P_{\text{ideal}} = \frac{\varrho}{2} A_1 c_1 \left(c_0^2 - c_{m3}^2\right) \tag{A.462}$$

$P_{\text{Wind}} \dots$ ideal auf das Windrad übertragene Leistung

$\varrho \dots$ Luftdichte

$A_1 \dots$ vom Windrad überstrichene Fläche

$c_{m3} \dots$ Geschwindigkeit in der Ebene 1 $(= c_{m1})$

$c_0 \dots$ Windgeschwindigkeit

$c_{m3} \dots$ Meridiangeschwindigkeit in Ebene 3

Windleistungsangebot im Strömungsrohr:

$$P_{\text{Wind}} = \frac{\varrho}{2} A_1 c_0^3 \tag{A.463}$$

Leistungsbeiwert

$$P_{\text{ideal}} = C_{P,\text{ideal}} \cdot P_{\text{Wind}} \tag{A.464}$$

$$C_{P,\text{ideal}} = \tfrac{1}{2}\left[1 - \left(\tfrac{c_{m3}}{c_0}\right)^2\right] \cdot \left[1 + \tfrac{c_{m3}}{c_0}\right] \tag{A.465}$$

$C_{P,\text{ideal}}$ ... idealer Leistungsbeiwert

c_0 ... Windgeschwindigkeit

c_{m3} ... Geschwindigkeit in Ebene 3

$$P_{\text{max}} = C_{P,\text{max}} \cdot P_{\text{Wind}} = \frac{8}{27}\,\varrho\, A_1\, c_0^3 \tag{A.466}$$

A.17.1.2 Drall und Verluste

$$Y = \frac{c_0^2 - c_3^2}{2} \tag{A.467}$$

Y ... spezifische Stutzenarbeit

c_0 ... Windgeschwindigkeit

c_3 ... Geschwindigkeit in Ebene 3

$$P_b = \dot{m} \cdot Y = \varrho\, \dot{V} \cdot Y \tag{A.468}$$

P_b ... theoretische Leistung des Windrades

$\dot{m}$ ... Massenstrom

Y ... spezifische Stutzenarbeit

ρ ... Luftdichte

$\dot{V}$ ... Volumenstrom

$$P_{th} = \frac{\varrho}{2}\, A_1\, c_1 \left(c_0^2 - c_3^2\right) \tag{A.469}$$

P_{th} ... theoretische Leistung des Windrades

ϱ ... Luftdichte

A_1 ... vom Windrad überstrichene Fläche

c_1 ... Geschwindigkeit in Ebene 1 ($= c_{m1}$)

c_0 ... Windgeschwindigkeit

c_3 ... Geschwindigkeit in Ebene 3

$$P_{th} = C_{P,th} \cdot P_{\text{Wind}} \quad \text{mit} \quad C_{P,th} < C_{P,\text{ideal}} \tag{A.470}$$

Schnelllaufzahl:

$$\lambda = \frac{u_a}{c_0} \tag{A.471}$$

λ ... Schnelllaufzahl

u_a ... Umfangsgeschwindigkeit im Außenschnitt des Rotors

c_0 ... Windgeschwindigkeit

$$P = P_{th} \cdot \eta = \dot{m} \cdot Y \cdot \eta \tag{A.472}$$

$$\eta = \eta_i \cdot \eta_m \tag{A.473}$$

$$\eta_i = \eta_h \cdot \eta_{\text{tip}} \tag{A.474}$$

$$P = C_P \cdot P_{\text{Wind}} \tag{A.475}$$

$$C_{P,\text{WEA}} = C_P \cdot \eta_{\text{Getriebe}} \cdot \eta_{el} \tag{A.476}$$

A.17.2 Bauformen von Windturbinen

$$M = C_M \cdot \frac{\varrho}{2} \cdot c_0^2 \cdot A_1 \cdot R \tag{A.477}$$

wobei

ϱ ... die Luftdichte,

c_0 ... die ungestörte Windgeschwindigkeit,

A_1 ... die überstrichene Rotorfläche und

R ... der Außenradius des Rotors ist.

$$C_P = \lambda \cdot C_M. \tag{A.478}$$

Siehe ◘ Abb. A.44, A.45 und A.46.

C_P ... Leistungsbeiwert

λ ... Schnelllaufzahl

C_M ... Drehmomentenbeiwert

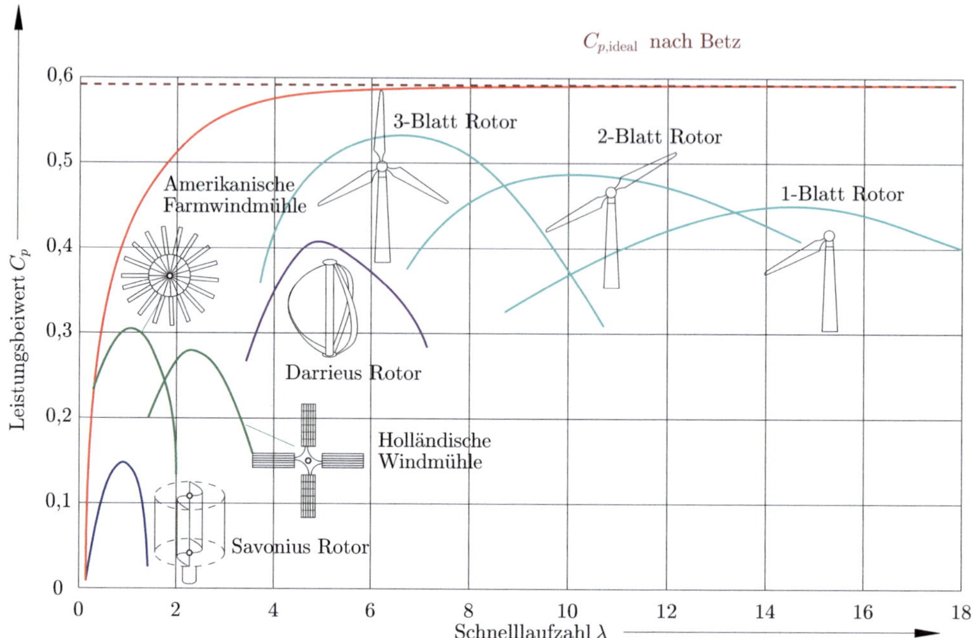

◘ Abb. A.44 Leistungsbeiwert C_p, in Anl. an [3]

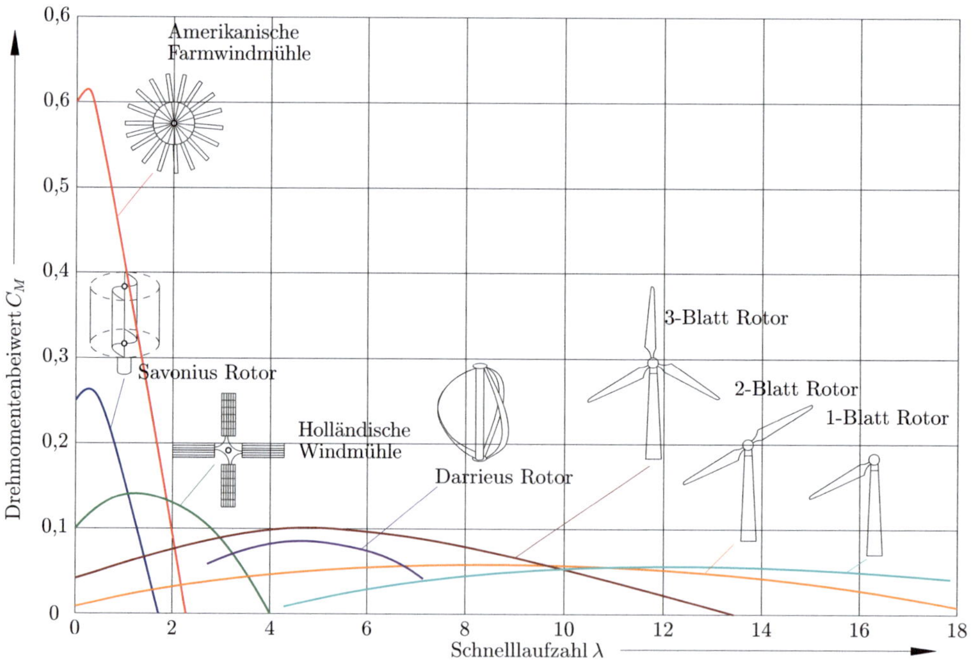

◘ Abb. A.45 Drehmomentenbeiwert C_M, in Anl. an [3]

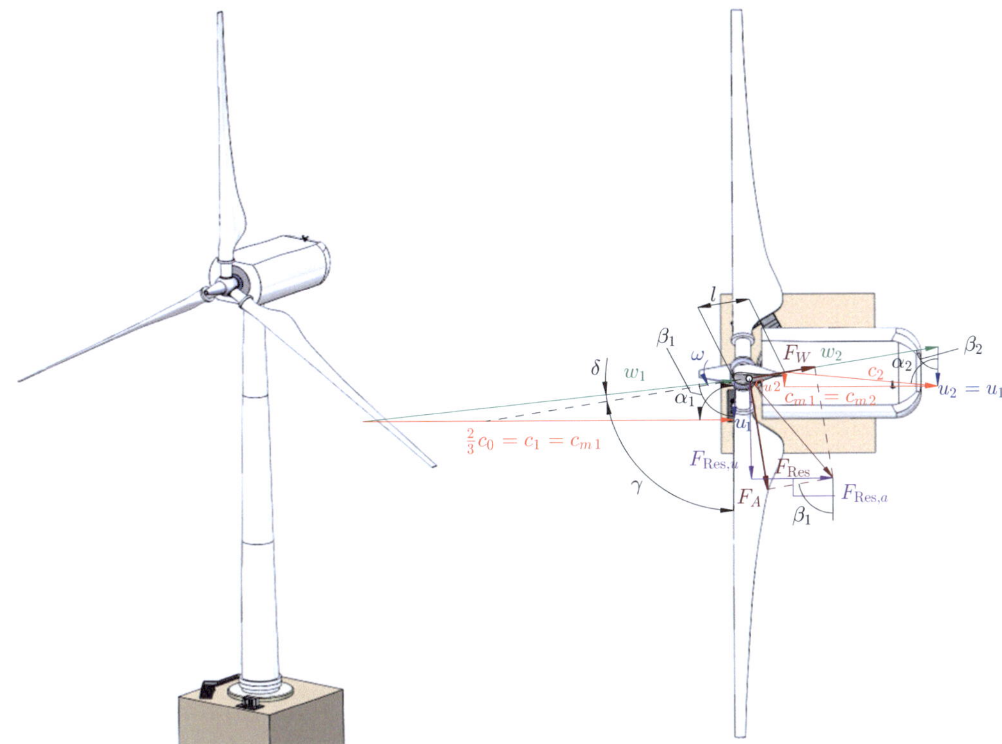

Abb. A.46 Geschwindigkeitsdreiecke und Kräfte in einem Schaufelschnitt des Windrades, in Anl. an [3]

A.17.3 Aerodynamik der Windturbine

A.17.3.1 Auftriebs- und Widerstandskräfte am Schaufelprofil

$$dF_A = c_A \frac{\varrho}{2} w_1^2 \, l \, dr. \tag{A.479}$$

$$dF_W = c_W \frac{\varrho}{2} w_1^2 \, l \, dr. \tag{A.480}$$

Hierbei bedeuten:

c_A ... Auftriebsbeiwert,

c_W ... Widerstandsbeiwert,

l ... Anstellwinkel,

dr ... infinitesimal kleine radiale Streckung des Profils,

c_1 ... Relativgeschwindigkeit in Ebene 1.

$$\varepsilon = \frac{c_W}{c_A}. \tag{A.481}$$

A.17.3.2 Kraft- und Leistungsanteile

$$\begin{aligned}
dP_{\mathrm{Sch}} &= \omega \cdot r \cdot dF_{R,u} \\
&= \omega \cdot r \cdot \frac{\varrho}{2} \cdot w_1^2 \cdot l \cdot c_A \\
&\quad \cdot [\sin(\beta_1) - \varepsilon \cdot \cos(\beta_1)] \cdot dr.
\end{aligned} \tag{A.482}$$

$$dP_{th} = \omega \cdot r \cdot \frac{\varrho}{2} \cdot w_1^2 \cdot l \cdot c_A \cdot \sin(\beta_1) \cdot dr. \tag{A.483}$$

A.17.3.3 Hydraulischer Wirkungsgrad und Betz-Bedingung

$$\eta_h = \frac{1}{A_1} \int_0^R \left(1 - \frac{\varepsilon(r)}{\tan \beta_1(r)}\right) \cdot 2\pi r \, dr. \tag{A.484}$$

wobei gilt:

A_1 ...   vom Windrad überstrichene Fläche,

R ...   Außenradius des Rotors,

ε ...   Gleitzahl des Profils,

β_1 ...   relativer Anströmwinkel des Profils.

A.17.3.4 Bestimmung des Anströmwinkels

$$\eta_h = \frac{2\pi}{A_1} \int_0^R \left(1 - \frac{3}{2}\lambda\,\varepsilon(r)\frac{r}{R}\right) r\,dr \quad \text{(A.485)}$$

Für eine konstante, vom Radius unabhängige Gleitzahl ε vereinfacht sich die Darstellung zu:

$$\eta_h = 1 - \lambda \cdot \varepsilon \quad \text{(A.486)}$$

A.17.3.5 Einfluss von Schnelllaufzahl und Gleitzahl

$$C_{P,\text{opt}} = C_{P,\text{th}} \cdot \eta_h. \quad \text{(A.487)}$$

A.17.3.6 Einfluss der Blattspitze und Profilwahl

$$\eta_{bp} = \left(1 - \frac{0{,}92}{z \cdot \sqrt{\lambda^2 + \frac{4}{9}}}\right)^2 \quad \text{(A.488)}$$

mit:

z ...   Schaufelanzahl,

λ ...   Schnelllaufzahl.

A.18 Einleitung und Begriffsdefinition von Hyperschallströmungen

A.18.1 Hyperschall

Definition A.18 (Hyperschallströmungen)

Von Hyperschall spricht man, wenn die Strömungsgeschwindigkeit wesentlich größer als die Schallgeschwindigkeit ist. Formal kann man daher

$$Ma^2 \gg 1 \quad \text{(A.489)}$$

festhalten.

Definition A.19 (Hyperschall-Luftström.)

Von Hyperschall-Luftströmungen spricht man, wenn

$$Ma_\infty^2 \gg 1 \quad \text{(A.490)}$$

gilt, wobei bei etwa stumpfen Körpern auch Unterschall- und Staugebiete auftreten können.

A.18.2 Strömungen verdünnter Gase und Knudsen-Zahl

A.18.2.1 Begriff und Grunddefinition

Man spricht von Strömungen verdünnter Gase, wenn die mittlere freie Weglänge λ der Gasmoleküle vergleichbar wird mit einer charakteristischen Längenskala L des Strömungsfeldes.

$$Kn = \frac{\lambda}{L}. \quad \text{(A.491)}$$

$$\lambda = \frac{k_B T}{\sqrt{2}\,\pi d^2 p}. \quad \text{(A.492)}$$

A.18.3 Wahl der physikalischen Modelle

Die Knudsen-Zahl ermöglicht eine Faustregel für die Wahl des physikalischen Modells: vgl. mit ◼ Tab. A.9.

□ **Tab. A.9** Übliche Einteilung der Strömungsregime nach der Knudsen-Zahl (Näherungswerte).

Zustand	Bereich (approx.)	Geeignete Beschreibung
Kontinuum (no-slip)	$Kn \lesssim 10^{-3}$	Navier-Stokes mit no-slip
Gleitströmung (Slip)	$10^{-3} \lesssim Kn \lesssim 10^{-1}$	NS mit Gleit-/Temperatur-Jump-RB
Übergangsbereich	$10^{-1} \lesssim Kn \lesssim 10$	Kinetische Beschreibung (z. B. Boltzmann/ DSMC)
Freimolekular (Knudsen)	$Kn \gtrsim 10$	Molekulare Strömung, einfache Stoßmodelle

A.18.3.1 Folgen für Randbedingungen, Kontinuumsannahme und erweiterte Modelle

Kontinuumsbruch und Randbedingungen

$$u_{\text{slip}} = \ell_s \left. \frac{\partial u}{\partial n} \right|_w , \qquad (A.493)$$

wobei ℓ_s eine dimensionsbehaftete Länge (zum Beispiel proportional zu λ und abhänging von der Molekül-Wand-Akkommodationskoeffizienten) ist.

A.18.4 Zusammenhang zwischen *Kn*, *Ma* und *Re*

A.18.4.1 Definitionen der dimensionslosen Kennzahlen

$$Re = \frac{\varrho U L}{\mu}, \qquad (A.494)$$

$$Ma = \frac{U}{a} = \frac{U}{\sqrt{\kappa R T}} \qquad (A.495)$$

A.18.4.2 Molekulare Interpretation der Viskosität

Moleküle, die infolge ihrer thermischen Bewegung durch eine gedachte Fläche A normal zur y-Achse hindurchtreten, transportieren ihren Impuls abhängig von ihrer letzten Stoßposition. Moleküle, die von unten nach oben die Fläche durchqueren, haben ihren letzten Stoß typischerweise in einem Abstand $\frac{\lambda}{2}$ unterhalb der Fläche erfahren und tragen daher im Mittel einen Tangentialimpuls

$$I^+ = m \left[u_A - \left(\frac{\partial u}{\partial y} \right)_A \frac{\lambda}{2} + \dots \right], \quad (A.496)$$

während Moleküle aus der Gegenrichtung

$$I^- = m \left[u_A + \left(\frac{\partial u}{\partial y} \right)_A \frac{\lambda}{2} + \dots \right] \quad (A.497)$$

übertragen.

Die Differenz $I^- - I^+$ liefert den Impulsüberschuss, der mit der Zahl der Teilchen $n \cdot c$ multipliziert werden muss, die pro Sekunde und Flächeneinheit die Fläche durchqueren (mit c als mittlerer thermischer Geschwindigkeit)

$$\tau = n \cdot c \cdot (I^- - I^+) \propto \varrho c \cdot \lambda \cdot \left(\frac{\partial u}{\partial y} \right)_A . \qquad (A.498)$$

A.18.4.3 Herleitung des Zusammenhangs *Kn–Ma–Re*

Da die Knudsen-Zahl $Kn = \frac{\lambda}{L}$ gilt, folgt unmittelbar

$$Re \sim \frac{U}{c} \cdot \frac{1}{Kn}. \qquad (A.499)$$

$$Kn \approx \frac{Ma}{\alpha \cdot Re}, \qquad (A.500)$$

wobei α einen Proportionalitätsfaktor darstellt, der von Modellannahmen und Akkommodationskoeffizienten abhängt.

A.18.4.4 Linien konstanter Knudsen-Zahl

Jede Kurve repräsentiert damit einen bestimmten Verdünnungszustand, vgl. mit □ Abb. A.47.

- Bei hoher Reynolds-Zahl (stark viskose Flüssigkeiten oder große Längenskalen) ist Kn klein, die Kontinuumsannahme gültig.
- Bei kleiner Reynolds-Zahl oder großer Mach-Zahl kann Kn beträchtlich werden, sodass Verdünnungseffekte unvermeidlich sind.

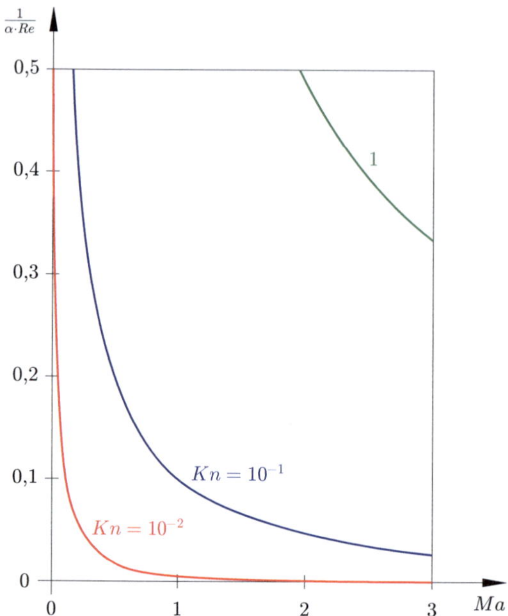

Abb. A.47 Strömungsbereiche im Mach-Reynolds-Zahl-Diagramm, in Anl. an [48]

— Für Hyperschallströmungen (große Ma) treten selbst bei relativ kleinen Kn-Werten molekulare Effekte in Stoßfronten auf.

Vgl. mit ▪ Tab. A.10.

A.18.5 Knudsenzahl bei instationären Strömungen (Anlaufströmungen)

Bemerkung A.18 (Rayleigh'sche Problem)

Eine Veranschaulichung bietet das *Rayleigh'sche Problem*, der plötzlich in Bewegung gesetzten Platte. Dabei sei angenommen, dass sich zu allen Zeiten $t < 0$ eine unendlich ausgedehnte Platte am Ort $y = 0$ sowie ein Gas im oberen Halbraum ($y > 0$) in Ruhe befinden. Zum Zeitpunkt $t = 0$ werde die Platte schlagartig auf eine konstante Geschwindigkeit U gebracht, die sie fortan beibehält. Die an der Plattenoberfläche reflektierenden Moleküle übertragen die Informa-

Tab. A.10 Einteilung der Strömungszustände nach dem Verhältnis Ma/Re

Zustand dt.	Zustand engl.	Kriterium
Kontinuums-strömung	Continuum flow	$\dfrac{Ma}{Re} < 0{,}01$
Gleitströmung	Slip flow	$0{,}01 < \dfrac{Ma}{Re} < 0{,}1$
Übergangs-strömung	Nearly free molecular flow	$0{,}1 < \dfrac{Ma}{Re} < 3$
Freie Molekül-strömung	Free molecular flow	$\dfrac{Ma}{Re} > 3$

tion der Bewegung in das umgebende Gas, indem sie Impulse weitergeben. Es entwickelt sich somit ein zeit- und ortsabhängiges Geschwindigkeitsfeld $u(y, t)$, das für $t \to \infty$ gegen den stationären Grenzzustand konvergiert.

— τ: die mittlere Zeit zwischen zwei Molekülstößen,

— t: die seit Beginn der Plattenbewegung verstrichene Zeit.

Die instationäre Knudsenzahl ergibt sich somit zu

$$Kn = \frac{\tau}{t}. \tag{A.501}$$

Unter Berücksichtigung der mittleren freien Weglänge λ und einer charakteristischen Länge L gilt.

$$Kn = \frac{\tau c}{L} = \frac{\lambda}{L}, \tag{A.502}$$

wobei c die mittlere thermische Geschwindigkeit der Moleküle bezeichnet.

Die verschiedenen Strömungszustände lassen sich damit wie folgt klassifizieren.

Für die Reynolds-Zahl gilt

$$Re(t) = \frac{\varrho \cdot U \cdot (Ut)}{\mu} = \frac{\varrho \cdot U^2 \cdot t}{\mu}. \tag{A.503}$$

Die Reynolds-Zahl beginnt somit zum Zeitpunkt $t = 0$ mit verschwindend kleinen Werten und wächst proportional zur Zeit t.

Die Machzahl ist hingegen unabhängig von der Zeit und ergibt sich zu

$$Ma = \frac{U}{\sqrt{\kappa \cdot R \cdot T}}, \qquad (A.504)$$

wobei R die spezifische Gaskonstante und T die Gastemperatur bezeichnet.

A.18.5.1 Molekulare Grundlagen

Die dynamische Viskosität μ kann ebenfalls durch kinetische Größen dargestellt werden:

$$\mu \sim \varrho \cdot c^2 \cdot \tau \sim \varrho\tau \cdot R \cdot T. \qquad (A.505)$$

A.18.5.2 Instationäre Knudsenzahl

Die Knudsenzahl für instationäre Strömungen ergibt sich durch das Verhältnis der Stoßzeit τ zur Beobachtungszeit t

$$Kn = \frac{\tau}{t}. \qquad (A.506)$$

$$Kn \sim \frac{Ma^2}{Re}. \qquad (A.507)$$

A.18.6 Strömungen mit Verdünnungseffekten

A.18.6.1 Das Rayleigh-Problem (1. Stokes'sches Problem)

$$\frac{\partial u}{\partial t} = v\frac{\partial^2 u}{\partial y^2}, \qquad (A.508)$$

… **Rayleigh-Gleichung**, mit der geschlossenen Lösung

$$\frac{u(y,t)}{U} = 1 - \mathrm{erf}\left(\frac{y}{2\sqrt{vt}}\right), \qquad (A.509)$$

wobei die Fehlerfunktion $\mathrm{erf}(\cdot)$ definiert ist als

$$\mathrm{erf}(\chi) = \frac{2}{\sqrt{\pi}} \int_0^{\chi} e^{-t^2}\, dt. \qquad (A.510)$$

$$\tau_w = \mu \left.\frac{\partial u}{\partial y}\right|_{y=0} \qquad (A.511)$$

A.18.6.2 MEMS- und Nano-Technologie

- **Slip- und Jump-Bedingungen:** An Grenzflächen treten Gleitgeschwindigkeiten (**velocity slip**) sowie Temperatursprünge (**temperature jump**) auf, da die Annahme der klassischen No-Slip-Bedingung ihre Gültigkeit verliert.
- **Thermische Nichtgleichgewichte:** Aufgrund geringer Systemdimensionen treten starke lokale Temperaturgradienten auf, die nicht mehr mit Fourier'scher Wärmeleitung beschrieben werden können.
- **Selbstständige Gasantriebe:** In Mikrokanälen kann es durch Thermophorese oder Knudsen-Pump-Effekte zu gerichteten Gasströmungen ohne mechanische Pumpen kommen, was für miniaturisierte Fluidiksysteme nutzbar ist.

A.19 Kinetische Gastheorie

A.19.1 Einführung, Annahmen und Grenzen

- Gase bestehen aus einer sehr großen Anzahl diskreter Teilchen mit vernachlässigbarem Eigenvolumen im Vergleich zum Gesamtvolumen.
- Zwischen den Teilchen wirken nur während Stößen Kräfte; außerhalb von Kollisionen bewegen sich die Teilchen geradlinig und gleichförmig.
- Die Kollisionen sind elastisch, d. h. Impuls und Energie bleiben erhalten.
- Der makroskopische Druck und die Temperatur lassen sich als Folgeerscheinungen der mikroskopischen Bewegung beschreiben.

A.19.2 Geschwindigkeitsverteilung der Moleküle und Momente der Verteilungsfunktion

Die Gesamtzahl der Moleküle im Volumen V ist

$$N = \int_V n(t, \boldsymbol{x}_i) \cdot dV_x. \qquad (A.512)$$

Eigengeschwindigkeit c_i eines Moleküls ist die Geschwindigkeit relativ zur mittleren Strömungsgeschwindigkeit u_i:

$$c_i = \xi_i - u_i. \tag{A.513}$$

Teilchendichte: $\phi = 1$

$$n = \int f \, dV_\xi \qquad n \cdot \overline{1} = \int 1 \cdot f \, dV_\xi. \tag{A.514}$$

Mittlere Molekülgeschwindigkeit (Strömungsgeschwindigkeit):

$$\overline{c_i} = \frac{1}{n}\left(\underbrace{\int \xi_i \, f \, dV_\xi}_{nu_i} - u_i \underbrace{\int f \, dV_\xi}_{n} \right) = 0. \tag{A.515}$$

Spannungstensor: τ_{ij}

$$\tau_{ij} = \begin{pmatrix} \tau_{xx} & \tau_{yx} & \tau_{zx} \\ \tau_{xy} & \tau_{yy} & \tau_{zy} \\ \tau_{xz} & \tau_{yz} & \tau_{zz} \end{pmatrix}. \tag{A.516}$$

Druck:

$$\begin{aligned} p &= \frac{1}{3}(\tau_{xx} + \tau_{yy} + \tau_{zz}) \\ &= \frac{1}{3}\varrho \overline{(c_x^2 + c_y^2 + c_z^2)} \\ &= \frac{1}{3}\varrho c^2 \\ &= \frac{m}{3}\underbrace{\int c^2 f \, dV_\xi}_{n\overline{c^2}}. \end{aligned} \tag{A.517}$$

Temperatur:

$$\begin{aligned} n\frac{m}{2}\overline{c^2} &= nm\frac{3}{2}RT = \frac{3}{2}nkT \\ &= \int \frac{m}{2}c^2 f \, dV_\xi. \end{aligned} \tag{A.518}$$

Wärmestrom (Translationenergie-Strom in i-Richtung):

$$q_i = n\frac{m}{2}\overline{c_i c^2} = \frac{\varrho}{2}\overline{c_i c^2} = \frac{m}{2}\int c_i c^2 f \, dV_\xi. \tag{A.519}$$

Zahl der abhängigen Variablen (makroskopische Größen):

$$\left.\begin{array}{ccc} n, \varrho & : & 1 \\ u_i & : & 3 \\ \tau_{ij} & : & 6 \\ q_i & : & 3 \end{array}\right\} = 13. \tag{A.520}$$

A.19.3 Bestimmungsgleichung für die Geschwindigkeitsfunktion einatomiger Gase – Die Boltzmann-Gleichung

A.19.3.1 Einführung

$$\begin{aligned} \frac{df}{dt} &\equiv \frac{\partial f}{\partial t} + \sum_{i=1}^{3} \xi_i \frac{\partial f}{\partial x_i} + \sum_{i=1}^{3} F_i \frac{\partial f}{\partial \xi_i} \\ &= \left(\frac{\partial f}{\partial t}\right)_{\text{Stoß}}. \end{aligned} \tag{A.521}$$

A.19.4 Boltzmann'sches Stoßintegral

A.19.4.1 Stoßstatistik

$$dt \, dV_x \, dV_\xi \, f \int_0^{2\pi} d\varepsilon \int_0^\infty b \, db \int_{\mathbb{R}^3} f_1 g \, dV_{\xi_1}. \tag{A.522}$$

A.19.4.2 Gewonnene und verlorene Moleküle

Die Transformation vom Raum $(\boldsymbol{\xi}, \boldsymbol{\xi}_1)$ in den Raum $(\boldsymbol{\xi}', \boldsymbol{\xi}_1')$ hat bei elastischen Stößen die Jacobi'sche Determinante

$$J = \frac{\partial(\boldsymbol{\xi}', \boldsymbol{\xi}_1')}{\partial(\boldsymbol{\xi}, \boldsymbol{\xi}_1)} = 1, \tag{A.523}$$

so dass das Maß $dV_\xi dV_{\xi_1}$ erhalten bleibt.

A.19.4.3 Endform des Stoßintegrals

$$\left(\frac{\partial f}{\partial t}\right)_{\text{Stoß}}$$

$$= \int_{\mathbb{R}^3} \int_0^\infty \int_0^{2\pi} \left[f' f_1' - f f_1 \right] g \, b \, db \, d\varepsilon \, dV_{\xi_1}.$$

$$(A.524)$$

A.19.4.4 Boltzmann-Gleichung in voller Gestalt

$$\frac{\partial f}{\partial t} + \sum_{i=1}^{3} \xi_i \frac{\partial f}{\partial x_i} + \sum_{i=1}^{3} F_i \frac{\partial f}{\partial \xi_i}$$

$$= \int_{\mathbb{R}^3} \int_0^\infty \int_0^{2\pi} \left[f' f_1' - f f_1 \right] g \, b \, db \, d\varepsilon \, dV_{\xi_1}.$$

$$(A.525)$$

A.19.5 Boltzmann'sche *H*-Funktion und Gleichgewichtsverteilung

A.19.5.1 Definition der *H*-Funktion

$$H(t) = \int_{\mathbb{R}^3} \int_{\mathbb{R}^3} f(\boldsymbol{x},\boldsymbol{\xi},t) \ln f(\boldsymbol{x},\boldsymbol{\xi},t) \, d^3\xi \, d^3x$$

$$(A.526)$$

Die Entropie S eines abgeschlossenen Systems ist (bis auf eine Vorzeichen- und Faktorwahl) proportional zu H.

A.19.5.2 *H*-Theorem

Theorem A.12 (*H*-Theorem)

Aus der Boltzmann-Gleichung mit dem Stoßintegral folgt das **H-Theorem**. Es besagt, dass

$$\frac{dH}{dt} \le 0 \qquad (A.527)$$

wobei die Gleichheit nur im Gleichgewichtszustand gilt.

A.19.5.3 Charakteristik des Gleichgewichts

lokale Maxwell-Verteilung:

$$f_{\text{eq}}(\boldsymbol{x},\boldsymbol{\xi}) = n(\boldsymbol{x})\left(\frac{m}{2\pi k_{\text{B}} T(\boldsymbol{x})}\right)^{3/2}$$

$$\cdot \exp\left[-\frac{m\left|\boldsymbol{\xi} - \boldsymbol{u}(\boldsymbol{x})\right|^2}{2 k_{\text{B}} T(\boldsymbol{x})} \right].$$

$$(A.528)$$

Hierbei sind
- $n(\boldsymbol{x})$ die Teilchendichte,
- $T(\boldsymbol{x})$ die Temperatur,
- $\boldsymbol{u}(\boldsymbol{x})$ die makroskopische Strömungsgeschwindigkeit,
- m die Teilchenmasse und
- k_{B} die Boltzmann-Konstante.

A.19.5.4 Maxwell-Verteilung

Explizit ergibt sich

$$\ln f = am + m(b_1 \xi_1 + b_2 \xi_2 + b_3 \xi_3)$$
$$+ \frac{m}{2} d(\xi_1^2 + \xi_2^2 + \xi_3^2),$$
$$= \ln a^* - \frac{1}{2} d^* m \big[(\xi_1 - b_1/d^*)^2$$
$$+ (\xi_2 - b_2/d^*)^2 + (\xi_3 - b_3/d^*)^2 \big].$$

$$(A.529)$$

Damit schließlich

$$f = a^* \exp\left\{ -\frac{1}{2} m d^* (\xi_i - b_i/d^*)^2 \right\}.$$

$$(A.530)$$

Die Größen a^*, b_i und d^* müssen noch bestimmt werden.

Teilchendichte

$$n = a^* \left(\frac{2\pi}{m d^*}\right)^{3/2}. \qquad (A.531)$$

Strömungsgeschwindigkeit

$$u_i = \frac{b_i}{d^*}. \qquad (A.532)$$

Zusammenhang mit thermischer Geschwindigkeit

> **Definition A.20 (Therm. Geschwindigkeit)**
>
> Es ist definiert
>
> $$c_i = \xi_i - u_i = \xi_i - \frac{b_i}{d^*}. \qquad (A.533)$$

Bestimmung von d^* über die Temperatur

Die kinetische Energie liefert

$$\frac{3}{2}kT = \frac{3}{2d^*}, \Longrightarrow \quad d^* = \frac{1}{kT}. \qquad (A.534)$$

Endgültige Form der Verteilung

$$f = \frac{n}{(2\pi RT)^{3/2}} \exp\left(-\frac{(\xi_i - u_i)^2}{2RT}\right) \qquad (A.535)$$

$$f = \frac{n}{(2\pi RT)^{3/2}}$$
$$\cdot \exp\left(-\frac{(\xi_1 - u_1)^2 + (\xi_2 - u_2)^2 + (\xi_3 - u_3)^2}{2RT}\right) \qquad (A.536)$$

Örtliche Maxwell-Verteilung

$$f_{\text{ÖM}}(t, x_i; \xi_i) = \frac{n(t, x_i)}{(2\pi RT(t, x_i))^{3/2}}$$
$$\cdot \exp\left(-\frac{c^2}{2RT(t, x_i)}\right),$$
$$c^2 = (\xi_i - u_i(t, x_i))^2. \qquad (A.537)$$

Im Gegensatz dazu ist die stationäre (raum- und zeitlich konstante) Maxwell-Verteilung:

$$f_M = \frac{n}{(2\pi RT)^{3/2}} \exp\left(-\frac{c^2}{2RT}\right). \qquad (A.538)$$

> **Bemerkung A.19**
>
> Das H-Theorem zeigt, dass ein Gas im Laufe der Zeit stets zur Maxwell-Verteilung tendiert. Für inhomogene Gase ist die Herleitung möglich, aber aufwendiger.

A.19.5.5 Makroskopische Größen als Momente der Verteilungsfunktion

Definitionen der makroskopischen Größen

■ Dichte:

$$\varrho = m \int_{-\infty}^{\infty}\int_{-\infty}^{\infty}\int_{-\infty}^{\infty} f\, d\xi_1 d\xi_2 d\xi_3. \qquad (A.539)$$

■ Strömungsgeschwindigkeit:

$$u = \frac{m}{\varrho} \int_{-\infty}^{\infty}\int_{-\infty}^{\infty}\int_{-\infty}^{\infty} \xi f\, d\xi_1 d\xi_2 d\xi_3 \qquad (A.540)$$

■ Temperatur:

$$T = \frac{m}{3\varrho R} \int_{-\infty}^{\infty}\int_{-\infty}^{\infty}\int_{-\infty}^{\infty} (\xi - u)^2 f\, d\xi_1 d\xi_2 d\xi_3 \qquad (A.541)$$

■ Spannungstensor:

$$\tau_{ij} = m \int_{-\infty}^{\infty}\int_{-\infty}^{\infty}\int_{-\infty}^{\infty} (\xi_i - u_i)(\xi_j - u_j) f$$
$$d\xi_1 d\xi_2 d\xi_3 \qquad (A.542)$$

■ Wärmestromvektor:

$$q_i = \frac{m}{2} \int_{-\infty}^{\infty}\int_{-\infty}^{\infty}\int_{-\infty}^{\infty} (\xi_i - u_i)(\xi - u)^2 f$$
$$d\xi_1 d\xi_2 d\xi_3 \qquad (A.543)$$

Örtliche Maxwell-Verteilung

$$f^{\text{OM}}(t, x, \xi) = n\left(\frac{m}{2\pi kT}\right)^{3/2}$$
$$\cdot \exp\left(-\frac{(\xi - u)^2}{2RT}\right). \qquad (A.544)$$

Momente der örtlichen Maxwell-Verteilung

■ Dichte:

$$\varrho = m \int f^{\text{OM}}\, d^3\xi \qquad (A.545)$$

■ **Geschwindigkeit:**

$$u = \frac{m}{\varrho} \int \xi f^{\mathrm{OM}} \, d^3\xi \qquad \text{(A.546)}$$

■ **Temperatur:**

$$T = \frac{m}{3\varrho R} \int (\xi - u)^2 f^{\mathrm{OM}} \, d^3\xi \qquad \text{(A.547)}$$

■ **Spannungstensor:**

$$\begin{aligned} \tau_{ij} &= m \int (\xi_i - u_i)(\xi_j - u_j) f^{\mathrm{OM}} \, d^3\xi \\ &= p\,\delta_{ij} \end{aligned} \qquad \text{(A.548)}$$

■ **Wärmestromvektor:**

$$q_i = \frac{m}{2} \int (\xi_i - u_i)(\xi - u)^2 f^{\mathrm{OM}} \, d^3\xi = 0 \qquad \text{(A.549)}$$

Corollary A.16

Im Gleichgewichtszustand beschreibt die Maxwell-Verteilung ein Gas ohne Reibung und ohne Wärmeleitung. Dies entspricht genau den **Euler-Gleichungen** der Gasdynamik.

Maxwell-Verteilung der Geschwindigkeitsbeträge

$$f(c) = \frac{4\pi c^2 n}{(2\pi RT)^{3/2}} \exp\left(-\frac{c^2}{2RT}\right) \qquad \text{(A.550)}$$

A.19.5.6 Charakteristische Geschwindigkeiten

■ **Mittlere Geschwindigkeit:**

$$\bar{c} = \frac{1}{n} \int_0^\infty c\, f(c)\, dc = \sqrt{\frac{8RT}{\pi}}. \qquad \text{(A.551)}$$

■ **Quadratisches Mittel (rms-Geschwindigkeit):**

$$\sqrt{\overline{c^2}} = \left(\frac{1}{n} \int_0^\infty c^2 f(c)\, dc\right)^{1/2} = \sqrt{3RT}. \qquad \text{(A.552)}$$

■ **Wahrscheinlichste Geschwindigkeit:**

$$c_m = \sqrt{2RT}. \qquad \text{(A.553)}$$

Bemerkung A.20

Die wahrscheinlichste Geschwindigkeit c_m unterscheidet sich nur wenig von der Schallgeschwindigkeit $\sqrt{\kappa RT}$, wobei κ der Adiabatenexponent ist. Vgl. auch mit [48]

Freie Molekülströmung

$$\left(\frac{\partial f}{\partial t}\right)_{\text{Stöße}} \equiv 0. \qquad \text{(A.554)}$$

$$Kn = \frac{\lambda}{L} \gg 1. \qquad \text{(A.555)}$$

Bemerkung A.21 (Lees'sche Sichtkegelprinzip)

Das sogenannte **Lees'sche Sichtkegelprinzip** beschreibt dabei, wie Teilchen aus verschiedenen Bereichen der Wand zum Punkt $P(x)$ beitragen.

A.19.6 *H*-Theorem und Entropie

$$s = -kH_m + \text{konst.} = -R\overline{\ln f} + \text{konst.} \qquad \text{(A.556)}$$

Bemerkung A.22

Die Herleitung des *H*-Theorems basiert auf statistischen Annahmen (insbesondere auf der Stoßhypothese, auch **Stoßzahlansatz** genannt). Daher gilt sowohl das *H*-Theorem als auch der zweite Hauptsatz nicht als deterministisches Gesetz, sondern als eine Aussage mit *an Sicherheit grenzender Wahrscheinlichkeit*. In makroskopischen Systemen mit einer sehr großen Teilchenzahl ist die Wahrscheinlichkeit für eine Verletzung des zweiten Hauptsatzes verschwindend gering, weshalb die Gesetze in der Praxis als universell gültig betrachtet werden.

A.19.7 Maxwell'sche Transportgleichung

A.19.7.1 Allgemeine Transportgleichung

Transportgleichung:

$$\frac{\partial}{\partial t}\int \Phi(\underline{\xi})f\,dV_\xi + \frac{\partial}{\partial x_j}\int \Phi(\underline{\xi})\xi_j\,f\,dV_\xi$$
$$- F_j\int f\,\frac{\partial \Phi(\underline{\xi})}{\partial \xi_j}\,dV_\xi = I_\Phi, \tag{A.557}$$

oder

$$\frac{\partial(n\overline{\Phi(\xi_l)})}{\partial t} + \frac{\partial}{\partial x_j}(n\overline{\Phi(\xi_l)\xi_j}) - F_j n\frac{\overline{\partial \Phi(\xi_l)}}{\partial \xi_j}$$
$$= I_\Phi, \tag{A.558}$$

wobei I_Φ das Stoßintegral bezeichnet. Es gilt $I_{\Psi_l} \equiv 0$ gilt.

A.19.7.2 Gasdynamische Größen

— **Dichte**:

$$\varrho = \int mf\,dV_\xi = nm, \tag{A.559}$$

— **Geschwindigkeit**:

$$\varrho u_i = nmu_i = \int m\xi_i\,f\,dV_\xi, \tag{A.560}$$

— **Temperatur**:

$$T = \frac{1}{\frac{3}{2}\varrho R}\int \frac{m}{2}\xi^2\,f\,dV_\xi$$
$$= \frac{2}{3\varrho R}\int \frac{m}{2}\left(\xi_i^2 - 2u_i\xi_i + u_i^2\right)f\,dV_\xi$$
$$= \frac{2}{3\varrho R}\int \frac{m}{2}\xi_i^2\,f\,dV_\xi$$
$$\quad - \frac{1}{3nR}\left[2u_i\left(\int \xi_i\,f\,dV_\xi\right.\right.$$
$$\left.\left. - u_i\int f\,dV_\xi\right)\right]$$
$$= \frac{2}{3\varrho R}\int \frac{m}{2}\xi_i^2\,f\,dV_\xi - \frac{1}{3R}u_i^2. \tag{A.561}$$

Damit folgt:

$$\frac{nm}{2}\overline{\xi^2} = \int \frac{m}{2}\xi^2\,f\,dV_\xi = \tfrac{3}{2}\varrho RT + \tfrac{\varrho}{2}u_i^2. \tag{A.562}$$

— **Spannungstensor**:

$$nm\,\overline{\xi_i\xi_j} = \int m\xi_i\xi_j\,f\,dV_\xi$$
$$= \int m(c_i + u_i)(c_j + u_j)f\,dV_\xi$$
$$= \tau_{ij} + \varrho u_i u_j, \tag{A.563}$$

mit

$$\tau_{ij} = m\int c_i c_j\,f\,dV_\xi, \quad \text{und} \quad \int c_i\,f\,dV_\xi = 0. \tag{A.564}$$

— **Wärmestrom**:

$$\frac{nm}{2}\overline{\xi_i\xi^2} = \frac{m}{2}\int \xi_i\xi^2\,f\,dV_\xi$$
$$= \frac{m}{2}\int (c_i + u_i)$$
$$\cdot \left(c^2 + 2c_j u_j + u_j^2\right)f\,dV_\xi$$
$$= q_i + u_j\tau_{ij} + \varrho u_i\left(\tfrac{3}{2}RT + \tfrac{1}{2}u^2\right). \tag{A.565}$$

A.19.7.3 Gasdynamische Erhaltungssätze

Kontinuitätsgleichung ($\Phi = m$) **substantieller Ableitung**:

$$\frac{D\varrho}{Dt} + \varrho\frac{\partial u_i}{\partial x_i} = 0, \tag{A.566}$$

oder **komponentenweise**:

$$\frac{\partial\varrho}{\partial t} + \frac{\partial(\varrho u_1)}{\partial x_1} + \frac{\partial(\varrho u_2)}{\partial x_2} + \frac{\partial(\varrho u_3)}{\partial x_3} = 0. \tag{A.567}$$

Impulsgleichung ($\Phi = m\,\xi_i$)

$$\left(\frac{\partial}{\partial t} + u_j\frac{\partial}{\partial x_j}\right)u_i = -\frac{1}{\varrho}\frac{\partial\tau_{ij}}{\partial x_j} + F_i. \tag{A.568}$$

Energiegleichung ($\Phi = \frac{1}{2} m\, \xi^2$)

$$\frac{3}{2}\frac{\varrho R}{c_v}\left(\frac{\partial}{\partial t} + u_j \frac{\partial}{\partial x_j}\right) T = -\frac{\partial q_j}{\partial x_j} - \tau_{ij}\frac{\partial u_i}{\partial x_j}.$$

$$(A.569)$$

Bemerkung A.23

Insgesamt treten in diesen Gleichungen folgende 14 Variablen auf:

$$\varrho, \quad u_i, \quad \tau_{ij}, \quad T, \quad q_i, \qquad (A.570)$$

also Dichte, Geschwindigkeit, Spannungstensor, Temperatur und Wärmestrom. Da die Zahl der Gleichungen kleiner ist als die Zahl der Unbekannten, spricht man von einem **nicht geschlossenen System**.

Bemerkung A.24

Es ist jedoch zu betonen, dass diese linearen Zusammenhänge nur unter der Voraussetzung kleiner Knudsen-Zahlen gültig sind. Sie gelten daher ausschließlich für Strömungen, die sich in der Nähe des lokalen thermodynamischen Gleichgewichts befinden. Die mathematische Begründung dieser Näherung erfolgt über die **Chapman-Enskog-Entwicklung**, die später behandelt wird.

A.19.8 BGK-Approximation (Krook-Gleichung)

$$\frac{\partial f}{\partial t} + \xi_i \frac{\partial f}{\partial x_i} + \frac{F_i}{m}\frac{\partial f}{\partial \xi_i} = -\frac{1}{\tau}\left(f - f^{(0)}\right).$$

$$(A.571)$$

$$f^{(0)}(\underline{\xi}) = \frac{\varrho}{(2\pi R T)^{3/2}}\exp\left[-\frac{(\underline{\xi} - \underline{u})^2}{2 R T}\right],$$

$$(A.572)$$

wobei ϱ die Massendichte, $\underline{u}$ die makroskopische Geschwindigkeit und T die Temperatur des Gases sind.

Die BGK-Approximation besitzt folgende Eigenschaften:

- Erhaltung von Masse, Impuls und Energie ist weiterhin gewährleistet.
- Das System relaxiert innerhalb der Zeit τ gegen das lokale Maxwell-Gleichgewicht.
- Transportkoeffizienten (z. B. Viskosität, Wärmeleitfähigkeit) ergeben sich korrekt bis auf Abweichungen bei der Prandtl-Zahl.

A.20 Lösung der Boltzmann-Gleichung

A.20.1 Allgemeine Lösungsmethoden der Boltzmann-Gleichung

A.20.1.1 Momentenmethode

$$M_\Phi(t, \underline{x}) = \int \Phi(\underline{\xi}) f(t, \underline{x}, \underline{\xi})\, dV_\xi. \quad (A.573)$$

Die Wahl von Φ erlaubt es, makroskopische Größen wie Dichte, Impulsdichte und Energie direkt aus der kinetischen Beschreibung abzuleiten.

A.20.1.2 Grad'sche Momentenmethode

- f wird als Erweiterung um eine lokale Maxwell-Verteilung $f^{(0)}$ geschrieben.
- Abweichungen vom Gleichgewicht werden durch sukzessive Momente (Dichte, Impuls, Energie, Wärmestrom, höhere Flüsse) beschrieben.
- Die Entwicklung wird nach einer endlichen Zahl von Termen abgebrochen.

A.20.1.3 Diskontinuierliche Verteilungsfunktion

- Moleküle, die auf eine Wand auftreffen, besitzen eine einlaufende Geschwindigkeit ξ_a.
- Nach der Wechselwirkung mit der Wand verlassen sie die Oberfläche mit einer reflektierten Geschwindigkeit ξ_r.
- In solchen Situationen ist es sinnvoll, f in Ein- und Auslaufanteile zu zerlegen.

A.20.2 Spezielle Lösungsmethoden der Boltzmann-Gleichung

A.20.2.1 Exakte Lösung der Boltzmann-Gleichung

Absolute Maxwell-Verteilung

$$f^{(0)}(\underline{\xi}) = \frac{\varrho}{(2\pi RT)^{3/2}} \exp\left[-\frac{(\underline{\xi}-\underline{u})^2}{2RT}\right].$$
$$(A.574)$$

Hier gilt:

- ϱ = Dichte, konstant im Raum,
- $\underline{u}$ = Strömungsgeschwindigkeit, konstant,
- T = Temperatur, konstant.

Freie Molekülströmung (*Kn* sehr groß)

$$\frac{\partial f}{\partial t} + \xi_i \frac{\partial f}{\partial x_i} = 0.$$
$$(A.575)$$

Dieser Fall beschreibt freie Molekülströmungen, wie sie in Hochvakuumtechnologien oder in der oberen Atmosphäre auftreten.

A.21 Flugzeugtechnik

A.21.1 Begriffsdefinition

> **Definition A.21 (Flugzeug)**
>
> Aeroplane. A power-driven heavier-than-air aircraft, deriving its lift in flight chiefly from aerodynamic reactions on surfaces which remain fixed under given conditions of flight.
>
> Ein motorgetriebenes, schwerer-als-Luft-Luftfahrzeug, dessen Auftrieb im Flug überwiegend aus aerodynamischen Kräften auf Flächen entsteht, die unter den gegebenen Flugbedingungen feststehen (siehe ◧ Abb. A.48).

A.21.2 Flugwerk

Mathematisch lässt sich das erzeugte Rollmoment M_x vereinfacht darstellen als:

$$M_x \approx \Delta C_L \cdot \frac{b}{2} \cdot q \cdot S.$$
$$(A.576)$$

wobei gilt:

$\Delta C_L \ldots$ Differenz des Auftriebsbeiwerts zwischen linkem und rechtem Flügel,

$b \ldots$ Spannweite,

$q = \frac{1}{2}\varrho v^2 \ldots$ Staudruck,

$S \ldots$ Flügelgrundfläche.

Auftriebskraft F_A führt:

$$F_A = \frac{1}{2}\varrho v^2 S C_L$$
$$(A.577)$$

Hierbei ist C_L der Auftriebsbeiwert. Durch das Aktivieren der Störklappen sinkt C_L, während der Luftwiderstand D gleichzeitig leicht steigt, da die Klappen zusätzliche Störflächen bilden. Auftriebsbeiwerts:

$$\Delta C_L = k \cdot \frac{A_s}{S}$$
$$(A.578)$$

wobei A_s die Fläche der ausgefahrenen Störklappen, S die Tragflächenfläche und k ein empirischer Faktor für die Wirksamkeit der Klappe ist. Daraus ergibt sich die neue Auftriebskraft:

$$L_{\text{neu}} = \frac{1}{2}\varrho v^2 S(C_L - \Delta C_L).$$
$$(A.579)$$

A.21.3 Aerodynamische Kräfte des Flugzeugs in Bewegung

Die Größe des Auftriebs L lässt sich mit der vereinfachten Auftriebsgleichung beschreiben

$$F_A = \frac{1}{2} \cdot \varrho \cdot v^2 \cdot A \cdot c_A.$$
$$(A.580)$$

$$F_{W.L} = \frac{1}{2} \cdot \varrho \cdot v^2 \cdot A \cdot c_W.$$
$$(A.581)$$

Dabei bedeuten:

$F_A \ldots$ Auftriebskraft,

$F_{W,L} \ldots$ Widerstandskraft,

$\varrho \ldots$ Dichte der Luft,

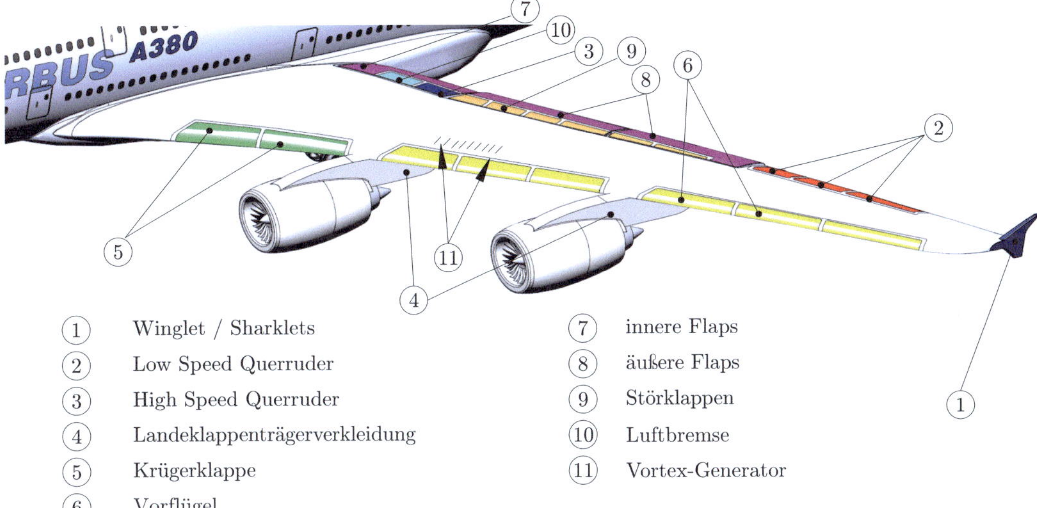

①	Winglet / Sharklets	⑦	innere Flaps	
②	Low Speed Querruder	⑧	äußere Flaps	
③	High Speed Querruder	⑨	Störklappen	①
④	Landeklappenträgerverkleidung	⑩	Luftbremse	
⑤	Krügerklappe	⑪	Vortex-Generator	
⑥	Vorflügel			

◘ Abb. A.48 Komponenten des Tragflügels

$v \ldots$ Anströmgeschwindigkeit,

$A \ldots$ Flügelfläche,

$c_A \ldots$ Auftriebsbeiwert, der von der Flügelgeometrie und dem Anstellwinkel abhängt,

$c_W \ldots$ Widerstandsbeiwert, der von der ebenfalls von der Flügelgeometrie und dem Anstellwinkel abhängt.

A.21.3.1 Weight/Lift/Thrust/Drag

$$F_A = F_G \text{ und } F_{\text{Schub}} = F_{W,L} \text{ bzw.} \tag{A.582}$$

$$F_L = F_W \text{ und } F_T = F_D \tag{A.583}$$

A.21.3.2 Zusammenwirken der Kräfte

- Der **Auftrieb** muss groß genug sein, um das Gewicht des Flugzeugs zu tragen. Er hängt von Geschwindigkeit, Luftdichte, Flügelfläche und Anstellwinkel ab.
- Damit der Auftrieb erzeugt werden kann, muss das Flugzeug mit einer bestimmten Geschwindigkeit durch die Luft bewegt werden. Hier kommt der **Vortrieb** ins Spiel: Triebwerke liefern die notwendige Energie, um die Geschwindigkeit aufrechtzuerhalten.
- Gleichzeitig erzeugt die Bewegung durch die Luft den **Luftwiderstand**, der dem Vortrieb entgegengerichtet ist. Der Widerstand steigt mit zunehmender Geschwindigkeit stark an, weshalb der Schub entsprechend angepasst werden muss.

A.21.3.3 Flugzustände

Je nach Kräfteverhältnis ergeben sich unterschiedliche Flugzustände:

- **Stationärer Horizontalflug:** $F_L = F_W$ und $F_T = F_D$. Das Flugzeug bleibt auf gleicher Höhe und Geschwindigkeit.
- **Steigflug:** Der Auftrieb bleibt kleiner als das Gewicht, die fehlende Komponente wird durch einen Schubüberschuss kompensiert. Triebwerke liefern mehr Vortrieb, um den zusätzlichen Widerstand zu überwinden.
- **Sinkflug:** Das Gewicht übersteigt den Auftrieb, und der Vortrieb kann reduziert werden. Der Widerstand sorgt mit dafür, dass die Sinkrate kontrolliert bleibt.
- **Beschleunigung im Horizontalflug:** $F_T > F_D$. Die Geschwindigkeit nimmt zu, bis ein neues Gleichgewicht erreicht ist.

Literatur

1. Anderson, J. D. *Fundamentals of aerodynamics*. Lehrbuch. McGraw-Hill Education, New York, NY, 6. Aufl., 2017. ISBN 978-1-259-12991-9. URL https://tu-dresden.de/ing/maschinenwesen/ilr/ressourcen/dateien/tfd/studium/dateien/Aerodynamik_V.pdf?lang=de. [Online; Stand 4. Dezember 2021].

2. Benad, J. Grundlagen kompressibler Strömungen. Skript, 2013. [PDF; Stand 3. Juni 2020].

3. Bohl, W. and Elmendorf, W. *Strömungsmaschinen 1*. Kamprath-Reihe. Vogel Communications Group, 11. Aufl., 2013. ISBN 978-3-834-33288-2. URL https://www.thalia.at/shop/home/artikeldetails/A1026858269?ProvID=11010474. Lehrbuch.

4. Eifler, W., Schlücker, E., Spicher, U. und Will, G. *Küttner Kolbenmaschinen*. Lehrbuch. Springer Vieweg, Wiesbaden, 7., neu bearbeitete Aufl., 2009. ISBN 978-3-834-89302-4. URL https://link.springer.com/book/10.1007/978-3-8348-9302-4.

5. Eifler, W., Schlücker, E., Spicher, U. und Will, G. *Spezialgebiete der Gasdynamik*. Lehrbuch. Springer Vieweg, Wiesbaden, 7., neu bearbeitete Aufl., 1977. ISBN 978-3-834-89302-4. URL https://link.springer.com/book/10.1007/978-3-8348-9302-4.

6. Ernst, O. Nach oben ausgefahrene Störklappen (Spoiler) eines A320, 2024. URL https://de.wikipedia.org/w/index.php?title=Querruder&oldid=248287349. [Online; Stand 4. Oktober 2025].

7. Ferziger, J. H., Perić, M. und Street, R. L. *Numerische Strömungsmechanik*. Lehrbuch. Springer Berlin Heidelberg, 2., aktual. Aufl., 2020. ISBN 978-3-662-46544-8. URL https://link.springer.com/book/10.1007/978-3-662-46544-8.

8. GE Vernova. 9HA gas turbine, 2025. URL https://www.gevernova.com/gas-power/products/gas-turbines/9ha. [Online; Stand 17. September 2025].

9. Grobe, H. H-Darrieus in der Antarktis, 2007. URL https://de.wikipedia.org/wiki/Windkraftanlage#/media/Datei:Windgenerator_antarktis_hg.jpg. [Online; Stand 26. September 2025].

10. Gross, D., Hauger, W. und Wriggers, P. *Technische Mechanik 4*. Lehrbuch. Springer Vieweg, Berlin, Heidelberg, 11. Aufl., 2023. ISBN 978-3-662-66524-4. URL https://link.springer.com/book/10.1007/978-3-662-66524-4.

11. Grundmann, Prof. Dr.-Ing. R. Aerodynamik TU Dresden. Skript, TU Dresden, 2021. URL https://tu-dresden.de/ing/maschinenwesen/ilr/ressourcen/dateien/tfd/studium/dateien/Aerodynamik_V.pdf?lang=de. [Online; Stand 4. Dezember 2021].

12. Hakenesch, R. Teschnische Thermodynamik (Skript zur Vorleseung, Version 2.1). Skript, Hochschule München, -. [Online; Stand 22. Juli 2024].

13. Huber, A. *Technische Mechanik 1 – Stereostatik*. Lehrbuch. Springer Vieweg, Berlin, Heidelberg, 1. Aufl., 2023. ISBN 978-3-662-67038-5. URL https://link.springer.com/book/10.1007/978-3-662-67038-5#overview.

14. Huber, A. *Technische Mechanik 3 – Dynamik*. Lehrbuch. Springer Vieweg, Berlin, Heidelberg, 1. Aufl., 2024. ISBN 978-3-662-68666-9. URL https://link.springer.com/book/10.1007/978-3-662-68666-9?page=1#bibliographic-information.

15. Huber, A. *Technische Mechanik 4 – Hydromechanik*. Lehrbuch. Springer Vieweg, Berlin, Heidelberg, 1. Aufl., 2025. ISBN 978-3-662-69231-8. URL https://link.springer.com/book/9783662692301.

16. Huber, A. *Technische Mechanik 5 – Thermodynamik*. Lehrbuch. Springer Vieweg, Berlin, Heidelberg, 1. Aufl., 2025. ISBN 978-3-662-70783-8. URL https://link.springer.com/book/9783662707838.

17. Hänel, D. Mathematische Strömungslehre I + II. Skript, RWTH Aachen, 2008. [PDF; Stand 3. Juni 2020].

18. International Civil Aviation Organization. Annex 2 to the Convention on International Civil Aviation. Rules of the Air. 10. Auflage. November 2016, S. 1–2, 2017. URL https://www.bazl.admin.ch/dam/bazl/de/dokumente/Fachleute/Regulationen_und_Grundlagen/111/icao_annex_2_rulesoftheair.pdf.download.pdf/icao_annex_2_rulesoftheair.pdf. [PDF; Stand 12. Juli 2017].

19. Jaypee. Aircraft engine MiG-23 sweep wing mechanism.jpg, 2006. URL https://commons.wikimedia.org/w/index.php?curid=876480. [PDF; Stand 12. September 2025].

20. Katz, J., Plotkin, A. *Low Speed Aerodynamics: From Wing Theory to Panel Methods*, 1. Auflage 2001, Cambridge University Press, ISBN 978-1-139-56714-5.

21. Krause, S. Eigenes Werk Dieses Foto wurde beim Oldtimer Fliegertreffen, 2013 am Flugfeld Hahnweide bei Kirchheim unter Teck aufgenommen. Es zeigt das Segelflugzeug, Rubik R-11b Cimbora im Landeanflug, 2013. URL https://de.wikipedia.org/wiki/Hochdecker_(Flugzeug)#/media/Datei:Rubik_R11B_Cimbora_OTT2013_D7N9727_001.jpg. [PDF; Stand 12. September 2025].

22. Krause, S. Eigenes Werk Dieses Foto wurde beim Oldtimer Fliegertreffen, 2013 am Flugfeld Hahnweide bei Kirchheim unter Teck aufgenommen. Es zeigt eine Grumman TBM Avenger im Landeanflug, 2013. URL https://de.wikipedia.org/wiki/Mitteldecker#/media/Datei:Grumman_TBM_Avernger_OTT2013_D7N9377_004.jpg. [PDF; Stand 12. September 2025].

23. Landertshamer, F. Skript Strömungsmaschinen und Anlagen, Allgemeines. Skript, HTBLuVA Salzburg, 2019. [PDF; Stand 1. Dezember 2020].

24. Landertshamer, F. Skript Strömungsmaschinen und Anlagen, Verdichter. Skript, HTBLuVA Salzburg, 2019. [PDF; Stand 1. Februar 2020].

25. MTU Aero Engines. GTF-Triebwerk: Antrieb für die A220 und die A320neo-Familie von Airbus und die

E-Jets von Embraer, 2025. URL https://www.mtu. de/de/engines/zivile-triebwerke/narrowbody-and-regional-jets/gtf-triebwerksfamilie/. [Online; Stand 17. September 2025].

26. MTU Aero Engines. LM2500, 2025. URL https:// www.mtu.de/de/engines/industriegasturbinen/ lm2500/. [Online; Stand 17. September 2025].

27. MTU Aero Engines. PW100/150A: Antrieb für Regionalflugzeuge, 2025. URL https://www.mtu.de/de/ engines/zivile-triebwerke/turboprops/pw100/150a/. [Online; Stand 17. September 2025].

28. Marmet, E. Eine Concorde der British Airways, 2025. URL https://www.airliners.net/photo/British-Airways/ Aerospatiale-BAC-Concorde-102/1406075/L. [Online; Stand 5. März 2025].

29. MiG-21 Online. Triebwerk-Tumanski-Strahlturbine, 2025. URL https://www.mig-21-online.de/technik/ triebwerk/. [Online; Stand 17. September 2025].

30. Monniaux, D. Pratt und Whitney JT9D (Boeing 747), 2025. URL https://de.wikipedia.org/wiki/ Mantelstromtriebwerk#/media/Datei:B747_turbofan_ dsc04626.jpg. [Online; Stand 14. September 2025].

31. National Air And Space Museum. General Electric J79-GE-2 Turbojet Engine, 2025. URL https:// airandspace.si.edu/collection-objects/general-electric-j79-ge-2-turbojet-engine/nasm_A19810156000. [Online; Stand 17. September 2025].

32. Oertel, H., Böhle, M. und Reviol, T. *Strömungsmechanik*. Lehrbuch. Springer Vieweg, Wiesbaden, 7., überarb. Aufl., 2015. ISBN 978-3-658-07786-0. URL https://link.springer.com/book/10.1007/978-3-658-07786-0.

33. Oertel, H. *Prandtl – Führer durch die Strömungslehre*. Fachbuch. Springer Vieweg, Wiesbaden, 15. Aufl., 2022. ISBN 978-3-658-27894-6. URL https://link. springer.com/book/10.1007/978-3-658-27894-6.

34. Oimatsu, T. Savonius-Windspiel vor dem UDX-Hochhaus in Akihabara, Japan. Je nach Windstärke leuchten verschieden viele LEDs an den Flügelkanten der drei abwechselnd gegenläufigen, dreiflügeligen Rotoren, 2007. URL https://de.wikipedia.org/ wiki/Savonius-Rotor#/media/Datei:Savonius_wind_ turbine.jpg. [Online; Stand 26. September 2025].

35. Pöschel, J. *Etwas Analysis*. Lehrbuch. Springer Spektrum, Wiesbaden, 1. Aufl., 2014. ISBN 978-3-658-05799-2. URL https://link.springer.com/book/10. 1007/978-3-658-05799-2.

36. Pöschel, J. *Etwas mehr Analysis*. Lehrbuch. Springer Spektrum, Wiesbaden, 1. Aufl., 2014. ISBN 978-3-658-05860-9. URL https://link.springer.com/book/10. 1007/978-3-658-05860-9.

37. Pöschel, J. *Noch mehr Analysis*. Lehrbuch. Springer Spektrum, Wiesbaden, 1. Aufl., 2015. ISBN 978-3-658-05854-8. URL https://link.springer.com/book/10. 1007/978-3-658-05854-8.

38. RWTH Aachen. 4.1.3 Stationäre, kompressible, adiabate und reibungsfreie Strömungen in Rohren oder Kanälen mit veränderlichem Querschnitt. Skript, RWTH Aachen, 2024. URL https://www.itv.rwth-aachen.de/fileadmin/LehreSeminar/Thermodynamik_ II/WS16_Vorlesungen/Thermodynamik_II_Kap4_ Teil2von4.pdf. [Online; Stand 16. Februar 2025].

39. RWTH Aachen. 4.1.4 Stationäre kompressible Strömungen in Rohren oder Kanälen konstanten Querschnitts. Skript, RWTH Aachen, 2024. URL https://www.itv.rwth-aachen.de/fileadmin/ LehreSeminar/Thermodynamik_II/WS16_ Vorlesungen/Thermodynamik_II_Kap4_Teil3von4. pdf. [Online; Stand 19. Oktober 2024].

40. Rolls Royce. The clear market choice for the Airbus A380, 2025. URL https://www.rolls-royce.com/ products-and-services/civil-aerospace/widebody/ trent-900.aspx#/. [Online; Stand 17. September 2025].

41. Rolls-Royce. RB211, 2025. URL https://web.archive. org/web/20120422230530/http://www.rolls-royce. com/energy/energy_products/gas_turbines/rb211/. [Online; Stand 17. September 2025].

42. Schade, H., Kunz, E., Kameier, F. und Paschereit, C. O. *Strömungslehre*. Lehrbuch. de Gruyter, 4. neu bearb. Aufl., 2013. ISBN 978-3-110-29221-3. URL https://www.degruyter.com/document/doi/10. 1515/9783110292237/html.

43. Schlichting, H. and Truckenbrodt, E. *Aerodynamik des Flugzeuges, Lehrbuch*. Springer Vieweg, 3. Aufl., 2001. ISBN 978-3-540-67375-0. URL https://link. springer.com/book/10.1007/978-3-642-56910-4. Hier auch später erschienene unveränderte Nachdrucke.

44. Schlichting, H. and Truckenbrodt, E. *Aerodynamik des Flugzeuges*. Lehrbuch. Springer Vieweg, 3. Aufl., 2001. ISBN 978-3-642-56911-1. URL https://link. springer.com/book/10.1007/978-3-642-56911-1.

45. Siemens Energy. SGT5-9000HL gas turbine, 2025. URL https://www.siemens-energy.com/global/en/ home/products-services/product/sgt5-9000hl.html#/. [Online; Stand 17. September 2025].

46. Skolaut, W. *Maschinenbau*. Taschenbuch. Springer Vieweg, Berlin, Heidelberg, 2. Aufl., 2018. ISBN 978-3-662-55882-9. URL https://link.springer.com/book/ 10.1007/978-3-662-55882-9.

47. SolidWorks. FlowSimulation 2020 Technische Refernz PDF. Skript, Dessault Systems, 2021. [Online; Stand 29. Januar 2024].

48. Stemmer, C. Hyperschallströmungen. Skript, TU München, 2020. [PDF; Stand 3. Juni 2020].

49. Weber, G. *Strömungs- und Kolbenmaschinen im Anlagenbau*. Lehrbuch. Springer Vieweg, Wiesbaden, 1. Aufl., 2019. ISBN 978-3-658-24112-4. URL https:// link.springer.com/book/10.1007/978-3-658-24112-4.

50. Wikipedia. AIRBUS A350-900 MSN 002 F-WWCF beim Demonstrationsflug, ILA – Innovation and Leadersship in Aerospace/internationale Luft- und Raumfahrtausstellung, Berlin 2018, 2018. URL https://de.wikipedia.org/wiki/Airbus_A350#/media/ Datei:A350_Berlin_ILA_18.jpg. [Online; Stand 29. September 2025].

51. Wikipedia. Airbus A320-200 in Airbus-Werkslackierung, 2025. URL Airbus_A320-200_Airbus_Industries_(AIB)_'House_colors'_F-WWBA_-_MSN_001_(10276181983)_crop.jpg. [Online; Stand 29. September 2025].

52. Wikipedia. Airbus A340, 2025. URL https://de. wikipedia.org/w/index.php?title=Airbus_A340& oldid=259639558. [Online; Stand 29. September 2025].

53. Wikipedia. Airbus A350, 2025. URL https://de.wikipedia.org/w/index.php?title=Airbus_A350&oldid=259503048. [Online; Stand 29. September 2025].

54. Wikipedia. Airbus A380, 2025. URL https://de.wikipedia.org/w/index.php?title=Airbus_A380&oldid=259852662. [Online; Stand 29. September 2025].

55. Wikipedia. Airbus A400M (EC-404; MSN 004) auf der ILA Berlin Air Show 2012, 2012. URL https://de.wikipedia.org/wiki/Airbus_A400M#/media/Datei:Airbus_A400M_EC-404_ILA_2012_05.jpg. [Online; Stand 29. September 2025].

56. Wikipedia. Airbus A400M, 2025. URL https://de.wikipedia.org/w/index.php?title=Airbus_A400M&oldid=259714449. [Online; Stand 29. September 2025].

57. Wikipedia. Airbus-A320-Familie, 2025. URL https://de.wikipedia.org/w/index.php?title=Airbus-A320-Familie&oldid=259286117. [Online; Stand 29. September 2025].

58. Wikipedia. Alfred Büchi, 2025. URL https://de.wikipedia.org/w/index.php?title=Alfred_B%C3%BCchi&oldid=246664151. [Online; Stand 6. August 2025].

59. Wikipedia. Amedeo Avogadro, 2024. URL https://de.wikipedia.org/w/index.php?title=Amedeo_Avogadro&oldid=246693466. [Online; Stand 10. Februar 2025].

60. Wikipedia. Avogadrosches Gesetz, 2025. URL https://de.wikipedia.org/w/index.php?title=Avogadrosches_Gesetz&oldid=252976571. [Online; Stand 10. Februar 2025].

61. Wikipedia. Bewehrung des Fundamentes einer WEA bei Schonungen, 2012. URL https://de.wikipedia.org/wiki/Windkraftanlage#/media/Datei:WEA-Fundament.jpg. [Online; Stand 30. September 2025].

62. Wikipedia. Blick auf die Verbindung Rotorblatt – Rotornab, 2007. URL https://de.wikipedia.org/wiki/Windkraftanlage#/media/Datei:Windkraftanlage_Rotorblatt_Achse.JPG. [Online; Stand 26. September 2025].

63. Wikipedia. Boeing 737, 2025. URL https://de.wikipedia.org/w/index.php?title=Boeing_737&oldid=259748788. [Online; Stand 29. September 2025].

64. Wikipedia. Boeing 747, 2025. URL https://de.wikipedia.org/w/index.php?title=Boeing_747&oldid=259942981. [Online; Stand 29. September 2025].

65. Wikipedia. Boeing 777-219ER ZK-OKA Air New Zealand, 2012. URL https://de.wikipedia.org/wiki/Boeing_777#/media/Datei:Boeing_777-219ER_ZK-OKA_Air_New_Zealand_(7031891827).jpg. [Online; Stand 29. September 2025].

66. Wikipedia. Boeing 777, 2025. URL https://de.wikipedia.org/w/index.php?title=Boeing_777&oldid=259860624. [Online; Stand 29. September 2025].

67. Wikipedia. Boeing 787, 2025. URL https://de.wikipedia.org/w/index.php?title=Boeing_787&oldid=259848746. [Online; Stand 29. September 2025].

68. Wikipedia. Concorde, 2025. URL https://de.wikipedia.org/w/index.php?title=Concorde&oldid=252590550. [Online; Stand 4. März 2025].

69. Wikipedia. Die ersten zwei 747-200B der Lufthansa hatten nur drei Oberdeckfenster je Seite, 1972. URL https://de.wikipedia.org/wiki/Boeing_747#/media/Datei:Boeing_747-230B_D-ABYD_FRA_30.06.72.jpg. [Online; Stand 29. September 2025].

70. Wikipedia. Ein Airbus A340-300, 2013. URL https://de.wikipedia.org/wiki/Airbus_A340#/media/Datei:Airbus_A340-300_Airbus_Industries_(AIB)_'House_colors'_F-WWAI_-_MSN_001_crop.jpg. [Online; Stand 29. September 2025].

71. Wikipedia. Ein Jagdbomber F/A-18 Hornet im Überschallflug mit Wolkenscheibeneffekt, 2024. URL https://de.wikipedia.org/wiki/Machscher_Kegel#/media/Datei:FA-18_going_transonic.JPG. [Online; Stand 1. März 2025].

72. Wikipedia. Eine Boeing 737-300 der Lufthansa, 2012. URL https://de.wikipedia.org/wiki/Boeing_737#/media/Datei:Lufthansa_733_D-ABEC.JPG. [Online; Stand 29. September 2025].

73. Wikipedia. Eine Boeing 787-8 in Boeing-Hausfarben, 2010. URL https://de.wikipedia.org/wiki/Boeing_787#/media/Datei:Boeing_787-8_maiden_flight_overhead_view.jpg. [Online; Stand 29. September 2025].

74. Wikipedia. Ericsson-Kreisprozess, 2020. URL https://de.wikipedia.org/w/index.php?title=Ericsson-Kreisprozess&oldid=205109401. [Online; Stand 11. September 2024].

75. Wikipedia. Ernst Mach, 2024. URL https://de.wikipedia.org/w/index.php?title=Ernst_Mach&oldid=251138018. [Online; Stand 28. Februar 2025].

76. Wikipedia. Eurocopter AS350BA der Fleet Air Arm der Royal Australian Navy, 2009. URL https://de.wikipedia.org/wiki/Hubschrauber#/media/Datei:RAN_squirrel_helicopter_at_melb_GP_08.jpg. [Online; Stand 29. September 2025].

77. Wikipedia. Feststoffraketentriebwerk, 2024. URL https://de.wikipedia.org/w/index.php?title=Feststoffraketentriebwerk&oldid=248927659. [Online; Stand 21. Februar 2025].

78. Wikipedia. Fluggeschwindigkeit, 2024. URL https://de.wikipedia.org/w/index.php?title=Fluggeschwindigkeit&oldid=251456422. [Online; Stand 4. März 2025].

79. Wikipedia. Flugzeug, 2025. URL https://de.wikipedia.org/w/index.php?title=Flugzeug&oldid=259729741. [Online; Stand 29. September 2025].

80. Wikipedia. Flüssigkeitsraketentriebwerk, 2025. URL https://de.wikipedia.org/w/index.php?title=Fl%C3%BCssigkeitsraketentriebwerk&oldid=252299087. [Online; Stand 21. Februar 2025].

81. Wikipedia. Félix Savart, 2025. URL https://de.wikipedia.org/w/index.php?title=F%C3%A9lix_Savart&oldid=251310349. [Online; Stand 17. Juli 2025].

82. Wikipedia. Gas-und-Dampf-Kombikraftwerk, 2025. URL https://de.wikipedia.org/w/index.php?title=Gas-und-Dampf-Kombikraftwerk&oldid=258839128. [Online; Stand 17. September 2025].

83. Wikipedia. Gasturbine, 2025. URL https://de. wikipedia.org/w/index.php?title=Gasturbine&oldid= 259562097. [Online; Stand 14. September 2025].

84. Wikipedia. Gino Fano, 2024. URL https://de. wikipedia.org/w/index.php?title=Gino_Fano&oldid= 243279696. [Online; Stand 19. Oktober 2024].

85. Wikipedia. GuD-Kraftwerk Knapsack von Statkraft mit zwei Gasturbinen im Chemiepark Knapsack. Die Kamine befinden sich an den Abhitzekesseln, vorne zwei Zellenkühltürme mit je neun Ventilatoren, 2025. URL https://de.wikipedia.org/wiki/Gas-und-Dampf-Kombikraftwerk#/media/Datei:ISK_Knapsack_GuD_2007.jpg. [Online; Stand 17. September 2025].

86. Wikipedia. Heinrich Gustav Magnus, 2023. URL https://de.wikipedia.org/w/index.php?title=Heinrich_Gustav_Magnus&oldid=237557005. [Online; Stand 29. Januar 2024].

87. Wikipedia. Helmholtzsche Wirbelsätze, 2025. URL https://de.wikipedia.org/w/index.php?title=Spezial: Zitierhilfe&page=Helmholtzsche_Wirbelsätze&id= 256172576&wpFormIdentifier=titleform. [Online; Stand 17. Juli 2025].

88. Wikipedia. Hermann Glauert, 2023. URL https://de. wikipedia.org/w/index.php?title=Hermann_Glauert& oldid=230536792. [Online; Stand 29. Januar 2024].

89. Wikipedia. Hermann von Helmholtz, 2025. URL https://de.wikipedia.org/w/index.php?title=Hermann_von_Helmholtz&oldid=257360718. [Online; Stand 17. Juli 2025].

90. Wikipedia. Hubschrauber, 2025. URL https://de. wikipedia.org/w/index.php?title=Hubschrauber& oldid=259353807. [Online; Stand 29. September 2025].

91. Wikipedia. Höhenleitwerk, 2021. URL https:// de.wikipedia.org/w/index.php?title=H%C3 %B6henleitwerk&oldid=207231916. [Online; Stand 26. September 2025].

92. Wikipedia. Induzierter Strömungswiderstand, 2024. URL https://de.wikipedia.org/wiki/Induzierter_Strömungswiderstand. [Online; Stand 24. Juli 2025].

93. Wikipedia. Interstellares Medium, 2023. URL https:// de.wikipedia.org/w/index.php?title=Interstellares_Medium&oldid=237953646. [Online; Stand 24. Februar 2025].

94. Wikipedia. James Prescott Joule, 2024. URL https:// de.wikipedia.org/w/index.php?title=James_Prescott_Joule&oldid=243867094. [Online; Stand 11. September 2024].

95. Wikipedia. Jean-Baptiste Biot, 2025. URL https://de. wikipedia.org/w/index.php?title=Spezial:Zitierhilfe& page=Jean-Baptiste_Biot&id=251899181& wpFormIdentifier=titleform. [Online; Stand 17. Juli 2025].

96. Wikipedia. John Dalton, 2024. URL https://de. wikipedia.org/w/index.php?title=John_Dalton&oldid= 251999496. [Online; Stand 9. Februar 2025].

97. Wikipedia. John Strutt, 3. Baron Rayleigh, 2025. URL https://de.wikipedia.org/w/index.php?title= John_Strutt,_3._Baron_Rayleigh&oldid=2580273432. [Online; Stand 27. Juli 2025].

98. Wikipedia. Josiah Willard Gibbs, 2025. URL https:// de.wikipedia.org/w/index.php?title=Josiah_Willard_Gibbs&oldid=253479772. [Online; Stand 25. Februar 2025].

99. Wikipedia. Joule-Kreisprozess, 2024. URL https://de. wikipedia.org/w/index.php?title=Joule-Kreisprozess& oldid=246473963. [Online; Stand 11. September 2024].

100. Wikipedia. Kutta-Schukowski-Transformation, 2022. URL https://de.wikipedia.org/w/index.php? title=Kutta-Schukowski-Transformation&oldid= 223130312. [Online; Stand 29. Januar 2024].

101. Wikipedia. Laplace-Gleichung, 2020. URL https://de. wikipedia.org/w/index.php?title=Laplace-Gleichung& oldid=201675536. [Online; Stand 5. Juli 2021].

102. Wikipedia. Leibnizregel für Parameterintegrale, 2024. URL https://de.wikipedia.org/w/index.php?title= Leibnizregel_f%C3%BCr_Parameterintegrale&oldid= 248347665. [Online; Stand 24. Februar 2025].

103. Wikipedia. Ludwig Prandtl, 2025. URL https://de. wikipedia.org/w/index.php?title=Ludwig_Prandtl& oldid=254005786. [Online; Stand 31. März 2025].

104. Wikipedia. Luft, 2024. URL https://de.wikipedia.org/ w/index.php?title=Luft&oldid=251661209. [Online; Stand 9. Februar 2025].

105. Wikipedia. Machscher Kegel, 2024. URL https://de. wikipedia.org/w/index.php?title=Machscher_Kegel& oldid=249780906. [Online; Stand 1. März 2025].

106. Wikipedia. Magnetosphäre, 2024. URL https://de. wikipedia.org/w/index.php?title=Magnetosph%C3 %A4re&oldid=251548863. [Online; Stand 24. Februar 2025].

107. Wikipedia. Magnus-Effekt, 2023. URL https://de. wikipedia.org/w/index.php?title=Magnus-Effekt& oldid=231975644. [Online; Stand 9. Februar 2024].

108. Wikipedia. Mantelstromtriebwerk, 2024. URL https://de.wikipedia.org/w/index.php?title= Mantelstromtriebwerk&oldid=248724877. [Online; Stand 14. September 2025].

109. Wikipedia. Montage eines Hybridturms, 2013. URL https://de.wikipedia.org/wiki/Windkraftanlage#/ media/Datei:WP_Freiensteinau22.JPG. [Online; Stand 30. September 2025].

110. Wikipedia. Montage eines Triebstranges, 2008. URL https://de.wikipedia.org/wiki/Windkraftanlage#/ media/Datei:Scout_moor_gearbox,_rotor_shaft_and_brake_assembly.jpg. [Online; Stand 26. September 2025].

111. Wikipedia. Nikolai Jegorowitsch Schukowski, 2024. URL https://de.wikipedia.org/w/index.php? title=Nikolai_Jegorowitsch_Schukowski&oldid= 241564287. [Online; Stand 9. Februar 2024].

112. Wikipedia. Normatmosphäre, 2025. URL https://de. wikipedia.org/w/index.php?title=Normatmosph%C3 %A4re&oldid=253408237. [Online; Stand 26. Februar 2025].

113. Wikipedia. Numerische Strömungsmechanik, 2024. URL https://de.wikipedia.org/w/index.php?title= Numerische_Str%C3%B6mungsmechanik&oldid= 243184626. [Online; Stand 16. März 2024].

114. Wikipedia. Partialdruck, 2024. URL https://de. wikipedia.org/w/index.php?title=Partialdruck&oldid= 252824503. [Online; Stand 9. Februar 2025].

115. Wikipedia. Pierre-Simon Laplace, 2024. URL https:// de.wikipedia.org/w/index.php?title=Pierre-Simon_ Laplace&oldid=241099381. [Online; Stand 5. Februar 2024].

116. Wikipedia. Portraitaufnahme von Ludwig Prandtl (1937), 1937. URL https://commons.wikimedia. org/wiki/File:Prandtl_portrait.jpg. [Online; Stand 31. März 2025].

117. Wikipedia. Prandtl–Meyer expansion fan, 2023. URL https://en.wikipedia.org/wiki/Prandtl%E2%80 %93Meyer_expansion_fan. [Online; Stand 1. April 2025].

118. Wikipedia. Prinzip der Rotorblatt-Verstelleinrichtung nach Focke und Bußmann, 2020. URL https://de. wikipedia.org/wiki/Taumelscheibe#/media/Datei: Taumelscheibe_06.jpg. [Online; Stand 29. September 2025].

119. Wikipedia. Querruder, 2024. URL https://de. wikipedia.org/w/index.php?title=Querruder&oldid= 248287349. [Online; Stand 4. Oktober 2025].

120. Wikipedia. Raketengrundgleichung, 2024. URL https://de.wikipedia.org/w/index.php?title= Raketengrundgleichung&oldid=247345690. [Online; Stand 21. Februar 2025].

121. Wikipedia. Rauchringe, 2011. URL https://de. wikipedia.org/wiki/Helmholtzsche_Wirbelsätze#/ media/Datei:Human_smoke_rings.jpg. [Online; Stand 18. Juli 2025].

122. Wikipedia. Rudolf Clausius, 2024. URL https://de. wikipedia.org/w/index.php?title=Rudolf_Clausius& oldid=245439383. [Online; Stand 2. Juni 2024].

123. Wikipedia. Savonius-Rotor, 2025. URL https://de. wikipedia.org/w/index.php?title=Savonius-Rotor& oldid=259881436. [Online; Stand 26. September 2025].

124. Wikipedia. Scaled Composites Model 351 Strato-launch, Roc, 2023. URL https://de.wikipedia.org/wiki/ Boeing_787#/media/Datei:Boeing_787-8_maiden_ flight_overhead_view.jpg. [Online; Stand 29. September 2025].

125. Wikipedia. Scaled Composites Stratolaunch, 2025. URL https://de.wikipedia.org/w/index.php?title= Scaled_Composites_Stratolaunch&oldid=255940316. [Online; Stand 29. September 2025].

126. Wikipedia. Schubvektorsteuerung, 2024. URL https://de.wikipedia.org/w/index.php?title= Schubvektorsteuerung&oldid=250724320. [Online; Stand 21. Februar 2025].

127. Wikipedia. Starrer Rotorkopf einer Bo 105, 2007. URL https://de.wikipedia.org/wiki/Hubschrauber#/ media/Datei:Bo105_Rotorkopf_0570b.jpg. [Online; Stand 29. September 2025].

128. Wikipedia. Stoßwelle, 2025. URL https://de. wikipedia.org/w/index.php?title=Sto%C3%9Fwelle& oldid=253435619. [Online; Stand 24. Februar 2025].

129. Wikipedia. Theodor Meyer (Physiker), 2025. URL https://de.wikipedia.org/w/index.php?title=Theodor_ Meyer_(Physiker)&oldid=254006746. [Online; Stand 31. März 2025].

130. Wikipedia. Tranporter mit 1/4 Rotor einer Wind-kraftanlage, 2012. URL https://de.wikipedia.org/wiki/ Windkraftanlage#/media/Datei:Windkraftanlage,_ Viertelflügel.JPG. [Online; Stand 26. September 2025].

131. Wikipedia. Trimmbare Höhenflosse eines Air-bus A320, 2009. URL https://de.wikipedia.org/ wiki/Höhenleitwerk#/media/Datei:Estabilizador_ horizontal-Airbus_A320.jpg. [Online; Stand 24. September 2025].

132. Wikipedia. Turboprop-Triebwerk einer NAMC YS-11 mit Vierblatt-Propeller, 2025. URL https:// de.wikipedia.org/wiki/Turboprop#/media/Datei: YSpropeller_retusche.jpg. [Online; Stand 14. September 2025].

133. Wikipedia. Turboprop, 2025. URL https://de. wikipedia.org/w/index.php?title=Turboprop&oldid= 255919104. [Online; Stand 14. September 2025].

134. Wikipedia. Verdichtungsstoß, 2023f. URL https://de. wikipedia.org/w/index.php?title=Verdichtungssto%C3 %9F&oldid=234331888. [Online; Stand 29. März 2025].

135. Wikipedia. Wilhelm Kutta, 2023. URL https://de. wikipedia.org/w/index.php?title=Wilhelm_Kutta& oldid=233840788. [Online; Stand 29. Januar 2024].

136. Wikipedia. Windkraftanlage mit Stahlturm kurz vor dem Ersatz durch eine daneben errichtete Anlage mit Hybridturm, 2012. URL https://de.wikipedia.org/ wiki/Windkraftanlage#/media/Datei:Scout_moor_ gearbox,_rotor_shaft_and_brake_assembly.jpg. [Online; Stand 30. September 2025].

137. Wikipedia. Windkraftanlage, 2025. URL https://de. wikipedia.org/w/index.php?title=Windkraftanlage& oldid=259268591. [Online; Stand 21. September 2025].

138. Wikipedia. Überflug in Airbus-Werkslackierung, 2010. URL https://de.wikipedia.org/wiki/Airbus_ A380#/media/Datei:Airbus_A380_overfly_crop.jpg. [Online; Stand 29. September 2025].

139. cessna.com. Cessna Skyhawk, 2024. URL https:// cessna.txtav.com/de-de/piston/cessna-skyhawk?utm. [Online; Stand 4. März 2025].

140. cfm. CFM56, 2025. URL https://www. cfmaeroengines.com/cfm56. [Online; Stand 17. September 2025].

141. esa.int. The Sun–Earth connection, 2025. URL https:// www.esa.int/ESA_Multimedia/Images/2007/10/The_ Sun_Earth_connection. [Online; Stand 24. Februar 2025].

142. google.docs. Kuznetsov NK-12: the most powerful turboprop engine in history, 2025. URL https://docs. google.com/document/d/1QU_74YJ_JEl3_W_EFP- 58rlLC0CvzoF5DTUqm6XLugg/edit?pli=1&tab=t.0. [Online; Stand 17. September 2025].

143. hangar2runway. Reisefluggeschwindigkeit, 2024. URL https://www.hangar2runway.com/ reisefluggeschwindigkeit/. [Online; Stand 4. März 2025].

Personenverzeichnis

Stichwortverzeichnis

Sonderzeichen

A

H

T